U0162820

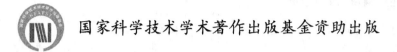国家科学技术学术著作出版基金资助出版

# 磁 性 材 料

都有为 张世远 编著

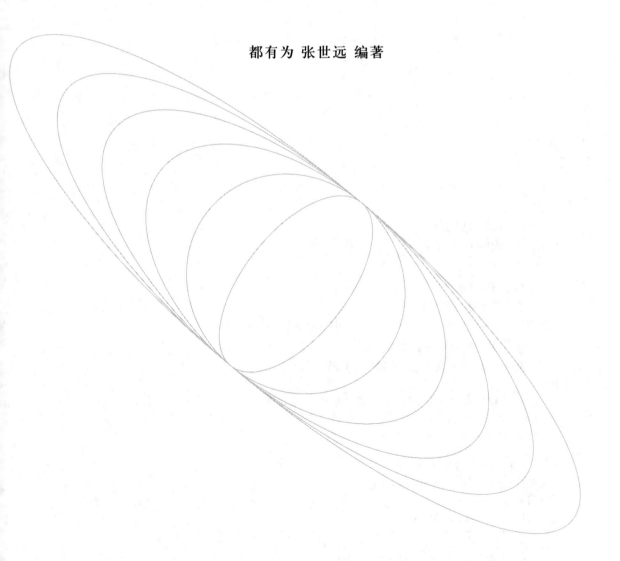

南京大学出版社

**图书在版编目(CIP)数据**

磁性材料 / 都有为，张世远编著. —南京：南京
大学出版社，2022.10
ISBN 978-7-305-25550-2

Ⅰ. ①磁… Ⅱ. ①都… ②张… Ⅲ. ①磁性材料
Ⅳ. ①TM271

中国版本图书馆 CIP 数据核字(2022)第 050810 号

出版发行　南京大学出版社
社　　址　南京市汉口路 22 号　　　　　邮　编　210093
出 版 人　金鑫荣

书　　名　磁性材料
编　　著　都有为　张世远
责任编辑　王南雁　　　　　　　编辑热线　025-83595840
照　　排　南京开卷文化传媒有限公司
印　　刷　苏州工业园区美柯乐制版印务有限责任公司
开　　本　787×1092　1/16　印张 44.5　字数 1122 千
版　　次　2022 年 10 月第 1 版　2022 年 10 月第 1 次印刷
ISBN 978-7-305-25550-2
定　　价　128.00 元

网　　址：http://www.njupco.com
官方微博：http://weibo.com/njupco
微信服务号：njupress
销售咨询热线：(025)83594756

# 内容简介

本书系统介绍了磁性材料的基本性质、晶体结构、相图、性能与组成的关系以及制备工艺等,根据材料的特性分成 6 章:1.永磁材料;2.软磁材料;3.磁记录材料;4.微波磁性材料;5.其他磁功能材料;6.自旋电子学材料,以及附录:磁学单位换算和元素周期简表。

本书将目前主要的两大类磁性材料:金属与铁氧体组合一起介绍,因两者的基本磁性能具有共性,然其制备工艺不同,应用领域有差异而分别叙述。本书金属磁性材料部分由张世远执笔,铁氧体部分由都有为执笔。

本书可作为高等院校学生、研究生的学习参考书,也可作为从事磁性材料的研究工作者、企业技术人员的参考用书。

本书的出版得到了国家科学技术学术著作出版基金的资助和南京大学出版社的鼎力相助,作者在此深表感谢。

# 目 录

# 绪 论

## §0.1　物质的磁性

磁性是物质的基本属性,可以从以下三方面进行阐述。

### 0.1.1　原子的磁性

物质的基本单元——原子是由原子核、电子所组成的。

原子核具有核磁矩,其值为电子轨道磁矩的 1/1 836,虽然在宏观磁性上核磁矩并无显著的贡献,却可利用它研发出核磁共振仪(NMR),进行有机、无机等物质的研究,又可制成核磁共振成像仪(MRI),广泛地应用于医疗、生物等领域。电子具有轨道磁矩 $M_l = -[\mu_0 e/(2m)]P = -\mu_B l$,与自旋磁矩 $M_s = -(\mu_0 e/m)P = -2\mu_B s$,其中:$\mu_B$ 为玻尔磁子,$\mu_B = [\mu_0 e \hbar/(2m)] = 1.165 \times 10^{-29}$(Wb·m);$l, s$ 分别为轨道量子数与自旋量子数;$\hbar = h/(2\pi) = 1.055 \times 10^{-34}$(J·s),$h$ 为普朗克常数。$\mu_0 = 4\pi \times 10^{-7}$(H·m$^{-1}$)为真空磁导率。

而原子核又是由中子与质子所组成,中子没有电荷却有磁矩,因此可利用中子衍射确定物质的磁结构,中子与质子都是由基本粒子所组成,目前已知的基本粒子夸克都具有磁矩,但有的如中微子、Z 玻色子、胶子以及光子,没有电荷却具有磁矩。

### 0.1.2　天体的磁性

地球的表面磁场强度约为 0.05 mT(毫特斯拉);月球的磁场约为地球磁场的千分之一到万分之一;水星磁场约为地球磁场的百分之一;太阳磁场为 0.1~0.5 mT;SGR1806 - 20 是一颗直径约为 16 km 的密实中子星,质量比太阳大 10 倍,通过测量其自旋速度和自旋速度的变化,估算其磁场强度约为 $1.0 \times 10^{12}$ T,根据 X 射线谱估计为 $5 \times 10^9$ T;目前实验室最强脉冲磁场约为 120 T,远远低于中子星的磁场。天体的磁场,甚至地球的磁场来源,众说纷纭,至今尚无确切的定论。现有地磁场理论尚无法解释为什么经历数万年后地球磁场会反向。宇宙中的天体分多个层次,自小至大:行星、恒星、星系、星系团、星系超团等,均存在磁场,宇宙中的磁场是如何产生和演化的? 尚有待于深入地研究。

### 0.1.3  生物的磁性

一般生物体都具有弱磁性。生物体的生理活动产生生物电流,从而产生磁场,其值甚为微弱,例如:人体的心磁场约为 $10^{-10}$ T,脑磁场约为 $5 \times 10^{-13}$ T,相比于地磁场($5 \times 10^{-5}$ T)要微弱得多。尽管如此,采用高灵敏度的量子相干磁强计(SQUID),将生物体置于屏蔽电磁场的空间中,可以测量人体不同部位产生的磁场,人体磁图技术与人体电图技术相比,具有不需要与人体接触、测量信息量大、分辨率高等优点。

信鸽等鸟类、蜜蜂、海龟、海豚、鳄鱼、趋磁细菌等生物体中都具有识别方向的磁罗盘,在这些生物体中发现携带纳米量级的磁性颗粒,可能这些磁性的纳米粒子在地磁场导航下起着磁罗盘的作用。电镜研究的结果,发现每克人脑中至少存在 500 万颗磁铁矿纳米微粒,磁性颗粒密集的部分是支配记忆的海马与保管记忆的颞叶,但猴子脑部没有明显的磁性。

综述之,小到原子、基本粒子,大到星球、宇宙,从生物体到无机、有机物质都具有磁性,因此磁是物质的基本属性。

### 0.1.4  物质按磁性分类

从磁的观点,大体上可将物质分为下列几大类。

#### 1. 抗(逆)磁性材料

对于无磁矩的原子所组成的材料,通常在外磁场中显示出微弱的、与磁场相反的磁性,其磁化率为负,磁化率绝对值 $\chi = \dfrac{M}{H} < 0 \sim 10^{-5}$。例如:Au、Ag、Cu、Pb 等金属,$Al_2O_3$、$SiO_2$ 等氧化物,苯、乙醇等有机物,以及石墨、水等。从原理上考虑,所有的物质都会在外磁场中感应出微弱的抗磁性来,由于其值甚低,通常会被顺磁性所掩盖,只有在上述无磁矩材料中才显示出来。

#### 2. 顺磁性材料

具有磁矩的原子或离子所组成的材料,如原子或离子间相互作用甚弱、无磁场时,自旋在空间混乱取向,磁化强度为零,在外磁场作用下磁矩将趋向于磁场方向排列,从而显示出正的磁化率,$\chi > 0 \sim (10^{-5} \sim 10^{-2})$,磁化强度 $I$ 与 $\alpha = \dfrac{MH}{kT}$,服从朗之万函数关系,$I = NM \left\{ \coth \alpha - \dfrac{1}{\alpha} \right\} = NM \, L(\alpha)$,其中 $N$ 为磁性原子数,$M$ 为原子的磁矩,当温度超过居里温度时,对朗之万函数进行高温近似,可获得居里定律:$\chi = \dfrac{NM^2}{3kT} = C/T$。多数顺磁性材料如 $FeSO_4$ 等顺磁盐很好地服从居里定律;顺磁元素 Al、Mg、Ca 等金属与合金,往往不服从朗之万顺磁性,而呈现出几乎与温度无关的顺磁磁化率,称为泡利顺磁性。

以上两类材料,在无磁场作用时,磁矩在空间是无序分布的,称为磁无序材料。以下三类为磁有序材料,为通常磁性材料的主体。

### 3.铁磁性材料

具有自旋磁矩的原子间,如存在直接或间接的波函数的交叠,由于量子力学的交换作用,使自旋取向排列,成为自旋有序排列的材料,根据海森堡理论,交换作用能可表达为 $W_{ij} = -2JS_i \cdot S_j$。$J$ 为交换积分,若 $J > 0$,$S_i$ 与 $S_j$ 两自旋平行排列能量最低,因此显示出强的铁磁性,通常为金属磁性材料,如 Fe、Ni、Co 及其合金,稀土元素 Gd 等;反之,若 $J < 0$,$S_i$ 与 $S_j$ 两自旋反平行排列时能量才最低,此时显示出磁矩相互抵消的现象。当 $S_i = S_j$ 时,宏观不显示出强磁性,称为反铁磁性,例如:MnO,NiO,CoO 等;当 $S_i \neq S_j$ 时,两者不能相互抵消净,从而产生剩余的磁矩,显示出较强的磁性,称为亚铁磁性,通常为铁氧体氧化物磁性材料,例如:$Fe_3O_4$,$NiFe_2O_4$ 等。由于不同晶位磁矩的抵消作用,其饱和磁通常低于铁磁性材料。具有铁磁性、反铁磁性、亚铁磁性以及螺旋磁性的材料,统称为磁有序材料。

周期表中具有室温铁磁性的元素主要为:$\alpha$-铁、镍、钴以及钆,其交换积分与原子间距的关系可用 Bethe-Slater 曲线来描述,如图 0.1.1 表示。

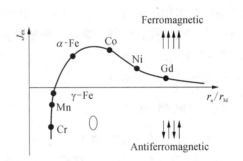

Bethe-Slater曲线(1930/1933)

$E_{ex} = -2J_{ex}S_iS_j$;$J_{ex}$ 为交换积分;$r_a$ 为原子间距;$r_d$ 为 d 壳层半径

| 元　　素 | Fe | Co | Ni | Gd |
|---|---|---|---|---|
| 居里温度(K) | 1 043 | 1 404 | 631 | 289 |

**图 0.1.1　交换积分与原子间距的关系**

由图 0.1.1 可见,Mn,Cr 的 $J$ 值为负,因此是反铁磁物质,但改变其原子间距,就有可能转变为铁磁性,例如 MnB,$CrO_2$ 为铁磁体,面心立方结构的 $\gamma$-Fe 转变为体心立方的 $\alpha$-Fe 时由反铁磁转变为铁磁。对于 3d 过渡族的合金体系,饱和磁矩与原子的电子数的关系,可用著名的 Slater-Pauling 曲线来描述,见图 0.1.2。

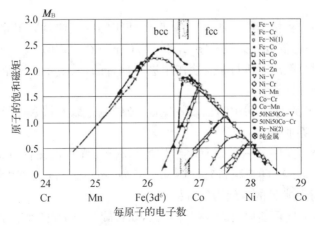

**图 0.1.2　Slater-Pauling 曲线(巡游电子理论):3d 过渡族元素合金的磁矩随 3d 电子数的变化**

铁磁性材料的饱和磁化强度与温度的关系,如采用顺磁性的朗之万函数关系,$I=NM\{\coth\alpha-1/\alpha\}=NML(\alpha)$,$\alpha=MH/(kT)$,但其中的 $H$ 不仅仅是外磁场,还必须包含交换作用的分子场 $WI$,$H=(H+WI)$,理论曲线与实验结果相差较大,考虑到自旋取向的空间量子化,统计计算的结果 $I$ 的温度曲线服从布里渊函数,$I=NgJM_B\{[2J+1/(2J)]\coth[2J+1/(2J)]\alpha-1/(2J)\coth[\alpha/(2J)]\}$,$J$ 为角动量量子数,而朗之万函数实际上为相应于 $J=\infty$ 时的布里渊函数的特例,对 Fe,Ni,当 $J$ 取 1/2,1 时,实验与理论曲线符合较好。铁磁性的材料的温度超过居里温度时,铁磁性消失而转变为顺磁性,对布里渊函数采用高温近似,其磁化率与温度的关系服从居里外斯定律,$\chi=C/(T-T_p)$,$T_p$ 称为顺磁居里温度,通常略高于铁磁居里温度 $T_c$,$T_c=(J+1)NM^2W/(3Jk)$,与分子场系数 $W$ 成正比,而分子场源于量子力学的交换作用,$W$ 与交换积分 $J$ 成正比关系,居里温度高意味着交换作用强。

## 4. 反铁磁材料

相邻自旋反平行排列,磁矩相互抵消,磁化率 $\chi$ 为正,其大小与顺磁性材料相当,温度高于奈尔温度时,反铁磁有序转变为顺磁性,磁化率与温度的关系服从居里外斯定律 $\chi=C/(T-T_N)$,$T_N$ 称为奈尔温度,为负值。

典型的反铁磁材料为:MnO,NiO,FeS,MnS,FeMn,MnIr 等,反铁磁材料在自旋电子学中有重要的应用。

根据中子衍射对 MnO 磁结构的分析,Mn 离子自旋呈反平行有序排列,MnO 为面心立方结构,相邻 Mn 离子被 O 离子所隔开,无法产生直接交换作用,唯一可能是通过 O 离子 2p 轨道作媒介产生间接交换作用,或称为超交换作用,交换积分为负,从而呈现反铁磁性,如图0.1.3 所示。

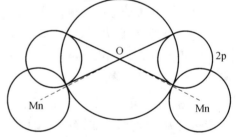

图 0.1.3    MnO 的超交换作用示意图

## 5. 亚铁磁性材料

可定义为磁矩未被抵消的反铁磁材料,广泛使用的铁氧体就属于此类。当温度超过居里温度时,磁化率与温度关系较复杂,$1/\chi=T/C+1/\chi_0-\sigma/(T-T'_p)$。在铁氧体材料中磁性离子间是通过氧离子进行超交换作用进行耦合的,其磁矩为两个不同磁性离子磁矩之差,从而呈现亚铁磁性。

图 0.1.4 为典型的朗之万顺磁性、反铁磁性、亚铁磁性以及铁磁性材料的磁化率倒数 $1/\chi$ 与温度 $T$ 的关系曲线。

除上述的两类磁无序与三类磁有序结构的材料外,尚有混磁性(mictomagnetism)、自旋玻璃态(spin-glass)、自旋倾斜磁性(spin canted magnetism)、寄生铁磁性(parasitic ferromagnetism)等不常见的自旋构型材料。

磁学未来发展方向可能以自旋为研究对象,如自旋电子学,自旋半导体,自旋生物、医学,自旋物理学,自旋化学等,而构成"自旋磁学"的新领域。

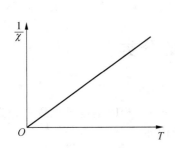

a. 朗之万顺磁体的磁化率与温度关系

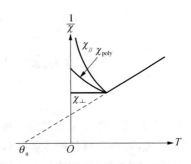

b. 反铁磁体磁化率与温度关系

$\chi_{//}$,$\chi_{\perp}$分别代表平行与垂直的单晶易磁化轴,$\chi_{poly}$代表多晶体

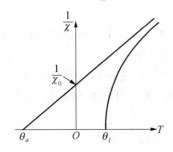

c. 亚铁磁体磁化率与温度关系

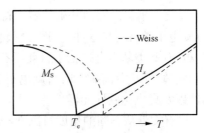

d. 铁磁体磁化率与温度的关系

图 0.1.4  $1/\chi - T$ 曲线(a. 朗之万顺磁性;b. 反铁磁性;c. 亚铁磁性;d. 铁磁性)

# §0.2　磁性材料的分类

磁性材料按磁有序分类主要为铁磁性与亚铁磁性材料,相应地也可大致上分为金属与氧化物(铁氧体)磁性材料两大类。这是本书的主要内涵。

磁性材料的发展始终与应用紧密结合,通常可按其不同的特征分类如下。

(1)以磁滞回线为主要特征,按性能与应用分类:永磁、软磁、矩磁、磁记录材料、磁性液体等。

(2)以交叉耦合效应为基础的磁性材料:磁致收缩材料、磁光材料、旋磁材料、磁制冷材料、自旋电子学材料与器件、多铁性材料、磁性超构材料等。

(1)类与(2)类基本上概括了目前所有的实用磁性材料,发展的趋势是材料与器件构成有机的整体,无法分离,例如:自旋电子学材料与器件、多铁性材料与器件、磁性超构材料与器件以及集成化磁性元器件等。

(3)也有文献从不同的角度对磁性材料进行分类,如:

① 按 3d,4f 族分类。3d 族磁性金属、合金与化合物,4f - 3d 族磁性合金与化合物。

② 按结晶状态进行分类。单晶、多晶、非晶、纳米微晶磁性材料。

③ 按维度分类。块体、薄膜、低维尺度的磁性材料。

④ 有机磁性材料等新的磁性材料体系探索。

磁滞回线是磁性材料最重要的静态特性,表征磁感应强度 $B$ 与外磁场 $H$ 的关系,典型的金属与铁氧体磁带的磁滞回线如图 0.2.1 所示。

图中大的回线代表具有高磁化强度的金属磁性材料,较小的回线代表磁化强度较低的亚铁磁性铁氧体材料,$B_r$ 代表剩磁;$H_{cB}$ 代表磁感应强度 $B$ 为零时的矫顽力,以区别磁化强度 $M$ 为零的内禀矫顽力 $H_{cM}$,$H_{cM}$ 的值大于 $H_{cB}$,对软磁材料两者差别不大,通常就用 $H_c$ 统一代表矫顽力,对永磁材料二者差别较大,需要有所区别。

$B = \mu_0(H + M)$,$\mu_0$ 为真空磁导率;绝对磁导率 $\mu' = B/H = \mu_0(1+\chi)$;相对磁导率 $\mu = \mu'/\mu_0 = (1+\chi)$,相对磁导率 $\mu$ 通常简称为磁导率。磁化率 $\chi = M/H$。磁导率与磁化率均为磁场的函数。对应于处于磁中性化状态的磁性材料,在弱磁场下所测量的值称为初始磁导率 $\mu_i$ 或磁化率 $\chi_i$,其值也可在低磁场下测量然后外插到零场而获得。在一定磁场下,两者可呈现极大值,称为最大磁

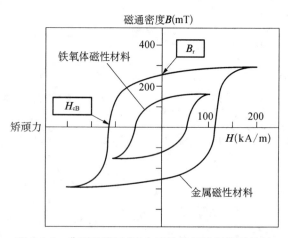

**图 0.2.1　典型磁滞回线(内回线代表铁氧体磁性材料,外回线代表金属磁性材料,$B_r$ 为剩磁;$H_{cB}$ 为矫顽力)**

导率 $\mu_m$ 或最大磁化率 $\chi_m$。

从 $B=0$，$H=0$ 的磁中性态出发，随着磁场增加，$B$ 值也非线性增加，最后趋向饱和，该曲线称为初始磁化曲线，磁化饱和后，再降低磁场，此时磁感应强度 $B$ 或磁化强度 $M$ 并不沿原来曲线返回到原点，而是沿着新的曲线变化，当 $H$ 为零时，$B$ 值保留在 $B_r$ 值，称为剩磁，如继续反方向增加负磁场时，$B$ 值将由 $B_r$ 值下降，在矫顽力 $H_{cB}$ 磁场下才为零，从 $B_r$ 到 $H_{cB}$ 段的曲线称为退磁曲线，该曲线每一点 $B$ 与 $H$ 的乘积 $(BH)$ 称为磁能积，其最大值 $(BH)_{max}$ 称为最大磁能积，作为永磁材料性能的主要指标。对于永磁材料通常要求高矫顽力、高剩磁、高磁能积；相反，对软磁材料通常要求低矫顽力、低剩磁、高初始磁导率，也就是磁滞回线的面积窄小。对磁记录介质性能的要求是高剩磁，适当高的矫顽力，回线形状接近矩形。磁滞回线的存在表明磁化过程是不可逆的，磁滞回线的面积表征永磁材料蓄能的能力，在交变电磁场中是磁滞损耗的来源。

磁与电、光、力、热以及生物等存在丰富多彩的交叉耦合效应，而今正方兴未艾，可作为广义的"自旋磁学"一部分，在此仅作简单介绍，详细内容将在以后有关章节介绍。

(1) 磁力(弹)效应：磁化状态的改变引起形状与尺寸的变化。如：磁致伸缩效应，可将电能转化为机械能，其逆效应称为压磁效应。

(2) 磁光效应：磁化状态的改变导致反射或折射的光偏振态的变化。如：克尔效应与法拉第效应，其逆效应称为光磁效应，光引起磁化状态的变化。

(3) 磁电效应：除早期发现的电磁耦合效应、各向异性磁电阻效应、霍尔效应外，20世纪80年代发现的巨磁电阻效应，现在已发展成为自旋电子学的新学科，调控自旋将成为21世纪重要的科学与技术领域。

(4) 磁热(卡)效应：磁化状态的变化引起自旋体系的熵变化，从而产生热量的变化，早期已成功地应用于低温的获得，目前正在研发高效、低能耗的高温磁制冷机。

(5) 磁电极化效应：磁场引起电介质的极化状态改变，反之，电场可导致磁化状态的变化，所谓多铁性材料就是指一个材料同时具有铁磁性、铁电性或铁弹性等多种性能，在物理内涵和器件应用方面都具有重要的研究意义。

本书将以金属磁性材料与氧化物磁性材料(铁氧体)为主线，以应用为背景，较为系统地介绍磁性材料及其进展。

# §0.3 磁性材料的发展简史

公元前 3 世纪,利用磁石在地球磁场中南北取向的原理,中国发明了对世界文明有重要影响的司南。磁石为天然的磁铁矿,主要成分为 $Fe_3O_4$,为天然铁氧体,古代取名慈石,"慈石吸铁,母子关爱"十分生动地表征了静磁相互作用,因此,中国是最早了解与利用静磁特性的国家。磁性材料的进展大致上分多个历史阶段:人类进入铁器时代,意味着金属磁性材料的开端,直到 18 世纪金属镍、钴相继被提炼成功,这一漫长的历史时期是 3d 过渡族金属磁性材料生产与原始应用的阶段;20 世纪初期(1900—1932),FeSi,FeNi,FeCoNi 等磁性合金问世,并广泛地应用于电力工业、电机工业等行业,奠定了人类社会进入电气化时期的基础,这一时期成为 3d 过渡族金属磁性材料的鼎盛时期,从此,电与磁开始了不解之缘;20 世纪后期,从 50 年代开始,由于无线电、雷达等工业的发展,急需能应用于中、高频的磁性材料,应运而生的高电阻率的 3d 过渡族的磁性氧化物(铁氧体)软磁材料,以及廉价的钡、锶铁氧体永磁材料逐步进入生产旺期,同时,金属磁性材料生产量下降,标志着磁性材料进入铁氧体的阶段;1967 年,第一代稀土永磁 SmCo 合金问世,这是磁性材料进入稀土 4f-3d 过渡族化合物领域的历史开端,1983 年高磁能积的钕铁硼(NdFeB)——第三代稀土永磁材料研制成功,至今尚雄踞永磁王的宝座;$TbFe_2$ 巨磁致伸缩材料与稀土磁光材料的发明更丰富了 4f-3d 过渡族化合物磁性材料的内涵;1972 年的非晶磁性材料与 1988 年的纳米微晶磁性材料的呈现,更添磁性材料的风采,为高性能软磁材料开辟了新领域;1988 年巨磁电阻效应的发现揭开了自旋电子学的序幕,当前,自旋电子学已成为 21 世纪最富有活力的研究领域之一。因此从 20 世纪后期延续至今,磁性材料进入前所未有的兴旺发达时期,并融入信息行业,成为信息时代重要的基础性材料之一。

磁性材料的发展遵循着(金属-非金属-金属)螺旋形上升的发展历程,未来可能进入人工微结构磁性材料、自旋调控功能材料的发展新阶段。磁性材料发展的简史,可用表 0.3.1 来表述。

表 0.3.1 磁性材料发展简史

| 年代 | 金属磁性材料 | 非金属磁性材料 |
|------|-------------|---------------|
| BC—1400 | Fe | |
| 1751 | Ni | |
| 1773 | Co | |
| 1900 | FeSi | |
| 1905 | 磁畴和分子场理论 | |

续表

| 年代 | 金属磁性材料 | 非金属磁性材料 |
|------|------------|-------------|
| 1909 | | 人工合成铁氧体 |
| 1921 | FeNi | |
| 1932 | AlNiCo | 反铁磁理论 |
| 1935 | | 尖晶石铁氧体 |
| 1946 | | 软磁铁氧体产业化 |
| 1948 | | 亚铁磁理论 |
| 1949 | | 旋磁性理论 |
| 1951 | | 微波铁氧体,钙钛矿磁性化合物 |
| 1952 | | $BaFe_{12}O_{19}$ |
| 1956 | | YIG(石榴石),平面六角铁氧体 |
| 1960 | | $Fe_3O_4$型磁性液体 |
| 1967 | $SmCo_5$ | $CrO_2$,$RFeO_3$,磁泡 |
| 1970 | FeSiB 非晶态合金 | |
| 1972 | $Sm_2Co_{17}$ | |
| 1975 | Fe/Ge/Co | TMR/隧道磁电阻主要为金属与氧化物复合纳米结构材料 |
| 1976 | nm - Fe,Co | |
| | 室温磁制冷(Gd)实验 | |
| 1983 | $Nd_2Fe_{14}B$ | |
| 1988 | GMR 巨磁电阻,Finemet 非晶 | |
| 1993 | 量子磁盘,65 Gb/in$^2$ | |
| 1994 | CMR,庞磁电阻效应 | 钙钛矿型化合物 |
| 1997 | $Gd_5(Si_2Ge_2)$巨磁卡效应 | |
| 1997 | | 钙钛矿型化合物大磁卡效应 |

有关磁性材料的基础——铁磁学的中文书籍:

1. 载道生,钱昆明:《铁磁学》(第二版)(上、下册),科学出版社(2017年版)。

2. 载道生:《物质磁性基础》,北京大学出版社(2016年版)。

3. 钟文定:《技术磁学·铁磁学》(上、下册),科学出版社(2009 年版)。

4. 钟文定:《铁磁学》(中册),科学出版社(2004 年版)。

5. J. Stohr, H. C. Siegmann 著,姬扬译:《磁学》,科学出版社(2004 年版)。

6. 唐贵德:《磁性材料的新巡游电子模型》,科学出版社(2020 年版)。

**参考文献**

[1] 都有为.磁性材料新近进展[J].物理,2006,35(5):730-739.

[2] 都有为.铁氧体[M].江苏科学技术出版社,1996.

[3] 近角聪信.铁磁性物理[M].葛世慧译,张寿恭校.兰州大学出版社,2002.

# 第一章 永磁材料

## §1.1 永磁材料的基本特性

具有高矫顽力、高剩磁宽磁滞回线的磁性材料称为永（硬）磁材料，它们主要用于制造永磁体。永磁体一旦经外加磁场饱和磁化以后，如果撤去外加磁场，在永磁体两个磁极之间的空隙中便可产生恒定磁场，对外界提供有用的磁能。然而，与此同时，永磁体本身会受到一退磁场的作用。退磁场的方向和原来外加磁场的方向是相反的，因此永磁体的工作点将从剩磁 $B_r$ 点移到磁滞回线的第二象限，即退磁曲线的某一点上，如图 1.1.1 所示。图中，永磁体的实际工作点用 $D$ 表示。由此可知，永磁材料性能的好坏，应该用退磁曲线上的有关物理量来表征，它们是剩磁 $B_r$、表观磁感应强度 $B_D$、矫顽力 $H_c$，最大磁能积 $(BH)_{max}$ 或最大有用回复磁能积 $(BH)_u$ 等。此外，永磁材料在使用过程中其性能的温度、时间等稳定性如何，往往也是实际应用所要考虑的重要指标。

### 1.1.1 衡量永磁材料性能的重要指标

#### 1. 剩磁 $B_r$ 和表观剩磁 $B_D$

磁性材料被磁化到相应于最大磁化场 $H_s$ 后，在使该磁化场降为零时所剩留的磁感应强度称为剩余磁感应强度，简称剩磁，用 $B_r$ 表示。但是，通常剩磁这个词也可以指材料从最大磁化场降为零所剩留的磁化强度即剩余磁化强度 $M_r$。对磁性材料来说，在国际单位制中，三个磁学基本量 $B$、$H$、$M$ 之间的关系服从下式：

$$B = \mu_0(H + M) \quad （国际单位制） \tag{1.1.1}$$

$$B = H + 4\pi M \quad （高斯单位制） \tag{1.1.2}$$

因此，$B_r = \mu_0 M_r$（国际单位制）或者 $B_r = 4\pi M_r$（高斯单位制），如图 1.1.1 所示，在 $B$-$H$ 和 $\mu_0 M$-$H$ 磁滞回线上，$B_r$ 和 $\mu_0 M_r$ 是重合的，而在 $\mu_0 M$-$H$ 回线上 $B_r$ 和 $M_r$ 是不重合的。

由于磁路中存在空隙，永磁体实际处于开路状态。在这种状态下，永磁体的工作点在退磁场作用下将从 $B_r$ 点移到某点 $D$，这时，永磁体的剩磁已不再等于 $B_r$，而应等于 $B_D$。

一般 $B_D$ 被称为表观剩磁。

在退磁曲线上，连接永磁体的工作点 $D$ 和坐标原点 $O$ 的连线 $OP$ 称为开路磁导线。设一永磁体为圆柱体，其长度为 $l$，直径为 $d$，且 $l \gg d$，在此情况下可近似认为类似于椭球体，能沿轴向被均匀磁化，可用 $-NM$ 代表退磁场。根据退磁场和磁感应强度的表达式

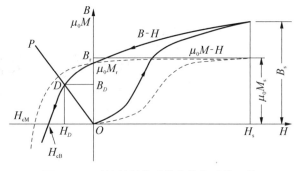

图 1.1.1　磁性材料的磁化曲线和磁滞回线

$$H = -NM \qquad (1.1.3)$$

结合(1.1.1)式可以得到

$$B = \left(1 - \frac{1}{N}\right)\mu_0 H \qquad (1.1.4)$$

因此，开路磁导线 $OP$ 的斜率为

$$P = \frac{B}{\mu_0 H} = 1 - \frac{1}{N} \qquad (1.1.5)$$

这里的 $P$ 称为磁导系数，$N$ 是退磁因子。由于 $N$ 与永磁体的形状有关，因此 $P$ 值也是一个由永磁体形状决定的因子。一般，在永磁磁路设计时，都得根据经验公式，由永磁体和空隙的有关长度和截面积等算出 $P$ 值，然后作出 $OP$ 线，由 $OP$ 和退磁曲线的交点确定工作点 $D$。

### 2. 矫顽力

永磁材料的矫顽力 $H_c$ 有两种定义：一种是在饱和磁化以后使材料的磁感应强度 $B = 0$ 所需的反向磁场，常用符号 $H_{cB}$ 或 $H_c$ 表示；另一种是在饱和磁化后使材料的磁化强度 $M = 0$ 所需的反向磁场值，常用 $H_{cM}$ 或 $H_{cj}$ 来表示。为了区分起见，$H_{cM}$ 或 $H_{cj}$ 常被称为内禀矫顽力。在比较不同永磁材料的磁性能或设计永磁磁路时不能混淆这两种矫顽力的差别。根据图 1.1.1 所示的退磁曲线特征，在磁滞回线的第二象限中，$B\text{-}H$ 退磁曲线位于 $\mu_0 M\text{-}H$ 退磁曲线的下方，即意味着

$$|H_{cj}| \geqslant |H_{cB}| \qquad (1.1.6)$$

两者间差别的大小依赖于退磁曲线的特征。一般，如果 $B_r \gg \mu_0 H_c$，$H_{cj}$ 和 $H_{cB}$ 两者数值将很接近，如 Alnico 5 永磁合金就属于这种情况；如果 $B_r \approx \mu_0 H_c$，则 $H_{cj}$ 和 $H_{cB}$ 两者之间的差别可以相当大，例如在一些稀土永磁合金中，$H_{cj}$ 有可能是 $H_{cB}$ 的三倍多。另外，从(1.1.2)式，当 $B = 0$ 时，有

$$H = H_{cB} = -M$$

在磁滞回线的第二象限中，磁化强度的最大值为 $M_r$，所以在数值上

$$H_{cj} < M_r \qquad (1.1.7)$$

或

$$\mu_0 H_c \leqslant B_r \qquad (1.1.8)$$

这就是说,$\mu_0 H_c$ 的最高值不能超过材料的剩磁值。

图 1.1.2 示出了一些永磁材料的退磁曲线[1]。可以看到,在所有的材料中,Nd-Fe-B 合金的矫顽力最大,其剩磁 $B_r$ 则低于 Alnico 5 合金。

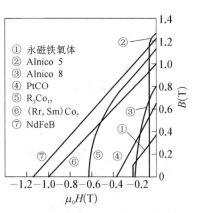

图 1.1.2 永磁材料的退磁曲线[1]

### 3．静态最大磁能积$(BH)_{max}$和最大有用回复磁能积$(BH)_u$

永磁材料的静态最大磁能积$(BH)_{max}$是永磁体磁极之间的空隙中所能提供最大磁能的量度,数值上等于退磁曲线上各点所对应的磁感应强度 $B$ 和磁场强度 $H$ 的乘积中的最大值。从退磁曲线上获得$(BH)_{max}$简易方法:通过 $B_r$ 作平行于 $-H$ 轴的直线与通过 $H_{cB}$ 平行于 $+B$ 轴的直线,二者相交形成矩形,矩形对角线与退磁曲线相交点为最大磁能积的工作点。实际应用时工作点未必在最大磁能积的状态,需根据具体磁路而确定,以下将进行一些介绍。

考查图 1.1.3 所示的最简单的永磁体磁路。图中的磁路由永磁体和气隙组成。永磁体是带有气隙 g 的环状试样,能对外提供磁场做功。设气隙中的磁感应强度和磁场强度分别为 $B_g$、$H_g$,相应的气隙长度和截面积是 $l_g$ 和 $S_g$,如果气隙附近磁通的漏磁系数和磁动势损失系数(磁阻系数)分别为 $k_1$ 和 $k_2$,则由永磁磁路定理可得[2]

$$B_m S_m = k_1 B_g S_g \qquad (1.1.9)$$

$$-H_m l_m = k_2 H_g l_g \qquad (1.1.10)$$

式中,$B_m$、$H_m$、$l_m$、$S_m$ 分别是永磁体内的磁感应强度、磁场强度、磁体的长度和截面积。由此可得气隙中的磁感应强度为

$$B_g^2 = (-B_m H_m) \frac{V_m}{V_g} \frac{\mu_0}{k_1 k_2} \qquad (1.1.11)$$

式中,$V_m = S_m l_m$ 是永磁体的体积,$V_g = S_g l_g$ 是气隙的体积,$B_g = \mu_0 H_g$。物理量 $-(B_m H_m)$ 是由永磁体在退磁曲线上的工作点所决定的。由于磁场的能量密度等于 $BH/2$,因此,乘积 $-(B_m H_m)$ 被称为磁能积。该式的物理意义是:

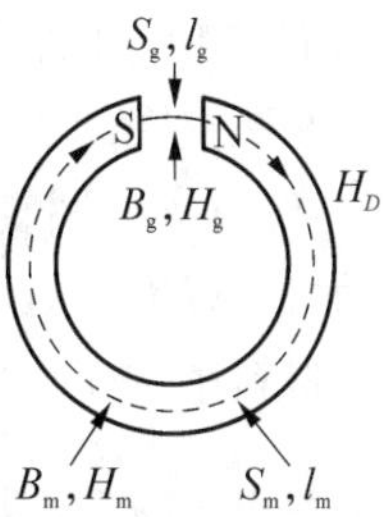

(1) 在一个带有气隙的永磁磁路中,气隙中的磁感应强度 $B_g$ 和磁能积 $-(B_m H_m)$、磁体体积 $V_m$、气隙体积 $V_g$ 有关。如果永磁体的 $-(B_m H_m)$ 越大,$V_m$ 越大,$V_g$ 越小,则气隙磁场越强;如果能使永磁体的工作点正好位于磁能积最大点,则可获得最大的气隙磁感应强度,即获得最强的气隙磁场。永磁体的最大磁能积记为$(BH)_{max}$。类似于图 1.1.3

图 1.1.3 最简单的永磁体磁路

所示的永磁磁路中,气隙的尺寸是不随时间而改变的,因此被称为静态磁路。这样的最大磁能积也就称为静态最大磁能积。

(2) 如果永磁体的体积 $V_m$ 和气隙体积 $V_g$ 已经选定,按(1.1.11)式,如果选择具有最大磁能积的永磁材料制作永磁体,显然可以获得最强的工作磁场。

(3) 如果气隙磁场和体积给定,按(1.1.11)式,当永磁体工作在 $(BH)_{max}$ 点,则永磁体的体积可减至最小,即有利于节省永磁材料。

(4) (1.1.11)式是静态永磁体磁路设计的基本公式。按这一公式,如果已知气隙相关参数 $B_g, S_g, I_g$ 以及永磁体的工作点—$(B_m H_m)$,要想求得永磁体的尺寸 $S_m$ 和 $l_m$,必须先正确估计漏磁系数 $k_1$ 和磁动势损失系数 $k_2$。一般,$k_2 = 1.05 \sim 1.45$,$k_1 = 2 \sim 20$。

有时候,永磁体处于动态下工作,这时,位于磁路中的有用空隙是不断变化的,如永磁电机中的永磁体就属于这种情况。为简单起见,我们以图 1.1.4 所示的起重永磁体的工作情况为例加以说明。图中,用空隙 g 表示漏磁空隙,空隙 G 表示有用空隙,在起重永磁体的装置中,这个有用空隙的功能就是吸引衔铁做功。在衔铁远离起重永磁体时,情况的分析和静态应用是相同的,设这时永磁体的工作点位于退磁曲线上的 D 点。现在,将衔铁逐步移近永磁体,则空隙 G 将逐渐减小,G 中的有用磁通随之增大。从退磁曲线上来看,磁体的工作点将沿 $DnC$ 曲线变化,最后当衔铁被永磁体紧紧吸住时,磁体的工作点便落在 C 点上。如果现在将衔铁从起重永磁体上拉开,则因磁滞的缘故,工作点将沿曲线 $CmD$ 变化。重复这种吸引和拉开的操作,永磁体的工作点就反复地沿小回线 $DnCmD$ 变动。在实际情况下,由于小回线很窄,近似可以用一条直线 $DC$ 来代表,该直线被称为回复线,其斜率用 $\mu_r$ 表示,称为回复磁导率,或回复系数。假定在某一时刻,永磁体的工作点位于回复线 $DC$ 上的某一点 E,则其表观剩磁为 $B_e$,但是从 E 点向 H 轴所引的垂直线和漏磁导线 $OD$ 的交点 F 对应的磁感应强度 $B_f$ 是漏磁感,因此永磁体

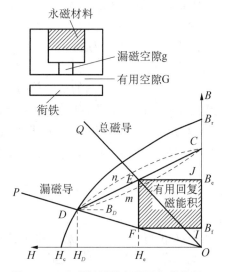

图 1.1.4　永磁材料的有用回复磁能积

实际有用的磁感应强度为 $B_e - B_f$,其能够用于做功的磁能积应该用图中画有阴影线的矩形面积来表示,数值上等于 $(B_e - B_f) \times H_e$。该磁能积称为有用回复磁能积。不难证明,只有当 E 点位于回复线 $DC$ 的中点时,有用回复磁能积才有最大值。如果改变起重永磁体装置中漏磁空隙的大小,则对应于改变 D 点在退磁曲线上的位置,可以发现,当 D 点位于某一点时,经过该点回复线中点所算出的有用回复磁能积将有最大值,称为最大有用回复磁能积,用符号 $(BH)_u$ 表示。最大有用回复磁能积的极限值将是 $(BH)_{max}$。这种情况出现在 $\mu_r = 1$ 的材料中,这时材料将拥有理想的 $\mu_0 M - H$ 矩形退磁曲线。

### 4. 稳定性

永磁材料的稳定性是指它的有关磁性能在长时间使用过程中,或者受到温度、外磁

场、冲击、振动等外界因素的影响时,保持自身性能不变的能力。材料稳定性的好坏直接关系到永磁体工作的可靠性。

设描述永磁材料磁性能的某一参数为 $Z$,则其稳定性可用它的变化率 $\eta$ 来表示:

$$\eta = \frac{\Delta Z}{Z} \times 100\% \qquad (1.1.12)$$

式中,$\Delta Z$ 是该参数的变化量,参数 $Z$ 可以代表材料的剩磁 $B_r$,或者表观剩磁 $B_D$,或者矫顽力 $H_c$。

**(1) 温度稳定性**

当永磁材料所处的环境温度发生变化时,材料的剩磁和矫顽力常常会随之发生变化。以 $B_r$ 为例,如图 1.1.5 所示,某一材料的 $B_r$ 经温度 $T_R$ 和 $T_1$ 之间反复加热和冷却处理时的变化规律是:开始几次加热—冷却循环时,剩磁 $B_r$ 会出现明显的下降,按上面公式计算出来的相对变化率称为材料剩磁的不可逆损失,以百分数表示。再继续加热冷却循环时,会发现剩磁随温度的变化将是可逆的,即随着温度升高,剩磁减小;随着温度下降,剩磁又会回到原来值。这种现象如图 1.1.5 所示。图中 $B_1$ 是最初试样在温度 $T_R$ 时的剩磁值,经过第一次加热—冷却循环温度回到 $T_R$ 时剩磁值 $B_3$,此时,$B_3$ 明显低于 $B_1$。假定经过两次加热—冷却循环后回到温度 $T_R$ 时仍有不可逆损失,即 $B_5$ 又低于 $B_3$。但是,再继续进行第三次加热冷却循环时,剩磁值可能只发生可逆变化,即沿着同一条直线上下变化。

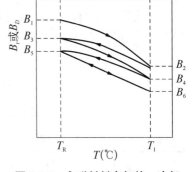

**图 1.1.5** 永磁材料在加热—冷却循环处理时剩磁的不可逆和可逆损失示意图

在比较不同永磁材料的温度稳定性时,常常使用剩磁 $B_r$ 或 $H_c$ 的不可逆损失和可逆温度系数作为重要指标。对于图 1.1.5 所代表的材料,剩磁的不可逆损失由下式求得

$$\eta = \frac{B_5 - B_1}{B_1} \times 100\% \qquad (1.1.13)$$

而剩磁的可逆温度系数 $\alpha$ 定义为

$$\alpha = \frac{B_6 - B_5}{B_5(T_1 - T_0)} \times 100\%/℃ \qquad (1.1.14)$$

但是,必须指出,对于各种具体的永磁材料,造成不可逆损失的加热—冷却循环的次数要多少次后才出现剩磁的可逆变化,是各不相同的,由实验决定。

图 1.1.6 示出了一些永磁材料表观剩磁 $B_D$ 的温度稳定性[3]。可以看到,永磁铁氧体在高于室温的温度循环后,$B_D$ 的不可逆损失非常小,但是在经历低温循环处理后,$B_D$ 的不可逆损失最大。从剩磁可逆温度系数 $\alpha$ 看,铝镍钴永磁合金的温度系数最小,约为 $-(0.01 \sim 0.02)\%/℃$;其次是 $Sm_2Co_{17}$ 合金,约为 $-(0.03 \sim 0.04)\%/℃$;钕铁硼永磁合金和永磁铁氧体的 $\alpha$ 最大,分别为 $-0.126\%/℃$ 和 $-0.19\%/℃$。

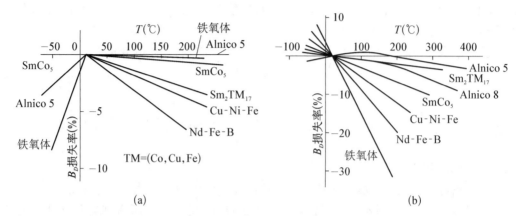

**图 1.1.6　永磁材料的温度稳定性。(a) $B_D$ 在温度循环后的不可逆损失[工作点在 $(BH)_{max}$ 处];(b) $B_D$ 在不同温度下的可逆损失率[3]**

在实际使用中,人们还常常定义永磁材料内禀矫顽力 $H_{cj}$ 的可逆温度系数,一般用符号 $\beta$ 表示,定义如下式所示:

$$\beta = \frac{H_{cj}(T_1) - H_{cj}(T_0R)}{H_{cj}(T_0)(T_1 - T_0)} \times 100\%/℃ \tag{1.1.15}$$

表 1.1.1 列出了一些和永磁材料温度稳定性指标有关的参数。

**表 1.1.1　某些永磁材料的温度稳定性参数[4-6]**

| 材料 | 居里温度 $T_c(℃)$ | 最高工作温度 $T_{max}(℃)$ | $B_r$ 温度系数 $\alpha(\%/℃)$ | $H_{cj}$ 温度系数 $\beta(\%/℃)$ |
|---|---|---|---|---|
| AlNiCo | 860 | 550 | $-0.02$ | $-0.03$ |
| 永磁铁氧体 | 450 | 300 | $-0.20$ | $-0.40$ |
| FeCrCo | 650 | 500 | $-0.03$ | — |
| MnAlC | 310 | 120 | $-0.12$ | $-0.35$ |
| SmCo$_5$ | 750 | 300 | $-0.05$ | $-0.25$ |
| Sm$_2$Co$_{17}$ | 880 | 450～550 | $-0.03$ | $-0.35$ |
| NdFeB | 312 | 220 | $-0.13$ | $-0.70$ |

### (2) 时间稳定性

永磁材料在室温或某一较低特定温度下存放和工作,磁性能会随着时间而变化。图 1.1.7 示出了永磁铁氧体、SmCo$_5$、Alnico 5 和碳钢四种材料相应于工作点位于最大磁能积 D 点处在 $20\sim25℃$ 的时间稳定性[3],其中永磁铁氧体的时间稳定性最好,其表观剩磁基本上不随时间变化,而碳钢的表观剩磁的时间稳定性最差,其表观剩磁的变化率在

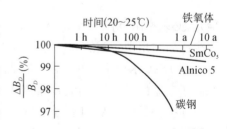

**图 1.1.7　永磁材料的时间稳定性[3]**
(h—小时;a—年)

一年时间内高达5％以上。

研究发现,材料的矫顽力越高,尺寸比越大,磁体的时间稳定性越好。为了改善磁体的时间稳定性,在实践上,常常采用交流强制适当退磁的方法,例如永磁体充磁后,施加交流退磁3％～4％,常有较好的效果。

**(3) 外磁场的影响**

Bozorth 曾研究了铬钢、钼钴磁钢和 Alnico 5 永磁材料棒状磁体在受到交变磁场作用时剩磁的变化,如图 1.1.8 所示[7,8]。三种 Alnico 5 磁体的尺寸比(长径比)分别为 $m=8.2$、4.4 和 1.9,其中,$m=4.4$ 的磁体对应于其工作点 $D$ 位于退磁曲线的 $(BH)_{max}$ 处,$m=8.2$ 磁体的工作点则位于 $D$ 点上方,而 $m=1.9$ 磁体的工作点位于 $D$ 点下方。曲线 $A$ 表示成分为 17％Mo、12％Co 的钼钴磁钢情况,曲线 $B$ 表示含 3.5％Cr 的铬钢情况,它们的尺寸比均通过选择,使棒状磁体的工作点位于退磁曲线上最大磁能积 $D$ 点附近。$m=4.4$ 的 Alnico 5 棒状磁体经饱和磁化后撤去外磁场,可以测得磁棒中部的磁感应强度 $B=9.7$ kG,$H=-0.4$ kOe。随后,对磁体施加反向的交变磁场,使其振幅峰值逐渐从零增大到一定值,然后再减小至零,测量棒中部的 $B$ 值。从图 1.1.8 可见,长径比越大的磁体,经过反向交变干扰磁场作用后,稳定性越好。

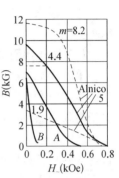

**图 1.1.8** 三种不同永磁材料的棒状磁体受已知振幅的反向交变磁场影响时剩磁的下降[8]

这种特性在永磁体储存、运输、装配和实际应用时是应该加以考虑的,因为永磁体的实际工作环境中总存在一些外磁场源,如变压器、电焊机或高频电炉等,它们都会影响永磁磁路中空隙磁场的恒定性发生改变。

在图 1.1.8 中,有一条水平虚线,它是在外加某振幅交变磁场(如 $H_\sim=0.2$ kOe)、随后将其撤去后,磁感应强度在一较低的值(7.6 kG)下基本不变,这表明,在适当牺牲有用磁通的情况下,可以改善反抗交变干扰磁场的稳定性。

永磁体在储存、运输、安装和使用过程中,常会接触其他铁磁性物质。这样的接触会导致磁体的工作点移动并使剩磁下降。为了防止永磁体因为这类接触而导致剩磁下降,可以采用非磁性的保护套把永磁体加以屏蔽。例如,罗盘(指南针)的磁针可以置于黄铜的套管中,而磁控管的磁体则可置于模铸合金或塑料套中加以保护[7]。在这种应用场合中,影响退磁率大小的因素很多,例如永磁体性能、接触物的种类和尺寸、接触方式、接触部位以及接触次数等。图 1.1.9 示出了保护层厚度对 Alnico 5 合金剩磁退磁率的影响,永磁体是长方体,尺寸为 1.6 cm×1.6 cm×11.5 cm,接触物是截面积为 16 cm² 的铁棒。

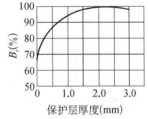

**图 1.1.9** 非磁性保护层的厚度对永磁体因与铁磁性物质接触引起的 $B_r$ 退磁率的影响[9]

可以看出,随着保护层厚度的增加,$B_r$ 的下降幅度减小。当保护层厚度选择 3.2 mm 时,$B_r$ 的下降率可小于1％,能确保永磁体剩磁有足够好的稳定性[10]。

**(4) 机械冲击和振动的影响**

在机械冲击和机械振动作用下,例如将永磁体从 1 m 高处掉落到硬木板上 20～1 000 次,测量试样剩磁的变化,对于尺寸为 1.27 cm×1.27 cm×25.4 cm 的 Alnico 合金制成的方棒试样,经 1 000 次冲击后剩磁损失率一般不会大于 0.5%～1%,而含钴量 35% 的钴钢却达 9%,钨钢则更高达 18%[11]。将试样置于振动台上进行振动试验,发现对于 Alnico 5 合金试样,当振动频率为 10～50 Hz 时,全位移 12 mm,一个振动周期为 40 分钟,剩磁损失率为 0.32%,如为 Alnico 2 合金试样,则为 0.33%[10]。

总的说来,在经受机械冲击和振动作用时,矫顽力越高的合金试样的剩磁损失率也越小。

**(5) 核辐照影响**

永磁体如被应用于核反应堆中,会受到核辐照的影响。因为核辐照常会导致材料内部产生空位和空隙等晶格缺陷和不均匀性,从而影响到永磁性能。由大量实验总结得出,对于矫顽力很小($H_c < 40$ A/m)的永磁材料经中子通量密度约 $10^{18}$ N/cm$^2$ 的核辐照后对磁性能的影响较大,但是对于那些内部已经包含大量缺陷和不均匀性的高矫顽力材料而言,核辐照对磁性能的影响极小或不受影响。例如,经实际测量,将 Alnico 2 和 Alnico 5 合金置于每平方厘米达 $3 \times 10^{17}$ 个快速中子辐照下,磁化强度测量结果均在误差范围之内,表明试样的磁性能未发生变化[10,11]。

**(6) 预稳定化处理的应用**

通常在实际生产中,可以通过对永磁体实施预先的稳定化处理来提高永磁体的工作稳定性,其中,最常采用的方法是在永磁体饱和充磁后,有意识地对磁体进行部分退磁,以保证永磁体在以后的使用过程中剩磁不再随时间而变化或可以改善温度稳定性以降低使用过程中剩磁的不可逆损失。应该指出,这种退磁百分数不能过大,对于 Alnico 合金,一般推荐退去原磁通量的 10%～15%,以期保证永磁体在以后很多年的实际使用中都是完全稳定的。这种预稳定化处理可以采用交流退磁或直流换向退磁来实现,但以直流换向退磁效果最好。

## 1.1.2 提高永磁材料磁性能的基本途径

上面提到的有关衡量永磁材料性能的几个重要指标中,最重要的是剩磁 $B_r$ 和矫顽力 $H_c$。几十年来,永磁材料的磁性能,特别是最大磁能积已从 20 世纪 30 年代的 8 kJ/m$^3$ 以下提高到了 400 kJ/m$^3$ 以上,主要归因于 $B_r$ 和 $H_c$ 的增大。下面分别谈谈提高 $B_r$ 和 $H_c$ 的途径。

### 1. 剩磁 $B_r$

从材料的磁滞回线可知,要想提高永磁材料的剩磁,必须设法提高其饱和磁化强度 $M_s$。然而,$M_s$ 主要由材料的成分所决定,通常经过研究已获得最佳值,因此要想通过改变成分来大幅度提高材料的 $M_s$ 是不可能的。因此对于成分基本给定的永磁材料,如何提高 $B_r/B_s$ 的比值是提高 $B_r$ 的关键。提高 $B_r/B_s$ 的基本途径有以下几条:

**(1) 定向结晶**

在永磁合金经熔炼进行铸造时,设法控制铸件的冷却条件,使大多数晶粒沿着易磁化方向长大,最后形成柱状晶结构。它的磁性能往往介于单晶材料和普通等轴晶材料之间。

例如,含钴量在 24% 以上的铝镍钴永磁合金通过采用这种方法使剩磁提高。

**(2) 磁场处理或塑性变形**

将材料置于磁场中进行热处理或者经受一定变形量的塑性变形,可以控制热处理或变形过程中铁磁相颗粒的析出形态,并使磁矩沿某一方向(如磁场方向或轧向)择优取向,例如铝镍钴合金和铁钴钒合金分别是这两种情况的典型例子。

**(3) 磁场成型**

一些具有单易磁化轴的永磁材料包括永磁铁氧体和一些用烧结法制备的高性能永磁合金(如稀土钴和钕铁硼合金)在压型时常采用施加强磁场,使颗粒的易磁化方向沿磁场方向取向,经高温烧结和/(或)热处理后可以得到较高的剩磁。采用这种方法来提高剩磁,一个重要的前提条件是尽可能减小颗粒尺寸,使其处于单畴状态。

## 2. 矫顽力 $H_c$ [2]

永磁体在外磁场中饱和磁化后撤去外磁场,并施加反向磁场使其内部的磁感应强度降为零的过程称为反磁化过程。根据铁磁学理论,永磁体的反磁化过程可以通过畴壁的不可逆位移和磁畴内磁化矢量的不可逆转动来进行。永磁材料矫顽力的大小主要由磁各向异性、掺杂、晶界、显微缺陷等对畴壁的不可逆位移和磁畴不可逆转动的阻滞强弱来决定,阻滞作用越强,矫顽力就越大。

**(1) 磁畴磁化矢量的不可逆转动**

有一些永磁材料是由许多铁磁性的微细颗粒和将这些颗粒彼此分隔开的非磁性或弱磁性基体所组成的。这些铁磁性颗粒是如此之细小,以至于每一颗粒内部只包含一个磁畴,这种颗粒称为单畴颗粒。单畴颗粒得以存在的条件是其半径必须小于某一临界半径 $R_C$,

$$R_C = \frac{9\gamma_\perp}{\mu_0 M_s^2} \quad (\text{立方晶体}) \tag{1.1.16}$$

或

$$R_C = \frac{9\gamma_\parallel}{\mu_0 M_s^2} \quad (\text{单轴晶体}) \tag{1.1.17}$$

式中,$\gamma_\parallel$ 和 $\gamma_\perp$ 分别是材料内 $90°$ 和 $180°$ 畴壁的畴壁能。在单畴颗粒内部,由于不存在畴壁,反磁化过程由磁畴的不可逆转动所控制,磁畴内的磁化矢量要从一种取向转动到另一种取向,必须克服来自各种磁各向异性对转动的阻滞。在永磁合金中,常见的磁各向异性主要有三种:磁晶各向异性、形状各向异性和应力各向异性。如果在由单畴颗粒所组成的大块永磁合金中,各个单畴颗粒之间没有任何相互作用,而且磁畴内磁化矢量的转动属于一致转动,则材料的总矫顽力可以写成

$$H_c = a\frac{K_1}{\mu_0 M_s} + b(N_\perp - N_\parallel)M_s + c\frac{\lambda_s \sigma}{\mu_0 M_s} \tag{1.1.18}$$

式中,右边三项依次分别是磁晶各向异性、形状各向异性和应力各向异性的贡献,$N_\perp$ 和

$N_{/\!/}$ 是具有形状各向异性的颗粒沿短轴和长轴所对应的退磁因子,$a,b,c$ 是和晶体结构、颗粒取向分布有关的系数。从该式可以看到,对于高 $M_s$ 的材料,最好是通过形状各向异性来提高矫顽力,这时希望粒子的细长比越大越好,这样可以增大 $(N_\perp - N_{/\!/})$ 值。相反,对于具有高 $K_1$ 和高 $\lambda_s$ 的材料,应该利用磁晶各向异性和应力各向异性来提高矫顽力。在单畴材料中,各单畴颗粒取向是否一致直接影响着 $H_c$ 的大小,这一因素反映在系数 $a,b,c$ 中。例如,当单畴颗粒取向完全一致时,$a=2,c=1$;而当单畴颗粒的取向呈混乱分布时,$a=0.64$(对 $K_1>0$ 的立方晶体)或 $a=0.96$(单轴晶体),$c=0.48$。由此可知,在大块单畴颗粒材料中,当所有单畴颗粒的易磁化方向(长轴)完全平行排列时永磁性能最高。

在生产实践中,获得大块单畴材料的途径简要地列举如下:

① 利用一些特殊方法制造超细单畴微粉,然后和一些非磁性材料充分混合,压制成大块材料。例如早期发展的所谓伸长单畴微粒永磁材料(ESD)就是用电解法制取针形铁粉或铁钴合金粉,然后将其与铅、锡、锑一类非磁性金属充分混合,使细长的单畴微粉均匀分散开,最后压制成型。这种材料的磁性能可以达到普通铝镍钴合金的水平,最大磁能积为 $16\sim28$ kJ/m$^3$(2.0~3.5MGOe),但是这种材料的实际使用价值不大。

② 控制热处理条件,使永磁合金内部形成复相结构,其中一相是强磁性单畴颗粒,而基体相是弱磁性相或非磁性相,铝镍钴和铁铬钴等永磁合金都属于这种情况。

③ 利用球磨、气流磨等设备,将磁性颗粒尺寸控制在单畴尺寸附近。对于各向异性的铁氧体永磁材料,也可通过干法或湿法球磨来控制颗粒尺寸减小到 $0.8\sim1.0~\mu m$,以提高矫顽力。

**(2)畴壁的不可逆位移**[12]

如果永磁材料的反磁化过程由畴壁的不可逆位移所控制,则一般有两种情况:一种是反磁化时材料内部存在着沿反方向上磁化的磁畴(反向畴),一种则是不存在这种反向畴。我们知道,在永磁材料中,不可避免地会有各种晶体缺陷、杂质、晶界等存在,在这些局部区域内由于内应力或内部退磁场的作用,磁化矢量很难改变取向,以至于当晶体中其他部分经磁化场饱和磁化后,这部分的磁化矢量仍取向在相反方向。因此,在反磁化时,它们就被称为反磁化核。这些反磁化核在反向磁场作用下,将长大成反磁化畴,为畴壁位移准备了条件。在这类所谓的成核型磁体中,晶粒内畴壁位移相当容易,要想获得高矫顽力,关键是依靠晶界或缺陷阻碍畴壁移动,否则,一旦在磁体内出现了一个畴壁,将导致整个磁体发生反磁化。所以,如图 1.1.10(a)所示,这种磁体的磁化特点是畴壁可逆位移参量的低场磁化率很大,而且在相当低的磁场下就可达到饱和磁化。实验上还可发现,测得的"矫顽力"会与正向"饱和"磁化场有关。只有外加和真实矫顽力相当的正向饱和磁化场,才能得到真实的矫顽力。因此,磁体经过正向饱和磁化场磁化后,反磁化畴的成核只有在反向磁场至少等于成核场 $H_N$ 时才能发生。如果 $H_N$ 大于畴壁在晶界或其他缺陷处受到的钉扎场 $H_P$,则只有当反向场 $|H|\geqslant|H_N|$ 时才能使磁体实现完全的反磁化,这时,$H_c=|H_N|$。如果永磁材料在反磁化开始时,根本就不存在反磁化核,那么千方百计地阻止反磁化核出现就是提高矫顽力的有效途径。从这个角度看,我们希望晶体中的缺陷越少越好,因为缺陷正是反磁化核的主要成核中心。

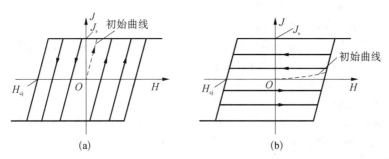

**图 1.1.10　由(a)成核和(b)钉扎机理控制的材料的初始磁化曲线和小磁滞回线[12]**

在早期发展的传统永磁材料中,对畴壁不可逆位移产生阻滞作用的因素主要有内应力起伏、颗粒状或片状掺杂,以及晶界等。它们对 $H_c$ 的影响规律正好和前面讨论过的初始磁导率规律相反。为了提高矫顽力,最好是适当增大非磁性掺杂含量并控制其形状(最好是片状掺杂)和弥散度(使掺杂尺寸和畴壁厚度相近),同时应选择高磁晶各向异性的材料;或者增加材料中内应力的起伏,并适当控制起伏波长(使起伏波长 $l$ 和畴壁厚度 $\delta$ 相近),同时选择高磁致伸缩材料。

在新型高矫顽力稀土钴和钕铁硼永磁合金中,除了反磁化成核的原因外,强烈的畴壁钉扎效应也是造成高矫顽力的机理之一。对于这些钉扎型磁体,畴壁不能自由地在晶粒中移动,因为晶粒中有许多磁性非均匀区可以成为钉扎畴壁位移的中心。如图 1.1.10(b)所示,由于晶粒中普遍存在均匀分布的钉扎中心,低场磁化率很小,饱和磁化所需的磁场很高,整个磁化过程是不可逆的。只有当反向磁场 $H \geqslant |H_P|$ 大于钉扎场 $H_P$ 时,畴壁才能挣脱束缚,开始不可逆位移。因此,钉扎场 $H_P$ 的大小决定了材料 $H_c$ 的大小。在稀土钴永磁合金中,$K_1$ 很大($10^6 \sim 10^7 \mathrm{J/m^3}$),因而,这些畴壁都很窄,例如按粗略估计,$SmCo_5$ 和 $Sm_2Co_{17}$ 合金的畴壁厚度分别为 $5.1 \times 10^{-3}~\mu m$ 和 $0.01~\mu m$,这一厚度和晶体中各种缺陷大致相当,因而对畴壁位移可以产生很大的阻滞作用。例如,和晶体中各种点缺陷、位错、晶界、堆垛层错、相界、反相界等有关的局域性交换作用和局域各向异性起伏都可以是畴壁钉扎点的重要来源。因此,从原则上说,如何设法使材料中出现有效的钉扎中心,即形成合适的晶体缺陷,是由畴壁钉扎控制矫顽力的材料中提高矫顽力的重要方向。但是在某些稀土钴合金中,也曾发现矫顽力是由反磁化成核控制的情况,在这类材料中,减少成核缺陷则是提高矫顽力的重要前提。

**参考文献**

[1] Strnat K. J., Rare earth cobalt permanent magnets, *Ferromagnetic Materials*[M], Vol 4. eds. Wohlfarth E. P., Buschow K. H. J., Amsterdam: North Holland,1988: Fig.38,P.192.

[2] 钟文定.铁磁学[M].中册.科学出版社,1987:第 11 章,永磁体磁路设计原理.

[3] Bohlmann M. A.,*Magnets*,1986,1(1):18－22;祝景汉,译.国外金属材料,1986,No.10:35－39.

[4] 高旭山.永磁材料的稳定性及其在电真空器件中的应用[J].中国磁性产业:跨越式可持续发展战略研讨会论文集[C].中国浙江东阳,中国电子学会应用磁学分会,2003 年 11 月 7 日—11 日:pp.221－227.

[5] Walmer M. S.,et al., *IEEE Trans. Magn*,2000,36(5):3376－3381.

［6］Chen C. H.,et al., *J. Appl. Phys*,2000,87(9):6719－6725.

［7］戴礼智.金属磁性材料［M］.上海人民出版社,1973:p.106.

［8］Bozorth R. M.,*Ferromagnetism*［M］, D. Van Nostrand Co.,Princeton N. J.,1951:p.354.

［9］王会宗,等.磁性材料制备技术［M］.中国电子学会培训中心指定教材,2004:pp.291－315.

［10］万永.铸造铝镍钴系永磁合金［M］.科学出版社,1973:pp.184－202.

［11］Studders R. J.,*Prod. Eng*,1948,19(12):113.

［12］Skomski R.,Coey J. M. D.,*Permanent magnetism（Studies in condensed matter physics serries）*［M］,Institute of Physics Publishing Ltd,Bristol and Philadelphia,1999.

# §1.2　金属永磁材料

## 1.2.1　淬火硬化型合金

1931年前,人们使用的磁钢是淬火马氏体钢,因其矫顽力起源于马氏体相变而得名。最早发展的磁钢是含碳量为1.0％～1.5％的碳钢。1885年左右,发现含钨量为5％的钨钢性能比碳钢好。在第一次世界大战期间,铬钢问世,但是它们的矫顽力都很低。较大的进展出现在1917年前后,当时日本发明了含钴量达30％～40％并含有少量钨、铬、碳的钴钢,矫顽力也被相应提高到18.4 kA/m(230Oe)。表1.2.1列出了这些淬火硬化型合金的典型永磁性能。这类磁钢目前已甚少应用。

**表 1.2.1　某些淬火硬化钢的磁性能[1]**

| 材料 | 成分(wt％),余为 Fe | $B_r$ (T) | $H_c$ (kA/m) | $(BH)_{max}$ (kJ/m³) | 热处理方法 |
|---|---|---|---|---|---|
| 碳钢 | 0.65C,0.85Mn | 1.0 | 3.36 | 1.4 | 785℃水淬 |
| 碳钢 | 1C,0.5Mn | 0.9 | 4.0 | 1.6 | 785℃水淬 |
| 钨钢 | 6W,0.7C,0.5Mn,0.5Cr | 0.95 | 5.9 | 2.6 | 825℃油淬 |
| 铬钢 | 3.5Cr,0.5Mn,1C | 0.95 | 5.3 | 2.3 | 825℃油淬 |
| 钴钢 | 17Co,0.7C,0.85Mn,2.5Cr,8.25W | 0.95 | 13.5 | 5.2 | 945℃油淬 |
| 钴钢 | 36Co,0.8C,0.55Mn,5.75Cr,3.75W | 0.96 | 18.1 | 7.4 | 925℃油淬 |

## 1.2.2　铝镍钴合金

1932年,日本三岛德七(T. Mishima)[2]发现,成分为$Fe_2NiAl$的铁镍铝合金有着比淬火硬化型磁钢更高的永磁性能。此后,人们通过添加钴并调整成分和工艺,使其磁性能得到了大幅度提高,逐步形成了铝镍钴系永磁合金。在很长一段时间里,这类合金一直占据着主要应用地位,即使在今天尽管面临着廉价铁氧体永磁和一系列新发现的高性能新型永磁合金的挑战,但是由于其温度稳定性特别好,仍然有其重要的应用领域,由于磁能积较低但产量不大,主要用于温度稳定性要求高的仪表元件中。

### 1. 铝镍钴合金相图

图1.2.1(a)示出了铁镍铝三元合金的室温相图[3]。1932年,由日本三岛德七最早发现的铁镍铝永磁合金成分就接近于图中的$Fe_2NiAl$点,具体成分范围是55％～63％Fe、25％～30％Ni和12％～15％Al,当时所报道的合金性能为最大磁能积约8 kJ/m³、$H_c$为48 kA/m[2]。它是从1 250～1 300℃将合金以10℃/h的速率缓慢冷却到室温后测得的。

室温下,沿着相图从 Fe 角和 NiAl 化合物的连线,有一(α+α′)两相共存区,其中:α 是富铁的强磁性相,呈体心立方固溶体;α′是以 NiAl 化合物为基的体心立方固溶体,呈弱磁性或非磁性;(α+α′)两相共存区周围,此外还有 γ 相,它是以 Ni 为基的面心立方固溶体,也呈弱磁性。图中各个相区的大小和冷却速度有关。工业上生产的一些铁镍铝合金的成分大多位于该图中,图 1.2.1(b)是沿 Fe‐NiAl 线截取的铁镍铝合金的垂直截面图。

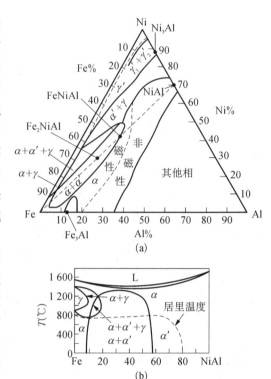

图 1.2.1　Fe‐Ni‐Al 合金相图。(a) 以每小时 10℃ 从高温冷却到室温时的相图;(b) Fe‐Ni‐Al 垂直截面图[3]

铝镍钴合金的相图特征和图 1.2.1 相似,但是各个相区存在的温度范围和居里温度有所不同。由于钴的加入,高温 α 相转变为 α+α′的分解温度将下降,同时还将使 γ 相区和 α+γ 相区向低温扩展。表 1.2.2 列出了成分不同的几种铝镍钴系合金主要相出现的温度范围和居里温度。在铝镍钴合金中,α 相的主要成分是铁和钴,但含少量的铜、铝、钛等元素,α′相主要由镍、铝、钛组成,因此,前者是铁磁性相。后者是弱磁性或非磁性相。不论是铁镍铝还是铝镍钴合金,高温 γ 相在冷却过程中,会自发地转变为晶格常数和 α 相相近的另一体心立方相 $\alpha_\gamma$ 相。实践证明,$\alpha_\gamma$ 相的出现将大大恶化合金的永磁性能。因为铝镍钴合金中 α+γ 相区出现的温度范围要比无钴合金大得多,因此对铝镍钴合金进行热处理时需要更加小心。为了避免 $\alpha_\gamma$ 相的出现,对含钴量为 18%～28%的合金,一般可通过控制冷却速率来达到,但是,对于含钴量大于 28%的合金,则还需添加硅、钛等元素才行。对于 Co 含量更高的 Alnico 8 合金,则更需采取特殊工艺,如磁场等温处理和添加更多有益元素等才能保证获得高性能。

表 1.2.2　铝镍钴系合金各相存在的温度范围和居里温度[4]

| 合金成分(wt%) | | 12Al‐25Ni‐Fe | 10Al‐17Ni‐13Co‐6Cu‐Fe | 8Al‐14Ni‐24Co‐3Cu‐Fe | 7Al‐15Ni‐34Co‐4Cu‐5 Ti‐Fe |
|---|---|---|---|---|---|
| 合金名称 | | Alni | Alnico 2 | Alnico 5 | Alnico 8 |
| 相应相存在的温度范围(℃) | α | >1 150 | >1 150 | >1 200 | >1 250 |
| | α+γ | 1 150～1 100 | 1 150～900 | 1 200～850 | 1 250～845 |
| | α+α′+γ | <1 100 | <900 | <850 | <845 |
| 居里温度(℃) | | 760 | 815 | 890 | 845 |

## 2．影响铝镍钴合金磁性能的主要因素

目前,铝镍钴永磁合金大多采用铸造法生产,其工艺流程示于图 1.2.2 中。

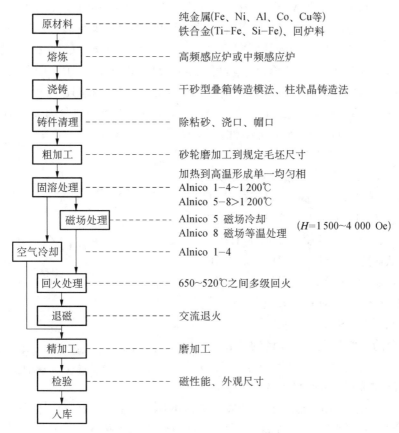

**图 1.2.2 铸造铝镍钴合金的制造工艺**

纵观铸造铝镍钴永磁合金几十年来的发展历史,其永磁性能得以改善的主要途径来自以下三方面:

① 改变合金成分,主要是调整合金中的钴含量和添加少量有益元素,如钛、铜、铌等。

② 寻求最佳热处理工艺,主要是磁场冷却或等温磁场热处理的应用。

③ 控制结晶方向,制得包含柱状晶的合金。

**（1）成分的影响**

对铝镍钴永磁合金来说,对磁性能有害的元素有碳、磷、硫、锰等,因此在制造时必须首先保证材料的纯度。

在铁镍铝合金中,铁、镍、铝是合金的基本成分。从磁性角度看,增加 Fe 含量,有利于增大剩磁 $B_r$,适当增大 Ni 含量对提高 $H_c$ 有利。但是,Ni 含量多了,会提高临界冷却速率,为了降低临界冷却速率,可通过增大 Al 含量、添加 3%～4% 的 Cu 或 1% 以下的 Si 来实现。顺便指出,添加 3%～4% 的 Cu 对于 Fe－Ni－Al 合金和 Alnico 合金都是有益

的,不仅可提高 $H_c$,而且可减少合金磁性对成分的敏感性;添加钒和钛,有利于提高 $H_c$ 和固溶体淬透性。

一般认为,对于三元 Fe‑Ni‑Al 永磁合金,永磁性能较低,最有价值的成分范围是 20%～30%Ni,11%～17%Al,余为 Fe[4]。含有 27.5%Ni、14%Al、余 Fe 的合金可得最大的 $(BH)_{max}$ 值,但是,这时使合金具有最佳磁性能的临界冷却速率较高(15℃/s),因此在制造重量大于 0.2～0.3 kg 的磁体时很难满足这一条件。合金的最佳含 Al 量可以选择 12%～14%,在此基础上,增大含 Ni 量,可以提高 $H_c$ 和 $(BH)_{max}$ 值。因此,铁镍铝三元合金的磁性能可以通过改变镍、铝配比来实现最佳化。为了能够制造体积较大的磁体,可以利用 Fe‑Ni‑Al‑Cu 合金或 Fe‑Ni‑Al‑Si,如美国生产的成分为 25%Ni、12%Al、(0～3)%Cu、余 Fe 的 Alnico 3,可得性能为 $B_r=0.64～0.75$ T、$H_c=44～32$ kA/m、$(BH)_{max}=11.2$ kJ/m³(1.4 MGOe)。

在 Fe‑Ni‑Al 合金中加入 Co,可以使合金的最大磁能积显著提高。这种效应来自加 Co 后合金饱和磁化强度增加和居里温度升高,此外,加 Co 后,可使合金内部的扩散过程变慢,从而降低临界冷却速度,在适当的 Co 含量下,甚至可使冷却速度降低到无 Co 合金时的十分之一,这对制造大截面、大质量永磁体十分有利。图 1.2.3 示出了 Fe‑Ni‑Al‑Co 合金的磁性能随含 Co 量的变化[5]。可以看到,当合金中的 Co 含量从零增大到 25%时,剩磁和矫顽力都是增大的,导致最大

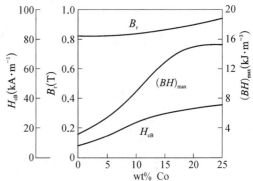

图 1.2.3 Fe‑Ni‑Al‑Co 合金的永磁性能随含 Co 量的变化[5]

磁能积也增大。苏联 Довгалевский 开展了类似的研究工作[6],他们选择了 10 个成分依次变化的合金(如图 1.2.4),每个成分逐次多添加 3%Co,去替代(1～2)%Ni 和 0.5%Al,测定了各自情况下高温相 $\alpha \rightarrow \alpha + \alpha'$ 分解的开始温度 $T$ 和居里温度 $T_c$、在无磁场(控速冷却)和加磁场热处理并在随后都经过最佳回火处理两种情况下的剩磁 $B_r$ 和 $H_c$ 随 Co 含量的变化,如图 1.2.4 所示[7]。结果发现,磁场热磁处理的效果只有在含 Co 量增加到 12%～15%时才开始显现出来,主要反映在剩磁 $B_r$ 增大,而 $H_c$ 变化不明显。当 Co 含量达到 18%时,合金的矫顽力达最大值。综合来看,合金的永磁性能在 24%Co 时最佳。更高的 Co 含量(如 30%),因为矫顽力和剩磁都显著下降,磁性能急剧恶化。从该图还可以看到,大致在 15%Co 合金处,高温 $\alpha$ 相开始分解为富 Fe、Co 的铁磁相 $\alpha$ 和富 Ni、Al 的弱磁相 $\alpha'$ 的温度和合金的居里温度相近。这就意味着,低于 15%Co 的合金,因为 $\alpha \rightarrow \alpha + \alpha'$ 分解的开始温度高于其居里温度,此时合金呈顺磁性,因此磁场热处理效果不可能好;相反,成分位于 18%～24%Co 的合金,$\alpha \rightarrow \alpha + \alpha'$ 分解的开始温度低于其居里温度,而且相差不大,磁场热处理的效果就好,铁磁相逐渐形成铁磁性的伸长颗粒,而且长轴大致平行磁场排列,所以和无磁场热处理比较,磁场热处理后剩磁明显升高,矫顽力则相差不大,永磁性能较佳。

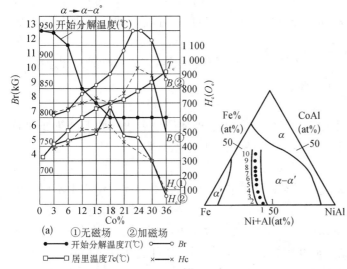

所研究合金的化学成分

| 编号 | 成分(%),余 Fe | | | |
|---|---|---|---|---|
| | Ni | Co | Al | Cu |
| 1 | 24.5 | 0 | 13.5 | 3 |
| 2 | 23 | 3 | 10 | 3 |
| 3 | 21 | 6 | 10 | 3 |
| 4 | 19 | 12 | 10 | 3 |
| 5 | 18 | 15 | 9 | 3 |
| 6 | 17 | 18 | 9 | 3 |
| 7 | 15 | 21 | 9 | 3 |
| 8 | 14 | 24 | 9 | 3 |
| 9 | 13.5 | 30 | 8.5 | 3 |
| 10 | 13 | 36 | 8 | 3 |

(b)

**图 1.2.4 不同含钴量的 Fe‑Co‑Ni‑Al‑Cu 合金的磁性能、居里温度和 $\alpha \rightarrow \alpha + \alpha'$ 分解的开始温度[6]**

在苏联,多夫格列夫斯基等人在 20 世纪 50—60 年代,重点研究了合金的化学成分对热磁处理的影响。在他们的努力下,确定了具有良好热磁处理效果的最低 Co 含量。他们以铝镍 z 合金为基,为了使合金处于状态图中的 $\alpha + \alpha'$ 两相区降低了合金的 Ni 含量,这就使得 $M_s$ 额外增大。通过实验,将试样按最佳规范进行了一般热处理和热磁处理,再经回火后,发现热磁处理时只有在含 Co 量达 12%~15%时才开始有效果。这种情况下,主要是提高了剩磁和磁能积,而 $H_c$ 则变化很小。

在铝镍钴合金中,钛的添加量必须随着含钴量的增大而增大,其添加量范围为 1%~8%。由于钴和钛的共同作用,使合金中铁磁性的 $\alpha$ 相微细颗粒尺寸比发生变化,这种变化对矫顽力的影响综合在表 1.2.3 中。表中所列出的有关合金的矫顽力都是经最佳处理后得到的。由于铝镍钴合金的矫顽力主要来自均匀弥散地分布在弱磁性(或非磁性)基体相中铁磁性 $\alpha$ 相颗粒的形状各向异性,因而,$\alpha$ 相颗粒越是细长,矫顽力就越大。从表中可以看出,合金中钴、钛含量的增大将促使 $\alpha$ 相颗粒的形状各向异性增大。

**表 1.2.3 铝镍钴合金的矫顽力随铁磁相 α 颗粒形状的变化[2]**

| 序号 | 成分(wt%),余 Fe | | | | | | $H_c$ (kA/m) | α 相颗粒的长宽比 | α 相颗粒的平均尺寸(nm) |
|---|---|---|---|---|---|---|---|---|---|
| | Co | Ni | Al | Cu | Ti | Nb | | | |
| 1 | 24 | 14 | 8 | 3 | — | — | 47.7 | 4~6 | 40×40×200 |
| 2 | 25 | 14 | 8 | 3 | — | 1.0 | 63.7 | 4~6 | 40×40×200 |
| 3 | 30 | 15 | 7 | 4 | 5 | — | 103.5 | 10~12 | 35×35×300 |
| 4 | 35 | 15 | 7 | 4 | 5 | — | 119.4 | 13~16 | 30×30×400 |
| 5 | 40 | 14 | 7 | 4.5 | 7.5 | — | 147.2 | 30~35 | 20×20×700 |
| 6 | 42 | 14 | 7 | 4.5 | 8 | — | 163.1 | 33~40 | 30×30×1 000 |

还有，铝镍钴合金中常会添加铌（Nb），其作用和钛相同，但是添加铌的好处是不会导致合金的剩磁明显下降。此外，添加铌还可以改善合金的加工性能。铌的添加量一般为0.3%～2%。

除了上述有关元素外，在合金中还可添加硅、锆等有利元素，以降低临界冷却速率，或加入铈、镧、钐、硒等元素，以改善固溶性。

**（2）热处理的影响**

铝镍钴合金经熔炼、铸造和粗加工后必须进行热处理才能发展永磁性能。热处理通常包括三个阶段，即固溶处理、磁场冷却或磁场热处理和回火处理。

① 固溶处理。

在合金铸造过程中，由于冷却速度一般不可能得到严格控制，在室温组织中不可避免地会包含对磁性能有害的 $\alpha_\gamma$ 相，因此固溶处理的目的是重新将合金加热到高温，通过原子的充分扩散，使其成为均匀的单相组织（$\alpha$ 相）。固溶处理的温度随合金成分而改变，从表1.2.2可以看到，当合金的含钴量从0增加到34%时，固溶处理温度应该相应地从大约1 200℃提高到1 250℃以上，固溶处理时间依永磁体尺寸而定，一般为15～30分钟。

② 磁场冷却或等温磁场热处理。

合金在等温处理结束后，必须控制好冷却速率。对于各向同性的永磁合金，在表1.2.2列出的 $\alpha+\gamma$ 相区内，必须有足够大的冷却速率以抑制 $\gamma$ 相的出现。对于各向异性永磁合金，则必须根据钴、钛含量的多少，分别采用磁场冷却或等温磁场热处理。当然，在 $\gamma$ 相可能出现的温度区间内，也必须使合金迅速冷却。图1.2.5示出了经磁场冷却或等温磁场热处理后合金内禀矫顽力随含钛量的变化。由该图，当铝镍钴合金的含钛量小于3%时，由磁场控速冷却可得较高的矫顽力；而当含钛量大于3%时，则必须采用等温磁场热处理才能得到高矫顽力，而且含钛量越高，等温磁场热处理的效果越好。

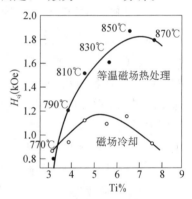

**图1.2.5 铝镍钴合金的矫顽力随不同磁场处理和含钛量的变化[7]**

在实际生产中，不含钴的铁镍铝合金（Alnico 1—4）通常是各向同性的，因而在1 200℃固溶处理后，可以采用6℃/s的冷却速率在空气中自然冷却或鼓风冷却。

对于含钴量为24%、含钛量小于1%的铝镍钴合金（Alnico 5），一般采用1 300℃固溶，随后以200℃/min的冷却速率冷却到900℃左右，再以0.5～1.5℃/s的冷却速率从900℃冷却到400℃左右。作为一个特例，Marcon等人[8]针对Alnico 5合金总结了一个热处理方案：(a) 在1 350℃进行固溶处理，以获得单一均匀的高温 $\alpha$ 相；(b) 以4℃/s的速率快速冷却到900℃左右，以阻止面心立方 $\gamma$ 相的形成，从而杜绝合金在室温下出现对磁性有害的 $\alpha_1$ 相；(c) 在磁场中从900℃控速冷却到600℃以下，磁场强度的典型值可选择320 kA/m。这一过程中，合金通过Spinodal分解成富Fe-Co相 $\alpha$ 和富Ni-Al相 $\alpha'$，而且 $\alpha$ 相成为伸长的铁磁性颗粒，其长轴平行于磁场方向；(d) 实施两级回火650℃×6 h+550℃×24 h，目的是产生平衡的 $\alpha$ 和 $\alpha'$ 两相结构，使它们之间的饱和磁化强度之差达到最大值。以上工艺流程中，如果改变磁场中的冷却速率，如从0.5℃/s增大到4℃/s，对合金的磁性能不会有显著影响。对于磁场强度的选择,他们发现,将成分为 50.6%Fe、13.9%Ni、8.2%Al、24.3%Co、3%Cu 的合金在强度为 80 kA/m 的磁场中冷却并回火后显示有最佳永磁性能,而同样的试样在强度为 576 kA/m 的磁场中冷却后永磁性能没有明显改变。

当铝镍钴合金的含钴量达到 34%、含钛量为 5% 时,一般在 1 260～1 280℃ 进行固溶处理,随后在 1 280℃ 至 850℃ 之间快速冷却,冷却速率以 200℃/min 为好,而在 850℃ 至 400℃ 之间冷却速率应小于 5 ℃/min。磁场等温处理的温度一般选择在 800℃ 左右,处理时间随产品大小而定,约为 5～15 min。

一般,在磁场冷却或等温磁场热处理时,磁场强度为 120～320 kA/m(1.5～4.0 kOe)。

③ 回火处理。

铝镍钴合金经固溶处理和磁场处理后,还必须在较低温度下(如 600℃ 左右)进行回火处理。一般应该根据实际情况选择回火温度和回火时间。生产中常采用多级回火制度,例如对于含钴量为 24% 的 Alnico 5 合金,可以采用三级回火制度,如 620℃×2 h＋580℃×3 h＋550℃×6 h,以进一步提高矫顽力和最大磁能积。

**(3) 定向结晶**

铝镍钴合金的显微组织是由富铁、钴的强磁性 α 相和弱磁性的基体相 α′ 所组成。由于 α 相的易磁化方向为 <100>,沿该方向的磁性能比其他方向高,因此,如果想办法使合金中的绝大多数晶粒都能整齐地沿易磁化方向排列,则剩磁 $B_r$ 就可显著提高。利用定向结晶技术就可以实现这一点。由于铝镍钴合金的 <100> 方向有最好的热传导性能,因而采用一些特殊的铸造方法,如高温铸型法、区域熔化法等,便可使合金沿 <100> 方向结晶,获得晶粒具有择优取向的柱状晶材料。

图 1.2.6 是生产上最常用的高温铸型法热模示意图。其底部是一个通水冷却的铁质或铜质底板,上面置放由高铝质耐火材料制作的铸型。通常,它是由许多排列较为紧密的空腔所组成,而图中仅画出了一个空腔。铸型在铸造前要预先加热到 1 300℃ 或更高温度,铸造时从加热炉内取出放在水冷金属板上,同时,沿其四周需采用一定的保温措施(如用保温砂围起或用加热源加热),随后将高于合金熔点 200℃ 以上的合金熔液注入铸型中,铸型顶部有一较大的帽口,盛有多余的钢液。在这种条件下,钢液结晶只能从下而上有规则地进行,最后便可造成晶粒沿 <100> 方向择优取向的柱状晶。图 1.2.7 示出了这样的柱状晶的断面[9]。

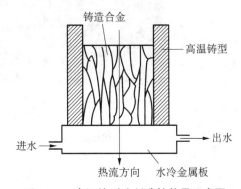

**图 1.2.6 高温铸型法制造柱状晶示意图**

**图 1.2.7 Alnico 5‑DG 的典型柱状晶结构(Gould 1971)**[9]

柱状晶的形成和铝镍钴合金中铝、钛、硫、碳等含量有着密切的关系。对于含铝量为7.0%～8.5%的 Alnico 8 合金,如果其含钛量大于 0.5%,就可能破坏柱状晶的形成,只能制得包含等轴晶组织的磁体。Wright 指出,这时在合金中所出现的细小等轴晶是铝和钛共同作用的结果,如图 1.2.8(a) 所示[10]。因此,在含钛量较高的合金中,一般情况下很难得到柱状晶,但是如果在成分中加入少量的硫(0.15%～0.30%)或硫和碳(0.2%～0.3%),则可制得较为满意的柱状晶。图 1.2.8(b) 示出了用高温铸型法获得柱状晶的成分条件。这时通过在成分中添加 S(或 S+C)就可以获得柱状晶。Harrison 等人[11]在成分为 33.1%Co、14.8%Ni、6.75%Al、4.45%Cu 和 5.5%Ti、余 Fe 的合金中,通过加入0.22%S,制得了具有良好柱状晶的磁体,磁性能达到 $B_r = 1.095$ T,$H_c = 123.4$ kA/m,$(BH)_{max} = 84$ kJ/m³。如果铝镍钴合金中的 Co 含量进一步增大,同时要求 Al×Ti% 大于 40% 时,则可同时添加 0.2%～0.3%(S+C)系才能获得良好的柱状晶。如果(S+C)的加入量大于 0.3%,虽然更容易形成柱状晶,但铝镍钴合金的磁性能实际上已开始下降。

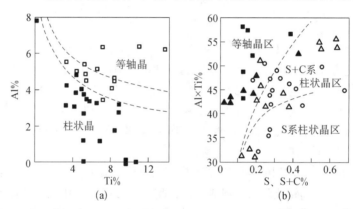

图 1.2.8　用高温铸型法制取柱状晶时结晶组织随添加元素含量的变化[10,11]

### 3. 铝镍钴合金矫顽力的起因

在高性能状态下,铝镍钴合金主要由 α 和 α′ 两个晶格常数和成分不同的体心立方相组成,其中,α 是成分上富 Fe、Co 的强磁性相,α′ 是成分上富 Ni、Al、Ti 的非磁性相,这样的显微组织是在热处理过程中通过Spinodal 分解形成的。图 1.2.9 是 Fe-Ni-Al 合金经最佳控速冷却后在任一平面内观察到的透射电镜照片[2]。可以看出,沿着三个<100>方向均有棒状析出物出现,这是由于相分解时反应的驱动力来自富 Fe 的铁磁相 α 颗粒和富 NiAl 的弱磁相 α′ 基体之间的界面能要尽

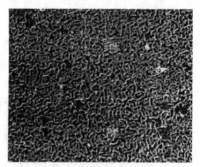

图 1.2.9　经最佳冷却处理的 Fe-Ni-Al 合金在任一平面内显微组织的电镜照片[2]

可能小,而合金的弹性各向异性的对称性决定了铁磁性颗粒的生长会沿着<100>进行。

图 1.2.10 和图 1.2.11 示出了经过磁场热处理得到的 Alnico 5 和 Alnico 8 合金的微结构,图(a)是平行于磁场热处理时磁场方向的平面图,图(b)是垂直于磁场热处理时磁场方向的平面图[2,3]。可以看到,富 Fe、Co 的颗粒呈棒状,其长轴和磁场方向平行,基体是

富 Ni、Al、Ti 的弱磁性相 $\alpha'$。根据研究,对于具有最佳永磁性能的 Alnico 5 合金,铁磁相 $\alpha$ 的主要成分是 $Fe_2Co$,还包含少量的 Al、Ni、Cu,以固溶体的形式存在,该相的饱和磁极化强度 $J_s$ 约为 1.4～1.6 T;弱磁相 $\alpha'$ 的主要成分是等原子化合物 NiAl,还包含少量的 Fe,$J_s$ 仅为 0.1 T[12,13]。对于 Alnico 8 合金,经过 Spinodal 分解后所形成的铁磁相 $\alpha$ 颗粒的形貌比 Alnico 5 合金中更为细长和规则。

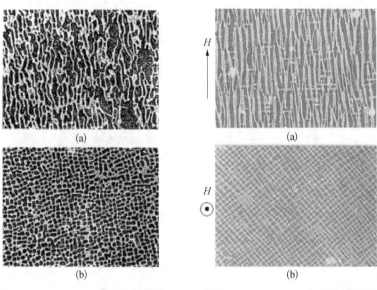

图 1.2.10　Alnico 5 合金的微结构　　图 1.2.11　Alnico 8 合金的微结构

Spinodal 分解在国内有很多译名,其中调幅分解是比较确切的。这种分解的产物是微细而又分布均匀的两相,它们在空间呈周期性排列。如果分解在磁场影响下进行,则可改变磁性相的析出形态有利于形成细长的单畴颗粒,因而对提高单畴材料的矫顽力很有利。

我们已经知道,铝镍钴合金是多元合金,从其相关系的特点来看,可以将它们看成在固态下具有可混间隙的赝二元合金。图 1.2.12 示出了这种赝二元合金相关系[14],其左侧是铁、钴侧,右侧是镍、铝侧。图中同时标明了居里温度 $T_c$ 随成分的变化趋势。实线代表溶解度曲线,高温的 $\alpha$ 相冷却到该曲线以下温度时,便分解成 $\alpha$ 和 $\alpha'$ 两相。虚线称为 Spinodal 线,这是区分 $\alpha \rightarrow \alpha + \alpha'$ 的分解是通过成核长大过程还是通过 Spinodal 分解过程实现的分界线。具体说来,如把合金在位于溶解度曲线和 Spinodal 线之间的温度区域内退火时,新相的析出是通过成核长大过程进行的;而当合金在 Spinodal 线以下温度区域退火时,新相的析出则是通过 Spinodal 分解过程实现的。这一结论已经为 De Vos 的电子显微镜研究结果所证实。因为由成核长大的和 Spinodal 分解得到的最后产物的显微组织是完全不同的。例如,由成核长大过程形成的 $\alpha$ 相,是一些大小不一并随机分布的微细颗粒,而由 Spinodal 分解过程实现的 $\alpha$ 相,则是沿空间有规则分布且大小较为均匀的棒状析出物。图 1.2.13 为经磁场冷却后的 Alnico 5 合金透射电镜观察到的显微组织示意图。黑色颗粒是铁磁性的 $\alpha$ 相细长颗粒,白色基体是弱磁性 $\alpha'$ 相。

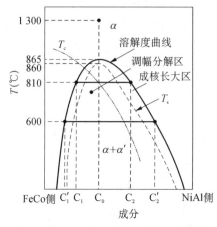

图 1.2.12  Alnico 8 合金相图示意图[14]

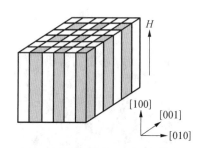

图 1.2.13  在外加磁场作用下调幅分解产物的构造示意图

现在,考察一下图 1.2.12 中合金成分为 $C_0$ 时的分解情况。根据 Spinodal 分解理论[15,16],当铝镍钴合金从固溶温度 1 300℃迅速冷却到 810℃左右进行等温磁场处理时,可以假定合金中存在无数小的成分起伏 $\Delta C$,按傅立叶变换,$\Delta C$ 可以表示成各种波束的正弦成分波之和

$$\Delta C = C - C_0 = \sum_{\beta}\left[A\cos(\beta \cdot r) + B\sin(\beta \cdot r)\right] \tag{1.2.1}$$

式中,$\beta$ 为波数矢量。Cahn 从理论上证实[14],如果合金的弹性常数分量服从下列关系式

$$2C_{44} - C_{11} + C_{12} > 0 \tag{1.2.2}$$

则 Spinodal 分解波是平行于三个{100}平面的,这就形成了一种初始微结构,其中一种成分(如 Fe 或 Fe‐Co)富集的棒状物沿<100>方向构成简单的立方阵列,而该列的"体心"部分则是 Ni‐Al 富集区,因此,微结构正是由两相的周期性分布形式出现,通过三种不同的<100>棒的互连而形成,这和由成核长大机理主导的分解产物明显不同。理论预言,在分解初期,具有一特定波数的成分波将择优长大,最后成为周期性的析出结构,该波数可由下式给出

$$\beta_{\mathrm{m}}^2 = -\left[\left(\frac{\partial^2 f_0}{\partial C^2}\right)_0 + 2\eta^2 Y_{100} + \left(4\pi \frac{\partial M}{\partial C}\right)_0^2\right]/4K \tag{1.2.3}$$

式中,$K$ 是梯度能量系数,在 Spinodal 分解时恒为正值,$\left(\dfrac{\partial^2 f_0}{\partial C^2}\right)_0$ 是均匀环境体系单位体积化学自由能对成分的二阶倒数在 $C = C_0$ 时的值,$\eta$ 为单位成分导致晶格常数变化的百分数,$M$ 是磁化强度,若外加磁场足够强,可以认为等于饱和磁化强度。$Y_{100}$ 是沿<100>方向的弹性因子,对立方晶体有

$$Y_{100} = (C_{11} + 2C_{12})(C_{11} - C_{12})/C_{11} \tag{1.2.4}$$

$C_{11}$ 和 $C_{12}$ 是弹性常数张量的分量。因此,(1.2.3)式右边方括号中的三项代表三种不同的

因素对分解的影响:第一项是合金化学自由能的贡献,在 Spinodal 分解区内这一项总为负;第二项是由于成分波动引起应力所导致的弹性能各向异性的贡献,总为正;第三项是磁化出现的贡献。根据外斯理论可以证明,合金在趋近居里温度退火时,$\left(\frac{\partial M}{\partial C}\right)_0^2$ 趋近无穷大,但是在偏离居里温度退火时,会很快下降到零,因此第三项出现的贡献只有在居里温度附近才有明显影响。当 $\left(\frac{\partial M}{\partial C}\right)_0^2$ 趋近无穷大时,由(1.2.3)式可知,$\beta_m^2$ 为负值,这意味着沿磁场方向的分解实际上已被抑制。如果磁场沿合金中[100]方向施加,则在居里温度附近退火时,沿[100]方向便不会再发生任何分解。但是,沿[010]和[001]方向,由于磁性项不出现在 $\beta_m^2$ 的公式中,因而由弹性能各向异性决定合金在这两个方向上择优分解,于是,经 Spinodal 分解后的合金组织可以用图 1.2.13 表示,图中的黑色长条表示 $\alpha$ 相形态,其周围的白色区域为 $\alpha'$ 相,在这里,可以清楚地看出分解产物呈周期性排列的特点。

从以上分析可以知道,为什么对铝镍钴合金进行磁场处理时,必须严格控制合金在居里温度附近的冷却速度或者等温处理温度和时间,因为这时磁场对分解的影响最明显。同样也可以理解,为什么在不加磁场热处理时得到的合金组织是由沿空间三个<100>方向规则排列的 $\alpha$ 相棒状析出物和 $\alpha'$ 基体相所组成。

Spinodal 分解产物的波长 $\lambda_m = 2\pi/\beta_m$,等于分解产物 $\alpha$ 相或 $\alpha'$ 相颗粒之间的间隔距离,近似等于棒状析出物的宽度。根据 Spinodal 分解理论[15],

$$\beta_m^2 \propto (T_s - T) \tag{1.2.5}$$

这里的 $T_s$ 是 Spinodal 温度,$T$ 是实际的退火温度。由此可知环境的热处理温度离 $T_s$ 越远,析出物的宽度就越小。

关于回火过程对合金磁性能的影响,可从图 1.2.12 得到解释。当合金在 810℃附近进行磁场等温处理时,$\alpha$ 相和 $\alpha'$ 相的成分分别为 $C_1$ 和 $C_2$,而在 600℃回火时,两相成分得到进一步调整,最后变成 $C_1'$ 和 $C_2'$,显然,$C_1'$ 比 $C_1$ 更富铁和钴,$C_2'$ 比 $C_2$ 更富镍、铝、钛,因此在回火以后,$\alpha$ 和 $\alpha'$ 两相之间的饱和磁化强度之差 $M_1 - M_2$ 值增大,根据铁磁学理论的抑制转动模型,对于沿某一方向整齐取向的椭球形单畴粒子集合体来说,其矫顽力可表示成

$$H_{ci} = P(1-P)(N_\perp - N_\parallel)(M_1 - M_2)^2/M_s \tag{1.2.6}$$

式中,$P$ 是单畴粒子的体积分数,$N_\perp$ 和 $N_\parallel$ 分别是沿椭球短轴和长轴的退磁因子,$M_1$、$M_2$ 分别是 $\alpha$ 和 $\alpha'$ 相的自发磁化强度,$M_s$ 是合金的平均饱和磁化强度。显然,经过回火处理的合金,因 $M_1 - M_2$ 值增大,矫顽力也将提高,这就解释了回火能够改善磁性能的原因。

### 4. 铝镍钴合金的磁性能

表 1.2.4 列举了部分铸造铝镍钴永磁合金的磁性能。对于含钴量大于 24% 的三种合金,还分别列出了等轴晶和柱状晶合金的性能。可以看到,由于柱状晶的关系,使合金的 $B_r$ 和 $(BH)_{max}$ 有了较大幅度的提高。

工业上生产的铝镍钴永磁合金,除了用铸造法制造外,还可以采用粉末烧结法制造。它是通过将各种成分份额的合金或纯金属制粉,再按一定比例充分混合,经压型、烧结而

成。烧结以后的工件也必须和铸造合金一样,通过热处理才能发展永磁性能。用这种方法制造的永磁体,原材料损耗小,尺寸精确,表面光洁度好,因此特别适用于大批生产尺寸要求精确、形状又比较复杂的微型磁体。此外,烧结磁体在制造过程中,有可能和磁路中其他软磁元件组合成为整体,有利于提高磁路气隙中的有效磁通,但是,烧结合金的磁性能比铸造合金的要低些,而且工艺也复杂些。作为一个例子,表 1.2.4 中同时列出了三种不同成分的烧结铝镍钴合金的永磁性能[16]。

表 1.2.4　铝镍钴永磁合金的磁性能[16]

| 类别 | 序号 | 成分(wt%)余 Fe | | | | | $B_r$ (T) | $H_c$ (kA/m) | $(BH)_{max}$ (kJ/m³) | 结晶组织 |
| | | Co | Ni | Al | Cu | Ti | | | | |
|---|---|---|---|---|---|---|---|---|---|---|
| 铸造合金 | 1 | — | 24 | 13 | 3 | — | 0.66 | 27 | 9.2 | — |
| | 2 | — | 26 | 12 | 3 | — | 0.64 | 45 | 11.2 | — |
| | 3 | 5 | 28 | 12 | | — | 0.55 | 58 | 11.4 | — |
| | 4 | 23 | 17 | 8 | 3 | 4 | 0.75 | 78 | 22.4 | |
| | 5 | 24 | 14 | 8 | 3 | — | 1.25 | 50 | 40 | 等轴晶 |
| | 6 | 24 | 14 | 8 | 3 | — | 1.35 | 59 | 59.7 | 柱状晶 |
| | 7 | 34 | 15 | 7 | 4 | 5 | 0.85 | 103～110 | 35～40 | 等轴晶 |
| | 8 | 34 | 15 | 7 | 4 | 5 | 1.05～1.10 | 119～127 | 72～80 | 柱状晶* |
| | 9 | 38 | 14 | 3 | 7 | 7.5 | 0.75～0.80 | 151～159 | 40～45 | 等轴晶 |
| | 10 | 40 | 15 | 4 | 8 | 8.5 | 0.90～0.97 | 151～167 | 80～92 | 柱状晶** |
| 烧结合金 | 1 | 13 | 17 | 10 | 6 | | 0.72 | 44 | 12 | — |
| | 2 | 5 | 28 | 12 | — | | 0.55 | 58 | 10.4 | — |
| | 3 | 24 | 14 | 8 | 3 | | 1.05 | 48 | 30.4 | — |

＊ 成分中添加0.2%C;　＊＊ 成分中添加适量 S+C。

图 1.2.14 示出了三种不同形式 Alnico 5 的退磁曲线,它们分别是从等轴晶、柱状晶和单晶试样测得的,单晶试样(c)具有最佳的永磁性能:$B_r = 1.4$ T,$H_c = 68.2$ kA/m,$(BH)_{max} = 80$ kJ/m³[17]。Alnico 单晶是利用大晶粒多晶体采用二次再结晶技术获得的,成分为 51%Fe、24%Co、14%Ni、8%Al、3%Cu,并含有 0.08%C 和 0.35%Mn,质量约为 0.11 kg[18]。

表 1.2.5 列出了 Alnico 永磁合金的其他物理性能数据。为了比较起见,同时列出了其他一些永磁材料的物理性能。

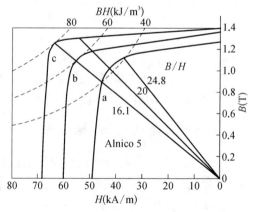

图 1.2.14　三种不同形式的 Alnico 5 的退磁曲线。(a) 等轴晶;(b) 晶粒取向;(c) 单晶[17]

表 1.2.5 几种永磁合金的物理性能

| 性能 | Alnico | $SmCo_5$ | $Sm_2Co_{17}^*$ | $Nd_{15}Fe_{77}B_8$ | Fe - Cr - Co | Mn - Al - C |
|------|--------|----------|-----------------|---------------------|--------------|-------------|
| 密度($g/cm^3$) | 7.0～7.4 | 8.0～8.3 | 8.4 | 7.4 | 7.7～7.8 | 5.0 |
| 居里温度(℃) | 760～890 | 710 | 880 | 312 | 655 | 320 |
| 剩磁可逆温系数(%/℃) | －(0.01～0.02) | －0.045 | －(0.03～0.04) | －0.126 | －(0.02～0.03) | －0.11 |
| 电阻率($\mu\Omega \cdot cm$) | 47～75 | 50 | 85 | 144 | — | 80 |
| 抗弯强度($N/mm^2$) | 50～310 | 70～120 | 90～117 | 245 | | 200 |
| 抗压强度($N/mm^2$) | — | 290～300 | 480～680 | — | — | 2 000 |
| 抗拉强度($N/mm^2$) | 21～280 | — | — | — | 490～590 | 300 |
| 弹性模量($N/m^2$) | — | 0.15～0.175 | 0.15～0.18 | | | |
| 洛氏硬度($RC$) | 45～58 | 52～54 | — | | 40～42 | 50～55 |
| 维氏硬度($HV$) | — | 500～600 | 500～600 | 600 | 400～450 | — |
| 比热[$J/(kg \cdot K)$] | －400 | 370 | 360～380 | — | — | 627 |
| 热导率[$W/(m \cdot K)$] | 10～100 | 9.6～10 | 12～15 | — | — | |
| 热膨胀系数($10^{-6}/℃$) | 11～13 | 10 | 9～13 | 3.5(∥) 5.0(⊥) | — | 18 |

\* 成分为 $Sm_2(Co,Fe,Cu)_{17}$。

## 1.2.3 稀土永磁合金

### 1. 概述

自 20 世纪 60 年代以来,在永磁材料领域里,一大类磁性更强的新型稀土永磁合金开始崛起,它们的基本组成是由稀土金属和 3d 过渡族金属所组成的金属间化合物。

表 1.2.6 稀土金属的某些物理性质[19]

| 名称 | 熔点℃ [沸点]℃ | 晶体结构 (温度区域,℃) | 密度 ($g/cm^3$) | $T_N$ (K) | $T_c$ (K) | 反铁磁自旋结构 |
|------|----------------|----------------------|-----------------|-----------|-----------|---------------|
| 镧 La | 920 [3 429] | 双六方(－271～310) 面心立方(310～868) 体心立方(>868) | 6.17 6.18 5.98 | — | | — |
| 铈 Ce | 759 [3 469] | 面心立方(<150) 双立方(－150～－10) 面心立方(－10～730) 体心立方(>730) | 8.23 6.77 6.67 | 12.5 | — | 同一平面内磁矩沿 $c$ 轴平行排列,不同平面间反平行排列 |

续表

| 名称 | 熔点℃<br>[沸点]℃ | 晶体结构<br>（温度区域，℃） | 密度<br>（g/cm³） | $T_N$<br>(K) | $T_c$<br>(K) | 反铁磁自旋结构 |
|---|---|---|---|---|---|---|
| 镨 Pr | 935<br>[3 127] | 双六方（>798）<br>体心立方（<798） | 6.78<br>6.64 | 25 | — | 相邻原子层呈反平行排列，同一平面内为正弦变幅结构 |
| 钕 Nd | 1 024<br>[3 027] | 双立方（>868）<br>体心立方（<868） | 7.00<br>6.80 | 19 | — | 同 Pr |
| 钷 Pm | 1 035<br>[3 200] | — | | | | |
| 钐 Sm | 1 072<br>[1 900] | Sm 型立方（<917） | 7.54 | 14.8 | | |
| 铕 Eu | 826<br>[1 439] | 体心立方 | 5.26 | 90 | — | 螺磁** |
| 钆 Gd | 1 312<br>[3 000] | 密排六方（<1 264）<br>体心立方（>1 264） | 7.89<br>7.80 | — | 293 | — |
| 铽 Tb | 1 356<br>[2 800] | 密排六方（<1 317）<br>体心立方（>1 317） | 8.27 | 229 | 222 | 螺磁** |
| 镝 Dy | 1 407<br>[2 600] | 密排六方（<1 360）<br>体心立方（>1 360） | 8.54 | 179 | 85 | 螺磁** |
| 钬 Ho | 1 461<br>[2 600] | 密排六方（<966） | 8.80 | 131 | 20 | 螺磁** |
| 铒 Er | 1 497<br>[2 900] | 密排六方（<917） | 9.05 | 84 | 20 | 85~53.5K 为沿 $c$ 轴的正弦变幅结构；53.5~20 K 为螺磁沿+$c$ 轴正弦变幅结构 |
| 铥 Tm | 1 545<br>[1 726] | 密排六方（<1 004） | 9.33 | 56 | 25 | — |
| 镱 Yb | 824<br>[1 427] | 面心立方（<798）<br>体心立方（>798） | 6.98<br>6.54 | — | — | |
| 镥 Lu | 1 652<br>[3 327] | 密排立方（<1 400） | 9.84 | | | |

注：＊＊螺磁自旋结构指的是在同一平面内原子磁矩相互平行排列，而相邻原子层之间磁矩取向转过一定角度；沿 $c$ 轴的正弦变幅结构是指原子磁矩值沿+$c$ 和－$c$ 方向依次减小和增大的自旋结构。

在元素周期表中，稀土元素是 15 个镧系元素的总称，它们依次是镧（La）、铈（Ce）、镨（Pr）、钕（Nd）、钷（Pm）、钐（Sm）、铕（Eu）、钆（Gd）、铽（Tb）、镝（Dy）、钬（Ho）、铒（Er）、铥（Tm）、镱（Yb）和镥（Lu）。其中，七个元素称为轻稀土元素，位于钆后面的则称为重稀土元素。需要指出的是，因为物理化学性质相近，人们也经常把钇（Y）和钪（Sc）归入稀土元素中。

第二次世界大战以后，由于稀土元素分离技术的进步和低温技术的发展，人们对稀土金属的低温磁性开展了广泛的研究，从而逐渐加深了人们对稀土金属磁性的了解。表1.2.6 列出了十五种稀土金属的物理性质[19]。从该表可以看出，绝大多数的稀土金属的居里温度（奈尔温度）都很低，而且在低温下自旋结构也比较复杂，其中，居里温度最高的稀土金属是 Gd($T_c$＝293 K)，其次是铽 Tb($T_c$＝222 K)，因此，对于大多数稀土金属，它们只能在低温下显示强磁性，而且因居里温度低，无法成为有实际应用价值的永磁材料。鉴于铁、钴、镍等 3d 过渡族金属在室温下具有很强的铁磁性，居里温度很高，因而促使人们去探索稀土元素和铁族元素组成的金属间化合物能否成为具有高居里温度的磁性材料。于是，从 20 世纪 50 代起开始对一系列稀土-过渡族合金的磁性开展了系统的研究，并很快在 $RCo_5$（R 指的是稀土元素）金属间化合物的研究上取得了重大突破。1959 年，美国贝尔电话实验室首次披露 $GdCo_5$ 合金有较强的磁晶各向异性。1960 年，Hubbard 等[20]报道了 $GdCo_5$ 合金具有单轴磁晶各向异性，并对这种化合物的磁粉测得 $H_c$＝0.64 MA/m(8 kOe)。这一实验结果首次宣告稀土-3d 过渡金属化合物有望成为永磁材料，但是可能因饱和磁化强度较低，当时并未引起人们的足够重视。1966 年，实验上测得 $YCo_5$ 的 $K_1$ 高达 $5.7×10^6$ J/m³。1967 年，Strnat 等人[21,22]用粉末法和冷压单轴变形法分别制得了第一批用环氧树脂粘结的 $YCo_5$ 和 $SmCo_5$ 永磁体，最大磁能积$(BH)_{max}$ 分别为 9.6 kJ/m³ 和 40.8 kJ/m³；次年，荷兰飞利浦公司 Velge 和 Buschow 等人[23,24]两次报道了他们的实验成果。利用普通压制方法制得的 $SmCo_5$ 磁体因相对密度太低（～70%），其永磁性能为 $B_r$＝0.58 T，$H_c$＝406 kA/m，$(BH)_{max}$＝65 kJ/m³；若采用无粘合剂流体等静压和单轴变形法制备 $SmCo_5$ 永磁体，将压制密度提高到 97%，则永磁性能大为提高，$B_r$＝0.87 T，$H_c$＝670 kA/m，$(BH)_{max}$＝147 kJ/m³。但是，以上小组制得的永磁体性能在空气中放置都会随时间而缓慢恶化。为了提高磁体的密度，Das[25]，Benz 和 Martin[26]分别于 1969 年和 1970 年利用液相烧结技术制备了完全致密和性能稳定的 $SmCo_5$ 永磁体，从而攻克了制备性能稳定的稀土永磁体的难题。所谓"液相烧结"，是指在烧结前，预先制备两种成分不同的合金，一种是富稀土相合金（如 60%Sm～40%Co），因熔点较低，在1 120℃烧结时会以液相的形态出现，有利于提高磁体的致密度，所以也称为液相合金；另一种是成分接近 $RCo_5$ 成分的单相合金。将这两种合金粉末按一定比例（如 25%液相合金＋75%$PrCo_5$ 合金）充分混合、成型、烧结，可制得成分为 $Pr_{0.5}Co_{0.5}Co_5$ 磁体。1972 年，美国通用电气利用液相烧结法将(Pr,Sm)$Co_5$ 永磁体的最大磁能积从 183 kJ/m³ 提高到 207 kJ/m³，$B_r$＝1.026 T，$H_c$＝806.5 kA/m。随后，这一纪录不断被刷新。今天，在实验室内已能制造出$(BH)_{max}$＝228 kJ/m³(28.6 MGOe)的永磁体。通常，人们把这种 $SmCo_5$ 合金称为第一代稀土永磁合金。

实际上，在稀土钴金属间化合物中，$R_2Co_{17}$ 型化合物的饱和磁化强度和居里温度都是最高的，然而探索 $R_2Co_{17}$ 型永磁体的研究工作却比 $RCo_5$ 艰巨得多。20 世纪 70 年代初一系列实验证实，对于所有的轻稀土而言，在 $R_2Co_{17}$ 化合物中如果用部分 Fe 去替代 Co，除了 $Nd_2Co_{17}$ 外，$R_2(Co_{1-x}Fe_x)_{17}$ 都可兼有易 $c$ 轴磁晶各向异性和升高的饱和磁化强度，但居里温度稍有下降。1974—1975 年间，人们发现可用 Fe、Cu 同时置换 Co，得到 $Sm_2(Co,Cu,Fe)_{17}$ 系永磁体，添加 Fe 有利于提高 $M_s$，但添加 Cu 会降低 $M_s$，一般 Cu 的添加量在 10％以上，而 Fe 的添加量不超过 8％，所制得永磁体的 $(BH)_{max}$ 在 26MGOe 左右，但 $H_{cj}$ 较低(6～7 kOe)[27-29]；另一类是在 Sm-Co-Cu-Fe 基础上，再添加适量的 M 元素(M＝Zr、Hf、Ti 等)，组成 $Sm_2(Co,Cu,Fe,M)_{17}$ 合金，通过采用多级时效处理工艺，获得了矫顽力和最大磁能积都较高的磁体。如对于成分为 $Sm(Co_{0.75}Fe_{0.25}Cu_{0.05}Zr_{0.02})_{7.7}$ 的合金，通过多级时效处理，可得 $(BH)_{max}$ 最高值为 264 kJ/m³(33MGOe)，$H_{cj}$ 则可通过调整成分和热处理制度在 741～2 388 kA/m (10～30 kOe)之间改变[30-33]。Nagel 等发现[34]，成分为 $Sm(Co,Fe,Mn,Cr)_{8.5}$ 的合金经烧结后，也能获得很高的磁性能：$(BH)_{max}＝30$ MGOe，$H_{cj}＝12$ kOe。Livingston 和 Martin[35] 对这种合金的微结构进行了电镜观察研究，发现在 $Sm_2(Co,Cu,Fe,M)_{17}$[也可写成 $Sm(Co,Fe,Cu)_z(z＝7～8)$]磁体中，存在一种胞状结构，主相呈双锥形颗粒状，属 2∶17 菱面体结构，周围或多或少被薄壳状的 1∶5 相所包围，两种晶格是共格的。正是这种细小的界面相能对畴壁产生很强的钉扎作用，从而使磁体具有较高的矫顽力。在合金中，添加 Zr、Hf、Ti 后，能使这种胞状沉淀结构最佳化，进一步提高矫顽力[32]。现在，人们一般称 $Sm_2(Co,Cu,Fe,M)_{17}$ 为第二代稀土永磁合金。和第一代稀土合金 $SmCo_5$ 比较，成分中的稀土含量和钴的用量都相对减少了，另外，通过用重稀土元素部分替代 Sm，可使剩磁温度系数明显减小；据报道，实验室内已经制造出最大磁能积为 297 kJ/m³(37.3 MGOe)的高性能永磁合金。

20 世纪 80 年代，第三代稀土永磁合金-钕铁硼合金在前两代稀土永磁合金蓬勃发展的高潮中诞生了。1983 年 6 月，日本住友特殊金属公司首次在大阪宣布制成了以 $Nd_2Fe_{14}B$ 为主要成分的新型高磁能积永磁体，$(BH)_{max}$ 高达 292 kJ/m³(36.5 MGOe)。当年 11 月，在美国匹兹堡召开的第 29 届国际磁学和磁性材料会议上，佐川真人公开了化合物的成分和制造工艺，烧结 Nd-Fe-B 合金的最佳成分是 $Nd_{15}Fe_{77}B_8$，他们利用传统的粉末烧结工艺制得了 $(BH)_{max}$ 高达 303 kJ/m³(38 MGOe)的钕铁硼永磁合金[36]。这一成就震惊了全世界，因为它的问世至少有两方面的重要意义：一是用稀土元素 Nd 取代了前两代稀土永磁合金中的 Sm，而在自然界的稀土矿藏中，Nd 的储藏量比 Sm 高 5～10 倍，生产钕铁硼合金不仅可以确保未来对原料增长的需要，而且还可以降低生产成本和销售价格；二是这种新合金不含钴，因而可以减少对重要战略物资钴的依赖。这样的优越性正是人们长期以来在探索新型永磁合金时所要追求的目标。钕铁硼合金高永磁性能的巨大诱惑力在全世界掀起了研究的热潮。烧结钕铁硼合金的永磁性能指标不断翻新，到 1984 年 11 月，日本第八届应用磁学会议上住友公司再次宣布合金的 $(BH)_{max}$ 已达到 360 kJ/m³(45 MGOe)。2000 年，住友公司又宣布在实验室制备了分析成分为 $Nd_{12.46}Pr_{0.14}Fe_{80.6}B_{5.77}O_{0.60}C_{0.43}$ 的新磁体，其 $(BH)_{max}$ 高达 444 kJ/m³(55.8 MGOe)，$B_r＝$ 1.514 T，$H_{cj}＝H_{cB}＝691$ kA/m (8 680 Oe)[37]。2002 年，德国真空熔炼公司(VAC) 实验室[38] 用双合金法制备了主相成分为 $Nd_{12.7}Dy_{0.63}Fe_{80.7}TM_{0.08}B_{5.8}$ 和 $Nd_{13.7}Dy_{0.03}Fe_{79.8}$ $TM_{0.08}B_{5.7}$(TM＝Al、Ga、Co、Cu)的磁体，磁体中主相和辅相的比例为 97.1∶2.9(辅相成分未给出)，其永磁性能为 $(BH)_{max}＝451$ kJ/m³(56.7 MGOe)，$B_r＝1.519$ T，$H_{cj}＝$ 788 kA/m；2004 年，住友公司[39] 又把磁体的 $(BH)_{max}$ 提升到 462.4 kJ/m³ (57.8MGOe)；两年之后，又再次创新高，$(BH)_{max}＝476.8$ kJ/m³(59.6 MGOe)[40]。根据估计,理论上这种磁体的$(BH)_{max}$是 512 kJ/m³(64 MGOe),因此,目前实验室达到的烧结 NdFeB 水平已经是理论最大磁能积的 93%,其永磁性能提升的速度在永磁材料的发展史上是非常罕见的特例。

与此同时,人们利用熔体快淬法制备高性能稀土铁永磁体方面的研究工作也在不断取得进展。1973 年,Clark[41] 利用溅射法制得非晶态 $TbFe_2$ 合金,磁性能为 $H_{cj}=3.4$ kOe(270.5 kA/m),$(BH)_{max}=9$ MGOe(71.64 kJ/m³)。1981 年,Koon 等人[42] 用快淬法制备了成分为 $(Fe_{0.82}B_{0.18})_{0.9}Tb_{0.05}La_{0.05}$ 的非晶态合金,随后在 900~1 000 K 温度下进行热处理,使合金内部的晶粒出现微晶化,晶粒尺寸为 30 nm 左右,磁性能为 $B_r=0.5$ T,$H_{cj}=10$ kOe(~800 kA/m)。1984 年,美国通用汽车公司的 Croat 等人[43] 制备了快淬合金 $Nd_{13.5}Fe_{81.7}B_{4.8}$,测得 $H_{cj}=20$ kOe(~1.6 MA/m),$(BH)_{max}=14$ MGOe(112 kJ/m³)。同年,Croat 等人[44] 还报道了成分为 $R_{13.5}(Fe_{0.935}B_{0.065})_{86.5}$,(R=Nd-Tb,Nd-Dy)的合金,通过控制最佳冷却条件,使其 $H_{cj}$ 大于 20 kOe,$(BH)_{max}=15$ MGOe(120 kJ/m³)。美国通用汽车公司(GM)是世界上最早致力于 NdFeB 快淬磁体研究和生产的最大基地,它们生产的磁体牌号是 Magnequench(简称 MQ)。1987 年,该公司投资约 6 800 万美元在印第安纳州安德森小镇建立了专门工厂 MQI,中文名称为麦格昆磁公司。1987 年,MQI 实现了快淬 Nd-Fe-B 磁粉的产业化,年产量 3 600 吨,供应全球。2001 年,MQI 宣布关闭这条磁粉生产线,并将工厂全部转移至中国天津生产。据统计[45],2006 年,全世界烧结 Nd-Fe-B 磁体的产量约为 5 万吨,总产值 28.8 亿美元;而这一年的粘结 Nd-Fe-B 磁体的总产量约 5 560 吨,产值 4.4 亿美元。此外,用熔体快淬法制备非晶或微晶条带,经晶化处理控制晶粒尺寸得到各向同性粉末,发现合金有明显的剩磁增强效应,从而促进了双相纳米晶复合永磁材料的发展。这种材料的特点是:首先和烧结磁体比较,稀土元素的含量较低,对降低磁体成本有利;其次,磁体内部包含纳米尺寸的硬磁相和软磁相,如 $Nd_2Fe_{14}B/\alpha-Fe$,$Nd_2Fe_{14}B/Fe_3B$ 等,它们的磁硬化机理正是通过纳米尺寸的硬磁相和软磁相之间界面的磁交换耦合作用实现的。这类材料 $B_r=0.8~1$ T,但由于矫顽力稍低,$(BH)_{max}$ 一般在 80~160 kJ/m³。在实验室条件下,美国代顿大学的刘世强小组[46] 采用粉末混合技术、感应热压及热变形技术成功地制备了具有全密度的各向异性纳米晶粒复合磁体,它们的 $(BH)_{max}$ 可达 320~400 kJ/m³;如果采用粉末镀膜技术,$(BH)_{max}$ 更可高达 360~440 kJ/m³(45~55 MGOe)。

我国是世界上稀土产量最高的大国。从 20 世纪 70 年代到现在,在稀土永磁合金的研究上已经经历了三个重要的发展阶段。第一阶段是 1987 年以前,从事稀土永磁合金研发的单位较少。生产设备比较落后,主要采用高频炉熔炼,鳄式粉碎机和球磨机制粉,管式炉烧结。生产产品的质量属于中下水平。第二阶段是 1988—2000 年间,随着中国经济的崛起,磁性材料发展迅速。在钕铁硼合金的生产上,已经开始采用方形双面冷却锭模熔炼,引进了国外的气流磨和烧结炉等,技术上提升很多。同时开展了诸如甩带工艺、氢爆碎和双合金法等先进工艺的研究。第三阶段大致是进入 21 世纪以来的这段时期。我国已经基本上掌握了甩带、氢爆碎工艺,并将这些工艺成功地应用于产品的批量生产。中国的钕铁硼企业已经摆脱了只能生产中、低档产品的局面,而且产品大规模进入了高技术领域。设备上开始自己研发和生产氢爆碎炉、专用烧结炉、甩带炉等。有一组数字,充分展示了我国烧结和粘结钕铁硼永磁体的奇迹般发展的历史。1983 年,高性能烧结钕铁硼磁体刚问世的第一年,当年全球的产量不到 1 吨,日本、欧、美等发达国家的产量占 85% 以上;到 2008 年时,全球烧结钕铁硼磁体的产量是 63 580 吨,中国产量占全球产量的 78%,而发达国家仅占 22%。另外,1996 年全球粘结钕铁硼磁体产量约 1 529 吨,中国产量仅占 3.2%,而到 2008 年,全球产量约 6 000 吨,其中,中国产量高占 70%[45]。

据统计[47],2017 年,全球稀土永磁材料的成品产量为 13.1 万吨,其中烧结钕铁硼磁体占 91.4%(~12 万吨),粘结钕铁硼磁体占 6.7%(~0.88 万吨),热压/热变形钕铁硼磁体占 0.6%(~0.08 万吨),烧结钐钴磁体仅占 1.3%(~0.17 万吨)。

### 2. 稀土永磁合金的相图和晶体结构

#### (1) 钐钴合金的相图和晶体结构

由于稀土金属和过渡族金属的原子半径差距很大,因此稀土-过渡族合金系中它们之间的固溶度很小,只能形成一系列金属间化合物。稀土元素的原子半径随着原子序数的增大是逐渐减小的,这一现象称为镧系收缩,所以和稀土元素所形成的金属间化合物的数目趋向于增多。在 Sm - Co 合金系中,共有七个中间化合物,它们是 $Sm_3Co$、$Sm_9Co_4$、$SmCo_2$、$SmCo_3$、$Sm_2Co_7$、$SmCo_5$ 和 $Sm_2Co_{17}$。图 1.2.15 示出了钐钴合金的平衡相图[1]。图的上方,标出了这七个中间化合物相应的位置,分别出现于图中垂直线对应的成分处。可以看出,$SmCo_5$ 和 $Sm_2Co_{17}$ 合金只有在较高温度下才存在成分范围较窄的均匀区。按 Buschow 和 Van der Goot[48] 所测定,$SmCo_5$ 相具有向 $Sm_2Co_{17}$ 相扩展的高温固溶区,其从

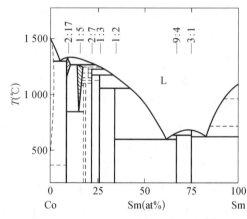

**图 1.2.15  Sm - Co 合金平衡相图[1]**

约 83.0at% Co 扩展到刚好低于 1 320℃ 时发生包晶反应的 85.5at% Co,但在 800℃ 时相区就变得很窄了,相区宽度仅(0.35~0.50)% Co。同样,$Sm_2Co_{17}$ 化合物也有一个向 $SmCo_5$ 相扩展的较宽的高温固溶区。

$RCo_5$ 合金具有 $CaCu_5$ 型晶体结构,属六方结构,如图 1.2.16 (a)所示[49]。它由两种不同的原子层所组成,一层的原子呈六角形排列,另一层由稀土原子和钴原子以 1:2 的比例排列而成,Co 原子占据两种不同的晶位。$SmCo_5$ 晶格常数为 $a = 0.500\ 4$ nm,$c = 0.397\ 1$ nm。这种低对称性的六方结构使 $RCo_5$ 合金具有较高的磁晶各向异性常数 $K_1$ 和磁晶各向异性场 $H_k$,$c$ 轴是它的易磁化轴(表 1.2.7)。从图 1.2.17(a)可以看到,这些 $RCo_5$ 化合物中,除了 R=Nd、Tb、Dy 外,在室温以上易磁化轴均为 $c$ 轴,其中尤以 $SmCo_5$ 的 $H_k$ 最高,达(16.72~23.09)MA/m (210~290 kOe)。由此看出,$SmCo_5$ 成为第一代稀土永磁合金绝非偶然。图 1.2.17(b)和(c)同时示出了 $R_2Fe_{14}B$ 和 $R_2Co_{14}B$ 的磁结构,从

图中可以看出，和有易磁化面的化合物 $R_2Co_{14}B$ 相比，许多 $R_2Fe_{14}B$ 化合物都有单易磁化轴（$c$ 轴），使它们能成为第三代稀土永磁。

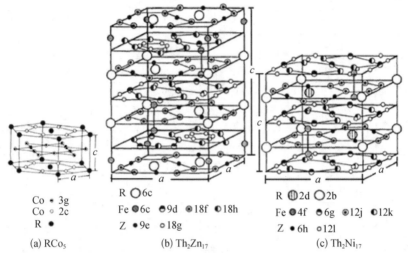

Co • 3g
Co • 2c
R •
(a) RCo₅

R ○6c
Fe ●6c ○9d ◐18f ◑18h
Z ◒9e ○18g
(b) Th₂Zn₁₇

R ◫2d ○2b
Fe ●4f ○6g ◐12j ◑12k
Z ◒6h ○12l
(c) Th₂Ni₁₇

**图 1.2.16　RCo₅ 和 R₂Co₁₇ 化合物的晶体结构。（a）RCo₅ 的 CaCu₅ 型结构；（b）R₂Co₁₇ 在低温下的 Th₂Zn₁₇ 变型菱方结构；（c）R₂Co₁₇ 在高温下的 Th₂Ni₁₇ 变型六方结构[1]**

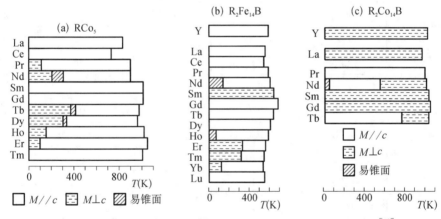

**图 1.2.17　(a)RCo₅、(b)R₂Fe₁₄B 和(c)R₂Co₁₄B 的磁结构和自旋取向[48]**

$R_2Co_{17}$ 合金在低温下为 $Th_2Zn_{17}$ 型菱方结构，如图 1.2.16（b）所示；高温下是稳定的 $Th_2Ni_{17}$ 型六方结构，如图 1.2.16（c）所示。室温下菱方结构的晶格常数为 $a = 0.839\ 5$ nm，$c = 1.221\ 6$ nm；高温下六方结构的晶格常数是 $a = 0.836\ 4$ nm，$c = 0.814\ 1$ nm。从表 1.2.7 可知，在 $R_2Co_{17}$ 中，只有 $Sm_2Co_{17}$、$Er_2Co_{17}$、$Tm_2Co_{17}$、$Yb_2Co_{17}$ 的易磁化方向是沿 $c$ 轴的，从该表中相关基本磁性能来看，只有 $Sm_2Co_{17}$ 有高磁晶各向异性场和高居里温度，从而使其成为第二代稀土永磁合金的研发对象，而其他一些 $R_2Co_{17}$ 化合物的易磁化方向都位于垂直于 $c$ 轴的平面内。对于 $R_2Fe_{17}$ 型化合物，同样因易磁化方向位于垂直于 $c$ 轴的平面内，因而也无法成为永磁合金。

表 1.2.7　一些 $RCo_5$、$R_2Co_{17}$、$R_2Fe_{17}$ 化合物的基本磁性能[19]

| 化合物 | $\mu_0 M_s$ （T） | $T_c$ （℃） | $K_u$ （$\times 10^6$ J/$m^3$） | $H_k$ （kA/m） | 室温时的易磁化方向 |
|---|---|---|---|---|---|
| RCo_5 化合物 | | | | | |
| $YCo_5$ | 1.094 | 700 | 5.5 | 130 | $c$ 轴 |
| $LaCo_5$ | 0.909 | 567 | 6.5 | 175 | $c$ 轴 |
| $CeCo_5$ | 0.77 | 464 | 5.2~6.4 | 170~210 | $c$ 轴 |
| $PrCo_5$ | 1.228 | 639 | 6.9~10 | 145~210 | $c$ 轴 |
| $NdCo_5$ | 1.40 | 630 | 0.6 | 30 | $c$ 轴 |
| $SmCo_5$ | 1.13 | 747 | 8.1~11.2 | 210~290 | $c$ 轴 |
| $GdCo_5$ | 0.363 | 740 | — | 270 | $c$ 轴 |
| $TbCo_5$ | 0.236 | 714 | — | 6 | $c$ 轴 |
| $DyCo_5$ | 0.437 | 725 | — | 25 | $c$ 轴 |
| $HoCo_5$ | 0.606 | 763 | — | 135 | $c$ 轴 |
| $ErCo_5$ | 0.727 | 793 | — | 100 | $c$ 轴 |
| R_2Co_17 化合物 | | | | | |
| $Y_2Co_{17}$ | 1.25 | 940 | 0.385 | — | 易基面 |
| $Ce_2Co_{17}$ | 1.15 | 800 | — | 15 | 易基面 |
| $Pr_2Co_{17}$ | 1.38 | 890 | — | 20 | 易基面 |
| $Nd_2Co_{17}$ | 1.39 | 900 | — | — | 易基面 |
| $Sm_2Co_{17}$ | 1.20 | 920 | — | 100 | $c$ 轴 |
| $Gd_2Co_{17}$ | 0.73 | 930 | — | — | 易基面 |
| $Tb_2Co_{17}$ | 0.68 | 920 | — | — | 易基面 |
| $Dy_2Co_{17}$ | 0.70 | 930 | 2.1 | — | 易基面 |
| $Ho_2Co_{17}$ | 0.82 | 920 | — | — | 易基面 |
| $Er_2Co_{17}$ | 0.90 | 910 | 0.43 | 18 | $c$ 轴 |
| $Tm_2Co_{17}$ | 1.13 | 920 | 0.56 | 18 | $c$ 轴 |
| $Yb_2Co_{17}$ | — | 907 | 0.38 | 19 | $c$ 轴（锥面） |
| $Lu_2Co_{17}$ | 1.27 | 940 | — | — | 易基面 |
| R_2Fe_17 化合物 | | | | | |
| $Y_2Fe_{17}$ | — | −29.5 | — | — | 易基面 |
| $Ce_2Fe_{17}$ | — | −203 | — | — | — |
| $Pr_2Fe_{17}$ | — | 9 | — | — | 易基面 |

| 化合物 | $\mu_0 M_s$ (T) | $T_c$ (℃) | $K_u$ ($\times 10^6$ J/m³) | $H_k$ (kA/m) | 室温时的易磁化方向 |
|---|---|---|---|---|---|
| $Nd_2Fe_{17}$ | — | 54 | — | — | 易基面 |
| $Sm_2Fe_{17}$ | — | 122 | — | — | 易基面 |
| $Gd_2Fe_{17}$ | 0.785 | 199 | — | — | 易基面 |
| $Tb_2Fe_{17}$ | 0.672 | 135 | — | — | 易基面 |
| $Dy_2Fe_{17}$ | 0.665 | 90 | — | — | 易基面 |
| $Ho_2Fe_{17}$ | 0.665 | 52 | — | — | 易基面 |
| $Er_2Fe_{17}$ | 0.805 | 37 | — | — | 易基面 |
| $Tm_2Fe_{17}$ | — | −40.5 | — | — | 易基面 |
| $Lu_2Fe_{17}$ | — | −35 | — | — | — |

**（2）钕铁硼合金的相图和晶体结构**

图 1.2.18 和图 1.2.19 示出了 Nd‐Fe‐B 三元系 298 K 等温截面图和 $x(Nd):x(B)=2:1$ 垂直截面图[48]。在图 1.2.18 中,靠近 Fe 角处标出了 1#、2#、3# 三个成分区域,其中:1# 合金位于 $Nd_2Fe_{14}B$、$NdFe_4B_4$ 和 Nd（Dhcp）三相区内,$Nd_2Fe_{14}B$ 是烧结 Nd‐Fe‐B 材料的主相。2# 合金位于 $Nd_2Fe_{14}B$ 和 $Fe_3B$ 相点的连线附近,而 3# 合金则位于 $Nd_2Fe_{14}B$ 相点和 Fe 角的连线附近,这两者都是纳米双相复合永磁合金 $Nd_2Fe_{14}B/Fe_3B$ 和 $Nd_2Fe_{14}B/\alpha$‐Fe 的主要成分。

在图 1.2.19 所示的垂直截面图上,黑点代表由 Schneider 等人给出的实验数

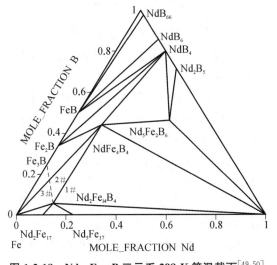

**图 1.2.18 Nd‐Fe‐B 三元系 298 K 等温截面**[49,50]

据[51]。从该图可以看出,当主要成分为 $Nd_2Fe_{14}B$ 的 Nd‐Fe‐B 合金从高温液态 L 平衡凝固过程中会首先析出面心立方（fcc）的 $\gamma$‐Fe,然后再通过包晶反应 L+$\gamma$‐Fe ⟶ $Nd_2Fe_{14}B$ 生成主相 $Nd_2Fe_{14}B$。但在实际的熔炼、铸造工艺中,铸锭结晶过程是一个非平衡凝固过程,很难完全遵循这一包晶反应进行,导致会有部分 $\gamma$‐Fe 残存下来,并在室温下以 $\alpha$‐Fe 相的形式出现,从而造成产品的永磁性能下降。这时,如果选择 2# 合金成分,即 $Nd_{15}Fe_{77.5}B_{7.5}$,则按照图 1.2.19,主相 $Nd_2Fe_{14}B$ 将作为初次结晶产物直接从熔体中析出,因此避免了 $\gamma$‐Fe ⟶ $\alpha$‐Fe 的转变,对提高永磁性能十分有利,这就是最初日本为什么选择该合金成分并取得突破的关键[50,51]。即使对于 1# 合金,常常在铸造时也可以通过采用速凝片铸工艺（Strip Casting,简称 SC 工艺）[52]来避免在铸锭组织中出现 $\alpha$‐Fe

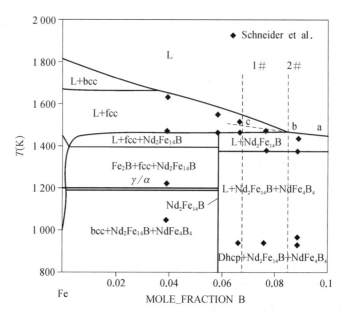

图 1.2.19 Nd‑Fe‑B 三元系 $x(\mathrm{Nd}):x(\mathrm{B})=2:1$ 垂直截面图[49,50]

相。该工艺类似于单辊法制取非晶态薄带的熔体快淬法,但辊轮旋转速度约为 $1\sim$ 3 m/s,远低于制取非晶薄带时的转速,所得铸片厚度为 $250\sim350~\mu\mathrm{m}$。

图 1.2.20 示出了 $\mathrm{Nd_2Fe_{14}B}$ 晶体结构[52,53]。这是一种四方结构,晶胞尺寸为 $a=0.88$ nm,$c=$ 1.22 nm。晶胞包含四个分子式单位,共 68 个原子,位于 9 个不同的晶位上,即 Nd 原子占据 2 个晶位($4f$,$4g$),Fe 原子占据 6 个晶位($4e$,$4c$,$8j_1$,$8j_2$,$8k_1$,$8k_2$),B 原子占 1 个晶位($4g$)。单胞内所有的 Nd 原子和 B 原子都位于 $z=0$ 和 $z=1/2$ 的平面层内。大多数 Fe 原子则位于富 Nd、B 晶面之间的六边形顶角上,这种六边形折叠与 Fe‑B 的成键吸引力有关,成键造成 B 原子处于由六个 Fe($4e$)和 Fe($4g$)围成的三棱柱中心(见附图)。这一 B 原子通过三个棱柱面和 $z=1/2$ 晶面上邻近的三个 Nd 原子相连接,组成 Nd‑Fe‑B 晶格的骨架,从而可对合金的内禀磁性能产生决定性影响。此外,这种 Fe 的

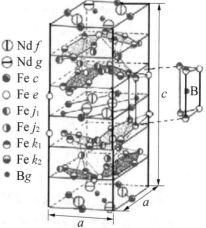

图 1.2.20 $\mathrm{Nd_2Fe_{14}B}$ 的晶体结构,图中的 $c/a$ 比值是经过放大的,以突出六边形网格的折叠特点[52,53]

六边形配位与 $\mathrm{R_2Co_{17}}$ 的 $\mathrm{Th_2Ni_{17}}$ 型菱面体结构的 Co 六边形网格十分类似[54]。

从 $\mathrm{Nd_2Fe_{14}B}$ 的晶体结构,可以获得以下信息,从而让人容易理解为什么它能成为高性能磁体[55]:① 它的四方晶体结构有较大的磁晶各向异性常数($K_u=5\times10^6$ kJ/m³);② Fe 和 Nd 的原子磁矩之间的铁磁性耦合决定了它有很大的饱和磁感应强度($B_s=$ 1.6 T);③ $\mathrm{Nd_2Fe_{14}B}$ 相的稳定性允许发展成一种由非磁性富硼和富钕相隔离的

$Nd_2Fe_{14}B$晶粒的复合微结构,这种结构能使磁性晶粒退耦合。

### 3.本征磁性能

图 1.2.21 示出了一些 R－Co 和 R－Fe 金属间化合物的居里温度和饱和磁化强度室温值随成分的变化[56,57]。可以看到,在 R－Co 化合物中,以 $RCo_5$ 和 $R_2Co_{17}$ 合金的饱和磁化强度和居里温度为最高。这正是它们分别成为第一代和第二代稀土永磁合金的主要原因。

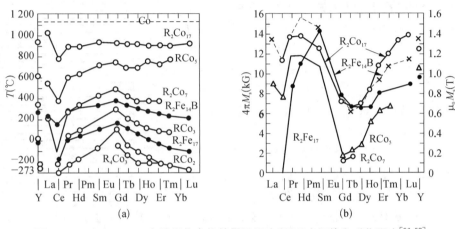

**图 1.2.21** (a)R－TM 金属间化合物的居里温度和(b)室温饱和磁化强度[56,57]

表 1.2.7 和图 1.2.21 还同时给出了一些 $R_2Fe_{17}$ 金属间化合物的基本磁性能,包括饱和磁化强度 $\mu_0M_s$、居里温度 $T_c$、磁晶各向异性常数 $K_u$ 和磁晶各向异性等效场 $H_k$ 等。它们的磁晶各向异性几乎都是易基面的。此外,尽管有一些 $R_2Fe_{17}$ 的饱和磁化强度要高于 $R_2Co_{17}$ 合金,但是它们的居里温度太低,例如居里温度最高的两种化合物 $Gd_2Fe_{17}$ 和 $Sm_2Fe_{17}$ 也分别只有 199℃和 122℃,因此,它们的单相化合物都不适合制造永磁材料。

图 1.2.22 示出了三类稀土永磁化合物分别沿易磁化轴和难磁化轴测得的磁化曲线,由每种永磁化合物的易磁化轴和难磁化轴磁化曲线的交点可以求得相应的磁晶各向异性场 $H_k$ 值,由此也能算得磁晶各向异性常数 $K_1$ 值。

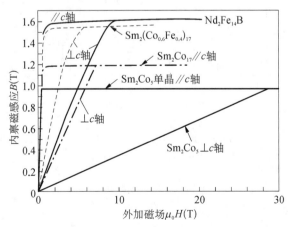

**图 1.2.22** 三类稀土永磁化合物分别沿易磁化轴和难磁化轴测得的磁化曲线[56]

Ray 和 Strnat[58]对 $R_2(Co_{1-x}Fe_x)_{17}$ 相的磁晶各向异性进行了系统的研究,图 1.2.23 示出了用过渡金属 Fe、Mn、Al、Ni、Cu 等取代 Co 对磁晶各向异性易磁化方向的影响[55-57]。除 $Nd_2(Co_{1-x}M_x)_{17}$(M=Fe、Mn、Al),$Dy_2(Co_{1-x}Fe_x)_{17}$ 和 $Y_2(Co_{1-x}M_x)_{17}$(M=Ni、Cu)外,其他化合物在 Fe 含量 $x$ 位于某一范围时,易磁化方向可以从易基面变为单轴各向异性。这一成果表明,$R_2(Co_{1-x}Fe_x)_{17}$ 相有希望成为永磁材料。随后的一系列研究表明,在 $R_2(Co_{1-x}Fe_x)_{17}$ 相的富 Co 侧,R=Ce、Pr、Nd、Sm、Y、MM(混合稀土)时,合金都有高饱和磁化强度和高居里温度。如 Fe 含量 $x<0.5$ 时居里温度高于600℃,$\mu_0 M_s$ 为 1.2～1.6 T。

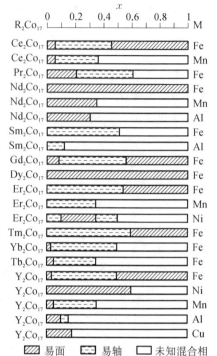

**图 1.2.23 过渡金属添加量对成分为 $R_2(Co_{1-x}M_x)_{17}$ 的 $R_2Co_{17}$ 基金属间化合物的磁晶各向异性的影响[56-58]**

1974—1980 年间,日本在研发第二代稀土永磁合金上取得了很大的进展。图 1.2.24 示出了 $Sm_2(Co,Cu,Fe,M)_{17}$ 的三个发展阶段。1974—1975 年间,通过用 Fe、Cu 置换部分 Co,使 $(BH)_{max}$ 提高到 208 kJ/m³(26 MGOe),但是矫顽力一般为(477～557)kA/m(6～7 kOe),低于 $SmCo_5$ 系合金,这使合金在实际应用时的磁路设计上会受到限制。在 $R_2Co_{17}$ 中由于添加了少量的 Cu,实现了 2～17 相和 1～5 相的两相分离,对提高 $H_{cj}$ 有利,但是由于 Cu 是非磁性元素,添加后会降低磁感应强度,于是需加入第四元素 Fe 以补偿之。随后又发现添加第五元素(Ti、Zr 或 Hf)可使合金矫顽力和最大磁能积进一步提高。1977 年,Ojima 等人[29-31]将含 Zr 的 $Sm_2(Co,Cu,$

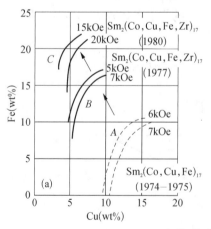
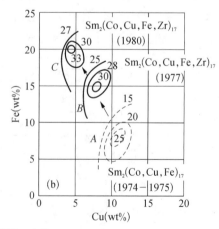

A:Cu,Fe,26.5%Sm,余Co
B:Cu,Fe,25.5%Sm,1.5%Zr,余Co
C:Cu,Fe,25.5%Sm,2%Zr,余Co

**图 1.2.24 (a)$Sm_2Co_{17}$ 型磁体的内禀矫顽力和(b)最大磁能积随成分的变化[57]**

Fe,Zr$)_{17}$铸锭经粗碎并用气流磨粉碎到粒径 3～5 $\mu$m 的细粉,再在 10 000 Oe 磁场中压结成型,随后于 1 160～1 250℃烧结 1 小时,再经固溶处理 1 小时淬火,并在 800～400℃温区实行多级阶梯式回火,发现成分为 25.5％Sm、8％Cu、14％Fe、1％Zr、余量为 Co 的合金有最高磁性能,即 $B_r = 1.1$ T,$H_{cj} = 525$ kA/m,$(BH)_{max} = 236.8$ kJ/m$^3$(29.6 MGOe)。1980 年,通过进一步调整成分和采用 840～400℃温区多级时效热处理,将 Sm$_2$(Co,Cu,Fe,Zr$)_{17}$合金的$(BH)_{max}$提高到 262.7 kJ/m$^3$(33 MGOe),同时将内禀矫顽力也提高到796～2 388 kA/m(10～30 kOe)[30-32]。

### 4. 稀土永磁合金的制造工艺

图 1.2.25 列出了稀土永磁合金的制造工艺流程图[59]。

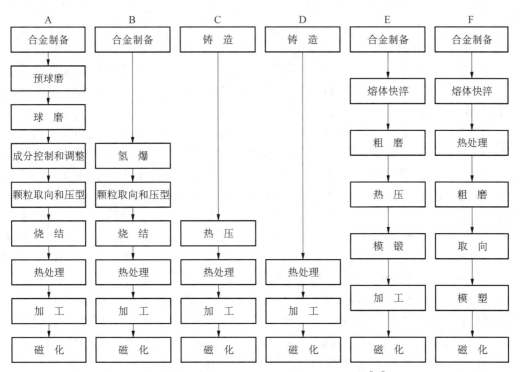

**图 1.2.25 不同类型稀土永磁体的制造流程图**[59]

### (1) 烧结法

图 1.2.25 中的方法 A 是通常所说的粉末冶金法,或烧结法。用烧结法制备永磁合金的步骤是:首先在感应炉中于氢气保护下熔炼成分一定的合金,然后粉碎制粉、在磁场中使粉料取向并成型,随后在较高温度下再于氢气中烧结,最后再在较低温度下进行热处理。因为稀土元素很容易被氧化,因此在各个制造环节上要采取保护措施以避免粉体或块体氧化十分重要。

在上节讨论 NdFeB 晶体结构时,就曾指出,铸锭结晶过程是一个非平衡凝固过程,很难完全遵循图 1.2.19 中所标明的包晶反应(L+$\gamma$ - Fe $\longrightarrow$ Nd$_2$Fe$_{14}$B)进行,导致会有部分$\gamma$ - Fe 残存下来,并在室温下以 $\alpha$ - Fe 相的形式出现,从而造成产品的永磁性能下降。为了制备高性能 NdFeB 永磁体,人们开发了速凝片铸工艺(Strip Casting),简称 SC 工艺。其装置类似于制备非晶态合金的单辊法设备,浇注时,将熔液浇注到旋转的水冷铜辊的轮面上,和制备非晶态合金的条件不同的是铜辊旋转速度仅为 1.5～2.0 m/s,远低于制备非晶态合金的铜辊转速。因此,所得到的铸片厚度为 0.25～0.35 mm。微结构研究表明,这些铸片中主相 $Nd_2Fe_{14}B$ 以厚度为 3～5 $\mu m$ 的片状晶出现,它们被厚度为 0.1～0.2 $\mu m$ 的富钕相薄层均匀隔开,而且不含 $\alpha$-Fe 枝状晶。用这种合金铸片制造烧结磁体,晶粒尺寸为 3～8 $\mu m$,晶粒大小均匀,富钕相的分布也很均匀[60]。

在磁场成型时,磁场强度、压力以及压制方式都会对产品性能产生影响。为了使磁粉有很好的取向,磁场强度应大于 800 kA/m (10 kOe)。压制时压力的施加方式最好能与取向磁场方向相垂直,压力尽可能选大一些。为了进一步提高产品的密度,而同时又不破坏微粉的取向,必要时,经磁场成型后的磁体初坯可以采用流体等静压法再压制一次。所谓流体等静压法,是将初坯放入橡胶指套套住并将套口紧扎,放入盛有液体介质(如油)的密闭模具内压制,这时压力通过液体介质各向同性地作用在初坯上,不会破坏原来粉末的取向。在实际生产中,常常采用橡皮模等静压方法外加脉冲磁场成型工艺,另外,可以在粉料中添加适量润滑剂,以提高磁体的取向度,进而提高剩磁和最大磁能积。

烧结和热处理温度与时间的选择视材料而异。对 $SmCo_5$ 合金,一般可在 1 120～1 180℃烧结 30～60 分钟,然后在 850～900℃进行热处理。热处理以后要注意不要在 700～800℃之间停留,否则磁性能会恶化。有时,为了改善磁性能,可以采用多级热处理方法。例如对于最大磁能积高达 297 kJ/m³(37.3 MGOe)的合金 $Sm(Co_{9.61}Mn_{0.13}Zr_{0.01}Hf_{0.01}Fe_{0.25})_{8.2}$,可以通过 1 200～1 250℃烧结,然后在氩气流中淬火,接着按顺序在 1 100～1 150℃保温 1 小时,700～800℃保温 1 小时,和 400～500℃保温 8～10 小时后获得。对于烧结 NdFeB 材料,一般在 1 020～1 070℃烧结,随后分别在 880℃和 600℃回火。如果在工业化批量生产中,通过采用合适的成分、最佳的速凝片铸工艺、氢爆粉碎和气流磨制粉工艺、橡皮模等静压脉冲磁场成型工艺等,对于成分为 $Nd_{28.5}Tb_{0.5}Dy_{0.5}Fe_{bal}Cu_{0.1}Al_{0.2}Co_1B_1$ 的高磁能积烧结 NdFeB 磁体,可以获得的永磁性能为 $B_r = 1.457$ T、$H_{cj} = 1 148$ kA/m、$(BH)_{max} = 408$ kJ/m³(51.3 MGOe)[60];而对于成分为 $Nd_{27}Dy_4Fe_{bal}Cu_{0.1}Al_{0.2}Co_1Ga_{0.5}B_1$ 的磁体,则可获得高矫顽力,其永磁性能为 $B_r = 1.32$ T、$H_{cj} = 2 035$ kA/m、$(BH)_{max} = 320$ kJ/m³(39.9 MGOe)[61]。

目前,生产上大多采用单合金法来制造烧结 NdFeB 永磁材料,但也有采用双合金烧结法的。所谓双合金法,是预先制备两种成分不同的母合金,其中,主合金的成分接近于 $Nd_2Fe_{14}B$ 四方相,辅合金则是富稀土的晶界相,由 Nd、Pr、Dy、Tb 等稀土元素和 Co、Al、Cu、Ga、V、Ti 等过渡族元素组成。两种合金铸锭分别被粗破碎到 200 $\mu m$,按适当比例混合后,经球磨进一步粉碎成 3 $\mu m$ 细粉,再经磁场取向和压型、烧结、热处理得到最后产品。它的优点是永磁体有可能获得更高的磁性能,内部的最终氧含量较低,因此可在大气环境条件下生产低氧含量高性能永磁体。另外,用双合金法制造的烧结永磁体粉末有较好的抗腐蚀性能。2002 年德国真空熔炼公司 Rodewald 等人[38]曾采用双合金法成功制备了 $(BH)_{max} = 451$ kJ/m³(56.7 MGOe)、$B_r = 1.519$ T、$H_{cj} = 788$ kA/m 的 Nd-Dy-Fe-

TM－B（TM＝Al、Ga、Co、Cu）永磁体。

**（2）氢爆法（HDDR 法）**

图 1.2.25 中的方法 B 又称氢爆法（HD＝Hydrogen Decrepitation）或 HDDR 法[61]。HDDR 是英文单词 Hydrogenation（氢化）—Disproportionation（歧化）—Desorption（脱氢）—Recombination（再复合）的缩写。该法包含四个相对独立的工序。在一定温度和氢气压下，氢和稀土化合物能通过反应生成氢化物，例如，$Nd_2Fe_{14}B$ 在 $10^5 Pa$ 氢气压和室温下便能和氢反应生成 $Nd_2Fe_{14}BH_x$，但若氢气压和温度改变，稀土氢化物的含量 $x$ 值是不同的。热重分析表明，如果温度从室温升高到 $100℃$，$x$ 可从 1.0 增大到 4.0 左右；在 1 大气压的氢气压下，$x＝2.2\sim2.7$。歧化是指温度高于 $600℃$ 时稀土化合物的吸氢反应，它和氢化反应的产物是不同的：

$$氢化：2\,Nd_2Fe_{14}B＋x\,H_2 \Longleftrightarrow 2\,Nd_2Fe_{14}BH_x$$

$$歧化：Nd_2Fe_{14}B＋2H_2 \Longleftrightarrow 2NdH_2＋12Fe＋Fe_2B$$

大多数稀土-过渡族化合物在吸氢后又会引起体积急剧膨胀从而使合金粉末化，再经过球磨或气流磨就可得到合金细粉。根据 McGuiness 等人[62] 的研究，成分为 $Nd_{16}Fe_{76}B$ 的 Nd－Fe－B 合金铸锭经粗粉碎后，于室温下置于气压为 1 bar 的氢气氛中便可氢脆成细粉。在吸氢时，首先富 Nd 相吸收约 $0.4\%$ 的氢，随后主相 $Nd_2Fe_{14}B$ 才大量吸氢。吸氢细粉再经球磨、取向、压型后，试样在氢气中被加热到在 $900\sim1\,000℃$ 保温 2 小时，接着抽去氢气在真空度为 $10^{-5}$ bar 进行真空烧结，便可除去样品中所含的氢气，形成致密产品，这就是脱氢过程。研究表明，Nd－Fe－B 合金如果在氢气中加热，材料将与氢发生歧化反应，生成 Fe、$Fe_2B$ 和 $NdH_{2.9}$ 三相。如果再在 $800\sim1\,000℃$ 真空退火，$NdH_{2.9}$ 相便会释放出氢气，转变成金属 Nd，随之和 Fe、$Fe_2B$ 反应形成亚微米尺寸的 $Nd_2Fe_{14}B$ 细晶粒（再复合）。图 1.2.26 示出了成分为 $Nd_{16}Fe_{76}B_8$ 的铸造合金利用 HDDR 法制备细粉过程中合金微观组织变化的示意图[63]。

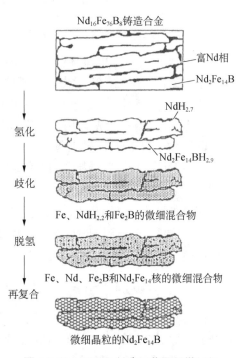

Nd$_{16}$Fe$_{76}$B$_8$铸造合金

富Nd相

Nd$_2$Fe$_{14}$B

氢化

NdH$_{2.7}$

Nd$_2$Fe$_{14}$BH$_{2.9}$

歧化

Fe、NdH$_{2.2}$和Fe$_2$B的微细混合物

脱氢

Fe、Nd、Fe$_2$B和Nd$_2$Fe$_{14}$核的微细混合物

再复合

微细晶粒的Nd$_2$Fe$_{14}$B

**图 1.2.26　HDDR 制造工艺及显微组织变化示意图**[63]**（Harris 1996）**

利用 HDDR 法制得合金粉末后，再对粉体实施气流磨工艺，就能获得颗粒度均匀的微细粉末。气流磨是一种利用高速气流通入装置使合金粉末相互碰撞而实现粉碎、细化的工艺。和球磨法相比，其优点是粉末粒度均匀，粒度分布较为集中（如粒度在 $1\sim8\ \mu m$ 范围内），同时粉碎过程中既不会混入杂质，也不会改变相关组成相的比例。

### （3）铸造法

图 1.2.25 中的方法 C、D 都是铸造法,该法省略了制粉过程。早期对 $Sm(Co,Cu)_5$ 曾有很多研究工作采用该法制造永磁合金。所得永磁体是各向同性的,一般磁性能不太高。但也有例外,如 Nagel 等人[34] 通过用少量 Fe 取代 Co,制得成分为 $Sm(Co_{0.81}Cu_{0.15}Fe_{0.04})_{7.2}$ 铸造磁体,经热处理,获得的永磁性能为 $B_r = 0.99$ T,$H_{cj} = 5\,600$ Oe,$(BH)_{max} = 24$ MGOe。

### （4）熔体快淬法

图 1.2.25 中的方法 E、F 都采用了熔体快淬法制备快淬粉(MQ 粉)。这种快淬粉也可直接从市场上购得。方法 E 通过 750℃ 热压可得非常致密的磁体,Nd - Fe - B 磁体的磁能积为 $100 \sim 120$ kJ/m³。热压后再进行冷压,可得有织构磁体,易向与加压方向平行。方法 F 是制造稀土粘结永磁体的典型工艺。

### （5）还原扩散法

除了以上制备方法外,还可利用还原扩散法制取稀土永磁体。图 1.2.27 示出了还原扩散法和还原熔化法的工艺流程图[64]。通常,可采用还原熔化法制造稀土金属,但一般先得用稀土金属镧或铈在真空蒸馏甑中于高温下将稀土氧化物(如 $Sm_2O_3$)还原成金属钐(Sm),然后再与金属 Co 熔化、铸造制得铸锭。

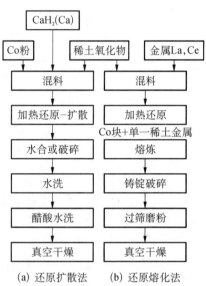

**图 1.2.27** (a)还原扩散法和(b)还原熔化法的工艺流程[64]

还原扩散法也是以稀土氧化物为初始原材料。将稀土氧化物、过渡金属粉末和氢化钙($CaH_2$)混合,升温到 850℃ 以上温度,使稀土氧化物还原,然后再加热使还原后的稀土金属扩散到过渡金属粉末中去,以 $SmCo_5$ 为例,其反应式为

$$5Co + 1/2Sm_2O_3 + 3/2CaH_2 \longrightarrow SmCo_5 + 3/2CaO + 3/2H_2 \uparrow$$

在实践中,也可以采用氧化钴代替 Co 粉作为原材料,但需要加入更多的 $CaH_2$ 使氧化钴能还原成金属钴。初始原料混合时最好在氮气中进行。升温还原时一般在氢气中进行,在 850℃ 时由于 $CaH_2$ 开始分解放出氢气,这时应使其流出而保持一定的氢气压力(如 2/3 大气压),但温度升到 $1\,000$℃ 便停止氢气释放,并使压力逐渐降低到真空,稀土氧化物被还原成金属。然后在该温度保温半小时左右,具体时间取决于稀土金属和 Co 粉颗粒的尺寸大小。扩散过程完成后,需快冷至室温,以防止 $SmCo_5$ 转变为 $SmCo_5O$,以及避免 $SmCo_5$ 在慢冷过程中产生分解。最后的反应产物大都呈龟裂的硬块状,为了使其粉末化以及利于去除 CaO,需通以湿氮进行水合反应:

$$CaH_2 + H_2O \longrightarrow CaO + 2H_2 \uparrow$$
$$CaO + H_2O \longrightarrow Ca(OH)_2 \downarrow$$

这时反复用水冲洗便可清除氢氧化钙沉淀,最后经乙醇冲洗后,抽滤烘干成合金粉备用。Martin 等人[65]曾利用还原扩散法制得的粉料作为基相粉末,用还原熔化法制得的富稀土粉料作为液相烧结剂,以一定比例混合、研磨后,经磁场取向压制和烧结,最后制得的 $Sm_{0.42}Pr_{0.58}Co_5$ 永磁体的最高永磁性能可达 $B_r=1.03$ T,$H_{cB}=804$ kA/m,$H_{cj}=1\,353$ kA/m,$(BH)_{max}=207$ kJ/$m^3$(26 MGOe)。

### 5. 稀土钴永磁合金的磁性能

稀土钴永磁合金主要包括 $RCo_5$ 型(R=Sm、SmPr、Pr、SmCe、SmLa 等)第一代稀土永磁合金和 $Sm_2Co_{17}$ 型第二代稀土永磁合金。

表 1.2.8 列出了若干稀土永磁合金产品的典型磁性能,表中,序号 1 是 $RCo_5$ 型廉价的铈钴铜铁合金,序号 2 和 3 分别是 $RCo_5$ 型和 $R_2Co_{17}$ 型高性能合金,序号 4 是粘结永磁合金。粘结合金在制备时,是以烧结合金作为原料,经粉碎和筛分,并与粘结剂(如环氧树脂)混合,在磁场中成型而得到的,具有廉价和尺寸精确的特点。

有关稀土钴合金的一些物理性能参见表 1.2.5 所列。

稀土钴永磁合金的高矫顽力起因问题一直是人们重点研究的课题之一。最初,当人们发现 $RCo_5$ 型化合物具有很高的磁晶各向异性时,立即联想到可以像处理单畴微粉磁体那样,将它研成微细粉末使其粒径减小到成为单畴颗粒,然后采用磁场成型使各个颗粒的易磁化方向沿磁场方向整齐排列起来,这样,就可以通过控制对磁畴磁化矢量的不可逆转动的阻滞来获得高矫顽力,发展初期的实验结果获得了成功。但是,随后的深入研究却发现,其矫顽力值和不可逆转动模型得出的理论值相差甚远,而且,利用磁光效应观察磁畴的方法证实合金在反磁化过程中存在畴壁移动的证据,这就表明,稀土钴合金中的高矫顽力与畴壁的不可逆畴壁位移的阻滞有关。

目前,对于 $RCo_5$ 型合金,普遍认为矫顽力主要来自高成核场,即合金在反磁化时,反向畴不容易成核,因而很难在磁体中形成畴壁,也就不容易通过不可逆畴壁位移导致反磁化。所以这种合金中的矫顽力主要是由成核场的大小决定的。

在 $R_2Co_{17}$ 型永磁合金中,人们认为矫顽力主要是由畴壁钉扎决定的。在实际的 $Sm_2Co_{17}$ 型合金中,通常添加了 Cu、Fe、Zr 等元素,常将它们的分子式写成 Sm(Co,Cu,Fe,Zr)$_z$,式中 $z=7\sim8<8.5$,即合金的成分是非化学计量的,内部的微结构往往是由 $SmCo_5$ 和 $Sm_2Co_{17}$ 相组成,因此被称为两相分解型合金。通常,$SmCo_5$ 具有高磁晶各向异性,其 $K_1$ 约为 17MJ/$m^3$,这使其能成为由成核控制的磁体,而纯粹的 $Sm_2Co_{17}$ 材料虽然饱和磁化强度稍高于 $SmCo_5$,但其 $K_1$ 仅为 3.3 MJ/$m^3$,远低于 $SmCo_5$,这就使得纯 $Sm_2Co_{17}$ 材料很难获得高矫顽力。实验证实,非化学计量的 Sm(Co,Cu,Fe,Zr)$_z$ 磁体的微结构示意图如图 1.2.28 所示[1]。这种永磁合金的显微组织呈长菱形的胞状,其中,外部的胞壁相为 Sm(Co,Cu)$_5$ 相,胞内实际包含着两类 2:17 相:一类是富 Zr 的片状 $Sm_2$(Co,Cu,Zr)$_{17}$ 相,呈 $Th_2Ni_{17}$ 结构,属六方晶系;另一类是富 Fe 的 2:17 主相,成分为 $Sm_2$(Co,Fe)$_{17}$,呈 $Th_2Zn_{17}$ 结构,属三方晶系。Kumar 最早指出[66],这种 Sm(Co,Cu,Fe,Zr)$_z$ 永磁体的矫顽力是由畴壁的钉扎场决定的,钉扎场定义为反磁化过程中被钉扎畴

壁出现不可逆位移的最大反向磁场值。当胞壁相的厚度和畴壁厚度相当时,畴壁将受到来自胞壁相最大的钉扎作用,因而有高矫顽力。

表 1.2.8　某些稀土永磁合金的磁性能

| 序号 | 合金种类 | $B_r$(T) | $H_{cj}$(kA/m) | $H_{cB}$(kA/m) | $(BH)_{max}$(kJ/m³) |
|---|---|---|---|---|---|
| 1 | Ce(CoCuFe)$_5$ | 0.6 | 358 | 318 | 64～68 |
|  | Ce(CoCuFe)$_5$ | 0.7 | 398 | 358 | 88～104 |
| 2 | SmCo$_5$ |  |  |  |  |
|  | REC-20 | 0.88～0.92 | 955～1 274 | 677～717 |  |
|  | REC-18 | 0.83～0.87 | 955～1 274 | 597～677 |  |
|  | REC-16 | 0.78～0.84 | 1 115～1 274 | 597～ | 120～130 |
|  | REC-14 | 0.73～0.78 | 597～756 |  | 136～152 |
|  | (SmPr)Co$_5$ | 0.78 | 1 190 | 557 | 152～184 |
|  | (SmPr)Co$_5$ | 0.8～0.9 | >1 190 | 597 |  |
|  | (SmPr)Co$_5$ | 0.9～1.0 | >1 190 | 637 |  |
| 3 | R$_2$Co$_{17}$ | 0.96 | 414 | 398 | 184～200 |
|  | R$_2$Co$_{17}$ | 1.0～1.1 | 438～557 | 414～517 | 200～224 |
|  | Sm$_2$(CoCuFe)$_{17}$ | 1.06～1.15 | 454～557 | 438～533 | 224～248 |
|  | Sm$_2$(CoCuFeZr)$_{17}$** |  |  |  |  |
|  | REC-30 | 1.08～1.12 | 494～557 | 478～502 | 231～247 |
|  | REC-26 | 1.02～1.08 | >796 | 637～796 | 199～215 |
|  | REC-24 | 0.98～1.02 | 494～557 | 525～541 | 175～167 |
|  | REC-22 | 0.92～0.98 | >796 | 557～780 | 159～191 |
| 4 | Nd-Fe-B | 1.05～1.12 | >1 350 | 677～812 | 199～223 |
|  | Nd-Fe-B | 1.12～1.19 | >1 350 | 740～860 | 231～255 |
|  | Nd-Fe-B | 1.18～1.25 | 836～1 040 | 796～915 | 263～287 |

＊＊ 日本 REC 永磁体的磁性能[31],米三哲人等,日本应用磁气学会志,6(1)(1982)9-13。

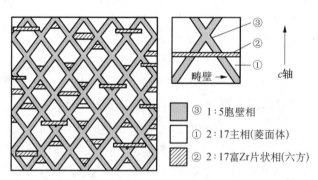

图 1.2.28　钉扎型 Sm$_2$Co$_{17}$ 永磁体的胞状组织示意图[1]

## 6. 烧结钕铁硼永磁合金

烧结钕铁硼合金优异的磁性能主要来自成分为 Nd$_2$Fe$_{14}$B 的磁性主相。实际上,许多稀土元素都可以和铁、硼构成类似的相,表 1.2.9 列出了这些 R$_2$Fe$_{14}$B 相的晶格常数 $a$

和 $c$、密度 $d$、饱和磁化强度 $M_s$、磁晶各向异性常数 $K_1$，以及居里温度 $T_c$ 的数据。可以看到在这些化合物中，$Nd_2Fe_{14}B$ 具有最高的 $M_s$ 值。作为比较，该表中还列举了 $Nd_2Fe_{14}C$，$Y_2Co_{14}B$ 和 $Nd_2Co_{14}B$ 的相应数据。

表 1.2.9　$R_2Fe_{14}B$ 金属间化合物的基本性能[67,68]

| 化合物 | 晶格常数(nm) | | $d$ (Mg/m³) | $\mu_0 M_s$ (T) | | $K_2$(293 K) (MJ/m³) | | $\mu_0 H_k$ [T] | | $T_c$ (K) |
|---|---|---|---|---|---|---|---|---|---|---|
| | $a$ | $c$ | | 4.2 K | 293 K | $K_1$ | $K_2$ | 4.2 K | 300 K | |
| $Y_2Fe_{14}B$ | 0.876 | 1.203 | 6.98 | 1.59 | 1.42 | 1.06 | — | 1.2 | 2 | 571 |
| $La_2Fe_{14}B$ | 0.822 | 1.234 | 7.40 | — | — | — | | | | 530 |
| $Ce_2Fe_{14}B$ | 0.873 | 1.206 | 7.76 | 1.47 | 1.17 | 1.7 | — | 3 | 3 | 422 |
| $Pr_2Fe_{14}B$ | 0.884 | 1.229 | 7.43 | 1.84 | 1.56 | 5.6 | — | 32 | 8.7 | 569 |
| $Nd_2Fe_{14}B$ | 0.879 | 1.218 | 7.62 | 1.85 | 1.60 | 5 | 0.66 | — | 6.7 | 586 |
| $Sm_2Fe_{14}B$ | 0.878 | 1.208 | 7.78 | 1.67 | 1.52 | −12 | 0.29 | — | — | 620 |
| $Gd_2Fe_{14}B$ | 0.878 | 1.209 | 7.90 | 0.915 | 0.893 | 0.67 | — | 1.6 | 2.5 | 659 |
| $Tb_2Fe_{14}B$ | 0.879 | 1.207 | 7.90 | 0.664 | 0.703 | 5.9 | — | 30.6 | 22 | 620 |
| $Dy_2Fe_{14}B$ | 0.876 | 1.199 | 8.07 | 0.573 | 0.712 | 4.5 | — | 16.7 | 15 | 598 |
| $Ho_2Fe_{14}B$ | 0.875 | 1.199 | 8.12 | 0.569 | 0.807 | 2.5 | — | | 7.5 | 573 |
| $Er_2Fe_{14}B$ | 0.873 | 1.194 | 8.21 | 0.665 | 0.899 | −0.03 | — | | — | 551 |
| $Tm_2Fe_{14}B$ | 0.873 | 1.193 | 8.26 | 0.925 | 1.15 | −0.03 | — | | — | 549 |
| $Lu_2Fe_{14}B$ | 0.871 | 1.188 | 8.41 | 1.45 | 1.17 | — | | | — | 535 |
| $Nd_2Fe_{14}C$ | 0.881 | 1.205 | — | — | 1.52 | 4.5 | | | — | 545 |
| $Y_2Co_{14}B$ | 0.86 | 1.171 | — | — | 1 | −1.4 | | | — | 1 015 |
| $Nd_2Co_{14}B$ | 0.863 | 1.185 | — | — | 1.06 | 2.2 | | | — | 1 007 |

$Nd_2Fe_{14}B$ 的晶体结构为四方结构，易磁化轴为 $c$ 轴。图 1.2.29 示出了它的晶体结构。在这里，硼的含量虽然不多，却起着重要的作用。因为不含硼的 $Nd_2Fe_{14}$ 化合物虽然也属六方结构，但是由于易磁化轴位于六方结构的基面内，因此磁晶各向异性场不高，导致永磁性能也不高。少量硼进入钕铁合金后，不仅可以使磁结构从六方变为四方，而且使其易磁化轴也同时从基面转到了 $c$ 轴上，大大提高了磁晶各向异性，才使其有可能成为高性能永磁材料。图 1.2.17(b) 和 (c) 比较了某些 $R_2Fe_{14}B$ 和 $R_2Co_{14}B$ 的磁结构与自旋取向随温度变化的示意图。综合表 1.2.9 和图 1.2.17 的内禀磁性能和磁结构，选择 $Nd_2Fe_{14}B$ 作为第三类稀土永磁材料突破口也绝非偶然。

目前，用烧结法制造的钕铁硼合金的成分大致为 $Nd_{15}Fe_{77}B_8$。通常，该合金在高性能状态下的室温微结构包含三个相：$Nd_2Fe_{14}B$ 磁性相（基相）、富硼相和富钕相。图 1.2.29 是这一微结构的电镜照片，图中的 $T_1$ 是主相，所占的体积分数为 $80\%\sim85\%$，内部的晶体缺陷很少。$T_2$ 是富硼相,其晶粒内部的缺陷(如位错和层错)较多,该相成分接近于 $NdFe_4B_4$,呈四方结构,晶格常数为 $a=0.72$ nm,$c=4.68$ nm。它的平均晶粒尺寸和基相差不多,为 $5\sim20$ nm。图中"Nd"代表富钕相,具有六角密堆结构,$a=0.37$ nm,$c=1.18$ nm,其含钕量为 $70\sim90$at%,一般以孤立相的形式出现于晶粒表面附近或呈薄片状出现在基相晶粒间。

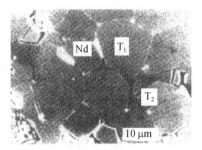

$T_1$:$Nd_2Fe_{14}B$
$T_2$:$Nd_1+\varepsilon Fe_4B_4$
Nd:富钕相

**图 1.2.29 烧结 Nd‐Fe‐B 磁体的微结构[69]**

钕铁硼永磁合金的高矫顽力的来源,是不可逆畴壁位移在反磁化过程中遇到阻滞,但是,对于不同成分的合金,究竟是成核场还是钉扎场起关键作用,要具体研究分析才能确定。表 1.2.5 和表 1.2.9 分别列出了一些钕铁硼合金的物理性能和磁性能。

钕铁硼合金具有很高的磁性能,但从应用上来说,居里温度低和温度稳定性差是它的致命弱点。其剩磁可逆温度系数为 $-0.126\%/℃$ 差不多是铝镍钴永磁合金的 6 倍。为了改善它的温度稳定性,通常可以在合金中添加适量的其他元素,例如钴、镍、铜等来提高合金的居里温度 $T_c$,其中以加钴的效果最好,因为适量钴的加入,不仅可以提高居里温度,而且还能提高合金的饱和磁化强度。图 1.2.30 示出了成分为 $Nd_2(Fe_{1-x}Co_x)_{14}B$ 合金的 $\mu_0 M_s$ 和 $T_c$ 随含钴量的变化[55,70,71]。可以看到,当 $x>0.2$ 时,合金的 $\mu_0 M_s$ 下降过多。据报道,含有钴的 $Nd_{15}Fe_{57}Co_{20}B_4$ 合金,其 $B_r$ 的可逆温度系数可以降低到 $-0.06\%/℃$,而磁性能仍然较高,即 $H_{cj}=701$ kA/m,$B_r=1.2$ T,$(BH)_{max}=263.5$ kJ/m³(33.1 MGOe)。

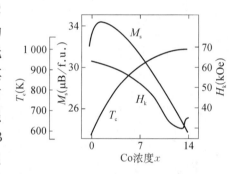

**图 1.2.30 $Nd_2Fe_{14-x}Co_xB$ 化合物的磁性随 Co 含量 $x$ 的变化。(a) 居里温度 $T_c$;(b) 295 K 时的饱和磁矩 $M_s$;(c) 室温各向异性场 $H_k$[55,70,71]**

## 1.2.4 稀土永磁氮化物与碳化物

### 1. $Sm_2Fe_{17}N_3$ 化合物[1]

在氮气氛或 $NH_3$ 气氛中将 $R_2Fe_{17}$ 化合物粉末加热到 $450\sim500℃$ 就可以制得三元氮化物 $R_2Fe_{17}N_x$,这是由 Li 和 Coey 于 1991 年最先报道的[72]。据研究,$R_2Fe_{17}N_x$ 化合物在 $x\sim2.7$ 附近,磁晶各向异性场 $H_k$ 有极大值,达到 $H_k=2.1$ MA/m(26.4 kOe)。

在这种化合物中,氮原子占据 $R_2Fe_{17}$ 晶格中的间隙位置,因此被统称为间隙化合物。与 $R_2Fe_{17}N_x$ 类似的化合物还有三元碳化物 $R_2Fe_{17}C_x$、$ThMn_{12}$ 型结构的三元化合物,如 $R(Fe,M)_{12}N_x$ 和 $R_3(Fe,M)_{29}N_x$(M=Ti,V,Mo,W,Re,或 Si),它们可以有效地改善化合物的永磁性能。能够进入这些由稀土原子构筑的间隙位置的原子必须有较小的原子半径,除氢原子以外,只有 B、C、N 才能满足这个条件。通常,间隙原子有某个平衡的溶解度。例如,在菱面体 $Th_2Zn_{17}$ 结构的 $Sm_2Fe_{17}$ 中,稀土原子周围有三个 9e 八面体间隙位置可以被 N 或 C 原子所占据。通过和氮反应,$Sm_2Fe_{17}$ 变成氮化物,其反应式是

$$Sm_2Fe_{17} + 3/2\ N_2 \longrightarrow Sm_2Fe_{17}N_3$$

属于放热反应,$\Delta H = 181$ kJ/mol,所以,和反应物比较,这一氮化物是稳定的。然而,歧化反应

$$Sm_2Fe_{17}N_3 \longrightarrow 2SmN + Fe_4N + 13Fe$$

也是放热反应,有 $\Delta H = 420$ kJ/mol,所以通常情况下氮化物倾向于分解,除非有另外因素阻止其分解。这里的临界量是 Fe 的扩散长度 $\sqrt{2Dt}$,如果氮化物能够歧化,Fe 的扩散长度就必须大大超过原子间距。这种扩散是热激活的,$D = D_0 \exp[-E_{acd}/(kT)]$。图 1.2.31 比较了氢、氮和 Fe 在 $Sm_2Co_{17}$ 中扩散一固定时间后扩散长度随温度的变化。该图表明,通过 $N_2$ 和微细 $Sm_2Fe_{17}$ 粉末的气-固反应,确有可能生成氮化物。在大约 400℃ 处有一窗口,$N_2$ 可以充分扩散渗入晶粒尺寸约为 1 $\mu m$ 的粉末结构中,而 Fe 却没有任何明显的扩散。这种气相

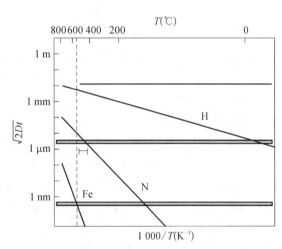

图 1.2.31　不同温度下氢、氮和铁在 $Sm_2Co_{17}$ 中的扩散。氮化最高温度由虚线所示[73]

间隙改性工艺对氢来说比氮要容易得多,在室温下,氢能在 1 小时内渗入 1 $\mu m$ 大小的晶粒中。

间隙原子对铁基金属间化合物内禀磁性能的影响是十分显著的。2:17 化合物的居里温度通过注入氮后升高了将近 400℃;相比之下,注入碳和氢后对居里温度的类似影响要小些。这种居里温度上升是和间隙原子进入晶格后所引起的晶格体积增大有关。例如在 $Sm_2Fe_{17}N_3$ 中,因其引起的体积约增大 6%。

杨应昌等人[74,75]研究了一些稀土金属间化合物吸氮前后晶格常数 $a$ 和 $c$ 以及居里温度 $T_c$ 的变化。比较了 $Y_2Fe_{17}$,$Sm_2Fe_{17}$,$Y_2Fe_{14}B$,$Nd_2Fe_{14}B$,$YTiFe_{11}$,$SmTiFe_{11}$ 等六种金属间化合物在充氮前后晶格常数和居里温度的变化,发现充氮后,晶格常数 $a$ 和 $c$ 都变大了,而居里温度也都升高了。例如,对于 $Y_2Fe_{17}$,$a = 0.8476$ nm,$c = 0.8256$ nm,$T_c = 332$ K;而对于充氮后的 $Y_2Fe_{17}N_x$,则 $a = 0.8652$ nm,$c = 0.8506$ nm,$T_c = 723$ K。两者居里温度相差 391 K。同样,其他五种化合物的居里温度也都分别提高了 55～352 K 不等。试验测定,充氮量 $x \sim 2$,其值依赖于晶体结构类型。因为氮的原子半径比 Fe 或稀土 R 原子都小,而氮的加入却能使晶胞体积增大,这意味着氮是作为间隙原子进入晶格

并占据了间隙位置。他们成功地将一些氮原子插入 $RTiFe_{11}$ 金属间化合物中。随着晶胞体积的增大，氮化物保持 $ThMn_{12}$ 型结构不变。利用中子衍射技术确定了氮原子的晶体学位置，发现氮原子的插入能够提高居里温度和饱和磁化强度。此外，在氮化作用下观察到磁晶各向异性的本质变化。通过这些效应，化合物具有优异的内禀磁性，有利于永磁材料的应用。表 1.2.10 中列举了四种化合物 $Y_2Fe_{17}N_x$，$Sm_2Fe_{17}N_x$，$Y_2Fe_{14}BN_x$，$Nd_2Fe_{14}BN_x$ 在 1.5 K 和 293 K 时的饱和磁化强度、磁晶各向异性场 $H_k$ 和易磁化方向。

表 1.2.10　一些 R－Fe－(B)－N 化合物在 1.5 K 和 293 K 时的饱和磁化强度、磁晶各向异性场 $H_k$ 和易磁化方向[74]

| 样　品 | $\sigma_s$ (emu/g) | | $H_k$ (kA/m) | | 易磁化方向 | |
|---|---|---|---|---|---|---|
| | $T=1.5$ K | $T=293$ K | $T=1.5$ K | $T=293$ K | $T=1.5$ K | $T=293$ K |
| $Y_2Fe_{17}N_x$ | 181.56 | 164.63 | — | — | 基面 | 基面 |
| $Sm_2Fe_{17}N_x$ | 148.72 | 137.56 | 13.53 | 9.55 | $c$ 轴 | $c$ 轴 |
| $Y_2Fe_{14}BN_x$ | 148.24 | 129.99 | 2.70 | 3.18 | $c$ 轴 | $c$ 轴 |
| $Nd_2Fe_{14}BN_x$ | 152.95 | 132.17 | — | 6.37 | 易锥面 | $c$ 轴 |

Otani 等人[76]经由气-固反应制备了一系列间隙式三元氮化物 $R_2Fe_{17}N_{3-\delta}$（R＝Ce，Pr，Nd，Sm，Gd，Tb，Dy，Ho，Er，Tm，Lu 和 Y）。这些氮化物具有 $R_2Fe_{17}$ 母本化合物的 $Th_2Zn_{17}$ 或 $Th_2Ni_{17}$ 有关结构，但是晶胞体积要大 6%～7%，居里温度大约高于 400 K。氮化作用使 Fe-Fe 交换作用增大了 2.8 倍，而 R-Fe 交换相互作用变化不大。所有的化合物，除了 $Sm_2Fe_{17}N_{3-\delta}$ 外室温下都显示易面各向异性。而 $Sm_2Fe_{17}N_{3-\delta}$ 则显示强烈的单轴各向异性，可用于制造永磁体。Er 和 Tm 化合物在室温下显示自旋重取向。Fe 的子晶格引起的各向异性是易面型（在 4.2 K 时，对于 $Y_2Fe_{17}N_3$，$K_1=-1.3$ MJ/m³），但是由于钴取代，$K_1$ 将改变符号变为易轴型[在 4.2 K 时，对于 $Y_2(Fe_{1-x}Co_x)_{17}N_{3-\delta}$，当 $x\geqslant$ 0.2 时，$K_1|\approx1$ MJ/m³]。

Sm－Fe－N 永磁体的制备工序如图 1.2.32 所示[77]。图中表明可以先由熔炼获得 $Sm_2Fe_{17}$ 铸锭，然后经均匀化处理和粉碎后或用 HDDR（氢化-歧化-脱氢-再复合）方法或用球磨制得细粉通氮气热处理进行氮化，也可以采用熔体快淬法经粉碎、退火制得细粉再氮化。第三种方法是采用还原扩散法制得 $Sm_2Fe_{17}$ 合金粉料再氮化。第四种方法是直接采用机械合金化法从粉末原料制得合金粉再氮化处理。在氮气热处理后，根据需要从球磨获

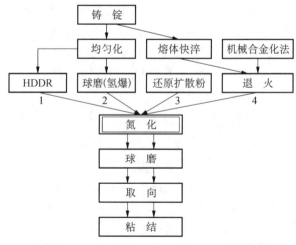

图 1.2.32　(a)热压和(b)热变形过程示意图[77]

得颗粒尺寸分布一定的粉料,加入粘结剂、偶联剂、润滑剂等均匀混合按照粘结磁体制造工艺经取向和成型得到永磁体。由于 $Sm_2Fe_{17}N_x$ 属于亚稳态化合物,在加热到 600℃ 以上温度时,会分解为 $SmN$、$Fe_4N$ 和 $\alpha\text{-}Fe$,因此无法做成烧结材料,一般用作粘结磁体的磁粉原料。

通常,$Sm\text{-}Fe\text{-}N$ 磁粉的氮化处理有两种方法:一种是在氮气中直接加热,称为直接氮化法;另一种是混合气体氮化法,对磁粉在加热过程中通以 $NH_3$ 和 $H_2$ 的混合气体。相比之下,采用直接氮化法反应速度非常缓慢,而采用第二种方法,反应迅速,合金的吸氮量也增大。氮化处理是制备高性能 $Sm\text{-}Fe\text{-}N$ 磁粉的关键工序。

### 2．其他间隙化合物

在间隙永磁化合物中,除了 $Sm_2Fe_{17}N_3$ 化合物外还有 $R_2Fe_{17}C_x$ 化合物。因为碳原子半径(0.077 nm)和氮原子半径 0.07 nm 相当,因此,同样可以占据 $R_2Fe_{17}$ 化合物的间隙位置,形成另一类间隙化合物。

化合物 $ThMn_{12}$ 具有四方结构(空间群 $I4/mmm$),较大的 $Th$ 原子占据 $2a$ 座位,$Mn$原子位于三个不同的座位上。这种结构可以从 $SmCo_5$ 结构导出,只要用 $Co_2$ 哑铃代替一半的 $Sm$ 并使 $1:12$ 原胞的 $c$ 轴沿原先 $1:5$ 原胞的 $a$ 轴便可。对于位于 $Th$ 位置的大多数稀土,$RMn_{12}$ 化合物从永磁体角度看是不感兴趣的,因为结构中的 $Mn$ 原子呈反铁磁有序。在任何 $R\text{-}Fe$ 或 $R\text{-}Co$ 二元相图上都没有 $1:12$ 化合物,但在伪二元化合物中通过少量轻过渡金属替代可以使该结构稳定化。这些化合物呈铁磁性,居里温度约为 550 K[23]。正如表 1.2.11 所列举的,在该稳定性范围的富 $Fe$ 端,磁极化强度可达到 1.0 T 以上,$Sm(Fe_{11}Ti)$ 和 $Sm(Fe_{10}Mo_2)$ 都适合用作永磁材料。利用快淬法或机械合金化法可将这类化合物制成各向同性的高矫顽力粉末。

表 1.2.11　几种稀土间隙化合物的晶格常数和室温基本磁性[72,78]

| 化合物 | $a$(pm) | $c$(pm) | $T_c$(K) | $\mu_0 M_s$(T) | $K_1$(MJ/m$^3$) |
|---|---|---|---|---|---|
| $Y_2Fe_{17}$ | 848 | 826 | 327 | 0.60 | $-0.4$ |
| $Y_2Fe_{17}N_3$ | 865 | 844 | 694 | 1.46 | $-1.1$ |
| $Y_2Fe_{17}C_3$ | 866 | 840 | 660 | 1.24 | $-0.3$ |
| $Y_2Fe_{17}H_x$ | 852 | 827 | 475 | 0.94 | $-0.4$ |
| $Sm_2Fe_{17}$ | 854 | 1 243 | 389 | 1.00 | $-0.8$ |
| $Sm_2Fe_{17}N_3$ | 873 | 1 264 | 749 | 1.54 | 8.6 |
| $Sm_2Fe_{17}C_3$ | 875 | 1 257 | 668 | 1.43 | 7.4 |
| $Sm_2Fe_{17}H_x$ | 861 | 1 247 | 550 | 1.38 | 4.2 |
| $Y(Fe_{11}Ti)$ | 850 | 479 | 520 | 1.27 | 1.7 |
| $Sm(Fe_{11}Ti)$ | 856 | 480 | 584 | 1.14 | 4.8 |

续表

| 化合物 | $a$(pm) | $c$(pm) | $T_c$(K) | $\mu_0 M_s$(T) | $K_1$(MJ/m$^3$) |
|---|---|---|---|---|---|
| Y(Fe$_{10.5}$V$_{1.5}$) | 847 | 477 | 575 | 1.02 | 1.1 |
| Y(Fe$_{10.5}$V$_{1.5}$)N | 861 | 479 | 793 | 1.31 | 0.7 |
| Nd(Fe$_{10.5}$V$_{1.5}$)N | 862 | 481 | 784 | 1.34 | 5.5 |

表 1.2.11 比较了几种 2∶17 型和 1∶12 型间隙化合物的晶格参数和基本磁性。

### 1.2.5 热压/热变形稀土永磁材料

#### 1. 热压/热变形稀土永磁材料的研究进展

热压/热变形法是制备高性能各向异性大块磁体的常用方法。据统计[79],2017 年,全球稀土永磁材料的成品产量为 13.1 万吨,其中,烧结钕铁硼磁体占 91.4%,粘结钕铁硼磁体占 6.7%,热压/热变形钕铁硼磁体占 0.6%。此外,烧结钐钴磁体约占 1.3%。因此,在全球销售的钕铁硼磁体中使用热压/热变形方法制造的磁体产量占据第三位。另据报道[80],应用热压/热变形这一方法已经成功地制备出($BH$)$_{max}$ 最高达 440 kJ/m$^3$ (55 MGOe)的大块各向异性 Nd-Fe-B/$\alpha$-Fe 复合永磁体,这样高的磁性能和烧结钕铁硼磁体的最高磁性能也相差不多;此外,采用热压/热变形方法还能制备出具有特殊形状(如薄壁环形磁体等)的高性能 Nd-Fe-B 磁体,因此对热压/热变形钕铁硼磁体的制备、应用和研究也备受人们关注。

1985 年,Lee 等人[81,82]最先报道了从名义成分为 Nd$_{0.14}$(Fe$_{0.91}$B$_{0.09}$)$_{0.86}$ 的过淬熔体快淬薄带制备完全致密和具有良好取向的 Nd-Fe-B 磁体的新方法——热压/热变形法。他们首先在 700~750℃ 和施加 100 kPa 压力下通过热压获得了完全致密的磁体,但材料取向度不高,室温磁性能为 $B_r$=0.8 T,$\mu_0 H_{cj}$=1.9 T。随后,在一个较大的模腔中进行热变形处理,以允许在垂直于压力方向上变形(模具镦粗)、而在平行于压力方向上产生择优磁化方向,从而大大提高了永磁性能。热变形处理后,试样的厚度压下率达 50%,磁性取向来自各向异性晶粒长大和晶粒转动,从而产生垂直于压力方向取向的片状晶粒,其最高磁性能为:$B_r$=1.35 T,$H_{cj}$=875.8 kA/m,($BH$)$_{max}$=320 kJ/m$^3$(40 MGOe)。对于热压(MQ2)和热变形(MQ3)薄带,$B_r$ 的温度系数为−0.25%/℃。$H_{cj}$ 的温度系数分别是−0.35%/℃和−0.45%/℃。图 1.2.33 为利用感应加热的(a)热压和(b)热变形过程示意[83],图中,$P_1$ 和 $P_2$ 代表热压和热变形期间施加的压力。感应加热是利用电磁感应原理使得被加热材料的内部产生涡流,从而达到快速加热的目的。在热压/热变形过程中,试样升温速度特别快,

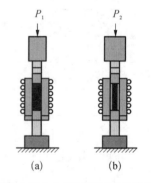

图 1.2.33　(a)热压和(b)热变形过程示意图[83]

有利于抑制加热过程中晶粒长大并由此获得较高的矫顽力。

1990 年，Pinkerton 和 Fürst[84] 比较了在 5 K 和 600 K 之间快淬 Nd‑Fe‑B 薄带和热变形 Nd‑Fe‑B 磁体中内禀矫顽力 $H_{cj}$ 的温度依赖性。在室温下，与热变形磁体相比，薄带具有更高的矫顽力，而热变形磁体在 25℃ 和 125℃ 之间矫顽力的温度系数 β 则比薄带要大得多。如对于薄带，$\mu_0 H_{cj}$＝1.51 T，β＝－0.38％/℃；而对于热变形磁体，有 $\mu_0 H_{cj}$＝1.04 T，β＝－0.64％/℃。

1993 年，Mishra 等人[85] 将包含少量 Co、Ga、C 的熔体快淬 Nd‑Fe‑B 薄带在 Ar 气氛中于 750～800℃ 进行压下率分别为 60％ 和 70％ 的热变形处理。对于热变形量为 70％ 的磁体，所得磁性能为：$B_r$ = 1.42 T，$\mu_0 H_{cj}$ = 1.48 T 和 $(BH)_{max}$ = 384 kJ/m³ (48 MGOe)。这种磁体由良好取向的 $Nd_2Fe_{14}B$ 晶粒和富钕的晶间相组成，而且 $Nd_2Fe_{14}B$ 晶粒被富钕相很好地隔离开。他们也观察到不含晶间相的非取向微细晶粒材料区和取向晶粒互相混合在一起。对变形和取向而言晶间相是个关键因数，它均匀地分布在热压前驱体中，因此在热变形期间通过控制晶间相的再分布够能进一步提高磁体的取向度。另外，Fürst 和 Brewer[86] 对 Nd‑Fe‑B 热变形磁体及其具有最佳化成分与获得高剩磁和高磁能积结果的工艺进行了分析，并就高剩磁、有关矫顽力的信息和如何获得最大磁能积进行了讨论。热变形磁体的最佳初始材料是适度过淬的 Nd‑Fe‑B 合金的快淬薄带，其稀土含量约 20％，大于正分的 $Nd_2Fe_{14}B$ 中的稀土含量。随着变形量增大，剩磁增大，对于三元 Nd‑Fe‑B 磁体，当变形量达到 70％ 时，剩磁有最大值 1.35 T；变形量超过 70％，因磁体内出现裂纹而使磁性能下降。剩磁也会受到非均匀形变的限制，特别是对于适度变形的磁体。热处理、Dy 的取代、低含量的添加物都可以用来补偿伴随变形量增大而引起的矫顽力下降。通过分阶段热变形(模锻)和消除误取向表面，可以制得 Nd‑Fe‑Co‑B‑Ga 的大块磁体(～30 g)，它的剩磁和最大磁能积分别为 1.42 T 和 388 kJ/m³ (48.5 MGOe)。他们还发现，如果将熔体快淬的 Nd‑Fe‑B 薄带粉碎，并和纯金属元素的微细粉末混合，然后经热加工成为完全致密的各向异性磁体，在致密化所需的高温和高压下，使一些添加剂扩散到薄带基体中，或许有可能进入 $Nd_2Fe_{14}B$ 晶粒周围的富钕相中。对于小浓度(0.5～0.8wt％)的 Zn、Cu 和 Ni 添加剂，加入后发现热变形磁体的矫顽力分别提高了 100％、77％ 和 53％。但是，对于添加后不能彻底扩散的添加剂，如 Mn，则对矫顽力几乎没有影响[87]。

2005 年，罗阳和刘世强[88] 重点报道了 2002 年以来大块完全致密各向异性纳米复合磁体的研究进展。在短短四年时间内这类磁体的最大磁能积已由 160 kJ/m³ (20 MGOe) 猛增至 440kJ/m³ (55MGOe)。不断翻新的磁性能纪录，预示着"新一代磁体"呼之欲出。

用熔体快淬磁粉经热压和热变形制备完全致密的 Nd‑Fe‑B 磁体在 20 世纪 90 年代初已实现商品化。2002 年，美国 Daiton 大学磁学实验室研究了大块、完全致密的纳米复合磁体制备。他们以 $(Nd,Pr,Dy)_2Fe_{14}B/\alpha\text{-}Fe$ 的熔体快淬磁粉为原料，并采用热压/热变形工艺制备磁体。先将快淬薄带粉碎，获得粒度为 500 $\mu m$ 的磁粉。将磁粉在真空条件下于 600～800℃ 和 100～200 MPa 压力下进行热压，随后在 700～1 000℃ 和较低压力(20～70 MPa)下进行热变形，整个热变形过程在短短几分钟内完成，确保材料具有纳米尺寸的微细晶粒。

对于各向同性磁体（$Nd_{0.93}Pr_{0.05}Dy_{0.02}$）$_x$$Fe_{87.7-x}Co_{6.3}Al_{0.2}Ga_{0.2}B_{5.6}$，式中 $x = 8.0 \sim$ 11.6，决定了 $\alpha$-Fe 在磁体中的含量。发现随着 $\alpha$-Fe 含量的增大，磁体的 $B_r$ 提高，但 $H_{cj}$ 锐减。当 $\alpha$-Fe 含量为 12.5 vol.% 时，即 Nd 含量为 10at% 时，$(BH)_{max}$ 有最大值。对于成分为 $Nd_{6.7}Pr_{4.3}Fe_{77.7}Co_{5.5}Ga_{0.2}Nb_{0.1}B_{5.5}$ 的热压磁体，$(BH)_{max} = 160$ kJ/m$^3$，比商用热压磁体的性能高 33%，而稀土含量却比商用磁体降低了 19%。

对于各向异性纳米复合磁体内 $\alpha$-Fe 含量对磁性的影响，发现磁体的 $B_r$ 随着 $\alpha$-Fe 含量的增大略有上升，但 $H_{cj}$ 则锐减，由此确定 $(BH)_{max}$ 在 $\alpha$-Fe 含量为 $5 \sim 6$ vol.% 时有一峰值。对于稀土含量为 11.6at% 的 $Nd_{10.7}Pr_{0.7}Dy_{0.2}Fe_{76.1}Co_{6.3}Ga_{0.4}B_{5.6}$ 各向异性磁体，$\alpha$-Fe 的名义体积分数为 2%。在 650℃、170 MPa 条件下经热压制得的各向同性磁体，$B_r = 0.8$ T，$(BH)_{max} = 106.4$ kJ/m$^3$；再经 760℃、34 MPa、压下率为 55% 的热变形后，得到的各向异性磁体的磁性能为 $B_r = 1.2$ T，$(BH)_{max} = 250.4$ kJ/m$^3$（31.3 MGOe）。

2005—2006 年，各向异性 Nd-Fe-B/$\alpha$-Fe 型热压/热变形磁体的磁性能的新纪录诞生，$B_r = 1.51$ T，$H_{cj} = 1\,144$ kA/m，$(BH)_{max} = 441.6$ kJ/m$^3$（55.2 MGOe）；如果磁体中不含 $\alpha$-Fe 相，则相应的磁体磁性能为 $B_r = 1.34$ T，$H_{cj} = 1\,240$ kA/m，$(BH)_{max} = 336$ kJ/m$^3$（42 MGOe）。刘世强等人成功地开发了各向异性纳米晶复合稀土永磁体，其制备技术新颖，工艺成本低。采用粉末混合技术，纳米复合磁体的 $(BH)_{max}$ 可以达到 $320 \sim 400$ kJ/m$^3$（$40 \sim 50$ MGOe）；而采用粉末镀膜技术，$(BH)_{max}$ 可达 $360 \sim 440$ kJ/m$^3$（$45 \sim 55$ MGOe）。这样，制备各向异性纳米晶复合稀土磁体的主要技术困难就得到了克服。此外，作者观察到纳米晶粒复合磁体中软磁相的尺寸可达数十微米。这一尺寸是目前的界面交换耦合模型所建议的软磁相尺寸上限的 1\,000 倍以上。继续减小软磁相的尺寸并改善其分布将会进一步改善纳米晶粒复合磁体的磁性能。

2006 年，Lee 和刘世强等人[89-91] 连续报道了他们在纳米复合稀土合金研究上取得的新成果。主要表现在以下三方面：① 开发了一种创新的感应热压技术。利用这一技术，熔体快淬或机械合金化纳米复合稀土合金粉末可以在很短的时间内制成具有大块全密度的磁体，即使稀土含量低于 4at%。② 开发了创新的粉末混合技术和粉末镀覆技术。利用粉末混合技术，通过将 Nd-Fe-Ga-B 粉末和 $\alpha$-Fe 或 Fe-Co 粉末混合，随后在 $600 \sim 700℃$ 热压，再在 $850 \sim 950℃$ 进行热变形（压下率为 71%），合成了 $Nd_{13.5}Fe_{80}Ga_{0.5}B_6/\alpha$-Fe 和 $Nd_{14}Fe_{79.5}Ga_{0.5}B_6$/Fe-Co 磁体，它们的 $(BH)_{max}$ 达 $360 \sim 400$ kJ/m$^3$（$45 \sim 50$ MGOe）。而如果采用粉末镀覆技术，则 $(BH)_{max}$ 可高达 $360 \sim 440$ kJ/m$^3$（$45 \sim 55$ MGOe）。这些粉末镀覆技术包括：溅射、脉冲激光沉积、化学镀覆和电解镀覆等。由此制得的磁体，和那些只用混合粉末制备的磁体比较，退磁曲线的方形度获得明显改善。采用这些技术，可以合成大块各向异性纳米晶粒复合的 Nd-Fe-B/$\alpha$-Fe 和 Nd-Fe-B/Fe-Co 磁体，它们具有良好的纳米晶粒取向。预期伴随着尺寸的进一步减小和软磁相分布的改善，还有可能获得更高的磁性能。③ 在复合磁体中，发现软磁相尺寸可以大到 $40\,\mu m$，这一尺寸比现有纳米复合磁体材料中的界面交换耦合模型所预言的软磁相尺寸的上限要大 1\,000 倍以上。

由于受到纳米复合磁体磁性能大幅提高的影响和鼓舞，快速感应加热技术和利用粉

末混合技术及粉末镀覆技术成为热门的研究课题。在我国,放电等离子烧结设备已成为制备热压/热变形磁体的重要设备。例如,李超英等人[92]采用全部由 $Nd_2Fe_{14}B$ 单相组成的快淬 MQ - C 磁粉作为原材料,将磁粉放入直径 13 mm 的硬质合金磨具中进行放电等离子烧结,烧结温度 590~680℃,升温速率 100 ℃/min,保温时间 1 min,烧结压力400 MPa。随后再利用放电等离子技术进行热变形(在 700℃保温 3 min),变形量为65%,制得热压/热变形 Nd - Fe - B 磁体,并研究了不同烧结温度对热压磁体、热变形磁体微观结构及磁性能的影响。结果表明,随烧结温度的升高,磁体密度上升,经 680℃烧结后磁体可达理论密度的 99.7%;另外,磁体的晶粒尺寸随烧结温度的升高而长大。$B_r$和 $(BH)_{max}$随密度和晶粒尺寸而改变,发现经 650℃烧结后有最佳磁性能:$(BH)_{max} = 129$ kJ/m³,$B_r = 0.87$ T,$H_{cj} = 914$ kA/m。热变形后,磁体主相晶粒的 $c$ 轴逐渐转动到与压力平行的方向上,形成磁晶各向异性,使磁体的剩磁和最大磁能积大幅增加。他们发现,热压烧结温度对热变形磁体的磁性能有很大影响,$B_r$ 和 $(BH)_{max}$ 随热压温度的升高先升高后降低,其中预先经 620℃热压的热变形磁体磁性能最佳:$(BH)_{max} = 339$ kJ/m³,$B_r = 1.49$ T,$H_{cj} = 576$ kA/m。

2011 年,李卫和朱明刚[93]重点研究了制备工艺对各向异性热压稀土永磁体性能的影响,探讨了热压永磁体的热变形机理和数学描述模型,并尝试从微磁结构的角度研究各向异性纳米晶 Nd - Fe - B 磁体,揭示纳米晶粒之间的静磁和交换耦合相互作用、磁化和反磁化、热退磁等微观机制,提出了晶粒聚集再结晶的晶界滑移扩散蠕变模型。他们制备的纳米晶 Nd - Fe - B 磁体的最佳永磁性能为:$H_{cj} = 1\,157$ kA/m,$B_r = 1.465$ T,$(BH)_{max} = 426$ kJ/m³(53.25 MGOe)。

2013 年,Li 等人[94]采用化学蒸汽沉积法(CVD)将 $\alpha$ - Fe 软磁层镀覆在快淬的 $Nd_{13.5}Fe_{80}Ga_{0.5}B_6$ 薄带上,经过热压/热变形处理后,获得了最佳磁性能为 $B_r = 1.48$ T,$H_{cj} = 986$ kA/m,$(BH)_{max} = 376$ kJ/m³ 的 $Nd_{13.5}Fe_{80}Ga_{0.5}B_6/\alpha$ - Fe (5wt%)磁体。

## 2. 影响热压/热变形 Nd - Fe - B 磁体磁性能的主要因素

### (1) 成分

① Nd 含量。

Leonowicz 等人[95]利用熔体快淬法制备了成分为 $Nd_xFe_{94-x}B_6$ 的纳米晶合金薄带,随后将薄带粉末放入石墨模具中进行热压;再将成分不同的热压试样在 700~800℃置于模具中进行热变形,变形量为 65%。此外,他们还同时利用麦格昆磁 $Nd_{13.6}Fe_{73.7}Co_{6.6}Ga_{0.6}B_{5.5}$ 薄带磁粉进行了热压和热变形试验,热变形时采用圆柱状试样,密封于钢管(模具)中以防氧化,系统地研究了不同热压温度、不同应变速率和变形比对磁性能的影响。

$Nd_xFe_{94-x}B_6$ 磁体的相组成依赖于 Nd 含量。图 1.2.34 示出了 Nd - Fe - B 磁体的微结构随 Nd 含量的变化示意图。低钕合金(<11.9at% Nd)的形貌由具有单轴各向异性的 $Nd_2Fe_{14}B$ 硬磁相的等轴晶粒和平均尺寸为 10~20 nm 的 $\alpha$ - Fe 软磁相小颗粒所组成,从图(a)中可以看到,$\alpha$ - Fe 软磁相颗粒多位于硬磁相晶粒交汇处。高 Nd 合金(> 11.9at% Nd)的形貌则是由 $Nd_2Fe_{14}B$ 硬磁相晶粒及包围它们的富 Nd 晶界相所组成,如图(c)所示。图(b)相应于 Nd 含量为 11.9at% 的正分情况,这时的磁体仅由 $Nd_2Fe_{14}B$ 硬磁相晶粒组成。研究证实,结构各向异性只能通过包含 $Nd_2Fe_{14}B$ 硬磁晶粒和富 Nd 晶界相的两相合金变形产生。富 Nd 晶界相呈顺磁性,能对各个晶粒起磁性隔离作用。在相变过程中富 Nd 晶界相为液态,可起快速扩散路径作用。人们认为,扩散蠕变机理是磁体中织构形成的决定性因素,紧接其后晶粒在单向应力作用下可以通过机械转动而形成织构。TEM 观察表明,在初始材料和热压/热变形磁体中分别存在有等轴晶和片状晶。实践表明,为了形成有用的各向异性,变形比至少要达到 50%。

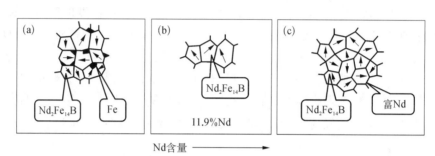

**图 1.2.34 Nd 含量不同的 Nd‑Fe‑B 磁体微结构示意图。(a) 低 Nd 含量;(b) 正分 Nd 含量(11.9at%Nd);(c) 高 Nd 含量[95]**

Leonowicz 等人[95] 研究了富稀土合金 $Nd_{13.6}Fe_{73.7}Co_{6.6}Ga_{0.6}B_{5.5}$ 的热压/热变形组织,发现合金在 750℃ 下恒温变形时,如变形量为 30%,所得晶粒尺寸分布在 400～1000 nm 范围内;而当变形量提高到 65% 时,则可获得 200 nm×900 nm 的细长晶粒,可见这时的晶粒尺寸明显细化。

图 1.2.35 示出了 Leonowicz 等人[95] 对成分为 $Nd_xFe_{94-x}B_6$ 合金的快淬薄带磁粉、热压磁体和热压/热变形磁体的磁性能随 Nd 含量 $x$ 变化的测量结果。

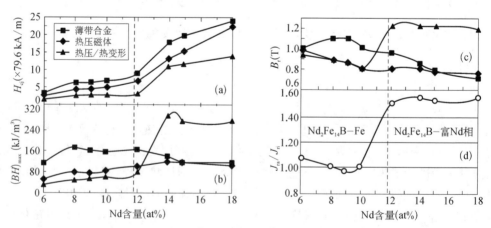

**图 1.2.35 快淬薄带磁粉、热压磁体和热压/热变形磁体的(a) $H_{cj}$、(b) $(BH)_{max}$、(c) $B_r$ 和(d) 取向系数 $J_{ra}/J_{ri}$ 随 Nd 含量的变化。$J_{ra}$ 和 $J_{ri}$ 分别是热变形和热压处理后试样的剩磁值。图中的垂直虚线是指成分为 $Nd_2Fe_{14}B$ 的正分合金(11.9at%Nd)[95]**

图 1.2.35(a)显示,在 Nd 含量为 6~12at% 范围内,随着 Nd 含量的增大,薄带合金磁粉、热压磁体和热压/热变形磁体三个试样的 $H_{cj}$ 缓慢上升,但是幅度不大;当 Nd 含量超过 12at% 后,$H_{cj}$ 显著上升,这和液态富 Nd 晶界相的形成密切相关。从磁能积曲线看[图(b)],当 Nd 含量从 12at% 增加到 14at% 时,热压/热变形磁体的 $(BH)_{max}$ 突然增大,并在 14at% Nd 附近有最大值,这和薄带合金、热压磁体的行为明显不同。图(c)显示,在 Nd 含量从 10at% 增大到 12at% 时,$B_r$ 从 0.8 T 剧增到 1.2 T,这一变化趋势和图中(d)所示的取向系数 $J_{ra}/J_{ri}$ 的变化类似,可以归因于永磁体中取向度的改善有关。

从图 1.2.35 可以看到,在 Nd 含量位于 6~10at% 的单合金区域内,随着 Nd 含量的降低,$Nd_x Fe_{94-x} B_6$ 的 $B_r$ 位于 0.8~1.0 T 范围内。在这一范围内的合金,虽然也是由 $Nd_2 Fe_{14} B + \alpha$-Fe 相组成,但由于它们的剩磁 $B_r$ 不会大于 1.0 T,这就意味着,由这些合金无法得到具有各向异性磁织构的磁体,很难通过硬磁相和软磁相经交换耦合使剩磁增强[96]。

② $\alpha$-Fe 含量。

图 1.2.36 示出了(a)经热压的大块各向同性 $Nd_2 Fe_{14} B/\alpha$-Fe 纳米复合磁体的磁性能随 $\alpha$-Fe 含量的变化和(b)经热形变的大块各向异性 $Nd_2 Fe_{14} B/\alpha$-Fe 纳米复合磁体的磁性能随 $\alpha$-Fe 含量的变化[97]。从图(a)看出,对于热压磁体,软磁相 $\alpha$-Fe 含量的增加造成了磁体剩磁 $B_r$ 的增大和 $H_{cj}$ 的减小,致使 $(BH)_{max}$ 在 $\alpha$-Fe 含量为 2 vol.% 时出现最高值($\sim$138 kJ/m³)。图(b)显示,对于经过热变形的各向异性 $Nd_2 Fe_{14} B/\alpha$-Fe 纳米复合磁体,当 $\alpha$-Fe 含量为 0~2 vol.% 时,永磁性能较高,例如,当 $\alpha$-Fe 含量为 2 vol.% 时,其磁性能为:$B_r = 1.43$ T,$H_{cj} = 700$ kA/m,$(BH)_{max} \sim 400$ kJ/m³。

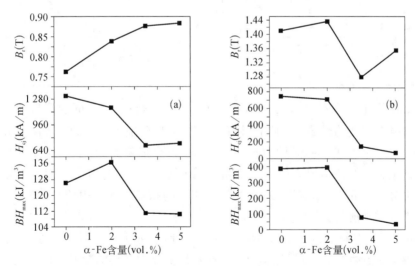

**图 1.2.36** **(a) 经热压的大块各向同性 $Nd_2 Fe_{14} B/\alpha$-Fe 纳米复合磁体的磁性能随 $\alpha$-Fe 含量的变化;(b) 经热形变的大块各向异性 $Nd_2 Fe_{14} B/$-Fe 纳米复合磁体的磁性能随 $\alpha$-Fe 含量的变化[97]**

③ 添加 Nb、Zn、Cu、Al、Nd-Cu 等。

Ma 等人[98]研究了在大块热变形 $(Nd,Dy)_{11.5} Fe_{82.5-x} Nb_x B_6 (x=0\sim2)$ 合金中添加 Zn

对磁性能的影响。发现 $B_r$ 和 $H_{cj}$ 可以通过添加 Nb 而显著提高，如果同时再添加 Zn，则可进一步改善磁性能。Nb 的加入增大了晶间相的体积分数，能够促进更多的 Zn 扩散进入晶界，这有利于在热变形期间形成 $c$ 轴织构。另外，包含 Nb 和 Zn 的合金，随着变形比的增大，发现合金的 $H_{cj}$ 能提高 22%，这可能是由于 Zn 进一步扩散进入晶界，增强了 $Nd_2Fe_{14}B$ 晶粒之间的退耦合效应造成的。实际上，同时添加 Nb 和 Zn，提供了一种提高 $Nd_2Fe_{14}B/\alpha-Fe$ 纳米复合磁体性能的途径。对于含有 1%Nb 的热变形磁体，随着 Zn 含量从 0 增大到 2wt%，磁体的 $(BH)_{max}$ 和 $H_{cj}$ 能从 51 $kJ/m^3$ 和 146 $kA/m$ 分别增大到 175 $kJ/m^3$ 和 670 $kA/m$。这种磁性能的提高归因于 Zn 的加入能改善 $c$ 轴织构。

Lee 等人[99] 和 Gabay 等人[100] 通过采用热变形和添加 Cu、Al 相结合，获得了大块各向异性纳米复合磁体。Tang 等人[101] 将 MQP-15-7 熔体快淬粉末和 Nd-Cu 粉末混合，通过热变形，所得磁体的 $(BH)_{max}$ 高达 298.4 $kJ/m^3$。

**（2）变形量**

表 1.2.12 列举了 $Fe_{73.7}Nd_{13.6}Co_{6.6}Ga_{0.6}B_{5.5}$ 磁体进行热变形时变形量对磁性能的影响[102]。表中的 $J_{ra}$ 和 $J_{ri}$ 分别是热压后和热变形后测得的剩磁值 $J_r$ 之比。从表中数据可以看到，磁体的剩余磁极化强度 $J_r$ 和最大磁能积 $(BH)_{max}$ 随着变形比的增大而增大，但 $H_{cj}$ 持续减小。当变形比大于 65% 时，磁体会出现裂纹。因此变形比为 65% 时列举的磁性能是最佳值。

表 1.2.12　变形量对 $Fe_{73.7}Nd_{13.6}Co_{6.6}Ga_{0.6}B_{5.5}$ 磁体磁性能的影响[102]

| 变形量 $\varepsilon$ （%） | 变形温度 （℃） | 变形速率 $d\varepsilon/dt$(1/s) | $H_{cj}$ （kA/m） | $J_r$ （T） | 取向系数 $J_{ra}/J_{ri}$ | $(BH)_{max}$ （kJ/m³） |
|---|---|---|---|---|---|---|
| 0 | 750 | 0 | 1 567 | 0.8 | 1.00 | 47 |
| 30 | 750 | $2\times10^{-3}$ | 1 213 | 0.99 | 1.24 | 168 |
| 65 | 750 | $1\times10^{-1}$ | 904 | 1.31 | 1.60 | 316 |

图 1.2.37 示出了热变形 $Nd_{13.6}Fe_{73.7}Co_{6.6}Ga_{0.6}B_{5.5}$ 合金中（a）不同变形量和（b）不同热变形温度对磁滞回线的影响[95]，其中图（a）是在变形量分别为 0%、30% 和 65% 时测得的磁滞回线。变形量为 0% 时，矫顽力较大，但剩磁低；变形量为 65% 时，则剩磁高，但矫顽力低。三条退磁曲线都呈现单相型，磁性能在变形量为 65% 时有最佳值。图（b）示出了热变形温度分别为 600℃、750℃ 和 1 000℃ 时测得的磁滞回线。很明显，750℃ 进行热变形过程有最佳磁性能（见表 1.2.12 所列）。

雷颖劼等人[103] 采用热压/热变形法制备各向异性 Nd-Fe-B 磁体，通过正交实验研究了热变形温度、变形量以及变形速率对磁体磁性能及显微结构的影响。结果表明，随形变温度、变形量、变形速率的增高或增大，磁体剩磁 $B_r$ 及最大磁能积 $(BH)_{max}$ 增高，当热变形温度升高至 700℃、变形量增大到 65%、以 0.045 mm/s 的速率变形时，磁体可得最佳磁性能，$(BH)_{max}$ 高达 360 $kJ/m^3$（45MGOe），与此同时主相 Nd-Fe-B 晶粒形状发生改变，由最初的球状晶粒、沿垂直于压力方向长大转变为片状晶，晶粒取向度增高；当变形温度、变形量过高或变形速率过低时，磁体中将会出现异常长大晶粒，使磁性能恶化。

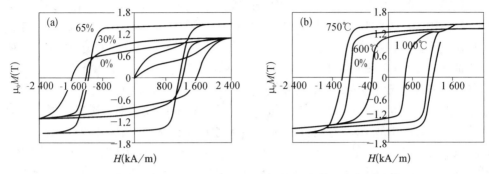

图 1.2.37　热变形 $Nd_{13.6}Fe_{73.7}Co_{6.6}Ga_{0.6}B_{5.5}$ 合金中(a)不同变形量和
(b)不同热变形温度对磁滞回线的影响[95]

**(3) 变形速率**

变形速率指的是热变形过程中变形比增大的速度快慢。变形速率会直接影响热变形纳米晶磁体织构的形成,从而影响磁性能的不同。通常定义变形速率除以磁体的原始高度 $h_0$ 为应变率。实验表明,太低的应变率相应于热变形过程和热变形保温时间延长,会造成磁体内部晶粒粗化,从而降低矫顽力;矫顽力随着应变率的增大而增大;太高的应变率也会影响晶粒择优取向、晶界滑移和迁移等过程的圆满完成,因而会造成剩磁和最大磁能积的减小。一般情况下,在热压/热变形过程中存在一个最佳应变率,在这一应变率时,磁体的剩磁和最大磁能积有最大值。在表 1.2.12 中,变形速率控制在 $2\times10^{-3}$ 和 $1\times10^{-1}/s$ 之间。实验表明,在这一变形速率范围内,磁体的磁性能几乎没有发生变化。在实验中,也曾观察到当变形速率选择 $2\times10^{-3}/s$ 时,磁性能有最低值,然而,这也可能是磁体材料在长时间热变形过程中出现部分氧化所致。再说磁性能的值也会有某种分散性,或者可能与富 Nd 相在磁体体积内的分布和裂纹有关。

Cha 等人[104]研究了成分为 $Nd_{13.6}Fe_{73.6}Co_{6.6}Ga_{0.6}B_{5.6}$ 的商用熔体快淬磁粉在热变形期间应变和应变速率对 Nd-Fe-B 磁体磁性能的影响。在 700℃ 和 100 MPa 压力下于真空中进行热压,制得的压结体再于 700℃ 用不同的应变速率(0.1~0.001/s)和高度压下率 40%~75% 进行热变形。随着应变的增大,剩磁和矫顽力分别增大和减小。在应变为 0.5 以下时,随着应变速率的减小,剩磁有较快增大,但是这种趋势随着应变的增大而逐渐反转。这是由于长时间变形导致富 Nd 相从晶界被挤出,形成粗大的富 Nd 相所致。此外,受到长时间变形的试样具有很薄的和不连续的晶界相,会造成矫顽力的下降。

**(4) 热压温度和热变形温度**

热压/热变形工艺实际上由热压过程和热变形过程这两个相对独立的工艺过程所组成。易鹏鹏等人[83]研究了在热变形过程的相应工艺参数保持不变的情况下仅仅改变热压温度(660~740 ℃)对最终得到的热压/热变形磁体性能的影响,发现 680℃ 热压可得最佳磁性能。

赖斌等人[105]为了研究纳米晶 Nd-Fe-B 磁体的热变形机理,在不同温度下对快淬粉进行热压/热变形处理。利用 MQ 磁粉作为原料,磁体成分为 $Nd_{30}Fe_{64.55}Co_4Ga_{0.5}B_{0.95}$。

首先,磁粉在 550～700℃、160～200 MPa 压力下进行热压,再将热压坯在 750～900℃、270～300 MPa 压力下进行热变形处理,变形率为 68%,结果表明,纳米晶磁体存在最佳的热压温度和热变形温度。当热压温度为 550℃,热变形温度为 850℃时,磁体的剩磁和最大磁能积有最大值,分别为 1.343 T 和 344.7 kJ/m³。

**(5) 磁粉粒度尺寸分布对磁性能的影响[106]**

李卫和朱明刚[106]研究了各向同性和各向异性磁体的磁性能随着磁粉粒度尺寸分布的变化,如图 1.2.38 所示。他们将磁粉粒度尺寸从小到大分为五档,即 1#. 0<$D$<50 $\mu$m; 2#. 50<$D$<70 $\mu$m; 3#. 70<$D$<100 $\mu$m; 4#. 100<$D$<200 $\mu$m; 5#. 200<$D$<350 $\mu$m。对于各向同性磁体,如图 1.2.38(a)所示,随着磁粉粒度的增大,磁体的 $B_r$ 从 0.862 T 快速降到 0.804 T,与此同时,$H_{cj}$ 却随磁粉粒度的增大而显著提高,由粒度尺寸分布为 50～70 $\mu$m 时的 1 156 kA/m 升高至 200～350 $\mu$m 时的 1 381 kA/m。$B_r$ 和 $H_{cj}$ 随粒度尺寸分布的这种变化趋势决定了 $(BH)_{max}$ 随粒度尺寸分布的增大而下降。图 1.2.38(b)示出了磁粉粒度分布对各向异性磁体性能的影响规律。可以看到,这时的磁粉粒度分布对磁体性能的影响和上述各向同性磁体的行为正好相反。在各向异性热变形磁体中,$B_r$、$H_{cj}$ 和 $(BH)_{max}$ 三者均随着快淬磁粉尺寸的增大而增大,在磁粉粒度分布为 200～350 nm 时达到极大值,此时的磁性能为:$B_r$ = 1.472 T, $H_{cj}$ = 1 149 kA/m, $(BH)_{max}$ = 421 kJ/m³(52.63 MGOe)。此外,磁粉粒度尺寸对热变形磁体退磁曲线的矩形度也有极大影响,如图 1.2.39 所示。此时的矩形度用磁晶各向异性场 $H_k$ 与内禀矫顽力 $H_{cj}$ 比值表示,图中的表格中列出了不同尺寸分布下的 $H_k/H_{cj}$ 比值。可见当磁粉粒度尺寸为 200～350 $\mu$m 时,$H_k/H_{cj}$ 有最大值 0.92,磁体有最佳磁性能。作者通过研究不同变形率对热变形磁体的磁性能的影响,发现随着变形率的提高,磁体的晶体取向得到改善,并导致剩磁和最大磁能积升高。在变形率为 75% 的热变形磁体中,片状晶粒排列整齐而且取向一致,获得了最佳磁性能:$B_r$ = 1.465 T, $H_{cj}$ = 1 157 kA/m, $(BH)_{max}$ = 426 kJ/m³(53.25 MGOe)。

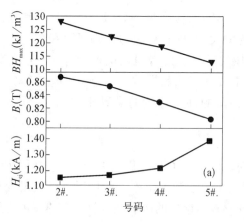 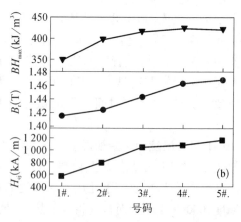

图 1.2.38　磁粉粒度尺寸对(a)各向同性热压磁体和(b)各向异性热变形磁体磁性能的影响[106]。号码:1#. 0<$D$<50 $\mu$m; 2#. 50<$D$<70 $\mu$m; 3#. 70<$D$<100 $\mu$m; 4#. 100<$D$<200 $\mu$m; 5#. 200<$D$<350 $\mu$m

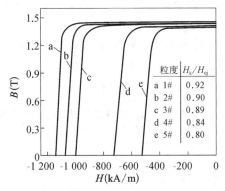

图 1.2.39　磁粉粒度尺寸对各向异性热变形磁体矩形度的影响[106]

**(6) 单合金和双合金磁体**

表 1.2.13 中列出了成分相近的两对单合金和双合金的磁性能比较[107]，其中，No.1 和 No.3 是单合金，No.2 和 No.4 是双合金。将纳米复合磁体 No.1 和 No.2 比较，它们具有相近的成分，但 No.2 是从双合金混合热变形得到的，因此，No.2 磁体的 $B_r$、$H_{cj}$ 和 $(BH)_{max}$ 均高于 No.1 磁体，特别是 $(BH)_{max}$ 几乎是 No.1 磁体的 2.4 倍。将 No.3 和 No.4 磁体性能做比较，双合金磁体 No.4 是在单合金磁体 No.3 上沉积了 $\alpha$-Fe 层后经热压/热变形得到的，可以看出，其 $(BH)_{max}$ 更是高达 438 kJ/m³（54.75 MGOe）。

表 1.2.13　单合金和双合金热变形磁体性能比较

| No. | 合金成分 | $B_{cj}$ (T) | $H_{cj}$ (kA/m) | $(BH)_{max}$ (kJ/m³) |
|---|---|---|---|---|
| 1 | $Nd_{12.7}Fe_{80.8}Ga_{0.4}Nb_{0.1}B_6$ | 0.9 | 732 | 117 |
| 2 | $90wt\%Nd_{14}Fe_{79.5}Ga_{0.5}B_6/10wt\%Nd_6Fe_{87}Nb_1B_6$ | 1.3 | 907 | 279.4 |
| 3 | $Nd_{14}Fe_{79.5}Ga_{0.5}B_6$ | 1.3 | 1 148 | 318 |
| 4 | $Nd_{14}Fe_{79.5}Ga_{0.5}B_6/\alpha$-Fe | 1.5 | 1 147 | 438 |

牛培利等人[108]采用声化学法、放电等离子烧结法和热变形工艺制备了致密的各向同性和各向异性 $Nd_2Fe_{14}B/\alpha$-Fe 纳米复合磁体，研究了软磁相包覆对磁体的结构和磁性能的影响。结果表明，$\alpha$-Fe 软磁相对各向同性 $Nd_2Fe_{14}B/\alpha$-Fe 纳米复合磁体的影响主要表现在增强两相间交换耦合作用，从而提高了 $B_r$。如果制备时适当选择 $\alpha$-Fe 体积分数值（≤2%），则各向异性 $Nd_2Fe_{14}B/\alpha$-Fe 磁体能形成较好的 $c$ 轴晶体织构，有利于提高磁性能。结果表明，当 $\alpha$-Fe 含量为 1 vol.% 时，磁性能最高：$B_r=1.367$ T，$H_{cj}=712$ kJ/m³，$(BH)_{max}=327$ kJ/m³。如果 $\alpha$-Fe 含量为 0 vol.%，磁性能为：$B_r=1.169$ T，$H_{cj}=935$ kJ/m³，$(BH)_{max}=220$ kJ/m³。两者比较，增添 1 vol.% $\alpha$-Fe 后，尽管 $H_{cj}$ 有所降低，但 $B_r$ 和 $(BH)_{max}$ 分别提高了 16.9% 和 48.6%。

表 1.2.14 列举了 Liu 等人[109]采用快速感应加热和不同的粉末镀覆技术制备的双合金热变形磁体性能。这些磁体的最大磁能积都较高，位于 358 kJ/m³ 和 438 kJ/m³ 之间。

软磁相膜是 $\alpha$ - Fe 或 Fe - Co 合金。最高永磁性能是对成分为 $Nd_{14}Fe_{79.5}Ga_{0.5}B_6$/Fe - Co 的双合金获得的,在这里,硬磁颗粒表面的 Fe - Co 合金软磁膜是利用直流溅射法溅射 21 h 制备的。其特点是 $B_r$、$H_k$ 和 $H_{cj}$ 特别高,而氧含量较低($0.04\sim0.06$wt%),几乎和原始未镀膜粉末相同,缺点是耗时太长。电镀和化学镀制备的软磁膜制备时间要短得多,一般为 $0.5\sim1$ h。由电镀法制备的软磁膜氧含量偏高($0.1\sim0.3$wt%),导致 $H_{cj}$ 较低。

表 1.2.14　一些用快速感应加热和热变形工艺制备的纳米晶双相永磁体性能[92]

| 序号 | 交换耦合磁体成分(重量比) | $B_r$<br>(T) | $H_{cj}$<br>(kA/m) | $H_{cB}$<br>(kA/m) | $(BH)_{max}$<br>(kJ/m³) | $H_k$<br>(kA/m) |
|---|---|---|---|---|---|---|
| 1 | $Nd_{10.8}Pr_{0.6}Dy_{0.2}Fe_{76.1}Co_{6.3}Ga_{0.2}Al_{0.2}B_{5.6}$<br>(97%/3%) | 1.42 | 971 | 772 | 358 | 597 |
| 2 | $Nd_{13.5}Fe_{80}Ga_{0.5}B_6$/$\alpha$ - Fe (95%/5%) | 1.458 | 886 | 785 | 384 | 661 |
| 3 | $Nd_{13.5}Fe_{80}Ga_{0.5}B_6$/Fe - Co (95%/5%) | 1.478 | 1 011 | 871 | 403 | 731 |
| 4 | $Nd_{14}Fe_{79.5}Ga_{0.5}B_6$/Fe - Co,硬磁相颗粒表面用直流溅射法镀覆软磁膜 | 1.508 | 1 154 | 1 053 | 438 | 1 021 |
| 5 | $Nd_{14}Fe_{79.5}Ga_{0.5}B_6$/Fe - Co,硬磁相颗粒表面用化学镀膜法镀覆软磁膜 | 1.411 | 1 049 | 995 | 391 | 987 |
| 6 | $Nd_{14}Fe_{79.5}Ga_{0.5}B_6$/$\alpha$ - Fe,硬磁相颗粒表面用电镀法镀覆软磁膜 | 1.382 | 855 | 809 | 364 | 778 |

### (7) SPS+热压/热变形

放电等离子烧结的英文名是 Spark Plasma Sintering,简称 SPS。它是制备高致密度功能材料,并能有效抑制烧结过程中晶粒长大的一种全新技术,具有升温速度快、烧结时间短、组织结构可控、节能环保等特点。SPS 烧结过程可以看作颗粒放电、导电加热和加压综合作用的结果。目前,利用 SPS 设备,进行热压和热变形处理取得了较好的成果。

Liu 等人[109]利用 SPS 技术从 MQU - F 磁粉制备了各向异性热变形纳米晶 Nd - Fe - B 磁体。在热压以后,由于形成了晶粒未长大的超微细纳米晶粒,获得了 $H_{cj}$ 为 2.0 T 和 $(BH)_{max}$ 高于 140 kJ/m³ 的各向同性磁体。在使用 60% 和 80% 变形量的热变形后,可得各向异性 Nd - Fe - B 磁体。当变形量为 80% 时,形成各向异性 Nd - Fe - B 磁体,$B_r$＝1.39 T、$(BH)_{max}$＝360 kJ/m³。热变形以后,在片状晶界附近形成了明显的两区域结构,即微细的片状区和粗大的晶粒区。

Liu 等人[110]分别利用放电等离子烧结(SPS)和 SPS＋热变形制备了各向同性和各向异性 Nd - Fe - B 永磁体,原材料是具有不同成分的熔体快淬 Nd - Fe - B 薄带。发现基于富稀土成分,在低温(< 700℃)下烧结的 SPS 磁体几乎保持了从快淬继承的均匀的微细晶粒结构。在较高温度下,SPS 磁体内部形成了明显的两区域结构(粗大晶粒区和微细晶粒区)。SPS 温度和压力对晶粒结构有很大影响。如果采用低的 SPS 温度和高压力,可以获得高密度磁体,这时磁体内的粗大晶粒区可以忽略,并具有优良的磁性能组合。对于单相 Nd - Fe - B 合金,因为缺乏富 Nd 相,在高密度大块磁体中,要想将微米尺寸的熔体快淬粉末固化成高密度的大块磁体是比较困难的。但是采用 SPS 和热变形工艺可以制

得最大磁能积高达~304 kJ/m³(38 MGOe)的各向异性磁体。热变形不会导致明显的晶粒长大,在热变形磁体中,仍然存在两区域结构。结果表明,利用 SPS 和热变形工艺可以获得晶粒未明显长大,但磁性能优异的纳米晶磁体。

Huang 等人[111]研究了富 Nd 相在发展各向同性和各向异性 Nd-Fe-B 磁体的微结构和磁性能中的作用。将熔体快淬的富 Nd 的 $Nd_{13.5}Fe_{73.5}Co_{6.7}Ga_{0.5}B_{5.6}$ 和富 Fe 的 $Nd_{7.7}Pr_{2.6}Fe_{84.1}B_{5.5}$ 合金粉末按照不同比例进行混合。利用 SPS 以及 SPS+热变形将混合好的粉末分别固化为各向同性磁体和各向异性磁体。研究了各向同性磁体和各向异性磁体中富 Nd 和富 Fe 成分之间扩散区的成分和微结构。观察了 SPS 和热变形中从富 Nd 到富 Fe 区由于液态富 Nd 相扩散出现的 Nd 含量的梯度分布,导致了晶粒结构的逐渐变化。对于各向异性磁体,可得 $B_r=1.29$ T,$H_{cj}=995$ kA/m,$(BH)_{max}=293$ kJ/m³。

Hou 等人[112]利用成分为 $Nd_{13.5}Co_{6.7}Fe_{73.5}Ga_{0.5}B_{5.6}$ 的商用熔体快淬粉作为原料,由 SPS 和随后的热变形工艺制备了各向异性磁体,获得的磁性能为 $J_r>1.32$ T,$(BH)_{max}>303$ kJ/m³。他们研究了在热变形期间微结构的演变以及它对磁性能的影响。在 SPS 过程中形成的微细晶粒区和粗大晶粒区具有不同的变形行为。微结构对矫顽力的温度系数 $\beta$ 也有重大影响。强畴壁钉扎模型可以有效地解释热变形磁体的矫顽力机制。杂散场的增大和畴壁钉扎效应的弱化是矫顽力随压缩比增大而减小的主要原因。实验结果表明,热变形磁体的抗腐蚀性能优于相应的烧结磁体。表 1.2.15 示出了不同工艺条件下于 293 K 和 393 K 测得的磁性能以及剩磁温度系数 $\alpha$ 和矫顽力温度系数 $\beta$ 值。永磁体在 $T_0 \sim T$ 温度范围内的剩磁温度系数 $\alpha$ 和矫顽力温度系数 $\beta$ 的计算公式如下:

$$\alpha = \{[J_r(T)-J_r(T_0)]/[J_r(T_0)(T-T_0)]\} \times 100\%$$
$$\beta = \{[H_{cj}(T)-H_{cj}(T_0)]/[H_{cj}(T_0)(T-T_0)]\} \times 100\%$$

在这里选择 $T=393$ K,$T_0=293$ K。从该表可以看到,剩磁温度系数 $\alpha$ 随不同温度和不同热变形量的变化较小,而矫顽力温度系数 $\beta$ 随着热变形温度上升和变形量的增大而明显改变。

表 1.2.15　对于 SPS+热变形的磁体在 293K 和 393K 时的磁性能
以及剩磁温度系数 $\alpha$ 和矫顽力温度系数 $\beta$[112]

| 工 艺 | $J_r$(T) | | $H_{cj}$(kA/m) | | $(BH)_{max}$(kJ/m³) | | $\alpha$(%/℃) | $\beta$(%/℃) |
|---|---|---|---|---|---|---|---|---|
| | 293 K | 393 K | 293 K | 393 K | 293 K | 393 K | 293~393 K | |
| 700℃~SPS | 0.83 | 0.74 | 1 573 | 813 | 121 | 91 | −0.108 | −0.483 |
| 750℃~51% | 1.2 | 1.07 | 1 308 | 544 | 263 | 187 | −0.108 | −0.584 |
| 750℃~68% | 1.3 | 1.16 | 1 054 | 378 | 298 | 192 | −0.107 | −0.642 |
| 800℃~73% | 1.33 | 1.19 | 907 | 290 | 309 | 163 | −0.109 | −0.681 |
| 850℃~80% | 1.36 | 1.22 | 788 | 234 | 301 | 146 | −0.103 | −0.703 |

**(8) 晶界扩散工艺的应用**[113-115]

晶界扩散工艺是提高热变形磁体矫顽力的一个有效途径。

热变形磁体,如果取向充分,$B_r$ 和 $(BH)_{max}$ 较高,但是由于晶粒长大会使矫顽力下降。如果将烧结磁体的扩散渗透工艺应用于热变形,则有可能使磁体的矫顽力增大,同时保持剩磁基本不变,从而有利于磁体的磁性能得到改善。通常,在扩散渗透工艺中采用的扩散剂多为重稀土元素 Dy 和 Tb 的化合物,如 RH,$DyF_3$ 等。方法是将化合物在真空下与磁粉充分混合,然后在 800~900℃进行热处理,以获得表面涂覆 RH 的磁粉,再经热压、热变形,使 R 元素进入主相以增大矫顽力。

① 晶界扩散 Dy/Tb 烧结 Nd－Fe－B 磁体[113]。

晶界扩散工艺最早是利用重稀土元素 Dy、Tb 及其化合物进行的。

通常,在烧结 Nd－Fe－B 磁体中,为了增大矫顽力,常常采用传统合金化方法添加 Dy/Tb 等重稀土元素去部分置换 Nd,这时,因为生成的新相是 $(Nd,Dy)_2Fe_{14}B$ 和 $(Nd,Tb)_2Fe_{14}B$,它们的磁晶各向异性常数都比原先的主相 $Nd_2Fe_{14}B$ 大,因而对提高合金的磁晶各向异性场和矫顽力有利。但是,添加 Dy 后,因其磁矩与 Fe 磁矩之间为反铁磁耦合,会造成磁体的饱和磁化强度和剩磁降低。另外,由于重稀土 Dy 和 Tb 在自然界的储藏量较少,价格也高,取代后就会造成磁体成本增加。后来研究发现,如果在烧结 Nd－Fe－B 磁体的表面吸附 Dy/Tb 等重稀土元素的合金粉末或化合物,则经过适当热处理后,烧结磁体表面的 Dy/Tb 会沿着晶界向主相 $Nd_2Fe_{14}B$ 体内扩散(常称晶界扩散)。这样的热处理能使磁体的矫顽力明显提高而又同时确保剩磁不降低或降低幅度不大。

烧结钕铁硼磁体经晶界扩散 Dy/Tb 处理后,其主相和晶界相内成分将会发生明显变化。Deshan 等人[114]通过在材料表面溅射 Dy/Tb 金属层,并通过热处理,使主相表面层富集 Dy/Tb。在晶界扩散过程中,Tb 通过晶界扩散后,Tb 金属在富 Nd 晶界相附近富集,而 Nd 元素的分布总体上并没有明显的变化。在经过 Dy 处理的烧结钕铁硼磁体中也观测到相似的结果。Hiroyuki 等人[115]采用将 $DyF_3$ 溶液涂覆在烧结 NdFeB 磁体上,使磁体表面形成一层 $DyF_3$ 薄膜。随后,在磁体热处理过程中,Dy 和 F 沿晶界扩散进入磁体内部。在晶界附近,Dy 含量较高,而在主相的内部 Dy 含量相对较低。据估计,在距离晶界相中心 25 nm 的区域 Nd/Dy＝4,其成分主要是 $(Nd_{0.8}Dy_{0.2})_2Fe_{14}B$,其磁各向异性场在室温下估计约为 8.36 T,大约是主相 $Nd_2Fe_{14}B$ 的 1.25 倍。Hirota 等人[116]比较了晶界扩散工艺和传统工艺中 Dy 元素在磁体中的分布。传统工艺的磁体内,Dy 的分布比较均匀;而晶界扩散处理后,Dy 在晶界区聚集显著,而且这种富 Dy 区域厚度很薄,大约为 0.1 $\mu$m。这样制备的磁体在晶界内的 Dy 含量远高于传统方法制备的烧结磁体,但就 Dy 的总含量来说,却比传统方法制备的磁体低。

实际上,经晶界扩散、溅射和表面粘覆处理的烧结磁体的成分变化有一共同的特征:重稀土元素在处理后主要在晶界附近区域富集;这种处理后主相内部的成分变化并不大,富 Dy/Tb 层的厚度也很薄,大约在 $10^{-2}$~$10^{-1}$ $\mu$m 量级。

Sepehri-Amin 等人[117]将 Dy 蒸镀在名义成分为 $Nd_{10.9}Pr_{3.1}Fe_{77.4}Co_{2.4}B_{6.0}Ga_{0.1}Cu_{0.1}$ 的磁体表面上,磁体尺寸为 5 mm×5 mm×5.5 mm,镀覆温度 900℃,随后在 500℃在 Ar 气氛下进行回火。图 1.2.40 显示出了镀覆 Dy 前后退磁曲线的变化。从该图中表格的数据可以看到,经 Dy 扩散后,矫顽力从 1 042.5 kA/m 剧增到 1 623.4 kA/m,而其代价只是使磁体的剩磁从 1.44 T 降到 1.42 T。

李建等人[118]对含有 0～4.00wt％不同含量 Dy 的钕铁硼基体进行了 Dy 晶界扩散,并分析比较其磁性能、成分以及微观结构。研究发现,所有样品在经过 Dy 扩散后矫顽力均能提升 263.4～316.7 kA/m,且可以测得经晶界扩散后 Dy 的质量分数均增加了 0.30％～0.35％,与基体初始 Dy 含量并没有明显关联性。进一步分析发现,不同样品的矫顽力提高幅度并不正比于 Dy 增加量,基体 Dy 含量越高,单位量 Dy 元素的矫顽力提高效率越低。结合电子探针 X 射线显微分析仪(EPMA)面分布图分析后认为,在原先不含 Dy 的基体中进行晶界扩

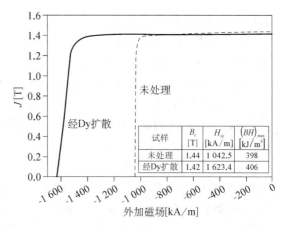

**图 1.2.40** 未经处理和经过 Dy 扩散处理试样的退磁曲线,图中表格标出了这两个试样的磁性能[117]

散的过程是晶界区域中 Dy 从无到有的过程,这时的矫顽力提升效率最高。

倪喜峰[119]研究了 Dy 扩散对烧结钕铁硼的磁性能影响。磁体名义成分为 $Nd_{31.6}DyAl_{0.1}Fe_{bal}B$,试样尺寸为 15 mm×12 mm×3 mm。以蒸镀方式对磁体试样进行 Dy 扩散,扩散温度为 800～1 000℃,冷却后在 550～650℃温度下进行回火。发现仅用 0.38wt％的 Dy 增加量使磁体矫顽力 $\mu_0 H_{cj}$ 提高了 0.394 T。电子探针分析显示,磁体内部的晶界相明显富集 Dy 元素,各向异性场测试结果显示,Dy 扩散使磁体各向异性场 $\mu_0 H_k$ 提高了 0.601 T,这是使磁体矫顽力得以提高的主要原因。经过 Dy 扩散前后试样的磁性能和 Dy 含量的变化得知,Dy 扩散前,试样中的 $B_r$、$\mu_0 H_{cj}$ 和 Dy 含量为 1.335 T、1.659 T 和 1.01wt％,而扩散后,$B_r$、$\mu_0 H_{cj}$ 和 Dy 含量分别为 1.320 T、2.053 T 和 1.39wt％。可以看到,Dy 含量的增加量为 0.38wt％,这使矫顽力增大了 0.394 T。按照传统合金化方法添加 Dy 元素的经验,每添加 1wt％的 Dy 元素,仅仅增加约 0.1 T 的矫顽力;现在,每添加 1wt％的 Dy 元素,利用 Dy 晶界扩散技术,矫顽力平均能增大 0.394/0.38～1.04 T,差不多是传统合金化方法效率的 10 倍。

孙绪新等人[120]研究了烧结 Nd-Fe-B 磁体表面渗镀 $Dy_2O_3$ 对磁体组织结构与磁性能的影响。表面渗镀 $Dy_2O_3$ 后,N40 的矫顽力由 1 017 kA/m 提高到 1 146 kA/m,38H 的矫顽力由 1 575 kA/m 提高到 1 753 kA/m,而通过传统合金化添加同量 Dy,N40 和 38H 的矫顽力分别为 1 061 kA/m 和 1 634 kA/m。磁体表面渗镀 $Dy_2O_3$ 后热稳定性也大大改善。组织分析表明,元素 Dy 从表面扩散并渗入磁体的内部约 20 $\mu m$ 厚,$Nd_2Fe_{14}B$ 晶粒表层附近 Dy 含量比晶界中高,说明 $Dy_2O_3$ 中的 Dy 通过扩散与富 Nd 相及 $Nd_2Fe_{14}B$ 晶粒表面层的部分 Nd 发生置换反应,增强了 $Nd_2Fe_{14}B$ 晶粒表面层的磁晶各向异性。

Bae 等人[121]研究了注入 $Dy_2O_3$ 和 $DyH_x$ 粉末的 $(Nd_{27.68}Dy_{4.89})Fe_{bal}B_{1.0}M_{2.4}$(wt％,M=Cu,Al,Co,Nb)烧结磁体的磁性能和微结构,发现注入 $DyH_x$ 磁体的矫顽力得到改善,剩磁却基本保持不变。在注入 $DyH_x$ 的磁体中,和注入 $Dy_2O_3$ 的磁体比较,可以看到良好的芯-壳结构。在注入 $DyH_x$ 的磁体中,Dy 的扩散有所增强,或许是由于氢溶解于 $Nd_2Fe_{14}B$

中增大了晶格常数而引起的。在注入 $DyH_x$ 的磁体中,(001)晶粒取向也能获得改善。

在注入 $Dy_2O_3$ 磁体情况下,只有少量的 Dy 溶解于主相中,因为 $Dy_2O_3$ 具有高度的稳定性。当氧含量增大时,$Dy_2O_3$ 注入磁体的磁性和热稳定性变差,因为 Dy 的主要部分是以氧化物杂质的形式存在的。另一方面,注入 $DyH_x$ 磁体残留的氢含量在烧结过程以后减少了,因为 $DyH_x$ 粉末在远低于烧结温度(1 070℃)时就会分解。因此,磁体和 $DyH_x$ 混合可以通过残余的氢有效地防止磁性能恶化。

Bae 等人比较研究了用 $Dy_2O_3$ 和 $DyH_x$ 粉末注入以及不注入这两种粉末的 Nd‐Fe‐B 烧结磁体磁性能和微结构特征,如图 1.2.41 所示。注入 $DyH_x$ 磁体的矫顽力高于未注入和注入 $Dy_2O_3$ 的磁体,虽然对于这三种样品它们的 Dy 含量是相同的。$DyH_x$ 粉末注入对 Nd‐Fe‐B 烧结磁体的影响可以综合如下:第一,形成了得到改善的芯‐壳微结构;第二,氢溶解于 $Nd_2Fe_{14}B$ 中增大了晶格常数和点缺陷浓度,有效地促进了在主相中的分布。第三,因为增强了(001)晶粒取向,使剩磁几乎保持不变。因此,$DyH_x$ 注入不仅改善了磁性能,而且有助于保存 Dy 含量。

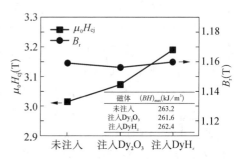

图 1.2.41　未注入、注入 $Dy_2O_3$ 和注入 $DyH_x$ 烧结 Nd‐Fe‐B 磁体的磁性能。表中列出了三种样品的 $(BH)_{max}$[121]

② 添加 $DyH_x$ 提高热变形磁体矫顽力的机理。

Wang 等人[122]将商用 Nd‐Fe‐B 粉末和 $DyH_x$ 纳米颗粒混合,经热压、热变形并通过放电等离子烧结成为各向异性磁体。尺寸为 50 nm 的 $DyH_x$ 颗粒是利用 Ar 和 $H_2$ 混合气体凝聚法制备的。不同量的 $DyH_x$ 和商用的 Nd‐Fe‐B 纳米晶粒磁粉(MQP‐F)混合。利用放电等离子烧结(SPS)设备将混合好的磁粉装入碳化钨(WC)模具中在 600～650℃及 300 MPa 压力下热压 5 min。再于 700～750℃在 30 MPa 压力下进行热变形,试样高度压下率为 70%。因为在热压和热变形期间的制备时间很短(只有 5～10 min),对于 $DyH_x$ 来说,并没有足够的时间完全扩散进入 Nd‐Fe‐B 主相的晶粒中。因此,为了改善 $DyH_x$ 在晶界处的扩散,所有的热变形磁体其后都需要在 750℃退火 5 h。

热变形磁体显示强烈的 $c$ 轴结晶学织构。根据测试结果,注入 1.0wt% 的 $DyH_x$ 的磁体的磁性能为 $J_r = \mu_0 M_r = 1.312$ T,$\mu_0 H_{cj} = 1.889$ T,$(BH)_{max} = 318.3$ kJ/$m^3$(39.79 MGOe);未注入 $DyH_x$ 的磁体的磁性能为 $J_r = \mu_0 M_r = 1.355$ T,$\mu_0 H_{cj} = 1.133$ T,$(BH)_{max} = 320.1$ kJ/$m^3$(40.01 MGOe)。可以看到,和未注入 $DyH_x$ 的磁体比较,注入 1.0wt% 的 $DyH_x$ 的磁体的矫顽力显著提高了 66.7%,而剩磁仅降低 3%。在富 Nd 相和 Nd‐Fe‐B 主相之间存在有连续的 $(Nd,Dy)_2Fe_{14}B$ 层。对于注入 1.0wt% $DyH_x$ 的热变形磁体,透射电镜显示有许多平行取向的带状晶粒,它们的宽度约 100 nm、长度约 200～500 nm。磁体的易磁化轴平行于热变形的压力方向。热变形磁体已经发展出一种优异的结晶学织构。高分辨透射电镜影像显示,在富 Nd 相和 Nd‐Fe‐B 主相晶界附近,可以清楚地观察到这一连续的 $(Nd,Dy)_2Fe_{14}B$ 层,其厚度约 4 nm。该层抑制了反磁化畴的成核,因此,使磁体的矫顽力显著增大。这样的磁体具有良好的热稳定性,允许在较高的工作温度下应用。

③ $Nd_{70}Cu_{30}$ 共晶合金的晶界扩散工艺。

在晶界扩散剂中,尽量少用或不用重稀土 Dy、Tb 元素及其化合物是努力的方向,一是因重稀土资源有限,二是因成本较高。Sepehri-Amin 等人[123]及其它文献报导[124-125]发现将 $Nd_{70}Cu_{30}$ 粉末用作扩散剂可以取得良好的效果。他们先将 Nd-Fe-B 磁体放入含有 $Nd_{70}Cu_{30}$ 粉末颗粒的有机溶液中,然后烘干并置于真空环境中。先在 650℃进行 3 h 无约束扩散热处理,再将磁体固定于两块平行不锈钢板之间,与钢板保持6 mm 间隙,接着进行有约束的扩散热处理。处理后发现磁体沿着 c 轴和垂直于 c 轴都有一定程度的伸长。最后测得磁体的矫顽力 $H_{cj}$ 从扩散前的 1.5 T 显著增大到扩散后的2.0 T,$B_r$ 为 1.36 T(几乎不变),但$(BH)_{max}$能提高到 392 $kJ/m^3$(49 MGOe)。

Sepehri-Amin 等人[123]采用 $Nd_{70}Cu_{30}$ 共晶合金的晶界扩散工艺应用于热变形各向异性 Nd-Fe-B 磁体上,以牺牲剩磁为代价,使矫顽力从 1.5 T 显著提高到 2.3 T。扫描电镜观察表明,富 Nd 晶间相的面积分数从 10%增加到 37%。热变形磁体的晶间相最初包含约 55at%铁磁元素,但在热变形过程以后,已减少到无法检测出的水平。在晶间相中观察到 Nd/NdCu 的微观共晶固化以及精细的 $Nd_{70}(Co,Cu)_{30}$/Nd 层状结构。微磁学模拟指出,晶间相中磁化强度的减小导致矫顽力增大,这和实验观察结果一致。

④ Nd-M 合金(M=Al、Cu、Ga、Zn、Mn)作为扩散源。

Liu 等人[126]研究了成分接近共晶点的 Nd-M(M=Al、Cu、Ga、Zn、Mn)合金可以作为热变形 Nd-Fe-B 磁体晶界扩散过程的扩散源。对于大多数 Nd-M 合金,均可观察到矫顽力增大。其中,添加 $Nd_{90}Al_{10}$ 的试样在室温下有最大的矫顽力 2.5 T。然而,加入 $Nd_{70}Al_{30}$ 的试样在 200℃时有最高矫顽力 0.7 T。利用扫描透射电镜进行微结构观察,发现在扩散后,有非铁磁性的富 Nd 晶间相包裹在 $Nd_2Fe_{14}B$ 晶粒外围。而用 $Nd_{90}Al_{10}$ 处理的试样中,则可观察到反常晶粒长大和 Al 能固溶于 $Nd_2Fe_{14}B$ 晶粒中,这就解释了在和 $Nd_{70}Cu_{30}$ 处理的试样比较时,为什么用 $Nd_{90}Al_{10}$ 处理时其矫顽力的热稳定性较差的原因。

Liu 等人[127]利用 $Nd_{62}Dy_{20}Al_{18}$ 合金作为扩散源,将共晶晶粒扩散工艺应用于 2 mm 厚的热变形 Nd-Fe-B 磁体,实现将矫顽力从 0.91 T 增大到 2.75 T,同时剩磁损失相对较小,只从 1.50 T 下降到 1.30 T。与此相反,由于晶粒在 900℃温度下发生了严重的粗化,所以采用 Dy 蒸气的传统晶界扩散工艺会导致矫顽力的恶化。扫描电镜观察发现 $Nd_2Fe_{14}B$ 晶粒两侧形成了富 Dy 壳层和 Al 向 $Nd_2Fe_{14}B$ 晶粒中扩散,就可以解释矫顽力的显著提高。

**(9) 薄壁圆环状辐射取向磁体的制备——背挤压**

Dirba 等人[128]为了减少稀土元素 Nd 的材料用量,研究了采用熔体快淬薄带作为前驱体制备无裂纹的热变形纳米晶 Nd-Fe-B 磁体。他们成功制备了无裂纹和具有高度织构化的背挤压和热变形纳米晶 Nd-Fe-B 磁体。在背挤压期间外加高达 0.8 MPa 的压力,可以抑制在环状磁体顶部的裂纹,从而通过近净成形制得具有辐射织构的环状磁体。环的主体部分显示出片状和纳米颗粒的整体良好取向,其平整表面平行于压制方向。在顶部(首先挤出部分)没有观察到明显的定向晶粒长大,并且在施加背压力和不施加背压力情况下,被挤压材料几乎都等于热压磁体的部分。如果用热变形结束时(获得所需的变形程度)的重量和直径制备热压前驱体,则材料便能完全填满模腔,从而经过热变形可以获得无裂纹、机械性能和磁性能均匀、具有高度织构化的片状磁体。

显微照片显示,在环状磁体的大部分体积内,沿径向取向的 $c$ 轴的细长形片状晶粒整体上都具有良好的取向。测得平均剩余磁极化强度 $J_r=1.27$ T,矫顽力 $\mu_0 H_{cj}=1.5$ T,织构度约 0.7。此外,为了获得无裂纹、机械性能和磁性能均匀和轴向取向的小片磁体,需要实施不同变形度的热变形试验。

图 1.2.42(a)是将经过热压的致密块体放入模具中,热变形时,可能有两种情况出现:一是热变形后,出现开口("open")模腔(即磁体未填满模腔),如图(b)所示,则会在圆片状磁体中出现很多裂纹。二是像图(c)那样,呈密闭("close")模腔,则磁体不会出现裂纹。图 1.2.43 示出了制备薄壁环状辐射取向磁体的装置示意图。图(a)是环状前驱体的热压图;图(b)和图(c)分别对应于无背压和有背压的背挤压情况。

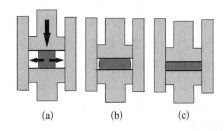

(a)          (b)          (c)

**图 1.2.42  (a)热变形过程示意图;(b)开口模腔;(c)闭合模腔[128]**

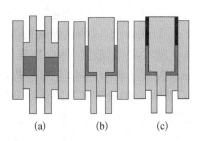

(a)          (b)          (c)

**图 1.2.43  实验装置示意图。(a)环状前驱体的热压;(b)无背压的背挤压;(c)有背压的背挤压[128]**

Hinz 等人[129]也曾简要地介绍背挤压工艺以及所使用模具和环状磁体,并讨论了磁性和热变形过程的均匀性。各向异性的 Nd-Fe-B 磁体在同时要求高磁通密度和高矫顽力的电机中已经获得应用。这样的磁体可以通过热变形纳米晶 Nd-Fe-B 合金制备而获得,特别是利用背挤压工艺能够获得辐射取向的环状磁体。热加工工艺可以以这样的方式实现,特别是在将顶部和底部切割掉以后所获得的环状磁体就能够直接用作电机转子。因此,环状磁体可以以近净形状方式进行制备。特别是和烧结磁体比较,薄壁环状磁体更容易获得。主要优点是转子结构比较简单,可以大大减少组装时间和由于磁性结构的机械完整性,转子上的磁体保持起来更简单。

Yi 等人[130]将 $Nd_{12.8+x}Fe_{81.2-x-y-z}Co_y Ga_z B_6$($x=0\sim1.08,y=0,5.5,z=0,0.42at\%$)在表面速率为 20 m/s 的铜质辊轮上进行熔体快淬,所得薄带被粉碎成粉末。再将粉末在真空中、150 MPa 压力下、893 K 温度下热压 5 min,得热压致密体。随后,在 Ar 气氛中,将一部分热压致密体于1 133 K 进行热变形,使高度压下率约 70%。另一部分致密体则利用背挤压工艺进行热变形,以获得具有辐射取向的环形磁体。图 1.2.44 示出了背挤压工作示意图。图中,左半部分为初始状态,右半部分表示热变形过程的最终状态。

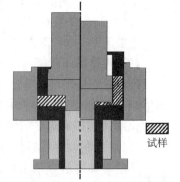

试样

**图 1.2.44  背挤压示意图。左侧表示初始状态,右侧表示热变形过程的最终阶段[130]**

实验结果表明,磁体的 Nd 含量对热变形 Nd－Fe－B 磁体的织构形成和磁性能起着十分重要的作用。在贫 Nd 的 $Nd_{12.8+x}Fe_{81.2-x-y-z}Co_yGa_zB_6$ 磁体中织构几乎可以忽略,这是因为贫 Nd 合金中缺少液态富 Nd 相。在过量富 Nd 的 $Nd_{3.88}Fe_{74.2}Co_{5.5}Ga_{0.42}B_6$ 磁体中的环形织构是由热变形期间附加流动应力产生的。当 $x=0.54at\%$ 时,对于最佳富 Nd 的 $Nd_{13.34}Fe_{74.74}Co_{5.5}Ga_{0.42}B_6$ 磁体显示有良好的织构和最佳磁性能: $B_r=1.171$ T, $\mu_0H_{cj}=1.718$ T, $(BH)_{max}=257$ kJ/m³ (32.12 MGOe)。图 1.2.45 示出了磁性能随 Nd 含量的变化。

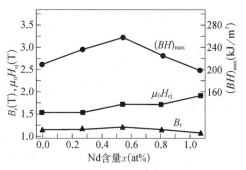

**图 1.2.45 系列 A 的热变形磁体(包含 5.5at%Co和 0.42at%Ga)的磁性能随 Nd 含量的变化[130]**

Yi 等人还研究了出现在背挤压环形磁体中的两种裂纹的热-机械特征和形成机理。他们发现,对于成分为 $Nd_{13.34}Fe_{74.74}Co_{5.5}Ga_{0.42}B_6$ 的背挤压环形试样总是沿着圆周方向出现裂纹,而对于不含 Co、Ga 的成分为 $Nd_{13.34}Fe_{80.66}B_6$ 的背挤压环形试样却是常常沿轴向观察到裂纹。Nd－Fe－B 磁体开裂行为的差别主要是由热膨胀不同引起的。在冷却期间, $Nd_{13.34}Fe_{74.74}Co_{5.5}Ga_{0.42}B_6$ 试样的各向异性热膨胀造成了磁体内的热应力。如果热应力大于抗拉强度,磁体将出现开裂。业已有人报道过 $Nd_2Fe_{14}B$ 化合物中的磁各向异性和力学性能的各向异性可以通过添加 Ga 和 Co 而增大[131-134]。 $a$ 轴的杨氏模量远大于 $c$ 轴的,这就意味着,通过沿 $a$ 轴的应力产生塑性变形要比沿 $c$ 轴应力更困难些。因此,当热应力大于抗拉强度时,磁体就沿着 $a$ 轴开裂,出现圆周方向的裂纹。对于不含 Co、Ga 的 $Nd_{13.34}Fe_{80.66}B_6$ 磁体,沿 $c$ 轴和沿 $a$ 轴的热膨胀极大值相同,他们指出,沿 $c$ 轴和沿 $a$ 轴的热膨胀行为大致相同。如果冷却是均匀的,热应力并不重要。然而,环形磁体的冷却情况并不均匀,外表面的冷却速率高于靠近中心区的冷却速率,因此沿着圆周方向的收缩要大于沿环形试样靠近轴向处的收缩,因此这是通常在热处理环状试样时的常见问题。热应力沿着圆周方向出现,裂纹总是沿着轴向产生。

傅中泽等人[135]采用熔体快淬法制备了名义成分为 $Nd_{31}Fe_{bal}Co_{6.0}Ga_{0.6}Al_{0.2}B_{0.9}$ (wt%)的薄带,经过机械破碎后得到的磁粉,在真空中被热压成各向同性圆柱体,然后进行热变形制备辐射取向整体永磁环。研究了热变形温度、磁体变形量对磁体磁性能的影响,并对磁体微观组织结构进行了扫描电镜观察。结果表明,磁性能随热变形温度、变形量增加都是先增加后减小,这与磁体晶粒尺寸和取向有关。当热变形温度为 800℃、变形量为 80% 时可得最佳磁性能。永磁环表面磁场呈近似的正弦波分布,最高值达 320 mT 以上。表面磁场均匀性和一致性均有所提高。

Li 等人[136]利用熔体快淬粉末进行热压/背挤压成功地制备了辐射取向的 Nd－Fe－B 环形磁体。研究了背挤压圆环中依赖于位置的微结构、磁性能和晶体取向。沿径向的磁性能沿着轴线从底部到中部有稍许增加,然后在环的上端部处锐减。上端部的磁性能和 XRD 谱与各向同性热压前驱体很接近。这表明,因为在热挤压的初始阶段织构形成是困难的,挤出环在其上端部大致保留了初始结构。发现在不同的空间位置具有特征性的微结构形貌:内部为片状晶粒,中部为细长晶粒,而外部则为颗粒状晶粒,在环的上端只能观察到唯一的颗粒状晶粒。但是在背挤压的环形磁体中,表面磁通密度的圆周均匀性较好。

## 1.2.6 稀土纳米晶双相复合永磁合金

稀土纳米晶双相复合永磁合金包含的范围很广,上一节介绍的热压/热变形永磁合金中的双相合金也应该包含在本节的内容之内,但是从热压/热变形制备工艺的特殊性,我们另立章节进行了介绍。

1988年,Corhoom 等人[137]用熔体快淬法制得了含钕量低的 $Nd_4Fe_{77}B_{19}$ 合金,发现这种低钕合金经670℃退火30分钟后,测得的永磁性能为 $B_r=1.2$ T, $H_{cj}=286.6$ kA/m, $(BH)_{max}=95$ kJ/m³, $M_r/M_s=0.75$。其微结构由三相组成:主相为硬磁相 $Nd_2Fe_{14}B$,体积约占15%;软磁相为 $\alpha$-Fe 相,约占12%;第三相是 $Fe_3B$,占73%。因此,这是一种以 $Fe_3B$ 为基的纳米双相永磁合金。

1991年,Kneller 和 Hawig[138]制备了 Nd 含量较低的 $Nd_{3.8}Fe_{73.3}B_{18}V_{3.9}$ 和 $Nd_{3.8}Fe_{77.2}B_{19}$ 合金,经 750℃ 退火后测得最大磁能积 $(BH)_{max}$ 为 105 kJ/m³、内禀矫顽力 $H_{cj}=$ 290 kA/m。分析表明,硬磁相 $Nd_2Fe_{14}B$ 体积占20%,而软磁相($Fe_3B$ 和 $Fe_{25}B_6$)占80%。从测得的磁滞回线分析,尽管合金包含硬磁相和软磁相,却具有硬磁单相回线特征。

为了解释这一新的发现,他们提出了一维交换耦合模型,如图 1.2.46 所示。图(a)是沿正向磁化到饱和的情况,k 代表硬磁相,m 代表软磁相,它们的尺寸分别用 $2b_k$ 和 $2b_m$ 表示。在磁化矢量间存在交换耦合的硬磁-软磁相纳米复合物中,因为畴壁很薄,位于畴壁两侧纳米硬磁相和纳米软磁相区域内的磁化矢量之间存在有交换作用,从而不会使有效各向异性常数平均为零;在反磁化开始阶段,反向磁场不大,因为软磁区的矫顽力较低,内部的部分磁化矢量首先反转,但靠近和硬磁相相邻畴壁附近的磁化矢量因交换作用仍然指向正方向,如图(b)所示。随着反向磁场的逐渐增大,软磁相磁化矢量继续反转,并带动硬磁相内的磁化矢量反转,直到反磁化过程结束,所有磁化矢量平行于反向磁场[见图(c)和图(d)所示]。根据铁磁学的基本原理,对于具有单

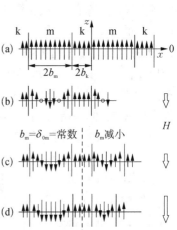

**图 1.2.46 双向纳米结构交换耦合磁体的一维模型**

一易磁化轴磁性多晶体,如果各个晶粒的易磁化轴是随机取向的,则可以推算出剩磁比 $M_r/M_s=0.5$。而在各向同性的纳米晶双相永磁材料中,由于软磁相和硬磁相相界处的磁化矢量之间存在交换耦合,就完全有可能使正向磁化场降为零(即剩磁状态)时,两相的磁化矢量仍然处于平行取向,从而使剩磁增强,即 $B_r/B_s>0.5$。

1993年,Manaf 等人[139]利用熔体快淬法制备了 Nd 含量为 8at% 的 $Nd_8Fe_{86}B_6$ 和 $Nd_8Fe_{86}B$ 非晶态薄带,再经 700℃附近晶化后,磁体性能可达 $(BH)_{max}=157$ kJ/m³、$H_{cj}=458$ kA/m, $B_r=1.12$ T。透射电镜观察证实,这种合金的微结构由晶粒尺寸小于30 nm的 $Nd_2Fe_{14}B$ 基体相和晶粒尺寸小于 10 nm 的 $\alpha$-Fe 相组成。同年,Ding 等人利用粒度为 0.45 mm 的金属 Sm 粉和粒度为 0.15 mm 的 Fe 粉作为初始粉末一起置于高能球磨机中球磨48 小时,经检

测,此时粉末由 Sm - Fe 非晶态相和 $\alpha$ - Fe 相组成。然后,将经过球磨的粉料经 $600\,℃×2$ h 真空处理,使非晶态相晶化,再进行氮气热处理。透射电镜观察表明,这时的粉末样品,含有 $70\%Sm_2Fe_{17}N_x$ 和 $30\%\alpha$ - Fe,其磁性能为 $M_r = 0.11$ T,$H_{cj} = 312$ kA/m,$(BH)_{max} = 204.8$ kJ/$m^3$,而且 $M_r = 0.8M_s$。这是又一个纳米双相复合永磁合金($SmFeN/\alpha$ - Fe)的实例。

此后,良好的永磁性能激起了人们对稀土纳米晶双相复合永磁合金的研究热潮。人们先后对 $Nd_2Fe_{14}B/\alpha$ - Fe、$Nd_2Fe_{14}B/Fe_3B$、$Nd_2Fe_{14}B/Fe$ - Co、$Pr_2Fe_{14}B/\alpha$ - Fe、(Nd,Pr)$_2Fe_{14}B/\alpha$ - Fe、Sm - Fe - N/$\alpha$ - Fe 等系统进行了探索。表 1.2.16 和表 1.2.17 列举了相关研究的合金及其永磁性能。

在实验研究的同时,理论研究方面也取得不少进展。1994 年,Schrefl 等人提出了各向同性双相纳米晶复合永磁的二维和三维模型。他们假定双相纳米晶材料是由 64 个形状不规则的硬磁和软磁相晶粒组成的立方体,利用有限元方法和微磁学理论计算,令体系的总的吉布斯自由能极小,分别求出相关磁学量,其中,通过引入一磁矢量势,消去了退磁场能,同时不考虑磁弹性能和表面各向异性能。图 1.2.47 是各向同性双相纳米晶复合磁体 $Nd_2Fe_{14}B/\alpha$ - Fe 的永磁性能随 $\alpha$ - Fe 体积分数和晶粒直径的变化。图(a)给出了 $\alpha$ - Fe 晶粒直径分别为 10 nm 和 20 nm 时最大磁能积 $(BH)_{max}$ 和剩余磁极化强度 $J_r$ 随着 $\alpha$ - Fe 软磁相体积分数的增大而增大,这是因为硬磁相和软磁相之间存在交换耦合作用以及 $\alpha$ - Fe 相的饱和磁极化强度高于硬磁相的饱和磁极化强度引起的,而 $H_{cj}$ 正好相反,随着 $\alpha$ - Fe 相体积分数的增大而下降;图(b)中则是保持 $\alpha$ - Fe 相的体积分数为 40% 不变,$(BH)_{max}$、$J_r$ 和 $H_{cj}$ 三者均随 $\alpha$ - Fe 相晶粒直径的增大而下降。

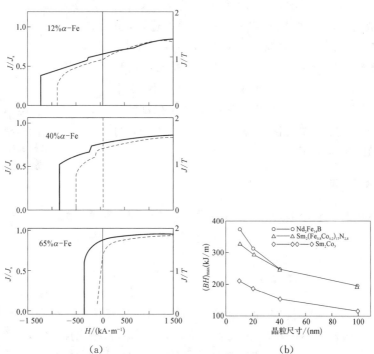

图 1.2.47 各向同性双相纳米晶复合磁体 $Nd_2Fe_{14}B/\alpha$ - Fe 的永磁性能
随(a)$\alpha$ - Fe 体积分数和(b)晶粒直径的变化

1993—1994 年间，Skomski 和 Coey[140] 提出了各向异性双相纳米晶复合永磁体交换耦合的三维模型。假定磁体由 2∶17 型氮化物硬磁相 $Sm_2Fe_{17}N_3$ 和直径为纳米量级的球形 $\alpha$-Fe 软磁相粒子所组成，而且 $\alpha$-Fe 软磁相粒子高度弥散地分布在硬磁相中，如图 1.2.48 所示。他们从微磁学出发，综合考虑系统的自由能包含交换能、单轴各向异性能、磁场能和静磁偶极子能四项，局域稳定的磁结构可以通过令 $\delta F/\delta M(r)=0$ 获得。在介观层面上，假定磁化强度是连续可变的，因此系统的自由能密度为

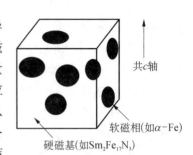

**图 1.2.48** 由取向的硬磁基相和球状弥散分布的软磁相组成的纳米晶复合永磁体的三维交换耦合模型

$$F = \int \left[ \eta_{ex}(r) + \eta_a(r) + \eta_h(r) + \eta_{ms}(r) \right] \mathrm{d}r$$

对于直径为 $D$ 的球形软磁区，令其磁晶各向异性常数 $K_s=0$，且弥散地分布于硬磁基体中，引入球坐标并利用边界条件，可以得到本征值方程如下

$$\frac{A_s}{A_h}\left\{ \frac{D}{2}\sqrt{\frac{\mu_0 M_s H_N}{2A_s}} \cot\left[ \frac{D}{2}\sqrt{\frac{\mu_0 M_s H_N}{2A_s}} \right] - 1 \right\} + 1 + \frac{D}{2}\sqrt{\frac{2K_h - \mu_0 M_h H_N}{2A_h}} = 0$$

式中，$A_s$、$K_s$、$M_s$ 和 $A_h$、$K_h$、$M_h$ 分别是软磁相（下标 s）和硬磁相（下标 h）的交换常数、磁晶各向异性常数和磁化强度。从该式可以求取数值解。结果是如果软磁掺杂小于硬磁相的畴壁厚度 $\delta_h = \pi(A_h/K_h)^{1/2} \sim 3$ nm，成核场达到一高矫顽力平台，如图 1.2.49 所示，其对应于完全的交换耦合。如果球形掺杂的直径太大，则磁化强度将变得不稳定，矫顽力按规律 $1/D^2$ 下降。对于充分小的反向磁场，$|H| < H_N(D)$，单个软磁掺杂是完全取向的，如 $M_s > M_h$，则剩磁便稍有增强。另一方面，如果软磁掺杂间距较小，磁化模式可以"隧穿"通过硬磁区，使得硬磁区不再起有效势垒的作用。事实上，要是硬磁区的厚度小于 $\delta_h$，微磁学的"交换相互作用"将大大降低成核场。

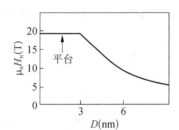

**图 1.2.49** $Sm_2Fe_{17}N_3/\alpha$-Fe 纳米晶复合永磁体的成核场 $\mu_0 H_N$ 随球状软磁掺杂直径 $D$ 的变化

## 1. 平台极限

当软磁区的直径较小时，问题可以按微扰理论处理。和量子力学中一样，利用归一化的未微扰的函数 $\psi_0$，得到最低阶本征值修正，这就给出了成核场 $H_N$：

$$H_N = 2\frac{f_s K_s + f_h K_h}{\mu_0 (f_s M_s + f_h M_h)}$$

式中，$f_s$、$f_h$ 分别代表软磁相和硬磁相的体积分数，有 $f_s = 1 - f_h$。该式表明，材料的成核场 $H_N$ 由两相的体积分数、磁晶各向异性常数和饱和磁化强度决定，而和两相的具体形状无关，只要硬磁区保持有取向就行，所以纳米晶复合永磁体两相的形状与分布也可如图 1.2.50 所示。图 1.2.49 是对于 $Sm_2Fe_{17}N_3/Fe$ 纳米晶双相系统作出的，引用的磁性

参数是 $\mu_0 M_s = 2.15 \text{ T}$，$\mu_0 M_h = 1.55 \text{ T}$，$A_s/A_h = 1.5$，$K_s = 0$，$K_h = 12 \text{ kJ/m}^3$。由该图可以看到，当 Fe 颗粒直径小于 3 nm 时，复合永磁体的矫顽力如由成核场控制，有可能等于永磁基体相的磁晶各向异性场 20 T，即使 Fe 掺杂直径 $D = 7\text{nm}$，也仍可保持 $\mu_0 H_N = 7 \text{ T}$ 的水平。

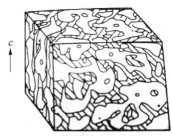

**图 1.2.50** 双相纳米复合各向异性永磁材料两相的形状与分布，箭头为 $c$ 轴取向方向

如果矫顽力由上式的 $H_N$ 决定，则系统的磁滞回线成矩形，剩余磁化强度可表示成

$$M_r = f_h M_h + f_s M_s$$

这时，$M_r/M_s > 0.5$，显示剩磁增强效应。系统的最大磁能积为

$$(BH)_{\max} = \frac{1}{4} \mu_0 M_s^2 \left[ 1 - \frac{\mu_0 (M_s - M_h) M_s}{2 K_h} \right]$$

因硬磁相的 $K_h$ 很大，近似有

$$(BH)_{\max} \approx \frac{1}{4} \mu_0 M_s^2$$

相应的硬磁相的体积分数为

$$f_h = \frac{\mu_0 M_s^2}{4 K_h}$$

Skomski 指出[140]，磁化强度和各向异性具有最佳组合的金属间化合物是 $\text{Sm}_2\text{Fe}_{17}\text{N}_3$。如果考虑双相系统是 $\text{Sm}_2\text{Fe}_{17}\text{N}_3/\text{Fe}$，则以相应参数值代入磁能积公式，可以算得理论最大磁能积为 880 kJ/m³（110 MGOe）。如果用 $\text{Fe}_{65}\text{Co}_{35}$ 合金（$\mu_0 M_s = 2.43 \text{ T}$）来代替 Fe，从而组成 $\text{Sm}_2\text{Fe}_{17}\text{N}_3/\text{Fe}_{65}\text{Co}_{35}$ 双相系统，假定硬磁相的体积分数是 9%，则理论最大磁能积更可高达 1 090 kJ/m³（137 MGOe）。令人惊奇的是，这类最佳永磁体只包含 2wt% Sm，而其余 98wt% 都是由 3d 过渡金属组成，竟能获得如此高的永磁性能。

### 2. 多层极限

如果纳米晶双相复合合金是由交替变化的软磁层和硬磁层组成一维的多层结构，则可以将这种微磁学多层结构看成周期性的多量子阱问题，这时的成核场 $H_N$ 由下面的隐含式给出：

$$\sqrt{\frac{2 K_h - \mu_0 M_h H_N}{2 A_h}} \tanh \left[ \frac{l_h}{2} \sqrt{\frac{2 K_h - \mu_0 M_h H_N}{2 A_h}} \right] = \frac{A_s}{A_h} \sqrt{\frac{\mu_0 M_h H_N}{2 A_s}} \tan \left[ \frac{l_s}{2} \sqrt{\frac{\mu_0 M_h H_N}{2 A_s}} \right]$$

假定 $A_s = 1.67 \times 10^{-11} \text{ J/m}$，$A_h = 1.07 \times 10^{-11} \text{ J/m}$，则由上式可以导出，只要硬磁相和软磁相厚度分别为 $l_h = 2.4 \text{ nm}$，$l_s = 9.0 \text{ nm}$，$(BH)_{\max} = 1 \text{ MJ/m}^3$。当然，永磁体的形状必须对应于 $B\text{-}H$ 退磁曲线的最佳工作点上；它应接近于轴比 $c/a = 0.55$ 的椭球体。注意，因为 A 的量级为 $10^{-11} \text{ J/m}$，所以 $H_N$ 和 $(BH)_{\max}$ 并不严重依赖于交换常数的不均匀性。

表 1.2.16　Nd₂Fe₁₄B/α‑Fe 纳米晶双相永磁合金的磁性能

| 序号 | 成分（at%） | $B_r$（T） | $H_{cj}$（kA/m） | $(BH)_{max}$（kJ/m³） | α‑Fe 晶粒直径（nm） |
|---|---|---|---|---|---|
| 1 | $Nd_{8-9}Fe_{85-86}B_{5-6}$ | 1.1 | 454 | 159.2 | 30 |
| 2 | $Nd_7Fe_{88-90}B_{3-5}$ | 1.3 | 260 | 146 | — |
| 3 | $Nd_{12}Fe_{84}Ti_1B_5$ | 0.91 | 710 | 97 | 5～50 |
| 4 | $Nd_{10}Fe_{84}Ti_1B_5$ | 0.94 | 390 | 82 | 5～50 |
| 5 | $Nd_6Fe_{87}Nb_1B_6$ | 1.04 | 300 | 78 | 30～50 |
| 6 | $Nd_{9.5}Fe_{85.5}B_5$ | 1.07 | 552 | 136 | <35 |
| 7 | $(Nd_{0.95}La_{0.05})_{9.5}Fe_{85.5}B_5$ | 1.03 | 464 | 113.6 | <25 |
| 8 | $(Nd_{0.90}La_{0.10})_{9.5}Fe_{85.5}B_5$ | 0.96 | 504 | 123.2 | <20 |
| 9 | $(Nd_{0.85}La_{0.15})_{9.5}Fe_{85.5}B_5$ | 1.01 | 456 | 128 | 220 |
| 10 | $Pr_8Fe_{86}B_6$ | 1.28 | 461.7 | 165.6 | 20 |

表 1.2.17　Fe₃B 基纳米晶双相永磁合金的磁性能

| 序号 | 成分（at%） | $B_r$（T） | $H_{cj}$（kA/m） | $(BH)_{max}$（kJ/m³） | $H_k$（kA/m） | $\alpha_B$（/%℃）$\Delta T=24～140℃$ | $\alpha_H$（/%℃） |
|---|---|---|---|---|---|---|---|
| 1 | $Nd_5Fe_{76.5}B_{18.5}$ | 1.05 | 300 | 83.7 | 73 | −0.075 | −0.359 |
| 2 | $Nd_5Fe_{71.5}B_{18.5}Co_5$ | 1.02 | 330 | 90.3 | 80 | −0.075 | −0.395 |
| 3 | $Nd_5Fe_{70.5}B_{18.5}Co_5Si_1$ | 1.19 | 320 | 118.5 | 97 | | |
| 4 | $Nd_5Fe_{70.5}B_{18.5}Co_5Ga_1$ | 1.18 | 340 | 121 | 100 | −0.074 | −0.336 |
| 5 | $Nd_5Fe_{70.5}B_{18.5}Dy_6$ | 0.96 | 410 | 80.2 | 72 | −0.058 | −0.33 |
| 6 | $Nd_3Fe_{70.5}B_{18.5}Dy_2Co_5Ga_1$ | 0.98 | 480 | 108.1 | 107 | −0.048 | −0.361 |
| 7 | $Nd_{4.5}Fe_{77}B_{18.5}$ | 1.19 | 290 | 107 | — | | |
| 8 | $Nd_{4.5}Fe_{74}B_{18.5}V_3$ | 0.99 | 370 | 90 | — | | |
| 9 | $Nd_{4.5}Fe_{74}B_{18.5}Cr_3$ | 1.05 | 380 | 101 | — | | |
| 10 | $Nd_{4.5}Fe_{74}B_{18.5}Co_3$ | 1.2 | 340 | 123 | — | — | — |
| 11 | $Nd_{4.5}Fe_{73}B_{18.5}Co_3Si_1$ | 1.23 | 340 | 134 | — | — | — |
| 12 | $Nd_{4.5}Fe_{73}B_{18.5}Co_3Ga_1$ | 1.21 | 340 | 128 | — | — | — |
| 13 | $Nd_{3.5}Fe_{73}B_{18.5}Dy_1Co_3Ga_1$ | 1.18 | 390 | 136 | — | −0.05 | −0.35 |
| 14 | 熔体快淬 NdFeB‑MQ 粉 | — | — | — | — | −0.10 | −0.40 |
| 15 | 烧结 NdFeB | — | — | — | — | −0.11 | −0.55 |

近年来,有关双主相硬磁复合磁体的研究引起了人们的极大关注。在实验研究中,如

何利用稀土金属中较为廉价的 Ce 和 La 去取代 Nd－Fe－B 永磁合金中的 Nd 而又能保持较高的永磁性能是一项十分有意义的事情,这不仅有利于我国稀土资源的综合利用,而且还能降低稀土永磁材料的成本。早在 1985 年,Okada 等人[141]曾利用稀土分离过程中的含 Ce 金属取代部分 Nd 制备 Re－Fe－B 强磁体获得了成功,他们采用 Nd－5%Ce－15%Pr 作为原材料,获得了永磁性能为 $B_r = 1.32$ T、$H_{cj} = 812$ kA/m、$(BH)_{max} = 318.4$ kJ/m$^3$(40 MGOe)的磁体。自 1985 年以来,众多研究组都是采用类似的单一合金法在这方面持续开展了许多研究工作,即在合金熔炼、铸造阶段,加入替代 Nd 的其他稀土金属。但是,这种替代的结果造成了永磁体磁性能的显著下降。最近,Zhu 等人[142]利用双主相合金法研究了 Ce 含量对 Re－Fe－B 烧结磁体退磁曲线的矩形度和磁性能的影响。他们首先在水冷铜辊上分别制取了 Nd－Fe－B 和 (Nd,Ce)－Fe－B 两种合金的铸带,再按名义成分 $(Nd_{1-x}Ce_x)_{30}(Fe,TM)_{bal}B_1$ ($x = 0,0.10,0.15,0.20,0.30$ 和 0.45)混合在一起,进行氢化和气流磨粉,粉末粒度约为 3 $\mu m$。将磁粉在 2 T 磁场中取向、300 MPa压强下等静压制,最后于 1 000～1 060 ℃ 真空烧结 2 小时,然后分别在 900℃ 和 520℃ 回火 2～4 小时。经测定,对于 $x = 0.2$ 的合金经 1 020℃ 烧结后密度接近于理论密度值(7.64 g/cm$^3$),磁体的晶粒尺寸随着烧结温度的提高而增大,这导致矫顽力单调下降,而剩磁和最大磁能积则是先增后降。如果烧结温度低于 1 020℃,则样品不够致密,内部有空泡存在。表 1.2.18 列出了几种不同成分的双主相硬磁合金的磁性能。可以看到,随着Ce 含量的增大,由于 $Ce_2Fe_{14}B$ 的每个分子式磁矩和磁晶各向异性场分别为 28.4$\mu_B$ 和37.1 kOe,均低于 $Nd_2Fe_{14}B$ 的 32.5$\mu_B$ 和 70.7 kOe,因此,用部分 Ce 取代 Nd 后,(Nd,Ce)$_2$Fe$_{14}$B 合金的饱和磁化强度和磁晶各向异性场和 Nd$_2$Fe$_{14}$B 相比均下降了,但是,它们的综合磁性能还是很好的,例如,用 Ce 取代 20%Nd($x = 0.2$)的样品最大磁能积高达352 kJ/m$^3$(45 MGOe)。设想一下,如果能将目前实验室研究中所获得的成果推广到产业化水平,则对我国目前稀土产业中大量积压的稀土金属 Ce、La 的高效利用开辟了较为广阔的通道,稀土资源就能得到更加合理的充分利用,对国民经济的发展意义重大。要做到这一点,尚需进一步深入研究这类双主相或多主相硬磁合金的磁硬化机理和开发新的生产技术和装备。(近年来宁波等地企业采用北京钢铁研究总院李卫院士团队的专利技术已规模生产双主相稀土永磁材料。)

表 1.2.18　$(Nd_{1-x}Ce_x)_{30}(Fe,TM)_{bal}B_1$ 双主相合金的磁性能随 Ce 含量的变化[142]

| 成分 $x$ | $B_r$ (T) | $(BH)_{max}$ (kJ/m$^3$) | $H_{cj}$ (kA/m) | $H_k/H_{cj}$ |
|---|---|---|---|---|
| $x = 0.10$ | 1.40 | 371 | 970 | 0.87 |
| $x = 0.15$ | 1.38 | 362 | 906 | 0.95 |
| $x = 0.20$ | 1.37 | 352 | 935 | 0.90 |
| $x = 0.30$ | 1.36 | 342 | 736 | 0.93 |
| $x = 0.45$ | 1.24 | 263 | 493 | 0.90 |

### 1.2.7 可加工永磁合金

可加工永磁合金是指那些机械性能较好,允许通过冲压、轧制、车削等手段加工成各种带、片、板、线材同时又具有较高永磁性能的合金。

#### 1. 铁铬钴永磁合金

铁铬钴永磁合金是从 20 世纪 70 年代开始发展起来的可加工材料,它是在有关固态转变的 Spinodal 分解理论的直接指导下研制成功的[143,144]。

铁铬钴三元合金中靠 FeCr 一侧的成分在高温下有一均匀的体心立方 α 单相区。当合金从高温 α 相区淬火到室温时便可形成均匀的过饱和固溶体 α。和铝镍钴合金一样,如果将这种合金进行适当热处理,便能通过 Spinodal 分解使其 α 相转变为成周期性排列的 $\alpha_1$ 和 $\alpha_2$ 相。如果引入磁场处理,也可使铁磁性的 $\alpha_1$ 相成为细长颗粒。图 1.2.51(a)示出了含钴量为 15% 的铁铬钴合金相图的垂直截面。可以看到,如果合金热处理不当,将会在合金的室温组织中出现 γ 相和 σ 相。实践证明,这两个相的存在,将会严重阻碍磁性能的提高,特别是 σ 相。σ 相的出现不仅会严重降低合金的磁性能,而且还会严重恶化合金的可加工性能。为此在合金发展的初期阶段,人们制造含钴量 23% 左右的铁铬钴合金时,热轧必须在 1 050～1 300℃ 的温区内进行,以避免合金中因出现 σ 相而影响加工,同时,合金在冷轧前必须加热到 1 300℃ 以上进行固溶处理,随后淬火到冰水中。后来,发现铁铬钴合金的相图对少量添加元素如 V、Ti、Mo、Zr、Nb 等十分敏感,并有可能通过调整成分来避免 σ 相和 γ 相的出现。图 1.2.51(b)、(c)、(d)示出了含有 15%Co 的 Fe - Cr - Co - V 和 Fe - Cr - Co - V - Ti 合金在不同 V、Ti 含量时相图的变化。从图(a)可以看出,在 600～1 000℃ 的温区内,可能存在 α+γ 和 α+σ 两个两相区,和一个三相区 α+γ+σ。σ 相具有正方结构,性硬而脆。γ 相的存在对生产不利。为抑制 γ 相,固溶处理后应该以快速冷却才行,如果采用在冰盐水中淬火,则必须限制磁体的尺寸不能太大。因此,生产上需要考虑添加一些合金化元素。如果合金中添加 3%V,如图(a)所示,γ 相区已经向左移到 <17%Cr 的区域;图(b)是在添加 3%V+2%Ti 的情况,这时 α+γ 和 α+σ 两个相区不再相连。因此,对于含 Cr 量大致位于 22%～23.5% 的合金,从高温冷却到室温的过程中不可能再出现 γ 相和 σ 相,这样就大大简化了合金的热处理工艺;图(c)是添加 5%V+2%Ti 的情况;图(d)是添加 5%V 的情况,由于 α+γ 相区左移,高温 α 单相区大大扩展了。

磁场热处理是获得各向异性铁铬钴合金的重要手段。热处理方法和铝镍钴合金一样,需要先进行固溶处理,获得单相组织,随后进行等温磁场处理,最后再回火。固溶处理的温度要根据合金的成分确定。例如,对于 24Cr - 10Co - 1Si - Fe 可取 900～1 000℃;对 24Cr - 12Co - 1Si - Fe 合金,需提高至 1 100～1 200℃;当含钴量达到 23%～25% 时,则需进一步提高到 1 300℃ 以上才能保证合金包含均匀的 α 相单相组织。等温磁场处理的温度一般选择 610～650℃,时间约为 0.5～1.5 h,磁场强度 0.2～0.3 T,应根据成分稍作调整。对于 α 相从高温一直可以延伸到 600℃ 的合金,也可以采用磁场冷却的方法,不过,得注意调整冷却速度。最后的回火处理大多采用多级回火制度,温度范围从磁场处理温

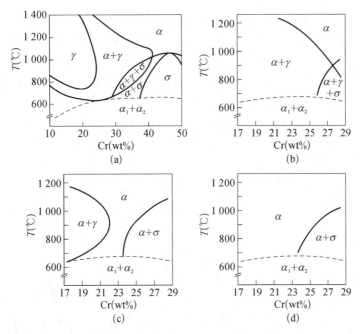

图 1.2.51　含有 15wt%Co 的 Fe‐Cr‐Co 合金相图的(a)垂直截面以及添加(b)3wt%V、(c)3wt%V＋2wt%Ti 和(d)5wt% V 对相图垂直截面的影响

度到 540℃之间。

　　除了磁场热处理以外还可以通过所谓形变时效处理工艺使铁铬钴合金成为各向异性永磁体。这种工艺特别适用于含钴量较低(5％～11％Co)的合金。它是首先将合金从高于 $\alpha \rightarrow \alpha_1 + \alpha_2$ 分解温度以一定的冷却速率冷却,在这一过程中,合金内富铁、钴的 $\alpha_1$ 相颗粒成球状析出,然后在某一温度利用拉拔等加工使合金变形,造成球状的 $\alpha_1$ 颗粒也随之变形延伸,最后,将材料以一定的冷却速率冷却到室温。当然,也可以在室温下对合金实施单畴变形过程,但是,最后还需进行退火。

　　关于铁铬钴合金矫顽力的起因,由于合金的成分和工艺不同而不尽相同。有的合金与铝镍钴合金一样,反磁化机理归因于单畴颗粒的形状各向异性,这时通过 Spinodal 分解形成的两相中,富铁、钴的 $\alpha_1$ 相呈强磁性,富 Cr 的 $\alpha_2$ 相呈弱磁性。经过磁场处理后,$\alpha_1$ 相颗粒长径比多为(2～3)∶1,比铝镍钴合金中富铁、钴的 $\alpha$ 相长径比要小得多。但是,在研究另一些成分的铁铬钴合金时,也曾发现处于最佳磁性能状态下的合金中 $\alpha_1$ 和 $\alpha_2$ 似乎都是铁磁性的相,两者的饱和磁化强度只相差 10％左右,实验上还曾观察到畴壁存在于 $\alpha_2$ 基相内,并在 $\alpha_1$ 相颗粒处少有弯曲,这说明畴壁被钉扎在 $\alpha_1$ 相处,因此可以判断,这样的合金内部,畴壁钉扎是引起高矫顽力的主要起因。

　　铁铬钴合金的基本成分范围为:20％～33％Cr、3％～25％Co、余为 Fe。为了改善性能,常需添加 V、Ti、Mo、Zr、Nb、Si 等元素,从而形成许多不同的合金系列,例如铁铬钴钼系、铁铬钴钛系、铁铬钴硅系等。怎样降低合金的含钴量,同时又能保证合金有足够好的磁性能,这方面的研究一直在进行,也曾取得了不少进展。例如,成分为 32Cr‐4Co‐0.5 Ti‐Fe的合金,经过磁场冷却处理后具有 $B_r = 1.26$ T、$H_c = 43$ kA/m、$(BH)_{max} =$

$40.3 \ kJ/m^3$ 的高性能,实际上,这些指标已和含钴量为 24％ 的 Alnico 5 合金相差无几。遗憾的是,这种含钴量很低的铁铬钴合金在磁场冷却时的冷却速率为 $0.4 \sim 0.9 ℃/h$,如此缓慢的冷却大大延长了热处理周期,对于大规模生产来说是不可行的。

表 1.2.19 和 1.2.20 分别列出了用不同工艺制造的铁铬钴永磁合金的磁性能(研究水平)和工业上生产的一些可加工永磁合金的磁性能。

表 1.2.19　铁铬钴永磁合金的磁性能(研究水平)

| 成分(wt％)余为 Fe | | | | | $B_r$ (T) | $H_c$ (kA/m) | $(BH)_{max}$ (kJ/m³) | 工艺特点 |
|---|---|---|---|---|---|---|---|---|
| Cr | Co | Mo | Ti | Cu | | | | |
| 32 | 3 | — | — | — | 1.29 | 35.7 | 32 | 磁场处理,回火 |
| 30 | 5 | — | — | — | 1.34 | 42 | 42 | 磁场处理,回火 |
| 26 | 10 | — | 1.5 | — | 1.44 | 47.6 | 54 | 磁场处理,回火 |
| 33 | 11.5 | — | — | 2 | 1.15 | 60.5 | 50 | 形变时效 |
| 22 | 15 | — | 1.5 | — | 1.56 | 50.9 | 66 | 磁场处理,回火 |
| 33 | 16 | — | — | 2 | 1.29 | 70 | 65 | 形变时效 |
| 24 | 15 | 3 | 1.0 | — | 1.54 | 66.8 | 76 | 柱状晶,磁场处理,回火 |
| 33 | 23 | — | — | 2 | 1.3 | 86 | 78 | 形变时效 |
| 25 | 12 | — | — | — | 1.4 | 43.8 | 41 | 烧结法 |

表 1.2.20　各种可加工永磁合金的典型磁性能

| 合金名称 | 合金成分(wt％) | $B_r$(T) | $H_c$ (kA/m) | $(BH)_{max}$ (kJ/m³) |
|---|---|---|---|---|
| 铁铬钴合金 | 10 - 25Co<br>20 - 33Co | 1.25～1.34<br>1.10～1.20<br>1.30～1.40<br>1.30～1.40 | 43.8～51.7<br>55.7～63.7<br>47.7～54.1<br>51.7～59.7 | 39.8～50.1<br>31.8～43.8<br>47.7～55.7<br>51.7～63.7 |
| 铜镍铁Ⅰ合金<br>铜镍铁Ⅱ合金 | 60Cu - 20Ni<br>50Cu - 20Ni - 2.5Co | 0.57<br>0.73 | 37<br>21 | 11.9<br>6.4 |
| 铂钴合金<br>铂铁合金 | 44.5Pt - 50Co - 5Fe - 0.5Ni - 0.05Cu<br>68.2Pt - 31.8Fe | 0.83<br>0.92～1.08 | 390<br>342～366 | 120<br>128～160 |
| 铁钴钒Ⅰ合金<br>铁钴钒Ⅱ合金 | 52Co - 9.5V<br>52Co - 13V | 0.90<br>1.00 | 23.9<br>35.8 | 8.0<br>23.8 |
| 各向同性 MnAlC<br>轴各向异性 MnAlC<br>面各向异性 MnAlC | 70Mn - 29.5Al - 0.5C<br>70Mn - 29.5Al - 0.5C<br>70Mn - 29.5Al - 0.5C | 0.3～0.33<br>0.52～0.6<br>0.42～0.46 | 159～175<br>159～207<br>159～231 | 14.3～15.0<br>39.8～47.7<br>23.9～32.6 |

## 2. 铜镍铁永磁合金

铜镍铁永磁合金具有较高的永磁性能和良好的温度稳定性。和铝镍钴合金相比,其含钴量较低,塑性和延展性好,可进行各种切削加工,适于制造形状复杂的磁体。曾经部分取代铝镍钴、铁钴钒等合金,用于扬声器、电度表、转速表、陀螺仪和磁显示器等结构中。

成分为 60%Cu、20%Ni、余为 Fe 和 50%Cu、20%Ni、2.5%Co、余为 Fe 的两种合金分别称为铜镍铁 I 和铜镍铁 II 合金,它们是最早获得应用的可加工永磁合金中的两个。

铜镍铁合金的永磁性能依靠热处理和冷加工而获得。首先将合金在 1 100℃ 左右进行固溶处理数小时,然后淬入水中,得到单一的 γ 相组织($Cu_4FeNi$ 有序相),随后经 600℃ 回火,使其相分解为 $\gamma_1$ 和 $\gamma_2$ 两个相,适当延长回火时间,可使合金的矫顽力达到 400Oe。根据合金显微组织的电子显微镜研究证实,γ 相的分解具有 Spinodal 分解的典型特征,分解后的 $\gamma_1$ 相富集镍和铝,是铁磁相,而 $\gamma_2$ 相则是富集铜的非磁性相,两相均为面心立方结构。如果在以上回火处理结束后,再将合金以 90%～95% 的变形率进行冷加工并再次在 600℃ 回火,则合金的 $H_c$ 和 $B_r$ 都将上升,上升的幅度依赖于冷加工量和加工方法。实验发现,经过大变形量单向拉拔加工的丝材具有最佳永磁性能。

铜镍铁永磁合金一般用于测速计和转速计,其典型磁性能列于表 1.2.20 中。

### 3. 铂钴和铂铁永磁合金

#### (1) 铂钴永磁合金

铂钴合金在高温下是 Pt 和 Co 无限固溶的二元系合金。图 1.2.52 示出了 Pt-Co 二元合金相图[145]。如将 $Co_{1-x}Pt_x$ 合金在高温下进行固溶处理后淬火到室温,则可发现合金的晶体结构是 Co,Pt 两种原子呈无序分布的面心立方结构(fcc 相或 α 相),晶格常数 $a=0.380\ 3$ nm;如将合金在低温下回火,则成分不同的合金会出现不同的相变。成分 $x<0.23$ 的合金从 fcc 相转变为六角密堆结构(hcp 相或 ε 相)。这时,随着温度的上升和下降有明显的热滞现象。例如在加热时从 ε(hcp)相转变成 α(fcc)相,其转变温度由图中的曲线 A 决定,而冷却时从 α(fcc)相转变为 ε(hcp)相的温度则由曲线 B 决定。而 Pt 含量 $x>0.40$ 的合金都会发生无序-有序转变。那些成分位于 $0.40<x<0.75$ 的合金从 fcc 无序相转变为面心四方有序相(fct 相),$a=0.380\ 3$ nm,$c=0.372\ 4$ nm。对等原子比合金 Pt-Co,有序-无序转变温度为 825～830℃。它们从无序相转变为 fct 有序相后,晶格将产生扭曲,从而使合金具有很高的磁晶各向异性常数,$K_1+K_2=1.72\times10^6$ J/m³,同时,合金的易磁化方向也将从原来 fcc 无序相的 <111> 方向转到 fct 相的 <001> 方向

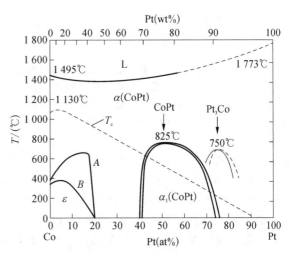

**图 1.2.52 Pt-Co 二元合金相图。ε 和 α 分别是六角密堆相和无序面心立方相。曲线 A 表示加热时 ε→α 的转变温度;曲线 B 表示冷却时 α→ε 的转变温度。$\alpha_1$ 是有序的 $L_{10}$ 面心四方相[145,146]**

上(c 轴),因而对发展永磁性能是有利的。实际上,结构为 ε(hcp)相的材料也是一种硬磁材料,不过,它的磁晶各向异性常数比起 fct 相材料要小一个数量级,因此其相应的永磁性能比 fct 相材料的要低。从 Pt‑Co 合金相图还可看到,在 Pt 含量 $x$ 介于 75% 和 100% 之间时,如从高温缓慢冷却,则在 750℃ 附近会产生从 α 相到有序相 $CoPt_3$ 的无序‑有序转变。

图 1.2.52 中还示出了铂钴合金的居里温度 $T_c$ 随 Pt 含量的变化。可以看到,随着合金 Pt 含量的增大,居里温度几乎是线性下降的。图 1.2.53 是 fct 相的磁晶各向异性场 $H_A$ 和磁晶各向异性常数 $K_1+2K_2$ 随 Pt 含量的变化。

在 $Co_{50}Pt_{50}$ 成分处,$K_1+2K_2$ 有最大值。由于合金的 $M_s$ 随 Pt 含量的增大而下降,而

$$H_A = \frac{2(K_1+2K_2)}{\mu_0 M_s}$$

因此,$H_A$ 的最大值所对应的 Pt 含量略高些。该图中,计算 $H_A$ 时,$M_s$ 值采用了 fcc 相的相应值。

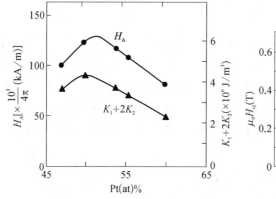

图 1.2.53　Co‑Pt 合金 fct 相的室温磁晶各向异性场 $H_A$ 和磁晶各向异性常数 $K_1+2K_2$ 随含 Pt 量的变化 (Bolzoni et al., 1984)

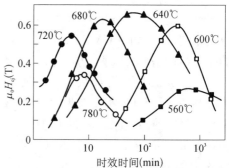

图 1.2.54　Co-Pt 合金在不同温度下一次时效处理后的内禀矫顽力 (Kaneko et al., 1968)

为了使铂钴合金的磁性能最佳化,可以采用将其铸态合金在合适条件下进行热处理来实现。在热处理过程中,可以控制合金中所包含的有序相和无序相的比例。一般,当永磁体中有序相占据一半左右体积,而且其晶粒尺寸为 10~20 nm 时,铂钴合金的矫顽力可达最大值。为了达到这种最佳的部分有序状态,热处理条件的选择至关重要。一般生产上可以采取在 1 000~1 100℃ 之间将产品进行固溶处理,以获得均匀的无序相组织,随后直接淬入温度为 550~750℃ 的盐浴中保温适当时间,使部分无序相转变为有序相;也可以通过控制高温无序相冷却速度的方法来控制有序相的含量。冷却速度可在 1~10℃/s 内选择。不过最后还得在 600~650℃ 回火,或者将合金从 1 000℃ 以上淬到 680~720℃ 之间保温,最后再在 600℃ 左右回火。

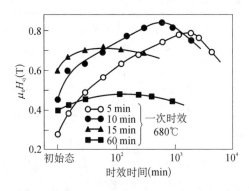

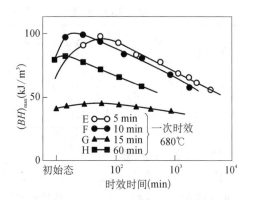

图 1.2.55　Co-Pt 合金在 680℃ 一次时效再经 600℃ 二次时效处理后的内禀矫顽力(Kaneko et al., 1968)

图 1.2.56　Co-Pt 合金在 680℃ 一次时效再经 600℃ 二次时效处理后的最大磁能积(Kaneko et al., 1968)

表 1.2.21 列举了最大磁能积$(BH)_{max} \geqslant 9.5$ kJ/m³ 一些 Pt-Co 合金的成分、永磁性能和热处理制度。至今,铂钴合金的最佳永磁性能是在成分为 44.5%Pt、50%Co、5%Fe、0.5%Ni 和 0.05%Cu 的合金中取得的,见表 1.2.21 所列。由于铂钴合金具有很好的各向同性磁性能,又有良好的加工性和很强的抗腐蚀能力,因而可在要求磁体形状较为复杂和耐腐蚀要求较高的工件中应用,如钟表医疗器械、唱机针头、计量仪器、医学植入,航天、航海、航空仪表等。主要力学性能如下:力学性能为密度 15.5 g/cm³,硬度 1 961~2 059 MPa,电阻系数 $42.4 \times 10^{-2}$ Ω·mm²/m,线膨胀系数 $9.3 \times 10^{-6}$/℃,弹性模量 196 GPa。但是由于这种合金含有贵金属铂,价格较高,一般只有在特定条件下才会使用。

表 1.2.21　高性能 Co-Pt 合金的永磁性能[147]

| 元素含量(at%) | | | | | | 热处理工艺 | $B_c$ (T) | $H_c$ (kA/m) | $(BH)_{max}$ (kJ/m³) |
|---|---|---|---|---|---|---|---|---|---|
| Pt | Co | Pd | Fe | Ni | Cu | | | | |
| 47.5 | 52.5 | — | — | — | — | (A) | 0.79 | 310 | 93 |
| 49 | 51 | — | — | — | — | (B) | 0.70~0.72 | 398~414 | 95.5~99.5 |
| 48~45 | 50 | 2~5 | — | — | — | (C) | 0.62~0.72 | 318~398 | 78~84 |
| 50 | 40~45 | — | 5~19 | — | — | | 0.71~0.74 | 334~382 | 87.5~95.5 |
| 20~50 | 20~50 | — | 5~10 | — | — | (D) | 0.77~0.80 | 318~350 | 83.5 |
| 49.5 | 44.5 | — | 5 | 1 | — | (D) | — | — | 107.4 |
| 49.45 | 44.5 | — | 5 | 1 | 0.05 | (D) | — | — | 115.4 |

注:(A) 从 1 000℃到 600℃等温淬火保温 15~50 min;(B) 从 1 000℃到 680~720℃等温淬火,在 600℃回火,保温 20~50 min;(C) 从 1 000℃以 14~20℃/min 冷却到 600℃,保温 1~5 h;(D) 从 900℃到 620℃等温淬火,在 600~650℃回火。

表 1.2.22   等原子成分 Pt-Co 合金的物理性能和机械性能[147]

| 热处理 | 密度 $D$ (g/cm³) | 热膨胀系数 $\alpha^*$ (×10⁻⁶/℃) | 电阻率 $\rho$ (μΩ·cm) | 杨氏模量 $E$ (kg/mm²) | 硬度 $HV$ (kg/mm²) | 抗拉强度 $\sigma_B$ (kg/mm²) | 比例极限 $\sigma_P$ (kg/mm²) |
|---|---|---|---|---|---|---|---|
| 1 000℃水淬 | 15～16 | 9.3～11.4 | 40～42 | — | 170～210 | — | — |
| 回火态 | 15～16 | 9.3～11.4 | 28～30 | 20 000 | 305～315 | 86 | 73 |

### (2) 铂铁永磁合金

Fe-Pt 合金在晶体结构上和 Co-Pt 合金类似,也有面心立方(fcc 或称 $\gamma$ 相、A1 相)和面心四方(fct 或称 $L_{10}$、$\gamma_1$ 相)两种结构。在面心立方相中,Fe、Pt 原子呈随机分布,磁性上呈超顺磁性或软磁性,其超顺磁性临界尺寸用 $D_p$ 表示,当晶粒或颗粒尺寸为 $D<D_p$ 时,合金呈超顺磁性;当 $D>D_p$ 时,合金呈铁磁性(软磁性)。在面心四方相中,Fe、Pt 原子呈有序分布,沿[001]方向的各个(001)原子面分别交替地完全由 Pt 原子或 Fe 原子所占据,从而出现很强的磁晶各向异性,$K_1$ 高达 7 MJ/m³。在铁磁性状态下,晶粒或颗粒有一单畴临界尺寸 $D_s$,当颗粒尺寸 $D<D_s$ 时,每个颗粒只包含一个磁畴,称为单畴颗粒;如果 $D>D_s$,则每个颗粒处于多畴状态。

表 1.2.23   $L_{10}$-FePt 等原子成分合金的基本性能

| 名　称 | 符　号 | 单　位 | 参　数 |
|---|---|---|---|
| 磁晶各向异性常数 | $K_1$ | (MJ/m³) | 7 |
| 饱和磁极化强度 | $J_s$ | (T) | 1.43 |
| 磁晶各向异性常数 | $H_k$ | (MA/m) | 9.24 |
| 超顺磁临界尺寸 | $D_p$ | (nm) | 3.3～2.8 |
| 单畴临界尺寸 | $D_s$ | (mm) | 0.34 |
| 居里温度 | $T_c$ | (K) | 750 |
| 无序-有序转变温度 | | (K) | 1 573 |
| 晶格常数 | $a$ | (nm) | 0.385 |
| | $c$ | (nm) | 0.371 |
| | $a/c$ | | 0.963 6 |

根据 Fe-Pt 合金相图(图 1.2.57)[148],Fe-50at%Pt 合金在高温时有一高达 1 573 K 的有序-无序转变温度。这时,当 Fe-Pt 合金从高温无序的 $\gamma$ 相区域被快速淬入冰水中时,就会出现 $\gamma_1$ 相的有序化。因为有序化过程发展很快,要想通过一般热处理去控制相变以获得所要求的由有序相和无序相组成的多相结构以及像 Co-Pt 合金那样高的永磁性能是很困难的。因为这一原因,直到 20 世纪 60 年代末,当 Co-Pt 永磁合金的 $(BH)_{max}$ 已

高达 96 kJ/m$^3$ 时,Fe-Pt 合金的 $(BH)_{max}$ 还只有 24 kJ/m$^3$。

① 块体 Fe-Pt 基永磁合金。

实际上,从 Fe-Pt 合金相图看,如果采用成分偏离 Fe-50at%Pt 的富 Fe 合金,则合金的有序-无序转变温度就能大大降低。

最初,为了控制 Fe-Pt 合金在热处理期间有序-无序转变动力学,Watanabe 和 Masumoto 等人[149]研究了在富 Fe 的 Fe-Pt 合金中而不是在等原子成分(Fe-50%Pt)合金中发展永磁性能的可能性,因为前者有低得多的有序-无序相变温度。他们重点研究了 Pt 含量为 34at%~67.5at% 的 Fe-Pt 合金的磁性能。发现成分为 Fe-38.5%Pt 的合金在从无序的 fcc 相区高温固溶后淬火,然后再在 773 K × 100 h 退火,结果,在初始有序态下便获得了 $B_r$ = 1.08 T,$H_c$ = 340 kA/m,$(BH)_{max}$ = 159 kJ/m$^3$ 的良

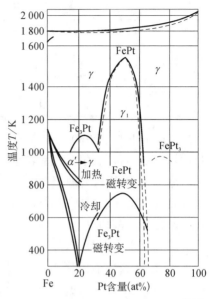

**图 1.2.57 Fe-Pt 合金的平衡相图[148]**

好性能[149,150],该性能超过了作为对比研究对象的(Fe-50%Pt)合金。随后,Watanabe 又研究了在 Fe-Pt 二元合金中添加第三种元素的效应并证实合金的最大磁能积和矫顽力随少量 Ti 和 V 的添加而增大[151]。例如成分为 60.5at%Fe,39at%Pt 和 0.5at%Ti 的合金经 848 K 保温并经水淬后,室温永磁性能为 $B_r$ = 1.04 T,$H_c$ = 400 kA/m,$(BH)_{max}$ = 170 kJ/m$^3$,而且还发现在 77 K 时,这种合金的 $(BH)_{max}$ 更大,可达 210 kJ/m$^3$ (26MGOe)[145]。然而,具有优异永磁性能的富 Fe 合金的热处理在控制上并不像一般永磁合金那么容易。合金的有序化过程速度太快,在熔炼和淬火工序仍需进行特殊操作。为了改善这种情况,又重点研究了 Fe-Pt-Nb 合金中添加 Nb 的影响[141]。

Tanaka 等人[150]重点研究了热处理工艺对成分分别为 Fe-38.5%Pt、Fe-39.5%Pt 和 Fe-50%Pt 合金磁性能的影响。将以上试样先在 1 598 K 温度下均匀化固溶 45 min,并快速淬入冰水中;随后再分别在 873 K 或 1 073 K 退火 1~100 h。结果表明,成分为 Fe-39.5%Pt 的淬火态合金经 873 K × 10 h 退火后,具有最高的矫顽力($H_c$ = 277.2 kA/m)。内部组织由完全有序的 $\gamma_1$ 相组成,平均磁畴尺寸约为 10 nm。对于 Fe-50%Pt 合金,在各种热处理条件下,发现矫顽力均较低,而且与热处理条件无关。以往的实验已经证实,这种成分正分的 Fe-Pt 合金因为有序温度高达 1 570 K,这使合金有序化动力学发展太快,所以只能得到晶粒粗大的单相 $\gamma_1$,在这种微结构状态下,因为反抗畴壁运动的钉扎力不高,矫顽力就较低。对于 Fe-39.5%Pt 合金,在经 873 K × 10 h 退火后,矫顽力达到最大值;如在更高的温度下退火(如提高到 1 073 K),则矫顽力又会下降。这种具有最高 $H_c$ 的合金只由完全有序的单相 $\gamma_1$ 组成,平均反相畴的尺寸为 10 nm 左右。下表中给出了经过热处理后三种不同成分合金的磁性能[150]。显然,成分为 Fe-39.5%Pt 有最佳永磁性能。

表 1.2.24　三种 Fe-Pt 永磁合金的磁性能比较[152]

| 成分 Pt(at%) | $H_c$(kA/m) | $(BH)_{max}$(kJ/m³) | $B_r$(T) | $B_s$(T) |
|---|---|---|---|---|
| 38.5 | 43.8 | 7.2 | 0.93 | 1.37 |
| 39.5 | 201.2 | 104.4 | 1.03 | 1.22 |
| 50.0 | 129.8 | 14.9 | 0.45 | 0.75 |

Watanabe[153]将 60 种 Fe-Pt-Nb 合金试样通过加热到高温进行均匀化固溶处理,并淬入不断搅动的冰水中,然后再升温至 723~1 023 K 进行回火,系统测量了试样永磁性能的成分和温度依赖性。图 1.2.58 是 Fe-39Pt、Fe-39Pt-0.5Nb 和 Fe-39Pt-1Nb 从 1 598 K 固溶、水淬后并于 $T_a=500\sim700℃$ 回火 15 h 对磁性能的影响[153]。从图中可以看到,Fe-39Pt 二元合金在水淬态下,有高矫顽力,$H_c=320$ kA/m,说明这时合金中包含着较多的硬磁相 $\gamma_1$;随着回火温度的提高,$H_c$ 逐渐增大,$T_a=600℃$ 时达到最大值。Fe-39Pt-0.5Nb 合金在水淬态下,$H_c$ 只有 Fe-39Pt 水淬态合金的一半还不到。这表明随着 Nb 的少量加入,三元合金包含了稳定的 $\gamma$ 相,造成了 $H_c$ 的快速下降。但是,随着回火温度的上升,$H_c$ 逐步增大并在 $T_a=620℃$ 时达到一最大值并超过了 Fe-39Pt 合金的相应值,随后快速减小。这样一种趋势在 Fe-39Pt-1Nb 合金中更为明显,

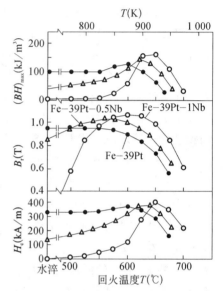

**图 1.2.58** Fe-Pt-(Nb)合金从 1 598 K 水淬后于 500~700 ℃回火 15 h 对磁性能的影响[153]

在水淬态下,$H_c$ 几乎为零,说明合金几乎只包含 $\gamma$ 相;直到 $T_a=650℃$ 回火时,$H_c$ 才达到最大值。合金剩磁 $B_r$ 和最大磁能积$(BH)_{max}$随回火温度的变化也和 $H_c$ 有着同样的变化趋势。进一步的实验表明,成分为 Fe-39.5Pt-0.75Nb 的合金,经高温固溶和冰水淬火以后,再升温至 600℃回火可得最高的永磁性能:$(BH)_{max}=167$ kJ/m³、$B_r=1.05$ T 和 $H_c=398$ kA/m。通常,在 Fe-Pt 合金中,具有优异磁性能的成分区非常窄,但是添加 Nb 后,这一合金成分区域可扩展到一个较宽的范围,因此,热处理时比较容易控制,合金永磁性能的重复性得到相应改善。对于成分为 Fe-38Pt-1Nb 的合金,在 400 K 时仍能观察到在 290 K 时所显示的矩形磁滞回线和较为稳定的磁性能。

Brück 等人[154]最早研究了$(Fe_{0.6}Pt_{0.4})_{100-x}M_x$(M=Nb、Zr、Ti、Cr、Al)和成分范围 $0.25\leqslant x\leqslant5$ 的大块样品在 1 250~1 325℃固溶处理后水淬,然后再于 500~650℃退火的永磁性能的变化。一般,退火温度对 Fe-Pt-Nb 块体合金永磁性能的影响复杂(如图 1.2.58所示)。试样的退火时间 $t_a$ 对其永磁性能的影响则相对简单些,如表 1.2.25 所列。可以看出,饱和磁化强度 $\mu_0M_s$ 随着退火时间的增大而持续减小;内禀矫顽力 $\mu_0H_{cj}$、剩磁 $B_r$ 和剩磁比 $M_r/M_s$ 开始时均随着退火时间的增大而增大,在 $t_a=5$ h 时分别达到最大值,随后随着退火时间的延长逐渐减小;$\gamma_1$ 相的晶粒尺寸 $D_g$ 随 $t_a$ 的增大而持续增大。另外,$t_a=$

80～110 h 区间,四个磁学量指标有较大幅度下降,这种过长时间退火造成的性能下降和 $\gamma_1$ 相的晶粒尺寸 $D_g$ 过度长大有关。

**表 1.2.25  $Fe_{59.75}Pt_{39.5}Nb_{0.75}$ 合金在 625℃ 退火不同时间 $t_a$ 对内禀矫顽力、饱和磁化强度、剩磁、剩磁比和晶粒尺寸的影响[154]**

| 退火时间 $t_a$ | $\mu_0 H_{cj}$ (T) | $\mu_0 M_s$ (T) | $B_r$ (T) | $M_r/M_s$ | $D_g(\gamma_1)$ (nm) |
|---|---|---|---|---|---|
| 淬火态 | 0.00 | 1.54 | 0.00 | 0.00 | — |
| 5 min | 0.02 | 1.52 | 0.42 | 0.27 | 19 |
| 1 h | 0.04 | 1.51 | 0.88 | 0.58 | 22 |
| 5 h | 0.12 | 1.45 | 0.99 | 0.68 | 25 |
| 10 h | 0.2 | 1.44 | 0.92 | 0.63 | 27 |
| 30 h | 0.29 | 1.39 | 0.88 | 0.63 | 29 |
| 50 h | 0.34 | 1.34 | 0.74 | 0.56 | 30 |
| 80 h | 0.34 | 1.33 | 0.72 | 0.54 | 30 |
| 110 h | 0.26 | 1.3 | 0.61 | 0.47 | 31 |

图 1.2.59 示出了 Fe - 40Pt、Fe - 38Pt - 1Nb、Fe - 39Pt - 3Nb 和 Fe - 42Pt - 3Nb 合金永磁性能的温度依赖性。图(a)是在不同温度下测得的 $H_c$ 值。随着温度上升,$H_c$ 线性减小,但是 Fe - Pt - Nb 三元合金 $H_c$ 减小的速率比二元合金稍低一些,因此,在高温侧可得较高的 $H_c$ 值。图(b)示出了相应合金的 $B_r$ 的温度依赖性。正如图中所看到的,在 530 K 以上,随着 Pt 含量的增大,Fe - Pt - Nb 合金有较高的 $B_r$ 值;而在 530 K 以下,在同一温度下,合金的 $B_r$ 值则是随着 Pt 含量的增大而减小。

Thang 等人[155]也研究了添加 Nb 和 Al 对 Fe - Pt 合金永磁性能的影响。发现成分为 $(Fe_{0.6}Pt_{0.4})_{100-x}Nb_x$ 的合金,当 $x = 0.5at\%$ 时,经 625℃ × 24 h 热处理后,可得最佳磁性能:$B_r = 0.98$ T,$H_c = 296$ kA/m,$(BH)_{max} = 125$ kJ/m³;而对添加 Al 的合金系 $(Fe_{0.6}Pt_{0.4})_{100-x}Al_x$,则发现 $x = 0.25at\%$ 时,经 525℃ × 24 h 退火后,磁性能为 $B_r = 1.03$ T,$H_c = 296$ kA/m,$(BH)_{max} = 132$ kJ/m³。值得注意的是这两种分别添加 Nb 和 Al 的合金,剩磁比 $m_r = M_r/M_s = 0.65 \sim 0.7$,均超过了 0.5,这种剩磁增强现象是否也意味着

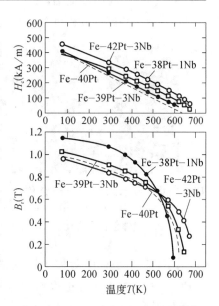

**图 1.2.59  Fe - Pt 和 Fe-Pt-Nb 永磁合金的(a)矫顽力 $H_c$ 和(b)剩磁 $B_r$ 的温度依赖性**

这两种合金中也有交换耦合存在的可能,需要进一步证实。

② 利用纳米颗粒自组装复合体 FePt - Fe$_3$Pt。

2002 年,Zeng 等人[156]报道了他们利用纳米颗粒自组装技术制备了 FePt - Fe$_3$Pt 交换耦合纳米复合体,而且这样的 Fe - Pt 基永磁材料有很高的 $(BH)_{max}$(160.8 kJ/m$^3$)。他们利用直径为 4 nm 的 Fe$_{58}$Pt$_{42}$ 微细颗粒和直径分别为 4、8、12 nm 的 Fe$_3$O$_4$ 微细颗粒按照一定浓度、体积和尺寸进行组合,置于己烷中用超声振动充分混合、弥散,再通过己烷蒸发或加入乙醇获得三维二元组装体。

图 1.2.60 中示出了三种不同组合体的透射电镜形貌,其中,(a) 是 Fe$_3$O$_4$(4 nm):Fe$_{58}$Pt$_{42}$(4nm)组装体,(b) 是 Fe$_3$O$_4$(8 nm):Fe$_{58}$Pt$_{42}$(4 nm)组装体,(c) 是 Fe$_3$O$_4$(12 nm):Fe$_{58}$Pt$_{42}$(4 nm)组装体,同时每种情况下粉料质量比都保持 Fe$_3$O$_4$:FePt = 1:10 不变。可以看到,对于(a),尺寸均为 4 nm 的 Fe$_{58}$Pt$_{42}$ 和 Fe$_3$O$_4$ 颗粒各自混乱地占据六角晶格的相应位置;对于(b),已经看到有部分有序化出现,每一个大颗粒(Fe$_3$O$_4$)被 6~8 个小颗粒(Fe$_{58}$Pt$_{42}$)所包围;当 Fe$_3$O$_4$ 颗粒尺寸增大到 12 nm 时,系统内明显出现了相分离,从而形成了自己的颗粒阵列。将每种粉料二元组装体在流动的 Ar 气氛 + 5% H$_2$ 中于 650℃退火 1 h,原先包含的 Fe$_3$O$_4$ 将被 H$_2$ 还原转变成 α - Fe。于是,形成的 FePt 硬磁相将从无序面心立方结构转变成 $L_{10}$ 有序的面心四方结构,此时,$c$ 轴成为易磁化轴,磁晶各向异性常数很高($K_1 > 7 \times 10^6$ J/m$^3$),居里温度高达 480℃。与此同时,退火过程中,纳米颗粒之间通过烧结,使 Fe 和 FePt 之间通过互扩散最后形成 Fe$_3$Pt 软磁相,具有高 $M_s$。结构和成分分析证实了这一点,且两相尺寸均为 5 nm 左右。

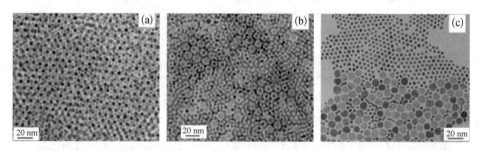

**图 1.2.60** 显示二元纳米组装体的 TEM 影像。(a) Fe$_3$O$_4$(4 nm):Fe$_{58}$Pt$_{42}$(4 nm)组装体;(b) Fe$_3$O$_4$(8 nm):Fe$_{58}$Pt$_{42}$(4 nm)组装体;(c) Fe$_3$O$_4$(12 nm):Fe$_{58}$Pt$_{42}$(4 nm)组装体。组装体包含质量比为 Fe$_3$O$_4$:FePt = 1:10 的 Fe$_3$O$_4$ 和 FePt 二元纳米复合体

图 1.2.61 是利用两种不同纳米颗粒组装体在保持两种颗粒质量比均为 Fe$_3$O$_4$:FePt = 1:10 情况下经退火形成的 FePt 基纳米复合物的典型磁滞回线。图 1.2.61(a) 是利用 Fe$_3$O$_4$(4 nm):Fe$_{58}$Pt$_{42}$(4 nm)组装体制得的 FePt:Fe$_3$Pt 纳米复合体。这时的磁滞回线呈单相型行为,表明 FePt 和 Fe$_3$Pt 两相之间存在有效的交换耦合。图 1.2.61(b) 是利用 Fe$_3$O$_4$(12 nm):Fe$_{58}$Pt$_{42}$(4 nm)组装体制得的纳米复合体,这时的磁滞回线在低磁场下有一较为平坦的膝部出现,正如图 1.2.60(c)所示,由于样品中因相分离而出现较大尺寸的软磁相 α - Fe 晶粒,从而在磁滞回线上呈现两相行为。

图 1.2.62(a)示出了 Fe$_3$O$_4$:FePt 颗粒质量比对 FePt - Fe$_3$Pt 纳米复合体的 $M_s$、$M_r$

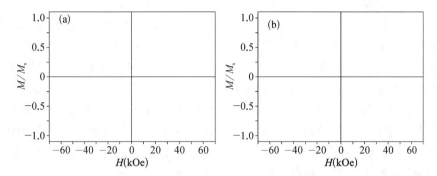

**图 1.2.61** FePt 基纳米复合体的典型磁滞回线。复合体是在保持恒定的颗粒质量比 $Fe_3O_4$：FePt＝1：10 情况下利用 $Fe_3O_4$：FePt 不同组装体经 650℃ 退火制得。(a) 利用 $Fe_3O_4$ (4 nm)：$Fe_{58}Pt_{42}$ (4 nm)组装体制得的 FePt：$Fe_3$Pt 纳米复合体,磁滞回线呈单相型行为,表明 FePt 和 $Fe_3$Pt 之间存在有效的交换耦合;(b) 利用 $Fe_3O_4$ (12 nm)：$Fe_{58}Pt_{42}$ (4 nm)组装体制备的纳米复合体

和 $H_c$ 室温值的影响。随着 $Fe_3O_4$：FePt 颗粒质量比的提高,$M_s$ 随之增大,$H_c$ 则是单调下降,而 $M_r$ 是先增大后下降,在颗粒质量比 $Fe_3O_4$：FePt＝1：10 时有极大值。图 1.2.62(b)给出了单相 4nm $Fe_{58}Pt_{42}$ 纳米颗粒组装体经过退火的试样和硬磁相 FePt 和软磁相 $Fe_3$Pt 之间存在交换耦合的 FePt－$Fe_3$Pt 纳米复合体的退磁曲线。显然,后者的永磁性能好于前者。FePt－$Fe_3$Pt 纳米复合体的永磁性能为 $B_r＝0.96$ T(9.6 kG),$H_c＝0.67$ MA/m (8.4 kOe),$(BH)_{max}＝161.3$ kJ/$m^3$(20.16 MGOe);而单相 4 nm $Fe_{58}Pt_{42}$ 纳米颗粒组装体经退火处理后的永磁性能为:$B_r＝0.80$ T(8 kG),$H_c＝0.58$ MA/m (7.3 kOe),$(BH)_{max}＝117.6$ kJ/$m^3$(14.7 MGOe)。

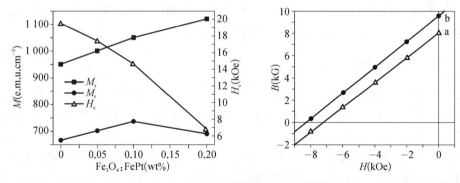

**图 1.2.62** (a) 利用 $Fe_3O_4$ (4nm)：$Fe_{58}Pt_{42}$ (4nm)组合体经退火而得的 FePt－$Fe_3$Pt 纳米复合体的 $M_s$、$M_r$ 和 $H_c$ 室温值随 $Fe_3O_4$：FePt 质量比的变化;(b) 退火样品的 $B$－$H$ 退磁曲线。其中,a 是经过 650℃ 退火后 4nm $Fe_{58}Pt_{42}$ 纳米颗粒组装体的退磁曲线;b 是由硬/软磁交换耦合的 FePt－$Fe_3$Pt 纳米复合体的退磁曲线

## 4.铁钴钒合金和铜镍铁（钴）合金[157]

铁钴钒合金也称维卡洛(Vicalloy)合金,其成分范围为 $50\%\sim52\%$Co、$10\%\sim15\%$V、余

为 Fe,有时还含少量 Cr。在 980℃ 以上,这种合金为均匀的面心立方 $\gamma$ 相,经淬火(对含 4%～10%V 合金)和冷加工(对含 10%～15%V 合金)后,$\gamma$ 相将转变为体心立方的 $\alpha$ 相;在进一步回火处理时,非磁性的 $\gamma$ 相又将在 $\alpha$ 相基体内析出。因此,合金的磁性能很大程度上依赖于回火处理的条件,如果 $\alpha$ 相和 $\gamma$ 相比例恰当且分布均匀便可获得较高的矫顽力。

通常,有两种成分不同的铁钴钒合金,即 Vicalloy Ⅰ 和 Vicalloy Ⅱ。这两种合金中,Vicalloy Ⅰ 的含钒量较低,其成分是 52Co - 9.5V - 38.5Fe(wt%),上述 $\gamma \rightarrow \alpha$ 转变是通过从油淬或炉冷获得的,而 Vicalloy Ⅱ 因含钒量高[52Co - 14V - 34Fe(wt%)],相变必须通过以大于 90% 的压下率的冷轧或冷拔才能实现。在最后制备阶段,两者都需在 600℃ 附近回火,以提高永磁性能。这两种合金的磁性能如下:

Vicalloy Ⅰ:$B_r = 0.9$ T,$H_c = 23.9$ kA/m,$(BH)_{max} = 8.0$ kJ/m$^3$;

Vicalloy Ⅱ:$B_r = 1.0$ T,$H_c = 35.8$ kA/m,$(BH)_{max} = 23.8$ kJ/m$^3$。

铜镍铁合金的永磁性能是通过热处理和冷加工获得的。首先将合金在 1 100℃ 左右进行固溶处理,随后淬入水中,可得 $Cu_4FeNi$ 有序相($\gamma$ 相)。再经 600℃ 回火,使 $\gamma$ 相分解为 $\gamma_1$ 和 $\gamma_2$ 相,适当控制回火时间可得较大矫顽力。经电镜观察证实,$\gamma$ 相分解具有 Spinodal 分解的典型特征,分解后形成的 $\gamma_1$ 相富集 Ni 和 Al,是铁磁相;$\gamma_2$ 相则富集 Cu,是非铁磁相。两相均为 fcc 结构。如果在以上热处理结束后,再将合金以 90%～95% 的变形率进行冷加工,在 600℃ 再次回火,则合金的 $B_r$ 和 $H_c$ 都将提高,其提高的幅度依赖于冷加工量和加工方法。铜镍铁合金也有两种:

Cunife Ⅰ:成分 60Cu - 20Ni - 20Fe(wt%),$B_r = 0.57$ T,$H_c = 37$ kA/m,$(BH)_{max} = 11.9$ kJ/m$^3$;

Cunife Ⅱ:成分 50Cu - 20Ni - 2.5Co - 27.50Fe(wt%),$B_r = 0.73$ T,$H_c = 21$ kA/m,$(BH)_{max} = 6.4$ kJ/m$^3$。

铜镍钴合金的成分为 50Cu - 21Ni - 29Co(wt%),制造方法类似于铜镍铁合金。其磁性能为 $B_r = 0.34$ T,$H_c = 52.5$ kA/m,$(BH)_{max} = 6.4$ kJ/m$^3$。

## 5. 锰铝碳永磁合金

锰铝碳合金的基本成分为 70%Mn、29.5%Al、0.5%C。这种合金的最大特点是不含镍和钴,原料资源丰富,而且允许进行多种机械加工。此外,合金的密度较小(5 Mg/m$^3$),对实现元件的轻量化有利。

在高性能状态下,锰铝碳合金的室温组织由面心正交结构的 $\tau$ 相所组成。沿 $c$ 轴为易磁化方向。为获得这种组织,合金在铸造后,首先得在 1 000～1 100℃ 进行固溶处理,随后在空气中冷却到 600℃ 左右,再升温到 700℃ 进行中温挤压(或锻轧)即可出现单轴各向异性。由于中温挤压,$\tau$ 相的易轴将沿挤压方向取向,这时锰铝碳合金的磁性能大致可以达到铝镍钴合金的水平,最大磁能积约为 39.8～47.7 kJ/m$^3$。这种各向异性的永磁体可用于制造继电器、扬声器、磁敏元件等。如果不经中温挤压,便可得到各向同性合金,它们适合于制造电动机转子或复印机磁辊等。此外,还有一种具有面各向异性的锰铝碳合金,制造时以单轴各向异性的磁体为坯料,在 700℃ 左右将其沿挤压轴相镦粗而制成。这种磁体中的易磁化轴位于垂直于挤压轴的晶面内,因而适合于用作精密永磁电机的转子材料。目前,这类廉价的合金尚未得到广泛使用,原因是多方面的,其中主要是中温挤压难以控制,挤压磁体的直径一般不能大于 7 mm,挤压模具损耗大等。从材料性能上看,这种合金的居里温度较低(320℃),剩磁的可逆温度系数较高(−0.11%/℃),也会限制它们的应用。

## 1.2.8 半硬磁合金

半硬磁合金专指矫顽力在 0.8～20 kA/m (10～250 Oe)之间的永磁合金。自 20 世纪 60 年代起,由于电子工业的飞速发展,新型电子器件不断涌现,特别是对用于磁滞电机及通信设备中的小型高速动作的继电器材料提出了更高的要求,因此它们的重要性日益突出,逐渐形成了一个独立的应用领域。由于这些材料的矫顽力位于软磁合金和大多数永磁合金的矫顽力之间,所以被称为半硬磁合金。大多数半硬磁材料具有良好的可加工性和塑性,可以通过锻轧、拉丝或冲压等手段制成各种截面尺寸的小型元件。目前主要用于磁滞电机转子、剩磁自保持型继电器、剩磁笛簧继电器、磁传感器、速度计、测量仪表中的小型磁体、报警器等。

由于半硬磁合金的应用范围不断扩大,而各种应用对材料的要求又不尽相同,故而种类繁多,其中有一些是早期发展的淬火马氏体磁钢,如碳钢、铬钢、钴钢等;有一些则是通过调整成分和热处理,将一些典型永磁合金的磁性能调整到适合应用所提出的要求,如铝镍钴、铁铬钴和铁钴钒等合金;还有一些是针对磁滞电机及继电器等特殊需要专门研制出来的。表 1.2.26 列出了 20 世纪 70 年代常用的某些半硬磁合金的磁性能和用途。从该表可以看到,许多半硬磁合金都含有金属 Co,在含 Co 合金中含 Co 量最大的是 Co-Fe-Be 系合金(88.5%)和 Co-Fe-Nb 系合金(85%Co),最少的也有 3%(一种钴钢)至 9%(Fe-Co-V 合金)。由于金属 Co 是战略物资,全世界主要钴产量的 55%来自非洲扎伊尔,伴随着需求量逐年增加,钴的供需情况经常出现紧张,钴价上涨,因此,各国都很重视尽量减少钴的需求量。磁性材料中,用不含钴的材料代替含钴材料,用含钴量少的材料代替含钴量大的材料就成为解决钴供应问题和降低生产成本的最重要的途径。对于半硬磁材料,采用自 20 世纪 70 年代迅速发展起来的 Fe-Cr-Co 可加工永磁合金,可以通过控制合金成分和热处理工艺来调节它的永磁性能以满足不同的应用需求,这是一种很好的选择。在国内,大约含 10～13wt%Co 的半硬磁 Fe-Cr-Co 合金已经投入大批量工业生产[158,159]。这种合金因为 Co 含量较低,性能上又能达到含 24%Co 的 Alnico 合金的水平,从而可以替代原有的含 Co 量较高的半硬磁合金。在制备工艺上,这种合金通过 Spinodal 分解实现磁硬化,因此,通过调整成分范围、热处理温度和时间(包括固溶处理、等温处理和回火制度)以及选择磁场热处理和非磁场热处理就可在较宽的范围改变合金的永磁性能,以满足不同场合的使用要求,目前已被广泛应用于电脑绣花机、织袜机、信号发生器、继电器、磁滞电机和商品防盗器等。对于成分为 24.7%Cr-12.9%Co-1.1%Si-Fe 的半硬磁合金,选择 1 200～1 300℃固溶处理 20 分钟,在 640～650℃、磁场强度高于 160 kA/m 下磁场处理,最后在 620～560℃之间进行多级回火,合金的性能为 $B_r$=1.40～1.44T,$H_c$=12～20 kA/m[159];如将同样成分合金在无磁场条件下进行热处理和多级回火,则合金性能为 $B_r$=0.72～0.86 T,$H_c$=18～

25 kA/m[53]。对于成分为 24Cr - 12Co - Fe 的合金,通过合理选择热处理条件,也可在大范围内调整永磁性能如 $B_r=1.13\sim1.41$ T,$H_c=17.5\sim45.4$ kA/m[158]。

表 1.2.26　典型半硬磁合金的磁特性[158-159]

| 类别 | 成分(wt%)余 Fe | $B_r$ (T) | $H_c$ (kA/m) | 矩形比 $B_r/B_s$ | 主要用途 |
|---|---|---|---|---|---|
| 17%钴钢 | 17Co - 8W - 2.5Cr - C0.75 | 0.95~0.90 | 11.9~13.5 | | 磁滞电机 |
| 36%钴钢 | 36Co - 5W - 4Cr - C0.7 | 0.95 | 19.1 | | |
| P - 6 合金 | 45Co - 6Ni - 4V | 1.42 | 3.6~4.8 | 0.7 - 0.8 | |
| Cr -维卡洛系 | 52Co -(6~10)V -(2~6)Cr | 1.3~1.2 | 4.0~15.9 | 0.7~0.8 | |
| Alnico 系 | (14~18)Ni -(9~11)Al -(2~3)Co - 3Cu | 1.05~0.85 | 5.6~17.5 | | |
| FeMnTiCu | (11~13)Mn - 3 Ti - 3Cu -(2~4)Cr | 1.0~0.7 | 4.8~14.3 | | |
| 碳钢 | (0.4~0.6)C | 1.5~1.3 | 1.1~1.2 | | 闩锁继电器 铁簧继电器 |
| 铬钢 | (3~6)Cr -(0.8~1.0)C | 1.5~0.95 | 2.2~5.6 | | |
| 钴-铬钢 | (14~15)Co -(4.4~4.6)Cr -(0.8~0.84)C -(0.5~0.6)Mn | 1.15~1.05 | 4.8~5.6 | | |
| Fe - Mn - Ti | (5~15)Mn - 3 Ti | 1.4~1.2 | 1.6~4.8 | 0.85 | |
| Fe - Mn | (4.8~9.9)Mn | 1.4~1.2 | 0.8~2.5 | 0.8~0.88 | |
| Fe - Mn - Co | (5~10)Mn -(13~20)Co4 | 1.64~1.4 | 1.5~3.9 | 0.9~0.95 | 闩锁继电器、铁簧继电器、剩磁舌簧继电器 |
| Fe - Co - V | 9Co -(2~5)V | 2.0~1.6 | 1.6~4.8 | 0.93~0.95 | |
| VS30 | 30Co - 15Cr | 1.8~1.6 | 1.6~3.2 | 0.92 | |
| FeNiAlTi | (14~15)Ni -(3~4)Al -(0.5 - 1)Ti | 1.55~1.4 | 3.2~4.0 | 0.94~0.96 | |
| FeNiCu | (15~18)Ni - 6Cu | 1.7~1.1 | 1.6~6.0 | 0.9~0.98 | |
| FeCuMn | 20Cu -(1~3)Mn | 1.5~1.3 | 1.6~3.2 | 0.95 | |
| CoFeTi | 35Co - 3 Ti | 1.5 | 1 | 0.95 | |
| CoFeBe | 88.5Co - 1.3Be | 1.4 | 1.6 | 0.92 | |
| CoFeNb | 85Co - 3Nb | 1.5 | 1.6 | 0.95 | |

**参考文献**

[1] 戴礼智.金属磁性材料[M].上海人民出版社,1973:p.110,碳钢等磁、电性能表.

[2] 三岛德七(Mishma T), *Ohm*, 1932, 19:353; *Stahl und Eisen*, 1933, 53:79.

[3] De Vos K. J., Doctoral Thesis, Technical High School, Eindhoven, The Netherlands, 1965.

[4] De Vos K. J., Alnico permanent magnet alloys, Ch. 9 in: *Magnetism and Metallurgy*[M], Berkowitz A. E. and Kneller E. eds., Academic Press, New York, London, 1969:pp. 473 - 512.

[5] McCurrie R. A., Structure and properties of Alnico permanent magnet alloys, Ch. 3 in: *Handbook of Magnetic Materials*[M], Vol. 3, ed. Wohlfarth E. P., Amsterdam: North Holland,

1982:p.107.

[6] Довгалевский Я. М., Сплавы для постоянных магнитов[J], *Металлургиздат*, 1954:143.

[7] 万永.铸造铝镍钴系永磁合金[M].科学出版社,1973:pp. 184－202,第7章,磁铁的稳定性.

[8] Marcon G., Peffen R., Lemaire H., A contribution to the study Alnico 5 thermal treatment in magnetic field[J]. *IEEE Trans. Magn.*, 1978, MAG 14(5):688－689 (Alnico 5 磁场热处理).

[9] Gould J. E., *Cobalt alloy permanent magnets*[M], Centre d'Information du Cobalt, Brussels, 1971.

[10] Wright W., *Cobalt*, 1964, No. 24:140;1970, No. 48:115.

[11] Harrison J., *et al.*, *Britain Patent*, 1965:987－636.

[12] Koch A. J. J., van der Steeg M. G., de Vos K. J., Proceedings, Conf. on Magnetism and magnetic Materials, AIEE, 1956:p.173.

[13] Tenzer R. K., Kronenberg K. J., *J. Appl. Phys*, 1958, 29:302.

[14] 岩间义郎. Alnico 8 的 Spinodal 分解[J]. *Trans. JIM*, 1974, 5:370.（中译文:国外金属材料, 1975, 3:57.）

[15] Cahn J. W., *Acta Met*, 1962, 10:179, Spinodal 分解.

[16] 康振川.纺锤分解及其应用[J].北冶研试通讯,1973,1(2):123,Spinodal 分解.

[17] Clegg A. G. and Mccaig M., *Proc. Phys. Soc. Lond.*, 1987, B70:817.

[18] Steinor E. T., Cronk E. R., Garvi S. J., Tiderma H., *J. Appl. Phys. Suppl.*, 1962, 33:1310.

[19] 万永.稀土永磁材料及其应用[J].国外金属材料,1977,4:26－59.

[20] Hubbard W. M., Adams E. A., Gilfrich J., *J. Appl. Phys*, 1960, 31: 3685.

[21] Strnat K. J., *Cobalt*, 1967, 36: 133.

[22] Strnat K. J., Hoffer G. I., Olson J. C., Ostertag W., *J. Appl. Phys.*, 1967, 38(3): 1001.

[23] Velge W. A. J. T., Buschow K. H. J., *J. Appl. Phys.*, 1968, 39: 1717.

[24] Buschow K. H. J., *et al.*, *Philips Tech. Rev.*, 1968, 29: 336.

[25] Das D., *IEEE Trans. Magn.*, 1969, MAG－5:214.

[26] Benz M. G. and Martin D. I., *Appl. Phys. Lett.*, 1970, 17: 176.

[27] 金子秀夫,米山哲人.第74回日本金属学会讲演概要[R].1974:p.175.

[28] Senno H., Japan J. Appl. Phys., 1975, 14: 1619.

[29] Tawara Y. and Senno H., in:Strnat K. J. ed., 1976, Proc. 2nd Int. Workshop on Rare earth-Cobalt Permanent Magnets and their Applications, Dayton (University of Dayton, OH, USA).

[30] Mishra R. K., Thomas G., Yoneyama T., Fukono A., Ojima T., *J. Appl. Phys.*, 1981, 52: 2517.

[31] Ojima T., *et al.*, *IEEE Trans. Magn.*, 1977, MAG－13: 1317.

[32] 米山哲人,等.高矫顽力 2－17 型稀土钴永磁体[J].日本应用磁气学会志,1982,6(1):913.

[33] Yoneyama T., Workshop on rare earth[J], *Cobalt*, 1978, 3: 406.

[34] Nagel H., Klein H. P., Menth A., *J. Appl. Phys.*, 1976, 47(6): 3312.

[35] Livingston J. D., Martin D. L., *J. Appl. Phys.*, 1977, 48: 1350.

[36] Sagawa M., Fujimura S., Togawa N., *et al.*, New materials for permanent magnets on a based of Nd and Fe [J], *J. Appl. Phys.*, 1984, 55(6): 2083.

[37] Kaneko Y., Recent development of high performance NEOMAX magnet[C], Proc. Gorbom/Intertech Conference "Nd-Fe-B magnet and Nd-Fe-B magnet systems 2001", May 14－16, 2001,

Atlanta Airport Marriot, Atlanta, USA.

[38] Rodewald W., Wall B., Katter M. K., *et al.*, Extraordinary strong Nd-Fe-B magnets by a controlled microstructure[C], Proc. of 17th International Workshop on Rare earth Magnets and their Applications, August 18－22, 2002, Newark Delaware, USA, eds. Hadjipanayis G. C. and Bonder H. T., p.25.

[39] Kaneko Y., Proc. of 18th International Workshop on HPMA, France, 2004：40－51.

[40] Hirosawa S., *BM News*, 2006, 3, 31(35)：135－154.

[41] Clark A. E., *Appl. Phys. Lett.*, 1973, 23：642.

[42] Koon N. C., Das B. N., *et al.*, *Appl. Phys. Lett.*, 1981, 39：840.

[43] Croat J. J., *et al.*, *Appl. Phys. Lett.*, 1984, 44：148.

[44] Croat J. J., HerbstJ. F., LeeR. W., PinkertonP. E., Pr－Fe and Nd-Fe based materials：A new class of high performance permanent magnets[J], *J. Appl. Phys.*, 1984, 55 (6)：2078.

[45] 罗阳.磁体产业奇迹般的发展[J].磁性材料及器件,2009,40(1):6－15.

[46] 刘世强,李东,黄美清,金娥实,等.各向异性纳米晶复合稀土磁体的研制[J].磁性材料及器件,2007,38(4):1－10.

[47] 胡伯平,饶晓雷,钮萼,蔡道炎.稀土永磁材料的技术进步和产业发展[J].中国材料进展,2018,37(9):653－661.

[48] Buschow K. H. J.,永磁材料[M],第15章,in:材料科学与技术丛书[M],第3B卷,金属与陶瓷的电子及磁学性质Ⅱ;Buschow K. H. J. 主编(中译本),詹文山,赵见高等译,科学出版社,2001.

[49] 周果君,曾德长.相图分析在 Nd－Fe－B 永磁材料中的应用[J].磁性材料及器件,2010,6:14－16.

[50] Skomski R., Coey J. M. D., *Permanent magnetism (Studies in condensed matter physics serries)*[M], Institute of Physics Publishing Ltd, Bristol and Philadelphia, 1999.

[51] Schneider G., Henig E. T., Petzow G., *et al.*, Phase relations in the system Fe-Nd-B[J], *Z. Metallkd*, 1986,77(11)：755－761.

[52] Bernardi J., Fidler J., Sagawa M., *et al.*, *J. Appl. Phys*,1998, 83(11)：6396.

[53] Herbst J. F., Croat J. J., Pinkerton F. E., Yelon W. B., *Phys. Rev. B*, 1984, 29：4176.

[54] 周寿增,董清飞.超强永磁体:稀土铁系永磁材料(第二版)[M].冶金工业出版社,2004.

[55] Handley O. R. C.. 现代磁性材料原理和应用[M].周永恰,等译.化学工业出版社,2002.

[56] Strnat K. J., Rare-earth-cobalt permanent magnets, *Ferromagnetic Materials*[M], Vol. Ⅳ, eds. Wohlfarth E. P., Buschow K. H. J., Amsterdam：NorthHolland, 1988.

[57] Strnat K. J. and Strnat R. M., Rare-earth-cobolt magnets[J], *J. Magn. Magn. Mater*, 1991, 100：38.

[58] Ray A. E., Strnat K. J., *IEEE Trans. Magn*, 1972, 8(3)：516.

[59] Buschow K. H. J.,永磁材料[M],第15章,in:材料科学与技术丛书[M],第3B卷,金属与陶瓷的电子及磁学性质Ⅱ;Buschow K. H. J. 主编(中译本),詹文山,赵见高等译,科学出版社,2001.

[60] [日]荒木,等.电子材料[M].1981,6月:p. 42.

[61] 高汝伟,王标,刘汉强,韩广兵等.高性能烧结钕铁硼磁体的研究与开发(二)[J],磁性材料及器件,2005,36(1):15.

[62] McGuiness P. J., Zhang X. J., Forsyth H., Harris I. R., *J. Less-Common Met.*, 1990, 162:379.

[63] Harris I. R., *Magnet Processing Rare-earth Iron Permanent Magnets*[M], ed. Coey J. M. D., Oxford University Press：pp. 335－380.

[64] 万永.稀土永磁材料及其应用[J].国外金属材料,1978,1:19.

［65］Martin M. L.，*et al.*，Proceedings of the 10th Rare Earth Res. Conf，1973，1：105.

［66］Kumar K.，$RT_5$ and $T_2 Co_{17}$ permanent magnet development［J］，*J. Appl. Phys.*，1988，63：R13.

［67］张文成.高性能稀土永久磁石之研究与发展［J］.物理双月刊（中国台湾），2000，22(6)：570－583.

［68］Sinnema S.，Radwanski L. J.，France J. J.，*et al.*，*J. Magn. Magn. Mater.*，1984，44：333.

［69］Sagawa M.，Hirosawa S.，Yamamoto H.，Fujimura S.，Matsuura Y.，Nd-Fe-B Permanent Materials［J］，*Jpn. J. Appl. Phys.*，1987，26：785－800.

［70］Fuerst C. D.，Herbst J. F.，Alson E. A.，*J. Magn. Magn. Mater.* 1986，567，54－57.

［71］Grössinger R.，Krewenka R.，Buchner H.，Harada H.，*J. Phys*，Paris，1998，49，C8659.

［72］Li H. S.，Coey J. M. D.，Magnetic properties of ternary rare-earth transition metal compounds, in：Handbook of magnetic materials, Vol 6, ed. Buschow K. H. J. (Amsterdam：Elsevier) 1991：pp. 1－83.

［73］Coey J. M. D.，Interstitial intermetallics［J］，*J. Magn. Magn. Mater.*，1996，159：80－89.

［74］杨应昌，张晓东，孔麟书，等.新型 RE-Fe-N 系金属间化合物的结构与磁性［J］.中国稀土学报，1990，8(4)：376－377.

［75］Yang Y. C.，Zhang X. D.，Kong L. S.，*et al.*，Magnetic and crystallographic properties of novel Fe-rich rare-earth nitrides of the type $RTiFe_{11}N_{1-d}$ (invited)［J］.*J. Appl. Phys.*，1991，70(10)：6001－6005.

［76］Otani Y.，Hurley D. P. F.，Sun H.，Magnetic properties of a new family of ternary rare earth iron nitrid.

［77］Skomski R.，Coey J. M. D.，*Permanent Magnetism*［M］，Institute of Physics Publishing，Bristol and Philadelphia，1999：p. 296.

［78］科埃(Coey J. M. D.).*Magnetism and Magnetic Materials*（磁学和磁性材料）［M］.北京大学出版社，2014：p. 409.

［79］胡伯平，饶晓雷，钮萼，蔡道炎.稀土永磁材料的技术进步和产业发展［J］.中国材料进展，2018，37(9)：653－661.

［80］刘世强，李东，黄美清，等.各向异性纳米晶复合稀土磁体的研制［J］.磁性材料及器件，2007，38(4)：110.

［81］Lee R. W.，Hot pressed neodymium-iron-boron magnets［J］.*Appl. Phys. Lett.*，1985，46(8)：790－791.

［82］Lee R. W.，Brewer E. G.，Schaffel N. A.，*et al.*，Processing of neodymium-iron-boron magnets melt spun ribbons to fully dense magnets［J］，*IEEE Trans. Magn.*，1985，21(5)：1958－1963.

［83］易鹏鹏，林昙，王会杰，等.热压过程对热变形钕铁硼磁体磁性能影响的研究［J］.稀有金属材料与工程，2009，38(增刊 1)：576－578.

［84］Pinkerton F. E.，Fürst E. D.，Temperature dependence of coercivity in melt-spun and die upset neodymium-iron-boron［J］，J. Appl. Phys.，1990，67(9)：4753－4755.

［85］Mishra R. K.，Panchanathan V.，Croat J. J.，The microstructure of hot deformed neodymium-iron-born magnets with energy product with 48 MGOe［J］，*J. Appl. Phys.*，1993，73(10)：6470－6472.

［86］Fürst C. D.，Brewer E. G.，High-remanence rapidly solidified Nd-Fe-B：Die-upset magnets (invited)［J］，*J. Appl. Phys.*，1993，73(10)：5751－5755.

［87］Fürst C. D.，Brewer E. G.，Enhanced coercivities in die-upset Nd-Fe-B magnets with diffusion-alloyed additives (Zn, Cu, and Ni)［J］，Appl. Phys. Lett.，1990，56(22)：2252－2254.

［88］罗阳，刘世强.新一代磁体：大块完全致密$(Nd,Pr,Dy)_2 Fe_{14}B/\alpha$－Fe 基纳米复合磁体［J］.磁性

材料及器件,2005,36(5):1-6,21.

[89] Lee D., Bauser S., Higgins A., *et al.*, Bulk anisotropic composite rare earth magnets[J], *J. Appl. Phys.*, 2006, 99:08B516/1-3.

[90] Liu S., Omposite rare earth permanent magnets[C]. 第 19 届国际稀土永磁及应用研讨会 (REPM'06)论文集(2006.1,北京).

[91] Higgins A., Shin E. S., *et al.*, Enhancing magnetic properties of bulk nanograin composite Nd-Fe-B/$\alpha$-Fe composite magnets by applying powder coating technologies[J]. *IEEE Trans Magn*, 2006, 42:2912-2914.

[92] 李超英,刘颖,李军,等.放电等离子烧结温度对热压/热变形 Nd-Fe-B 纳米晶永磁体磁性能的影响[J].功能材料,2010,41(6):980-982,985.

[93] 李卫,朱明刚.各向异性热压稀土永磁体的热变形机制及微磁结构研究[J].中国工程科学, 2011,10:4-12,27.

[94] Li J., Liu Y., Gao J., *et al.*, Microstructure and magnetic properties of bulk $Nd_2Fe_{14}B/\alpha$-Fe nanocomposite prepared by chemical vapor deposition[J], *J. Magn. Magn. Mater.*, 2013, 328:16.

[95] Leonowicz M., Derewnicka D., Wozniak M., *et al.*, Processing of high-performance anisotropic permanent magnets by die-upset forging[J], *J. Mater. Processing Technology*, 2004, 153-154:860-867.

[96] 谢忍,刘新才,潘晶.热压/热变形纳米磁体的研究现状[J].稀土,2009,30(3):69-74.

[97] Yue M., Niu P. L., Li Y. L., *et al.*, Structure and magnetic properties of bulk isotropic and anisotropic $Nd_2Fe_{14}B/\alpha$-Fe nanocomposite permanent magnets with different $\alpha$-Fe contents[J], *J. Appl. Phys.*, 2008, 103(7):07E101/13.

[98] Ma Y. L., Shen Q., Lin X. B., *et al.*, Texture formation of hot-deformed nanocomposite $Nd_2Fe_{14}B/\alpha$-Fe magnets by Nb and Zn addition[J], *J. Appl. Phys.*, 2014, 115:17A704.

[99] Lee D., *et al.*, *IEEE Trans. Magn.*, 2004, 40:2904.

[100] Gabay A. M., *et al.*, *J. Magn. Magn. Mater*, 2006, 302:244.

[101] Tang X., *et al.*, *Appl. Phys. Lett*, 2013, 102:072409.

[102] Derewnicka D., Leonowicz M., Wozniak M., *et al.*, Performance die-upset forged Nd-Fe-B magnets[J]. Proceedings of 19th international Workshop on Rare Earth Permanent Magnets and Their Applications:pp. 259-264.

[103] 雷颖劼,刘颖,李军.热变形工艺对各向异性 Nd-Fe-B 永磁体显微结构和磁性能的影响[J].磁性材料及器件,2013,44(4):58.

[104] Cha H. R., Liu S., Yu J. H., *et al.*, Effects of strain and stain rate on microstructure and magnetic properties of Nd-Fe-B magnets during die-upsetting process[J]. *IEEE Trans. Magn.*, 2015, 51(11):14.

[105] 赖彬,刘国军,王会杰,等.热变形温度对纳米晶 Nd-Fe-B 磁体性能的影响[J].金属功能材料,2011,3:14.

[106] 李卫,朱明刚.各向异性热压稀土永磁体的热变形机制及微磁结构研究[J].中国工程科学, 2011,13(10):4-12,27.

[107] 郭鹏举,刘新才,潘晶,等.热变形纳米复合磁体[J].稀有金属材料与工程,2008,3:377-381.

[108] 牛培利,张东兴,岳明,等.各向异性 $Nd_2Fe_{14}B/\alpha$-Fe 纳米晶复合磁体的制备和性能[J].材料研究学报,2008,22(6):619-622.

[109] Liu S., Kang N., Feng L., *et al.*, Anisotropic nanocrystalline Nd-Fe-B-based magnets

produced by spark plasma sintering technique[J]. *IEEE Trans. Magn.*，2015，51(11)：1.

[110] Liu Z. W.，Huang Y. L.，Huang H. Y.，*et al.*，Isotropic and anisotropic nanocrystalline NdFeB-based magnets prepared by spark plasma sintering and hot deformation[J]. *Key Engineering Materials*，2012，510－511(1)：307－314.

[111] Huang Y. L.，Liu Z. W.，Zhong X. C.，*et al.*，Diffusion of Nd-rich phase in the spark plasma sintered and hot deformed nanocrystalline Nd-Fe-B magnets[J]，*J. Appl. Phys.*，2012，111 (3)：033913.

[112] Hou Y. H.，Huang Y. L.，Liu Z. W.，Hot deformed anisotropic nanocrystalline Nd-Fe-B based magnets prepared from spark plasma sintered melt spun powders[J]，*Materials Science and Engineering B*，2013，178(15)：990－997.

[113] 刘涛,周磊,张昕,等.晶界扩散 Dy/Tb 烧结 Nd－Fe－B 研究进展[J].磁性材料及器件,2011,42(4)：6－9,32.

[114] Deshan L.，Shunji S.，Takashi K.，*et al.*，Grain interface modification and magnetic properties of Nd-Fe-B sintered magnets[J]，*Jpn. J. Appl. Phys.*，2008，47：7876.

[115] Hiroyuki S.，Yuichi S.，Matahiro K.，Magnetic properties of a Nd-Fe-B sintered magnets with Dy segregation[J]，*J. Appl. Phys.*，2009，105：07A734.

[116] Hirota K.，Nakamura H.，Minowa T.，*et al.*，Coercivity enhancement by the grain boundary diffusion process to Nd-Fe-B sintered magnets[J]，*IEEE Trans. Magn.*，2006，42：2909.

[117] Sepehri-Amin H.，Ohkubo T.，Hono K.，*et al.*，Grain boundary structure and chemistry of Dy diffusion processed Nd-Fe-B sintered magnets[J]，*J. Appl. Phys.*，2010，107：09A745.

[118] 李建,程星华,周磊,等.钕铁硼基体 Dy 含量变化对晶界扩散的影响[J].粉末冶金工业,2018,28(2)：49－53.

[119] 倪喜峰.镝扩散对烧结钕铁硼的磁性能影响研究[J].凝聚态物理学进展,2018,7(4)：99－104.

[120] 孙绪新,包小倩,高学绪,等.烧结 Nd-Fe-B 磁体表面渗镀 $Dy_2O_3$ 对磁体显微组织和磁性能的影响[J].中国稀土学报,2009,1：86－91.

[121] Bae H. K.，Kim T. H.，Lee S. R.，*et al.*，Effects of $DyH_x$ and $Dy_2O_3$ powder addition on magnetic and microstructural properties of Nd-Fe-B sintered magnets[J]，*J. Appl. Phys.*，2012，112(9)：093912/1－5.

[122] Wang C. G.，Yue M.，Zhang D. T.，*et al.*，Structure and magnetic properties of hot deformed $Nd_2Fe_{14}B$ magnets doped with $DyH_x$ nanoparticles[J]，*J. Magn. Magn. Mater*，2016，404：64－67.

[123] Sepehri-Amin H.，Ohkubo T.，Nagashima S.，High-coercivity ultrafine-grained anisotropic Nd-Fe-B magnets processed by hot deformation and the Nd-Cu grain boundary diffusion process[J]，*Acta Materialia* ，2013，61(17)：6622－6634.

[124] 王子涵,饶晓雷,胡伯平,等.热变形 Nd-Fe-B 磁体研究现状与发展趋势[J].热加工工艺,2015,19：10－13.

[125] Akiya T.，Liu J.，Sepehri-Amin H.，*et al.*，High-coercivity hot-deformed Nd-Fe-B permanent magnets processed by Nd-Cu eutectic diffusion under expansion constraint[J]，*Scripta Materialia*，2014，81 (615)：48－51.

[126] Liu L. H.，Sepehri-Amin H.，Ohkubo T.，*et al.*，Coercivity enhancement of hot-deformed Nd-Fe-B magnets by the eutectic grain boundary diffusion process[J]，*J. Alloys Compd.*，2016，666：432－439.

[127] Liu L. H.，Sepehri-Amin H.，Ohkubo T.，*et al.*，Coercivity enhancement of hot-deformed

Nd-Fe-B magnets by the eutectic grain boundary diffusion process using Nd62Dy20Al18 alloy[J], *Scripta Materialia*, 2017, 129: 44 - 47.

[128] Dirba I., Sawatzki S., Gutfleisch O., Net-shape and crack-free production of Nd-Fe-B magnets by hot deformation[J], *J. Alloys Compds.*, 2014, 589: 301 - 306.

[129] Hinz D., Kirchner A., Brown D. N., et al., Near net shape production of radially oriented Nd-Fe-B ring magnets by backward extrusion[J], *J. Mater. Processing Technilogy*, 2003, 135: 358 - 365.

[130] Yi P. P., Lee D., Yan A., Effects of compositions on characteristics and micro-structures for melt-spun ribbons[J], *J. Magn. Magn. Mater.*, 2010, 322: 3019 - 3022.

[131] Gabay A. M., Zhang Y., Hadjipanayis G. C., *J. Magn. Magn. Mater*, 2006, 302: 244.

[132] Kirchner A., Thomas J., Gutfleisch O., et al., *J. Alloys Compd.*, 2004, 365:286.

[133] Jiang J. H., Zeng Z. P., Yu J., et al., *Intermetallics*, 2001, 9: 269.

[134] Li L., Graham.C D. Jr., *IEEE Trans. Magn.*, 1992, 28: 2130 - 2132.

[135] 傅中泽,张群,陈红升.热变形法制备高性能整体辐射取向永磁环[J].金属功能材料,2014, 4:14.

[136] Li A. H., Li W., Lai B., et al., Investigation on microstructure, texture, and magnetic properties of hot deformed Nd-Fe-B ring magnets[J], *J. Appl. Phys.*, 2010, 107(9): 09A725/13.

[137] Corhoom R., de Mooij D. B., Duchateau J. P. W. B., et al., Novel permanent magnetic materials made by rapid Quenching, *J. de Phys. C.*, 8 Supplemen, 1988, 49: 669.

[138] Kneller E. F., Hawig R., The exchange-spring magnet: A new materials principle permanent magnets[J], *IEEE Trans. Magn.*, 1991, 27(4): 3588.

[139] Manaf A., Buckley R. A., Davies H. A., New nanocrystalline high-remanence Nd-Fe-B alloys by rapid solidification[J], *J. Magn. Magn. Mater.*, 1993, 128: 302.

[140] Skomski R., Coey J. M. D., *Permanent Magnetism (Studies in Condensed Matter Physics Serries)*[M], Institute of Physics Publishing Ltd, Bristol and Philadelphia ,1999.

[141] Okada M., Sugimoto S., Ishizaka C., Tanaka T., et al., Didymium-Fe-B sintered permanent magnets, *J. Appl. Phys.*, 1985, 57: 41 - 46.

[142] Zhu M. G., Li W., Wang J. D., Zheng L. Y., et al., Influence of Ce congtent on the rectangularity of demanetization curves and magnetic properties of Re-Fe-B magnets sintered by Double main Phase alloymethod[J], *IEEE Trans. Magn.*, 2014, 50(1): 1000104.

[143] Kaneko H., Homma M., nakamura K., New ductile permanent magnet of Fe-Cr-Co system [J]. *AIP conf. proc.*, 1972, 5:1088 - 1092.

[144] Jin S., Mahajan S., Brasen S., Mechanical properties of Fe-Cr-Co ductile permanent magnet alloys[J], *Metallargical Trans. A*, 1980, 11A: 69 - 76.

[145] Watanabe K., Temperature dependence and permanent magnet properties of Fe-Pt-Ti alloys [J]. *IEEE Trans. Magn.*, 1987, 23(5): 3196 - 3198.

[146] Watanabe K., Permanent magnet properties and their temperature dependence in the Fe-Pt-Nb alloy system[J], *Materials Trans. Jpn. Inst. Met.*, 1987, 32(3):292 - 298.

[147] [苏]Б.В.莫洛基洛娃.精密合金手册[M].简光沂,译.科学技术出版社,1984:p. 184.

[148] Buschow K. H. J..永磁材料[M].张绍英,张宏伟,译.In:材料科学与技术丛书(第3B卷)[M];R. W.卡恩,P.哈森,E.J.克雷默.金属与陶瓷的电子及磁学性质Ⅱ[M].科学出版社,2001:pp.452 - 455.

[149] Watanabe K., Masumoto H., On the high energy product Fe-Pt permanent magnetic alloys [J], *J. Japen Inst. Metals*, 1983, 47:699; *Trans. JIM*, 1983, 24: 627 - 632.

［150］Watanabe K., *J. Japan Inst. Metals*, 1987, 51: 91; *Trans. JIM*, 1988, 29: 80.

［151］Watanabe K., *IEEE Trans. Magnetics*, 1987, MAG-23:3196.

［152］Tanaka Y., Kimura N., Hono K., Yasuda K., Sakurai T., Microstructures and magnetic properties of Fe-Pt permanent magnets[J], *J. Magn. Magn. Mater*, 1997, 170:289－297.

［153］Watanabe K., Permanent magnet properties and their temperature dependence in Fe-Pt-Nb alloy system[J], *Materials Trans. JIM*, 1991, 32(3):292－298.

［154］Brück E., Xiao Q. F., Thang P. D., *et al.*, Influence of phase transformation on the permanent-magnetic properties of Fe-Pt based alloys [J], *Physica B Condensed Matter*, 2001, 300(14): 215－229.

［155］Thang P. D., Brück Ekkehard H., Tichelaar Frans D., Buschow K. H. J., De Boer, Frank R., Magnetic properties and micro-structure of Fe-Pt based alloys[J], *IEEE Trans. Magn.*, 2002, 38(5): part 1, 2934－2936.

［156］Zeng H., Li J., Liu J. P., *et al.*, Exchange coupled nanocomposite magnets by nanopartical self-assembly[J], *Nature*, 2002, 420(6914):395－398.

［157］戴礼智.金属磁性材料[M].上海人民出版社,1973:pp.113－120.

［158］李文芳.Fe-Cr-Co可加工永磁半硬磁特性的应用研究[J].天津冶金,2006增刊,129:50－52.

［159］李文军,凌铨.半硬磁性Fe-Cr-Co合金热处理工艺及其对性能的影响[J].磁性材料及器件, 2010,41(1):56－58,62.

# §1.3 铁氧体永磁材料

永磁铁氧体在永磁材料中产量处于第一位,尽管其磁能积仅为稀土钕铁硼永磁的十分之一,但它价廉、化学稳定性好,性价比高,在中、低档产品中占相当大的比例,其产值虽低于稀土永磁,但其产量却高于稀土永磁,约占全球永磁材料的80%。永磁铁氧体属于六角晶系,六角晶系的对称性低于立方晶系,因此具有高的磁晶各向异性,相应于高矫顽力,这是永磁材料必须具备的基本特性。六角晶系铁氧体不仅在永磁材料中应用广泛,而且在超高频软磁材料、微波磁性材料以及垂直磁记录介质应用中也颇具特色。六角晶系铁氧体主要有两大类:一类是易磁化方向为六角$c$晶轴方向,称为主轴型;另一类易磁化方向处于垂直六角$c$晶轴的平面内,称为平面型。介于这两者之间的是易磁化方向处于圆锥面内,称为锥面型。尽管后两者不属于永磁材料,但三者晶体结构相似,为此在本节一并介绍其晶体结构与基本磁性。

## 1.3.1 磁铅石型铁氧体的晶体结构与磁性

### 1. 晶体结构

主轴型六角晶系铁氧体主要为钡铁氧体、锶铁氧体等,此类化合物的一般分子式为$AB_{12}O_{19}$,其中 A 为半径与氧离子相近的阳离子,如 $Ba^{2+}$,$Sr^{2+}$,$Pb^{2+}$,$Ca^{2+}$ 等,B 为三价阳离子,如 Fe,Al,Mn 等。此类化合物的晶体结构与磁铅石矿同型,属六角晶系,$D_{6h}^4$——$P\dfrac{b_3}{m}\dfrac{2}{m}\dfrac{2}{c}$ 空间群。天然磁铅石矿的化学组成近似为 $Pb(Fe_{7.5}Mn_{3.5}Al_{0.5}Ti_{0.5})O_{19}$。

现以 $BaFe_{12}O_{19}$ 为例阐明磁铅石型晶体结构。$BaFe_{12}O_{19}$ 为六角晶体,氧离子呈六角密堆积,$Ba^{2+}$ 处于氧离子层中,层的垂直方向为六角晶体的 $c$ 轴。由于 $Ba^{2+}$ 取代了 $O^{2-}$ 的位置,因此尖晶石结构中由 6 个氧离子所包围的 $B$ 位将变成由 5 个氧离子、1 个 $Ba^{2+}$ 所包围。5 个氧离子构成一个六面体,或称之为三角双锥形体(Trigonal Bipyramid),含有 $Ba^{2+}$ 的基本结构,称为"R 块",如图 1.3.1 所示。"R 块"中含有三个氧离子层,中间一层中含有一个 $Ba^{2+}$,这一层为晶体的镜平面,通常用符号 m 表示。不含 $Ba^{2+}$ 的其他氧离子层仍按尖晶石堆积,称为"S 块"。在"S 块"中含有两个氧离子层,按照尖晶石结构中沿(111)方向立方密堆积的方式堆砌而成,其中含有 2 个 $A$ 位离子、4 个 $B$ 位离子。如按 R,S 分块,$BaFe_{12}O_{19}$ 可表述为

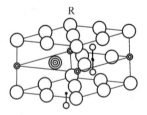

◎—钡离子
○—氧离子
○—$Fe^{3+}$处于八面体座
◎—$Fe^{3+}$处于5个氧离子所构成的六面体座

**图 1.3.1 "R 块"示意图**

$$\mathrm{BaFe_{12}O_{19}}=\overbrace{\mathrm{Ba^{2+}+Fe_6^{3+}O_{11}^{-2}}}^{R}\cdot\overbrace{2(\mathrm{Fe_3^{3+}O_4})^{+2}}^{S}$$

一个晶胞中包含 2 个分子：$2(\mathrm{BaFe_{12}O_{19}})$，由十个氧离子层所组成，钡离子处于六角密堆积的氧离子晶位，钡铁氧体的晶体结构可以简单地分解为含有钡离子的"R 块"和尖晶石结构的"S 块"。由于存在中心反映，必然存在与"R 块"、"S 块"成 π 弧度的"$R^*$ 块"与"$S^*$ 块"，$R^*$ 与 $S^*$ 代表由 R，S 绕 $c$ 轴旋转 180°而成，所以 $2(\mathrm{BaFe_{12}O_{19}})$ 的晶体结构可以表示为 $RSR^*S^*$。假如我们沿着 $c$ 轴作一纵剖面(110)面，其平面图如图 1.3.2 所示。显然氧离子沿 $c$ 轴系按 $BAB'ABCAC'AC$ 顺序排列，其中带"'"符号代表含有 Ba 离子的层，图中 $m$ 为对称中心，△代表三转轴。铁离子处于五种不同的晶位，分别用符号 $2a$，$4f_2$，$12k$(八面体座)，$4f_1$(四面体座)以及 $2b$(由五个氧离子所构成的六面体座)标志之。

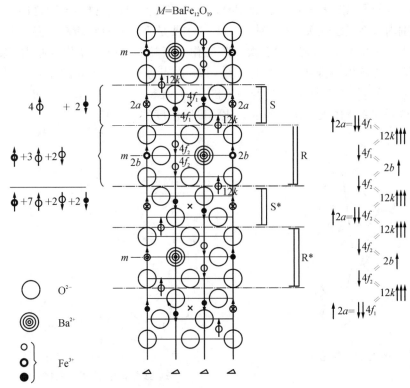

**图 1.3.2 $\mathrm{BaFe_{12}O_{19}}$ 铁氧体之晶体结构与磁结构沿 $c$ 轴(110)面纵剖面[1]**

在 Mössbauer 谱及 NMR 谱中，上述晶位亦常采用表 1.3.1 所列的相应符号来表示。

**表 1.3.1 磁铅石晶体结构中的五种晶位**

| 晶学符号 | $12k\,4f_2\,2a$ | | | $4f_1$ | $2b$ |
|---|---|---|---|---|---|
| Mössbauer | Ⅰ | Ⅲ | Ⅴ | Ⅱ | Ⅳ |
| NMR | $a$ | $d$ | $b$ | $c$ | $e$ |
| 配位数 | 6(八面体) | | | 4(四面体) | 5(六面体) |

Townes 等人[2]由 X 射线衍射分析确定了离子的位置,同时发现 $2b$ 晶位的 Fe 离子并非处于镜平面之内,而是处于离镜平面为 0.156 Å 的 $4e$ 晶位,如图 1.3.3 所示。Renson 等人[3]对钡铁氧体穆斯堡尔效应无反冲因子的研究表明,当温度高于 80 K 时,Fe 离子在两个相邻的 $4e$ 晶位之间跳动;当温度低于 80 K 时,则被冻结在其中的一个晶位。Townes 等人的工作亦表明,$4f_2$ 晶位并非正八面体座,而是有一定的畸变:两共面的 $4f_2$ 晶位中的 Fe 离子间距增加 0.45 Å,而共面氧离子间距却缩短 0.35 Å。

在钡铁氧体结构中存在五个磁结构的次点阵,超交换作用的结果见表 1.3.2,其中 $2a$,$2b$,$12k$ 三个次点阵的离子磁矩平行排列,而与 $4f_1$,$4f_2$ 两个次点阵的离子磁矩反平行排列,其自旋排列图中已标明。

在 BaM 分子中,所有的 Fe 离子均为三价,离子磁矩为 $5\mu_B$,根据图 1.3.2 自旋构型,按 Néel 理论,分子磁矩为 $20\mu_B$。通常 BaM、SrM 的比饱和磁化强度随温度的变化在较宽的温度范围内近似呈线性关系(见图 1.3.4),这主要是 $12k$ 次点阵磁矩随温度上升而较快下降之结果。Albanese[4]认为:$12k$ 次点阵磁化强度随温度剧烈变化的原因,除了 $2b$ 次点阵对 $12k$ 次点阵磁矩排列的微扰作用外,$12k$ 次点阵磁性离子间的相互作用以及 $12k$ 与 $2a$ 磁性离子间的相互作用也起着一定的影响。Loef[5]根据 Mössbauer 谱(穆斯堡尔谱)分析,得到钡铁氧体五个次点阵的磁化强度随温度的相对变化。

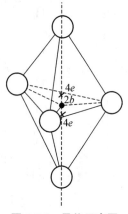

图 1.3.3　晶位示意图

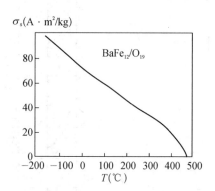

图 1.3.4　$BaFe_{12}O_{19}$ 之比饱和磁化强度 $\sigma_s$ 随温度之变化

在有些文献中,$BaFe_{12}O_{19}$ 的晶体结构亦常表述为图 1.3.5 所示的形式:一个晶胞两个分子式,沿 $c$ 轴可分成 2 个层与块。具有 $Ba^{2+}$ 的层以符号"B"来表示。在 B 层中包括一个 $Ba^{2+}$ 与三个 $O^{2-}$、三个 $Fe^{3+}$。两个 B 层中间有一个块,其中氧离子密堆积与尖晶石中情况相似(以<111>方向平行于 $c$ 轴),称为尖晶石块,每一个尖晶石块中包括 4 个氧离子密堆层,称为"S"层。一个晶胞中含有 2 个 B 层,2 个尖晶石块(共 $2\times4$ 个 S 层),故可以用 $(B_1S_4)_2$ 符号表示,由于尖晶石块中有 7 个 $B$ 位(八面体座),在 B 层中有 2 个 $B$ 位,一个由 5 个 $O^{2-}$ 所构成的六面体座,从图 1.3.5 同样可算出一个晶胞的磁矩为 $2\times[5\times(7+1-2-2)]\mu_B=40\mu_B$。

以 RSR*S* 符号或 $(B_1S_4)_2$ 符号来表示铁氧体的晶体结构是很方便的，尤其是对更为复杂的六角晶体结构，同样可以分解为某些基块来堆砌。M 型钡铁氧体结构中离子的坐标，交换作用的键长与夹角以及点阵常数等参量分别列于表 1.3.2～1.3.4 中。

由于"R 块"中具有三层氧离子层，"S 块"中具有两层氧离子层，所以整个晶胞共含有十层氧离子层。相应于 $c$ 轴与 $a$ 轴的点阵常数分别为 21.194 Å 与 5.893 Å[2]。六角晶体的对称性低于立方晶体，表现在磁性上具有远比尖晶石型铁氧体（立方晶体）大得多的磁晶各向异性常数。利用这种特性制备出廉价的永磁材料与磁记录介质，利用其高内场与高电阻率可用于微波器件的旋磁材料。

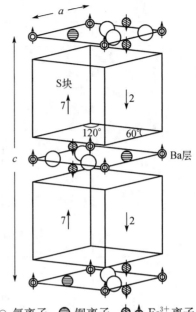

○ 氧离子　⬡ 钡离子　⊕ $Fe^{3+}$ 离子

**图 1.3.5　$BaFe_{12}O_{19}$ 铁氧体之晶体结构 $(B_1S_4)_2$[6]**

**表 1.3.2　钡铁氧体单胞中各离子晶位坐标[7]**

| 离子 | 晶位 | 坐标 | $x$ | $z$ |
|---|---|---|---|---|
| 2Ba | $2d$ | $\left(\frac{1}{3},\frac{2}{3},\frac{3}{4}\right);\left(\frac{2}{3},\frac{1}{3},\frac{1}{4}\right)$ | | |
| | $2a$ | $(0,0,0);\left(0,0,\frac{1}{2}\right)$ | | |
| | $2b$ | $\left(0,0,\frac{1}{4}\right);\left(0,0,\frac{3}{4}\right)$ | | |
| | $4f_1$ | $\pm\left(\frac{1}{3},\frac{2}{3},z\right);\left(\frac{2}{3},\frac{1}{3},\frac{1}{2}+z\right)$ | | 0.028 |
| 24Fe | $4f_2$ | $\pm\left(\frac{1}{3},\frac{2}{3},z\right);\left(\frac{2}{3},\frac{1}{3},\frac{1}{2}+z\right)$ | | 0.189 |
| | $12k$ | $\pm(x,2x,z;2x,x,z)$ $\pm\left(x,\bar{x},z;\bar{x},x,\frac{1}{2}+z\right)$ $\pm\left(x,2x,\frac{1}{2}-z;2x,x,\frac{1}{2}+x\right)$ | 0.167 | −0.108 |

| 离子 | 晶位 | 坐标 | $x$ | $z$ |
|---|---|---|---|---|
| | $4e$ | $\pm\left(0,0,z;0,0,\dfrac{1}{2}+z\right)$ | | 0.150 |
| | $4f$ | $\pm\left(\dfrac{1}{3},\dfrac{2}{3},z;\dfrac{2}{3},\dfrac{1}{3},\dfrac{1}{2}+z\right)$ | | $-0.050$ |
| 38O | $6h$ | $\pm\left(x,2x,\dfrac{1}{4};2x,x,\dfrac{3}{4};x,\overline{x},\dfrac{1}{4}\right)$ <br> $\pm(x,2x,z)(2x,x,\overline{z})$ <br> $\pm\left(x,\overline{x},z;\overline{x},x,\dfrac{1}{2}+z\right)$ <br> $\pm\left(x,2x,\dfrac{1}{2}-z;2x,x,\dfrac{1}{2}+z\right)$ | $\left.\begin{array}{c}0.186 \\[8pt] 0.167\end{array}\right\}$ | 0.050 |
| | $12k$ | $\pm(x,2x,z;2x,x,\overline{z})$ <br> $\pm\left(x,\overline{x},z;\overline{x},x,\dfrac{1}{2}+z\right)$ <br> $\pm\left(2x,2x,\dfrac{1}{2}-z;2x,x,\dfrac{1}{2}+z\right)$ | $\left.\rule{0pt}{20pt}\right\}0.500$ | 0.150 |

**表 1.3.3　钡铁氧体晶体结构中 Fe—O—Fe 键的键长、夹角与交换参量**[8]

| Fe—O—Fe 键 | 距离(Å) | 角　度 | 交换参量 | 计算值($K/\mu_B$) |
|---|---|---|---|---|
| $\uparrow$Fe($b'$)—$O_{R2}$—Fe($f_2$)$\downarrow$ <br> $\uparrow$Fe($b'$)—$O_{R2}$—Fe($f_2$)$\downarrow$ | $1.886+2.060$ <br> $1.886+2.060$ | 142.41 <br> 132.95 | $J_{bf2}$ | 35.96 |
| $\downarrow$Fe($f_1$)—$O_{S1}$—Fe($k$)$\uparrow$ <br> $\downarrow$Fe($f_1$)—$O_{S2}$—Fe($k$)$\uparrow$ | $1.897+2.092$ <br> $1.907+2.107$ | 126.55 <br> 121.00 | $J_{kf1}$ | 19.63 |
| $\uparrow$Fe($a$)—$O_{S2}$—Fe($f_1$)$\downarrow$ | $1.997+1.907$ | 124.93 | $J_{af1}$ | 18.15 |
| $\downarrow$Fe($f_2$)—$O_{S2}$—Fe($k$)$\uparrow$ | $1.975+1.928$ | 127.88 | $J_{f2k}$ | 4.08 |
| $\uparrow$Fe($b'$)—$O_{R1}$—Fe($k$)$\uparrow$ <br> $\uparrow$Fe($b''$)—$O_{R1}$—Fe($k$)$\uparrow$ | $2.162+1.976$ <br> $2.472+1.976$ | 119.38 <br> 119.38 | $J_{bk}$ | 3.69 |
| $\uparrow$Fe($k$)—$O_{R1}$—Fe($k$)$\uparrow$ <br> $\uparrow$Fe($k$)—$O_{S1}$—Fe($k$)$\uparrow$ <br> $\uparrow$Fe($k$)—$O_{S2}$—Fe($k$)$\uparrow$ <br> $\uparrow$Fe($k$)—$O_{R3}$—Fe($k$)$\uparrow$ | $1.976+1.976$ <br> $2.092+2.092$ <br> $2.107+2.107$ <br> $1.928+1.928$ | 97.99 <br> 88.17 <br> 90.08 <br> 98.05 | $J_{kk}$ | $<0.1$ |
| $\uparrow$Fe($a$)—$O_{S2}$—Fe($k$)$\uparrow$ | $1.995+2.107$ | 95.84 | $J_{ak}$ | $<0.1$ |
| $\downarrow$Fe($f_2$)—$O_{R2}$—Fe($f_2$)$\downarrow$ | $2.060+2.060$ | 84.64 | $J_{f2f2}$ | $<0.1$ |

表 1.3.4　M 型六角铁氧体的点阵常数、分子量与 X 射线密度[9]

| 化合物 | 分子量<br>（g/mol） | 点阵常数 | | | 射线密度<br>（g/cm³） |
| --- | --- | --- | --- | --- | --- |
| | | $a$（Å） | $c$（Å） | $c/a$ | |
| $BaFe_{12}O_{19}$ | 1111.49 | 5.893<br>5.89<br>5.889<br>5.876 | 23.194<br>23.20<br>23.182<br>23.17 | 3.936<br>3.94<br>3.933<br>3.943 | 5.29<br>5.29<br>5.30<br>5.33 |
| $SrFe_{12}O_{19}$ | 1 061.77 | 5.885<br>5.876<br>5.864 | 23.047<br>23.08<br>23.031 | 3.916<br>3.928<br>3.928 | 5.10<br>5.11<br>5.14 |
| $PbFe_{12}O_{19}$ | 1181.35 | 5.877<br>5.889 | 23.02<br>23.07 | 3.917<br>3.917 | 5.70<br>5.66 |

## 2. 磁铅石型铁氧体中的离子代换与磁性

$AB_{12}O_{19}$ 磁铅石型化合物可以进行多种离子代换。

### （1）代换 A 离子

A 离子半径与氧离子相近，约为 $1.0 \sim 1.5$ Å，如 $Ba^{2+}$，$Sr^{2+}$，$Pb^{2+}$ 碱土金属离子可以全部代换 A 离子，形成单一的磁铅石型化合物，此外，半径较大的 $Ca^{2+}$ 与 $Na^{1+}$，$K^{1+}$，$Rb^{1+}$ 碱金属族元素离子以及稀土族元素离子，亦能部分或全部代换 A 离子。考虑到电价平衡，对于非二价的阳离子必须有相应价态离子组合，使其平均价态为二价时才能进行离子代换，例如 $Na_{0.5}^{1+} La_{0.5}^{3+} Fe_{12}O_{19}$ 铁氧体。这些离子的半径列于表 1.3.5 中。

表 1.3.5　可部分或全部代换 A 离子的一些离子之半径　　　　单位：Å

| $Pb^{2+}$ | $Ba^{2+}$ | $Sr^{2+}$ | $Ca^{2+}$ | $K^{1+}$ | $Rb^{1+}$ | $Na^{1+}$ | $4f^n$ |
| --- | --- | --- | --- | --- | --- | --- | --- |
| 1.32 | 1.43 | 1.27 | 1.06 | 1.33 | 1.49 | 0.98 | $La^{3+}$(1.22)$\sim Lu^{3+}$(0.99) |

　　稀土族离子 $La^{3+}$ 代换 $BaFe_{12}O_{19}$ 分子中的 $Ba^{2+}$ 时，必然导致相应的 $Fe^{3+}$ 变成 $Fe^{2+}$，其分子式可写为 $La^{3+} Fe^{2+} Fe_{11}^{3+} O_{19}$。根据玻尔磁子数为 $19\mu_B$/分子（$T = 0$ K）以及正的 $K_1$ 贡献，可以确定 $Fe^{2+}$ 占据 $2a$ 晶位[10]。穆斯堡尔效应也证实了此点[11]。由于 $Fe^{2+}$ 对 $K_1$ 的贡献，使得在低温情况下 LaM 要比 BaM 具有更大的磁晶各向异性。$K_1$-$T$ 与 $\sigma_s$-$T$ 曲线见图 1.3.6。

　　由于镧系收缩，稀土族元素之离子半径随原子数的增大而减小，因此在 M 型钡铁氧体中的代换量随之下降，最大

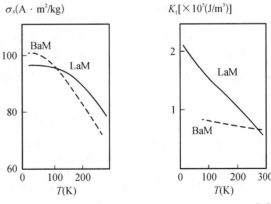

图 1.3.6　LaM 与 BaM 之 $\sigma_s$-$T$ 及 $K_1$-$T$ 曲线比较[10]

代换量 $X_m$ 与离子半径 $R$ 之关系如图 1.3.7 所示。铈(Ce)离子原子序数为 58，介于 La，Pr 之间，但其代换量却低于 $Pr^{3+}$，$X_m$ 约为 $0.15^{[13]}$，其原因为铈离子除正三价态外亦可为正四价态，$Ce^{4+}$ 的半径为 1.01 Å，因而当存在 $Ce^{4+}$ 时，代换量将显著下降。最大离子代换量对不同离子组合是不同的。例如，$Ca^{2+}$ 半径较小，不能全部代换 $Ba^{2+}$，其最大代换量约为 $0.8^{[14]}$，$Ca^{2+}$ 在 $SrFe_{12}O_{19}$ 中的最大代换量为 $0.5^{[15]}$，但若以（$Ca^{2+}$，$La^{3+}$）组合代换 $Ba^{2+}$，如生成 $(CaO \cdot 6Fe_2O_3)_{97}(La_2O_3)_3$，则其最大代换量可达 $0.94^{[15]}$。$La^{3+}$ 也可与一价或二价离子组

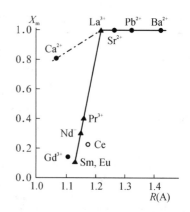

图 1.3.7　$BaFe_{12}O_{19}$ 中代换 $Ba^{2+}$ 的最大量与该离子半径之关系[12]

合去代换 $Ba^{2+}$，如生成 $A_{0.5}La_{0.5}Fe_{12}O_{19}$ 铁氧体[16]（其中 A 为 $Na^{1+}$，$K^{1+}$，$Rb^{1+}$ 等），以及 $Ba_{1-x}La_x^{3+}Fe_{12-x}^{3+}Me_x^{2+}O_{19}^{2+[17,18]}$（$Me^{2+}$ 为 $Zn^{2+}$，$Mg^{2+}$ 等）。除 La 外尚有用 Pr，Bi 等代换 $Ba^{2+}$ 构成 $Ba_{1-x}R_x^{3+}Fe_{12-x}M_x^{2+}O_{19}$ 铁氧体[19]，其中 $R^{3+}$ 为 $La^{3+}$，$Pr^{3+}$，$Bi^{3+}$；$M^{2+}$ 为 $Co^{2+}$，$Ni^{2+}$。在上述离子代换中，形成单相固溶体的组成范围为 $x<0.8$。随着 $R^{3+}$ 的代换，$\sigma_s$ 有所下降，$H_c$ 有所增加。例如以 $Bi^{3+}$ 代换 $Ba^{2+}$，本征矫顽力可增加 1.5 倍。

**（2）代换 B 离子**

通常 B 离子为 $Fe^{3+}$。3d 过渡族离子以及离子半径为 0.6～1.0 Å 的离子均可全部或部分代换 $Fe^{3+}$，人们往往通过多种离子代换来改善材料磁性能以及研究交换作用、磁晶各向异性等本征性能。

① $Al^{3+}$，$Ga^{3+}$，$Cr^{3+}$ 代换 $Fe^{3+}$。

$Al^{3+}$，$Ga^{3+}$ 均为非磁性离子，其离子半径分别为 0.57 Å，0.62 Å，$Ga^{3+}$ 的半径与 $Fe^{3+}$ 相近，而 $Al^{3+}$ 则远小于 $Fe^{3+}$。早期 Van Uitert[20] 曾研究 $Al^{3+}$，$Ga^{3+}$，$Cr^{3+}$ 等离子代换对铁磁共振场的影响，并指出 $Al^{3+}$ 的代换可以获得甚高的本征矫顽力。Bertaut 对这些离子的代换引起磁矩与居里温度的影响做了系统的研究[21]。$Al^{3+}$ 优先进入 $2a$ 晶位，然后 $12k$ 晶位，Ga 优先进入 $12k$ 晶位和 $4f_1$ 晶位。随着 Al，Ga，Cr 代换 $Fe^{3+}$，分子磁矩将显著下降[图 1.3.8（a）]，居里温度亦近似线性下降[图 1.3.8（b）]。Albanese[22] 对 $BaFe_{12-x}Al_xO_{19}$ 以及 $SrFe_{12-x}GaO_{19}$ 的穆斯堡尔谱进行了研究，认为非磁性离子的代换和超交换作用的减弱可能导致 $Fe^{3+}$ 间的自旋呈一定的夹角，因而可以更合理地解释磁矩随 $x$ 值的变化。

Haneda[23] 对 $BaFe_{12-x}M_xO_{19}$ 铁氧体的本征矫顽力（$H_{cj}$）进行了研究，当 M＝In，Cr，Al，Ga，$Zn_{1/2}Ge_{1/2}$，$Zn_{2/3}V_{1/3}$，$Zn_{2/3}Nb_{1/3}$ 或者 $Zn_{2/3}Ta_{1/3}$ 时，进行代换后，除 Al，Cr，Ga 外，其余均降低 $H_{cj}$。Cr，Ga 的代换主要是增大单畴临界尺寸 $R_c$，从而导致在相同颗粒尺寸的条件下 $H_{cj}$ 的增加，而 Al 的代换除了增大 $R_c$ 值，亦可增加磁晶各向异性场 $H_A$。因为 $H_A = \dfrac{2K_1}{\mu_c M_s}$，$H_A$ 的增加主要由于 $M_s$ 的减小，而 $K_1$ 值变化不大，$H_A$ 随 Al，Cr，Ga

代换量的变化见图 1.3.9。Kojima[24] 的实验结果是 $Ga^{3+}$ 可以增加一些 $K_1$ 值。这些离子的代换对饱和磁化强度、磁晶各向异性及居里温度的影响分别见图 1.3.10～1.3.12[24]。

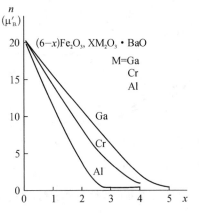

图 1.3.8(a) $BaFe_{12-2x}M_{2x}O_{19}$ 铁氧体之分子 $\mu_B$ 随 $x$ 值的变化[19]

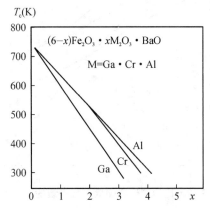

图 1.3.8(b) $BaFe_{12-2x}M_{2x}O_{19}$ 铁氧体之 $T_c$ 随 $x$ 值的变化[19]

② $(Cu_{x/2}^{2+}Si_{x/2}^{4+})$，$(Cu_{x/2}^{2+}Ge_{x/2}^{4+})$ 以及 $(Cu_{2x/3}^{2+}Nb_{x/3}^{5+})$ 离子组合代换 $Fe^{3+}$。

此类组合可以改变钡铁氧体的温度系数，其中 (CuNb) 组合可获得很低的剩磁 $B_r$ 的温度系数，一般可小于 0.1%[25]。

③ $(Fe^{2+}Ti^{4+})$，$(Fe^{2+}Sb^{5+})$ 代换 $Fe^{3+}$。

此类代换可以改变 $M_s(T)$ 曲线的形状。如 $BaFe_{10.8}^{3+}Fe_{0.6}^{2+}Ti_{0.6}^{4+}O_1$ 与 $BaFe_{10.5}^{3+}Fe_{1.0}^{2+}Sb_{0.5}^{5+}O_{19}$ 的取向多晶体，沿着取向方向的比磁化强度 $\sigma$ 与 $T$ 的关系如图 1.3.13 所示。逆磁性离子 $Ti^{4+}$ $Sb^{5+}$ 根据中子衍射确定占据 $4f^{2-}$ 晶位，按理应增加饱和磁矩。经计算，$(Fe_{0.6}^{2+}Ti_{0.6}^{4+})M$ 与 $(Fe_{1.0}^{2+}Sb_{0.5}^{5+})M$ 在 0 K 时，其值分别为 $23.0\pm0.6\mu_B/$分子与 $22.5\pm1.0\mu_B/$分子，但实际上测得分别为 $17\mu_B/$分子与 $14\mu_B/$分子，这个矛盾被解释为在逆磁性离子周围晶位的磁性离子自旋成一定倾角排列。如以 As 代换锶铁氧体中的 $Fe^{3+}$，如配比 $SrO(As_2O_3)_{0.25}(Fe_2O_3)_{5.6}$，可以使 $M_s$ 的温度系数由 0.2%/K 降低到 0.1%/K，居里温度也有所

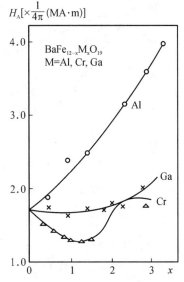

图 1.3.9 $BaFe_{12-x}M_xO_{19}$ 之 $H_A$ 随 $x$ 值的变化[23]

提高，或以 Sb 代换 BaM 中的 Fe，如 $BaO(Sb_2O_5)_{0.25}(Fe_2O_3)_{5.6}$，可以得到相似的结果。用 Sb 代换的钡铁氧体，其磁性因热处理条件而异，改变热处理条件可以使 $H_{cj}(T)$ 的温度系数由正变为负[26]。以 As，Sb 代换 $Fe^{3+}$，在 $0\leqslant x\leqslant0.4$ 范围内，磁化强度变化不大，但矫顽力却变化显著，随 As 含量的增加，矫顽力增大，当 $x=0.1$ 时达到极大值，随后随置换量加大而下降；对 Sb 的代换，矫顽力却呈现单调下降。据磁性判断，$As^{3+}$ 与 $Sb^{3+}$ 将占据"R块"的八面体座与 R—S 交界处的八面体座[27]。

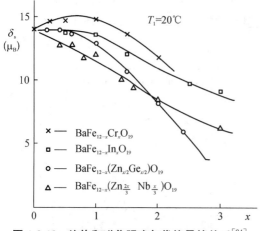

**图1.3.10　比饱和磁化强度与代换量的关系**[24]

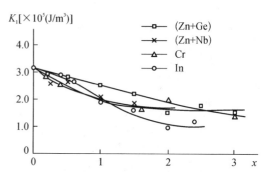

**图1.3.11　磁晶各向异性常数与代换量的关系**[24]

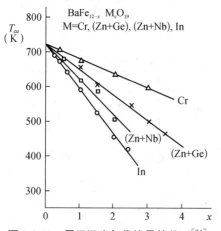

**图1.3.12　居里温度与代换量的关系**[24]

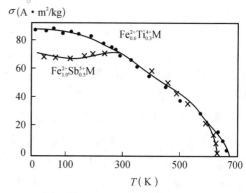

**图1.3.13　$(Fe_{0.6}^{2+}Ti_{0.6}^{4+})M$ 与 $(Fe_{1.0}^{2+}Sb_{0.5}^{5+})M$ 的 $\sigma - T$ 曲线**[10]

④ $In^{3+}$ 代换 $Fe^{3+}$ [24,28]。

对 $BaIn_xFe_{12-x}O_{19}$，当代换量 $x$ 增加时，发现 $M_s - T$ 曲线由 Q 型转变为 P 型，然后在更高 $x$ 值时再变成 Q 型。当 $x > 2.8$ 时，自旋呈一定的倾角排列。当 In 代换 25% $Fe^{3+}$ 时，居里温度由 723 K 降到 353 K，$\sigma_s$ 由 70 A·$m^2$/kg 下降到 8 A·$m^2$/kg，各向异性常数显著减小。

⑤ $Sc^{3+}$ 代换 $Fe^{3+}$ [28]。

对 $BaSc_xFe_{12-x}O_{19}$，据中子衍射分析，其磁矩与 $c$ 轴成一锥角，沿着 $c$ 轴方向层与层之间自旋呈螺旋形的有序排列。

⑥ $Ir^{4+}$ 代换 $Fe^{3+}$ [29]。

如以 $Zn^{2+}$ 作为电荷补偿离子，在 $BaFe_{12-2x}^{3+}Ir_x^{4+}Zn_x^{2+}O_{19}$ 系中，当 $x$ 增加时，单轴各向异性减弱，当 $x = 0.3 \sim 0.4$ 时，将由主轴型转变为平面型；当 $x$ 进一步增加时，各向异性场又将增加到 175 kA/m。$Ir^{4+}$ 与 $Fe^{3+}$ 间呈亚铁磁性耦合。$(Ir^{4+}Zn^{2+})$ 代换 $Fe^{3+}$ 类似于

$(Co^{2+}Ti^{4+})$代换$Fe^{3+}$,但对$BaFe_{12-x}^{3+}Ti_x^{4+}Co_x^{2+}O_{19}$系,当$x=0.9\sim1.1$时,各向异性才由主轴型转变为平面型,两者对比的结果,$Ir^{4+}$对有效各向异性的贡献比$Co^{2+}$约大3倍,如进行$(Ir^{4+},Co^{2+})$离子组合代换,预期各向异性场可大于8 000 kA/m。

⑦ Zn代换$Fe^{3+[30,31]}$。

在$BaFe_{12-2x}Zn_xTi_xO_{19}$系中,随着Ti含量的增加,$M_s$与各向异性场均将减小。Ti亦可与$(Ni,Co)$组合代换$Fe^{3+}$,其各向异性场随代换量的变化如图1.3.14所示[30]。此外,对$(ZnGe)$,$(ZnNb)$,$(ZnTa)$,$(ZnV)$等组合代换$Fe^{3+}$也进行了系统的研究[24]。

$(Zn,Nb)$离子组合代换可以增加室温$\sigma_s$值17%左右,与此同时,磁晶各向异性却下降34%,这对永磁材料是不利的,但作为磁记录介质等其他用途是值得研究的。从磁矩增加这一角度进行分析,Zn,Nb离子有可能处于$4f_1$或$4f_2$晶位,对$(Zn^{2+}La^{3+})$组合代换$(Ba^{2+}Fe^{3+})$组合生成钡铁氧体,$\sigma_s$也是随$x$值增加而先增加后减小,$\theta_f$下降,$K_1^{\ominus}$值减小。根据穆斯堡尔谱分析,$Zn^{2+}$择优$4f_2$晶位,其可能原因是$4f_2$晶位接近La离子,有利于静电能的降低[18]。

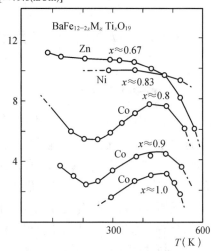

$H_A[\times79.6(kA/m)]$

图1.3.14 $BaFe_{12-2x}M_xTi_xO_{19}$,$M=Zn,Ni,$Co的各向异性场随代换量的变化[30]

⑧ Mn代换$Fe^{[31]}$。

在$BaFe_{12-x}Mn_xO_{19}$中,Mn可处于多种价态。中子衍射表明,$Mn^{4+}$有几率占据$2a$,$12k$晶位;$Mn^{3+}$有几率占据$4f_2$,$12k$晶位;$Mn^{2+}$有几率占据$4f_1$晶位,而$4e$晶位仅为$Fe^{3+}$所占据。

⑨ Co代换Fe。

$(Co^{2+}Ti^{4+})$组合代换可以降低矫顽力,但并不过多地减小饱和磁化强度,$BaFe_{12-2x}Co_xTi_xO_{19}$已成为新型的磁记录介质材料。$(Co^{2+}Sn^{4+})$组合代换$Fe^{3+}$,$Sn^{4+}$与$Co^{2+}$分别择优$4f_2$,$4f_1$晶位,$Sn^{4+}$在$12k$晶位中的含量甚低,完全不进入$2a$晶位[32],Sn的代换有利于减小$H_c$的温度系数[33]。

通过上述各种离子的代换,使人们更深入地了解离子间的相互作用以及对磁性的影响,从而使材料制备逐渐向分子设计方向发展。

**(3) 代换氧离子**

阴离子的代换工作较少,仅见一价的$F^{1-}$代换氧离子[34,35],当以二价的阳离子代换$Fe^{3+}$时,以相应的$F^{1-}$代换$O^{2-}$可以起电荷抵偿作用。如$BaM_x^{2+}M_{12-x}^{3+}O_{19-x}F_x^{1-}$,其中,$M^{3+}$为$Fe^{3+}$,$Al^{3+}$,$Ga^{3+}$;$M^{2+}$为$Ni^{2+}$,$Co^{2+}$,$Cu^{2+}$,$Zn^{2+}$。实验表明,对$(Cu^{2+}F^{1-})$的代换为主轴型M相,而对$(Ni^{2+}F^{1-})$的代换,呈W相$(BaFe_{18}O_{27})$。对$BaCo_xFe_{12-x}O_{19-x}F_x$铁氧体,其中的$Co^{2+}$处于四面体座,当$F^{1-}$代换$Co^{2+}$近邻的氧离子时,将有助于增强三角

晶场。根据 X 射线衍射分析,对上述配比的样品,$x<0.5$ 时呈 M 型,$x=0.5$ 时为 M 与 W 二相混合型,$x>0.5$ 时仅存在 W 相,可能是负一价的氟离子的存在有利于生成二价的铁离子,从而有利于 W 相的生成。光谱数据表明,对于 $BaZn_2M_{0.5}Al_{9.5}O_{16.5}F_{2.5}$ 组成,当 $M=Co^{2+}$ 时,$Co^{2+}$ 比 $Zn^{2+}$ 更强烈地从优于四面体座[34]。

## 1.3.2 W,X,Y,U,Z 型铁氧体的晶体结构和磁性

### 1. 晶体结构

上节介绍了 M 型六角晶系铁氧体($BaFe_{12}O_{19}$)的晶体结构与离子代换。为了探讨新型的磁性材料,人们很自然地从二元系($BaO-Fe_2O_3$)转移到三元系($BaO-Fe_2O_3-Me^{2+}O$)的研究(其中 $Me^{2+}$ 为 Fe,Ni,Co,Mn,Zn,Mg,Cu 等二价阳离子),得到一些颇有意义的结果,其组成图如图 1.3.15 所示。

例如,对 Y 型化合物及含 Co 的 W,Z 型化合物,垂直于 $c$ 轴的平面为易磁化平面,利用此特性已研发成具有宽频特色的高频软磁性材料。为了深入地了解其磁性能,有必要先介绍一下此类化合物的晶体结构。

W,X,Y,U,Z 型化合物在图 1.3.15 中已分别标明,假如分别以 Co,Mg,Mn 取代 Z,Y,W 型中的 Me,则可简洁地表述为 $Co_2Z$,$Mg_2Y$,$Mn_2W$。

此类化合物的晶体结构与 M 型 ($BaFe_{12}O_{19}$)相似,亦属于六角晶系,下面分别做一简介[1]。

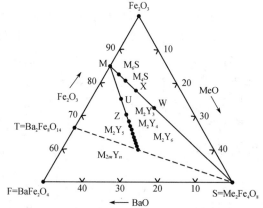

**图 1.3.15 $(BaO,Fe_2O_3,MeO)$三元系组成图**[36]

### (1) $Y(Ba_2Me_2Fe_{12}O_{22})$型晶体结构

由于在 Y 型的一个分子中含有两个 $Ba^{2+}$,而 M($BaFe_{12}O_{19}$)型一个分子仅含一个 $Ba^{2+}$,因此 M 型晶体结构中的"R 块"将被"T 块"($Ba_2Fe_8O_{14}$)所取代,如图 1.3.16 在"T 块"中含有 4 个氧离子层,其中间 2 层各含有一个 $Ba^{2+}$,氧离子及钡离子共同组成六角密堆积的结构,其中含有 2 个四面体座的阳离子,6 个八面体座的阳离子。仿照 $BaFe_{12}O_{19}$ 的晶体结构表示法,Y 型结构亦可由"S 块"(尖晶石结构)及"T 块"堆砌而成,以符号 $(TS)_3$ 表示。如图 1.3.17 所示属六角晶系 $R\overline{3}m$ 空间群,在 Y 型结构中共含有 18 个氧离子层,与 M 型不同之处是在"T 块"中不存在低对称性的六面体座,因此 Y 型结构中铁离子仅处于四面体与八面体两类间隙中,共有 6 种晶位,见表 1.3.6。

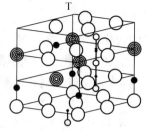

○ O　　◉ $Fe^{3+}$, $Me^{2+}$

◎ $Ba^{2+}$

**图 1.3.16 "T 块"结构**

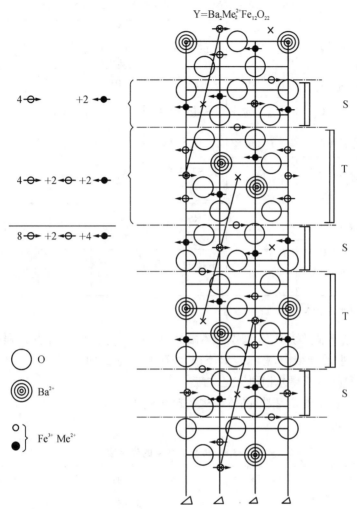

图 1.3.17　Y＝$Ba_2 Me_2^{2+} Fe_{12} O_{22}$ 化合物之晶体结构图[1]

表 1.3.6　Y 型六角晶系铁氧体中各晶位与自旋取向

| 结晶学符号 | 配位体 | 每个分子中的离子数 | 所处的堆垛层 | 自旋取向 |
|---|---|---|---|---|
| $6c_{IV}(6c_1)$ | 四面体 | 2 | S | ← |
| $3a_{VI}(3a)$ | 八面体 | 1 | S | → |
| $18h_{VI}(18h)$ | 八面体 | 6 | S—T | → |
| $6c_{VI}(6c_2)$ | 八面体 | 2 | T | ← |
| $6c_{IV}(6c_3)$ | 四面体 | 2 | T | ← |
| $3b_{VI}(3b)$ | 八面体 | 1 | T | → |

　　至于其他六角晶系铁氧体的晶体结构,均为 S,R,T 三个基本单元按一定顺序的堆垛,见表 1.3.7。

表 1.3.7　几种主要的六角晶系铁氧体之化学组成与构型

| 符号 | 化学组成 | 空间群 | 晶体结构 | 单胞所含氧离子层数 | $c$ 轴(Å) | 分子量 | X 光密度 (g/cm$^3$) |
|---|---|---|---|---|---|---|---|
| M | $BaFe_{12}O_{19}$ | $P\sigma_3/mmc$ | RSR*S* | 10 | 23.2 | 1 112 | 5.28 |
| W | $BaMe_2Fe_{16}O_{27}$ | $P\sigma_3/mmc$ | RSSR*S*S* | 14 | 32.8 | 1 575 | 5.31 |
| Y | $Ba_2Me_2Fe_{12}O_{22}$ | $P\overline{3}m$ | 3(ST) | 3×6 | 3×14.5 | 1 408 | 5.39 |
| Z | $Ba_6Me_4Fe_{48}O_{82}$ | $P\sigma_3/mmc$ | R5STSR*S*—T*S* | 22 | 52.3 | 2 520 | 5.33 |
| X | $Ba_2Me_2Fe_{28}O_{46}$ | $R\overline{3}m$ | 3(RSR*S*—S*) | 3×12 | 3×28.0 | 2 686 | 5.29 |
| U | $Ba_4Me_2Fe_{36}O_{60}$ | $R\overline{3}m$ | 3(RSR*S*T—S*) | 3×16 | 3×38.1 | 3 622 | 5.31 |

① 此处 X 光密度,系指 Me＝$Fe^{2+}$ 时的数值。

用高倍率电子显微镜对 M 型铁氧体微晶薄片的研究表明,在结晶过程中堆垛层错将产生 MW,MY 型混合结构,意味着 R,S,T 块存在多种堆砌的可能组合[37]。有关 M,W,X 型六角钡铁氧体穆斯堡尔谱研究见文献[38]。

为便于计算分子磁矩,根据晶体结构及超交换作用法则,对 R,S,T 块中阳离子磁矩的取向列成表 1.3.8。

表 1.3.8　R,S,T 块中的磁矩取向

| 结构类型 | 四面体座 | 八面体座 | 六面体座 |
|---|---|---|---|
| R |  | 3↕2↕ | 1↕ |
| S | 2↕ | 4↕ |  |
| T | 2↕ | 4↕2↕ |  |

根据 Néel 直线模型,结合表 1.3.7 与离子分布可以计算出每个分子的玻尔磁子数,但假如有非磁性离子代换而使磁性离子的自旋呈非线性排列,就不能简单地用线性模型进行分子磁矩的计算。

**(2) W($BaMe_2Fe_{16}O_{27}$)型晶体结构**

W 型六角晶系铁氧体之易磁化轴大多平行于 $c$ 轴,为目前人们重视的主轴型化合物,其晶体结构剖面见图 1.3.18,属六角晶系,$P\sigma_3/mmc$ 空间群,单位晶胞由 SSRS*S*R* 堆垛顺序构成,亦可看作由 M 型结构的"SR 块"与尖晶石"S 块"堆垛而成,或 M 型结构中两个"R 块"之间增添一个"S 块",铁离子可处于 7 种不同晶位。据国际 X 射线结晶学符号,现将其列成表 1.3.9。

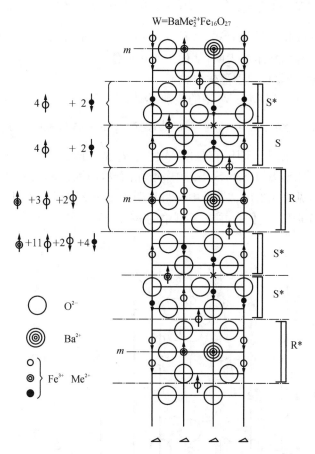

**图 1.3.18 W＝BaMe$_2^{2+}$Fe$_{16}$O$_{27}$化合物之晶体结构图**[1]

表 1.3.9 W 型六角铁氧体中各晶位与自旋取向

| 结晶学符号 | 配位体 | 每个分子中离子数 | 所处堆垛层 | 自旋取向 | |
|---|---|---|---|---|---|
| $12k$ | $k$ | 八面体 | 6 | R—S | ↑ |
| $4e$ | $f_{IV}$ | 四面体 | 2 | S | ↓ |
| $4f_1(4f_{IV})$ | $f_{IV}$ | 四面体 | 2 | S | ↓ |
| $4f_2(4f_{VI})$ | $f_{VI}$ | 八面体 | 2 | R | ↓ |
| $6g$ | $a$ | 八面体 | 3 | S—S | ↑ |
| $4f_3(4f)$ | $a$ | 八面体 | 2 | S | ↑ |
| $2d$ | $b$ | 六面体 | 1 | R | ↑ |

文献中常见的其他符号亦列于表中相应位置。$2d$ 晶位类似于 M 型铁氧体中的 $2b$（或 $4e$）晶位,处于与 Ba$^{2+}$ 相同的一层内。顺着 $c$ 轴方向,7 种晶位的顺序如下[39]:

$$\overrightarrow{2d}{}^* - \overleftarrow{4f_2} - \overrightarrow{12k} - \overleftarrow{4f_1} - \overrightarrow{4f_3} - \overleftarrow{4e}{}^* - \overrightarrow{6g} - \overleftarrow{4e}{}^* - \overrightarrow{4f_3} - \overleftarrow{4f_1}{}^* - \overrightarrow{12k} - \overleftarrow{4f_2} - \overrightarrow{2d}{}^*$$

对于 $Fe_2W$，由于电子跃迁，$Fe^{2+} = Fe^{3+} + e$，$Fe^{2+}$ 在室温时统计分布于各晶位，在低温条件下（<78 K）穆斯堡尔谱表明，从优于 $6\,g$ 晶位[40,41]。

### （3）$X(Ba_2Me_2^{2+}Fe_{28}^{3+}O_{46})$ 型晶体结构

X 型铁氧体可视为 M 型与 W 型的叠加，例如，$Fe_2X$。

$$(Fe_2X)Ba_2Fe_{30}O_{46} =\!=\!= (M)BaFe_{12}O_{19} + (W)BaFe_{18}O_{27}$$

其晶体结构剖面见图 1.3.19，它是由 M 型与 W 型结构交替堆垛而成，亦可由 R，S 块按 $RSR^*S^*S^*RSR^*S^*S^*RSR^*S^*S^*$ 顺序堆垛而成，属六角晶系 $R\bar{3}m$ 空间群，铁离子处于 11 种晶位中，见表 1.3.10。括号中符号表明相应于 M 型与 W 型结构的晶位。M 型的 $2b$ 晶位与 W 型的 $2d$ 晶位合并成 X 型中的 $6c_1$ 晶位。

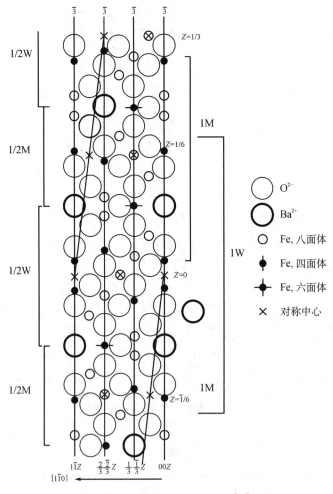

图 1.3.19　FeX 之晶体结构图[40]

表 1.3.10 X 型铁氧体中各晶位与自旋取向

| 结晶学符号 | 配位体 | 每个分子中离子数 | 所处堆垛层 | 自旋取向 |
|---|---|---|---|---|
| $18h'(12k)_M$ | 八面体 | 6 | R—S | ↑ |
| $6c_1(2b,2d)_{M,W}$ | 六面体 | 2 | R | ↑ |
| $6c_2'(4f_2)_M$ | 八面体 | 2 | R | ↓ |
| $6c_2''(4f_2)_W$ | 八面体 | 2 | R | ↓ |
| $3b(2a)_M$ | 八面体 | 1 | S | ↑ |
| $6c_3(4f_1)_M$ | 四面体 | 2 | S | ↓ |
| $18h''(12k)_W$ | 八面体 | 6 | R—SS | ↑ |
| $6c_3'(4f_1)_W$ | 四面体 | 2 | SS | ↓ |
| $6c_3''(4e)_W$ | 四面体 | 2 | SS | ↓ |
| $9e(6g)_W$ | 八面体 | 3 | S—S | ↑ |
| $6c_2(4f_3)_W$ | 八面体 | 2 | SS | ↑ |

### (4) $Z(Ba_3Me_2Fe_{24}O_{41})$ 型晶体结构

Z 型铁氧体的堆垛层序为 $RSTSR^*S^*T^*S^*$,可以看作 M 型与 Y 型的堆垛,即 $Z=M \cdot Y$:

$$(Z)Ba_3Me_2Fe_{24}O_{41} = (M)BaFe_{12}O_{19} + (Y)Ba_2Me_2Fe_{12}O_{22}$$

其晶体结构见图 1.3.20;铁离子处于 10 个晶位,见表 1.3.11。

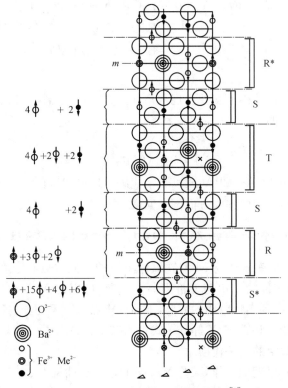

图 1.3.20 Z 型铁氧体之晶体结构图[1]

表 1.3.11　Z 型六角晶系铁氧体中各晶位与自旋取向

| 结晶学符号 | 配位体 | 每个分子中离子数 | 所处堆垛层 | 自旋取向 |
|---|---|---|---|---|
| $12k_{VI}$ | 八面体 | 6 | R—S | ↑ |
| $2d_V$ | 六面体 | 1 | R | ↑ |
| $4f_{VI}$ | 八面体 | 2 | R | ↓ |
| $4f_{VI}$ | 八面体 | 2 | S | ↑ |
| $4e_{IV}$ | 四面体 | 2 | S | ↓ |
| $4e_{IV}$ | 四面体 | 2 | S | ↓ |
| $12k_{VI}$ | 八面体 | 6 | T—S | ↑ |
| $2a_{VI}$ | 八面体 | 1 | T | ↑ |
| $4e_{VI}$ | 八面体 | 2 | T | ↓ |
| $4f_{IV}$ | 四面体 | 2 | T | ↓ |

除了上述的一些典型化合物外,目前还发现了 40 余种 $M_2Y_n$ 型化合物($3<n<21$)、11 种 $M_4Y_n$ 型化合物($n<33$),此外尚有 $M_6Y_{14}$ 型及 $M_8X_{27}$ 型等化合物[42]。

表中列举的化学组成看上去似乎很复杂,实际上均可进行分解。例如

$$M: BaFe_{12}O_{19} = BaO \cdot 6Fe_2O_3 = BaO + 6Fe_2O_3$$
$$W: BaMe_2Fe_{16}O_{27} = BaO \cdot 2MeO \cdot 8Fe_2O_3$$
$$= BaO \cdot 6Fe_2O_3 \cdot 2(MeFe_2O_4)$$
$$= BaO + 2MeO + 8Fe_2O_3$$

其余类推。

六角铁氧体晶体在结构上交替出现六角和立方密堆积结构。这类化合物亦可用堆垛层序表示其结构。例如

$$Z = M_2Y_2$$
$$= Ba_6Me_4Fe_{48}O_{82}$$

其堆垛序为 ABABCA…CBA,或以数字代码$(1131113)_2$表示。此处数码代表经过多少层后最近邻的氧离子间的连线方向倒了回来。[36]

## 2. W,Y,Z,X 等六角铁氧体中的离子代换与磁性

W,X,Y 型等六角铁氧体与 M 型铁氧体主要的不同之处在于存在正二价阳离子的晶位,因此可以进行多种的二价与三价阳离子代换,可以比 M 型更广泛地改变其磁性。这方面工作甚多,考虑到实际应用的需要,下面仅重点介绍 W 型铁氧体的离子代换,除特殊标明外,本节 MeW,MeY,MeX 等分子式中的碱土金属离子均为 Ba 离子。

### (1) W 型铁氧体中的离子代换

据 Smit 和 Wijn 早期的工作,某些 $Me_2W$ 的基本磁性见表 1.3.12。某些 $Me_2W$ 的比磁化强度与温度变化关系见图 1.3.21。

表 1.3.12　某些 $Me_2W$ 的基本磁性[1]

| $Me_2$ | $\sigma_s$ $(A \cdot m^2/kg)$ | $\sigma_{20}$ $(A \cdot m^2/kg)$ | $M_s(kA/m)$ | $\theta_f(℃)$ | $n_B(\mu_B)$ （理论） |
|---|---|---|---|---|---|
| $Mn_2$ | 97 | 59 | 310 | 415 | 29.2 |
| $Fe_2^{2+}$ | 98 | 78 | 415 | 455 | 28 |
| $NiFe^{2+}$ | 79 | 52 | 275 | 520 | 26.4 |
| $MnFe^{2+}$ | 108 | 73 | 382 | 430 | 31.6 |
| $Ni_{0.5}Zn_{0.5}Fe^{2+}$ | 104 | 68 | 362 | 450 | 29.2 |

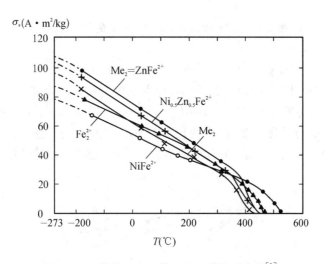

图 1.3.21　某些 $Me_2W$ 的 $\sigma_s$ - $T$ 的关系曲线[1]

文献[43]的实验结果是 $Fe_2W$ 的居里温度为 534℃，比表中数据高，而与 $SrFe_{18}O_{27}$ 的居里点（525℃）相近。[44]$Fe_2W$ 的室温 $M_s$ 比 BaM 约高 10％，而其各向异性场相近，因此预期磁能积比 BaM 高 20％，这是国际上对 W 型铁氧体重视的主要原因。近年来曾进行过 $Ni_2W$[44]，$Mg_2W$[45]，$Mn_2W$[46]，$(Fe,Co)_2W$[47] 等离子代换，文献[48]报道了用草酸盐共沉淀工艺制备六角铁氧体，并研究稀土离子在 X 型[49]、W 型[50]铁氧体中的代换。文献[51]研究了 $Ni_2W(BaNi_2Fe_{16-2x}(TiCu)_xO_{27})$ 的磁性，并根据穆斯堡尔谱分析认为（TiCu）离子择优 $2b,12k$ 晶位。

为了提高 W 型铁氧体的饱和磁化强度，Albanese 等人[52]重点研究了 $Zn_2W$，Zn 从优四面体座（$4f_1$ 晶位），因此 $Zn_2W$ 具有甚高的比磁化强度 $\sigma_s(0\ K)=123\ A \cdot m^2/kg$，$\sigma_s(293\ K)=79\ A \cdot m^2/kg$，$T_c=375\pm5℃$，但磁晶各向异性场稍低，$H_A=10^3\ kA/m$，因此 $H_c$ 不高，其 $\sigma_s$，$K_1$ 以及 $H_A$ 与温度的关系曲线见图 1.3.22。

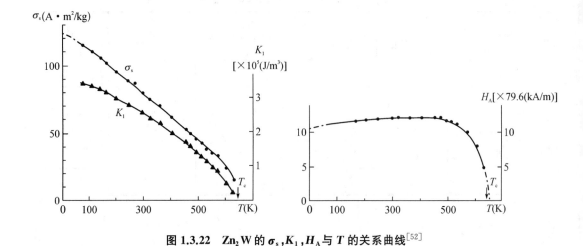

**图 1.3.22　Zn₂W 的 $\sigma_s$,$K_1$,$H_A$ 与 $T$ 的关系曲线**[52]

Albanese 等人[53]亦曾对 $Zn_2W$ 中的 Fe 离子进行代换,$BaZn_2Fe_{16-x}Me_xO_{27}$,Me＝Al,Ga,In,Sc。实验结果如图 1.3.23 所示,居里温度与磁化强度均随代换量的增加而减少。实验结果分析表明,$Al^{3+}$ 从优 $2a$ 晶位,当 $x>5$ 时进入 $12k$ 晶位,$Ga^{3+}$ 在八面体座作统计分布,当 $x>5$ 时从优于 $2d$ 晶位的几率增加,因此使各向异性常数下降。In 与 Sc 离子主要进入 R 块($2d$ 与 $4f$ 晶位),导致磁有序状态由线性变为非线性磁有序态。

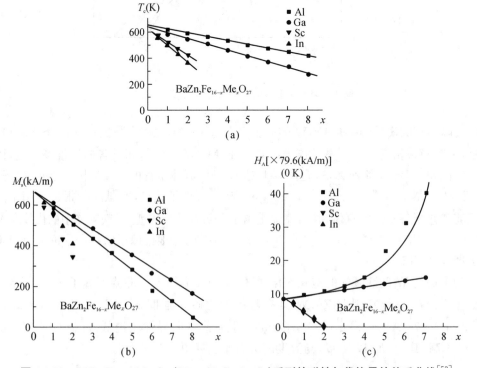

**图 1.3.23　$BaZn_2Fe_{16-x}Me_xO_{27}$（Me＝Al,Ga,In,Sc）系列的磁性与代换量的关系曲线**[53]

如以 Cu 代换 $Zn_2W$ 中的 Zn 离子,可以提高 $H_A$ 值,有利于矫顽力的提高,但(ZnCu)W 的磁性与热处理工艺关系较大[54],如以 Ni 取代 Zn,磁性能与冷却速度关系不大,$Ni^{2+}$, $Cu^{2+}$ 主要占据 $12k$ 晶位,在淬火过程中 $Cu^{2+}$ 有几率进入四面体座。$Cu^{2+}$ 与氧离子形成 $dsp^2$ 共价键,可以引起八面体座的畸变,从而对 $H_A$ 亦有贡献。

Asti[55]综合了有关文献,将某些 W 型化合物的磁性列成表 1.3.13。除 BaMeW 得到广泛研究外,对 $SrMe_2W$ 的研究工作亦不少。据报道,$SrMn_2W$ 磁性能为:$T_c=430℃$, $H_A=955\ kA/m$,$\sigma_s=73\ A\cdot m^2/kg$,Mn 离子择优占位 S 块中的四面体座。Leccabue 等人[56]采用化学共沉淀工艺制备了多种 $SrMe_2W$ 铁氧体(Me=Zn,Co,Ni,Mn,Mg,Cu), 研究了磁性与结晶形态。Ram 等人[57]用$(Li^{1+}\ Fe^{3+})$组合代换 $SrZn_2W$ 中的 Zn 离子,生成 $Sr[Zn_{2(1-x)}(LiFe)_{2x}]Fe_{16}O_{27}$ 化合物,发现 Li 离子的代换有利于在较低的温度下生成 W 相铁氧体,Li 离子代换将降低磁晶各向异性,减小矫顽力。在 $BaZn_2W$ 中,80%Li 处于 $6g$,20%Li 处于 $4f_{VI}$ 晶位,但在 $SrZn_2W$ 中,$Li^{1+}$ 更择优于 $4f_{VI}$ 晶位。Co 离子置换 $SrZn_2W$ 中的 Zn 离子,将显著地改变磁晶各向异性的常数大小与符号,使由主轴型变为平面型,在室温条件下,当 Co 离子代换量约为 0.85 时,可产生主轴型向平面型的转变。[58]此外,$PbZn_2W$ 亦曾有人研究过。[59]

表 1.3.13　某些 W 型六角铁氧体之磁性能[55]

| W 型六角铁氧体 | $n_B(\mu_B)$ (0 K) | $\sigma$ (A·m²/kg) (300 K) | $M_s$ (kA/m) | $K_1$ [×10⁵(J/m³)] (300 K) | $T_c$(K) |
|---|---|---|---|---|---|
| $Mn_2W$ | 27.4 | 59 | 310 | | 688 |
| $Fe_2W$ | 27.4 | 60 | 314 | 3.0 | 728 |
| $Co_2W$ | | | 342 | | |
| $Ni_2W$ | | | 330 | 2.1 | |
| $Zn_2W$ | 35 | 79 | 424 | 2.5 | 648 |
| $Mg_2W$ | 26 | 64 | 347 | | 713 |
| (NiFe)W | 22.3 | 52 | 27.5 | | 793 |
| (FeZn)W | 30.7 | 73 | 382 | 2.4 | 703 |
| $(Ni_{0.5}Zn_{0.5}Fe)W$ | 29.5 | 68 | 358 | | 723 |
| $(Fe_{0.5}Zn_{1.5})W$ | | | 380 | 2.1 | |
| MnZnW | | | 370 | +1.9 | |
| CoFeW | | | 358 | −1.2 | 703 |
| $(Fe_{0.5}Ni_{0.5}Zn)W$ | | | 350 | +1.6 | |
| $(Fe_{0.5}Co_{0.75}Zn_{0.75})W$ | | | 360 | −0.4 | |

**(2) Y 型铁氧体中的离子代换**

某些 $Me_2Y$ 的基本磁性列于表 1.3.14 中,其 $\sigma-T$ 曲线见图 1.3.24。多数 $Me_2Y$ 磁晶

各向异性常数为负值,因此易磁化方向处于垂直于 $c$ 轴的平面内,它具有高磁导率低损耗的特性,因此是一类重要的高频软磁材料。

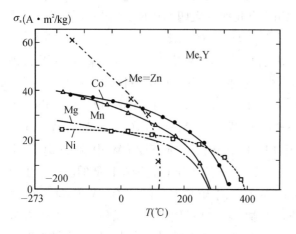

图 1.3.24　$Me_2Y$ 铁氧体的 $\sigma$-$T$ 曲线[1]

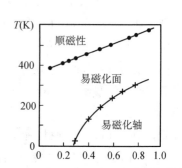

图 1.3.25　$(Zn_{1-x}Cu_x)_2Y$ 六角铁氧体的居里温度与 Cu 含量的关系[60]

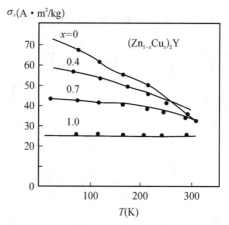

图 1.3.26　$(Zn_{1-x}Cu_x)_2Y$ 铁氧体之 $\sigma$-$T$ 曲线[60]

$Cu_2Y$ 为主轴型,$(Cu_xZn_{1-x})_2Y$ 的居里温度、自旋取向与 Cu 含量以及温度的关系见图 1.3.25。[60] 随着 Cu 含量增加,其居里温度增加,饱和磁化强度减少,见图 1.3.26。当 $x \geqslant 0.3$ 时,$(Cu_xZn_{1-x})_2Y$ 室温下呈主轴型,高于一定温度后才转变为平面型。

表 1.3.14　某些 $Me_2Y$ 的基本磁性

| $Me_2Y$ | $\sigma_s$ (A·m²/kg) | $\sigma_{20}$ (A·m²/kg) | $M_s$ (kA/m)(20℃) | $\theta_f$ (℃) | $n_B$ | $(K_1+2K_2)$ [×10⁵(J/m³)](20℃) |
|---------|------|------|------|------|------|------|
| Mn | 42 | 31 | 167 | 290 | 10.6 | |
| Co | 39 | 34 | 183 | 340 | 9.8 | −2.6 |
| Ni | 25 | 24 | 127 | 390 | 6.3 | −0.9 |

续表

| Me$_2$Y | $\sigma_s$<br>(A·m$^2$/kg) | $\sigma_{20}$<br>(A·m$^2$/kg) | $M_s$<br>(kA/m)(20℃) | $\theta_f$<br>(℃) | $n_B$ | $(K_1+2K_2)$<br>[×10$^5$(J/m$^3$)](20℃) |
|---|---|---|---|---|---|---|
| Cu | 28 | | | | 7.1 | |
| Mg | 29 | 23 | 119 | 280 | 6.9 | −0.6 |
| Zn | 72 | 42 | 227 | 130 | 18.4 | −1.0 |

### (3) Z,X,U 型铁氧体中的离子代换

某些 Z,X,U 型铁氧体的基本磁性能列于表 1.3.15 中。Me$_2$Z(Me＝Zn,Co,Cu)的 $\sigma$-$T$ 曲线见图 1.3.27。

表 1.3.15　某些 Z,X,U 型铁氧体的基本磁性

| 组成 | $n_B(\mu_B)$ | $\sigma$<br>(A·m$^2$/kg) | $M_s$<br>(kA/m)<br>(300 K) | $K_1$<br>[×10$^5$(J/m$^3$)]<br>(300 K) | $K_1+K_2$<br>[×10$^5$(J/m$^3$)]<br>(300 K) | $T_c$<br>(K) |
|---|---|---|---|---|---|---|
| Co$_2$Z | 29.8 | 50 | 267 | | −1.8 | 675 |
| Ni$_2$Z | 24.6 | | | | | |
| Zn$_2$Z | | 58 | 310 | | | 633 |
| Mg$_2$Z | 24.0 | | | | | |
| Cu$_2$Z | 27.2 | 46 | 247 | | | 713 |
| Zn$_2$X | 50.4 | 74 | | | | 705 |
| Co$_2$X | 46 | 60 | | +2.6 | | 740 |
| Zn$_2$U | 60.5 | 55 | 294 | 1.4 | | 673 |

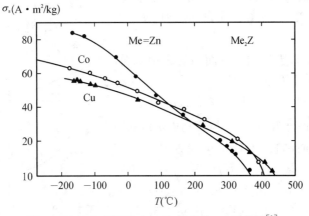

图 1.3.27　Me$_2$Z(Me＝Zn,Co,Cu)的 $\sigma$-$T$ 曲线[1]

Zn 代换 Co 构成 $(Co,Zn)_2Z$ 型铁氧体,通常可以增加 $M_s$ 与 $\mu_i$,但截止频率亦随之下降,如以 Ir 取代 $Co_2Z$ 中的 $Fe^{3+}$,可以显著提高截止频率。此外尚有锶代钡等离子代换。$Co_2Z$ 平面六角铁氧体磁导率的共振频率约为 2GHz,其阻尼系数通常小于 0.1。如以稀土离子代换 Ba 离子,可以显著改变其阻尼系数。例如 $Ba_{3-x}La_xCo_2Zn_xFe_{24-x}O_{41}$ 铁氧体,当 $x=0.1$ 时,阻尼系数可达 0.43,La 在 $Co_2Z$ 中的固溶度 $x\leqslant0.4$。[61]

对 X 型铁氧体研究较少。Tauber[62] 曾对 $Zn_2X$,$Co_2X$ 单晶体的磁性进行了研究。$Zn_2X$ 为主轴型,$K$,$\sigma$ 与温度的关系曲线见图 1.3.28,非常有意思的是,$H_A$ 在很宽温度内几乎是常数。$Co_2X$ 较为复杂,$T\leqslant$ 416 K 时呈平面型,$T>416$ K 时呈主轴型。X 型六角铁氧体具有窄的铁磁共振线宽,有可能成为一类微波材料。此外,$Fe_2X$ 具有比 M 型铁氧体高的饱和磁化强度,亦有可能成为一类永磁材料,其化学稳定性稍优于 $Fe_2W$。

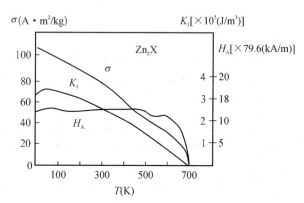

图 1.3.28  $Zn_2X$ 之 $\sigma$,$K_1$,$H_A$ 与 $T$ 之关系曲线[62]

稀土族离子 Gd 在 X 型六角铁氧体的代换可见文献[49]。

### 3. 磁晶各向异性

从晶体对称性考虑,对六角晶系,磁晶各向异性能的宏观表达式近似地可表达为

$$F_K=K_1\sin^2\theta+K_2\sin^4\theta \tag{1.3.1}$$

式中 $\theta$ 是磁化矢量相对于 $c$ 轴的夹角。

考虑到 $K_1$,$K_2$ 各种可能的数值与符号,对 $F_K$ 求能量的极小值,可获 $M_s$ 的择优方向(易磁化方向或易磁化曲面),其结果如下:

① $\theta_0=0°$,$c$ 轴为易磁化方向,称之为主轴型。其区域为:$K_1>0$ 及 $K_1+K_2>0$,等效磁场 $H_\theta^A=2K_1/\mu_0M_s$。

② $\theta_0=90°$,垂直于 $c$ 轴的平面为易磁化平面,称之为平面型。其区域为:$K_1<-K_2$ 和 $K_1<-2K_2$,等效磁场 $H_\theta^A=-2(K_1+2K_2)/\mu_0M_s$。

③ $\theta_0=\arcsin\sqrt{-K_1/2K_2}$,与 $c$ 轴成 $\theta$ 角的圆锥面为易磁化曲面,曲面上任一母线为易磁化方向,称之为锥面型。其区域为:$K_1<0$,$K_1>-2K_2$。等效磁场 $H_\theta^A=-2(K_1/K_2)\cdot(K_1+2K_2)/\mu_0M_s$,$H_\theta^A=36|K_2|\sin^4\theta_0/\mu_0M_s$。假如用图来表示,可在 $K_1$ 与 $K_2$ 平面内划分三个区域,分别相应于 $\theta_0=0°$,

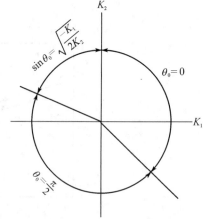

图 1.3.29  六角晶系铁氧体的易磁化方向与 $K_1$,$K_2$ 值的关系

$\theta_0 = 90°$，$\theta_0 = \arcsin\sqrt{-K_1/2K_2}$ 三种情况，如图 1.3.29 所示。

$K_1$ 与 $K_2$ 的数值与符号完全可由实验来确定，人们对一系列的六角晶系铁氧体曾进行过实验研究，现仅举 $BaFe_{12}O_{19}$，$Co_2Y$ 及 $Co_2Z$ 三种铁氧体的典型曲线来说明。

对钡铁氧体（$BaFe_{12}O_{19}$），其 $M_s$，$K_1$ 以及各向异性场 $H_\theta^A$ 随温度变化的曲线如图 1.3.30 所示。在所测定的温度范围内，$K_1 > 0$（$BaFe_{12}O_{19}$ 之 $K_2$ 值甚小），故钡铁氧体为主轴型，其 $c$ 轴为易磁化方向。$Co_2Y$ 的实验曲线如图 1.3.31 所示。与钡铁氧体有一点是显著不同的，即当温度接近于 215 K 时，（$K_1 + 2K_2$）急剧地减小，当 $T > 215$ K 时，（$K_1 + 2K_2$）$< 0$，垂直于 $c$ 轴的基平面为易磁化平面，乃为平面型。$M_s$ 与 $c$ 轴夹角 $\theta$ 随温度的变化见图 1.3.32。对于平面型的六角铁氧体，$M_s$ 处于垂直于六角晶轴"$c$ 轴"的平面之内，在平面内沿着六角的方向是最易磁化方向，要使磁化矢量离开最易磁化方向在平面内转动是比较容易的，也就是说，各向异性场 $H_\theta^A$ 较低，$H_\theta^A \approx$ 8 kA/m。有的如 $Zn_2Y$ 可低到 40 A/m，显示出软磁材料的特性。但是要使磁化矢量离开易磁化平面而平行于 $c$ 轴，则需要甚高的磁场，即各向异性场 $H_\theta^A$ 很高，$H_\theta^A \approx$ 800 kA/m，两者相差近 100 倍，这就使得沿着 $x$ 方向与沿着 $y$ 方向的转动磁化率不同，$\chi_x \gg \chi_y$。该性质对超高频软磁铁氧体十分重要，可以显著提高截止频率。$Co_2Z$ 与 $Co_2Y$ 相类似，可分为三个温度区域，$T > 480$ K 时为主轴型，220 K $< T <$ 480 K 时为平面型，$T < 220$ K 时为锥面型。室温下几种铁氧体的磁晶各向异性类型列于表 1.3.16。

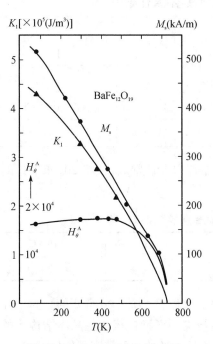

图 1.3.30　$BaFe_{12}O_{19}$ 之 $M_s$-$T$，
$K_1$-$T$ 及 $H_\theta^A$-$T$ 曲线[1]

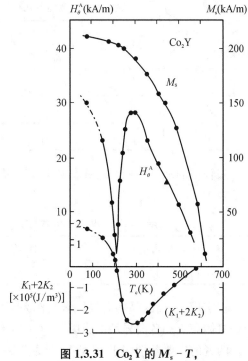

图 1.3.31　$Co_2Y$ 的 $M_s$-$T$，
（$K_1 + 2K_2$）-$T$ 及 $H_\theta^A$-$T$ 曲线[1]

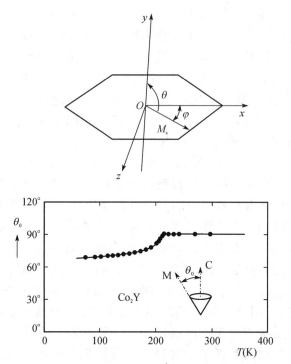

**图 1.3.32　$Co_2Y$ 之 $M_s$ 相对于 $c$ 轴平衡时的 $\theta$ 与 $T$ 之关系[1]**

**表 1.3.16　室温下几种铁氧体的磁晶各向异性类型**

| 晶体结构 ＼ $Me^{2+}$ | Mn | Fe | Co | Ni | Zn | Mg | 说明 |
|---|---|---|---|---|---|---|---|
| W | // | // | ⊥ | // | // | // | //：主轴型 |
| Z | // | // | ⊥ | // | // | // | ⊥：平面型 |
| Y | ⊥ | ⊥ | ⊥ | ⊥ | ⊥ | ⊥ | |

　　主轴型的钡、锶、铅六角铁氧体具有甚高的磁晶各向异性常数,兹将 20℃时 $K_1$ 的值列于表 1.3.17 中。

**表 1.3.17　Ba,Sr,Pb 六角铁氧体之磁晶各向异性常数(20℃)[7]**

| 六角铁氧体 | BaM | SrM | PbM |
|---|---|---|---|
| $K_1[\times 10^5(\text{J/m}^3)]$ | 3.3 | 3.5 | 2.2 |

　　在实用上,高磁晶各向异性常数作为高矫顽力的永磁材料是十分重要的。为了弄清钡铁氧体高磁晶各向异性的原因,可对比磁铅石型与尖晶石型铁氧体在晶体结构上的差别。两者的主要差别在于“R 块”,“R 块”中存在对称性很低的六面体座晶位($2b$),是尖晶石型铁氧体所没有的,$Fe^{3+}$ 在 $2b$ 晶位受到周围阴离子强的三角晶场作用,以致产生比立方晶系高得多的磁晶各向异性。Fuchikami[63]从单离子模型出发,采用强场近似,从理论

上肯定了 $Fe^{3+}$ 在 $2b$ 晶位提供强的各向异性。在实验中,Haberey 等[64]制成了 R 块($BaTi_2Fe_4O_{11}$)铁氧体,发现 $2b$ 晶位相应有甚大的穆斯堡尔谱的四极矩分裂(0.86 mm/s),并且在 77 K 显示出单轴各向异性。

1976 年,Asti[65]对比 BaM 的 $K_1$-$T$ 与 $M_s$-$T$ 曲线,认为磁晶各向异性并非全由 $2b$ 晶位铁离子所贡献,而是一半来自 $12k$ 中的 $Fe^{3+}$,另一半来自 $2b$ 及其他晶位。Asti[65]根据穆斯堡尔谱分析,认为五种晶位的铁离子均对磁晶各向异性有不容忽视的贡献。Kojima[24]研究了 $In^{3+}$ 等离子代换亦同意此观点。

Fe 在 $2b$(或 $4e$)晶位可能为共价键[66]而非离子键,因此采用晶场理论是不适宜的。Trautwein 等人[67]从分子轨道理论出发,考虑到处于 $4e$ 晶位的 Fe 离子与周围氧离子的共价结合,能合理地解释 $2b$ 晶位相应有甚大的穆斯堡尔谱四极矩分裂的实验事实。因此,为了探究钡铁氧体高磁晶各向异性来源,尚需进一步进行有关的实验与理论工作。有关永磁铁氧体磁晶各向异性评述见文献[68]。有关永磁铁氧体与平面六角铁氧体的评述见文献[69,70,71]。

## 1.3.3 钡铁氧体

1933 年加藤和武井研制成立方晶系的钴铁氧体,揭开了氧化物永磁材料研究的序幕。1938 年 Adelskold 确定了磁铅石矿的晶体结构,为六角晶系永磁铁氧体的发展奠定了结晶学的基石。1952 年 Went 等人[72]对各向同性的钡铁氧体的制备及其磁性进行了系统的研究。1954 年各向异性的钡铁氧体生产工艺问世[73],使磁能积大幅度地提高。1963 年高性能的锶铁氧体投产[74]。20 世纪 70 年代,永磁铁氧体的产量已在永磁材料领域中占首位。永磁铁氧体在各工业生产领域的应用十分活跃,例如电声器件中的永磁体,约占永磁材料的 50%,其次是电机中的应用,约占 20%,并有不断增长的趋势。Parker[75]对比了各类永磁体做成电机后价格与功率的关系,见图 1.3.33。从价格上考虑,功率为 $1\sim10^4$ W 的电机以永磁铁氧体为宜,对微型电机($P<1$ W),以及大型电机($P>10^4$ W),以高磁能积、高性能的稀土永磁为宜。从单位磁能积所相应的价格来比,永磁铁氧体的性能价格比优于金

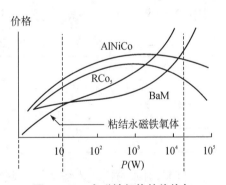

**图 1.3.33　永磁铁氧体的价格与
功率的相互关系[75]**

属永磁材料。近年来,轻稀土 La,Ce 取代重稀土(Nd,Pr)制备成双主相稀土永磁,其性能与价格可调节其比例而改变,将进一步压缩永磁铁氧体的应用空间,在应用上已成为永磁铁氧体的强力竞争对手,但在永磁材料领域中,永磁铁氧体仍将占有不容忽视的地位。

### 1. 永磁铁氧体的特性

永磁材料的静态特性通常用退磁曲线来表征,主要参量有:剩余磁通量密度 $B_r$,矫顽力 $H_{cB}$,内禀矫顽力 $H_{cj}$ 以及最大磁能积 $(BH)_{max}$。三者彼此相关联,对理想的退磁曲

线，$(BH)_{max} = \dfrac{1}{4}B_r^2$，而 $H_{cB} \leqslant B_r$，所以高 $H_{cB}$ 的前提要高 $B_r$，而要提高 $(BH)_{max}$ 就需要提

高 $H_{cB}$ 与 $B_r$。$B_r \leqslant M_s$，因此永磁材料最高磁能积理论值为 $(BH)_{max} = \dfrac{1}{4}M_s^2$。

铁氧体的亚铁磁性决定了它的饱和磁化强度是不高的，$M_s = 358$ kA/m。为了提高 $B_r$ 就必须提高矩形比 $M_r/M_s$，在工艺上通常采用磁场取向成型。永磁铁氧体的特点是磁晶各向异性较高，$K_1 \approx 3.3 \times 10^5$ J/m$^3$（20℃）。低 $M_s$、高 $K_1$ 值决定了永磁铁氧体的矫顽力主要取决于磁晶各向异性，即 $H_c \propto \dfrac{K_1}{M_s}$。

Jahn[76] 曾将 BaM，SrM 单晶体从球状逐渐磨成片状，然后测量各向异性随形状的变化，以了解形状各向异性对有效各向异性的影响。

$$K_{eff} = K_1 - \frac{1}{2}(N_c - N_a)M_s^2 \tag{1.3.2a}$$

式中，$N_c$，$N_a$ 分别为椭球短轴、长轴的退磁因子。改变形状就可以改变退磁因子，从而了解形状各向异性的贡献。实验结果和上式的计算结果相一致。考虑了形状各向异性的影响，对各向同性单畴集合体的矫顽力，根据 Stoner-Wohlfath 一致转动的反转磁化模型，可以得到公式

$$H_{cj} = 0.48\left(\frac{2K_1}{\mu_0 M_s} - NM_s\right) \tag{1.3.2b}$$

式中，$N = N_c - N_a$。根据上述公式，计算永磁铁氧体 $H_{cj}$ 的理论值列于表 1.3.18 中。

表 1.3.18　永磁铁氧体内秉矫顽力 $H_{cj}$ 的理论值(SW 模型)

| 磁性能 | BaM | SrM | PbM |
|---|---|---|---|
| $M_s$(kA/m,20℃) | 380 | 370 | 320 |
| $K_1[\times 10^5 (J/m^3),20℃]$ | 3.3 | 3.6 | 2.2 |
| $H_{cj}[\times 80(kA/m)]$ | 6.9 | 7.7 | 5.6 |

目前，对永磁铁氧体烧结体，剩磁感应强度 $B_r$ 值已高达 450 mT，非常接近于 BaM 的饱和磁感应强度值(477 mT)，但其内秉矫顽力 $H_{cj}$ 却远较理论值低得多，通常最高约为 318.3 kA/m。

为了缩小理论与实验的差异，设法提高永磁铁氧体的矫顽力，人们进行了多方面的实验与理论工作，问题的焦点为反磁化过程是磁畴转动抑或畴壁位移? 1960 年 щур 等人[77] 用粉纹法研究了钡铁氧体的磁畴结构，对 $H_c \approx 56 \sim 80$ kA/m 的样品，直接可以观察到畴壁位移的反磁化过程，畴壁需要在十分高的磁场(1 200～1 353 kA/m)下才逐渐消失。对于更高矫顽力的样品，$H_c \approx 160$ kA/m，由于晶粒细小，不能直接进行磁畴观察，但测量 $H_{cj}$ 与磁化场相对于易磁化轴夹角 $\theta$ 的关系，可以判断还是以畴壁位移为主。此外，Koyy[78]，Jahn[76] 以及 Duijvestijn[79] 等人分别从实验与理论上对永磁铁氧体的磁畴结构

进行了研究。

Ratham 及 Buesem[80]研究了平均颗粒尺寸为 $0.4\sim200~\mu m$ 的钡铁氧体粉料之 $H_{cj}$ 与 $\theta$ 的依赖性,发现粒径在 $100\sim200~\mu m$ 范围内,$H_{cj}$ 与 $\cos\theta$ 成反比,服从 Kondorsky 关系,推断出反磁化以畴壁位移为主,而对于粒径为 $0.5~\mu m$ 的颗粒,反磁化可以用一致转动的 Stoner-Wohlfarth 理论进行解释。在一般情况下,粒子集合体的反磁化过程可以认为位移与转动共存。假如有"$\gamma$"百分数粒子服从 Kondorsky 关系,那么总的矫顽力可以表述为两类贡献的叠加,即

$$H_{cj} = (1-\gamma)H_{sw}(\theta) + \frac{\gamma H_n}{\cos\theta} \tag{1.3.3}$$

式中,$H_{sw}(\theta)$ 为 SW 型矫顽力,$H_n$ 为临界场。

继后,Haneda 与 Kojima[81]提出与式(1.3.3)不同的 $H_{cj}$ 表述式,其形式类似于电阻并联公式:

$$\frac{1}{H_{cj}} = \frac{1-\gamma(\theta)}{H_{sw}(\theta)} + \frac{\gamma(\theta)}{H_n/\cos\theta} \tag{1.3.4}$$

式中,$\gamma(\theta)$ 可以从 $H_c$ 附近的 $M$-$H$ 曲线通过外插而得到。

对高磁晶各向异性的永磁铁氧体,提高矫顽力的关键是避免反磁化核的产生。永磁铁氧体的单畴临界尺寸 $R_c$(半径)近似地可表述为

$$R_c = \frac{9\sigma_W}{\mu_0 M_s} \tag{1.3.5}$$

式中 $\sigma_W$ 为畴壁能密度。对钡铁氧体 $R_c \approx 0.45 \sim 0.50~\mu m$。

Shirk 与 Buessem[82]研究了矫顽力与钡铁氧体颗粒尺寸的关系。如图 1.3.34,当颗粒尺寸小于 $0.01~\mu m$ 时,$H_{cj}$ 急剧下降,进入超顺磁性颗粒范畴;在大于 $0.01~\mu m$ 而小于 $1~\mu m$ 的区域内,实验值低于 SW 理论曲线,有可能是由于颗粒结晶不够完美;当颗粒直径大于 $1~\mu m$ 时,$H_c$ 随直径的增加而剧烈地下降,如图 1.3.35 所示,呈现多畴磁结构。因此,永磁铁氧体颗粒尺寸的分布最好介于 $0.1\sim1~\mu m$ 之间,高矫顽力永磁铁氧体的反磁化机制是磁畴转动,抑或畴壁钉扎,目前尚未定论,但减少颗粒尺寸保证高矫顽力这一点是实验所确证的事实。

兹将永磁铁氧体的基本特性列于表 1.3.19 中。

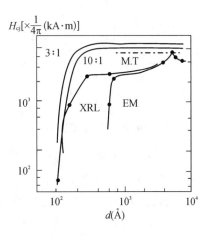

图 1.3.34　钡铁氧体本征矫顽力与颗粒尺寸之关系:EM 为电子显微镜结果;XRL 为 X 射线衍射结果;M.T 为 Mee 与 Teschke 结果;3:1,10:1 为 SW 理论曲线,分别为具有轴比率为 3:1 和 10:1 的椭球体[82]

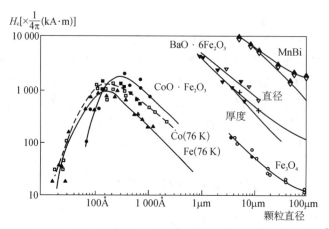

图 1.3.35 BaO·6Fe₂O₃,Fe,MnBi 之本征矫顽力与颗粒尺寸之关系[83]

表 1.3.19 永磁铁氧体的基本特性(室温)

| | BaM | PbM | SrM |
|---|---|---|---|
| $M_s$(kA/m) | 380 | 320 | 370 |
| $K[\times 10^5(\text{J/m}^3),20℃]$ | 3.3 | 3.2 | 3.6(3.7) |
| $d$(g/cm³) | 5.3 | 5.6 | 5.1 |
| $\theta_f$(℃) | 450 | 452 | 460 |
| $(BH)_{max}$(kJ/m³)(理论) | 43 | 35.8 | 41.4 |
| $\rho$(Ω·cm) | ≥10⁸ | | ≥10⁸ |
| $H_{cj}[\times 10^3/(4\pi)(\text{kA/m})]$(理论) | 6.9 | 5.4 | 8.1 |
| $\sigma_s$(A·m²/kg) | 71.7 | 58.2 | 72.5 |

注:表中 BaM＝BaO·6Fe₂O₃＝BaFe₁₂O₁₉,其余类推;钡铁氧体磁感应强度的温度系数 $\beta_B \approx 0.2\%$℃;热膨胀系数为 $10.3\times 10^{-6}$;热传导率为 $1.6\times 10^{-3}$。

## 2. 钡铁氧体制备

钡铁氧体是价格低廉的一种永磁材料,其本征性能在 1.3.1 节中已作了介绍。本节重点介绍其技术磁性能以及制备工艺。制备钡铁氧体多数采用氧化物陶瓷工艺,这里仅介绍一些重要的工艺环节,钡铁氧体是永磁铁氧体中最早进入工业生产的,由于重金属钡污染环境,其性能亦逊于锶铁氧体,因此产量锐减,但原则上它的成熟工艺对于制备锶铁氧体也适用。

### (1) 配方

① 基本配方。

钡铁氧体的分子式为 BaFe₁₂O₁₉＝BaO·6Fe₂O₃。按理基本配方应当是 BaO：Fe₂O₃＝1：6,实际上低于 1：6。究其原因,存在着几方面的因素:(a) 对低于 1：6 的配方往往会在晶界呈现第二相 BaO·Fe₂O₃,因而有利于阻止晶粒长大。[84](b) 生成合适的缺陷结构,有利于离子扩散,降低烧结温度,增进密度。(c) 补偿球磨时铁的加入以及烧结时碱土氧化物的挥发。(d) 原料中常含有硫类杂质,这些杂质在生成铁氧体(温度约

800℃)前就与 BaO 生成 $BaSO_4$(约 700℃),因此,BaO 的实际含量应增加。(e)亦有人对 BaO·5.5$Fe_2O_3$ 具有高磁能积的原因进行分析[85],发现存在着一种新的铁氧体,配比 $BaFe_{IV}$ B＝$Ba_3Fe_4^{2+}Fe_{28}^{3+}O_{49}$,20℃时其磁性有:$M_s$＝400 kA/m,$H_A$＝1 540 kA/m,$T_c$＝451℃,而 BaO·5.5$Fe_2O_3$ 却由 $\frac{1}{3}$$BaFe_{12}O_{19}$ 以及 $\frac{2}{3}$$BaFe_{IV}$ B 重量比所组成,因而导致 1∶5.5 比率的磁性最高。

由于在生产中使用的氧化铁原料纯度不可能很高,所含的杂质亦有很大的起伏,因此 BaO 与 $Fe_2O_3$ 的配比应当根据原料情况而改变,一般而言,随着原料纯度下降配比偏小甚至可达 1∶5.0,随原料纯度增加,配比趋于正分比例,见图1.3.36。[86]

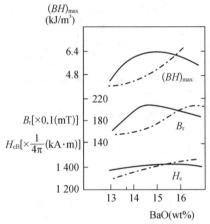

图 1.3.36　原料纯度 BaO(wt%)
最佳配比的影响[86]

虚线:$Fe_2O_3$ 纯度 98%
实线:$Fe_2O_3$ 纯度 99.2%

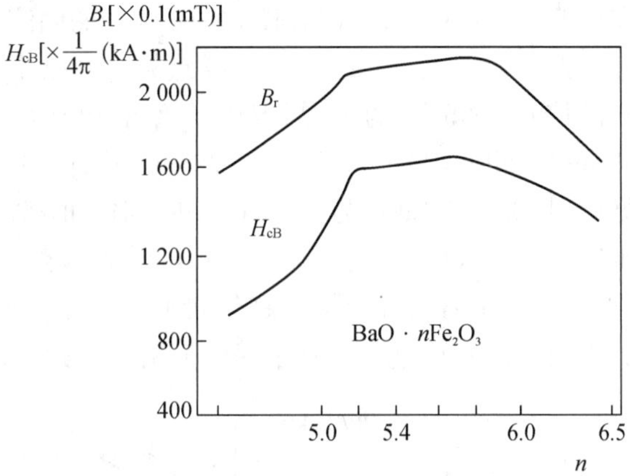

图 1.3.37　各向同性钡铁氧体磁
性能和配比 $n$ 的关系

据实验结果,基本配方和磁性的关系大致如图 1.3.37 表述。

由于原料的含杂量不同,将会影响最佳的基本配比,在料源固定的条件下,通过实验以确定最佳的基本配方。

② 添加物的影响。

基本配方确定以后,为了进一步改善磁性能,人们进行了各种添加物的试验。例如,高岭土,$SiO_2$,$Al_2O_3$,$CaCO_3$,$CaF_2$,$Pb_3O_4$,$PbF_2$,$Bi_2O_3$,$As_2O_3$,$H_3BO_3$,$Cr_2O_3$ 以及稀土氧化物等。添加剂的主要作用是:(a)细化晶粒,以便在较宽的烧结温区获得高 $H_c$;(b)增进密度以提高 $B_r$;(c)改善温度系数等。矫顽力 $H_c$ 是结构灵敏性量,强烈地依赖于显微结构,少量的添加物对 $H_c$ 会有显著的影响。

高岭土:高岭土是高岭土类矿物组成的一种黏土。高岭土类矿物属于 1∶1 型层状硅酸盐,高岭土亚类(高岭石、地开石、珍珠石)的分子式为 $Al_4[Si_4O_{10}](OH)_3$,多水高岭土亚类比它多含(0.5～4$H_2O$)结晶水,高岭土类矿物常混入少量的 $Fe_2O_3$,CaO,MgO,$Na_2O$,$K_2O$ 等成分。[87]高岭土价廉,因此是常用的添加物。少量地添加高岭土有利于细化晶粒,提高钡铁氧体的 $H_{cB}$,通常添加量为 0.5%～1.0%,分两次分别加入配方与第二次球磨工序中。

$Al_2O_3$:Haneda[88]曾研究过 Al,In,Cr,Zn,Ge,Nb,Ga 等离子代换对磁性能的影响。Al 代换 Fe,磁晶各向异性场将增大,从而得到较高的本征矫顽力。Cr,Ga 的代换可以增大单畴临界尺寸,但 Al,Cr,Ga 的代换均会使 $M_s$ 下降,$\theta_f$ 降低,过量的代换是不适宜的。发现 In,Zn 的代换会使 $H_{cj}$ 急剧下降,对提高永磁性能不利,因而应避免 In,Zn 离子的掺入。Al 离子的代换对钡铁氧体本征性能的影响可参看 1.3.1 节。

$SiO_2$:$SiO_2$ 的添加对永磁铁氧体磁性的影响已有不少研究,文献[89]对其作用进行了仔细的研究,Si 可以与 Ba 生成 $BaSi_2O_5$($T \leqslant 995℃$),在较高温度时($T > 1\,000℃$),可生成液相的玻璃态。Si 的含量富集于晶界,可以阻止晶粒成长。在 1 250℃ 空气中烧结时,$SiO_2$ 在 BaM 中的固溶量约为 0.55wt%。$Fe_2O_3 \cdot BaO \cdot SiO_2$ 可以生成低熔点(995℃)的非晶产物,大致的组成为 53 mol% $SiO_2$,20 mol% $Fe_2O_3$,27 mol% BaO,见图 1.3.38。$SiO_2$ 与 $MnCO_3$ 组合附加,对 $BaO \cdot 5.7Fe_2O_3$ 配比样品,1 290℃,2 小时预烧,1 230℃,3 小时烧结,最佳磁性能可达 $B_r = 425$ mT,$H_{cB} = 174$ kA/m,$(BH)_{max} = 35.1$ kJ/m³,磁性能与添加量的关系见图 1.3.39。

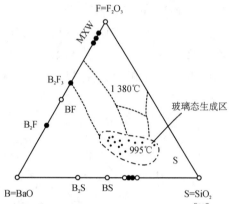

图 1.3.38　$Fe_2O_3 \cdot BaO \cdot SiO_2$ 三元图[89]

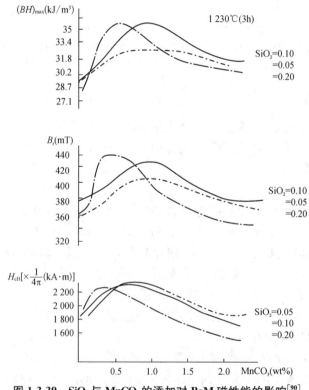

图 1.3.39　$SiO_2$ 与 $MnCO_3$ 的添加对 BaM 磁性能的影响[90]

稀土氧化物:稀土离子在永磁铁氧体中的代换量已在1.3.1节中作了介绍,少量的添加对技术磁性能的影响是人们关心的问题。[20]文献[91,92]对 $La_2O_3$ 的添加进行了研究,对配比为 $(BaO)_{1-x}(La_2O_3)_{x/2} \cdot 5.6Fe_2O_3$ 的组成,当 $0 \leqslant x \leqslant 0.12$ 时,磁性能最佳,少量 $La_2O_3$ 的添加可以增加矫顽力,并不过多地影响 $B_r$,从而提高 $(BH)_{max}$ 值,见图1.3.40。此外还可以使烧结温度的宽容度增加,有利于提高产品的成品率,见图1.3.41。Горватюк[93]研究了 La,Na,Ga,Lu 等代换对磁性能的影响,如图1.3.42所示。其中轻稀土族元素如 La,Ce,Pr,Na 等,有利于磁能积提高,最佳的代换量为7%~10%;对重稀土族元素,如 Gd,Tb,Sc 等,没有明显的变化。纯的稀土氧化物是相当昂贵的,通常生产单位采用工业纯的混合稀土氧化物,稀土氧化物可在二次球磨时加入。

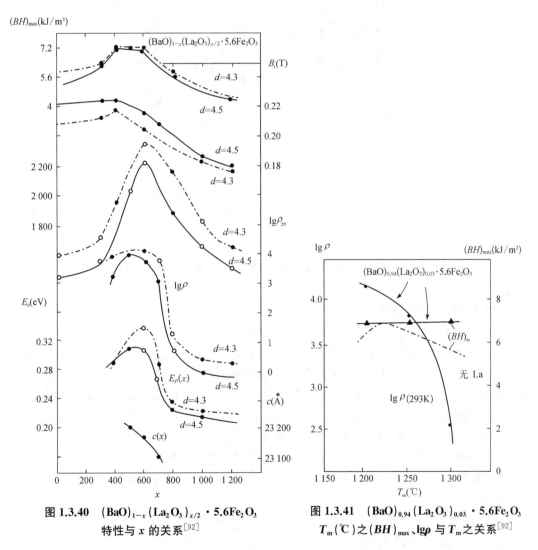

图1.3.40 $(BaO)_{1-x}(La_2O_3)_{x/2} \cdot 5.6Fe_2O_3$ 特性与 $x$ 的关系[92]

图1.3.41 $(BaO)_{0.94}(La_2O_3)_{0.03} \cdot 5.6Fe_2O_3$ $T_m(℃)$之$(BH)_{max}$、$lg\rho$ 与 $T_m$ 之关系[92]

As,Pb,Bi 等代换:$Pb_3O_4$,$Bi_2O_3$ 往往作为低熔点助熔剂添加,它可以降低烧结温度,增进密度,提高 $B_r$,$As_2O_5$ 的添加有利于降低 $M_s$ 的温度系数[94];Pb,As 的蒸气有毒,对环境有污染；Bi 价格较贵。因此在选择添加剂时，除考虑对性能影响外，尚需考虑无毒性和经济性。

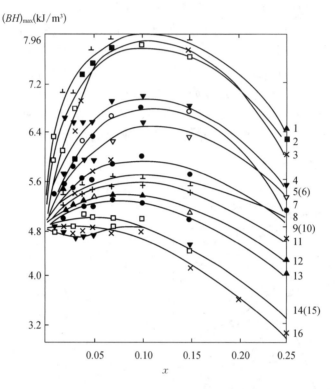

1. $Pr_6O_{11}$；2. $CeO_2$；3. $Nd_2O_3$；4. $Sm_2O_3$；5(6). $Er_2O_3(Ho_2O_3)$；7. $La_2O_3$；8. $Y_2O_3$；9(10). $Eu_2O_3(Tm_2O_3)$；11. $Dy_2O_3$；12. $Yd_2O_3$；13. $Lu_2O_3$；14. $Gd_2O_3$；15. $Tb_4O_7$；16. $Sc_2O_3$

**图 1.3.42　稀土氧化物代换对钡铁氧体磁能积(各向同性)的影响[93]**

**(2) 原料、预烧与球磨**

永磁铁氧体对原材料并不十分苛求。为了降低成本，国内不少单位采用铁鳞、硫酸渣以及铁精矿粉等作原料。铁鳞是轧钢厂在热轧钢片时，由氧化表面剥落的鳞片状屑子，其主要成分是 $Fe_3O_4$，含有少量 FeO；硫酸渣是指硫酸厂煅烧硫铁矿($FeS_2$)制备 $H_2SO_4$ 时所残留的铁氧化物，由于制备条件不同，硫酸渣的主要成分可以是 $Fe_3O_4$，亦可以是 $Fe_2O_3$；(铁)精矿粉为经风化后的铁矿粉，含铁量可高达 70wt%。铁鳞、铁精矿粉等活性较差，通常要进行磁选磨细或氧化，以增进纯度与活性，测得含铁量后再进行配方。国外大多采用将酸洗钢铁的氯化铁溶液进行喷雾煅烧同时再生盐酸的工艺来制备廉价的氧化铁，简称为 Ruthner 法。[95]这种氧化铁的活性甚佳，如除去硅等杂质，亦适宜作为软磁铁氧体原材料。

BaO 易吸水，不稳定，生产中常采用 $BaCO_3$。$BaCO_3$ 于 $900\sim1\,000$℃ 温区分解为 $BaO+CO_2$，其活性亦优于 BaO。

原料粒度细、分布窄以及活性高将有利于低温预烧反应完全、晶粒均匀而细小，对提高磁性能十分有利。通常预烧采用直热式回转窑，以柴油或重油为燃料。亦有人提出用流化床方法进行生产更为有利[96]。

预烧料的球磨是影响最终产品性能的关键工序之一,最好采用多级球磨的方式:粉碎—粗磨—细磨,以利于缩短球磨时间,窄化粒度分布,降低能耗。球磨后的粉料粒度最好在 $1~\mu m$ 左右,有利于提高磁性能。但颗粒变细后,对成型模具的精度要求高,抽滤的效率降低,因此对性能要求不高的产品,往往减少球磨时间,使颗粒变粗,虽磁性能有所下降,但成型效率可显著提高。过长的球磨时间反而会导致磁性能的下降,除了影响组分偏离、产生超顺磁颗粒外,在烧结过程中还会导致晶粒不连续成长。

### 3. 成型

钡铁氧体由于制备工艺不同,可分为各向同性与各向异性两大类。各向同性钡铁氧体颗粒的易磁化方向在空间是作统计的混乱分布,表现在磁性上是各向同性的,故 $(B_r)_{\parallel} = B_{r\perp} = \dfrac{1}{2}B_s$,磁能积不高,$(BH)_{max} = 7.96~kJ/m^3$。理论上磁能积的最大值为 $(B_r/2)^2$,要提高磁能积就必须提高 $B_r$,而要提高 $B_r$ 就必须使晶粒 $c$ 轴作取向排列,亦即产生结晶织构,这种织构称之为各向异性,表现在磁性上垂直于织构方向与平行于织构方向的性能是不一样的。在理想情况下,$(B_r)_{\parallel} = B_s$,$(B_r)_{\perp} = 0$,此时磁能积要比各向同性的产品高4倍。正因为如此,各向异性铁氧体的产量远大于各向同性体。各向异性铁氧体的制备常采用磁场取向成型法,即利用成型时附加的直流磁场使单畴颗粒的易磁化方向沿着外磁场方向作整齐的取向排列,这样的坯件经过烧结可获得各向异性的永磁铁氧体。

磁场取向成型法有湿法和干法之分,成型前的工序基本上和各向同性是相同的,关键在于成型工序有区别。

**(1) 湿法磁场成型**

湿法磁场成型是将二次球磨后的料浆直接置于模具中,在加压力成型的同时施加一定方向(垂直或平行于压力方向)的强磁场,使单畴颗粒作定向排列,同时用真空泵抽水,通过冲头上所钻的小孔将水分排净。为了防止抽出料浆,在上下冲头处需垫滤纸、滤布或羊毛毡等。成型坯件按一般工艺烧结。

为了克服颗粒取向过程的阻力,一般起始磁场约为 $200~kA/m$,随着压缩,间距减少,磁场会自动增强,到压缩结束时,磁场约为 $640~kA/m$。为了帮助颗粒取向,亦可在上下模闭合时附加脉冲磁场。

磁场取向成型中,模具设计非常重要。原则上讲,加磁场的方向所用材料应当是导磁材料,为了同时照顾机械强度可以用高碳钢,而模腔部分应采用无磁钢(如高锰钢、无磁硬质合金钢等),以防止磁屏蔽。对固定模可采用单线包,上、下冲头为导磁体,兼作磁极,模腔为无磁钢;对浮动模,应采用双线包,上线包与上冲头联动,下线包置于模腔外,可与模腔联动,也可固定。两线包的磁场方向应一致,成型平台应为非导磁材料,图 1.3.43(a)、(b)所示为其结构。径向磁场成型磁路结构可采用图 1.3.43(c)的形式。注浆模如图 1.3.43(d)所示。实践表明,采用硬质合金钢模具有利于提高产品质量与成品率。

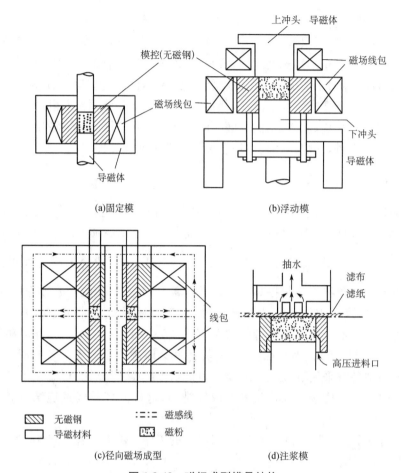

(a)固定模      (b)浮动模

| 无磁钢 | :⋮: 磁感线 |
| 导磁材料 | 磁粉 |

(c)径向磁场成型      (d)注浆模

**图 1.3.43　磁场成型模具结构**

　　湿压成型模具脱水板设计采用均匀分布孔径为 1.5～3 mm 的脱水孔。压制时沿垂直方向将滤水抽走,也可在模具成型空间内开网状小槽,加外周侧脱水孔。沿水平方向抽水,其脱水效果好,不易堵塞,可获密度一致的坯件。

　　湿压磁场成型时,磁性颗粒串联成链状结构,水透过滤纸的能力与磁场相对于压制的方向有关,如图 1.3.44 所示。根据 Darcy 理论[97]有

$$v = \frac{1}{A}\frac{\mathrm{d}v}{\mathrm{d}t} = p\,\frac{1}{\eta L}\Delta p_s$$

式中,$v$ 为表面流体速度;$A$ 为截面积;$\dfrac{\mathrm{d}v}{\mathrm{d}t}$ 为压滤率;$\eta$ 为流体的黏滞系数;$p$ 为渗透率;$\Delta p_s$ 为形成压滤块时压力的突变;$L$ 为压滤块的厚度。可

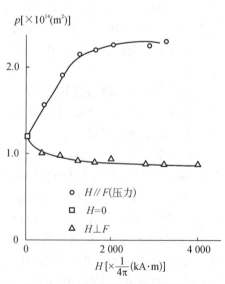

**图 1.3.44　渗透率与外磁场的关系,$F$ 为压力方向[26]**

知渗透率 $p$ 不仅与磁场以及磁场方向有关,而且与料浆中颗粒尺寸有关。随着颗粒尺寸的减小,$p$ 亦随之下降,越细的料浆越难抽滤。根据 Strijbos[97] 对不同颗粒尺寸的锶铁氧体实验结果,将有关数据列于表 1.3.20。

表 1.3.20　渗透率与料浆中颗粒尺寸之关系[97]

| 粉料 | $p(H>200\ kA/m)$ | | $p_{//}/p_\perp$ | 颗粒尺寸($\mu m$) |
| --- | --- | --- | --- | --- |
| | $p_{//}(m^2)$ | $p_\perp$ | | |
| A | $2.25\times10^{-14}$ | $0.95\times10^{-14}$ | 2.4 | 1.05 |
| B | $1.75\times10^{-14}$ | $0.80\times10^{-14}$ | 2.2 | 0.90 |
| C | $0.85\times10^{-14}$ | $0.40\times10^{-14}$ | 2.1 | 0.65 |

假如料浆中存在非磁性杂质,在磁场中将无法排列成链状结构,容易堵塞滤孔,难以压滤成型,因此要求预烧料尽可能固相反应完全,不存在非磁性另相。通过测量预烧料比饱和磁化强度值可衡量固相反应完全的情况,一般要求其值大于 $65A\cdot m^2/kg$。

在湿压磁场成型中,磁性颗粒在磁场中的取向度亦与料浆中的含水量有关。适当的含水量既有利于颗粒取向,也有利于抽滤。一般含水量应小于 $25\%\sim35\%$,注浆成型时含水量可高些,如 $30\%\sim40\%$。为了提高取向度,可添加少量有机表面活性剂,以降低料浆的表面黏性,如聚乙烯二醇(原蜡 400,碳蜡 3 000)、Darvan C(氨盐聚合电介质)、Dolapix ET85 等,添加量为 $1\%\sim3\%$。为了增加坯件机械强度,亦可在料浆中添加 $0.25\%$ 的羧基甲纤维素。

湿压磁场成型已普遍采用自动化注浆,产品的磁性能、生产效率均有提高。自动化成型的形式有多种,目前生产中均采用高压注浆,有报道利用梯度磁场进行压滤[98],其产品磁能积可达 $35.8\ kJ/m^3$,但生产中未实用化。

坯件烧结后,尺寸减小。对各向同性样品收缩率约为 $16\%$;各向异性的样品平行于磁场方向收缩率约为 $22\%$,垂直于磁场方向约为 $13\%$,两者相差越大,表明各向异性程度越高。

**(2) 干法磁场成型**

湿法磁场成型虽然性能很好,但抽水滤干过程决定了压制速度不可能很高,烧结后形状尺寸不易精确控制,需磨加工;而干法磁场成型适用于制造小型、异性的产品,其收缩率与产品尺寸易于控制,但其性能低于湿压产品,此外对模具的强度、硬度要求高。

粘合剂是干法磁场成型的关键,它直接影响磁场成型时磁性颗粒的取向度和坯件的机械强度。理想的粘合剂应具有双重性,即既具有一定的润滑性和分散性,又具有一定的粘结性。在成型过程中,未压紧前,希望每一个磁性颗粒表面有一层薄薄的、起着表面润滑作用的粘合剂,并且颗粒之间是分散的,不粘结成团块。这样有利于磁性颗粒在外磁场作用下高度取向排列。而将这种取向排列的颗粒在磁场中压紧成型时,却希望颗粒之间的粘合剂呈现双重性的另一面,即具有一定的粘结性,以保证坯件有一定的机械强度,不产生开裂、起层、掉块、缺角等现象。显然,润滑性和粘结性是一对矛盾,要在一种粘合剂中同时兼备这两方面优良特性是有困难的。可以通过以下途径

来解决此问题:

① 寻找具有此双重性的粘合剂及其组合。

对此类粘合剂总的要求大致如下:

具有一定的粘结性;

具有一定的润滑性;

具有一定的分散性;

较低温度下（$T \leqslant 400℃$）能挥发尽,挥发温度尽可能不太集中;

低毒性;

价廉、料源广;

对磁性能没有影响。

曾在碳氢化合物中选择了樟脑（$C_{10}H_{16}O$）、萘（$C_{10}H_8$）、硬脂酸钙（$C_{18}H_{35}O_2$）$_2$Ca、硬脂酸钡（$C_{18}H_{35}O_2$）$_2$Ba、聚乙烯醇（$C_2H_4O$）以及羧基甲基纤维素钠（CMC）（$RnOCH_2COONa$）这几种粘合剂进行单独与混合试验。主要结果综合如下:

粘合剂应搅拌均匀,弥散于单畴颗粒表面;粉料应松散,流动性好,在理想的情况下应当每一个单畴颗粒在磁场作用下均能自由转动。为达到此目的,可将粘合剂溶解后再与料混合。樟脑、萘、硬脂酸溶于醇,可用工业酒精稀释。在一般情况下,颗粒往往凝聚成团。将粉料加入 3.5wt% 樟脑后分别过 120 目、100 目、60 目、20 目筛和不过筛后压型烧结,比较其磁性能,发现 $B_r$ 随过筛目数增加而增加。这说明凝聚成团后,由于团内粒子间摩擦力增加,以致影响单畴颗粒在外磁场中的取向。

为了有利于颗粒松散、流动性好,有利于转动取向,成型时应将磁场至少倒向一次。有条件时最好粉料进入模具前通过交流线包。如成型时不进行磁场倒向,取向度（即 $B_r$）会明显下降。

② 在过筛与磁场倒向的工艺条件下,分别对上述粘合剂进行试验。

各粘合剂单独加的情况如下:

樟脑是具备润滑与粘结双重性的粘合剂,未压紧时润滑性为主,压紧后粘结性为主。樟脑易挥发,会增添粉料的分散性,用于干法磁场成型是一种较为理想的粘合剂。天然樟脑性能较佳,但价格贵,料源缺,因此采用人工樟脑做试验。在试验过程中,发现如采用球磨混合方式容易粘壁,在球磨过程中容易成团块,很难过 120 目筛。

萘又名洋樟脑,料源广,价格低廉。在试验中发现萘常以鳞片状结晶存在于粉料之中,很难与粉料高度弥散而均匀混合,因此成品中气孔稍多,取向度不佳,一般仅达到湿法的 70% 左右。

硬脂酸钙黏性次于樟脑,润滑性很好,在常温下不挥发,无气味,磁场成型时取向度较佳,可达湿法的 90% 左右,但坯件的机械强度较差。

硬脂酸钡的性能与硬脂酸钙相近,润滑性略差。硬脂酸钡高于 50℃ 易变质,会损失润滑性与粘结性。

聚乙烯醇。潮湿时黏性很强,润滑性很差,干燥时容易使粉料成团,起皮,无粘结性,因此单独用于干法磁场成型很不理想。通常加入量不宜过多,约为 0.2%。

樟脑与硬脂酸钙混合料。樟脑和硬脂酸钙各具优缺点,为了取长补短,进行混合粘合剂的试验,效果较好。例如以 0.5％硬脂酸钙加入粉料中干磨 6 小时左右,然后加入 1wt％的樟脑稍加混合球磨,出料过 120 目筛,成型时取向度与机械强度均很好,一般磁能积可达到湿压的 90％以上。

#### (3) "预磁化"法[99]成型

上述方法的优点是简便、磁性能较高,缺点是樟脑易挥发,需要随配随用,又有特殊气味,要过 120 目筛,粉尘较大。为了克服此缺点,同时寻求价廉、料源广的粘合剂,设想首先将单畴颗粒在磁场中取向排列(预磁化)干燥后制粒,使每一个颗粒成为单畴颗粒的取向集合体,或称之为"类单畴体"。它可以含有数百万颗的单畴颗粒,再加润滑剂,在磁场中取向成型。为了克服退磁场的作用,使"颗粒"内部单畴颗粒整齐排列,在预磁化时还需加入少量的粘合剂,如仅以水为粘合剂则不能达到整齐排列的目的,使磁性能下降。曾采用聚乙烯醇作粘合剂,但干燥后易析出,表面结皮,做成的颗粒不易成球状,且不溶于冷水,干燥后无黏性,取向性差。后改用羧基甲基纤维素钠,效果较好。

预磁化磁场原则上应尽可能高,使单畴颗粒取向排列整齐,从而使得取向集合体颗粒内的取向度得到提高,最后样品性能可达到湿压的 90％以上。具体做法如下:

CMC 的加入量为二次球磨后料浆(含水量约 40％)的 0.2wt％;

将上述料浆在 $H \geqslant 280$ kA/m 磁场中进行预磁化;

将预磁化后的料过 40 目筛,制成尺寸为 0.1～0.6 mm 大小的颗粒;

加入 0.3wt％的硬脂酸钙作润滑剂,在 45～50 MPa 的压力下成型。

由上法所制成的钡铁氧体磁性能约为湿压样品的 94％。

20 世纪 80 年代日本干压磁场成型的产品性能如下:

钡铁氧体:
$$B_r = 370 \sim 410 \text{ mT}$$
$$H_c = 127.3 \sim 159.2 \text{ kA/m}$$
$$(BH)_{max} = 23.8 \sim 28.6 \text{ kJ/m}^3$$

锶铁氧体:
$$B_r = 330 \sim 370 \text{ mT}$$
$$H_c = 214.9 \sim 246.7 \text{ kA/m}$$
$$(BH)_{max} = 19.9 \sim 24.7 \text{ kJ/m}^3$$

除上述磁场取向成型法外,尚有应力取向成型法。[100]其原理是利用压型时的压力将片状的 $\alpha$-FeOOH(铁黄)的(100)面作一定向排列,然后利用固相反应中的拓扑关系生成晶粒取向的永磁铁氧体。

若将 $\alpha$-FeOOH 或低温分解的 $\alpha$-Fe$_2$O$_3$ 与 BaCO$_3$ 或 SrCO$_3$ 按所需比例混合,然后在单向压应力作用下成型,此时 $\alpha$-FeOOH 片的法线[100]晶轴将平行于应力方向。所制成的样品高温焙烧后,将保持成型时所生成的各向异性,如图 1.3.45 所示,反应方程式可写成

$$\alpha\text{-FeOOH} + \text{SrCO}_3 \longrightarrow \alpha\text{-Fe}_2\text{O}_3 + \text{SrCO}_3 \longrightarrow \text{SrO} \cdot 6\text{Fe}_2\text{O}_3$$

拓扑反应过程中各生成物之间的结晶学关系为

$$(100)_{\alpha\text{-FeOOH}} /\!/ (0001)_{\alpha\text{-Fe}_2\text{O}_3} /\!/ (0001)_{\text{SrM}}$$

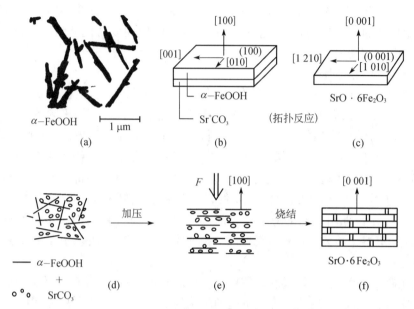

图 1.3.45　应力取向成型法制备铁氧体[100]

用这种方法可不要定向的磁场设备,省略掉湿压工艺过程中所遇到的种种麻烦,还可以进行钻孔、切削加工,对锶铁氧体其性能为$(BH)_{max}=18.3\sim27.9\ kJ/m^3$,$B_r=350\sim400\ mT$,密度为 $4.3\sim4.9\ g/cm^3$。各向异性的取向度在很大的程度上是依赖于 $\alpha$-FeOOH 颗粒的形状与大小,制备合适形状的 $\alpha$-FeOOH 粉料就成为此工艺的关键,利用此法的钡铁氧体磁能积已达 $26.3\ kJ/m^3$。此工艺所需的成型压力较高,为 $100\sim200\ MPa$。为了提高密度和磁性能,可采用预压──→预烧──→将原有坯件在原方向进行二次压型烧结的工艺,锶铁氧体磁能积可达 $31.8\ kJ/m^3$。

由于原料价格较贵及工艺上存在一些新问题,例如对粉料形态要求高、样品收缩率大、压力高等缺点,因此目前尚未投入生产,但对小型异型的产品存在应用的可能性。利用同样的原理可制成有晶粒取向的锰锌软磁铁氧体。

近年来,由于微型电机的迅速发展,需要径向取向的圆柱形磁体。人们巧妙地利用永磁铁氧体六角片型结晶形态,混合有机粘结剂后,采用轧制取向成带状再卷绕成圆柱形,最后烧结成永磁体,工艺原理见图 1.3.46。锶铁氧体产品的磁性能[101]:$B_r=365\ mT$,$H_{cB}=222.8\ kA/m$,$H_{cj}=238.7\ kA/m$,$(BH)_{max}=23.9\ kJ/m^3$,$d=4.95\ g/cm^3$。

**(4) 烧结**

烧结是影响永磁铁氧体技术磁性能及合格率的关键因素之一。通常采用隧道窑烧结,合适的窑温曲线是十分必要的,因此首先介绍相变过程,然后叙述烧结过程中磁性的变化。

① 相变过程。

永磁铁氧体的相变过程比较复杂。当以氧化物或相应盐类混合,在烧结过程中将首先生成中间相,然后高温再生成磁铅石型的永磁铁氧体。对钡铁氧体的相变过程研究较多,在空气中烧结时,相变过程中首先生成的主要中间相为钡单铁氧体,即

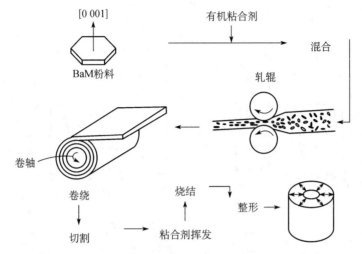

图 1.3.46　径向取向永磁铁氧体圆柱体的加工流程[101]

BaO・Fe$_2$O$_3$。[102]随着温度升高，BaO・Fe$_2$O$_4$再与其余的 Fe$_2$O$_3$ 起反应而生成钡铁氧体，见图 1.3.47。反应过程中除了 BaFe$_2$O$_4$ 相外，尚有部分 2BaO・3Fe$_2$O$_3$ 相。2BaO・3Fe$_2$O$_3$ 相将在 1 150℃附近分解为 1：6 与 1：1 相。[104]此外，在氧化气氛中将有BaFe$_2$O$_{3-x}$ 钙钛石型正铁氧体相[105]产生，在还原气氛中将会有二价铁离子的相产生。[106]例如，BaO・FeO・3Fe$_2$O$_3$相，BaO・FeO・7Fe$_2$O$_3$ 相[106] 以及 BaO・2FeO・8Fe$_2$O$_3$ 相[107]等。

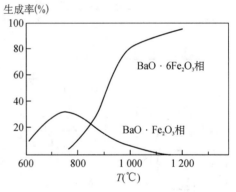

图 1.3.47　钡铁氧体的固相反应过程[103]，
每一温度下保温 3 h

　　Goto，Batti，Hook 等人曾对 BaO・Fe$_2$O$_3$的二元平衡相图进行研究，结果见图1.3.48[108]、1.3.49[109]与图 1.3.50[110]。对比其相图，其间的主要差别在于：Goto 的相图中，5≤n≤6 相区域存在 BaO，固溶于 M 相的均匀相区，见图 1.3.48，而后两者没有；在 Goto 相图中，1：6 相是同成分熔化（congruent melt），而后两者是非同成分熔化（incongruent melt）。

　　Hook 的研究表明在 40 个大气压的氧气氛中，1：6 相才是同成分熔化。[110]此外在共晶温度、高温区相组成等方面三篇文献亦有所不同。由图 1.3.50 可见，在 n≤6 相区，共晶温度为 1 315℃，超过此温度应存在 M 相和 L 相，因此在共晶温度以上将存在液相烧结，有利于提高密度，增加 B$_r$。该结论与 Lacour[111]对 BaO・Fe$_2$O$_3$ 系化合物致密化的研究是一致的（见图 1.3.51），因此生产中常采用 n≤6 的配比，而在该相区所产生的 BaFe$_2$O$_4$ 将存在于晶界阻碍晶粒长大，有利于细化晶粒，提高矫顽力。

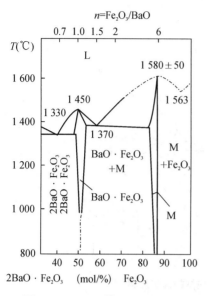

图 1.3.48  Goto 的 BaO·Fe₂O₃
二元平衡状态图[108]

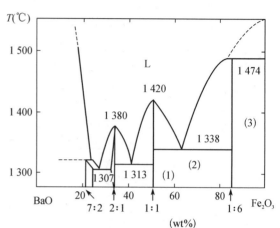

(1) 2BaO·Fe₂O₃ + BaO·Fe₂O₃；(2) BaO·Fe₂O₃ +
BaO·6Fe₂O₃；(3) BaO·6Fe₂O₃ + Fe₂O₃
$p_{O_2} = 1/5$ atm

图 1.3.49  Batti 的 BaO·Fe₂O₃
二元平衡状态图[109]

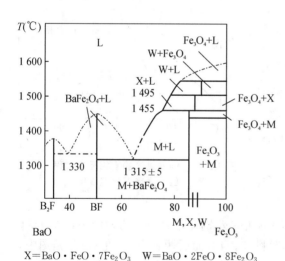

X = BaO·FeO·7Fe₂O₃   W = BaO·2FeO·8Fe₂O₃
M = BaO·6Fe₂O₃

$p_{O_2} = 1$ atm

图 1.3.50  Hook 的 BaO·Fe₂O₃ 相图[110]

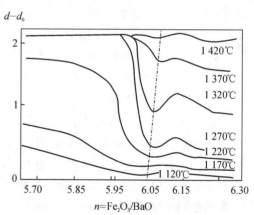

图 1.3.51  BaO·Fe₂O₃ 系的致密程度与组成、烧结
温度的关系[111]，$d - d_0$ 为烧结密度与生坯密度之差

在 MXW 相组成范围内，空气烧结条件下的相图见图 1.3.52[112]，700~1 300℃温区的相图见图 1.3.53[113]。

根据初步研究，我们认为 Goto 的 1∶6 相为同成分熔化是不恰当的，Batti 的相图缺少 X，W 相的细节，Hook 的相图是在 1 个大气压的氧气氛中得到的。在氧气氛中 $Fe^{2+}$ 不易生成，因此产生 X 相与 W 相的温度与空气中烧结（$p_{O_2} = 0.21$ atm）相比将移向高温。上述相图可作为参考。

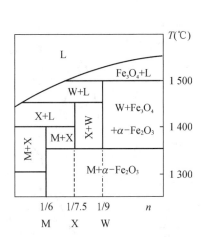

图 1.3.52　**BaO·Fe₂O₃ 系在 MXW 相区的相图**[112]**示意图,空气中烧结**

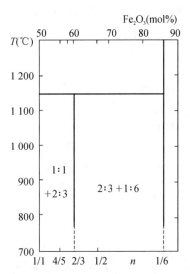

图 1.3.53　**BaO·Fe₂O₃ 系部分相图**[113]**(空气)**

② 烧结过程中磁性能的变化。

当配方确定后,烧结过程成为永磁铁氧体的一个重要工序。由相变过程可知,BaO 与 $Fe_2O_3$ 在低温首先生成中间化合物,在高温时才生成钡铁氧体。当烧结温度较低时,由于固相反应不完全,$H_c$ 与 $B_r$ 值均较低,随着烧结温度升高,反应趋于完全,密度逐渐增加,$H_c$,$B_r$ 亦随之增长。在某一温度,$H_c$ 达到最大值。当继续升高温度时,由于晶粒长大,使得某些晶粒尺寸超过单畴的临界尺寸,因此 $H_c$ 将呈降低趋势,但此时由于密度的增进,$B_r$ 将会继续增加,直到某一温度时 $B_r$ 达到最大值。此后,由于铁氧体的分解,产生空洞或另相而使 $B_r$ 下降。对于原始配方为($5.3Fe_2O_3 + BaCO_3$)未经预烧的样品,磁性能与烧结温度的关系见图 1.3.54。假如该样品经过预烧(1 300℃保温 1 小时),再球磨成细颗粒,然后成型进行第二次烧结,其磁性能如图 1.3.55 所示。可见,通过对烧结温度的控制,在一定范围内可以调节产品磁性能。对高 $H_c$ 材料,烧结温度宜低些;对高 $B_r$ 材料,烧结温度可略高些。此外,磁性能与二次球磨的颗粒尺寸有很大关系。当颗粒尺寸小于超顺性临界尺寸时,$H_{cj}$ 趋于零,$B_r$ 亦随之下降。经过烧结后,由于细晶粒的长大而进入单畴尺寸范围内,可使 $H_{cj}$ 增大。当研磨后的颗粒尺寸大于单畴临界尺寸时,$H_{cj}$ 亦因呈多畴而下降。因此在制备永磁铁氧体时,关键性的因素是使颗粒保持单畴状态。为了阻止晶粒成长,通常烧结温度较低,但烧结温度低会使反应不够完全,密度不够高,以致 $B_r$ 下降。既要遏止晶粒成长使 $H_c$ 维持高值,又能提高密度增进 $B_r$,在工艺上往往采用下述方法。

预烧与球磨:要求预烧料固相反应完全,通常用比饱和磁化强度值($\sigma_s$)衡量。$\sigma_s$ 值尽可能接近纯钡铁氧体相的值 72A·m²/kg,如 $\sigma_s$ 值远大于此值,意味着存在 $Fe_3O_4$ 等另相,通常用化学分析法确定 $Fe^{2+}$ 量。如远小于此值,表明存在着非磁性相,即可能是反应不完全或配方有错误。对高性能产品,$\sigma_s$ 值应高于 68A·m²/kg。预烧料应为 BaM 单相,球磨后的颗粒分布应窄,平均颗粒尺寸应在 $1~\mu m$ 左右,考虑到烧结时晶粒的长大,颗粒尺寸最好介于 $0.5 \sim 0.8~\mu m$。

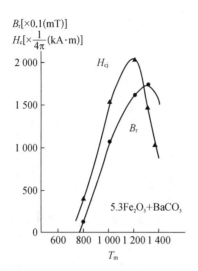

图 1.3.54　5.3Fe$_2$O$_3$＋BaCO$_3$ 配方未经预烧磁性能与烧结温度的关系[114]

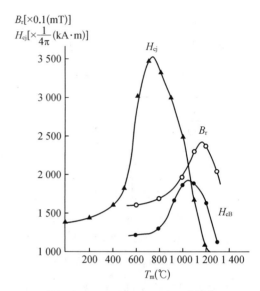

图 1.3.55　BaO·5.3Fe$_2$O$_3$ 磁性与第二次烧结温度的关系[114]

加助熔剂:附加少量的低熔点化合物,例如 Bi$_2$O$_3$,Pb$_3$O$_4$,WO$_3$ 等,附加量为($1 \sim 5$) wt％,使呈液相烧结,以致烧结温度下降,产品致密,磁性能有所提高,据实验结果,晶粒成长与烧结温度呈指数关系,并存在低温与高温两个晶粒成长的区域。而加入 Bi$_2$O$_3$ 等助熔剂会使低温区域晶粒成长,但在高温区域晶粒尺寸的增长速率反而低于不含 Bi$_2$O$_3$ 的同样组成。实验结果晶粒尺寸与烧结温度呈指数关系:

$$S = S_0 \exp[b(T - T_0)]$$

式中,$T_0$,$S_0$ 分别为起始的烧结温度及其相应的晶粒尺寸,$b$ 为正比例于晶粒成长率的常数。

钡铁氧体在空气中烧结,假如在煤窑中进行,应防止与还原性气体如 CO 接触,此时可将耐火盒密封,或在其中通空气使耐火盒中气压略高于外界。当天气阴沉气压较低时,为了使块料在烧结时充分氧化,应注意良好的通风,亦可以采用鼓风、抽风等措施。为了得到高矫顽力,除合理掺杂外,在热处理过程中,高温保温时间应较短,热处理曲线参见图 1.3.56。

为了防止低温开裂,块件应经干燥,使之有较低的含水量,升温速度应

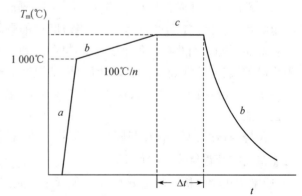

图 1.3.56　钡铁氧体热处理温度曲线[115]

慢,过了低温区温度可以升得快一些。1 000℃以后为了保证晶粒细小和高密度,亦应降低升温速率。高温短时间保温后,使产品结晶细小而均匀,密度较高,以后就可以较快速度降温。由于在较高温度时产品具有一定的塑性,降温快并不会导致开裂。在低于300℃时却要缓慢降温,以防热胀冷缩而导致开裂。样品出窑温度宜在100℃以下。

**(5) 钡铁氧体的温度系数**

钡铁氧体的 $M_s$ 与 $B_r$ 随温度升高而近似线性下降,磁感应强度的温度系数 $\beta_B$ 在一较宽的温度范围内近似为常数($\beta_B \approx 0.2\%/℃$),比稀土永磁材料约高一个量级,因此在仪表中尚难普遍应用。为了降低剩磁温度系数,可以用非磁性离子取代 $Fe^{3+}$。例如以 $(Cu^{2+}, Si^{4+})$,$(Cu^{2+}, V^{5+})$,$(Cu^{2+}, Nb^{5+})$ 部分代换 $Fe^{3+}$,尤其是 $(Cu_{2x/3}^{2+}, Nb_{x/3}^{5+})$ 代换时在 0~50℃ 温区内可做到 $B_r$ 基本上无变化。用 $(Cu_{x/2}, Si_{x/2})$ 代换时,$H_{cB}$ 基本上无变化。[83,116]

钡铁氧体的 $M_s$,$K$ 值随温度降低而增加,根据单畴临界尺寸对 $M_s$,$K$ 的依赖关系,可看出单畴颗粒临界尺寸亦将随温度降低而减小,因此,原来在高温为单畴的一部分颗粒当冷冻到低温时将会变成多畴,从而降低了 $H_c$。图 1.3.57 对比了钡铁氧体+20℃ 与 $-60℃$ 两条退磁曲线,假如负载线为 $p_1$,20℃工作点为 $A$,则在+20~$-60℃$温区,磁感应强度 $B$ 的变化为可逆变化。对于负载线为 $p_2$,20℃时工作点为 $C$ 的情况就不一样了,由于负温 $H_c$ 的降低,将会产生不可逆的磁感应强度下降,部分磁畴反向。温度重新升高时,磁感应值并不恢复原值,须重新充磁后才能恢复,这就是不可逆的温度效应。为了解决这个问题,通常采用两项措施,其一是提高材料的 $H_c$ 值,其二是合理地设计磁路,使在负温度时工作点尚离开拐点。

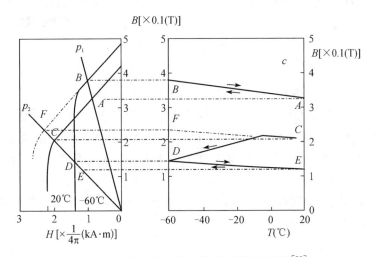

**图 1.3.57 钡铁氧体的负温不可逆温度效应**[83]

## 1.3.4 锶铁氧体

锶铁氧体磁晶各向异性常数 $K_1$($\approx 3.7 \times 10^5$ J/m³)比钡铁氧体高 10%,$M_s$ 与钡铁氧

体相当,密度比钡铁氧体小,因此其单畴临界尺寸较钡铁氧体为大,烧结时易得到结晶良好的产品,其磁性能较钡铁氧体为优。由于 $K_1$ 值大,内禀矫顽力高,尤其适用于高退磁场下工作,如电磁吸盘、磁选机、永磁电机等。

Cochardt[117]曾对 2 万只各向异性的永磁铁氧体进行对比,结果是 SrM 优于 BaM,BaM 优于 PbM。在相同 $B_r$ 的条件下,SrM 的 $H_c$ 比 BaM 约高 30%,重量轻 4%,见图 1.3.58。尽管 $SrCO_3$ 的价格比 $BaCO_3$ 高 3～4 倍,由于环保以及高档永磁材料的需求,锶铁氧体产量已占绝对优势。锶铁氧体的制备工艺与钡铁氧体基本相同,以下仅介绍其不同处。

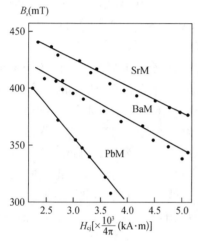

图 1.3.58　SrM,BaM,PbM 磁性能之对比[117]

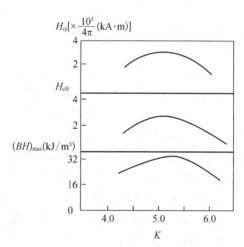

图 1.3.59　$(SrO)_{1-x}(CaO)_x \cdot k Fe_2O_3$ 磁性能与含铁量之关系[119]

### 1. 配方

锶铁氧体的基本配方中通常都含有钙,常称为锶钙铁氧体,其分子式可表示为 $(SrO)_{1-x}(CaO)_x \cdot k Fe_2O_3$。研究表明,少量钙离子的存在,有利于微晶生成片状的形态,增进烧结时的晶粒取向度[118],促进固相反应,改善磁性能。$x$ 值通常取 0.05。磁性能与含铁量的关系见图1.3.59,与钡铁氧体相似,通常 $k$ 值低于正分比值 6,约为 5.6。

为了控制显微结构,改善性能,人们亦进行了种种添加剂的试验。钡铁氧体所用的添加剂原则上亦适用于锶铁氧体。

### (1) SiO₂

添加 $SiO_2$ 可以细化晶粒,提高 $H_c$。一部分 $Si^{4+}$ 亦可进入晶格,导致相应部分的 $Fe^{3+}$ 转变为 $Fe^{2+}$。添加 $SiO_2$ 对磁性的影响可见图 1.3.60。实验表明,当 $SiO_2$ 的含量 $x$ 介于 0.5 与 1.5 之间时,能阻止晶粒生长;当 $x>1.5$ 时,导致晶粒反常增长,并且 SrM 分解为 $Fe_2O_3$ 与 $SrSiO_3$ 相,即

$$SrFe_{12}O_{19} + SiO_2 \longrightarrow SrSiO_3 + 6Fe_2O_3$$

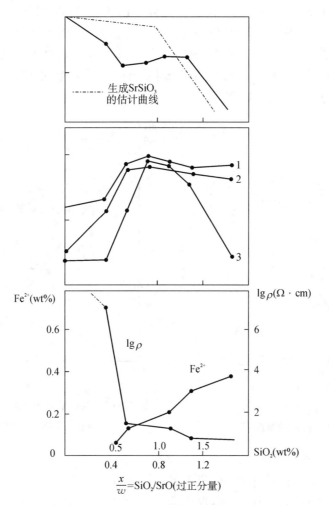

（图中 1、2、3 分别 1 250℃烧结恒温时间为 1，4，6 小时；$\sigma$ 为比饱和磁化强度）

**图 1.3.60 添加 SiO$_2$ 对 SrM 磁性能的影响[89]**

**SrM 的配比为 SrO·5.25Fe$_2$O$_3$**

因此必须控制原料中 SiO$_2$ 的含量，过量反而降低其磁性能。

Si 在 SrM 中的固溶量 $y$（SrFe$_{12-2y}$Si$_y^{4+}$Fe$_y^{2+}$O$_{19}$）随 SiO$_2$ 添加量的变化见图 1.3.61，折合重量比为当 $x<0.5$ 时，$y\sim 0$wt%；当 $0.5<x<1.5$ 时，$y\sim 0.2$wt%；当 $x>1.5$ 时，$y\sim 0.4$wt%。这里 $x$ 为原始 SiO$_2$ 的重量百分比（wt%），$y$ 为进入晶格的 SiO$_2$ 重量百分比。有关 SrO·Fe$_2$O$_3$·SiO$_2$ 三元平衡图可参阅文献[89]。

Bongers 等人[120]用俄歇谱仪（AES）、光电子能谱

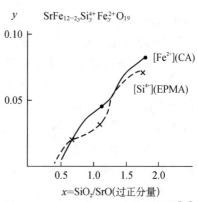

**图 1.3.61 SiO$_2$ 在 SrM 中的固溶量[89]**

仪(ESCA)测定了 Si 在多晶 SrM 铁氧体晶界中的含量,同时用电子探针显微分析法(EPMA)测定 Si 在晶粒内的含量,发现晶粒中 Si 含量低于晶界约为其 1/10,见图 1.3.62。掺 $SiO_2$ 与不掺 $SiO_2$ 样品,在不同密度的情况下,其 $B_r$,$H_c$ 的对比见图 1.3.63。由图可见,对加 $SiO_2$ 的样品,在高 $B_r$ 的条件下,仍可获得高 $H_{cj}$,这表明 $SiO_2$ 在阻碍晶粒长大、保持高 $H_{cj}$ 中起了良好的作用。[121]

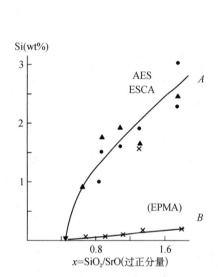

图 1.3.62 Si 在 SrM 中晶界与
晶粒内的浓度[120]

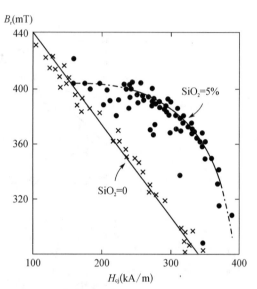

图 1.3.63 锶铁氧体中添加 5%$SiO_2$ 前后
样品之 $B_r$,$H_{cj}$ 对比[121]

**(2) $H_3BO_3$**

添加 $SiO_2$ 能阻止晶粒生长,有利于提高矫顽力。为了增进密度,提高 $B_r$,以往常添加 PbO 与 $Bi_2O_3$,但由于其毒性和价格高,生产中改用硼酸($H_3BO_3$),其作用相似。高于 400℃ 时,$H_3BO_3$ 生成氧化硼($B_2O_3$),$B_2O_3$ 与 $SiO_2$ 及 SrO 在一定温度下将生成液相共晶体,从而促使晶粒在较低温度下均匀生长,能显著增进密度,见图 1.3.64。$H_3BO_3$ 与 $SiO_2$ 组合添加的效果如图 1.3.65 所示。对于 SrO:$Fe_2O_3$=1:5.3 的配比,添加 0.3%$SiO_2$,经 1 300℃ 预烧,二次球磨时再添加 0.2%$H_3BO_3$,料浆中颗粒尺寸为 0.8 $\mu$m,湿压磁场成型,可以获得

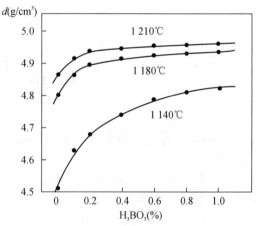

图 1.3.64 $H_3BO_3$ 添加量对 SrM 产品
致密度的影响

$B_r$>420 mT,$H_{cj}$>240 kA/m 的各向异性锶铁氧体。如果添加 $H_3BO_3$ 过量,易在晶界富集玻璃态生成物,产品容易开裂。

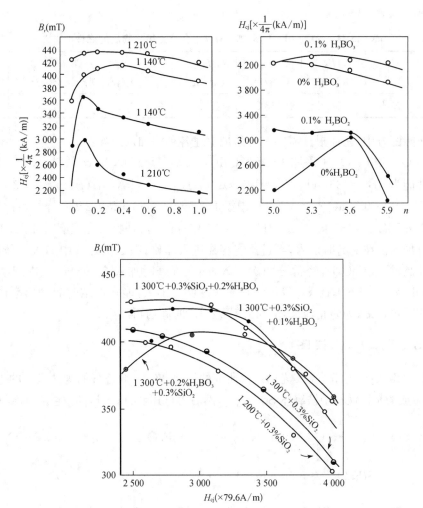

图 1.3.65　$H_3BO_3$ 与 $SiO_2$ 组合添加剂对 SrM 磁性能的影响[124]

**(3) 硫酸盐类**

添加少量 $MSO_4$（M＝Sr,Ba,Ca）对提高 SrM 的磁能积十分有效,如图 1.3.66 所示。$MSO_4$ 的作用被认为可以增加致密性,改善取向度[122];也有的认为主要是细化晶粒,提高矫顽力。

**(4) 稀土氧化物**

与钡铁氧体相似,在锶铁氧体中添加少量稀土氧化物对稳定磁铅石结构十分有效,亦有利于提高磁性能。例如,$SrO \cdot 6Fe_2O_3$ 配比添 3wt％组合稀土氧化物（$55La_2O_3 \cdot 34Nd_2O_3 \cdot 10Pr_6O_{11}$）,其磁性能列于表

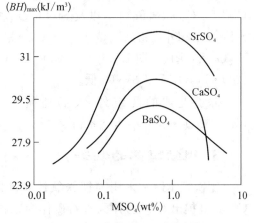

图 1.3.66　添加 $MSO_4$ 对 SrM 与 $(BH)_{max}$ 的影响[122]

1.3.21 中。

表 1.3.21　SrO·6Fe₂O₃添加 3wt%组合稀土氧化物后的磁性能[123]

| $J_m$ (T) | $J_r$ (T) | $H_{cj}$ (kA/m) | $H_{cB}$ (kA/m) | $(BH)_{max}$ (kJ/m³) | $k_A$ [×10⁵ (J/m³)] | $H_A$ (kA/m) | $T_c$ (℃) |
|---|---|---|---|---|---|---|---|
| 0.45 | 0.44 | 151.2 | 143.2 | 33.4 | 3.46 | 1536 | 447 |

在实际配方中,往往根据需要综合添加上述各种添加剂。如:

① SrO·5.6Fe₂O₃ 中添加 1.0wt%CaF₂,1.0wt%SrSO₄,0.5wt%PbO,经 1 200℃烧结后磁性能为:$B_r$=435 mT;$H_{cB}$=163 kA/m;$H_{cj}$=166 kA/m;$(BH)_{max}$=33.7 kJ/m³。

② 0.2SrO·0.8BaO·5.95Fe₂O₃ 中添加 2.5wt%TeO₂,经 1 250℃烧结后磁性能为:$B_r$=427 mT,$H_{cB}$=185 kA/m,$(BH)_{max}$=35 kJ/m³。添加物可在混磨时加入,也可在二次球磨时加入。在混磨时加入,经过预烧容易进入晶格;在二次球磨中加入,可阻止晶粒长大。如高岭土、CaCO₃,经常分两次加入,即在混磨时加入 0.4wt%,二次球磨时加入 (0.4~0.6)wt%。PbO,Bi₂O₃ 等经常在二次球磨时加入,能在烧结时起助熔剂作用。假如添加的颗粒较细,为防止流失,亦可在球磨一段时间后再加入。

### 2. SrOFe₂O₃ 系相图

根据 Haberey[125]用高温 X 光衍射仪研究的结果,在 1：6 正分的锶铁氧体的生成过程中,首先生成的是钙钛石型铁氧体 $SrFeO_{3-x}$,然后再与其余的 $\alpha$ - $Fe_2O_3$ 生成 $SrFe_{12}O_{19}$。

$$SrCO_3 + 6\alpha\text{-}Fe_2O_3 + (0.5-x)\frac{1}{2}O_2 \longrightarrow SrFeO_{3-x} + 5.5\alpha\text{-}Fe_2O_3 + CO_2$$

$$SrFeO_{3-x} + 5.5\alpha\text{-}Fe_2O_3 \longrightarrow SrFe_{12}O_{19} + (0.5-x)\frac{1}{2}O_2$$

产生 $SrFeO_{3-x}$ 相的温度因不同的温升速率而异,温升速率低时,生成温度相应要低些。相组成与烧结气氛密切相关,例如,在 5.3Pa 真空条件下,超过 1 100℃,$SrFe_{12}O_{19}$ 分解成 $Fe_3O_4$·$Sr_7Fe_{10}O_{22}$ 以及 $Sr_4Fe_6O_{13}$ 相。在氧气流中烧结时,在 1 000℃温度下,除 $SrFe_{12}O_{19}$ 相外,尚有 $Fe_2O_3$ 与 $SrFeO_{3-x}$ 相,但没有 $Sr_7Fe_{10}O_{22}$ 相和 $Sr_4Fe_6O_{13}$ 相。SrO·Fe₂O₃ 系相图(见图 1.3.67)与 BaO·Fe₂O₃ 系有一定的相似性,共晶温度为 1 195℃,比 BaO·Fe₂O₃ 系(1 315℃)低。

除了上述的两组外,人们还研究了含有第三、四组元的一些情况[58],例如 MO·Al₂O₃·SiO₂·Fe₂O₃ 系和 MO·Al₂O₃·SiO₂·B₂O₃·Fe₂O₃ 系,其中 M=Ba,Sr,Pb。

### 3. 锶铁氧体的制备

锶铁氧体通常采用与钡铁氧体相同的氧化物陶瓷工艺制备。除此以外,1960 年 Cochard 提出[127]直接用天青石矿作为原料进行部分的化学置换反应,可以制备廉价而高质量的锶铁氧体,简称 H&C 工艺。这里:H 表 hematite,指 $\alpha$-Fe₂O₃;C 表 Celstine,指天青石。

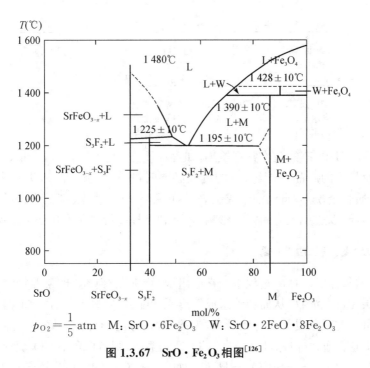

$$p_{O_2} = \frac{1}{5}\,\text{atm} \quad M: SrO \cdot 6Fe_2O_3 \quad W: SrO \cdot 2FeO \cdot 8Fe_2O_3$$

**图 1.3.67　SrO·Fe₂O₃相图[126]**

天青石矿物的成分主要为 $SrSO_4$，其余为 $Ba,Ca,Si,Al$ 等元素。这些元素对永磁铁氧体磁性能没有明显的恶化作用。标准的天青石成分为：

单位：%

| $SrSO_4$ | $CaSO_4$ | $BaSO_4$ | $CaCO_3$ | $SiO_2$ | $Al_2O_3$ |
|------|------|------|------|------|------|
| 94.18 | 1.82 | 2.82 | 0.43 | 0.50 | 0.25 |

据报道，$Fe_2O_3$：天青石：$Na_2CO_3$ 可按 4.35：1：1 的比例进行混合球磨，在球磨过程中发生的化学反应为 $SrSO_4 + Na_2CO_3 \longrightarrow SrCO_3 + Na_2SO_4$。其中 $SrCO_3$ 不溶于水，吸附在 $\alpha$-$Fe_2O_3$ 颗粒表面，$Na_2SO_4$ 溶于水可进行清洗。

所制备的 SrM 性能为：

$$B_r = 365\ \text{mT}, \quad H_c = 242.7\ \text{kA/m}, \quad (BH)_{max} = 25.9\ \text{kJ/m}^3$$

Cochard 报道的性能为：

$$B_r = 420\ \text{mT}, \quad H_c = 246.7\ \text{kA/m}, \quad (BH)_{max} = 33.4\ \text{kJ/m}^3$$

上述工艺同样适用于钡铁氧体，以相应的重晶石矿（以 $BaSO_4$ 为主要成分）为原料。

高质量永磁铁氧体的制备，除了正确的基本配方、合适的添加物、充分的预烧反应、单畴颗粒尺寸以及足够的取向磁场等条件外，控制烧结温度对获得良好的结晶结构、均匀的晶粒尺寸也十分重要。显微结构分析亦是控制磁性能的一种有效手段。

为了提高产品质量必须从原材料着手，对各工序进行必要的检测。建议检测内容如下：

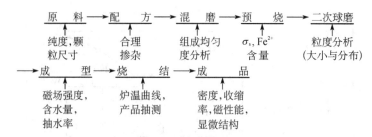

上述检测项目中,有的应作常规检测,如含水量、预烧料 $\sigma_s$ 值、$Fe^{2+}$ 量、二次球磨后的粒度分析以及最后的产品性能等;有的可在必要时进行检测。此外,进一步完善生产设备,如采用硬质合金模具、自动注浆成型等,尽可能实现自动化、管道化、智能化合理的生产流水线的布局,以避免人为因素的影响,才有利于提高批量生产中的成品率。

### 4. 析出锶、钡的问题

在钡、锶铁氧体二次球磨过程中经常会出现"跑钡"、"跑锶"现象,经球磨后的料浆表面会析出一层白色沉淀物,从而导致组成偏离原始配方,料浆变稠,严重时难以湿法成型,影响产品质量。此现象夏天比冬天严重,为此,常在球磨筒外洒水降温。经研究,球磨后的水溶液 pH 显著增大(pH≥13),如将 $CO_2$ 通入溶液,则有白色 $SrCO_3$ 沉淀产生,其反应式为 $Sr(OH)_2 + CO_2 \longrightarrow SrCO_3 + H_2O$。如将 $SrCO_3$,$Fe_2O_3$ 以及 $SrCO_3 : Fe_2O_3 = 1 : 5.6$ 混合料分别进行湿磨,测得水溶液 pH 随球磨时间的变化见图 1.3.68。显见,pH 增加的主要原因是 $SrCO_3$ 的作用,然而 $SrCO_3$ 在水中溶解度甚小,20℃时为 0.01 g/L,并且水溶液呈中性。因此 $SrCO_3$ 直接溶解所导致锶的流失是很小的,球磨水溶液 pH 增加不是 $SrCO_3$ 直接溶解的结果。

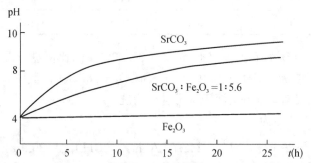

**图 1.3.68　$SrCO_3$,$Fe_2O_3$ 及其混合料球磨溶液 pH 随时间的变化**[99]

第一次球磨 pH 增加的主要原因,可能是在球磨过程中由于机械能转变为化学能,使部分 $SrCO_3 \longrightarrow SrO + CO_2$,SrO 溶于水而生成 $Sr(OH)_2$。

第二次球磨水溶液 pH 增加的主要原因,可能是在预烧过程中,除大部分 $SrCO_3$ 与 $Fe_2O_3$ 反应产生 $SrFe_{12}O_{19}$ 相外,尚有部分 $SrCO_3$ 转变为 $SrO(SrCO_3 \xrightarrow{\geqslant 1\,100℃} SrO + CO_2)$,在球磨过程中 SrO 溶解于水而生成 $Sr(OH)_2$。

现分析部分 $SrCO_3$ 在预烧中没有生成 $SrFe_{12}O_{19}$ 相的原因:

① 原始配比低于 1 : 6 的正分比。

② 较大颗粒尺寸的 $SrCO_3$ 仅表层一部分与 $Fe_2O_3$ 起反应,而内部未反应的分解成 $SrO$。

③ 混磨时 $SrCO_3$ 分布不均匀,局部地方 $SrCO_3$ 富集。

$Sr(OH)_2$ 的水溶液呈强碱性,$pH \approx 13.5$。其溶解度随温度升高而增加(见图 1.3.69),因此通常工厂常采用二次球磨时浇水降温的措施防止锶的流失,或者在配方中增加锶的比例,这种方法只能降低而不能消除锶的流失,同时亦浪费了大量的水。解决的有效办法应当是合理配方,采用活性好、粒度细的原料,均匀混合,预烧充分,预烧料的 $\sigma_s$ 值尽可能接近 $70A \cdot m^2/kg$。此外,提高二次球磨效率,缩短球磨时间,降低球磨温度亦有助于降低锶的流失。建议分析溶液中 $Sr(OH)_2$ 的含量,加入等当量的稀 $H_2SO_4$ 或 $FeSO_4$

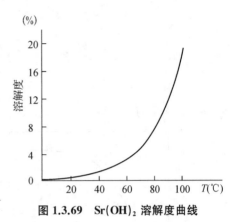

图 1.3.69　$Sr(OH)_2$ 溶解度曲线

而生成 $SrSO_4$,或添加 $(NH_4)_2CO_3$ 等无机盐,有利于降低 $Sr$ 的流失,并提高产品质量。对钡铁氧体,情况相似。

与析出钡、锶现象紧密相关的是烧结后成品表面的斑块问题。斑块的存在不仅影响产品外观,而且使磁性能下降,容易产生烧结裂纹。经分析,斑块中钡或锶含量高于非斑块部位,其根源是湿磨过程中溶解于水的 $Ba(OH)_2$ 或 $Sr(OH)_2$ 在接触空气时生成碳酸盐,吸附在铁氧体颗粒表面,使磁粉团聚,影响湿压磁场取向的效果,导致烧结裂纹,烧结时生成富钡(锶)的共熔物,从而形成斑纹。解决的办法,如上所述,在于避免"跑钡、锶"。

## 1.3.5　其他永磁铁氧体

### 1. 钙系铁氧体

$Ca^{2+}$ 半径为 $1.06 Å$,较氧离子半径($1.32 Å$)为小,因此难以生成单一的磁铅石型化合物,在 $CaFeO$ 系中可以生成多种其他结晶结构的化合物,如 $CaFe_4O_7$,$Ca_3Fe^{2+}Fe_{14}^{3+}O_{25}$,$Ca_4Fe^{2+}Fe_8^{3+}O_{17}$,$Ca_4Fe_{14}^{3+}O_{25}$ 以及 $Ca_4Fe_2^{2+}Fe_{18}^{3+}O_{33}$ 等[128-130]。Schieber[131] 与 Ichinese[132] 先后发现 $Ca^{2+}$ 与 $La^{3+}$ 组合代换 $Ba^{2+}$,可以得到稳定磁铅石结构的化合物。继后,Yamamoto 等人[133] 对 $CaO \cdot La_2O_3$ 系列的磁性进行了较为详细的研究,$(CaO \cdot 6Fe_2O_3)_{100-x} \cdot (La_2O_3)_x$ 的比饱和磁化强度 $\sigma_s$ 与 $La_2O_3$ 含量 $x$ 的关系如图 1.3.70 所示。技术磁性能的配比关系见图 1.3.71。当 $2 \leqslant x \leqslant 4$ 时,可以生成单一的稳定的磁铅石相,其居里温度随 $La$ 的含量增加而下降,随 $Fe_2O_3$ 比例的减少而增加。

$(CaO \cdot 6Fe_2O_3)_{97}(La_2O_3)_3$ 配方材料的晶格常数为:

$$a = 5.882 \pm 0.005 Å, \quad c = 22.94 \pm 0.05 Å, \quad \frac{c}{a} = 3.9$$

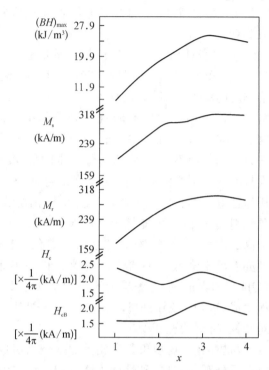

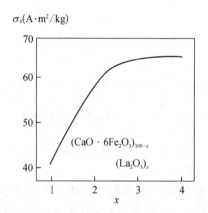

图 1.3.70 $(CaO \cdot 6Fe_2O_3)_{100-x} \cdot (La_2O_3)_x$ 的 $\sigma_s$ 与 $La_2O_3$ 含量 $x$ 的关系曲线[133]，氧气氛

图 1.3.71 $CaO \cdot 6(Fe_2O_3)_{100-x}(La_2O_3)_{x-2}$ 技术磁性能与 $x$ 量的关系曲线[133]

其基本性能如下:

$$M_s = 334 \text{ kA/m}, \quad M_r = 326 \text{ kA/m}, \quad H_{cj} = 167.1 \text{ kA/m}$$

据报道,上述配比的材料的 $(BH)_{max}$ 可达 $27.9 \sim 28.6 \text{ kJ/m}^3$,而含少量 Sr 的钙系铁氧体 $(CaO_{0.9}Sr_{0.1} \cdot 6Fe_2O_3)_{97}(La_2O_3)_3$ 的 $(BH)_{max}$ 还可达到 $31 \text{ kJ/m}^3$。Lotgering 等人[134]对 $CaFe_{12}O_{19} \cdot 0.15LaO_3$ 样品进行了研究,发现含有 $7\% \sim 8\%$ 的另相,经电子探针测定表明可能为 $CaFe_4O_7$ 成分,因此实际 M 相的组成应为 $Ca_{0.84}La_{0.33}Fe_{0.1}^{2+}Fe_{11.67}^{3+}O_{19}$。除另相外,纯 M 相的磁性为 $\sigma_s = 105 \text{ A} \cdot \text{m}^2/\text{kg}(4\text{K})$,$\sigma_s = 75.5 \text{ A} \cdot \text{m}^2/\text{kg}(290 \text{ K})$,较以往报道的数据高;此外,还发现 4 K 温度下的磁晶各向异性场低于室温值。

由于在配方中 Ca,La 离子的总量超过 1:6 的正分比例,因此部分 $Ca^{2+}$ 有可能进入铁离子晶位。$La^{3+}$ 除有利于磁铅石晶体结构的稳定外,通常作为添加物亦有利于磁性能的改进。$LaFe_{12}O_{19}$ 相仅在很窄的温区($1380 \sim 1420\text{℃}$)才稳定存在。$La_2O_3 \sim Fe_2O_3$ 相图[135]见图 1.3.72。而 $(La \sim Ca)$ 的组合却可以在很宽的范围内生成稳定的磁铅石相。

Asti 等人[136]对 Ca 代换 Ba,Sr 离子进行了研究,所研究的配比范围为:$MeO \cdot 6Fe_2O_3 \cdot CaO \cdot xFe_2O_3$,$Me = Ba,Sr$,$2 \leqslant x \leqslant 5.5$。实验结果表明,Ca 代换 Ba,Sr 对本征磁性能(如 $M_s$,$H_A$ 等)的影响不大,文献[137]亦得到相同结论。Kojima 等人[116]认为,添加 Ca 有利于促进晶粒成长,使片状结晶变得更为明显。Yamamoto 等人[138]对 SrCa 系

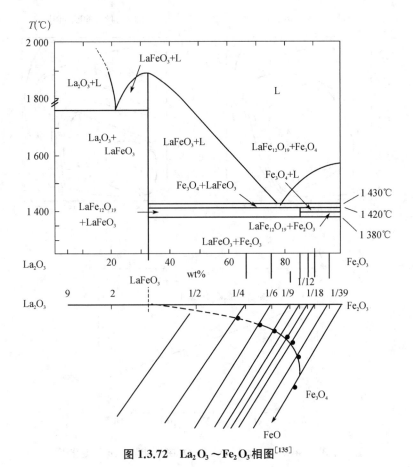

图 1.3.72 La₂O₃~Fe₂O₃相图[135]

铁氧体进行了研究,其 $M_s$,$(BH)_{max}$ 以及 $T_c$ 随 Ca 含量的变化如图 1.3.73 所示。

按此实验结果,最佳磁性能对应于 $x=0.1$,$n=4.75$,预烧温度为 1 150℃×1 h,烧结温度为 1 250℃×1 h,空气中烧结,得到磁性能如下:$M_s=334$ kA/m;$H_{cj}=139.3$ kA/m;$H_{cB}=139.3$ kA/m;$T_c=466$℃,$(BH)_{max}=26.3$ kJ/m³,$K_u=3.24×10^5$ kJ/m³。

以料源更为广泛的 Ca 离子代换 Ba,Sr 离子,除了在不恶化磁性能的条件下降低成本,还能在富 Ca 少 Sr 的铁氧体中添加部分稀土离子显著提高性能,可达到 HB9 牌号系列的产品特性,国内部分厂家已投入批量生产。

除了上述 Ba,Sr,Ca 系列外,Yamamoto 等人[138]研究了 SrLa 等系,其分子式为 $[(SrO)_{1/(n+1)}(Fe_2O_3)_{n/(n+1)}]_{100-x}(La_2O_3)_x$,式中 $n$ 为 5.0~6.5,$x$ 为 0~5.0。最佳磁性能的配方为 $SrO_{0.806}^{2+}La_{0.236}^{3+}Fe_{0.027}^{2+}Fe_{11.875}^{3+}O_{19}$,在 1 250℃氧气氛中预烧 1 小时,升到 1 300℃氧气气氛中烧结 0.5 小时。其产品磁性能:$J_m=0.435$ T,$J_r=0.425$ T,$H_{cj}=244.0$ kA/m,$H_{cB}=236.0$ kA/m,$(BH)_{max}=36.0$ kJ/m³,$\sigma_s=68.3$ A·m²/kg,$T_c=447$℃,$K_A=3.45×10^5$ J/m³,$n_B=20.0\mu_B$,$d=5.04$ g/cm³。

在锶铁氧体中,以稀土 $R^{3+}$ 离子部分代换 $Sr^{2+}$,相应部分 $Fe^{3+}$ 变 2 价,同时用 2 价 Co,Zn 离子代换 $Fe^{2+}$,可增加饱和磁化强度,从而提高磁能积。TDK 公司的 FB9 系列产

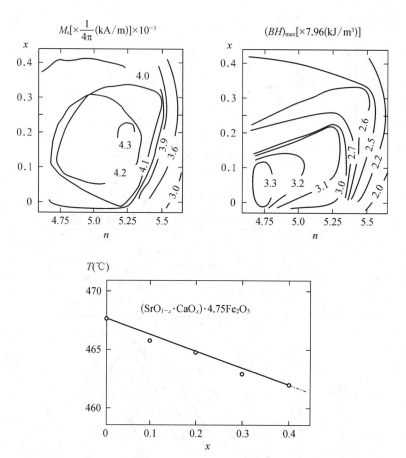

**图 1.3.73** $(SrO_{1-x} \cdot CaO_x) \cdot nFe_2O_3$ 磁性能随 $x, n$ 值变化[138]

品为含稀土的锶铁氧体,磁能积可达 4.8MGOe 其性能如下:

| 产品型号 | $B_r(mT)$ | $H_c(kA/m)$ | $H_{cj}$ 的温度系数 |
|---|---|---|---|
| HB9B | 450 | 358 | 0.18 |
| HB9H | 430 | 398 | 0.18 |

对 SrCa 永磁铁氧体进行稀土离子代换可获得更高性能的产品。

据刘先松报道[139]所研发的 CaLaFeCo 样品,磁性能优于 TDK 公司 FB12B 牌号产品的性能,如 $Ca_{0.45}La_{0.55}Fe_{11.35}Co_{0.30}O_{17.4}$ 样品(CLFC)磁性能与 FB12B 对比见下表:

|  | $B_r(T)$ | $H_{cb}(kA/m)$ | $H_{cj}(kA/m)$ | $(BH)_{max}(kJ/m^3)$ |
|---|---|---|---|---|
| CLFC | 0.445 | 351 | 436 | 45.2 |
| FB12B | 0.470 | 340 | 380 | 43.1 |

## 2. W 型永磁铁氧体

目前生产中的永磁铁氧体均为 M 型。W 型永磁铁氧体已在实验室研究多年,其饱和磁化强度可以比 M 型高,因此其磁能积理论值应高于 M 型,但因矫顽力尚难提高,工艺又较 M 型复杂,至今尚未进入工业化生产。研究工作进展如下:

　　Yamamoto 等人[140]对 SrZnW 铁氧体进行了研究,原始配方为 $SrZn_2Fe_{16}O_{27}$,在 1 275℃空气中烧结 1 小时,二次球磨时加入少量的 $SrCO_3$($\sim 4wt\%$),磁场中成型, 1 150℃烧结 0.5 小时,成品为单一的 W 相,即少量 SrO 的添加对提高 W 型结构的稳定性起了明显的作用,有利于在空气中烧结并推向生产,但其磁性能不高,数据如下:$J_m=350$ mT,$J_r=323$ mT,$H_{cj}=96.6$ kA/m,$H_{cB}=94.4$ kA/m,$(BH)_{max}=17.0$ kJ/m³,$T_c=349℃$,$H_A=988$ kA/m,$K_A=1.72\times10^5$ J/m³,$n_B=34.5\mu_B$。据德国专利报道,在 $BaZn_xFe_yCo_mSi_tO_{2\pm z}$ 的配方系列中,找到最佳配比为 $x=0.94$,$y=15.7$,$r=0.3$,$t=0.2$(球磨时加入),产品性能可达 $B_s=500$ mT,$(BH)_{max}=30$ kJ/m³。Lotgering 等人[141]亦曾报道在控制气氛的条件下,可以制成磁能积为 34.2 kJ/m³,其剩磁与矫顽力分别为 477 mT 与 127 kA/m 的样品,但因工艺复杂难以进入工业生产。从目前看来,除 M 型六角铁氧体外,其他六角晶系铁氧体尚难成为工业生产的永磁铁氧体。对这些材料深入而系统的研究,有可能为高频软磁、微波旋磁、吸波材料以及磁记录介质提供新的材料系列。

### 附:永磁铁氧体标准

　　为了便于读者参照,现将我国、日本、美国、德国以及国际电工委员会所制定的永磁铁氧体磁性能标准归纳如下。

#### 1. 中国标准

　　附表 1 是在原 SJ28577 标准上,参照国际上有关标准修改而成的。

**附表 1　烧结永磁铁氧体材料参数及 SI 单位与 CGS 单位对照表**

| 材料牌号 | $B_r$ | | $H_{cB}$ | | $H_{cj}$ | | $(BH)_{max}$ | | 采用标准或对照国外牌号 |
|---|---|---|---|---|---|---|---|---|---|
| | mT | kG | kA/m | kOe | kA/m | kOe | kJ/m³ | MGOe | |
| Y8T | 200～230 | 2.0～2.3 | 125～160 | 1.57～2.01 | 210～280 | 2.64～3.52 | 6.5～9.5 | 0.8～1.1 | IEC 7/21 |
| Y17 | 280～340 | 2.8～3.4 | 135～190 | 1.70～2.39 | 140～195 | 1.76～2.45 | 14.5～18.5 | 1.8～2.3 | 保留 SJ-285-Y15 |
| Y22H | 310～360 | 3.1～3.6 | 220～250 | 2.77～3.14 | 280～320 | 3.52～4.02 | 20.0～24.0 | 2.5～3.0 | IEC-20/28 |
| Y23 | 320～380 | 3.2～3.8 | 170～190 | 2.14～2.38 | 190～230 | 2.39～2.89 | 20.0～25.5 | 2.5～3.2 | IEC-20/19 |
| Y25 | 360～400 | 3.6～4.0 | 135～160 | 1.70～2.01 | 140～200 | 1.76～2.51 | 22.5～28.0 | 2.8～3.5 | JIS-MPA320 |
| Y25H | 350～380 | 3.5～3.8 | 215～255 | 2.70～3.21 | 230～290 | 2.89～3.65 | 24.0～26.5 | 3.0～3.3 | IEC-24/24 |
| Y26H | 360～390 | 3.6～3.9 | 220～250 | 2.77～3.14 | 225～255 | 2.83～3.21 | 23.0～28.0 | 2.9～3.5 | TDK-FB3X |
| Y27H | 370～400 | 3.7～4.0 | 205～240 | 2.58～3.02 | 220～255 | 2.77～3.21 | 25.0～29.0 | 3.1～3.7 | IEC-25/22 |

| 材料牌号 | $B_r$ | | $H_{cB}$ | | $H_{cj}$ | | $(BH)_{max}$ | | 采用标准或对照国外牌号 |
|---|---|---|---|---|---|---|---|---|---|
| | mT | kG | kA/m | kOe | kA/m | kOe | kJ/m³ | MGOe | |
| Y28-1 | 380~410 | 3.8~4.1 | 130~175 | 1.63~2.20 | 135~185 | 1.70~2.33 | 25.0~30.0 | 3.1~3.8 | IEC-25/14 |
| Y28-2 | 370~400 | 3.7~4.0 | 175~210 | 2.20~2.64 | 180~220 | 2.26~2.77 | 26.0~30.0 | 3.3~3.8 | IEC-26/18 |
| Y30H-1 | 390~410 | 3.9~4.1 | 240~270 | 3.02~3.39 | 240~285 | 3.02~3.58 | 28.0~32.5 | 3.5~4.1 | TDK-FB4B |
| Y30H-2 | 395~415 | 3.95~4.15 | 275~300 | 3.46~3.77 | 310~335 | 3.90~4.21 | 28.5~32.0 | 3.5~4.0 | TDK-FB5B |
| Y32 | 400~420 | 4.0~4.2 | 160~190 | 2.01~2.38 | 160~195 | 2.01~2.45 | 30.0~33.5 | 3.8~4.2 | TDK-FB4A |
| Y33 | 410~430 | 4.1~4.3 | 220~250 | 2.77~3.14 | 225~255 | 2.83~3.21 | 31.5~35.0 | 4.0~4.4 | TDK-FB4X |

注:材料牌号 第一部分 "Y"代表烧结永磁铁氧体材料,"YN"代表粘结永磁铁氧体材料,采自汉语拼音第一字母;
第二部分 阿拉伯数字,代表材料$(BH)_{max}$值以 kJ/m³ 为单位时的典型整数值(标称值);
第三部分 T 代表同性,是"同"字汉语拼音第一字母;B代表高 $B_r$ 材料;H代表高 $H_{cB}$、高 $H_{cj}$ 材料。

试验方法:永磁铁氧体材料的主要磁性能的试验方法按GB3217规定。

### 附表2  烧结永磁铁氧体材料参考性能

| 项 目 | 符 号 | 单 位 | 数 值 | |
|---|---|---|---|---|
| 相对回复磁导率 | $\mu_{rec}$ | | 1.05~1.3 | |
| 居里点 | $T_c$ | ℃ | 450 | |
| 剩磁温度系数 | $\alpha(B_r)$ | ℃⁻¹ | -0.2% | 0~100℃ |
| 磁化强度矫顽力的温度系数 | $\alpha(H_{cj})$ | ℃⁻¹ | 0.2%~0.5% | 0~100℃ |
| 密度 | $d$ | g/cm³ | 4.5~5.1 | |
| 电阻率 | $\rho$ | Ω·cm | >10⁵ | |
| 线膨胀系数 | $\alpha_R$ | ℃⁻¹ | 7~15×10⁻⁶ | |
| 硬度 | HV | | 480~580 | |

### 附表3  粘结永磁铁氧体材料参数及 SI 单位与 CGS 单位对照表

| 材料牌号 | $B_r$ | | $H_{cB}$ | | $H_{cj}$ | | $(BH)_{max}$ | | $d$ (g/cm³) | 对照国外牌号 |
|---|---|---|---|---|---|---|---|---|---|---|
| | mT | kG | kA/m | kOe | kA/m | kOe | kJ/m³ | MGOe | | |
| YN1T | 63~68 | 0.63~0.83 | 50~70 | 0.63~0.88 | 175~210 | 2.20~2.64 | 0.8~1.2 | 0.10~0.15 | 2.3 | IEC-1/18P |
| YN4T | 135~155 | 1.35~1.55 | 85~105 | 1.07~1.32 | 175~210 | 2.20~2.64 | 3.2~4.0 | 0.40~0.50 | 3.8 | IEC-3/18P |
| YN10 | 220~240 | 2.20~2.40 | 145~165 | 1.82~2.07 | 190~225 | 2.39~2.83 | 9.0~10.6 | 1.13~1.33 | 3.4 | IEC-9/19P |
| YN11 | 230~350 | 2.30~2.50 | 160~180 | 2.01~2.26 | 225~260 | 2.83~3.27 | 10.0~11.6 | 1.3~1.5 | 3.5 | IEC-10/22P |

附表4 粘结永磁铁氧体材料的附加磁特性与物理特性

| 项 目 | 符 号 | 单 位 | 数 值 | 备 注 |
|---|---|---|---|---|
| 相对回复磁导率 | $\mu_{rce}$ | | 1.05～1.3 | |
| 电阻率 | $\rho$ | $\Omega \cdot cm$ | 10 | |
| 线膨胀系数 | | $℃^{-1}$ | $18 \times 10^{-5}$ | 4～120℃ |
| 硬度 | SHORED | | 30～45 | |

注：材料牌号与试验方法同烧结永磁铁氧体。

## 2. IEC 标准以及美国、日本等相应产品性能

### (1) 国际电工委员会(IEC)标准(IEC40481)

附表5 各向同性和各向异性永磁铁氧体的磁性能和密度

| 牌 号 | 代 号 | 磁性能 | | | | 相对回复磁导率 $\mu_{rec}$ | 密度 $d$ (g/cm³) |
|---|---|---|---|---|---|---|---|
| | | 最大磁能积 $(BH)_{max}$ (kJ/m³) | 剩磁 $B_r$ (mT) | 矫顽力 $H_{cB}$ (kA/m) | 矫顽力 $H_{cj}$ (kA/m) | | |
| | | 规定的最小值 | | | | 典型值 | |
| 各向同性 Hard Ferrite 7/21 | S1-0-1 | 6.5 | 190 | 125 | 210 | 1.2 | 4.9 |
| 各向异性 Hard Ferrite 20/19 | S1-1-1 | 20.0 | 320 | 170 | 190 | 1.1 | 4.8 |
| 各向异性 Hard Ferrite 20/28 | S1-1-2 | 20.0 | 310 | 220 | 280 | 1.1 | 4.6 |
| 各向异性 Hard Ferrite 24/23 | S1-1-3 | 24.0 | 350 | 215 | 230 | 1.1 | 4.8 |
| 各向异性 Hard Ferrite 25/14 | S1-1-4 | 25.0 | 380 | 130 | 135 | 1.1 | 5.0 |
| 各向异性 Hard Ferrite 25/22 | S1-1-5 | 25.0 | 370 | 205 | 220 | 1.1 | 4.8 |
| 各向异性 Hard Ferrite 26/18 | S1-1-6 | 26.0 | 370 | 175 | 180 | 1.1 | 5.0 |

注：① 矫顽力 $H_{cB}$ 即磁通密度矫顽力。

② 矫顽力 $H_{cj}$ 即磁极化强度矫顽力("内禀矫顽力")。

③ 牌号中斜线前面的数字表示$(BH)_{max}$的最大值,有的要四舍五入得出一个最接近的整数值(单位 kJ/m³),斜线后面的数字表示矫顽力 $H_{cj}$ 的十分之一(单位 kA/m)。

④ 代号的第一部分表示材料的种类,S1 为永磁铁氧体($MO \cdot nFe_2O_3$, M=Ba,Sr 和/或 Pb,n=4.5～6.5);代号的第二部分"0"表示各向同性材料,"1"表示各向异性材料。

⑤ 辅助磁性能的典型值:这些数据不用作检验合格与否的标准。居里温度或居里点 $T_c$ 约 723 K;$\alpha(B_r)$ 为剩磁的温度系数[它相当于磁饱和的温度系数 $\alpha(J_s)$;$\alpha(B_r)$=-0.2%/K,温度为 273～373 K];$\alpha(H_{cj})$ 为磁极化强度矫顽力的温度系数[$\alpha(H_{cj})$=+0.2%～+0.5%/K,温度为 273～373 K]。

附表6  各向同性和各向异性粘结永磁铁氧体的磁性能和密度

| 牌　号 | 代　号 | 磁性能 | | | | 相对回复磁导率 $\mu_{rec}$ | 密度 $d$ ($g/cm^3$) |
| | | 最大磁能积 $(BH)_{max}$ ($kJ/m^3$) | 剩磁 $B_r$ (mT) | 矫顽力 $H_{cB}$ (kA/m) | 矫顽力 $H_{cj}$ (kA/m) | | |
| | | 规定的最小值 | | | | 典型值 | |
| 各向同性 Hard Ferrite 1/18P | S1-2-1 | 0.8 | 63 | 50 | 175 | 1.1 | 2.3 |
| 各向同性 Hard Ferrite 3/18P | S1-2-2 | 3.2 | 135 | 85 | 175 | 1.1 | 3.8 |
| 各向异性 Hard Ferrite 9/19P | S1-3-1 | 9.0 | 220 | 145 | 190 | 1.1 | 3.4 |
| 各向异性 Hard Ferrite 10/22P | S1-3-2 | 10.0 | 230 | 146 | 225 | 1.1 | 3.5 |

注:代号的第二部分"2"表示具有有机粘结剂的各向同性材料;"3"表示具有有机粘结剂的各向异性材料;牌号 P 表示粘结磁体;其他同上表注。

**(2) 美国标准与产品**

附表7  美国磁性材料制造商协会(MMPA)标准[0100-87]

| MMPA 简要符号 | MMPA 原等级 | IEC 参考代码 | 磁性能(标称值) | | | |
| | | | 最大磁能积 $(BH)_{max}$ [×7.96($kJ/m^3$)] | 剩磁 $B_r$ [×0.1(mT)] | 矫顽力 $H_c$ [×$\frac{1}{4\pi}$(kA/m)] | 内裹矫顽力 $H_{cj}$ [×$\frac{1}{4\pi}$(kA/m)] |
| 1.0/3.3 | 陶瓷1 | S1-0-1 | 1.05 | 2 300 | 1 860 | 3 250 |
| 3.4/2.5 | 陶瓷5 | S1-1-6 | 3.40 | 3 800 | 2 400 | 2 500 |
| 2.7/4.0 | 陶瓷7 | S1-1-2 | 2.75 | 3 400 | 3 250 | 4 000 |
| 3.5/3.1 | 陶瓷8 | S1-1-5 | 3.50 | 3 850 | 2 950 | 3 050 |
| 3.4/3.9 | | | 3.40 | 3 800 | 3 400 | 3 900 |
| 4.0/2.9 | | | 4.00 | 4 100 | 2 800 | 2 900 |

原等级中还有陶瓷2,陶瓷6以及粘结永磁,其磁性能为:

| MMPA 原等级 | 最大磁能积$(BH)_{max}$ ($kJ/m^3$) | 剩磁 $B_r$ (mT) | 矫顽力 $H_c$ (kA/m) | 内裹矫顽力 $H_{cj}$ (kA/m) |
| 陶瓷2 | 14.33 | 290 | 191.1 | 238.9 |
| 陶瓷6 | 19.50 | 320 | 224.5 | 262.7 |
| 粘结陶瓷 | 11.94 | 250 | 167.2 | 175.2 |

注:① 简要符号中斜线前面的数字表示磁能积的 MGOe 值,斜线后面的数字表示内裹矫顽力 kOe 值,有的要四舍五入得出一个最接近的整数值。
② MMPA 原等级中"陶瓷"即"ceramic",陶瓷永磁铁即永磁铁氧体。

附表 8 美国 Crucible 公司永磁氧体产品性能

| 牌 号 | $B_r$(Wb/m$^2$) | $H_{cB}$(kA/m) | $(BH)_{max}$(kJ/m$^3$) |
|---|---|---|---|
| Ferrimag 5 | 0.395 | 192 | 28.8 |
| 7A | 0.35 | 248 | 23.4 |
| 7B | 0.38 | 268.8 | 26.4 |
| 8A | 0.39 | 240 | 28.0 |
| 8B | 0.42 | 232 | 33.6 |
| 8C | 0.435 | 200 | 34.4 |

## (3) 日本标准与产品

附表 9 日本永磁铁氧体材料规格[JIS－C2502－1975]

| 种类 | 记号 | 剩余磁通密度 $B_r$ | | 矫顽力 $H_c$ | | 最大磁能积 $(BH)_{max}$ | | 参 考 | |
|---|---|---|---|---|---|---|---|---|---|
| | | (T) | (kG) | (kA/m) | (Oe) | (kJ/m$^3$) | (MGOe) | 可逆磁导率 $\mu_{rec}$ (G/Oe) | 密度 D (g/cm$^3$) |
| A | MPA 100 | 0.20～0.23 | 2.0～2.3 | 127.4～151.3 | 1 600～1 900 | 6.4～8.7 | 0.8～1.1 | 1.2 | 4.8 |
| B | MPB 280 | 0.33～0.36 | 3.3～3.6 | 159.2～207.0 | 2 000～2 600 | 19.9～23.9 | 2.5～3.0 | 1.1 | 4.8 |
| | MPB 320 | 0.36～0.40 | 3.6～4.0 | 135.4～159.2 | 1 700～2 000 | 22.3～27.9 | 2.8～3.5 | 1.1 | 4.9 |
| | MPB 330 | 0.36～0.40 | 3.6～4.0 | 183.1～207.0 | 2 300～2 600 | 23.9～28.6 | 3.0～3.6 | 1.1 | 4.9 |
| | MPB 380 | 0.40～0.43 | 4.0～4.3 | 143.3～175.2 | 1 800～2 200 | 27.9～31.8 | 3.5～4.0 | 1.1 | 5.0 |
| | MPB 270H | 0.32～0.36 | 3.2～3.6 | 207.0～238.9 | 2 600～3 000 | 18.3～23.9 | 2.3～3.0 | 1.1 | 4.8 |
| | MPB 330H | 0.36～0.40 | 3.6～4.0 | 238.9～270.7 | 3 000～3 400 | 23.9～28.6 | 3.0～3.6 | 1.1 | 4.9 |

附表 10 日本 TDK 公司永磁铁氧体产品性能

| 牌号 \ 性能 | 剩磁 $B_r$ (Wb/m$^2$) | 矫顽力 $H_{cB}$ (kA/m) | 最大磁能积 $(BH)_{max}$ (kJ/m$^3$) |
|---|---|---|---|
| FB$_2$ | 0.375～0.395 | 144～176 | 16.0～19.2 |
| FB$_4$A | 0.40～0.42 | 304～336 | 26.4～29.6 |
| FB$_4$B | 0.39～0.41 | 240～272 | 28.0～32.8 |
| FB$_4$X | 0.41～0.43 | 224～248 | 32.0～35.2 |
| FB$_4$N | 0.42～0.44 | 168～190 | 33.6～36.8 |
| FB$_5$H | 0.395～0.415 | 280～304 | 28.8～32.0 |
| FB$_5$B | 0.41～0.43 | 252～276 | 32.8～36.0 |
| FB$_5$N | 0.43～0.45 | 216～240 | 34.4～37.6 |

1992 年 TDK 公司推出了高性能的 FB6 系列产品,其性能与以往产品对比见附图 1。

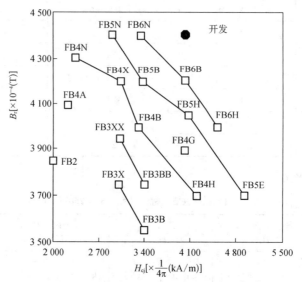

**附图 1　日本 TDK 公司永磁铁氧体性能**[142]

**附表 11　日立金属公司的永磁铁氧体材料性能**

| 牌　号 | $B_r$(Wb/m²) | $H_{cB}$(kA/m) | $(BH)_{max}$(kJ/m³) |
|---|---|---|---|
| YBM1A | 0.37～0.41 | 135～168 | 25.4～29.5 |
| YBM1B | 0.39～0.42 | 143～176 | 27.8～32.7 |
| YBM～1BB | 0.38～0.41 | 175～207 | 27.0～31.9 |
| YBM2D | 0.33～0.37 | 214～255 | 19.8～25.5 |
| YBM2C | 0.35～0.39 | 222～263 | 22.2～27.9 |
| YBM2B | 0.38～0.41 | 222～271 | 27.0～31.9 |
| YBM2BA | 0.415～0.44 | 175～207 | 32.6～36.7 |
| YBM2BB | 0.41～0.435 | 214～255 | 31.8～35.1 |
| YBM2BC | 0.34～0.38 | ≥254 | 21.4～27.1 |
| YBM2BD | 0.37～0.40 | ≥246 | 25.4～30.3 |
| YBM2B | 0.36～0.40 | 262～299 | 23.8～30.3 |
| YBM2BF | 0.35～0.39 | 262～303 | 25.4～31.9 |

日立金属公司开发出 YBM6B 系列产品,性能见附表 12,与以往产品性能之对比见附图 2。

**附表 12　日立金属公司 YBM6 系列永磁铁氧体性能**

| 牌　号 | $B_r$(mT) | $H_c$(kA/m) | $H_{cj}$(kA/m) | $(BH)_{max}$(kJ/m³) |
|---|---|---|---|---|
| YBM6BB | 430 | 245 | 255 | 34.5 |
| YBM6BD | 420 | 275 | 285 | 33.5 |
| YBM6BE | 410 | 295 | 320 | 32.0 |
| YBM6BF | 400 | 290 | 365 | 30.0 |

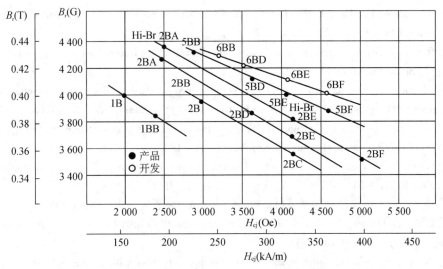

附图2 日本日立金属公司永磁铁氧体性能[143]

附表13 日本TDK公司高性能含稀土的永磁铁氧体产品牌号与性能

| 牌号 | $B_r$(mT) | $H_{cB}$(kA/m) | $H_{cj}$(kA/m) | $(BH)_{max}$(kJ/m³) |
|------|-----------|----------------|----------------|---------------------|
| FB12B | 470 | 340 | 380 | 43.1 |
| FB12H | 460 | 345 | 430 | 41.1 |
| FB13B | 475 | 340 | 380 | 44.0 |
| FB14B | 470 | 355 | 430 | 43.1 |

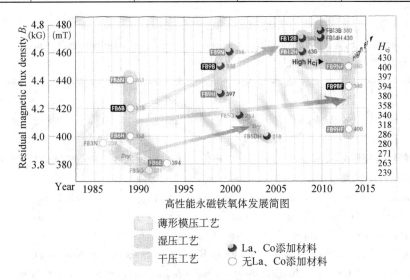

附图3 高性能永磁铁氧体发展简图

## 参考文献

[1] Smits J., Wijn H.P.J., *Ferrites*[M], Eindhoven(Holland), 1959.

[2] Townes W. D., Fang J. H., Perrotta A. J., Crystal structure and refinement of ferrimagnetic barium ferrite $BaFe_{12}O_{19}$[J], *Z. Krist*, 1967, 125: S437.

[3] Renson J. G., Wieringen J. S. van, Anisotropic Mössbauer fraction and crystal strucyure of Ba $Fe_{12}O_{19}$[J], *Solid State Comm.*, 1969, 7: 1139 - 1141.

[4] Albanese G., Carbucic M., Deriu A., Temperature-dependence of sublattice magnetizations in Al-substituted and Ga-substituted M-type hexagonal ferrites[J], *Phys.Status.Solid. A*, 1974, 2: 351 - 358.

[5] van Loef J. J., van Groenou A. B., On the sub-lattice magnetization of $BaFe_{12}O_{19}$ [C], Proceedings of the International Conference on Magnetism, 1965: 646 - 649.

[6] Gorter E. W., Saturation magnetization and crystal chemistry of Ferrimagnetic Oxidees[J], *Philips. Res. Rep.*, 1954, 9: 295 - 443. 俄译文, У. Ф. Н., 1955, 57: 279.

[7] 小岛浩.硬质磁性材料(日文)[M].坂田修一,等编.丸善株式会社,1976: p.138.

[8] Grill A., Haberey F., Effect of diamagnetic substitutions in $BaFe_{12}O_{19}$ on magnetic-properties [J], *Appl. Phys.*, 1974, 3: 131 - 134.

[9] Kojima H., Fundamental properties of hexagonal ferrites with magnetoplumbite structure, *Ferromagnetic Materials*[M], ed. Wohlfarth E.P., 1982, 3: pp. 189 - 304.

[10] Lotgering F. K., Magnetic anisotropy and saturation of $LaFe_{12}O_{19}$ and some related compounds [J], *J. Phys & Chem. Solids*, 1974, 35(12): 1633 - 1639.

[11] Diepen A. M. van, Lotgening F. K., Mössbauer effect in $LaFe_{12}O_{19}$[J], *J. Phys & Chem. Solids*, 1974, 35(12): 1641 - 1643.

[12] 都有为,陆怀先,黄纪圣,等.六角晶系铁氧体中的稀土离子置换[J].应用科学学报,1985,3: 364 - 368.

[13] 黄纪圣,陆怀先,都有为.轻稀土 Ce,La 取代六角铁氧体的制备和磁性[J].南京大学学报(自然科学版),1984,3: 457 - 463.

[14] 李国栋,李荫远.铁氧体物理学[M].科学出版社,1978.

[15] Yamamoto H., Kawaguchi T., nagakura M., New permanent-magnet material-modified Ca ferrite[J], *IEEE Trans.*, 1979, MAG-15: 1141 - 1146.

[16] Summergrad R. N., Banks E., New hexagonal ferromagnetic oxides[J], *J. Phys & Chem. Solids*, 1957, 2: 31231715.

[17] Mones A. H., Banks E., Cation substitutions in $BaFe_{12}O_{19}$[J], *J. Phys & Chem. Solids*, 1958, 4: 217 - 222.

[18] 都有为,陆怀先,张毓昌,等.$La_x Ba_{(1-x)} Fe_{(12-x)} Zn_x O_{19}$ 铁氧体磁性与穆斯堡尔谱的研究[J].物理学报,1983,32: 168 - 175.

[19] Сиоинс кцй йиа Г. А., Андреев А., цзв. А. Н. СССР. физ., 1961, 25: 1932.

[20] Uitert L. G. van, Magnetic induction and coercive force data on members of the series $BaAl_x Fe_{12-x}O_{19}$ and related oxides[J], *J. Appl. Phys.*, 1957, 28: 317 - 319.

[21] Bertaut E. F., Deschamps A., Pauthenet R., *et al.*, Substitution dans les hexaferrites de lion $Fe^{3+}$ par $Al^{3+}$, $Ga^{3+}$, $Cr^{3+}$[J], *Journal de Physique et le Radium*, 1959, 20: 404 - 408.

[22] Albanese G., Asti G., Batti P., On effects of partial substitution of Fe by Ga in $SrFe_{12}O_{19}$[J], *Nuovo Cimento*, 1968, B, 58: 467 - 480.

[23] Haneda K., Kojima H., Intrinsic coercivity of substituted[J], *Jap Journal of Applied Physics*, 1973, 12: 355 - 360.

[24] Kojima H., Haneda K., $BaFe_{12}O_{19}$ Ferrite[J], *Proc. ICF1*, University of Tokyo Press,

1971：380 - 382.

[25] Haneda K.，Miyakawa C.，Kojima H.，Improvement of temperature dependence of remanence in ferrite permanent magnets[C]，AIP Conference Proceedings，1975，24：770.

[26] Esper F. J.，Kaiser G.，Anisotropy field strength and coercivity of sb-substituted barium-ferrite[J]，*Physica B & C*，1975，80：116 - 128.

[27] Brahma P.，Giri A. K.，Chakravorty D.，*et al.*，Magnetic properties of $As_2O_3$-and $Sb_2O_3$-doped Ba-M hexagonal ferrites prepared by the Sol-gel methed[J]，*Journal of Magnetism and Magnetic Materials*，1992，117：163 - 168.

[28] Albanese G.，Deriu A.，Lucchini E.，*et al.*，Cation distribution and sub-lattice magnetization of hexagonal ferrites substituted with In and Sc[J]，*IEEE Transactions on Magnetics*，1981，17：2639 - 2641.

[29] Tauber A.，Savage R. O.，Kohn J. A.，Single crystal ferroxdure，$BaFe_{12-2x}{}^{3+}$ Ir4＋$x$Zn2＋xO19，with strong planar anisotropy[J]，*Journal of Applied Physics*，1963，34：1265 - 1268.

[30] Lubitz P.，Vittoria C.，Schelleng J.，Magnetic-properties of substituted M-type hexagonal ferrites[J]，*Journal of Magnetism and Magnetic Materials*，1980，15：1459 - 1460.

[31] Collomb A.，Obradors X.，Isalgue A.，Neutron-diffraction study of the crystallographic and magnetic-structures of the $BaFe_{12-x}Mn_xO_{19}$ M-type hexagonal ferrites[J]，*Journal of magnetism and magnetic materials*，1987，69：317 - 324.

[32] Sandiumenge F.，Martinez B.，Batlle X.，*et al.*，Cation distribution and magnetization of $BaFe_{12-2x}Co_xSn_xO_{19}$ ($x＝0.9,1.28$) single-crystals[J]，*Journal of Applied Physics*，1992，72：4608 - 4614.

[33] Kubo O.，Nomura T.，IDO T.，Improvement in the temperature-coefficient of coercivity for barium ferrite particles[J]，*IEEE Transactions on Magnetics*，1988，24：2859 - 2861.

[34] Banks E.，Tauber A.，Obbins M.，*et al.*，Fluoride ion compensated substitutions of bivalent cations in $BaFe_{12}O_{19}$ and other hexagonal oxides[J]，*Journal of the Physical Society of Japan*，1962，17，B1：196.

[35] Robbins M.，Banks E.，Effect of fluoride-compensated $Co^{2+}$ on anisotropy of $BaFe_{12}O_{19}$[J]，*Journal of Applied Physics*，1963，34：1260 - 1263.

[36] Smit J. ed.，*Magnetic Properties of materials*[M]，McGraw-Hill，1971.（中译文：J. 施密特. 材料的磁性[M]. 科学出版社，1978：pp. 25 - 78.）

[37] Hirotsu Y.，Sato H.，Tang Y. C.，*et al.*，Microsyntactic intergrowth and mppposition fluctuation in barium ferrites[J]，*Ferrite*，18，ICF3，345 - 349，Center for Acadenic Pulications Japan （CAPJ），1980.

[38] 刘蓬贤，焦洪震，张毓昌，等. M，W，X 型六角钡铁氧体 Mössbauer 谱研究[J]，物理学报，1985，34：129 - 132.

[39] Lilot A. P.，Gerard A.，Grandjean F.，Analysis of the super-exchange interactions paths in the w-hexagonal ferrites[J]，*IEEE Transactions on Magnetics*，1982，18：1463 - 1465.

[40] Braun P.B.，The crystal structures of a new group of ferromagnetic compounds[J]，*Philips Research Reports*，1957，12：491 - 548.

[41] Diepen A.M. van，Lotgering Mössbauer spectra of $Fe^{3+}$ and $Fe^{2+}$ ions in hexagonal ferrite with W-structure[J]，*Solid State Comm.*，1978，27：255 - 258.

[42] Eckart D. W.，Kohn J. A.，16 New mixed-layer hexagonal ferrites[J]，*Z. Krist*，1967，125：16.

[43] 陆怀先，都有为，王挺祥. $La_xZn_xBa_{(1-x)}Fe_{(12-x)}O_{19}$ 铁氧体高温相组成[J]，物理学报，1982，31：

1274 – 1277.

[44] Siyor R. A., Zactgev K.N., *Sov. Phys. JETP*,1974, 39: 174.

[45] Albanese G., Asti G., Sublattice magnetization and cation distribution in BaMg$_2$Fe$_{16}$O$_{27}$ (Mg$_2$W) ferrite[J], *IEEE Transactions on Magnetics*, 1970, MAG-6: 158 – 161.

[46] Collomb A., Mignot J. P., The Ba(Sr)Mn$_2$Fe$_{16}$O$_{27}$ W-type hexagonal ferrites as permanent-magnets[J], *Journal of Magnetism and Magnetic Materials*,1987, 69: 330 – 336.

[47] Yamrin I., Sizov R. A., Zheludev I. S., *et al.*, Spin ordering and magneto-crystalline anisotropy in single crystals of BaCo$_x$Fe$_{18-x}$O$_{27}$ ferrites[J], *SOVIET PHYSICS JETPUSSR*, 1966, 23: 395.

[48] 都有为,陆怀先.草酸盐共沉淀法工艺制备 La$_x$Zn$_x$Ba$_{(1-x)}$Fe$_{(12-x)}$O$_{19}$[J].南京大学学报(自然科学版),1981,3: 314 – 320.

[49] Gu B. X., Lu H. X., Du Y. W., Magnetic-properties and mössbauer-spectra of X-type hexagonal ferrites[J], *Journal of Magnetism and Magnetic Materials*, 1983, 314: 803 – 804.

[50] Kui J. S., Lu H. X., Du Y. W., W-type hexagonal ferrite Sr$_x$Ba$_{1-x}$Fe$_{18}$O$_{27}$[J], *Journal of Magnetism and Magnetic Materials*, 1983, 314: 801 – 802.

[51] Li D. X., Zhang N. N., Guo S. J., *et al.*, Magnetic and mössbauer study of (TiCu)Ni$_2$W hexagonal ferrite system[J], *IEEE Transactions on Magnetics*, 1989, 25: 3290 – 3292.

[52] Albanese G., Carbucicchio M., Asti G., Spin-order and magnetic-properties of BaZn$_2$Fe$_{16}$O$_{27}$ (Zn$_2$-W)hexagonal ferrite[J], *Applied Physics*, 1976, 11: 81 – 88.

[53] Albanese G., Carbucicchio M., Pareti L., *et al.*, Magnetic and mössbauer study of Al, Ga, In and Sc substituted Zn$_2$-W hexagonal ferrites[J], *Journal of Magnetism and Magnetic Materials*, 1980, 158:1453 – 1454.

[54] BesagnI T., Deriu A., LiccI F., *et al.*, Nickel and copper substitution in Zn$_2$-W[J], *IEEE Transactions on Magnetics*,1981, 17: 2636 – 2638.

[55] Asti G., BolzonI F., BolzonI, F., *et al.*, Anisotropy constants of RCo$_5$ compounds[J], *IEEE Transactions on Magnetics*,1975, 11: 1437 – 1439.

[56] Leccabue F., Salviati G., Almodovar N. S., Magnetic and morphological characterization of SrMe$_2$-W and SrZn-X hexaferrites prepared by chemical coprecipitation method[J], *IEEE Transactions on Magnetics*,1988, 24: 1850 – 1852.

[57] Ram S., Joubert J. C., Synthesis and magnetic-properties of SrZn$_2$-W type hexagonal ferrites using a partial 2Zn$^{2+}$(Li$^+$Fe$^{3+}$)substitution—a new series of permanent-magnets materials[J], *Journal of Magnetism and Magnetic Materials*, 1991, 99: 133 – 144.

[58] Graetsch H., Haberey F., Leckebusch R., *et al.*, Crystallographic and magnetic investigation on W-type-hexaferrite single-crystals in the solid-solution series SrZn$_{2-x}$Co$_x$Fe$_{16}$O$_{27}$[J], *IEEE Transactions on Magnetics*, 1984, 20: 495 – 500.

[59] Haberey F., Wiesemann P., Properties of the W-type hexaferrite PbZn$_2$Fe$_{16}$O$_{27}$[J], *IEEE Transactions on Magnetics*, 1988: 2112 – 2113.

[60] Albanese G., Deriu A., Licci F., *et al.*, Preparation and magnetic characterization of Ba$_2$Zn$_{2-x}$Cu$_{2x}$Fe$_{12}$O$_{22}$ hexagonal ferrites[J], *IEEE Transactions on Magnetics*, 1978, 14: 710 – 712.

[61] Jacquiod C., Autissier D., Rare-earth substitutions in Z-type hexaferrites[J], *Journal of Magnetism and Magnetic Materials*,1992,104: 419 – 420.

[62] Tauber A., Megill J. S., Shappiri J. R., Magnetic properties of Ba$_2$Zn$_2$Fe$_{28}$O$_{46}$ and Ba$_2$Co$_2$Fe$_{28}$O$_{46}$

single crystals[J]，*Journal of Applied Physics*，1970，41：1353135.

[63] Fuchikami N.，Magnetic anisotropy of magnetoplumbite $BaFe_{12}O_{19}$ [J]，*J. Phys Soc. Jap.*，1965，2：760 - 764.

[64] Haberey F.，Velicesc M.，Preparation and structure of $BaTi_2Fe_4O_{11}$ (R-block)[J]，*ACTA Crystallographica Section B-Structural Science*，1974，B30：1507 - 1510.

[65] Asti G.，RinaldiOn S.，The magnetic anisotropy in hexagonal perrites[C]，Proc. AIP. Conf.，1976，34：214 - 216.

[66] Wieringer J. S. Van，*Philips Tech. Report*，1975，28：33.

[67] Trautwein A.，Kreber E.，Gonser U.，*et al.*，Molecular orbital and Mössbauer study of iron-oxygen compounds[J]，*J. Phys & Chem. Solids*，1958，4：217222，325 - 328.

[68] Kreber E.，Gonser U.，Trautwein A.，*et al.*，Mössbauer measurements of the bipyramidal lattice site in $BaFe_{12}O_{19}$ original research article[J]，*J. Phys & Chem.Solids*，1957：263 - 265.

[69] 翟宏如，杨桂林，徐游.强磁物质的局域电子磁晶各向异性[J].物理学进展，1998，333，3：229 - 328.

[70] Stablen H.，Hard Ferrites and Plastoferrites，*Ferromagnetic Materials*[M]，ed. Wohlfarth，North-Holland Pablishing Company，1982：Vol3，pp. 441 - 602.

[71] Sugimoto M.，Properties of Ferroxplana-Type Hexagonal Ferrites，*Ferromagnetic Materials* [M]，ed. Wohlfarth，North-Holland Pablishing Company，1982：Vol3：pp. 393 - 440.

[72] Went J. J.，Rahenau G. W.，Gorter E. W.，*et al.*，Feroxdure, a class of new permanen magnet mateials[J]，*Philips Techn. Rev.*，1952，13：194 - 208.

[73] Stuijs A. L.，Rahenau G. W.，Weber G. H.，Ferroxdr Ⅱ and Ⅲ，anisotropic permanent magnet marias[J]，*Philips Techn. Rev.*，1954，16：141 - 147.

[74] Cochardt A.，Recent ferrite magnet developments[J]，*J. Appl. Phys.*，1966，37：1112 - 1114.

[75] Parker R.J.，Recent development on permanent magnet application，Ferrites[J]，*Proc. ICF3*，Center for Acadenic Pulications Japan(CAPJ)，1980：375 - 378.

[76] Jahn L.，Muller H.G.，Coercivity of hard ferrite single crystals[J]，*Phys. Stat. Solid*，1969，35：7236.

[77] Шур Я.С.，Кандаурова Г.С.，Магнитная структура феррита ъария，Ферриты，Издательство Академии Наук БССР Минк，1960：311 - 319.

[78] Kooy C.，Enz N.，Experimental and theoretical study of the domain configuration in thin layers of $BaFe_{12}O_{19}$[J]，*Philips Research Reports*，1960，15：729.

[79] Duijvestijn A. J. W.，Boonstra B. P. A.，Numerical evaluation of functions occurring in a study of domain configuration in thin layers of $BaFe_{12}O_{19}$[J]，*Philips Res. Reports*，1960，15：390 - 393.

[80] Ratham D. V.，Busem R.W.，Angular variation of coercive force in barium ferrite[J]，*J. Appl. Phys.*，1972，43：1291 - 1293.

[81] Haneda K.，Kojima H.，Magnetization reversal process in chemically precipitated and ordinary prepared $BaFe_{12}O_{19}$[J]，*J. Appl. Phys.*，1973，44：3760 - 3762.

[82] Shirk B. T.，Buessem W. R.，Theoretical and experimental aspects of coercivity versus particle size for barium ferrite[J]，*IEEE Trans. on Magn*，MAG-7，1971：659 - 662.

[83] 小岛浩.硬质磁性材料(日文)[M].坂田修一，等编.东京：丸善株式会社，1976：p.138.

[84] Reed J. S.，Furach M.，Characterization and sintering behavior of Ba and Sr ferrites[J]，*J. Amer. Ceram. Soc.*，1973，56：207 - 211.

[85] Reed J. S., Constituents of Bao • 5.5 $Fe_2O_3$ magnets[J], *J. Mater. Sci.*, 1973, 8: 993 - 999.

[86] Шольц Н. Н., Щепкина Л. Я., Метод изгтовления и свойства оксидных магнитов, Ферриты, Издательство Академии Наук БССР Минк, 1960: 302 - 310.

[87] 戴长禄,等.高岭土[M].中国建筑工业出版社,1983.

[88] Haneda K., Intrinsic coercivity of substituted $BaFe_{12}O_{19}$[J], *Jap. J. Appl. Phys.*, 1973,12: 355 - 360.

[89] Haberey E., Kools F., The effect of silica addition in M-type ferrites[J], *Ferrites, Proc. ICF3*, 1980, Jap., Center for Acadenic Pulications Japan(CAPJ), 1980: 356 - 361.

[90] 友森正信,昭(4929394).

[91] Vasilyer V.M., Tulchisky L.N., Lanthanum oxide distribution in the Ba hexaferrite grains[J], *Ferrite, Proc. ICF6*,1992, Jap.: 371.

[92] Францевич И.Н., Тульчинский Л.Н., Исслованe лананозамещенных ъариевых гексаферритов, Порошковая Металлургия, 1971, 2, 63 - 69.

[93] Горъатюк В. А., Сасонов г. в., Леирование ъариевого феррита окислами редкоземельных элементов, Порошковая Металлургия, 1971, 6, 51 - 56.

[94] Espe F.J., Proc.of The third Europ. Conf. Hard on Magnetic Materials, 1974: 94.

[95] Ruthner M. J., The importance of hydrochloric acid regeneration processes for the industrial production of ferric oxides and ferrite powders[J], *Ferrites. Proc. ICF3*, 1980, 64 - 67, Center for Acadenic Pulications Japan(CAPJ), 1980.

[96] Giarda L., Cattalani A., Franzosi A., Advantages of fluidized-bed technique for preparation of hard ferrite powders[J], *J. de Phys. Collogue*, *cl*, *Suppl*, 1977, 38: 325 - 328.

[97] Strijbos S., Proc.of The third Europ. Conf. Hard on Magnetic Materials, 1974, 102.

[98] *U.S. Patent*, 1973, 3: 755,515.中译文:金川情报,1978:44.

[99] 都有为,王殿祥,潘绍余.干法磁场成型制备永磁铁氧体[J].电子技术,1978:37 - 43.

[100] Takada T., Ikeda Y., Yoshinaga H., et al., A new preparation method of the oriented.

[101] Torii M., et al., Ferrites;Proc. ICF3 1980: 370.

[102] Gadalla A. M., et al., *J. Magn Mater.*, 1975, 1(2): 114.

[103] Gadalla A. M., et al., Proc. Third Europ. Conf. Hard on Magnetic Materials, 1974:62.

[104] Sloccari G., Amer J., *Ceram. Soc.*, 1972, 56: 489.

[105] Mori S. J., *Phys. Soc*, *Japan*, 1970, 28: 44.

[106] Braum P. B., *Philips Res. Rep.*, 1957,12: 491.

[107] Wijn H. P. J., *Nature*, 1952, 170: 707.

[108] Goto Y., Takada T., Phase diagram of the system $BaO-Fe_2O_3$[J], *J. Amer. Ceram. Soc.*, 1960, 43: 150 - 153.

[109] Batti P., Ricerche su una zona del sistema ternario $BaO-SrO-Fe_2O_3$.1. diagramma dequilibrio della sezione isoterma a 1100 degrees c della zona compresa fra lematite, il ferrito di bario $2BaO-Fe_2O_3$ e lanalogo ferrito di stronzio $2SrO-Fe_2O_3$ Ann Chim (Rome), 1962, 52: 1227 - 1238.

[110] Van Hook H.J., Thermal Stability of Barium Ferrite（$BaFe_{12}O_{19}$）[J], *J. Amer. Ceram. Soc.*,1964,47: 579 - 581.

[111] Lacour C., Paulus M., Influence of composition and its heterogeneity upon densification of barium hexaferrite[J], *Phys.Status.Solid*, A, 1975, 28: 71 - 80.

[112] 都有为,陆怀先,张毓昌,等.Magnetic-properties and high-temperature composition of the

$La_x Ba_{(1-x)} Fe_{(12-x)} Zn_x O_{19}$ ferrites[J]，*J. M. M. M.*，1983，31/34：793－794.

[113] Sloccari G.，Phase equilibrium in subsystem $BaO-Fe_2 O_3-BaO-6Fe_2 O_3$[J]，*J. Amer. Ceram. Soc.*，1973,56：489－490.

[114] Hanada H.，Haneda K.，Magnetic properties of substituted $BaFe_{12} O_{19}$[J]，*Ferrites：Proc.*，*ICF*1，University of Tokyo Press，1971：279－282.

[115] Brok C. M. Van Den，Stuijts A. L.，*Philips Tech. Rev.*，1968，7：157.

[116] Kojima H.，Goto K.，Miyakawa C.，A few experimental results on M-type hexaferrite[J]，*Ferrites：Proc.*，*ICF*3，Center for Acadenic Pulications Japan(CAPJ)，1980：335－340.

[117] Cochardt A.，Recent ferrite magnet developments[J]，*J. Appl. Phys.*，1966，37：1112－1114.

[118] Besenicar S.，Drofenik M.，Kolar D.，Sintering and microstructure development of Sr hexaferrites[J]，*Ferrites：Proc.*，*ICF*5，Oxford &-IBH Publishing Co.Pvt.Ltd.，66 Janpath，New Delhi 110001，1989：163－167.

[119] Friess K.，Neue ergebnisse an strontiumferrit-magneten[J]，*Z. Angew. Phys.*，1966，21：90－91.

[120] Bongers P. F.，den Broeder F. J. A.，Damen J. P. M.，*et al.*，Defects，grain boundary segregation，and secondary phases of ferrites in relation on the magnetic properties[J]，*Ferrites：Proc.*，*ICF*3，Center for Acadenic Pulications Japan(CAPJ)，1980：265－271.

[121] Stblein H.，Hard Ferrites and Plastoferrites，*Ferromagnetc Materials*[M]，ed. Wohlfarth E. P.，North-Holland Publishing Company，1982,13：pp. 441－592.

[122] Cochardt A. Effects of sulfates on properties of strontium ferrite magnets[J]，*J. Appl. Phys.*，1967，38：1904－1907.

[123] Yamamoto H.，Nagakura M.，Uno I.，Magnetic properties of Sr-La-N-Pr system ferrite magnets[J]，*Ferrites：Proc. ICF*5，Bombay，India，Oxford &- IBH Publishing CO. PVT. LTD,1989：411－415.

[124] Hanada H.，Magnetic properties of hard ferrite including boric acid and silica[J]，*Ferrites：Proc.*，*ICF*3，Center for Acadenic Pulications Japan(CAPJ)，1980：354－355.

[125] Haberey F.，Kockel A.，Formation of strontium hexaferrite $SrFe_{12} O_{19}$ from pure iron-oxide and strontium carbonate[J]，*IEEE Trans. on Magn.* 1976，MG12：983－985.

[126] Kojima H.，Fundamental properties of hexagonal ferrites with magnetoplumbite structure，*Ferromagnetc Materials*[M]，ed. Wohlfarth E.P.，North-Holland Publishing Company，1982,13：pp. 305－387.

[127] Cochard A.，*U.S.Patent*，1963，3，113，927.

[128] Phillips B.，Muan A.，Phase equilibria in the system CaO-iron oxide in air and at 1 atm $O_2$ pressure[J]，*J. Amer. Ceram. Soc.*，1958，41：445－454.

[129] Holmquist S. B.，2 New complex calcium ferrite phases[J]，*Nature*，1960，185：604.

[130] Braun P.B.，*Philips Res. Repots*，1966，5：11－40.

[131] Schieber M.，*U.S.Patent*，1965，1，193，502.

[132] Ichinose N.，Kurihara K.，New ferrimagnetic compound[J]，*J. Phys. Soc. Japan*，1963，18：1700－1711.

[133] Yamamoto H.，Kawaguchi T.，Nagakura M.，A new permanent magnet material：modified Ca ferrite[J]，*IEEE Trans. on Magn.*，MG26，1979,15：1141－1146.

[134] Lotgering F. K.，Huyberts M. A. H.，Composition and magnetic-properties of hexagonal Ca，La ferrite with magnetoplumbite structure[J]，*Solid State Communican*，1980,34：49－50.

［135］Moruzzi V. L., Shafer M. W., Phase equilibria in the system $La_2O_3$-iron oxide in air［J］, *Journal of the American Ceramic Society*, 1960, 43: 367 - 342.

［136］Asti G., Carbucicchio M., Deriu A., *et al.*, Magnetic characterization of Ca substituted Ba and Sr hexaferrites［J］, J. M. M. M., 1980,20: 44 - 46.

［137］都有为,陆怀先,赵福建,等.M 型($Ca_x Sr_{(1-x)} Fe_{12} O_{16}$)与 W 型($Ca_x Sr_{(1-x)} Fe_{18} O_{27}$)六角铁氧体的研究［J］.南京大学学报(自然科学报),1984:221 - 226.

［138］Yamamoto H., 明治大学科技研究所纪要, Vol. 14: 4; Yamamoto H., Nagakura M., Terada H., Magnetic-properties of anisotropic Sr-La-system ferrite magnets［J］, *IEEE Trans. on Magn.*, MG26,1990,3: 1141 - 1148.

［139］刘先松,徐娟娟,姜坤良,等.新型钙系铁氧体制备与磁性能研究［M］.磁性材料与器件,2013, 2:p.14.

［140］Yamamoto H., Magnetic-properties of Sr-Zn system W-type hexagonal ferrite magnets prepared by new manufacturing method［J］, *IEEE Trans. on Magn.*, MG28, 1992: 2868 - 2870.

［141］Lotgering F. K., Vromans P. H. G. M., Huyberts M. A. H., Permanent-magnet material obtained by sintering the hexagonal ferrite $W=BaFe_{18}O_{27}$［J］, *J. Appl. Phys.*, 1980, 51: 5913 - 5918.

［142］Taguchi H., Hirata F., Takeishi T., *et al.*, High performance ferrite magnet［J］, *Ferrites: Proc.*, *ICF*6, The Japan Society of Powder and Power Metallurgy Printed in Japan, 1992:306.

［143］Harada H., The recent progress of hexagonahard ferrite magnet［J］, *Ferrites:Proc.*, *ICF*6, The Japan Society of Powder and Power Metallurgy Printed in Japan, 1992:305.

# §1.4 粘结永磁材料

## 1.4.1 概况

粘结永磁材料为永磁粉体与粘结剂混合而成型的永磁材料。工艺简单流程如下：

磁粉—粘结剂—成型—测量

永磁粉体主要为金属永磁（Nd-Fe-B，Sm-Co，Sm-Fe-N 等系列的稀土永磁材料）与永磁铁氧体两大类磁粉。由于采用的粘结剂不同，又可分为橡胶磁、塑料磁或树脂磁等，根据成型时晶粒取向与否可分为各向异性与各向同性两类。

显然，由于添加非磁性粘结剂，必将降低磁性能，如饱和磁化强度 $M_s$，剩磁 $B_r$，从而降低磁能积 $(BH)_{max}$。粘结磁体的剩磁与粘结剂含量 $w$ 的关系式如下：

$$B_r = \frac{(1-w)d}{d_0 \cos\theta} \cdot B_r(p)$$

此处，$B_r$ 为粘结永磁体的剩磁；$B_r(p)$ 为磁粉的剩磁；$w$ 为粘结剂的体积分数；$d$ 为粘结磁体的实际密度；$d_0$ 为粘结磁体的理论密度；$\cos\theta$ 为平均晶粒取向度，对各向同性 $\cos\theta = \frac{1}{2}$，对理想的各向异性 $\cos\theta = 1$；$d_0 = d_0'(1-w) + wd_0''$，$d_0'$ 为磁粉的理论密度，对钕铁硼永磁粉体为 7.65 g·cm$^{-3}$，对永磁铁氧体粉体约为 5.0 g·cm$^{-3}$；$d_0''$ 为粘结剂的理论密度。

粘结剂的体积分数 $w$ 如以环氧树脂为例，通常对压制成型的粘结磁为 14～15vt%（2.5～3.0wt%）；对注射成型为 30～40vt%（8～10wt%）。永磁剩磁将会降低，而最大磁能积理论值与 $B_r$ 的平方成正比，必将显著下降。各向同性的钕铁硼永磁体磁能积约为 260 kJ·m$^{-3}$，而压制成型的粘结磁约为 80 kJ·m$^{-3}$，注射成型约为 48 kJ·m$^{-3}$。由此可见，粘结磁的性能远低于烧结的永磁体，那么为什么还要制备粘结磁呢？其优点何在？

与烧结磁比较，粘结磁可一次成型，无需二次加工，可以做成各种形状复杂的磁体，如瓦形、齿轮形等，可切削加工或具有柔软、可挠性，尤其对薄、短、小、异形等不宜通过直接成型制造的永磁体更为有利。采用粘结工艺可保证产品尺寸具有极高的精确度、容易制成辐射取向的各向异性永磁体，形状复杂的薄壁环或其他形状的薄磁体，具有生产效率高、合格率高以及成本较低等优点，从而占领一些应用市场，如小型精密电机、传感器、仪器仪表、冰箱密封条等领域。2010 年粘结钕铁硼产量约为 4.6 万吨，产值约 20 亿美元，每年的增长率为 30%～40%。

以下将对粘结磁的工艺、磁粉、粘结剂、成形作一简介。

## 1. 粘结磁的生产工艺流程

粘结磁的生产工艺流程如图 1.4.1 所示。

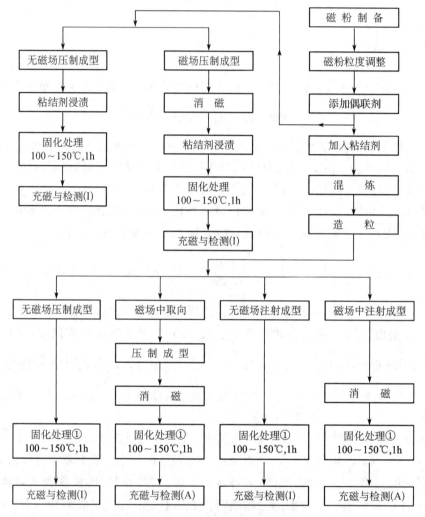

I—各向同性永磁体；A—各向异性永磁体；采用热塑性树脂不需要固化处理

**图 1.4.1　粘结永磁工艺流程**

## 2. 磁粉

通常要求永磁粉体的颗粒尺寸接近单畴临界尺寸，矫顽力尽可能高，对永磁铁氧体颗粒尺寸为 $0.9\sim1\,\mu m$。对钕铁硼磁粉通常不采用铸锭粉碎的方法，因经粉碎的磁粉矫顽力低于 $160\,kA\cdot m^{-1}$，而采用熔体快淬法，如美国 Magnequench 公司的 MQ 粉。为了制备各向异性的永磁体，必须采用各向异性的磁粉，如：HDDR 法的磁粉，热压取向后粉碎的磁粉。对 NdFeB 快淬磁粉进行缓慢而大幅度地热压变形诱发晶体择优取向，可制备辐射取向的薄壁磁环，国内研制的稀土钕铁硼环形磁体磁能积已高于 41 MGOe。

HDDR（Hydrogenation-Disproportionation-Desorption-Recombination）是氢化-歧化-脱氢-再复合的简称。稀土元素容易产生吸氢与脱氢反应,在一个大气氢压($15^5$ Pa)中、室温条件下就可进行吸氢反应,但氢化物的组成将随不同的反应温度及氢压而变化,例如钕铁硼稀土永磁 $Nd_2Fe_{14}B$ 的吸氢反应如下:

$$2Nd_2Fe_{14}B + xH_2 = 2Nd_2Fe_{14}BH_x \quad （氢化）$$

$$2Nd_2Fe_{14}B + 2H_2 = 2NdH_2 + 12Fe + Fe_2B \quad （歧化,T > 600℃）$$

氢化、歧化的逆过程即脱氢,是吸热反应,因此必须在一定温度下进行,通常高于 800℃。钕铁硼铸锭在氢化过程中体积膨胀,容易破碎,晶粒变细,经过 HDDR 的相变,可细化晶粒,从而获得高矫顽力的钕铁硼磁粉,适宜作为粘接磁体用的磁粉。

钐铁氮($Sm_2Fe_{17}N_x$)化合物在 600℃ 温度以上将分解为 $SmN$、$Fe_4$ 及 $Fe$,因此无法制备成高密度的烧结永磁体,但作为粘接磁磁粉十分合适。通常钐铁氮是先熔炼成 $Sm_2Fe_{17}$ 合金,粉碎后再进行氮化处理而成。

### 3. 粘结剂

选择粘结剂的原则是:粘结强度高,尺寸稳定性好,吸水性低,为了提高粘结性、韧性、强度、流动性、取向度等,尚需加入少量添加剂,如偶联剂、润滑剂、增塑剂及热稳定剂等。

粘结剂可分有机、无机两类。

① 挠性粘结永磁,采用天然橡胶、氯丁橡胶、聚异丁烯、氯化聚乙烯橡胶等橡胶类粘结剂,采用挤压、碾压成型工艺;也可采用 CPE,PVC 等热塑性树脂,用于挤压成型。

② 刚性粘结永磁,可采用热塑性聚酰胺 PP, PA,（尼龙 6、尼龙 12）,硫化聚苯(PPS),聚酯(PBT),液晶聚合物(LCP),聚碳酸酯(PC)等,用于注射成型。

采用热固性的环氧树脂,酚醛树脂,无机粘结剂(Sn,Sn-Zn,Pb-Sn)等合金或低熔点的玻璃等,用于压制成型。

偶联剂通常为合成高分子,它可对磁粉进行表面改性,其一端基团易与磁粉化学键结合,另一端的基团能与粘结剂亲和,从而增强磁粉与粘结剂的结合作用,增强机械强度,此外还可提高磁粉的流动性、可加工性以及粘结磁体热稳定性、耐水性等。偶联剂主要有硅烷类、钛酸酯类、有机络合物类等,对不同的磁粉,粘结剂应采用合适的偶联剂,如常用的硅烷偶联剂,其基本结构为 X-Si(OR)$_3$,其中,X 为乙烯基、氨基等,易与有机物结合;OR 为烷氧基、甲氧基、环氧基等,易与无机物结合,如 KH550 硅烷偶联剂 $H_2NCH_2CH_2CH_2Si(OCH_2CH_3)_3$。

润滑剂有脂肪酸酰胺类、脂肪酸及其金属皂类、烃类。

增塑剂用邻苯二甲酸酯类、硬脂酸酯类、环氧化合物、油酸酯类、多元酯衍生物。

热稳定剂有盐基铅盐类、金属皂类、有机锡类、多元酯等。

### 4. 成型

成型工艺通常采用压制、注射、挤压、压延四种方法。压制所需的粘结剂量最低,磁粉的相对密度可高达 85% 以上,因此性能较高。注射工艺要求粉料有一定的流动性,因此粘结剂比例较高,于是粘结永磁体的相对密度通常低于 70%,磁性能较低。如在制备过程中加磁场,应力使颗粒取向,可获得各向异性的永磁体,有利于提高磁性能。

## 1.4.2 粘结稀土永磁材料

### 1. 永磁性能

粘结稀土永磁材料指的是采用稀土永磁材料的粉末与粘结剂以及其他添加剂按适当比例混合后,再经压型、挤出或注射等工序制成的复合永磁材料。和稀土烧结永磁材料比较,它们的突出优点是尺寸精度高,不变形,无需二次再加工;允许加工成特殊的形状,也允许和其他的部件组合在一起以满足特殊的使用要求;机械强度高,密度小,自身重量轻。不足之处是它们的永磁性能要比烧结永磁合金低许多,实际的最高使用温度因为受到粘合剂成分的限制而下降很多。表 1.4.1 中比较了三种主要粘结稀土永磁和粘结永磁铁氧体的磁性能和密度。列出的永磁性能包括剩磁 $B_r$、矫顽力 $H_{cB}$、内禀矫顽力 $H_{cj}$、最大磁能积 $(BH)_{max}$、可逆温度系数 $\alpha$ 和矫顽力的可逆温度系数 $\beta$。表 1.4.2 中列出了 $Sm_2Co_{17}$ 型粘结磁体和烧结磁体的力学参数的比较。

**表 1.4.1 粘结永磁材料的永磁性能比较**

| 材料 | 各向同性或异性 | $B_r$ (T) | $H_{cB}$ (kA/m) | $H_{cj}$ (kA/m) | $(BH)_{max}$ (kJ/m³) | $\alpha$ (%/℃) | $\beta$ (%/℃) | $D$ (g/cm³) |
|---|---|---|---|---|---|---|---|---|
| NdFeB | 同性 | 0.69~0.74 | 360 480 | 640 1 080 | 64~80 | −0.1 | −0.4 | 6.0 |
| | 同性 | 0.664 0.854 | 437 577 | 716 927 | 77 133 | −0.09 −0.09 | −0.4 | |
| | 异性 | 1.015 | 617 | 848 | 178* | −0.09 | | |
| SmCo₅ | 异性 | 0.67 | 796 | 796 | 79.6 | −0.04 | | 5.7 |
| Sm₂Co₁₇** | 异性 | 0.867 | 557 | 875 | 135.0 | −0.04 | | 7.1 |
| 永磁铁氧体 | 异性 | 0.26~0.30 | | 222.8 | 12.7~15.9 | −0.20 | | |

\* 实验室水平　\*\* $Sm_2Co_{17}$ 型钐钴合金主要成分是 $Sm(CoCuFeZr)z(z=7\sim8.5)$。

**表 1.4.2 粘结 $Sm_2Co_{17}$ 型稀土钴永磁合金的力学性能**

| 力学参数 | 注射成型磁体 | 压制成型磁体 | 烧结磁体 REC30 |
|---|---|---|---|
| 密度(×10³ kg/m³) | 5.4 | 7 | 8.3~8.5 |
| 抗拉强度(kgf/mm²) | 2.55 | 1.8 | 3.6 |
| 弯曲强度(kgf/mm²) | 7.5 | 8~12 | 15 |

续表

| 力学参数 | 注射成型磁体 | 压制成型磁体 | 烧结磁体 REC30 |
|---|---|---|---|
| 压缩强度($kgf/mm^2$) | 10 | 3.2 | 82 |
| 硬度 | 85(HSD) | 35~40(HRF) | 500~600(HV) |
| 热膨胀系数($\times 10^{-3}/℃$) | $6.7\times 10^{-3}$ | $(1.5\sim 3)\times 10^{-3}$ | $(8\sim 11)\times 10^{-6}$ |

## 2.制备工艺

图 1.4.1 示出了粘结永磁材料的制造方法与相应的工艺流程。

### (1) 制粉

稀土粘结永磁材料的主要成分是稀土永磁合金粉末。应用最广的有三大类稀土永磁:$SmCo_5$、$Sm(CoCuFeZr)_z$($z=7\sim 8.5$)和 Nd-Fe-B 合金。$Sm(CoCuFeZr)_z$ 合金的典型成分有 $Sm(Co_{0.67}Cu_{0.08}Fe_{0.22}Zr_{0.028})_{8.35}$ 和 $Sm(Co_{0.6}Cu_{0.08}Fe_{0.30}Zr_{0.02})_{8.35}$。磁粉可以用不同方法制造。例如,可以采用制备稀土永磁合金时最常用的两种工艺,即氢化—歧化—脱氢—再复合法(HDDR 法)以及熔体快淬法,此外,还可使用机械合金化法和雾化法制取磁粉。一般,经熔炼获得的合金锭要在氩气中分别升温到一定温度进行固溶处理和在低温下进行时效处理。例如,成分为 $Sm_2(Co,Cu,Fe,Zr)_{17}$ 合金经熔炼得铸锭,在氩气中于 1 110~1 205℃进行固溶处理数小时,随后在 410~950℃时效处理十几小时,然后再经粗、中、细三级粉碎并调整颗粒度才能包覆绝缘剂,经最后成型为粘结磁体。为了防止氧化,粉碎阶段需有氮气保护。

粘结剂的主要作用是增大磁粉的流动性和粉末颗粒相互之间的结合强度。粘结剂种类很多,主要分为塑料类粘结剂和金属类粘结剂两类。常用的塑料类粘结剂包含热固型树脂(如环氧树脂和酚醛树脂)和热塑型树脂(如聚丙烯、聚乙烯、尼龙-6、尼龙-66、尼龙-610、尼龙-12 和聚酰胺等)两大类。粘结剂的加入量一般占磁粉质量分数的 2%~10%。如果粘结剂选择热固型树脂,则加入后需要附加固化处理,一般是在 100~150℃的温度下保温 1 小时。金属类粘结剂主要是那些熔点低的金属,如铅、锡或铅锡合金等。

偶联剂是为了提高粘结剂和磁粉颗粒之间的亲和性而添加的。通常,永磁磁粉和水的浸润性较好,属于亲水性物质,而一些粘结剂和油的浸润性好,属于亲油性物质。永磁磁粉直接和粘结剂接触,不能牢固结合,而加入偶联剂后,偶联剂中的亲油性基团能与物质中的长分子链作用,有利于提高磁粉和粘结剂的亲和性。偶联剂有硅烷系和钛酸盐(脂)系等,加入量占磁粉质量分数的 1%左右。

### (2) 成型

成型方法主要有三种:注射成型、挤出成型和压制成型。注射成型适合大批量生产,产品性能一致性好、密度均匀但较低,机械强度高;一般,压制成型产品内部空隙率较高,机械强度较低,压制成型时,压力大小对粘结磁体磁性能有显著影响,合适的成型压力是提高磁体性能的有效途径,如果成型时,采用加温压制,如在 210℃,有利于提高产品中磁粉的体积分数,改善永磁性能和机械强度;挤出成型产品兼有注射和压制成型产品的优点。

在成型过程中,如果施加外磁场,可使磁性粉末在磁场中呈不同程度的取向排列,从而获得各向异性粘结磁体。和不加磁场成型所得到的各向同性粘结磁体比较,各向异性粘结磁体的剩磁和最大磁能积明显提高。磁场成型时,最好采用脉冲磁场。

粘结永磁材料的磁性能变化幅度很大,主要取决于磁粉的相对密度和取向度,而磁粉的相对密度又主要取决于成型工艺和粘接剂类型。对于注射成型产品,磁粉的最高相对密度为65%~70%,如果采用更高的相对密度,则因磁粉的流动性不足而无法成型。对于压制成型产品,磁粉的相对密度可达75%~85%以上,正因为这样,在粘结稀土永磁材料中,这类磁体的永磁性能是最高的。由于粘结永磁中,磁体不需要经过高温烧结等工序,因此,可以制得形状较为复杂、薄壁、尺寸精度高的产品。例如,压制成型的产品高度和环状磁体的壁厚均可薄到0.8~1.0 mm。

### 1.4.3　粘结永磁铁氧体材料

烧结永磁体硬而脆,难以进行机械加工。为了制成柔软可挠曲、可加工的永磁体,常将永磁铁氧体微粉与塑料、橡胶等混合构成粘结永磁体。由于填充了较大量的非磁性物质,磁性能较差,但有利于制备尺寸精度高、形状复杂的永磁铁氧体器件。目前粘结永磁体已在电子仪表、玩具、冰箱密封垫圈、磁性卡片等领域中获得应用。

为了提高粘结永磁体的磁性能,常采用磁场取向注射成型,使磁粉取向排列,亦可利用永磁铁氧体结晶呈六角片状的特性,而片的法线方向为六角晶体的 $c$ 轴向,采用应力取向成型法使片状磁粉取向排列。最好在加磁场的同时加压,更有利于磁粉取向,提高粘结永磁体的性能。粘结永磁体成型后不再进行烧结热处理,因此其磁性能主要取决于磁粉特性。通常经二次球磨的粉料在粉碎过程中将存在缺陷与应力,从而导致其矫顽力下降,因此必须进行退火处理,才有利于提高粘结永磁体的性能。矫顽力与球磨时间、退火处理的关系见图1.4.2[1]。Tanasoiu等人[2]将锶铁氧体球磨150 h,其 $H_{cj}$ 仅为24 kA/m,然后在900~1 000℃退火2 h后,$H_{cj}$ 剧增到478~517 kA/m。

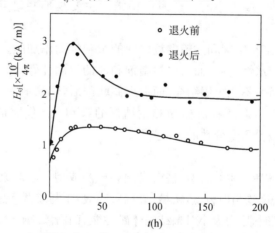

**图1.4.2　永磁铁氧体本征矫顽力与球磨时间、退火处理之关系[1]**

## 1. 塑料永磁体

塑料永磁体的制备工艺与普通塑料的成型工艺相同,常采用的是注入成型法,其基本工艺流程如下:

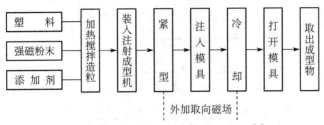

**图 1.4.3 塑料永磁体的基本工艺流程**[1]

其中的塑料通常指热可塑性树脂,如乙烯-醋酸乙烯聚合物(PVC)、尼龙树脂、聚乙烯(PE)、氯化聚乙烯(CPE)、聚丙烯和乙烯醇聚合物等。

铁氧体粉料含量为$(86\sim90)$wt%,不同塑料最佳的配比略有区别。外加磁场约为 1 T,时间约 1 s。铁氧体粉料含量低有利于提高取向度,但$B_s$值低;粉料含量过高时会使取向度下降,亦影响磁性能的提高。实例为锶铁氧体粉末(90wt%)加乙烯-醋酸乙烯聚合物(10wt%)制成的各向同性塑料磁体性能为:

$$B_r=145\ \text{mT},\quad H_{cj}=270.6\ \text{kA/m},\quad (BH)_{max}=3.9\ \text{kJ/m}^3$$

各向异性样品性能为:

$$B_r=245\ \text{mT},\quad H_{cj}=246.7\ \text{kA/m},\quad (BH)_{max}=11.1\ \text{kJ/m}^3$$

取向度为87%。

为了提高磁粉的取向度、机械强度等,尚需附加必要的添加剂,如亲油化剂、增塑剂、润滑剂等。

由于磁粉表面具有亲水性,而塑性材料通常具有亲油性,假如磁粉表面不作亲油化处理就会使塑料磁体机械强度下降,为此常采用有机硅烷偶联剂、钛酸盐偶联剂、铬处理剂进行磁粉表面的亲油化处理。

为了增加磁粉的取向度,尚需增加增塑剂以降低聚合物的熔解黏度,减慢冷却固化速度。例如使用尼龙树脂时可采用低分子量的聚酰胺或酰胺化合物作增塑剂,磁能积可提高10%~20%。此外,添加一些润滑剂将有助于增加粘合物的流动性,提高成型性,同时亦增加磁粉的取向度。

除了热可塑树脂外,亦可采用热固化性树脂,如环氧树脂、酚醛树脂等,将它们与磁粉混合后,在磁场中压缩成型。加热固化、热可塑或热固化树脂,均可找到合适的溶剂将其溶解,然后与磁粉混合,在磁场中压缩成型,加热固化。

## 2. 橡胶永磁体

将磁粉、橡胶以及硬脂酸在搓揉或搅拌机中混合,再用粉碎机将混炼物粉碎,然后在橡胶挤出机中挤压成型,经硫化后生成橡胶磁体。过程如图 1.4.4 所示。

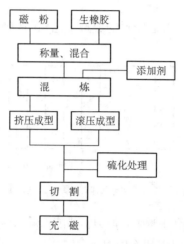

**图 1.4.4  橡胶永磁体的基本工艺流程**

各向同性的橡胶永磁体磁能积$(BH)_{\max}\leqslant 4\ \mathrm{kJ/m^3}$。为了提高磁能积可采用六角片状的永磁铁氧体粉料挤压成薄带,同时外加磁场,使粉料垂直于薄带方向取向排列。采用此法已生产$(BH)_{\max}=13.7\ \mathrm{kJ/m^3}$ 的橡胶永磁铁氧体。制备橡胶铁氧体的工艺流程如下:磁粉 7 700 g,橡胶 628 g,再添加硬脂酸 38 g,一起混炼 2 min,粉碎混炼物再用橡胶挤出机挤压成型,成型时施加 398 kA/m 磁场,磁能积可达 11.1 kJ/m³。橡胶永磁体磁性能与 BaM 粉料含量的关系见图 1.4.5[3]。

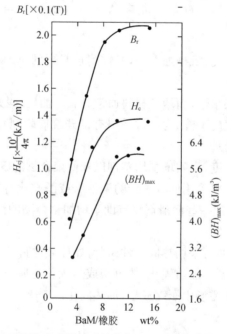

**图 1.4.5  橡胶永磁体的磁性能与 BaM 粉料含量的关系**[3]

Hung 等人[4]比较了不同的偶联剂和润滑剂对塑性锶铁氧体取向度的影响：① 钛酸盐偶联剂[Alkoxy-T$(OPO(C_8H_{17})_2)_3$]；② 硅基偶联剂[$H_2NCONHCH_2CH_2CH_2Si(OCH_2CH_3)_3$]；③ 硬脂酸钙(Calcium stearate)。实验结果表明，1.0wt％的硅基偶联剂与 0.5wt％的硬脂酸钙组合添加有利于提高取向度。

目前国内异性铁氧体粘结磁体磁能积大于 8 kJ/m$^3$(1.0 MGOe)。异性挤出铁氧体粘结磁体可达 12～15 kJ/m$^3$，钕铁硼稀土粘结异性磁体磁能积可达 16 MGOe，此外采用还原扩散法铁氮粘结永磁体已进入产业化生产，其磁能积可高于 12 MGOe。有关稀土永磁材料的热压、热变形以及热挤出工艺，可参考近年出版的专著。《稀土永磁材料（上，下册）》，胡伯平等编著，冶金工业出版社（2017 年）以及《新型稀土永磁材料与永磁电机》，闫阿儒等编著，科学出版社（2014 年）。

有关粘结永磁的详细介绍请参阅文献[5-6]。

**参考文献**

[1] Haneda K., Kojima H., Amer J., *Ceram Soc.*, 1974, 57：68.

[2] Tanasoiu C., *et al.*, *IEEE. Trans. Magu.*, 1976, MAG-12, 6：980.

[3] [日]雨宫大二. *The basis of Ferrites and Magnetic Material*[M], 1979.

[4] Hung Y.C., *et al.*, *IEEE Trans. Magn.*, 1989, MAG-25：3287.

[5] 周寿增,董清飞.超强永磁体[M].冶金工业出版社,2004：321.

[6] 王会宗,张正义,周文运,等.磁性材料制备技术[M].中国电子学会培训中心指定教材,2004：p.190.

# 第二章 软磁材料

## §2.1 软磁材料的基本特性和损耗

### 2.1.1 衡量软磁合金性能的重要指标

#### 1. 直流应用和交流应用

通常,磁性材料的性能可以用两类不同的参量来描述与调控。一类是结构不灵敏量,主要是指材料的饱和磁化强度 $M_s$,居里温度 $T_c$,饱和磁致伸缩系数 $\lambda_s$,磁晶各向异性常数 $K_1$、$K_2$,电阻率 $\rho$ 等,这些参量属于材料的基本常数,主要由材料的成分所决定。另一类是结构灵敏量,如磁导率 $\mu$,矫顽力 $H_c$ 和铁芯功率损耗 $P$ 等,它们在很大程度上由内部的掺杂、晶粒取向、晶粒尺寸等结构因素和厚度、表面光洁度、温度、辐射和应力等"外部"因素所决定。在实际应用时,不同的应用场合会对材料提出不同的要求。例如,同样都是铁芯材料,在用于大功率变压器或电动机时,要求材料具有很高的饱和磁化强度、较高的磁导率和低的铁芯损耗;在用于通信变压器时,则要求材料应有很高的磁导率,较高的饱和磁化强度和低的铁芯损耗;在用于开关元件和逻辑元件时,要求材料有较高的剩磁和接近矩形的磁滞回线;而用于恒电感线圈和宽频带变压器时,则希望材料的磁导率在一定的磁场范围内保持不变。由此可知,磁性材料的具体性能指标和它们的应用有着密切的关系。

按工作频率的不同,磁性材料的应用可以分为直流应用和交流应用两种情况。

直流应用又称静态应用,主要是指材料的工作频率为 0 Hz 时的特殊应用情况。例如,直流电磁铁的铁芯导磁体和磁极材料、测量仪表中的各种导磁体、电机的定子部分和直流磁屏蔽磁体都属于这类应用。这时,软磁材料的重要特性可以用其磁化曲线和磁滞回线来表征。最重要的指标是饱和磁化强度和初始磁导率要越高越好。饱和磁感应强度 $B_s$ 由材料的化学成分所决定。在单一金属中,纯铁的饱和磁感应强度最高 2.15 T。一般,含有铁的合金的饱和磁感应强度都比较高,但是,比纯铁的 $B_s$ 更高的合金并不多,如成分为 35wt%Co-65wt%Fe 附近的铁钴合金的 $B_s$ 可高达 2.45 T。材料的磁导率主要是指初始磁导率 $\mu_i$ 和最大磁导率 $\mu_m$。前者是工作点位于磁化曲线初始部分的磁导率,后者是材料磁化曲线上相应于不同磁场强度各点磁导率的最大值,通常由坐标原点向磁化曲线膝部所引切线的斜率来决定。在软磁材料的磁滞回线上,特征量除了饱和磁感应强度 $B_s$ 外,还有剩磁 $B_r$ 和矫顽力 $H_c$。在直流应用时,软磁材料的静态磁滞回线会呈现出不同的形状,可以满足不同的使用要求。图 2.1.1 示出了几种典型的磁滞回线形状[1]。

图(a)为软磁材料最常见的圆弧形回线,$B_r$ 值接近于 $B_s$ 的一半,通常也称其为"R"形回线。图(b)是矩形回线,$B_r$ 值最高可达 $B_s$ 值的 95% 以上,具有这种特征的材料称为矩磁材料。因其形状像一个反写的 Z 字形,也称为"Z"形回线。图(c)是扁斜形回线,$B_r$ 值一般低于 $B_s$ 值的 10%,通常称为"F"形回线。图(d)是坡明瓦(Perminvar)合金(Fe - Ni - Co)所特有的回线,称为"P"形回线。这种回线在低场区的磁滞效应很小,而在高场区则显示出很强的磁滞效应。图(e)出现于软磁铁芯由矫顽力和饱和磁化强度不同的两种材料构成时的情况,称为"Y"形回线。

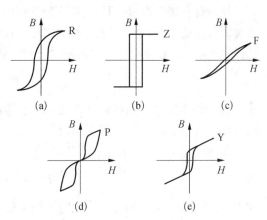

图 2.1.1　软磁材料在静态磁化时的磁滞回线形状[1]

交流应用也称动态应用,原则上包括了工作频率从几十到几千兆赫的范围。各种变压器、电动机、电感器中用的铁芯材料,超声换能器中用的磁致伸缩材料等都属于这类应用。在这种应用场合下,一方面要求材料有尽可能高的磁感应强度和磁导率,另一方面要求材料在使用过程中要有尽可能低的能量损耗,这是因为在交流应用中,软磁材料所起的作用是实现各种能量之间的转换,如果在使用时材料的能量损耗越小,则相应设备的有用能量之间的转换效率就越高。在交流应用中,每周的铁芯损耗可以用动态磁滞回线的面积来衡量。图 2.1.2 和图 2.1.3 分别示出了厚度为 50 μm 的钼-坡莫合金薄片和大块镍锌铁氧体在不同使用频率下的动态磁滞回线。它们的共同特点是随着频率的升高,磁滞回线逐渐变成椭圆状,同时最大磁化场 $H_m$ 对应的磁感应强度 $B_m$ 值也随之下降。

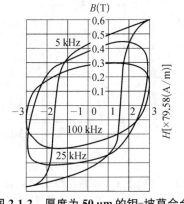

图 2.1.2　厚度为 50 μm 的钼-坡莫合金薄片的动态磁滞回线

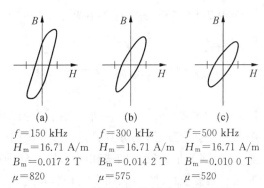

(a)　　　　　(b)　　　　　(c)

$f=150$ kHz　　$f=300$ kHz　　$f=500$ kHz
$H_m=16.71$ A/m　$H_m=16.71$ A/m　$H_m=16.71$ A/m
$B_m=0.017\,2$ T　$B_m=0.014\,2$ T　$B_m=0.010\,0$ T
$\mu=820$　　　$\mu=575$　　　$\mu=520$

图 2.1.3　镍锌铁氧体的动态磁滞回线

### 2.交流应用中的能量损耗[2]

根据传统理解,任何一种软磁材料在交流应用中的能量损耗应包括磁滞损耗、涡流损耗和反常损耗三部分。

软磁材料被交流磁化时,每周期所损耗的能量可以用它在直流磁化情况下的磁滞回线的面积来衡量,这部分能量损耗称为磁滞损耗。为了降低这部分损耗,最有效的方法是减小材料的矫顽力。根据经验,单位体积的磁性材料在单位时间内的损耗 $P_h$ 可用下式表示:

$$P_h = K \cdot A_h \cdot f \qquad (2.1.1)$$

式中,$K$ 是常数,$A_h$ 是材料直流磁化时磁滞回线的面积,$f$ 是工作频率。可见,直流磁滞回线越宽,使用频率越高,磁滞损耗就越大。实验表明,对于各向同性的多晶软磁材料,在中等和高磁感应强度($B \geqslant 1.5$ T,$50$ Hz $\leqslant f \leqslant 500$ Hz)的情况下,有

$$P_h = \eta \cdot f \cdot B_m^{1.5} \qquad (2.1.2)$$

式中,$\eta$ 为常数,$B_m$ 是交流磁化时的最大磁感应强度。

涡流损耗指的是交流磁化过程中由于电磁感应造成的涡电流在材料内部流动并以焦耳热形式散失的能量损耗。根据电磁学的基本知识,在交流电路中,由于涡流的存在,当频率升高时,流经导体截面上的电流分布有着向导体表面集中的趋势,这种现象叫作"趋肤效应"。通常,定义交变磁场能够有效地透入导体材料内部的深度为趋肤深度 $\delta$:

$$\delta = \sqrt{\frac{\rho}{\pi \mu_0 \mu f}} = 5\ 035 \sqrt{\frac{\rho}{\mu f}} \qquad (2.1.3)$$

式中,$\mu$ 是材料的相对磁导率,$\mu_0 = 4\pi \times 10^{-7}$ H/m 是真空磁导率,$\rho$ 是电阻率($\Omega \cdot$ cm),$f$ 是交流电的频率,$\delta$ 的物理意义是指材料内部磁感应强度下降到表面值的 $1/e$($37\%$)处离开表面的距离,单位是 cm。因此,在导体的频率一定的情况下,为了充分发挥磁性材料的功用,必须适当选择变压器叠片材料的厚度 $t$,以满足 $t \leqslant \delta$ 的条件,这样,交变磁场就能完全穿透到叠片内部。这就是说,在一定的频率下,作为变压器的叠片材料,其最大厚度不能超过趋肤厚度 $\delta$,如果假定叠片材料的磁导率是常数(即不随时间和空间而变化),则可根据电磁感应定律算得单位体积叠片材料在单位时间内的涡流损耗:

$$P_e = \frac{1.64 t^2 B_m^2 f^2}{\rho} \times 10^{-19}\ (\text{W/m}^3) \qquad (2.1.4)$$

式中,$t$ 是叠片厚度(mm),$B_m$ 是最大磁感应强度(T)。

按理说,组成变压器的叠片铁芯在交变场中所损失的总能量,应该等于从(2.1.2)式和(2.1.4)式分别算出的磁滞损耗和涡流损耗之和,然而事实并非如此。图 2.1.4 示出了一种冷轧晶粒取向硅钢在 $B_m = 1.6$ T 沿轧向每

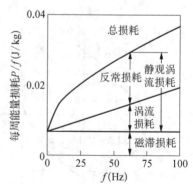

**图 2.1.4** 冷轧晶粒取向硅钢在 $B_m = 1.6$ T 时沿轧向的铁芯损耗随外加交变磁场频率的变化[3]

周期每千克材料总铁芯损耗随外加频率的变化。从图中可以看出，从总的铁芯损耗的测量值扣去 $P_h+P_e$ 后还剩下很大一部分损耗，这部分损耗在硅钢片中常常是由(2.1.4)式算出的涡流损耗值的几倍，通常被称为反常损耗。

从本质上看，反常损耗也是一种涡流损耗。为区别起见，常把按(2.1.4)式计算得到的涡流损耗称为经典涡流损耗。反常损耗和经典涡流损耗合在一起，称为表观涡流损耗。

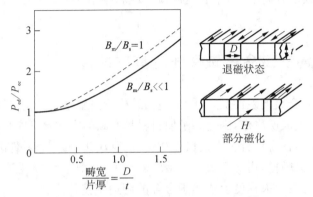

**图 2.1.5 磁畴结构对涡流损耗的影响[4]**

反常损耗的出现和材料中存在的磁畴结构有密切关系。上面曾经提及，在导出(2.1.4)式时已假定在铁芯材料内部，磁导率必须是一个不随时间和空间而改变的常数。由于磁畴结构的存在，这一假定是不符合实际情况的。首先，磁导率依赖于交变磁场随时间的变化关系。人们早已发现，如果磁化场随时间正弦变化，那么材料内部的磁感应强度就不可能随时间正弦变化。其次，由于材料存在磁畴，必然导致空间各点的磁导率也不可能完全相同。设想磁化过程由 180°畴壁位移所控制，在交变磁场驱动下，畴壁将在一定的空间范围内来回移动。如果磁化场并没有大到足以使材料达到磁饱和，那么可以想见，被移动畴壁所扫过的区域内，磁感应强度的变化情况和未被移动畴壁所扫过的区域内磁感应强度的变化情况是明显不同的，因而相应的磁导率也不可能一样。从这种认识出发，Pry 和 Bean[3] 计算了磁畴结构对涡流损耗的影响，结果如图 2.1.5 所示。图中，$D$ 是 180°磁畴的宽度，$t$ 是材料薄片的厚度，$P_{ed}$ 代表按磁畴模型算出的涡流损耗，$B_m$ 是最大磁感应强度，$B_s$ 是材料的饱和磁感应强度。从图中可以看到，当磁畴尺寸 $D=0$ 时，$P_{ed}=P_{ec}$；随着 $D/t$ 值增大，$P_{ed}/P_{ec}$ 比值也增大。当磁畴宽度接近于叠片厚度时(这是某些软磁材料可能出现的实际情况)，$P_{ed}\approx2P_{ec}$。这就大致说明了为什么磁畴结构的存在会导致实际涡流损耗大于经典涡流损耗的原因。实际上，它所反映的事实是，对于软磁材料来说，不论是通过畴壁位移还是通过磁畴内部磁矩转动实现磁化时，都将由于局部磁矩取向发生改变而导致局部范围内磁通的改变，因而除了出现有经典涡流损耗所代表的宏观涡流损耗外，还将附加一部分由于这种局部磁通改变所产生的微观涡流损耗。可以想见，磁畴尺寸越大(即畴壁数越少)，那么在一定频率下，为了达到一定的总磁通变化，畴壁移动得就越快，结果微观涡流损耗也就越大。综上所述，用作铁芯的软磁材料在交流应用中所出现的总铁芯损耗，实际上是由磁滞损耗和表观涡流损耗两部分所组成。在中等及较高磁感应强度下，如工作频率低于 100 Hz，则每秒钟单位体积材料的总铁芯损耗可以表示如下：

$$P = \eta B_{\mathrm{m}}^{1.6} f + e B_{\mathrm{m}}^{2} f^{2} \qquad (2.1.5)$$

式中，右方的第一项和第二项分别对应于磁滞损耗和表观涡流损耗的贡献，$\eta$ 和 $e$ 是依赖于具体材料的系数。对于低磁感应强度的情况，上式不再适用。这时，磁滞损耗项将正比于 $B_{\mathrm{m}}^{3} f$。当工作频率升高时，由于表观涡流损耗和频率 $f^{2}$ 成正比，因此，它对总铁芯损耗的贡献将增大。

## 2.1.2 提高软磁合金磁性能的基本途径

前面已经指出，合金的磁性能，实际上包括结构不灵敏量和结构灵敏量两大类。前者主要由合金的基本组成所决定，因此为了使材料具有高的饱和磁感应强度，绝大多数磁性材料都包含铁，同时，在含铁合金中适量添加钴，有利于进一步提高饱和磁感应强度和居里温度。所谓结构灵敏量，指的主要是合金的磁导率、矫顽力和损耗等，它们除了依赖于具体材料组成外，还在很大程度上依赖于合金的制造工艺及由此得到的显微结构。根据铁磁学，对软磁材料来说，提高磁导率和降低矫顽力在大多数情况下是一致的，又基于铁磁学的磁导率理论中以初始磁导率的理论研究得最充分，因此在本节中我们将主要讨论提高初始磁导率和降低铁芯损耗的问题。

### 1. 初始磁导率

初始磁导率是大多数无线电通信器件中，对磁性材料提出的重要性能指标，它反映了处于退磁状态下的软磁材料在弱磁化场作用下磁化的容易程度。因此，初始磁导率的高低和材料在退磁状态下的磁畴结构有着密切的关系，而且，主要取决于弱磁场下可逆磁化过程的容易程度。根据铁磁学理论，实现可逆磁化过程的途径主要有两条：一是可逆磁畴转动，一是可逆畴壁位移。前者指的是在磁化场作用下，材料内部各个磁畴中的磁矩向磁场方向程度不同地转过某一角度，而当外加磁场撤去后，相应磁畴中的磁矩又会回到各自原来取向位置的磁化过程；后者指的是畴壁在磁化场作用下，将移动一距离，结果使得内部磁矩取向相对于磁场方向有利的磁畴体积扩大，而取向不利的磁畴体积则缩小，但是，一旦外加磁化场撤去后，畴壁又会回到原来的平衡位置的磁化过程。软磁材料在被磁化时，如果可逆磁畴转动或可逆畴壁位移越容易发生，那么材料的初始磁导率就越高。磁性材料内部，影响可逆磁畴转动或可逆畴壁位移的阻力因素很多，例如，内应力、掺杂、晶界或空泡等都会在磁化过程中对磁畴转动和畴壁位移产生阻滞作用。由于实际情况很复杂，人们在计算初始磁导率时往往只能凭借一些简单的模型进行，但是，由此得出的一些结论对解决实际问题仍然有着重要的指导意义。下面列举的是一部分初始磁导率的理论计算结果[5,6]：

**(1) 可逆磁畴转动**

$$\mu_{\mathrm{i}} = 1 + \frac{a \mu_0 M_{\mathrm{s}}^2}{K_{\mathrm{eff}}} \qquad (2.1.6)$$

**（2）可逆畴壁位移**

① 掺杂或空泡作用：

$$\mu_i = 1 + \frac{b\mu_0 M_s^2}{K_{eff}\beta^{2/3}} \cdot \frac{\delta^2}{d} \cdot \frac{1}{D} \quad (\delta \gg d) \tag{2.1.7}$$

或

$$\mu_i = 1 + \frac{b\mu_0 M_s^2}{K_{eff}\beta^{2/3}} \cdot \frac{d^2}{\delta} \cdot \frac{1}{D} \quad (d \gg \delta) \tag{2.1.8}$$

② 内应力作用（180°畴壁）：

$$\mu_i = 1 + \frac{c\mu_0 M_s^2}{\lambda_s\sigma_0} \cdot \frac{l}{\delta} \tag{2.1.9}$$

③ 晶界作用：

$$\mu_i = 1 + \frac{m\mu_0 M_s^4}{K_{eff}} \cdot \frac{L}{D} \tag{2.1.10}$$

或以畴壁面积扩大为主时

$$\mu_i = 1 + \frac{m\mu_0 M_s^2}{K_{eff}\delta} \cdot \frac{L}{D} \tag{2.1.11}$$

以上各式中，$a,b,c,m$ 为常数，$M_s$ 为材料的饱和磁化强度，$K_{eff}$ 是有效各向异性常数（通常包括磁晶各向异性常数 $K_1$ 和 $K_2$、感生各向异性常数 $K_u$ 以及应力各向异性常数 $K_\sigma = \frac{3}{2}\lambda_s\sigma$），$\lambda_s$ 是饱和磁致伸缩系数，$\sigma$ 和 $\sigma_0$ 分别是应力和应力起伏幅值，$\beta$ 是掺杂或空泡的体积百分数，$D$ 和 $\delta$ 分别是磁畴宽度和畴壁厚度，$l$ 是应力起伏波长。

综合以上各式，要想提高软磁材料的初始磁导率，可以通过以下有关途径来实现。

**（3）提高初始磁导率的途径**

① 提高饱和磁化强度 $M_s$。

上面列出的初始磁导率的表达式中，对于软磁材料，等号右边的第一项都是常数 1，该项和第二项初始磁化率 $\chi_i$ 比起来都很小，通常情况下均可忽略。因此，材料的初始磁导率和 $M_s^2$ 或 $M_s^4$ 成正比，所以提高 $M_s$ 按理说是提高初始磁导率最有效的办法。然而，由于 $M_s$ 主要由材料的成分所决定，实际上要想在很大程度上改变具体材料的 $M_s$ 的大小是不可能的，特别是在成分基本上已经确定的情况下更是如此。另外，实践也表明，如果改变了材料的 $M_s$，还会引起其他物理性能的变化，这是我们不希望出现的情况。所以，通过提高 $M_s$ 来提高初始磁导率不能作为改善磁性能的主要途径。在实际使用的软磁合金中，也不乏这样的例子：虽然材料的 $M_s$ 并不高，但 $\mu_i$ 却很高，如坡莫合金 79%Ni - 21%Fe 经特殊的热处理后，$\mu_i$ 可以比纯铁高几十倍以上，但其 $M_s$ 只有纯铁的一半还不到。

② 降低各向异性常数 $K_1$ 及磁致伸缩系数 $\lambda_s$。

在以上表达式中，初始磁导率和有效各向异性常数 $K_{eff}$ 成反比，而

$$K_{\text{eff}} = K_1 + K_u + K_\sigma \qquad (2.1.12)$$

因此,材料的 $K_1$ 和 $\lambda_s$ 越小,$\mu_i$ 就越高,理想的条件是 $K_1$ 和 $\lambda_s$ 能同时趋于零。在许多高磁导率的软磁合金中,正是通过合理选择材料的成分和适当调整热处理工艺来满足这一条件的。

③ 降低杂质或空泡含量。

在软磁材料中,杂质和空泡对磁化过程所产生的阻滞作用十分类似。公式(2.1.7)和(2.1.8)表明,如果能设法降低杂质或空泡的含量,就能使它们的体积百分数 $\beta$ 减小,从而提高初始磁导率。为此,提高软磁材料原材料的纯度,精心选择合金的成分和制造工艺,以保证软磁材料内部呈致密的单相组织对于获得高初始磁导率非常重要。

④ 降低内应力。

在初始磁导率的表达式中,内应力 $\sigma$ 总是和饱和磁致伸缩系数 $\lambda_s$ 以乘积的形式出现的。对于那些 $\lambda_s$ 较大而又无法降低的材料来说,控制应力使其趋于零就很重要。材料中存在的内应力,以晶格畸变内应力对磁化过程的影响最大。晶格畸变内应力通常是由于塑性变形或外来杂质原子侵入晶格而产生的。在杂质原子中又以间隙式原子的危害性最大,例如,碳、氢、氧、硫等杂质原子由于半径很小,在软磁合金中多以间隙原子的形式出现。为了有效地减小这些杂质含量,必须通过高温氢气退火、真空退火或区域熔炼等方法提纯,同时,采用这些方法也有利于消除或部分消除合金材料在轧制、拉拔等加工过程中产生的内应力。另外,在软磁材料的生产过程中,也要注意避免混入大原子(离子)半径的原子或离子,因为它们的混入也会产生晶格畸变内应力,从而降低初始磁导率。

⑤ 增大晶粒尺寸。

一般,软磁材料中的晶粒尺寸越大,初始磁导率也会越高,这是由于减小了晶界对畴壁位移的阻滞作用而引起的。但是对于高频下使用的软磁材料,晶粒尺寸增大后会导致铁芯损耗增大,这是要避免的。

## 2. 交流磁化时的能量损耗

软磁合金在交变磁场下使用时,能量损耗主要来自磁滞损耗和涡流损耗。降低磁滞损耗的关键是如何减小材料的矫顽力,这和提高磁导率的途径是一致的。为了减小涡流损耗,应该注意以下几点:

**(1) 采用叠片铁芯并使叠片之间有良好的绝缘**

金属软磁材料大多采用叠片铁芯,以降低涡流损耗,避免趋肤效应。在交变磁场中,叠片铁芯的叠片与叠片之间是互相绝缘的,这可保证涡流在每一叠片内部流动。在一些高功率额定值的大型变压器中,除了要设法降低叠片材料本身的涡流损耗外,还必须提高叠片的有效表面绝缘电阻。由电磁学可知,变压器中每匝绕组的有效值电压由下式给出[6]:

$$\frac{E}{N} = 4.44 f B_m A \qquad (2.1.13)$$

式中,$E$ 是有效值电压,$N$ 是绕组总匝数,$f$ 为交变场频率,$B_m$ 是最大磁感应强度,$A$ 是由绕组包围的铁芯横截面积($\text{m}^2$)。从(2.1.5)式可知,材料的涡流损耗正比于$(E/N)^2$,对功率额定值高的大型变压器来说,正常情况下涡流损耗本身已经很高,因此很容易使叠片之间的绝缘层击穿。为了提高叠片铁芯的有效表面绝缘电阻,常常需要采取一些特殊的措施,例如在硅钢片的生产中,可以将叠片材料放在轻微氧化的气氛中进行退火,使其表面形成一层氧化铁薄膜,或者预先在叠片表面涂覆一层氧化镁薄层,然后经高温退火,使氧化镁层和材料表面的二氧化硅(因材料含硅)化合成玻璃状的硅酸镁涂层,不仅可以有效地提高表面绝缘电阻,而且还可在材料中造成有利的张应力,以进一步降低涡流损耗。

**(2) 提高材料本身的电阻率**

由(2.1.4)式可知,涡流损耗和电阻率$\rho$成正比,因此,在软磁合金中,提高材料的电阻率有利于减小涡流损耗。为了提高电阻率,一般可以通过在铁中加入少量硅、铝等元素来实现。

但是,作为大块材料,当使用频率升高时,涡流损耗必将越来越大,以至于到材料无法使用的地步。为了避免这种情况出现,可以将软磁合金制成直径为几微米到几十微米的微细颗粒,然后和酚醛树脂、环氧树脂一类的绝缘材料混合制成所需形状的磁粉芯元件,由于颗粒与颗粒之间是完全绝缘的,因而可在高达几兆赫的频率下使用。

对于铁氧体软磁材料,因为电阻率远高于金属软磁合金,在使用时就不再需要制成薄片状,就可保证有低的涡流损耗。

图2.1.6示出了相关合金化元素 M 添加到铁中后对合金 $Fe_{1-x}M_x$ 电阻率的影响[7]。从提高电阻率降低铁芯损耗的角度看,加入少量的 Si 或 Al 可有效增大合金的电阻率,对于降低损耗是最有利的,因此,在早期开发软磁合金时,人们首先把注意力放在 Fe - Si 和 Fe - Al 合金上是很显然的。

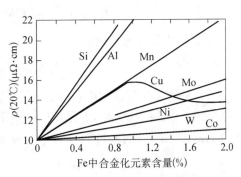

**图 2.1.6 铁的室温电阻率对各种合金化元素浓度的依赖性[7]**

**(3) 减小叠片厚度**

对于叠片铁芯,叠片的厚度越小,涡流损耗也就越低。目前,软磁合金的生产厂家已经可以通过控制轧制工艺制备出只有几微米厚的薄带材料,但是,叠片越薄,相应的制造成本就越高,因此在实际应用时必须兼顾电磁性能和制造成本两方面的因素。对于频率为 50 Hz 的应用,叠片厚度常取 0.23~0.50 mm;当工作频率上升到 400 Hz 时,叠片厚度可取 0.10~0.15 mm;当工作频率高于 1 MHz 时,变压器铁芯则必须采用厚度小于 0.025 mm 的薄带材料了。

应该指出,在有些软磁合金,例如含硅量为 3.15% 的 Fe - Si 合金中曾经发现,随着厚度的下降,虽然涡流损耗也可降低,但磁滞损耗却会升高。其原因可能是当材料很薄时,某些晶粒的易磁化方向不再平行于薄片或薄带表面,从而导致较高的静磁能所引起的。由于这一因素,最后可使这种软磁合金在 50 Hz 下的总铁芯损耗在某一厚度时出现极小值。

**(4) 改善晶体取向**

实践指出,对于纯铁的单晶试样,由于磁晶各向异性的缘故,沿其易磁化方向[100]磁化时所需的磁化能量最小。可以想见，对于实际应用的多晶材料，如果在制造过程中能设法使各个晶粒的[100]方向沿一定方向整齐排列起来，则沿该方向使用这种材料一定可以降低矫顽力，获得较好的磁性能，包括拥有较低的铁芯损耗。这就是说，材料的晶粒取向越完善，沿易向的铁芯损耗就越低。

最后，需要特别指出的是，在各种专业书籍和文献中，有关铁芯损耗的单位各不相同，以至于很难进行比较。例如，在美国，工作频率下的铁芯损耗多用 60 Hz 时的瓦/磅(W/lb)作为计量单位，而在其他许多国家则多用 50 Hz 时的瓦/千克(W/kg)作为单位。因为频率不同，这两种铁芯损耗单位不能简单地用 1 kg＝2.21 lb 的关系来转换，而必须考虑到软磁材料的工作磁感应强度 $B$ 的数值。对于常用的铁硅合金，下面列出的转换关系是很有用的[3]。

① 对于非取向硅钢：

$$B=1.5 \text{ T}, 1 \text{ W/kg (50 Hz)} = 1.74 \text{ W/lb (60 Hz)}$$

② 对于晶粒取向硅钢：

$$B=1.5 \text{ T}, 1 \text{ W/kg (50 Hz)} = 1.68 \text{ W/lb (60 Hz)}$$
$$B=1.7 \text{ T}, 1 \text{ W/kg (50 Hz)} = 1.67 \text{ W/lb (60 Hz)}$$

③ 对于高磁感硅钢：

$$B=1.7 \text{ T}, 1 \text{ W/kg (50 Hz)} = 1.64 \text{ W/lb (60 Hz)}$$

有关铁芯损耗的常用表示法，采用符号 $P_{a/b}$ 表示，$P$ 代表铁芯损耗，$a$ 是以 kG 作为单位的工作磁感应强度，$b$ 是相应的使用频率。例如，某种软磁合金在 $B=1.7$ T 和频率 50 Hz 下的铁芯损耗就用符号 $P_{17/50}$ 来表示。

**参考文献**

[1] Boll R.，软磁金属和合金(第 14 章)，in：BuschowK. H. J.，金属与陶瓷的电子及磁学性质Ⅱ[M]（材料科学与技术丛书，Vol.3B, Cahn R. W.等主编），詹文山，赵见高，等译，科学出版社，2001.

[2] 北京大学物理系《铁磁学》编写组.铁磁学[M].科学出版社，1976：p.202.

[3] Cullity B. D.，*Introduction to magnetic materials*[M]，Addison-Wesley Publishing Company, Reading, Massachusetts, 1972.

[4] Pry R. H.，Bean C. P.，Calculation of the energy loss in magnetic sheet materials using a domain model[J]，*J. Appl. Phys.*，1958，29：532－533.

[5] 南京大学物理系.铁磁学(讲义).2004.

[6] 钟文定.铁磁学[M].科学出版社，1978.

[7] Littmann M. F.，*IEEE Trans. Magn.*，1971，7(1)：48－60.

## §2.2 金属软磁材料

### 2.2.1 纯铁和低碳钢

#### 1. 纯铁

通常所说的纯铁,指的是纯度在 99.8% 以上的铁,其中不含任何故意添加的合金化元素。它是人类最早使用的一种软磁材料。早在 1886 年,世界上第一台电力变压器就是用铁片做成的。由于当时的熔炼工艺水平的限制,材料中含有较多的杂质,磁性能较差,特别是材料的时效现象严重,变压器在使用一段时间后,磁性能就恶化了。随着制造工艺水平的提高,降低了纯铁中的杂质含量,使其磁性能有了很大的改善。

在影响纯铁磁性能的杂质中,以碳、氮、氧、硫等非金属元素的影响最大,因为它们在纯铁的体心立方晶格中多半占据铁原子的间隙位置,会导致晶格畸变,产生内应力,使纯铁的磁导率减小和矫顽力升高。还有,当这些杂质含量较高时,在使用过程中会逐渐与铁化合,以碳化物、氮化物、氧化物或硫化物的形式析出,从而造成纯铁的磁性能随时间不断变坏的现象(时效)。为了降低杂质含量,在实验室内多半采用真空熔炼、电子束熔炼及区域提纯等方法,而在工业生产上,则常常采取氢气退火的方法。在 20 世纪 20—30 年代,Yensen 和 Cioffi 曾对氢气热处理对纯铁磁性的影响进行了很多研究,发现纯铁在湿氢中经 1 200～1 500℃ 退火可以有效地清除 C、N、O 等杂质,有利于大大提高磁导率[1-4]。1932 年,Yensen[1] 用这一方法将工业纯铁(Armco 铁)的初始纯度从 99.9% 提高到99.99%,纯铁的最大磁导率从 6 500 提高到 30 000 左右;Cioffi[2] 对经氢气高温热处理获得的很纯的纯铁测得了 $\mu_i \sim 4\,000$,$\mu_m = 18\,000$,$H_c = 0.025$ Oe 的磁性能。后来,Cioffi[3]对铁多晶样品进行了精心的氢气热处理,曾将样品中的 O、C、N、S 等杂质含量降低至0.001% 的水平,其磁导率提高到 $\mu_i = 14\,000$,$\mu_m = 280\,000$;另外,他用一个铁的单晶样品,将其加工成方框形状,框边平行于[100]方向,该样品最初的氮含量和碳含量分别达到200 ppm 和 17 ppm(1 ppm$=10^{-4}$%),经过在 800℃ 纯氢中退火 100 小时后,再在 750℃在真空度低于 $10^{-9}$ 托的真空中退火 3 小时,就可以将两种杂质的含量减小到 0.5 ppm 以下。这种高纯度单晶铁的最大磁导率竟可高达 1 040 000,但是因为成本太高而无法获得大规模的应用[4]。

工业上获得大规模应用的纯铁是工业纯铁,最早采用炼钢平炉精炼制得,称为阿姆可铁(Armco Iron)。在平炉中进行冶炼时,用氧化渣除去碳、硅、锰等元素,再用还原渣除去磷和硫,出钢时加入脱氧剂,使杂质含量得到有效控制。后来多采用转炉精炼法制造。它们的碳含量较低,具有磁导率高、导热性和加工性好、易焊接并有一定的耐腐蚀性和价廉等优点,被广泛地用于直流应用中,例如可以用作电器、仪表中的磁性元件、电子管零件、合金的原材料、直流电机和小型异步电机的导磁材料(如机壳、极靴、转子、定子等)、铁-康铜热电偶正极材料、化工耐腐蚀件、直流磁屏蔽材料等。

将工业纯铁的热轧或冷轧板材经过退火,使其产生再结晶和晶粒长大,可以改善纯铁的磁导率和矫顽力。一般,退火在800℃左右进行。利用湿氢退火,可使纯铁中的碳含量下降到0.002%的水平,但是,经过湿氢退火的材料必须再进行一次干氢退火,以避免材料变脆。为了消除磁性时效,也可通过在熔炼时添加诸如钛、铝、硅等元素,使纯铁中残余的碳、氮等杂质和这些添加元素化合形成稳定的化合物,经过这样处理的铁通常称为电磁纯铁或"稳定化"铁。

表 2.2.1 纯铁、低碳钢和铁硅合金的磁性能(合金已经完全退火)[5]

| 材料 | $B_s$ (T) | $H_c$ (A/m) | $\mu_i$ | | P15/50(W/kg) | | $d$ ($\times 10^3$ kg/m$^3$) | $\rho$ ($\mu\Omega \cdot$ cm) |
| --- | --- | --- | --- | --- | --- | --- | --- | --- |
| | | | $H=80$ A/m | 800 A/m | 0.35 mm | 0.64 mm | | |
| 软铁(含 0.2%C) | 2.14 | 318 | — | — | — | — | 7.85 | — |
| 铸造磁性锭铁 | 2.15 | 68 | 3 500 | 1 500 | — | — | 7.85 | 10.7 |
| 磁性锭铁2 mm 厚板 | 2.15 | 88 | 1 800 | 1 575 | — | 10.1 | 7.85 | 10.7 |
| 电磁纯铁2 mm 厚板 | 2.15 | 8.1 | 2 750 | 1 575 | — | — | 7.85 | 12 |
| 低碳钢(已脱炭) | 2.14 | 72 | 2 000 | 1 530 | 6.22 | 8.70 | 7.85 | 12.5 |
| 纯铁单晶(真空退火) | — | 12 | $\mu_m = 143\ 000$ $\mu_m = 14\ 000$ | | — | — | — | — |
| 高纯铁(真空退火) | — | — | $\mu_m = 280\ 000$ | | — | — | — | — |
| 热轧磁钢非取向,3.5%Si | 1.97 | 28 | 7 800 | 1 390 | 2.53 | — | 7.65 | 53 |
| 冷轧磁钢非取向,2.0%Si | 2.04 | 36 | 7 400 | 1 485 | 3.31 | 4.18 | 7.65 | 41 |
| 冷轧磁钢非取向,3.0%Si | 1.98 | 31 | 8 100 | 1 450 | 2.93 | 3.80 | 7.65 | 49 |
| (110)[001] 3.2%Si-Fe | 2.03 | 6 | 16 000 | 1 820 | 1.11 | — | 7.65 | 48 |
| (100)[001] 3.2%Si-Fe | 2.03 | 6 | 14 000 | 1 600 | 1.68 | — | 7.65 | 46 |

    \* $B_m = 1.0$ T 时;\*\* 实验室研究结果

在实际应用的纯铁中,除了工业纯铁外,还有羰基铁和电解铁。羰基铁是用化学提纯法制备的纯铁,在高压条件下使一氧化碳和铁在 $150 \sim 200$℃进行反应,可以生成羰基铁 $Fe(CO)_5$。羰基铁是一种淡黄色液体,沸点为 $102 \sim 104$℃,将其加热到 $70 \sim 80$℃ 即开始分解为铁和一氧化碳,加热温度越高,分解速度就越快。在实际生产时,一般加热到 $250 \sim 350$℃,所分解出来的铁呈细粉状,改变分解条件,就可以使铁粉颗粒的直径在 $3 \sim$

20 μm 范围内变化,这些铁粉在模压成型后经过 700℃烧结可以进一步锻轧。材料中一般含有 0.8% 左右的碳,如经氢气退火,可使含碳量降低到 0.005%。电解铁是用电解法制取的纯铁,纯度可达 99.95%,碳含量低达 0.004%,常用作生产纯净合金的原材料。

表 2.2.1 中列出了几种纯铁的典型磁性能[5],表 2.2.2 则列出了工业纯铁室温下的一些物理和力学性能[6]。表 2.2.3 列出了高纯铁的一些物理性能[6]。

**表 2.2.2 工业纯铁的室温性能[12]**

| 性能 | 参数 |
| --- | --- |
| 居里温度(℃) | 770 |
| 磁晶各向异性常数 $K_1$(J/m$^3$) | $4.8 \times 10^2$ |
| 磁晶各向异性常数 $K_2$(J/m$^3$) | $-(0.5 \sim 0.7) \times 10^2$ |
| 饱和磁致伸缩系数 | |
| $\lambda_{100}$($\times 10^{-6}$) | 21~26 |
| $\lambda_{111}$($\times 10^{-6}$) | 19~21 |
| 初始磁导率 $\mu_i$ | 200~500 |
| 最大磁导率 $\mu_m$ | 3 500~20 000 |
| $B_m = 1$ T 时的矫顽力 $H_c$(A/m) | 20~100 |
| $B_m = 1$ T 时的磁滞损耗(J/m$^3$) | 70~400 |
| 饱和磁感应强度 $B_s$(T) | 2.155 |
| 比热[cal/(g·K)] | 0.101 7 |
| 热导率(0~100℃)[W/(m·K)] | 73.2 |
| 杨氏模量(GPa) | 10.7 |
| 弹性极限(Pa) | 190 |
| 洛氏硬度 | B40~45 |
| 密度(g/cm$^3$) | 7.55 |

**表 2.2.3 高纯铁的一些物理性能[6]**

| 性能 | 参数 |
| --- | --- |
| 熔点(℃) | 1 536 |
| 沸点(℃) | 2 860 |
| 20℃时的晶体结构 | 体心立方(bcc) |
| 20℃时的晶格常数(nm) | 0.286 6 |
| 20℃时的密度(g/cm$^3$) | 7.87 |
| 加热时 $\alpha \rightarrow \gamma$ 转变温度(℃) | 910 |

续表

| 性能 | 参数 |
|---|---|
| 加热时 $\gamma \rightarrow \delta$ 转变温度(℃) | 1 400 |
| 20℃时的比热[cal/(g·℃)] | 0.106 |
| 0～100℃的热导率[W/(m·K)] | 78.2 |
| 20℃时的电阻率($\mu\Omega$·cm) | 10.1 |
| 0～100℃的电阻率温度系数($10^{-3}$ K) | 6.5 |
| 0～100℃的热膨胀系数($10^{-6}$ K) | 12.1 |

### 2. 低碳钢[6-8]

低碳钢是指含碳量小于0.1(重量)%的铁碳合金。过去几十年中,普通的冷轧低碳钢由于价廉和良好的性能,使用量不断上升,主要被用于中、低功率的一些间隙动作的电动机中,促进了家用电器的发展和普及。在这类应用中,成本是首先考虑的因素,其次才是降低铁芯损耗。

实际使用的低碳钢带,含碳量约 0.05%～0.08%。厚度有 0.50 mm 和 0.65 mm 两种。它们的铁芯损耗比晶粒取向硅钢要高几十倍,然而在较强磁场下(如 2 kA/m 或 4 kA/m)的磁感应强度比硅钢要高,因而制成电机后有利于降低激磁电流和绕组的铜损(即因激磁电流流经绕组铜线所产生的焦耳热损耗),这对功率小于 75 kW 的电机运行很重要,因为在这类电机的总损耗中铜损所占比例往往比铁芯损耗大,尽管使用低碳钢带后会产生较大的铁芯损耗,然而总铁损仍可降低。另外,从机械性能考虑,由于低碳钢的硬度低于硅钢,冲压特性好,有利于延长冲模的使用寿命。一般,低碳钢中含有大约 0.4%的锰,这使它冷轧后容易实现再结晶和适当提高电阻率,因此对交流应用有利。

在直流应用中,低碳钢也可用作电磁铁的铁芯材料,特别是在同步加速器和直线加速器等核物理设备中,常常需要使用一些巨型电磁铁来产生恒定磁场,这样的电磁铁每台重达几千吨,因此使用低碳钢有利于大大降低成本。

有关低碳钢的典型磁特性见表 2.2.1 所列。

## 2.2.2 铁硅合金和硅钢片[5,7]

铁硅合金也称硅钢、硅钢片或电工钢片,在变压器、电动机和发电机等电力设备和通信设备中,它是最重要的铁芯材料,因而在国民经济中占有重要的地位。

在纯铁中添加少量硅的好处是 1900 年由英国冶金学家 Hadfield 首先发现的。作为铁芯材料,铁硅合金在交变场应用时的铁芯损耗比纯铁低得多,因而在 1905 年以后就投入了使用。它的发展,大致可以分成几个重要阶段。1900—1930 年间,由于炼钢工业的热轧加工技术的进步,合金中的杂质含量得到控制,薄板材料的平整度得到很大改善,使损耗大大下降。1934 年,人们首次成功地制取了晶粒取向硅钢,随后由于晶粒取向度的改进和杂质含量的不断减小,进一步使硅钢的铁芯损耗明显降低。到 20 世纪 60 年代末,由于在晶粒长大抑制剂、热处理、玻璃涂层等研究成果的应用,获得了高磁感级的新型晶粒取向硅钢,使 1.7 T 和 50 Hz 下的铁芯损耗比传统取向硅钢下降了 20%,同时,将材料在 $H=8$ A/m 下的磁感应强度从传统材料的 1.83 T 提高到 1.92 T。1983 年,日本又发现,如果在表面涂覆有绝缘涂层的高磁感级硅钢上,用脉冲激光沿钢板横向(垂直于轧向)进行局部照射,可使变压器的铁芯损耗再降低 10% 左右。

### 1. 铁硅合金相图

图 2.2.1 是铁硅二元合金的富铁部分相图[9]。当含硅量低于 15wt% 时,会出现两个体心立方有序相 $\alpha_1$ 和 $\alpha_2$,其中,$\alpha_1$ 是以 $Fe_3Si$ 为基的固溶体,在 540℃ 以下,$\alpha_2$ 相可以通过共析分解,分解成 $\alpha_1$ 相和另一无序的体心立方相。由于有序相和无序相之间的转换,导致铁硅合金的机械性能、密度和弹性模量在含硅量为 5%～6% 处出现小的突变。

由图 2.2.1 可以看到,随着含硅量的增大,$\alpha \to \gamma$ 转变温度上升,而 $\gamma \to \delta$ 转变温度则下降,两者在大约 2.5%Si 处相交,形成一封闭的"$\gamma$ 回线"。对于成分为 3.2%Si - Fe 合金而言,当温度从室温上升到熔点的过程中,不会发生任何晶体结构的变化,始终保持体心立方结构不变,这一点对合金在较高温度下进行再结晶退火十分有利。同时,当合金在退火后从高温缓慢冷却到室温时,又不会像纯铁那样受到 $\alpha \to \gamma$ 和 $\gamma \to \delta$ 转变的干扰,因此位于这一成分范围内的合金很容易制成单晶。但是,必须注意,$\gamma$ 回线的大小对合金的含碳量是十分敏感的,只要合金中含有 0.07%C,就可以使 $\gamma$ 回线的鼻尖外伸到大约 6%Si 处,因此,对铁硅合金来说,应该努力把它的含碳量减小到 0.01% 以下。

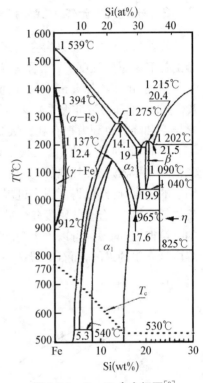

**图 2.2.1 Fe - Si 合金相图[9]**

### 2. 杂质对合金性能的影响[8]

碳、硫、氧是严重影响软磁合金磁性能的杂质,其中尤以碳的影响最严重。图 2.2.2 示出了各种杂质对含 4%Si 的铁硅合金磁滞损耗的危害情况[11]。碳在铁硅合金中有三种存在形态,一是固溶在 Fe - Si 晶格中的碳,二是掺碳体($Fe_3C$)型碳,三是石墨型碳。它们对磁滞损耗的危害程度有很大差别。从图中可以看到,固溶碳最为有害,碳含量稍有增加,磁滞损耗上升幅度大;渗碳体型碳危害性有所减小;当合金中的硅含量进一

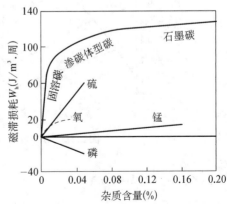

**图 2.2.2 各种杂质对 4%Si - Fe 合金在 $B=1$ T 时磁滞损耗的影响[10]**

步增大时,所含碳将脱溶为石墨型碳,基本上呈现无危害状态。硫的存在也会使磁滞损耗增加,但其危害程度比碳要小些,不过含硫过多会使合金在热加工时产生脆性。氧的危害性比硫又要小些,其在合金中可与 Si 结合成 $SiO_2$,或以氧化夹杂物存在,从而影响磁导率和矫顽力。杂质氮会使合金产生磁时效,也有人曾提出,在纯净材料中,氮对合金磁滞损耗和矫顽力的危害性甚至远大于碳[10]。

### 3. 硅对合金性能的影响

图 2.2.3 示出了铁硅合金的某些基本性能随含硅量的变化[5,12]。从图中可以看到,合金的饱和磁感应强度 $B_s$ 和居里温度 $T_c$ 均随含硅量的增大而减小,这是添加硅的不足之处。然而,由于添加硅带来的好处却很多。第一,硅的添加可以降低磁晶各向异性常数 $K_1$,同时,饱和磁致伸缩系数 $\lambda_{100}$ 和 $\lambda_{111}$ 也有可能随着 Si 含量的增大而趋于零,这对提高磁导率和降低矫顽力很有利。从图中还可看到,合金的 $\lambda_{100}$ 在 $6.0\% \sim 6.5\%$ Si 处接近于零。同时,此时合金的 $\lambda_{111}$ 又很小,因此这一成分的合金不仅具有优异的磁性能,而且还能消除变压器运行时的噪声。几十年来,人们一直在努力希望克服这种合金脆性大和轧制上的困难,已经取得了很多进展。第二,添加硅可以增大合金的电阻率,有利于降低涡流损耗。第三,合金的密度随含硅量的增大而减小,这对减轻变压器和电机的重量是有利的。第四,硅的添加可以大大消除磁性的时效现象,这是因为硅能促使合金中残存的碳脱溶成为石墨的缘故,而石墨碳是一种稳定的化合物,在铁芯的使用过程中不会随时间再发生变化。

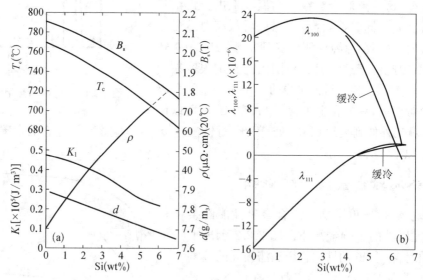

图 2.2.3 Si - Fe 合金的重要性能和成分的关系[5,11]

### 4. 无取向硅钢

由于铁硅合金的饱和磁感应强度和可压延性能会随硅含量的增大而下降,因此目前生产的硅钢中的硅含量一般控制在 $4.5\%$ Si 以下。按照制造工艺分,硅钢有热轧电机钢

（1％～2％Si）、热轧变压器钢（3％～4.5％Si）、冷轧非取向硅钢（0.5％～3％Si）、冷轧取向硅钢（≈3％Si）等品种。然而，如从内部晶粒是否存在择优取向看，可以将它们归为两大类：无取向硅钢和晶粒取向硅钢。前者沿硅钢片的轧向和横向具有大致相同的磁性能，后者是由于大多数晶粒的[001]方向沿轧向排列，因而造成沿轧向的磁性能明显优于横向。

早期的无取向硅钢是使用热轧方法制造的。主要的工艺步骤是将由平炉或电炉熔炼、浇铸得到的钢锭，经热轧开坯和坯块单片热轧成薄板，随后再将两层或多层薄板叠置起来反复热轧多次，直到钢板厚度达到 0.32～0.95 mm 为止，经酸洗除去氧化皮后，再经轻度冷轧以改善薄板表面的平整度。为了通过脱碳和促进晶粒长大来提高磁性能，通常需要在较高温度（如 815～875℃）下退火。这样获得的热轧钢板在低磁感应下有较好的磁性能（见表 2.2.1）和非常均匀的叠置特性。因此，在很长一段时间内被用作电动机和发电机等转动部件材料和变压器的铁芯材料。但是，这种材料由于存在表面粗糙、占空系数低、厚度精密度差等缺点，因而正在被非取向冷轧硅钢片所代替。

无取向冷轧硅钢片可以以连续薄带形式进行高速度的连续生产，具有厚度均匀准确、表面平整、利用率高等优点。表 2.2.1 列出了含硅量分别为 2％和 3％时的基本磁性能，一般用于电机铁芯。从该表看出，当它们的厚度从 0.35 mm 增大到 0.64 mm 时，由于畴壁的表面钉扎效应逐渐占优势，使磁滞损耗有增大的趋势，因而曾在含硅量为 3.15％的冷轧非取向硅钢中发现当厚度为 0.25 mm 时铁芯损耗有极小值，进一步减小厚度，铁芯损耗又会增大（见表 2.2.4）。

在无取向冷轧硅钢片表面，常常涂覆一层绝缘涂层，最常见的是玻璃状的硅酸镁涂层。这种涂层不仅可以保证钢片或薄带表面具有良好的绝缘性能，而且因其热膨胀系数低于铁硅合金本身，在室温下可使涂层对合金母体施加一张应力的作用，有利于磁化，从而可以降低铁芯损耗。

### 5. 晶粒取向硅钢

金属材料经大变形量的塑性变形和再结晶退火，有可能促使绝大部分晶粒的某一晶向沿空间整齐排列起来，最终形成晶粒的择优取向——织构。铁硅合金中能形成这种再结晶织构的合金成分在 3.2％Si 附近，优于这一成分合金在升温过程中不会发生晶体结构的转变（见相图），因此允许在高达 1 100～1 200℃的温度下退火。

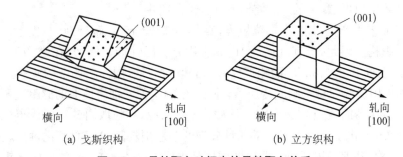

(a) 戈斯织构　　　　　　(b) 立方织构

**图 2.2.4　晶粒取向硅钢中的晶粒取向关系**

晶粒取向硅钢中的晶体织构有两种：戈斯织构和立方织构。

**（1）戈斯织构**

这是由美国冶金学家戈斯（Goss）在 1934 年首先提出的。具有戈斯织构的铁硅合金也称为单取向硅钢，其晶粒取向关系如图 2.2.4（a）所示。对于理想的戈斯织构，各晶粒的(110)晶面位于轧面内，而相应的易磁化方向[001]晶向则与轧向平行，因此，这种织构也称为(110)[001]织构。图 2.2.4(b)则是立方织构硅钢的晶粒取向关系，[001]∥轧向，(001)∥轧面。

制造具有戈斯织构的硅钢片，关键在于利用二次再结晶。一种金属材料经过冷加工后，如果重新将其加热到某一较高温度下进行热处理，则可发现在原先形变的晶粒组织上将逐渐形成一些新的无形变晶粒，并随时间而不断长大直到最后将原有晶粒完全吞并掉，这一过程称为再结晶或初次再结晶。二次再结晶和初次再结晶有本质上的不同，它是一种特殊的晶粒长大过程，称为反常晶粒长大，只有在远高于初次再结晶温度下长时间退火，而且必须同时有效地抑制初次再结晶晶粒长大的情况下才能实现。经二次再结晶长大的新晶粒数目很少，其尺寸要比初次再结晶的晶粒大得多，直径可达几毫米，因而能贯穿整个硅钢片的厚度。为了实现二次再结晶，需要在合金中添加正常晶粒长大抑制剂，如 MnS、AlN 等。一种良好的正常晶粒必须能以掺杂的形式弥散地分布在合金基体内，在二次再结晶发生时，能够有效地阻止基体晶粒的正常长大，又要求在合金最后的高温退火中能方便地清除掉，以避免对产品的磁性能产生不利影响。二次再结晶晶粒长大的取向核主要依靠适当的冷轧工艺和再结晶退火来实现。由于相变会破坏晶粒取向，因此合金在热处理过程中保持单相很重要。

工业上生产具有戈斯织构的硅钢的典型工艺概述如下[6]。首先，合金的初始成分中应包含大约 3.2%Si，≤0.03%C，0.06%～0.10%Mn 和 0.03%S，经熔炼、浇铸、开坯后，钢锭在 1400℃的温度下被热轧到厚度为 25～76 mm 的厚板，然后再在 1 300～1 400℃的温度下将厚板热轧成厚度为 1.5～2.5 mm 的薄板，经酸洗除去氧化皮后通过两次冷轧将薄板轧到 0.25～0.36 mm 的最后厚度。在这两次冷轧之间需将钢板在 800～1 000℃于还原气氛中进行中间退火一次。两次冷轧的总压下率为 85%左右。随后，在 800℃左右进行湿氢脱碳退火，把合金中的碳含量降到 0.003%的水平。最后，钢板需在 1 100～1 200℃于干氢中进行高温退火。注意，在上述工艺中，钢板在 800℃的退火期间细小的 MnS 颗粒是必要的正常晶粒长大抑制剂，而在最后的高温退火时，其中的 S 将通过和氢反应生成硫化氢从基体中逸出，剩余的 Mn 将溶解在铁的晶格中。

用上述工艺生产的硅钢片晶粒粗大，直径为 1～5 mm，而且 90%以上的晶粒具有 (110)[001]织构。因此，沿其轧向[001]具有优异的磁性能。例如，在磁场为 0.8 kA/m 时，其磁感应强度可达 1.82 T，而相近成分的非取向硅钢，同样磁场下的磁感应强度只有 1.45 T。如果用这两种材料制成变压器，那么 $B_s$ 的这种差别将使取向硅钢变压器的总重量比非取向变压器的减轻 25%左右。从铁芯损耗来说，晶粒取向硅钢的优点也是十分明显的。图 2.2.5 示出了纯度差不多的两种硅钢的铁芯损耗随厚度的变化，可以看到，晶粒取向（戈斯织构）硅钢的损耗要比非取向硅钢低得多。几十年来，晶粒取向硅钢的性能有了很大提高，除了减少杂质，提高纯度方面的因素外，还有取向度的不断改善、表面涂层的应用和晶粒直径和厚度的控制等因素。例如，硅钢叠片的厚度从早先的 0.35 mm 持续减小到 0.30、0.27 直至 0.23 mm，从而降低了正常涡流损耗；另外，对叠片进行表面处理、机械刮痕直至激光刻划，以增加畴壁数和减小磁畴尺寸，从而有效地降低了反常涡流损耗[7]。

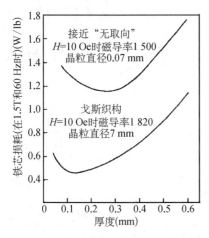

图 2.2.5　纯度可比的 3%Si‑Fe 铁芯损耗随叠片厚度的变化[13]

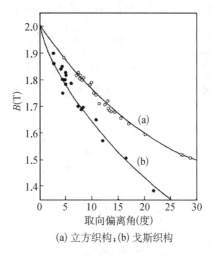

(a) 立方织构；(b) 戈斯织构

图 2.2.6　$H=0.8$ kA/m 时的磁感应强度和取向偏离角的依赖关系[5]

图 2.2.6 示出了戈斯织构硅钢在磁场为 0.8 kA/m 时的磁感应强度随取向偏离度的关系[5]。所谓取向偏离度，指的是晶粒中的易磁化方向[001]偏离轧向的角度大小。晶粒取向偏离角越大，磁感应强度下降越多，铁芯损耗就越大。例如，对于 3.15%Si‑Fe 合金，如果能使晶粒取向的平均偏离角每减小 10°，则材料在 1.5 T 和 60 Hz 下的总铁芯损耗可相应降低 0.066 W/kg。对于日本的高磁感级晶粒取向硅钢，晶粒取向平均偏离角可以控制在 3° 以内，而普通的晶粒取向硅钢的这一指标却高达 7°。使晶粒取向度得到改善的原因很多，例如在生产中采用了新型正常晶粒长大抑制剂（同时使用 MnS 和针状 AlN，或使用锑和硒化锰，或添加 B、N、S、Se 等元素），以及采用了大于 80% 的大压下率等。

图 2.2.7 示出了晶粒取向偏离角对磁滞损耗和总损耗的影响[14]。随着取向偏离角的增大，磁滞损耗略有增大；总损耗在无磁畴细化和表面处理、有磁畴细化、同时采取磁畴细化和表面处理三种情况下明显不同。同时采取磁畴细化措施（如在叠片表面进行机械刮痕或激光刻划有利于减小反常涡流损耗）和表面处理（如采取表面涂层以产生张应力）的硅钢片的总损耗明显降低。

图 2.2.8 比较了高磁感级 HI‑B 和普通晶粒取

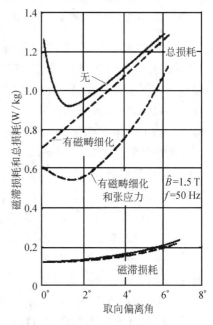

图 2.2.7　高晶粒取向材料（单晶）的晶粒取向对功率损耗的影响[14]

向硅钢在沿轧向施加应力的情况下铁芯损耗的变化[13]。可以看到沿轧向施加张应力有利于降低铁芯损耗。实际生产的硅钢片,张应力的施加是依靠涂敷在其表面的涂层提供的。在高磁感级硅钢中,表面除了涂有硅酸镁一类常规涂层外,还涂覆一层低膨胀系数的无机磷酸盐涂层,利用涂覆工艺从高温冷却过程中,合金基体和磷酸盐涂层热膨胀系数的差别,对硅钢基体产生大约 $0.5 \sim 0.8$ kg/mm² 的各向同性张应力,从而使硅钢的铁芯损耗大大降低。

关于晶粒尺寸对 3.15%Si‐Fe 合金磁性能的影响,如图 2.2.9 所示,当合金纯度和晶粒取向度大致相同的情况下,晶粒尺寸为 0.5 mm 时有一极小值[10]。

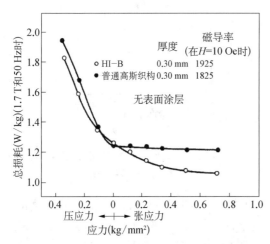

图 2.2.8　高磁感应和普通取向 3%Si‐Fe 随沿轧向施加的应力而变的铁芯损耗比较[15]

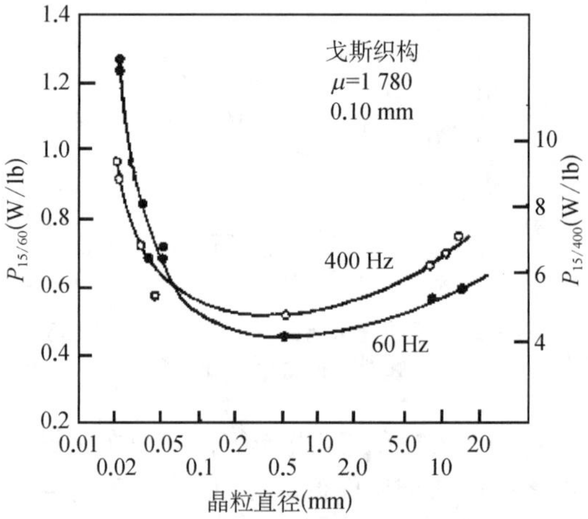

图 2.2.9　3.15%Si‐Fe 晶粒取向合金铁芯损耗随晶粒尺寸的变化[13]

适当控制晶粒尺寸和涂覆表面应力涂层之所以能降低铁芯损耗,是因为都和细化磁畴有关。从图 2.1.5 可以看出,当磁畴宽度增大时,材料的涡流损耗将增大,因此减小磁畴尺寸有利于降低铁损。在高磁感级硅钢中,通过用脉冲激光沿横向局部照射,照射间距为 $2.5 \sim 10$ mm,激光照射点尺寸为 0.15 mm,同样也可以在照射区附近产生张应力,导致材料中的 180° 磁畴细化。由于这种处理,厚度为 0.30 mm 的薄带材料在 1.7 T 和 50 Hz 下的铁损降低到 1.00 W/kg 以下。

最后,我们再谈一下使用晶粒取向硅钢时需要注意的问题。晶粒取向硅钢中,由于各晶粒的易磁化方向[001]几乎都是平行于轧向的,因此沿轧向的磁性能最好,但是在别的方向上,磁性能下降很多。例如,在垂直于轧向的方向上,1.5 T 时的磁导率要比轧向低 2% 左右。因此在设计变压器时,应该注意使硅钢片的轧向尽可能平行于变压器中的磁通传播方向。一般来说,在尺寸很大的变压器中,例如安装在发电厂变电站的电力变压器中,做到这一点并不困难,因为组成铁芯的每一条心柱都可以分别由一组钢片叠成,如图 2.2.10(a)所示,图中的条线表示每组钢片的轧向。但是,在一些尺寸较小的变压器中,上述结构在经济上是不划算的,这时一般采用 E‐I 形叠片,如图 2.2.10(b)所示。图中的整个铁芯由 E 形和 I 形两组钢片所组成。位于图中上面一条心柱的磁通传播方向和轧向是垂直的,而在其他心柱中则是平行的。为了弥补 E 形钢片背部由于磁通传播方向和轧向不平行所造成的磁导率下降,通常可以将这一背部加宽,以降低其磁通密度。此外在小型变压器中也可以采用图 2.2.10(c) 所示的卷绕铁芯,它是由很长的钢带卷绕而成的,变压器的初级和次级绕组分别绕在铁芯两侧,这时全部磁通都是平行于轧向传播的。

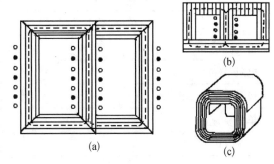

图 2.2.10 变压器的实际结构示意图

应该指出,晶粒取向硅钢和非取向硅钢相比,具有更大的应力敏感性,因此在任何剪切或冲制加工后,晶粒取向硅钢都必需在 800℃ 于干燥氮气中退火,以消除应力,否则,磁性能会变坏。另外,在变压器实际组装过程中操作和装配都需小心,以免产生应变。

表 2.2.1 和表 2.2.4 列出了 3.2%Si‐Fe 晶粒取向硅钢的磁性能和物理性能。

**(2) 立方织构**

具有立方织构的硅钢片早在 1957 年就已经由 Assmuss 等人[16]试制成功了。这种织构的晶粒取向关系见图 2.2.4(b),通常用(100)[001]表示,即材料中各晶粒的(100)晶面平行于轧面,[001]晶向平行于轧向。其优点是在硅钢片的轧面上有两个<100>型易磁化方向,它们分别平行于轧向和横向。如用其制造变压器的 E‐I 形叠片,则可保证变压器铁芯的各条心柱上的磁通都沿易向传播,从而可以有效地降低铁芯损耗。

制造立方织构硅钢的工艺主要包括以下几个重要步骤[7,14]:

① 合金的纯度要求尽可能地高,材料的高纯状态是获得立方织构的重要先决条件;

② 通过热轧和冷轧,以及在适当气氛中进行中间退火,将材料轧到一定的厚度;

③ 在最后一道轧制完成以后,通过退火发展(110)[001]或(120)[001]型的初次或二次织构;

④ 在严密控制的气氛中进行最后退火,以便通过二次或三次再结晶发展立方织构。

在立方织构问世初期,人们曾经预料,戈斯织构硅钢在几年之内可能会被立方织构硅钢所取代。然而,几十年过去了,立方织构硅钢仍未获得大量应用,最重要的原因是它的制造成本太高,以及沿其轧向的铁损并不很低。因此,这种材料目前的生产量很少,一般只有要求在各个方向上都有高磁导率和低铁芯损耗的场合才会被采用。

表 2.2.4 3.2%Si‐Fe 晶粒取向合金的某些性能[6]

| 参数 | 性能 |
| --- | --- |
| 居里温度 $T_c$(℃) | 745 |
| 磁晶各向异性常数 $K_1$(J/m³) | $3.6 \times 10^4$ |
| 饱和磁致伸缩系数 | |
| $\lambda_{100}$($\times 10^{-6}$) | 23 |
| $\lambda_{111}$($\times 10^{-6}$) | $-4$ |

| 参数 | 性能 |
|---|---|
| 密度($Mg/m^3$) | 7.65 |
| 电阻率($\mu\Omega \cdot cm$) | 48 |
| 杨氏模量 $E$(GPa) | |
| 单晶[100] | 120 |
| [110] | 216 |
| [111] | 295 |
| 晶粒取向(110)[001] | |
| 轧向 | 236 |
| 和轧向成45°角 | 122 |
| 横向 | 200 |
| 屈服强度,轧向(MPa) | 324 |
| 抗拉强度,轧向(MPa) | 345 |
| 洛氏硬度 | B76 |

表 2.2.5 6.5wt%Si-Fe 合金的物理和机械性能[17-20]

| 参数 | 性能 |
|---|---|
| 密度($Mg/m^3$) | 7.48 |
| 电阻率($\mu\Omega \cdot cm$) | 82 |
| 比热(31℃)[$J/(kg \cdot K)$] | 535 |
| 热膨胀系数(150℃)($\times 10^{-6}/℃$) | 11.6 |
| 居里温度 $T_c$(℃) | 700 |
| 热导率(31℃)[$W/(m \cdot K)$] | 18.9 |
| 磁致伸缩系数 $\lambda_s$($\times 10^{-6}$) | 0.6 |
| 维氏硬度,$HV$ | 395 |
| 抗拉强度 $\sigma_b$(0.3 mm,室温,应变速率为$3.3 \times 10^{-4}$),(MPa) | 480 |
| 延伸率 $\delta$(%) | 0.2 |

## 6. 6.5wt%Si-Fe 合金的磁性能和研究进展

含硅量为 6.5wt%的高硅钢是一种具有最大磁导率接近于最大值、饱和磁致伸缩系数接近于零和高频下铁损低等综合软磁性能优异的合金,但是,由于 6.5wt%Si-Fe 合金在室温下极易形成 $DO_3$ 和 $B_2$ 相,能造成室温下出现极大的脆性和很差的热加工能力(如伸长率低至 0.2%),严重影响了它的实际应用。几十年来,人们为了攻克这一制造难题,付出了巨大努力,也取得了很大成绩。

表 2.2.5 给出了 6.5wt%Si-Fe 合金的物理和机械性能,表 2.2.6 则比较了 6.5wt% Si-Fe 高硅钢和普通硅钢、非晶态软磁合金磁性能[17-20]。从表 2.2.6 可以看到,6.5wt% Si-Fe 合金在板厚为 0.10 mm 时,$W_{0.2/5k} = 10$ W/kg,而对于同样厚度的取向硅钢,$W_{0.2/5k} = 19.5$ W/kg,前者的铁损几乎只有后者的一半;当频率升高至 10 kHz 时,同样厚度下,前者的铁损也差不多是后者的 46%。此外,比较一下两者的磁致伸缩系数 $\lambda_s$,高硅钢的相应值也只有取向硅钢的 1/8 和无取向硅钢的 1/50。由此可以了解高硅钢的应用潜力。另外,高硅钢的最大磁导率均有较高值,但是低于铁基非晶材料,这是因为由熔体快淬法制备的非晶合金薄带厚度为 0.025 mm,但是从表中得知,非晶合金薄带的 $\lambda_s$ 值较大,几乎是高硅钢的 270 倍,对综合软磁性的提高不利。因此,综合来看,6.5wt%Si-Fe 高硅钢适合在中高频、低铁损和低噪声条件下应用。

表 2.2.6　6.5wt%Si-Fe 高硅钢和普通硅钢、非晶态软磁合金磁性能比较[17-20]

| 材料 | 板厚 (mm) | $B_8$(T)* | 铁损(W/kg) | | | | | $\mu_m$ | $\lambda_s$ (×10^{-6}) |
| | | | $W_{10/15}$ | $W_{10/400}$ | $W_{10/1k}$ | $W_{10/5k}$ | $W_{10/10k}$ | | |
|---|---|---|---|---|---|---|---|---|---|
| 6.5wt% Si-Fe | 0.10 | 1.25 | 0.71 | 7.50 | 6.1 | 3.0 | 2.4 | 18 000 | 0.2 |
| | 0.35 | 1.33 | 0.58 | 10.0 | 11.0 | 7.2 | 6.3 | 45 000 | 0.2 |
| | 0.50 | 1.35 | 0.61 | 17.5 | 16.4 | 11.8 | 9.9 | 58 000 | 0.2 |
| 取向硅钢 | 0.10 | 1.85 | 0.72 | 7.4 | 7.6 | 5.3 | 4.6 | 24 000 | 1.3 |
| | 0.35 | 1.93 | 0.42 | 11.8 | 16.4 | 15.2 | 13.5 | 86 000 | 1.3 |
| 无取向硅钢 | 0.35 | 1.42 | 1.39 | 17.0 | 19.7 | 12.4 | 10.2 | 7 600 | 5.0 |
| 铁基非晶 | 0.025 | 1.38 | 0.1 | 1.5 | 2.2 | 4.0 | 4.0 | 300 000 | 27 |

\* $B_8$ 表示在磁场强度 $H = 8$ A/m 时测得的磁感应强度值。

目前,在制备高硅钢的方法中,人们经过探索,已经获得很多进展。

由原日本钢管公司(NKK)研发的化学气相沉积(CVD)法是目前最成熟的制备 6.5%Si-Fe 合金的工艺[17]。因为其早在 1988 年就已成功生产了成分为 6.5%Si、厚度为 0.1~0.5 mm、宽为 400 mm 的无取向高硅硅钢片。他们将硅含量为 2.5%~3.0%Si 的普通冷轧硅钢片作为基材,置于无氧气氛(5%~35%SiCl$_4$ 并以氮气或其他惰性气体保护)中加热至 1 023~1 200℃,使钢材表面和 SiCl$_4$ 反应,生成 Fe$_3$Si 和 FeCl$_2$,后者以气态逸出,而前者则沉积在钢带表面上经热分解生成活性硅原子,在高温下,硅原子逐渐向板材内部中心扩散,使钢板的硅含量趋于 6.5%,然后控速冷却。在冷却过程中,当钢板冷却至合金的居里温度以下时可以施加磁场热处理,改善磁性能;在 200~600℃ 之间可以进行温轧以改善钢带的表面质量。NKK 公司在 1993 年 7 月正式建成了月产 100 吨的 CVD 连续渗硅生产线,用以生产厚 0.1~0.3 mm、宽 600 mm 的高硅硅钢片。1995 年,该公司又开始生产厚 0.05 mm、宽 600 mm 的高硅硅钢片[18]。

此外,据报道,日本已经采用 6.5%Si-Fe 硅钢片制成了 1 kHz 音频变压器,在 $B = 1.0$ T 时,和 3wt%Si-Fe 取向硅钢相比,噪声下降了 21 dB,铁损下降 40%。在 8 kHz 电焊机中,如果采用 6.5％Si－Fe 硅钢片代替 3wt％Si－Fe 取向硅钢,则铁芯重量可以从 7.5 kg 减轻到 3 kg 以上。日本丰田在混合动力汽车的升压转换反应堆上使用了 6.5wt％Si－Fe,同时,还能将高硅钢使用于太阳能发电的电抗器上[21,22]。

在 6.5wt％Si－Fe 高硅钢制备工艺上,经过几十年的探索,人们已经积累了众多手段。其中,气相沉积技术备受关注。气相沉积技术包括化学气相沉积、物理气相沉积和等离子体化学气相沉积等工艺。最近,秦卓等人[23]评述了这三种气相沉积技术在制备高硅钢工艺方面的研究进展。在制备高硅钢的实践中,林均品等人[24]利用热轧、冷轧和适当的热处理相结合的方法成功轧制了厚度为 0.05 mm 的 6.5wt％Si－Fe 合金薄板,所获得的冷轧薄板板型良好、表面平整、厚度均匀、光洁度好,在室温下具有拉伸塑性,拉伸强度为 1 048 MPa、延伸率为 1.4％,经高温退火后获得了无取向高硅钢薄板。退火后,薄板硬度下降,弹性模量升高。

### 2.2.3　镍铁合金

镍铁合金,通常也称坡莫合金(Permalloy)。早先,这是美国一家公司生产的一种高磁导率的镍铁合金的商品名,现在已经成为磁学的专门名词,专指含镍量为 30％～90％ 的二元或多元镍铁软磁合金。1913—1921 年间,在人们最初发现这种合金的时候,主要是因为它在弱磁场下具有非常高的初始磁导率,然而到了今天,它已发展成为使用领域最广泛的软磁合金。这类合金不仅成分范围很宽,而且它们的磁性能可以通过改变成分和热处理工艺来调整,从而既可用作弱磁场下具有很高磁导率的铁芯材料和磁屏蔽材料,也可用作各种矩磁合金、热磁合金、磁致伸缩合金以及音频记录磁头材料等。这类合金的另一个特点是加工性好,它们可以冷轧成厚度只有 2.5 $\mu$m 的薄带和拉拔成直径为 10 $\mu$m 的细丝,并能通过蒸发沉积、溅射、电镀等方法制成薄膜,满足多方面的应用。但是,这类合金的饱和磁感应强度低于铁硅合金,这就决定了它们不能用作高磁通条件下工作的铁芯材料,如电力和配电变压器、电动机、发电机等电气设备中。

#### 1. 镍铁合金相图

图 2.2.11 是镍铁二元合金的相图[25]。从该图可以看到,含镍量从 30％ 到 100％ 的镍铁二元合金在室温下是由单一的面心立方结构的 $\gamma$ 相所组成。在合金含镍量小于 30％ 时,$\gamma$ 相在较低温度下可通过马氏体相变转变为体心立方的 $\alpha$ 相,这种结构转变有明显的热滞现象,即升温时 $\alpha \rightarrow \gamma$ 的转变温度和降温时 $\gamma \rightarrow \alpha$ 的转变温度不相重合。成分为

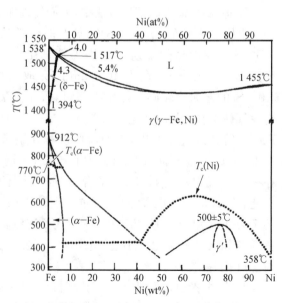

图 2.2.11　Fe－Ni 合金相图[25]

$Ni_3Fe$ 附近的镍铁合金在 $500\pm5℃$ 以下会发生从无序相到有序相的转变。长程有序相的出现和控制对合金磁性的影响很大。通常,在有序相成分范围内通过改变等温处理温度和冷却速率,就可有效地改变磁晶各向异性常数 $K_1$,进而达到改变磁导率的目的。另外,如果在二元合金中添加 Mo、Cu、Cr、V 一类元素,可以减慢从无序相到有序相转变的过程,因而降低合金中的长程有序度;如果添加 Mn、Si、Ge 等元素,则可使合金的长程有序度几乎保持不变。

### 2. 镍铁合金的物理性能和机械性能

图 2.2.12 示出了镍铁二元合金的密度 $d$,电阻率 $\rho$ 和热膨胀系数 $\alpha$ 随镍含量的变化。这些物理量在 30%Ni 附近的 $\alpha$-$\gamma$ 相变区域变化很大。它们的数值还会因合金加工历史的不同而不同。在 $Ni_3Fe$ 有序化成分附近,电阻率对冷却速率的变化很敏感,冷却速率越小,合金有序化度高,电阻率就越低。

镍铁合金的机械性能强烈地依赖于合金的纯度和加工历史。表 2.2.7 列出了镍铁合金机械性能的典型数据[7]。镍铁合金的弹性常数是强烈各向异性的,如沿[100]和[111]方向的弹性常数可以相差很多。

### 3. 合金成分对磁性能的影响

#### (1) 镍铁二元合金的基本磁性能

镍铁合金的居里温度 $T_c$ 和饱和磁感应强度 $B_s$ 随含镍量的变化如图 2.2.12 所示[11]。在富铁侧(<30%Ni),$T_c$ 随含镍量的增大而下降;富镍侧(>30%Ni),在大约 68%Ni 处有一极大值 $T_c=612℃$。$B_s$ 在 30%Ni 附近变化急剧,特别是在室温下,对于成分为 $Ni_3Fe$ 的合金,由于原子排列出现有序化将使 $B_s$ 比无序态时增大 6%左右。

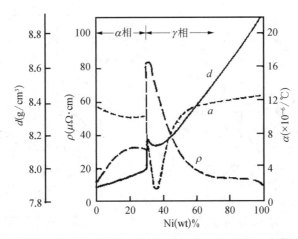

**图 2.2.12　镍铁二元合金的密度、电阻率和热膨胀系数随 Ni 含量的变化**[11]

表 2.2.7 镍铁合金的某些机械性能[7]

| 性能 \ 合金成分（%） | 36Ni - Fe | | 50Ni - Fe | | 4Mo - 80Ni - Fe | | 4Mo - 5Cu - 77Ni - Fe | |
|---|---|---|---|---|---|---|---|---|
| | 冷轧 | 退火 | 冷轧 | 退火 | 冷轧 | 退火 | 冷轧 | 退火 |
| 屈服强度（MPa） | — | — | — | 280 | — | 150 | — | — |
| 抗拉强度（MPa） | 990 | 540 | 910 | 560 | 950 | 540 | 910 | 540 |
| 延伸率（5 cm） | — | — | 5 | 32 | 4 | 38 | — | — |
| 硬度 | | | | | | | | |
| 　洛氏硬度 | — | — | B100 | B68 | B100 | B58 | — | — |
| 　维氏硬度 | 290 | 115 | — | — | — | — | 290 | 110 |
| 杨氏模量（GPa） | 130 | 130 | 170 | 170 | 210 | 210 | 185 | 185 |

镍铁合金在 $\gamma$ 相区内常数 $K_1$、$\lambda_{100}$、$\lambda_{111}$ 随含镍量的变化示于图 2.2.14 中[18]。由该图看出，镍铁合金的 $K_1$ 在 $40\%\sim90\%$Ni 范围内，明显依赖于冷却速率。在缓慢冷却的合金内部，原子呈有序排列，和通过淬火得到的无序态比较，其 $K_1$ 值有较小的正值或较大的负值，而且在这两种状态下，对应于 $K_1=0$ 的合金成分差别较大（淬火状态下为 $75\%$Ni；在缓冷状态下则移到了 $63\%$Ni 处）。成分为 $Ni_3Fe$ 的合金，有序化的影响最强烈。如果将该合金从 $600℃$ 左右缓冷，使其充分地向有序态转变，那么它的 $K_1$ 值可从淬态值（几乎为零）变成 $-2.5\times10^3$ $J/m^3$。同样，镍铁合金的饱和磁致伸缩系数 $\lambda_{100}$、$\lambda_{111}$ 也和冷却速度有关，不过，有序化的影响不像 $K_1$ 那样强烈（如图 2.2.14）。

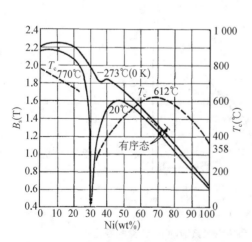

图 2.2.13 Ni‑Fe 合金的饱和磁感应强度和
居里温度随 Ni 含量的变化[11]

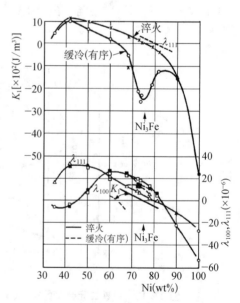

图 2.2.14 Ni‑Fe 合金的磁晶各向异性常数和饱和
磁致伸缩系数随 Ni 含量的变化[18]

### （2）三元或多元镍铁合金的基本磁性能

图 2.2.15 示出了含有 Mo（或 Cr）和 Cu 的 Fe‐Ni‐Mo（Cr）‐Cu 四元合金磁导率的成分依赖性[19]，图中标明了饱和磁致伸缩系数 $\lambda_s＝0$ 的成分线，画有阴影线的区域代表高磁导率合金所对应的成分范围。通常，在这一合金系中，人们可以通过适当地选择 Ni 和 Cu 含量可使合金的 $\lambda_s＝0$，通常，所添加的 Mo 和 Cr 都被认为是取代 Fe 的，图 2.2.16 进一步示出了用 Cu 取代 Fe 时的 Ni‐Fe‐Mo 合金的成分图[26-28]。图（a）中标明了在 $600\sim400℃$ 的临界温度范围内，冷却速度分别为 $10^{-3}℃/min$、$1℃/min$、$10^{3}℃/min$ 时合金的 $K_1＝0$ 的成分线以及

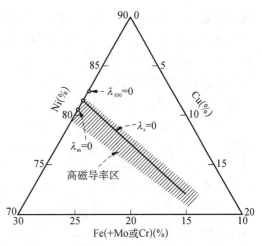

图 2.2.15 Fe‐Ni‐Mo‐Cu 合金 $\lambda_s＝0$ 和可获得高磁导率的成分范围[26]

合金含 Cu 量分别为 $0\sim14\%$ 时 $\lambda_s＝0$ 的成分线[19]。$\lambda_s＝0$ 的成分线基本上只随含 Cu 量变化。从图中可以知道，合金成分在位于 $K_1＝0$ 和 $\lambda_s＝0$ 的两条成分线交叉点处对应的合金一定具有高的初始磁导率。实验发现，$\lambda_s＝0$ 的成分线基本上不随冷却速度的改变而改变，但是随着含 Cu 量的增大，$\lambda_s＝0$ 线沿图面向右移动；$K_1＝0$ 的成分线对冷却速率或等温退火温度（$300\sim600℃$ 之间）却十分敏感，因此，这类合金在一定的成分范围内，通过控制冷却速率或等温处理温度均可获得高的初始磁导率。图（b）和图（a）很类似，不过

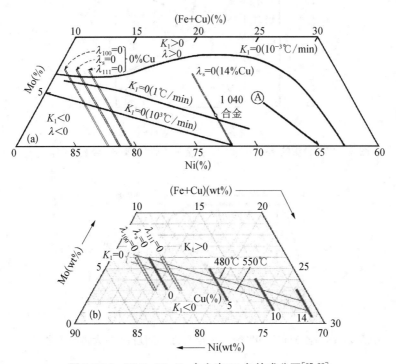

图 2.2.16 Ni-Fe-Mo-Cu 合金富 Ni 角的成分图[27,28]

其中的 $K_1 = 0$ 的直线是以退火温度区分的，分别对应于 480℃和 550℃。这两张图在文献中引用很多，对高磁导率合金的制备工艺有重要指导意义。图(a)中的直线Ⓐ所代表的是以 65%Ni‐35%Fe 为基的合金，经过磁场退火后能显示矩形度很高的磁滞回线。另外，实验还发现，Cu 取代 Fe 后，对 $K_1 = 0$ 的成分线影响并不大，但是 $K_1$ 的绝对值随着 Cu 和 Mo 添加量的增大而下降。

图 2.2.17 示出了含 Mo 的 78.5%Ni‐Fe 合金中电阻率 $\rho$、饱和磁化强度 $M_s$、居里温度 $T_c$、最大磁导率 $\mu_m$ 和初始磁导率 $\mu_i$ 随 Mo 添加量的变化[11]。可以看到，随着含 Mo 量的增大，合金的饱和磁化强度 $M_s$ 和居里温度 $T_c$ 同时下降，但电阻率随之上升，对减小交流应用时的铁损有利；当含 Mo 量为 3%~4%时，$\mu_i$ 和 $\mu_m$ 可同时出现最大值，这一成分正好对应于 79‐坡莫合金的成分。图 2.2.18 是含 Mo 的 80%Ni‐Fe 合金的磁性能随 Mo 含量的变化。比较图 2.2.17 和图 2.2.18，两者的含 Ni 量相差不多，通过各自仔细控制成分和热处理，都可使磁性能优化。对于 80%Ni‐Fe 合金，当含钼量为 $(1\sim4)$%时，可获得矩形磁滞回线，$B_r/B_m$ 接近于 0.95；当含钼量为 $(5\sim6)$%时，则可获得最高的初始磁导率($\mu_i \sim 10^5$)，这对应于 $K_1 = 0$ 和 $\lambda = 0$。对于 78.5%Ni‐Fe 合金，则当含钼量为 $(3\sim4)$%左右时，可以获得高初始磁导率($\mu_i \sim 1.6 \times 10^4$)，该值却远低于 80%Ni‐Fe 合金的相应值。这说明，在 Ni‐Fe 合金中，磁性能对成分和热处理的精确控制十分敏感。

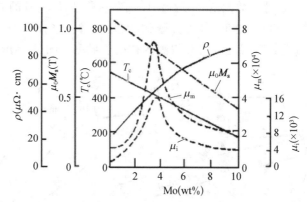

**图 2.2.17　含钼的 78.5%Ni‐Fe 合金的磁性能随 Mo 含量的变化**[11]

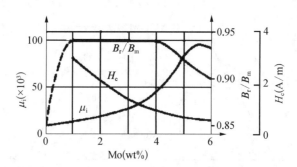

**图 2.2.18　含 Mo 的 80%Ni‐Fe 合金的磁性能随 Mo 含量的变化**[29]

最后必须指出，在实际应用高磁导率的 Ni‑Fe 合金时，应考虑磁性能随测量温度或工作温度的改变。对通常的 Ni‑Fe‑Mo 合金来说，$\lambda_s = 0$ 的成分线一般不会随测量温度而改变，而 $K_1$ 对测量温度却很敏感。当合金在低温（77 K）下工作时，相应于图2.2.19 中的三条 $K_1 = 0$ 的线将向成分图的下方移动，即移向较低的含 Mo 量。这样，尽管合金在室温下具有高的初始磁导率，但在 77 K 时，却因偏离了 $K_1 = 0$ 和 $\lambda_s = 0$ 的高磁导率条件而使初始磁导率下降。图 2.2.20 示出了在不同温度下退火的合金的 $K_1$ 随测量温度的改变[30]。可以看到，为了使合金在低温使用时 $K_1 = 0$，可以采用降低等温退火温度的方法。例如，成分为 78.3%Ni‑17.9%Fe‑3.8%Mo 的合金，原来经过 535℃退火时，可以使合金在室温时 $K_1 = 0$，但是，在 77 K 工作时，$K_1 \neq 0$，为了使工作在 77 K 的合金 $K_1 = 0$，以获得最佳磁导率，则必须将其在 495℃附近退火才行。

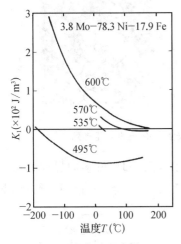

图 2.2.19　在不同温度下退火的 Ni‑Fe‑Mo 合金 $K_1$ 随测量温度的变化[30]

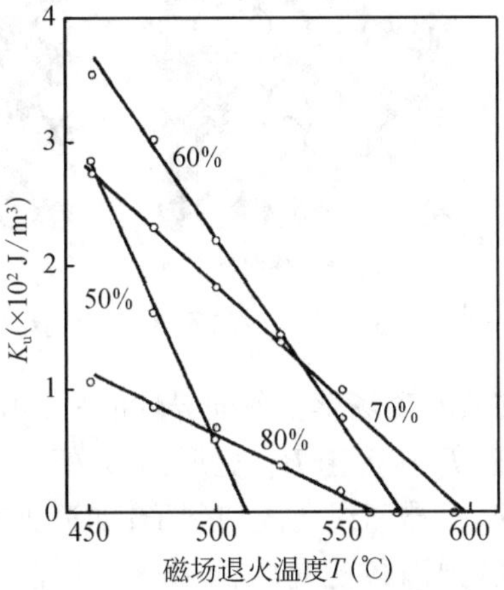

图 2.2.20　不同成分 Ni‑Fe 合金的磁场感生各向异性常数随磁场退火温度的变化[31]

### （3）磁场感生各向异性

实验指出，含镍量在 65% 左右的镍铁合金在低于居里温度下退火，可以感生出一种单轴磁各向异性。如果退火在磁场中进行，则沿磁场方向合金具有矩形度很高的磁滞回线；而在垂直于磁场方向上，得到的是扁斜形磁滞回线；如果退火不在磁场中进行，又会呈现一种腰部收缩的所谓蜂腰形磁滞回线，如图 2.2.21 所示[31]。这种各向异性通常被称为磁场感生各向异性或热磁各向异性。它的产生和合金中原子对的短程方向有序有关。因为合金中每一对原子的磁性耦合能一般依赖于原子的类同性，如 Fe‑Fe、Fe‑Ni、Ni‑Ni 等，将合金在低于居里温度退火时，由于磁场的作用，耦

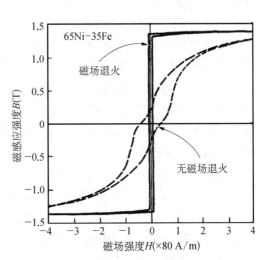

图 2.2.21　65%Ni‑Fe 合金经磁场退火和无磁场退火后的磁滞回线[31]

合能最小的那些原子对将倾向于沿磁场排列。在随后的快速冷却过程中,这种原子对的方向有序结构将有可能被冻结下来,于是便会产生一种单轴磁各向异性,其易磁化轴和退火时所加的磁场方向相一致。图 2.2.22 示出了这种方向有序产生的示意图,图中用黑、白两种球代表等原子比二元合金 $A_{50}B_{50}$ 中的组分原子 A 和 B,(a)是这两种原子混乱(随机)分布的情况,不呈现各向异性;(b)表示完全有序,每个原子的最近邻都是异色原子;(c)代表方向有序情况,这种有序也称原子对有序,图中沿箭头所示方向同色原子对的数目远大于异色原子对数目,形成了原子对的择优取向,这是一种单轴性质的各向异性,易磁化轴沿图中的垂直方向。同样道理,通过大压下率的冷轧或施加应力进行热处理也可造成合金内部的原子对各向异性,分别称为滑移(或形变)感生各向异性和应力退火感生各向异性。

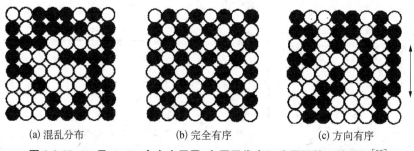

(a) 混乱分布　　　　　(b) 完全有序　　　　　(c) 方向有序

**图 2.2.22　二元 $A_{50}B_{50}$ 合金中用黑、白原子代表组分原子的可能排列[32]**

在具有磁场感生各向异性的材料中,如沿原先磁场方向(即单轴各向异性的易向)测量,剩磁 $B_r$ 接近于 $B_s$,矩形比 $B_r/B_s \approx 1$,磁滞回线呈矩形;如沿着垂直于磁场方向测量,$B_r$ 很小,磁滞回线变成扁斜形;如退火时不加磁场,则因各磁畴中的磁化矢量混乱取向,磁滞回线在原点附近有稍许收缩,形成蜂腰形回线。不过,这种蜂腰形回线只有在低磁场下磁化时才能出现,如果在高磁场中磁化,回线将恢复正常形状。

磁场感生各向异性常数一般用 $K_u$ 表示。如图 2.2.23 所示,在镍铁合金中 $K_u = (1\sim4)\times10^2$ J/m$^3$,一般随含 Ni 量的增大而减小[25]。对于含镍量一定的合金,$K_u$ 值随磁场退火温度的升高而下降,如图 2.2.20所示。由于磁场感生各向异性要通过磁场退火期间的原子扩散才能实现,因此如果材料的居里温度过低,磁场退火温度也就较低,原子扩散很缓慢,结果必然造成 $K_u$ 值较小。由此可知,具有最高居里温度(612℃)

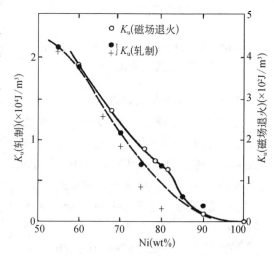

**图 2.2.23　Ni-Fe 合金由轧制和磁场退火感生的单轴各向异性常数[33]**

的 65wt%Ni-Fe 合金对磁场处理最敏感而且在磁场处理后会有较高的 $K_u$ 值。

**(4) 滑移感生各向异性**

滑移或形变感生各向异性早在 20 世纪 30 年代就被发现了,当时在成分为 50%Ni-

Fe 并添加少量 Cu 或 Al 的合金中,发现经过压下率大于 90% 的冷轧和在 1 000℃ 左右进行再结晶退火后,如果再施以压下率 50% 的冷轧,便可沿合金薄带的轧向得到低剩磁、恒定磁导率和低磁滞损耗的磁滞回线。对于这种冷轧效应,也可用原子对的方向有序来解释。因为在材料形变过程中,晶体内部所产生的滑移过程可以使某些原子对择优取向,从而导致滑移感生各向异性的出现。

滑移感生各向异性常数 $K_u$ 的数量级一般为 $10^4$ J/m³,几乎是磁场感生各向异性常数的 50 倍,如图 2.2.23 所示[33]。它的数值随含 Ni 量的增大而减小,同时还依赖于形变前原子的有序度、有序类型(长程有序还是短程有序)以及变形度(如厚度压下率)等因素。

### 4. 镍铁合金的主要类别

镍铁合金在实际使用时多以薄片或薄带的形式出现,作为铁芯材料,其结构方式有叠片、切割铁芯和带绕(环形)铁芯等三种。叠片通常厚 0.35 mm 或 0.15 mm,工作频率 50～400 Hz,一般被冲制成 EI 形、EE 形、F 形、DU 形等形状,其中 DU 形叠片很接近环形,在使用矩磁合金的饱和器件中用得较多,其他几种叠片结构的空间利用率较高,多用于高磁导率器件中。所谓切割铁芯,是由 0.025 mm 至 0.10 mm 厚的薄带材料卷绕后再切割而成,通常具有 C、O、E 等形状。对于 0.025 mm 厚的 4Mo-79Ni-17Fe 合金,其使用频率可以提高到 25 kHz。带绕铁芯是直接由 0.025、0.05、0.10 mm 等厚度的薄带材料卷绕而成的,主要用于各种变换器、仪表用变压器等。在高达 500 kHz 的工作频率下为满足小型化的需要,可以从厚度为 0.0032 mm 到 0.025 mm 的镍铁合金薄带制成筒状铁芯,这时,铁芯尺寸很小,内径和外径分别为 2.4 mm 和 5.7 mm,高为 2.7 mm。

根据镍铁合金的特性不同,大致可将它们分为以下几类:

① 高初始磁导率合金;

② 矩磁合金;

③ 恒导磁合金;

④ 其他合金(包括磁致伸缩、温度补偿、膨胀、恒弹性等合金)。

表 2.2.8 列出了前三类镍铁合金的成分和磁性能,作为比较,在"矩形回线"一栏中同时列出了 3%Si-Fe 和 2%V-49%Co-Fe 合金的有关数据[7]。

表 2.2.8  一些 Ni-Fe 合金的电磁性能[7]

| 类型 | 合金成分 (wt%)余 Fe | $\mu_i$ (×10³) | $\mu_m$ (×10³) | $H_c$ (A/m) | $B_s$ (T) | $B_r$ (T) | $B_r/B_s$ | $T_c$ (℃) | $\rho$ (μΩ·cm) | $D$ (g/cm³) | 片厚(mm)/直流磁场 (A/m) |
|---|---|---|---|---|---|---|---|---|---|---|---|
| 高初始磁导率 | 36Ni | 3 | 20 | 0.16 | 1.3 | — | — | 250 | 75 | 8.15 | 0.3/50 |
| | 48Ni | 11 | 80 | 0.024 | 1.55 | — | — | 480 | 48 | 8.25 | 0.15/60 |
| | 56Ni | 30 | 125 | 0.016 | 1.5 | — | — | 500 | 45 | 8.25 | 0.15/60 |
| | 4Mo80Ni | 40 | 200 | 0.012 | 0.8 | — | — | 460 | 58 | 8.74 | 0.1/60 |
| | 4Mo5Cu77Ni | 40 | 200 | 0.012 | 0.8 | — | — | 400 | 58 | 8.74 | 0.1/60 |
| | 5Mo80Ni | 70 | 300 | 0.004 | 0.78 | — | — | 400 | 65 | 8.77 | 0.1/60 |
| | 4Mo5Cu77Ni | 70 | 300 | 0.004 | 0.8 | — | — | 400 | 60 | 8.74 | 0.1/60 |

| 类型 | 合金成分<br>(wt%)余 Fe | $\mu_i$<br>($\times 10^3$) | $\mu_m$<br>($\times 10^3$) | $H_c$<br>(A/m) | $B_s$<br>(T) | $B_r$<br>(T) | $B_r/$<br>$B_s$ | $T_c$<br>(℃) | $\rho$<br>($\mu\Omega\cdot$<br>cm) | $D$<br>(g/cm$^3$) | 片厚(mm)/<br>直流磁场<br>(A/m) |
|---|---|---|---|---|---|---|---|---|---|---|---|
| 矩形回线 | 4Mo50Ni | — | — | 0.024 | 0.8 | 0.66 | 0.8 | 460 | 58 | 8.74 | 0.05/40 |
| | 4Mo5Cu77Ni | — | — | 0.024 | 0.8 | 0.66 | 0.8 | 400 | 58 | 8.74 | 0.015/40 |
| | 3Mo65Ni | — | — | 0.02 | 1.25 | 1.05 | 0.94 | 520 | 60 | 8.5 | 0.05/40 |
| | 50Ni | — | — | 0.08 | 1.6 | 1.5 | 0.95 | 500 | 45 | 8.25 | 0.05/40 |
| | 3Si | — | — | 0.32 | 2.03 | 1.63 | 0.85 | 730 | 50 | 7.65 | 0.1/240 |
| | 2V49Co | — | — | 0.16 | 2.3 | 2.01 | 0.9 | 940 | 26 | 8.15 | 0.1/240 |
| 扁斜回线 | 4Mo5Cu77Ni | — | — | 0.012 | 0.8 | 0.12 | — | 400 | 58 | 8.74 | |
| | 3Mo65Ni | — | — | 0.1 | 1.25 | 0.15 | — | 520 | 60 | 8.5 | |

### (1) 高初始磁导率合金

① 79%Ni-Fe 合金。

成分在 79%Ni 附近的高磁导率合金最早是从二元合金发展起来的,目前实际应用的合金往往含有少量 Mo,有时还含有少量 Cu。图 2.2.17 示出了含 Mo 的 78.5%Ni-Fe 合金的磁性能随 Mo 含量的变化。该图标明,在 Mo 含量约为 4% 时,合金的初始磁导率和最大磁导率有最大值,这就是著名的 4-79 坡莫合金的典型成分。在坡莫合金的基础上,通过进一步降低碳、硅含量,并适当提高 Mo 含量到 5% 左右,可得初始磁导率大于100 000 的超坡莫合金。这种合金由于磁性能优异,因而更适用于小型化和轻量化的应用场合。

对于 Ni-Fe 二元合金,为了获得高的初始磁导率,早在 1923 年,Arnold 和 Elmen 就已经发明了双重热处理[34],可使 $K_1$ 和 $\lambda_s$ 同时趋于零。他们先将成分为 78.5%Ni-21.5%Fe 的合金,加工成宽3.2 mm 和厚 1.5 mm 的片状试样,随后实施双重热处理,即在保护气氛中将试样加热到 900~950℃保温1 小时并以最大冷却速度 100℃/h 缓冷到室温,随后再将试样加热到 600℃ 并在空气中淬火(冷却速度达 1 500℃/h)。图 2.2.24 比较了经过双重热处理合金试样的初始磁导率(曲线 1)和仅仅通过升温到 900~950℃保温 1 小时再以 100℃/h 缓冷(炉冷)的初始磁导率(曲线 2)以及单单在密封罐内加热到 900~

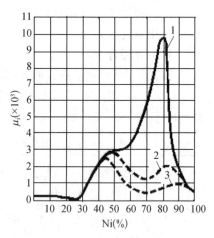

图 2.2.24　Ni-Fe 合金经不同热处理后的初始磁导率

950℃然后冷却到 450℃退火 20 小时(退火)的样品性能(曲线 3),很明显,经过双重热处理的成分为 78.5%Ni-21.5%Fe 合金试样的磁性能最好($\mu_i \approx 10\,000$,$\mu_m \approx 87\,000$),其初始磁导率差不多是相应炉冷试样的 5 倍。这和双重热处理后试样的 $K_1$ 和 $\lambda_s$ 同时趋于零有关。

对于 Ni-Fe-Mo(Cr) 三元合金，由于 Mo、Cr 的添加，不再需要双重热处理，也能让合金试样调整到高磁导率状态。这时最佳 Mo 含量选在 $4\%\sim6\%$ 之间，$\lambda_s=0$ 的成分为 $80\%$Ni 附近，从图 2.2.19 可知，如果这时 Ni 含量稍许增大，为确保 $K_1\to0$，相应的冷却速度要提高。

对于 $5\%$Cu-Mo-Ni-Fe 四元合金，$\lambda_s=0$ 的成分位于 $78\%$Ni 附近。实验表明，当 Ni 含量从 $76.2\%$ 增大到 $78.05\%$ 时，除了可以通过增大冷却速率使 $K_1\to0$ 外，还可通过将退火温度从 $460\mathrm{℃}$ 相应提高到 $535\mathrm{℃}$ 来满足 $K_1\to0$ 的条件。不过，如果合金成分中含 Ni 量低于 $75.2\%$ 或高于 $79.8\%$，合金成分将偏离 $\lambda_s=0$ 成分线，从而会使四元合金的磁导率下降。

② $50\%$Ni-Fe 合金。

这类合金包括含 Ni 量位于 $45\%\sim58\%$ 之间的合金，主要杂质的最大允许量为 $0.5\%$Mn、$0.35\%$Si 和 $0.03\%$C。

含 Ni 量位于 $45\%\sim50\%$ 的镍铁合金，具有该系合金中最高的饱和磁感应强度（$B_s=1.55$ T），同时由于 $\lambda_{100}\approx0$ 和 $K_1$ 较小，所以磁导率较高（$\mu_i\approx11\,000$）。这种合金常被应用于音频变压器、仪表变压器、继电器、电机转子和定子以及磁屏蔽元件等。用作电机转子和定子时，叠片材料应该是非取向的，为了获得混乱织构，材料在最后冷轧时压下率不能太大（$50\%\sim60\%$），冷轧后还需在 $1\,200\mathrm{℃}$ 左右在干氢中退火几小时再炉冷（冷速约 $150\mathrm{℃/h}$）。用作变压器的叠片材料，通常可利用晶粒取向材料，使得沿轧向和垂直于轧向都有高磁导率。要得到这种取向材料，可以先通过大压下率（$\approx90\%$）冷轧，然后再氢气退火，以产生二次再结晶织构。

含 Ni 量为 $56\%\sim58\%$ 的镍铁合金如果在高温退火以后，再进行磁场退火，则它们的初始磁导率、最大磁导率和未经磁场退火的合金相比，可以提高 $3\sim5$ 倍，其磁性能列于表 2.2.9 中。

③ 低 Ni 含量合金。

成分为 $36\%$Ni 的二元镍铁合金，初始磁导率不高（$2\,000\sim3\,000$），但其特性在较宽的低场范围（$0.08\sim8$ A/m）内保持恒定，电阻率为 $75\ \mu\Omega\cdot\mathrm{cm}$，比 $50\%$Ni-Fe 合金高，同时因 Ni 含量低，成本也低，因此曾被用于低失真变压器、宽带变压器和继电器中。但是，后来已被软磁铁氧体所取代。

Pfeifer 和 Cremer[35] 曾报道，如在这种低 Ni 合金中添加 $2\%$Mo，它们的初始磁导率可以大幅度提高，例如成分为 $2$Mo-$34.5$Ni-$63.5$Fe 的合金经压下率为 $90\%$ 的冷轧和温度高于 $1\,100\mathrm{℃}$ 的氢气退火后，在 $4$ A/m 磁场下的初始磁导率可高达 $55\,000$，电阻率为 $90\ \mu\Omega\cdot\mathrm{cm}$，居里温度为 $160\mathrm{℃}$。具有这样性能的镍铁合金在中等频率范围使用时，成本可降低，能与软磁铁氧体相竞争。

**(2) 矩磁合金**

衡量软磁材料磁滞回线矩形性的指标是剩磁比 $B_r/B_s$ 或 $B_r/B_m$。一般所说的矩磁合金指的是剩磁比为 $0.8\sim1.0$ 的合金。这类合金主要用于磁放大器、各种变换器及存储器中。

材料获得矩形回线的重要前提是材料的磁各向异性不为零。在具有单轴磁各向异性的材料中,沿其易磁化方向磁化,往往可得矩形性较好的磁滞回线。

镍铁合金的磁各向异性可以分别来源于磁晶各向异性、磁场感生各向异性和滑移感生各向异性等。因而,合金的矩形磁滞回线也可通过不同的渠道来获得。当合金中有两种或两种以上的各向异性的易磁化轴互相平行排列时,就可以利用它们的综合影响,否则必须设法使其中一种各向异性的贡献占优势,而让其他磁各向异性的贡献降至最小。

① 磁晶各向异性。

具有立方织构(100)[001]的 50%Ni-Fe 合金是由磁晶各向异性产生矩形回线的典型材料。这种合金还可通过附加的磁场热处理使材料中诱发磁场感生各向异性。如果磁场感生各向异性和磁晶各向异性的易轴互相平行,则将进一步改善磁滞回线的矩形性和最大磁导率。

对于含 Ni 量高的镍铁合金,控制磁滞回线矩形性的途径有两条:一条是对 $K_1 < 0$ 的材料,要求 $\lambda_{111} = 0$;二是对 $K_1 > 0$ 的材料,要求 $\lambda_{100} = 0$。由此可知,相应于 $\lambda_{111} = 0$ 的合金,例如 4Mo-79Ni-Fe 坡莫合金,我们可以通过改变热处理条件(如改变冷却速率或退火温度),使合金的 $K_1 < 0$,便可让合金具有矩形磁滞回线。另外,成分为 6Mo-81.3Ni-Fe 的合金含 Mo 量较高,$K_1 > 0$,同时又满足 $\lambda_{100} = 0$,因而,它的磁滞回线也有高矩形性。

② 磁场感生各向异性。

镍铁合金的磁场感生各向异性常数 $K_u$ 在 $10^2$ J/m³ 数量级。对于晶粒取向的 2Mo-65Ni-Fe 合金,经 500℃磁场等温热处理后缓慢冷却到居里温度以下就可获得很好的矩形回线和很低的直流矫顽力。这时,磁场感生各向异性的易磁化方向和磁晶各向异性的易磁化方向是一致的。在那些晶粒非取向的镍铁合金中,为了获得较高矩形性的磁滞回线,应注意使磁场感生各向异性足够强,令其满足 $K_u \gg K_1$,然后沿磁场感生各向异性的易向磁化。要做到 $K_u \gg K_1$,通常将合金在较低温度(如≈430℃)下进行磁场热处理就可。

③ 滑移感生各向异性。

对于具有滑移感生各向异性的 Ni-Fe 合金,可以期待,通过适当冷加工可使合金拥有矩形磁滞回线。例如,4Mo-79Ni-Fe 合金受到大变形率的冷拉成丝后,其 60 Hz 下磁滞回线的矩形比可高达 0.97。

**(3) 恒导磁合金**

所谓恒导磁(Isoperm)合金,是指磁导率在一定的磁场范围内基本上保持不变的软磁合金。

对于通过磁场热处理感生单轴磁各向异性的合金来说,易磁化方向平行于热处理时所施加的磁场方向。一般来说,如果让这种合金沿难磁化方向磁化,就可获得低 $B_r$ 和扁斜形磁滞回线,由于这种扁斜形回线的上下两支靠得很近,近似可将回线看成穿过零点的一条倾斜直线,沿这条直线上每一点的磁导率 $B/(\mu_0 H)$ 在一定磁场范围内是几乎不变的。

成分为 65%Ni－Fe 的合金,可以通过横向磁场热处理成为很好的恒导磁合金。它的居里温度较高($\approx600℃$),可允许在较高的温度下进行等温处理。只要适当调整等温处理温度和冷却速率,即可满足 $K_1\approx0$ 和 $K_u>K_1$ 的条件,以获得高的单轴各向异性。通常,等温处理温度可选 650℃,保温 1 小时,随后使合金在 2.4～3.2 kA/m(300～400 Oe)的横向磁场(磁场方向和轧向相垂直)中以 50～60℃/h 的冷却速率冷却到 200℃。经这种热处理后,厚度为 0.08 mm 试样的有效磁导率可大于 3 000,其保持磁导率恒定不变的磁场范围为 0～240 A/m(0～3 Oe)。

在镍铁合金中添加适量钴,可以成为宽恒导合金。例如,47Ni－23Co－Fe 合金,厚度为 0.03～0.10 mm 时,其磁导率($\geqslant1\,000$)在 0～96 A/m(0～12 Oe)的磁场范围内保持恒定。

含 Ni 量为 50%的镍铁合金和成分为 36Ni－9Cu－Fe 合金是典型的特宽恒磁导合金,对于厚度为 0.05 mm 的材料,它们的磁导率大于 100,其恒定的磁场范围为 0.8～8 kA/m(10～100 Oe)。

表 2.2.9 中列举了我国生产的低剩磁和恒导磁合金的性能[36],其中 1～3 属于高磁导率合金,4～9 是宽恒导磁合金,10～11 是特宽恒导磁合金。从表中可以看到,对于初始磁导率越高的材料,能够保持恒定磁导率的磁场范围就越窄。恒导磁合金主要用于单极性脉冲变压器、高音质的音频输出变压器、交流恒电感元件等。

**表 2.2.9　低剩磁和恒导磁合金[36]**

| No. | 成分(余 Fe) | 厚度(mm) | $\mu_i$ | 磁场范围<br>(A/m) | $\mu_i$恒定性 $\alpha$<br>(%) | $B_r/B_s$ |
|---|---|---|---|---|---|---|
| 1 | $Ni_{65}Mn_1$ | 0.08 | >3 000 | 0～240 | ≤7 | ≤0.05 |
| 2 | $Ni_{79}Mo_4Cu$ | 0.05～0.1 | 14 000 | 0.08～28 | ≤30 | ≤0.1 |
| 3 | $Ni_{76}Cr_2Cu_5$ | 0.02 | 12 000 | 8～32 | ～10 | ≤0.1 |
| 4 | $Ni_{47}Co_{23}$ | 0.03～0.1 | ≥1 000 | 0～960 | ≤10 | |
| 5 | $Ni_{47}Co_{23}Cr_2$ | 0.05～0.1 | 1 000～1 300 | 0～400 | ≤15 | ≤0.1 |
| 6 | $Ni_{34}Co_{29}Mo$ | 0.02～0.1 | ≥1 000 | 0～800 | ≤15 | ≤0.1 |
| 7 | $Ni_{40}Co_{25}Mo$ | 0.05 | 2 000～4 000 | — | ≤15 | ≤0.1 |
| 8 | $Ni_{47}Co_{25}Nb_3Mn_2$ | 0.05 | 700 | 0～1 280 | <20 | — |
| 9 | $Ni_{34}Co_{29}Nb_2$ | 0.05 | 500 | 0～1 600 | — | — |
| 10 | $Ni_{50}$ | 0.05 | ≥100 | 800～8 000 | <10 | ≤0.06 |
| 11 | $Ni_{36}Cu_9$ | 0.03～0.1 | >100 | <8 000 | <40 | — |

**(4) 具有特殊用途的其他镍铁合金**

纯镍和 46%Ni－Fe 合金具有较高的磁致伸缩系数,可以作为磁致伸缩合金用于电声换能器中。

在 79Ni-Fe 高磁导率合金中,适量添加 Nb、Ti、Al 等元素,可以提高合金的硬度,改善耐磨性能,同时由于加工性能好,特别适用于制造磁头。通常,叠片型的音频磁头中,磁芯部分和外面屏蔽罩用的板材厚度为 0.1~0.2 mm,在制作成整片型时,磁芯用板材厚度为 0.3~0.5 mm,磁带信息存储装置中用的磁头材料则为 0.025~0.05 mm 厚的薄片。

含 Ni 量为 30%~32% 的镍铁合金,居里温度稍高于室温,其饱和磁感应强度和磁导率在室温附近可随温度的变化而变化。因此,用这种合金材料作为永磁回路中的磁分路器,可以保证磁极间的工作磁场强度在环境温度改变时保持恒定。这种用途的合金称为温度补偿合金。它们在电器仪表、稳压器、速率计中有着重要的应用。

含 Ni 量为 52% 的镍铁合金其平均热膨胀系数在 30~550℃ 温度范围内为 $10 \times 10^{-6}/℃$,和普通玻璃材料的热膨胀系数很接近,因此被称为玻璃密封合金,用于电子管、电灯等元件的封装。

在镍铁合金中,热膨胀系数很小的合金成分是 36Ni-Fe,它们被称为因瓦合金(Invar),在 -18℃ 至 175℃ 的温度范围内,它们的平均热膨胀系数只有 $1.63 \times 10^{-6}/K$。具有更小的热膨胀系数的铁镍合金成分是 32Ni-4Co-Fe,被称为超因瓦合金(Super Invar),它们的室温热膨胀系数小于 $0.5 \times 10^{-6}/K$,在精密仪表、度量衡装置、精密测量设备等方面有重要应用。另外,成分为 36Ni-12Cr-Fe 的合金是一种较好的恒弹性合金,可使材料的弹性模量在居里温度以下相当宽的温度范围内保持不变,热膨胀系数也很低,取其英文词汇"elasticity invariable"的词头"El-invar"为材料命名,所以被称为艾林瓦合金。这些合金可以制作仪器仪表中的敏感元件、膜片、弹簧、游丝、电机速度调节器、压力传送器等。1920 年,瑞士科学家 C. E. Guilaume 因研究因瓦合金和艾林瓦合金的反常特性对精密计量物理学所作的开创性贡献而荣获当年的诺贝尔物理学奖。自那时以来,因瓦合金和艾林瓦合金有了很大的发展,各自均已成为由多类合金组成的大家族,即使原先的 Fe-Ni 基晶态合金,其成分范围也已大大扩展,综合性能大大提高。例如,最早的艾林瓦合金 36Ni-12Cr-Fe 因强度偏低,弹性模量的温度系数对合金成分的微小波动很敏感,难以批量生产。如今合金的成分已经扩展成:(33~35)%Co,(5~12)%Cr,(1~3)%W,(0.45~2.4)%Mn,(0.3~2)%Si,(0.2~2)%C,余为 Fe,由于合金中加入了 C、W 等元素,经回火后依靠弥散的 M7C3 碳化物提高了合金强度。

## 2.2.4 铁钴合金

### 1. 基本磁性

铁钴合金相图如图 2.2.25 所示。在液相线以下,大约 920℃ 以上相当宽的成分范围内,铁和钴均可形成无序的面心立方 $\gamma$ 相固溶体。在 920℃ 和 730℃ 之间,成分在 0~75%Co 范围内的合金,主要由体心立方固溶体($\alpha$ 相)组成。接近等原子比成分的铁钴合金在冷却到 730℃ 附近时,内部结构会发生从无序相 $\alpha$ 到有序相 $\alpha_1$ 的转变。$\alpha_1$ 相是氯化铯型结构的体心立方固溶体。在铁钴合金中，这一有序—无序转变对合金的机械性能和磁性能有着重大的影响。图 2.2.25 中还示出了合金的居里温度随含钴量的变化。总的说来，随着含钴量的增大，居里温度是升高的。

图 2.2.26 是铁钴合金的饱和磁极化强度等参数随含钴量变化的测量结果。合金中最高的饱和磁化强度出现在含钴量为 35wt% 处，这时的 $\mu_0 M_s = 2.45$ T，高于纯铁的相应值 2.15 T。

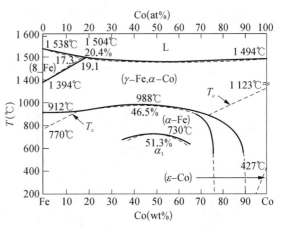

**图 2.2.25　Fe－Co 合金相图[9]**

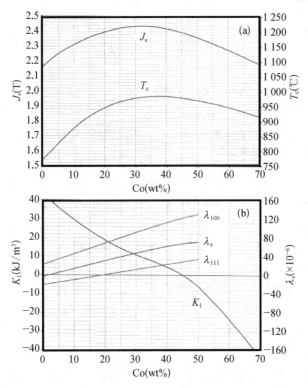

**图 2.2.26　Fe－Co 合金(0～70wt%Co)的饱和磁极化强度 $J_s$、居里温度 $T_c$、磁晶各向异性常数 $K_1$ 和饱和磁致伸缩系数 $\lambda_{100}$、$\lambda_{111}$ 和 $\lambda_s$[28]**

图 2.2.27 和图 2.2.28 分别示出了铁钴合金的磁晶各向异性常数 $K_1$ 和饱和磁致伸缩系数 $\lambda_{100}$、$\lambda_{111}$ 随含钴量的变化，同时表明了它们对热处理冷却速度不同造成无序和有序相组织对两类参数的影响。从图中可以看到，铁钴合金的 $K_1$ 基本上随着含钴量的增加而下降，但是，其下降的趋势依赖于合金的冷却速率。通过水淬的合金主要由无序相组成，$K_1$ 在 40%Co 处趋于零；当合金以 20℃/h 的冷速缓慢冷却时，内部将由有序相组成，$K_1$ 则在 50%Co 处趋于零。合金的饱和磁致伸缩系数 $\lambda_{100}$

对含钴量的依赖性要比 $\lambda_{111}$ 强烈，而且在 50％Co 附近，两者的数值还和冷却速率有关。

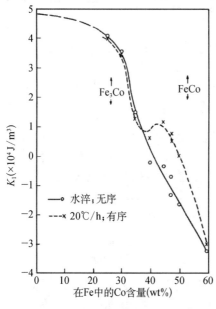

图 2.2.27　Fe - Co 合金的磁晶各向异性
常数随含钴量的变化[37]

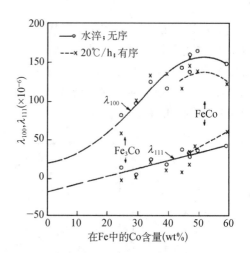

图 2.2.28　Fe - Co 合金的饱和磁致伸缩
系数随含钴量的变化[38]

含钴量为 50％ 的铁钴合金具有高饱和磁感应强度、高初始磁导率和最大磁导率，通常称为坡明德（Permendur）合金。这种合金在包含微量杂质元素碳、氮、氧和出现无序—有序转变时将会变脆，磁性能对热处理和纯度也很敏感。因此，提高合金纯度和抑制有序相出现十分重要。为了改善加工性能，可以添加 V、Mo、W、Ti 等元素，特别是加入 2％V 的铁钴合金（称为 2V 型坡明德合金），对性能有较大改善。钒的加入有利于抑制有序化的进行和改善合金的压延性，允许轧成只有 0.007 5 mm 厚的片材。另外，钒的加入还可提高合金的电阻率，却不会对磁性能带来任何有害影响。如果在 2V 型坡明德合金的基础上，通过采用很纯的原材料，在气氛炉中熔炼，再经湿氢和干氢退火以进一步减少混入的间隙式杂质含量，最后经 750～850 ℃进行磁场处理，就可以使合金的磁性能大大提高，这样的合金称为超坡明德（Supermendur）合金。有关坡明德和超坡明德合金的磁性能已列于表 2.2.10 中。

表 2.2.10　Fe - Co 软磁合金的磁性能[8]

| 材料 | 成分％，余 Fe | $\mu_i$ | $\mu_m$ | $B_s$(T) | $B_r$(T) | $H_c$(A/m) | $\rho$ |
|---|---|---|---|---|---|---|---|
| Hiperco | 35Co1.5Cr | 650 | 10 000 | 2.42 | 1.30 | 80 | 2.8 |
| Permendur | 50Co | 800 | 5 000 | 2.45 | 1.40 | 160 | 0.7 |
| 2V Permendur | 49Co2V | 800 | 4 500 | 2.40 | 1.4 | 160 | 2.7 |
| Supermendur | 49Co2V | 1 000 | 60 000 | 2.15 | 1.40 | 160 | 2.7 |

铁钴合金常被用作直流电磁铁的铁芯和极头材料、航空发电机定子材料以及电话受话器的振动膜片等。

我国生产的 Fe-Co 合金 1J22 的成分和表中含有 2％V 的 2V Permendur 相近,含 V 量为 1.4％～1.8％,含 Co 量 49％～51％。这种合金的冷轧带材热处理制得是在氢气或真空条件下加热到 850～900℃ 保温 3～6 小时,以 50～100℃/小时冷却到 750℃,再以 180～240℃/小时冷却到 300℃ 出炉。锻坯取样的工艺稍有不同,需在 1 100℃ 附近保温 3～6 小时,以 50～100℃/小时冷却到 850℃,再保温 3 小时,然后以 30℃/小时冷却到 700℃,再以 200℃/小时冷却到 300℃ 出炉。

### 2. 高温下应用的软磁合金[39-43]

如今,随着科技的发展,对高温下应用的软磁材料的需求很迫切,例如,集成动力装置 IPU 的高速转子、无人驾驶机发电机的转子和定子、宇宙飞船使用的非接触磁力轴承等应用场合都要求软磁材料能在 400℃ 以上,甚至 500～600℃ 的高温下正常工作,至于定向高能武器系统以及间隙式武器系统的功率电源和核电动力系统的工作温度更希望高达 870℃。这种情况下,对材料的总要求就是高温下具有高可靠性、承载能力大、重量轻、体积小、成本尽可能低,在材料的磁性能方面,希望材料在高温下,小激励磁场下有高的磁感应强度 $B_m$、低 $B_r$、低 $H_c$(低磁滞损耗)、低铁损,良好的力学性能和可加工性,工作过程中有足够好的稳定性等。

表 2.2.11 中列出了能在高温下用作电机定子或变压器铁芯的 Fe-Co 和 Fe-Si 合金的磁性能和机械性能。其中 Fe-Co 合金的工作温度最高。对于 Hiperco 50 合金,可以通过适当改变退火温度来调整屈服强度和延伸率,例如当退火温度从 450℃ 升至 843℃ 时,屈服强度可以从 1 559 MPa 下降至 393 MPa,延伸率则从 7.6％ 增大至 16.1％ 再降至 8％;另外,也可以通过加入 0.025％～0.05％C 或加入少量 Mo(使 V＋Mo＝1.5％～2.5％)来提高力学性能。表 2.2.12 中列出的几种 Fe-Co 合金中,Hiperco 27 合金更适宜于在高温下工作[35],因为其 $H_c$ 在 500℃ 时效过程中随时间的变化相对最小,同时其损耗也相对最低,而且它的损耗 $P_{1.8/1k}$($B_m＝1.8$ T,$f＝1$ kHz)在 500℃ 时效 2 000 小时后随着温度从 300℃ 升至 700℃ 是很快下降的。Yu 等人[43]指出,Hiperco 50(49Co2V-Fe)合金在 600℃ 时效时,由于富 V 相的析出,会导致 $B_s$ 下降和 $H_c$ 升高。

表 2.2.11　一些高导磁高磁感软磁合金的典型磁性能[8]

| 合金名称 | 成分 (wt％)余 Fe | $\mu_i$ ($\times 10^3$) | $\mu_m$ ($\times 10^3$) | $H_c$ (A/m) | $B_s$ (T) | $B_r$ (T) | $T_c$ (℃) | $\rho$ ($\mu\Omega\cdot$cm) | $D$ (g/cm$^3$) |
|---|---|---|---|---|---|---|---|---|---|
| 坡明德(Hiperco50) | 50Co | 0.8 | 5 | 160 | 2.45 | 1.40 | — | 7 | |
| Hiperco35 | 35Co1.5Cr | 0.65 | 10 | 80 | 2.42 | 1.30 | | 28 | |
| Hiperco27 | 27Co(0.2～0.65) Ni0.5Cr | — | — | 140 | 2.40 | 0.85 | | 19 | 7.95 |
| 2V 坡明德 | 49Co2V | 1.25 | 11 | 64 | 2.40 | 1.40 | 980 | 28 | 8.15 |

| 合金名称 | 成分<br>（wt%）余 Fe | $\mu_i$<br>（$\times 10^3$） | $\mu_m$<br>（$\times 10^3$） | $H_c$<br>（A/m） | $B_s$<br>（T） | $B_r$<br>（T） | $T_c$<br>（℃） | $\rho$<br>（$\mu\Omega \cdot cm$） | $D$<br>（g/cm³） |
|---|---|---|---|---|---|---|---|---|---|
| 超坡明德 | 49Co2V | 1.00 | 60 | 160 | 2.15 | 1.40 | 980 | 28 | 8.15 |
| 12Fe - Al | 12Al | 3 | 16 | 8 | 1.00 | — | 680 | 100 | 6.70 |
| 16Al - Fe | 16Al | 6 | 60 | 2.0 | 0.80 | — | 400 | 140 | 6.70 |
| Sendust | 9.5Si5.5Al | 3.5 | 120 | 1.6 | 1.0 | | 500 | 80 | — |
| Super Sendust | 8Si4Al3.2Ni | 10 | 300 | 1.6 | 1.6 | | 670 | 100 | — |
| 坡明伐（恒导磁） | 25Co45Ni | 0.4 | 2 | 95 | 1.55 | | 715 | 19 | — |
| 铁镍锰 | 77Ni18.2Mn | 15.5 | 187 | 0.4 | 0.28 | | | 70 | — |

有关各种添加元素对 Fe - Co 合金物理性能的影响可以参阅综述文献[41]。

对于软磁合金材料的实际高温应用而言，大致有以下三种情况可以分别考虑[41-43]：

① 静态下工作的高温软磁材料：首先要求有良好的磁性能，然后有较好的力学性能。如电机的定子应用，如果工作温度低于 600℃，可以采用双取向 Si - Fe 合金；如果工作于 450～800℃时可采用 Hiperco 27。对于变压器、饱和电抗器和磁放大器的铁芯应用，可采用取向 Si - Fe 合金（低于 450℃）或 Hiperco 27 或 Hiperco 50 （450～800℃）。对于磁极应用，可以采用铸态 1.5%Si - Fe 或 50%Co - Fe 合金（450～760℃）。

② 高速旋转转子和磁力轴材料，首先要求材料有好的高温力学性能，但也要有一定的磁性能。这方面有两类材料可以胜任。一类是沉淀硬化型高温转子材料，如析出 $A_3B$ 型金属间化合物沉淀相的 Co 基、Fe - Co 基或 Fe - Ni - Co 基多元合金，Fe 基马氏体时效钢和 H - 11 工具钢等。另一类是弥散硬化型高温转子材料，是在 Co 基或 Fe - Co 基合金中添加坚硬的第二相，如硼化物、$ThO_2$ 或 $Al_2O_3$ 颗粒等，通过控制这些颗粒的尺寸、体积分数和间距，使它们弥散地分布于基体合金中同时又不至于使合金的 $H_c$ 增加太多，从而有效提高力学性能，特别是提高抗蠕变强度。

③ 纤维强化型高温转子材料：Yu 等人[43]研究了 W、C 纤维强化型高 $T_c$ 和高 $B_s$ 软磁合金。他们制成 50%Co - Fe - W 复合材料，通过退火，消除内应力，使复合材料的 $H_c$ 和磁滞损耗得到改善的同时，还使材料在承受 600 MPa 应力下，在 550℃时的蠕变几乎可以忽略不计，综合性能大大优于商用 Hiperco 50 HS 合金。

## 2.2.5 铁铝合金和铁硅铝合金

### 1. 铁铝合金

图 2.2.29 是铁铝合金富铁侧部分的相图[9]。图中的 $\alpha$ 相是铝在 $\alpha$ - Fe 中的无序固溶体，$\beta_1$ 和 $\beta_2$ 分别是 $Fe_3Al$ 和 FeAl 有序固溶体。对于不同成分的铁铝合金，必须采用不同的热处理工艺，以便控制合金中 $\alpha \rightarrow \beta$ 的有序化过程，才能获得较高的磁性能。从图中

可以顺便看出,铁铝合金的居里温度随含铝量的增大而下降。当含铝量大于 18wt% 时,合金的居里温度已低于室温,因此,作为实用的软磁合金,含铝量必须小于 18%。

对于含铝量在 15% 以下的铁铝合金,饱和磁化强度随铝量增大而减小。图 2.2.30 和 2.2.31 是铁铝合金的磁晶各向异性常数 $K_1$ 和饱和磁致伸缩系数 $\lambda_{100}$ 和 $\lambda_{111}$ 对成分的依赖关系[30]。可以看到,含铝量大于 8% 时,$K_1$ 和 $\lambda$ 的数值都依赖于热处理时的冷却速率。控制冷却速率实际上就是控制合金中的有序程度。对炉冷试样,$K_1$ 在 12%Al 处趋于零,而对水淬试样,却是在 16%Al 处才趋于零。成分接近于 $Fe_3Al$ 的 13.9%Al - Fe 合金,经淬火后,$K_1 = 4 \times 10^3\,J/m^3$(无序态)。但是,如将这种合金再经较低温度下退火,便可发现其 $K_1$ 的室温值将随退火时间的增加而减小,最后可由正值变为负值($-8 \times 10^3\,J/m^3$),整个合金完全由 $Fe_3Al$ 有序相组成。从图中还可看出,对于 12%Al - Fe 合金的退火试样和 16% Al - Fe 合金的水淬试样,都有 $K_1 \approx 0$ 和 $\lambda$ 较小的特点,因而这两种成分的合金都可以成为高磁导率合金。含铝量为 13.9% 的铁铝合金,虽然 $K_1$ 有可能通过控制冷却速率而趋于零,但此时 $\lambda$ 值较大,因此不能成为高磁导率合金。13%Al - Fe 和 8%Al - Fe 合金是铁铝合金中两种重要的磁致伸缩合金,曾用于超声换能器中。

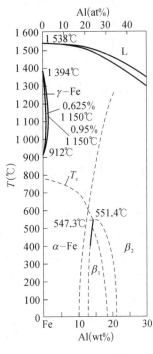

图 2.2.29　Fe - Al 合金富 Fe 侧部分相图[9]

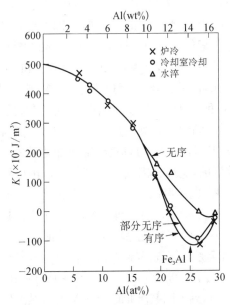

图 2.2.30　Fe - Al 合金的磁晶各向异性常数 $K_1$ 随成分的变化[37,38]

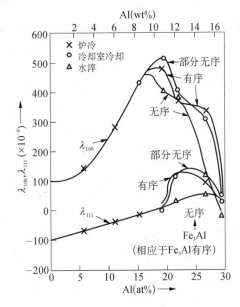

图 2.2.31　Fe - Al 合金的饱和磁致伸缩系数 $\lambda_{100}$ 和 $\lambda_{111}$ 随成分的变化

铁铝合金的电阻率随含铝量的增大而升高(图 2.1.6)。在这一点上,铝的作用和铁硅合金中硅的作用非常相似,但是,由于铁铝合金中铝的含量高达 12%～16%,因此它们的电阻率比实用的铁硅合金要高得多,例如对于 12%Al－Fe 和 16%Al－Fe 合金,电阻率分别达到 100 和 150 $\mu\Omega \cdot cm$。同时,铁铝合金经过适当热处理后,由于薄带表面被氧化可形成一层以 $Al_2O_3$ 为主的氧化层,因此它的抗氧化能力将明显提高,叠片间绝缘电阻也将增大,这对降低合金在交流应用时的铁芯损耗十分有利。

铁铝合金的磁性能对磁场处理很敏感,特别是在 $K_1$ 较小的成分范围内。图 2.2.32 示出了磁场处理对成分范围为 5%～12%Al 的铁铝合金磁导率的影响。这些合金是用高纯度电解铁和纯铝经真空熔炼制得,环状试样厚度为 0.8 mm;合金由热轧制成带材,随后在 1 000℃退火 1 小时并炉冷,最后将环状试样从 800℃以 150℃/h 的冷却速率在 12.5 Oe 的磁场中冷却。从该图可以看到,磁场处理对含铝量为 10%附近的合金最有效,特别是最大磁导率。但是,在铁铝合金中,更高的初始磁导率和最大磁导率却是在未经磁场处理的(15～16)%Al－Fe 合金中获得的。

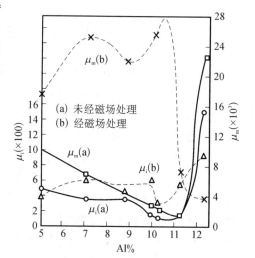

图 2.2.32　磁场处理对 Fe－Al 合金磁导率的影响[39]

铁铝合金和铁硅合金一样,也可通过适当的工艺成为晶粒取向材料。例如,对 3%Al－Fe 合金,首先通过真空熔炼、热轧、冷轧和退火相结合的方法将铸锭轧成 3.18 mm 的厚板,再将这种厚板冷轧成 0.64～0.20 mm 厚的薄带,最后在 1 000℃于干氢中退火 5 小时,即可得到具有(100)[001]织构的材料。这种晶粒取向材料的铁芯损耗较低。对于厚度为0.35 mm的带材,沿其轧向可得如下性能:10 Oe 磁场下的磁感应强度 $B_{10}=1.58$ T,$H_c=0.22$ Oe,在 1.5 T 和 50 Hz下的铁芯损耗为 0.72 W/kg。另外,含铝量为 8%～9%的铁铝合金,通过热轧和冷轧制成薄带后再于 1 000℃或 1 200℃在干氢中退火,可发展出一种(111)织构。这时,在轧面内不包含易磁化方向,因此,它具有低剩磁、低矫顽力的特点。例如,含铝量为 9%的这种织构材料,其直流性能 $H_c=24$ A/m,$B_r=0.166$ T,$\mu_m=2700$,$B_{20}=1.29$ T,$B_{100}=1.61$ T,适合于制作继电器铁芯。

铁铝合金的冷加工性在含铝量较低时是比较好的,例如含铝量为 5%的合金,可以用压下率为 99.5%的冷轧轧成薄带,即使含铝量高达 9%,也还可以通过冷轧加工成材。这比相应成分的铁硅合金要好得多。但是,随着含铝量的增大,合金将变得硬而脆,冷加工也就越来越困难。这时必须采用中温轧制(轧制温度高于 $Fe_3Al$ 的有序—无序转变温度)才能加工。

在 Fe－Al 合金中,Al 含量为 12%～16%的合金是属于高磁导率软磁合金。据报道,国外 16%Al－Fe 合金的最高磁性能为 $H_c=1.3$ A/m,$\mu_m=195\ 000$;12%Al－Fe 的最高磁性能为 $H_c=2.4$ A/m,$\mu_m=150\ 000$,$B_s=1.45$ T。在我国,列入国家标准的 Fe－Al 合金共有四个牌号:1J16、1J13、1J12 和 1J6,对应的 Al 含量依次约为 16%、13%、12%和 6%。其中 1J16 合金的生产水平稍高,一般为 $\mu_i=4\ 000～15\ 000$,$H_c=1.3$ A/m,$\mu_m=50\ 000～120\ 000$[34,39]。

关于铁铝合金的典型磁性能可参阅表 2.2.11 所列[8]。

**2. 铁硅铝合金**

图 2.2.33 示出了铁硅铝合金的磁晶各向异性常数 $K_1$ 和饱和磁致伸缩系数 $\lambda_s$ 随成分的变化[11]。可以看到,成分为 9.6%Si,5.4%Al,85%Fe 的合金正好位于 $K_1=0$ 和 $\lambda_s=0$ 两条曲线的交叉点附近,因此,有希望成为高磁导率合金。日本增本量和山本达治在 1932 年首次研制成功这种合金,由于是在日本仙台发明的,故命名为"Sendust"合金。"Sen"是仙台的英文名 Sendai 的缩写,"dust"是"粉末"之意,表明这种材料非常脆,很容易制成粉末。最初,这些合金粉末被用于制造铁粉芯,制作高频电感器。20 世纪 60 年代以后,由

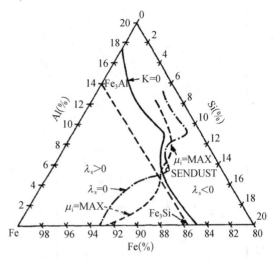

图 2.2.33　Fe - Si - Al 合金中 $K_1$ 和 $\lambda_s$
随成分的变化[11]

于录像技术的发展,磁带又有利用高矫顽力磁粉制作的倾向,急切需要新的磁头材料,同时因为制造加工技术的进步可允许将它们制成薄板,使这种材料的用途更加宽广。合金的典型磁性能为:$B_s = 0.9 \sim 1.1$ T,$\mu_i = 10\,000 \sim 30\,000$,$\mu_m = 80\,000 \sim 160\,000$,$\rho = 106$ $\mu\Omega \cdot$ cm。在高频下使用时,合金的铁芯损耗低于成分为 79Ni - 4Mo - Fe 的坡莫合金,在频率为 1.25 MHz 时,厚度为 0.25 mm 的合金叠片的磁导率可达 71,但是同样厚度的坡莫合金叠片磁导率却只有 46。由于铁硅铝合金还兼有高硬度和良好的耐磨性,原材料又廉价,因此作为音频磁头材料也很有前途。

为了进一步改进铁硅铝合金的磁性能和加工性能,可以在合金中添加 2%~4%Ni。成分为 4%~8%Si、3%~5%Al、2%~4%Ni、余为 Fe 的合金通常称为超铁硅铝合金。这一合金对磁场处理很敏感。例如,成分为 5.33%Si、4.22%Al、3.15%Ni、余为 Fe 的超铁硅铝合金在 750 ℃于氢气中退火 1 小时再以 1.7 ℃/s 的速率冷却到室温,典型磁性能为 $\mu_m = 56\,800$、$H_c = 0.096$ Oe、$B_r = 0.81$ T,$B_m = 0.98$ T;但是,同样的合金如果在 1 250 ℃于氢气中退火 1 小时,随后从 700 ℃开始在 20 Oe 磁场中冷却,则磁性能明显提高,这时,$\mu_m = 165\,000$、$H_c = 0.03$ Oe、$B_r = 0.954$ T、$B_m = 1.09$ T。

典型的铁硅铝合金 Sendust 和 Super Sendust 的典型磁性能列于表 2.2.11 中[39]。典型的软磁合金的磁性能和机械性能列于表 2.2.12 中。

### 2.2.6　软磁复合材料(磁粉芯,SMC)

将软磁材料的微细粉末和环氧树脂、酚醛树脂等有机粘结兼绝缘剂或和 $TiO_2$、$SiO_2$ 等无机绝缘剂充分混合后,压制成为一定形状的磁芯,早期称为磁粉芯。近年来国际上采用软磁复合材料(Soft Magnetic Composites),简称为 SMC。由于第三代半导体 SIC,

表2.2.12　高温下使用的软磁合金磁性能和机械性能[44]

| 合金成分 | $T_c$ (℃) | 最高工作温度 (℃) | $B_r$ (T) | 损耗 (W/kg) | | | | | 温度 (℃) | 直流磁性 | | | 屈服强度 (MPa) | 延伸率 (%) |
| --- | --- | --- | --- | --- | --- | --- | --- | --- | --- | --- | --- | --- | --- | --- |
| | | | | 厚度 (mm) | $P_{1.5/60}$ | $P_{2.0/60}$ | $P_{2.5/400}$ | $P_{2.0/400}$ | | $H_c$ (A/m) | $B_{800}$ (T) | $B_s$ (T) | | |
| Hiperco 27 ($Co_{27}$-Cr) | 969 | 870 | 0.9~1.1 | 0.1 | 2.7 | 4.2 | 20 | — | 20 / 600 / 900 | 160 / 72 / — | 1.55 / 1.53 / — | 2.39 / 2.1 / 1.45 | 580 / 280 / (660) | 26 / 20 / — |
| Hiperco 35 ($Co_{35}$-Cr) | 970 | 870 | 0.9~1.0 | 0.1 | 2.5 | — | 28 | — | 20 / 600 / 900 | 128 / — / — | 1.54 / 1.6 / — | 2.41 / — / 1.68 | 440 / 360 / — | 2 / 9 / — |
| Hiperco 50 (Supermendur $Co_{49}V_2$-Fe) | 980 | 870 | 1.4 (1.9~2.1)* | 0.1 | 1.4 | 2~5 (2)* | 20 (12)* | 30 (19)* | 20 / 600 / 900 | 88(20)* / 28 / 4 | 2 / 1.9 / 1.58 | 2.39 / — / 1.73 | 750 / 600# | 2 / — / — |
| $Co_{94}$-Fe | 1 050 | 1 000 | 1.7 | — | — | — | — | — | 20 / 600 / 900 | 40 / 16 / 4 | — | 1.8 | 80 / — / — | 30 / — / — |
| $Si_{1.25}$-Fe | 760 | 650 | 0.78~0.87 | 0.35 / 0.6 | 3.1 / 3.9 | — | — | — | 20 | 72 / 30.4 | — | 2.11 / 2.03 | 248 / 273 | 25 / — |
| 立方织构 $Si_3$-Fe | 738 | 620 | — | — | — | — | — | — | — | | $\mu_m$ | $P_{1.5/60}$ | | |
| $Si_{3.25}$-Fe | 738 | 620 | 1.24 | — | 1.78 | — | — | — | 30 / 300 / 500 / 700 | 8 / 4.46 / 4.16 / — | 54 400 / 65 000 / 80 800 / 132 700 | 1.78 / 1.5 / 1.32 / — | 330 | 17 |

\* 括号内为经过磁场处理后超坡明德(Supermendur)合金的数值。

GaN 的出现,驱使电子元器件向高频、大功率、小型化方向发展,铁氧体由于亚铁磁性的自旋构型,饱和磁化强度无法提高,仅为金属磁性材料的三分之一左右,从而无法减少器件体积,于是人们又将目光转向过去曾应用过的磁粉芯,它的饱和磁化强度介于金属与铁氧体之间,约为铁氧体的 2 倍,可以显著地减少器件尺寸,此外,由于磁性颗粒间为高电阻率的绝缘层,因此可减少涡流损耗,可以在高达几百千赫至几百兆赫的频率下加以应用,使其从 20 世纪末至今发展甚快,已成为一类重要的软磁材料,见图 2.2.34。

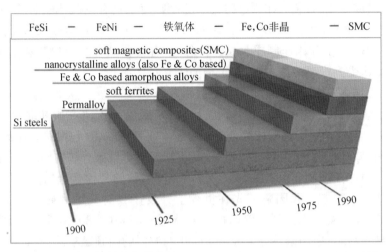

图 2.2.34 软磁材料发展历程(Josefina M.,et al.,Science,2018,362,418)

软磁复合材料(SMC)主要指磁性金属、合金微粒表面包覆高电阻率绝缘层压制成的磁粉芯。

人类研究和使用磁粉芯已有 120 多年的历史。早在 1887 年 Oliver 等曾开展过将磁粉埋于石蜡中的特性研究工作。1921 年,美国 West 电气公司 Elmen 等人出于电话通信的需要,曾首先利用电解铁粉和绝缘剂制成了电话线路中加感线圈用的铁芯。两年以后,他们发明了高磁导率的坡莫合金,并于 1927 年利用坡莫合金粉制成了磁粉芯。1925 年,德国 BASF 公司发明了羰基铁粉的制造方法,1935 年德国西门子公司发表了用羰基铁粉制成铁粉芯的报道。同年,日本东北大学金属材料研究所的增本量和山本达治开发出铁硅铝合金,命名为"Sendust"。1938 年,铁硅铝合金磁粉芯被用于制造低频线圈和加感线圈。1939 年起,铜锌铁氧体、镍锌铁氧体和锰锌铁氧体先后被制成磁芯,由于具有高电阻率、高磁导率和低损耗的优势,被广泛用于高频线圈。1950 年,镍铁钼合金磁粉芯问世,除了具有高磁导率和低损耗外,还有稳定性好的特点。在 20 世纪 60 年代以后,随着软磁铁氧体磁芯的迅猛发展,用合金粉末制成的磁粉芯几乎全部退出了电话线路中加载线圈铁芯的应用领域。后来,人们发现,磁粉芯在防止噪声领域可以找到自己的用武之地,首先,电解铁粉芯制成的线圈(SN 线圈)可以抑制所有电子仪器的杂音产生和侵入,这是因为电解铁粉的饱和磁感应强度和硅钢差不多,磁导率约为 80,频率特性良好,但磁滞损耗大,由于非磁性粘接剂隔离磁性颗粒,从而难以达到磁饱和,在 0.1~2 MHz 频率范围内,其对噪声的抑制作用大,适用于一般常规型防噪声设备。不久又发现,钼坡莫合金(FeNiMo,即含 Mo 量为 4%~5% 的镍铁合金,简称 MPP)磁粉芯损耗低、直流叠加特性好,可用于环形平衡-不平衡变压器线圈、共态噪声滤波器、整流电源输出平波扼流线圈等。作为整流电源用的线圈有很多,如用来转换干线电压的电源变压器、输入滤波器用的扼流线圈、平稳输出用的扼流线圈以及信号用的脉冲变压器等,其中,特别是从小型化和轻型化考虑,在干线变压器和平稳输出用的扼流线圈应用方面得到了迅速发展。20 世纪80 年代初日本开发了高频整流电源扼流圈用的 HP 磁粉芯,从直流叠加特性和磁导率对频率的依赖关系看,性能稍逊于 MPP 磁粉芯;从损耗随温度变化特性看,其和 MPP 磁粉芯相当,用其做成扼流圈,装入印刷电路板上的投影面积只有铁氧体磁芯的一半,而且它所使用的原材料价格便宜。1984 年随着美国 Allied 公司的 Raybould 应用 $Fe_{79}B_{16}Si_5$(Metglas 2605S3)非晶粉末压制成非晶磁粉芯后,有关非晶合金磁粉芯和纳米晶合金磁粉芯的研制工作受到广泛关注,并掀起了相关研究的高潮[45]。

在我国,金属软磁磁粉芯的发展已有五十多年历史[46,47]。从 20 世纪 60 年代中期起,当时的冶金部钢铁研究总院、上海钢铁研究所、武汉钢铁研究所和北京无线电三厂(798 厂)等单位先后开始研制钼坡莫合金磁粉芯。在粉末制备、包覆绝缘粘结剂、压型及磁粉芯热处理等方面进行了大量实验研究,在不断完善机械破碎法的同时,还发展了雾化法制粉技术。通过在母合金粉末中加入少量负温度系数的补偿合金粉末,研制出了低温度系数的 MPP 磁粉芯。我国曾率先在世界上开发了具有高饱和磁感应强度的中 Ni(50Ni)磁粉芯;还开发了飞机测高仪谐振滤波器用的高 $Q$($>80$)磁粉芯;开关电源用的高稳定型恒导磁粉芯;用作偏转环无线电抗干扰滤波器的高频磁粉芯;同时开发了用于大电流、频率高的 $Fe_{50}Ni_{50}$ 磁粉芯;用雾化粉末制成了含 Mo 量为 4% 的坡莫合金高频磁粉芯。1985 年我国制定了镍铁磁粉芯国家标准(GBn251-85)。该标准列出了 $Ni_{81}Mo_2$、$Ni_{50}Fe_{50}$ 两种合金 9 个等级(按有效磁导率分级)的磁粉芯,并与国际标准尽可能保持一致,标志着我国磁粉芯生产走上了系列化、标准化的道路。2002 年,北京七星飞行股份有限公司和信息产业部标准化研究所共同起草了本行业通用规范 SJ 20829—2002《金属磁粉芯总规范》,为金属磁粉芯的发展奠定了基础。

从应用情况看,在 20 世纪 90 年代前,磁粉芯主要应用于发射火箭、卫星等重大工程项目及少数军工产品上。自 20 世纪 90 年代起,由于大力发展通信产业的需要,以及开关电源等新产品开始市场化并大量推广使用,致使磁粉芯在我国逐步获得了大量使用。目前,国内从事磁粉芯及原料生产的大小企业约 40 多家,主要集中在长三角和珠三角地区。大部分企业的生产规模都较小,拥有自主研发和生产能力不多。具有一定生产规模的有深圳铂科、北京七星飞行电子有限公司、東睦科达和东磁集团。上市企业有 5 家,分别是横店集团东磁股份有限公司、北京七星飞行电子有限公司、安泰科技股份有限公司、天通控股股份有限公司和吉恩镍业股份有限公司。技术上有较大优势的企业主要有铂科、七星、东磁、科达和武汉浩源以及瑞德等,这些企业的部分产品已达到国际标准。少数高校、钢铁研究总院、上海钢铁研究所等承担着部分研发任务。国际上公认的品牌主要还是由欧美和日本的一些大企业所拥有,如美国的 MAGNETICS、ARNOLD、MICROMETALS 等公司,日本的 TDK、日立金属和古河等公司,英国 MGG 公司等。近年来,由于磁粉芯材料需求的迅速增长,对磁粉芯新产品的研制工作已经引起国家和企业的重视,相信局面会在不久的将来有很大的改变。

目前使用的磁粉芯材料根据磁粉的基本成分可以分成六大类,即铁粉芯、钼坡莫合金磁粉芯、铁硅铝合金磁粉芯、铁硅合金磁粉芯、非晶态合金磁粉芯和纳米晶合金磁粉芯。表 2.2.13 中给出了铁粉芯、HF 磁粉芯、FeSiAl 合金磁粉芯、FeNiMo 合金磁粉芯的主要性能并和铁氧体磁芯做了比较[48]。可以看到,铁粉芯的价格最低,但在使用过程中损耗较大;磁性能、温度稳定性和直流偏置特性最好的磁粉芯是含 Mo 的坡莫合金磁粉芯,但价格最高,使其应用受到限制。从表中可以看出金属磁粉芯和铁氧体磁芯的差别。金属磁粉芯的 $B_s$ 较高,这意味着在用作电感铁芯时,同样体积下可以获得较高的电感,即材料的功率密度较高;金属磁粉芯的气隙均匀分布于体内,铁氧体需单独开气隙,由此会造成局域损耗;外界温度变化或受到机械冲击时,金属磁粉芯的反应不灵敏,使得金属磁粉芯的工作可靠性要好于铁氧体,由此,金属磁粉芯的设计方法相对简单一些,而铁氧体在设计上需要考虑不同情况,并需要进行动态测试验证[47]。

**表 2.2.13　金属磁粉芯性能比较[48]**

| 特性 | 铁粉芯 | HF 磁粉芯 | FeSiAl 磁粉芯 (Sendust) | FeNiMo 磁粉芯 (MPP) | 铁氧体磁芯 |
|---|---|---|---|---|---|
| 磁芯基本成分 | 纯铁粉 | 50Ni - 50Fe | 85Fe - 9Si - 6Al | 81Ni - 17Fe - 4Mo | MnZn/NiZn 等铁氧体 |
| 气隙形式 | 位于磁芯内 | 位于磁芯内 | 位于磁芯内 | 位于磁芯内 | 单独开气隙 |
| 气隙组成 | 有机/无机 粘合剂 | 无机粘合剂 | 无机粘合剂 | 无机粘合剂 | 空气 |
| 直流偏磁场下磁导率降低到 50% 时的直流磁场强度 | 5.6 kA/m (70 Oe) | 9.5 kA/m (120 Oe) | 7.2 kA/m (90 Oe) | 8.0 kA/m (100 Oe) | 5.6 kA/m (70 Oe) |
| 100 kHz/0.05 T 时铁芯损耗(mW/cm³) | 800 | 260 | 200 | 120 | 230 |
| 交变场从零到 0.4 T 时典型磁导率变化率 | +260% | +7% | —20% | —6% | — |
| 有效磁导率 $\mu_e$ | 3~100 | 14~160 | 14~147 | 14~550 | 由材料及气隙决定 |
| 50 kHz/0.05 T 时铁芯损耗(mW/cm³) | 330 ($\mu_e$=75 时) | 170 ($\mu_e$=125 时) | 80 ($\mu_e$=125 时) | 55 ($\mu_e$=125 时) | 5 (TDK PC40 无气隙) |
| 居里温度(℃) | 750 | 500 | 600 | 400 | 200 |
| 最大工作温度(℃) | 75~130 | 130~200 | 130~200 | 130~200 | 130~200 |
| 工作温度范围(℃) | —65~125 | —55~200 | —55~200 | —55~200 | — |
| $B_s$(T) | 0.5~1.4 | 1.5 | 1.05 | 0.75 | 0.36~0.51 |
| 温度稳定性 | 好 | 更好 | 更好 | 更好 | 差 |
| 密度(g/cm³) | 3.3~7.2 | 8 | 6.15 | 8.5 | 4.7~4.9 |
| 价格水平 | 低 | 高 | 中等 | 最高 | 中等 |

[注] 测试时,采用试样的有效磁导率均为 60。

### 1. 金属磁粉芯的类别

#### (1) 铁粉芯

铁粉心由纯铁铁粉和绝缘剂混合组成。在六大类磁粉芯中,铁粉心的应用领域最广,用量也最大。根据铁粉的不同,铁粉芯分为普通型和羰基铁型铁粉芯。普通型纯铁粉可以来自电解铁粉和还原铁粉。铁粉心在所有磁粉芯中价格也最低,对于同样用途的产品,铁粉心价格约为铁硅铝、铁镍钼、铁镍 50 等磁粉芯材料价格的 1/3 左右,因而有一定竞争力。从磁性能上比较,羰基铁粉芯的质量较好,可用于高性能和高频电感。

羰基铁粉芯所用的铁粉是直接从五羰基铁加热分解而得到的,工业上,先以铁屑或海绵铁为原料,在反应塔内于 200℃ 在 200 bar 大气压下与 CO 气体发生反应生成五羰基铁:

$$Fe+5 (CO) \longrightarrow Fe (CO)_5$$

Fe $(CO)_5$ 是一种黄褐色的透明液体,在 1 bar 大气压下,将其加热到 70～80℃ 便开始分解;如将温度提高到 170～180℃,则分解速度加快。一般可以通过控制分解温度来调节粉末颗粒直径。分解后可得到不含硅、磷、硫等杂质的纯铁细粉,颗粒直径约为几微米,称为羰基铁。

$$Fe (CO)_5 \longrightarrow Fe+5 (CO) \uparrow$$

由于 Fe 有催化 CO 和 $CO_2$ 反应的作用,一般通以 $NH_3$ 作为保护气体来抑制这一反应。铁粉中 C 和 N 的含量均小于 1%,Fe 含量在 97% 左右。所得铁粉含有 C、N、$Fe_2O_3$ 等杂质,硬度较大,称为硬粉,可以作为制造铁粉心的原材料,也可以经过压制成型、于 1 000 ～1 200℃ 烧结数小时,再经锻、轧加工成片状纯铁使用。如将铁粉进一步在 $H_2$ 气氛中热处理 1 小时,Fe 的纯度将有望提高到约 99.0%。这种经 $H_2$ 还原的羰基铁粉,硬度稍低,也被称为软粉。羰基铁粉活性很大,正常情况下放置一段时间后,会发生团聚。发生团聚的铁粉对注射成型产品质量有不利影响。目前市场上质量最好的羰基铁粉为德国 BASF 公司生产。

还原铁粉由铁的氧化物在高温下经 $H_2$ 或 CO 还原制得,其中应用于软磁材料的还原铁粉牌号为 FHY100.27。

#### (2) 镍铁合金磁粉芯

这类磁粉芯主要有两大类:一类使用成分为 50%Ni - 50%Fe 合金粉末。因为这一成分的合金在镍铁合金中有最高的磁感应强度($B_s=1.5$ T),因此由其制成的磁粉芯被称为高磁通(High Flux)磁粉芯,简称为 HF 磁粉芯。国产镍铁合金的牌号是 1J46、1J50、1J54 等。第二类 Ni - Fe 合金磁粉芯是坡莫(Permalloy)合金磁粉芯,简称 MPP 磁粉芯。它所使用的磁粉是含 2%Mo、81%Ni、余 Fe 的高镍坡莫合金粉末,这种磁粉具有很高的初始磁导率。用于制造磁粉芯的坡莫合金在熔炼时常添加百分之几的硫,由热轧轧成薄板后再用机械粉碎法制成粉末,这时粉末颗粒的平均直径约为 40 $\mu m$,如有必要,可以接着再粉碎成更细粒径的粉末,随后和绝缘剂混合、成型并进行热处理,这时铁粉芯材料具有良好的综合性能，在音频和超声范围内有较高的磁导率($\mu_i = 150$)，而且对磁场、频率和应力均有较好的稳定性，具有最好的直流偏置特性，但因含 Ni 量高，其价格也是所有磁粉芯中最高的，使其应用受到限制，一般被用于国防、军工和高科技产品上。国产坡莫合金的牌号有 1J79、1J80、1J83 等。

**(3) 铁硅铝合金磁粉芯**

所用的磁粉成分为高磁导率的 9.6%Si - 5.4%Al-余 Fe 的合金。由于铁硅铝合金质硬性脆，很容易用机械粉碎法制成直径为 10 $\mu$m 左右的粉末，同时和坡莫合金相比，其原材料丰富、价廉，不含 Ni、Co、Cr 等稀缺物资，在电磁特性方面，有电阻率较高，高频下磁导率高和损耗低的特点，因而其性价比高的特点十分明显，从而使其使用量大幅提升，成为软磁磁粉芯中使用量最大、应用最为广泛的一种磁粉芯。这种磁粉芯的磁导率一般为 10~147。如果利用厚度为 25 $\mu$m、直径为 100 $\mu$m 左右的鳞片状粉末制成磁芯，则其磁导率可提高到 200 以上。由于铁硅铝合金是 20 世纪 30 年代在日本仙台县发明的，故称为"Sendust"。因为这一原因，国内外一些厂家生产的铁硅铝合金磁粉芯也常常以"Sendust"命名。

**(4) Fe‑Si 合金磁粉芯**

以前制备的 Fe‑Si 合金磁粉芯多使用含 3.2%Si 以下的磁粉。由于 6.5wt%Si‑Fe 合金具有高磁导率、低矫顽力、高电阻率和接近于零的饱和磁致伸缩系数 $\lambda_s$ 等优点，$B_s$ 又高达 1.8 T，因此，对 6.5wt%Si‑Fe 合金磁粉芯的研究逐渐引起重视[49,50]。近年来，随着国家对使用绿色能源的重视，逆变技术在光伏发电系统中占有重要地位。这种系统由光伏电池、升压电路和逆变器组成。因为 Fe‑Si 系合金磁粉芯具有高磁导率、高饱和磁感应强度和优异的直流偏置特性和低磁滞损耗而被广泛用于逆变器中的隔离变压器和高储能电感上[51]。6.5wt%Si‑Fe 合金磁粉芯的典型性能是 $B_s = 1.6$ T，居里温度 700℃，直流叠加磁场为 7 958 A/m 时磁导率跌落至 75%（对于磁导率为 60 的磁粉芯测得），在 1 kHz 和 50mT 时的损耗是 380 mW/cm$^3$。

**(5) 非晶合金磁粉芯**

20 世纪 80 年代，随着开关电源的小型化、低噪声、高效、廉价、高可靠性发展，开关电源的频率呈现从原先的 20 kHz 提高到 500 kHz 的趋势，因此，与这种发展相关的各种功率变压器、饱和扼流圈、饱和电抗器、滤波器的需求量大幅上升。1984 年，Raybould 和 Hasagawa[52] 利用 Metglas 2605 S3（$Fe_{78}B_{16}Si_5$）合金的非晶态粉末，压制成非晶磁粉芯，发现在频率 10 kHz、磁感应强度 0.1 T 的情况下，磁导率 $\mu = 30$；如采用交变压制成型，磁导率可提高到 $\mu = 60$。同时，Hasagawa 等人[53] 还制备了 Fe 基、FeNi 基和 Co 基非晶磁粉芯，研究了不同粉末粒度、不同绝缘剂（MgO、$SiO_2$）和磁致伸缩对磁性能的影响。相应非晶合金的成分是 $Fe_{78}B_{13}Si_9$、$Fe_{40}Ni_{38}Mo_4B_{18}$ 和 $Co_{72.2}Fe_{5.8}Mo_2B_{15}Si_5$，它们的饱和磁致伸缩系数分别为 $30 \times 10^{-6}$、$9 \times 10^{-6}$、$0.5 \times 10^{-6}$。发现磁致伸缩接近于零的 Co 基非晶磁粉芯在 $f = 5$ kHz 和 $B_m = 0.2$ T 下的磁导率高达 1 600，损耗只有 12 W/kg，几乎和 NiZn 铁氧体相当，但从 $\mu$-$f$ 曲线和磁滞回线看，尚不是恒磁导的。从 20 世纪 80 年代以来，国内陆续开展了对非晶合金和纳米晶合金磁粉芯的研究并取得了一批重要的成果。1989 年，姚中等人[54] 在国内研究了 FeNi 基合金磁粉芯，成分为 $Fe_{47}Ni_{29}V_2Si_8B_{14}$。他们用熔体快淬法制得厚度为 0.025~0.03 mm 的薄带，经球磨、中退火制得磁粉芯。发现在氮气中退火的磁粉芯,其 $Q$ 值基本不变,而在氢气中退火,则磁粉芯的 $Q$ 值变化急剧,这可能与样品内的绝缘层变薄或破裂有关。这种非晶磁粉芯电感量随频率的变化关系在 1 kHz～1 MHz 范围内,电感的相对变化率为 $\Delta L/L=0.77\%$,在 100 kHz 时的 $Q=88.6$,比 MPP 磁粉芯高 8 倍,可见高频损耗特别低。磁导率 $\mu=40\sim70$,宽恒导区可达 7 960 A/m,已接近国外同类产品技术,被实际应用于光通信的光端机高频扼流圈和 100 kHz 开关电源抗干扰滤波器中。

唐书环等人[55]利用熔体快淬法制取了 Fe 基（$Fe_{78}Si_9B_{13}$）非晶带材,随后研究了直接球磨法和球磨气流复合破碎法对磁粉形貌的影响。发现直接球磨法制得的非晶粉末呈片状,存在大量锋利尖角;大颗粒粉末存在长条形和类三角形粉末,小颗粒粉末则为类四方形。球磨气流复合破碎法的粉末颗粒边缘较圆滑,粉末长条和尖角现象减小,多数接近圆片形。非晶粉末经磷化液处理 1 小时,再加入 4% 绝缘剂和 2% 粘结剂进行包覆处理,在 18 T/cm$^2$ 压强下压制成环状,最后在 420℃ 热处理 1 小时。图 2.2.35 比较了磁导率为 60 的这种非晶态合金磁粉芯（AMP）和美国一家公司的产品 MPP、HF、Sendust 磁粉芯的性能。可以看到,在 2 MHz 频率范围内,非晶磁粉芯的频率特性和 MPP、Sendust 磁粉芯相当,但优于 HF 磁粉芯;当频率上升到 1 MHz,非晶磁粉芯的磁导率衰减约为 98%,而 HF 磁粉芯下降得更多些（下降到 91.15%）。AMP 的磁导率随温度的变化范围在 ±0.05% 以内,直流叠加性能优于 MPP、Sendust 磁粉芯;AMP 在 100 kHz,$B_m=0.1$ T 时的损耗,与 HF、Sendust 相当。可见非晶磁粉芯是性能良好的新型磁粉芯材料。

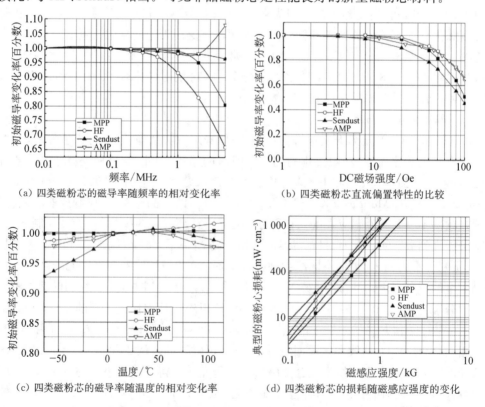

（a）四类磁粉芯的磁导率随频率的相对变化率    （b）四类磁粉芯直流偏置特性的比较

（c）四类磁粉芯的磁导率随温度的相对变化率    （d）四类磁粉芯的损耗随磁感应强度的变化

**图 2.2.35　磁导率为 60 的非晶合金磁粉芯 AMP 和其他磁粉芯的磁性能比较**[55]

1999 年,日本 Endo 等人[56]采用回旋水流喷雾(SWAP = Spinning Water Atomization Process)工艺制备 Fe 基磁粉成功。非晶合金的成分是 $(Fe_{0.97}Cr_{0.03})_{76}(Si_{0.5}B_{0.5})_{22}C_2$,其磁粉芯具有高频低损耗和高磁感应强度,已被广泛用于制作各种开关电源扼流圈。制粉装置示意图如图 2.2.36 所示[57]。它的制粉原理是依靠高速回旋水流将合金熔滴快速淬冷,形成非晶粉末。据报道,除了回旋水流外还有雾化气作用于粉末。当水压被控制在 5.0～17.5 MPa 时,所制得的粉末呈非晶态;当水压等于 17.5 MPa 时,熔滴的冷却速率高达 $10^6$ ℃/s,冷却速率越高,所获得的非晶粉末的粒径越小。利用振动筛,将非晶粉末分成 150 $\mu m$ 和 45 $\mu m$ 两级,经 1‰(体积比)磷酸溶液包覆处理,和树脂粘结剂以及润滑剂均匀混合,在 2 GPa 压强下压制成型,最后在 385～435℃退火 15 分钟。经试验,成分为 $Fe_{81}(Si_{0.3}B_{0.7})_{17}C_2$ 非晶磁粉,$B_s = 1.61$ T,$H_c \sim$ 45 A/m,这种磁粉更适合于制作磁粉芯。经 415℃退

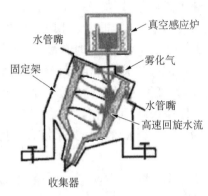

图 2.2.36　回旋水流雾化
装置示意图[56]

（真空感应炉、水管嘴、固定架、雾化气、水管嘴、高速回旋水流、收集器）

火粉末粒度为 150 $\mu m$ 的磁粉芯,频率 $f \leqslant 1$ MHz 时,$\mu' = 80$;粒度为 150 $\mu m$ 的磁粉芯,频率 $f \leqslant 1$ MHz 时,$\mu' = 80$;粒度为 245 $\mu m$ 的磁粉芯,频率 $f \leqslant 10$ MHz 时,$\mu' = 60$;粒度为 345 $\mu m$ 的磁粉芯,在 100 kHz 和 $B_m = 0.1$ T 下的总损耗为 450 $mW/cm^3$。Yagi 等人[58]利用同一装置制取成分为 $(Fe_{0.97}Cr_{0.03})_{76}(Si_{0.5}B_{0.5})_{22}C_2$ 非晶粉末,颗粒直径小于 150 $\mu m$,随后混入低熔点磷酸盐玻璃作粘结剂,用热压法制备磁粉芯。热压的条件是压强为 1.0～1.5 GPa、温度控制在 683～735 K,热压气氛是氩气＋5‰氢气,最后压成外径 30 mm 的环形试样。经测试,在 713～753 K 热压 30 分钟后所得试样的损耗虽然随着热压温度的升高也有少许增大的趋势,但是损耗值仍低于 Sendust 磁粉芯。$B_m = 0.1$ T、频率为 10 和 100 kHz 时的损耗值分别为 25 $kW/m^3$ 和 660$kW/m^3$,与 Sendust 磁粉芯比较,前者低 34‰,后者低 20‰。初始磁导率在高达 1 MHz 时均有90～110。

此外,日本 Yoshida 等人[59]研究了玻璃形成能力强的 Fe 基非晶合金磁粉芯,磁粉成分是 $Fe_{70}Al_6Ga_2P_{9.65}C_{6.75}B_{4.6}Si_3$。这种磁粉芯从低频直至 10 MHz 均有恒定的磁导率 110,同时和其他商用磁粉芯相比,它有最低的损耗值,在 $B_m = 0.1$ T、$f = 100$ kHz 下测得的损耗值为 610 $kW/m^3$。可以应用于驱动型磁性元件,如扼流圈、电抗器中。

**(6) 纳米晶合金磁粉芯**

纳米晶软磁合金是一类软磁性能优异的材料,具有饱和磁感应强度高、磁导率高、稳定性好的特点,而且,合金经一定温度下热处理后被部分晶化,材质变脆,容易被加工成磁粉,适合制作磁粉芯。制作磁粉芯时,大多采用 FeCuNbSiB 系磁粉,其中的 Nb 也可以用 Mo、W、Ta 替代,其次,也可采用 FeMB 系(M＝Zr、HF、Ta)纳米晶合金。2000 年,张甫飞等人[60]利用单辊法制取 FeCuNbSiB 薄带,在一定温度下进行脆化处理,粉碎加工成非晶粉末,再加入粘结剂和绝缘剂,均匀混合并压制成型,最后在 550℃实施微晶化处理,从而获得纳米晶结构。经测试,发现这种磁粉芯在 1 kHz～1 MHz 的频率范围和－55～150℃温度范围内,电感量几乎不变,开发出有效磁导率为 35/50/70/90 四个品种的产品,

实际应用于各类开关电源、UPS 电源和 PFC 技术中的滤波电感器储能电感器和扼流圈等。

Kim 等人[61]将 $Fe_{73.5}Cu_1Nb_3Si_{13.5}B_9$ 熔体快淬薄带在 550℃ 真空退火 1 小时,经球磨获得磁粉,选择粒径较大的粉末（300～850 $\mu m$）与 5wt% 粘结剂混合制成磁粉芯,最后在氮气中于 400℃ 退火 1 小时。当频率达到 800 kHz 时,磁导率仍可维持在 100 左右,$f=$ 50 kHz、$B_m=0.1$ T 时有最大 $Q=31$,损耗为 320 $mW/cm^3$。

Kim 等人[62]利用化学镀膜工艺在纳米晶合金磁粉表面镀上一层 Cu 膜,然后加热使 Cu 膜氧化,形成氧化铜层。通过控制电镀时间可以控制氧化铜层的厚度,而氧化铜层的电阻率极高,可以在导电的纳米晶粉末颗粒之间有效地阻断涡流,从而改善纳米晶合金磁粉芯的高频磁性能。如果没有氧化铜层,纳米晶合金磁粉在 50 kHz、$B_m=0.1$ T 时的铁损为 1 370 $mW/cm^3$,当纳米晶合金粉末颗粒表面包覆厚度为 0.25 $\mu m$ 的氧化铜层后,铁损降至 520 $mW/cm^3$,因而,氧化铜层的存在虽然降低了磁导率,却可以改善磁性的频率依赖性。

总的来说,同用带材绕制而成的纳米晶磁芯相比,目前的纳米晶磁粉芯的磁导率不算高,而且产品的软磁性能也尚不稳定。有一些工艺难题仍有待解决,例如如何控制热处理工艺以有效控制纳米晶粒的长大、提高产品性能的一致性、严格把关各个工序以提高磁导率等。

### 2. 影响金属磁粉芯磁性能的主要因素[47,48,56,57]

金属磁粉芯生产的一般工艺流程如下:合金冶炼→制粉→粉粒筛分→粉末预处理→配料→绝缘包覆→压制成型→热处理→性能检测→浸溶→干燥→涂覆→验收→包装入库[47]。

#### (1) 制粉

粉末颗粒的形态对磁粉芯的性能有很大影响。目前制取磁粉的方法主要有四种:气雾化法、水雾化法、破碎球磨法和球磨气流复合破碎法。以制备 FeSiAl 合金磁粉为例,用气雾化法得到的磁粉呈球形,颗粒表面光滑,容易做到均匀包覆,制得的磁粉芯 $Q$ 值较高,但因压型时颗粒间为点接触,有效退磁因子大,所以 $\mu$ 值较低。用水雾化和球磨法制取的磁粉,形状呈不规则状,表面凹凸不平,棱角分明,绝缘剂包覆不易,造成制得的磁粉芯 $Q$ 值较低;但形状不规则的磁粉成型时易压制,生坯密度较高,$\mu$ 值较高[56,63]。日本采用的回旋水流雾化装置制备的磁粉形态处于单纯的水雾化和气雾化粉末之间,综合性能优于后两种方法。球磨气流复合破碎法的粉末颗粒边缘较圆滑,粉末长条和尖角现象减小,多数接近圆片形,有利于磁性能的提高[63]。张瑞标等[51]也研究了气雾化制粉、水雾化制粉和机械破碎制粉对铁硅铝合金磁粉芯性能的影响。用机械破碎粉做成的磁粉芯有最高的 $\mu$、$Q$ 值,水雾化粉的铁芯的磁导率高于气雾化粉铁粉心,但 $Q$ 低于气雾化粉铁粉心。

不同粒径的粉末对磁粉芯的 $\mu$ 和 $Q$ 的影响是不同的。粒径越大,磁化过程通过畴壁位移进行,$\mu$ 较高,但因涡流损耗和磁性粉末粒径的平方成正比,损耗上升,造成 $Q$ 值减小。在制备磁粉芯时,要合理调整颗粒度的分布,才能保证合格的磁性能。

Taghvaei 等人[64]曾研究了铁粉芯中铁粉的平均颗粒尺寸和成型压力对磁性能的影响。他们研究比较了平均颗粒尺寸分别为 $150~\mu m$ 和 $10~\mu m$ 的两种磁粉制成铁粉芯后所测定的磁导率实部 $\mu'$ 随频率的变化关系，发现在大约 300 kHz 以下，平均颗粒尺寸为 $150~\mu m$ 的磁粉芯有较高的 $\mu'$ 值，而当频率高于 300 kHz 后，则是平均颗粒尺寸为 $10~\mu m$ 的磁粉芯的 $\mu'$ 值高，工作频率高和磁导率虚部 $\mu''$ 低（损耗小）。另外，研究表明，在10 kHz 频率下，使用平均颗粒尺寸 $150~\mu m$ 磁粉和成型压强为 800 MPa 所制成的磁粉芯，粘结剂酚醛树脂含量为 0.7wt% 时有最大的磁导率 $\mu'$ 和最小的损耗因子。

磁粉在制作磁粉芯前，有时需要进行预处理。将磁粉置于真空中或氢气中退火，有利于去除颗粒表面的氧化层等杂质，使磁粉的纯度提高。

在制备磁粉芯时，要在磁粉中根据需要添加各种添加剂，如钝化剂（铬酸、磷酸）、绝缘剂（云母、磷酸玻璃、滑石、$B_2O_3$、$Al_2O_3$ 等氧化物）、粘结剂（硅酮树脂、环氧树脂、酚醛树脂等有机物或 MgO、磷酸＋$Sr^{2+}$ 无机物）、偶联剂（如硅烷、正硅酸乙酯等）和润滑剂（硬脂酸锌、硬脂酸钙）等。各种添加剂的总量要控制，一般占磁粉混合物的 $1\sim6$wt%。绝缘剂和粘结剂的作用常常是类似的，包覆磁粉后，能起到隔绝涡流、降低磁粉芯涡流损耗的作用。偶联剂的加入，有利于不同添加剂之间或磁粉与添加剂之间的牢固结合。润滑剂主要是改善压制成型时产品的质量。对于这些添加剂，并不是每种磁粉芯都要全部添加，主要根据产品质量需要和成本等因素决定。一般，在生产过程中，制取磁粉后，放入磷酸溶液或铬酸溶液进行钝化，磁粉颗粒表面形成磷酸盐或铬酸盐钝化膜；随后，放入偶联剂和丙酮溶液，搅拌、干燥；再在粉体中放入绝缘剂、粘结剂和丙酮溶液，搅拌，置于真空干燥箱中加温干燥，最后拌入润滑剂，便可进入成型工序。

**(2) 绝缘包覆**

绝缘包覆是磁粉芯制备过程中的一道重要工序，一方面是使用绝缘剂将磁性粉末隔离开以提高磁粉芯的电阻率和降低损耗，另一方面则是在粉末压制成型过程中或在随后的热处理过程中使粉末颗粒粘合在一起以提高压实密度和机械强度。但是，由于绝缘剂的添加也会导致磁导率的下降，为此，必须严格控制其含量。通常，所使用的绝缘剂（和粘结剂）主要有两大类：无机绝缘剂和有机绝缘剂。常用的无机绝缘剂有云母、滑石、石英、磷酸玻璃、高岭土、MgO、$B_2O_3$、$TiO_2$ 等各种氧化物。有机绝缘剂又可分为两类：一类是热固型有机物，如硅酮树脂、环氧树脂、聚酰胺树脂等；另一类是热塑型有机物，如尼龙、聚丙烯、聚乙烯等。后者因为熔点低，无法对磁粉芯进行热处理，不宜用作磁粉芯的包覆剂。热固型有机物都是非磁性物质。磁粉芯磁性能的好坏与这些绝缘剂（和粘结剂）含量关系密切。绝缘剂加入量过多，磁粉芯中非磁性物质所占体积增大，有效磁导率便会下降，但因电阻率高，粉粒之间的涡流被有效隔绝，损耗下降，品质因素 $Q$ 增大；反之，绝缘剂加入量过少，有效磁导率增大，$Q$ 有可能减小。因此，绝缘剂（粘结剂）的加入量要调整好。

对绝缘剂的研究是确保磁粉芯质量提高的前提。因此，开发新的绝缘剂是研制高磁性能磁粉芯的关键。怎样获得高密度磁粉芯，以提高磁粉芯的磁导率和高磁通密度以及降低铁损是个重要的研究课题[65,66]。在高密度铁粉心研制方面，日本丰田中央研究所田岛伸等人[67]研究了磷酸盐包覆剂中分别添加 $Mg^{2+}$、$Y^{3+}$ 和 $Sr^{2+}$ 离子对磁粉芯性能的影响。发现用 Sr－B－P－O 磷酸盐绝缘膜包覆铁粉后,铁粉心的电阻率显著增大,并使磷酸盐玻璃相稳定性获得改善,转变温度和耐热性提高[67,68]。如将包覆 Sr－B－P－O 磷酸盐绝缘膜的铁粉在 $NH_3$、$H_2$、Ar 气等组成的混合还原气氛中于 $200\sim400℃$ 退火 $0.5\sim1$ 小时,还可以进一步提高绝缘膜的耐热性。另外,还可通过制备过程中加入含 $0.05wt\%$ 的含氮苯类有机溶液(如苯并三唑、苯并恶唑、乙二胺四乙酸 EDTA 等),可以把 N 掺入绝缘膜。粉体经 1 176 MPa 压强下于 150℃ 热压成型,最后在氮气氛中退火 0.5 小时,铁粉心的磁性能为 $B(H=10\ kA/m)=1.7\ T$,电阻率 $\rho=200\ \mu\Omega\cdot m$,400 Hz 和 1 T 时的总损耗为 340 $mW/cm^3$,密度高达 $7.7\times10^3\ kg/m^3$,抗弯强度 110 MPa。

日本中山亮治等人[69]开发了新型 MgO 绝缘剂。他们采用市售水雾化铁粉,先将铁粉表面层在空气中氧化,再混入 $0.05\sim0.3wt\%$ Mg 粉,于真空中 450℃ 以上让 Mg 蒸发,形成 MgO 绝缘膜;加入含硅树脂和润滑剂等在 $780\sim1\ 180$ MPa 压强下加热到 150℃ 热压成型;最后在氮气中于 600℃ 退火。因为绝缘剂是 MgO,磁粉芯可以经受高温退火,以有效地提高产品密度、消除应力和降低磁滞损耗。磁粉芯的密度达 $7.66\times10^3\ kg/m^3$,最大磁导率为 390,$H_c$ 为 164 A/m,10 kA/m 磁场下的磁感应强度为 1.57 T,50 Hz 和 1.5 T 时的损耗为 7.2 W/kg。

日本住友公司岛田良幸等[70]开发了一种耐热绝缘树脂作为绝缘剂,磁粉和该绝缘剂混合后,在 $490\sim880$ MPa 压强下成型,并于 420℃ 氮气中退火 1 小时,再与在 275℃ 空气退火 1 小时的市售普通树脂作为绝缘剂的磁粉芯作对比测试,发现在 882 MPa 下成型的耐热树脂铁粉芯密度达到 $7.5\times10^3\ kg/m^3$,8 kA/m 磁场下的磁感应强度为 1.6 T,抗弯强度在 200℃ 时仍达 120 MPa,而普通树脂铁粉心的相应值为 $7.3\times10^3\ kg/m^3$、1.2 T 和 20 MPa。显然,铁粉芯的质量有了很大提高。此外,住友公司还开发了由磷酸盐玻璃层和耐热树脂层组成的双层绝缘膜包覆工艺,并制定了第二代 FMCM 铁粉心的研制目标,希望能将铁粉心的损耗降低到 2.26 W/kg (50 Hz 时)和 68 W/kg (1 kHz 时),从而取代 0.35 mm 厚硅钢片,用于制作中低频电机。表 2.2.14 中比较了上述三类绝缘剂包覆的磁粉芯性能[65]。

表 2.2.14　日本新开发的绝缘剂对铁粉芯综合性能的影响[65]

| 绝缘剂 | $D$ (g/cm³) | $H_c$ (A/m) | $\mu_{max}$ | $B_m$(T) (10 kA/m) | $\rho$ ($\mu\Omega\cdot m$) | TRS** (MPa) | 铁损(W/kg) $B_m=1.5\ T$ $f=50\ Hz$ | 铁损(W/kg) $B_m=1.0\ T$ $f=400\ Hz$ |
|---|---|---|---|---|---|---|---|---|
| MgO | 7.66 | 164 | 390 | 1.57 | 21 | 84 | 7.2 | 39 |
| 耐热树脂 | 7.5 | | | 1.5* | 15 | 140 | 5.08♦ | |
| SrPBO | 7.7 | 300 | 610 | 1.71 | 100 | 110 | — | 44 |

注：$D$ 为密度；$H_c$ 为矫顽力；$\mu_{max}$ 为最大磁导率；$B_m$ 为磁场强度为 10 kA/m 时的磁感应强度；* 是 8 kA/m 时的磁感应强度；$\rho$ 为电阻率；TRS** 为室温抗弯强度；♦ 是 1 T、50 Hz 的铁损。

近年来,少数研究者研究了磁性绝缘剂对铁粉芯材料性能的影响。Gheisari 等人[71]报道了由铁粉和镍锌铁氧体组成的软磁复合物的磁性能。铁粉的平均颗粒尺寸为 150 $\mu m$,成分为 $Ni_{0.64}Zn_{0.36}Fe_2O_4$ 的镍锌铁氧体经 1 100℃ 预烧和球磨得到平均颗粒尺寸小于 5 $\mu$m,将重量百分比分别为 2％、7％、10％、15％、20％的镍锌铁氧体粉末和铁粉在丙酮中搅拌、混合、干燥,最后冷压成型,于 900℃烧结 1 小时,发现复合物的磁损耗较纯铁粉要低,而且复合物的磁损耗和所含镍锌铁氧体的重量百分比成反比,显然铁氧体相对复合物的低损耗也有贡献。

**（3）成型**

成型压强的选择:成型压强过小,坯件密度不高;通常,磁粉芯的密度随着压强的增大逐渐升高,但成型压强过大,坯件内磁粉的绝缘包覆层会遭到破坏,或者导致磁粉芯内部应力和新的缺陷产生,从而导致总损耗升高。

温压技术和模壁润滑剂:丰田中央研究所在压制成型时温压技术,即成型时模具和粉末被加热到 150℃,同时施加 1 176 MPa 压强将包覆 MgO 绝缘剂的磁粉芯成型,这种方法被命名为"WC‐DWL"(the warm compaction using the die wall lubrication),利用模壁润滑温压技术[72,73],润滑剂用的是硬脂酸锂。成型时,模具上涂抹润滑剂,可以改善因模具沾料或卡壳造成的坯件缺陷以及避免因直接将润滑剂掺入磁粉中所造成的磁性能下降,并可使坯件密度明显提高。

**（4）最后热处理**

磁粉芯最后进行退火热处理的目的是消除在粉末球磨或压制过程中产生的晶体缺陷和内应力,以降低矫顽力和磁滞损耗。首先,选择合适的热处理温度,一般情况下采用有机绝缘剂包覆的铁粉心热处理温度不能太高,而无机绝缘剂包覆的铁粉心热处理时可选择较高的温度。其次,热处理气氛要合理,一般文献中提及的气氛有氮气、氢气和氩气等,以氮气热处理使用最多。李庆达等人[74,75]利用模压成型制备复合磁粉芯,研究热处理条件及绝缘包覆处理对复合磁粉芯磁性能的影响。结果表明,压制后的退火处理能有效提高 FeSiAl 磁粉芯的磁性能。提高退火温度能提高有效磁导率和降低磁滞损耗,但是,过高的退火温度(高于 660℃)会恶化粉末颗粒之间的绝缘层,降低磁性能。最佳退火温度为 660℃,有效磁导率可达峰值 127。磁场退火处理是降低磁粉芯损耗的有效方法。增加绝缘剂的添加量可以有效降低 Fe‐Si‐Al 磁粉芯的涡流损耗,也会产生恶化复数磁导率实数部分的负面影响,最佳绝缘剂的添加量为 0.7％(质量分数)。

## 2.2.7　非晶态软磁合金

### 1.概述

非晶态合金指的是内部原子排列不存在长程有序的金属和合金,通常也称为玻璃态合金或金属玻璃。

非晶态合金的研究历史可以追溯到 1934 年,当年 Kramer[76]宣称用蒸气沉积法制得了非晶合金,并发表了第一篇报道。随后在 1950 年,Brenner 等人[77]采用电解法制得了 Ni‐P 非晶态合金,并在对这种含磷量较高的非磁性合金进行 X 射线散射研究时,首次观察到唯一的扩散宽峰。1960 年,Duwez 等人[78]发明了喷枪法,即用高压氩气流,将一小滴熔化的 Au‐Si 合金熔液迅速喷射到铜质滑道上,通过急冷制得了非晶态合金,并开始研究了这些厚度很不均匀的小片材料的结构和物理性能。这是人们第一次直接用熔体快淬法制取非晶态合金的尝试。不过当时的出发点只是为了提高组成合金各组元之间的溶解度。同年,苏联的 Gubanov[79] 从理论上预言了铁磁性交换作用与晶体中的晶格结构并没有必然的联系,指出非晶态材料中同样可能出现铁磁性。遗憾的是,这样一种正确的观点在之后的较长时间内由于其和传统观念不符而一再受到质疑。1967 年,Duwez 和 Lin[80] 成功制成了第一种铁基软磁非晶态合金。1969 年,Pond 和 Maddin[81] 发展了一种可以连续制取非晶长带的工艺,激起了人们探索大规模生产非晶软磁带材方法的积极性,促使在制造非晶态薄带的关键工艺上取得了突破。人们开始采用类似制取晶态合金薄带的设备,将合金熔液迅速喷射到两个互相靠近而又相向飞速旋转的轧辊之间,制得了均匀性很好的薄带材料。后来,又只用一个飞速旋转的辊轮,通过将合金熔液迅速喷射到该辊轮的轮面上,使其从熔液急冷下来,同样也获得了厚度约为 30 $\mu$m、宽几毫米和长为数十米的非晶态薄带。大规模生产非晶合金带材的工艺方法的实现,为深入开展非晶态合金的磁性和其他物理性能的研究创造了条件。今天,关于非晶态磁性合金的研究工作已遍及世界各地,各种成分的过渡金属-类金属非晶态磁性合金带材已作为商品出售。此外,用各种物理、化学方法制备的非晶态合金薄膜不断涌现。非晶态磁性合金,作为一种新型的磁性材料,正在得到越来越广泛的应用。

和许多晶态合金相比,非晶态合金具有很多优点。在机械性能方面,许多非晶态合金有很高的机械强度和硬度,同时又有良好的韧性。例如,非晶态 $Fe_{80}B_{20}$ 合金的断裂强度高达 370 $kg/mm^2$,是一般结构钢的 7 倍。许多铁基非晶态磁性合金的维氏硬度高达 600～1 100,已达到高硬度工具钢的水平;用熔体快淬法制备的许多非晶态合金,可以经受压下率为 50% 的冷轧,或者将其薄带反复弯折 180°,弯折处也不会断裂。在耐腐蚀性能方面,由于非晶态合金不存在晶界等缺陷,内部组织较为均匀,加上许多合金成分中所包含的类金属元素,有利于形成致密的钝化薄膜,因此,许多铁基非晶态合金的抗腐蚀能力远好于晶态合金钢。在电磁性能方面,非晶态合金的电阻率比纯铁和镍铁等晶态合金要高 3～4 倍,这样就有利于进一步降低材料在交流应用时的涡流损耗;许多铁基和钴基非晶态合金都具有优异的软磁性能,完全可以和晶态的 Si - Fe 合金和 Ni - Fe 合金相媲美。

目前,在技术上得到重要应用的非晶态磁性合金主要有三大类,即过渡金属-类金属合金、稀土-过渡族合金和过渡金属-过渡金属合金。过渡金属-类金属非晶态合金主要由大约 80%(原子)的铁、钴或镍和 20% 的类金属元素,如硼、碳、硅、磷等所组成,在室温下具有很强的铁磁性,应用时多以薄带形式出现。稀土-过渡族非晶态合金主要由稀土元素钆、铽、镝等和过渡金属钴、铁、镍所组成,室温下呈亚铁磁性,应用时多以薄膜形式出现。过渡金属-过渡金属合金,如铁-锆合金、钴-锆合金等二元合金,往往磁性较弱,有的合金的居里温度甚至在室温以下,但是,如果添加硼一类的第三种元素后,就可以大大扩展非晶态的形成范围,而且会显示强铁磁性,这时合金表现出来的磁性和过渡金属-类金属合金很相似。

非晶态合金在使用过程中的稳定性一直是人们十分关心的课题。非晶态从本质上来说是一种亚稳态,因此当温度升高时,它有着向更稳定的晶态发生转变的自发倾向。一般说来,这种转变过程可以分为两个阶段:第一阶段是在较低温度下出现的结构弛豫过程,这时非晶态合金内部的原子分布有所调整,但仍维持长程无序的特点。随着弛豫过程的进行,合金的磁性、机械性能和其他物理性能等也会随之出现变化;第二阶段是在较高温度下发生的晶化过程,这时非晶态将向晶态转变。通常把非晶态开始向晶态转变的温度称为晶化温度。对于目前实际使用的过渡金属-类金属非晶态合金来说,晶化温度一般在300~500℃左右。当合金从非晶态转变为晶态后,原来在非晶态时所拥有的优异软磁性能将全面恶化。因此,对非晶态软磁合金而言,在使用过程中避免发生晶化十分重要。幸好,人们研究发现,晶化温度在300~500℃之间的非晶态合金,在室温附近应用时发生晶化的可能性极小,例如,人们曾经根据 $Fe_{80}B_{20}$ 非晶态合金的晶化激活能推算出它在200℃时的使用寿命可达25年;另外,有人曾用 Co-Fe-Si-B 非晶合金制造的开关整流电源在 100 kHz 频率下进行时效试验,发现在120℃连续工作10 000 小时后,特性并无变化。这些都说明非晶态合金的稳定性还是有一定保障的。

### 2. 玻璃态的形成及其能力的判据

为了形成非晶态,合金熔液必须从熔融液态快速冷却到固态,冷却速度必须足够高,并要大于临界值 $10^5 K/s$,从而使得原子的分布被冻结在液体状态,避免成核和晶化。和形成非晶态对应的特征温度是玻璃转变温度 $T_g$。当熔液冷却到温度低于 $T_g$ 时,过冷的液态不可能达到热力学平衡态,于是就被固化为一种玻璃态,随着冷却速率的增大,玻璃被冻结为短程序不同的状态。

非晶态是一种亚稳状态。将非晶态材料加热到晶化温度 $T_x$ 以上,原子的迁移能力恢复,玻璃态会转变成晶态。不同的合金系统,晶化温度可能稍高于或者稍低于 $T_g$。和非晶态相比,同一种材料晶化后的物理性能会有很大的不同,例如,对于软磁合金,晶化后矫顽力可能增大几个数量级。实验上,$T_g$ 和 $T_x$ 可以采用动态扫描差示量热法(DSC)测定,典型的加热速率是 10 K/min。

### 3. 非晶态合金的制造方法

如上所述,制备非晶态薄带的方法主要是单辊法和双辊法。图2.2.37示出了轧辊法制取非晶态带材的基本原理。依靠氩气流将熔液直接喷射到铜质辊轮表面上,使加热熔化的合金熔液和辊轮表面的金属基体实现良好的热接触,从而使熔液以非常高的冷却速度冷却以至于来不及结晶而从液态转变为固态。一般,这一方法可以使熔液以大于 $10^6 ℃/s$ 的冷却速度冷却,局部冷却速度甚至可高达 $10^{10} ℃/s$,因此可以有效地抑制原子扩散从而使合金保持非晶态。由图可见,双辊法是利用两个互相靠近而又相向飞速旋转的金属轧辊,当合金熔液流在高压氩气流的冲击下,从上部喷射到两辊之间时就可以迅速被轧制成薄带。轧辊转速可在 100~5 000 r/min 之间调节。通过改变转速和两辊间距,可以制取厚度在一定范围内可变的非晶合金薄带。单辊法只使用一个金属轧辊。当合金熔液从石英管中喷射到飞速旋转的辊轮表面时,由于离心力的作用,那些经急冷形成的非晶态薄带会脱离辊轮表面而甩出。用单辊法制得的非晶薄带厚度一般为 15~30 $\mu m$,但也可制备厚度只有 5~10 $\mu m$ 的薄带。用双辊法则可制得厚度为 100 $\mu m$ 的非晶态薄带。

非晶态薄带的宽度由石英管的喷口决定,一般可在 1~100 mm 之间调节。轧辊法制备非晶态薄带的最大优点是效率高,例如,有可能在一小时内制取宽度为 50 mm、重量达 1 吨的非晶带材。

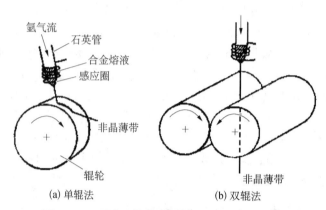

图 2.2.37　用合金熔液轧辊快淬法制备非晶薄带

非晶态合金薄膜的制备方法很多,例如,蒸发法、溅射法、电解沉积法和化学沉积法等都是经常采用的工艺。

### 4. 过渡金属-类金属非晶态合金薄带的磁性[82]

**(1) 饱和磁化强度**

大多数具有实用价值的过渡金属-类金属非晶态磁性合金是由 Fe、Co、Ni 等过渡金属和原子百分比为 20% 左右的 B、Si 等类金属元素组成。它们的饱和磁化强度主要来自过渡金属原子的磁矩。大量实验表明,在这一类合金中,每个 Fe 原子的平均磁矩约为 $2\,\mu_B$,每个 Co 原子的磁矩约为 $1.1\,\mu_B$,而每个 Ni 原子的平均磁矩则几乎为零。这些平均磁矩值比它们出现在晶态合金时的相应值要小,例如在铁、钴、镍三种晶态金属中,每个原子的磁矩依次为 $2.2\mu_B$、$1.7\mu_B$、$0.6\mu_B$。造成这种结果的主要原因和非晶态合金中含有类金属元素有关。因此,过渡金属-类金属非晶态合金的饱和磁化强度,或饱和磁感应强度一般都低于纯铁和 3% Si‒Fe 合金,而且随着类金属含量的增大而减小(如图 2.2.38)。

图 2.2.39 示出了成分为 $(Fe,Co,Ni)_{78}Si_8B_{14}$ 的非晶态合金的室温饱和磁感应强度随 Fe、Co、Ni 含量的变化(虚线)。由图中看出,靠近 Fe 角的非晶态合金具有较高的饱和磁感应强度,它们有可能成为高磁感材料。

**(2) 居里温度**

过渡金属-类金属非晶态合金的居里温度 $T_c$ 依赖于合金成分。一般情况下,钴基和铁镍基非晶态合金的居里温度随合金中的类金属含量的增加而降低。但当铁含量大于 80at% 以后,铁镍基非晶态合金的居里温度变化较小,有的甚至略有下降。

图 2.2.39 中同时示出了 $(Fe,Co,Ni)_{78}Si_8B_{14}$ 的居里温度随过渡金属含量的变化(实线),可以看到,非晶态合金的居里温度随着含 Ni 量的减小而上升,并以铁钴基的居里温度为最高。

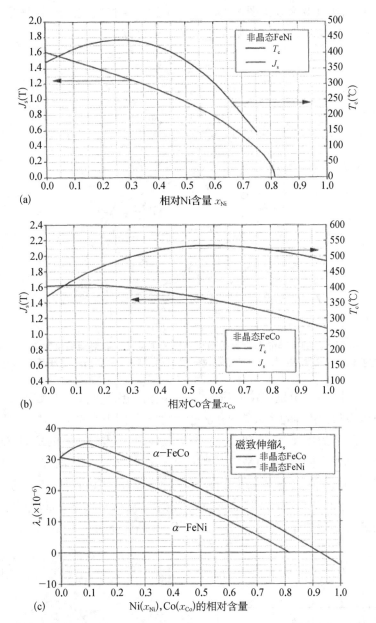

图 2.2.38　FeNi 和 FeCo 非晶态合金的基本磁性能。（a）非晶态 $(Fe_{1-x}Ni_x)_{80}B_{20}$ 合金中饱和磁极化强度 $J_s$、居里温度 $T_c$ 对 Ni 含量的依赖性；（b）非晶态 $(Fe_{1-x}Co_x)_{80}B_{20}$ 合金中饱和磁极化强度 $J_s$、居里温度 $T_c$ 对 Co 含量的依赖性；（c）非晶态 $(Fe_{1-x}Ni_x)_{80}B_{20}$ 或 $(Fe_{1-x}Co_x)_{80}B_{20}$ 合金的磁致伸缩系数对 Co 和 Ni 含量的依赖性

### （3）磁致伸缩

实验发现，铁基非晶态合金的饱和磁致伸缩系数 $\lambda_s$ 一般都较高，且为正值。用 Ni 置换 Fe 时，$\lambda_s$ 值下降，但由于 Ni 含量较高时，饱和磁感应强度 $B_s$ 和居里温度 $T_c$ 下降过多，因此不适宜再用作磁性材料。钴基非晶态合金的 $\lambda_s$ 一般为负值，通过添加 Fe、Mn、

Ti、Cr 等元素可以使其变为零。图 2.2.40 示出了这一替代效应。图中表明，$Co_{80}B_{20}$ 非晶态合金的 $\lambda_s \approx -4 \times 10^{-6}$，添加 5at% Fe 置换 Co，就可以使 $\lambda \approx 0$。

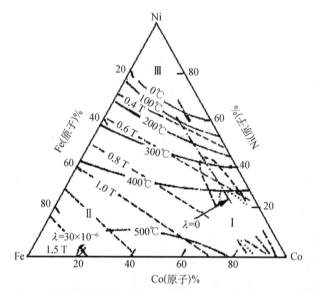

**图 2.2.39** (Fe, Co, Ni)$_{78}$Si$_8$B$_{14}$ 非晶态合金的饱和磁感应强度 $B_s$、磁致伸缩系数 $\lambda_s$、居里温度 $T_c$ 随成分的变化：Ⅰ. 高导磁材料；Ⅱ. 高磁致伸缩材料，高 $B_s$ 材料；Ⅲ. 低居里温度材料

图 2.2.41 和图 2.2.42 分别比较了 FeNi 基非晶态合金 $Ni_{80-x}Fe_xB_{20}$ 和 FeCo 基非晶态合金 $Fe_{80-x}Co_xB_{20}$ 饱和磁致伸缩系数 $\lambda_s$ 的成分依赖性。如图中实线所示，$Ni_{80-x}Fe_xB_{20}$ 非晶合金的 $\lambda_s$ 随着含 Fe 量的增大而连续地缓慢下降。这和图中虚线所示的多晶 Fe-Ni 合金的成分依赖性特点有所不同，其原因是晶态合金的 $\lambda_s$ 在 30% Ni 附近出现的明显下降是由晶体结构从体心立方转变为面心立方造成的。在图 2.2.42 中，可以看到，在大约 10% Co 时，$\lambda_s$ 有一极大值；在大于 90% Co 时，$\lambda_s$ 由正变负。比较图 2.2.41 和图 2.2.42，$\lambda_s$ 都会在某一过渡金属比例时出现零磁致伸缩，例如，在 $Ni_{80-x}Fe_xB_{20}$ 非晶合金中。

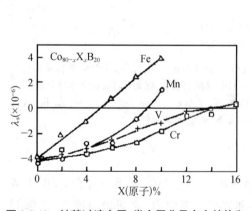

**图 2.2.40** 钴基过渡金属-类金属非晶合金的饱和磁致伸缩系数 $\lambda$ 随成分的变化

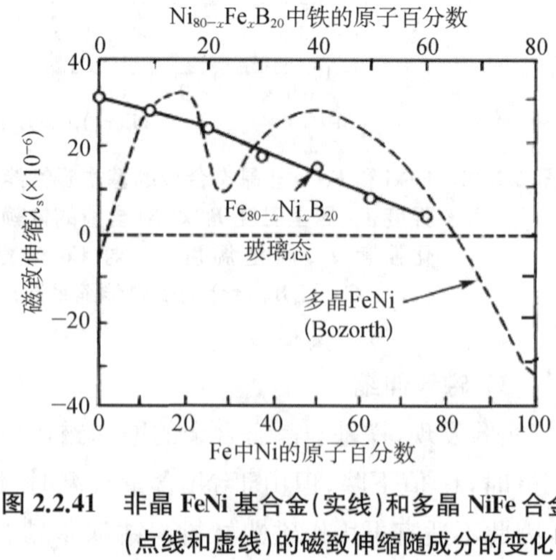

**图 2.2.41** 非晶 FeNi 基合金(实线)和多晶 NiFe 合金(点线和虚线)的磁致伸缩随成分的变化[83]

**(4) 磁各向异性**

由于非晶态合金在长程范围内原子排列是无序的,因此一般认为在物理特性上应该是各向同性的,也不应存在磁晶各向异性。这一观念曾经让人们坚信,非晶态合金一定能成为高磁导率材料,特别是对那些 $\lambda_s$ 趋于零的合金。结果表明,这一期待是正确的。如图 2.2.39 中成分位于区域 I 内的 $(Fe,Co,Ni)_{78}Si_8B_{14}$ 非晶态合金就属于这种情况。

但是,当人们深入研究非晶态合金磁性时,却发现许多非晶态磁性合金都具有磁各向异性。在许多用熔体快淬法制得的非晶态合金中,常常发现当磁化场大于合金矫顽力 1 000 倍时,合金仍未达到饱和磁化;磁畴观察也证实,非晶态合金中存在着明显的 180°磁畴或复杂的迷宫畴;合金的磁转矩曲线有着明显的两重对称性的特征。所有这些都说明非晶态合金存在着磁各向异性。它们是由制备条件、磁场冷却、冷轧和应力退火等因素造成的。

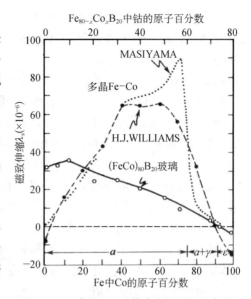

图 2.2.42 非晶 FeCo 基合金(实线)和多晶 FeCo 合金(点线和虚线)的磁致伸缩随成分的变化[83]

① 制备态各向异性:过渡金属-类金属非晶态合金在制备态下就具有的磁各向异性称为制备态各向异性。通常有两种情况需要区分。第一种是垂直各向异性,易磁化方向垂直于薄带表面,典型的磁畴结构呈迷宫畴。这种各向异性的产生与磁致伸缩-应力耦合效应有关。由于用熔体快淬法制造合金时,冷却速度很高,因此合金内部不可避免地有内应力存在。只要合金的 $\lambda_s$ 不为零,便可通过磁致伸缩-应力耦合效应造成磁各向异性。对 $\lambda_s>0$ 的铁基非晶态合金来说,迷宫畴出现的区域是张应力作用区,而对 $\lambda_s<0$ 的钴基非晶态合金,迷宫畴出现的区域则为压应力作用区。第二种制备态各向异性是平面内各向异性,易磁化方向位于薄带平面内。其起因机理尚不清楚。有人认为是由合金中具有很弱取向的微晶造成的;有人则认为来自制备过程中因为合金熔液靠近辊轮表面从而受到一种切应力作用导致原子对有序。

② 磁场感生各向异性:非晶态合金通过磁场冷却可以显示单轴各向异性,其各向异性常数值为 $10^2 \sim 10^4$ erg/cm³,这和晶态合金中的磁场感生高效液相常数属同一数量级。它的形成受热激活过程控制,各向异性常数随退火温度和退火时间而变,一般退火温度越高,越容易迅速达到饱和。实验发现,在过渡金属-类金属非晶态合金中,包含两种或两种以上金属元素的合金磁场感生各向异性比只含有一种金属元素的合金更容易产生。这种各向异性的出现一般认为是由于原子对的方向有序造成的。由于不同种类的原子对具有不同的赝偶极子-偶极子相互作用,因此在外磁场中对合金进行热处理时,合金中的原子对总是倾向于某种取向排列使系统的总磁能降至最低。当合金冷却到较低温度时,原子扩散被抑制,因而原子对的方向有序被冻结,合金便显示感生各向异性。一般情况下,各种金属-金属原子对有序对磁场感生各向异性的贡献比金属-类金属原子对

有序大得多。图 2.2.43 示出了室温下三种非晶态合金的磁场感生各向异性常数 $K_u$ 随成分的变化。图中,对 $(Fe_{1-x}Co_x)_{77}Si_{10}B_{13}$ 合金和 $(Fe_{1-x}Ni_x)_{80}B_{20}$ 合金的数据,是分别在 300℃ 和 226℃ 进行磁场退火后得到的,接近于饱和的 $K_u$ 值,而对 $(Fe_{1-x}Co_x)_{78}Si_{10}B_{12}$ 合金的数据,则是由简单的磁场冷却所得到的未饱和值。

③ 轧制感生各向异性:通过冷轧,可以在某些非晶态合金中造成所谓轧制感生各向异性。例如,成分为 $Fe_{4.7}Co_{70.3}Si_{15}B_{10}$ 非晶态合金,制备态时,$K_u$ 为正值,如果沿薄带的宽度方向冷轧,$K_u$ 仍为正值,但是,若沿薄带带轴方向冷轧,$K_u$ 就变为负值。虽然合金经过冷轧有可能增大内应力,但是因这种合金的 $\lambda_s$ 为零,因此所出现的轧制各向异性似乎与磁致伸缩-应力耦合效应无关。这种各向异性

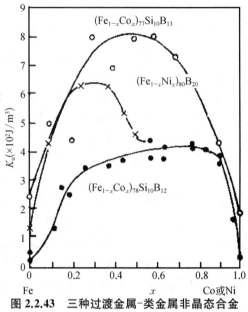

图 2.2.43 三种过渡金属-类金属非晶态合金的磁场感生各向异性随成分的变化

也是一种单轴各向异性,易磁化方向位于轧面内且和轧向垂直,因此如果沿带轴轧制,则其带轴将是难磁化方向,产生这种轧制感生各向异性的原因仍不清楚。

④ 应力退火感生各向异性:人们早就发现,对于具有正磁致伸缩的非晶态合金,如果沿其带轴施加张应力,则磁化变得很容易进行。这是由于磁弹性效应而引起的。如果除去外加应力,则应力感生各向异性也将消失。但是,也曾发现另一种应力退火感生各向异性可以在退火以后的无应力试样中保持下来。例如,对于 $\lambda_s \approx 0$ 的 $Co_{66}Fe_4Si_{16}B_{14}$ 非晶态合金,它的应力退火感生各向异性常数 $K_u$ 随退火期间所加张应力 $\sigma$ 的增大而线性地增大。当 $\sigma = 500$ MPa 时,$K_u$ 可达 160 J/m³;而且在轮流进行施加张应力和不加张应力退火时,$K_u$ 的变化是可逆的,即在施加张应力退火后,$K_u$ 增大,而随后在不加张应力退火时,$K_u$ 又消失。更有意思的是这种合金在高于居里温度下退火,也会出现这种各向异性,这一点和磁场感生各向异性有所不同,但机理也不清楚。

**(5) 矫顽力**

过渡金属-类金属非晶态合金一般都有良好的软磁特性,磁各向异性较弱,其反磁化过程主要受畴壁位移所控制。据研究,在这类合金中,对畴壁位移起阻滞作用的至少有如下几种因素:

① 交换能和局部各向异性的内禀涨落,用 $H_c(i)$ 表示,对 $H_c$ 的贡献约为 $10^{-3} \sim 1$ mOe;

② 具有化学短程序的原子簇,用 $H_c(SO)$ 表示,对 $H_c$ 的贡献小于 1 mOe;

③ 表面的不规则性,用 $H_c(SU)$ 表示,贡献量小于 5 mOe;

④ 由于局部结构重新排列所引起的弛豫效应,用 $H_c(re)$ 表示,贡献量为 $0.1 \sim 10$ mOe;

⑤ 在磁致伸缩不为零的合金中,由各种缺陷结构造成的体钉扎,用 $H_c(\sigma)$ 表示,贡献

量约为 $10\sim100$ mOe。

综合以上五种因素造成的畴壁钉扎效应，非晶态合金的总矫顽力可以用下式表示：

$$H_c=[H_c^4 H(\sigma)+H_c^2(SU)+H_c^2(SO)+H_c^2(i)]^{1/2}+H_c(re)$$

在特殊情况下，当表面不规则性引起的钉扎效应大于其他各项效应时，$H_c$ 可以写成各项的线性之和，即

$$H_c=H_c(\sigma)+H_c(re)+H_c(SU)+H_c(SO)+H_c(i)$$

情况的确如此，因为表面钉扎的波长（$\sim10~\mu m$）远大于内禀涨落的波长（$<0.5~\mu m$）。

对过渡金属-类金属非晶态软磁合金而言，怎样才能降低矫顽力呢？对于磁致伸缩不为零的非晶态合金，由于制备时从熔液急冷的过程中通过自由体积聚集，总会产生一些结构缺陷，因此在这类合金中，结构缺陷造成的体钉扎效应将是影响矫顽力的主要因素。在非晶态合金中存在的自由体积相对退火来说是稳定的，一般不易完全消除。如果使用的材料是磁致伸缩为零的非晶态合金，则结构缺陷对畴壁位移的阻滞作用较小，矫顽力也较低。当结构缺陷的影响减小时，短程有序和弛豫效应对矫顽力的贡献将变得重要起来。这时，采用适当的热处理可以使这两种效应减至最小。$H_c(i)$ 是非晶态合金的内禀矫顽力，只有当非晶态薄带表面非常光滑，磁致伸缩系数为零以及经过适当的退火处理以后才能测出。

**（6）矩形磁滞回线**

在讨论镍铁合金时曾经提及，磁滞回线的矩形性是由合金中各种磁各向异性所决定的。在过渡金属-类金属非晶态合金中，制备态各向异性主要是应力-磁致伸缩各向异性，应力的大小和方向随快淬工艺参数而变，例如熔液温度、辊轮温度、辊速、熔液纯度、石英管喷口离辊轮表面的距离以及这些参数随时间的波动情况都会对应力有影响，因此工艺参数不同，非晶态合金磁滞回线的矩形性也会改变。

如果将非晶态合金在适当温度下退火，使内部应力释放掉但又不会导致合金晶化，则合金的应力-磁致伸缩各向异性将消失。这时，合金内部所保留的磁各向异性将来自磁场感生或应力感生方向有序。因此，磁滞回线的形状和矩形比 $M_r/M_s$ 值将由这种方向有序各向异性的最终方向和大小来决定。

**（7）磁导率**

现考察一预先经过退磁的非晶态合金薄带，在受到方向平行于畴壁长边而振幅很小的交变磁场作用下被磁化的情况。假定合金内部的180°畴壁钉扎在薄带的表面处，薄带体内无任何钉扎效应，则在振幅很小的交变磁场作用下，贯穿带厚的畴壁在表面处被钉扎住，而畴壁的中间部分将发生位移，使整个畴壁弯曲成圆柱面。经计算，这时的合金磁导率为

$$\mu=1+\frac{M_m^2\cdot t^2}{18\mu_0 L\,(AK_u)^{1/2}}$$

式中，$L$ 是未加磁场前磁畴的宽度，$t$ 为薄带厚度，$M_m$ 是磁化强度振幅值，$A$ 是交换积分常数，$K_u$ 是感生各向异性常数。当交变磁场增大时，可以想到，由于反磁化核长大会形成一些新的畴壁，从而可以使 $L$ 减小，同时，畴壁也有可能挣脱表面钉轧而恢复平面状向

前移动，因此合金的磁导率将随之增大。1 kHz、100 mOe 实验中，常常用圆环状试样测量各种非晶态合金的"初始"有效磁导率 $\mu_e$。$\mu_e$ 的大小反映了材料内部有关磁各向异性的发展程度。图 2.2.44 示出了 $(Fe, Co, Ni)_{78}Si_8B_{14}$ 非晶态合金的 $\mu_e$ 随成分的变化关系。图中所有试样的成分都是经过精心选择的，它们的居里温度都在 300℃ 左右，而磁致伸缩系数可以从 $(Fe_{0.4}Ni_{0.6})_{78}Si_8B_{14}$ 的 $12 \times 10^{-6}$ 变化到 $(Co_{0.65}Ni_{0.35})_{78}Si_8B_{14}$ 的 $-4 \times 10^{-6}$。从图中可以看到，快淬态下合金的磁导率都较低，只有当 $\lambda = 0$ 时才略高于以 150℃/h 速率冷却的合金。这表明应力-磁致伸缩各向异性是决定 $\mu_e$ 的主要因数。在低于合金晶化温度 50～80 K 的温度下退火，在很大程度上可以消除这种应力-磁致伸缩各向异性。如果将合金从450℃水淬，则由于冷却速度较快，感生各向异性来不及形成，因而可以比快淬态试样增

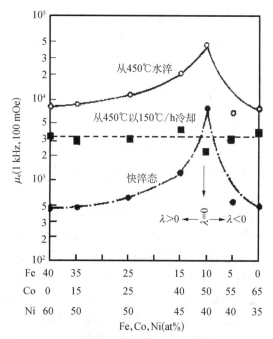

图 2.2.44 居里温度约为 300℃ 的各种 $(Fe, Co, Ni)_{78}Si_8B_{14}$ 非晶态合金在 1 kHz、100 mOe 磁场下测得的磁导率

大差不多一个数量级，而当合金以 150℃/h 速率从 450℃ 缓慢冷却时，因出现感生各向异性而导致 $\mu_e$ 低于水淬试样，但其值几乎不随成分而变，即和合金的磁致伸缩系数的变化无关。这一点和快淬态试样及水淬试样的行为明显不同。

在一系列磁致伸缩系数为零的 $(Co, Fe)_{70}(B, Si)_{30}$ 非晶态合金中，实验发现有效磁导率 $\mu_e$ 还依赖于 Si、B 原子比，当它们的比例接近于 $Si_{0.4}B_{0.6}$ 时，$\mu_e$ 有最大值。这一成分的非晶态合金在 450℃ 退火并水淬以后，测得的磁导率和快淬态磁导率之比比无硅合金的相应值要大得多。这可能是由于 Si 取代部分 B 后，使合金的非晶态形成趋势增大，降低了生成非晶态的临界冷却速度并提高了合金的晶化温度而造成的。

**(8) 铁芯损耗**

根据经典理解，非晶态软磁合金和晶态软磁合金一样，它们在交流磁化条件下总铁芯损耗应包括静态磁滞损耗、经典涡流损耗和反常损耗三部分。实际测量表明，非晶态合金在频率 50 Hz 下的反常损耗约占总损耗的 90%～99%，远高于 Si-Fe 合金等晶态软磁合金中反常损耗所占的比例。

在非晶态合金中，降低总铁芯损耗的途径大致有以下几条：

① 通过退火使非晶态合金中析出体积比为 1% 的小颗粒，其尺寸为 100～300 nm，这可大大改善高频损耗和磁导率，例如，对于成分为 $Fe_{75}Ni_4Mo_3Si_2B_{16}$ 的非晶态合金，不加磁场在 400～420℃ 退火 15 分钟后，用透射电子显微镜观察相应温度下的显微组织，证实有很小的星状体心立方铁的晶粒，它们约占试样体积的 1%。这些铁的小晶粒有利于减小磁畴宽度，从而可以降低涡流损耗。

② 在非晶态合金中设法感生出一易磁化方向,使其和测量方向成一定角度。例如将合金进行磁场退火时,使磁场方向和测量方向有一夹角。实验发现,当该夹角为 0～30°之间,$B=1.2～1.4$ T 和频率 50 Hz 时的铁芯损耗会下降,同时又不会使励磁功率上升。

③ 降低应力感生各向异性的有害影响。实验发现,利用高磁致伸缩的 $Fe_{83}Si_2B_{15}$ 非晶态合金薄带卷绕成的环状铁芯,其铁芯损耗随环的直径减小而增大,这是由于环的直径越小,引入的应力越大而造成的。将连续薄带绕成环后,靠内侧一面受压应力作用,使磁化矢量偏离原先的易磁化方向,在退火过程中,将在同样方向上产生应力感生各向异性,因而会导致 $H_c$ 增大,铁芯损耗升高。对于这类合金,如果磁致伸缩系数趋于零,则环状试样直径对铁芯损耗的有害影响将随之趋于零。此外,人们还曾发现,有的非晶态合金中的应力各向异性可来自成分中所包含的少量杂质。例如,通常在原材料中所含有的铝,当其含量从 0 增加到 0.04wt% 时,经磁场退火的非晶薄带在 $B_m=1.4$ T 和频率 60 Hz 时的总铁芯损耗可从 0.196 W/kg 升高到 0.383 W/kg,相应的励磁功率也会从 0.24 W/kg 增大到 5.3 W/kg。非晶态合金的这种性能恶化是由于制备态薄带的上表面形成了一薄层晶态材料,从而使非晶态薄带受到一平面应力的作用而引起的。如果将薄带表面腐蚀掉厚度的百分之几,就可使合金性能恢复正常。

### 5. 过渡金属-类金属非晶态薄带的应用

目前,已经得到实际实用的过渡金属-类金属非晶态薄带根据磁性能特点的不同,可以分成以下三类:

① 具有高饱和磁化强度和优异软磁性能的铁基非晶态合金;

② 具有中等饱和磁化强度和良好软磁性能的铁镍基非晶态合金;

③ 具有零磁致伸缩和优异软磁性能的钴基非晶态合金。

表 2.2.15 列出了上面三类非晶态合金的软磁性能。为比较起见,同一表中还列出了几种晶态软磁材料的数据。数据表明,过渡金属-类金属非晶态合金的磁性能并不比晶态软磁合金差,因此从原则上来说,凡是晶态软磁合金能够使用的场合,非晶态软磁合金也能胜任。

表 2.2.15　非晶态软磁合金的典型磁性能

| 类型 | 成分代号 | $B_s$ (T) | $H_c$ (A/m) | $\lambda_s$ ($\times 10^{-6}$) | $\rho$ ($\mu\Omega\cdot$cm) | $T_c$ (℃) | $\mu_i$ (50 Hz) | $\mu_m$ (50 Hz) | 铁芯损耗(W/kg) | |
|---|---|---|---|---|---|---|---|---|---|---|
| | | | | | | | | | 60 Hz 1.4 T | 20 kHz 0.2 T |
| 铁基 | 1 | 1.61 | 3.2 | 30 | 130 | 370 | — | 260 000 | 0.3 | 30 |
| | | — | 6.0～8.0 | — | — | — | 10 000 | 500 000 | — | 10 |
| | 2 | 1.58 | 8 | 27 | 125 | 405 | | | 1.2 | 28 |
| | 3 | 1.56 | 2.4 | 27 | 130 | 415 | | | 0.16 | |
| | 4 | 1.6 | 0.6 | — | 130 | 470 | | 2 200 000 | — | |
| | 5 | 1.8 | 4 | 35 | 130 | 415 | | 200 000 | 0.55 | |

| 类型 | 成分代号 | $B_s$ (T) | $H_c$ (A/m) | $\lambda_s$ ($\times10^{-6}$) | $\rho$ ($\mu\Omega\cdot$cm) | $T_c$ (℃) | $\mu_i$ (50 Hz) | $\mu_m$ (50 Hz) | 铁芯损耗(W/kg) | |
|---|---|---|---|---|---|---|---|---|---|---|
| | | | | | | | | | 60 Hz 1.4 T | 20 kHz 0.2 T |
| 铁镍基 | 6 | 0.88 | 0.6~1.2 | 12 | 160 | 353 | — | 400 000 | — | 10 |
| | 7 | 0.75 | 1.0~4.0 | — | — | — | 15 000 | 200 000 | — | — |
| 钴基 | 8 | 0.55 | 0.8~1.0 | — | — | — | — | 200 000 | — | 10~15 |
| | | — | 0.2~0.4 | — | — | — | 100 000 | 300 000 | — | — |
| | 9 | 0.55 | 0.4 | 0.5 | 135 | 340 | — | — | — | — |
| | 10 | 0.85~1.1 | 0.48 | — | 130 | — | 60 000 | 1 000 000 | — | — |
| | 11 | 0.55 | 0.2~0.4 | — | — | — | — | 60 000 | — | 8 |
| 晶态合金 | 12 | 1.97 | 24 | 9 | 50 | 730 | — | 53 500 | 0.93 | — |
| | 13 | 1.6 | 8 | 25 | 45 | 480 | — | 100 000 | 0.7 | — |
| | 14 | 0.8 | 0.8 | — | — | — | — | 500 000 | — | — |

注:铁基非晶合金:1. $Fe_{81}B_{13.5}Si_{3.5}C_2$,2. $Fe_{79}B_{16}Si_5$,3. $Fe_{78}B_{13}Si_9$,4. $Fe_{72}Co_8B_{15}Si_5$,5. $Fe_{67}Co_{18}B_{14}Si_1$;
铁镍基非晶合金:6. $Fe_{40}Ni_{38}Mo_4B_{18}$,7. $Fe_{39}Ni_{39}Mo_4Si_6B_{12}$;
钴基非晶合金:8. $Co_{58}Ni_{10}Fe_5(SiB)_{27}$,9. $Co_{67}Ni_3Fe_4Mo_2B_{12}Si_{12}$,10. $Co_{70}Fe_5(Si,B)_{25}$,11. $Co_{66}Fe_4(Mo,Si,B)_{30}$;
晶态合金:12. 3%Si-Fe(取向),13. 50%Ni-Fe,14. 80%Ni-5%Mo-Fe。

目前看来,在非晶态软磁合金的所有应用中,是否能用非晶态合金薄带替代晶粒取向硅钢片来制造配电变压器铁芯是最引人注目的课题。因为 Fe-Si-B 系非晶态合金在交流应用时具有特别低的铁芯损耗,几乎只有 3%Si-Fe 晶粒取向合金的 1/3 至 1/5,这对节能有着十分重要的意义。表 2.2.16 中列举了几种不同功率容量的变压器采用硅钢铁芯和非晶态铁芯的损耗和节约电能对比。显然,非晶变压器的铁芯损耗和铜损都低于硅钢变压器。由于配电变压器的使用量极大,因此如果现有的配电变压器铁芯都采用非晶态合金制造,则所节约的电能是十分可观的。

**表 2.2.16  非晶合金变压器和部分硅钢片变压器节能对比**

| 额定容量 (kV·A) | 短路阻抗 (%) | 非晶态合金 SBH15 | | | 硅钢片 S7 | | | 对比 | |
|---|---|---|---|---|---|---|---|---|---|
| | | 空载损耗 (W) | 空载电流 (%) | 负载损耗 (kW) | 空载损耗 (W) | 空载电流 (%) | 负载损耗 (kW) | 空载损耗下降比 (%) | 年节电量 (kW·h) |
| 100 | | 75 | 0.9 | 1.50 | 320 | 2.1 | 2.00 | 76.6 | 4 293 |
| 200 | | 120 | 0.6 | 2.60 | 540 | 1.8 | 3.50 | 77.8 | 7 753 |
| 250 | | 140 | 0.6 | 3.05 | 640 | 1.7 | 4.00 | 78.1 | 8 870 |
| 315 | 4 | 170 | 0.5 | 3.65 | 760 | 1.6 | 4.80 | 77.6 | 10 723 |
| 400 | | 200 | 0.5 | 4.30 | 920 | 1.5 | 5.80 | 78.3 | 13 096 |
| 500 | | 240 | 0.5 | 5.15 | 1 080 | 1.4 | 6.90 | 77.8 | 15 134 |

| 额定<br>容量<br>(kV·A) | 短路<br>阻抗<br>(%) | 非晶态合金 SBH15 | | | 硅钢片 S7 | | | 对比 | |
|---|---|---|---|---|---|---|---|---|---|
| | | 空载损耗<br>(W) | 空载电流<br>(%) | 负载损耗<br>(kW) | 空载损耗<br>(W) | 空载电流<br>(%) | 负载损耗<br>(kW) | 空载损耗<br>下降比<br>(%) | 年节电量<br>(kW·h) |
| 630 | 4.5 | 320 | 0.3 | 6.20 | 1 300 | 1.3 | 8.10 | 75.4 | 18 264 |
| 800 | | 380 | 0.3 | 7.50 | 1 540 | 1.2 | 9.90 | 75.3 | 21 725 |
| 1 000 | | 450 | 0.3 | 10.30 | 1 800 | 1.1 | 11.60 | 75.0 | 21 681 |
| 1 250 | | 530 | 0.2 | 12.00 | 2 200 | 1.0 | 13.80 | 75.9 | 27 331 |
| 1 600 | | 630 | 0.2 | 14.50 | 2 650 | 0.9 | 16.50 | 76.2 | 31 886 |

注：无功功率经济当量 $k_1=0.1$；根据年总负载损耗折算的年平均负载率 $\beta=0.5$。

最早用于配电变压器的非晶合金成分是 $Fe_{80}Si_9B_{11}$（牌号 Metglas 2605SA1），板厚 0.025 mm，快淬带材经磁场热处理（$H=2.4$ kA/m，350℃×2 h）而成。$B_s=1.56$ T，$H_c=3.4$ A/m，铁损 $P_{1.4/60}=0.32$ W/kg。这种材料首先因 $B_s$ 低于 1.6 T，用于配电变压器铁芯后最大工作磁感应强度约为 1.4 T，而硅钢片却可高达 1.7 T；其次，其饱和磁致伸缩系数 $\lambda_s\sim27\times10^{-6}$，高于硅钢的 $(1\sim3)\times10^{-6}$，从而使变压器的体积和噪声较大。2005 年，日本开发了新型非晶合金 Metglas 2605HB1，其成分（原子百分比）是 $(80\sim83)$%Fe、$(0.1\sim5)$%Si、$(12\sim18)$%B 和 $(0.05\sim3)$%C，磁场热处理工艺是 $H=1.6$ kA/m，320℃×1 h。典型磁性能为 $B_s=1.64$ T，$H_c=2.4$ A/m，铁损 $P_{1.4/60}=0.29$ W/kg 或 $P_{1.5/60}=0.38$ W/kg。显然，新开发的 Metglas 2605HB1 的综合性能优于 2605SA1[84]。目前，只是因为制备非晶变压器的成本仍略高于晶粒取向硅钢，因而尚不能大规模应用。表 2.2.17 综合地列出了非晶态合金的一些应用实例及使用要求。

**表 2.2.17　非晶态软磁合金的应用举例**

| 应用领域 | 应用举例 | 使用要求 |
|---|---|---|
| 电力供应 | 50/60 Hz 配电变压器<br>400 Hz 变压器<br>开关电源变压器，扼流圈，磁放大器<br>高速动作开关级联用变压器扼流圈 | 低铁损<br>低铁损<br>低 $H_c$、低铁损，可变磁滞回线<br>低铁损、矩形回线 |
| 磁芯和电感元件 | 各种电感元件<br>录音、录像、数据用磁头<br>漏电保护装置（接地故障断路器） | 低损耗、可变回线<br>高 $\mu$、低铁损、高耐磨性<br>高 $\mu$ |
| 换能器、传能器 | 磁-弹力和位移传感器<br>声延迟线<br>身份识别和防盗装置<br>双稳脉冲发生器 | 高磁-弹效应、低 $H_c$、高 $\mu$<br>高屈服强度<br>高磁-弹效应<br>低 $H_c$、高 $\mu$<br>高 $\mu$、高屈服强度 |

续表

| 应用领域 | 应用举例 | 使用要求 |
|---|---|---|
| 磁屏蔽 | 易弯曲屏蔽罩、易弯曲电缆屏蔽<br>盒式屏蔽弹簧<br>基于超声传输时间的温度传感器 | 高 $\mu$、高屈服强度<br>高 $\mu$、高屈服强度<br>高 $\mu$、高屈服强度 |
| 机械 | 电动机<br>高梯度磁分离器 | 低损耗<br>高 $B_s$、耐腐蚀 |

## 2.2.8 双相纳米晶软磁合金及其应用

### 1. 引言

1988 年，Yoshizawa 等人[85,86]首次报道了一类显示出优异软磁性能的新型 Fe 基合金及其在共模扼流圈中的成功应用。它的成分是 $Fe_{73.5}Si_{13.5}B_9Cu_1Nb_3$（at），商品名称为"FINEMET"。这是一种典型的 Fe-Si-B 非晶合金的成分，但添加了少量的 Cu 和 Nb。它的前载体是厚度为 $20\sim50~\mu m$ 的非晶态薄带，由熔体快淬法（单辊法）制得。通过在其晶化温度以上（如 823 K）退火，使其部分晶化，使其内部的显微组织由纳米晶粒和残余非晶态基体所组成，其中纳米晶粒的取向是混乱的，成分为体心立方结构的 Fe-20at％ Si，典型晶粒尺寸为 $10\sim15~nm$。不同晶粒之间的间距只有 $1\sim2~nm$。这种新型 Fe 基合金在性能上具有低损耗、高磁导率和饱和磁致伸缩趋近于零的特点，和坡莫合金以及 Co 基非晶态合金不相上下，但有更高的饱和磁感应强度 $B_s$（高达 1.3 T）。它们的最大特点正是在于内部结构的纳米化和具有优异的软磁性能，因此被称为纳米晶软磁材料。我们知道，Fe-Si 和 Ni-Fe 合金都是著名的晶态软磁合金，晶粒尺寸达到几百微米到 1 毫米，而大多数过渡金属-类金属非晶态合金也是很好的软磁合金，它们不包含晶粒，最小的结构相关长度约为原子间距的大小。显然，这种新型纳米晶合金的晶粒尺寸范围正好填补了非晶态合金和传统软磁合金之间的空隙。

从传统磁性材料的角度来看，两相纳米晶复合材料具有优异的软磁性能是不可思议的。第一，在传统的磁性材料中，不管是金属软磁材料（如 Fe-Si、Ni-Fe、Fe-Co 等合金）还是软磁铁氧体（如锰锌、镍锌、镁锌铁氧体），都是单相材料，如有第二相出现，则会通过掺杂或应力造成对畴壁位移的阻滞而恶化软磁性能[87]。第二，一般传统软磁材料的初始磁导率随晶粒尺寸的增大而增大，矫顽力随晶粒尺寸的增大而减小，但是为了降低涡流损耗，又常常需要把晶粒尺寸维持在微米量级[87]，如果晶粒尺寸太小，磁性材料将出现超顺磁性而使软磁性能恶化[88]。第三，对于一般的微细颗粒集合体的磁性，过去都是作为硬磁材料来讨论的[88,89]，因为当颗粒尺寸小于单畴临界尺寸时，所有颗粒都是单畴的，内部畴壁消失，反磁化将通过磁畴转动来实现，为了克服各种磁各向异性的阻滞，一般矫顽力都较大。第四，自 20 世纪 70 年代以来，Fe 基和 Co 基非晶软磁材料得到了飞速的发展。众所周知，这些材料一旦被晶化使其内部的晶粒尺寸达到微米量级时，软磁性能也将全面恶化。正因为这样，Yoshizawa 等人最早对两相纳米晶复合材料大获成功的研究成果激起了人们探索这些新型软磁合金的强烈兴趣。

自 1988 年以来，在两相纳米晶软磁合金的理论和实验研究方面都取得了很大的进展。在理论上，扩展了 Alben 等人有关非晶铁磁体中的随机各向异性理论，对两相纳米晶软磁性能的起因给出了较为满意的解释，同时，在新材料的开发方面，特别是在高频软磁材料的开发上，取得了很多新成果和新应用。

本节对两相纳米晶软磁材料的理论和实践研究的成果及其应用进行了综述。首先，比较详细地叙述了非晶态合金和纳米晶合金中有关随机各向异性的研究概况。随后，重点介绍被命名为"FINEMET"的 $Fe_{73.5}Si_{13.5}B_9Cu_1Nb_3$ 纳米晶合金的微结构和磁性能。最后，介绍近年来对其他各种纳米晶合金及其薄膜的研究进展。

## 2. 随机各向异性模型

随机各向异性模型最早是由 Alben 等人[90]为了解释非晶态合金的磁各向异性而提出的理论模型，随后被 Herzer[91] 和 Suzuki 等人[92-94]针对纳米晶软磁合金的情况作了扩展，成为理解两相纳米晶软磁合金为什么拥有优异软磁性能的重要基础。

### (1) 非晶铁磁体中的随机各向异性模型[90]

大多数非晶铁磁体呈现软磁性，它们的饱和磁化场 $H_s$ 和矫顽力 $H_c$ 通常低于相应成分的晶态材料。按理说，非晶态试样由于内部原子排列呈现长程无序，磁晶各向异性不存在。然而，在一些过渡金属-类金属非晶态合金的制备态试样中仍可观察到明显的局域各向异性。这种磁各向异性主要来自制备过程引起的局域应变，可通过磁致伸缩而和磁化强度相耦合。实验表明，即便是磁致伸缩趋近于零的非晶态合金也有可能由于制备过程中择优各向异性引起原子尺度的有序化或者来自成分不均匀性有关的静磁效应而存在某种局域各向异性。它们的局域各向异性常数一般为 $10^1 \sim 10^3$ J/$m^3$，一般可通过适当退火而减小。

Alben 等人[90]提出，如果非晶体中交换相互作用强于局域各向异性的作用，则原子磁矩不再沿局域各向异性的易磁化轴取向，而是在空间围绕一宏观的有效各向异性方向连续地改变取向。系统单位体积的能量 $F$ 为

$$F = A \left| \nabla M(r)/M_0 \right| - K_2 \{ [M(r) \cdot n(r)]^2 / M_0^2 - 1/3 \} \tag{2.2.1}$$

式中，$M(r)$ 是局域磁化矢量，$M_0$ 是饱和磁化强度，$A$ 是交换劲度常数，简称交换常数，$K_2$ 是局域单周各向异性常数，$n(r)$ 是局域各向异性的易磁化轴的单位矢量。该公式右边的第一项为交换作用能，第二项是局域各向异性能。假定局域易磁化方向 $n(r)$ 发生明显改变的最小距离为 $d$，并定义磁化矢量的实际取向发生明显改变的最小特征长度为交换耦合长度 $L_{ex}$。在非晶体中，$d$ 接近于原子间距，而 $L_{ex}$ 大致为磁畴宽度。如果 $L_{ex} \gg d$，则在 $L_{ex}^3$ 的体积范围内，和随机步行原理[93]一样，将始终有一个由统计涨落决定的最易磁化方向存在。理论指出，对于一定的平均各向异性能密度 $F_{an}(L_{ex})$ 为

$$F_{an}(L_{ex}) = -K_2 (d/L_{ex})^{3/2} \tag{2.2.2}$$

而平均交换作用能密度

$$F_{ex}(L_{ex}) = A/L_{ex}^2 \tag{2.2.3}$$

总能量密度

$$F = F_{an}(L_{ex}) + F_{ex}(L_{ex})$$

由 $dF/dL_{ex} = 0$ 可得 $L_{ex}$ 的有效长度

$$L_{ex} = 16A^2/(9K_2^2 d^3) \tag{2.2.4}$$

请注意,上式只有当 $K_2$ 较小,即 $L_{ex} \gg d$ 时才能成立。于是可得耦合体积能的最小值为

$$F_{min} \approx -K_2^4 d^6/(10A) \tag{2.2.5}$$

在这里,$F_{min}$ 是 $L_{ex}$ 为无限长时耦合能的基准振幅,和磁化相关的各向异性能的空间振幅相当,因此矫顽力正比于 $F_{min}$ 的绝对值[90]。对于非晶铁磁体而言,由于(2.2.5)式中参数的不确定性,使得该模型未能得到验证。然而,由于纳米晶材料的发展和应用,这个模型的重要性和影响远远超过了当初 Alben 等人发表论文的时候。

**(2) 纳米晶合金中的随机各向异性模型**

① Herzer 模型[91]。

从铁磁学可知,对于一颗粒集合体,如果颗粒尺寸较大,每个颗粒中的磁化矢量将指向颗粒中的易磁化方向,而且会出现磁畴。每个磁畴中原子或离子磁矩将由于交换相互作用而平行排列。颗粒集合体的磁化过程主要将由磁晶各向异性 $K_1$ 和应力各向异性 $\lambda_s \sigma$ 决定。一般,为了得到优异的软磁性能,要求 $K_1$、$\lambda_s$、$\sigma$ 很小或趋近于零。

当颗粒尺寸小于单畴临界尺寸时,颗粒处于单畴状态,颗粒内所有的磁矩平行取向。如果这一颗粒集合体中颗粒间距同时变小,那么单畴颗粒之间的铁磁交换作用将越来越明显。为了降低交换能,不同颗粒之间的交换作用将迫使各颗粒中的磁矩倾向于平行排列。因此,造成磁化矢量不再沿各个颗粒自己的易磁化方向取向。结果,对磁性起决定作用的也不再是原先每个颗粒的磁晶各向异性,而是有效各向异性。该有效各向异性应该是对若干个颗粒求平均的结果,比 $K_1$ 要小得多。由此推论,微细晶粒集合体的磁性强烈地依赖于局域各向异性能和铁磁交换能的两者的竞争。

区分以上大小磁性晶粒集合体情况的分界线应由自然交换相关长度 $L_0$ 给出:

$$L_0 \approx \sqrt{\frac{A}{K_1}} \tag{2.2.6}$$

式中,$A$ 是交换常数。在磁畴理论中,$L_0$ 是衡量畴壁厚度大小的基本参数,等于磁化矢量取向发生明显改变的最小特征尺度。

对于较大的晶粒,如图 2.2.45(a)所示,在 $L_0$ 范围内,晶粒内的磁化矢量沿易磁化方向取向,磁晶各向异性常数 $K_1$ 有较大的振幅。当晶粒尺寸减小到 $D \ll L_0$ 时 [图 2.2.45(b)],各个晶粒内的磁化矢量沿自己的易磁化方向取向,根据随机步行规则,在耦合体积 $L_0^3$ 的范围内,对于有限的晶粒数目 $N$,始终有某个由统计涨落决定的最易磁化轴存在。

因此,最终的有效各向异性常数$<K>$由 $N$ 个晶粒的平均涨落振幅所决定。其中,第 $i$ 个晶粒的磁晶各向异性能为

$$E_k^i = (K_1/N) \sin^2(\theta - \alpha_i) \tag{2.2.7}$$

式中,$\theta$ 是平均易轴与该晶粒磁化矢量之间的夹角,$\alpha_i$ 是各个晶粒内的易轴和平均易轴的夹角。由于各晶粒的易轴是随机分布的,因此耦合体积内磁晶各向异性能的振幅由下式得出:

$$<K> \approx \sqrt{N} <E_k^i>^2 = K_1/\sqrt{N} \tag{2.2.8}$$

如图 2.2.45(c)所示,这时,对于有限的晶粒数 $N$,始终有某个由统计涨落决定的最易磁化方向存在。由于平均化,总的磁晶各向异性能 $E_k = \sum E_k^i$ 的振幅$<K>$,比大晶粒时的相应振幅要小得多。

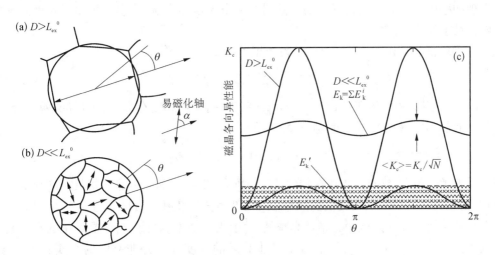

**图 2.2.45** 对于具有单轴各向异性对称性的传统材料$(D>L_o)$和纳米晶材料$(D \ll L_o)$的磁晶各向异性能的变化[91]

Herzer 发展了 Alben 等人[90]的非晶体随机各向异性模型,解释了纳米晶合金的软磁行为[91]。根据图 2.2.45 所示的基本概念,考虑晶粒尺寸为 $D$,晶粒的磁晶各向异性常数为 $K_1$,晶粒之间存在铁磁耦合、磁矩随机取向的微细晶粒集合体。现在,对于纳米晶的情况,交换相关长度变为

$$L_{ex} \approx \sqrt{\frac{A}{<K>}} \tag{2.2.9}$$

为简单计,考虑边长为 $L_{ex}$ 的立方体,则在耦合体积 $V = L_{ex}^3$ 内所包含的晶粒数为

$$N = (L_{ex}/D)^3 \tag{2.2.10}$$

所以,影响磁化过程的有效各向异性常数

$$<K> \approx <K_1> = K_1/\sqrt{N} = K_1(D/L_{ex})^{3/2} \tag{2.2.11}$$

综合(2.2.5)、(2.2.6)两式,可得

$$<K> \approx K_1^4 D^6/A^3 \qquad (2.2.12)$$

请注意,该式只有当晶粒尺寸 $D$ 小于 $L_{ex}$ 时才成立。对于纳米晶 $Fe_{73.5}Si_{13.5}B_9Cu_1Nb_3$ 合金,铁磁性主相是体心立方结构的 bcc Fe‑20at%Si,磁晶各向异性常数 $K_1 \approx 8$ kJ/m³。如果取 $D=10$ nm,则由(2.2.12)式可得 $<K> \approx 0.5$ J/m³,比 bcc Fe‑20at%Si 晶粒的 $K_1$ 减小了三个数量级。

② 扩展随机各向异性模型[92-96]。

从 Herzer 的纳米晶随机各向异性模型可以看出,这是一种单相模型。它假定纳米晶粒相中的磁晶各向异性常数 $K_1$ 和交换常数 $A$ 起着重要作用。实际上,在室温下,纳米晶软磁合金由 $\alpha$‑Fe(Si) 晶粒相和残余非晶相两个铁磁性相所组成。其次,从(2.2.6)(2.2.7)式可知,Herzer 模型以系统只存在磁晶各向异性为前提,没有考虑软磁材料中经常出现的感生各向异性的情况。为了阐明这两个因素的影响,许多人提出了扩展的随机各向异性模型[92-96]。

关于残存非晶相的影响,Herzer 曾修正了(2.2.12)式[92]:

$$<K> \approx [\sum V_i D_i^3 K_i^2/A^{3/2}]^2 \qquad (2.2.13)$$

这里的 $V_i$ 是组成相的体积分数。对于 $\alpha$‑Fe(Si) 晶态相和残存非晶相组成的两相合金,如忽略非晶相的磁晶各向异性,则上式可写为

$$<K> \approx (1-V_{am})^2 K_1^4 D^6/A^3 \qquad (2.2.14)$$

该式反映了 $<K_1>$ 被非晶相稀释的效应。然而,假定纳米晶相和非晶相具有同样的交换常数,则还存在一个非晶相较低的居里温度 $T_c^{am}$ 的影响问题。Hernando 等人[93]假定晶粒之间的交换场在非晶区中是指数衰减的,并引入一唯象参数 $\gamma$,将非晶区中的有效交换常数写为 $\gamma_A$,即 $\gamma = e^{-\Lambda/L_{am}}$。式中,$\Lambda$ 是非晶区的厚度,$L_{am}$ 是非晶区的交换相关长度。他们用这一模型并通过考虑磁弹性效应成功地解释了纳米结构化早期的磁硬化。Suzuki 和 Cadogen 则提出了另一种扩展模型[94-96],指出如果纳米晶相和非晶相的交换常数分别为 $A_{cr}$、$A_{am}$,可得有效各向异性常数的公式:

$$<K> \approx (1/\varphi^6)(1-V_{am})^4 K_1^4 D^6 \{1/\sqrt{A_{cr}} + [(1-V_{am})^{-1/3}-1]/\sqrt{A_{am}}\}^6 \qquad (2.2.15)$$

式中,$\varphi$ 是磁耦合体积范围内自旋的分布角。对 Herzer 模型,$\varphi=1$。通常,$\varphi$ 值可从实验上得出的矫顽力 $H_c$ 对晶粒直径 $D$ 的依赖性求出。在 Fe‑M‑B 合金中,约等于 3[96]。(2.2.15)式中,如 $V_{am}=0$,将和(2.2.12)式相同;如 $A_{cr}=A_{am}$,将和(2.2.14)式相同。Suzuki 等人通过控制 $Fe_{91}Zr_7B_2$ 非晶薄带在 823K 的退火时间来改变纳米晶粒相的直径和残存非晶相的体积分数,随后在 77~450 K 温度范围内测得矫顽力随温度和残存非晶相的体积分数的变化。利用(2.2.15)式所代表的扩展随机各向异性理论很好地解释了相应的实验现象。

关于感生各向异性的影响问题,Suzuki 等人指出[94-96],如果感生各向异性不能忽略,则试样中有效各向异性的 $D^6$ 律不能成立。如果 $K_u \gg <K_1>$,有效各向异性常数应为

$$<K> \approx K_u + \sqrt{K_u} K_1^2 D^3 / (2A^{3/2}) \tag{2.2.16}$$

表明矫顽力将与 $D^3$ 成正比。这一理论预言在 Fe‑Zr‑B‑(Cu)纳米晶合金中得到了证实[97,98]。

③ 有效各向异性常数与宏观磁性能。

大晶粒尺寸的情况：在传统软磁材料中，晶粒尺寸一般为微米至毫米量级。一般情况下，如果晶粒尺寸大于畴壁宽度($\delta_B = \pi L_{ex} = \pi\sqrt{AK_1}$)，磁化过程将由晶界处畴壁钉扎理论给出。因为 $\gamma \propto (A/K_1)^{1/2}$，一般材料的矫顽力和初始磁导率可以写成[99,100]

$$H_c = p_c \sqrt{AK_1} / (\mu_0 M_s D) \tag{2.2.17a}$$

$$\mu_i = p_\mu \mu_0 M_s^2 D / \sqrt{AK_1} \tag{2.2.17b}$$

式中，$p_c$ 和 $p_\mu$ 是数量级为 1 的常数。图 2.2.46 表明，对于传统的大块软磁合金(如 Ni‑Fe 合金)，当晶粒尺寸超过大约 150 nm $\left[\approx 4\sqrt{\dfrac{A}{K_1}}\right]$，$H_c$ 确实正比于 $1/D$，这和公式(2.2.17a)由畴壁钉扎理论给出的结论是一致的。Fe‑Si 合金也遵从这一规律。

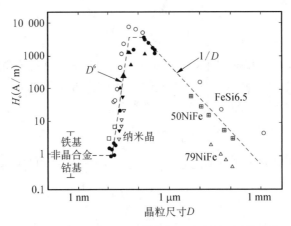

**图 2.2.46　各种软磁合金的矫顽力随晶粒尺寸的变化**

小晶粒尺寸的情况：在这种情况下，晶粒呈单畴，畴壁不存在。为简单计，假定磁化过程是通过磁畴的一致转动实现的，则材料的矫顽力 $H_c$ 与初始磁导率 $\mu_i$ 和 $<K>$ 有关，可得

$$H_c = p_c <K> / (\mu_0 M_s) \tag{2.2.18a}$$

$$\mu_i = p_\mu \mu_0 M_s^2 / <K> \tag{2.2.18b}$$

按照 Herzer 模型，有效各向异性常数 $<K>$ 随晶粒尺寸的六次幂 $D^6$ 而变化，将(2.2.12)式代入上式，得

$$H_c \approx p_c K_1^4 D^6 / (\mu_0 M_s A^3) \tag{2.2.19a}$$

$$\mu_i \approx p_\mu \mu_0 M_s A^3 / (K_1^4 D^6) \tag{2.2.19b}$$

图 2.2.46 中示出了一些纳米晶合金、非晶态合金和传统软磁合金的 $H_c$ 的晶粒尺寸依赖性。当晶粒尺寸小于 40 nm 时,纳米晶合金的 $H_c$ 确实具有 $D^6$ 依赖性。

**(3) 超顺磁性和交换相互作用**

我们必须把新型纳米晶合金所具有的低矫顽力和由超顺磁现象所引起的矫顽力的减小区分开来。对软磁材料而言,一旦出现超顺磁性,只有施加大的磁化场才能造成磁化强度的明显变化,即材料的磁导率将变得相当小。显然,这不是我们所希望的。

首先估计一下出现超顺磁性的临界尺寸。设想一微细颗粒集合体,磁性颗粒的尺寸很小,颗粒处于孤立状态,颗粒与颗粒之间不存在相互作用。当这些颗粒的体积 $V$ 足够小时,其磁晶各向异性能 $K_1 V$ 有可能和热运动能 $kT$($k$ 为玻尔兹曼常数)差不多相等,每个颗粒的磁化矢量将不可能沿该颗粒的易磁化方向取向,而是有可能因热激活而克服磁晶各向异性能垒 $\Delta E$ 在不同的易磁化方向之间来回反转。如果各个颗粒的易磁化轴是随机分布的,则外加磁场为零时磁矩运动的图像和顺磁性相似,不同的是正常顺磁性中每个原子或离子的磁矩只有几个玻尔磁子的大小,而现在的这个微细颗粒集合体中可能包含着始终平行排列的大量原子或离子,总磁矩可能超过 $10^4$ 个玻尔磁子。这样一些颗粒的集体磁性行为称为超顺磁性。根据超顺磁性理论[101],磁矩的运动应满足下列公式

$$1/\tau = f_0 e^{-\Delta E/kT} \tag{2.2.20}$$

式中,$\tau$ 是弛豫时间,$f_0$ 是频率因子,$f_0 = 10^9 \, \mathrm{sec}^{-1}$。如果出现超顺磁性的临界颗粒体积为 $V_p$,同时按惯例取 $\tau = 100 \, \mathrm{sec}$,并考虑到由于体心立方结构的 $\alpha\text{-Fe(Si)}$ 相的易向是 [100],且 $K_1 > 0$,其能垒为 $\Delta E = K_1 V_p / 4$,则从上式可得

$$V_p = 100kT/K_1$$

如果将颗粒看成直径为 $D_p$ 的小球,$V_p = (1/6)\pi D_p^3$,则出现超顺磁性的临界直径为

$$D_p = \sqrt[3]{\frac{600kT}{\pi K_1}} \tag{2.2.21}$$

取 $T = 300 \, \mathrm{K}$、$K_1 \approx 8 \, \mathrm{kJ/m^3}$,可以算得

$$D_p = 46 \, \mathrm{nm}$$

这就是说,在室温下,如果孤立的 $\alpha\text{-Fe(Si)}$ 颗粒的直径在 46 nm 左右或更小,则它们将呈现超顺磁性。在纳米晶合金中,$\alpha\text{-Fe(Si)}$ 晶粒直径约为 10~15 nm,远小于 $D_p$ 值,按理说,应该呈现超顺磁性,即剩磁和矫顽力都应趋于零,同时磁化时需要很高的磁化场才能趋近饱和。然而,室温下纳米晶合金并不是超顺磁体,这是因为纳米晶粒之间存在很强的交换作用,冻结了磁化强度取向上的涨落。还有,即便在高温(如 $T = 673 \, \mathrm{K}$)时,尽管残余非晶相已成为顺磁体,但 $\alpha\text{-Fe(Si)}$ 晶粒却因居里温度高达 873 K 左右而仍呈铁磁性。很明显,作用于非晶相两侧的晶粒间的交换作用仍有足够大,可以抑制超顺磁性的出现。但是,室温下磁化强度取向上的瞬间涨落可能还是存在的,当施加磁场时,这种涨落是否可能有助于畴壁位移,尚值得研究。

### 3. Fe-Si-B-Cu-Nb 纳米晶合金

这种纳米晶合金是最先发现的新型软磁材料。它们优异的软磁性能是通过将由单辊法制备的非晶薄带在一定温度下退火而产生的。因此研究退火过程中微结构的变化十分重要。

**(1) 退火过程中的微结构演变**

Hono 等人[102]利用原子探针场离子显微镜和高分辨透射电子显微镜研究了快淬非晶态合金 $Fe_{73.5}Si_{13.5}B_9Cu_1Nb_3$ 在 550℃ 退火过程中的微结构演变。图 2.2.47 中示出了晶化过程示意图。快淬态合金在结构上和化学上都是均匀的非晶态固溶体。在退火的开始阶段,Cu 的浓度出现涨落。通过调幅分解或成核机理,形成直径为几纳米、成分接近于30at%Cu 的 Cu 团簇。与此同时,Fe 的浓度也会出现涨落。因此,体心立方晶态相的晶核密度明显增大,并形成 bcc $\alpha$-Fe-Si 固溶体,而 Nb 和 B 则因为不溶于 $\alpha$-FeSi 相中而在残余非晶相中富集,使残余非晶相稳定化和 $\alpha$-FeSi 相的晶粒长大被抑制。当晶化继续时,团簇中 Cu 的浓度也会继续增大。最后富 Cu 颗粒顺磁相的直径达到 5 nm 左右,含 Cu 量增大到 60at%。然而,因为富 Cu 颗粒的尺寸和畴壁宽度相比较是太小了,它的析出不会对软磁性能造成有害的影响。但是至今尚不能确定这种颗粒究竟是晶态相还是非晶相。图 2.2.48 是最佳热处理后合金中所观察到的微结构。这时的三个相分别是:

① $\alpha$-Fe-Si 相,一种体心立方固溶体,含约 20at%Si,几乎不含 Nb 和 B。

② 残余非晶相,含有约 10~15at%Nb 和 B,约 5at%Si,几乎不含 Cu。

③ 富 Cu 相,含有约 60at%Cu 和 30at%Fe,Si、B、Nb 中每一种都小于5at%。这种富 Cu 颗粒的尺寸约为 5 nm。

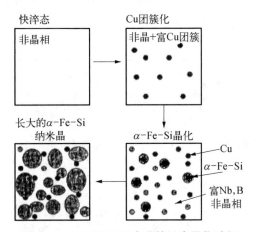

图 2.2.47 FINEMET 合金的纳米晶化过程

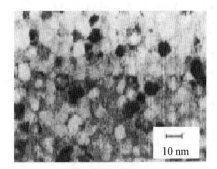

图 2.2.48 FINEMET 合金用透射电镜观察到的典型微结构

差热分析和 X 射线衍射实验表明[101],$Fe_{73.5}Si_{13.5}B_9Cu_1Nb_3$ 制备态合金如在 600℃ 以上温度退火,则有 $Fe_2B$ 相析出。$Fe_2B$ 相一经析出,会造成 $\alpha$-FeSi 晶粒粗化,由于硼化铁具有大的磁晶各向异性常数($K_1\approx430$ kJ/m³,$L_o\approx5$ nm),即使 $Fe_2B$ 的体积分数小到只有百分之几,仍可使材料明显变硬(图2.2.49)。Nb 的加入,除了可以有效阻止 $\alpha$-Fe-Si 相长大之外,还可使 $Fe_2B$ 相推迟到高于 600 ℃ 的温度下才析出,因而使单相 $\alpha$-FeSi 固溶体存在的温度范围扩展到大约 100 ℃,从而在合金退火过程中可以有效地抑制 $Fe_2B$ 相的析出。

**(2) 饱和磁化强度**

$Fe_{73.5}Si_{13.5}B_9Cu_1Nb_3$ 纳米晶合金的饱和磁化强度主要由 Fe-Si 晶粒的成分及其体积分数决定。一般 $J_s = \mu_0 M_s = 1.21 \sim 1.25$ T。这种合

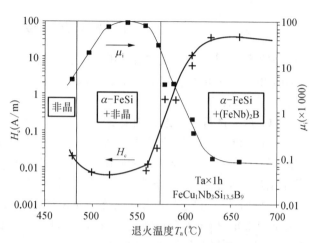

图 2.2.49　退火温度对纳米晶磁性的影响[92]

金在快淬态下由单一的非晶相所组成,饱和磁化强度的温度依赖性可用下式表示[91]:

$$J_s(T) = J_0(1 - T/T_c)^{\beta} \qquad (2.2.22)$$

式中,$T_c$ 是居里温度,有效临界指数 $\beta = 0.36$。因此,将 $J_s^{1/\beta}$-$T$ 作图,是一直线关系。合金在经过 520℃ 最佳退火后,$J_s^{1/\beta}$-$T$ 由两段斜率不同的直线组成,折点位于非晶相的居里温度 320℃ 处,如图 2.2.51 所示。显然,合金经最佳退火后,内部包含残余非晶相和 $\alpha$-Fe-Si 相两个铁磁相,它们的居里温度分别为 $T_c(1) = 320℃$ 和 $T_c(2) = 600℃$。因此在室温下,这两个磁性相共存于纳米晶合金中。可将总磁极化强度分成两项之和:

$$J_s(T) = V_1 J_1(T) + V_2 J_2(T) \qquad (2.2.23)$$

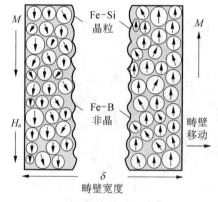

图 2.2.50　纳米晶材料中图 180° 畴壁示意图

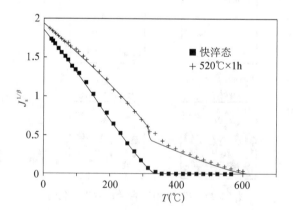

图 2.2.51　非晶态和纳米晶合金饱和磁极化强度的温度依赖性

$J_1$ 和 $J_2$ 分别是非晶相和 Fe-Si 晶粒相的饱和磁化强度。经过对图 2.2.51 的拟合,可得 $V_1 J_1(RT) = 0.29$ T 和 $V_2 J_2(RT) = 0.96$ T。从 $T_c(2)$ 值可根据 Fe-Si 合金的已知数据

推断出纳米晶粒中的 Si 含量约为 23%。因而,该相的 $J_2(RT)=1.3$ T,于是知道Fe-Si晶粒所占的体积分数约为 75%。由非晶相的体积分数 $V_1=1-0.75=25\%$,可以进一步知道 $J_1(RT)=1.16$ T。将两相组织等效于一球形晶粒被一薄层的非晶相所包围,假定晶粒直径 $D$ 为 15 nm,则可从近似公式 $V_1=3\delta/D$ 推算出 Fe-Si 晶粒间距 $\delta\approx1.2$ nm。如果将退火温度升高到 540℃,则 $\alpha$-Fe-Si 相的体积分数稍有增大,约为 80%,对微结构的影响不大。

**(3) 畴壁厚度的估计[101]**

假定磁弹性能为零,残存非晶相的磁晶各向异性可以忽略,则畴壁厚度 $\delta$ 大致由下式给出

$$\delta\approx\pi(A/<K>)^{1/2} \qquad (2.2.24)$$

$A\approx10^{-11}$ J/m,$<K>\approx0.5$ J/m³ 代入,可得 $\delta\approx3\mu$。对于一无应变样品,如用 Kerr 效应观察,可以估计出畴壁厚度为 $2\mu$。对于有应变样品,畴壁预计还要窄得多。因此,比值 $\delta/D$ 似乎要更大,至少为 10,或许可达 200 左右,如图 2.2.50 所示。该图中,畴壁的刚性界面是过于简化的;实际上,畴壁面或许不是笔直的。在这种材料中,因为 Fe-Si 纳米晶直径小于畴壁厚度的 10%,因此,畴壁钉扎很小。

**(4) 磁致伸缩[91]**

纳米晶合金中的内应力是在制备过程中或通过将薄带卷绕成环状铁芯而引入的,其典型值为 100 MPa 左右。因此,为使磁性优化,材料需通过较高温度下的退火处理以释放应力。然而,即使在良好的退火处理后材料中仍然会有百分之几的内应力保留下来。再说,将薄带卷绕成圆环的过程中也会产生附加应力。所以,产生的磁弹性各向异性仍会限制软磁性能的提高。例如,高磁致伸缩的 Fe 基合金($\lambda_s\approx30$ ppm),初始磁导率的典型值为 $\mu_i\approx10\,000$(即使在良好的应力释放处理后)。为了获得≥100 000 高初始磁导率,必须设法使磁致伸缩显著降低才行。

幸运的是,在 Fe 基纳米晶合金中,$\alpha$-FeSi 晶粒的饱和磁致伸缩系数 $\lambda_s^{FeSi}$ 为负值(约 $-6\times10^{-6}$),而残余非晶相基体的饱和磁致伸缩系数 $\lambda_s^{am}$ 为正值(约 $25\times10^{-6}$),合金的饱和磁致伸缩系数 $\lambda_s$ 由下式给出

$$\lambda_s=v_{cr}\lambda_s^{FeSi}+(1-v_{cr})\lambda_s^{am} \qquad (2.2.25)$$

式中,$v_{cr}$ 为 $\alpha$-FeSi 相的体积分数。由此可知,要使 $\lambda_s\to0$,$\alpha$-FeSi 相的体积分数要足够的大。上面已经指出,具有最佳软磁性能的合金中 $v_{cr}$ 可达 70%~80%,是合乎这一要求的。

使 $\lambda_s$ 趋近于零,有利于实现纳米晶合金磁性的应力不敏感性。这是合金中结构相关长度小于畴壁宽度时交换作用平均效应的一个结果。正因为这样,尽管具有较大晶粒的晶态合金通过成分调整,也可以使其饱和磁致伸缩系数平均为零,但是一般并不意味着磁滞回线就一定具有应力不敏感性[91]。

**(5) 感生各向异性**

对软磁材料来说,不同应用所提出的使用要求是不同的。为了满足这些不同的使用要求,我们必须改变磁滞回线的形状。为实现这一点,往往可以通过磁场热处理或应力热

处理,有目的地在软磁材料内部另外感生出一种单轴各向异性。如果这种磁各向异性在材料内部占优势,则分别沿其易磁化方向或垂直于易磁化方向磁化,即可获得矩形或扁平形状的磁滞回线。

① 磁场感生各向异性。

磁滞回线的形状可以按照各种应用的需要加以改变。和其他软磁材料一样,纳米晶合金也可通过磁场退火来实现这一点。磁场退火通过对有序沿平行于外场方向感生一易轴。最后得到的矩形回线表明,感生各向异性超过了其他各向异性的贡献而占有优势。还有,当各向异性常数 $K_u$ 足够小时就可以获得最高的磁导率。

Yoshizawa 等[103]用单辊快淬法制备的 $Fe_{73.5}Si_{13.5}B_9Cu_1Nb_3$ 薄带绕成外径 19 mm、内径 15 mm 的环状铁芯,放入氮气炉中分别施加纵向场(400 A/m)、横向场(240 A/m)或无磁场在 550℃退火 1 小时。对横向场退火合金测得感生各向异性常数 $K_u = 15$ J/m³,和 Co 基非晶合金的感生各向异性常数差不多。如图 2.2.52 所示,经过纵向场退火的合金具有高剩磁 $B$-$H$ 回线,而经过横向场退火的合金具有扁平型 $B$-$H$ 回线。

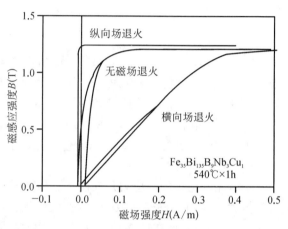

**图 2.2.52　磁场处理对纳米晶合金磁滞回线的影响**

从初始磁导率比较,无磁场退火合金在低于 150 kHz 的频率下有很高的磁导率,横向场退火合金在 100 kHz 以下磁导率可达 $3 \times 10^4$,比其他类型的退火合金高频磁导率要高,而纵向场退火合金磁导率的频率依赖性要劣于其他类型的退火合金。纳米晶合金具有优异的磁性热稳定性,这一点超过了非晶态合金,甚至超过坡莫合金,可使其应用温度提高到大约 150℃。

② 滑移感生各向异性。

在退火期间,同时施加外加应力而在样品中感生的磁各向异性称为滑移感生各向异性。Herzer[104]和 Kraus 等人[105]研究了成分分别为 $Fe_{73.5}Cu_1Nb_3Si_{16}B_6$、$Fe_{74}Cu_1Nb_3Si_{13}B_9$,厚度 206 $\mu$m、宽度 2~10 mm 的非晶态薄带,在沿其带轴方向施加 100 MPa 张应力作用下退火,发现前者在退火温度 560℃保持不变,应力从 $\sigma = 0$ 增大到 220 MPa,退火时磁滞回线从矩形变为扁斜形,而后者在 500℃退火时,随着退火时间的延长,磁滞回线则先从非晶态的圆形逐渐变成矩形,磁畴平行于带轴,说明这时易磁化轴沿带轴,随后,回线的斜率开始减小,变成扁斜形回线,出现恒定磁导率,磁畴内磁化矢量垂直于带轴,这时带轴为难磁化轴。在这些纳米晶合金中,滑移感生各向异性能一般可达 $10^3$ J/m³,比磁场热处理的相应值要大三个数量级左右。

**(6) 电磁性能**

图 2.2.53 示出了(a)FINEMET 纳米晶合金和(b)Fe-M-O,C 纳米晶合金与其他几种软磁材料的初始磁导率频率依赖性的比较[86,106]。FINEMET-1M 是未经磁场退

火的材料,而 FINEMET – 1L 则是经过横向磁场退火的材料。两者成分都是 $Fe_{73.5}Si_{13.5}B_9Cu_1Nb_3$,$B_s=1.35$ T,但 $B_r/B_s$ 分别为 60% 和 7%,10 kHz 的有效磁导率 $\mu_e$ 分别为 50 000 和 22 000。从图 2.2.53(a)看到,两者的磁导率在较宽的频率范围内都比较高,特别是 FINEMET – 1M 的磁导率要比 Mn – Zn 铁氧体和 Fe 基非晶要高得多。图 2.2.53(b)示出了 $Fe_{62}Hf_{11}O_{27}$、$Fe_{61}Hf_{13}O_{26}$、$Co_{44.3}Fe_{19.1}Hf_{14.5}O_{22.1}$ 和 Fe – Si – Al – Hf – C 等纳米颗粒膜复数磁导率实部与传统软磁材料 Ni – Fe 和 Fe – Si – Al 合金的比较。可见纳米颗粒膜的高频磁性优于软磁合金。表 2.2.18 详细列举了若干纳米晶合金、非晶态合金和传统的 Ni – Fe 高导磁材料的磁性能比较。

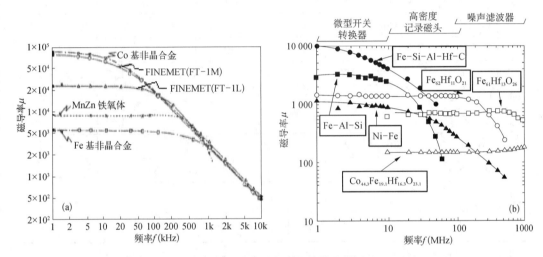

图 2.2.53　材料初始磁导率的频率依赖性比较:(a) FINEMET 纳米晶合金[86];(b) Fe – M – O,C 纳米晶合金[109]

表 2.2.18　纳米晶合金、非晶态合金和传统的 Ni – Fe 高导磁材料的磁性能[91,107]

| 类别 | 成 分 (原子%) | $t$ ($\mu$m) | $D$ (nm) | $B_s$ (T) | $\mu_e^*$ ($\times10^4$) | $H_c$ (A/m) | $\lambda_s$ ($\times10^{-6}$) | $\rho$ ($\mu\Omega\cdot$m) | $W_{14/50}$ (W/kg) | $W_{2/100k}$ (W/kg) |
|---|---|---|---|---|---|---|---|---|---|---|
| 双相纳米晶合金 | $Fe_{73.5}Si_{13.5}B_9Nb_3Cu_1$ | 18 | | 1.24 | 10 | 0.5 | −2.1 | 1.15 | | 39.1 |
| | $Fe_{73.5}Si_{13.3}B_9Nb_3Cu_1$ | 20 | 10 | 1.28 | 8.5 | 1.1 | | | | 49.4 |
| | $Fe_{91}Zr_7B_2$ | 18 | 16 | 1.67 | 2.7 | 5.5 | | | | |
| | $Fe_{90}Zr_7B_3$ | 20 | 16 | 1.63 | 2.9 | 4.2 | −1.1 | 0.44 | 0.21 | 79.7 |
| | $Fe_{89}Zr_7B_3Cu_1$ | 20 | 12 | 1.64 | 3.4 | 4.5 | −1.1 | 0.51 | | 185.4 |
| | $(Fe_{0.985}Co_{0.015})_{90}Zr_7B_3$ | 19 | 16 | 1.64 | 2.7 | 4.2 | 0 | | 0.12 | 63.7 |
| | $(Fe_{0.98}Co_{0.02})_{90}Zr_7B_2Cu_1$ | 22 | 12 | 1.7 | 4.8 | 4.2 | −0.1 | 0.53 | 0.08 | 80.8 |
| | $(Fe_{0.995}Co_{0.005})_{90}Zr_7B_3$ | 21 | | 1.62 | 3.4 | 3.5 | | | | |
| | $Fe_{89}Zr_7B_3Pd_1$ | 20 | 13 | 1.63 | 3.0 | 3.2 | | | | |
| | $Fe_{89}Hf_7B_4$ | 18 | 13 | 1.59 | 3.2 | 4.5 | −1.2 | 0.48 | 0.14 | 59.0 |
| | $Fe_{84}Nb_7B_9$ | 22 | 10 | 1.50 | 3.6 | 7.0 | 0.1 | 0.58 | 0.14 | 75.7 |

| 类别 | 成 分<br>(原子%) | $t$<br>($\mu$m) | $D$<br>(nm) | $B_s$<br>(T) | $\mu_e^*$<br>($\times 10^4$) | $H_c$<br>(A/m) | $\lambda_s$<br>($\times 10^{-6}$) | $\rho$<br>($\mu\Omega \cdot$m) | $W_{14/50}$<br>(W/kg) | $W_{2/100\ k}$<br>(W/kg) |
|---|---|---|---|---|---|---|---|---|---|---|
| 双相纳米晶合金 | $Fe_{84}Nb_7B_9$ | 10 | | 1.55 | 3.0 | 7.6 | | | | 27.5 |
| | $Fe_{83}Nb_7B_9Ga_1$ | 19 | 10 | 1.48 | 3.8 | 4.8 | | 0.70 | 0.22 | 47.0 |
| | $Fe_{83}Nb_7B_9Ge_1$ | 24 | 9 | 1.47 | 2.9 | 5.6 | 0.2 | 0.69 | | 69.2 |
| | $Fe_{83}Nb_7B_9Cu_1$ | 19 | 8 | 1.52 | 4.9 | 3.8 | 1.1 | 0.64 | | 54.7 |
| | $Fe_{86}Zr_{3.25}Nb_{3.25}B_{6.5}Cu_1$ | 19 | 9 | 1.61 | 11 | 2.0 | $-0.3$ | 0.56 | | 60.0 |
| | $Fe_{85.6}Zr_{3.3}Nb_{3.25}B_{6.8}Cu_1$ | 18 | 8 | 1.57 | 16 | 1.2 | $-0.3$ | 0.56 | 0.05 | 49.0 |
| | $Fe_{84}Zr_{3.5}Nb_{3.5}B_8Cu_1$ | 19 | 8 | 1.53 | 12 | 1.7 | 0.3 | 0.61 | 0.06 | 58.7 |
| 非晶态合金 | $Fe_{78}Si_9B_{13}$ | 20 | | 1.56 | 1 | 3.5 | | 1.37 | 0.28 | 166.0 |
| | $Co_{70.5}Fe_{4.5}Si_{10}B_{15}$ | 21 | | 0.88 | 7 | 1.2 | $\sim 0$ | 1.47 | | 62.0 |
| | $Co_{68}Fe_4(MoSiB)_{28}$ | 23 | | 0.55 | 15 | 0.3 | $\sim 0$ | 1.35 | | 35 |
| | $Co_{75}(FeMn)_5(MoSiB)_{23}$ | 23 | | 0.80 | 0.3 | 0.5 | $\sim 0$ | 1.30 | | 40 |
| | $Fe_{76}(SiB)_{24}$ | 23 | | 1.45 | 0.8 | 3 | 32 | 1.35 | | 50 |
| 晶态合金 | $Ni_{80}Fe_{20}$ | $10^5$ | 50 | 0.75 | $10^{c)}$ | | $<1$ | 55 | | $>90^{d)}$ |
| | $Ni_{50-60}Fe_{50-40}$ | $10^5$ | 70 | 1.55 | $4^{c)}$ | | 25 | 45 | | $>200^{d)}$ |

注:* $f=1$ kHz 时的值;** 铁芯损耗 $W_{a/b}$ 表示在磁感应强度为 $a \times 10^{-1}$ T 和频率为 $b$ Hz 时的值;
    c) 频率为 50 Hz 的磁导率值;d) 涡流损耗限;
    $D$—晶粒尺寸;$M_s$—饱和磁化强度;$\lambda_s$—饱和致伸缩系数;
    $\mu_e$—有效磁导率;$\rho$—电阻率;$W$—铁芯损耗;$t$—薄带厚度。

在交变场中工作的软磁材料,铁芯损耗是衡量软磁性能好坏的一个重要指标。由于总铁芯损耗 $P_c$ 是磁滞损耗 $P_h$ 和涡流损耗 $P_e$ 之和,即

$$P_c/f = P_h/f + P_e/f = a + bf \tag{2.2.26}$$

式中,$f$ 是工作频率,$a$ 和 $b$ 是常数,如果 $P_c/f$-$f$ 关系是线性的,则可由此算出它们的数值。在金属磁性材料中,一般涡流损耗包括宏观涡流损耗 $P_e^{ma}$ 和微涡流损耗(反常损耗)$P_e^{mi}$,即

$$P_e = P_e^{ma} + P_e^{mi} \tag{2.2.27}$$

其中,宏观涡流损耗 $P_e^{ma}$ 也称经典涡流损耗,可由下面的公式计算

$$P_e^{ma} = \pi^2 d^2 B_m^2 f^2 / (6\rho) \tag{2.2.28}$$

式中,$d$ 是薄带厚度,$B_m$ 是振幅磁感应强度,$\rho$ 是电阻率。由此可见,带状材料的厚度越小,电阻率越高,则涡流损耗就越小。磁滞损耗依赖于磁滞回线的面积和频率,因此通过减小矫顽力即可减小这一部分损耗。纳米晶合金是满足这些条件的。根据 Yoshizawa

等人[103]的实验,在 $B_m=0.2$ T 和 $f=100$ kHz 条件下,对于厚度为 18 $\mu m$ 的带材,FINEMET-1M 材料的 $P_h/f=0.42$ J/$m^3$, $P_c/f-P_h/f=2.3$ J/$m^3$, $P_e^{ma}/f=1.87$ J/$m^3$,而 FINEMET-1L 材料的 $P_h/f=0.49$ J/$m^3$, $P_c/f-P_h/f=2.0$ J/$m^3$, $P_e^{ma}/f=1.87$ J/$m^3$,可以看到,对于这种纳米晶合金,微涡流损耗 $P_e^{mi}=P_c-P_e^{ma}$ 是很小的。在传统软磁材料中,例如 Fe-Si 合金,如果晶粒相当大,则由畴壁位移引起的微涡流损耗往往要比由(2.2.28)式算得的宏观涡流损耗大 3～4 倍。

从表 2.2.18 可以看到,FINEMET 纳米晶合金由于 $\alpha$-Fe-Si 晶粒中的高 Si 含量,其电阻率在 115 $\mu\Omega\cdot$cm 左右,比非晶态合金略低,但比晶态合金要大一倍。再说,一般纳米晶合金薄带的厚度在 20～30 $\mu m$,加上内部的纳米结构,同时矫顽力又特别小,因此使其具有很低的铁芯损耗,几乎可和 Co 基非晶态合金相媲美。

### 4. 其他双相纳米晶软磁合金

#### (1) Fe(Co)-Zr-B-(Cu)纳米晶合金

Fe-M-B-(Cu)(M=Zr,Hf 或 Nb)纳米晶合金的商品名称为"NANOPERM",是 Suzuki 和 Makino 等人在 1990 年前后开始开发的[97],最大的特点是具有高饱和磁感应强度,一般可达 1.5 T 以上,这是由它们较高的含 Fe 量和相应的微结构所决定的。微结构和 FINEMET 合金相似,如图 2.2.54(a)所示,不过纳米晶粒相是 $\alpha$-Fe。

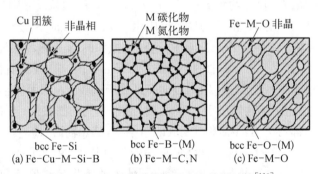

图 2.2.54　几种典型纳米晶合金的微结构[110]

1998 年,Willard 等人研究了 Co 部分取代 Fe-M-B-(Cu)合金中的 Fe 的效应,发现由此可以获得更高的 $B_s$,并将成分为 $Fe_{44}Co_{44}Zr_7B_4Cu_1$ 的纳米晶合金的商品名称定名为"HITPERM"[106-108],其纳米晶粒相是 $\alpha'$-Fe-Co。

最近,Inoue and Makino[109]对这一类纳米晶合金的晶化行为和磁性做了系统评述。由单辊快淬法得到的非晶态薄带 Fe-Zr-B-(Cu) 经过在 623～923 K 之间退火 1 小时的热处理,析出晶粒尺寸为 10～20 nm 的体心立方 $\alpha$-Fe 相,外部则由非晶态薄层所包围。晶粒与晶粒之间的交换耦合经由非晶态薄层实现。非晶态薄层包含较高浓度的 Zr、B 元素。如果在 950 K 退火, $\alpha$-Fe+$Fe_3Zr$+X 三相共存,其中 X 相是尚未识别的体心立方相,同时,可使 $\alpha$-Fe 相晶粒粗化。在 Fe-Zr-B-(Cu)合金中,加入 1at%Cu 的好处是有利于扩展形成体心立方相的温度范围,可以使体心立方相的晶粒尺寸更细小和晶粒尺寸的分布更均匀,对磁导率的提高是明显的。比较一下 $Fe_{87}Zr_7B_6$ 和 $Fe_{86}Zr_7B_6Cu_1$ 两种合金,同样经过 873 K 退火 1 小时的热处理,所测得的 1 kHz 时的有效磁导率,前者为 3 000,后者为 18 000(最大值可达 48 000)。研究发现,平均晶粒尺寸在 7 nm 左右的 Fe - Zr - Nb - B - Cu 纳米晶合金具有接近于零的磁致伸缩,在 1 kHz 时的有效磁导率可大于 $10^5$,矫顽力小于 2 A/m。

双相纳米晶合金中有一个重要的特点是通过部分晶化后,残余非晶相的居里温度比退火前相应的快淬态非晶态合金要高。这在 Fe - M - B(M=Zr、Hf、Nb)中比 Fe - Cu - Nb - Si - B 中更为明显,如 $Fe_{91}Zr_7B_2$ 在快淬态时居里温度约 230K,经退火后,残余非晶相的居里温度可高达 370 K 左右。这是由于纳米晶合金中 $\alpha$ - Fe 晶粒之间的交换作用从 $\alpha$ - Fe 晶粒穿透到非晶相中(交换穿透效应)以及经过初始晶化残余非晶相中溶质元素富集而导致化学重新分布共同造成的。

### (2) Fe - M - N,C (M=Zr,Hf,Ta,Nb) 膜[110,111]

薄膜是在 Ar+$N_2$(或含 C)的混合工作气体中通过反应溅射工艺沉积的。膜中的 N,C 含量通过调节 Ar 气和 $N_2$ 气(或含 C 气流)的比例、速度和/或控制薄膜沉积期间衬底温度来控制。例如,如果 Ar+$N_2$ 的混合气体总的流动速率在 0 和 15 mol% 之间,则薄膜中 N 含量可以在 0~25at% 之间变化[121]。该系统出现软磁性能的机理在于通过适当温度下的退火,造成纳米尺寸的 $\alpha$ - Fe (N,C) 晶粒和分布在晶界处的 ZrN、TaC 等析出相所组成的微结构,如图 2.2.54(b)所示。氮化物和碳化物相大多分布在三个晶界的交点处。$\alpha$ - Fe (N,C) 晶粒的尺寸约为 5~10 nm,ZrN、TaC 的颗粒尺寸则只有 1~3 nm。在退火期间,通过 N 和 Zr 或 Ta 和 C 的择优反应生成 ZrN 或 TaC,剩余的 N 或 C 和 Fe 化合形成过饱和固溶体。在 Fe - Zr - N 膜中,这种过饱和的 N 是磁场热处理期间感生磁各向异性的主要原因。溶入 $\alpha$ - Fe 中的 N 原子处于 $\alpha$ - Fe 基体的间隙八面体座中,在 (100)面内有四个邻近 Fe 原子,沿[100]方向有两个 Fe 原子。八面体轴垂直于(100)面。业已发现,溶入 $\alpha$ - Fe 的 N 含量小于 2.7at% 时,晶格是均匀膨胀的;当 N 含量较高时,因为该八面体座太小,体心立方晶格将畸变成四角结构,其 $c$ 轴沿[100],$c/a$ 比值随 N 含量增大而线性增大。正是这种含 N 八面体的四角对称性以及 N 原子择优占据一些八面体座使这些八面体座的[100]轴取向化最后造成了薄膜的感生单轴磁各向异性。这些薄膜的典型磁性能为:$\mu$(1 MHz)=5 000,$B_s$= 1.6~1.7 T,$\lambda_s=10^{-7}$,适合于用作高频软磁材料。通过在薄膜制备期间沿膜面施加 800 Oe 磁场和控制 Zr、N 含量,$B_s$ 可提高到 1.7~2.1 T,感生单轴各向异性场 $H_k$= 0~30 Oe。这样的薄膜可用作 GHz 频段的电感磁芯[111]。

Viala 等人[112]详细研究了纳米晶 Fe - Ta - N 薄膜的微结构、应力、磁致伸缩、电阻率和磁性,发现薄膜所具有的柱状微结构对于形成大的垂直各向异性和控制高 Ta 含量时观察到的类"带状畴"行为起着关键的作用,而且,沉积态薄膜的磁性灵敏地依赖于晶粒尺寸、晶粒的形貌和晶界的性质。在这种薄膜中,N 起着"晶粒细化剂"的作用,薄膜优异的软磁性能可以利用磁晶各向异性趋于零来解释。对于成分为(5~15)wt%Ta、(1.65~3.65)at%N 和膜厚为 0.5 $\mu$m 的薄膜,利用横向磁场退火可以得到的磁性能为:$B_s$= 2.1 T,$\mu_i \geqslant$ 3 000 和 $H_c$<0.5Oe。

### (3) 软磁颗粒膜

#### ① Co(Fe)-Al(Zr)-O 颗粒膜。

利用 $Co_{72}Al_{28}$ 合金做靶材,通过 $Ar+O_2$ 气氛中的射频反应溅射法和控制氧分压可在玻璃衬底上制备 Co-Al-O 颗粒膜,氧含量可在 $0\sim47at\%$ 之间变化。在这种颗粒膜中,晶态 Co 颗粒弥散地分布在非晶氧化物的基体中,微结构的示意图示于图 2.2.54(c)中[110]。电阻率明显增大($10^4\sim10^9\ \mu\Omega\cdot cm$)。薄膜中 Co 颗粒的平均尺寸和包围 Co 颗粒的非晶氧化物层厚度依赖于氧含量的变化[113]。软磁性的 Co-Al-O 纳米颗粒膜制备时如果衬底温度高于 $100℃$,则薄膜的电阻率可大于 $500\ \mu\Omega\cdot cm$,$B_s>10\ kG$,$H_k>70\ Oe$。

Co-Zr-O 纳米颗粒膜的制备方法和 Co-Al-O 颗粒膜基本相同,但在制备过程中,其玻璃衬底可以采用水冷冷却,这对利用微加工刻蚀技术制造微型磁性器件是有利的。Co-Zr-O 系纳米颗粒膜有可能出现软磁性的成分范围比 Co-Al-O 系要更宽一些。Ohnuma 等人[114]系统地研究了这种薄膜的磁性和电阻率随成分的变化。低 $H_c$ 分别出现在 70at% Co 和 55at% Co 附近的区域。前一成分区类似于 Co-Al-O 颗粒膜,后一成分区则是 Co-Zr-O 系颗粒膜所特有的。Co-Al-O 系在 55at% Co 附近会出现超顺磁性,但 Co-Zr-O 系在此成分附近却不会出现超顺磁性。成分为 $Co_{58}Zr_{11}O_{31}$ 膜的磁谱上,尽管膜厚已达到 $2\ \mu m$ 左右,实部 $\mu'$ 直至频率高达 $1\ GHz$ 均是平缓变化的,自然共振频率超过 $3\ GHz$。对于成分为 $Co_{60}Zr_{10}O_{30}$ 的膜,$H_k>150\ Oe$,$H_c<3Oe$,$B_s>9\ kG$,电阻率大于 $1\ 000\ \mu\Omega\cdot cm$。另外,当氧含量低于 $ZrO_2$ 的比例时,$B_s$ 随 Zr 含量的增大而减小;当氧含量高于 $ZrO_2$ 的比例时,$B_s$ 随氧含量的增大而减小。因此,对于成分在 Co-$ZrO_2$ 附近的薄膜,它们的 $B_s$ 要比其他成分(但 Co 含量相同)的薄膜的大。

这类颗粒膜材料可用于 GHz 频率范围内的薄膜变压器以及电磁波的吸收体等。

Yoshida 等人[115]利用溅射法制备了 Fe-Al-O 膜。为了产生感生各向异性,将薄膜在真空中进行磁场退火成为纳米晶颗粒膜。Fe-Al-O 颗粒膜的成分有 $Fe_{72}Al_{11}O_{17}$、$Fe_{55}Al_{18}O_{27}$ 等。主要的电磁性能是:$H_k=18\sim12\ Oe$、$M_s=17.6\sim12.5\ kG$、$\rho=220\sim590\ \mu\Omega\cdot cm$。

#### ② Co-Pd-Al-O 膜。

目前,单片式微波集成电路中采用的电感器是在准微波波段(约 $800\ MHz$)工作的。然而,宽带 CDMA 将在大约 $2\ GHz$ 频率下工作。因此,磁性薄膜器件也应该相应提高它的工作频率。Kim 等人[116]使用射频溅射法制备了 Co-Pd-Al-O 膜,研究了 Pd 含量和磁场退火对薄膜高频性能的影响。X 射线衍射图表明薄膜包含金属 Co-(Pd)相和 Al+O 绝缘相所组成。绝缘相中,Al 与 O 的成分比例约为 0.5,大于 $Al_2O_3$ 中的响应比例。随着 Pd 含量的增大,富 Co 相的衍射峰移向低角度,即它的晶格常数变大。当 Pd 含量从 0 变化到 19at% 时,$4\pi M_s=11.0\sim9.3\ kG$、$H_k=67\sim118\ Oe$、电阻率为 $750\sim184\ \mu\Omega\cdot cm$、$H_{ce}=4.1\sim65\ Oe$;$H_{ch}=2.9\sim6.5Oe$;在 Pd 含量达到 19at% 时,薄膜的品质因数 $\mu'/\mu''$ 在频率为 $1\ GHz$ 时为 23.3,$1.5\ GHz$ 时为 6.7,$2\ GHz$ 时为 1.5,而共振频率则可高达2.9 $GHz$。

### (4) 双相非晶态薄膜[117-119]

Munakata 等人[117-119]采用同步双重和三重射频磁控溅射在玻璃衬底和聚酰亚胺衬

底上制备了高电阻的$(CoFeB)$-$(SiO_2)$非晶薄膜。X射线衍射实验证实薄膜具有非晶态结构,由CoFeB富金属非晶相和富$SiO_2$非晶相组成。这种薄膜的软磁性和高电阻率正是由薄膜中的这一非均匀非晶态结构所决定的。

溅射前,工作室的背景真空度低于$2\times10^{-7}$ Torr,溅射时,氩气压力为$(3\sim5)\times10^{-3}$ Torr,衬底采用水冷,并以140 rpm的速率绕平行于膜面的轴旋转。靶材选用直径为100 mm,厚5 mm的$SiO_2$和$Co_{66.6}Fe_{7.4}B_{26}$。膜厚控制在$1.2\sim2.0$ $\mu m$。薄膜中$SiO_2$含量由改变入射到$SiO_2$靶上的射频功率来控制。结果发现,制备态膜中当体积分数为20 vol.%时,矫顽力低达$0.2\sim0.3$ Oe,电阻率高达$1\,500\sim2\,200$ $\mu\Omega\cdot cm$,各向异性场$H_k=40$ Oe,磁导率$200$,$4\pi M_s=7.3$ kG。在1 MHz频率下,最大磁通密度$B_m=0.1$ T时的铁芯损耗为$1\sim1.5$ $J/m^3$,和Co基非晶超薄带的铁芯损耗一样低,可用于微磁元件在兆赫兹频率范围内工作的薄膜铁芯。

薄膜的品质因数$\mu'/\mu''$依赖于薄膜的厚度,随着薄膜厚度$d$的增大而减小。当$d=0.1$ $\mu m$时,薄膜的$\mu'/\mu''$有最大值(约5.7),和电阻率的大小无关。磁导率$\mu'=120\sim150$,$f_r=1.6\sim1.9$ GHz。这种薄膜可以用于工作频率达1 GHz的驱动电感器中。最近Munakata等人[119]制备了成分为$(Co_{35.6}Fe_{50.0}B_{14.4})$-$(SiO_2)$非晶态双相膜,其电阻率可高于$1\times10^{-4}\Omega\cdot m$,$B_s>8$ kG,$H_k$约250 Oe,沿难磁化轴矫顽力$H_{ch}=5.6$ Oe,$\mu'=50$直至2 GHz可基本保持不变,铁磁共振频率高于3 GHz,适合用作GHz频段的铁芯材料。

### (5) 磁性多层膜和图形化膜

Webb等人[120]对宽度为$W$(分别为1.2、0.5、0.3 cm),层厚分别为100 nm和10 nm的坡莫合金磁性层和$ZrO_2$绝缘间隔层组成$[Ni_{79}Fe_{21}(100\text{ nm})]_3/[ZrO_2(10\text{ nm})]_2$多层膜,从理论上和实验上对磁导率的干涉共振现象进行了研究。指出关键在于如何消除薄膜边缘处的电短路,以便观察到高磁导率磁性层的电感和磁性层之间的电容性耦合所造成磁导共振。在一给定的频率下,这种多层膜结构由于磁导共振可以使磁导率明显大于直流磁导率。作者认为,利用这种效应,可以通过改变外磁场来改变磁导率,提供了一种制造可调谐、可开关的滤波器和变压器的可能性。

Kataoka等人[121]用溅射法制备了由磁性层和间隔层组成的磁性多层膜,磁性层的成分选择$Fe_{75.6}Cu_{0.8}Nb_{1.9}Si_{13.2}B_{8.5}$,其厚度$x$从1 $\mu m$变到5 nm;间隔层是$SiO_2$,厚度固定在5 nm不变。这一组成可写为$[Fe_{75.6}Cu_{0.8}Nb_{1.9}Si_{13.2}B_{8.5}(x\text{ nm})/SiO_2(5\text{ nm})]_n$,双层膜的数目$n$的选择是使总厚度固定在1 $\mu m$。通过在500℃退火1小时,磁性层也出现体心立方的$\alpha$-FeSi微细晶粒。对于$x=500$ nm的多层膜,在1 MHz频率下,磁导率达7 000,矫顽力约0.08 Oe。

为了探索能在数十GHz频率下正常工作的软磁性薄膜,最近报道了在图形化薄膜方面所作的初步实验研究结果[122]。方法是先制成厚度为0.1 $\mu m$的单层薄膜,材料是具有高磁晶各向异性常数的磁性颗粒膜或多层膜,然后采用刻蚀法制成间隔为5 $\mu m$、宽度为$10\sim20$ $\mu m$、长度为3.9 mm的长条阵列的图形化膜。结果显示,在刻蚀前,共振损耗开始增大的频率低于500 MHz,刻蚀后,当膜条宽度为20 $\mu m$时,这一频率可提高到1.5 GHz左右。截止频率的明显提高说明了这一途径值得深入研究。

### 5. 纳米晶软磁材料的应用

图 2.2.55[106,110] 和图 2.2.56[115] 分别示出了各种软磁材料的 $\mu_e$-$B_s$ 关系和 Fe-M-B-Cu (M=Zr, Nb) 纳米晶合金的磁性特征和预期的应用领域。从图 2.2.55 可以看到,和传统的磁性材料(如 Ni-Fe、Fe-Si-Al、Fe-Si、Fe-Co 合金、锰锌铁氧体等)以及 Co 基、Fe 基非晶态磁性材料相比,纳米晶合金在 $\mu_e$-$B_s$ 关系图上占据右上角的位置,即同时具有较高的 $\mu_e$ 和 $B_s$ 值。图 2.2.56 中列出的许多应用实际上对其他系列的纳米晶合金也是适用的。

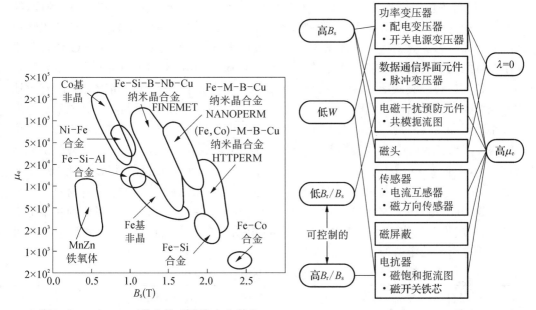

图 2.2.55　1 kHz 时的有效磁导率 $\mu_e$ 和饱和磁感应强度 $B_s$ 的关系[106,110]

图 2.2.56　Fe-M-B-Cu(M=Zr, Nb) 纳米晶合金的磁性特征和应用领域[109]

Yoshizawa 等人[86]曾将 FINEMET 纳米晶合金带材制成扼流圈的铁芯,发现和 Fe 基非晶及 Mn-Zn 铁氧体比较,脉冲电压的衰减特性得到明显改善,因此这种扼流圈可用于宽频范围并能排除雷电引起的高压噪声的影响。Makino 等人[123]曾经报道过成分为 $Fe_{86}Zr_7B_6Cu_1$ 的 NANOPERM 纳米晶合金在 1 T 和 50 Hz 情况下的铁芯损耗只有 0.066 W/kg,如用作变压器铁芯材料,这样低的损耗以及高 $B_s$ 和高 $\mu_i$ 特性均优于 Fe-3.5%Si 晶态合金和 $Fe_{78}Si_9B_{13}$ 非晶合金。对于功率变压器的应用主要是因为纳米晶合金在一较大的 $B_s$ 范围内铁芯损耗较低。同时,Fe-Zr-Nb-B-Cu 纳米晶合金用作功率变压器铁芯时变压器的效率-输出电流特性也要好于这两种材料。如果用作共模扼流圈铁芯,测量表明在 0.1~10 MHz 频率范围内的噪声衰减特性也优于 $Fe_{78}Si_9B_{13}$ 非晶合金。此外,这种纳米晶合金也已用于 ISDN 通信系统终端适配器的脉冲变压器中。Naitoh 等人[124]也曾介绍过 NANOPERM 纳米晶合金在扼流圈中的应用,作为一种有源滤波器,可以用来防止相位调整设备的电抗器元件的信号失真。

有关 HITPERM 纳米晶材料的应用,有人报道可尝试用在多电航空集成发电机组 (More-electric aircraft integrated power unit,缩写为 MEA-IPU)中[106]。这种发电机组需要大块软磁体和硬磁体分别用作转子和磁性轴承,对于电力生产至关重要。以前使用的转子材料是 Fe-Co 合金叠片。这种应用对材料的要求是要有优异的高温磁性和机械性能。具体来说,1 kHz 时的磁导率为 $10^2 \sim 10^3$,在 $500 \sim 600 ℃$ 高温下要有大的 $B_s$ 值和机械牢固性。因此,高温磁性的严格要求排除了除 Co 基和 Fe-Co 基合金以外所有其他软磁材料入选的可能性。

在 10 MHz 附近,Fe-M-O 和 Co-Fe-Hf-O 系纳米晶薄膜对手提式电器设备用微型开关转换器[120]中的薄膜电感或变压器是适用的。在高达 100 MHz 频率范围时,Fe-M-O 薄膜可以用于超高密度($>1$ Gbit/in$^2$)磁记录的磁头材料。在 GHz 频段,纳米晶合金在与电磁波有关的噪声滤波器、薄膜变压器或其他的微磁器件和微型开关转换器用的平面电感等应用将有待开发[106]。Yoshida 等人[115]报道说,Fe-Al-O 颗粒膜可以用作微型高频传输噪声抑制器,来代替作者先前研制的由 Fe-Si-Al 小片和聚合物组成的复合片材料。实践证明,将这些复合片放入各种半导体元件和电路附近可以有效地抑制辐射噪声,这时,可以理解为高频电流因复合片引入的附加电阻而降低。该附加电阻的大小除了和复合片的动态磁损耗有关外,还和它们的尺寸有关。随着磁性材料被引入集成电路中,希望噪声抑制器也要薄膜化。将一厚度约为 2 μm 的 Fe-Al-O 颗粒膜沉积在微带线上,在准微波频段(几十 MHz 到几 GHz),因为有很大的 $\mu''$ 频散,可以在微带线上起宽带短线的作用,有效地抑制高频传输噪声,其效果等价于几百微米厚的复合片材料。

数据表明,Fe(Co)-Zr(Al)-O 和 Co-Pd-Al-O 膜可以在高于 1 GHz 的频率下工作,有希望成为下一代单片式微波集成电路的电感材料[119]。表 2.2.19 中列举了一些可用作射频电感器的候选薄膜材料的性能。

表 2.2.19　射频电感器的候选薄膜材料[119]

| 材料 | $H_{ch}$(Oe) | $H_k$(Oe) | $Q$(1 GHz 时) | $\mu'$ |
|---|---|---|---|---|
| $(Co_{0.87}Si_{0.13})_{85}Pd_{15}-O$ | 2.1 | 188 | 5.2 | 52 |
| $(Co_{0.85}Al_{0.15})_{60}O_{40}$ | | 83 | 8 | 120 |
| $Co_{51}Pd_{34}Si_3O_{12}$ | | 220 | 5 | 150 |
| $(Co_{0.7}Fe_{0.3})-Al-O$ | 0.9 | | 4 | 180 |
| $Fe_{61}Al_{13}O_{26}$ | | | 1.5 | 200 |
| CoZrO | | 80 | 3 | 150 |
| CoPdAlO | 6.5 | 118 | 6.7 (1.5 GHz 时)<br>1.5 (2 GHz 时) | 64 |

应该指出,纳米晶合金带材经过退火处理后,脆性和非晶态合金相比有所增大,对电子器件应用而言是一个缺点。

## 6. 结论

归结起来,Fe(Co)基双相纳米晶材料之所以具有优异的软磁性能,主要有以下几个原因：

①　材料经部分晶化以后，因为残余非晶相的正磁致伸缩和 $\alpha$-Fe(Si)晶粒的负磁致伸缩互相抵消，使材料的总饱和磁致伸缩系数有可能大大减小甚至趋近于零。

②　薄带在快淬期间所感生的内应力通过 823 K 左右的退火热处理后大大减小，甚至完全消除，从而大大降低了应力各向异性对软磁性能的不良影响。

③　根据推测，$\alpha$-Fe(Si)纳米晶粒具有随机取向的易磁化轴，而交换相互作用将减小由磁晶各向异性引起的磁化矢量取向上的随机变化。当交换相关长度 $L_{ex}$ 远大于晶粒直径 $d$ 时，则有效各向异性常数 $<K>$ 将比 $\alpha$-Fe(Si)晶粒相的磁晶各向异性常数 $K_1$ 小几个数量级，几乎接近于零，这有利于提高磁导率和减小矫顽力。

④　由于晶粒纳米化，晶粒之间的距离很小，因此存在于晶粒之间的交换作用很强可以有效地抑制超顺磁性。

⑤　相对于纳米晶粒而言，材料的畴壁厚度很宽。因为 $\alpha$-Fe(Si)纳米晶直径小于畴壁厚度的 1/10，因此，畴壁移动时受到晶界的钉扎作用很小。

在应用方面，纳米晶软磁材料已经走向实用化，特别是在 MHz～GHz 频段具有高磁导率和低损耗的特点将会使其在高科技领域开发出更大的应用空间。我们有必要加强对这类材料的基础研究和应用研究，以探索能更好地满足高科技发展最新需求的高频软磁材料。

**参考文献**

［1］Yensen T. D., Effect of impurities on ferromagnetism［J］, *Phys. Rev.*, 1932, 39: 358-363.

［2］Cioffi P. P., Hydrogenized iron［J］, *Phys. Rev.*, 1932, 39: 363-367.

［3］Cioffi P. P., New high permeabilities in hydrogentreated form［J］, Phys. Rev., 1934, 45: 742.

［4］Cioffi P. P., Williams H. J., Bozorth R. M., Single crystals with exceptionally high permeabilities［J］, *Phys. Rev.*, 1937, 51: 1009.

［5］Littmann M. F., Iron and Silicon-Iron Alloys［J］, *IEEE Trans. Magn.*, 1971, 7(1): 48-60.

［6］Carl Heck, *Magnetic Materials and their Application*［M］, Translated from the German by Stuart S., Hill M., Eng, Butterworth Co. (Publishers) Ltd, London, 1974.

［7］Chen G. Y., Wernick J. H., Soft magnetic metallic materials, Ch. 2 in: Handbook of Magnetic Materials, Vol 2, ed. Wohlfarth E.P., North-Holland publishing Company, 1980: 55-188.

［8］Chin C. W., *Magnetism and Metallurgy of Soft Magnetic Materials*［M］, North-Holland Publishing Company, Amsterdan, 1977: pp. 171-367, 392.

［9］Metals Handbook, Vol.8 (Am. Soc. Met., Metals, Park OH), 1973.

［10］戴礼智.金属磁性材料［M］.上海人民出版社, 1973: p.134.

［11］Leak G. M., *Research*, 1956, 11(2): 57.

［12］Hall R. C., *J. Appl. Phys.*, 1959, 30: 816.

［13］Littmann M. F., *J. Appl. Phys.*, 1967, 38: 1104.

［14］Bölling F., Hastenrath M., *Thyssen Techn. Ber. H.*, 1986, 1: 49-68.

［15］Yamamoto T., Takakuchi S., Sakakura A., Nozawa T., *IEEE Trans. Magn.*, 1972, 8: 677.

［16］Assmuss F., Detert K., Ibe G. Z., *Metallk.*, 1957, 48: 344-349.

［17］Takada Y., Abe M., Masuda S., *J. Appl. Phys.*, 1988, 64(10): 5367-5369.

［18］Haiji H.，Okada K.，Hiratani T.，*J. Magn. Magn. Mater*，1996，160：109－114.

［19］李晓，郝晓东，孙跃.高硅硅钢片的特性、制备及研究进展［J］.磁性材料及器件，2008，39(6)：14.

［20］高田芳一，等.高功能硅钢片(6.5％Si)的特性及应用［J］.国外钢铁，1990，9：63－67.(原载于日本钢管公司的 NKK 技报，1989，127：26.

［21］钟太彬，林均品，陈国良.功能材料，1999，30(4)：337－340.

［22］Kunihiro S.，Misao N.，Yasuyuki H.，*JFE Technical Report*，2004，4：67－73.

［23］秦卓，吴隽，魏海东，等.气相沉积技术制备 6.5wt.％Si 高硅钢的研究进展［J］.热加工工艺，2015，44(20)：7－10.

［24］林均品，叶丰，陈国良，等.6.5(wt.)％Si 高硅钢冷轧薄板制备工艺、结构和性能［J］.前沿科学，2007，2：13－26.

［25］Goldstein J. I.，Metals handbook，Vol.8，(Am. Soc. Met. Metals Park，OH)，1973：304.

［26］Bozorth R. M.，*Rev. Mod. Phys.*，1953，25：42.

［27］English A. T.，Chin G. Y.，Metallurgy and magnetic properties control in permalloy［J］，*J. Appl. Phys.*，1967，38：1183－1187.

［28］Hilzinger R. W.，Magnetic Materials (Fundamentals，Products，Properties，Applications)，VACUUMSCHMELZE GmbH & Co. KG (ed.)，Hanau Germany，Publicis Publishing，Erlangen，2013.

［29］Pfeifer F.，in：Nickel and Nickel Legierungen；Volk K. E. (Ed.)，Berlin，Heidelberg，New York：Springer-Verlag，1970：pp. 73－100.

［30］Puzei I. M.，*Bull. Acad. Sci. USSR Phys. Ser.*，1957，21：1083.

［31］Ferguson E. T.，*J. Appl. Phys.*，1958，29：252.

［32］Graham C. D. Jr.，in：Magnetic Properties of Metals and Alloys，Clevland，OH：ASM，1959：pp. 288－329.

［33］Chikazumi S.（近角聪信）.铁磁性物理［M］.葛世慧，译.兰州大学出版社，2002：p.248.

［34］Arnold H. D.，Elmen G. W.，*J. Franklin Inst.*，1923，195：621.

［35］Pfeifer F.，Cremer R. Z.，*Metallk*，1973，64：362.

［36］群研.国外金属材料，1976，56：13.

［37］Hall R. C.，*J. Appl. Phys. Suppl.*，1960，31：157S.

［38］Hall R.C.，*J. Appl. Phys.*，1959，30：816.

［39］Sugihara M.，*J. Phys. Soc. Japan*，1960，15：1456－1460.

［40］Sourmail T.，Near equiatomic FeCo alloys：Constitution，mechanical and magnetic properties［J］，*Progress in Materials Science*，2005，50：816－880.

［41］董哲，陈国钧，彭伟锋.高温应用软磁材料［J］.金属功能材料，2005，12(1)：35－41.

［42］Finger R. T.，Carr R. P.，Turgut Z.，Effect of aging on magnetic properties of Hiperco 27，Hiperco 50 and Hiperco 50 HS［J］，*J. Appl. Phys.*，2002，91(10)：7848－7850.

［43］Yu R. H.，Basu S.，Zhang R. Y.，*et al.*，High temperature soft magnetic materials：Fe－Co alloys and composites［J］，*IEEE Trans. Magn.*，2000，36(5)：3388－3393.

［44］张福田.铁铝系软磁合金材料［J］.国外金属材料，1997，5：26－43.

［45］冈部政和.整流稳压器用磁粉芯［J］.日本应用磁气学会志，1985，9(4).中译文：武汉冶金，1986，2：42－45.

［46］翁兴园.中国磁粉芯产业现状及发展前景［J］.新材料产业，2009，1：1.

［47］张继松.金属磁粉芯的现状及前景展望［J］.磁性元件与电源，2014，1：144－149.

［48］林平长.金属磁粉芯简介，第三章，金属磁粉芯的特性［J］.产品技术中心磁性元件研究报

告,2008.

[49] 祁峰.磁导率 m＝60 的铁硅合金复合 Raubould 磁粉芯制造方法[J]. CN101572151A. 2009 - 11 - 04.

[50] 刘志文,王锋.Fe - 6.5Si 合金粉末的制造方法及磁粉的制造方法[J].CN101572151A.2009 - 11 - 04.

[51] 张瑞标,朱小辉,杜成虎,等.金属磁粉芯的研究与发展[J].磁性材料及器件,2011,42(3):13.

[52] Raybould D., Hasagawa R., *Met. Powder Rep.*, 1984, 39 (10): 579.

[53] Hasagawa R., Hathaway R. E., Chang C. F., *J. Appl. Phys.*, 1985, 57: 3566 - 3568

[54] 姚中,姚丽姜,虞维扬.非晶态高频磁粉芯的研究[J].粉末冶金技术,1989,7(4):229 - 232.

[55] 唐书环,王红霞,王子杰,等.带材破碎法制备 Fe$_{78}$Si$_9$B$_{13}$ 非晶合金粉末及其磁粉芯性能[J].金属功能材料,2010,17(3):9 - 12.

[56] Endo I., Ottsuka I., Okuno R., *et al.*, *IEEE Trans. Magn.*, 1999, 35: 3385 - 3387.

[57] 韩志全.Fe 基非晶铁粉芯[J].磁性材料及器件,2011,42(1):79.

[58] Yagi M., Endo I., Otsuka I., *et al.*, *J. Magn. Magn. Mater*, 2000, 215 - 216: 284 - 287.

[59] Yoshida S., Mizushima T., Hatanai T., *et al.*, Preparation of new amorphous powder cores using Fe - based glassy alloy[J], *IEEE Trans. Magn.*, 2000, 36(5): 3424 - 3429.

[60] 张甫飞,纪朝廉,张洛,李挹红.铁基纳米晶合金粉末及磁粉芯研究[J].磁性材料及器件,2000,31(5):1 - 5.

[61] Kim G. H., Noh T. H., Choi G. B., *et al.*, Magnetic properties of FeCuNbSiB nanocrystalline powder cores using ball-milled powder[J], *J. Appl. Phys.*, 2003, 93 (10):7211.

[62] Kim Y. B., Jee K. K., Choi G. B., Fe-based nanocrystalline alloy powder cores with excellent high frequency magnetic properties[J], *J. Appl. Phys.*, 2008, 103 (7): 07E704.

[63] 姚丽姜,姚中,虞维扬.降低 FeSiAl 磁粉芯损耗方法研究[J].上海钢研,2005,3:55 - 57.

[64] Taghvaei A. H., Shokrollahi H., Ghaffari M., *et al.*, Influence of particle size and magnetic properties of iron-phenolic soft magnetic composites[J], *J. Phys. Chem. Solids*, 2010, 71(1):7 - 11.

[65] 韩志全.高磁通密度铁粉芯的研究进展[J].磁性材料及器件,2011,42(2):48.

[66] 韩志全.高性能铁粉芯的应用动态[J].磁性材料及器件,2011,42(5):13,47.

[67] 田岛伸,近藤幹夫,等.粉体和粉末合金,2006,53(3):290 - 296.

[68] Tajima S., Hattori T., Kondoh M., *et al.*, *IEEE Trans.*, 2005, MAG - 41: 3280 - 3282.

[69] 中山亮治,渡边宗明,等.粉体和粉末合金,2006,53(3):285 - 289.

[70] 岛田良幸,西冈隆夫,等.粉体和粉末冶金,2006,53(8):686 - 695.

[71] Gheisari K. H., Javadpour S., Shokrollahi H., *et al.*, Magnetic losses of iron-based soft magnetic composites consisting of iron and Ni-Zn ferrite[J], *J. Magn. Magn. Mater*, 2008, 320 (8): 1544 - 1548.

[72] Kondoh M., Okajima H., High density powder compaction using die wall lubrication[J], *Advances in Powder Metallurgy & Particulate Materials*, 2002: 347 - 354.

[73] Tajima S., Hattori T., Kondoh M., *et al.*, Properties of high density magnetic compoeite by warm compaction using die wall lubrication[J], *Mater. Trans*, 2004, 45: 1891 - 1894.

[74] 李庆达,连法增,尤俊华,等.Fe-Si-Al 复合磁粉芯制备工艺的研究[J].材料工程,2011,2:65 - 68.

[75] 李庆达,连法增,尤俊华,等.软磁 Fe - Si - Al 磁粉芯性能研究[J].功能材料,2009,3:369 - 371,375.

[76] Kramer J., *Annln Phys.*, 1934; *Z. Phys.*, 1937, 106: 675.

[77] Brenner A., Couch D. E., Williams E. K., *J. Res. Nant. Bur. Stand.*, 1950, 44: 109.

[78] Duwez P., *Trans. Am. Soc. Metals*, 1967, 60: 607.

[79] Gubanov A. I., Quasi-clasical theory of amorphous ferromagnets[J], *Soviet Physics-Solid State*, 1960, 2: 468 – 471; *Fizika*, 1960, 2: 502.

[80] Duwez P., Lin S. C. H., Amorphous ferromagnetic phase in iron-carbon-phosphorous alloys [J], *J. Appl. Phys.*, 1967, 38: 4096 – 4097.

[81] Pond R., Maddin R., A method of producing rapidly solidified filamentary casting[J], *Trans. Met. Soc.*, 1969, AIME 245: 2475 – 2476.

[82] O'Handley R. C., Chapter 14: Fundamental Magnetic Properties, in: *Amophous Metallic Alloys*[M], eds. Luborsky F. E., Butterworth & Co (publishers) Ltd., 1983:pp. 257 – 282.

[83] 陈国钧,牛永吉,彭伟峰,高春江.高磁感 Fe 基非晶软磁合金的进展[J].磁性元件与电源, 2010,8:100 – 106.

[84] 上海置信电器工业有限公司.非晶合金变压器的节能技术[J].上海节能,2012,6:18 – 21.

[85] Yoshizawa Y., Oguma S., Yamauchi K., *J. Appl. Phys.*, 1988, 64(10): 6044 – 6046.

[86] Yoshizawa Y., Yamauchi K., Yamane T., Sugihara H., *J. Appl. Phys.*, 1988, 64(10): 6047 – 6049.

[87] 张世远,路权,都有为,薛荣华.磁性材料基础[M].科学出版社,1988:pp.81,142 – 149.

[88] Cullity B. D., *Introduction to Magneitic Materials* [M], Addison-Wesley Publishing Company, Reading, Massechusetts, 1972: pp. 410 – 418.

[89] Luborsky F. E., *J. Appl. Phys.*, 1961, 32(1): 171S – 183S.

[90] Alben R., Budnick J. I., Cargill III G. S., Chapter 12, in: *Metallic Glasses*[M], Gillman J. J. and Leamy H. J.(eds.), Metals Park, OH: ASM, 1978, pp. 304 – 309. Alben R., Becker J. J., Chi M. C., *J Appl Phys*, 1978, 49(3): 1653 – 1658.

[91] Herzer G., *IEEE Trans Magn*, 1989, 25(5): 3327 – 3329.

[92] Herzer G., *Scripta Metall Mater*, 1995, 33(5): 1741 – 1756.

[93] Hernando A., Vázquez M., Kulik T., Prados C., *Phys. Rev.*, 1995, B51(6): 3581 – 3586.

[94] Suzuki K., Cadogen J. M., *Phys. Rev.*, 1998, B58(5): 2730 – 2739.

[95] Suzuki K., Cadogen J. M., *J. Appl. Phys.*, 1999, 85(8): 4400 – 4402.

[96] Suzuki K., Cadogen J. M., Sahajwalla V, et al., *J. Appl. Phys.*, 1996, 79(8): 5149 – 5151.

[97] Suzuki K., Makino A, Inoue A, et al. *J. Appl. Phys.*, 1991, 70(10): 6232 – 6237.

[98] Mager A., *Annalen der Physik*, 1952, 11: Heft 1.

[99] Kersten M., *Z. Phys.*, 1943, 44(1): 63 – 67.

[100] Cullity B. D., *Introduction to Magnetic Materials* [M], Addison-Wesley Publishing Company, Reading, Massachusetts, 1972: pp. 410 – 418.

[101] Morrish A. H., in: *Magnetic Hysteresis in Novel Magnetic Material*[M], Hadjipanayis G. C. (ed.), Kluwer Academic Publishers, Dordrecht, 1996: pp. 619 – 630.

[102] Hono K., Hiraga K., Wang Q., et al., *Acta Metall Mater*, 1992, 40(9): 2137 – 2147.

[103] Yoshizawa Y., Yamauchi K., *IEEE Trans Magn*, 1989, 25(5): 3324 – 3326.

[104] Herzer G., *IEEE Trans Magn*, 1994, 30(6): 4800 – 4802.

[105] Kraus L., Záveta K, Heczko O., et al., *J Magn Magn Mater*, 1992, 112: 275 – 277.
　　　Kraus L., Hašlar V., Heczko O., et al., *J Magn Magn Mater*, 1996, 157/158: 151 – 152.

[106] McHenry M. E., Willard M. A., Laughlin D. E., *Prog Mater Sci*, 1999, 44(4): 291 – 433.

[107] Willard M. A., Laughlin D. E., McHenry M. E., *et al.*, *J Appl Phys*, 1998, 84(12)：6773 - 6775.

[108] Willard M. A., Huang M-Q, McHenry M. E., *et al.*, *J Appl Phys*, 1999, 85(8)：4421 - 4423.

[109] Inoue A., Makino A., Chapt. 9, in：*Nanostructured Materials-Processing*, *Properties and Potential Applications*[M], Koch C. C.(ed.), Noyes Publications, Norwich, 2002：pp. 355 - 395.

[110] Yamaguchi K., Yoshizawa Y., *Nanostructured Materials*, 1995, 6：247 - 254.

[111] Chezan A. R., Craus C. B., Chechenin N. G., *et al.*, *IEEE Trans Magn*, 2002, 38(5)：3144 - 3146.

[112] Viala B., Minor M. K., Barnard J. A., *J. Appl. Phys.*, 1996, 80(7)：3941 - 3956.

[113] Ohnuma M., Hono K., Abe E., *et al.*, *J. Appl. Phys.*, 1997, 82(11)：5646 - 5652.

[114] Ohnuma S., Lee H. J., Kobayashi N., *et al.*, *IEEE Trans Magn*, 2001, 37(4)：2251 - 2254.

[115] Yoshida S., Ono H., Ando S., *et al.*, *IEEE Trans Magn*, 2001, 37(4)：2401 - 2403.

[116] Kim S., Suozawa K., Yamaguchi M., *et al.*, *IEEE Trans Magn*, 2001, 37(4)：2255 - 2257.

[117] Munakata M., Yagi M., Motoyama M., *et al.*, *IEEE Trans Magn*, 1999, 35(5)：3430 - 3432.

[118] Munakata M., Motoyama M., Yagi M., *et al.*, *IEEE Trans Magn*, 2001, 37(4)：2258 - 2260.

[119] Munakata M., Motoyama M., Yagi M., *et al.*, *J Magn Soc Jpn*, 2002, 26：509 - 512；*IEEE Trans Magn*, 2002, 38(5)：3147.

[120] Webb B. C., Re M. E., Russak M. A., *et al.*, *J Appl Phys*, 1990, 68(8)：4290 - 4293.

[121] Kataoka N., Shima T., Fujimori H., *J Appl Phys*, 1991, 70(10)：6238 - 6240.

[122] Shimada Y., *J. Magn. Soc. Jpn*, 2002, 26(3)：135 - 142.

[123] Makino A., Suzuki K., Inoue A., Masumoto T., *Mat Trans JIM*, 1991, 32：551.

[124] Naitoh Y., Bitoh T., Hatanai T., *et al.*, *J. Appl. Phys.*, 1998, 83(11)：6332 - 6334.

# §2.3 铁氧体软磁材料

## 2.3.1 尖晶石铁氧体的晶体化学和晶体结构[1]

通常软磁材料应具有低磁晶各向异性常数,为此,要求晶体结构对称性高,软磁铁氧体主要是具有立方对称性的尖晶石型氧化物。本节首先介绍其晶体化学、晶体结构、离子分布与基本物理性质,以作为软磁铁氧体的基础,然后介绍各类实用的软磁铁氧体材料。

### 1. 晶体化学

首先剖析一下 $Fe_3O_4$ 的分子式。在 $Fe_3O_4$ 中,氧离子的价态为负二价,铁离子的价态可以为正二价与正三价。在一般情况下,物质呈电中性状态,从正、负电荷平衡条件出发,$Fe_3O_4$ 分子式中必须是两个铁离子为正三价,另一个为正二价,其分子式可表达为 $Fe^{2+}Fe_2^{3+}O_4^{2-}$。自然人们会联想到,假如以离子半径相近的离子如 $Mn^{2+}$,$Ni^{2+}$,$Zn^{2+}$,$Mg^{2+}$ 去代换二价铁离子,以 $Al^{3+}$,$Ga^{3+}$,$Cr^{3+}$ 去代换三价铁离子,这样可以生成相类似的化合物。例如以 $Mn^{2+}$ 置换 $Fe^{2+}$,生成 $MnFe_2O_4$,称为锰铁氧体,以此类推到其他的单一铁氧体,如 $NiFe_2O_4$,$ZnFe_2O_4$ 等。假定同时以 $Mg^{2+}$ 置换 $Fe^{2+}$,以 $Al^{3+}$ 置换 $Fe^{3+}$,那么就可以得到 $MgAl_2O_4$ 化合物。这种化合物在自然界早已被发现,即镁铝尖晶石,其晶体结构称为尖晶石结构。与它具有相同晶体结构的铁氧体被称为尖晶石型铁氧体。将上述情况再作推广,可以得到一般的表达式:$XY_2O_4$。其中 X,Y 分别代表二价与三价的阳离子,其离子半径近似为 $0.6 \sim 1$ Å,较氧离子的半径(1.32 Å)为小。从离子半径的几何条件看来,3d 过渡族的离子均可置换 $Fe^{2+}$,$Fe^{3+}$ 而生成尖晶石型铁氧体。

先讨论一下 Y 为 $Fe^{3+}$ 的情况。具有实用价值的铁氧体大都是以铁为主要组元的,此时铁氧体的分子式可写为

$$Me^{2+}Fe_2^{3+}O_4^{2-}$$

其中 $Me^{2+}$ 亦可以是两种以上阳离子的组合。例如 $Mn_xZn_{(1-x)}Fe_2O_4$,$Ni_xZn_{(1-x)}Fe_2O_4$ 等,分别称为锰锌铁氧体、镍锌铁氧体。锰锌铁氧体实际上是 $MnFe_2O_4$ 与 $ZnFe_2O_4$ 这两种单一铁氧体以 $x:(1-x)$ 比例组成的固溶体,或称为复合铁氧体。从电荷平衡原理出发,Me 亦可代表两种或两种以上不同价态阳离子的组合,但它的平均价数应为两价。例如 $(Li_{0.5}^{1+}Fe_{0.5}^{3+})Fe_2^{3+}O_4^{2-}$,$(Li_{2/3}^{1+}Ti_{1/3}^{4+})Fe_2^{3+}O_4^{2-}$ 等。同样,Y 亦可以是两种或两种以上不同价态阳离子的组合,例如

$$Mg_{0.8}^{2+}Cu_{0.2}^{2+}Fe_{1.36}^{3+}Cr_{0.64}^{3+}O_4^{2-}$$

因此,在进行离子置换时必须考虑离子的价态,使它满足电中性条件。

在一般情况下,可以设想 X,Y 为 $m$ 种不同价态的阳离子,以 $X_{x_i}^{n_i}(i=1,\cdots,m)$ 表示。$n_i$ 为第 $i$ 种离子的价数,$x_i$ 为该离子在分子式中所占的分数,故由 $m$ 种阳离子所组成的尖晶石型化合物可写为

$$(X_{x_1}^{n_1} X_{x_2}^{n_2} \cdots X_{x_m}^{n_m})O_4$$

为了满足电中性条件,务必使 $\sum_i n_i x_i = 8$。

对正分(Stoichiometric)化合物,同时应满足条件 $\sum x_i = 3$,即阳离子与阴离子比应化为 $3:4$。

对非正分化合物,有下列两种情况:

① 当 $\sum x_i < 3$ 时,阳离子少于正分比例,必将存在阳离子空位。为了满足电中性条件,相应的一些低价阳离子转变为高价,其电性显示出空穴导电型(P 型)。通常在氧气气氛中烧结样品往往会呈现此种类型。例如 $Ni_{0.9}Cu_{0.1}Mn_{0.02}Co_{0.02}Fe_{1.9}O_4$。

② 当 $\sum x_i > 3$ 时,阳离子多于正分比例,则存在阴离子空位。为了满足电中性条件,必须有一些高价阳离子转变为低价。例如 $Fe^{3+} \to Fe^{2+}$ 通常在还原气氛中烧结样品容易产生这种情况,其电性显示出电子导电型(N 型)。

尖晶石型化合物已逾百种,除了尖晶石型氧化物外,尚有一系列尖晶石型的硫化物,如 $CdCr_2S_4$,$FeCr_2S_4$,这些是磁性半导体所研究的重要对象之一。

此外尚有非磁性尖晶石型化合物,如 $K_2Zn(CN)_4$,$K_2Cd(CN)_4$ 等。

## 2.晶体结构

尖晶石型铁氧体的晶体结构和镁铝尖晶石相同。其中氧离子作面心立方密堆积,存在着四面体座(由 4 个氧离子组成,具有四个等同的正三角形所构成的空隙)与八面体座(由 6 个氧离子组成,具有 8 个等同的正三角形所构成的间隙)两类间隙。单位晶胞含有 8 个分子,即 $8(XY_2O_4)$—$X_8Y_{16}O_{32}$,32 个氧原子共组成 64 个四面体座、32 个八面体座。显然,这些间隙不能全部被阳离子所占据,仅有 8 个四面体座、16 个八面体座能被阳离子所占据,分别标记为 $A$ 位、$B$ 位。晶体的主要特征是具有一定的对称性与周期性,也就是说能够被阳离子所占据的 $A$ 位、$B$ 位,对理想晶体而言绝不是无规则的混乱排列(对实际晶体,结构上的缺陷几乎是难免的,少数 $A$ 位或 $B$ 位未被阳离子所占据,或存在少数氧离子的缺位,都有很大可能性)。实验表明,$A$ 位次晶格在空间呈金刚石型结构,系由两个面心立方沿体对角线方向位移 $\frac{1}{4}$ 位置相互交替而成的,如图 2.3.1 所示。

假如将 $B$ 位次晶格以及氧离子亦在图内示出,则其晶体结构如图 2.3.2 所示,图中仅绘出两个相邻的 $\frac{1}{8}$ 晶胞的离子分布。其中,空心圆表示氧离子,实心圆表示 $A$ 位离子,三角形表示 $B$ 位离子。考虑到晶体的平移对称性(fcc 型),则整个晶胞的离子分布

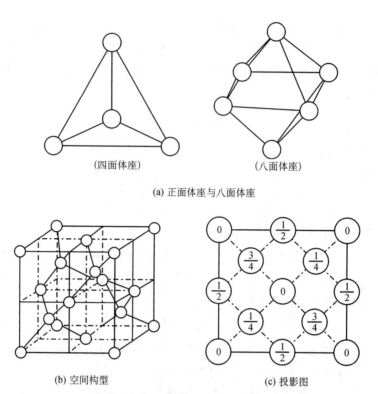

(四面体座)        (八面体座)

(a) 正面体座与八面体座

(b) 空间构型        (c) 投影图

**图 2.3.1　尖晶石结构中 A 位构型**

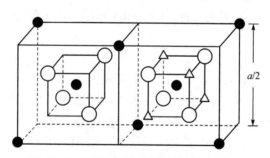

$a/2$

**图 2.3.2　尖晶石型铁氧体晶体结构示意图**

可由这两个 $\frac{1}{8}$ 晶胞推断之,其规律为:凡以面相隔的相邻 $\frac{1}{8}$ 晶胞,其离子分布相殊,而以边相隔者全同,图右为其对称性示意图。在图 2.3.2 中,凡氧离子均处于 $\frac{1}{8}$ 晶胞体对角线的 $\frac{1}{4}$ 处,A 位离子处于四角及中心处,B 位离子处于与氧离子"相辅"的体对角线的 $\frac{1}{4}$ 处。

　　假如将离子的坐标投影到点 X-Y 平面上去,则阳离子所占据的晶格位置如图 2.3.3(a) 所示,图中白圈代表 A 位,黑点代表 B 位。而氧离子所占据的晶格位置如图 2.3.3(b) 所示,图中所标明的坐标指 z 轴坐标。尖晶石结构的立体图见图 2.3.4。

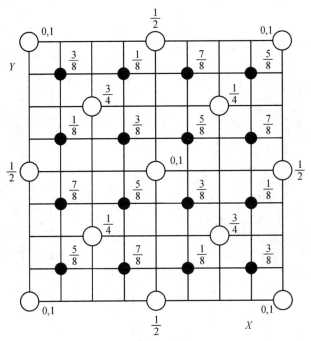

(a) 阳离子在X-Y平面上的投影

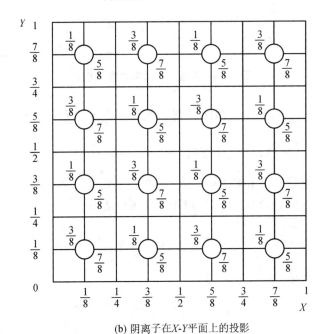

(b) 阴离子在X-Y平面上的投影

**图 2.3.3　尖晶石结构中离子在 $X$–$Y$ 平面上的投影**

但在实际晶体中,以氧离子作面心立方密堆积仅一阶近似,当阳离子嵌入其中时,会导致周围的氧离子沿着体对角线位移,位移的大小与处于四面体中离子的大小,及以何种价键形态存在于 $A$ 位及 $B$ 位离子等情况有关。为了描述氧离子位移的大小,引入参量

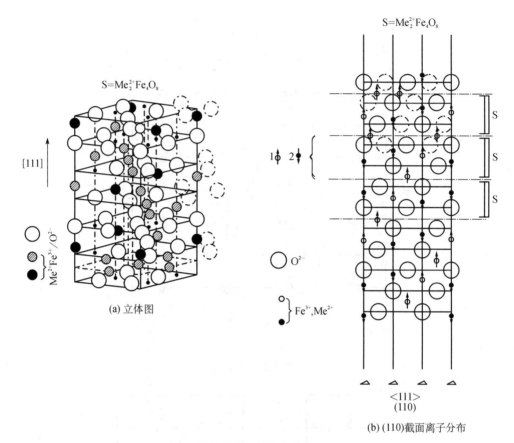

$S = Me_2^{2+}Fe_4O_8$

(a) 立体图

(b) (110)截面离子分布

**图 2.3.4　尖晶石结构中的离子分布**

$u$。现定义 $u$ 为位于 $\frac{1}{8}$ 晶胞体对角线 $\frac{3}{4}$ 附近氧离子的坐标值(以基本晶胞长度 $a$ 为单位)。对理想的无形变晶体,$u = \frac{3}{8} = 0.375$。

$A$ 位的膨胀必然导致 $B$ 位的压缩;反之亦然。假如将阳离子及氧离子均视为球状刚体,且作紧密的接触,则 $A$,$B$ 位中的阳离子半径可以表述为

$$r_A = \left(u - \frac{1}{4}\right)a\sqrt{3} - R_0, \quad r_B = \left(\frac{5}{8} - u\right)a - R_0 \tag{2.3.1}$$

其中,$R_0$ 为氧离子半径。

当 $u = \frac{3}{8}$ 时, $\qquad r_A = \frac{1}{8}a\sqrt{3} - R_0, \quad r_B = \frac{a}{4} - R_0$ $\tag{2.3.2}$

在尖晶石铁氧体中,点阵常数 $a$ 主要由离子半径较大的氧离子所决定,一般在 8.4 Å 附近。但随着嵌入阳离子半径的增大,点阵常数亦会作相应的增大,因此点阵常数的测定亦是判断某些离子嵌入尖晶石结构中含量多少的一个分析方法。例如 $Ni^{2+}$ 的半径为 0.78 Å,较 $Zn^{2+}$ 的半径(0.82 Å)小。因此,在 NiZn 铁氧体中,随着 $Ni^{2+}$ 含量的增加,点阵常数作线性减小。

在研究铁氧体的磁性时，根据超交换作用理论，重要的是阳离子相对于阴离子的方位及其距离。$A$，$B$ 离子相对于阴离子可能的几何构型中，较重要的几种如图 2.3.5 所示。

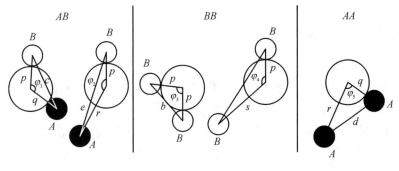

Me—O 间距　　　　　　　　　Me—Me 间距

$$\varphi_1 = 125°9', \varphi_2 = 154°3', \varphi_3 = 90°, \varphi_4 = 125°2', \varphi_5 = 79°38'$$

$$p = a\left(\frac{5}{8} - u\right) \qquad b = \left(\frac{a}{4}\right)\sqrt{2} \qquad q = a\left(u - \frac{1}{4}\right)\sqrt{3}$$

$$c = \left(\frac{a}{8}\right)\sqrt{11} \qquad r = a\sqrt{3u^2 - 2u + \frac{1}{2}} \qquad d = \frac{3}{4}\sqrt{3}$$

$$s = a\left(\frac{1}{3}u + \frac{1}{8}\right)\sqrt{3} \qquad e = \frac{3}{8}a\sqrt{3} \qquad c = \frac{a}{4}\sqrt{6}$$

**图 2.3.5　尖晶石结构中 $A$，$B$ 位离子与氧离子间可能的相对位置、夹角与间距**[1c]

根据超交换作用理论，相邻阳离子与氧离子间的夹角越接近 $180°$，其交换作用越强。因此 $AB$ 交换作用最强，其次为 $BB$ 交换，$AA$ 交换作用最弱，故 $A$，$B$ 位离子磁矩倾向于彼此反平行排列，这就是 Néel"直线性"理论的基础。

按照结晶学的符号，尖晶石结构应属于空间群 $O_h^7$—Fd3m，前者 $O_h^7$ 为熊夫利记号，后者 Fd3m 为国际符号，是 $F\frac{4_1}{d}\bar{3}\frac{2}{m}$ 之缩写。根据 X 射线结晶学的国际表，兹将尖晶石结构中的离子位置坐标值列于表 2.3.1 中：

**表 2.3.1　尖晶石结构中 14 个基准晶位所对应的坐标值**

| $8(a)$，$A$ 位 | $16(d)$，$B$ 位 | $32(e)$，氧离子位 | |
|---|---|---|---|
| $(0,0,0)$；$\left(\frac{1}{4},\frac{1}{4},\frac{1}{4}\right)$ | $\left(\frac{5}{8},\frac{5}{8},\frac{5}{8}\right)$；$\left(\frac{5}{8},\frac{7}{8},\frac{7}{8}\right)$；$\left(\frac{7}{8},\frac{5}{8},\frac{7}{8}\right)$；$\left(\frac{7}{8},\frac{7}{8},\frac{5}{8}\right)$； | $(u,u,u)$；$\left(\frac{1}{4}-u,\frac{1}{4}-u,\frac{1}{4}-u\right)$；<br>$(u,u,u)$；$\left(\frac{1}{4}-u,\frac{1}{4}+u,\frac{1}{4}+u\right)$；<br>$(\bar{u},\bar{u},u)$；$\left(\frac{1}{4}+u,\frac{1}{4}-u,\frac{1}{4}+u\right)$；<br>$(\bar{u},u,\bar{u})$；$\left(\frac{1}{4}+u,\frac{1}{4}+u,\frac{1}{4}-u\right)$ | |

注：对其进行面心立方的基本平移，$\pm\left(0,\frac{1}{2},\frac{1}{2}\right)$，$\pm\left(\frac{1}{2},0,\frac{1}{2}\right)$，$\pm\left(\frac{1}{2},\frac{1}{2},0\right)$ 可得到 56 个晶格位置。

① $a$，$d$，$e$ 是三种不同晶格位置的代号。

② $8(a)$ 指 $a$ 晶位是 8 重位，即在每一晶胞中，有 8 个完全对等的 $a$ 晶位。知道了其中之一，其他的可以通过面心立方（$f$，$c$，$c$）的基本平移达到。其余类推，如 $16(d)$，$32(e)$。

## 2.3.2 尖晶石铁氧体的离子分布与亚铁磁性

### 1. 尖晶石铁氧体的阳离子分布

具有正型尖晶石离子分布的铁氧体称为正型铁氧体,其离子分布可表述为 $X[Y_2]O_4$,括号内代表处于 $B$ 位的三价离子(Y),括号外为处于 $A$ 位的二价离子(X)。例如锌铁氧体:$Zn[Fe_2]O_4$。与正型分布相反的离子分布称为反型尖晶石。此时二价阳离子占据 $B$ 位,可以表示为 $Y^{3+}[X^{2+}Y^{3+}]O_4$,此类铁氧体称为反型铁氧体。例如镍铁氧体:$Fe^{3+}[Ni^{2+}Fe^{3+}]O_4$。介于正型与反型之间的阳离子分布,称为混合型(中间型)尖晶石,此时二价的阳离子统计分布于 $A$,$B$ 位中,可以表示为 $X_x^{2+}Y_{1-x}^{3+}[X_{1-x}^{2+}Y_{1+x}^{3+}]O_4$。

当 $x=1$ 时为正型分布;$x=0$ 时为反型分布;$0<x<1$ 时为混合型分布,例如 $Mg_{0.1}Fe_{0.9}[Mg_{0.9}Fe_{1.1}]O_4$。

完全正型或反型的分布均较少,多数铁氧体通常是混合型的。随着 X,Y 阳离子对 $A$,$B$ 位的趋向性不同而呈现不同程度的正型或反型。

影响阳离子分布的因素甚多,如温度、离子半径、正负离子间的相互作用等。从直观考虑,假如将晶体视为硬球密堆积,由于四面体座较八面体座小,离子半径较大者势必应比较小者更适宜占据 $B$ 位,而三价离子半径一般较二价为小,因此仅考虑几何因素必将导致大多数铁氧体为反尖晶石结构。其实不一定,例如 $ZnFe_2O_4$ 中 $Zn^{2+}$ 半径为 0.82 Å,$Fe^{3+}$ 为 0.67 Å。从几何构型出发,$Zn^{2+}$ 应占 $B$ 位,但实验中却发现 $Zn^{2+}$ 择优占据 $A$ 位,所以仅从几何条件出发考虑离子分布是不足的。

常用的一些阳离子半径见表 2.3.2。

表 2.3.2　常用阳离子半径　　　　　　　　　　　　单位:Å

| +1 价 | Li(0.78),Na(0.98),Ag(1.13),Cu(0.96) |
|---|---|
| +2 价 | Fe(0.83),Mn(0.91),Mg(0.78),Ni(0.78),Co(0.82),Cu(0.85 或 0.70),Zn(0.82),Cd(1.03),Ca(1.06) |
| +3 价 | Fe(0.67),Al(0.57),Mn(0.70),Cr(0.64),Ga(0.62),Co(0.47),Rh(0.68),In(0.93),Sc(0.83) |
| +4 价 | Ti(0.69),Mn(0.52),Ge(0.44),Sn(0.74),V(0.61) |

不同半径的离子进入晶格后,会引起晶体不同的弹性能,同时亦引起库仑能、晶场能的变化。从能量角度考虑,阳离子在不同晶位的分布主要取决于系统内能的极小值。离子晶体的内能主要为库仑能、晶场能、共价键能以及排斥能,其余的如交换作用、自旋轨道耦合、三角晶场、Jahn-Teller 效应等对离子分布的影响较小,以下分别对这几种能量进行简单介绍,从而求出一些离子对 $B$ 位的择优能。

**(1) 影响离子分布的因素**

① 库仑能。

库仑能,又称为 Madelung(马德隆)能,为正负离子间的静电吸引能。$N$ 个离子间相

互作用的库仑能为

$$U_C = -\frac{N}{2}\sum{}' \left[ \pm \frac{\eta_l \eta_i e^2}{r_{li}} \right] \qquad (2.3.3)$$

式中 $\eta$ 为离子的价数；$e$ 为电子电荷；$\pm$ 号取决于离子的电荷符号；$r_{li}$ 为 $l,i$ 离子间距。

对于尖晶石结构，单个分子平均的库仑能为[2,3]

$$E_C = -\frac{1}{2}(q_A M_A + 2q_B M_B + 8M_O)\frac{e^2}{a} = -M\frac{e^2}{a} \qquad (2.3.4)$$

式中 $q_A, q_B$ 分别代表 $A$ 位及 $B$ 位中离子的平均价数，$M_A, M_B$ 和 $M_O$ 分别代表 $A, B$ 位及氧离子的局部马德隆常数，$a$ 为点阵常数，$M$ 为总的马德隆常数，可表述为氧参量 $u$ 和 $A$ 位离子平均价数 $q_A$ 的函数[4]

$$M = [1\,522u - 430.8 + (172.2 - 488.2u)q_A + 2.61q_A^2]$$

② 晶体电场效应。

3d 过渡族元素的自由离子，其 $n=3, l=2, m=0, \pm1, \pm2$，存在着五重简并态，相应的波函数为 $\varphi_0, \varphi_{\pm1}, \varphi_{\pm2}$，即

$$\varphi_n = R(r)Y_l^{ml}(\theta, \varphi)$$

为了便于计算，通常将其进行线性组合。常用的波函数为

$$\mathrm{d}xy = \frac{1}{\mathrm{i}\sqrt{2}}(|2\rangle - |-2\rangle) = R(r)\sin^2\theta\sin\varphi = R(r)\left(\frac{xy}{r^2}\right)$$

$$\mathrm{d}xz = -\frac{1}{\sqrt{2}}(|1\rangle + |-1\rangle) = R(r)\sin\theta\cos\theta\cos\varphi = R(r)\left(\frac{xz}{r^2}\right)$$

$$\mathrm{d}yz = \frac{1}{\mathrm{i}\sqrt{2}}(|1\rangle + |-1\rangle) = R(r)\sin\theta\cos\theta\sin\varphi = R(r)\left(\frac{yz}{r^2}\right)$$

$$\mathrm{d}x^2 - y^2 = \frac{1}{\sqrt{2}}(|2\rangle + |-2\rangle) = R(r)\sin^2\theta\cos2\varphi = R(r)\{(x^2-y^2)/r^2\}$$

$$\mathrm{d}z^2 = |0\rangle = R(r)(3\cos^2\theta - 1) = R(r)\{(3z^2-r^2)/r^2\} = R(r)\frac{(z^2-x^2)+(z^2-y^2)}{r^2}$$

$$(2.3.5)$$

这五种 $d$ 轨道，对自由离子而言是简并化的。但当离子处于结晶态时，在周围离子所产生的静电场（晶体电场）作用下，将部分或全部解除简并化，从而产生能级的分裂。例如一个阳离子处于四个阴离子所组成的正方平面的中心（图 2.3.6），当不存在阴离子时，状态 $a$ 和状态 $b$ 具有相同的能量；而存在阴离子时，由于静电排斥使 $b$ 较 $a$ 能量为高，此时 $E_0$ 能级就分裂成 $E_a$、$E_b$ 两能级，简并化得到解除。随着晶体电场非对称性的增加，简并化的解除将尤为彻底。

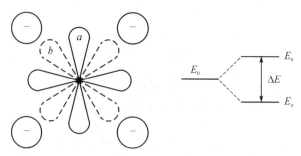

图 2.3.6　晶体电场效应

当阳离子处于氧离子所组成的八面体座时,五个 $d$ 轨道不再具有相同的能量,将分裂为两类轨道:

$$
\begin{cases}
\text{三重态}(dxy,dyz,dxz),\text{常用 } t_{2g} \text{ 符号或 } t_2,\Gamma_5,d\varepsilon,\gamma_5 \text{ 符号代表}\\
\text{二重态}[dz^2,d(x^2-y^2)],\text{常用 } e_{2g} \text{ 符号或 } e,\Gamma_3,d\gamma,\gamma_3 \text{ 符号代表}
\end{cases}
$$

对 $d^1,d^6$ 离子,$t_{2g}$ 为低能态,$e_{2g}$ 为高能态。对 $d^5,d^{10}$ 离子,因 $L=0$,电子云呈球状分布,晶体场无影响。对 $d^4,d^9$ 离子,可以认为是 $d^5,d^{10}$ 离子加正穴,从而导致与 $d^1,d^6$ 离子相反的结果:$t_{2g}$ 为高能态,而 $e_{2g}$ 为低能态。

根据晶场理论,在晶场中,$3d^n$ 电子由于能级的分裂所降低的能量可以用能级分裂的 $D_q$ 值(或用 $\Delta$ 符号表示)乘以一定的因子 $F$ 表示。由 $D_q$ 值求得相应晶位的最低能量(稳定性能),比较该离子在八面体座与四面体座之能量,就可以获得对八面体座的择优能,从而推断离子的可能分布[4]。$D_q$ 值可以从光谱数据中获得。

③ 共价键。

共价键是由于原子共有若干电子而构成的,键中共有的一对电子通常是由两个原子供给的,但也可以由一个原子单独供给,称之为共价配键。在尖晶石型铁氧体中的共价键往往以配键形式出现。

形成共价键的轨道不一定需要纯粹的 $s,p,d$ 等轨道,可以由它们组合成新轨道,称为杂化轨道。杂化轨道的成键能力较杂化前强,从而使所生成的分子更为稳定。例如,$s$ 轨道与 $p_x,p_y,p_z$ 轨道混合生成 $sp^3$ 杂化轨道,四个键分别沿着四面体对角线方向,称为正四面体杂化轨道。在尖晶石型铁氧体结构中,除 $sp^3$ 外,尚有配位数为 4 的四方键 $dsp^2$ 杂化轨道及配位数为 6 的正八面体键 $d^2sp^3$ 杂化键道。

具有电子组态 $d^{10}$ 的离子,其轨道已全部填满,无法腾出空轨道来,只有四个 $sp^3$ 轨道可以构成共价配键,因此它们的几何构形是正四面体。例如 $Zn^{2+}$,$Cd^{2+}$ 在尖晶石型铁氧体中择优占据四面体座。

具有电子组态为 $3d^9,3d^4$ 的离子,有可能将一个 $3d$ 电子激发到 $4p$ 轨道,空出一个 $d$ 轨道而组成成键能力比 $sp^3$ 强的 $dsp^2$ 四方杂化轨道。例如 $Cu^{2+}$ 及 $Mn^{3+}$ 由于以 $dsp^2$ 键存在于尖晶石结构中处于八面体座,从而使八面体座畸变。当作有序排列时,将导致晶体宏观的畸变。具有电子组态为 $3d^3$ 的离子形成 $d^2sp^3$ 轨道成键能力最强,故此类离子对八面体座有较强的倾向性,如 $Cr^{3+}$。

Goodenough 和 Loef[5] 曾给出尖晶石结构中阳离子的杂化轨道之性质。

**（2）近程作用能**

近程作用能近似地可视为弹性能与极化能之和，类似于 Born 排斥能的经验公式，可写成[6]

$$E_B = \left(\frac{B_{II}}{a_o^n}\right)\left[4x\left(\frac{a_0}{r_t}\right)^n + 6(1-x)\left(\frac{a_o}{r_o}\right)^n\right] + \left(\frac{B_{III}}{a_o^n}\right)\left[4(1-x)\left(\frac{a_o}{r_t}\right)^n + 6x\left(\frac{a_o}{r_o}\right)^n\right] \quad (2.3.6)$$

式中，$x$ 为分子式 $X_x^{2+}Y_{1-x}^{3+}[X_{1-x}^{2+}Y_{1+x}^{3+}]O_4$ 中的 2 价离子在 $A$ 位的分数；$B_{II}$、$B_{III}$ 与 $n$ 为由实验确定的参数；$r_t$，$r_o$ 分别为四面体座及八面体座中阳离子与阴离子的距离，且

$$\frac{r_t}{a_o} = \sqrt{3}\left(u - \frac{1}{4}\right), \quad \frac{r_o}{a_o} = \left[2\left(u - \frac{3}{8}\right)^2 + \left(u - \frac{5}{8}\right)^2\right]^{1/2}$$

Miller[7] 同时考虑了库仑能 $E_C$、晶体场能 $E_D$、近程作用能 $E_B$（包括排斥能与共价键能），求得离子的分布与实验结果相当好地符合。其处理思路如下：

设一分子式中含 C，D，E 三类离子，当离子混乱分布时应有

$$C_{1/3}D_{1/3}E_{1/3}[C_{2/3}D_{2/3}E_{2/3}]O_4$$

如有 $x$ 个 C，D 离子互换 $A$，$B$ 位，则有

$$C_{1/3} + xD_{1/3} - xE_{1/3}[C_{2/3} - xD_{2/3} + xE_{2/3}]O_4$$

由于有 $x$ 个 C 离子由 $B$ 位迁移到 $A$ 位与 D 离子互换 $A$，$B$ 位，所引起系统自由能 $A$ 的变化为

$$\frac{dA}{dx} = \frac{\partial E_C}{\partial q_A}\frac{\partial q_A}{\partial x} + \frac{\partial E_B}{\partial x} + \frac{\partial E_D}{\partial x} = P_D - P_C \quad (2.3.7)$$

$$P_J = \frac{e^2}{a_o}(172.2 - 488.2u + 5.22q_A)Z_J + O_J - \frac{1}{a^n}\left\{4\left[3^{1/2}\left(u - \frac{1}{4}\right)\right]^{-n}\right.$$
$$\left. - 6\left[2\left(u - \frac{3}{8}\right)^2 + \left(u - \frac{5}{8}\right)^2\right]^{-n/2}\right\}B_J \quad (2.3.8)$$

式中，$Z_J$ 为 $J$ 离子价数；$O_J$ 为 $J$ 离子晶体场能；$B_J$ 为 $J$ 离子的特征参数；$P_J$ 代表 $J$ 离子对 $B$ 位的择优能。现按离子对 $B$ 位倾向性强弱顺序排列。括号中数值即 $P_J$ 值（4.2 kJ/mol）。

现将阳离子对 $B$ 位择优的顺序与择优能表示如下：

$Cr^{3+}(16.6) \rightarrow Ni^{2+}(9.0) \rightarrow Mn^{3+}(3.1) \rightarrow Cu^{2+}(-0.1) \rightarrow Al^{3+}(-2.5) \rightarrow Li^{1+}(-3.6) \rightarrow$ $Mg^{2+}(-5.0) \rightarrow Cu^{1+}(-8.6) \rightarrow Fe^{2+}(-9.9) \rightarrow Co^{2+}(-10.5) \rightarrow V^{3+}(-11.6) \rightarrow Fe^{3+}$ $(-13.3) \rightarrow Mn^{2+}(-14.7) \rightarrow Ga^{3+}(-15.4) \rightarrow Ag^{1+}(-19.6) \rightarrow Ti^{3+}(-21.9) \rightarrow Cd^{2+}$ $(-29.1) \rightarrow Ca^{2+}(-30.7) \rightarrow Zn^{2+}(-31.6) \rightarrow In^{3+}(-40.2)$

根据 $P$ 值，就可以判断不同离子同时处于尖晶石结构中时离子的分布情况。当 $\Delta P \leq 3$ 时，呈混合型分布。

上述处理实际上是对 0 K 时平衡态的离子分布才适合，而对实际样品，如在烧结过程中足够缓慢地降温亦能近似成立，在实际问题中尚需考虑热处理温度与工艺过程的影响。

### (3) 温度对离子分布的影响

热扰动效应驱使离子作无序排列,超过一定温度后,所有的离子分布应趋于混合型尖晶石结构。从高温淬火中所得到的样品,或多或少应保持一定的高温分布态,尤其是对 $A$,$B$ 位无特殊取向性的离子,如 $Mg^{2+}$ 等,其离子分布对温度的依赖性甚为显著。例如 $MgFe_2O_4$ 及 $CuFe_2O_4$,在不同温度淬火后所得到的样品,其分子磁矩 $n$ 与淬火温度的关系如图 2.3.7 所示。图中纵坐标 $n$ 为 Mg 或 Cu 铁氧体分子的玻尔磁子数,横坐标 $T$ 表示平衡态时的淬火温度[8]。实验表明,磁矩与淬火温度的关系近似遵守玻尔兹曼分布。设离子分布为 $Mg_x Fe_{(1-x)}[Mg_{(1-x)} Fe_{(1+x)}]O_4$,$x$ 与温度 $T$ 的关系为

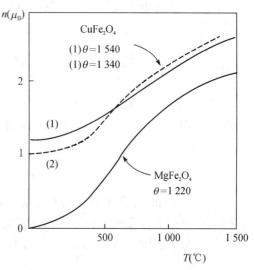

**图 2.3.7 离子分布对温度的依赖性[8]**

$$x(1+x)/(1-x)^2 = \exp(-\theta/T) \tag{2.3.9}$$

下面将从统计力学的观点来处理离子分布问题。首先处理一个极为简单的情况,设 $MFe_2O_4$ 铁氧体,其离子分布为 $M_x Fe_{(1-x)}[M_{(1-x)} Fe_{(1+x)}]O_4$。

在一定温度下平衡分布的 $x$ 值必将导致系统自由能($F$)为极小,$F = U - TS$。

为简单起见,仅考虑由于离子几何排列无规则分布导致系统熵的变化。对每一个分子而言,有

$$S = \frac{k}{N} - \ln W$$

式中,$N$ 为分子数;$W = \dfrac{N!\ 2N!}{Nx!\ (1-x)N!\ (1-x)N!\ (1+x)N!}$,代表宏观态中包含微观状态的总数。

由 $\dfrac{\partial F}{\partial x} = 0$,得

$$\frac{x(1-x)}{(1-x)^2} = \exp\left[-\frac{U}{x}/(kT)\right] = e^{-E/kT} \tag{2.3.10}$$

这里,$E = \dfrac{\partial U}{\partial x}$ 代表当一个 $M$ 离子由 $B$ 位迁移到 $A$ 位时内能的变化。

从物理上可以这样来理解,阳离子在 $A$ 位中的分布乃取决于该离子从 $B$ 位迁移到 $A$ 位时所需克服的能量 $E = \left(\dfrac{\partial U}{\partial x}\right)$ 与热扰动能量 $kT$ 之比。显然,在甚高温度时,$x = \dfrac{1}{3}$,离子呈混乱分布。Smart[9]以同样的思路处理了二元铁氧体的离子分布问题。

在上述处理过程中,仅考虑离子在 $A$,$B$ 位中混乱分布所引起的熵的变化。事实上,

当不同离子占据晶格中不同位置时,还会引起晶格振动频谱的变化,从而引起熵的变化;另一方面亦未对内能的具体表达式进行探讨。Herbert 等人[10]考虑了这些因素后,更严格地处理了离子分布问题。

**(4) 铁氧体的有序结构**

上述处理离子分布的统计力学方法不适用于作有序排列的尖晶石结构。现已发现有些铁氧体具有长程有序,分类如下:

① 在 $B$ 位有序化为 1:1 者:垂直于 $z$ 轴平面内的 $B$ 位交叉地排列着 $X^{2+}$ 及 $Y^{3+}$ 离子层,例如,$z=1/8$ 层是 $X^{2+}$,则 $z=3/8$ 层是 $Y^{3+}$。其余类推。低于 114 K 时,$Fe_3O_4$ 的有序结构属此类型。

② 在 $B$ 位有序化为 1:3 者:此时在每一个垂直于 $x,y$ 或 $z$ 轴的平面上 4 个 $B$ 位中有 1 个是 X 离子,有 3 个是 Y 离子,其坐标分别为

$$X:\left(\frac{5}{8},\frac{5}{8},\frac{5}{8}\right);\left(\frac{1}{8},\frac{7}{8},\frac{3}{8}\right);\left(\frac{7}{8},\frac{3}{8},\frac{1}{8}\right);\left(\frac{3}{8},\frac{1}{8},\frac{7}{8}\right)$$

$$Y:\left(\frac{1}{8},\frac{5}{8},\frac{1}{8}\right);\left(\frac{5}{8},\frac{1}{8},\frac{1}{8}\right);\left(\frac{3}{8},\frac{7}{8},\frac{1}{8}\right);\left(\frac{7}{8},\frac{1}{8},\frac{3}{8}\right);$$

$$\left(\frac{3}{8},\frac{5}{8},\frac{3}{8}\right);\left(\frac{5}{8},\frac{3}{8},\frac{3}{8}\right);\left(\frac{1}{8},\frac{1}{8},\frac{5}{8}\right);\left(\frac{3}{8},\frac{3}{8},\frac{5}{8}\right);$$

$$\left(\frac{7}{8},\frac{7}{8},\frac{5}{8}\right);\left(\frac{1}{8},\frac{3}{8},\frac{7}{8}\right);\left(\frac{5}{8},\frac{7}{8},\frac{7}{8}\right);\left(\frac{7}{8},\frac{5}{8},\frac{7}{8}\right)$$

如,$Fe[Li_{0.5}Fe_{1.5}]O_4$,$Al[Li_{0.5}Al_{1.5}]O_4$。

③ 在 $A$ 位有序化为 1:1 者,其坐标分别为

$$X:(0,0,0);\left(0,\frac{1}{2},\frac{1}{2}\right);\left(\frac{1}{2},0,\frac{1}{2}\right);\left(\frac{1}{2},\frac{1}{2},0\right)$$

$$Y:\left(\frac{1}{4},\frac{1}{4},\frac{1}{4}\right);\left(\frac{1}{4},\frac{3}{4},\frac{3}{4}\right);\left(\frac{3}{4},\frac{1}{4},\frac{3}{4}\right);\left(\frac{3}{4},\frac{3}{4},\frac{1}{4}\right)$$

如,$Li_{0.5}^{+}Fe_{0.5}^{3+}[Cr_2^{3+}]O_4$。

在一定的转变温度下,上述铁氧体中离子分布呈有序排列,与此同时,晶体的磁性与电性及其他方面性能均会产生突变。

## 2. 亚铁磁性

**(1) 超交换作用**

19 世纪以来,人们对一系列氧化物、硫化物、氟化物和氯化物等,如 MnO,NiO,FeO,$FeS_2$,MnS,$Cr_2S$,$MnF_2$,$FeCl_2$,$Cr_2O_3$ 和 $NiCl_2$ 等化合物磁性进行了研究,发现其磁化率随温度的变化异于一般的顺磁性或铁磁性物质,如图 2.3.8 所示。

在低于一定的温度 $T_N$ 时将产生磁有序,$T_N$ 称为 Néel 点。从而导致磁化率 $\chi$ 的反常现象,同时在 $T_N$ 温度时将产生比热、热膨胀系数的反常高峰。超过 $T_N$,则磁化率服从居里外斯定律,即

$$\chi \sim \frac{C}{T-T_N}$$

1949 年有人利用中子衍射分析确定了 MnO，FeO 等自旋取向的磁结构。如图 2.3.9，MnO 为 NaCl 结构，$Mn^{2+}$ 处于氧离子（$O^{2-}$）的配位八面体座，相邻的 Mn 离子间不可能有波函数的直接重叠，亦不可能通过传导电子进行 $sd$ 交换作用。然而，其磁结构则是有序的，其规律是 $Mn^{2+}—O^{2-}—Mn^{2+}$ 间夹角呈 $\pi$ 的离子磁矩反平行排列，而夹角呈 $\frac{\pi}{2}$ 的两离子磁矩取向无规则。磁有序态时，磁单胞的边长为化学晶胞的两倍，而温度高于 Néel 点磁矩呈无序分布时，磁单胞和化学晶胞相一致。这样的实验事实断难用以往的直接交换作用理论进行解释。

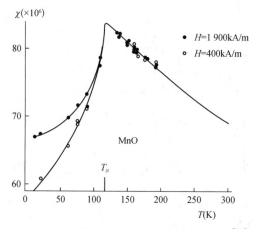

图 2.3.8  多晶 MnO 的磁化率与温度的关系[11]

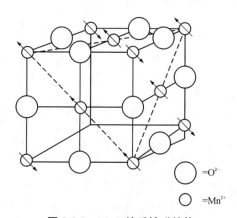

图 2.3.9  MnO 的反铁磁结构

1934 年 Kramers 认为离子晶体中的交换作用可以通过阴离子的激发态而间接地形成。1950 年 Anderson[12] 利用并发展上述理论，对超交换作用进行了具体的计算。其基本思路是：$O^{2-}$ 外层电子为 $2p^6$，$p$ 电子的空间分布呈哑铃状，当氧离子与阳离子相近邻时，氧离子上的 $p$ 电子可以激发到 $d$ 状态，而与 $3d$ 过渡族的阳离子之电子按洪德法则而相互耦合。此时剩余的未成对的 $p$ 电子则与另一近邻的阳离子产生交换作用，见图 2.3.10。

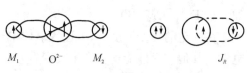

图 2.3.10  超交换作用示意图

这种交换作用是以氧离子为媒介的，常称为超交换作用或间接交换作用。根据洪德法则，当阳离子 $M_1$ 的 $3d$ 电子数小于 5 时，处于 $d$ 激发态的 $p$ 电子自旋将平行于 $M_1$ 的 $3d$ 电子自旋。反之，如 $M_1$ 的 $3d$ 电子数大于或等于 5 时，则反平行。由于 $2p$ 成对电子自旋是反平行的，剩下一个 $p$ 电子将与 $M_2$ 上的 $d$ 电子产生负的交换作用。于是得出结论：阳离子未满壳层电子数等于或超过半数时，超交换作用有利于阳离子间磁矩反平行排列。对多数铁氧体，相邻离子间自旋呈反平行排列，即超交换作用为负，从而呈现亚铁磁性。

采用量子力学方法进行运算,超交换作用能仍可表达为直接交换作用的形式,即

$$E_{ex} = -2AS_1S_2 \tag{2.3.11}$$

式中,$S_1$ 和 $S_2$ 是相邻两阳离子的自旋矩,但交换作用系数 $A$ 并不是由于阳离子间波函数的直接重叠所致,而是通过氧离子的 $p$ 电子与阳离子的 $d$ 电子相互作用而引起的。

通过上面对物理概念定性的讨论,我们可以得到下列几点结论:

① 由于氧离子的 $p$ 电子轨道呈哑铃状,因此 $M_1$—$O^{2-}$—$M_2$ 离子连线呈 π 角度者超交换作用强,呈 $\frac{\pi}{2}$ 角度者超交换作用弱,从而合理地解释了 MnO 等磁结构。

② 超交换作用的强弱应当依赖于 $p$ 电子与 $d$ 电子波函数的重叠,亦即取决于阴离子负电性的强弱。负电性越强,波函数重叠越小,从而超交换作用减弱。例如 O,S,Se,Te 四种元素的负电性依次减弱,其相应化合物的反铁磁转变点温度将依次提高。如,MnO($T_N=116$ K),MnS($T_N=160$ K),MnSe($T_N=247$ K),MnTe($T_N=320$ K)。

与阴离子负电性相对应的是阳离子失去价电子的倾向,即高价态倾向的强弱。随着阳离子高价性的减弱,相应化合物的反铁磁转变温度亦将依次增加。例如,MnO($T_N=116$ K),FeO($T_N=186$ K),CoO($T_N=292$ K),NiO($T_N=523$ K)。

阴离子与阳离子间外层电子波函数的重叠依赖于两离子的负电性差。Goodenough 指出[5]:氧离子的 $p$ 电子被激发到 $d$ 轨道这一情况意味着电子的共价性。于是他从共价键的角度出发,考虑到阳离子 $s,p,d$ 轨道可能构成空间配位杂化轨道,这些杂化轨道如指向阴离子,就可能与阴离子的 $p$ 电子构成共价配键,或称为半共价交换作用理论。

Zener[13] 曾提出用双交换作用理论来解释具有强导电性化合物的铁磁性。在这些化合物中往往同一离子具有不同的价态,以致电子可以在不同价态的离子间跃迁,从而既具有良好的导电性,又具有铁磁性。例如 $La_{1-x}Ca_xMnO_3$ 化合物中 Mn 可处于 3 价或 4 价状态。电子可以在 $Mn^{3+}$—$O^{2-}$—$Mn^{4+}$ 间互换位置,但其自旋取向不变,形成高导电率的铁磁性耦合。

**(2) 分子场理论**

① Néel 的直线型构型。

18 世纪末,Weiss 对铁磁现象提出了分子场假设。19 世纪,通过量子力学证明分子场的实质是交换作用。分子场理论是铁磁性量子理论的一个初步近似,然而它却直观地、简洁地给出了铁磁现象十分有用的解释。

Néel[14] 又将分子场近似地推广到反铁磁性与亚铁磁性情况,所不同的是晶体内磁性离子将处于两种或两种以上的磁的次晶格之内。现以简单的两种次晶格为例,设 $A$ 次晶格与 $B$ 次晶格互相穿插,$A,B$ 次晶格离子互为近邻,配位数为 $z$,则交换能为

$$E_{ex} = -2A\sum_z S_A \cdot S_B = -2AzS_A \cdot S_B$$

又

$$\mu = -g\mu_B$$

$$E_{ex} = -\frac{2Az\mu_A \cdot \mu_B}{(g\mu_B)^2} = -h_B \cdot \mu_B$$

其中

$$h_B = \frac{2Az\mu_A}{(g\mu_B)^2} = \frac{2AzN_A\mu_A}{N_A(g\mu_B)^2} = -\lambda M_A \tag{2.3.12}$$

式中，$N_A$ 为单位体积内的 $A$ 离子数；$\mu_B$ 为玻尔磁子；$\mu_A$，$\mu_B$ 分别为 $A$ 座、$B$ 座离子磁矩矢量；$h_B$ 为等效于 $A$ 离子对 $B$ 离子作用的分子场。显然每一离子除了受相邻次晶格磁性离子的相互作用外，同时亦受同一次晶格内离子的作用。于是对于两种次晶格的磁有序，其分子场可表达为

$$h_A = -\lambda M_B - \varepsilon M_A, \quad h_B = -\lambda M_A - \varepsilon M_B \tag{2.3.13}$$

在一般情况下，若有几个次点阵，则对第 $i$ 个次点阵离子上所作用的分子均可表达为

$$H_{wi} = \sum_{j=1}^{n} W_{ij} M_j \tag{2.3.14}$$

式中，$M_j$ 为第 $j$ 个次晶格的饱和磁化强度；$W_{ij}$ 为 Weiss 分子场系数，表征第 $i$ 个次点阵与第 $j$ 个次点阵之间磁性离子间交换作用的强度。

考虑只有 $A$，$B$ 两种晶格的亚铁磁性情况。此时将存在 $AA$，$BB$，$AB$ 三种相互作用（仅考虑只有一种磁性离子）。

令 $W_{AB} = -n$，由于 $W_{AB}$ 为负，故 $n$ 为正。

$$W_{AA} = -\alpha W_{AB} = \alpha n, \quad W_{BB} = -\beta W_{AB} = \beta n \tag{2.3.15}$$

若 $A$ 次晶格内磁性离子百分数为 $X_A$，则 $X_A M_A$ 代表 $A$ 次点阵的磁化强度；同理，若 $B$ 次晶格内磁性离子百分数为 $X_B$，则 $X_B M_B$ 代表 $B$ 次点阵的磁化强度，于是，总的饱和磁化强度为 $A$ 晶位与 $B$ 晶位磁化强度的矢量和，即

$$M_S = X_A M_A + X_B M_B \tag{2.3.16}$$

根据分子场理论，作用于 $A$，$B$ 次点阵离子上的分子场分别为

$$H_{WA} = W_{AB} X_B M_B + W_{AA} X_A M_A = n(-X_B M_B + \alpha X_A M_A)$$
$$= n\left(-X_B \frac{M_B}{M_A} + \alpha X_A\right) M_A = W_A M_A$$

$$H_{WB} = n\left(-X_A \frac{M_A}{M_B} + \beta X_B\right) M_B = W_B M_B \tag{2.3.17}$$

因此，在 $A$，$B$ 点阵中，自发磁化强度为

$$M_A = NgJ\mu_B B_J\left(\frac{gJ\mu_B}{kT} H_{WA}\right) = M_J B_J\left(\frac{mJ}{kT} H_{WA}\right)$$

$$M_B = M_J B_J\left(\frac{mJ}{kT} H_{WB}\right) \tag{2.3.18}$$

式中，$B_J$ 为布里渊函数，可以表达成如下形式：

$$B_J(x) = \frac{2J+1}{2J}\coth\left(\frac{2J+1}{2J}x\right) - \frac{1}{2J}\coth\left(\frac{1}{2J}x\right)$$

式中，$x = gJ\mu_B H_W/kT$，而 $J$ 为总量子数。对铁氧体而言，由于多数磁性离子轨道磁矩的猝灭，即为自旋量子数 $s$。这样一来，可以求出具有两种次晶格亚铁磁体的自发饱和磁化强度随温度变化的规律。考虑到 $A,B$ 两次晶格磁矩方向相反，$T=0$ K 时，设 $M_{Bo} >$ $M_{Ao}$，则 $M_s$ 可表述为代数和

$$M_s = X_B M_B - X_A M_A \tag{2.3.19}$$

显然，$M_s$-$T$ 曲线将依赖于 $X_A, X_B$ 及 $\alpha, \beta$。数值计算的结果表明，亚铁磁体的 $M_s$-$T$ 曲线可以异于铁磁体的 $M_s$-$T$ 曲线，因为它是两种或两种以上次点阵磁矩的矢量和。因此有可能在一定温度下产生各次点阵磁矩彼此抵消的现象，见图 2.3.11 中的 N 型曲线。亦可能产生 P 型曲线。产生 Q，N，P 型 $M_s$-$T$ 曲线的定性解释可见图 2.3.12。Néel 所预言的 N 型、P 型曲线，在尖晶石型、石榴石型铁氧体中均被实验所证实。

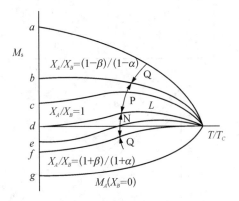

图 2.3.11　亚铁磁体几种类型的
$M$-$T$ 曲线[14]

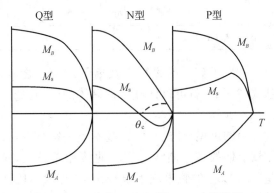

图 2.3.12　产生 Q，N，P 型 $M_s$-$T$ 曲线的
定性解释图示[14]

Néel 的分子场理论对亚铁磁现象的解释及亚铁磁性材料的发展起了很大的推动作用。上述讨论仅涉及一种磁性离子及两个次晶格的铁氧体。在计算过程中设 $M_A$，$M_B$ 呈反平行排列，即 $A\hat{B}$ 作用远大于 $A\hat{A}$，$A\hat{B}$ 相互作用。这就是 Néel 直线型模型的基础。人们经常乐意于这样简单地推算含有两个或更多个磁性离子的复合铁氧体的分子磁矩，并将它推广到三五个次点阵的情况中去，虽然较为粗略，多数情况下还不至于谬误。

尖晶石型铁氧体中存在四面体座（$A$ 晶位）与八面体座（$B$ 晶位）两种次点阵，$A$—$O$—$B$ 连线的夹角为 $154°34'$、$125°9'$，$B$—$O$—$B$ 连线的夹角为 $125°2'$、$90°$，$A$—$O$—$A$ 连线的夹角为 $79°38'$，从而可知 $AB$ 超交换作用最强，其次为 $BB$ 作用，而 $AA$ 作用最弱。由于强的 $AB$ 超交换作用导致 $A$ 次晶格与 $B$ 次晶格上的阳离子磁矩彼此反平行排列，迫使 $A$ 次晶格内或 $B$ 次晶格内阳离子磁矩彼此平行排列，因而总的

磁矩应当是 $A$ 次晶格磁矩和 $B$ 次晶格磁矩相互抵消后而剩余下来的磁矩。从原则上讲，只要知道每一个阳离子的磁矩，以及阳离子在晶格中的分布，就可以方便地推算出分子的磁矩。

例如，对铁氧体 $MFe_2O_4$，其离子分布设为 $M_{(1-x)}Fe_x[M_xFe_{(2-x)}]O_4$，则分子磁矩

$$m = 10(1-x)\mu_B + n_M(2x-1)\mu_B \tag{2.3.20}$$

式中，$n_M$ 为阳离子 $M$ 的磁矩（以玻尔磁子数为单位）。

自由离子的磁矩应当为自旋磁矩和轨道磁矩的合成，而当离子组成晶体时，由于相邻离子晶体场的作用，使离子的轨道磁矩被"猝灭"，因而对离子的总磁矩没有或仅有较少的贡献，于是在计算铁氧体的磁矩时，仅需考虑电子的自旋磁矩。根据 Hound 法则，可以计算出离子的磁矩。铁族离子磁矩见表 2.3.3 所示。

**表 2.3.3 离子磁矩（以玻尔磁子为单位）**

| 3d 电子数 | 0 | 1 | 2 | 3 | 4 | 5 | 6 | 7 | 8 | 9 | 10 |
|---|---|---|---|---|---|---|---|---|---|---|---|
| 离子种类 | $Sc^{3+}$ $Ti^{4+}$ $V^{5+}$ $Cr^{6+}$ | $Ti^{3+}$ $V^{4+}$ $Cr^{5+}$ $Mn^{6+}$ | $Ti^{2+}$ $V^{3+}$ $Cr^{4+}$ $Mn^{5+}$ | $V^{2+}$ $Cr^{3+}$ $Mn^{4+}$ | $Cr^{2+}$ $Mn^{3+}$ $Fe^{4+}$ | $Mn^{2+}$ $Fe^{3+}$ $Co^{4+}$ | $Fe^{2+}$ $Co^{3+}$ $Ni^{4+}$ | $Co^{2+}$ $Ni^{3+}$ | $Ni^{2+}$ | $Cu^{2+}$ | $Cu^{1+}$ $Zn^{2+}$ |
| 离子磁矩($\mu_B$) | 0 | 1 | 2 | 3 | 4 | 5 | 4 | 3 | 2 | 1 | 0 |

求出了离子的磁矩以及离子的分布之后，从式(2.3.20)就可以计算出铁氧体的磁矩，如图 2.3.13 所示。

由图可见，理论与实践基本上是符合的，仅钴铁氧体的理论曲线与实验曲线相差较大，这是因为 $Co^{2+}$ 的轨道磁矩未被完全"猝灭"，因此分子磁矩还有一定的贡献。另外离子分布受工艺条件的影响，以致分子磁矩具有结构灵敏的性质。

$ZnFe_2O_4$ 是正型铁氧体，按照式(2.3.20)计算，其分子磁矩应为 $10\mu_B$，但实验的结果却为零，这个矛盾又怎样解释呢？

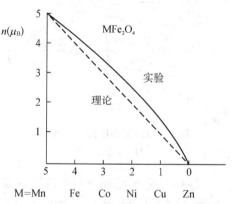

**图 2.3.13 单铁氧体 $MFe_2O_4$ 的分子磁矩**

$Zn^{2+}(3d^{10})$ 为非磁性离子，当它处于 $A$ 位时就不可能与 $B$ 位的磁性离子产生超交换作用，亦就是说，$A\hat{B}$ 作用随含锌量增加而减小。对纯粹的 $ZnFe_2O_4$，$A\hat{B}$ 作用为零。前面我们所讲的 $A\hat{B}$ 作用最强是矛盾的主要方面，是在磁性离子之间产生超交换作用的前提下来谈及这个问题的，现在情况变了，矛盾的性质亦就变了，占支配地位的 $A\hat{B}$ 作用随着非磁性离子在 $A$ 位的增加而削弱，而原先处于次要地位的 $B\hat{B}$ 作用就上升为支配作用的强相互作用，因此在负的 $B\hat{B}$ 超交换作用下，$B$ 位次晶格内的磁性离子的磁矩由被迫的平行状态转变为自发的反平行状态，所以低温下 $ZnFe_2O_4$ 是反铁磁体，其磁矩为零，

可以表达为[①]

$$Zn^{2+}[Fe^{3+} \ Fe^{3+}]O_4$$

$$\phantom{Zn^{2+}[}\xrightarrow{\phantom{xx}} \phantom{Fe^{3+}} \xleftarrow{\phantom{xx}}$$

$$\phantom{Zn^{2+}[Fe^{3+}}0 \phantom{xx} 5 \phantom{x} 5$$

从这个观点出发,就可以较为清楚地理解所有含锌的复合铁氧体。其分子磁矩随含锌量增加而开始增加,到一定量之后,由量变转化为质变,分子磁矩将随含锌量的进一步增加而趋于减少,亦就是说,$B\hat{B}$ 相互作用已开始由被支配地位逐渐转变为可以与 $A\hat{B}$ 作用相抗衡,最后成为占支配地位的强作用。实验结果见图 2.3.14 所示。利用离子置换可以很方便地改变分子磁矩。当以对 $A$ 位有强趋向性的非磁性离子如 $Zn^{2+}$,$Cd^{2+}$,$In^{3+}$ 等置换 $A$ 位磁性离子时,在适当的含量内会导致 $M_s$ 增加;反之,当以对 $B$ 位有强烈趋向性的非磁性离子如 $Al^{3+}$ 等置换 $B$ 位磁性离子时,$M_s$ 将随置换量的增加而减少。此外我们知道铁磁物质的居里温度取决于交换作用的强弱,随着非磁性离子置换量的增加,磁性离子个数减少,$A\hat{B}$ 超交换作用的减弱,必然带来居里温度的下降。以上虽然分析了含锌的铁氧体,原则上对其他非磁性离子如 Cd 等置换同样适用。

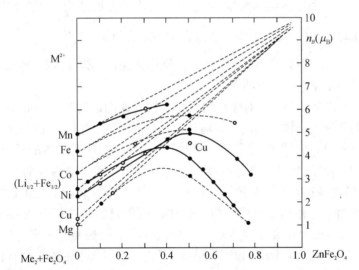

图 2.3.14　复合铁氧体 $M_{1-x}Zn_xFe_2O_4$ 的分子磁矩和 Zn 含量的关系[14]

式(2.3.20)是在 $A\hat{B}$ 为强交换作用前提下成立的,即"直线型"模型。从上面的讨论中,我们知道"直线型"模型有它的局限性。它对 $A\hat{B}$ 作用远较 $B\hat{B}$,$A\hat{A}$ 作用为强的亚铁磁现象给出了较满意的描述。当非磁性离子置换磁性离子时,$A\hat{B}$ 作用将会减小,甚至较 $B\hat{B}$,$A\hat{A}$ 作用为小,此时就没有理由在 $A\hat{B}$ 作用下使 $A$ 次晶格与 $B$ 次晶格磁矩相互反平行排列,Néel 的"直线型"模型不适用。为了正确处理此类问题,此后又提出了三角形的有序磁结构、螺旋有序磁结构模型以及统计模型。

---

① 最近,中子衍射研究表明:$ZnFe_2O_4$ 中的离子分布与颗粒尺寸有关,当 $d=960$ Å 时,$Fe^{3+}$ 在 $A$ 座量为 $0.108$;当 $d\approx290$ Å 时,增加到 $0.142$。

② 三角形亚铁磁构型。

从尖晶石晶体结构出发，$A$，$B$ 次点阵分别可以再分为两个与四个相互交错的面心立方的次点阵。在忽略晶体各向异性的情况下，Kittel 和 Yafet[15]证明了四个 $B$ 次点阵可归为两个次点阵，在次点阵中 $B'$，$B''$ 磁化矢量自发磁化到饱和。首先我们考察一下在什么条件下 $B$ 点阵可分裂为两个次点阵。设由于次点阵的形成使 $M_s B'$，$M_s B''$ 与 $M_s A$ 构成 $\varphi$ 角度，如图 2.3.15 所示。此时，自旋系统总的交换能应为

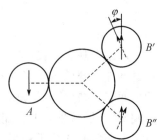

**图 2.3.15  三角形亚铁磁构型示意图**

$$E_{ex} = 2J_{AB}\cos\varphi + J_{B'B''}\cos 2\varphi \qquad (2.3.21)$$

式中，$J_{AB}$，$J_{B'B''}$ 分别代表 $A\hat{B}$，$B'\hat{B}''$ 离子间的交换能。

当系统处于平衡态时，$\dfrac{E_{ex}}{\varphi} = 0$，故得

$$\sin\varphi = 0, \quad \cos\varphi = J_{AB}/2J_{B'B''} \qquad (2.3.22)$$

当 $2J_{B'B''} > J_{AB}$ 时，$\varphi$ 始终不为零，才有可能形成三角形结构；反之，当 $B'\hat{B}''$ 交换能小于 $\dfrac{1}{2} A\hat{B}$ 交换能时，$\varphi = 0$，上述的 Néel 直线型构型始为稳定。

基于上述认识，利用分子场近似可以对铁氧体饱和磁化强度进行计算，三角形磁有序结构可以作为 Néel 理论的一个补充。

Lotgering[16]曾对三角形磁有序结构进行过较为详细的讨论。Gorter[16]又用该理论解释了含 Zn 的几种复合铁氧体之磁矩随 Zn 含量变化的实验事实，似乎是合理的。但人们对 $Zn_{0.5}Ni_{0.5}Fe_2O_4$ 中子衍射的实验[17]，却没有找到三角形磁结构的任何证据，这说明 Gorter 对实验事实的解释只能算是一种巧合。原因仍在于当非磁性离子（$Zn^{2+}$）浓度增加时，$A\hat{B}$ 作用随之减小，而当 $A$ 位中磁性离子甚为稀少时，就没有理由设想依靠如此微弱的 $A\hat{B}$ 作用来维持三角形磁有序结构。此时 $B$ 位的自旋磁矩可以在周围其他 $B$ 位离子相互作用下反向，使分子磁矩减少。三角形磁有序结构是要有一定条件的，而通常在 $A\hat{B}$ 作用弱、$B'\hat{B}''$ 作用强的情况下较容易呈现。在以 Mn、Cr 为主的尖晶石化合物中有较大可能满足此条件。现已在 $Cu(Cr_2)O_4$ 及 $MnSO_4$ 等化合物中用中子衍射实验证实了三角形磁结构的存在[18]，在 $Co_{1-x}Cd_xFe_2O_4$ 铁氧体中，强磁场下磁化强度的测量表明，存在非共线的自旋构型[19]。

③ 亚铁磁性随非磁性离子含量变化的统计模型。

可以设想，当一磁性离子处于其相邻次点阵的非磁性离子包围中时，由于不受到周围离子的交换作用，因此可视为自由离子，对铁磁性贡献甚微，故在计算饱和磁化强度时应予以忽略。从这一认识出发，Gilleo[20]对比了理论与实验，认为仅仅当磁性离子与两个或更多个在相邻次点阵的磁性离子构成超交换作用键时，它才能实际上对磁性有贡献。下面对含有非磁性离子的尖晶石铁氧体饱和磁矩的计算作一简介。

在一般情况下，对一个配位数为 $n$ 的离子，近邻中有 $m$ 个磁性离子和 $(n-m)$ 个非磁性离子的几率为

$$P_n(m) = C_m^n k^{(n-m)} (1-k)^m$$
$$= \frac{n!}{m!(n-m)!} k^{(n-m)} (1-k)^m \tag{2.3.23}$$

式中,$k$ 为非磁性离子占据配位数为 $n$ 座位的几率。

一个离子最多和一个磁性离子联结成键的几率为

$$E(k) = \sum_{m=0}^{1} P_n(m) = nk^{n-1} - (n-1)k^n \tag{2.3.24}$$

则一个离子至少有两个磁性离子作为近邻,以组成超交换作用键的几率为 $[1 - E(k)]$。

对分子式为 $Ma_{(1-z)}M_z[Mb_{(2-y)}M_y]O_4$ 的尖晶石铁氧体,其中 Ma,Mb 分别为在 $A$ 位与 $B$ 位的磁性离子,M 为非磁性离子,在 $A$ 位与 $B$ 位中被非磁性离子所占据的百分比分别为:$k_a = z$, $k_b = y/2$,其分子玻尔磁子数为

$$n_B(y,z) = 2n_B(b)(1-k_b)[1-E(k_a)] - n_B(a)(1-k_a)[1-E(k_b)] \tag{2.3.25}$$

式中,$n_B(a)$,$n_B(b)$ 分别为 Ma,Mb 磁性离子的玻尔磁子数,对含 Zn 复合铁氧体 $k_b = 0$,则改变 Zn 含量可得到最大的玻尔磁子数,对(Mn–Zn)铁氧体,由 $\frac{n_B}{k_a} = 0$,得 $z = 0.436$,相应于 $n_B(\max) = 6.58\mu_B$,与实际结果能较好地一致。

非磁性离子对居里温度的影响可近似地转化为对 $A\hat{B}$ 超交换作用"键"数的影响。设未被非磁性离子代替时,铁氧体的居里温度为 $T_c(0,0)$,当非磁性离子替换量在 $A,B$ 位分别为 $k_a,k_b$ 时的居里温度为 $T_c(k_a,k_b)$。由于非磁性离子的加入,使实际的有效磁性离子数变为

$$N(k_a,k_b) = 2(1-k_b)[1-E(k_a)] + (1-k_a)[1-E(k_b)] \tag{2.3.26}$$

成键数为

$$n(k_a,k_b) = 12(1-k_b)[1-E(k_a)] + 12(1-k_a)[1-E(k_b)] \tag{2.3.27}$$

居里温度 $T_c(k_a,k_b)$ 可表示为

$$T_c(k_a,k_b) = \frac{3n(k_a,k_b)}{24N(k_a,k_b)} T_c(0,0) \tag{2.3.28}$$

式中,$\frac{3}{24}$ 为没有一个非磁性离子时的 $\frac{N}{n}$ 比值。

因此随着非磁性离子对磁性离子替换浓度的增加,将会使居里温度随之降低。对含 Zn 的复合铁氧体,其居里温度将随 Zn 含量的增大而减小。此外由于非磁性离子的影响,使得磁性离子近邻的超交换作用存在着统计的涨落,从而导致整个晶体缺乏单一的居里点,使得 $M$-$T$ 曲线在居里点附近变得较为平缓。

### 3. 铁氧体高温顺磁性

亚铁磁性的本质亦反映在铁氧体的高温顺磁性上,当温度高于居里点时,布里渊函数可按高温近似展开:

$$B_J(x) \approx \frac{J+1}{3J}x, \quad x = \frac{gJ\mu_B}{kT}H, \quad H = H_0 + H_{Wi}$$

式中,$H_0$ 为外磁场。当温度高于居里点时,$M_i = 0$,施加外磁场 $H_0$ 后,才会沿着外磁场方向产生磁化强度,从而产生分子场 $H_{Wi}$。由式(2.3.14),对第 $i$ 个次点阵应存在下式:

$$TM_i - C_i \sum_{j=1} W_{ij}M_j = C_i H \tag{2.3.29}$$

式中,$C_i = Ng^2\mu_B^2 J(J+1)/3k$,为第 $i$ 个次点阵的居里常数。

当温度甚高于居里点时,$\sum W_{ij}M_j \approx 0$,所以

$$\frac{1}{\chi} = \frac{H_0}{M} = \frac{T}{C} \tag{2.3.30}$$

式中,$M = \sum M_i, C = \sum C_i$,与一般顺磁体同。

当温度在居里点附近时,假如仅仅考虑两个次点阵,则由式(2.3.29)以及方程 $M = M_1 + M_2$ 中消去 $M_1, M_2$,可得到

$$\frac{1}{\chi} = \frac{T^2 - T(C_1 W_{11} + C_2 W_{22}) + C_1 C_2(W_{11}W_{22} - W_{12}^2)}{CT - C_1 C_2(W_{11} + W_{22} - 2W_{12})} \tag{2.3.31}$$

为了与一般顺磁体的公式作比较,设

$$T_a' = \frac{C_1 C_2}{C}(W_{11} + W_{22} - 2W_{12})$$

$$T_a = \frac{C_1^2 W_{11} + 2C_1 C_2 W_{12} + C_2^2 W_{12}}{C} \tag{2.3.32}$$

$$T_b = \frac{1}{C}[C_1(W_{11} - W_{12}) + C_2(W_{12} - W_{22})]$$

然后将分子分解成含有 $(T - T_a')(T - T_a)$ 的式子,则式(2.3.31)可改写成

$$\frac{1}{\chi} = \frac{1}{C}\left[(T - T_a) - \frac{C_1 C_2 T_b^2}{(T - T_a')}\right] \tag{2.3.33}$$

由此可知,只要 $T_b \neq 0, \frac{1}{\chi} - T$ 呈双曲线型。对反铁磁体,因 $C_1 = C_2, W_{11} = W_{22}$,故 $T_b = 0$,所以

$$\frac{1}{\chi}=\frac{1}{C}(T-T_a) \qquad (2.3.34)$$

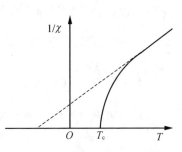

**图 2.3.16 亚铁磁体的顺磁磁化率与温度的关系**

又因 $W_{ij}$ 分子场作用系数为负值,故 $T_a<0$。

对铁磁体,由于交换作用为正,故 $T_a>0$,并且 $T_b=0$。

对亚铁磁体,$T_b\neq 0$,$T_a<0$,$1/\chi$-$T$ 曲线呈双曲线形,如图 2.3.16 所示。

曲线的曲率取决于 $T_b$ 的大小,实质上乃取决于次点阵磁性离子间交换作用($W_{ij}$)的强弱,铁氧体的居里点可由 $1/\chi=0$ 确定。由式(2.3.31)可解得

$$T_c=\frac{1}{2}\left[(C_1W_{11}+C_2W_{11})+\sqrt{(C_1W_{11}-C_2W_{22})^2+4C_1C_2W_{12}^2}\right] \qquad (2.3.35)$$

对反铁磁体,$C_1=C_2$,上式可简化为

$$T_c=T_N=C_1(W_{11}+|W_{12}|)$$

一般文献中,$\frac{1}{\chi_M}$-$T$ 的关系常写成下列形式:

$$\frac{1}{\chi_M}=\frac{T}{C}+\frac{1}{\chi_0}-\frac{\sigma}{T-T_C} \qquad (2.3.36)$$

$\frac{1}{\chi_M}$ 与 $T$ 的实验曲线如图 2.3.17 所示。

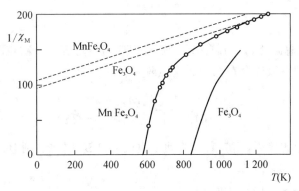

**图 2.3.17 Fe$_3$O$_4$ 与 MnFe$_2$O$_4$ 之顺磁磁化率与温度的关系[14]**

亚铁磁体的 $\frac{1}{\chi}$-$T$ 曲线在高于居里点附近呈双曲线型。这一点显著地区别于铁磁体、反铁磁体,从而亦可根据 $\frac{1}{\chi}$-$T$ 曲线形状大致上判断微观的自旋构型。仔细地考察一下居里点附近 $\frac{1}{\chi}$-$T$ 实验与理论曲线,便可以发现还是符合得不十分理想。Smart[21] 考

虑到超过居里点时短程有序的存在,应用了 Bethe-Weiss 方法,得到了更为精确近似的 $\frac{1}{\chi}-T$ 曲线。根据实验曲线高温渐近线的斜率,可以求出居里常数 $C=\sum C_i$[14]。

### 4. 有效 g 因数

原子磁矩与角动量矩之比称为旋磁比率,即

$$\gamma=\frac{\mu_0 e}{2m_e}g=\frac{\mu}{p}=1.105\times10^5 g[\text{m}/(\text{A}\cdot\text{s})] \tag{2.3.37}$$

式中,$g$ 为 $g$ 因数,或朗德因数、能谱裂矩因数;$\mu$ 为磁矩;$p$ 为角动量矩。

$$\mu_J=\frac{\mu_0 e}{2m}g_J\cdot p_J=\frac{\mu_0 e}{2m}\cdot g_J\cdot\sqrt{J(J+1)}h=g_J\cdot\sqrt{J(J+1)}\mu_B \tag{2.3.38}$$

式中,$\mu_B$ 为玻尔磁子,且 $\mu_B=\frac{\mu_0 eh}{2m}=1.17\times10^{-29}$ Wb·m;$J$ 为总动量矩。

根据 $\mu,J$ 的关系,不难得到

$$g_J=1+\frac{J(J+1)+S(S+1)-L(L+1)}{2J(J+1)} \tag{2.3.39}$$

单纯为自旋矩对磁矩的贡献,则 $L=0,J=S$,故 $g_S=2$。单纯为轨道矩对磁矩的贡献,则 $S=0,J=L$,故 $g_L=1$。不同的原子或离子,$L,S,J$ 值不同,从而 $g$ 值亦可不同。对于铁氧体,其磁矩为各次点阵磁矩之合成,因此可以定义有效旋磁比

$$\gamma_{eff}=\frac{M}{p}=\frac{\sum M_i}{\sum M_i/\gamma_i} \tag{2.3.40}$$

式中,$M$ 为分子之总磁矩;$p$ 为总角动量矩;$i$ 代表相应于第 $i$ 个次点阵之量。

因为尖晶石型铁氧体存在两个磁次点阵,所以

$$\gamma_{eff}=\frac{|M_1|-|M_2|}{|M_1/\gamma_1|-|M_2/\gamma_2|}=\frac{\mu_0 e}{2m}g_{eff} \tag{2.3.41}$$

考虑到轨道动量矩的猝灭,相应离子的动量矩仅为自旋动量矩,则上式可写为

$$g_{eff}=\frac{|m_A|-|m_B|}{|S_A|-|S_B|}=\frac{\sum_i(x_i g_i s_i)_B-\sum_i(x_i g_i s_i)_A}{\sum_i(X_i S_i)_B-(X_i S_i)_A} \tag{2.3.42}$$

式中,$x_i,g_i$ 和 $s_i$ 分别为第 $i$ 类离子的百分数、$g$ 值和自旋量子数。显然在磁矩抵消点,$g_{eff}=0$,在动量矩抵消点 $g_{eff}$ 变得很大。例如对于 $Li_{0.5}Cr_{1.25}Fe_{1.25}O_4$ 铁氧体,在抵消温度 $40℃$ 附近呈现 $g_{eff}$ 值的反常峰,如图 2.3.18 所示。

在抵消点附近不仅会出现 $g$ 因数反常峰,还会呈现铁磁共振线宽 $\Delta H$ 及矫顽力 $H_c$ 的反常,人们还巧妙地利用此现象来增大材料的 $g$ 因数,并利用 $H_c$ 的反常峰在磁光存储

器中作为热磁写入的一种方式。

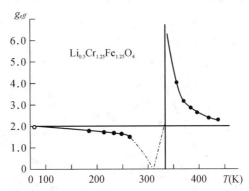

图 2.3.18 $Li_{0.5}Cr_{1.25}Fe_{1.25}O_4$ 铁氧体之 $g$ 因数在抵消点附近的反常峰[22]

## 2.3.3 尖晶石型铁氧体的基本物理性质

### 1. 电性

绝大多数铁氧体的电性属于半导体类型,其电阻率随温度升高而下降,其值在$10^{-2}\sim$ $10^{10}$ $\Omega \cdot cm$ 范围之内。除 $Fe_3O_4$ 及含有较多量 $Fe_3O_4$ 的复合铁氧体外,其电阻率一般均甚高,因此在最初几年,在低频段应用铁氧体时,人们感兴趣的是其磁性,很少有人去研究其电性。随着铁氧体在各频段的应用日益广泛,研究工作亦日益深入,进而发现,在低频时一般铁氧体具有甚高的表观电阻率以及高介电常数($\varepsilon$ 为 $10^4\sim10^5$),但在较高频率时会显著地下降,同时呈现一介电损耗峰,即电阻率与介电常数存在着弛豫型的频散现象。因此,铁氧体的使用频宽不仅受到磁性损耗的限制,同时亦受到介电损耗的约束,磁性和电性间有时亦会存在一定的矛盾。例如制备高 $\mu_i$ 的软磁铁氧体,要求配方中含有多于正分比的 $Fe_2O_3$,以产生一定量的 $Fe^{2+}$,有利于降低磁晶各向异性常数,提高 $\mu_i$ 值,但 $Fe^{2+}$ 会导致电阻率显著地下降,且涡流损耗增加,因此,高 $\mu_i$ 锰锌铁氧体的电阻率较低,约为 $10^2$ 数量级,不能应用于较高频率。随着铁氧体使用频率的提高,为了避免趋肤效应,降低涡流损耗及介电损耗,要求铁氧体具有足够高的电阻率。如,在微波段使用的铁氧体常要求其电阻率大于 $10^6$ $\Omega \cdot cm$。实验中还发现,在磁共振区同时会呈现介电损耗峰,从而导致铁磁共振线宽增加。

下面将对铁氧体的导电机构、提高电阻率的途径及介电性能作一扼要的介绍。

**(1) 铁氧体的电阻率**

① 实验事实。

一般铁氧体的电阻率均随温度升高而按指数下降,即 $\rho\propto e^{E_\rho/kT}$,故 $\ln\rho$ 与 $\dfrac{1}{T}$ 呈线性关系,如图 2.3.19 所示。这里,$E_\rho$ 称为激活能,代表电子从一个离子跃迁到相邻离子上所需的能量。

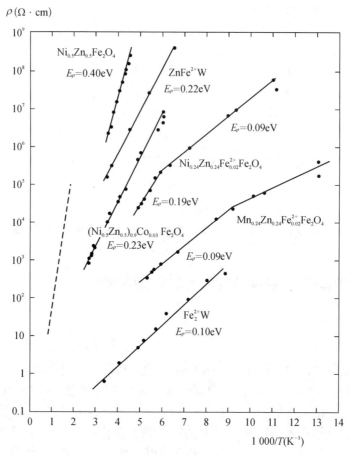

**图 2.3.19　几种铁氧体的直流电阻率与温度之关系**[1,c]

（$E_\rho$ 为激活能）

对一系列的铁氧体进行实验,发现在一定温度下 $\ln\rho - \dfrac{1}{T}$ 曲线存在一个转折点。

从实验中仅发现 $Fe_3O_4$ 在 $80\,℃$ 以上的导电性呈金属型,即电阻率随温度升高而增大。此外对所有的铁氧体,其电阻率在极大程度上是受二价铁离子的浓度所控制。当二价铁离子增加时导电性会显著地增加,并且高介电常数往往与低电阻率相联系。

② 铁氧体的导电机制。

为了了解铁氧体的导电机制,首先研究一下与此类似的过渡元素氧化物的导电性。兹将其电阻率列于表 2.3.4 中。

**表 2.3.4　过渡元素氧化物的直流电阻率**

| 离　子 | $Mn^{2+}$ | $Mn^{3+}$ | $Co^{2+}$ | $Fe^{3+}$ | $Fe^{2+}$ | $Cu^{2+}$ | $Ni^{2+}$ |
| --- | --- | --- | --- | --- | --- | --- | --- |
| 电子情态 | $3d^5 4s^0$ | $3d^4 4s^0$ | $3d^7 4s^0$ | $3d^5 4s^0$ | $3d^6 4s^0$ | $3d^9 4s^0$ | $3d^8 4s^0$ |
| MeO | MnO | $Mn_3O_4$ | CoO | $Fe_2O_3$ | $Fe_3O_4$ | CuO | NiO |
| $\ln\rho$ | 8 | 7 | 8 | 10 | $-2$ | 7 | 8 |

从表 2.3.4 可以得出这样的结论：当一种原子所具有的平均外壳层的电子数为非整数时，对导电性特别有利。例如，$Fe_3O_4$ 中每一个铁离子平均具有 $5\frac{1}{3}$ 个电子，其电阻率甚低，为 $10^{-2}\Omega \cdot cm$；而与它具有相同结构的 $\gamma - Fe_2O_3$，每一个铁离子具有 5 个 $3d$ 电子，其电阻率甚高，约 $10^{10}\Omega \cdot cm$。同样，$Mn_3O_4$ 的电阻率要比 $MnO$ 低一个数量级。

为了解释这一实验事实，认为在这些氧化物中金属离子上的 $3d$ 电子基本上是处于束缚态，导电机制乃是电子在阳离子间跃迁式的跳动所致，称之为"蛙跃"；而假如相邻金属离子的价数不等，则更有利于这种跃迁，使导电率增加。从这个物理机制出发，人们就不难理解为什么 $Fe_3O_4$ 的电阻率会这样低，这是由于 $Fe_3O_4$ 呈反尖晶石结构，其中 $Fe^{2+}$ 及 $Fe^{3+}$ 等量地共处于 $B$ 位，因此电子极易在离子间跳跃，而并不显著改变系统的能量，通常表达为下列关系式：

$$Fe^{2+} + Fe^{3+} \longrightarrow Fe^{3+} + Fe^{2+} \qquad (2.3.43)$$

基于上述认识，提出了"控价"原则，即铁氧体的电性可以控制阳离子的价态在极大范围内变化，现以 $NiFe_2O_4$ 为例作一说明。正分比的 $NiFe_2O_4$ 应仅存在 $Ni^{2+}$ 及 $Fe^{3+}$ 的阳离子，其电阻率应很高，而实际上却发现其电阻率仅为 $10^6\ \Omega \cdot cm$ 数量级。这是由于在铁氧体中有微量的 Ni，Fe 离子变价，即

$$Ni^{2+} + Fe^{3+} \longrightarrow Ni^{3+} + Fe^{2+} \qquad (2.3.44)$$

因此产生 $Fe^{2+}$ 与 $Fe^{3+}$ 及 $Ni^{2+}$ 与 $Ni^{3+}$ 间的电子传导性，使电阻率大大下降。而假如附加少量的 Mn 或 Co 离子以遏制 $Fe^{2+}$ 的存在，则可大大地增加其电阻率，因为

$$Fe^{2+} + Mn^{3+} \longrightarrow Fe^{3+} + Mn^{2+}$$
$$Ni^{3+} + Mn^{2+} \longrightarrow Ni^{2+} + Mn^{3+} \qquad (2.3.45)$$

实验似乎证实了这一点。例如，将 0.02 mol% 的 Mn 加到 $NiFe_2O_4$ 中，其电阻率剧增到 $10^{10}$ 数量级，如图 2.3.20 所示。

然而，对 Mn，Mg 铁氧体研究的结果，却发现 $Fe^{2+}$ 与高价 Mn 离子是可以共存的，继后，Krupicka 等人[23] 在 Mn 以及 MnMg 铁氧体中均发现 $Fe^{2+}$ 与高价 Mn 离子共存的情况，并认为存在 $Mn^{4+}$ 时，由于电极化的作用，将会束缚 $Fe^{2+}$ 在晶格中，因而遏制 $Fe^{2+} \longrightarrow Fe^{3+}$ 的导电机构。实验结果可用图 2.3.21 表示。

③ 提高铁氧体电阻率的途径。

如上所述，铁氧体的导电性能主要取决于具有不同价态的同一类阳离子间电子的跃

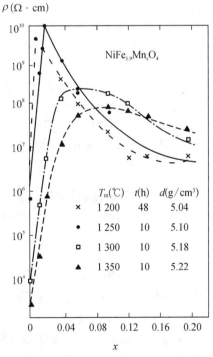

图 2.3.20　$Ni_{1.0}Fe_{1.9}Mn_xO_4$ 铁氧体之电阻率与 Mn 含量的关系

迁,尤其重要的是,$Fe^{2+}$ 及 $Fe^{3+}$ 共存于 $B$ 位的情况。明确这一点,就可以对材料的配方、热处理提出一些原则性的意见。目前主要有两种途径:对高频、微波铁氧体,常采用遏制 $Fe^{2+}$ 呈现的方法,但此法对低频高 $\mu_i$ 的铁氧体并不适用。为了提高 $\mu_i$,从配方、热处理方面考虑必须要有一部分 $Fe^{2+}$ 存在,因而常采用提高晶界电阻率的方法。提高电阻率的方法:

(a) 使配方缺铁。使配方中铁的含量略低于正分比,就可以大大地遏制二价铁离子的存在,增加电阻率。这已成为制备高电阻率铁氧体原则之一。对 NiZn 铁氧体的实验结果如图 2.3.22 所示。

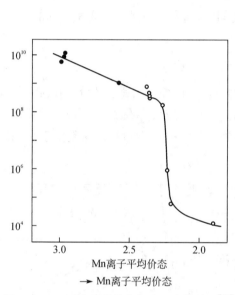

图 2.3.21 　Mn 离子的价态与电阻率的关系[23]

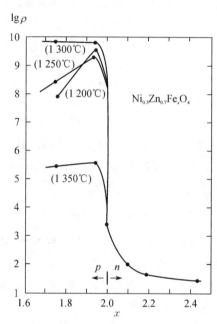

图 2.3.22 　NiZn 铁氧体($Ni_{0.3}Zn_{0.7}Fe_xO_4$)的电阻率与铁离子含量的关系[24]

(b) 加入适量的锰或钴的氧化物。Mn 和 Co 的第三游离电位低于 Ni 而高于 Fe,现将它们按第三游离电位由低至高顺序排列如下:

$$Cr \rightarrow Fe \rightarrow Mn \rightarrow Co \rightarrow Ni$$

因此,当 Mn 及 Co 离子加入含有 Fe 或 Ni 的铁氧体中时,可以大大遏制 $Fe^{2+}$ 及 $Ni^{3+}$ 的存在,使电阻率增加。Mn 离子究竟是遏制 $Fe^{2+}$ 存在,抑或是束缚 $Fe^{2+}$,尚待进一步研究,然而加入适量的 Mn 能提高电阻率这一实验事实是存在的。

(c) 减少导电离子对。欲提高电阻率,可设法减少导电离子对(如 $Fe^{2+}$,$Fe^{3+}$)的浓度,因此,在配方中可以加入不易变价的离子。例如,在微波铁氧体中往往渗入一些 $Al^{3+}$ 置换 $Fe^{3+}$,以提高电阻率,降低饱和磁化强度。

(d) 增进晶界的电阻率。多晶体的电阻可以看作晶粒和晶界电阻之串联。对 MnZn 铁氧体的研究发现,晶界的电阻率显著地高于晶粒本身,可能是由于晶界存在着位错与应力。为了进一步提高晶界电阻,可以将 $Ca^{2+}$(0.1‰~0.3‰)加入到铁氧体中,对提高晶界电阻率有显著的效果。$Ca^{2+}$ 的半径较大(约 1.06 Å),当少量掺入时,在晶界的浓度比在晶体中高,从而提高了晶界的电阻值。

以同样认识,在铁氧体中同时加两种或两种以上的附加物,如 $CaO$ - $GeO_2$,$CaO$ - $SiO_2$,$CaO$ - $Ta_2O_5$,$CaO$ - $Nb_2O_5$ 等系列,使在晶界形成高电阻层,如加入 $Ca_2GeO_4$ 化合物,有利于增进 MnZn 铁氧体的高频 Q 值。

**(2) 铁氧体的介电性能**

铁氧体的介电常数明显地依赖于 $Fe^{2+}$,$Ti^{4+}$ 等的离子浓度,最高可达 $10^4$~$10^5$。通常,随着频率升高而产生剧烈频散现象,以致微波段通常仅为 10 的数量级(见图 2.3.23)。类似于磁导率对频率的依赖性,介电常数亦存在三个剧烈频散区域,其一是尺寸共振,通常处于低频段,对样品尺寸有显著的依赖性,其二是弛豫过程,其三是电子(或离子)共振,处于光频段。

① 尺寸共振。

高磁导率的铁氧体在低频段会产生 $\mu$,$\varepsilon$ 的剧烈频散,并显著地依赖于样品的尺寸。这是因为电磁波在高 $\mu$,$\varepsilon$ 介质中传播时,其波长($\lambda \sim \lambda_0/\sqrt{\mu\varepsilon}$)远小于真空中波长

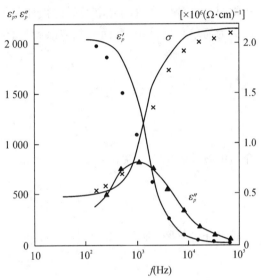

**图 2.3.23　$Ni_{0.4}Zn_{0.6}Fe_2O_4$ 铁氧体的介电频谱**[25]

$\lambda_0$,因此当样品的尺寸为 $\frac{\lambda}{2}$ 的整数倍时,就会形成驻波,产生剧烈的频散。例如 MnZn 铁氧体的介电常数与磁导率的尺寸共振频谱,见图 2.3.24 所示。$\lambda$ 与 $\mu$,$\varepsilon$ 的关系可以从麦克斯韦方程推得:

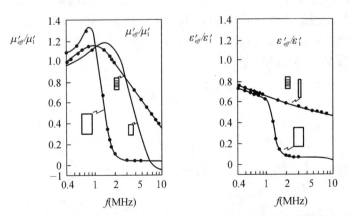

**图 2.3.24　不同截面积的 MnZn 环状样品之磁导率与介电常数的频散曲线**[26]

由
$$\begin{cases} \nabla \times H = \sigma E + j\omega(\varepsilon' - j\varepsilon''_0)E \\ \nabla \times E = -j\omega(\mu' - j\mu'')H \end{cases} \tag{2.3.46}$$

如令 $\varepsilon''_0 + \sigma/\omega = \varepsilon''$，则得波动方程式

$$2\nabla^2 H = -\omega^2 |\mu||\varepsilon|e - j(\delta_e + \delta_m)H \tag{2.3.47}$$

式中，$\delta_e$，$\delta_m$ 分别为总的介电及磁的损耗角。

为简单起见，设一平面电磁波沿 $x$ 轴向传播，则其解为

$$H = H_y^o e^{-x/d - 2\pi jx/\lambda} \tag{2.3.48}$$

对趋肤厚度 $d$，有

$$\frac{1}{d} = \omega\sqrt{|\varepsilon||\mu|} \cdot \sin\frac{1}{2}(\delta_e + \delta_m) \tag{2.3.49}$$

介质中波长 $\lambda$ 由下式决定：

$$\frac{2\pi}{\lambda} = (\omega)\sqrt{|\varepsilon||\mu|} \cdot \cos\frac{1}{2}(\delta_e + \delta_m) \tag{2.3.50}$$

当磁损耗可忽略，即 $\delta_m = 0$，$|\varepsilon| \simeq \sigma/\omega$，$\delta_e \simeq \pi/2$ 时，可获得

$$\frac{2\pi}{\lambda} = \frac{1}{d} = (\mu\omega\sigma/2)^{1/2} \tag{2.3.51}$$

② 弛豫过程。

从一般的弛豫过程概念出发，若以外力 $X$ 作用于一线性系统，则该系统产生位移 $Y$，此时 $X$ 与 $Y$ 间有一简单的线性关系，即

$$Y = KX \tag{2.3.52}$$

式中，$K$ 为比例常数。

由于外力的作用破坏了系统原有的平衡态，需经历一段有限的时间（弛豫时间 $\tau$）才能达到新的平衡。理想的情况下，弛豫时间为零，$X$ 与 $Y$ 同步，而在实际问题中，由于形形色色的耗散力存在，总使 $Y$ 落后于 $X$。作为简单的设想，认为 $Y$ 的时间变化率正比例于相对于平衡值 $Y_\infty$ 的偏离量，即

$$\frac{dY}{dt} = \frac{1}{\tau}(Y_\infty - Y) \tag{2.3.53}$$

故
$$Y = Y_\infty(1 - e^{-t/\tau}) = K_\infty(1 - e^{-t/\tau})X \tag{2.3.54}$$

假如外力为时间的周期函数 $X = X_0 e^{j\omega t}$，式(2.3.53)可写成

$$\frac{dY}{dt} = \frac{1}{\tau}(K_\infty X_0 e^{j\omega t} - Y) \tag{2.3.55}$$

解得

$$Y=\frac{K_\infty X}{1+\mathrm{j}\omega\tau}=KX \tag{2.3.56}$$

$$K=\frac{K_\infty}{1+\mathrm{j}\omega\tau}=K_1-\mathrm{j}K_2 \tag{2.3.57}$$

$$K_1=K_\infty/(1+\omega^2\tau^2),K_2=K_\infty\omega\tau/(1+\omega^2\tau^2) \tag{2.3.58}$$

这就是典型的单频率弛豫过程。$K$ 对频率的依赖性如图 2.3.25 所示。当 $\omega=\frac{1}{\tau}$ 时,$K_2$ 呈现极值;当 $\tau=\tau_\infty\mathrm{e}^{E/kT}$ 时,弛豫峰将随温度升高而移向高频。换言之,弛豫峰将随频率增高而移向高温。这种弛豫过程同样也显示在磁导率的频散曲线中,此时 $X,Y$ 分别对应于 $H$ 与 $B$,比例系数为 $\mu$,对于介电性能,$X,Y,K$ 分别对应于 $E$,$D$ 及介电常数,可以表示为

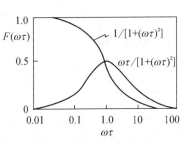

**图 2.3.25　弛豫型的频散曲线**

$$\varepsilon=\varepsilon_\infty+\frac{\varepsilon_0-\varepsilon_\infty}{1+\mathrm{j}\omega\tau}=\varepsilon'-\mathrm{j}\varepsilon'' \tag{2.3.59}$$

而

$$\left.\begin{array}{l}\varepsilon'=\varepsilon_\infty+\dfrac{\varepsilon_0-\varepsilon_\infty}{1+\omega^2\tau^2}\\[3mm]\varepsilon''=\dfrac{(\varepsilon_0-\varepsilon_\infty)\omega\tau}{1+\omega^2\tau^2}\end{array}\right\} \tag{2.3.60}$$

式中,下标 $0,\infty$ 分别代表直流与高频的介电常数值。

由此可知,当 $\omega=\frac{1}{\tau}$ 时,产生介电损耗峰。一般取 $100>\omega\tau>0.01$ 为介电弛豫频散区。

在多数情况下,上式并不能满意地与实验结果相符。实验中所发现的频散曲线较宽,意味着不能用单一的弛豫频率来描述实际的弛豫过程,而应当引入一弛豫频谱,以一系列的特征弛豫时间来描述实际过程。

为了解释铁氧体的弛豫型介电频谱,Koops[25] 提出了非均匀结构的唯象理论。他认为在多晶铁氧体中,晶界的电阻率可以比晶粒内高得多,于是在测量铁氧体介电性能时,可以把样品看作双层介质的电容器,如图 2.3.26 所示。实际上,我们所测得的介电常数与电阻率均非真正的值,而是表观(或等效)值 $\varepsilon_p$ 和 $\rho_p$。从交流电理论中可以求出 $\rho_p$ 及 $\varepsilon_p$ 对频率的依赖性。

由图 2.3.26 可知:

$$\left.\begin{array}{ll}\text{第一层介质的导纳}&Y_1=\dfrac{1}{R_1}+\mathrm{j}\omega C_1\\[3mm]\text{第二层介质的导纳}&Y_2=\dfrac{1}{R_2}+\mathrm{j}\omega C_2\end{array}\right\} \tag{2.3.61}$$

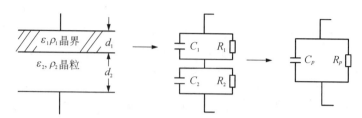

图 2.3.26　多晶铁氧体的等效电路

电路总导纳

$$Y = \frac{Y_1 Y_2}{Y_1 + Y_2} = \frac{1}{R_1 + R_2} + \frac{\omega^2 Ck\tau}{1 + \omega^2 \tau^2} + \mathrm{j}\omega C \left(1 + \frac{k}{1 + \omega^2 \tau^2}\right) = \frac{1}{R_p} + \mathrm{j}\omega C_p \quad (2.3.62)$$

由此可推导出介电弛豫频散的关系式,可以定性地解释一些实验事实。Koops 的唯象理论是十分粗糙的,没有触及介电频散的微观本质。Иоффе[27] 等人研究了 NiZn,MgMn,CoZn 铁氧体多晶及 CoZn 铁氧体单晶之 $\varepsilon$,$\rho$,$\tan\delta$ 与 $T$,$f$ 的关系,发现不但多晶具有大的 $\varepsilon$,并存在频散区域,而且单晶亦具有同样的现象。显然这是 Koops 理论所无法解释的。

实验结果表明,对所有被研究的铁氧体,在一定临界温度下具有较小的介电常数($\varepsilon$ 为 13～17),且不依赖于 $f$,当温度超过临界温度时,$\varepsilon$ 值剧增,并对频率有很大的依赖性,如图 2.3.27 所示。实验上亦观察到在一定的频率、温度下,介电损耗会呈现一峰值,如图 2.3.28 所示,频率愈高,峰值愈往高温移动,因此可以认为这些损耗是由于具有不同激活能的粒子弛豫运动所致。基于弛豫粒子的概念,Иоффе 等人认为不是所有的电子都参与"穿透"的传导性,只有其中具有较小激活能的一部分电子在外场作用下作局部的位移。这种局部位移在晶体中可以产生极大的极化,并强烈地依赖于频率及温度。

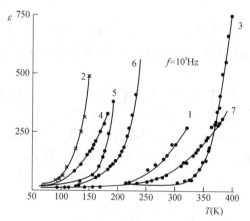

图 2.3.27　NiZn 系铁氧体的介电常数与温度的关系[27]

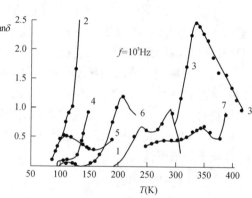

图 2.3.28　NiZn 系铁氧体的介电损耗角与温度的关系[27]

Peters[28]测量了 MnMg 铁氧体的介电常数及电阻率的频谱。发现 $\rho - f$ 及 $\varepsilon - f$ 频散曲线很不相似,如图 2.3.29。这与 Koops 理论亦是相矛盾的。Peter 认为[28],可以用永久偶极子旋转极化的弛豫过程来解释。电偶极子来源于氧离子的极化。氧离子处于 3 个 $B$ 位、1 个 $A$ 位的离子包围中,场的非对称性导致氧离子的极化,而电子在不同价态的离子间跳动时更加剧了这种极化效应,从而导致介电常数增加,根据实验数据估计,要产生这样高的介电常数,需永久偶极矩为 0.5Debye 氧离子,有效电荷的分离约为 0.1 Å。

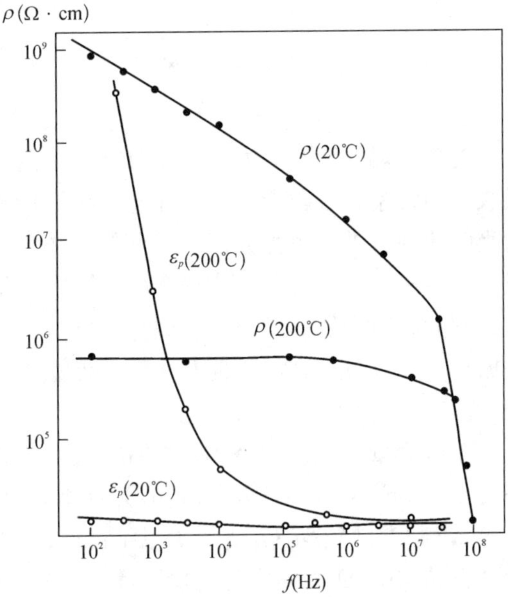

图 2.3.29　$(MgO)_{0.9}(MnO)_{0.1}(Fe_2O_2)_{0.8}$ 铁氧体之介电频谱[28]

③ 共振吸收[29]。

从电子(或离子)准弹性地束缚在平衡位置做简谐运动的模型出发,设沿 $x$ 轴施加一交变电场 $E = E_0 e^{j\omega t}$,此时电子(或离子)将在平衡位置上做简谐运动,其运动方程式为

$$m \frac{d^2 x}{dt^2} + \beta \frac{dx}{dt} + \alpha x = eE_i = e(E + \gamma p) = e(E + \gamma Nex)$$

所以

$$m \frac{d^2 x}{dt^2} + \beta \frac{dx}{dt} + (\alpha - N\gamma e^2)x = eE \qquad (2.3.63)$$

如令

$$\omega_0^2 = \frac{1}{m}(\alpha - N\gamma e^2)$$

则

$$x = \frac{eE}{m(\omega_0^2 - \omega^2) + j\omega\beta}$$

极化率

$$\chi = \frac{Nex}{E} = \frac{Ne^2}{m(\omega_0^2 - \omega^2) + j\omega\beta}$$

$$= \frac{\chi_0}{1 - \left(\frac{\omega}{\omega_0}\right)^2 + j\omega\tau} \qquad (2.3.64)$$

式中,$\tau = \frac{\beta}{m\omega_0^2}$。所以介电常数　$\varepsilon = \varepsilon_0(1 + \chi)$

如系统含有 $s$ 个振荡频率,则

$$\varepsilon = \varepsilon_0 + \sum_s \frac{\varepsilon_0 N e^2}{m(\omega_0^2 - \omega^2) + \mathrm{j}\omega\beta}$$

$$(2.3.65)$$

对离子晶体而言,由离子振动所产生的共振吸收峰通常呈现在红外区,而由电子跃迁所产生的吸收峰通常处于可见光区。一些铁氧体的共振吸收谱如图 2.3.30 所示,其中 $v_1$ 为氧离子沿着〈111〉晶间的振动;$v_2$ 为氧离子垂直于〈111〉晶向的振动;$v_3$,$v_4$ 分别为 $B$ 晶位和 $A$ 晶位离子的振动。

在所测量的六类铁氧体中,$ZnFe_2O_4$ 为正尖晶石型,$CoFe_2O_4$,$Fe_3O_4$,$NiFe_2O_4$ 为反尖晶石型,$MnFe_2O_4$,$MgFe_2O_4$ 为混合尖晶石型。在反尖晶石结构中,四面体座为三价阳离子,与正尖晶石型相比增加了一个电荷,从而增加四面体座阳离子与氧离子的相互作用能,增加了恢复力,以致其 $v_1$,$v_2$ 值比正尖晶石型增加了 30～40 个波数。

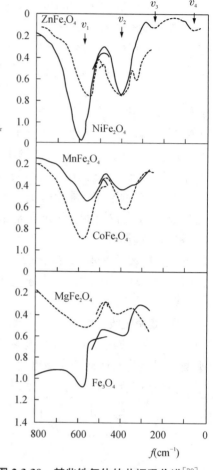

图 2.3.30　某些铁氧体的共振吸收谱[30]

### 2. 磁晶各向异性与磁致伸缩

磁晶各向异性与磁致伸缩对磁性材料的磁性能有重要影响。对高磁导率的软磁材料,通常要有较低的磁晶各向异性常数与磁致伸缩系数;对永磁材料要求有较高的值,对磁泡材料则要求有一合适大小的单轴向磁晶各向异性。下面将介绍磁晶各向异性与磁致伸缩系数的基本实验数据及其物理概念,以有利于阐明材料配方与制备过程的一些问题。

#### (1) 磁晶各向异性

① 实验事实。

磁晶各向异性的宏观表述式,对立方晶体为

$$E_K = K_1(\alpha_1^2\alpha_2^2 + \alpha_1^2\alpha_3^2 + \alpha_2^2\alpha_3^2) + K_1\alpha_1^2\alpha_2^2\alpha_3^2 + \cdots \quad (2.3.66)$$

对六角晶体为

$$E_K = K_1\sin^2\theta + K_2\sin^4\theta + K_3^1\sin^6\theta + K_3\sin^6\theta\cos^6\theta \quad (2.3.67)$$

对四角晶体为

$$E_K = K_1\alpha_c^2 + K_2\alpha_c^4 + K_2^1(\alpha_a^4 + \alpha_b^4) \quad (2.3.68)$$

对正交晶体为

$$E_K = K_1^a \alpha_a^2 + K_1^b \alpha_b^2 + K_2^a \alpha_a^4 + K_2^{ab} \alpha_a^2 \alpha_b^2 + K_2^b \alpha_b^4$$

$$(2.3.69)$$

式中，$\alpha_i$ 是磁化矢量与 $i$ 晶轴夹角的方向余弦；$K_i$ 为磁晶各向异性常数。现将一些简单铁氧体的磁晶各向异性常数列于表 2.3.5 中。

从表可见，在简单铁氧体中，仅 $CoFe_2O_4$ 之磁晶各向异性常数为正值，余均为负值。$Fe_3O_4$ 的磁晶各向异性常数亦较大，且为负值。$NiFe_2O_4$ 与 $CuFe_2O_4$ 的磁晶各向异性常数值相近。

实验中还发现磁晶各向异性具有可加性。如将 Co 置换 $Fe_3O_4$ 中的 $Fe^{2+}$ 后，其各向异性常数将由负值转变为正值，而且将随 Co 含量的增加而增大，如图 2.3.31 所示。

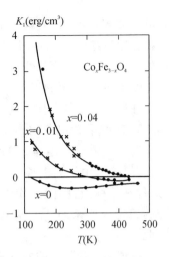

图 2.3.31 $Co_xFe_{(3-x)}O_4$ 之 $K_1$ 随 $T$ 的变化[32]

表 2.3.5 某些简单尖晶石型铁氧体的磁晶各向异性常数值[31]

| 组 成 | $T$ (K) | $K_1$ ($\times 10^{-3}$ J/m$^3$) | $K_2$ ($\times 10^{-4}$ J/m$^3$) | $M_s$ (kA/m) | $T_c$ (K) |
|---|---|---|---|---|---|
| $Fe_3O_4$ | 293 | −11 | −28 | 480 | 858 |
| | 293 | −3.4 | ≈0 | 415 | 573 |
| $MnFe_2O_4$ | 77 | −17.9 | −13 | | |
| | 14.2 | −14.0 | −32 | | |
| $NiFe_2O_4$ | 293 | −6.5 | | 270 | 860 |
| | 4.2 | −8.3 | | | |
| $CuFe_2O_4$ | 293 | −6.0 | | 135 | 728 |
| | 77 | −20 | | | |
| $CoFe_2O_4$ | 293 | 270 | 360 | 400 | 793 |
| | 363 | 90 | | | |
| | 473 | 6.6 | | | |
| $MgFe_2O_4$ | 293 | −3.9 | | 110 | 713 |
| | 88 | −15 | | | |
| $Li_{0.5}Fe_{2.5}O_4$ | 293 | −8.5 | | 310 | 943 |
| | 77 | −12.7 | | | |
| | | (−16.2) | | | |
| | 20 | −4.1 | −3 | | |

对于 $Fe_3O_4$，$K_1$ 大约在 130 K 附近由负值变为正值，通常认为 $Fe^{2+}$ 对 $K_1$ 值的贡献是

正的。对 $Mn_xFe_{3-x}O_4$ 铁氧体,在 $0.4 < x < 0.8$ 组成范围内,因含有 $Fe^{2+}$,$K_1$ 在一定温度下将会通过零点。对于 MnZn 铁氧体,人们通过控制 $Fe^{2+}$ 浓度来控制 $K_1 = 0$ 的温度,从而控制 $\mu_i$-$T$ 曲线第二峰的位置。

② 轨道动量矩的猝灭。

在讨论磁晶各向异性的物理起源之前,先介绍轨道动量矩猝灭的概念。这对于计算离子磁矩,解释磁晶各向异性、磁致伸缩效应等磁现象都十分必要。

对于轨道动量矩为 $L$ 的自由离子,其磁矩由轨道动量矩与自旋动量矩两者构成。但在晶体中,由于周围离子产生的晶体电场的作用,造成轨道动量矩全部或部分消失(这种现象称为轨道动量矩的猝灭),从而使得相应的轨道磁矩为零或减小。导致离子的磁矩主要来源于自旋磁矩。在尖晶石型铁氧体中,3d 过渡族的离子基本上是如此。

轨道动量矩猝灭的概念不能错误地理解为轨道动量矩的绝对值为零。轨道动量矩的平方($L^2$)在晶体中一般乃是保持自由离子状态的值,但轨道角动量 $L$ 的平均值却为零或减少。

例如 $Fe^{2+}(3d^6)$,在自由离子时,$L=2$,$S=2$,即离子状态为 $^5D$,轨道为五重简并态。当它进入尖晶石结构中处于八面体时,在立方晶场与三角晶场作用下将产生能级分裂,如图 2.3.32 所示。在立方晶场作用下将分裂为 $\Gamma_5$(三重态)和 $\Gamma_3$(双重态)两级,在三角晶场作用下再分裂为一个单重态和二个双重态,基态单重态。在晶场中离子的本征波函数 $\varphi_0, \varphi_1, \varphi_2, \varphi_3, \varphi_4$ 可以认为是自由态的波函数 $\psi_0, \psi_{\pm1}, \psi_{\pm2}$ 所组成的。$(0, \pm1, \pm2)$ 代表轨道量矩的 $z$ 轴分量。

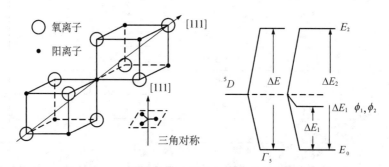

图 2.3.32　$Fe^{2+}$ 在尖晶石结构八面体座中的能级分裂

Yosida 提出基态波函数为下列形式:

$$\varphi_0 = \frac{1}{\sqrt{3}}(d_{xy} + d_{xz} + d_{yz}) \tag{2.3.70}$$

其中,$d_{xy}, d_{xz}, d_{yz}$ 之波函数的形式见式(2.3.5),为 $\psi_0, \psi_{\pm1}, \psi_{\pm2}$ 线性组合,所以

$$\varphi_0 = \frac{1}{\sqrt{3}}\left[-\frac{i}{\sqrt{2}}(\psi_2 - \psi_{-2}) + \frac{i}{\sqrt{2}}(\psi_1 + \psi_{-1}) - \frac{1}{\sqrt{2}}(\psi_1 - \psi_{-1})\right]$$

$$= \frac{1}{\sqrt{6}}[-i(\psi_2 - \psi_{-2}) - (1-i)\psi_1 + (1+i)\psi_{-1}]$$

$$\varphi_0^* = \frac{1}{\sqrt{6}}\left[\mathrm{i}(\psi_2^* - \psi_{-2}^*) - (1+\mathrm{i})\psi_1^* + (1-\mathrm{i})\psi_{-1}^*\right] \tag{2.3.71}$$

轨道动量矩的平均值应为

$$\overline{L} = <0|\boldsymbol{L}|0> \tag{2.3.72}$$

将式(2.3.71)代入式(2.3.72),经计算后可得

$$\overline{L} = 0$$

因此,$Fe^{2+}$ 处于尖晶石八面体电场的作用下,导致能级的分裂,其基态为单重态。轨道动量矩的平均值为零,称之为轨道动量矩的猝灭。

从上述讨论可知,只要能级分裂结果使基态为单重态,则轨道动量矩必猝灭。基态时轨道动量矩的猝灭,可以根据式(2.3.71)理解为电子循轨运动中处于 $\psi_{+2}$,$\psi_{-2}$ 的几率以及处于 $\psi_{+1}$,$\psi_{-1}$ 的几率相等。因为波函数 $\psi_i$ 前系数绝对值的平方代表状态 $m=i$ 出现的几率,既然 $m=\pm1$、$\pm2$ 出现的几率是相同的,故轨道动量矩的平均值应为零。

从波动的概念亦可这样去理解轨道角动量矩的猝灭。电子的循轨运动可以看作行波,当轨道闭合时,轨道的周长必等于波长的整数倍。如 $p$ 轨道的周长为一个波长,$d$ 轨道的周长为二个波长,等等。因此在自由离子时相应于轨道运动就有确定的动量矩和磁矩。当离子处于晶体中时,由于配位离子的作用,使电子要避开带负电的阴离子,例如,当 $L_z=2$ 的 $d$ 电子处于四个氧离子所组成的平面四方形的中心时,就导致电子由循轨的行波状态进入驻波状态,这样就可以在邻近阴离子的地方使电子几率密度为最小,从而降低系统的能量,而驻波状态可以看作两个方向相反的行波状态的叠加,从而使得 $L_z$ 的平均值为零,轨道动量矩猝灭。

对于 $4f$ 族的稀土离子,由于 $4f$ 层处于 $5s$,$5p$ 层的屏蔽中,因此晶体电场对 $4f$ 电子的运动影响较小,轨道角动量通常很少被淬灭。

③ 磁晶各向异性。

磁晶各向异性是指磁矩相对于晶轴不同方向时能量不同的现象。显然,交换作用仅与磁矩间夹角有关,而与晶轴无关,不能引起磁晶各向异性。当原子磁矩在点阵中作各向异性排列时,由于磁偶极矩之间的相互作用确实可以导致能量与晶轴有关,对于共线的磁偶极矩之间的作用能 $E_{dip}$ 可写成下列形式:

$$E_{dip} = \sum_{i>j} \pm \mu_i \mu_j (1-3\cos^2\varphi_{ij})/\gamma_{ij}^2 \tag{2.3.73}$$

式中正、负号取决于 $\mu_i$ 与 $\mu_j$ 彼此平行或反平行。由于 $E_{dip} \sim \cos^2\varphi_{ij}$,即磁矩相对于偶极矩间的连线(晶轴)的方向余弦的偶次方,因此对立方对称的晶体,$E_{dip}=0$,即经典的偶极矩对磁晶各向异性无贡献。对于非立方晶体,$E_{dip} \neq 0$,但其数值较小,通常可以忽略,但对感生各向异性尚须考虑这部分能量。

目前认为铁氧体产生磁晶各向异性的原因是自旋轨道的耦合与晶体电场的联合效应。

原子核与电子的相对运动所产生的虚电流之磁场将迫使电子自旋倾向于取垂直于运

动轨道平面的方向。而当离子处于晶体中时,晶体电场又将电子的轨道运动约束在一定的方向。这种自旋轨道晶场联合作用的结果导致离子的磁矩相对于晶轴的取向具有不同的能量,其宏观的表现就是磁晶各向异性。对于铁氧体,人们认为宏观的磁晶各向异性是由组成晶体的单个磁性离子贡献的叠加,称之为磁晶各向异性的单离子模型。从这样的物理概念出发,便不难理解含有 $Co^{2+}$,$Fe^{2+}$ 的铁氧体之磁晶各向异性的符号与数值随 $Co^{2+}$,$Fe^{2+}$ 含量变化的实验事实。

产生磁晶各向异性的必要条件是存在自旋轨道之间的耦合,这部分能量可表述为

$$H_{LS} = \lambda \boldsymbol{L} \cdot \boldsymbol{S} \tag{2.3.74}$$

式中,$\lambda$ 为离子自旋轨道耦合系数;$\boldsymbol{L}$ 为轨道动量矩。在晶体中,由于晶体电场导致轨道动量矩猝灭,使 $L$ 值通常小于自由离子之值,甚至为零。对 $3d^5$ 的离子,如 $Fe^{3+}$,$Mn^{2+}$,$Co^{4+}$,$Cr^{1+}$,当其处于自由离子状态时,$L=0$,其电荷分布是呈球形对称的,因此从晶体电场理论出发,只有高价的微扰效应才对各向异性有贡献,而通常则对各向异性贡献甚小。对 $Fe^{2+}$,由于轨道动量矩的猝灭,在基态时 $L$ 亦为零。对 $Co^{2+}$,基态为双重态,轨道动量矩未被全部猝灭,有较强的自旋轨道耦合,各向异性是低级的微扰效应,因此 $Co^{2+}$ 对磁晶各向异性贡献较大。

对于 $Fe^{2+}$,$Fe^{3+}$,$Mn^{2+}$,$Mn^{3+}$ 等,$<0|L|0>=0$,基态轨道矩对磁晶各向异性无贡献,但激发态具有非零的轨道矩,即 $<n|L|0>\neq0$,因此考虑到激发态的微扰作用,可以使得这些离子对磁晶各向异性还有一定的贡献。对这类离子的磁晶各向异性,晶场理论计算的基本方法如下:从薛定谔方程出发解得能量本征值 $E$。

$$H\varphi = E\varphi \tag{2.3.75}$$

为薛定谔方程,式中 $H$ 为处于 $i$ 晶位的单个离子之总哈密顿量,且

$$H = H_0 + H_c + H_{LS} + H_{ex} \tag{2.3.76}$$

其中,$H_0$ 为自由离子哈密顿量;$H_c$ 为晶场势能,通常是各向异性的;$H_{LS}$ 为自旋轨道耦合能;$H_{ex}$ 为交换能,通常采用分子场近似。

要精确求解薛定谔方程是十分困难的,通常以自由离子状态作为零级近似,其余的为微扰项。在计算时先考虑晶场能 $H_c$,再考虑 $H_{LS}$,最后考虑 $H_{ex}$。在对 $H_{LS}$ 进行微扰处理时,首先对轨道动量矩算符进行计算。于是哈密顿量中仅含有自旋算符,而轨道部分却成为有关的系数,在微扰能中仅含自旋角动量算符的哈密顿量称为自旋哈密顿量 $H_S$,又称为各向异性哈密顿量,它与自旋取向有关,例如,对立方晶体 $H_S$ 可表达为

$$H_S = a(S_x^4 + S_y^4 + S_z^4) \tag{2.3.77}$$

它与宏观磁晶各向异性能中的 $\alpha_i^4$ 相呼应,为四级微扰的结果。通过量子力学的微扰计算,可以求得能量本征值 $E_n$,然后求得配分函数 $Z = \sum_n \exp(-E_n/kT)$,从而可得到晶体的自由能

$$F = -kT \sum_{i}^{N_i} \ln Z_i + F_0 \tag{2.3.78}$$

式中，$N_i$ 指晶体中处于 $i$ 晶位的离子数。公式表明宏观的各向异性为微观的单个离子各向异性之和。

最后将自由能的角度部分与式(2.3.66)～(2.3.69)中的宏观磁晶各向异性能进行比较，从而求出磁晶各向异性常数。

对于立方晶体，理论计算的结果为

$$K_1 = -2NaS\left(S - \frac{1}{2}\right)(S-1)\left(S - \frac{3}{2}\right) \tag{2.3.79}$$

因此，只有 $S \gtrsim 2$ 的离子才可能通过四级微扰对磁晶各向异性有所贡献。

对 $Ni^{2+}(3d^8)$，$S=1$；$Cu^{2+}(3d^9)$，$S=\frac{1}{2}$；$Cr^{3+}(3d^3)$，$S=\frac{3}{2}$。

在无畸变的立方体中，这些离子对 $K_1$ 应不存在这种机制的贡献，因此在 $NiFe_2O_4$，$CuFe_2O_4$ 铁氧体中，对各向异性有贡献的仅是 $Fe^{3+}$，因此它们的磁晶各向异性常数相近。

对 $Co^{2+}(3d^7)$，其轨道动量矩未完全猝灭，$\lambda \boldsymbol{L} \cdot \boldsymbol{S}$ 的一级近似非零。$\boldsymbol{L}$ 平行于三角晶轴[111]，自旋取向亦束缚于[111]晶向。例如，$Co^{2+}$ 在四个八面体座呈等几率的分布，其平均的效果使[100]为易磁化方向，从而对磁晶各向异性有强烈的贡献。

在尖晶石型铁氧体中，对各向异性有贡献的属于上述机制的为 $Fe^{2+}$，$Fe^{3+}$，$Mn^{2+}$，$Mn^{3+}$ 等离子，其 $S \geqslant 2$。

对单轴对称晶体自旋哈密顿量 $H_S = aS_z^2$ 进行二级微扰的计算，可获得单轴磁晶各向异性常数表述式

$$K_1 = -5NaS(S-1) \tag{2.3.80}$$

磁晶各向异性常数的绝对值通常是随温度的升高而减小，理论计算表明，它与饱和磁化强度的 $n$ 次幂成正比，即

$$K(T) = K(0)\left(\frac{M_S}{M_O}\right)_n \tag{2.3.81}$$

式中，$M_S$，$M_O$ 分别为某一温度与绝对零度下的饱和磁化强度，其比值 $(M_S/M_O) < 1$。对立方晶系，$n=10$；对六角晶系，$n=3$。

因此，$K_1$ 比饱和磁化强度更快地趋近于零，这就导致在居里温度附近，大多数磁性材料的磁导率将呈现峰值。此外，由于热运动的影响，离子可以由基态激发到较高的能态，而激发态的易磁化方向未必与基态相同，引起 $K$ 值随温度上升或降低。根据 $MnTi_{0.3}Fe_{1.7}O_4$ 与 $MnTi_{0.15}Co_{0.15}Fe_{1.7}O_4$ 的实验数据推出了单个 $Fe^{2+}$，$Co^{2+}$ 的 $K_1$，$K_2$ 值随温度的变化，见图2.3.33。

**（2）磁致伸缩**

① 实验事实。

磁性体磁化状态的变化引起其形状、尺寸改变的现象称为磁致伸缩效应。当磁性体由顺磁状态通过居里点而转变为铁磁状态时，会引起体积的变化。这种由于交换作用所引起的体积磁致伸缩是各向同性的。一个单畴球体，当自发磁化时，为了降低其自退磁场能，亦会产生沿磁化方向伸长、垂直磁化方向缩短的现象。在磁化过程中，磁化矢量将由易磁化方向转到难磁化方向，由于磁晶各向异性能的变化亦会引起磁体尺寸的变化，而这种线性磁致伸缩是各向异性的。以下讨论线性磁致伸缩效应。

假如磁性体受到应力 $T_{kl}$，则产生应变张量 $e_{ij}$，根据胡克定律，在弹性形变范围内，有

$$e_{ij} = S_{ijkl} T_{kl} \tag{2.3.82}$$

式中，$S_{ijkl}$ 为弹性模量。

式（2.3.82）也可以写成

$$T_{ij} = C_{ijkl} e_{kl} \tag{2.3.83}$$

式中，$C_{ijkl}$ 为弹性劲度系数。

单纯的弹性形变所引起的弹性能

$$U = \frac{1}{2} C_{ijkl} e_{ij} e_{kl} \tag{2.3.84}$$

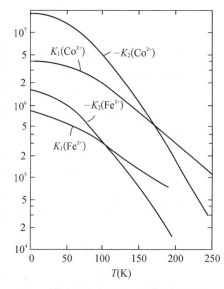

（根据 $MnTi_{0.3}Fe_{1.7}O_4$ 与 $MnTi_{0.15}Co_{0.15}Fe_{1.7}O_4$ 实验数据[33]）

**图 2.3.33　单个 $Fe^{2+}$，$Co^{2+}$ 的 $K_1$，$K_2$ 值随 $T$ 的变化**

由于形变而引起磁晶各向异性能的变化可按级数展开：

$$E_a + E_a^0 = \left(\frac{E_a}{e_{ij}}\right)^0 e_{ij} + \left(\frac{2E_a}{e_{ij}e_{kl}}\right)^0 e_{ij}e_{kl} + \cdots$$
$$= E_a^0 + V_{ij}^0 e_{ij} + V_{ijkl}^0 e_{ij}e_{kl} \tag{2.3.85}$$

式中，$E_a^0$ 代表磁性体未形变时的磁晶各向异性能；$V_{ij}^0 e_{ij} = (E_a/e_{ij})^0 e_{ij}$ 为磁弹性能，是形变引起磁能的变化；$V_{ijkl}^0 e_{ij}e_{kl} = \frac{1}{2}\left(\frac{2E_a}{e_{ij}e_{kl}}\right)^0 e_{ij}e_{kl}$ 为弹性能，与式（2.3.84）形式相同。

平衡状态时，$E = E_a + U$ 应为极小值。由 $\frac{E}{e_{ij}} = 0$，可求得一定温度、压力下（平衡时）的 $e_{ij}$ 值。如无外应力，对仅由磁化所引起的形变，计算时不算 $U$，从而推得沿晶体（$\beta_1$，$\beta_2$，$\beta_3$）方向测量时物体的相对形变

$$\left(\frac{\delta l}{l}\right)_{\alpha_i \beta_i} = \sum_i \sum_j e_{ij} \beta_i \beta_j \tag{2.3.86}$$

对于立方晶体,将 $e_{ij}$ 代入上式后,可得沿任一$(\beta_1,\beta_2,\beta_3)$方向的磁致伸缩系数

$$\left(\frac{\delta l}{l}\right)\alpha_i\beta_i=\frac{3}{2}\lambda_{100}\left(\alpha_1^2\beta_1^2+\alpha_2^2\beta_2^2+\alpha_3^2\beta_3^2-\frac{1}{3}\right)+$$
$$3\lambda_{111}(\alpha_1\alpha_2\beta_1\beta_2+\alpha_2\alpha_3\beta_2\beta_3+\alpha_3\alpha_1\beta_3\beta_1) \qquad (2.3.87)$$

式中,$\lambda_{100}$,$\lambda_{111}$分别为沿着立方晶体(100)、(111)晶轴方向的磁致伸缩系数。

对于多晶体的饱和磁致伸缩系数,可通过对不同晶粒进行统计平均而得到:

$$\left.\begin{aligned}\bar{\lambda}_s&=\left(\frac{\delta l}{l}\right)=\frac{3}{2}\bar{\lambda}_{so}\left(\cos^2\theta-\frac{1}{3}\right)\\[2mm]\bar{\lambda}_{so}&=\frac{2\lambda_{100}+3\lambda_{111}}{5}\end{aligned}\right\} \qquad (2.3.88)$$

式中,$\theta$ 为磁化矢量与测量方向间的夹角。

与磁致伸缩系数相联系的应力能为

$$E_\sigma=-\frac{3}{2}\lambda_s\sigma\cos^2\theta \qquad (2.3.89)$$

式中,$\lambda$ 为外应力;$\theta$ 为磁化矢量与应力方向间的夹角。

由上式可知,应力可以产生单轴各向异性,从而对磁性能有影响,对于单轴各向异性,从单离子模型出发,可知磁致伸缩系数与 $S\left(S-\dfrac{1}{2}\right)$ 因子有关,因此 $Ni^{2+}$ $(3d^8)$,$S=1$ 对磁晶各向异性无贡献,但对磁致伸缩有贡献。

兹将一些尖晶石型铁氧体的磁致伸缩系数列于表 2.3.6。

表 2.3.6　尖晶石型铁氧体之磁致伸缩系数

| 样　　品 | $\lambda_s(\times 10^6)$ | $\lambda_{100}(\times 10^6)$ | $\lambda_{111}(\times 10^6)$ |
|---|---|---|---|
| $MnFe_2O_4$ | $-5$ | $-25(-31)$ | $+4.5(6.5)$ |
| $FeFe_2O_4$ | $+40$ | $-20(-19)$ | $+78(+81)$ |
| $CoFe_2O_4$ | $-110$ | | |
| $NiFe_2O_4$ | $-17$ | $-46$ | $-22$ |
| $MgFe_2O_4$ | $-6$ | | |
| $Li_{0.5}Fe_{2.5}O_4$ | $-8$ | | |
| $LiFe_2O_4$ | | $(-26)$ | $(-3.8)$ |

注:表中所列的为室温数值。括号内的数据参考文献[34]。其余参考 R.S.Tebble,D.J.Craik "magnetic materials" (1969)。

由表显见,$Fe_3O_4$ 的 $\lambda_s$ 为正值,余均为负值;$CoFe_2O_4$ 的 $\lambda_s$ 值绝对值甚大;此外,$NiFe_2O_4$ 的磁致伸缩系数绝对值也较大。人们常利用 $Fe^{2+}$ 产生正磁致伸缩系数效应,使配方富铁以降低材料的 $\lambda_s$。

此外,利用镍铁氧体较大磁致伸缩系数的特性作为磁致伸缩型的机电能量转换器。

$Ni_xFe_{1-x}Fe_2O_4$ 铁氧体系列的磁致伸缩系数随 $x$ 值与磁场变化见图 2.3.34。

② 磁致伸缩的物理解释。

从上述实验事实可知，$Fe_3O_4$ 与 $CoFe_2O_4$ 的磁致伸缩系数较大，这与磁晶各向异性的大小恰好是相呼应的。从宏观的磁致伸缩理论可知，线性磁致伸缩取决于磁晶各向异性能与磁弹性能之和处于自由能为极小的状态。微观的物理本质可以这样来理解。例如，$CoFe_2O_4$ 的磁致伸缩系数甚大，其磁晶各向异性常数亦很高，在解释磁晶各向异性常数时，曾指出 $Co^{2+}$ 在尖晶石型铁氧体中处于八面体座，晶体电场使能

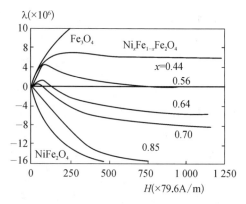

图 2.3.34　$Ni_xFe_{1-x}Fe_2O_4$ 铁氧体系的磁致伸缩系数[35]

级产生分裂，但由于基态为二重简并态，因此仍保留部分轨道动量矩，三角对称轴为 [111] 轴向，电子轨道运动的平面为垂直于 [111] 晶轴的 (111) 平面。由于 $3d$ 电子与相近邻氧离子的静电排斥作用，以致 (111) 平面的晶格有所膨胀，从而在宏观上显示出磁致伸缩效应，所以磁致伸缩效应和磁晶各向异性在微观机制上有共通之处。自旋轨道和晶体电场的联合作用一方面显示了磁晶各向异性，同时亦表现出磁致伸缩效应的各向异性。当然，对磁致伸缩效应尚需考虑形变所引起的弹性能，对于磁晶各向异性较小的材料，通常磁致伸缩效应亦不十分显著。

## 2.3.4　软磁铁氧体材料

软磁铁氧体是铁氧体发展史的主干。1936 年软磁铁氧体就进入了工业化生产。1947 年 Snock 发表了有关铁氧体第一部专著。1956 年平面六角铁氧体问世。1959 年 Smit 与 Wijn 发表了以尖晶石铁氧体为主要内容的专著，系统地总结了铁氧体的基本磁性能与材料制备。20 世纪 60 年代开始对气氛、添加物、显微结构等与软磁铁氧体性能的关系进行了深入的研究，使软磁铁氧体的质量有了很大的提高[36,37]。目前软磁铁氧体已广泛地应用于电子信息、电信、仪器仪表、自动控制和计算技术等方面，成为品种最多、应用最广的一类磁性材料。广义的软磁铁氧体应当包括矫顽力较低的一大类铁氧体，但从应用角度出发，人们习惯上将矩磁、旋磁、压磁等材料单独分立出去。本节主要介绍作为感抗元件的高磁导率、低矫顽力的一类铁氧体，此外亦包括高饱和磁感应强度、低损耗以及热敏铁氧体等尚未分立出去的一些低矫顽力铁氧体。从材料上分类，主要有 MnZn，NiZn，MgZn，LiZn 等尖晶石型铁氧体以及 $Co_2Y$，$Co_2Z$ 等平面六角型铁氧体。从使用频率上又可分音频、中频、高频、超高频等铁氧体。从应用的角度分类，大致上可分为以下几类：① 高磁导率材料，$\mu_i > 10^4$，用于宽频带变压器、低频变压器、小型环形脉冲变压器和微型电感器等。② 低损耗、高稳定性材料，高 $\mu$，$Q$ 值，低 $D$，$F$，$\alpha_\mu$ 值。用于中频载波机，高频、甚高频调谐电路，扫频电路与集成电路组装的通信用滤波器。③ 高频、大磁场用的材料。在磁通密度变化幅度很大的情况下 $Q$ 值很高，在偏置磁场作用下，$\mu_i$ 变化大，用于

质子同步加速器及高频加速器中的调谐磁芯、小型电感器,作为发射机终端的级间耦合变压器,用作跟踪接收机的高功率变压器(可在宽频范围内进行扫描)。④ 高饱和磁感应强度低功耗材料。用于开关电源、电视机偏转磁芯及 U 型磁芯。⑤ 甚高频六角铁氧体。使用频率高,频带宽,磁导率随偏磁场变化大。用于宽频带变压器磁芯、砲瞄跟踪接收机及电视扫描接收机之扫频磁芯,随着卫星通信的发展尚可用于微波中继线路中。⑥ 其他如感温、感湿、电波吸收、电极等材料。

本节重点介绍应用最广的 MnZn,NiZn 以及平面六角晶系三类软磁铁氧体。

### 1. 软磁铁氧体的基本特性

#### (1) 复数磁导率

软磁铁氧体通常应用于交变磁场中,处于交变磁化状态,由于磁滞、涡流、磁后效导致磁性材料在交变场中将存在能量损耗,从而磁导率为复数,即 $\mu=\mu'-j\mu''$,其中,$\mu''$ 相应于能量的损耗,而 $\mu'$ 相应于能量的贮存。在弱交变场中,磁感应强度 $B$ 的变化可以认为与交变磁场仅落后一位相角 $\delta$,如以复数形式表示,即

$$\overline{H}=H_m\mathrm{e}^{j\omega t},\overline{B}=B_m\mathrm{e}^{j(\omega t-\delta)}$$

容易证明,$\tan\delta=\mu''/\mu'$,因此 $\delta$ 又称为损耗角,它与 $\mu''$ 成比例,$\tan\delta$ 的倒数称为品质因数,即 $Q=\dfrac{1}{\tan\delta}$。$\mu'$,$\mu''$,$\tan\delta$,$Q$ 是表征软磁铁氧体交流磁性的基本物理量。在生产中往往以比损耗系数 $\dfrac{\tan\delta}{\mu'}=\dfrac{1}{\mu Q}=\dfrac{\mu''}{(\mu')^2}$ 或 $\mu Q$ 来表征材料的交流磁性。

通常希望 $\mu'$ 高,$\mu''$ 低,即要求 $Q$ 值高,$\tan\delta$ 小或 $\mu Q$ 值高。

在低频弱磁场下,$\mu'$ 相当于稳恒磁场下的起始磁导率。起始磁导率与磁晶各向异性常数 $K_1$ 以及磁致伸缩系数 $\lambda_s$ 有着密切的关系。在可逆转动磁化的情况下,有

$$\mu_i\propto\frac{M_s^2}{|K_1|}\text{ 或 }\frac{M_s^2}{\lambda_s\sigma} \tag{2.3.90}$$

式中,$\sigma$ 为内应力。

在可逆壁移磁化的情况下,当:

① 掺杂物和空泡对壁移起主要阻碍作用时,有

$$\mu_i\propto\frac{M_s^2}{\left[A_1\left(\left|K_1+\dfrac{3}{2}\lambda_s\sigma\right|\right)\right]^{\frac{1}{2}}}\cdot\frac{d^2}{L} \tag{2.3.91}$$

式中,$d$ 为掺杂分布的平均间隔,$L$ 为磁畴宽度。而 $A_1=As^2/a$(简单立方)或 $2As^2/a$(体心立方),其中 $A$ 为交换积分,$s$ 为自旋量子数,$a$ 为原子间距。

② 应力对壁移起主要阻碍作用时,有

$$\mu_i\propto\frac{M_s^2}{\left(\dfrac{3}{2}\lambda_s\sigma\right)}\cdot\frac{l}{\delta} \tag{2.3.92}$$

式中,$l$ 为应力起伏波长,$\delta$ 为畴壁厚度。

根据上述可知,要得到高 $\mu_i$、低 $H_c$ 的软磁材料,其途径为:

① 提高 $M_s$ 值:通过离子置换可以在一定范围内增加 $M_s$ 值,但变化的幅度有限,另外非磁性离子的加入亦会使居里点下降,因此不是有效方法。

② 降低 $K_1$,$\lambda_s$ 值:这是行之有效的方法。如同时能满足 $K_1 = 0$,$\lambda_s = 0$,必能得高 $\mu_i$ 值。这一规律对铁氧体同样亦适用。对二元复合铁氧体,同时使 $K_1$,$\lambda_s = 0$ 的机会较少,而附加第三组元后则可使 $K_1 \approx 0$,$\lambda \approx 0$ 在相图上的特殊点往往可延伸成一条线,于是有更大可能获得同时满足上述条件的配方。

降低 $K_1$,$\lambda_s$ 值的途径有两个:其一,非磁性离子如 Zn,Cd 等的置换。由于非磁性离子的置换将会导致居里温度的下降,如量过多 $M_s$ 亦会下降,所以在考虑高 $\mu_i$ 值时尚需兼顾 $M_s$ 及 $\theta_f$ 之值。其二,抵消法。对多数铁氧体,其 $K_1 < 0$,$\lambda_s < 0$,而仅 $CoFe_2O_4$ 的 $K_1 > 0$,$Fe_3O_4$ 之 $\lambda_s > 0$。另外 $Fe^{2+}$ 对 $K_1$ 的贡献是使 $K_1 > 0$,因此可以采用正负抵消的原理制备复合铁氧体,使 $K_1$,$\lambda_s$ 趋于零。由于含 Co 的铁氧体会增加 $K_2$ 值,故通常采用的方法是控制 $Fe^{2+}$ 的浓度。

③ 降低 $\sigma$ 值:一般软磁铁氧体具有立方晶体结构,因此具有各向同性的膨胀系数,因而冷却时由于不均匀收缩所引起的内应力是可以避免的,但假如在晶格中存在大离子半径的杂质,如碱金属及碱土金属离子,则将导致晶格歪曲,应力加剧,使 $\mu_i$ 下降。

④ 减少夹杂物,提高密度,增大晶粒尺寸:非磁性夹杂物,例如脱溶物、空泡以及过小的晶粒均会严重影响畴壁位移,阻止位移对 $\mu_i$ 的贡献。例如 $Fe_3O_4$ 单晶,其 $\mu_i$ 可达 5 000 左右,而多晶仅为 80,通常高 $\mu_i$、低 $H_c$ 的材料希望晶粒尺寸均匀、较大、无内部空泡。$\mu_i$ 值随晶粒尺寸增加近似线性上升。

**(2) 磁谱——磁导率的频率稳定性**

材料的稳定性在实用上是很重要的。磁导率的稳定性主要包括频率稳定性、温度稳定性和时间稳定性三个方面。这里介绍的磁谱就是磁导率的频率稳定性。

在低频弱磁场时,$\mu'$ 相应于稳恒磁场中所测定的起始磁导率 $\mu_i$,但随着频率升高,$\mu'$ 与 $\mu_i$ 就有明显的差别。磁导率随频率变化的现象称为磁谱。通常,随着频率升高,磁导率下降,达到某一截止频率时,$\mu'$ 急剧下降,而 $\mu''$ 急剧上升。通常定义 $\mu'$ 下降到 1/2 时所对应的频率为截止频率,确定了软磁材料使用频率的上限。截止频率的高低主要取决于畴壁位移的弛豫与共振,以及磁畴转动所导致的自然共振,根据 Snock 公式,对于立方晶系材料,或各向同性磁性材料,存在着下列规律:

$$f_r (\mu_i - 1) = \frac{4}{3} \gamma M_s \tag{2.3.93}$$

亦可写成:[38]

$$f_r (\mu_{si} - 1) = 3M_s^2 / (\beta D)$$

其中,$\mu_{si}$ 为静态初始磁导率,$\beta$ 为阻尼系数,$D$ 为晶粒尺寸。公式表明起始磁导率 $\mu_i$ 与截止频率 $f_r$ 之间是相互制约的,实验结果很好地证实了这一点,现将其磁谱特性列于表 2.3.7 中。

表 2.3.7　软磁铁氧体的磁谱特性

| 组成(重量比) | $\mu_i$ | $\mu_{max}$ | 频率范围 | $T_c$(℃) |
|---|---|---|---|---|
| $Fe_2O_3(70.8)MnO(17.3)ZnO(11.9)$ | 2 000 | 3 600 | 1～700 kHz | 180 |
| $Fe_2O_3(67.9)NiO(10)ZnO(19)CuO(3.1)$ | 850 | 4300 | 1～1 000 kHz | 150 |
| $Fe_2O_3(75.1)NiO(9.1)ZnO(13.8)Co_2O_3(2.0)$ | 125 | 400 | 0.5～10 MHz | 350 |
| $Fe_2O_3(73.1)NiO(18.2)ZnO(8.6)Co_2O_3$ | 40 | 115 | 10～50 MHz | 450 |
| $Fe_2O_3(71.4)NiO(28.3)ZnO(0.3)$ | 14 | 42 | 50～220 MHz | 330 |

典型的磁谱曲线见图 2.3.35 所示。

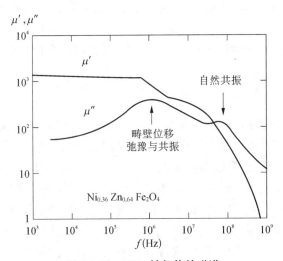

图 2.3.35　NiZn 铁氧体的磁谱

由此可知,当磁性材料应用于高频时,为了避免弛豫与共振损耗,就要相应地降低 $\mu_i$ 值。这一结论是建立在各向同性的铁磁介质的基础上的,具有其局限性。对各向异性的介质,可以以下式表达

$$f_r(\mu_i-1)=\frac{2}{3}\gamma M_s\left[(H_\theta^A/H_\phi^A)^{1/2}+(H_\phi^A/H_\theta^A)^{1/2}\right] \tag{2.3.94}$$

$H_\theta^A,H_\phi^A$——为 $\theta,\phi$ 方向的各向异性场,广义的各向异性应包括:磁晶、形状、应力以及感生各向异性场,可充分利用平面各向异性或界面交换耦合产生的感生各向异性等使 $H_\theta^A$, $H_\phi^A$ 二者显著不同,将截止频段移向高频。如 $H_\theta^A=H_\phi^A$,上式就转变为各向同性的 Snock 公式(2.3.93),如 $H_\theta^A\gg H_\phi^A$,上式可简化为

$$f_r(\mu_i-1)=\frac{2}{3}\gamma M_s(H_\theta^A/H_\phi^A)^{1/2} \tag{2.3.95}$$

由于磁化率 $\chi$ 与 $H^A$ 成反比关系,而 $H^A$ 测量麻烦,亦可用 $\chi_x,\chi_y$ 代表 $x,y$ 方向的 $\chi$ 值。

而当 $\chi_y\ll\chi_x$ 时,可以得到甚高的 $\chi_x$,同时 $\omega_r$ 亦可相当高。问题在于怎样找到各向

异性且沿着某一方向 $\chi$ 特别小与其垂直方向 $\chi$ 特别大的材料。由于晶体的对称性,立方晶体的铁氧体沿三个互相垂直方向的 $\chi$ 是相同的,而对六角晶系却是各向异性的,沿 $c$ 轴和其垂直方向 $\chi$ 值不同。但对主轴型的六角铁氧体 $\chi$ 又甚小,于是驱使人们以极大的兴趣去关心具有易磁化平面的六角铁氧体。1.3.2 已经讨论了这个问题。对 Y 型化合物及含 Co 的 W,Z 型化合物,其 $K_1<0$,亦就是说垂直于 $c$ 轴的平面为易磁化平面,$c$ 轴为难磁化方向,因此沿 $c$ 轴的 $\chi$ 甚低,而在垂直于 $c$ 轴的平面内 $\chi$ 较高,根据式(2.3.95),使用频率可高达 $500\sim1\,000$ MHz 以上,$\mu_i$ 约 $50\sim100$,$B_{max}\gtrsim400$ mT,为高频磁性材料开辟了广泛的新应用领域,因为 $H_\theta^A\approx100H_\phi^A$,所以平面六角铁氧体较立方晶系铁氧体截止频率约高 10 倍。除磁晶各向异性外,也可利用形状各向异性,如磁性薄膜,膜内的磁化率高于垂直于膜面的磁化率。

复数磁导率的虚数部分 $\mu''$ 相应于能量的损耗,为了降低 $\mu''$ 就必须对交变场中的损耗来源作一番剖析。

在弱磁感应强度的交变磁场中($B<0.01$ T),磁损耗可利用列格经验公式来表述,即

$$\frac{R}{\mu_i fL}=\frac{2\pi\tan\delta}{\mu_i}=ef+aB_m+C \tag{2.3.96}$$

式中等号右边第一项代表涡流损耗与频率 $f$ 一次方成比例,比例系数 $e$ 为涡流损耗系数,降低涡流损耗的有效办法是提高电阻率;第二项代表磁滞损耗,与磁滞回线的面积成正比例,$a$ 为磁滞损耗系数,降低磁滞损耗的有效办法是降低 $H_c$ 值;第三项代表剩余损耗,是总损耗中扣除涡流、磁滞后剩下的损耗,是由于磁后效或频散所引起的损耗,在低频弱磁场中,$C$ 为不依赖于频率的常数,但在高频场中则与频率呈复杂的函数关系。对高电阻率的铁氧体材料,剩余损耗是占重要地位的。后效损耗起因于电子和离子的扩散,为了减少此损耗,需要避免二价铁离子、空穴等。此外,为了防止畴壁位移所引起的弛豫和共振,可以细化晶粒使成单畴颗粒而消除壁移的运动形式,同时使用频率有所提高,但磁导率将减小。式(2.3.96)亦可写成

$$\begin{aligned}
\tan\delta_m/\mu &=\frac{1}{2\pi}(aB_m+ef+C)\\
&=\tan\delta_h/\mu+\tan\delta_F/\mu+\tan\delta_r/\mu\\
&=4\gamma\hat{B}/(3\pi\mu_0\mu^3)+\pi\mu_0d^2f/(\rho\beta)+\tan\delta r/\mu\\
&=k_1\hat{B}+k_2f+k_3
\end{aligned} \tag{2.3.97}$$

式中,$\delta_m$ 为总损耗角;$k_1,k_2,k_3$ 分别代表磁滞、涡流以及剩余损耗系数[39];$\gamma$ 为磁滞损耗系数。

根据瑞利公式,在弱磁场中磁性材料的振幅磁导率 $\mu_a=\mu_i+\gamma\hat{H}$,$\hat{B}=\mu_0\hat{H}$,$\mu_a=\mu_0(\mu_i\hat{H}+\gamma H^2)$,而磁滞回线可用抛物线方程表达:

$$\hat{B}=\mu_0\left[(\mu_i+\gamma\hat{H})H\pm\frac{\gamma}{2}(\hat{H}^2-H^2)\right] \tag{2.3.98}$$

称为瑞利回线,式中 $\hat{B}$,$\hat{H}$ 代表 $B$,$H$ 幅值,见图 2.3.36;磁滞损耗

$$W_a = \oint B dH = \frac{4}{3}\mu_0\gamma H^3 (\text{J} \cdot \text{m}^{-3} \cdot \text{s}^{-1})$$
$$(2.3.99)$$

对于截面积为 $A$ 磁路长度为 $l$ 的磁芯，在交变磁场中的磁滞损耗可等效于 $I^2 R_h$（热功耗），故

$$P_h A l = W_h A \cdot l \cdot f = I^2 R_h$$
$$(2.3.100)$$

式中，$I = \dfrac{\hat{H}l}{\sqrt{2}N}$，$N$ 为线圈匝数，于是可解得

$$R_h = \frac{4\gamma\hat{B}}{3\pi\mu_0\mu_a^2} \cdot 2\pi f \frac{N^2 A\mu_0\mu_a}{l}$$

而 $\dfrac{N^2 A\mu_0\mu_a}{l} = L$，所以 $R_h = \dfrac{4\gamma\hat{B}}{3\pi\mu_0\mu_a^2}\omega L$ $\hspace{2cm}(2.3.101)$

因 $\hspace{1cm}\tan\delta_h = R_h/\omega L = 4\gamma\hat{B}/(3\pi\mu_0\mu_a^2) = 4\gamma\hat{H}/(3\pi\mu_a)$ $\hspace{1cm}(2.3.102)$

从而获得 $\hspace{2cm} k_1 = 4\gamma/(3\pi\mu_0\mu^3)$ $\hspace{2cm}(2.3.103)$

低频磁芯涡流损耗可表达为

$$P_F = (\pi\hat{B}fd)^2/(\rho\beta)(\text{W/m}^3)$$
$$(2.3.104)$$

式中，$\beta$ 为与磁芯形状有关的系数，$d$ 为几何尺寸，故

$$\tan\delta_F = R_F/(\omega L) = \pi\mu_0\mu d^2 f/(\rho\beta)$$
$$(2.3.105)$$

从而 $\hspace{2cm} k_2 = \pi\mu_0 d^2/(\rho\beta)$ $\hspace{2cm}(2.3.106)$

对于金属磁性材料，在低频段涡流屏蔽效应可忽略时，损耗分离亦可采用总损耗随频率 $f$、磁通密度 $\hat{B}$ 变化曲线来确定，见图 2.3.37。

**（3）初始磁导率的温度稳定性**

由于铁氧体的居里点较低，因此温度对其磁性的影响远较对金属磁严重。目前铁氧体尚难以在精密的或稳定度要求甚高的仪器设备中大量使用，其中关键问题之一也在于温度稳定性差，因此对这个问题的深入研究具有实际意义。

① 实验事实。

磁导率 $\mu_i$ 对温度的依赖性攸关于样品的组成与热处理。通常当温度升高到居里点附近时，由

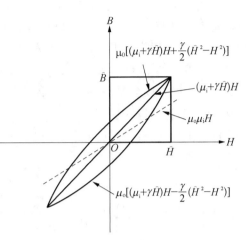

图 2.3.36 瑞利磁滞回线

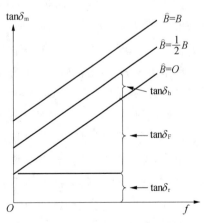

图 2.3.37 损耗角正切值随 $\hat{B}, f$ 的变化

于磁晶各向异性常数比 $M_s^2$ 更迅速地趋于零而呈现磁导率的峰值。对 NiZn,MnZn 等铁氧体,随着居里点的下降,$\mu'$ 极大值的峰高随之升高,见图 2.3.38。但 LiZn 铁氧体并无此规律。令人最感兴趣的是对 MnZn 等铁氧体,常发现其 $\mu_i$ 对 $T$ 有复杂的依赖性,在低于居里温度会呈现 $\mu_i$-$T$ 的第二个高峰,其典型曲线见图 2.3.39。此现象在实用上颇重要,因为可以在居里点与第二峰值之间找到 $\mu_i$-$T$ 曲线较为平坦的区域,在该温度区间工作时具有甚好的温度稳定性。实验发现,第二峰的呈现与二价铁离子的存在有密切关系。

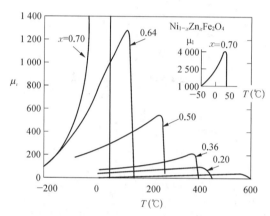

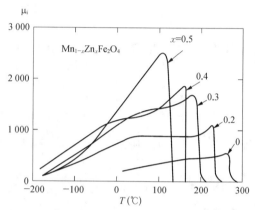

**图 2.3.38 NiZn 铁氧体之 $\mu_i$ 值对温度的依赖性**  **图 2.3.39 MnZn 铁氧体的 $\mu_i$-$T$ 曲线含少量 $Fe^{2+}$**

NiZn,MnZn 铁氧体的 $\mu_i$-$T$ 曲线在居里温度剧烈下降,十分陡峭。利用该特性已发展成一类热敏铁氧体。该敏感元件可以广泛应用于 $30\sim200^\circ\text{C}$ 范围内的自动温度控制器中。

② 对 $\mu_i$-$T$ 曲线第二峰的解释。

对于 $\mu_i$-$T$ 曲线第二峰的解释,可以认为是由于在该温度下,各向异性常数通过零点。下面从两个方面来分析:

第一,含有二价铁离子的一些铁氧体。首先从实验中观察到 $Fe_3O_4$ 的 $\mu_i$-$T$ 曲线除在居里点呈现峰值外,并在远低于居里点的低温区域(近似为 130 K)亦呈现一峰值,对应于 $K_1=0$ 之温度。对 MnZn 铁氧体单晶体测量的结果(见图 2.3.40),同样表明了第二峰的呈现是由于 $K_1$ 由负值转为正值通过零点所致,而在居里点附近,$K_1$ 比 $M_s$ 更迅速趋于零而呈现第一峰。一般认为:对一些具有负磁晶各向异性常数的铁氧体,如 MnZn,NiZn 等大多数铁氧体,当含有二价铁离子时,由于二价铁离子对磁晶各向异性的贡献是正值,因此在一定条件下可以产生 $K_1$ 相互抵消为零,从而呈现第二峰。

第二,含 Co 的一些混合铁氧体。多数尖晶石型铁氧体的磁晶各向异性常数均为负值,而仅钴铁氧体的 $K_1$ 为甚大的正值,因此可以期望当以少量的钴加入到这些铁氧体中时,一定的置换量将会使 $K_1$ 抵消为零,从而呈现出磁导率的峰值。

Burgt 等人[8]对 $M_{1-x}^{2+} Co_x^{2+} Fe_2^{3+} O_4$ 铁氧体的 $\mu_i$-$T$ 曲线与含 Co 量的关系进行了实验研究,其结果与上述一致,如图 2.3.41 所示。

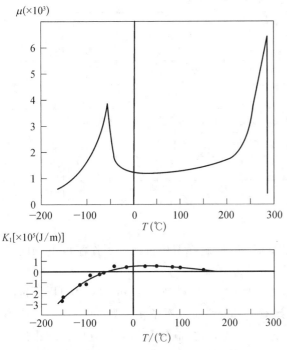

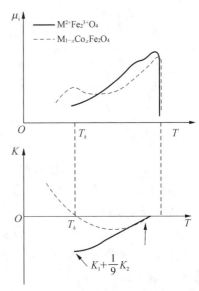

图 2.3.40　$Fe_2O_3 : MnO : ZnO = 58 : 31 : 11$
单晶体的 $\mu_i$ - $T$,$K_1$ - $T$ 曲线[40]

图 2.3.41　Co 的掺入对铁氧体 $\mu_i$ - $T$ 曲线
及 $K$ - $T$ 曲线的影响[41]

③ 提高温度稳定性的可能途径。

为了便于描述磁导率对温度的非稳定性,引入温度系数这一参量。该参量通常有两种定义。

第一种,初始磁导率的温度系数以 $\alpha_\mu$ 表示:

$$\alpha_\mu = \frac{1}{\mu} \cdot \frac{\mu}{T}$$

在实用上,往往是在一定的温度间隔$(T_2 - T_1)$中测量磁导率的变化$(\mu_{T_2} - \mu_{T_1})$,从而确定在该温度区间的平均温度系数:

$$\overline{\alpha}_\mu = \frac{\mu_{T_2} - \mu_{T_1}}{\mu(T_2 - T_1)} = \frac{\Delta\mu}{\mu\Delta T} \tag{2.3.107}$$

第二种,初始磁导率的相对温度系数以 $\beta$ 表示,$\beta$ 定义为相对于单位磁导率的温度系数:

$$\beta = \frac{\alpha}{\mu} = \frac{1}{\mu^2} \cdot \frac{\mathrm{d}\mu}{\mathrm{d}T} = \frac{1}{\mu^2} \cdot \frac{\Delta\mu}{\Delta T} \tag{2.3.108}$$

利用 $\beta$ 可以方便地比较具有不同磁导率值的铁磁材料之温度系数,国内常以"$TK\mu$"符号代表 $\beta$。

一些软磁材料典型的温度系数列于表 2.3.8 中:

**表 2.3.8 典型软磁材料的温度系数**

| 材　料 | $\mu_i$ | $\alpha_\mu$ | $\beta(1/℃)$ |
|---|---|---|---|
| MnZn 铁氧体 | 1 000 | $4.5\times10^{-3}$ | $4.5\times10^{-6}$ |
| NiZn 铁氧体 | 800～12 000 | $2.0\times10^{-3}$ | $2.0\times10^{-6}$ |
| LiZn 铁氧体 | 80～120 | $2.5\times10^{-3}$ | $2.5\times10^{-6}$ |
| 羰基铁磁芯 | 50 | $0.3\times10^{-3}$ | $6\times10^{-6}$ |
| 羰基铁磁芯 | 22 | $-0.025\times10^{-3}$ | $-11\times10^{-6}$ |
| Fe-Ni 薄带 $D_1$ | 2 000 | $2.0\times10^{-3}$ | $1\times10^{-6}$ |
| Fe-Ni 薄带 $E_3$ | 10 000 | $2.0\times10^{-3}$ | $0.2\times10^{-6}$ |

进一步降低温度系数的可能途径如下：

（a）利用正负磁晶各向异性抵消产生第二峰，控制峰值位置使在工作温度范围内具有较低的温度系数。

控制二价铁离子浓度：从配方上考虑可以使 $Fe_2O_3$ 含量高于 50 mol％，亦可以四价阳离子如 $Ti^{4+}$，$Sn^{4+}$ 进行离子代换，则相应地有一部分高价铁离子转变为二价，在一定代换量时，会呈现低于居里点 $\mu_i$ 的峰值。从工艺上考虑，可控制气氛的氧气分压力来达到一定的二价铁离子浓度。对化学组成均匀的材料（类似单晶体），第二峰很尖锐，如图 2.3.40 所示。相反的，对化学组成非均匀的材料，如含有不同二价铁离子浓度的组成，可期望平均的效应使得 $\mu_i$-$T$ 曲线在一定区间可以非常平坦，如图 2.3.39 所示。例如，将 MnZn 铁氧体在含有少量氧的氮气中氧化，使得样品由外部到内部存在着二价铁离子的浓度梯度，从而改善了 $\mu_i$-$T$ 曲线，可以做到 $\mu_i\sim7\ 500,0<T<60℃,\Delta\mu<5\%,\beta\approx0.11\times10^{-6}$。为了使第二峰的位置处于合适的温度区间，要严格控制铁氧体的组成，例如组成误差如为 0.02 mol％ 可导致第二峰位置改变 1℃。

控制钴含量的浓度：如前所述，一定量的钴离子置换可产生次峰，从而改善温度系数，但过量的钴含量往往会使磁导率降低。

（b）非磁性离子的置换改善温度系数。假如以非磁性离子如 $Al^{3+}$ 等来置换磁性离子如 $Fe^{3+}$，$Mn^{2+}$ 等，可以使各向异性常数减少，从而改善温度特性，例如 $Al_2O_3$ 对 NiZn 以及其他铁氧体 $\mu_i$-$T$ 曲线的影响，均发现在一定的置换量时（例如 3％）可以显著地改善温度系数。

（c）利用形状退磁因子来改善温度系数。退磁场的存在将会使 $\mu$ 值下降、$Q$ 值增加以及温度稳定性增加，因此可以利用退磁场将样品制成一定的形状（如存在一定的空隙等），亦可将已烧成的铁氧体研碎后，再用绝缘介质均匀混合制成磁介质。假如铁磁微粒是理想的球体，退磁因子 $N=1/3$，构成塑性磁介质后的温度系数 $\beta_N$ 较原来样品的温度系数 $\beta_0$ 要降低 2/3 倍，对一般烧结铁氧体，细化晶粒在一定程度上亦能降低温度系数。

（d）用抵偿法改善温度稳定性。假如样品的 $\mu_i$-$T$ 曲线在使用温度区间内呈线性变化或某种特定的变化，那么可以在使用的线路设计中加入温度特性与它相反并能互相抵偿的其他非磁性元件，以期得到总的效应是温度稳定性很好。通常利用电容器的负温度系数来抵消铁氧体的正温度系数。因此对温度系数,除要求其绝对值低外,通常尚希望曲线的斜率为正值。当某些电容器的温度系数为正值时,则要求磁性元件的温度系数为负值。

**(4) 磁导率的时间稳定性**

通常,磁导率随时间的增长而逐渐下降,这个变化大致上可以分为两部分:一部分是由于材料内部结构随时间变化而引起磁导率的下降,这种变化是不可逆的,称为磁老化;另一部分是可逆的,即经过重新磁中性化后磁导率可以恢复原值。这种随时间的变化称为减落(Disaccommodation)。减落现象是磁后效的一种表现形式,其典型曲线见图2.3.42。目前认为主要是由离子空位与阳离子的扩散形成定向有序排列所引起。根据实验分析,磁导率随时间的减落是按指数函数衰减的,因此定义减落

$$D_A = \frac{\mu_{i1} - \mu_{i2}}{\mu_{i1} \lg\left(\frac{t_2}{t_1}\right)} \tag{2.3.109}$$

式中,$\mu_{i1}$,$\mu_{i2}$分别代表相应于磁中性化后经历时间为$t_1$,$t_2$的$\mu_i$值,根据我国标准,$t_1$为磁中性化后1分钟,$t_2$为10分钟。

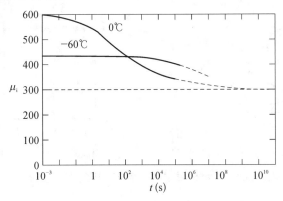

**图 2.3.42 MnZn 铁氧体的初始磁导率随时间的变化**

此外,亦定义减落系数为

$$D_F = \frac{D_A}{\mu_i} = \frac{\mu_{i1} - \mu_{i2}}{\mu_{i1}^2 \lg\left(\frac{t_2}{t_1}\right)} \tag{2.3.110}$$

通常希望减落尽可能小,否则周围环境有了突变,例如外加电磁干扰、温度、机械振动等因素的变化都会引起材料磁导率的改变,从而使得器件不能正常工作。目前生产中要求 $D_F < 30 \times 10^{-6}$。

降低减落的主要措施是防止阳离子正穴的产生,在工艺上要求铁氧体烧结气氛为平衡氧气氛。在配方中往往附加少量添加物,如 $CaO$,$SiO_2$,$Ta_2O_5$,$ZrO_2$ 等。

## 2. 锰锌铁氧体

锰锌铁氧体是在低频段应用极广的铁氧体,在 500 kHz 频率下较其他铁氧体具有更

多的优点。如磁滞损耗低,在相同高磁导率的情况下居里温度较 NiZn 高,起始磁导率 $\mu_i$ 甚大,目前最高达 $4\times10^5$,且价廉。以下重点介绍 MnZn 铁氧体的配方与热处理工艺,着重于高 $\mu_i$、高 $B_s$、低功耗的材料系列,其研究结果对其他应用的软磁铁氧体均有参考价值。

**(1) 高磁导率铁氧体的基本配方**

MnZn 铁氧体的 $\lambda_s$ 及 $K_1$ 值随组成的变化见图 2.3.43。实验结果表明,高 $\mu_i$ 值的组成大体上是与 $\lambda_s$,$K_1$ 值趋近于零的配比相符合。在真空烧结条件下所获得的 $\mu_i$ 与组成关系曲线见图 2.3.44,目前最高的 $\mu_i$ 值为 $4\times10^4$,有可能达到 $1\times10^5$。欲得到高 $\mu_i$,除配方正确外,尚须高纯原料(不能掺有离子半径较大的杂质离子,如 Ba,Sr,Pb 等离子),合适的气氛以及产生高密度、良好结晶结构等工艺过程。

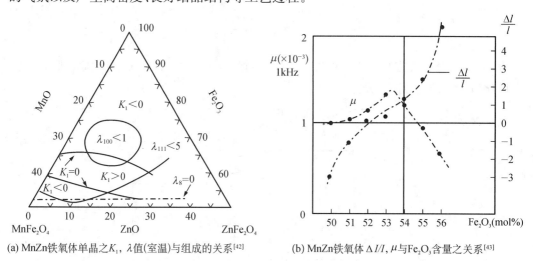

(a) MnZn铁氧体单晶之 $K_1$,$\lambda$ 值(室温)与组成的关系[42]　　(b) MnZn铁氧体 $\Delta l/l$,$\mu$ 与 $Fe_2O_3$ 含量之关系[43]

**图 2.3.43　MnZn 铁氧体的组成对其 $\lambda_s$ 与 $K_1$ 的影响**

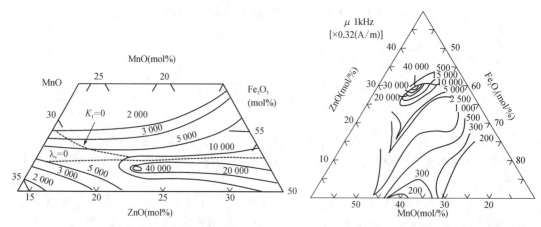

**图 2.3.44(a)　MnZn 铁氧体的 $\mu_i$**
**与组成之关系[44]**

**图 2.3.44(b)　MnZn 铁氧体真空烧结条件下**
**所获得的 $\mu_i$ 与组成之关系[45]**

碱金属以及碱土金属离子对 MnZn，NiZn 铁氧体磁导率之影响见图 2.3.45，图中 $K=(\mu_t/\mu-1)/\tau$，$\mu_t$，$\mu$ 分别为掺杂前后的磁导率，$\tau$ 为掺杂离子的百分数。

具有实用价值的高磁导率的 MnZn 铁氧体组成的摩尔百分量分别为：

$Fe_2O_3$：$50.5\sim55.5$

MnO：$16.5\sim35.5$

ZnO：$14.0\sim28$

之所以采用上述配方，原因是：含 Fe 量较小时，损耗很大；含 Fe 量较高而含 Zn 量低时，$\mu_i$ 太小；而含 Zn 量过高时，居里点太低。实验表明，居里温度随含 Zn 量增加平均以 $8.40℃/mol$ 的速率下降，反之按 $12.6℃/mol$ 的速率随 $Fe_2O_3$ 含量的增加而上升。目前，大部分配方仍处于该配方的范围内，见表2.3.9。若配方向富铁方向发展，则 $\mu$ 值降低，但使用频率将展宽，损耗下降。

高 $\mu_i$ 值与低损耗之间存在矛盾，从图 2.3.46 中可以清楚地看出，图中虚线表示较合适的配方比例。

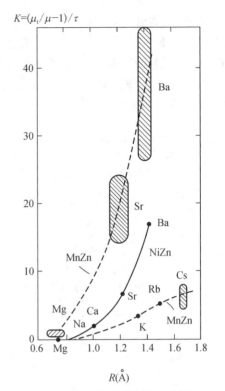

图 2.3.45　碱金属与碱土金属离子对 MnZn，NiZn 铁氧体磁导率的影响[43,46]

表 2.3.9　锰锌铁氧体的配方(mol%)

| 型　号 | $Fe_2O_3$ | MnO | ZnO | 加　杂 |
|---|---|---|---|---|
| MnZn‑2000 | 53.0 | 28.0 | 19.0 | CoO 0.14wt% 或 $CaCO_3$ 0.1~0.2mol% |
| MnZn‑4000 | 52.0 | 27.0 | 21.0 | |
| MnZn‑6000 | 52.0 | 26.0 | 22.0 | |
| MnZn‑10000 | 51.0 | 24.0 | 25.0 | |

作为载波机中的滤波器磁芯，通常希望具有高稳定性与低损耗，由于存在空隙时的有效磁导率 $\mu_e$ 不但取决于 $\mu_i$，同时亦取决于空隙大小，对较低的 $\mu_i$ 值，在一定的空隙大小时同样可以达到一定的 $\mu_e$ 值，因此低损耗往往作为材料的重要参数，当 $\mu_i$ 与损耗有矛盾时，有时以减小 $\mu_i$ 来降低损耗。

Röess[44] 研究了 MnZn 铁氧体的成分与各项性能的关系，在三元成分图中描绘出 $D/\mu_i$，$\mu_{max}$，$\alpha/\mu_i$，$\tan\delta/\mu_i$ 最佳的成分区域，如图 2.3.47 所示。图中亦标明了具有匜明伐型与恒磁导率型磁滞回线的区域。由图可见，$Fe_2O_3$ 含量略高于 50 mol% 时减落系数

$(D/\mu_i)$可以做得较低;Fe$_2$O$_3$约为 53~54 mol%范围内,损耗因子(tan$\delta/\mu_i$)可以降低;恒磁导率型与匚明伐型磁滞回线组成范围内,低场磁滞损耗比较小。图中主要参量最佳区域仅是小部分重叠,这意味着各种最佳性能对无掺杂的 MnZn 铁氧体系统是难以得到的。实际上只能根据应用上的需要而选择一定的组成。此外亦可通过掺杂使几个主要参数都能达到较佳的组合。

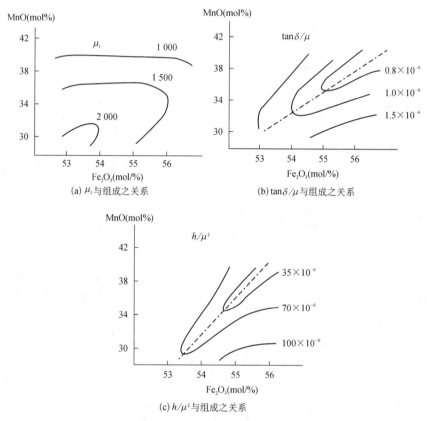

图 2.3.46　MnZn 铁氧体初始磁导率、损耗与组成的关系[47]

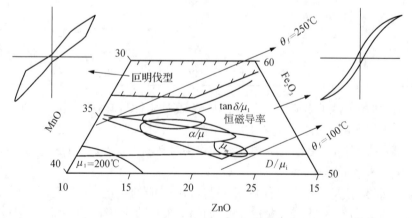

图 2.3.47　MnO－ZnO－Fe$_2$O$_3$成分图中主要技术参数佳值区域[48]

**（2）功率铁氧体的基本配方**

功率铁氧体主要作为变压器磁芯，工作于高功率状态，要求高饱和磁化强度、低功耗。对功率铁氧体的基本配方，Köing[49] 曾进行过系统的工作，其结果示于图2.3.48。图中表明了 $Zn_x Fe_y^{2+} Mn_z Fe_2 O_4$（$x+y+z=1$）中三元成分 $Zn$，$Fe^{2+}$，$Mn$ 与 $M_s$，$K_1$，$\lambda_s$ 的关系。其中 $M_s$，$K_1$ 值的单位分别以 kA/m 与 J/m$^3$。由于高 $B_s$ 材料主要用作电源变压器及行输出变压器，工作在高功率状态，工作温度较高，所以图中同时亦给出了 400 K 温度下的 $K_1=0$ 等值线。图中区域 $A$，$\lambda_s \simeq K_1 \simeq 0$，但 $M_s$ 不高，因此适宜作为感抗磁芯；区域 B 中 $M_s$ 较高，适宜作行输出变压器。Ochioi[50] 曾报道 TDK 所采用的功率铁氧体的配方区域，见图 2.3.49。

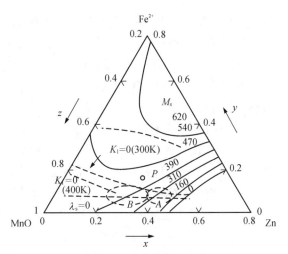

图 2.3.48　MnZn 铁氧体（$Zn_x Fe_y^{2+} Mn_z Fe_2 O_4$，$x+y+z=1$）成分与磁性图[49]

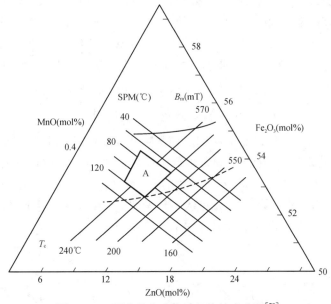

图 2.3.49　适宜作为功率铁氧体的成分图[50]

有专利报道作为开关电源变压器的功率铁氧体的具体配方为：$Fe_2 O_3$ 75wt%，$ZnO$ 23wt%，$CoO$ 1wt%，$Al_2 O_3$ 0.5wt%，$SiO_2$ 0.1wt%，$CaO$ 0.4wt%，其性能为 $B_s = 500$ mT（25℃），$B_m = 400$ mT（100℃，$H = 2\,000$ A/m），$B_r = 80$ mT，$H_c = 150$ A/m，$\mu = 70$。

2004 年 9 月，TDK 公司推出了高 $B_s$ 低功耗 MnZn 铁氧体材料 PC90。该材料在 100℃条件下饱和磁通密度为 450 mT，室温下为 540 mT，100℃条件下的功耗为 320 kW/m$^3$，$\mu_1 = 2\,200$，$T_c > 250$℃。由于 SiN，GaN 等高频大功率晶体管的突破与生产，推动了电子器件向高频方向发展，高频 MnZn 铁氧体材料的需求快速增长，工作频率高于 500 kHz。1 MHz 的高频 MnZn 功率铁氧体如日本 TDK 公司的 PC50 材料的性能为 500 kHz,50 mT,100℃,体积功耗 $P_{CV} = 80$ kW/m³,$\mu_1 = 1\,400$;25℃、100℃ 的 $B_s$(1 194 A/m)=470 mT,380 mT,$T_c > 240℃$。FDK 推出了 7H20 材料,工作频率达到 1 MHz,在 $f = 1$ MHz,$B = 50$ mT,100℃ 条件下,损耗控制在 230 kW/m³ 左右。2003 年 TDK 公司推出的 PC95——宽温低功耗功率铁氧体型号,起始磁导率为 3 300±25%;25 ℃ 时饱和磁通量密度为 540 mT,100 ℃ 时为 430 mT;25~120 ℃ 内功率损耗均小于 350 kW/m³($B = 200$ mT,$f = 100$ kHz),在 25 ℃ 和 120 ℃ 时,功耗均为 350 kW/m³,80 ℃ 时为 280 kW/m³。该材料是性能优良的功率铁氧体材料。

目前国内软磁铁氧体生产大致上也达到国际先进水平。

$\mu_i$-$T$ 曲线第二峰的位置 $T_o$ 对功率铁氧体是至为重要的,合适的 $T_o$ 值可使功率铁氧体在工作温度范围内具有较低的损耗。对于 MnZn 铁氧体,Köing[51] 找到了 $T_o$ 与 $Fe^{2+}$ 含量 $y$ 的简单实验关系式

$$T_o/T_c \approx 0.88 - 2.9y \quad 0 < y < 0.2 \quad (0.50 < z < 0.55)$$

式中,居里温度 $T_c$ 与 $T_o$ 均采用绝对温标。因此改变 $Fe^{2+}$ 含量就可以改变、控制 $T_o$。掺入三价、四价等离子可使 $Fe^{2+}$ 量增加,$T_o$ 移向较低温度;掺入一价、二价等离子,可使 $Fe^{2+}$ 量减少,使 $T_o$ 移向较高温度。例如对图中 $P$ 点所标明的配方,$Zn_{0.31}Fe^{2+}_{0.15}Mn_{0.54}Fe_2O_4$,其 $\mu_i$-$T$ 曲线为图 2.3.50(a) 中曲线 1,$T_o = 223$ K,$T_c = 518$ K,曲线呈马鞍形。如希望 $T_o$ 移到 343 K 处,由上述公式计算得 $y = 0.07$,因此添加合适的 NiO 或 MgO 就可以达到此目的,具体配比如下:

$$Zn_{0.30}Fe^{2+}_{0.07}Mn_{0.52}Ni_{0.11}Fe_2O_4(曲线\ 2)$$
$$Zn_{0.30}Fe^{2+}_{0.07}Mn_{0.52}Mg_{0.11}Fe_2O_4(曲线\ 3)$$

由图可知,掺入 Ni,Mg 离子并不明显地影响 $T_c$,却使 $T_o$ 向高温方向移动,以至于在 30~80℃ 温区样品 2、3 之功耗 $P_V$ 显著地低于样品 1,见图 2.3.50(b)。对功率铁氧体,常要求第二峰温度高于工作温度,导致出现负的 $P_V$ 温度系数。例如上述的样品 2、3。这是由于温度升高,工作点移向第二峰,$\mu_i$ 增大,$H_c$ 降低,导致磁滞损耗下降的结果。这一特性对处于大功率负荷下工作的铁氧体十分有用。

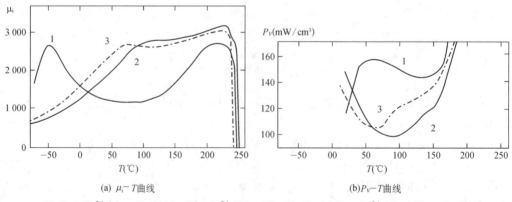

(a) $\mu_i$-$T$曲线  (b)$P_V$-$T$曲线

1—$Zn_{0.31}Fe^{2+}_{0.15}Mn_{0.54}Fe_2O_4$;2—$Zn_{0.31}Fe^{2+}_{0.07}Mn_{0.52}Ni_{0.11}Fe_2O_4$;3—$Zn_{0.30}Fe^{2+}_{0.07}Mn_{0.52}Mg_{0.11}Fe_2O_4$

**图 2.3.50 MnZn(Ni,Mg)样品的 $\mu_i$-$T$ 曲线和 $P_V$-$T$ 曲线[51]**

Röess[52]将高磁导率铁氧体(VHP)与低功率损耗铁氧体(LPL)有关牌号的 MnZn 铁氧体组成的大致区域示于图 2.3.51 中。

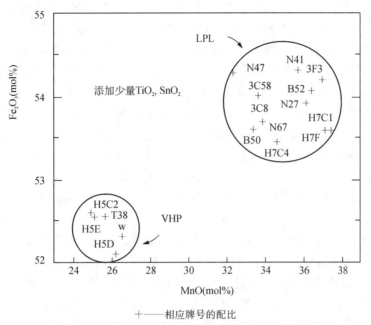

＋——相应牌号的配比

**图 2.3.51　VHP 与 LPL 铁氧体组成的大致区域**[52]

通常 VHP 组成处于甚窄的相区,已在图 2.3.44(a)及图 2.3.44(b)的组成图中标明;对 LPL 铁氧体,要求较高的饱和磁化强度与居里温度,其配方偏于富铁、高锰相区,两者的技术要求列于表 2.3.10 中。

**表 2.3.10　VHP 与 LPL 铁氧体基本性能之对比**[52]

| 类别<br>特性 | VHP | LPL |
|---|---|---|
| $\mu_i$ | $>10^4$ | $\simeq 2\,000$ |
| $\theta_f(℃)$ | $>120$ | $>200$ |
| $B_s(mT)$ | $\simeq 400$ | $\simeq 500$ |
| $\rho(\Omega \cdot m)$ | $\simeq 0.1$ | 5 |
| $T_o(℃)$ | $\sim 25$ | $\sim 60$ |

图 2.3.51 中 H7C4 是 1984 年 TDK 公司开发的产品,工作频率为 100 kHz,H7F 是 1989 年推出的产品,可用于 0.5～1 MHz 开关电源,其性能为:$\mu_i=1\,400\sim 1\,518$,$B_s=470\sim 505$ mT,$P_V=70\sim 55$ mW/cm³,$\rho=34\sim 15$ Ω·m,分别为两种工艺条件得到的产品性能。对于高磁导率材料,其中 H5D,$\mu_i=15\,000\pm 30\%$;H5E,$\mu_i=18\,000\pm 30\%$;T 38,$\mu_i$ 为 $10^5$ 左右。兼容这两者要求的材料"5 000/5 000"即饱和磁化强度为 0.5 T,初始磁导率为 5 000 的铁氧体材料正在研制中,预期将在电信工业中得到应用。

电子产品向小型化方向发展,要求开关电源体积小、重量轻。为了缩小其核心部件主变压器的体积,根据变压器的原理,输出电压与频率成正比($V_m = KfB_m AN$),$K$ 为比例示数,矩形波 $K=1$,正弦波 $K=1.11$,要缩小体积就要提高开关电源频率,而提高工作频率面临的主要问题是降低铁氧体在高频率工作条件下的损耗。早期开关电源的工作频率为 20 kHz,继后提高到 $100\sim200$ kHz,目前为 $0.5\sim3$ MHz。为了达到提高工作频率的目的,一方面要严格控制产品的显微结构,制备出晶粒细小、均匀、高密度的 MnZn 铁氧体。从理论上看,截止频率 $f_r$ 与晶粒尺寸 $D$ 成反比,即($\mu_i - 1$)$f_r = 3M_s^2/D$。例如配方为 $Mn_{0.55}Zn_{0.40}Fe_{2.05}O_4$ 的 MnZn 铁氧体,采用等离子体烧结工艺,在短时间内烧结,可获得晶粒尺寸为 $1\ \mu m$、密度高于理论密度值 $99\%$ 的样品,在 1 MHz、50 mT 磁场下的损耗为 720 $kw/m^3$,比商品铁氧体的损耗(1 800 $kW/m^3$)低得多[53]。2017 年 11 月日本 TDK 公司推出高频 MnZn 铁氧体的新产品 PC2000,其基本性能如下:截止频率约 5 MHz,工作频率 700 kHz$\sim$4 MHz,居里温度大于 $280℃$,$B_s/mT$($H=1\ 200$ A/m,$25℃$):480;损耗 $P_{CV}/(mW/cm^3)$(1 MHz,50 mT):180;(3 MHz,10 mT):60;3 MHz(30 mT):800。日本 Fuji 电化学公司通过控制材料显微结构,推出 7H10 牌号的产品,其高频损耗比 H63A 产品低 $50\%$,使用频率为 $0.3\sim1$ MHz[54]。另一方面,要进行合理的掺杂,以增进晶界电阻,降低高频涡流损耗。除常规的 $SiO_2$,$CaO$ 外,研究了 $HfO_2$,$Ta_2O_5$ 等添加物的影响。不同添加物对 $Mn_{0.74}Zn_{0.18}Fe_{2.06}O_4$ 样品在 1 MHz,50 mT 高频磁场下,室温涡流损耗($P_e$)与直流电阻率($\rho$)的影响列于表 2.3.11 中。

表 2.3.11　添加物对 $Mn_{0.74}Zn_{0.18}Fe_{2.06}O_4$ 样品的 $P_e$ 与 $\rho$ 的影响[55]

| 添加物<br>特性 | * | ** | $Al_2O_3$ | $HfO_2$ | $Nb_2O_5$ | $SnO_2$ | $Ta_2O_5$ | $TiO_2$ | $V_2O_5$ | $ZrO_2$ |
|---|---|---|---|---|---|---|---|---|---|---|
| $P_e$(kW/m³) | 4 800 | 720 | 710 | 390 | 670 | 720 | 460 | 580 | 490 | 550 |
| $\rho$(Ω·cm) | 0.8 | 390 | 540 | 3 150 | 750 | 470 | 2 140 | 680 | 1 100 | 1 600 |

注:* 代表不含 $SiO_2$-$CaO$ 样品;
　　** 代表含 $SiO_2$-$CaO$ 的样品。

供参考的配方如下:$Fe_2O_3$ $53\%\sim54\%$、ZnO $5\%\sim7\%$(mol%)余为 MnO;附加 $Co_3O_4$($0.15\%\sim0.30\%$)、$SiO_2$($0.01\%\sim0.02\%$)、$CaCO_3$($0.10\%\sim0.20\%$),(wt%),控制氧分压在 $0.1\%\sim3\%$,阳离子缺陷,δ 为 $3\times10^{-3}$,平均结晶粒径介于 $13\sim15\ \mu m$,从而得到在室温到 $125℃$ 范围内,磁通密度为 50 mT、损耗低于 3 000 $kW/m^3$($f=$2 MHz)。

由表可见,$HfO_2$,$Ta_2O_5$,$V_2O_5$,$ZrO_2$ 与 $Nb_2O_5$ 添加物对增进电阻率有显著作用。研究表明,这些添加物主要处于晶界,富集于晶界的交汇点。细化晶粒可以更有效地发挥这些添加物的作用,而 $TiO_2$,$SnO_2$ 以及 $Al_2O_3$ 的添加主要进入晶格中,虽对电阻率影响不大,但可控制功耗极小点的位置。研制成的 B40 材料在 $0.5\sim2$ MHz 频率下,比常用的 2 500$B_2$ 材料有更低的损耗。

添加 $Ta_2O_5$ 有利于细化晶粒,降低损耗。添加 $0.02\sim0.04$ mol% 的 $Ta_2O_5$,在

1 150℃ 烧结，可使 MnZn 铁氧体高频损耗下降 40%～50%[56]。

据 Visser 等人[57]研究，(Co+Ti)组合代换，例如配方 $Mn_{0.715}Zn_{0.204}Co_{0.006}Ti_{0.03}Fe_{2.10}O_4$，可以增加转动磁导率，显著减小位移磁导率，因此与不可逆畴壁位移相关联的磁滞损耗、畴壁阻尼损耗可降低[58]，有利于在高频段的应用。

对于功率铁氧体，除合适添加物外，控制显微结构亦很重要，可参阅文献[59—61]。使开关电源的工作频率进一步提高的目标是 1～3 MHz，这时，使用 MnZn 铁氧体就会有困难，而 NiZn 铁氧体却具有更低的高频损耗[62]，适宜于作为高频段的功率铁氧体。

**（3）添加物的影响**

基本配方决定了材料的本征性能，如 $M_s$，$K_1$，$\lambda_s$，从而对材料可能达到的主要技术性能，如磁导率、矫顽力、损耗、减落等大致上亦可确定下来。要保证这些参量达到最佳状态，除配方外，尚须有合适的工艺条件（如烧结、气氛等），以产生合适的显微结构与离子价态。此外添加一些必要的添加物又可以显著地影响显微结构、晶界组成、离子价态，从而可以达到人为地控制磁性能。现将常用的添加物概述如下：

① $CaO$，$SiO_2$。

$Ca^{2+}$ 的半径为 1.06 Å，对尖晶石结构显得较大，因此它只能有限地固溶在尖晶石晶格中。电子探针表明，$Ca^{2+}$ 浓度将富集于晶界，生成非晶质的中间相[63]，从而可以增进晶界电阻率，降低损耗，提高 $Q$ 值。如图 2.3.52～2.3.53 所示。少量 Ca 的添加，可以基本上不影响初始磁导率以及磁滞与剩余损耗，而显著地降低涡流损耗，以致 $Q$ 值大为提高。过量的 Ca 添加却会使 $\mu_i$ 值下降，添加 $Ca^{2+}$

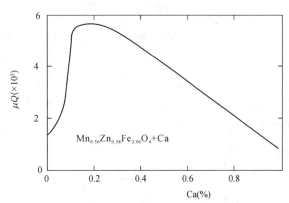

图 2.3.52　$Ca^{2+}$ 含量对 $Mn_{0.56}Zn_{0.38}Fe_{2.06}O_4$ 之 $\mu Q$ 值的影响[43]

后，减落有所增加。$CaO$，$ZnO$，$SiO_2$ 的添加对减落的影响见图 2.3.54。为了既提高 $\mu Q$ 值，又改善稳定性，通常将 $CaO$ 与 $SiO_2$，$GeO_2$，$Ta_2O_5$，$V_2O_5$，$SnO_2$，$In_2O_3$，$ZrO_2$，$Nb_2O_3$ 等高价离子并合使用[64,65]。例如 $CaO$ 与 $SiO_2$ 可以形成高电阻率的 $CaSiO_3$ 化合物而渗透到晶粒内一定的深度。$CaO$ 与 $GeO_2$ 形成 $Ca_2GeO_4$ 化合物起着与上述相似的作用，$B_2O_3$，$ZrO_2$ 与 $SiO_2$ 的作用相似。从一些减落实验结果看来，高价离子如 $Sn^{4+}$，$Ti^{4+}$ 等附加可以使减落峰值向低温区移动，所起的作用类似于在原始配方中增加 $Fe_2O_3$ 的含量，而低价元素的离子，例如 $Li^{1+}$，$Na^{1+}$，$Mg^{2+}$，$Cu^{1+}$ 等的作用却与高价元素离子作用不同，相当于在原始配方中增加 MnO 的含量。如前所述，对于 $\mu$-$T$ 曲线第二峰的影响，高价与低价离子亦是不同的，因此可以添加一定价态的离子或不同价态离子的组合，来控制减落与温度系数等。

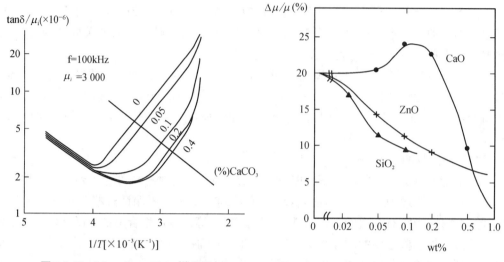

图 2.3.53  $Mn_{0.58}Zn_{0.36}Fe_{2.06}$ 样品添加 $CaCO_3$ 对损耗角的影响[44]

图 2.3.54  $CaO,ZnO,SiO_2$ 的添加对 MnZn 铁氧体减落的影响[37]

CaO–$SiO_2$ 组合作添加物可以显著地增加 MnZn 铁氧体的电阻率,从而降低损耗因数,如图 2.3.55。但随着 CaO 含量的增加,温度系数略有增加。$SiO_2$ 量不宜过大,如大于 0.1wt%,会促使结晶粗化(大晶粒中卷入空洞),在晶界形成非晶态相,从而恶化性能[66]。Paulus 认为,$SiO_2$ 含量低于 0.05wt% 时,阻止晶粒成长,当含量高于 0.05wt% 时,促使晶粒非连续长大。[67] 添加 V 却可遏制由于 $SiO_2$ 所导致的晶粒非连续成长[68],文献[69,70]亦报道了相近的工作。

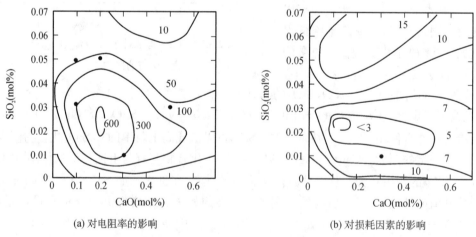

(a) 对电阻率的影响

(b) 对损耗因素的影响

图 2.3.55  $SiO_2$,CaO 添加对 $Mn_{0.68}Zn_{0.21}Fe_{2.11}O_4$ 电阻率与损耗因数之影响[71]

② $Ti^{4+}$,$Sn^{4+}$,$Ge^{4+}$,$V^{5+}$ 等高价离子。

高价离子进入尖晶石晶格时,为了满足电中性条件,必然有相应的 $Fe^{3+}$ 转为 $Fe^{2+}$,$Fe^{2+}$ 在尖晶石结构中从优于 B 座。由于高阶微扰效应,存在非零的轨道矩,

$<n|L|0>\neq0$,因此对磁晶各向异性常数有弱的正的贡献,从而有可能使低于居里点温度下存在 $K_1=0$ 点,相应于 $\mu$-$T$ 曲线的第二峰位置,随着 $Fe^{2+}$ 浓度的增加,$K_1=0$ 的抵消点将移向低温,如图 2.3.56,因此控制 $Fe^{2+}$ 对降低温度系数是十分重要的。

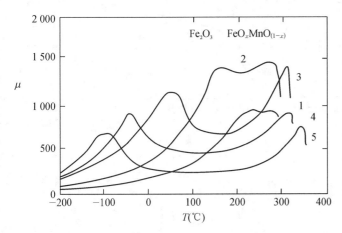

| | $x$ | $T_c$ | $\theta_f$ |
|---|---|---|---|
| 1 | 0.074 | 230 | 284 |
| 2 | 0.086 | 160 | 296 |
| 3 | 0.152 | 40 | 313 |
| 4 | 0.202 | −40 | 325 |
| 5 | 0.264 | −100 | 350 |

图 2.3.56　$Fe^{2+}$ 含量对 $MnO_{(1-x)}FeO_xFe_2O_3$ 铁氧体 $\mu$-$T$ 曲线的影响[72]

$Fe^{2+}$ 的含量除取决于基本配方与气氛外,亦可通过添加高价离子进行控制。

从价电平衡的角度考虑,2 价与 4 价、5 价离子的组合可以代换 3 价,例如 $2Fe^{3+}\rightarrow Fe^{2+}+Fe^{4+}$,所以常用 $TiO_2$ 作添加剂。$TiO_2$ 的添加对 $Mn_{0.567}Zn_{0.369}Fe_{2.062}$ 铁氧体 $\mu$-$T$ 曲线的影响如图 2.3.57 所示。对 $Mn_{0.6}Zn_{0.4}Ti_{0.05}Fe_{1.95}O_4$ 配方,$K_1$-$T$ 曲线存在两个零点,因而 $\mu$-$T$ 曲线将会呈现两个峰。选择合适的热处理条件,可以得到甚为平坦的 $\mu$-$T$ 曲线[64],Franken[70] 对含 Ti,Ca,Si

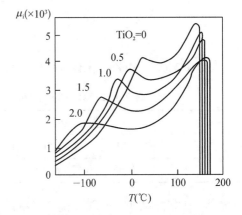

图 2.3.57　添加 $TiO_2$ 对 $Mn_{0.567}Zn_{0.369}Fe_{2.062}$ $\mu$-$T$ 曲线的影响[70]

的锰锌铁氧体($Mn_{0.64}Zn_{0.30}Ti_{0.05}Fe_{2.01}O_4$ 外加 0.05wt%CaO,0.01wt%SiO_2)研究表明,Ti 将与 Si,Mn 在晶界生成另相,形成厚度为 2 nm 的晶界层。此外,Ti 将渗透到晶粒内部,且分布不均匀,所以与 Ti 近邻的 Fe 离子浓度分布是不均匀的,从而导致局域 $K_1$ 值的不一致,反映在 $\mu$-$T$ 曲线上必然比较平坦。将 $Ti^{4+}$ 添加到 MnZn 铁氧体中会产生相应的 $Fe^{2+}$,但电阻率不但未降低,反而有所增加,如图 2.3.58 所示。含 Ti 与不含 Ti 的两种 MnFe 单晶体之导电激活能 $E_\rho$ 对比如表 2.3.12。

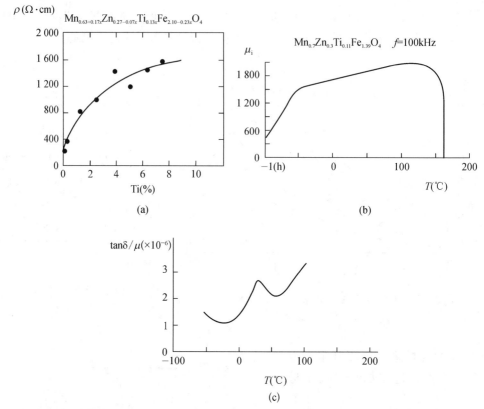

图 2.3.58　MnZn 铁氧体添加 $Ti^{4+}$ 对 $\rho$,$\mu$–$T$ 曲线,$tan\delta/\mu$–$T$ 曲线的影响[73]

表 2.3.12　添加 Ti 对 MnFe 单晶体导电激活能 $E_\rho$ 的影响

| 样　品 | 组　　成 | $E_\rho$(低温)(eV) | $E_\rho$(高温)(eV) |
|---|---|---|---|
| A | $Mn_{0.87}Fe^{2+}_{0.13}Fe_2O_4$ | 0.017 | 0.055 |
| B | $MnTi^{4+}_{0.45}Fe^{2+}_{0.45}Fe_{1.1}O_4$ | 0.08 | 0.14 |

　　显然,表中样品 B 的 $Fe^{2+}$ 高于样品 A,但 $E_\rho$ 同样亦是 B 高于 A,这与 $Fe^{2+}$ + $Fe^{3+} \rightleftharpoons Fe^{3+} + Fe^{2+}$ 的蛙跃导电模型是矛盾的。合理的解释是:$Fe^{2+}$ 将被束缚在 $Ti^{4+}$ 的周围,以致不能"自由"地参加导电过程,因此添加 $Ti^{4+}$ 可以控制 $Fe^{2+}$,从而控制 $\mu$–$T$ 曲线,损耗较低,如图 2.3.58(c)。$Ti^{4+}$ 的添加对居里点温度影响并不太大,而饱和磁化强度却随含 Ti 增加而线性下降。

　　其他高价离子如 $SnO_2$,$GeO_2$ 等添加起着与 $TiO_2$ 相似的作用,有利于降低损耗[74]。

　　Bongers 等人[75]曾讨论了添加 Ti,Ca,Si 对 MnZn 铁氧体磁性的影响。

　　③ $Co_2O_3$。

　　$Co^{2+}$ 的基态轨道动量矩非零,因此存在强烈的自旋轨道耦合效应,从而在尖晶石铁氧体中有甚大的正磁晶各向异性常数,将 $Co^{2+}$ 所贡献的 $K_1$ 值随温度升高而剧烈下降,因而有可能在低于居里点范围内存在 $K_1 = 0$ 的抵消点，产生 $\mu\text{-}T$ 曲线的第二峰。但 $Co^{2+}$ 的添加不仅对 $K_1$ 有影响，而且又会增加 $K_2$ 的值，所以高 $\mu_i$ 材料往往不添加 $Co_2O_3$。将 $Co^{2+}$ 添加到富铁的 MnZn 铁氧体中可以显著地改变 $\mu\text{-}T$ 曲线，其示意如图 2.3.59。

图中曲线 1 代表无 $Co^{2+}$，仅是 $Fe^{2+}$ 作用；曲线 2 含适量 $Co^{2+}$，使 $T_{01}$ 移到 $T_{02}$ 位置，并出现 $T_{03}$；曲线 3 含过量的 $Co^{2+}$。图 2.3.59(c) 为根据 $K\text{-}T$ 曲线推测的 $\mu\text{-}T$ 曲线。

$Co^{2+}$ 与 $Fe^{2+}$ 在合适的组合条件下可以获得十分平坦的 $\mu\text{-}T$ 曲线。Giles[76] 所获得的最佳 $(Co^{2+}, Fe^{2+})$ 组合曲线见图 2.3.60。添加 $Co^{2+}$ 除了控制 $\mu\text{-}T$ 曲线、降低温度系数外，另一个优点是利用 $Co^{2+}$ 强的磁晶各向异性使畴壁稳定在一定位置。在弱磁场作用下，畴壁将是可逆位移，因此磁导率为常数，磁滞损耗甚低，磁滞回线呈现蜂腰型，或称为巨明伐型，如图 2.3.61 所示。

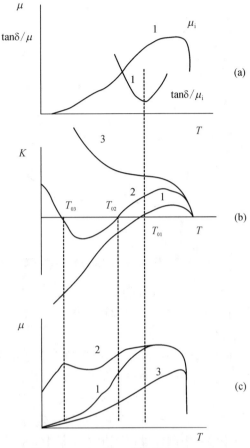

图 2.3.59　$(Co^{2+}, Fe^{2+})$ 组合对 $\mu\text{-}T$，$K\text{-}T$ 曲线的影响[76]

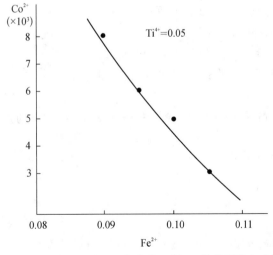

图 2.3.60　获得线性 $\mu\text{-}T$ 曲线的 $Co^{2+}$，$Fe^{2+}$ 的最佳组合[76]

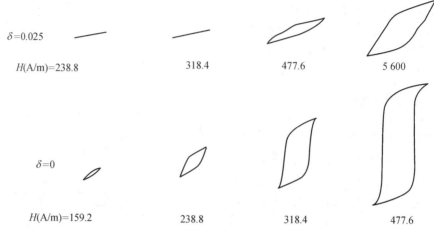

δ=0.025

H(A/m)=238.8　　　318.4　　　477.6　　　5 600

δ=0

H(A/m)=159.2　　　238.8　　　318.4　　　477.6

**图 2.3.61　$Co_{0.01}Fe_{2.99}O_{4+\delta}$（$\delta=0,0.025$）样品磁滞回线之比较[77]（$T=20℃$，$f=50\ Hz$）**

由图易见，$\delta_1\neq0$ 的含 Co 样品具有明显的叵明伐效应[1]。$\delta\neq0$ 表明存在阳离子缺位，有利于 Co 离子在晶格中扩散，在畴壁两边形成一定的有序排列，使畴壁处于稳定的低能量状态。

叵明伐效应是由于在正常的立方磁晶各向异性上再叠加单轴各向异性而形成的，这种单轴各向异性是由于 $Co^{2+}$，$Fe^{2+}$ 等通过扩散产生方向有序排列所致，一般而言，具有自发叵明伐效应的铁氧体在应用温度下同样可以产生离子扩散，因而具有强烈的不稳定性。这种材料没有什么实用价值，而通过 Sn，Co 等掺杂，并选择合适的配方，没有自发的叵明伐效应，但通过低于居里温度长时间热处理却可形成叵明伐型磁滞回线，例如 MnZn - 2000，200℃以上热处理几天后，其 $\mu_i$ 值降至 1 200，回线呈蜂腰型，损耗显著下降，使用频率增高，如图2.3.62所示。

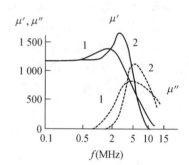

曲线 1：未经热处理；
曲线 2：200℃以上热处理几天后。
**图 2.3.62　含钴 MnZn 铁氧体的磁谱[48]**

具有叵明伐效应的 MnZn 铁氧体与一般等磁导率回线的产品性能之对比见表2.3.13。

---

[1]　在弱磁场中，某些铁磁材料的 $\mu$ 值为一恒量，不随外磁场的变化而变化。当外磁场达到"启开场强"$H_s$ 后，磁滞回线才首先在两端启开呈蜂腰型；当交变磁场场强足够大时，才变为正常型，这种特性称为叵明伐（Perminvar）效应。具有叵明伐效应的铁磁材料的磁导率振幅非稳定性 $\alpha=\Delta\mu/\mu\Delta H$ 甚小，相应的磁滞损耗小，尤其适用于高频弱磁场下工作。

表 2.3.13　富 Fe,MnZn 铁氧体等磁导率型(Isoperm)样品

与叵明伐型(Perminvar)样品磁性能之对比[42]

| 参　数 | 等磁导率型 | | 叵明伐效应型 | |
|---|---|---|---|---|
| | N48 (Siemens) | H6H3 (TDK) | Superne ferrite(NEC) | 稳定 Perminvar (Siemens) |
| $\mu$ | 2 000 | 1 300 | 1 000 | 500 |
| $\tan\delta/\mu(\times10^{-6})$ | <2.5 | <1.2 | 0.8 | 0.3 |
| $h/\mu^2$(cm/MA) | <0.4 | <0.13 | 0.05 | 0.03 |
| $T_e/\mu(\times10^{-6})$ $(-25\sim55℃)$ | 0.7—0.8 | 1.2±0.8 | 0.3±0.05 | 0.3 |
| $D/\mu(\times10^6)$ | 2 | <5 | 2 | 2.5 |

除上述常用的 Ca,Si,Ti,Co 等离子作添加物外,其他还有添加 $Al_2O_3$ 以改善温度稳定性,添加 $WO_3$,$P_2O_3$,CuO 等以促进良好的显微结构。如 CuO 为低熔点(1 064℃)氧化物,可作助熔剂,增加密度,抑制 ZnO 的挥发。

开关电源在计算机、电信、照明等领域的广泛应用,不断推动着功率铁氧体性能的提高与产量的增加,目前功率铁氧体的产量约占软磁铁氧体总量的 50%,高磁导率铁氧体约为 25%,用于变压器铁氧体约为 10%,抗电磁干扰(EMI)等各类用途的铁氧体产量也在不断增长。近年来,企业界加强研发,精益求精,严格控制组成、添加物、显微结构,与1982 年相比[78],软磁铁氧体的性能又有显著的提高,目前国际商品性能,以日本 TDK 产品为例介绍如下:

高磁导率产品 H5C5:$\mu_i$(30 000);$(tg\delta/\mu_i)/\times10^{-6}$(<15),$B_s$/mT(380);$B_r$/mT(100);$H_c/A\cdot m^{-1}$(4.2);$T_c/℃$(>110);$d/g\cdot cm^{-1}$(5.00);$D_F<2\times10^{-6}$。

功率铁氧体产品 PC50:$f$:500~1 000 kHz:$\mu_i$(1 400±25%);$B_s$/mT(470,25℃);$B_r$/mT(140,25℃);$H_c/A\cdot m^{-1}$(36.5,25℃);$T_c/℃$(>240);$d/g\cdot cm^{-1}$(4.8);$P_{CV}$/kW·$m^{-3}$(130,25℃;80,60℃;80,100℃)。

与此同类的其他牌号如:N49;N59;3F4;7H10;7H20 等。

较第三代产品 PC40,PC44 的性能:使用频率($f$:100~500 kHz)有所提高,功耗$P_{CV}$/kW·$m^{-3}$(400~500)显著地降低。

宽温、低功耗产品 PC95:$\mu_i$(3 300,25℃);$B_s$/mT(530,25℃);$B_r$/mT(140,25℃);$H_c/A\cdot m^{-1}$(36.5,25℃);$T_c/℃$(≥215);$P_{CV}$/kW·$m^{-3}$(350,25℃;280,80℃;290,100℃;350,120℃)。

国内部分厂家研发的新产品与国际先进水平相比也不相伯仲。

MnZn 铁氧体的配方常因用而异。现仅举低损耗、高稳定性材料的例子,作为参考。

例一[47]　$Fe_2O_3$:MnO:ZnO=54:36:10,附加:0.06wt%CaO,0.02wt%$SiO_2$,0.15wt%$Co_2O_3$,2.0wt%$SnO_2$,1 180℃在含 0.6wt%$O_2$ 的氮气中焙烧 8 小时,样品磁性能

如下：$\mu_i = 1\,100$，$\theta_f = 240℃$；$\tan\delta/\mu = 0.8 \times 10^{-6}$（100 kHz），$D_F = 1.5 \times 10^{-6}$，$\dfrac{\Delta\mu}{\mu^2 \Delta T} = (0.5 \pm 0.04) \times 10^{-6}$（$-20℃\sim 80℃$）。

**例二** $Fe_2O_3$（52.3～56.0），$MnO$（34.0～38）余 $ZnO$ mol%。添加物重量百分比为 $Co_2O_3$（0.03～0.5），$SnO_2$（0.05～2.1），$Li_2O$（0.02～0.1），$CaO$（0.025～0.18），$SiO_2$（0.008～0.025），磁性能为 $\tan\delta/\mu < 1.5 \times 10^{-6}$，$h_{10} < 5$，$\dfrac{\Delta\mu}{\mu^2 \Delta T} = (0.3 \sim 1.0) \times 10^{-6}$（$-20\sim 80℃$）。

**例三** $Fe_2O_3 : MnO : ZnO = 53 : 30 : 17$ mol%，添加 $Ta_2O_5$（0.05），$Nb_2O_5$（0.03），$CaO$（0.08），在 100 kHz 测试性能如下：$\mu_i = 2\,000 \sim 3\,000$，$\tan\delta/\mu = (1.5 \sim 2.0) \times 10^{-6}$，$\theta_f = 195 \sim 250℃$，$B_m = 380 \sim 450$ mT，$H_c = 8 \sim 1.6$ A/m，$D_A < 0.5\%$，$h_{10} : 5 \sim 10$。

有关国内外软磁铁氧体材料进展的综述可参考：韩志金，磁性材料及器件，2010，41，1-11。有关 TDK 公司 MnZn 功率铁氧体产品牌号可参考图 2.3.84。图 2.3.85 为川崎公司的部分产品牌号，从中可了解日本软磁铁氧体的产品概况。

**（4）偏转磁芯铁氧体**

由于显像管被液晶显示器所取代，偏转磁芯用量大幅度下降，在此仅作简略地介绍，也许另有应用的领域。偏转磁芯要求具有线性磁化曲线、低损耗、高电阻率以及较高的机械强度。线性磁化曲线有利于显像管的线性扫描，避免光栅图像失真；低损耗可以防止偏转线圈升温，避免对显像管会聚、色纯性能的影响，通常要求功耗温度系数为负值；高电阻率有利于线圈直接绕在磁芯上，可以改善高频性能，防止高频振铃振荡现象的产生。高磁导率的锰锌铁氧体以及功率锰锌铁氧体因电阻率低，易产生振铃振荡，磁化曲线线性部分不足而不能用作偏转磁芯。MgMnZn 系列的铁氧体基本上可满足上述要求，现已进入工业化生产。现就具体配方举例如下：$Fe_2O_3$（45.6），$MnO$（29.2），$ZnO$（16.4），$MgO$（8.8）摩尔比，空气中烧结，有的添加少量的 $CuO$ 构成 MgMnZnCu 系，添加 $Bi_2O_3$ 有利于降低损耗[78]，添加 $V_2O_5$ 有利于降低烧结温度和功耗[79]。有专利报道具体的配方为 $Fe_2O_3$（45），$MgO$（31），$MnO$（7），$ZnO$（17）摩尔比，$Bi_2O_3$，$CuO$ 的掺杂量分别为 0.5wt%，1.0wt%，均在第二次球磨时加入。此外，添加少量 $Li_2O$-$B_2O_3$-$SiO_2$ 玻璃相可降低烧结温度。

MgMnZn 系通常适用于行扫描频率为 16～32 kHz，随着高清晰度电视机和高分辨率监视器的问世，要求提高行扫描频率，而 Mg 系铁氧体难以满足要求，目前已开发出 NiZn 系列铁氧体偏转磁芯[80]，现将其基本配方列于表 2.3.14 中。添加少量 MnO 有利于提高电阻率，降低功耗。例如配方为 $Fe_2O_3$（49.5），$NiO$（16.5），$ZnO$（28.5），$CuO$（5.5）摩尔比，附加 $MnO$0.5wt%。为了降低功耗亦有的添加少量的 MgO 与 $TiO_2$，例如配方：$Ni_{0.24}Zn_{0.57}Cu_{0.19}Mn_{0.01}Mg_{0.015}Ti_{0.015}Fe_{1.96}(1+\alpha/100)O_4$，当 $\alpha \approx -0.7$ 时铁损耗最小[80]。

**表 2.3.14　铁氧体偏转磁芯基本配方**

| 配方（mol%） | | | | 功耗（W/cm³） | | $\rho$ |
|---|---|---|---|---|---|---|
| $Fe_2O_3$ | NiO | ZnO | CuO | 25℃ | 140℃ | （Ω·cm） |
| 47.5 | 16.5 | 30.5 | 5.5 | 1.36 | 2.27 | $5.6 \times 10^{10}$ |
| 48.0 | 16.5 | 30.0 | 5.5 | 1.10 | 1.57 | $1.5 \times 10^{10}$ |
| 48.5 | 16.5 | 29.5 | 5.5 | 1.40 | 1.15 | $4.1 \times 10^{8}$ |
| 49.0 | 16.5 | 29.0 | 5.5 | 1.32 | 1.00 | $2.3 \times 10^{7}$ |
| 49.5 | 16.5 | 28.5 | 5.5 | 1.21 | 0.79 | $6.8 \times 10^{6}$ |
| MgMnZn 铁氧体 | | | | 2.35 | | $5.3 \times 10^{6}$ |

现将 FDK，TDK 公司的偏转磁芯产品性能列于表 2.3.15 及表 2.3.16 中，以供参考。

**表 2.3.15　FDK 公司偏转磁芯部分产品性能**

| 牌号 | $\mu_i$ (0.1 MHz) | $\tan\delta$ ($\times 10^{-6}$) | $B_s$(mT) | | | $H_c$ (A/m) 20℃ | $P_L$(W/kg) 64 kHz 0.1 T | | | $\rho$ (Ω·cm) | $\theta_f$ (℃) | $d$ (g/cm³) |
|---|---|---|---|---|---|---|---|---|---|---|---|---|
| | | | 20℃ | 60℃ | 100℃ | | 20℃ | 60℃ | 100℃ | | | |
| $HD_{11}$ | 6 000 | ≤12 | 480 | 430 | 370 | 5.5 | 8 | 13 | 17 | $10^{10}$ | >180 | 4.8 |
| $HD_{12}$ | 1 800 | ≤5 | 500 | 450 | 400 | 20 | 30 | 20 | 22 | $10^{10}$ | >180 | 4.8 |
| $HD_{13}$ | 500 | ≤30 | 400 | 350 | 320 | 64 | 80 | 75 | 70 | $10^{5}$ | >200 | 5.0 |

上表中所列的牌号为高清晰度显示用的铁氧体偏转磁芯。

**表 2.3.16　TDK 公司偏转磁芯部分产品性能**

| 牌　号 | H4H | H4M | X320 | DA1 | DA2 | DA6 |
|---|---|---|---|---|---|---|
| $\mu_i$(23℃) | 500 | 300 | 350 | 6 000 | 1 900 | 750 |
| $\theta_f$(℃) | >150 | >150 | >150 | >170 | >200 | >150 |
| $\rho$(Ω·cm) | $10^4$ | $10^5$ | $10^5$ | | | $10^5$ |
| $d$(g/cm³) | 4.7 | 4.4 | 4.5 | 4.8 | 4.8 | 5.0 |
| $P_L$(W/kg) 60℃ 100 kHz | 690 | 190 | 175 | 29 | 24 | 85 |
| $B_s$(mT) 23℃ | 280 | 210 | 250 | 430 | 500 | 330 |
| 成　分 | | Mg - Mn - Zn | | | MnZn | NiCuZn |
| 频率范围 $f$(kHz) | | 15.75～32 | 15.75～32 | | ～64 | 50～130 |
| 主要用途 | 黑白 电视机 | 彩色 电视机 | 大屏幕 显示 | 高频扫描 | 高分辨 率显示 | |

**（5）气氛与显微结构**

决定 MnZn 铁氧体磁性能的因素，除基本配方和添加物外，影响最大的是烧结气氛和显微结构。

① 烧结气氛。

烧结过程的气氛是决定离子价态与相组成的重要因素。MnZn 铁氧体中铁与锰均可变价，因此增加烧结过程的复杂性，尤其对高质量的铁氧体，要求严格控制 $Fe^{2+}$ 的浓度，并防止非磁性另相 $\alpha$-$Fe_2O_3$、$Mn_2O_3$ 的脱溶析出。

首先看锰的氧化问题。

到目前为止，含锰铁氧体仍是应用最广泛的一类铁氧体，但由于 Mn 离子极易变价，因此制造工艺较其他铁氧体复杂。Mn 的电子组态为 $3d^5 4s^2$，因此最高价态为 7，常见的氧化物为 $MnO$，$Mn_2O_3$，$Mn_3O_4$。$MnO$ 在空气中很不稳定，易吸氧变成 $MnO_2$，生产中往往以 $MnCO_3$ 或 $MnO_2$ 为原料。$MnCO_3$ 在真空或惰性气体中才能分解成稳定的 $MnO$；在空气中分解成初生态 $MnO$ 后很快被氧化（300～500℃）成 $MnO_2$，其反应式为

$$MnCO_3 + \frac{1}{2}O_2 \longrightarrow MnO_2 + CO_2$$

随着温度的升高，Mn 可以不同价态出现，在空气中其变化过程为

$$MnO_2 \xrightarrow[\ ]{550℃} \overset{体心立方}{\alpha\text{-}Mn_2O_3} \xrightarrow[\ ]{970℃} \overset{四角结构}{\beta\text{-}Mn_3O_4} \xrightarrow[\ ]{1\,160℃} \overset{立方结构}{\gamma\text{-}Mn_3O_4}$$

$MnO$ 与 $Fe_2O_3$ 在空气气氛下的固相反应可以概括为

$$Mn_3O_4 + Fe_2O_3 \xrightarrow[\ ]{\sim 1\,000℃} MnFe_2O_4 + Mn_2O_3$$

$$3Mn_2O_3 \longrightarrow 2Mn_3O_4 + \frac{1}{2}O_2$$

当然，在不同的氧气氛下固相反应的生成物不同。

在正确气氛中：$\quad MnO + Fe_2O_3 \xrightarrow[\ ]{\sim 1\,300℃} MnFe_2O_4$ 铁氧体

在缺氧气氛中：

$$MnO + Fe_2O_3 \longrightarrow a[o] \rightarrow (1-a)MnFe_2O_4 + a(MnO, FeO)$$

有部分铁还原成二价；

在多氧气氛中：冷却时将有一部分 $\alpha$-$Mn_2O_3$ 脱溶析出，对磁性影响甚大：

$$2MnFe_2O_4 + \frac{1}{2}O_2 \xrightarrow[1\,000℃]{600℃} Mn_2O_3 + 2Fe_2O_3$$

研究结果表明：$MnFe_2O_4$ 在 1 050℃ 左右氧化最为严重[81]，见图 2.3.63。

假如在空气中烧结并冷却，则应设法避免此温度区域。生产中常采用真空淬冷的工艺。

下面讨论控制 $Fe^{2+}$ 问题。控制 $Fe^{2+}$ 的含量是制备高质量 MnZn 铁氧体的关键之一。如前所述，常用的 MnZn 铁氧体采用富铁配方，通过对 $Fe^{2+}$ 含量的控制，使 $K_1$，$\lambda$ 接近于零，而获得高磁导率，或在工作温度区有平坦的 $\mu$-$T$ 曲线，或得到低损耗、高稳定性等特

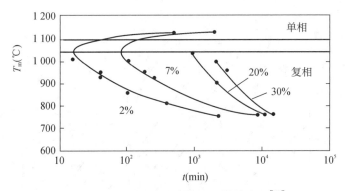

图 2.3.63　MnFe$_2$O$_4$ 在空气中氧化等值线[82]

性。Fe$^{2+}$ 在空气中是不稳定的,容易氧化成 Fe$^{3+}$。又因为平衡氧气氛与温度、组成有关,$\ln P_{O_2} = \dfrac{A}{T} + C$,烧结过程中控制氧气氛就成为麻烦的事,尤其是冷却过程氧含量的控制是十分重要的。

对 MnZnFe 铁氧体的平衡相图,Blank[83],Macklen[84],Slick[85],Morineau[86,87] 等人进行了系统的研究。1952 年 Smitens[88] 首先研究磁铁矿的平衡氧分压,1958 年 Blank[83] 详细地研究了(Mn – Zn – Fe),(Ni – Zn – Fe)与(Mn – Mg – Fe)的平衡氧分压,对组成为 Fe$_2$O$_3$(52.7),MnCO$_3$(29.3),ZnO(16.1)铁氧体所作的平衡气氛图如图 2.3.64 所示,图中数字为 Fe$^{2+}$ 含量。Slick 对 (Fe$_2$O$_3$)$_{54.9}$ (MnO)$_{26.8}$ (ZnO)$_{18.3}$ 所作的平衡气氛图如图 2.3.65 所示。在氧化过程中,首先是 Fe$^{2+}$ 被氧化成 Fe$^{3+}$,在尖晶石结构中形成阳离子缺位,进一步氧化到达相界时就产生 $\alpha$ – Fe$_2$O$_3$ 相的脱溶析出。再进一步氧化时,Mn$^{2+}$ 被氧化成 Mn$^{3+}$。当 Mn$^{3+}$ 数量较少时,尚能固溶在尖晶石结构中,而数量超过相界时就会产生 $\beta$ – Mn$_2$O$_3$ 脱溶析出。

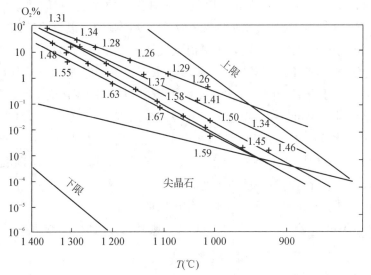

图 2.3.64　(Fe$_2$O$_3$)$_{52.7}$(MnO)$_{29.3}$(ZnO)$_{16.1}$ 铁氧体的平衡气氛图[83]

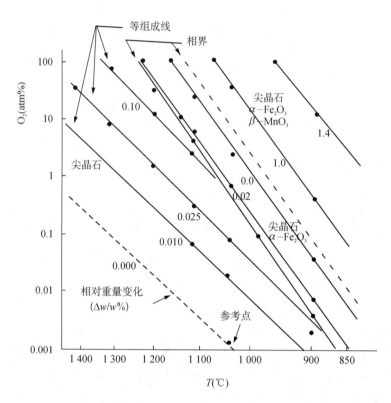

**图 2.3.65** $(MnO)_{26.8}(ZnO)_{18.3}(Fe_2O_3)_{54.9}$ 铁氧体平衡重量之变化 $(\Delta w/w\%)$ 与烧结氧气氛、温度之关系[85]

Morineau[87] 研究了组成范围为：$50 < Fe_2O_3 < 54, 20 < MnO < 35, 11 < ZnO < 30 (mol\%)$ 的锰锌铁氧体在不同温度下的平衡氧气氛图，作出了颇有实用价值的氧分压 $\ln P_{O_2}$ 与温度 $(T)$、组成 $(Fe_2O_3, MnO)$ 以及描述氧化度的参量"$\gamma$"的关系，见图 2.3.66。氧化度"$\gamma$"与 $Fe^{2+}(wt\%)$ 量的关系见图 2.3.67。由这两张图可以很方便地求出某一配比的 MnZn 铁氧体，需要一定 $Fe^{2+}$ 量时的平衡氧气氛。例如，对 $Fe_2O_3(52.5)$，$MnO(32)$，$ZnO(15.5)$ 的配方，希望 $Fe^{2+}(wt\%)$ 为 1.52，要求出在不同温度下的平衡氧气氛。由图 2.3.67 可查到对应于 $Fe^{2+}wt\% = 1.52$，$Fe_2O_3$ 为 $52.5 mol\%$ 的氧化度 $\gamma = 1.5 \times 10^{-3}$，再由图 2.3.66 求出相对于 $MnO = 32$，温度为 $1\,100℃$，$\gamma = 1.5 \times 10^{-3}$ 的点 $C$，过 $C$ 点作平行于温度轴的平行线，与 $Fe_2O_3 = 52.5$ 组成线相交于 $D$ 点，由 $D$ 点或 $E$ 点可以求出氧含量为 $3.2 \times 10^{-2}\% O_2$，或氧分压 $P_{O_2} = 3.2 \times 10^{-4}$ atm，同样可以逐点求出不同温度下要保持 $Fe^{2+} = 1.52 wt\%$ 含量所需的氧分压与温度的关系。

图 2.3.67 与图 2.3.68 是基于下列原理作出来的[87]。

设 $Fe_2O_3 : MnO : ZnO = a : b : c (mol\%)$，则其正分组成分子式应为

$$Zn_{\alpha}^{2+} Mn_{\beta}^{2+} Fe_x^{2+} Fe_2^{3+} O_4$$

其中，

$$\alpha + \beta + x = 1$$

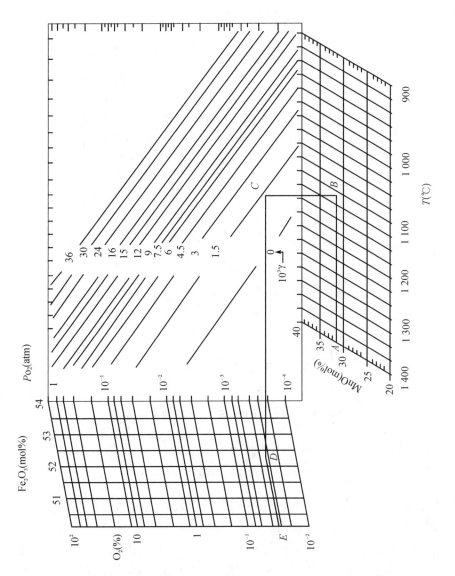

图 2.3.66　组成为 $50<Fe_2O_3<54,20<MnO<35,11<ZnO<30$
范围内锰锌铁氧体的平衡氧气氛图[87]

$$\alpha=\frac{3c}{(2a+b+c)},\beta=\frac{3b}{(2a+b+c)},x=\frac{2(a-b-c)}{(2a+b+c)}$$

式中，$2a+b+c$ 为总的阳离子数，为一常数。$2(a-b-c)$ 为多于 $50$ $mol\%Fe_2O_3$ 所相应的 $Fe^{2+}$ 量，当 $a$ 变化不大时，如 $50\leqslant a\leqslant54$，$x-a$ 近似呈线性关系。

假如有 $\gamma$ 个氧离子进入晶格，那么就有 $2\gamma$ 个 $Fe^{2+}$ 转变为 $Fe^{3+}$，所以上述分子式转变为

$$Zn_\alpha^{2+}Mn_\beta^{2+}Fe_{x-2\gamma}^{2+}Fe_{2+2\gamma}^{3+}O_{4+\gamma}$$

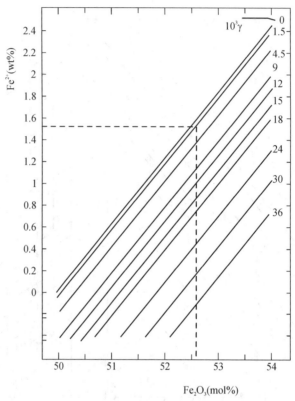

**图 2.3.67　Fe²⁺(wt%)与 Fe₂O₃含量关系图**[87]

这里，$\gamma$ 称为氧化度，用于描述被氧化的程度。

$$Fe^{2+}(wt\%) = (x - 2\gamma)5\,585/M$$

式中，$M$ 为铁氧体分子量（简略时可用平均分子量代替），由此可求得图 2.3.67 中 $Fe^{2+}$（$\gamma$）wt% 与 $Fe_2O_3$（mol%）的关系曲线。

由于 Mn 的变价，$Fe^{2+} + Mn^{3+} \longrightarrow Fe^{3+} + Mn^{2+}$，使得实际情况要复杂得多，严格地讲，$(x - 2\gamma)$ 并不能代表真实的 $Fe^{2+}$ 量，仅表示由氧化度 $\gamma$ 所等价的 $Fe^{2+}$ 量。

平衡氧气氛烧结对制备高质量 MnZn 铁氧体是十分重要的，但在大生产中，要连续调节气氛，使样品始终处于平衡氧压下降温是比较困难的，通常采用下列方法：

（a）分段控制气氛。将升降温过程分成几个温区，每一个温区取一定的氧分压，其平均效果可接近平衡氧压；或者改变氮气流量，以控制 $N_2$、$O_2$ 的比例。

（b）真空烧结[45]。对高初始磁导率、高密度的 MnZn 铁氧体，可采用下列步骤进行烧结：在温度为 1 200～1 300℃，真空度为 $1.33 \times (10^{-1} \sim 10^{-2})$ Pa 条件下烧结，以获得无空泡、细晶粒的多晶体；在温度为 1 250～1 400℃，平衡气压含氧量为 1%～3% 的氮气下烧结，使铁氧体正分化，并促进晶粒长大；在真空度为 $1.33 \times 10^3 \sim 4 \times 10^2$ Pa 的真空中冷却，以避免再氧化。真空烧结存在的问题是，样品表面层（厚约 0.5 mm）因产生 Zn 离子的严重挥发而龟裂降低磁导率，所以必须将表面层腐蚀后才能得到高 $\mu_i$ 值（约 $3 \times 10^4$），因此在烧结过程中尽可能减少 Zn 离子挥发,以及 Zn 与耐火材料的反应,通常将块件置于耐火盒中,下铺相同组成的 MnZn 铁氧体材料。

(c) 氮气烧结。通常在空气中烧结,降温时要通过含有一定氧的氮气。若要获得高 $\mu_i$ 的材料,须使用含氧量较少的氮气,若要提高电阻率、降低损耗,则需含氧量稍多的氮气。可以通过控制氮气的流量和压力来控制氧分压,氧含量可取 0.05%~2%,炉中充氮气在一定程度上还可以降低 Zn 离子的挥发。目前,国内外已采用全自动推进式氮气隧道窑,可以实现平衡氧分压,产品质量显著提高,产品一致性好。对于高磁导率、高性能的软磁铁氧体产品采用可控制气氛的钟罩式电炉尤为适宜。

(d) 真空淬冷。保温后将样品迅速取出速冷,并抽真空以跃过氧化激烈区域,真空度一般要求并不太高,如 1.33 Pa。此法简单,但会引起较大的内应力,在生产低磁导率产品中尚可采用。

(e) 二次还原烧结法。采取两个阶段烧结的方法。第一阶段,在较低温度下(1 200~1 300℃)、略呈还原性的气氛中保温,例如 $1.33 \times 10^{-1}$ Pa 真空度,以溢出空气泡达到致密化为目的,但又不使 FeO 相析出。然后升高温度进入第二阶段的保温(1 250~1 400℃),此时应有一定量的氧气氛,使样品处于平衡氧压中趋于正分化,同时使晶粒长大,最后在更低氧分压[$1.33 \times (10^{-1} \sim 10^{-2})$ Pa]下降温,以防止氧化,另相析出,但可产生合适的二价铁离子。采用此法,$\mu_i$ 可达 $2 \times 10^4$。

(f) 加助溶剂法。如加入少量的 CuO。由于 Cu 在高温时为单价(CuO 在 1 026℃时分解为 $Cu_2O$,降温时变为二价,而 Mn 在高温时为二价,降温时会上升成三价或四价),当有 CuO 存在时,由于 $Cu^{1+} \rightarrow Cu^{2+}$ 的吸氧作用可阻止 Mn 的大量氧化,对含有一定量的 CuO 样品可以在空气烧结炉中缓冷。

对不同性能与用途的铁氧体,其烧结温度与气氛均应根据需要调节到最佳状态。Sano 等人[59]给出了不同用途锰锌铁氧体所需的合适添加物与烧结条件,见表 2.3.17。

表 2.3.17　不同用途锰锌铁氧体的添加物与烧结条件

| 用　途 | 添　加　物 | 烧结温度(℃) | $O_2$(wt%) |
|---|---|---|---|
| 低损耗 | $CaO,SiO_2,Ta_2O_5$ | 1 200 | 2 |
| 高 B | $CaO,SiO_2,V_2O_5$ | 1 270 | 4 |
| 高 μ | $CaO,Bi_2O_3$ | 1 340 | 6 |

Rikukawa 等人[89]提出了软磁铁氧体材料设计系统(MAGSYS - F),用计算机对材料制备过程进行监测与辅助设计,也许代表了材料制备的发展方向。

② 显微结构。

MnZn 铁氧体的磁性除取决于上述的配方、添加物、气氛外,热处理过程中所形成的显微结构对磁性的影响,如 $\mu_i$、$H_c$ 等是十分显著的。对高磁导率的材料,常要求无另相脱溶析出,无气孔,结晶均匀,有较大的晶粒尺寸。关于晶粒尺寸对 $\mu_i$ 的影响已有不少研究,文献中经常引用的 Röess[90],Pelosche[91]以及 Beer[92]的工作,可以用图 2.3.68 表述,在晶粒内无气孔的条件下,$\mu_i$近似随晶粒尺寸作线性增长,而平均晶粒尺寸$d_G$与烧结时间的关系近似服从$t^{1/3}$规律,即$d_G = Kt^{1/3}$,在氮气氛中$K = 0.55\ \mu\text{m}/t^{1/3}$[90],在真空中$K = 1.8\mu\text{m}/t^{1/3}$[93]。

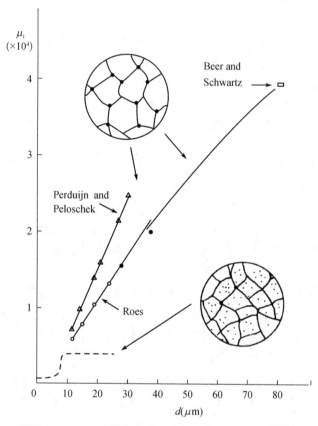

图 2.3.68 MnZn 铁氧体磁导率与晶粒尺寸之关系[40]

传统的观点认为,晶粒尺寸的增大有利于畴壁位移,从而导致磁导率随晶粒尺寸近似线性增长。最近 Visser 等人[94]提出了新的观点,认为磁畴转动过程亦可导致上述的线性关系。该模型中,设想每个晶粒表面存在非磁性薄层为$\delta$,晶粒内的磁导率为$\mu_i$,晶粒尺寸为$D$,有效磁导率为$\mu_e$,则有$1/\mu_e = 1/\mu_i + \delta/D$成立,即$D/\mu_e = D/\mu_i + \delta$成立。实验证明,$\delta$为常量,故$\mu_e$,$\mu_i$与$D$成正比。

Goldman[95]曾将 MnZn 铁氧体的磁性与显微结构、添加物、热处理条件的关系综合于图 2.3.69 中。

当晶粒内存在气孔时,将会产生退磁场,从而降低磁导率,根据 Rikukawa[96]的计算,空隙率$p$对磁导率的影响可用下式表述:

$$\mu_{app} = \frac{(1-p)\mu_i}{\left(1+\dfrac{p}{2}\right)\left(1+0.7\dfrac{t}{D}\dfrac{\mu_i}{\mu_b}\right)}$$

式中，$D$ 为平均晶粒尺寸，$t$ 为晶界的有效厚度，$\mu_b$ 为晶界区的磁导率，$\mu_i$ 为无退磁场影响时的磁导率。

| | A 型 | B 型 |
|---|---|---|
| 晶粒成长 | 慢 | 快 |
| $d_1/d_2$ | 1 | <1 |
| | $\mu=10\,000$ | $\mu=18\,000$ |
| | $\mu=4\,000$ | $\mu=7\,500$ |
| | $\mu=1\,000$ | $\mu=1\,800$ |
| 晶粒内 $\mu$ | 高 | 低 |
| 晶界厚度 | 厚 | 薄 |
| 电阻率 | 高 | 低 |

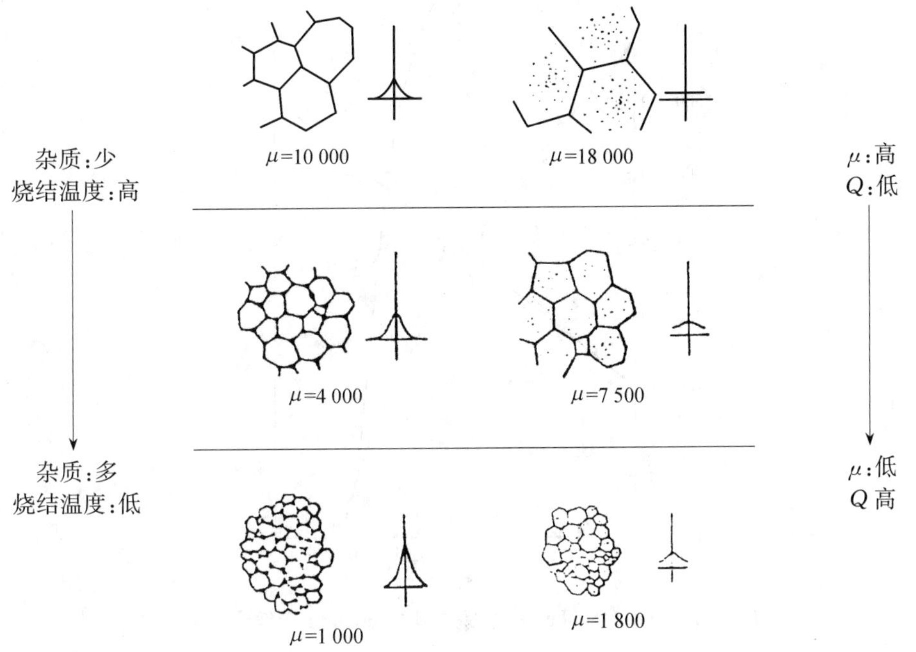

杂质：少
烧结温度：高

杂质：多
烧结温度：低

$\mu$：高
$Q$：低

$\mu$：低
$Q$ 高

$^*d_1,d_2$ 分别为保温温度前、后的晶粒平均尺寸

**图 2.3.69　MnZn 铁氧体的磁性与显微结构、添加物、热处理条件之间的关系[97]**

### 3. 镍锌铁氧体

锰锌铁氧体的使用频率约在 1 MHz 以下。在 1～100 MHz 范围内，NiZn 铁氧体应用最广。因 $Ni^{2+}$ 不易变价，故可将其置于氧气中烧结，避免 $Fe^{2+}$ 产生，通常电阻率可达 $10^6$ Ω·cm 以上，适用于作高频软磁材料；另一方面，由于易生成细小晶粒，在一定的配方与工艺条件下可以使材料避免畴壁位移弛豫与共振，使得使用频率较高，频带宽，射频宽带镍锌铁氧体的工作频率可达 0.1 MHz～1.5 GHz。在要求耐高电压的液晶显示器用的逆变器中应用广泛。

**(1) 基本配方**

镍铁氧体为正尖晶石型离子分布，Ni$^{2+}$从优于八面体座，根据 Néel 线性模型，随着含Zn量的增加，玻尔磁子数应当增加。NiZn 铁氧体的比饱和磁化强度 $\sigma$、居里温度 $\theta_f$、点阵常数 $a$，随锌含量的变化见图 2.3.70。

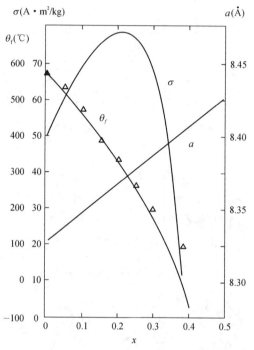

图 2.3.70　(NiO)$_{0.5-x}$(ZnO)$_x$(Fe$_2$O$_3$)$_{0.5}$铁氧体之 $\sigma$,$\theta_f$,$a$ 与锌含量 $x$ 的关系[97]

NiZn 铁氧体磁致伸缩系数 $\lambda_s$，磁晶各向异性常数 $K_1$ 与组成的关系大致上如图 2.3.71 所示。

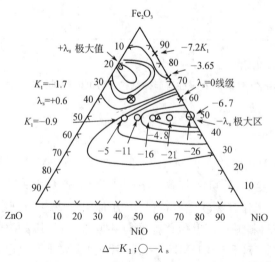

图 2.3.71　(NiO‐ZnO‐Fe$_2$O$_3$)系 $K_1$,$\lambda_s$ 与组成的关系[1c]

　　由图可见，相应于 $\lambda_s = 0$ 的磁致伸缩中性线上，$K_1$ 并不等于零，最大 $\mu_i$ 的组成 $(NiO)_{0.15}(ZnO)_{0.35}(Fe_2O_3)_{0.5}$ 处于 $\lambda_s = 0$ 线附近，$\mu_i$ 与组成的关系，见图 2.3.72。随着 Ni 含量增加 $\mu_i$ 下降，这主要是由于偏离于 $\lambda_s$，$K_1$ 较小的组成区域。

　　为什么 $\mu_i$ 在含 $Fe_2O_3$ 为 50 mol% 时最高，并不像 MnZn 铁氧体那样需要有部分 $Fe^{2+}$，使 $K_1$ 趋近于零。Stuijts[98] 研究了 $Fe_2O_3$ 配比在 50 mol% 附近时磁性与含铁量的关系，见图 2.3.73。对 $(Ni_{0.32}Zn_{0.68}O)_{1-x}(Fe_2O_3)_{1+x}$ 的配方，当 $x > 0$ 时，密度随 $x$ 值的增加而下降，从而导致 $\mu_i$ 值亦下降；当 $x < 0$ 时，却产生类似 Wüstite 的非磁性相，因而 $\mu_i$ 随 $x$ 负值增大而下降；当 NiZn 铁氧体的基本配方中 $Fe_2O_3$ 含量接近于 50 mol% 时，$\mu_i$ 最高。ZnO 的含量因使用频率与具体用途而异，当用于 1 MHz 以下较低频段时，ZnO 的含量可以适当提高，甚至可达 35%，随着使用频率的升高，要求 ZnO 含量随之减少，甚至可低到几个摩尔。对一般通信用 NiZn 铁氧体的配方与截止频率的关系见表 2.3.18。

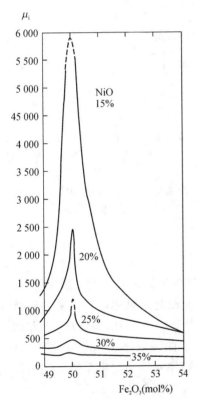

图 2.3.72　NiZn 铁氧体的初始磁导率 $\mu_i$ 与组成的关系[46]

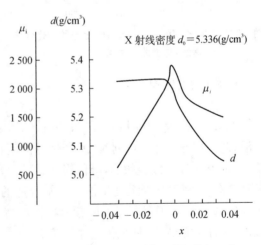

图 2.3.73　$(Ni_{0.32}Zn_{0.68}O)_{1-x}(Fe_2O_3)_{1+x}$ 之 $\mu_i$, $d$ 与 $x$ 的关系[98]

表 2.3.18　通信用镍锌铁氧体系列配方与截止频率的关系

| 配方：$Fe_2O_3$：NiO：ZnO(mol%) | 50.3：17.5：33.2 | 50.2：24.9：24.9 | 50.8：31.7：16.5 | 51.6：39.0：9.4 | 51.1：48.2：0.9 |
|---|---|---|---|---|---|
| $\mu_i$ | 640 | 240 | 85 | 44 | 12 |
| 截止频率(MHz) | | 30 | 75 | 140 | 350 |

镍资源较缺,因此应尽量用 MnZn 铁氧体取代,在 25 MHz 频率下,为了降低成本,常采用 MgZn 铁氧体。

NiZn 铁氧体的比饱和磁化强度与组成的关系见图 2.3.74。当 NiZn 铁氧体用于大功率高频场时,需要的是高饱和磁感应强度值,通常取 $NiFe_2O_4$:$ZnFe_2O_4 = 60\%$:$40\%$ 配比,即 $Ni_{0.6}Zn_{0.4}Fe_2O_4$,就是图中 $\sigma_s \approx 80$ 的配比。Globus 等人研究了非化学计量比的 NiZn 铁氧体 $(NiO)_{0.3}(ZnO)_{0.7}(Fe_2O_3)_x$ 磁导率、饱和磁化强度以及居里温度等随 $x$ 值的变化。$M_s$(室温值)与 $x$ 值的依赖关系见图 2.3.75。由于所测定的是室温 $M_s$ 值,所以实际上反映的是居里温度随 $x$ 值的变化。

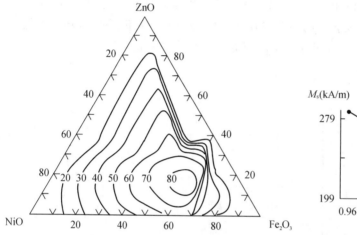

图 2.3.74　$NiO$-$ZnO$-$Fe_2O_3$ 系中比饱和磁化强度（室温）与组成的关系[97]

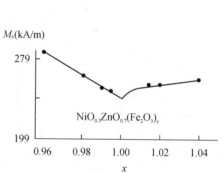

图 2.3.75　$Ni_{0.3}OZn_{0.7}O(Fe_2O_3)_x$ 之 $M_s$ 随 $x$ 值的变化

**（2）添加物的影响**

① $CoO_3$。

与 MnZn 铁氧体情况相似,在 NiZn 铁氧体中附加少量的钴可以产生感生各向异性。$Co^{2+}$ 沿着 [111] 方向有序排列时,所产生的巨明伐效应使起始磁化过程主要为磁畴转动过程[99],有利于提高截止频率,降低损耗。另一方面由于 $Co^{2+}$ 存在,将会在 $\mu$-$T$ 曲线上呈现第二峰,有利于改善温度特性。通常合适的 $\mu$-$T$ 曲线限制了 Ni/Zn 比率与 Co 含量,照顾了温度特性但又很难兼顾频率特性。为了使频率特性与温度系数能同时得到改善,添加平面六角 $Co_2Y$ 铁氧体是十分有效的[39],见图 2.3.76 及图 2.3.77。Ni-Zn-Co 铁氧体的磁谱研究可参看文献[99]。

图 2.3.76 表明添加 2wt%,8wt% $Co_2Y$ 后,频率特性得到明显改善。图 2.3.75 表明 2wt% $Co_2Y$ 的 $\mu$-$T$ 曲线基本平坦,在 $-20 \sim 70℃$ 范围内,温度系数可降低到 $10^{-7}$。

$$Co_2Y = Ba_2Co_2Fe_{12}O_{22} = 2BaO \cdot 2CoO \cdot 6Fe_2O_3$$

因此添加 $Co_2Y$ 主要是 Co,Ba 离子的作用。Co 离子呈方向有序排列,使畴壁稳定在能量最低的位置[100]。$Ba^{2+}$ 半径大,可以起钉扎畴壁的作用,因此添加 $Co_2Y$ 有利于改善频率与温度特性。

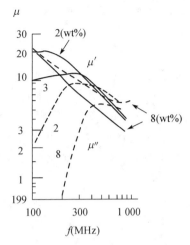

图 2.3.76 $Ni_{0.85}Zn_{0.15}Fe_2O_4$ 中添加 2wt%,8wt%$Co_2Y$ 后对频谱的影响[39]

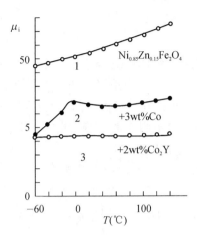

图 2.3.77 $Ni_{0.85}Zn_{0.15}Fe_2O_4$ 中添加 2wt%$Co_2Y$ 后对 $\mu$-$T$ 曲线的影响[39]

在较低温度下烧结时 $Co_2Y$ 的添加可以起熔剂作用,增进密度,但又不促进晶粒长大,在高于一定温度时才会使晶粒长大。[101]

为了使 Co 离子能在晶格中扩散而建立方向有序,要求配方富铁或缺铁,如富铁必然有部分 $\gamma$-$Fe_2O_3$ 溶于晶格中,从而产生阳离子空位($Fe_{8/3}\square_{1/3}O_4$),$Co^{2+}$ 可以通过空位进行扩散,在缺铁的情况下,de Lau 与 Stuijts[102]指出部分 $Co^{2+}$ 被氧化成 $Co^{3+}$,通过 $Co^{2+}\longrightarrow Co^{3+}+e$ 的电子扩散进行 $Co^{2+}$ 的迁移。

当 NiZn 铁氧体用于带直流偏磁场的高频场时(例如质子加速器),发现对一般通信上的富铁 NiZn 铁氧体加 Co 材料,当直流偏磁叠加上去时,会使损耗陡然增加。这是因为直流偏场破坏了恒导磁效应,但缺铁加 Co 的配方,例如 $(NiO)_{19}(ZnO)_{33}(Fe_2O_3)_{48}(Co)_{1.0}$ 并不产生此现象,可供质子加速器使用[103]。

控制 Co 含量与合适的晶粒尺寸,可以达到:$\mu Qf=7\times10^{10}[f=3.5\ MHz,B_{rf}=8\ mT$ 条件下]的性能。

缺铁的 Ni-Zn-Co 铁氧体被应用在大功率高频场时,如高频场强超过一定的临界值 $H_c$ 时,畴壁将脱离能量最低处,导致 $\mu$ 值与 $\tan\delta_m$ 增加,因此临界场可以成为畴壁稳定化能量的量度,临界场 $H_c$ 随 Co 含量增加而增加,反比于样品的晶粒尺寸。$Ni_{0.72}Zn_{0.30}Co_{0.02}Fe_{1.96}O_{4\pm\gamma}$ 在大功率、高频场下的磁谱见图 2.3.78。

② BaO。

Ni-Zn-Co 铁氧体的 $\mu$-$T$ 曲线常呈马鞍形,如在 Ni-Zn-Co 铁氧体中添加少量的 BaO(约 0.3wt%),可以得到十分平坦的 $\mu$-$T$ 曲线,高频损耗亦很低,50 MHz 频率下损耗因子低于 $100\times10^{-6}$[105]。其原

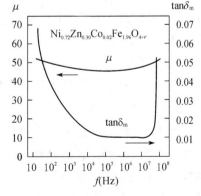

图 2.3.78 $Ni_{0.72}Zn_{0.30}Co_{0.02}Fe_{1.96}O_{4\pm\gamma}$ 样品在 10 mT 高频场下的频散曲线[104]

因被认为是离子半径大的 $Ba^{2+}$ 加入,使局域晶格畸变,磁晶各向异性常数 $K_n(n>1)$ 的值有一定的增加。

③ $SnO_2$。

NiZn 铁氧体在烧结过程中,伴随部分 Zn 离子的挥发,相应地就有部分 $Fe^{3+}$ 转变为 $Fe^{2+}$,使电阻率有所下降。如引入高价阳离子,可以与 $Fe^{2+}$ 生成稳定的静电键[106,107],从而使 $Fe^{2+}$ 束缚在高价离子附近而难以参与导电过程。Varshney 等人[108]研究了 $Sn^{4+}$ 对 NiZn 铁氧体电阻率的影响,$Ni_{1+x-y}Zn_ySn_xFe_{2-2x}O_4(y=0.1,x=0.1\sim0.9)$ 铁氧体电阻率随 $x$ 值的变化见图 2.3.79。$Sn^{4+}$ 从优于八面体座,因此能有效地遏制 $Fe^{2+}$ 参加导电过程,使激活能增加,电阻率升高。

$Sn^{4+}$,$Ti^{4+}$,$Zr^{4+}$ 以及 $Ge^{4+}$ 的代换对磁性的影响可见文献[109—111],$SiO_2$,$GeO_2$ 的添加对 $\mu_i$,$\tan\delta/\mu$ 的影响见图 2.3.80。

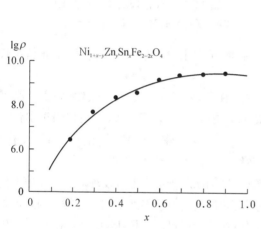

图 2.3.79 $Ni_{1+x-y}Zn_ySn_xFe_{2-2x}O_4$ 铁氧体电阻率随 $x$ 的变化

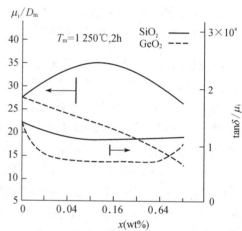

图 2.3.80 $SiO_2$,$GeO_2$ 掺杂对 $Ni_{0.58}Zn_{0.40}Fe_{2.04}O_4$ 样品 $\mu_i/D_m$,$\tan\delta/\mu_i$ 的影响[77],$D_m$ 为平均晶粒尺寸

含 Sn 的 NiZn 铁氧体的电阻率高,涡流损耗小,可作为高频(0.1~75 MHz)感抗磁芯。

④ $SiO_2$,$Bi_2O_3$。

通常,缺铁 Ni-(Zn)-Co 铁氧体的 $\mu$ 温度系数为正值,而一般高频电容器的温度系数亦为正,因此作为滤波线圈磁芯时共振频率 $f_c \propto 1/\sqrt{LC}$ 将随温度升高而下降。为了保证一定的温度稳定性,要求铁氧体具有负的磁导率温度系数,而添加 $Bi_2O_3$ 与 $SiO_2$ 可以做到负的温度系数[112],如图 2.3.81 所示。

添加 $Bi_2O_3$ 主要起降低熔点和致密化作用。添加 $SiO_2$ 是使 $Si^{4+}$(0.41 Å)进入晶格,为电价

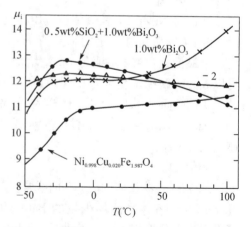

图 2.3.81 添加 $SiO_2$,$Bi_2O_3$ 对 $Ni_{0.998}Co_{0.020}Fe_{1.987}O_4$ 铁氧体 $\mu$-$T$ 曲线的影响[112]

平衡而产生相应的 $Fe^{2+}$，改变磁晶各向异性常数，导致负的磁导率温度系数。假如仅仅加 $SiO_2$，则只有当温度高于 1 300℃时，$Si^{4+}$ 才能进入晶格，而在高温下烧结，致使晶粒长大。但当 $SiO_2$ 与 $Bi_2O_3$ 组合添加时，在较低的温度下就可以促使 $Si^{4+}$ 进入晶格，同时也不影响晶粒尺寸的长大。

⑤ $V_2O_5$。

$V_2O_5$ 是常用的助熔剂，其熔点约为 700℃。添加少量的 $V_2O_5$ 有利于液相烧结，在较低的烧结温度下获得高密度、高磁导率和低损耗特性。对富铁的 NiZn 铁氧体配方，合适的 $V_2O_5$ 添加量约为 0.4%mol[113]。

⑥ CuO。

LCD 用的 NiZnCu 功率铁氧体的基本配方为：$Fe_2O_3$（49.5mol%），NiO（17.0mol%），ZnO（29.0 mol%），CuO（4.5 mol%），再少量添加 $Mn_3O_4$，$CaCO_3$，$Nb_2O_5$，室温性能为：$B_s$420 mT；$\mu_i$800；$P_{CV}$250 kW/m$^3$（120℃）。

**（3）显微结构对磁性的影响**

NiZn 系铁氧体通常被用作高频软磁材料，其基本要求是高电阻率。由于 $Ni^{2+}$ 不易变价，因此可以在氧气气氛中进行烧结，其工艺过程较 MnZn 铁氧体简单，但在高温时要防止锌离子的挥发。氧气气氛有利于抑制锌的挥发。

为了使 NiZn 铁氧体在高频场中损耗小，在工艺上主要是细化晶粒，使磁化过程成为畴转过程，以避免在高频产生畴壁位移所导致的弛豫与共振损耗。Kubo 等人[114]对缺铁的 NiZn 铁氧体 $Ni_{0.88}Zn_{0.16}Co_{0.01}Fe_{1.95}O_{4+\gamma}$ 进行了研究，结果表明：

① 磁滞损耗随着晶粒尺寸的减小而降低，这意味着晶界对畴壁的钉扎作用不容忽视。

② 剩余损耗随晶粒尺寸增加而增加，这是由于畴壁位移共振的频率随晶粒增大而移向较低的频率[115]。

③ 随着空隙率的增加，磁滞损耗减少，剩余损耗增加。前者由于空泡退磁场的影响，后者原因尚不清楚。

④ 样品处于扫描偏磁场工作状态时的 $\tan\delta_m$（动态 $\tan\delta_m$）大于处于静态偏磁场时的 $\tan\delta_m$（静态 $\tan\delta_m$），两者之差随着晶粒尺寸增大而显著增长。

## 4．平面六角晶系铁氧体

因晶体结构特性的限制，立方晶系铁氧体的使用频率大体上仅能在数百兆赫之下。到目前为止，几百兆赫以上的高频软磁材料，尚是以平面型六角晶系铁氧体为优，1.3.2 节中已介绍了作为高频软磁材料平面型六角晶系铁氧体的晶体结构与基本磁性，以下着重介绍制备与高频磁性。

**（1）配方**

在六角晶系中，仅含 Co 的 W 型、Z 型以及 Y 型在一定温度范围内始为平面型，即垂直于 $c$ 轴的平面为一易磁化平面，因此其截止频率在相同 $\mu_i$ 值的情况下要较立方晶系高 5～10 倍，目前已在录像磁头、扫频磁芯、宽带变压器等方面得到应用。例如 $Co_2Z$ 铁氧体之磁谱见图 2.3.82，其截止频率约为 1 500 MHz，为了提高 $\mu$ 值，可以一部分 Zn 置换 Co，对(CoZn)Z,其 $\mu$ 值可提高到 40 左右。

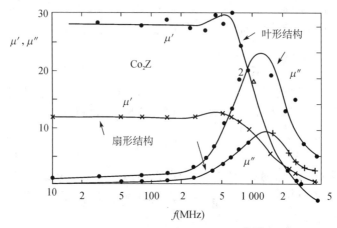

图 2.3.82　$Co_2Z$ 在室温时的磁谱[115]

为了提高截止频率 $f_o$,以 $IrO_2$ 取代 $Co_2Z$ 中的 Fe,可使 $f_o$ 提高到 8 000 MHz 左右。

近年来开展了 Sr 取代 Ba,$(Ba_{1-x}Sr_x)_3Co_2Fe_{24}O_{41}$;稀土离子取代的 $Co_2Z$,$R_3^+:Co_2Z$ 以及 $TiZn:Co_2Z$ 等离子代换研究工作。

**(2) 制备**

对各向同性的平面型六角铁氧体,其制备工艺与立方晶系铁氧体相同;而对各向异性的样品,类似于异性钡铁氧体磁场成型法,将预烧后已铁氧体化的粉料置于磁场中成型。因所使用的磁场不同而有扇状组织(用固定磁场得到异性)及叶状组织(用旋转磁场或在固定磁场中旋转模具所获得的异性)[116],其示意如图 2.3.83。叶状结构的性能优于扇状结构。

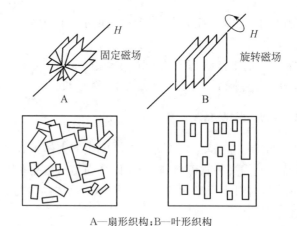

A—扇形织构;B—叶形织构

图 2.3.83　各向异性平面型六角铁氧体的两种结晶织构

成型后的样品置于氧气气氛中烧结,以利于高电阻率。但亦有人认为,高磁导率配方应在氧气中预烧,在空气中烧结,而高频、高 $\mu'Q$ 配方则相反,应在空气中预烧,在氧气中烧结,且烧结温度低于预烧温度,并保持较短的时间。

此外,亦可采用拓扑反应工艺。因为 $Co_2Z \Longrightarrow Ba_3Co_2Fe_{24}O_{41}$ 可分解为 $BaFe_{12}O_{19} +$ $2BaO \cdot 2CoO \cdot 6Fe_2O_3$,因此将钡铁氧体粉料与上述比例的 $BaO,CoO,Fe_2O_3$ 粉料混合后成型,在外场作用下钡铁氧体粉料作一定的取向排列,经烧结固相反应后,保留原来各向异性的结构而形成异性的 $Co_2Z$ 铁氧体。

兹将日本有关软磁铁氧体发展趋势的示意图,图 2.3.84、图 2.3.85 插入书中,以供读者参考。图中显示出根据不同的应用要求研发出相应牌号的产品。

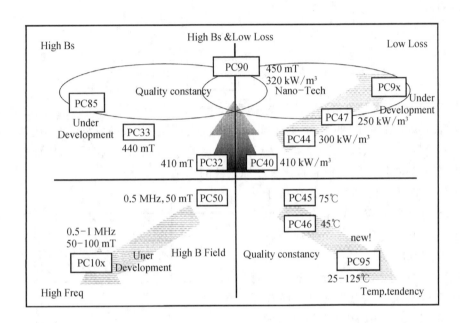

**图 2.3.84　TDK 公司 MnZn 功率铁氧体有关产品牌号**

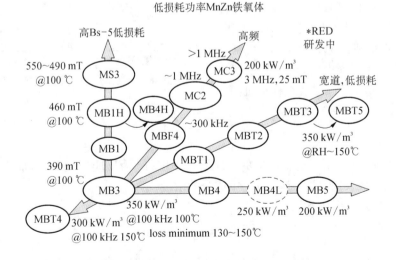

**图 2.3.85　川琦公司 MnZn 铁氧体系列**

### 2.3.5　软磁铁氧体制备

#### 1.固相反应

铁氧体通常采用粉末冶金的工艺与陶瓷工艺相似,因此铁氧体又称为黑瓷,其简要工艺过程如下:

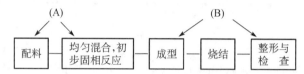

由于过程(A)的不同,有氧化物法、盐类分解法、化学共沉淀法、喷射燃烧法和溶胶-凝胶法等。由于过程(B)的不同,有干压法、湿压法、挤压法、磁场成型法、热压法和注浆法等。不管制备方法怎么变化,多数铁氧体的制备都经过烧结、固相反应,因此首先对固相反应进行简单的介绍,对制备提出一些原则性的意见。

固相反应是指固体粉末间在低于熔化温度下的化学反应。它是由参与反应的离子或原子经过热扩散而生成新的固溶体。以 $MgO + Al_2O_3 \Longrightarrow MgAl_2O_4$ 生成反应为例,如图 2.3.86 所示。这里所考虑的是氧离子未参与扩散过程,而离子 $Mg^{2+}$,$Al^{3+}$ 以 3∶2 比例进行相反方向的扩散进入氧离子晶格间隙,形成 $MgAl_2O_4$,这样在扩散过程中电价是平衡的。如果在原接触界面作一标志,则在界面两边将按 1∶3 比例形成 $MgAl_2O_4$ 相。这种离子扩散的机制称为 Wagner 机制。

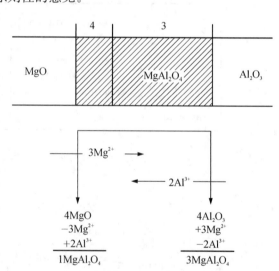

图 2.3.86　MgO 与 Al₂O₃ 固相反应示意图[117]

从扩散过程概念出发,可以简单地认为反应速度与反应层厚度成反比例,即

$$\frac{dy}{dt} = \frac{K}{y} \tag{2.3.111}$$

式中,$y$ 为在 $t$ 时刻已进行反应的反应层之厚度;$K$ 为反应速度常数,而 $K = DC$,其中,$D$ 为扩散系数,$C$ 为扩散到反应层中成分的浓度。

设 $t = 0$ 时,$y = 0$,则解得

$$y^2 = 2Kt \tag{2.3.112}$$

对半径为 $r$ 的颗粒状物体,经历时间 $t$ 后,所生成的反应物的体积百分数应为

$$x = \frac{V_0 - V_t}{V_0} \times 100 = \frac{r^3 - (r-y)^3}{r^3} \times 100$$

$$= \left[ 1 - \left( 1 - \frac{y}{r} \right)^3 \right] \times 100$$

故

$$y = \left( 1 - \sqrt[3]{\frac{100-x}{100}} \right) p$$

即

$$\frac{2Kt}{r^2} = \left( 1 - \sqrt[3]{\frac{100-x}{100}} \right)^2 \tag{2.3.113}$$

由此可知,固相反应完成的时间为

$$\Delta t \mid_{x=100} = \frac{r^2}{2K} \tag{2.3.114}$$

可见,$\Delta t$ 与反应物质颗粒半径 $r$ 的平方成正比,与反应常数 $K$ 成反比。又因

$$D = D_0 e^{-Q/kT}$$

故有

$$K = K_0 e^{-Q/kT}$$

这里,$Q$ 为激活能,$D_0$ 为频率因子。

上述公式实际上是固态反应的一个极为粗略的近似。比如在计算过程中,设 $K$ 为常数,并未考虑到随着反应的进行,反应物浓度的变化将会导致 $K$ 的改变,因此上述公式仅在反应产物相当薄时才适用。严格的计算应从扩散方程出发,但简化的模型有助于我们从概念上了解固相反应。在这里我们将进行一些定性的讨论。

从式(2.3.113)和(2.3.114)出发,欲使化学反应完全,烧结时间缩短,需考虑下列因素:

① 因 $\Delta t = r^2$,故粉末愈细,反应速度愈快。通常用机械球磨可得颗粒尺寸为 $1 \sim 5\ \mu m$,如用化学沉淀法可小到 50 Å。

② 粉末间接触面积愈大愈好。粉末愈细,比表面积就愈大,一般可达到 $3 \sim 100\ m^2/g$,另外在预烧时往往制粒或压成块状以增加接触面积。

③ 降低激活能 $Q$,增进原料的活性。从离子扩散的角度看来,晶格空隙多,离子易于扩散,原料活性高。由酸、盐低温分解而得的氧化物活性往往较高。降低 $Q$ 的另一途径是加入少量的催化剂(矿化剂)。所谓催化剂,它是一种与相状态无关的化合物,而以少量加入,促进反应的进行,亦可延缓反应进行,但不进入最终产品的组成中去。原料中所含的杂质往往起了催化剂的作用,由于杂质离子的存在,所产生的极化作用将会引起点阵的畸变,而点阵的这些变形部分具有略低的熔点,而成为反应中心,使新化合物的形成反应加快,并在适当的温度下形成结晶中心,助长晶体的成长,反之高纯度的原料往往需要提

高烧结温度。一般认为,催化剂的加入使反应由许多低激活能峰组成。在反应过程中,催化剂必须是能与反应物之一形成中间产物,或活化络合物,并且这些中间产物或活化络合物也需相当活泼而不成为最终的产物,否则就不宜选作催化剂。

④ 根据 $K \propto e^{-Q/kT}$,提高烧结温度可使反应速度按指数增加,而增加保温时间,使反应呈线性增加。例如,$MgFe_2O_4$ 的实验曲线如图 2.3.87 所示。

⑤ 将少量熔点较低的原料加入反应物中,可起类似于熔剂的作用,促使其他原料的固相反应加速进行。例如 CuO 在铁氧体制造过程中常常作为助熔剂,CuO 在 1 026℃时分解为 $Cu_2O$,而 $Cu_2O$ 的熔点为 1 235℃,比一般铁氧体的熔点约低300℃。在镍铁氧体中加入少量的 CuO,如 $Ni_{0.9}Cu_{0.1}Fe_{1.7}Mn_{0.22}O_4$ 烧结温度可降低到 1 100℃左右,相对密度可达 98%,电阻率约为 $5 \times 10^9 \Omega \cdot cm$。其他如 $Bi_2O_3$,其熔点为 825℃,可以在各种氧化物中起低熔质的作用,少量的附加对烧结过程会起很大的作用。例如在制备锂铁氧体时,为了防止 $Li_2O$ 的挥发,必须在较低的温度下烧结,但烧结温度一低,反应不易完全,密度偏低,而附加 $Bi_2O_3$ 即可在低烧结温度下得到高密度。在永磁铁氧体中,常常附加少量的 $SiO_2$,其作用是在烧结过程中与 $Fe_2O_3$ 生成硅酸铁($FeSiO_3$) $\left[ 2SiO_2 + Fe_2O_3 \longrightarrow 2Fe^{2+}SiO_3 + \frac{1}{2}O_2 \right]$,而硅酸铁的熔点约为 1 150℃,可起助熔剂的作用,增进密度,同时又能阻碍晶粒长大。MnZn 铁氧体中加少量 $WO_3$,锂铁氧体中加少量 La 均可细化晶粒。

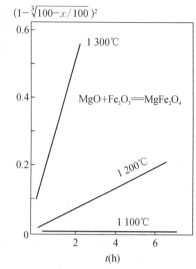

图 2.3.87　$MgFe_2O_4$ 的固相反应[118]

## 2. 结晶过程

无论从磁性能或机械性能出发,对多数铁氧体材料,人们都希望具有高的密度,因此必须清楚其结晶过程。在烧结过程中,所观察到的典型结晶过程如图 2.3.88 所示。假如有几个颗粒相互接触,那么在烧结过程的初期,必然是在接触部分,首先进行离子扩散,而形成"颈"状的反应层,如图中(b)。随着烧结时间的延长,"颈"状的面积逐步扩张而形成晶粒,如图中(c)。假如我们将晶界想象为"肥皂泡",由于表面张力的作用,晶界之间将形成120°张角,如图中(d)。随后晶粒继续长大,空泡逐渐收缩,最后空泡仅局限于晶界,且间断性地出现,此时可达到理论密度的95%以上。假如

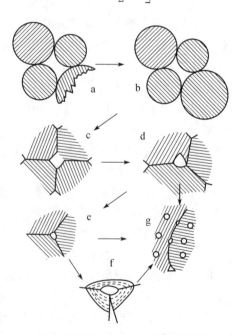

图中除 f 为透视图外,余均为平面示意图

图 2.3.88　烧结过程中的典型结晶过程[119]

在烧结过程中产生不连续或暴发性的晶粒成长,就有可能使未被消失的大部分空泡被卷入晶粒内部,使密度下降。不连续的晶粒成长机制尚未充分了解,但人们在实践中已积累了一些经验。例如,粉料颗粒大小与分布对 MnZn 铁氧体不连续晶粒成长的影响,对于大颗粒粉料的存在总会促使晶粒的非连续成长。为了避免非连续成长,通常希望颗粒均匀,坯件密度均匀。此外实践中发现球磨时间过长,在球磨过程中进入铁屑以及预烧温度过高、烧结升温速度过快等,亦易产生非连续的结晶长大。

通常,合适的烧结温度能保证得到高密度材料。若温度偏低,则固相反应不完全;若温度偏高,则容易造成铁氧体的分解及某些离子的挥发,而这些都会影响空泡的消除。Stuijts[120,121] 对获得高密度的 NiZn 铁氧体进行了仔细的研究,发现当原始配比中使 $Fe_2O_3$ 略低于正分比时,可获得高密度,反之,如 $Fe_2O_3$ 略高于正分比,则很难得到致密的样品,见图 2.3.89 可能的原因是由于铁的变价而产生氧气 $\left(2Fe^{3+} - \dfrac{1}{2}O_2 \longrightarrow 2Fe^{2+}\right)$ 气泡在晶界未被排除之故。

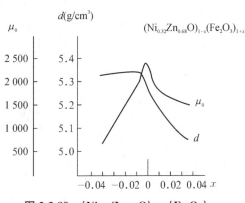

图 2.3.89 $(Ni_{0.32}Zn_{0.68}O)_{1-x}(Fe_2O_3)_{1+x}$ 样品的 $d$、$\mu_0$ 与 $x$ 的关系[121]

为了得到高密度,常常附加少量的催化剂或助熔剂,例如在尖晶石型铁氧体中附加少量的 $V_2O_5$,$Bi_2O_3$,CuO 等,在钡铁氧体中附加 PbO 等。

### 3. 气氛的影响

首先考察锰的氧化。由于锰离子存在多种价态,因此锰有多种氧化物存在,如 MnO,$Mn_2O_3$,$MnO_2$,$MnO_3$,$Mn_2O_7$ 和 $Mn_3O_4$ 等。在一定的温度与氧气压力范围内,它可以处于某一稳定的状态。在空气中,常温下 $MnO_2$ 是稳定的,但当温度升到 $550℃$ 以上时,$MnO_2$ 就变为 $Mn_2O_3$,超过 $970℃$ 以后,$Mn_2O_3$ 又转变为 $Mn_3O_4$,用化学反应方程式表达,即

$$6Mn_2O_3 \Longrightarrow 4Mn_3O_4 + O_2$$

从热力学观点考虑,S(固) $\longrightarrow$ S(固) + G(气),二相平衡时,气相的压力和温度的关系为

$$\ln p = -\frac{A}{T} + C \text{ ①}$$

① 设有任意二相 $\alpha$,$\beta$,恒温恒压下,达到化学平衡时其 Gibbs 函数应相等,故
$$G^\alpha = G^\beta \rightarrow \Delta H - T\Delta S = 0$$
$$dG^\alpha = dG^\beta \longrightarrow V^\alpha dp - S^\alpha dT = V^\beta dp - S^\beta dT$$
故 $\dfrac{dp}{dT} = \dfrac{S^\alpha - S^\beta}{V^\alpha - V^\beta} = \dfrac{\Delta S}{\Delta V} = \dfrac{\Delta H}{T\Delta V}$,$\Delta H = H^\alpha - H^\beta$ 为 $\alpha$ 相转变为 $\beta$ 相时系统的相变潜热。
如 $\beta$ 相含有气相,则
$$\Delta V \approx V_{(气)} \doteq \frac{RT}{p}$$
故
$$\ln p = -\frac{\Delta H}{TR} + C = -\frac{A}{T} + C$$

对于 $Mn_2O_3$ 的反应,平衡条件为 $\ln P_{O_2}=8.05-10\ 100\ \dfrac{1}{T}-\Delta H$,实验结果与理论分析相当一致,如图 2.3.90。

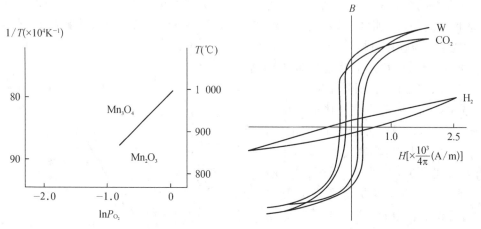

图 2.3.90　$Mn_2O_3$ 和 $Mn_3O_4$ 的平衡图　　　　图 2.3.91　不同气氛对 $Fe_3O_4$ 磁性的影响

在铁氧体中除锰离子易变价态外,铁离子的变价对磁性影响颇大。对含多种组元的铁氧体亦相类似。由此可知,尽管原始配方一样,在不同的气氛与温度下进行烧结,最后的相组成可以有很大差别,从而影响磁性,例如 $Fe_3O_4$ 在不同的气氛下烧结时,其磁性与气氛的关系如图 2.3.91 所示。图中 W 为保证正分比率的气氛,它在不同的温度下所采用的 $CO_2$,$CO$ 的比率为:

| $T(℃)$ | 1 400 | 1 300 | 1 200 | 1 100 | 1 000 | 900 | 800 | 700 | 600 | 500 | 400 |
|---|---|---|---|---|---|---|---|---|---|---|---|
| $CO_2 : CO$ | 100:1 | 70:1 | 50:1 | 40:1 | 30:1 | 20:1 | 15:1 | 10:1 | 8:1 | 6:1 | 4:1 |

由于铁离子的变价,即存在氧离子的得失,从而导致在固相反应过程中,不但阳离子相互扩散,而且阴离子亦通过气相参与扩散过程。为了与 $MgAl_2O_4$ 相对比(铝离子通常为 +3 价,不易变价),现以 $MgFe_2O_4$ 为例来进行说明。如图 2.3.92 所示,当 MgO 与 $Fe_2O_3$ 相互接触起反应时,在接触界面上,会产生氧离子的失去与获得。$Fe_2O_3$ 中失去 $\dfrac{1}{2}O_2$,使相应的 $2Fe^{3+}$ 转变为 $2Fe^{2+}$,同时氧离子的缺位又有利于阳离子的扩散位移,$2Fe^{2+}$ 扩散到 MgO 晶格中去时,又吸收 $\dfrac{1}{2}O_2$ 转变为 $2Fe^{3+}$,生成 $MgFe_2O_4$ 相。这种扩散反应导致界面标志产生小位移,称为柯省特尔(Kirkendell)效应。由于在反应过程中有氧离子的参与,从而固相反应与气氛有关。还原气氛能使反应速度加快。在上述 $MgFe_2O_4$

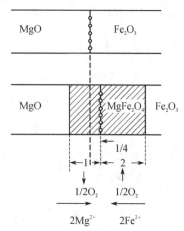

图 2.3.92　$MgFe_2O_4$ 的生成反应[117]

生成过程中,有一部分铁离子处于二价态(其量的多少取决于氧分压与温度),导致标志两边形成 $MgFe_2O_4$ 相的比例介于 1：3 和 1：2 之间。

由以上讨论可知,控制气氛对制备铁氧体是非常重要的,尤其是对于含有易变价的 $Mn^{2+}$,$Fe^{2+}$ 的铁氧体,要格外注意合适的气氛与烧结条件。

平衡氧气压与温度有关。所谓平衡氧气压是指在这样的气氛下,铁氧体放出氧和周围进入铁氧体的氧恰好处于动态平衡,以致铁氧体无纯氧的损失或获得。假如我们要制备具有一定二价铁离子浓度的锰锌铁氧体,就必须在烧结温度时控制一定的氧气压。最简单的方法是高温淬冷。这个方法虽然能保证低温的相组成与高温一致,但对高质量产品是不利的。因为高温淬冷往往会给样品带来很大的内应力,降低磁导率,甚至会使样品有内裂纹。另一个方法是控制气氛,在冷却时始终保持该温度下正确的氧气压,或称为平衡周围气氛法。通常,高温时氧气压较高,冷却时氧气压逐渐降低。为了连续改变气氛,生产中常采用控制氮气流的办法。此外,亦可分段控制气氛,称为阶梯接近法。

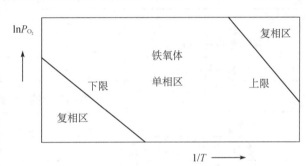

图 2.3.93　铁氧体平衡气氛示意图

一般而言,当偏离于平衡气氛时,在氧化、还原现象不甚严重时,可以保持单相,但会产生部分离子的变价或空位。当氧化或还原超过一定界限时,就有另相析出,如以 $\alpha - Fe_2O_3$,$FeO$,$Fe_3O_4$,$Mn_2O_3$ 等相析出,此时磁性就急剧恶化。铁氧体的平衡气氛示意如图 2.3.93。结合 MnZn 铁氧体制备的详细情况可参看 2.3.4 节。

### 4.氧化物法

以氧化物为原料,经过下列顺序而生成铁氧体:原料分析→配料→一次球磨→烘干→预烧→二次球磨→加粘合剂→制粒→压型→烧结→检验。这是除异性永磁铁氧体外的铁氧体制备典型工艺。由于此法原料便宜、工艺简单,所以是目前工业生产的主要方法,属粉末冶金工艺。下面对工艺过程中的几个主要环节略加讨论。

**(1) 原料的分析与处理**

一般对原料的分析包括下列内容:

① 原料的含杂量。

原料中存在的杂质对铁氧体的电磁性能影响颇大,尤其是有害杂质的含量不能超过允许值。制备高磁导率的软磁材料,切忌离子半径较大的杂质如 BaO,SrO,PbO 等存在,含有 0.5% 的此类有害杂质,即可使磁性能降低约 50%。在工厂进行大量生产时,最好固定原料的来源,以确保产品质量稳定。另外,软磁材料与永磁材料的生产车间应该分开。Strivens 对制备高质量 MnZn 铁氧体的原料提出了要求,现将其列于表 2.3.19 中。

**表 2.3.19　高性能 MnZn 铁氧体对原料纯度与颗粒尺寸的要求**[122]

原料中最大的含杂量（wt%）

| 原料＼杂质 | SiO$_2$ | Na$_2$O/K$_2$O | CaO | 其　他 | 总杂质含量 |
|---|---|---|---|---|---|
| Fe$_2$O$_3$ | 0.03 | 0.05 | | | ≤0.8 |
| Mn$_3$O$_4$ | 0.04 | 0.10 | ≤0.03 | 光谱纯 | |
| ZnO | 0.002 | 0.002 | | | ≤0.5 |

原料的颗粒度与比表面积

| | Fe$_2$O$_3$ | Mn$_3$O$_4$ | ZnO |
|---|---|---|---|
| 平均颗粒尺寸（μm） | 0.15～0.25 | <0.1 | 0.2～0.3 |
| 比表面积（m$^2$/g） | 4～10 | 15～25 | 3～7 |

我国化学试剂分类

| 纯度名称 | 级　别 | 代号缩写 | 纯　度 |
|---|---|---|---|
| 工业纯 | 五　级 | C | |
| 实验纯 | 四　级 | LR | |
| 化学纯 | 三　级 | CP | 一个九 |
| 分析纯 | 二　级 | AR | 二个九 |
| 保证试剂 | 一　级 | GR | 三个九 |
| 光谱纯 | 特　级 | SR | 四个九 |
| 超　纯 | | | 五个九以上 |

② 氧化铁原料的制备。

氧化铁是铁氧体生产中的主要原料。早期常采用颜料厂生产的铁红（α-Fe$_2$O$_3$），价格较高，所以中低档产品常采用廉价的铁鳞、精铁矿粉、硫酸渣等为氧化铁原料。从 70 年代起，国外普遍采用钢铁厂清洗钢板的废酸液再生过程中所产生的氧化铁副产品作为原料，其价廉，活性亦佳。我国一些钢铁厂亦相继采用此工艺回收盐酸，同时为磁性材料厂提供氧化铁，估计今后将成为氧化铁原料的主要生产方式。该工艺常称为鲁斯纳法（Ruthener），其原理见图 2.3.94。

通常采用稀盐酸清洗钢材，废液为氯化铁溶液，首先在洗涤室与热交换器中进行浓缩，然后将浓缩液喷入焙烧炉中进行热分解，氯气溶于水，成为再生的盐酸，副产品氧化铁为 α-Fe$_2$O$_3$，呈中

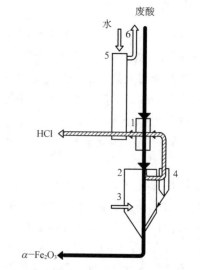

1—洗涤器和热交换器；2—焙烧炉；3—燃烧器；
4—旋风分离器；5—吸收塔；6—排气风扇

**图 2.3.94　鲁斯纳法生产氧化铁示意图**[123]

空球体,外径为 $20\sim400~\mu m$,由平均粒径为 $0.10\sim0.25~\mu m$ 的微颗粒所组成,拍击密度为 $300\sim400~g/L$,如附加逆流揉混器(Counter Current knead mixer),拍击密度可高达 $1~170~g/L$。假如进入焙烧室中是多种金属离子的氯盐混合物,如 Mn,Zn,Ni,Zn 等,则可直接生成该成分的化合物。该工艺又称为喷雾焙烧法。该法所生产的铁红,根据其含硅量与其他杂质含量的多少,可分别作为软磁与永磁铁氧体的原材料。粗略地估计,该法所生产的氧化铁量目前约占世界铁氧体生产所需量的 80%[124]。现将 1980 年报道的利用该法所生产的氧化铁纯度与特性列于表 2.3.20 中。

表 2.3.20　采用喷雾焙烧法生产的铁红特性

| 原材料<br>含量(%) | $FeCl_2$ | $FeCl_3$ |
|---|---|---|
| $\alpha-Fe_2O_3$ | 99.4 | 99.7 |
| $SiO_2$ | 0.005~0.02 | 0.005~0.02 |
| $Al_2O_3$ | 0.04~0.08 | 0.05~0.07 |
| CaO | 0.01~0.02 | 0.01~0.02 |
| MgO | 0.01~0.02 | 0.01~0.02 |
| MnO | 0.3~0.35 | 0.003~0.005 |
| NiO | 0.02~0.03 | 0.02~0.03 |
| $K_2O$ | 0.005~0.01 | 0.005~0.01 |
| $Cr_2O_3$ | 0.005~0.01 | 0.001~0.005 |
| $Na_2O$ | 0.01~0.02 | 0.005~0.01 |
| 水溶物(%) | 0.2 | 0.3 |
| 灼烧损失(%) | 0.3~0.5 | 0.4~0.6 |
| 比表面积(BET) | 3±0.5 | 5±0.5 |
| 颗粒形状 | 立　方 | 立　方 |
| 平均颗粒尺寸($\mu m$) | 0.17 | 0.12 |
| 拍击密度(g/l) | 350~1 150 | 350~1 050 |

通常酸洗液中总含有钢材本身所带来的各种杂质元素。为了提高氧化铁的纯度,可先将酸洗液晶化提纯,再溶解喷雾焙烧。日本 Tetsugen 公司所生产的铁红杂质含量如表 2.3.21 所列。

表 2.3.21　日本 Tetsugen 公司铁红产品的含杂量[125]

| 牌号 | $SiO_2$<br>(wt%) | CaO<br>(wt%) | $Al_2O_3$<br>(wt%) | Cr<br>(wt%) | MnO<br>(wt%) | P<br>(wt%) | Ni<br>(wt%) | Cl<br>(wt%) | SSA<br>($m^2/g$) | 生产<br>年代 |
|---|---|---|---|---|---|---|---|---|---|---|
| TBT-R | 0.013 | 0.015 | 0.050 | 0.025 | 0.27 | 0.018 | 0.020 | 0.06 | 3.3 | 1970 |
| TBT-S | 0.007 | 0.015 | 0.050 | 0.025 | 0.27 | 0.018 | 0.020 | 0.06 | 3.3 | 1981 |

| 牌号 | $SiO_2$ (wt%) | CaO (wt%) | $Al_2O_3$ (wt%) | Cr (wt%) | MnO (wt%) | P (wt%) | Ni (wt%) | Cl (wt%) | SSA ($m^2/g$) | 生产 年代 |
|------|------|------|------|------|------|------|------|------|------|------|
| TCR | 0.002 | 0.006 | 0.006 | 0.006 | 0.18 | 0.003 | 0.010 | 0.06 | 3.5 | 1988 |
| $TCR_2$ | 0.002 | 0.006 | 0.006 | 0.006 | 0.18 | 0.003 | 0.010 | 0.10 | 4.7 | 1988 |

表中 TCR 牌号是经过提纯处理的,其杂质含量明显地低于未经处理的 TBT 牌号。

**(2) 配料**

原料确定之后,配方是决定产品性能的关键。具体的配方多数是在系统研究的成果和理论的定性指导下按照使用要求确定的。对铁氧体配方,人们已积累了丰富的经验。这里简单介绍配方确定后如何进行计算和称料。通常用化学式表示配方,例如钡铁氧体、锰锌铁氧体以及钇铁石榴石铁氧体分别可用分子式 $BaFe_{12}O_{19}$,$Mn_{1-x}Zn_xFe_2O_4$ 及 $Y_3Fe_5O_{12}$ 来表述。现以 $BaFe_{12}O_{19}$ 为例,在分子式 $BaFe_{12}O_{19}$ 中,$Ba^{2+}$,$Fe^{3+}$ 数之比为 1:12,如采用 $BaCO_3$,$Fe_2O_3$ 为原料,为了满足 1:12 的比例,要求 $BaCO_3$ 与 $Fe_2O_3$ 的摩尔比必须是 1:6,即

$$BaCO_3 : Fe_2O_3 = 1 : 6$$

或摩尔百分比分别为

$$BaCO_3(mol\%) = 1/7\% = 14.3\% = x_1$$
$$Fe_2O_3(mol\%) = 6/7\% = 85.7\% = x_2$$

设 $BaCO_3$ 与 $Fe_2O_3$ 分子量分别为 $M_1$,$M_2$,则质量百分比应为

$$BaCO_3(wt\%) = [x_1 M_1/(x_1 M_1 + x_2 M_2)] \times 100\%$$

$$Fe_2O_3(wt\%) = [x_2 M_2/(x_1 M_1 + x_2 M_2)] \times 100\%$$

因 $M_1 = 197.37$,$M_2 = 159.70$,经计算可得两者质量百分比为

$$BaCO_3(wt\%) = 17.09\%; \quad Fe_2O_3(wt\%) = 82.91\%$$

投料量=(质量百分比×总投量)/纯度

另一种常见的组成表示法是采用成分三角形图示法。例如 $Mn_{1-x}Zn_xFe_2O_4$ 三组元的配比在成分三角形图中变成 $Fe_2O_3$ 摩尔比保持不变(50 mol%),而改变 MnO:ZnO 比例的一根直线。设 $A$,$B$,$C$ 三组元构成一正三角形的成分三角形,如图 2.3.95,三条边上分别标明三组元的含量百分比(摩尔比或质量比),通常按顺时针方向标定。根据正三角形的特性,若在三角形内任一点分别作平行于三底边的直线,根据它们在三条边上的截距,按顺时针方向分别读出三组元的成分百分数,三者之和必等于 100%。利用成分三

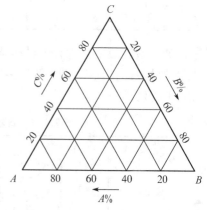

**图 2.3.95 成分三角形表示法**

角形,将所测的磁性标在图上,可以十分方便地表明磁性随组成的变化。如将相同磁导率的点连成曲线,就构成等磁导率的曲线图,由此可外推获得高磁导率的组成区域,因此这种方法通常用来进行组成与特性的系统研究,对生产中确定配方颇有参考价值。

**(3) 球磨**

球磨是影响产品质量的重要工序。配料之后的球磨称为一次球磨,其主要目的是混合均匀,以利于预烧时固相反应完全。如果原料颗粒较粗,在此工序就予以磨细,以增进原料活性。如原料是足够细的粉体,亦可采用强混机代替球磨机,以提高效率,降低能耗。预烧后的球磨称为二次球磨,其主要作用是将预烧料研磨成一定颗粒尺寸的粉体,以利于成型。永磁铁氧体的矫顽力主要取决于产品的显微结构,要求晶粒均匀、接近单畴临界尺寸(约 1 μm),因此要求二次球磨后的颗粒尺寸亦接近单畴临界尺寸,颗粒尺寸分布尽可能窄。于是二次球磨是影响永磁铁氧体产品磁性能十分关键的工序。对制粒预烧料,通常预烧料的颗粒尺寸为几毫米,应先用粉碎机将颗粒进行粗粉碎,以提高球磨效率,然后再送进球磨机进行细磨。

球磨机有滚动式和振动式两种。后者粉碎效率较高,但容积较小;前者为大量工业生产所采用。滚动式球磨机常采用圆柱体滚筒,当筒体转动时,带动筒内钢球与物料一起运动。随着筒体转动速度的变化,筒内钢球运动大致上存在三种方式,即雪崩式、瀑布式和离心式,其运动轨迹如图 2.3.96 所示。当球磨机转速较低时,呈雪崩式,物料的粉碎取决于球与料在运动过程中的相互摩擦力,其破碎效果较差。球磨机转速增加时,在离心力与筒壁摩擦力作用下,钢球将提升到较高高度,然后在重力作用下瀑布式地泻下,处于这种运动状态时,物料将在钢球的冲击下被粉碎,在球间摩擦力作用下被碾细,这时粉碎效果

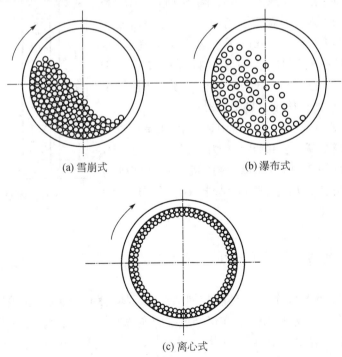

(a) 雪崩式　　　　　　　　　(b) 瀑布式

(c) 离心式

**图 2.3.96　滚动式球磨机内钢球的三种运动轨迹**

最佳。当筒体转速进一步增加,以致作用在钢球上的离心力超过其重力时,钢球将随着筒壁旋转,处于离心状态,对物料无粉碎作用。

据理论计算,球磨机最佳转速 $n$ 与滚筒直径 $D$ 的关系可表述为

$$n = 32/\sqrt{D}\ (\text{r/min})$$

在机械球磨过程中,不可避免地会产生磨具的磨损。磨损物混入原料中将影响配方的精确性。通常磨损物的主要成分为铁,所以在配方中应适当减少相应的铁含量。此外,为了减少磨损量,钢球常采用高硬度、耐磨的轴承滚球,筒壁衬可采用高锰钢板。为了提高球磨效率,常用水作弥散剂。经验证明,湿磨比干磨得到的颗粒更细,粒度分布较窄,混合亦较均匀。湿磨过程中会存在物料与弥散剂的相互作用,当物料磨细到接近胶体粒子大小时,其比表面积很高,此时即使平时是惰性介质也会变得活泼了。例如 $MgO$ 与极性的水分子在研磨过程中会构成 $OH\text{—}Mg\text{—}O\text{—}(MgO)_n\text{—}Mg\text{—}OH$ 化合物链,将其他氧化物包围起来,形成牢固的聚合体,降低球磨效率,使磁性劣化,因此,球磨时间不宜过长。在研究工作或少量高质量产品试制中,亦有以苯、煤油等非极性液体作球磨弥散剂。对 $Li_2O,Li_2CO_3$ 等稍溶于水的原料,亦可选用酒精。

在湿磨中,料、球与弥散剂之间存在一最佳比例,使效率最高。一般情况下,可取球:料:水=(1.5~2):1:(1~1.5),具体的比例根据实践结果确定。在永磁铁氧体的生产中,为了缩短球磨时间,目前趋向于增加球、料比例,减小钢球的尺寸。通常球、料、水的总体积约占筒容量的一半。除滚动式球磨机外,生产中亦采用砂磨机。砂磨机的原理是在一立式圆筒内,用旋转圆盘或搅拌棒使小钢球(直径为 2~6 mm)产生紊乱的高速运动,从而对机内粉料起研磨作用,通常进料颗粒尺寸小于 0.1 mm,出料颗粒尺寸为 1~3 $\mu$m,具有高效率和连续生产的优点。砂磨机的结构示意见图 2.3.97。

砂磨机的起动力矩大,尤其是中途停止再起动较为困难,往往需要减少料浆方能起动。为了提高球磨效率,最好采用粗粉碎(粉碎机)→粗磨(球磨机)→细磨(砂磨机)多级球磨的方式,以达到省时、节能、粒度分布窄、组成流失少的目的。

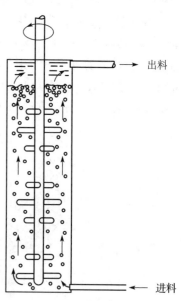

出料

进料

图 2.3.97 砂磨机结构示意图

**(4) 粘合剂**

为了便于成型,且使毛坯有一定的机械强度,须加入一定量的粘合剂。对粘合剂的要求如下:

① 粘性好,能吸附水分,在固体颗粒周围形成液体薄膜,而加强颗粒间的吸附力。

② 对铁氧体原来成分无影响,在烧结过程中能挥发掉,不残留灰分。

③ 挥发温度不要太集中,否则在烧结样品时,在某一温度下,有大量气体挥发,易使产品开裂。

常用的粘合剂有水、羧基甲基纤维及聚乙烯醇等,其中以聚乙烯醇为最好。聚乙烯醇的浓度一般约为 $10\%$ ,在 $50\sim60℃$ 时溶于水,在使用时最好选用一定聚合度的原料,根据某些单位的实践经验,聚合度以 1 750 较佳,加入量一般为粉料的 $3\%\sim10\%$ 。

### (5) 预烧

预烧通常指低于烧结温度下将一次球磨后的粉料焙烧数小时(一般取 $900\sim1\,200℃$ ,保温 4~5 小时),其目的是使各种氧物化初步发生化学反应,减小烧结时产品的收缩率。为了增进预烧效果,可以将预烧粉末压成任意块状,以增加粉粒间接触面积与压力,促进固相反应的进行。预烧温度的选择对控制产品的收缩率、形变以及确定烧结温度有很大的影响。对永磁铁氧体,为了固相反应完全,预烧温度通常高于烧结温度。工业生产中的粉料预烧常采用回转窑法,其原理是窑体可绕主轴旋转,有一定的倾斜度,物料由一端进入,由于回转作用,产生前进运动而逐渐进入高温区,然后再在另一端出料。它可以省略烘干、压坯的工序进行管道化生产,有利于增产,降低成本,提高质量,净化环境,减轻劳动强度。预烧温度对最佳的烧结温度有一定的影响。若预烧温度过低,则固相反应不能充分进行,因此达到最佳磁性能要求有较高的烧结温度;若预烧温度过高,则最佳烧结温度要求较高。若预烧温度较理想,则最佳烧结温度最低,磁性能最佳,结晶结构良好。

### (6) 制粒

为了提高成型效率与产品质量,需将二次球磨后的粉料与稀释的粘合剂混合,过筛成一定尺寸的颗粒,颗粒的大小取决于块件的大小,小块件需要小颗粒,大块件可取合适的大颗粒。当颗粒的表面水分稍稍烘去,而内部仍旧保持潮湿时,具有良好的分散性与流动性,压型时能很快地流进并填满压模内的填料空间;亦可以在较低压力下,先将混合粘合剂的粉料用均压法进行预压,再粉碎研磨成一定大小的粗颗粒(例如经过 20 目的过筛),由于这些颗粒已接近所需的生坯密度,将它再进一步加压成型有利于得到密度均匀的产品。工业生产中常采用喷雾干燥制粒法,以及流化床制粒法,以有利于进行自动化的大量生产,净化环境。喷雾干燥机的示意如图 2.3.98。

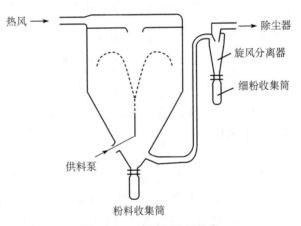

**图 2.3.98　喷雾干燥机示意**

### (7) 成型

将二次球磨后的粉料或颗粒按产品要求压成一定的坯件形状,称为成型。一种成型法是采用优质钢材做成一定尺寸与形状的压模,然后将粉料填入其中,进行单向加压,如下冲头固定,上冲头移动。由于粉料之间、粉料与模具之间存在摩擦力,因此单向加压成的样品,形状大小虽可固定,但密度往往不均匀,导致在烧结过程中结晶的非均匀,影响产品的外观尺寸以及内在质量。改善性能的办法:一是进行双向加压;二是采用上述的预压法制粒;三是在模具壁上加一些润滑剂或在粉料中加少量油脂酸(如 $0.2\%$ 的硬脂酸锌)。

另一种成型法是所谓均匀加压法,即将粉料放在所需形状的柔软可塑性的模子中(如橡皮模),把整个模子浸在盛流体的高压箱子中进行压缩。其优点是可得到密度较高且均匀的产品(因加压时是各向同性的),缺点是最后产品的尺寸与形状不易精确控制。另一方面,采用此法进行快速的大规模生产有一定困难,较适用于制备高密度铁氧体材料,如用作磁头材料。

常见的模具有两种形式。一种是固定模:模腔固定不动,成型在模腔中部,上、下冲头加压,成型后顶出。为了防止块件出模时突然膨胀而开裂,要求模腔口有一定的斜度(退拔度为 1/300),以利于块件连续过渡,逐步膨胀。另一种是浮动模:模腔随成型加压而浮动,成型在模腔顶部,脱模较为方便,有利于提高工效。成型模具示意图见图 2.3.99。

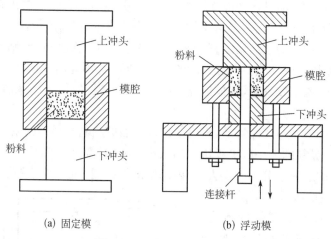

(a) 固定模　　　　　　　　(b) 浮动模

**图 2.3.99　成型模具示意图**

模具材料可选用高碳钢、硬质合金钢等,对于磁场成型的模具,根据需要在某些部位(如模腔等)采用无磁钢。在模具设计时,必须考虑样品在烧结过程中的收缩率。收缩率常由实验确定。

**(8) 烧结**

配方确定后,烧结过程对铁氧体的性能具有决定性意义。因为烧结过程影响到固相反应的程度及最后的相组成、密度、晶粒大小等,而这些均影响产品的电、磁性能。配方是确定材料性能的内因,而烧结是保证获得最佳磁性能的重要外因,当外因条件不具备时,内因亦无法发挥其作用。烧结过程包括升温、保温、降温三个阶段,现简述如下。

① 在升温过程中,要控制一定的升温速度,以防止因水分及粘合剂集中挥发而导致坯件热开裂与变形。通常粘合剂挥发温区为 $250℃\sim600℃$。在该温区内升温宜缓慢,以便挥发物通过排气口被及时排除;粘合剂挥发完后,升温速度可快些。用隧道窑烧结产品时,应合理地调整窑温曲线以达到此目的。

② 在保温过程中,主要的问题是保温温度、保温时间与烧结气氛。烧结温度的提高及保温时间的延长,一般会促使固相反应完全,密度增加,饱和磁化强度增加,晶粒增大,

矫顽力下降。但烧结温度过高,保温时间过长,会导致铁氧体的分解,产生空泡或另相,反而使性能下降。对不同配方的样品,在不同的气氛条件下,最佳的保温温度与时间会有显著不同。例如一种典型的石榴石组成 $Y_3Fe_{4.5}Al_{0.5}O_{12}$,在 1 450℃温度下烧结 12 小时,尚不能达到理论密度的 98%,但在 1 457℃时,却开始分解,同时密度下降;处于这两个温度之间的某一温度下,保温 12 小时,密度则会达理论密度的 99.4%左右。工业生产中,通常希望产品对烧结温度的宽容度较大,有利于提高产品成品率。

③ 降温过程的控制对产品的性能有时是有决定意义的。降温过程中主要涉及两方面的问题。其一,冷却过程中将会引起产品的氧化或还原,产生脱溶物等。对易变价的锰锌铁氧体高磁导率材料,控制冷却过程中的氧气气氛尤显重要。其二,合适的冷却速度有利于提高产品合格率。若冷却速度过快,出窑温度过高,因热胀冷缩导致产品冷开裂,或产生大的内应力,恶化产品性能。烧结过程中常见的几种开裂类型见图 2.3.100。

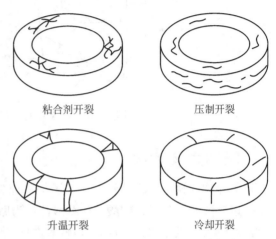

粘合剂开裂　　　　　压制开裂

升温开裂　　　　　冷却开裂

图 2.3.100　几种常见的产品开裂类型

烧结铁氧体产品的窑炉设计对提高产品档次、合格率十分重要。早期,国内曾采用烧砖瓦的倒焰窑,由于温差大,不能连续生产及产品质量差而被淘汰;继后发展为推车式的隧道窑炉,由于温差大、能耗高及气氛难控制,亦逐步被淘汰;目前,隧道式的辊道窑、推板窑以及两者结合而成的辊道推板窑已较为普遍,多数采用电热式。烧结中、低档永磁铁氧体产品时,为了降低成本,亦采用煤推板窑。烧结高磁导率软磁铁氧体时,采用可控气氛的钟罩式电炉较为理想。总之,对于不同类型的产品,应采用合适的窑炉、合理的窑炉温度曲线以及相应的气氛控制。

铁氧体的生成过程受原料活性、少量附加物、气氛等因素的影响,在实验上可以采用X光、热重分析、磁性测量等手段来进行研究。

例如对 $NiO+Fe_2O_3$,在 600~780℃温度区间开始形成尖晶石相,到 1 100~1 200℃才达到 $NiFe_2O_4$ 的完全反应,其生成曲线如图 2.3.101。

对于石榴石以及某些六角铁氧体,在其生成反应过程中,先产生某些中间产物。例如在 $Ba_3Co_2Fe_{24}O_{41}$($Co_2Z$) 的生成反应过程中,由原始配方中的 $Fe_2O_3$,$BaCO_3$,$Co_3O_4$ 混合压型烧结,经 X 光进行物相检

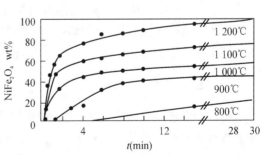

图 2.3.101　$NiFe_2O_4$ 的生成曲线[126]

定,共经过 S,F,M,Y 四个中间产物,最后才生成"Z"型铁氧体,如图 2.3.102 所示。因此系统地研究烧结过程中物相的变化对产品质量的控制十分必要。

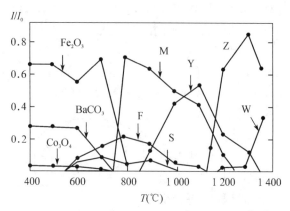

图 2.3.102　$Ba_3Co_2Fe_{24}O_{41}(Co_2Z)$ 的生成曲线[127]

### 5．盐类分解法

氧化物的缺点是活性较差。为了增进原料的活性，可采用锰、锌、铁等金属的盐类。例如以硫酸盐、硝酸盐、碳酸盐或草酸盐作为原料，将它们按比例混合加热分解，分解时得到活性较大的氧化物，同时部分地铁氧体化。由于各种不同的盐类热分解出来的氧化物活性不同，通常应该选择活性较大、分解温度较低的盐类。

现以 MnZn 铁氧体制备为例进行说明，其主要步骤如下：

① 原料：$MnSO_4 \cdot 5H_2O$，$ZnSO_4 \cdot 7H_2O$，$FeSO_4 \cdot 7H_2O$。因结晶水易挥发，因此宜在分析纯度后再进行配方。

② 搅拌及去水：将原料碾碎并搅拌均匀混合，使水分逐渐蒸发，最后成无水、固态的硫酸盐混合物，此过程常称为"炒盐"。

③ 盐类分解：将上述混合物进行灼烧，开始时温度不宜过高，待盐类开始分解，有很浓的白烟 $SO_3$ 及 $SO_2$ 冒出时，再逐渐增加温度。最好能加以搅拌，并注意通风，待白烟完全冒尽，最后升温至 950℃ 保持数小时，灼烧时间根据所分解盐类的数量而定。在分解过程中，实际上已部分铁氧体化，为了反应更为充分，预烧温度高于分解温度，一般可取 1 050℃～1 100℃ 保温 5 小时，其他过程与氧化物同。由于 $SO_3$，$SO_2$ 污染问题难解决，此法在生产中已被淘汰。盐类分解法与溶液喷雾技术相结合而发展成的喷雾燃烧法，其应用领域正在逐步扩展。

### 6．化学共沉淀法

相对于上述的氧化物工艺（干法），化学共沉淀工艺又称为湿（化学）法。这是制备高质量铁氧体的重要工艺。近年来该法在制备铁氧体粉料方面取得了很大的进展。它的含意是指用化学反应将溶液中金属离子共同沉淀下来。通常是将金属盐类按比例配好，在溶液状态中均匀混合，再用强碱如 NaOH，$NH_4OH$ 或草酸铵如 $(NH_4)_2C_2O_4$ 等作沉淀剂，将所需的多种金属离子共同沉淀下来。

化学共沉淀法大致上可分为中和法、氧化法、混合法三类[128]，其中，中和法是最早发

展起来的,其化学表达式为

$$2Fe^{3+} + M^{2+} + ROH \longrightarrow MOFe_2O_3$$

其中,R 为 $K^+$,$Na^+$,$NH_4^+$ 等。由此法所得到的铁氧体颗粒是超细的,其尺寸小于 $0.05~\mu m$。因尺寸过小,给成型带来一定的困难。为了改善成型时的压制性,可以将共沉淀粉料置于 $800℃$ 温度或更高温度下进行预烧。

氧化法是将溶液加温,同时通入空气进行氧化,其化学反应式为

$$Fe^{2+} + M^{2+} + ROH + O_2 \longrightarrow M_xFe_{2+x}O_4$$

此时,铁氧体粉料的颗粒度与反应温度、溶液 pH 值、离子浓度等密切相关[129],控制制备条件可将颗粒尺寸控制在 $0.05 \sim 1~\mu m$。日本的超优铁氧体$[(\tan(\delta/\mu) = 0.8 \times 10^{-6})]$就是用共沉淀法制备的。

化学共沉淀工艺中的核心问题是溶液中各种离子能共同沉淀下来,以致残留在溶液中的离子浓度甚低,这就要求阳离子的溶度积常数 $K_{sp}$ 尽可能小。兹将一些常用离子在氢氧化物与碳酸盐水溶液中的溶度积列于表 2.3.22[130]:

表 2.3.22　几种常用离子在氢氧化物与碳酸盐水溶液中之溶度积

| | $Fe^{3+}$ | $Fe^{2+}$ | $Mn^{2+}$ | $Zn^{2+}$ | $Ni^{2+}$ | $Co^{2+}$ |
|---|---|---|---|---|---|---|
| $K_{sp}^{①}$ | $4 \times 10^{-38}$ | $8 \times 10^{-16}$ | $1.9 \times 10^{-13}$ | $1.2 \times 10^{-17}$ | $2 \times 10^{-15}$ | $1.6 \times 10^{-15}$ |
| $K_{sp}^{②}$ | — | $3.2 \times 10^{-11}$ | $1.8 \times 10^{-11}$ | $1.4 \times 10^{-11}$ | $6.6 \times 10^{-9}$ | $1.4 \times 10^{-13}$ |

注:$K_{sp}^{①} = (M^{m+})(OH^-)^m$;$K_{sp}^{②} = (M^{2+})(CO_3^{2+})$。

在一定溶度积的条件下,增加沉淀剂离子的浓度将有利于阳离子沉淀,称之为同离子效应。对于 $Fe^{3+}$,$Fe^{2+}$,$Mn^{2+}$,$Zn^{2+}$,阳离子溶液中离子浓度"$C$"与 pH 值的关系见图 2.3.103。据 Robbins 的实验结果,如溶液中存在少量的 $Fe^{3+}$,将有利于 $Fe^{2+}$ 的氧化与沉淀。Tamaura[131]研究了含 Mg,Cd,Zn,Pb,Cr,Ti 或 V 离子的氢氧化亚铁悬浮液的氧化问题,可供湿法制备铁氧体参考。

化学共沉淀法的优点:由于在离子状态下进行混合,可以比机械混合法更均匀,并减少掺杂的机会,使精确控制化学计量较为容

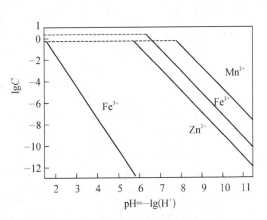

图 2.3.103　溶液中阳离子浓度与溶液 pH 值之关系[130]

易,颗粒度可以根据反应条件进行控制,粒度分布较窄,化学活泼性较佳,因而可以在较低的烧结温度下得到充分的固相反应,得到较佳的显微结构。缺点:常呈现分层沉淀,以致沉淀物的组成常偏离原始配方,尤其当配方中含有少量掺杂元素时,要达到这些离子的沉淀与均匀分布尚有困难。从经济上考虑成本尚较氧化物工艺高。由于氧化物工艺取得了一定的进展,可达到共沉淀法相近的性能,因而共沉淀法目前还是处于小批量生产阶段,

仅用于高质量产品。

为了在沉淀时减少组分的偏离,可以采用雾干法以及乳状液共沉淀技术。例如在稳定剂煤油中,将盐溶液乳状液和沉淀剂强烈搅拌,再用离心机滤液清洗沉淀物,可以得到很均匀的粉料。沉淀剂的选择亦十分重要,早期采用 NaOH 作沉淀剂,但 Na 离子很难清洗干净,残留的 Na 离子对磁性影响颇大,导致密度、磁导率的急剧下降,因此目前大多采用铵盐,例如 $NH_4OH$,$NH_4CO_3$。如仅用 $NH_4OH$,由于生成易溶于水的络合物,如 $[Zn(NH_3)_4]^{2+}$,以致 $Ni^{2+}$,$Zn^{2+}$ 均难完全沉淀,另外亦有采用 $(NH_4)C_2O_4$(草酸铵)的,但价格较贵,分解出来的 CO 对人体有害,且对铁离子有还原作用。

化学共沉淀法目前在软磁、矩磁、旋磁以及永磁等方面都获得了应用,此外,在净化污水,尤其对含有多种重金属离子的工业废液处理相当有效[132]。

### 7. 热压法

热压法是指在热处理过程中同时施加压力。这一方法近年来得到了很大的发展。一方面,一般陶瓷工艺所制得的样品,其密度往往低于理论密度,在最佳的情况下,空泡率为 $1\%\sim2\%$;另一方面,用通常的工艺制备铁氧体时,晶粒尺寸与密度是相互关联的,高密度往往要求晶粒均匀、尺寸较大,而对微波高功率材料而言,为了提高承受高功率的阈值,却希望高密度和细晶粒,对于记录磁头却要求材料是接近理论密度的致密材料,这些都是普通陶瓷工艺难以解决的。当采用热压工艺时,因增添了一个可变的因素——压力,因而可得到孔隙率小于 $0.1\%$ 的致密铁氧体,同时晶粒尺寸可以在 $1\sim500~\mu m$ 范围内变动,容易获得高磁导率($\mu_i>3\times10^4$)和高磁通密度(550 mT)的样品。在热压过程中,样品致密化速度可用下式来描述[133]:

$$\left(\frac{\mathrm{d}\rho}{\mathrm{d}t}\right)_{\text{热压}}=\left(\frac{\mathrm{d}\rho}{\mathrm{d}t}\right)_{\text{烧结}}+\frac{3}{4}\frac{p}{\eta}(1-\rho)$$

式中,$\rho$ 为相对密度,$p$ 为压力,$\eta$ 为粘滞系数。$\eta$ 与温度有关,如在热压过程中选择 $\eta$ 值较小的温度加压,可以提高致密化速度。

热压法大体上可以分为两大类:

**(1) 单轴向热压法**

该工艺在 1958 年就由粉末冶金工艺引进到铁氧体制备中来,1968 年又发展为连续热压工艺,目前已采用隧道式热压炉进行生产。

为了达到高密度、大晶粒,在工艺上常采用二步热处理制度,即在较低温度下加压,保温后去压,升高温度后再保压、保温,最后在一定气氛中去压冷却。具体工艺:温度为 $T_1$ 低于 1 100℃～1 250℃时,保温时间为 $\Delta t_1=t_2-t_1$,保压时间为 $\Delta t_1$ 的 $\frac{1}{2}\sim\frac{1}{3}$。在加压阶段,铁氧体体内空气可以逸出,以达到高密度,但此时晶粒尺寸较小。为了增大晶粒尺寸,可在去压后再升温到 $T_2$(1 250℃～1 400℃)后保温、加压,然后去压降温。加压烧结之气氛以真空度 $1.33\times10^4$ Pa 为佳,因此在负压下有利于体内少量空气逸出,降低气孔率。

热压用的模具要用高温下具有高强度的材料,例如 SiC,SiN,$Al_2O_3$ 等。为了防止铁氧体和模具起反应,可以在坯件和模具间填充 $ZrO_2$ 及再结晶的 $Al_2O_3$ 粉等不易起反应的耐熔氧化物。由于是单轴向加压,因此在热压过程中可以产生结晶织构,形成具有各向异性的多晶铁氧体。热压法所导致的结晶织构对制备各向异性的六角晶系铁氧体格外有利[133],如采用热压法可获得 $B_r = 425\ mT$,$H_{cB} = 160\ kA/m$,$(BH)_m = 36\ kJ/m^3$ 的钡铁氧体。

利用固态反应中的拓扑关系,采用热压工艺,可以获得高度结晶取向的热压铁氧体。拓扑反应是固态化学反应中常见的一种形式,其含义是指生成物的结晶取向与化学反应前原材料的结晶取向存在着一定的、三维的结晶学关系。例如 $\alpha-FeOOH$ 与 MnO 反应后生成 $MnFe_2O_4$,其结晶学关系为

$$(100)\alpha-FeOOH/\!/(111)MnFe_2O_4 \text{ 或 }(100)\gamma-FeOOH/\!/(110)MnFe_2O_4$$
$$(001)\alpha-FeOOH/\!/(101)MnFe_2O_4 \text{ 或 }(001)\gamma-FeOOH/\!/(110)MnFe_2O_4$$

假如片状 $\alpha-FeOOH$[片的法线方向为(100)],在压应力作用下取向排列,热压过程中就可以产生晶粒取向的多晶锰铁氧体。推广之,对 MnZn,NiZn 等铁氧体均可利用一定晶向的片形粉料制成取向的热压铁氧体,它具有单晶、多晶的多重特性[134]。对 MnZn 铁氧体,其 $\mu_i = 15\ 000(1kHz)$,$B_m \approx 350\ mT$,$H_0 \approx 5.57\ A/m$。

**(2) 等静热压法**

最初的等静热压法(HIP)是将粉料填入金属模内,然后在高压流体中进行热压。由于是各方向均匀加压,因此可以避免单轴热压法密度不均匀的缺点。目前有一个新的进展:首先用普通的陶瓷工艺烧结成密度大于 93% 理论密度的试样,然后采用氮、氩等工作气体进行气体加压。其优点是不需要模具,样品形态不限,适宜批量生产,其密度可接近理论密度;其缺点是设备条件要求高,要求能耐高温、高压。采用 HIP 工艺可制备成空隙率小于 0.1%,平均晶粒尺寸为 4 $\mu m$,具有优良磁性能的 MnZn 铁氧体。

### 8. 其他制备方法

**(1) 喷雾焙烧法**

原则上是将所需盐类按比例溶解、混合,由喷嘴进行喷射,然后燃烧或焙烧,进行热分解,形成细的铁氧体粉料,以便进一步成型烧结。例如,使按比例组成的硝酸盐溶于酒精中,通过喷嘴喷入一高温燃烧室内,在酒精燃烧时,硝酸盐分解,同时反应立即完成,可得到一种极细的铁氧体粉料。例如,对 $Ni_{0.7}Zn_{0.3}Fe_2O_4$,其平均颗粒尺寸可达 0.15 $\mu m$。又如,用氯化物溶液进行喷射、焙烧、热分解,可制得多种铁氧体粉料。

**(2) 冷冻法**

将按金属离子比例混合的盐类溶液喷成雾状,用干冰骤冷成冰,然后进行真空干燥,除去冰冻状态的水分,再进行热分解[135]。用该法所制成的颗粒细而均匀,可作热压铁氧体等高质量铁氧体的原料。盐水系的相平衡图见图 2.3.104,其反应过程沿①—②—③—④顺序进行。

### (3) 注浆法

注浆法是陶瓷工艺中普遍使用的一种工艺，1970 年左右才开始被移植过来。其原理是在粉状料中加解胶剂（胶溶剂）做成悬浮液，然后注入石膏模中，经（石膏）吸水、烘干后，从模中取出坯件。为了防止粉料粘附在模腔上，可以加一些润滑剂。为了增进坯件的机械强度，亦需加入一定量的粘合剂。这种方法适合于大型和形状复杂的产品，同时还可以节省成型压模、压机等设备，得到均质、高密度的产品。注浆法的生坯密度较粉末压制法的均匀，所以受到的内应力较小，烧结过程中收缩均匀，尺寸改变很小。例如电视机用的 110° 角偏转磁芯，其性能

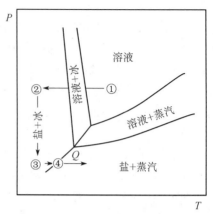

图 2.3.104　盐水系的相平衡图[135]

优于粉末压制的产品[136]，与一般的陶瓷黏土相比，铁氧体粉料的比重比黏土约大 2 倍，因此做成悬浮液比黏土困难，更加上其可塑性较黏土差，又给成型带来困难，容易开裂等。在注浆成型中，关键是制备悬浮液。这就需要铁氧体粉料有一合适的颗粒度，以及选择一种供分散粉料的胶溶剂，以便得到含水量少、流动性好、可塑性强的浆料。一般陶瓷工业中采用的是 $NaCO_3$ 类的无机粉，但少量的钠离子存在会使软磁铁氧体磁性急剧恶化，因此需要研究一种对铁氧体适用的独特的分散技术。已有用铵盐、氢氧化锂等作为胶溶剂的报道。

### (4) 熔融盐类法

氧化物法是依靠固态的接触通过离子高温扩散而生成铁氧体，因此要求粉料的颗粒度较细，烧结温度较高，保温时间较长。而熔融盐类法则是采用低熔点的盐类与粉料混合在一起，由于盐类的熔化，可使氧化物熔解其中，以致在较低的温度就可生成铁氧体，但盐类本身并不进入铁氧体中，且可用水洗除。如以 $Li_{0.5}Fe_{2.5}O_4$ 生成为例，可以 $Li_2SO_4$-$Na_2SO_4$ 系盐类为熔剂，其最低熔点为 600℃。将 $Fe_2O_3$ 10 g，$Li_2CO_3$ 0.025 g，$Li_2SO_4$ 6.98 g，$Na_2SO_4$ 5.18 g 混合，在 800℃ 下保温 1 小时，其间，$Li_2CO_3$ 完全熔解于盐类并迅速与 $Fe_2O_3$ 反应，生成 $LiO_{0.5}Fe_{2.5}O_4$，冷却后经水洗，过滤去除盐类。用该法可生产其他铁氧体[137]。

### (5) 金属醇盐法

金属醇盐是金属与乙醇反应而生成的 M—O—C 键的有机金属化合物，可以广义式 $M(OR)_n$ 代表之，其中 M 是金属，R 是烷基或丙烯基，$M + nROH \longrightarrow M(OR)_n + \frac{n}{2}H_2$，金属醇盐易水解而产生构成醇盐的金属元素的氧化物、氢氧化物和水合物的沉淀，经氧化后可生成铁氧体。例如 $MnFe_2O_4$，其生成过程如下：

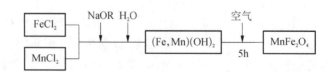

可生成颗粒尺寸约为 0.05 $\mu m$ 近似为球状的超微颗粒。此法成本较高,适用于高质量铁氧体的制备。

**(6) 低温共烧技术(LTCC)**

为了器件的轻薄小型化与集成化,常采用叠层片式化结构,在多层器件设计中,常采用高电导的 Cu、Ag 与 Au 作电极,而 Cu、Ag 与 Au 电极的烧结温度分别为 1 064℃, 961℃,1 043℃,不耐高温,而通常铁氧体的烧结温度高于此温度。为此采用陶瓷的低温共烧技术(LTCC),流延工艺,以便能够与 Cu、Ag、Au 合金等内导线共烧形成。为了降低铁氧体的烧结温度,首先需制备超细的铁氧体颗粒,可采用溶胶-凝胶、共沉淀等化学工艺,超细球磨等;添加低熔点的助熔剂,如 $Bi_2O_3$,$B_2O_3$ 等,含 $SiO_2$ 的低熔点玻璃等。1988 年,美国首先采用低温共烧 Li 系和 Mg 系微波铁氧体材料层片式铁氧体移相器。LiZn 铁氧体超细粉,加入了(0.25~0.5)wt‰的 $Bi_2O_3$,生成 Li 铁氧体的固相反应在 700℃下基本上完成。国内已采用 LTCC 工艺进行微波铁氧体、六角铁氧体、软磁铁氧体等集成器件的生产。

LTCC 工艺流程如下:

配料⇨流延成型⇨切片打孔⇨通孔填充⇨
叠层切片⇨排胶烧结⇨测试⇨外电极烧结

典型的 LTCC 组件结构见图 2.3.105。

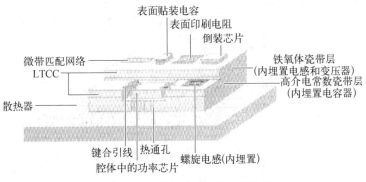

**图 2.3.105 典型的 LTCC 组件结构**

铁氧体也可用微波烧结,其优点:因微波加热是材料内部整体同时加热的,升温速度快,一般可达到 500 ℃/min 以上,显著缩短烧结时间;经济、简便地获得 2 000 ℃以上的高温;由于微波烧结的速度快,时间短,避免烧煤结过程中晶粒的异常长大,从而获得具有高强度、高韧性和高致密度的超细晶粒结构铁氧体材料。

等离子烧结(Spark Plasma Sintering,SPS)铁氧体也可取得较好的效果。

综合以上介绍,多晶铁氧体主要工艺流程如图 2.3.106 所示。

在国内,多晶铁氧体制备的总趋势是朝向自动化、管道化、智能化方向迈进。铁氧体制备的每一个工艺环节都应当重视,进行必要的检测,然后构成一个有机的整体。根据工艺流程的要求,各设备之间应当有一个合理的布局,以利于自动化、管道化的实现,尽量避免人为因素的干扰,才有利于保证产品的一致性。

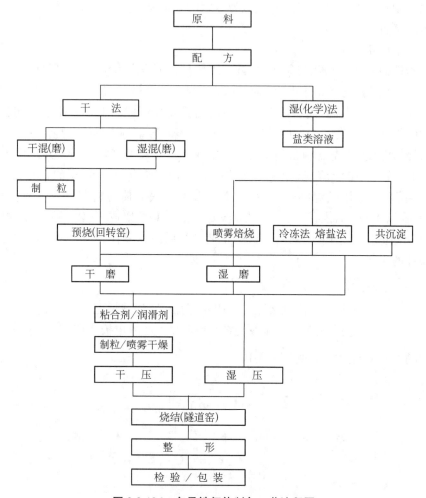

图 2.3.106　多晶铁氧体制备工艺流程图

## 参考文献

［1］尖晶石晶体结构等本征性能可参考下列专著与文献.

1a.李荫远,李国栋.铁氧体物理学[M].科学出版社,1978.

1b. Gorter E. W., Saturation magnetization and crystal chemistry of ferrimagnetic oxidees[J], *Philips. Res. Rep.*, 1954, 9：295443. 俄译文, y. Φ. H., 1955, 57：279.

1c. Smit J., Wijn., *Ferrites*, Eindhoven(Holland), 1959.

1d. Snoek J. L., *New developments in ferromagnetic materials*[M], Elsevier publishing Comp, New York-Amsterdam, 1947.

［2］Verwey E. J. W., Heilmann E. L., Physical properties and cation arrangement of oxides with spinel structures. 1. cation arrangement in spinels[J], *J. Chem. Phys.*, 1947, 15：174 - 180.

［3］Verwey E. J. W., Deboer F., Vansanten J. H., Cation arrangement in spinels[J], *J. Chem. Phys.*, 1948, 6：1091 - 1092.

［4］McClure D. S., The distribution of transition metal cations in spinels[J], *J. Phys. Chem.*

*Solids.*, 1957,3: 311 - 317.

[5] Goodenough J. B., Loef A. L., Theory of ionic ordering, crystal distortion, and magnetic exchange due to covalent forces in spinels[J], *Phys. Rev.*, 1955,98: 391 - 408.

[6] Goodenough J. B., *Magnetism*[M], Edited by Rado G. T. & Suhl H., Vol. III, Academic Press INC, 1963.

[7] Miller A., Distribution of cations in spinels[J], *J. Appl. Phys. Suppl.*, 1959,30: 24s.

[8] Pauthenet R., Bochirol L., Aimantation spontanee des ferrites[J], *J. Phys. Rad.*, 1951, 12: 249 - 251.

[9] Smart J. S., Cation distributions in mixed ferrites[J], *Phys. Rev.*, 1954,94: 847 - 850.

[10] Herbert B. C., Harrison S. E., Kriessman C. J., Cation distributions in ferrospinels. Theoretical[J], *Phys. Rev.*, 1956,103: 851 - 856.

[11] Bizette H., Squire C. F., Tsai B., The point of transition lambda of the magnetic susceptibility of manganese oxide[J], *Compt. Rend.*, 1938,207: 449 - 450.

[12] Anderson P. W., Antiferromagnetism. Theory of Superexchange Interaction[J], *Phys. Rev.*, 1950, 79: 350 - 356.

[13] Zener C., Interaction between the d-Shells in the Transition Metals. II. Ferromagnetic Compounds of Manganese with Perovskite Structure[J], *Phys. Rev.*, 1951,82: 403 - 405.

[14] Néel L., Proprietes magnetiques des ferrites-ferrimagnetisme et antiferromagnetisme[J], *Ann. de Phys.*, 1948, 3: 137 - 198.

[15] Yafet Y., Kittel C., Antiferromagnetic arrangements in ferrites[J], *Phys. Rev.*, 1952, 87: 290 - 294.

[16] Lotgering F. K., On the ferrimagnetism of some sulphides and oxides[J], *Phlips Res. Rep.*, 1956, 11: 190 - 249.

[17] Wilson V. C., Kasper J. S., Neutron diffraction studies of a nickel zinc ferrite[J], *Phys. Rev.*, 1954, 95: 1408 - 1411.

[18] Prince E., Crystal and magnetic structure of copper chromite[J], *Acta. Cryst.*, 1957, 10: 554 - 556.

[19] Ghani A. A., Sattar A. A., Pierre J., Composition dependence of magnetization in $Co_{1-x}Cd_xFe_2O_4$ ferrites[J], *J. M. M. M.*, 1991,97: 141 - 146.

[20] Gilleo M. A., Superexchange interaction in ferrimagnetic garnets and spinels which contain randomly incomplete linkages[J], *J. Phys Chem. Solids*, 1960,16: 33 - 39.

[21] Smart J. S., Application of the Bethe-Weiss method to ferrimagnetism[J], *Phys. Rev.*, 1956, 101: 585 - 591.

[22] Wieringen van J. S., Anomalous behavior of the g factor of LiFeCr spinels as a function of temperature[J], *Phys. Rev.*, 1953, 90: 488.

[23] Krupicka S. J., *Electronics and Control*, 1959, 6: 333.

[24] Van Uitert L. G. dc, Resistivity in the Nickel and Nickel Zinc Ferrite System[J], *J. Chem. Phys.*, 1955, 23: 1883 - 1887.

[25] Koops C. G., On the dispersion of resistivity and dielectric constant of some semiconductors at audio frequencies[J], *Phys. Rev.*, 1951, 83: 121 - 124.

[26] Brockman F. G., Dowling P. H., Steneck W. G., Anomalous behavior of the dielectric constant of a ferromagnetic ferrite at the magnetic curie point[J], *Phys. Rev.*, 1949, 75: 144 - 148.

[27] Иоффе В. А., Т. Ж. Ф., 1957, 27: 1985.

[28] Peters J., Standley K. J., The dielectric behaviour of magnesium manganese ferrite[J], *Proc. Phys. Soc.*, 1958, 71: 131 - 133.

[29] Miles P. A., Westphal W. B., Vonhippel A., Dielectric spectroscopy of ferromagnetic semiconductors[J], *Rev. Mod. Phys.*, 1957,29: 279 - 307.

[30] Waldron R. D., Infrared spectra of ferrites[J], *Phys. Rev.*, 1955,99: 1727 - 1735.

[31] Krupicka S., Zaveta K., Anisotropy, induced anisotropy and related phenomena, in: *Magnetic Oxides*[M], Part 1, eds. Craik D. J., John Wiley & Sons Ltd, 1975:pp. 235 - 284.

[32] Bickford L. R., Brownlow J. M., Penoyer R. F., Magnetocrystalline anisotropy in cobalt-substituted magnetite singel crystals[J], *Proc. IEE*, 1957,104B: 238 - 244.

[33] Smit J., Vanstapele R. P., Lotgering F. K., Anisotropy of ferrous ions in spinels[J], J. Phys. Soc. Jap., 1962, Suppl B, 1: 268 - 270.

[34] Birss R. R., Isasc E. D., *Magnetostriction*, *Magnetic Oxides*[M], Part 1, eds. Craik D. J., Sydney, John Wiley & Sons Ltd, 1975:pp. 289 - 346.

[35] Wijn H. P. J., Gorter E. W., Esveldt C. J., *et al.*, Conditions for square hysteresis loops in ferrites[J], *Philips Techn. Rev.*, 1954: 49 - 58.

[36] Hishino Y., Historical exhibition on ferrites[J], *Ferrites*: *Proc. ICF*3, Center for Academic Publications Japan(CAPJ), 1980: XXXI - XXXV.

[37] Hiraga T., Development of soft ferrites in Japan[J], *Ferrites*: *Proc. ICF*1, University of Tokyo Press, 1971:179 - 182.

[38] Guyot M., Cagan V., Temperature-dependence of the domain-wall mobility in YIG, deduced from the frequency-spectra of the initial susceptibility of polycrystals[J], *J. M. M. M.*, 1982, 27: 202.

[39] Arai T., Ido T., Ni-Zn-Co type ferrites with very small temperature coefficient of initial permeability[J], *Ferrites*: *Proc. ICF*1, University of Tokyo Press, 1971:225 - 228.

[40] Ohta K., Magnetocrystalline anisotropy and magnetic permeability of Mn-Zn-Fe ferrites, *J. Phys. Soc. Japan*, 1963,18: 685 - 690.

[41] Van der Burgt C. M., Ferrites for magnetic and piezomagnetic filter elements with temperature-independent permeability and elasticity[J], *Proc. IEE*, B104, 1957, 7: 550 - 557.

[42] Ohta K. J., Kobayshi N., Magnetostriction Constants of Mn-Zn-Fe Ferrites[J], *Japanese Journal of Applied Physics*, *Jap.J. Appl. Phys.*, 1964, 3: 576 - 580.

[43] Guilland C., The properties of manganese-zinc ferrites and the physical processes governing them[J], *Proc. IEE*, B104, 1957, Suppl 5: 165 - 173.

[44] RÖess E., Magnetic properties and microstructure of high-permeability Mn-Zn ferrites[J], *Ferrites*: *Proc. ICF*1, University of Tokyo Press, 1971: 203 - 209.

[45] Shichijo Y., Takama E., Vacuum-sintered Mn-Zn ferrites and their properties[J], *Ferrites*: *Proc. ICF*1, University of Tokyo Press, 1971: 210 - 213.

[46] Guilland C., *Solid State Physics in Electronics and Telecommunications* [M], London Academic Press, 1960, 3: pp. 71 - 90.

[47] AkashiT., Sugano I., Kenmoku Y., *et al.*, Low-loss and high-stability Mn-Zn ferrites[J], *Ferrites*: *Proc. ICF*1, University of Tokyo Press, 1971:183 - 190.

[48] RÖess E., Modern ferrites for telecommunication[J], *J. M. M. M.*, 1977: 86 - 94.

[49] KÖnig U., Improved manganese-zinc ferrites for power transformers[J], *IEEE Trans. on*

*Magn.*，MAG-11,1975：1306－1308.

［50］Ochioi T.，*Ferrites：Proc.ICF*4，1984,16：447.

［51］KÖnig U.，Substitutions in manganese zinc ferrites［J］，Appl. Phys.，1974,4：237－242.

［52］RÖess E.，Modern technology for modern ferrites［J］，*Ferrites：Proc. ICF*5，Bombay，India，Oxford &. IBH Publishing CO. PVT. LTD，1989，Vol 1：129－136.

［53］Nagata S.，Takahashi Y.，Yorizumi M.，*et al.*，Fine grained Mn-Zn ferrite produced by plasma sintering method［J］，*Ferrites：Proc. ICF*6，1992：25.

［54］Shoji H.，Mochizuki T.，Sato M.，*et al.*，A new power ferrite for high frequency switching power power supplies［J］，*Ferrites：Proc. ICF*6，The Japan Society of Powder and Power Metallurgy Printed in Japan，1992:26.

［55］Otsuka T.，Otsuki E.，Sato T.，*et al.*，Effect of additives on magnetic properties and microstructure of Mn-Zn ferrites for high-frequence power supplies［J］，*Ferrites：Proc. ICF*6，The Japan Society of Powder and Power Metallurgy Printed in Japan，1992:91.

［56］Ishin K.，Satoh S.，Takahashi Y.，*et al.*，A low-loss ferrite for high frequency switching power supplies［J］，*Ferrites：Proc. ICF*6，The Japan Society of Powder and Power Metallurgy Printed in Japan，1992:27.

［57］Visser E. G.，Roelofma J. J.，Aaftink G. J. N.，Domain wall loss and high frequency power ferrites［J］，*Ferrites：Proc. ICF*5，Bombay，India，Oxford &. IBH Publishing CO. PVT. LTD，1989：605－609.

［58］Stijntjes T. G. W.，Roelofsma J. J.，*Ferrites：Proc. ICF*4,1984：16.

［59］Sano T.，Morita A.，Matsukawa A.，A new power ferrite for high frequency switching power supplies［J］，*Ferrites：Proc. ICF*5，Bombay，India，Oxford &. IBH Publishing CO. PVT. LTD,1989：595－603.

［60］Berger M. H.，Laval J. Y.，Relations between grain boundary structure and hysteresis losses in Mn-Zn ferrites for power applicaions［J］，*Ferrites：Proc. ICF*5，Bombay，India，Oxford &. IBH Publishing CO. PVT. LTD,1989:619－624.

［61］Stijntjes T. G. W.，Power ferrites；Performance and microstructure［J］，*Ferrites：Proc. ICF*5，Bombay，India，Oxford &. IBH Publishing CO. PVT. LTD，1989:587－594.

［62］Snelling E. C.，Some aspects of ferrite cores for H.F. power transformers［J］，*Ferrites：Proc. ICF*5，Bombay，India，Oxford &. IBH Publishing CO. PVT. LTD，1989:579－586.

［63］Lin I. N.，Mishra R.，Thomas G.，CaO segregation in MnZn ferrite［J］，*IEEE Trans. on Magn.*，MAG-18,1982：1544－1546.

［64］Stijntjes T. G. W.，van Groenou A. B.，Pearson R. F.，*et al.*，Effects of various substtutions in Mn-Zn-Fe ferrites［J］，*Ferrites：Proc. CF*1，University of Tokyo Press，1971:194－198.

［65］Hirota E.，Mn-Zn ferrites with low loss property and high initial permeability［J］，*Jap. J. Appl. Phys.*，1966，5：1125－1136.

［66］Giles A. D.，Westendorp F. F.，Effect of silica on microstructure of Mn-Zn ferrites［J］，*J. de Phys. Suppl.*，1977，38：C131－7320.

［67］Paulus M.，Influence des pores et des inclusions sur la croissance des cristaux de ferrite［J］，*Phys. Stat. Sol.*，1962，2：1325－1341.

［68］Kimura O.，Exaggerated grain growth in manganese zinc ferrite［J］，*Ferrites：Proc. ICF*5，Bombay，India，Oxford &. IBH Publishing CO. PVT. LTD，1989:Vol 1，169－176.

[69] Jain G. C., Das B. K., Kumari S., Origin of core losses in a manganese zinc ferrite with appreciable silica content[J], *J. Appl. Phys.*, 1978, 49: 2894 – 2897.

[70] Franken P., The influence of the grain boundary on the temperature coefficient of Ti-substituted telecommunication ferrites[J], *IEEE Trans. on Magn.*, MAG – 14,1978:898,899.

[71] Akashi T., Effect of the Addition of CaO and $SiO_2$ on the Magnetic Characteristics and Microstructures of Manganese-Zinc Ferrites ($Mn_{0.68} Zn_{0.21} Fe_{2.11} O_{4+\delta}$)[J], *Trans. Jap. Inst. Metals*, 1961, 2: 171 – 175.

[72] Lescroel Y., Variation de la oermeabilite avec temperature dans certains ferrites, *Solid State Physics in Eleectronics and Telecommunications*[M], Academic Press, London, New York, Vol 3, eds. Desirant M., Michiels J. L., 1960:pp. 142 – 148.

[73] Stijnjes T. G. W., Klerk J., Broese van Groenou A., Permeability and conductivity of Ti-substituted Mn-Zn ferrites[J], *Philips Res. Reports*, 1970, 25: 95 – 107.

[74] Jain G. C., Das B. K., Kumari S., Effect of doping a Mn-Zn ferrite with $GeO_2$ and $SnO_2$[J], *IEEE Trans. on Magn.*, MAG-16,1980: 1428 – 1433.

[75] Bongers P. F., den Broeder F. J. A., Damen J. P. M., *et al.*, Defects, grain boundary segregation, and secondary phyases of ferrites in relation to the magnetic properties[J], *Ferrites: Proc. ICF3*, Center for Acadenic Pulications Japan(CAPJ), 1980:265 – 271.

[76] Giles A. D., Westendorp F. F., Simultaneous substitution of cobalt and titanium in linear manganese zinc ferrites[J], *J. de Phys. Suppl.*, 1977,38: C14 – 750.

[77] Kienlin A. Von, *Solid State Physics in Eleectronics and Telecommunications*[M], Academic Press, London, New York, Vol 3, eds. Desirant M., Michiels J. L., 1960:p.17.

[78] Kobayashi K. I., Irie M., Morinaga H., *et al.*, A new Mg-Zn ferrite for deflection yoke core [J], *Ferrites: Proc. ICF6*, The Japan Society of Powder and Power Metallurgy Printed in Japan, 1992:363.

[79] Chien Y. T., Sale F. R., Microstructural development and magnetic properties of vanadium pentoxide doped, gel-derived Mg-Mn-Zn ferrite[J], *Ferrites: Proc. ICF6*, The Japan Society of Powder and Power Metallurgy Printed in Japan, 1992:259.

[80] Araki T., Morinaga H., Kobayashi K., *et al.*, Low loss Ni-Zn-Cu ferrite for deflection yoke [J], *Ferrites: Proc. ICF6*, The Japan Society of Powder and Power Metallurgy Printed in Japan, 1992:445.

[81] Kedesdy H. H., Tauber A., Formation of manganese ferrite by solid-state reaction[J], *J. Amer. Ceram. Soc.*, 1956, 39: 425 – 430.

[82] Weisz R. S., Oxidation of Manganese Ferrite[J], *J. Amer. Ceram. Soc.*, 1957,40: 139 – 142.

[83] Blank J. M., Equilibrium atmosphere schedules for cooling of ferrites[J], *J. Appl. Phys.*, 1961,32, Suppl. 3: 378 – 380.

[84] Macklen E. D., Johns P., Thermogravimetric investigation of $Fe_2 P$ in ferrites containing excess iron[J], *J. Appl. Phys.*, 1965,36: 1022 – 1023.

[85] Slick P. I., A thermogravimetric study of the equilibrium relations between a Mn-Zn ferrite and an $O_2$-$N_2$ atmosphere[J], *Ferrites: Proc. ICF1*, University of Tokyo Press, 1971: 81 – 83.

[86] Morineau R., Paulus M., Oxygen partial pressures of Mn-Zn ferrites[J], *Phys. Stat. Sol. A*, 1973, 20: 373 – 380.

[87] Morineau R., Paulus M., Chart of $PO_2$ versus temperature and oxidation degree for Mn-Zn

ferrites in composition range-50 less-than $Fe_2O_3$ less-than 54，20 less-than MnO less-than 35，11 less-than ZnO less-than 30(mole percent)[J]，*IEEE Trans. on Magn.*，MAG-11,1975,5：1312－1314.

[88] Smiltens J.，The Growing of Single Crystals of Magnetite[J]，*J. Chem. Phys.*，1952，20：990－994.

[89] Rikukawa H.，Sasaki I.，Murakawa K.，MAGSYS F：Materials design system for soft ferrites [J]，*IEEE Trans. on Magn.*，MAG-23,1987：2653－2655.

[90] RÖess E.，Ein drittes maximum in den permeabilitats-temperatur-kurven von mangan-zink-ferriten，*Z. Angew Phys.*，1966，21：391－395.

[91] Pelosche H. P，Perduijn D. J.，High-permeability Mn-Zn ferrites with flat $\mu$-tcurves[J]，*IEEE Trans. on Magn.*，MAG-4，1968：453－455.

[92] Beer A.，Schwarz T.，New results on influence of filter stipulations on qualities of Mn-Zn ferrites[J]，*IEEE Trans. on Magn.*，MAG-2，1966：470－472.

[93] Shichijo Y.，Asano G.，Takama E.，High-Permeability Manganese-Zinc Ferrite Reduced in Vacuum[J]，*J. Appl. Phys.*，1964,35：1646,1647.

[94] Visser E. G.，Johnson M. T.，van der Zaag P. J.，A new interpretation of the permeability of ferrite polycrystals[J]，*Ferrites：Proc. ICF6*，1992：159.

[95] Goldman A.，*Modern ferrite technology*，1990，208.

[96] Rikukawa H.，Relationship between microstructures and magnetic properties of ferrites containing closed pores[J]，*IEEE Trans. on Magn.*，MAG-18，1982，1535－1537.

[97] Пискарев К.А.，Изв. А.Н. СССР Физ，1959，3：289.

[98] Stuijts A. L.，Verweel J.，Pelosche H. P.，Dense ferrites and their applications[J]，*IEEE Trans. Commun. Electron*，1964，83：726－801.

[99] Mikami I.，Role of induced anisotropy in magnetic spectra of cobalt-substituted nickel-zinc ferrites[J]，*Jap.J. Appl. Phys.*，1973，12：678－693.

[100] Lida S.，The Role of Cation Vacancy in Magnetic Annealing of Iron-Cobalt Ferrites[J]，*J. Appl. Phys. Suppl*，1961，31：251s.

[101] Slick P. L.，Ferrites for Non-Microwave Applications，*Ferromagnetic Materials*[M]，Vol 2，ed. Wohlfarth，North-Holland Publishing Company，1980：pp. 189－242.

[102] de Lau J. G. M.，Stuijts A. L.，*Philips Res. Repts.*，1966，21：104.

[103] Koyama H.，Takahashi T.，Toita K.，Ferrites for proton accelerator use[J]，*Ferrites：Proc. CF1*，University of Tokyo Press，1971：229－232.

[104] Yokoyama H.，Hirose Y.，Chiba S.，Magnetic properties of Ni-Zn-Co ferrites at high RF flux density levels[J]，*Ferrites：Proc. CF1*，University of Tokyo Press，1971：233－235.

[105] Kulikowski J.，Perminvar ferrites with stable magnetic domain configuration and linear $\mu i(T)$ relation[J]，*Ferrites：Proc. ICF3*，Center for Acadenic Pulications Japan(CAPJ)，1980：186－188.

[106] Hanke I.，Zenger M.，Mn-Zn ferrites with combined Sn-Ti substitutions[J]，*J. M. M. M.*，1977，4：120－128.

[107] Hohne R.，Kirsten W.，Melzer K.，Study of induced magnetic-anisotropy in titanium-doped Ni-Fe ferrites[J]，*Phys. Status. Solidi A.*，1974，22：k98－k103.

[108] Varshney U.，Puri R. K.，Rao K. H. *et al.*，Anomalous electrical behavior of nickel-zinc ferrites doped with tetravalent tin impurity[J]，*Ferrites：Proc. ICF3*，Center for Academic Publications Japan(CAPJ)，1980：207－211.

[109] Das B. K.，The influence of 2nd phase precipitation on $SiO_2/GeO_2$ doped Ni-Zn ferrite

properties[J], *IEEE Trans. on Magn.*, MAG-23, 1987: 3808 - 3811.

[110] Varshney U., Puri R. K., The effect of substitutions of $Sn^{4+}$ and $Zn^{2+}$ ions on the magnetic-properties of nickel ferrites[J], *IEEE Trans. on Magn.*, MAG-25, 1989: 3109 - 3116.

[111] Das A. R., Lattice-parameter variation and magnetization studies on titanium-substituted, zirconium-substituted, and tin-substituted nickel-zinc ferrites[J], *J. Appl. Phys.*, 1985, 57: 4189 - 4191.

[112] Nishiyama T., Kotani T., Studies on Ni-Co ferrites with negative temperature coefficient of permeability[J], *Ferrites: Proc. ICF3*, Center for Academic Publications Japan(CAPJ),1980:317 - 320.

[113] Jain G. C., Das B. K., Tripathi R. B., *et al.*, Influence of $V_2O_5$ on the densification and the magnetic-properties of Ni-Zn ferrite[J], *J. M. M. M.*, 1979, 14: 80 - 86.

[114] Kubo O., Ido T., Yokyama H., Effect of microstructure on high frequeney magnetic losses in ferrites for particle accelerators[J], *Ferrites: Proc. ICF3*, Center for Academic Publications Japan (CAPJ), 1980: 324 - 327.

[115] Gleraltowki J., Globus A., Domain-wall size and magnetic losses in frequency spectra of ferrites and garnets[J], *IEEE Trans. on Magn.*, MAG-13, 1977: 1357 - 1359.

[116] Autissier D., Synthesis and orientation of barium hexaferrite ceramics by magnetic alignment [J], *J. M. M. M.*, 1990, 83: 413 - 415.

[117] Wagner C., The mechanism of the formation of ionic compounds of higher orders (Double salts, spinels, silicates)[J], *Z. Phys. Chem.*, 1936, B34: 309 - 316.

[118] Fresh D. L., Methods of preparation and crystal chemistry of ferrites[ J], *Proc. I. R. E.*, 1956, 44: 1303 - 1311.

[119] Coble R. L., Burke, *Reactivity of Solids*[M], eds. Boer, De J. H., Elsevier Pub. Co., 1961: p.38.

[120] Stuijts A. L., Verweel J., Pelosche H. P., Dense ferrites and their applications[J], *IEEE transactions on communication and electronics*, 1964, 83: 726 - 801.

[121] Stuijts A. L., Control of microstructures in ferrites[J], *Ferrites: Proc. ICF1*, University of Tokyo Press, 1971: 108 - 113.

[122] Strivens M. A., Chol G., Adaptation of manufacturing process for soft ferrites to suit different raw materials[J], *Ferrites: Proc. ICF1*, University of Tokyo Press, 1971: 239 - 242.

[123] Ruthner M. J., Richter H. G., Steiner I. L., Spray-roasted iron oxide for the production of ferrites[J], *Ferrites: Proc. ICF1*, University of Tokyo Press, 1971: 75 - 80.

[124] Ruthner M. J., *Ferrites: Proc. ICF3*, Center for Academic Publications Japan(CAPJ), 1980: 64.

[125] Yamazaki Y., Matsue M., Ferrites[J], *Ferrites: Proc. ICF6*, The Japan Society of Powder and Power Metallurgy Printed in Japan, 1992: 11.

[126] Blum S. L., Li P. C., Kinetics of nickel ferrite formation[J], *J. Am. Ceram Soc.*, 1961, 44: 611 - 617.

[127] Winkler G., *Fifth Intern Symp. Reactivity Solids*[M], Munich, Elsevier Pub. Co. 1964: p.572.

[128] Takada T., Kiyama M., Prepartion of ferrites by wet method[J], *Ferrites: Proc. ICF1*, University of Tokyo Press, 1971: 69 - 74.

[129] Sato T., Kuroda C., Saito M., *et al.*, Preparation and magnetic characteristics of ultra-fine spinel ferrites[J], *Ferrites: Proc. ICF1*, University of Tokyo Press, 1971: 72 - 74.

[130] Robbins H., The preparation of Mn-Zn ferrites by Co-precipitation[J], *Ferrites: Proc. ICF*3, Center for Academic Publications Japan(CAPJ), 1980:7 - 10.

[131] Tamaura Y., Kanzaki T., Katsura T., Formation of Mg, Cd, Zn, Pb, Cr, Ti, or V-bearing ferrite by air (or $NO_3$) oxidation of aqueous suspension[J], *Ferrites: Proc. ICF*3, Center for Academic Publications Japan(CAPJ), 1980: 15 - 19.

[132] Takada T., Development and application of synthesizing technique of spinel ferrites by the wet method[J], *Ferrites: Proc. ICF*3, Center for Academic Publications Japan(CAPJ), 1980: 3 - 6.

[133] von Basel H., Texture of uniaxially hot-pressed coprecipitated Barium ferrite[J], *IEEE Trans. on Magn.*, MAG - 17, 1981, 6: 2654 - 2655.

[134] Kugimiya K., Hirota E., Bando Y., Magnetic heads made of a crystal-oriented spinel ferrite [J], *IEEE Trans. on Magn.*, MAG-10, 1974, 6: 907 - 909.

[135] Schenttler F. J., Johnson D. W., Synthesized microstructure[J], *Ferrites: Proc. ICF*1, University of Tokyo Press, 1971: 121 - 124.

[136] Hiraga T., Low-loss and high-stability Mn-Zn ferrites[J], *Ferrites: Proc. ICF*1, University of Tokyo Press, 1971: 179 - 182.

[137] Wickham D. G., The preparation of ferrites with the aid of fused salts[J], *Ferrites: Proc. ICF*1, University of Tokyo Press, 1971: 105 - 107.

# 第三章 磁记录材料

## §3.1 磁记录材料的基本特征

现代信息社会中，磁记录已成为信息存储不可或缺的技术，尤其是进入了互联网、物联网的大数据时代。其主要应用有磁录音、磁录像、磁录码等，此外还有磁印刷、全息记录、磁记录复制等。与传统的印刷、唱片以及胶片等记录方式相比，磁记录具有高密度、大容量、高速度、宽频带、抗干扰性、无易失性、可重复使用，以及可进行时标或频率的变换等优点。目前磁盘尚是高密度、大容量记录的主要方式。

用作磁记录器件的有磁带、磁盘、磁鼓、磁芯以及磁光盘等。自旋电子学的发展已对磁记录的读出磁头进行了革命性的创新，调控自旋可能将来对磁记录的方式有革命性的推进。目前研发的磁随机存储器(STT‑MRAM)等自旋器件有可能将信息的存储、运算等功能集中于单一的芯片中，实现存算一体化的类脑芯片，最终将磁盘等传统存储方式送入历史博物馆而进入到固态存储器的发展阶段。本章主要介绍磁带、磁盘上用的录磁介质以及作为电磁能量转换的磁头材料。在介绍材料之前，先对磁记录原理进行简要的定性描述。

### 3.1.1 磁记录原理[1-2]

磁记录的基本原理是将输入信息转变为电信号输入到记录磁头的线圈中去，从而在磁头的空隙处产生相应的变化磁场，如果此时将具有录磁介质的磁带以恒定速度紧靠近磁头空隙通过，必将受到此变化磁场的磁化，由于磁滞而将保留相应于输入信号的磁迹，这就是磁记录的简单过程。反之，如将经过磁记录的磁带以一定速度通过重放磁头的气隙，必将在磁头的线圈中感应出相应于磁迹变化的电信号，经过放大再转换为原来的输入信息，这就是磁重放（读出）再生过程。换言之，磁重放是磁记录的逆过程，其示意如图 3.1.1。由于磁记录的对象不同，如录音、录像、录码等，磁头的构造、记录的磁化过程等亦有所区别。现仅以磁录音来例为剖析一下磁记录过程。

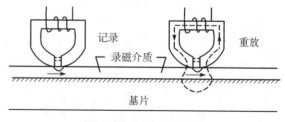

图 3.1.1 磁记录原理图

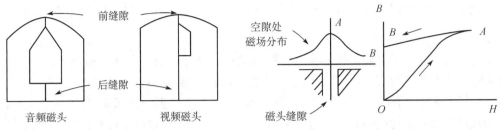

图 3.1.2　磁头结构示意图　　　　　图 3.1.3　长波长记录

磁头形状的示意如图 3.1.2。磁头的工作空隙宽度为 $g$，在空隙处溢出的磁场分布应呈凸形，在中间磁场最强，两边渐减，如图 3.1.3 所示。磁头的后间隙主要使磁头处于非饱和状态，增加线性的动态范围。对于重放磁头，因所接收的是弱信号，因此往往不需要后间隙。假如磁带以恒定速度 $V$ 紧贴着磁头空隙通过时，输入信号所产生的信息磁场将会使磁带被磁化，设其磁化过程由 $O$—$A$—$B$，那么走带后在磁带上将保留一定的磁迹。图 3.1.3 为信号波长大于缝隙宽度的情况，此时磁带的局域剩磁值可以正确反映信号强弱。如波长小于空隙宽度时，则会产生记录减磁，丧失信息，如图 3.1.4 所示。所以通常空隙宽度 $g$，信号频率 $f$ 和走带速度 $V$ 之间存在着如下的约制关系：

$$\frac{g}{V}=\frac{1}{f} \qquad (3.1.1)$$

或

$$g=\frac{V}{f}$$

为了保证无失真及良好的录音效果，$g$ 应满足下列关系：

$$g=\frac{V}{2f_{\max}} \qquad (3.1.2)$$

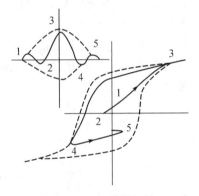

图 3.1.4　短波长记录

式中，$f_{\max}$ 为最高工作频率。通常录音机使用的磁头前间隙为 $3\sim 5$ $\mu m$，而录像磁头前间隙约为 $1$ $\mu m$。间隙的大小一方面受加工条件限制，另一方面，间隙过小亦会产生磁短路，因此通常取 $g>0.5$ $\mu m$。在 $g$ 固定的情况下，工作频率越高，带速亦应越大。例如电视信号的 $f_{\max}\approx 12$ MHz，当 $g=1$ $\mu m$ 时，带速 $V\approx 24$ m/s，即 1 小时内要用去近 86 km 磁带。为了解决这个问题，常采用旋转磁头的方法，使磁头相对于磁带作高速运动从而减慢带速，另外也同时采用多磁头记录的办法来提高单位面积磁带的密度。假如在磁记录过程中没有失真现象，设输入电流为 $I=I_0\sin\omega t$，则磁化磁场为 $H=H_0\sin\omega t$，从而导致磁带上剩磁磁迹为

$$M_{\mathrm{r}}=M_0\sin\left(\omega\,\frac{x}{V}\right)=M_0\sin\left(2\pi f\,\frac{x}{V}\right)=M_0\sin\left(2\pi\,\frac{x}{\lambda}\right) \qquad (3.1.3)$$

式中,$x$ 为磁带与磁头相对于运动方向的坐标,$\lambda = \dfrac{V}{f}$ 为记录波长,$\dfrac{1}{\lambda} = \dfrac{f}{V}$ 为纵向记录密度。

记录过程实质上是将电信号转变为相应磁矩的坐标函数。由于磁滞现象,磁带的剩磁 $M_r$ 与磁化磁场 $H$ 之间通常呈现非线性关系,因而导致录磁信号的失真,如图 3.1.5 所示。为了避免非线性失真,可以附加稳恒磁场,使工作点移到线性部分,如图 3.1.6 所示。由于直流偏磁场将使磁带在记录过程中沿一定方向磁化,导致磁化过程的噪音进入录音带中,降低了信噪比,此外亦仅仅使用磁化曲线的一部分。为此,实际上往往采用交流偏磁场,其原理如图 3.1.7。交流偏磁场的频率通常取被记录信号的 5~10 倍,因此在磁带上引起的剩磁为零,其振幅亦较信号大 5~8 倍,使录音的工作状态处于线性区域。交流偏磁对磁带磁化曲线原点是对称的,而记录信号是磁化曲线上分支和下分支两部分剩磁波形的相加。这样,一方面可以增加记录灵敏度,另一方面又可大大改善 $M_r$~$H$ 非线性所导致的失真,增加了动态范围,提高了信噪比。此外,交流偏磁场电流又可用来产生消音磁头的工作磁场。对录音机而言,偏磁场频率为 50~100 kHz,远大于音频。显然,选择合适的偏磁电流与录音电流对减少失真度是十分必要的。

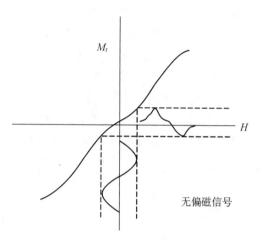

图 3.1.5 $M_r$ 与 $H$ 的非线性导致磁记录失真

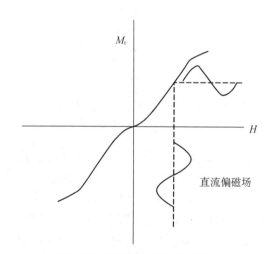

图 3.1.6 用直流偏磁法录音示意

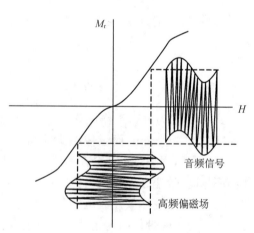

图 3.1.7 用高频偏磁录音时,音频信号被移至 $M_r$~$H$ 曲线的直线部分

在录码情况下,因仅存在正负两个磁化状态,故磁记录过程不需要叠加高频偏场。

在磁录像情况下,通常用电视信号频率对射频载波进行调频,亦不采用偏场。

### 3.1.2　磁重放过程

磁重放(即再生、放音)过程是磁记录过程的逆过程。被磁化的磁带在空间产生相应的磁场分布,当放音磁头与它贴近时,磁头就成为与它贴近的局域空间中磁感线低磁阻的磁路,在磁头的线圈中产生磁通量。磁带相对于磁头运动时,磁带磁迹空间磁场的变化将引起磁头线圈内磁通量的变化,从而产生感应电动势

$$e = -N\frac{\mathrm{d}\Phi}{\mathrm{d}t}$$

式中,$N$ 为磁头线圈匝数,$\Phi$ 为通过线圈的磁通量。

由于 $\Phi \propto M_r$,由式(3.1.3)得

$$e = -KNM_0 2\pi f \frac{V_s}{V}\cos\omega t \tag{3.1.4}$$

式中,$K$ 为比例系数,其大小取决于磁带材料与磁头材料的磁特性等;$V_s = \dfrac{\mathrm{d}x}{\mathrm{d}t}$,为放音时磁头与磁带的相对速度;$V$ 为记录速度。若记录与重放速度相同,则 $V_s = V$;若 $V_s >$
$V$,则为慢记快放,放音频率增高,称为频率扩张或时标压缩。这样,电话线记录的信号可用微波传输线发送,可大大节省发送时间。反之,如 $V_s < V$,则为快记慢放,放音频率降低,称为频率的压缩或时标扩张。

对于一般收录机,$V_s = V$。

由式(3.1.4)可知:

① 重放信号与记录信号位相差 $\pi/2$。

② $e \propto f$,即重放信号电压正比于记录频率,但实际上由于存在种种损失,在高频与低频段,$e \sim f$ 曲线偏离于线性关系,见图 3.1.8。

实际的重放信号电压与记录频率的关系在低频与高频段偏离于理想的线性关系,其原因通常认为存在低频损失与高频损失。低频损失比较简单,当记录波长大于磁头隙缝时,磁头只能对某些磁通提供低磁阻磁路,而不能对所有的磁通提供低磁阻磁路,从而导致低频段输出电压下降,见图3.1.9。高频损失通常包括下列几项[3]:

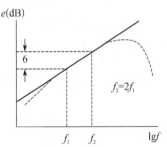

图中实线为理想曲线;虚线为实际曲线

**图 3.1.8　放音磁头输出与记录信号频率之关系**

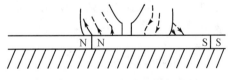

**图 3.1.9　记录波长大于磁头隙缝时的磁通分布**

#### 1. 缝隙损失

当记录波长与缝隙宽度相当时,磁感线不经过磁头而直接闭合,此时输出信号将为零,即 $\lambda = g$ 时,$f_d = V_s/g$,称为消磁频率。当然,$g = n\lambda$,$n = 1,2,3,\cdots$ 时,同样亦会产生

此情况。

当 $f > f_d$ 时,输出信号与频率的关系类似于函数 $\dfrac{\sin x}{x}$。

$$L_g(缝隙损失)=20 \cdot \lg \frac{\pi g/\lambda}{\sin \pi g/\lambda} \approx \frac{\sin \pi g/\lambda}{\pi g/\lambda}(dB),e \sim f$$

曲线见图 3.1.10。为了避免缝隙损耗,通常使重放磁头缝隙小于最短的记录波长,即 $g \leqslant \dfrac{\lambda_{\min}}{2}$,而对记录磁头则没有此要求。

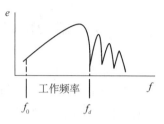

图 3.1.10　重放磁头输出信号电压与记录频率的关系

### 2. 间隙损失

由于磁带与磁头之间存在空气隙,使耦合到磁头中的磁通量下降,常用下列公式来表示此项损失:

$$L_a(间隙损失)=20\lg e^{-2\pi d/\lambda} \approx 54.6\,\frac{d}{\lambda}(dB) \tag{3.1.5}$$

式中 $d$ 为空气隙大小。

当磁带表面不够光滑时,间隙损失不可避免,因此通常磁带需进行压光处理。

### 3. 厚度损失

由于磁带涂层有一定的厚度,导致短波长的磁感线在磁带涂层内部形成磁回路。为了减少该项损失,磁带发展的趋向是涂层日益减薄。

$$L_t(厚度损失)=20\lg \frac{2\pi\delta/\lambda}{1-e^{-2\pi\delta/\lambda}}(dB)$$

式中的 $\delta$ 为涂层厚度。

### 4. 退磁损失

磁带的剩磁所产生的自退磁场效应,将使剩磁值减少以降低退磁场能。对短波长(退磁因数增加),此效应更明显。为了避免此损失,通常要求提高磁带的矫顽力与矩形度,并减小磁带厚度。

### 5. 涡流损失

涡流损失近似可定性地表述为

$$P_e(涡流损耗) \propto f^2 B^2 t^2 V/\rho$$

式中,$f$ 为频率;$B$ 为磁感应强度;$V$ 为体积;$t$ 为磁芯厚度;$\rho$ 为电阻率。由于铁氧体电阻率远高于金属,因此铁氧体磁头的涡流损耗小,高频特性优于金属磁头。

除了上述 5 项损失外,尚有磁头方位角不适当所引起的损失等。

### 3.1.3 消音过程

消音就是消磁,通常采用交流、直流、永磁三种方式。交流消磁是对消音(抹音)磁头提供足够强的交变电流(通常采用 50~100 kHz 的偏场电流),当磁带以一定的速度通过消音磁头间隙时,可使磁带的剩磁平滑地降到零。交流消磁磁头可取一般录音磁头结构,但缝隙比录音磁头大。

直流消磁是采用足够强的稳恒磁场,使磁带沿一定方向饱和磁化,通常用于数字记录技术中。

永磁式消磁采用多极(如 7 极)永磁体磁头,极性交替变化,磁场强度递次减弱,其消磁效果低于交流的零消磁,高于直流的饱和消磁,但成本低,不需要电源,有时亦将永磁式消磁归属于直流消磁。

### 3.1.4 磁记录进展

自从 1898 年 Polsem 发明钢丝录音以来,100 余年不断的创新与改进,尤其是 20 世纪 90 年代利用巨磁电阻效应的高密度读出磁头商业化应用,导致目前磁记录依然为主流的信息记录方式,磁记录靠剩磁来记录信息。对颗粒状的磁记录介质,为了提高记录密度,必需减少颗粒尺寸,而磁性颗粒的磁性随颗粒尺寸而改变。存在两个特征物理常数,其一为单畴临界尺寸,其二为超顺磁性临界尺寸,如图 3.1.11 所示。当磁性颗粒尺寸较大时通常处于多畴状态,随着颗粒尺寸减小,矫顽力增大,对应于矫顽力为极大值的尺寸,定义为单畴临界尺寸,进一步减小颗粒尺寸,矫顽力随之下降,对应于矫顽力为零的尺寸,定义为该温度下的超顺磁性临界尺寸。

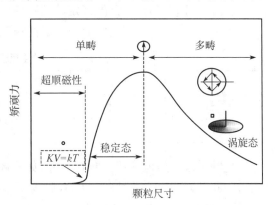

图 3.1.11　球状磁性颗粒的矫顽力随颗粒直径的变化

超顺磁性的概念是从顺磁性延伸过来的,对于相互作用可忽略的单畴磁性微颗粒体系,设颗粒体积为 $V$,通常颗粒内含有 $10^5$ 以上的原子,颗粒内原子磁矩之间相互交换耦合在一起,颗粒磁矩为 $VM_s$。假如将颗粒看成具有磁矩 $\mu$ 为 $VM_s$ 的"超原子",那么当体系具有与顺磁性相似的特性时称为超顺磁性,它将具有顺磁性特性,亦遵从朗之万函数关系,但此时的 $\alpha$ 可表述为:$\alpha = \mu_0\mu(H+\lambda M)/kT$,$\lambda$ 为分子场常数,与交换作用相关。超顺磁性的磁化曲线无磁滞,$H_c = 0$,磁化曲线可逆。

考虑具有单易磁化轴的球状单畴颗粒,其磁各向异性常数为 $K$,随着颗粒尺寸减少,使颗粒磁矩保持在易磁化方向的磁能 $KV$ 亦随体积减少而减少,当磁能 $KV$ 与热能 $kT$ 相当时,在热扰动作用下,不能保持原磁矩方向,磁矩可以克服势垒 $\Delta E = KV$ 而反转,磁

矩反转的几率 $p \sim \exp(-KV/kT)$，$k$ 为波尔兹曼常数，当我们测量该体系的磁矩时，如在所测量的时间内，颗粒磁矩已反转多次，导致所测量到的磁矩平均值为零，则该颗粒体系的行为就类似于顺磁性原子体系，颗粒磁矩在空间作无规则分布。

显然，当超顺磁性颗粒体系在磁场中被磁化后，撤除磁场后，磁化强度必然随时间而衰减，$M(t) = M_0 \exp(-t/\tau)$，根据阿伦尼斯乌（Arrhenius）公式，超顺磁性弛豫时间 $\tau = \tau_0 \exp(KV/kT)$，$\tau_0 = 10^{-9}$ 秒，或 $KV/kT = -\ln\omega\tau_0$，$\omega = 1/\tau$。

在热扰动作用下颗粒体系的磁化强度（单位体积内磁矩的矢量和）亦随时间而变化，设测量时间为 $\tau_E$，存在两种情况：① $\tau_E < \tau$，在测量过程中磁矩还来不及反转，因此可以测量出该时间内颗粒的磁矩；② $\tau_E > \tau$，在测量过程中磁矩可以反转多次，因此在测量过程中颗粒磁矩的统计平均值为零，呈现出超顺磁性。由临界条件，$\tau_E = \tau$，可以确定超顺磁性临界尺寸。对于直流测量，$\tau_E$ 可设定为 100 秒，由 $\tau_E = \tau$ 可获 $KV_S = 25kT_B$，$T_B$ 称为 Blocking 温度（截止温度），$V_S$ 为超顺磁性临界体积。

高于 Blocking 温度时呈现超顺磁性。超顺磁性在穆斯堡尔谱中常呈现双峰，低于 Blocking 温度时呈现铁磁性的六线谱。对于穆斯堡尔谱测量，$\tau_E \sim 10^{-8}$ 秒，相应的超顺磁性尺寸由下式确定：

$$KV_S = 2.3kT_B$$

因此，不同的测量方法所确定的超顺磁性尺寸是不同的。

由 $KV_S = 25kT_B$ 所确定的一些磁性颗粒的超顺磁性尺寸列于表 3.1.1 中。

**表 3.1.1　一些磁性颗粒的超顺磁性临界尺寸**

| M | $Fe_3O_4$ | Ni | Fe | Co |
|---|---|---|---|---|
| $d_S$ (nm) | 10 | 4.0 | 6.3 | 5 |
| $T_B$ (K) | 300 | 25 | 78 | 55 |

超顺磁性强烈地依赖于颗粒尺寸，如将超顺磁性颗粒尺寸增加 20%，将导致弛豫时间由 100 秒剧增至 $10^{10}$ 秒（300 年），脱离了超顺磁性状态。超顺磁性在基础研究中是十分重要的概念，在实际应用中亦是十分重要的参量，例如，超顺磁性尺寸确定了磁记录介质颗粒尺寸的下限，当颗粒尺寸低于或与超顺磁性尺寸相当时，磁记录信息就无法保留；为了降低颗粒间相互作用，避免团聚，在制备磁性液体时亦必须要求磁性颗粒处于超顺磁性尺寸。

由于热扰动，热能有助于磁化反转，对接近超顺磁性尺寸的磁性颗粒，影响十分显著，$H_c$ 将随颗粒尺寸（$D$）而变化，可以下式表述

$$H_c = H_{c0}[1 - (d_S/D)^{3/2}]$$

$H_{c0}$ 为不考虑热扰动时的矫顽力，或超顺磁性影响忽略时的矫顽力。Blocking 温度（$T_B$）亦可通过测量磁化率随温度变化而确定，首先将样品在无磁场下降温至低温，然后随温度升高测量低场磁化率随温度的变化曲线（ZFC）直至高温，再在弱磁场中，如 1 mT（10 G）下测量磁化率随温度降低的变化曲线（FC），（ZFC）与（FC）两曲线在高于 $T_B$ 温度

时两者重合,低于 $T_B$ 温度时两者分离,通常以 $ZFC$ 曲线峰值处所对应的温度定义为 $T_B$。对于圆柱状的磁性颗粒,与球状颗粒相比,在相同体积的条件下,显然圆柱体的直径可小于球状颗粒,设圆柱体的直径为 $d$,长度为 $l$,球状颗粒的直径为 $D$,体积相同时两者关系为:$1/6\pi D^3 = 1/4\pi d^2 l$,$d = (2/3D^3/l)1/2$,当 $l$ 大于 $D$ 时,$d$ 可小于 $D$。因此在垂直磁记录中均采用柱状的磁记录介质,可显著地提高磁记录密度。由于超顺磁性对颗粒尺寸下限的限制,纵向磁记录密度最高约为 400 Gb/in$^2$,而垂直磁记录密度可提高到 1 Tb/in$^2$。磁盘面密度发展的历程如图 3.1.12 所示。

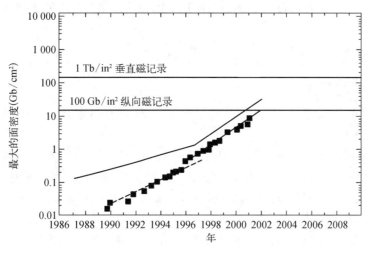

**图 3.1.12　磁盘面密度的发展历程**

## 参考文献

[1] 都有为,罗河烈.磁记录材料[M].北京:电子工业出版社,1992.

[2] 戴礼智.磁记录基础知识[M].北京:北京科学技术出版社,1980.

[3] Wallace R.L.. The reproduction of magnetically recorded signals[J]. *Bell System Technical Journal*, 1951,30:1145-1173.

# §3.2 磁头材料

磁头是磁记录中重要的电、磁能量转换器,记录信号时,它应无失真地将电信号转换为磁信息,与它紧贴的磁带就成为磁头前缝隙低磁阻的磁分路,将磁信息以剩磁的形式记录下来。在重放时,它却为磁带上的磁迹所产生的磁场提供低磁阻的磁路,以便在绕阻中感应出相应的电信号。

对磁头材料通常有下列要求:

## 1. 磁性能方面

① 高饱和磁化强度。有利于产生较宽的 $M_r - H$ 线性区域,防止磁饱和所引起的失真和扩展动态范围。

② 高磁导率。对于重放磁头,因处于弱交变磁场下工作,通常要求 $\mu_i$ 高,有利于磁带中磁迹所产生的磁通进入磁头。记录磁头处于强的交变偏磁场及信号场的叠加状态下工作,通常要求 $\mu_m$ 高,有利于提高气隙磁场。对一般收录机,磁头兼录、放两重作用,称为录放磁头,通常以 $\mu_i$ 为技术指标。

③ 较低的矫顽力 $H_c$。有利于降低磁头剩磁,避免由于剩磁而产生的直流磁化噪音,以及降低磁滞损耗。

④ 较高的居里温度 $\theta_f$,以增进温度稳定性。因磁头工作时,与磁带间的摩擦将会产生一定的热量,使工作温度有所提高。

⑤ 较低的磁致伸缩系数。有利于降低噪音,降低加工应力所产生的磁性恶化。

⑥ 高的使用截止频率。

## 2. 电性能方面

要求较高电阻率,以降低涡流损耗,改善高频响应。

## 3. 机械性能方面

要求耐磨性好,使用寿命长。耐磨性与硬度有关,因此常用硬度来表征材料的耐磨性。此外为了便于加工,还要求抗折强度高,气孔率低,晶粒不易剥落,具有良好的可加工性。其他如降低磁头噪音亦是十分重要的技术指标。有关录音磁头噪音的来源,Watanabe[1] 曾作过研究。磁头噪音不仅与磁头有关,而且与磁头所受到的张力、带速、磁带的表面平整程度以及带的振动等有关。晶粒内对畴壁运动的钉扎作用以及减小晶粒尺寸,将有利于降低噪音。例如,对 MnZn 铁氧体多晶体磁头,信噪比与晶粒尺寸的关系如图 3.2.1 所示。当晶粒尺寸大于 $40~\mu m$ 时噪音显著地增长,因此通常需要限制多晶铁氧体磁头材料的晶粒尺寸。高磁导率、高密度与控制一定的晶粒尺寸,就成为制备多晶铁氧体磁头材料的关键。对于大晶粒的材料,要降低噪音,可添加 $SnO_2$,用以钉扎畴壁运动。

从可加工性、耐磨性考虑,大晶粒材料比细晶粒材料优越。此类滑动噪音的来源被认为磁头受到外加作用,如磁带与磁头的滑动接触,磁头受到热的、机械的以及磁的作用,通过磁弹性效应而改变磁化状态,从而在线圈中感应出无规则的噪音。为了降低滑动噪音,要求磁头材料具有低的磁致伸缩系数。

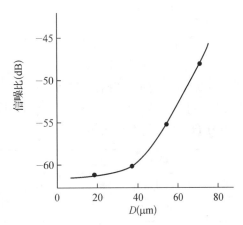

图 3.2.1　**MnZn 铁氧体磁头之信噪比与晶粒尺寸之关系**[1]

目前磁带已向高记录密度、高剩磁、高矫顽力方向发展,从而对磁头材料与结构设计均提出了一定的要求。例如高密度金属磁带,$H_c \approx$ 79.6 kA/m,要将信号记录在如此高 $H_c$ 的磁带上,就要求磁头材料有较高的饱和磁化强度,否则就会使磁头极尖饱和,导致记录失真。Fujiwara[2] 曾对交流偏磁记录中录音磁头的饱和问题作了分析。

设磁头前缝隙为 $g$,磁带涂层厚度为 $\delta$。根据 Karlqvist 方程,溢出磁场的分布可用下式表述:

$$H_x = \frac{H_{b0}}{\pi}\left[\arctan\frac{\frac{g}{2}+x}{y} + \arctan\frac{\frac{g}{2}+x}{y}\right]$$

$$H_y = -\frac{H_{b0}}{2\pi}\ln\frac{\left(x+\frac{g}{2}\right)^2 + y^2}{\left(x-\frac{g}{2}\right)^2 + y^2}$$

坐标原点取磁头中心处,$x$ 轴平行于磁头平面,$y$ 轴垂直于磁头平面,指向磁带平面。式中,$H_{b0}$ 为交流偏磁电流在 $g$ 间隙中产生的磁场,缝隙中心平面上离磁头 $y$ 处的磁场强度为 $H(x=0, H_y=0)$,可简写为

$$H = \frac{2H_{b0}}{\pi}\arctan\frac{g}{2y} \tag{3.2.1}$$

当穿透到磁带涂层背面的偏磁场等于磁带录磁介质的矫顽力 $H_c$ 时,录音效果最佳,即 $y=\delta$ 时,$H=H_c$,则

$$H_{b0} = \frac{\pi}{2}H_c/\arctan\frac{g}{2\delta} \tag{3.2.2}$$

在一般交流偏磁记录中,偏磁场 $H_{b0}$ 至少大于记录信号场 $H_{s0}$ 的 5～10 倍,所以缝隙中产生的总磁场 $H_0 = H_{b0} + H_{s0} \approx 1.2 H_{b0}$,为了防止磁头饱和,$H_0$ 必须小于磁头的饱和场 $\frac{B_m}{\mu_0}$,所以

$$\frac{B_{\mathrm{m}}}{\mu_0} \geqslant \frac{0.6\pi H_{\mathrm{c}}}{\arctan(g/2\delta)} \qquad\qquad (3.2.3)$$

式中 $\mu_0$ 为真空磁导率。上式表明了在较佳的录音条件下,磁头的饱和磁感应强度与磁带矫顽力之间的关系。设 $S = 4\ \mu\mathrm{m}$,以 $g$ 为参变数,可以作出 $B_{\mathrm{m}} \sim H_{\mathrm{c}}$ 曲线,见图 3.2.2。例如,当 $g = 1.2\ \mu\mathrm{m}$,$\delta = 4\ \mu\mathrm{m}$ 时,对下列三种典型的磁头材料,可能记录的最大矫顽力 $H_{\mathrm{c}}$ 值的磁带对比如下:

| 材　　料 | $B_{\mathrm{m}}$(mT) | $H_{\mathrm{c}}$(kA/m) |
|---|---|---|
| 铁氧体 | 400 | 38.2 |
| 坡莫合金 | 700 | 66.0 |
| 三达斯特 | 1 000 | 94.7 |

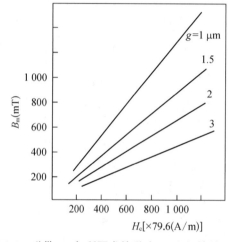

**图 3.2.2　磁带 $H_{\mathrm{c}}$ 与所要求的磁头 $B_{\mathrm{m}}$ 之间的关系曲线**

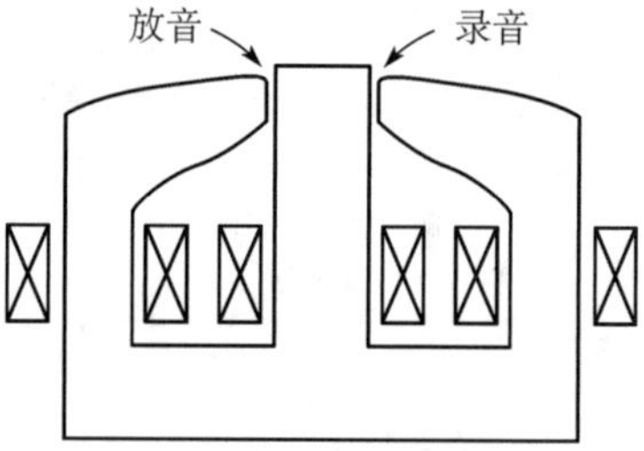

**图 3.2.3　录、放音组合磁头**

由式(3.2.3)或图 3.2.2 可知,当增加隙缝宽度时,对同样 $H_{\mathrm{c}}$ 的磁带,磁头的 $B_{\mathrm{m}}$ 值可以降低一些,即想用较低 $B_{\mathrm{m}}$ 值的磁头对高 $H_{\mathrm{c}}$ 的磁带进行录音时,必须加宽缝隙。为了利用铁氧体较好的高频性能,已设计出一种录音头和放音头分开的铁氧体磁头,其示意见图 3.2.3。这种设计使低 $B_{\mathrm{m}}$ 的铁氧体磁头尚能用于高矫顽力磁带。

为了克服铁氧体低 $B_{\mathrm{m}}$ 的缺点,可采用金属陶瓷型铁氧体,它是用 80 mol％的羰基铁粉加 20 mol％铁氧体颗粒在减压气氛下高温(800℃～1 050℃)烧结而成,其 $B_{\mathrm{m}}$ 为 800 mT,电阻率为 $10^{-1} \sim 1\ \Omega \cdot \mathrm{cm}$,加硼后电阻率可以升高。

磁头材料按用途分类,可分录音、录像、录码三大类,其相应频率为:音频、视频以及脉冲。按材料分类主要为金属和铁氧体两大类。金属磁头的优点是 $B_{\mathrm{m}}$ 值高,$\mu_{\mathrm{i}}$ 高,成本较低;其缺点是电阻率低,高频响应不如铁氧体,不耐磨。金属磁头除常用的坡莫合金磁头外,尚有非晶态磁头[3]、薄膜磁头[4]、金属与铁氧体组合磁头(MIG)以及利用磁阻效应的磁头[5]等。铁氧体磁头的优点是电阻率高、高频损耗小、频率特性好、耐磨、不易粘附尘埃、化学的热稳定性优于金属磁头,其缺点是 $B_{\mathrm{m}}$,$\mu_{\mathrm{i}}$ 低,居里温度低,加工较困难,晶粒易剥落,成本略高于金属。

　　磁头分两大类。其一:写入磁头,随着记录密度的提高,存储信息的尺寸减少,要求磁记录介质的矫顽力随之提高,为了信息的写入,必需在磁头的隙缝处产生足够磁场,因此要求写入磁头材料具有高饱和磁化强度与高磁导率。其二:读出磁头,读出磁头的结构却经历了多次的改革,早期的读出磁头与写入磁头结构上相似,以上已作了简单介绍,金属与铁氧体的组合磁头称为 MIG 磁头,20 世纪 80 年代采用薄膜磁头(TFI),继后被各向异性磁电阻效应磁头(AMR)所取代,20 世纪 80 年代巨磁电阻的发现,奠定了磁记录技术飞跃发展的里程碑,使磁记录密度显著地提高。尤其利用巨磁电阻效应(GMR)的读出磁头,使磁盘的存储密度产生历史性的突破,可以毫不夸张的讲 GMR 磁头挽救了磁盘,当时磁盘正处于难以提高记录密度的瓶颈,面临着被光盘淘汰的命运。图 3.2.4 为磁电阻效应的组合磁头示意图,其中,写入磁头的结构基本上没有变化,读出磁头却采用了 GMR 巨磁电阻效应的自旋阀结构的磁头。21 世纪以来,所有的硬盘均采用灵敏度更高的隧道磁电阻效应(TMR)磁头,磁记录密度已高于 400 Gb/in$^2$。磁记录密度的进展见图 3.2.5。

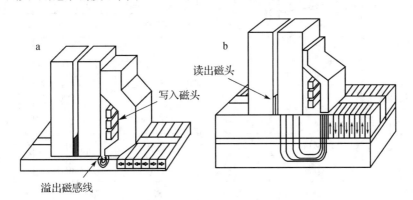

**图 3.2.4　TMR 磁电阻效应的组合磁头示意图**
a. 纵向磁记录模式　b. 垂直磁记录模式

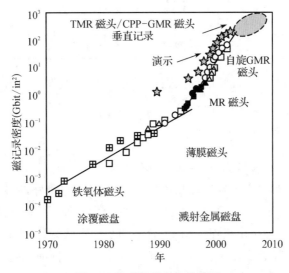

**图 3.2.5　磁记录密度的进展**

### 3.2.1 金属磁头材料

#### 1. Fe-Si-Al 合金单晶体

由于单晶体的磁特性和加工性优于多晶体,因此常采用金属单晶体作为磁头材料。2.2.5 节已对 Fe-Si-Al 合金多晶材料进行了介绍,制备铁硅铝合金单晶体的工艺简述如下:选择 FeSiAl 系合金中软磁特性最佳的 Sendust(仙达斯达)合金组成,先经真空熔炼,再利用布里奇曼法生长单晶体。单晶体的性能是各向异性的,对不同取向晶面磁性不同,见表 3.2.1。

表 3.2.1 仙达斯特合金单晶体沿不同晶面取向和多晶体的磁特性[6]

| 特性项目 \ 晶面取向 | | [100] | [110] | [111] | 多晶体 |
|---|---|---|---|---|---|
| 中心成分 (wt.%) | Fe | 85.1 | 85.0 | 84.8 | 82.7 |
| | Si | 9.5 | 9.6 | 9.7 | 9.9 |
| | Al | 5.4 | 5.4 | 5.5 | 6.4 |
| 初始磁导率 $\mu_i$ | | 60 000 | 60 000 | 40 000 | 23 000 |
| 最大磁导率 $\mu_m$ | | 180 000 | 120 000 | 80 000 | 117 000 |
| 有效磁导率 $\mu e$ | 0.5 MHz | 280 | 300 | 350 | 350 |
| | 1 MHz | 180 | 200 | 230 | 175 |
| | 3 MHz | 82 | 88 | 95 | 70 |
| | 10 MHz | 60 | 65 | 70 | 60 |
| 饱和磁感应强度 $B_s$(T) | | 1.18 | 1.10 | 1.10 | 0.85 |
| 矫顽力 $H_c$(A/m) | | 1.52 | 1.44 | 2.24 | 2.32 |
| 硬度 $H_v$ | | 320 | 480 | 470 | 510 |

由表显见,沿[100]方向测得的最大磁导率为最高,因此加工成磁头时需选择有利于易磁化的[100]方向。

#### 2. 坡莫合金

坡莫合金指的是 Ni 含量为(35~90)wt%的 Ni-Fe 合金。这种合金最大的特点是具有很高的初始磁导率和最大磁导率,同时它们的加工性能也很好,适宜于制造磁头。对于 Ni 含量高于 35%的合金,金属 Ni 呈面心立方结构,而金属 Fe 随着温度上升到 910℃附近,有可能形成 $Ni_3Fe$ 有序化点阵。Ni-Fe 合金的基本磁性参数(如 $K_1$ 和 $\lambda_s$)会伴随有序化点阵的出现而发生显著变化,使合金不再满足 $K_1$ 和和 $\lambda_s$ 同时趋近于零的最佳条件,导致磁导率下降。通常,为了避免这种情况出现,可以采用双重热处理法应对。例如,将合金试样加热至 900℃ 退火 1 小时以上，让其缓慢冷却至 600℃，再急冷至室温。这时对于 Ni 含量为 76%～81% 的 Ni-Fe 合金，试样内部比较接近于 $K_1=0$ 和 $\lambda_s=0$ 的状态，因此可得较高的磁导率。

Ni-Fe 合金在发展早期，为了提高电阻率，降低涡流损耗，也曾在合金中添加少量 Mo、Cr、Cu 等元素。实验发现，这样做，即使不采用 600℃ 的急冷热处理，也能抑制 $Ni_3Fe$ 有序点阵的形成，因而可以获得比二元合金高数倍的初始磁导率。

按照国际电工委员会的分类方法，磁头用坡莫合金按其含 Ni 量的不同可以分成以下三大类：[7]

① 低 Ni 含量的 PD 合金，含 Ni 量为 35%～40%；

② 中 Ni 含量的 PB 合金，含 Ni 量为 42%～50%；

③ 高 Ni 含量的 PC 合金，含 Ni 量为 70%～80%。

在这三类坡莫合金中，如果按磁性能的高低排序，PC 型合金的磁性能最高，其次为 PB 型合金，而 PD 型合金的磁性能则最低。表 3.2.2 分别列出了这三类合金的初始磁导率 $\mu_i$、最大磁导率 $\mu_m$、矫顽力 $H_c$、饱和磁感应强度 $B_s$ 和频率 1 kHz 下的有效磁导率 $\mu_e$ 值。

表 3.2.2 各类高纯度坡莫合金的磁性能（薄带厚度：0.35 mm）[6]

| 合金（余 Fe） | $\mu_i(\times10^4)$ | $\mu_m(\times10^4)$ | $H_c$(A/m) | $B_s$(T) | $\mu_e$(1 kHz)($\times10^3$) |
|---|---|---|---|---|---|
| PD(Ni36) | 1.05～2.54 (>1.0) | 5.5～9.0 (>5.0) | 1.2～2.8 (<4.0) | 1.35～1.38 | 3.0～4.0 |
| PB(Ni46) | 3.2～4.54 (>3.0) | 11.5～18.4 (>10.0) | 0.72～1.2 (<1.6) | 1.58～1.60 | 4.5～5.8 |
| PC (Ni77Mo4Cu4.7) | 20.5～49.5 (>20.0) | 45.0～72.0 (>40.0) | 0.24～4.24 (<0.48) | 0.785～0.800 | 6.0～9.7 |

注：（1）初始磁导率在测量时所加的磁场值为：PD 和 PB 合金为 0.8 A/m，PC 合金为 0.4 A/m；（2）该表中括号内数字为保证值。

2013 年，我国针对用于制备磁头的冷轧带材修订了新的黑色冶金标准，即 YB/T 086—2013。表 3.2.3 列举了我国黑色冶金行业标准中列举的 12 种磁头用软磁合金冷轧带材的直流磁性能[8]。牌号末尾带 C 的合金共四种（如 1J75C、1J77C、1J79C 和 1J85C），它们是磁头的外壳和隔离片用料；牌号末尾带 X 的合金，指的是磁头芯片用料，共八种。表中给出了十二种材料的成分、性能。有关这 12 种材料的成分范围可查阅该行业标准。

表 3.2.3 磁头用软磁合金冷轧带材的直流磁性能
（中国黑色冶金行业标准 YB/T 086—2013）[8]

| 合金牌号 | $\mu_{0.4}$[a] | $\mu_m$ | $B_{800}$(T)[b] | $H_c$(A/m) | 主要成分 |
|---|---|---|---|---|---|
| | 不小于 | | 不大于 | | |
| 1J75C | 30 000 | 150 000 | 0.70 | 1.6 | Ni-Fe-Cu-Mo-W-Mn-Si |
| 1J77C | 30 000 | 100 000 | 0.67 | 2.0 | Ni-Fe-Cu-Mo-Mn-Si |

| 合金牌号 | $\mu_{0.4}$[a] | $\mu_m$ | $B_{800}$ (T)[b] | $H_c$ (A/m) | 主要成分 |
|---|---|---|---|---|---|
| | 不小于 | | 不大于 | | |
| 1J79C | 30 000 | 100 000 | 0.75 | 1.6 | Ni-Fe-Mo-Mn-Si |
| 1J85C | 30 000 | 100 000 | 0.68 | 1.6 | Ni-Fe-Mo-Mn-Si |
| 1J84X | 20 000 | 50 000 | 0.74 | 2.8 | Ni-Fe-Nb-Mo-Mn-Si |
| 1J85X | 40 000 | 100 000 | 0.66 | 1.6 | Ni-Fe-Nb-Mo-Mn-Si |
| 1J87X | 35 000 | 150 000 | 0.64 | 1.5 | Ni-Fe-Mo-Nb-Mn-Si |
| 1J88X | 35 000 | 90 000 | 0.60 | 2.4 | Ni-Fe-Nb-Mn-Si |
| 1J92X | 35 000 | 150 000 | 0.70 | 1.5 | Ni-Fe-Nb-Mn-W |
| 1J93X | 35 000 | 100 000 | 0.60 | 2.0 | Ni-Fe-Nb-Mo-Mn-Si |
| 1J94X | 40 000 | 100 000 | 0.60 | 1.6 | Ni-Fe-Mo-Nb-Cr-Mn |
| 1J95X | 40 000 | 100 000 | 0.55 | 1.6 | Ni-Fe-Mo-Nb-Si |

注:a)在 $H=0.4$ A/m 磁场下测得的磁导率;b) 在 800 A/m 磁场下测得的磁通密度值。

多年来,国内使用的磁头外壳材料主要利用 Ni-Fe-Mo-(Cu) 系材料制作,如牌号为 1J79C 和 1J85C。单声道磁头芯片用 1J85C(日本牌号为 PC-80)。双声道和四声道磁头芯片则用含 Nb 量较高的硬坡莫合金(1J88),或用含 Nb、Mo 的硬韧坡莫合金 1J87C 和 PC-271 等。在这些合金中,除了 Ni 含量(77%~81%)外,还添加了少量的 Mo(2.0%~5.5%)和 Nb(4%~9%)。

在本书第二章中,我们已经比较详细地介绍了金属软磁材料。本节主要介绍在 Ni-Fe 合金中,通过添加一些合金化元素进一步提高合金的初始磁导率和最大磁导率,以满足其在磁头方面的应用要求。

表 3.2.4 列举了国外某些高硬度耐磨磁头合金的磁性能[4]。表中列举的材料多数是日本一些公司生产的硬坡莫合金的产品。最后三个摘自美国专利。在日本,东北大学名誉教授增本量及其研究团队成员村上雄悦、比内正胜一起在几年时间内持续研究了 Ni-Fe-Nb、Ni-Fe-Ta、Ni-Fe-Nb-Ta、Ni-Fe-Nb-W、Ni-Fe-Ta-W、Ni-Fe-Ta-Cr、Ni-Fe-Nb-Mo、Ni-Fe-Nb-Cr、Ni-Fe-Nb-Al、Ni-Fe-Ta-Mo 等硬坡莫合金的磁性能和力学性能,所有论文均先后发表在日本《金属学誌》杂志上。

表 3.2.4　国外某些高硬度耐磨磁头合金的磁性能[9]

| 牌号 | 直流性能 | | | | 硬度 (Hv) | 电阻率 ($\rho$) | 备注 |
|---|---|---|---|---|---|---|---|
| | $\mu_i$ ($\times 10^4$) | $\mu_m$ ($\times 10^4$) | $B_s$ (T) | $H_c$ (A/m) | | | |
| PC-4(Ni80V7) | 2.0 | — | 0.5 | 1.59 | 150 | 100 | 日本住友样本 |
| PC-6(Ni80VMoTi) | 1.0 | 7.0 | 0.46 | 1.59 | 300 | 95 | 日本住友样本 |

| 牌号 | 直流性能 | | | | 硬度 $(Hv)$ | 电阻率 $(\rho)$ | 备注 |
|---|---|---|---|---|---|---|---|
| | $\mu_i$ $(\times10^4)$ | $\mu_m$ $(\times10^4)$ | $B_s(T)$ | $H_c$ $(A/m)$ | | | |
| PC-7(NiMoCu) | 4.0～10.0 | 11～30 | 0.70～0.75 | 0.40～1.20 | 100～130 | 55～60 | $\mu_e(1\ kHz)=25\ 000\text{—}35\ 000$ $\mu_e(10\ kHz)=6\ 000\text{—}10\ 000$ $\mu_e(100\ kHz)=1\ 400\text{—}2\ 200$ 日本住友样本 |
| PC-8 | 1.5～3.0 | 6～10 | 0.72～0.77 | 1.99～2.79 | 120～150 | 55～60 | $\mu_e(1\ kHz)=15\ 000\sim25\ 000$ $\mu_e(10\ kHz)=2\ 500\sim5\ 500$ $\mu_e(100\ kHz)=1\ 300\sim1\ 900$ 日本住友样本 |
| PC-10(NiWNbTi) | 1.0～3.0 | 4.0～15.0 | 0.60～0.65 | 0.80～3.18 | 180～210 | 65～70 | $\mu_e(1\ kHz)=10\ 000\sim15\ 000$ $\mu_e(10\ kHz)=2\ 500\sim3\ 300$ $\mu_e(100\ kHz)=800\sim1\ 700$ 日本住友样本 |
| YEP-H(Ni79Mo) | 4.0 | 10.0 | 0.48 | 1.59 | 210 | 100 | 日本日立样本 |
| YEP-HD | 1.5 | 6.0 | 0.67 | 2.39 | 280 | — | 日本日立样本 |
| FeNiNb | 12.5 | 49.1 | 0.60 | 0.183 | 207 | 75 | 日本金属学会誌 1972 V01/36 N01 |
| FeNiTa | 7.5 | 46.8 | 0.66 | 0.310 | 216 | 70 | 日本金属学会誌 1974. V0138 N03 |
| FeNiMoNbTa | 12.5 | 50.0 | 0.60 | 1.59 | 200 | 80 | 日本金属学会誌 1974. V0113 N09 |
| FeNiNbAl | 4.7 | 16.36 | 0.535 | 0.796 | 350 | 89 | 美国专利 3837933 |
| FeNiNbTi | 5.3 | 23.6 | 0.538 | 0.478 | 263 | 91 | 同上 |
| FeNiNbWSi | 5.96 | 22.8 | 0.534 | 0.478 | 233 | 95 | 同上 |

### 3. 非晶态合金磁头

2.2.7 节已对非晶材料及其制备进行了介绍,在此,仅对应用于磁头的非晶态材料进行简介。使用 Co 基非晶态合金作磁头材料的优点如下[10]:

① 具有优异的软磁性能:在非晶态下,材料的磁晶各向异性常数 $K_1$ 趋近于零,因而有利于提高磁导率和降低矫顽力,同时有利于消除产生各种共振损耗、磁滞损耗以及磁性能恶化的成因。

② 非晶态快淬薄带材料的电阻率较高($\rho\geqslant199\ \mu\Omega\cdot cm$),几乎是同类晶态合金电阻率($50\sim60\ \mu\Omega\cdot cm$)的 $3\sim4$ 倍,这对降低涡流损耗有利。另外,采用熔体快淬法制备厚度为微米量级薄带,其成本上比晶态合金轧制薄带要低,同时也有利于高频特性方面(如录像磁头)的应用。

③ 非晶态薄带的硬度高、易加工、使用寿命长。内部不存在晶粒/晶界结构,因此使用过程中不会产生晶面的滑动变形,容易进行塑性变形。

④ Co 基非晶态薄带中经常添加少量 Cr、P 等元素,有助于提高耐腐蚀性能。据实验证实,对酸和氯化物溶液的耐腐蚀性,非晶态合金薄带要大于不锈钢;对于耐酸和耐盐性测试,非晶态合金也大于铁硅铝合金。

就非晶态的材料组成而言,通常可以分为两大类:金属-非金属系和金属-金属系,由于金属-金属材料在制作薄带时困难较大,所以通常大多利用金属-非金属系材料,其中,金属主要是指一种或多种过渡族金属元素,如 Fe、Ni、Co、Cr、Mn、Pb 等。成分比约占 $(75\sim80)$ mol·%。非金属元素主要是指一种或多种容易形成玻璃体的元素,如硅(Si)、硼(B)、磷(P)、碳(C)等。在非晶态合金中,用于制造磁头的材料主要是 Co 基非晶态合金。

非晶态磁头材料的缺点是当材料的使用温度高于晶化温度 $T_X$ 时,磁头材料内部会产生晶化,这样,原先在材料中显示的上述优点将消失,以至于有可能失去它的应用价值。另外,非晶态材料,特别是对于 Co 基非晶合金,因热处理或机械加工不当也会产生感生各向异性,同样可能会使磁导率急剧下降。因此在使用非晶态磁性合金做磁头时必须注意这一点。

零磁致伸缩非晶合金 $(Fe_{0.06}Co_{0.94})_{75}Si_{10}B_{15}$ 有良好的软磁性能,但稳定性差,影响其实用价值。刘玉志等人[11]以该合金为基,将一部分 Co 用 $(Ni+Nb)$ 替代,制得成分为 $[Fe_{0.06}Co_{0.85})(Ni+Nb)_{0.09}]_{75}Si_{10}B_{15}$ 的非晶合金。通过合金的晶化温度、居里温度、比重、电阻率、静态和动态磁参数的测量及热稳定性实验的结果表明:同时添加 Ni 和 Nb 对提高合金磁性能,改善热稳定性都有良好的效果;对 Ni、Nb 配比适当的合金,其磁性能优于坡莫合金,适宜于用作各种磁头芯片、磁屏蔽、变压器、电源变换器等多种电子器件的铁芯材料。

Kohmoto 等人[12]对具有零磁致伸缩和高饱和磁感应强度 $B_s=1.01$ T 的 Fe-Co-Si-B 非晶合金进行了两种不同类型的磁场退火。在通常的磁场退火情况下,直流矫顽力 $H_c$ 可减小到 $0.955$ A/m $(12$ mOe$)$,最大磁导率 $\mu_m$ 则可高达 $8\times10^5$,但是,在 $1$ kHz 频率下合金的有效磁导率 $\mu_e$ 会降至 500 左右。因为感生了磁单轴各向异性,磁化强度翻转可以通过直流场下的 $180°$ 畴壁位移进行,导致涡流损耗增大,同时初始磁导率值也会下降。为了改善交变场中的磁导率(无感生各向异性)可以尝试进行另一种类型的磁性退火。让试样的磁化矢量在交变场中旋转退火,首先可以获得高的初始交流磁导率合金(对于 $T_c>T_x$ 型),这时可得高饱和磁感应强度$(B_s=1.01$ T$)$,同时,在 $1$ kHz 频率下试样的有效磁导率 $\mu_e=12\,000$、矫顽力 $H_c=1.035$ A/m 和剩磁 $B_r=0.58$ T。显然,实行第二种磁性退火可以维持高的 $\mu_e$。

Wang 等人[13]利用单辊法制备了成分为 $Co_{66}Fe_4V_2Si_8B_{20}$ 的非晶薄带,带宽为 $5\sim 50$ mm,带厚为 $20\sim50$ mm。经退火后测得最佳磁性能为:$B_s=0.7$ T,$H_c=0.318$ A/m,初始直流磁导率 $120\,000$,$T_c=315$ ℃,最大直流磁导率 $1\,070\,000$,维氏硬度 $H_v=965$,晶化温度 $T_x=533$ ℃,电阻率 $\rho=126$ $\mu\Omega$。业已表明,磁头在使用过程中其磁导率随频率的下降幅度较小,其磁性能的稳定性在 55 ℃时效 300 小时后是相当好的。

刘玉志等人[14]通过调整合金成分,研制出一种较为理想的非晶磁头材料$(FeCoCr)_{78}Si_8B_{14}$.该合金的主要特点是:不经过热处理就可直接做成磁头,其电磁性能稳定、频率持性好、失真度小、磁头使用寿命长。该合金的制备工艺简单、易于生产。

20世纪80年代初,磁带录音机已普及,磁带录像机则处于开始普及阶段。这两者的工作原理基本相同,都是利用磁头将信号记录在磁带上,但两者的工作频率范围不同。声频范围为20Hz～20 kHz,视频范围则为6～30 MHz,比声音的最高频率还要高300多倍。因而在录像机中需要采用不同的技术。在录像机中,让磁带和磁头沿相反方向运动起来,以提高磁头和磁带之间的相对速度。将磁头装在一个高速转动的磁鼓边上,使磁带绕着磁鼓运动。这样,尽管磁带的运动速度并不高,但是磁头转动速度很快,可以满足记录图像信号的要求。

20世纪90年代初,家庭录像机逐渐普及。新型金属磁带的出现对于视频磁头及其磁芯材料提出了更高的要求。非晶态磁头材料应运而生,需要解决高频特性(磁头的最高工作频率可达5～14 MHz),耐磨损特性和易加工性等关键问题。20世纪80年代初,日本Sony公司设计并制造出小型低速8mm磁带录像机,其磁头的磁芯材料就是采用的非晶态合金带材。

录像磁头要求非晶态磁头铁芯材料具有较好的高频磁特性、温度稳定性、可加工性、表面质量及高耐磨性等。

### 4.合金成分的选择

磁头材料要求高磁导率和低矫顽力,高电阻率、高硬度及对应力不敏感等,选择Co基非晶态合金是较好的选择。但是,这类合金的$B_s$较低,($B_s=0.5\sim0.7$ T),由于最初试验时,应用的磁带是$\gamma$-$Fe_2O_3$磁带,两者配合尚可满足使用要求。在研制非晶态录音磁头的数字磁头材料时,添加V、Mo、Ni、Mn等元素均可获得满意结果,但是耐磨性仍然满足不了录像磁头的要求,因此,根据有关资料和以往研究的经验,选择添加Ta、Nb,可望获得优异的高频特性和耐磨性。另外,添加Ni与Cr,可以改善表面质量、可加工性及耐腐蚀性等。

(1) 微量元素对非晶态合金静态磁性能的影响

对于非晶态合金,要想获得高磁导率,主要由$\lambda_s\to0$决定。Co基非晶态合金的$\lambda_s$一般小于$1\times10^{-6}$,通过添加不同元素,可使$\lambda_s$值增大或减小,同时,这也会影响电阻率$\rho$的变化。高频磁特性、耐磨特性是解决录像磁头材料应用的关键问题。

表3.2.5和表3.2.6举了不同的添加元素对$B_s$、磁导率、电阻率、晶化温度$T_x$和居里温度$T_c$的变化。

表 3.2.5　在 Co 基非晶态软磁合金中添加不同含量元素的性能参数[15]

| 合金号 | 添加元素*<br>(数字为 at%) | $B_s$<br>(T) | $\mu_i$ | $\mu_m$ | $H_c$<br>(A/m) | $\rho$<br>($\mu\Omega\cdot cm$) | $T_x$<br>(℃) | $T_c$<br>(℃) |
|---|---|---|---|---|---|---|---|---|
| 1 | V2 | 0.707 | 46 800 | 340 000 | 0.58 | 122 | 537 | 303 |
| 2 | Ta1.5 | 0.690 | 35 000 | 269 000 | 1.20 | 128 | 561 | 310 |

| 合金号 | 添加元素*<br>（数字为 at%） | $B_s$<br>（T） | $\mu_i$ | $\mu_m$ | $H_c$<br>（A/m） | $\rho$<br>（$\mu\Omega \cdot$ cm） | $T_x$<br>（℃） | $T_c$<br>（℃） |
|---|---|---|---|---|---|---|---|---|
| 3 | Ta2.0 | 0.671 | 44 000 | 189 000 | 1.18 | 131 | 566 | 292 |
| 4 | Ta2.5 | 0.632 | 57 000 | 207 000 | 1.12 | 136 | 569 | 286 |
| 5 | Ta3.0 | 0.563 | 40 700 | 151 000 | 1.28 | 139 | 587 | 232 |
| 6 | TaNb | 0.649 | 27 500 | 298 000 | 0.96 | 129 | 566 | 286 |
| 7 | Ta1.5Nb1.5 | 0.599 | 19 200 | 185 000 | 1.81 | 132 | 536 | 273 |
| 8 | Nb2 | 0.702 | 71 000 | 251 000 | 0.84 | 129 | 599 | 319 |
| 9 | Nb2.5 | 0.672 | 67 000 | 268 000 | 0.93 | 131 | 609 | 297 |
| 10 | Nb3.0 | 0.608 | 45 000 | 169 090 | 1.17 | 137 | 611 | 279 |
| 11 | Nb3.5 | 0.550 | 34 000 | 277 000 | 1.08 | 139 | 622 | 240 |

注：* 添加元素符号右侧的数字代表加入量的原子百分数，如 V2 代表加入钒的原子百分数，即添加 2 at%V。

**表 3.2.6　Co 基非晶合金不同退火温度和不同频率下的有效磁导率 $\mu_e$ 的变化[15]**

| 合金号 | 添加元素 | 热处理温度 $T$（℃） | $\mu_i$ | 不同频率下的有效磁导率 $\mu_e$ | | | | | | | |
|---|---|---|---|---|---|---|---|---|---|---|---|
| | | | | 50 kHz | 100 kHz | 500 kHz | 1 MHz | 5 MHz | 10 MHz | 15 MHz | 20 MHz |
| 14*<br>（FJ114） | Nb<br>（Ni,Cr） | 375 | 10 940 | 9 335 | 7 567 | 2 743 | 1 343* | — | — | — | — |
| | | | | — | — | — | 1 350** | 482 | 232 | 164 | 94 |
| 14*<br>（FJ114） | Nb<br>（Ni,Cr） | 425 | 28 100 | 18 290 | 11 632 | 2 756 | 1 271 | — | — | — | — |
| | | | | — | — | — | 1 279 | 431 | 217 | 137 | 86 |
| 14*<br>（FJ114） | Nb<br>（Ni,Cr） | 475 | 35 100 | 22 131 | 15 680 | 1 899 | 988 | — | — | — | — |
| | | | | — | — | — | 983 | 271 | 135 | 96 | 59 |
| 12*<br> | V<br>（Ni,Cr） | 425 | 31 060 | 16 414 | 9 856 | 2 199 | 984 | — | — | — | — |
| | | | | — | — | — | 997 | 280 | 128 | 75 | 46 |
| 13*<br> | Ta<br>（Ni,Cr） | 425 | 25 000 | 15 570 | 10 489 | 2 376 | 1 035 | — | — | — | — |
| | | | | — | — | — | 1 036 | 320 | 146 | 89 | 53 |
| 铁氧体 | — | | — | — | — | 2 000 | 800 | 400 | — | 100 | — |

注：* 三电压法测量；** CD-5 电桥测量；均在 $B=0.002$ T 下测量。

通过研究，可得如下结论：

① 研制成功的新型 Co 基非晶态录像磁头 Co-Fe-Nb-Ni-Cr-Si-B 合金（FJ 114），其磁性能为：$B_s \geqslant 0.65$ T，$\mu_e$（1 MHz）$\geqslant 1\ 300$，$\mu_e$（5 MHz）$\geqslant 430$，$\mu_e$（10 MHz）$\geqslant 200$，$\mu_e$（20 MHz）$\geqslant 85$。

② 新合金具有较高的耐磨性和电阻率（$\rho > 135\ \mu\Omega \cdot$ cm）。经粘胶及 120℃烘烤时效

后,在高频段 $\mu_e$ 值较高,适合于录像磁头的实际应用。

③ 新合金易于加工成型,表面质量平整光滑、孔洞小、热处理后仍具有较好的韧性。

④ 在广播系统录像磁头的应用试验中获得成功,达到了录像磁头所要求的技术指标,具有一定的开发潜力和推广价值。

### 3.2.2 铁氧体磁头材料

铁氧体磁头材料按材料分类主要为 Mn-Zn 与 Ni-Zn 系两大类,此外,$Zn_2Y$ 型平面六角铁氧体由于高频特性优良,作为录像及高分辨率的记录磁头亦受到重视。Mn-Zn 铁氧体的电阻率较低,主要用于音频,其使用频率通常低于 10 MHz,它具有低矫顽力、高饱和磁化强度、高磁导率、成本又较 Ni-Zn 铁氧体低的优点,Ni-Zn 铁氧体的电阻率要比 Mn-Zn 高,并具有高的硬度与机械强度,使用频率可以高于 10 MHz,通常作为录像、录码磁头的材料。

磁导率是结构灵敏性的量,强烈地依赖于制备工艺与显微结构。例如,对配比为 $Fe_2O_3$:MnO:ZnO=52:27:21(mol) 的配方,其磁性与平均晶粒大小($d_V$)的关系列于表 3.2.7 中。

表 3.2.7 晶粒尺寸对 MnZn 铁氧体磁性的影响[16]

| $d_V(\mu m)$ | 4 | 8 | 12 | 56 |
|---|---|---|---|---|
| $\mu$(1 kHz) | 6 000 | 9 000 | 12 000 | 22 000 |
| $\mu$(5 MHz) | 1 100 | 1 000 | 900 | 700 |
| $H_c$(kA/m) | 9.55 | 5.57 | 4.78 | 1.59 |

某些配方与性能列于表 3.2.8 中,以供参考。

表 3.2.8 某些铁氧体磁头材料配方与性能

| 材料 | Mn-Zn | | | Ni-Zn | |
|---|---|---|---|---|---|
| | 单 晶 | 热 压 | 热 压 | 高密度 | 热 压 |
| 配比(wt%) | MnO 19 | 15 | 14 | 11 | 18.9 |
| | ZnO 11 | 15 | 16 | 22 | 13.6 |
| | $Fe_2O_3$ 70 | 70 | 70 | 67 | 67.5 |
| $\mu_{dc}$ | 4 000 | 3 000 | 10,000 | 850 | 250 |
| $\mu$(5 MHz) | 600 | 700 | 800 (4 MHz) | 550 (4 MHz) | 250 (4 MHz) |
| $\mu$(20 MHz) | 200 | 250 | | | |
| $B_s$(mT) | 550 | 400 | 300 | 390 | 350 |

续表

| 材料 | Mn - Zn | | | Ni - Zn | |
|---|---|---|---|---|---|
| | 单 晶 | 热 压 | 热 压 | 高密度 | 热 压 |
| $H_c$(A/m) | 3.98 | 7.96 | 2.39 | 31.85 | 39.81 |
| $\rho$($\Omega \cdot$ cm) | >1 | >10 | 10 | $10^7$ | $10^6$ |
| $T_c$(℃) | 180 | 130 | 110 | 125 | 350 |
| $H_V$ | 640 | 650 | 600 | 600 | 750 |
| $d$(g/cm$^3$) | 5.1 | 5.1 | 5.1 | 5.3 | 5.3 |
| $p$(空隙率)(%) | <0 | <1 | <0.1 | <1 | <0.1 |

近二十多年来，为了提高记录密度，磁头的缝隙日益变窄，如 $g=0.3\pm0.03$ $\mu m$，同时磁迹宽度亦大大降低，如达 $20\pm2$ $\mu m$，因此对多晶材料的显微结构，如晶粒大小与分布就显得更为重要。然而要制备晶粒尺寸为 $1\sim2$ $\mu m$、空隙率低于 0.1% 的多晶铁氧体，工艺上较为困难，目前采用热等静压工艺可以显著地改进材料性能。

铁氧体磁头材料可归纳为下列几类：

① 单晶铁氧体。

② 高密度多晶铁氧体。

③ 热压铁氧体，包括：非取向的热压铁氧体，利用拓扑反应取向的热压铁氧体（单向压），热等静压铁氧体。

单晶铁氧体的制备通常采用布里奇曼（Bridgman）法。目前制备尺寸为 $\phi90$ mm$\times$800 mm 的 MnZn 单晶体[17]工艺已成熟，但要避免成分的偏析。坩埚的污染尚待进一步研究。

单晶体具有物理化学性能的各向异性，比如，对于 $K_1<0$ 的铁氧体单晶体，〈111〉晶向为易磁化方向，磁导率最高。此外不同晶面、不同晶向，磁头磨损量亦不一样，对于 MnZn 单晶体磁头，当走带的方向沿着不同晶面的晶向时，其磨损率对比如图 3.2.6 所示。

单晶体磁头可以获得优良的电磁性能和低的磨损率，不存在晶界与晶粒剥落问题，可以加工成缝隙小（$0.5\sim1$ $\mu m$）的磁头。由于成本较高，目前主要用作录像磁头。

单晶体不存在晶界，容易产生畴壁位移，因此当磁头与磁带作接触式的相对运动时，不可逆畴壁位移将导致噪音。为了降低该噪音，可设法在晶体内阻止畴壁位移。Watanable[18]采用 Bridgman 法制备含 Sn 的 MnZn 单晶体，然后在 1 150℃～1 250℃ 温度及氧气氛中（如含 1% $O_2$）进行退火处理，使 $SnO_2$ 脱溶析出，从而成为钉扎畴壁的非磁性另相。$SnO_2$ 的析出物呈杆状，沿〈110〉晶向。$SnO_2$ 析出后，噪声可以大大降低，并且信噪比对磁带张力不灵敏，见图 3.2.7，同时又具有高的耐磨性。M. Torii[17]实验结果表明，滑动噪音与材料的磁致伸缩相联系，降低磁头材料的磁致伸缩系数有利于降低滑动噪音。

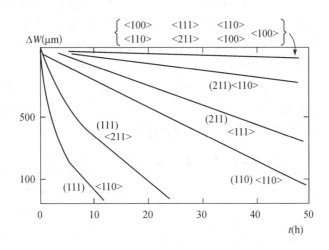

()与〈〉分别代表与磁带接触的晶面与走带方向的晶轴

**图 3.2.6　MnZn 单晶视频磁头在 CrO₂ 磁带上走带的磨损量与晶体取向的关系**[19]

生产 NiZn 单晶体需要有较高的平衡氧气氛[20,21]，并且 NiZn 铁氧体磁头的灵敏度通常亦低于 MnZn 铁氧体，因此铁氧体磁头材料多数是采用 MnZn 单晶铁氧体。NiZn 铁氧体（单晶与多晶）适宜用于高频（因 NiZn 铁氧体的电阻率高于 MnZn）、高硬度以及对热膨胀系数要求低的情况下工作。

高密度多晶铁氧体较单晶、热压铁氧体生产成本为低，常用作廉价的民用收录机磁头材料，通常采用真空烧结工艺。第二章对高密度、高 $\mu_i$ 软磁材料的制备作介绍，其基本思路是一致的。Withop[22] 采用多段烧结工艺、合适的 $O_2/N_2$ 比例气氛，制得空隙率低于 1% 的高密度铁氧体，其组成范围为 $Fe_2O_3$（52.4～53.1）、MnO（24.6～25.2）、ZnO（22.1～23.2）摩尔比，$O_2/N_2$ 比例以

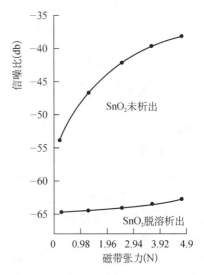

**图 3.2.7　MnZnSn 单晶磁头 SnO₂ 脱溶析出前后磁头信噪比之对照**[18]

0.3%～0.4% 为佳，3.2 MHz 频率下的磁性：$\mu'=1\,076$，$\mu''=1\,520$，$B_{10}=358.8$ mT，用作 3330 型记录磁头，性能优于 NiZn 铁氧体。如采用化学共沉淀的粉料和等静压的成型工艺，可在较低的烧结温度下获得结晶均匀、性能优良的高密度铁氧体，亦可在还原性气氛中烧成高密度材料后，再在正分气氛中促使正分化。

热压铁氧体是制备磁头的主要材料，采用热压工艺易于使空隙率小于 0.1%，平均晶粒尺寸控制在 0.1～500 μm 范围之内，制得热压铁氧体的晶粒尺寸最大可达 0.1～1 mm，其制备工艺较单晶制备简易，对任何组成与配方均适用。各向同性的热压铁氧体具有磁性与其他物理特性的均匀性，给磁头加工带来了方便，但是由于是多晶体，存在晶界，不可

避免地可能产生晶粒剥落。对取向的热压铁氧体,它将具有接近单晶体的磁性与物理性能的各向异性,因此可以像单晶体那样利用这些各向异性,提高磁头耐磨性,高 $\mu_i$ 与高 $B_s$ 特性,同时又具有多晶体低噪音的优点。此外,由于晶粒是取向排列的,因此晶粒不易剥落。目前认为取向热压铁氧体是较为理想的磁头材料,但成本较普通热压铁氧体高,因此应用面并不太广。兹将一些取向热压铁氧体的特性列于表 3.2.9,其取向度[111]大于 99%,气孔率小于 1%,密度为 5.1 g/cm$^3$,平均晶粒直径为 150 $\mu$m,硬度为 650 H$_v$,电阻率为 $10^2$ Ω·cm,热膨胀系数在[111]取向轴方向为 $100 \times 10^{-7}$(℃$^{-1}$)。

表 3.2.9 取向热压铁氧体(KHF)的特性*

| 特 性 \ 品 种 | 符号(单位) | KHF-4M | KHF-9M | KHF-7M |
|---|---|---|---|---|
| 初始磁导率 | $\mu$(1 kHz,0.8 A/m) | 15 000 | 10 000 | 5 000 |
| 减 落 | $D_A$(%) | <1 | <1 | <1 |
| 磁感应强度 | $B_{10}$(mT) | 330 | 450 | 500 |
| 矫顽力 | $H_c$(kA/m) | 3.38 | 3.98 | 3.98 |
| 饱和磁感应强度 | $B_s$(mT) | 380 | 500 | 550 |
| 居里点 | $T_c$(℃) | 90 | 150 | 200 |

*:磁性材料及器件(译文集),1986。

文献曾报道了采用片状 $\alpha$-Fe$_2$O$_3$ 和杆状 $\gamma$-MnOOH 原材料制备成取向度达 80% 的 MnZn 铁氧体。

Shinohara[23]采用热等静压工艺,配方为 $(MnO)_{36}(ZnO)_9(Fe_2O_3)_{55}$,制得样品的性能为:$B_s = 590$ mT,$H_c = 7.2$ A/m,$\mu = 3\,300$(1 kH$_z$)以及 $\tan\delta/\mu_i = 4 \cdot 10^{-6}$($f = 100$ kHz)。这种高 $M_s$ 材料对于高矫顽力的录磁介质是十分需要的。

将材料加工成磁头是十分精巧的工艺,其主要的工序如切条、开槽、磨斜面、磨缝隙结合面,用非导磁材料构成缝隙,然后再切片,磨加工成一定的形式、尺寸。与磁带接触的端面光洁度甚高,如达 0.1 $\mu$m 之内,以防止高速走带时擦伤磁带。填入隙缝中的非导磁材料应选择硬度、热膨胀系数与磁头材料相近的组成。常用低熔点玻璃并控制 B$_2$O$_3$,SiO$_2$,PbO 量来调节硬度、软化点和热膨胀系数。例如对 Mn$_{0.64}$Zn$_{0.32}$Fe$_{2.08}$O$_4$ 的组成,可选用配比约为 SiO$_2$:Na$_2$O:B$_2$O$_3$=22.5:21:56.5(摩尔比)的玻璃,在氮气中熔化 10 min,润入隙缝中,然后炉冷至室温。日本松下电气公司采用下列配比:SiO$_2$:B$_2$O$_3$:PbO:Na$_2$O:K$_2$O:As$_2$O$_3$=69.8:100:6.0:9.9:4.0:1.0,其软化点为 700℃,硬度为 515 kg/cm$^2$。

此外,亦可采用 SiO 薄膜、ZnFe$_2$O$_4$、非磁性陶瓷如 CaTiO$_3$-SrTiO$_3$ 系陶瓷以及金属箔片等,对于单晶以及取向多晶,加工前必须使晶体定位,按一定的结晶方位进行切割。对多晶材料,其可加工性往往与显微结构有关。一般而言,大晶粒材料有较高的磁导性、较低的矫顽力,但抗折强度不如细晶粒。抗折强度随晶粒尺寸的变化见图 3.2.8 所示[24]。从可加工与低噪音的要求出发,并兼顾初始磁导率,通常控制热压铁氧体晶粒尺寸在 50~60 $\mu$m。

加工过程中所产生的机械应力的作用将会引起表面层的应力与应变,由于磁致伸缩效应而恶化磁性能。加工变质层厚约为 500 Å,常采用电化学腐蚀法去除变质层,并在平衡气氛中进行退火处理。为了避免应力对磁性能的影响,要求材料磁致伸缩系数低。

West 等人[25]用热等静压工艺制备高度取向的 $Ba_2(Zn_{1.2}Cu_{0.8})Fe_{12}O_{22}$ Y 型平面六角多晶铁氧体,作为高密度记录的频率可达 150 MHz。

几种典型的磁头材料特性如表3.2.10所示。多晶 NiZn,MnZn 铁氧体典型性能对比见表 3.2.11。

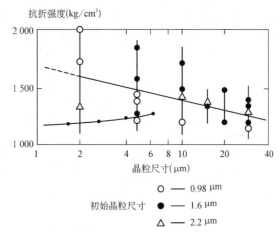

图 3.2.8　MnZn 热压铁氧体抗折强度与晶粒尺寸之关系[24]

表 3.2.10　几种典型的磁头材料特性

| 系列<br>种类<br>特性 | 坡莫合金<br>(Permalloy) | | 铁铝合金<br>(Sendust) | | 铁氧体<br>(Ferrites) | | | |
|---|---|---|---|---|---|---|---|---|
| | 坡莫合金 | 高硬度坡莫合金 | 铝硅铁合金 | 阿尔培姆 | 单晶 | 热压 | 高密度 | 烧结 |
| 组成(wt%) | Fe 16.4<br>Ni 79<br>Mo 4 | Fe 16<br>Ni 78Ti 3<br>Nb 2.8 | Fe 85<br>Si 9.5<br>Al 5.5 | Fe 84<br>Al 15 | $Fe_2O_3$ 50~60<br>MnO 25~35<br>ZnO 10~20 | 50~60<br>20~30<br>15~30 | 50~60<br>25~35<br>15~25 | $Fe_2O_3$ 50~60<br>NiO 30~40<br>ZnO 10~20 |
| $\mu_i$ | 20 000 | 30 000 | 30 000 | 6 000 | 10 000 | 17 000 | 12 000 | 1 200 |
| $B_m$(mT) | 870 | 480 | 1100 | 80 | 380 | 330 | 370 | 420 |
| $H_c$(A/m) | 1.59 | 1.19 | 1.99 | 3.98 | 3.98 | 3.98 | 3.98 | 7.96 |
| $\rho(\Omega \cdot cm)$ | $5.5 \times 10^6$ | $98 \times 10^{-6}$ | $80 \times 10^{-6}$ | $150 \times 10^{-5}$ | 3 | 10 | 1 | 5 |
| $\theta_f$(℃) | 460 | 280 | 500 | 350 | 180 | 90 | 120 | 130 |
| $H_V$(kg/cm²) | 132 | 200 | 500 | 300 | 650 | 650 | 650 | 450 |
| $d$(g/cm³) | 8.72 | 8.5 | 7.1 | 6.5 | 5.1 | 5.1 | 5.1 | 4.8 |

表 3.2.11　多晶 NiZn,MnZn 铁氧体典型的性能对比

| 组　成 | Ni‐Zn | | | Mn‐Zn | | | $Zn_2Y$ |
|---|---|---|---|---|---|---|---|
| 牌　号 | 4R5 | NZ4* | 4N | HR3S | 3E4 | 71M | |
| $\mu_0$ | 1 600 | 2 000 | 2 200 | 36 000 | 31 000 | 10 000 | 1 600 |
| $B_m$(mT) | 355 | 320 | 330 | 420 | 450 | 530 | 220 |
| $H_c$(A/m) | 15.92 | 10.35 | 11.94 | 1.27 | 1.51 | 2.39 | 15.92 |
| $T_c$(℃) | 152 | 150 | 150 | 130 | 140 | 200 | 88 |

续表

| 组　成 | Ni – Zn | | | Mn – Zn | | | Zn$_2$Y |
|---|---|---|---|---|---|---|---|
| 牌　号 | 4R5 | NZ4* | 4N | HR3S | 3E4 | 71M | |
| $\rho(\Omega \cdot cm)$ | $10^6$ | $10^8$ | $10^9$ | 1 | 1 | 1 | c 面 260<br>c 面 1 300 |
| $d(g/cm^3)$ | 5.32 | 5.3 | 5.3 | 5.0 | 5.08 | 5.1 | |
| $H_V(kg/cm^2)$ | 700 | 730 | 700 | 550 | 650 | 650 | |
| $A_V, G_s(\mu m)$ | 15 | 9 | 10 | 130 | 150 | 50 | |

\* NZ4 为美国 IBM 公司于 1965 年用于 2314 型磁盘上的材料,其配比为:$Fe_2O_3$:NiO:ZnO=50:18:32(mol)。

## 参考文献

［1］Watanabe H.，Yamaga I.，Effect of grain-size diameter in relation to ferrite noise produced by audio magnetic recording heads，*J. Appl. Phys.*，1971，10：1741 – 1752.

［2］Fujiwara T.，Record head saturation in AC bias recording，*IEEE Trans. on Magn.*，1979，Mag-15：1046 – 1079.

［3］Makino Y.，Aso K.，Uedaira S.，et al.，*Ferrites：Proc. ICF3*［M］，Center for Acadenic Pulications Japan(CAPJ)1980：699 – 704.

［4］Miura Y.，Takahashi Y.，Kume F. et al.，Fabrication of multiturn thin-film head，*IEEE Trans. on Magn.*，1980，Mag-16：779 – 781.

［5］Druyvesteyn W.F.，Van Ooyen Jac.，Postma L.，et al.，Magnetoresistive heads，*IEEE Trans. on Magn.*，1981，Mag-17：2884 – 2889.

［6］石田进,城岛,秀雄. 大直径 Fe-Si-Al 合金单晶体［J］. 国外金属材料，1992,3:16 – 21.

［7］牛永吉,桑灿,李振瑞,等. FeNi 系坡莫合金的研究开发最近进展［J］. 金属功能材料，2007，14(5):1 – 5.

［8］我国黑色冶金行业标准：磁头用软磁合金冷轧带材的直流磁性能(YB/T 086 – 2013).

［9］李炳仁. 磁头材料的国内外发展概况［J］. 电声技术，1980,2:1 – 9.

［10］金秀中,鲍元恺. 磁记录物理与材料［M］.华中理工大学出版社,1990:275 – 280.

［11］刘玉志,刘光棣,朱祥宾,等. Nb,Ni 含量对 FeCoSiB 非晶软磁合金性能的影响［J］. 上海钢研，1982,3.

［12］Kohmoto O.，Fujishima H.，Ojima T.，Magnetic annealing of zero magnetostrictive amorphous alloy with high saturation induction，*IEEE Trans. Magn.*，1980，16(2)：440 – 443.

［13］Wang X. L.，Sun G. Q.，Wang J. J.，et al.，A study On the Amorphous Alloy used in the Magnetic head，*IEEE Trans. Magn.*，1982，18(6)：1188 – 1190.

［14］刘玉志,朱祥宾. 磁头用非晶软磁合金的研究［J］.功能材料,1985,4.

［15］王俊健,孙桂琴,高力,等.非晶态录像磁头及应用研究［J］.磁性材料及器件,1992,23(2):1 – 5.

［16］Takama E.，Ito M.，New Mn – Zn ferrite fabricated by hot isostatic pressing，*IEEE Trans. on Magn.*，1979，Mag-15：1858 – 1860.

［17］Torii M.，Kihara. U.，Maeda I.，New process to make huge spinel ferrite single crystals，*IEEE Trans. on Magn.*，1979，Mag-15：1873 – 1875.

［18］Watanabe H.，Yamaga I.，Low noise manganese-zinc single-crystal ferrite heads，*IEEE Trans. on Magn.*，1972，Mag-8：497 – 500.

［19］Kugimiya K., Hirota E., Bando Y., Magnetic heads made of a crystal-oriented spinel ferrite, *IEEE Trans. on Magn*, 1974,Mag-10: 907 - 909.

［20］Akashi T., Matumi K., Okada T., et al., Preparation of ferrite single crystals by new floating zone technique, *IEEE Trans. on Magn.*, 1969, Mag-5: 285 - 287.

［21］Harada S. , Nojo Y., The growth of Nickel-Zinc ferrite single crystals under high Oxygen pressure, *Ferrites: Proc. ICF*1［M］, University of Tokyo Press, 1971: 310 - 313.

［22］Withop A., Maganese-zinc ferrite processing, properties and recording performance, *IEEE Trans. on Magn.*, 1978,Mag-14:439 - 441.

［23］Shinohara T., Murakami S., High B polycrystalline Mn-Zn ferrite, *Ferrites: Proc. ICF*3 ［M］, Center for Acadenic Pulications Japan(CAPJ)1980: 321 - 323.

［24］Sugaya H., Newly developed hot-pressed ferrite head, *IEEE Trans. on Magn.*, 1968,Mag-3: 295 - 301.

［25］West B., Yang D., Jeffers F., Polycrystalline ferrite for 150-mhz recording applications, *J. Appl. Phys.*, 1991,69:5637 - 5639.

# §3.3 磁记录介质

磁记录——磁带、磁软盘曾经风靡一时,现在已日薄西山,本书该保留这部分内容吗?思考良久,还是保留,① 磁记录是磁性材料重要部分,作为历史应当保留;② 磁记录材料与工艺对发展柔性磁性材料、磁性微粒制备等具有借鉴意义,作为参考书籍也许可起举一反三的作用。更为重要的是2015年IBM、惠普、希捷三家公司达成开发线性磁带开发技术协议,以LTO标志的新型盒式磁带问世了,采用了纳米量级的永磁钡铁氧体磁粉,TMR读出磁头,显著地提高了记录密度。如2015年生产的手掌大小的LTO-6型盒式磁带储存密度在未压缩前为6TB,压缩后可达15TB,继后,LDO-11/12可达72~144TB,2017年IBM公司报道可达330TB,约为3.3亿书的容量,2020年初报道,日本富士胶片公司研制成纳米锶铁氧体磁粉为记录介质的磁带,储存容量高达580TB,相当于储存12万张DVD的数据。磁带每年都在刷新记录密度,被淘汰的磁带又卷土重来,成为目前单位储存单元价格最低,单位信息储存性价比最高,能长期保留信息的记录方式,保存时间约为20/30年,为大数据储存,如在政府、银行、互联网、电视台等专业领域中被广泛使用,但在个人领域中因需要信息随机读写,磁硬盘更为方便,继续保持优势。磁记录是利用电子自旋为矢量具有方向性的特性,而闪盘是利用电子电荷存在与否决定0或1,因此无法长期保留信息,保存时间约为5/8年,但价廉,方便,个人使用普遍。科技始终处于更新换代,不断扬弃、继承与发展之中。

## 3.3.1 对磁记录介质的基本要求

由于信息存储与处理的广泛使用,相继发展了录像、录音、录码、精密记录等技术,大大地丰富了磁记录的内容。从磁记录方式分类,主要有纵向磁记录与垂直磁记录两大类,其对比见图3.3.1。显然,对于垂直磁记录,随着记录波长的减小,退磁场亦随之降低,因此该模式适用于高密度的数字(或分立)记录。而纵向磁记录却相反,适宜于作模拟磁记录。

垂直磁记录的记录波长原则上可短到薄膜最小的稳定圆柱状磁畴的直径,记录波长的极限值约为 $3.94$ kMbit/mm$^{[2]}$;而对纵向磁化,甚至当记录密度达到 $39.4$ Mbit/mm 时,矩形脉冲波形就会畸变成正弦型,同时振幅显著下降,因而其记录密度低于垂直记录模式。由于记录方式不同,对磁记录介质的要求亦不同。垂直记录要求录磁介质在垂直于膜面(或带)的方向上具有

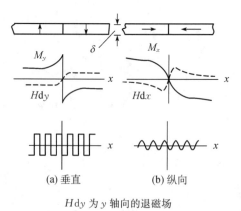

$H_{dy}$ 为 $y$ 轴向的退磁场

**图 3.3.1 纵向与垂直磁记录之对比**[1]

单轴磁晶各向异性，而纵向磁记录则要求在膜面（或带片）内具有磁晶或形状各向异性。

从材料的角度可以将磁介质分为金属与氧化物两大类，其发展过程如图3.3.2所示。从介质的形态上考虑，又可分为连续介质与非连续介质两大类。

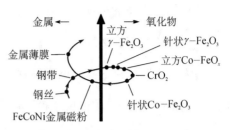

图 3.3.2　磁记录介质发展示意

现将磁记录介质分类综合如下：

录磁介质 { 连续介质（薄膜）{ 金属（合金）薄膜（晶态与非晶态），如 Co-P 膜、Co-Ni-P 膜、Co-Cr 膜等。
氧化物薄膜，如 $\gamma$ - $Fe_2O_3$ 系列、六角铁氧体等。
非连续介质（颗粒）{ 金属微粉，如 Fe、Fe-Co、氮化铁等。
氧化物，如 $\gamma$ - $Fe_2O_3$ 系列、$CrO_2$、六角铁氧体等。

为了提高记录密度，磁记录介质总的发展趋势是向高 $H_c$、高 $B_r$ 方向发展，见图3.3.3。录磁介质 $H_c$ 提高了，相应磁头的饱和磁化强度亦需提高，传统的磁头材料与结构已显得不太适宜。目前录磁介质多数为非连续介质，计算机用的高密度大容量磁盘将优先向连续介质方向过渡。通常商品录音带的矫顽力 $H_c$ 为 28～36 kA/m，录像带 $H_c$ 为 40～48 kA/m，录像带记录频率高（约 12 MHz），因此要求颗粒尺寸小于录音带所用的颗粒。

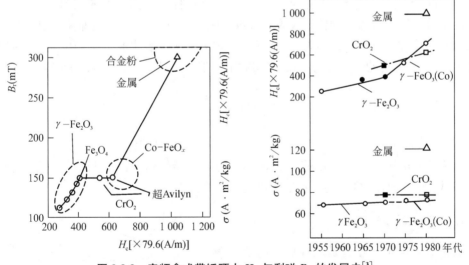

图 3.3.3　音频盒式带矫顽力 $H_c$ 与剩磁 $B_r$ 的发展史[3]

图 3.3.3 中 Avilyn 是指包 Co- $\gamma$ - $Fe_2O_3$ 的一种牌号，$\gamma$ - $Fe_2O_3$ 是指以 $\gamma$ - $Fe_2O_3$ 为代表的铁的氧化物。

非连续的氧化物录磁介质的工艺成熟，成本低廉，化学稳定性好，目前已大量应用于各类磁记录系统中。由于非磁性粘合剂的存在和颗粒尺寸的限制，使记录密度难以进一步提高。目前高磁性能的金属（合金）及其化合物的微粒已逐步商品化，但在相当长的时期内，磁记录介质仍当以铁氧体为主体，尤其是录音磁带、氧化物磁记录介质将会继续保持优势。

本节将重点介绍氧化物磁记录介质。

首先讨论一下对颗粒状磁记录介质的一般要求[3]。

### 1. 高矫顽力

为了克服颗粒自身的退磁场效应,必须有足够高的矫顽力 $H_c$。随着记录波长的减小或记录密度的提高,颗粒尺寸趋于减小,颗粒矫顽力增加。记录密度 $D \propto \left(\dfrac{H_c}{t_m M_r}\right)^{1/2}$,$t_m$ 为磁层厚度。此外,输出信号强度正比于 $B_r \cdot H_c$,因此,高 $B_r$、高 $H_c$ 是颗粒型磁记录介质发展的方向。

### 2. 高取向性、高堆集密度和良好的分散性

这三个要求彼此关联在一起。取向性佳,有利于提高堆集密度,分散性好又有利于取向排列,为此,对磁粉要进行表面处理,使它光滑密实化,且在制备磁粉时应避免产生孪晶,此外应用表面活性剂如硅烷偶联剂等,改变颗粒表面亲水性,使颗粒能在有机的粘合剂中得到良好的分散。颗粒的取向排列对录像、录码磁带的要求不像录音带那么高。

### 3. 高机械强度

为了提高记录密度与信噪比,要求颗粒尺寸越来越小;而随着颗粒尺寸的减小,机械强度将会降低。高机械强度的颗粒可以防止针形在制备工艺流程中遭受破坏。

由于重放磁头所探测的信号仅为有限数目磁性颗粒之贡献,因而即使磁带已被消磁,进入磁头的均方根电压通常不为零,这就成为磁头中所反映出来的噪声电压。设颗粒磁矩为 $\mu$,单位体积内的粒子数为 $n$,磁头相对于磁带的运动速度为 $V$,则磁头噪声电压

$$e_n^2 = \pi n \mu^2 V^2 W \frac{d(a + d/2)}{a^2 (a + d)^2}$$

式中,$W$ 为磁迹宽度;$a$ 为磁头到磁带的距离;$d$ 为磁化层厚度。

因为信号电压正比于剩磁 $M_r$,而 $M_r$ 正比于 $n\mu$,所以信噪比正比于 $\sqrt{n}$。随着颗粒尺寸减小,增加单位体积内磁性颗粒数可以提高信噪比。

### 4. 窄粒度分布

磁粉中的颗粒尺寸总是呈现一定的统计分布。Robinson[4] 发现呈正则分布,经球磨(或密实化)后呈对数正则分布,而测得的磁滞回线是颗粒集合体的统计平均值。当磁带中磁粉取向度高、粒度分布窄时,磁带的磁滞回线矩形性好。在磁记录中,重要的是剩磁 $M_r$ 与磁场 $H$ 的关系曲线,见图 3.3.4。粒度分布窄,$M_r \sim H$ 的线性范围就宽。对磁记录介质,除本征矫顽力 $H_{cj}$ 外,

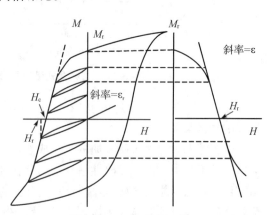

图 3.3.4 磁滞回线与磁记录介质有关参量的定义

尚需引入剩磁矫顽力 $H_r$。$H_r$ 定义为直流退磁曲线中回复磁滞回线使 $M_r=0$ 所相应的磁场强度。图 3.3.4 中，同时引入 $\varepsilon$ 与 $\varepsilon_r$ 的定义，其中 $\varepsilon$ 为 $H_r$ 点附近 $M_r$ 随外磁场的变化率，$\varepsilon_r$ 为使 $M_r=0$ 的回复磁滞回线的斜率。

颗粒度分布越窄，$H_r$ 越接近 $H_{cj}$ 值，矫顽力因数 $CF=\dfrac{H_r-H_{cj}}{H_{cj}}$ 趋于零。

此外，重放磁头信号电压

$$V_0 \propto \frac{dM_r}{dx}$$

而

$$\frac{dM_r}{dx} = \left(\frac{dM_r}{dH}\right)H_r \cdot \frac{dH}{dx}$$

因为

$$\varepsilon = \left(\frac{dM_r}{dH}\right)H_r$$

所以有

$$V_0 \propto \varepsilon \frac{dH}{dx} \approx \varepsilon H_r^2$$

$\varepsilon$ 大，输出信号强。经验公式为

$$V_0 \propto \varepsilon H_r^{1.5\sim2.0}$$

### 3.3.2　铁氧体磁粉材料

#### 1. $\gamma$ - $Fe_2O_3$ 系列

**(1) $\gamma$ - $Fe_2O_3$ 的分子结构与磁性**

$\gamma$ - $Fe_2O_3$ 是 $\alpha$ - $Fe_2O_3$ 的亚稳相，属尖晶石型结构，$Fd3m$ 空间群，晶格常数 $a=8.33$ Å。Braun[5]注意到一些含水分子的 $\gamma$ - $Fe_2O_3$ X 射线衍射图类似于 B 座有序化的锂铁氧体 $Fe_8[Li_4Fe_{12}]O_{32}$，于是提出在 $\gamma$ - $Fe_2O_3$ 结构中 $1\frac{1}{3}$ 个 $Fe^{3+}$ 与 $2\frac{2}{3}$ 个空位 $\Delta$ 在 B 座处于 Li 的晶位，其分子式可表示为 $Fe_8^{3+}[(Fe_{(\frac{4}{3})}^{3+}\Delta_{(\frac{8}{3})})Fe_{12}^{3+}]O_{32}$ 与 $Fe_8[H_4Fe_{12}]O_{32}$ 的固溶体。Aharoni[6]基于对 $\gamma$ - $Fe_2O_3$ 的磁性与穆斯堡尔谱的研究，支持 Braun 的看法。分子式中的"H"是源于通常是在含有水蒸气的条件下氧化 $Fe_3O_4$ 而得到 $\gamma$ - $Fe_2O_3$。文献[7]用中子透射法证实工业用 $\gamma$ - $Fe_2O_3$ 中确含"H"，并认为 $\gamma$ - $Fe_2O_3$ 结构中的阳离子空位被 $H^+$，$Co^{2+}$，$Si^{4+}$，$P^{5+}$ 等占据时对稳定 $\gamma$ - $Fe_2O_3$ 晶体结构有利。

Van Oosterhaut[8]在氮气流中分解草酸铁，然后再氧化成纯 $\gamma$ - $Fe_2O_3$，其 X 光衍射图表明其晶体结构类似于尖晶石，空位呈四方 P41（或 P43）超晶格，$a=8.33$ Å，$c/a=3$，即说明 $\gamma$ - $Fe_2O_3$ 是稍带四角畸变的尖晶石型结构。Schrader[9]亦得到同样的结果，并未发现复相，因此认为并不需要氢离子或水分子作为稳定化因素。

Ferguson[10]与 Uyeda[11]的中子衍射实验证实了空位从优 B 座。至于 $\gamma$ - $Fe_2O_3$ 结构

中是否含有"H"离子,可能随着制备条件而异,尚有待于进一步实验。

根据分子式知道空位择优 B 晶位后,按 Néel 线性模型,不难计算出单个 $\gamma\text{-}Fe_2O_3$ 的分子磁矩为 $2.5\mu_B$,单个 $Fe^{3+}$ 的离子磁矩为 $1.25\mu_B$,而后者实验值为 $1.8\mu_B$(4.2 K)[12]。为了解释实验与理论的差异,通过对穆斯堡尔谱的分析,认为在 $\gamma\text{-}Fe_2O_3$ 结构中 A 位与 B 位离子磁矩呈一定的倾角结构。

$\gamma\text{-}Fe_2O_3$ 的基本磁性能如下:

$$\sigma_s = 74 A \cdot m^2/kg(20℃)$$
$$\theta_f = 590℃$$
$$K_1 = -4.64 \times 10^3 \ J/m^{3[13]}$$
$$\lambda_s = -5 \times 10^{-6}$$
$$d = \begin{cases} 5.09(g/cm^3),块状 \\ 4.60(g/cm^3),颗粒状 \end{cases}$$

对磁晶各向异性常数 $K_1$ 的值,各种文献报道不一致,相差甚大,这里采用较近期的数据。

$\gamma\text{-}Fe_2O_3$ 的结晶形态可以呈立方体,亦可为针形。目前作为录磁介质的 $\gamma\text{-}Fe_2O_3$,其结晶形态多数为针形,长宽之比为 7~10,长轴向为[110]晶向,同时亦为易磁化轴[13]。对矫顽力的贡献除磁晶各向异性外尚有形状各向异性,$H_c$ 可认为两者按 $\alpha,\beta$ 比例线性叠加而成:

$$H_c = \alpha M_s + \beta \left( \frac{K}{M_s} \right) \tag{3.3.1}$$

根据 $H_c$ 对颗粒尺寸以及温度的依赖性,比较实验结果可知反磁化过程基本上符合球链模型。其中仅 30% 来源于磁晶各向异性的贡献,因此控制颗粒尺寸、长短轴比例与一致性在生产中是十分重要的。多数针状的 $\gamma\text{-}Fe_2O_3$ 是多晶体,由于存在晶界、孔洞等缺陷,使反磁化过程分裂为链状的单畴集合体,因此球链模型较为合适。

相应于 $\gamma\text{-}Fe_2O_3$,超顺磁性的颗粒尺寸为[14]:

针状 $\gamma\text{-}Fe_2O_3$,5∶1 偏心率,宽 150 Å,长 750 Å。

球状 $\gamma\text{-}Fe_2O_3$,半径 350 Å。

球状 $\gamma\text{-}Fe_2O_3$,含钴 2%,半径 250 Å。

球状 $\gamma\text{-}Fe_2O_3$,含钴 6%,半径 170 Å。

例如,半径为 200 Å 的球形 $\gamma\text{-}Fe_2O_3$ 颗粒的磁化曲线见图 3.3.5,呈现无磁滞的超顺磁状态。超顺磁性决定了应用于录磁介质的 $\gamma\text{-}Fe_2O_3$ 颗粒尺寸的下限,而多畴又决定了 $\gamma\text{-}Fe_2O_3$ 颗粒的上限,因此应控制 $\gamma\text{-}Fe_2O_3$ 颗粒尺寸介于超顺磁性与多畴尺寸之间。通常应当为单畴,其尺寸为:

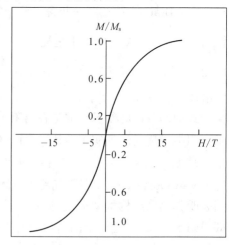

图 3.3.5　球形 $\gamma\text{-}Fe_2O_3$ 颗粒($r = 200$ Å)之磁化曲线

长轴 0.4~1.0 $\mu m$

短轴 0.05~0.1 $\mu m$

$\gamma$-$Fe_2O_3$磁粉的磁性、磁带的电声特性与颗粒的形状、尺寸密切相关[15],磁粉的比饱和磁化强度随着尺寸变小、比表面积增加而线性减小,近似可用公式$\sigma_s(S_a)=\sigma_s(\infty)(1-aS_a)$表达,其中$S_a$为磁粉的比表面积,$a$为比例系数。减小的原因通常归结于颗粒表面存在非磁性层或自旋磁矩非共线层[16],而磁粉的矫顽力主要取决于颗粒的形态。

**(2) $\gamma$-$Fe_2O_3$的制备**

制备$\gamma$-$Fe_2O_3$的主要方法是先制备水合氧化铁(FeO)OH,然后将其热分解成$\alpha$-$Fe_2O_3$(或$Fe_3O_4$),再经过还原、氧化后可生成$\gamma$-$Fe_2O_3$。(FeO)OH具有$\alpha$-,$\beta$-,$\gamma$-和$\delta$-四种同质异构体,其晶格参数与磁性能见表3.3.1。

**表3.3.1 $\alpha$-,$\beta$-,$\gamma$-,$\delta$-FeOOH 特性**

| (FeO)OH | 晶 格 参 数 (Å) | 磁 性 |
|---|---|---|
| $\alpha$-FeOOH | 正交晶系 Pbnm,$a=4.64$,$b=10.00$,$c=3.03$ | 反铁磁,$T_N=293$ K |
| $\beta$-FeOOH | 四角晶系 $a=10.48$,$b=3.023$ | 反铁磁,$T_N=295$ K |
| $\gamma$-FeOOH | 正交晶系 Cmcm,$a=3.877$,$b=10.00$,$c=3.03$ | 反铁磁,$T_N=93$ K |
| $\delta$-FeOOH | 六角晶系,$a=2.95$,$c=4.5$ | 亚铁磁,$T_c=450$ K,$\sigma_s(20℃)=20\sim40$(A·$m^2$/kg) |

(FeO)OH通常由$Fe(OH)_2$氧化而成,见图3.3.6[17]。

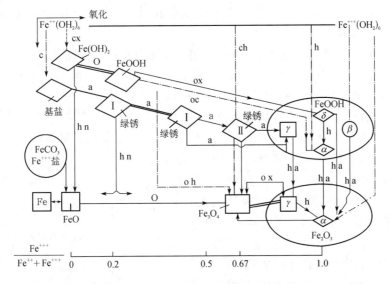

h—加热,a—暴露于空气中,n—$N_2$气或真空,c—加碱,o—氧化,r—还原,x—过量。
◇—氧离子六角密堆积;□—氧离子立方密堆积;○—其他密堆积方式;/—相似结构
相组成范围;↗—非拓扑反应;↗—拓扑反应;↗—从溶液中生成。

**图3.3.6 铁的氧化物与氢氧化物之间结构与相组成的转变[17]**

$\beta$-(FeO)OH 通常是在氯盐溶液中生成[18],其热分解与所含的氯根有关[19]。在高氯根浓度情况下,当温度高于 300℃时,$\beta$-(FeO)OH 直接转变为 $\alpha$-$Fe_2O_3$(呈立方或球状);在低氯离子浓度时,在 300℃时,$\beta$-(FeO)OH 首先转变为非晶态的反铁磁性的中间化合物,在 400℃时转变为针状的 $\alpha$-$Fe_2O_3$[19]。

$\delta$-FeOOH 通常由 $Fe(OH)_2$ 急速氧化而生成,呈六角片状晶形,其晶粒尺寸、结晶完整性、磁性能以及相变过程都与制备条件密切相关[20]。

(FeO)OH 转变为 $\gamma$-$Fe_2O_3$ 的相变过程可用图 3.3.7 表示。

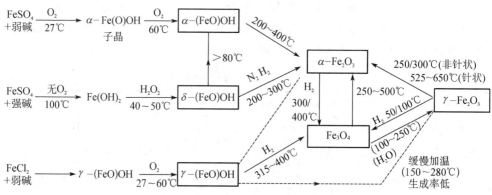

**图 3.3.7　(FeO)OH 转变为 $\gamma$-$Fe_2O_3$ 的几种途径**

目前,生产中绝大多数采用 $\alpha$-(FeO)OH(铁黄)为原料制备 $\gamma$-$Fe_2O_3$,亦有专利报道采用 $\gamma$-(FeO)OH 或 $\beta$-FeOOH 制备 $\gamma$-$Fe_2O_3$,其性能优于 $\alpha$-FeOOH 转变的 $\gamma$-$Fe_2O_3$,但尚未大量应用于生产,因此以下重点介绍 $\alpha$-(FeO)OH 的生成及其转变为 $\gamma$-$Fe_2O_3$ 的相变过程。

$\alpha$-(FeO)OH 是被广泛使用的一种黄色颜料,称为铁黄。控制其颗粒尺寸可以改变颜色的深浅程度。在 19 世纪初,Penniman 和 Zopn 首先呈报了制备 $\alpha$-FeOOH 的专利,继后 Camras 又进一步使制备针形 $\alpha$-FeOOH 工艺趋于成熟[21],故常称为 PZ/C 法或晶种法,其工艺流程大致如下:

① 将硫酸亚铁溶液和碱溶液(如 NaOH 等)按一定比例混合,生成氢氧化亚铁的沉淀。$Fe(OH)_2$ 为白色的六角片形结晶,极易氧化而呈深绿色,当氧化不严重时可以保留其结晶构型。

② 将含有 $Fe(OH)_2$ 的溶液在一定温度下通空气氧化,其生成物和氧化条件如图3.3.8。

影响生成物的相组成、结晶形态与颗粒尺寸的因素甚多,如溶液温度、浓度、pH 值、空气流量、搅拌速度、气温以及杂质等[23]。

$Fe(OH)_2$ 转变为 $\alpha$-FeOOH(或 $Fe_3O_4$)是属于重建性相变(reconstructive)[23]。重建过程

氧化反应前的pH值

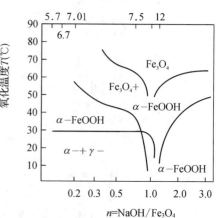

**图 3.3.8　$Fe(OH)_2$ 的氧化条件与生成物的种类[22]**

是在溶液中进行的,因而生成物与 $Fe(OH)_2$ 中的 $Fe^{2+}$ 进入溶液的扩散速度和被氧化的速率以及结晶的环境有关。$Fe(OH)_2$ 中 $Fe^{2+}$ 进入溶液的扩散速度与氧化速率通常随温度、pH 值升高而增加。从温度、pH 值以及溶液性质三个主要因素出发,可以定性地对相图进行分析。NaOH 与 $NH_4OH$ 作为沉淀剂的相图在酸性溶液范围内基本相似,在碱性溶液内($n>1$),结晶是在不同的碱性溶液(NaOH 溶液与 $NH_4OH$ 溶液)中进行的。NaOH 是强电解质,离解度约为 $84\%$,$NH_4OH$ 是弱电解质,离解度甚小(约 $1.3\%$),也就是说,$NH_4^+$ 对 $OH^-$ 的结合力比 $Na^+$ 对 $OH^-$ 的结合力要强得多,所以 $NH_4OH$ 溶液中 $Fe^{2+}$ 的扩散速度较在 NaOH 溶液中大得多,从而导致在 $NH_4OH$ 作沉淀剂时在碱性溶液范围内为单一的 $Fe_3O_4$ 相区,而在 NaOH 溶液中较低温度下构成 $\alpha$-FeOOH 相区。

在含 $Fe(OH)_2$ 溶液中通空气氧化过程中,当溶液颜色逐渐变深、变稠时,是 $\alpha$-FeOOH 微晶形成的时期,此时要严格控制其温度、气流量等,否则会影响生成物和晶形。磁带上使用的 $\gamma$-$Fe_2O_3$ 要求晶形完整,无孪晶,因此通常氧化温度较低(30℃～40℃),这样得到的 $\alpha$-FeOOH 颗粒较小,称之为晶核或晶种,需用下述工艺使其长大到所需尺寸,在工厂中又称为二步法。

③ 将 $\alpha$-FeOOH 晶核置于含有铁屑的 $FeSO_4$ 溶液中,在较高温度如 70℃～80℃下通空气氧化,使 $\alpha$-FeOOH 不断长大,直至所需尺寸,其化学反应式为

$$晶种 + 2FeSO_4 + 3H_2O + \frac{1}{2}O_2 \longrightarrow 2\alpha\text{-}FeOOH + 2H_2SO_4$$

$H_2SO_4$ 再与溶液中的铁屑反应,生成新的 $FeSO_4$:

$$H_2SO_4 + Fe \longrightarrow FeSO_4 + H_2 \uparrow$$

$FeSO_4$ 继续参加铁黄长大的过程,所以实际上 $FeSO_4$ 溶液是中间媒介,它将铁屑不断地消耗而转变为 FeOOH。

④ 将 $\alpha$-FeOOH 于 300℃～400℃ 温度下脱水,可以得到晶形大致相同的 $\alpha$-$Fe_2O_3$(铁红)。

⑤ $3\alpha\text{-}Fe_2O_3 + H_2 \underline{\underline{300℃～400℃}} 2Fe_3O_4 + H_2O$

⑥ 控制适当的氧气氛氧化 $Fe_3O_4$,生成 $\gamma$-$Fe_2O_3$:

$$Fe_3O_4 + O_2 \underline{\underline{\sim 250℃}} \gamma\text{-}Fe_2O_3$$

除了采用晶种法(酸法,或二步法)制备 $\alpha$-FeOOH 外,目前有些工厂已采用一步法或碱法生产。在 pH>7 的碱性区域生成 $\alpha$-FeOOH 相要比相图 3.3.7 所示复杂得多,碱性范围内的生成物与 pH 值,即溶液中剩余 NaOH 浓度、气流量以及温度关系密切。在剩余 NaOH 浓度较高的情况下,基本上生成物为 $\alpha$-FeOOH,当剩余 NaOH 浓度降低时,生成物中将含有 $Fe_3O_4$。当剩余 NaOH 浓度再进一步降低时,将会产生 $Fe(OH)_3$ 相[24]。结晶形态、晶粒尺寸亦随剩余 NaOH 浓度而变[25]。对溶解度十分小的溶质的结晶机制尚需从实验与理论上进一步探讨。

改变制备条件可以获得不同晶形的 (FeO)OH。例如,在子晶长大过程中加入 $ZnCl_2$

得到片状的 $\gamma$-(FeO)OH。$\gamma$-(FeO)OH→$Fe_3O_4$→$\gamma$-$Fe_2O_3$,所得到的片状 $\gamma$-$Fe_2O_3$（长宽比约 10:1,宽厚比约 5:1）具有较佳的磁性能。在 $N_2$ 气中进行 $FeSO_4$ 溶液与 NaOH 溶液反应,却获得四方形的结晶形态（1 $\mu m$×1 $\mu m$×0.1 $\mu m$）。在 $\alpha$-FeOOH 脱水转变成 $\alpha$-$Fe_2O_3$ 以及相继的 $H_2$ 气还原成 $Fe_3O_4$ 过程中,往往会在生成物中产生孔洞。在电子显微镜下观察 $\gamma$-$Fe_2O_3$ 时,很容易发现这些不规则孔洞的存在。颗粒内部的孔洞将产生退磁场,从而降低矫顽力 $H_c$ 与剩磁 $M_r$,此外使磁带中有效的磁性材料体积分数减少,磁带的 $M_s$ 值下降,影响输出信号的强度。具有表面孔洞的磁粉在磁浆中分散性差,影响涂布的均匀性。通常采用化学的、机械的方法除去颗粒表面的疏松层与孪生层,使磁粉密实化,提高磁粉的视在密度,有利于磁粉在磁浆中的分散性,提高磁带的密度[26]。为了减少孔洞,有的专利采用先过度还原使成 $FeO_x$（$x<1$）然后再氧化使 $x>1.3$（$Fe_3O_4$══$FeO_{1.33}$）,亦有的将 $Fe_3O_4$ 在含有微量氧（如 0.01 氧分压）的 $N_2$ 气氛中进行热处理,或采用低温长时间还原工艺;另一类称为堵洞法,采用表面包 Co,Si,Cr,稀土等氧化物的方法。以下作一介绍。

在 $Fe_3O_4$ 被氧化为 $\gamma$-$Fe_2O_3$ 的过程中,矫顽力 $H_c$ 随氧化度的变化见图 3.3.9。中间生成物是两者的固溶体——$(\gamma$-$Fe_2O_3)_x$·$(Fe_3O_4)_{1-x}$ 还是 $\gamma$-$Fe_2O_3$ 成核长大的机械混合物,目前尚有争论。多数认为是均匀固溶体,可表述为:$(Fe_3O_4)_{1-x}(\gamma$-$Fe_2O_3)_x$。文献[28]根据穆斯堡尔谱在氧化过程中的变化,认为 $Fe_3O_4$ 向 $\gamma$-$Fe_2O_3$ 的转变是 $\gamma$-$Fe_2O_3$ 的成核生长过程。氧化首先在 $Fe_3O_4$ 晶粒表面进行,然后空气中的氧经过 $\gamma$-$Fe_2O_3$ 层的扩散继续氧化内部的 $Fe^{2+}$,晶格的缺陷有利于氧离子以及 $Fe^{2+}$

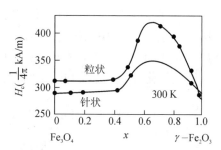

图 3.3.9 $(\gamma$-$Fe_2O_3)_x(Fe_3O_4)_{1-x}$ 磁粉的 $H_c$ 与 $x$ 的关系[27]

的扩散,将有助于缩短氧化时间。由于 $\gamma$-$Fe_2O_3$ 与 $Fe_3O_4$ 同为尖晶石型结构,因此两相交界面可能是两者的固溶体:

$$Fe^{3+}(Fe^{2+}_{1+2x/3}Fe^{2+}_{1-x}\square_{x/3})O_4$$

式中□为空位。

Kojima[29] 根据对 $Fe_3O_4$→$\gamma$-$Fe_2O_3$ 的氧化动力学研究及 X 射线衍射分析,亦认为其是两相混合物而非均匀固溶体。

在 $Fe_3O_4$ 向 $\gamma$-$Fe_2O_3$ 转变的过程中,存在一定的水蒸气将有利于相的转变。David[30] 认为有 0.5%～1.0% 的水组合在 $\gamma$-$Fe_2O_3$ 晶格中会起 $\gamma$-$Fe_2O_3$ 晶体结构的稳定化作用。这种结构水在 $\gamma$-$Fe_2O_3$ 转变为 $\alpha$-$Fe_2O_3$ 时才释放出来。Healey[31] 得出的结果是水在 $\gamma$-$Fe_2O_3$ 表面作化学吸附,大约升到 450℃ 才能脱出。Skorski[32] 在研究 $\alpha$-$Fe_2O_3$ 转变为 $Fe_3O_4$ 的相变过程时,却发现了一个十分有意义的实验事实,即在相变过程中如附加 39.8 kA/m 的磁场,半小时 300℃ 时,还原率可达 65%,如不加磁场,还原率仅为 19%。

在 $Fe_3O_4$ 转变为 $\gamma$-$Fe_2O_3$ 的过程中,在一定的氧化度时,会呈现 $H_c$ 的极大值。对比存在的两种观点,其一是基于 $Fe_3O_4$ 与 $\gamma-Fe_2O_3$ 构成均匀固溶体的基础上提出由于 $Fe^{2+}$ 与空位在八面体座作有序排列而引起附加的磁各向异性能[33];其二是基于二相混合物,在 $\gamma-Fe_2O_3$ 成核成长过程中必然由小变大,同时原来的 $Fe_3O_4$ 颗粒将由大变小,因此有一个由多畴→单畴→多畴的过程,相应于 $H_c$ 由小→大→小,从而产生极值[29]。因此在磁记录介质 $\gamma-Fe_2O_3$ 制备中控制一定的氧化度是必要的。

**(3) 含钴的 $\gamma-Fe_2O_3$**

钴离子具有强的自旋轨道耦合,在尖晶石结构中其轨道动量矩不为零,因此钴离子的代换常被用来改变磁晶各向异性常数。早期,人们在 $FeSO_4$ 溶液中同时附加 $CoSO_4$,使 $Co^{2+}$ 与 $Fe^{2+}$ 在化学反应过程中同时共沉下来,最后的生成物是钴,铁固溶体($\gamma-Co_xFe_{2-x}O_3$),常被称为渗钴。加 Co 后,其矫顽力明显地增大,但 $H_c$ 随温度变化剧烈,见图 3.3.10。后来,有人用添加 Zn 的办法改进其温度稳定性[34]。此外,渗钴 $\gamma-Fe_2O_3$ 的饱和磁化强度亦随 Co 的代换量增加而下降,透印(Print through)效应显著,易老化,因此实用上并未推广。以后用包钴的方法,即在 $\gamma-Fe_2O_3$ 颗粒外,外延一层钴的氧化物,它既避免了渗钴的缺点,又能提高矫顽力,具有良好的取向性,在粘合剂中又具有较佳的浸润性。这种双重复合材料的制备,开辟了人工制备功能材料的新途径。包钴的工艺流程大致上如图 3.3.11 所示。

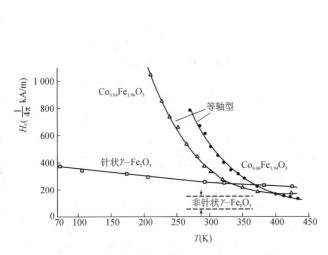

图 3.3.10 $\gamma-Fe_2O_3$ 以及 $\gamma-Co_xFe_{2-x}O_3$ 的 $H_c-T$ 曲线[35]

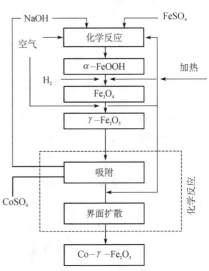

图 3.3.11 $\gamma-Fe_2O_3$ 磁粉包钴反应的示意图[3]

包钴的原材料可以是 $\gamma-Fe_2O_3$,亦可以是 $Fe_3O_4$ 或 $\alpha-FeOOH$。$Co^{2+}+OH^-\to Co(OH)_2$,吸附在 $\gamma-Fe_2O_3$ 表面,然后再将溶液加热(如 $90℃,10\ h$),使 $Co^{2+}$ 进行界面扩散,在 $\gamma-Fe_2O_3$ 表面形成钴、铁的氧化物;亦有的文献将 $\gamma-Fe_2O_3$ 置于 $Co^{2+}:Fe^{2+}=1:2$ 的盐类溶液中加温处理。

Hayama[36]采用三种不同方法制备 $Co-\gamma-Fe_2O_3$,其制备条件如表 3.3.2。

表 3.3.2　制备 Co-γ-Fe₂O₃ 的三种工艺

| 方法 | 原　　料 | 金属离子 | 处理温度(℃) | 处理时间(h) |
|----|------|------|-------|-------|
| A | $\gamma$-Fe₂O₃ | Co²⁺ | 90 | 10 |
| B | Fe₃O₄ | Co²⁺ | 90 | 10 |
| C | $\gamma$-Fe₂O₃ | Co²⁺/Fe²⁺=0.5 | 45 | 10 |

这三种方法所得到的 Co-γ-Fe₂O₃ 磁性能随钴含量的变化并不相同,如图 3.3.12 所示。

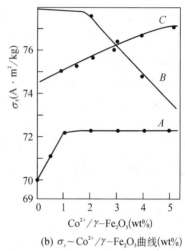

(a) $H_c$~Co²⁺/$\gamma$-Fe₂O₃曲线(wt%)　　(b) $\sigma_s$~Co²⁺/$\gamma$-Fe₂O₃曲线(wt%)

**图 3.3.12　三种工艺制得的包钴 $\gamma$-Fe₂O₃ 的 $H_c$,$\sigma_s$ 随 Co 含量的变化**[36]

方法 A:大约有 1.0wt％的 Co²⁺ 可以在 γ-Fe₂O₃ 表面生成钴铁氧体,超过的量将生成非磁性化合物 CoO,Co(OH)₂ 等。对包钴型 γ-Fe₂O₃ 的矫顽力增大的机制,罗河烈等进行了一系列的工作[37-40]。他们认为 Co-γ-Fe₂O₃ 矫顽力增大是由于表面包覆一层 Co(OH)₂,使表面各向异性增大,而 CoFe-γ-Fe₂O₃ 则是由于表面包覆的是钴铁氧体,γ-Fe₂O₃ 与钴铁氧体之间发生耦合作用所致。

方法 B:Co²⁺ 容易在 Fe₃O₄ 中扩散到比 γ-Fe₂O₃ 更深的表层内,因此 $H_c$ 可以更高。

方法 C:$H_c$ 与 $\sigma_s$ 均随含钴量增加而增加,这意味着溶液中的 Co²⁺,Fe²⁺ 将化学反应生成的 CoFe₂O₄ 外延于 γ-Fe₂O₃ 颗粒之上。外延钴 γ-Fe₂O₃ 的温度稳定性等优于渗钴 γ-Fe₂O₃,Kishimoto[41]将外延层增加到 40％ Co/γ-Fe₂O₃(wt％),$H_c$ 可达 119 kA/m。$H_c$ 的增加被认为是 CoFe₂O₄ 外延层沿着 γ-Fe₂O₃ 长轴向产生单轴向的磁晶各向异性所引起的,其各向异性常数 $K_u^*$ 近似为 10⁵ J/m³ 量级[42]。

除了上述溶液中外延 CoFe 氧化物层或吸附 Co(OH)₂ 外,Monteil[43]提出气相包钴法,将有机金属钴[Co(C₅H₇O₂)₂]在 300℃~400℃温度下升华,包在 Fe₃O₄ 表面,然后控制合适的氧气氛,使 γ-Fe₂O₃ 表面生成 Co²⁺/Fe²⁺ 氧化层,其工艺流程示意如图3.3.13所示。

包钴 γ-Fe₂O₃ 典型的磁性能如表 3.3.3。

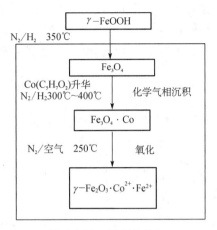

**图 3.3.13　气相包钴法**

**表 3.3.3　Co-γ-Fe$_2$O$_3$磁粉的典型性能**[3]

| 磁　　性 | 音　频　带 | 录　像　带 |
| --- | --- | --- |
| $H_c$(kA/m) | 43 | 48.5 |
| $\sigma_s$(A·m$^2$/kg) | 76 | 72 |
| $\sigma_r$(A·m$^2$/kg) | 38 | 36 |
| $S$(m$^2$/g) | 17 | 19 |

其磁性能与CrO$_2$相近,但其磁头磨损率仅为CrO$_2$带的20%。日本的AVILYM牌号带属于此类[44]。

**(4) 包 Si 的 γ-Fe$_2$O$_3$**

α-FeOOH在脱水过程中将会形成孔洞,通常还原、氧化温度低于450℃～470℃,过高温度将产生烧结现象,以致晶形劣化,使矫顽力下降;在如此低的温度下,短时间内无法靠离子的热扩散自行校正去除孔洞,而这些孔洞的存在将会影响磁带的性能。包Si是堵洞的有效途径之一,Corradi[45]采用的方法是:

将100 g的α-FeOOH悬浮在500 ml水中,加入一定量的Na$_2$SiO$_3$溶液(pH=6),保持30 min,干燥后在α-FeOOH颗粒表面包上一层所需的SiO$_2$。还原、氧化过程是在含有10%氢的H$_2$/N$_2$气氛的流化床中进行,温度为300℃～500℃。α-FeOOH经还原、氧化后,SiO$_x$就包覆在γ-Fe$_2$O$_3$颗粒表面,因此包Si后可以防止高温烧结现象。在包Si前后,γ-Fe$_2$O$_3$比表面积之对照如图3.3.14所示。

γ-Fe$_2$O$_3$的磁性能强烈地依赖于还原温度$T_r$,$H_c$,$H_r$,$J_r$在一定的还原温度$T_r$下会

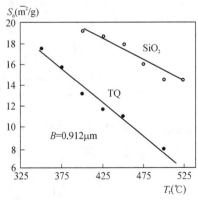

**图 3.3.14　γ-Fe$_2$O$_3$包 Si 前(TQ)后(SiO$_2$)比表面积与还原温度之关系**[45]

呈现极大值，$T_r$ 又依赖于颗粒尺寸与形状，图 3.3.15 对比了两种不同 $\alpha$ - FeOOH 尺寸（0.912 $\mu$m 与 0.805 $\mu$m）的磁粉在包覆 Si 前后磁性与 $T_r$ 的关系。

实验结果表明，包覆 Si 后可以使 $T_r$ 明显地增高，因此在较高的温度下还原有利于减少孔洞数，提高磁性能。

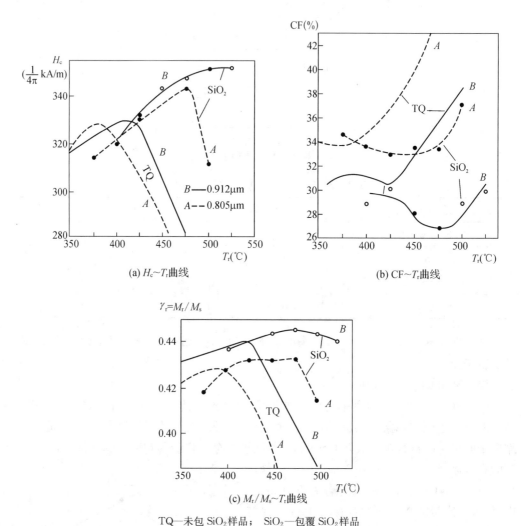

(a) $H_c \sim T_r$ 曲线

(b) CF $\sim T_r$ 曲线

(c) $M_r/M_s \sim T_r$ 曲线

TQ—未包 $SiO_2$ 样品；　$SiO_2$—包覆 $SiO_2$ 样品

**图 3.3.15　两种不同尺寸的 $\alpha$ - FeOOH[$A$(0.805 $\mu$m)，**
**$B$(0.912 $\mu$m)有孪晶]包 Si 前后磁性能与还原温度的关系[45]**

Maeda[46] 等研究了提高 $H_c$ 的原因以及不同 Si 含量对磁性的影响。其工艺过程基本上与 Corradi 的方法相似。包覆 $Na_2SiO_3$ 后的热处理过程如下：

$$\alpha\text{- FeOOH} \xrightarrow[]{250℃\sim350℃} \alpha\text{- Fe}_2\text{O}_3 \xrightarrow[(退火)]{500℃\sim700℃} \alpha\text{- Fe}_2\text{O}_3 \xrightarrow[(H_2)]{300℃\sim400℃} \text{Fe}_3\text{O}_4 \xrightarrow[(O_2)]{200℃\sim300℃} \gamma\text{- Fe}_2\text{O}_3$$

矫顽力 $H_c$ 与比磁化强度 $\sigma(H=398\ \text{kA/m})$ 随 Si 含量的变化如图 3.3.16 所示。

对吸附在 $\gamma$ - $Fe_2O_3$ 的氧化硅层进行表面分析（ESCA 法），表明氧化硅的成分应为

$SiO_x(0<x<2)$。$SiO_x$ 膜的厚度约为 20 Å。吸附 Si 的 $Fe_3O_4$ 氧化为 $\gamma$-$Fe_2O_3$ 的过程中 $H_c,\sigma$ 以及点阵常数 $a$ 随氧化度的变化如图 3.3.17 所示。包 Si 后，$H_c$ 明显地增大。$H_c$ 增加的原因：由于电价平衡，四价硅离子周围必然是 $Fe^{2+}$，而 $Fe^{2+}$ 具有比 $Fe^{3+}$ 高的磁晶各向异性。$Fe^{2+}$ 聚集在 $SiO_x$ 与 $\gamma$-$Fe_2O_3$ 交界面上，从而增加了 $\gamma$-$Fe_2O_3$ 颗粒的磁晶各向异性，提高矫顽力 $H_c$。

采用包 Si 工艺可以在较高的还原温度下继续保持良好的针形，磁性能有所提高，化学稳定性好，$H_c$ 可以处于 $31.8\sim41.4$ kA/m 范围内。磷酸盐与包 Si 起相似的作用，磷酸盐在 $\alpha$-$FeOOH$ 还原过程中起反烧结剂的作用[47]。

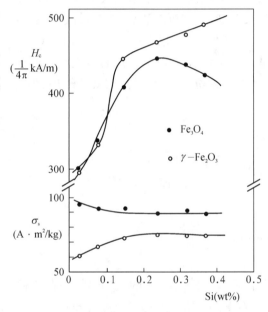

图 3.3.16　包 Si 后的 $Fe_3O_4$，$\gamma$-$Fe_2O_3$ 磁性能
　　　　　与 Si 含量的关系曲线[46]

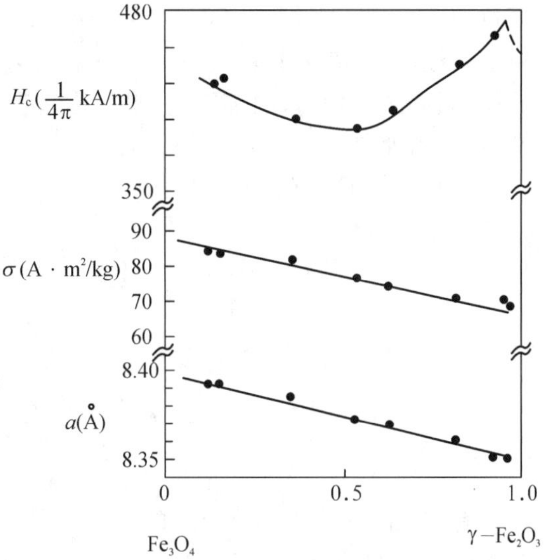

图 3.3.17　吸附 0.24wt%Si 的 $Fe_3O_4$ 磁性与
　　　　　点阵常数随氧化度的变化[46]

### (5) 包(掺)$Fe^{3+}$,$Cr^{3+}$,稀土离子等

除了上述的包 Co,Si 以外，对其他元素的包覆亦进行过各种试验。其目的，一是堵洞；二是提高表面的各向异性能；三是利用氧化物高熔点的特性来提高还原温度，防止烧结；四是 $\gamma$-$Fe_2O_3$ 表面包覆一层非磁性氧化物层后可以减少颗粒间的静磁作用，有利于在磁浆中的分散。

包 Fe：将 $\gamma$-$Fe_2O_3$ 磁粉再分散于 $FeSO_4$ 溶液中，然后加入 NaOH 溶液，使所生成的 $Fe(OH)_2$ 包覆在 $\gamma$-$Fe_2O_3$ 表面，可以使孔洞率大为减少。

掺 Cr：将 $Cr_2(SO_4)_3$ 与 $FeSO_4$ 混合液在 NaOH 溶液中共沉，以生成含微量 Cr 的铁黄，还原成 $Fe_3O_4$ 后，再在含氧 800 ppm 的 $N_2$ 气中热处理（200℃～800℃），最后在 250℃ 通空气氧化成 $\gamma$-$Fe_2O_3$。

掺稀土：与上述工艺相似。加入稀土元素离子(如 Dy 离子等)可以提高其矫顽力，同时又具有良好的温度稳定性。

除了单一元素外,亦可进行多元复合元素的代换与包覆,如 Co 与 Zn,Mn,Cu,Cd 等元素的组合,以期进一步改善其磁性能。

**(6) 水热法制备 $Fe_2O_3$**

由 FeOOH 脱水相变为 $\alpha$ - $Fe_2O_3$ 必然涉及结晶水逸出、离子的位移与重新排列,从而导致 $\alpha$ - $Fe_2O_3$ 颗粒中产生空洞与缺陷,影响磁粉性能的提高。多年来人们一直探索如何在水溶液中直接生成合适形态的 $Fe_2O_3$ 颗粒,以作为 $\gamma$ - $Fe_2O_3$ 磁粉的原材料。早期曾采用高铁盐溶液与碱溶液反应成棕红色的非晶态 $Fe(OH)_3$,或用亚铁盐溶液滴加氧化剂,如 $H_2O_2$,再加入碱溶液生成 $Fe(OH)_3$。将含有 $Fe(OH)_3$ 的溶液进行水热反应就可获得粒度分布均匀、无枝杈的 $\alpha$ - FeOOH 颗粒。近年来,该工艺已取得突破性进展。在含有 $Fe(OH)_3$ 微颗粒的水溶液中,加入晶体生长助剂,如有机磷酸盐、有机羧酸盐,然后进行 100℃～200℃ 温度下的水热反应。在合适的条件下,可以获得椭球体的 $Fe_2O_3$ 颗粒。再经还原、氧化生成 $\gamma$ - $Fe_2O_3$ 磁粉,其结晶完整,无孪晶与枝杈,形态接近细长的椭球体,因此磁化均匀,内部无退磁场,称之为 NP 无极磁粉。这类磁粉具有良好的流变特性,是较为理想的磁记录介质材料。

NP 磁粉制备的工艺流程大致如下:

$$Fe(NO_3)_3 \atop FeCl_3 \quad \xrightarrow[\ ]{OH^{-1}溶液} Fe(OH)_3 \xrightarrow{洗涤} Fe(OH)_3 \atop +晶体生长助剂$$

等三价铁盐溶液

$$\xrightarrow[\substack{水热反应 \\ (100\sim200\,℃)}]{pH\cong10\sim11} Fe_2O_3 \xrightarrow[\substack{H_2\downarrow \\ 300\sim400\,℃}]{} Fe_3O_4 \xrightarrow[\substack{O_2\downarrow \\ 150\sim250\,℃}]{} \gamma - Fe_2O_3$$

有些文献认为水热反应后的 $Fe_2O_3$ 是三角晶系 $\alpha\sim Fe_2O_3$,有的认为是六角晶系的 $Fe_2O_3$。水热反应中,加入合适的晶体生长助剂,对 $Fe_2O_3$ 结晶形态与粒度分布均匀性有较大的影响,例如 $NaH_2PO_4$,$CrCl_3$ 的加入有利于椭球体晶形的生成。合适的晶体生长助剂可抑制晶体在六角对称面内生长,而促使其沿垂直于六角面的方向生长为细长椭球体(NP)的 $Fe_2O_3$。NP 磁粉包括 $\gamma$ - $Fe_2O_3$,包钴 $\gamma$ - $Fe_2O_3$ 及由其还原的金属磁粉,性能优于传统工艺生产的磁粉,已用于高级录音带,亦有可能用作垂直磁记录介质。

## 2. $CrO_2$ 系列

**(1) 结构与磁性能**

$CrO_2$ 为四角晶系金红石型结构(Tetragonal Rutile),呈针状结晶体。其 $a = 4.421\,8$ Å,$c = 2.918\,2$ Å,$d = 4.83(g/cm^3)$,属 P42/mnm($D_{4h}^{14}$)空间群。$Cr^{4+}$ 处于四角晶胞的体心与顶角,故每个单胞中含 2 个 Cr 离子。氧离子晶位为:$(u,u,o)$,$(\bar{u},\bar{u},o)$,$\left(u-\frac{1}{2},\frac{1}{2}-u,\frac{1}{2}\right)$,$\left(\frac{1}{2}-u,u-\frac{1}{2},\frac{1}{2}\right)$,$u = 0.301 \pm 0.04$[48],$u = 0.294$[49]。据 Gustard[50] 暗场电子显微镜观察结果,约有 67% 的 $CrO_2$ 长轴为 [001] 晶向($c$ 轴向)。在 $CrO_2$ 结构中,每个 $Cr^{4+}$ 磁矩为 $2\mu_B$;$\sigma_s = 133$ A·$m^2$/kg。Cr 离子间呈铁磁性耦合,磁

晶各向异性常数 $K_1=2.5/3.0\times10^4$ J/m$^3$（300 K）[51]，103℃时，$K_1=0$，103℃～119℃之间时，$K_1<0$，由单轴型转变为锥面型。磁致伸缩系数 $\lambda=+1\times10^{-6}$，居里点为117℃～119℃。

易磁化轴与长轴之间的夹角 $\phi$ 在文献中有不同的报道：

| $\phi$ | $0°$ | $30°$ | $40°$ |
|---|---|---|---|
| 参考文献 | D. S. Rodbell, 1967 | W. H. Cloud, 1962 | F. J. Darnell, 1961 |

$CrO_2$ 的晶体结构见图 3.3.18。

根据 $H_c$ - $T$ 曲线，认为 $CrO_2$ 矫顽力主要源于形状各向异性，但根据 Stoner-Wohlfrath 均匀转动反磁化模型：

$$\langle H_c\rangle=0.48(N_b-N_a)M_s=97.9 \text{ kA/m}$$

与实际上低 $H_c$ 值又不相符，而采用球链模型后，$\langle H_c\rangle=0.81\pi M_s(6K_N-4L_N)$。$K_N$，$L_N$ 为依赖于长度与轴比率的参量，计算值为 $\langle H_c\rangle=47$ kA/m，与实验值相近。

对含 $0.15$wt% Sb，$0.25$wt% Fe 的 $CrO_2$ 研究结果，认为室温 $H_c$ 值，形状各向异性占 47%，磁晶各向异性占 53%。

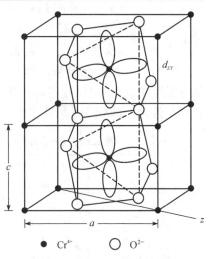

图 3.3.18　$CrO_2$ 晶体结构

根据 Darnell[57] 的研究，当长轴约 $100$ $\mu m$ 时，$CrO_2$ 颗粒为多畴结构，$1\sim10$ $\mu m$ 时为几个单畴。当颗粒更小，如长小于 $1.0$ $\mu m$，宽小于 $0.2$ $\mu m$ 时，为单畴体。

$CrO_2$ 与 $\gamma$ - $Fe_2O_3$ 磁性能对比见表 3.3.4。

表 3.3.4　$CrO_2$ 与 $\gamma$ - $Fe_2O_3$ 磁粉性能之对比

| 特　　性 | | $CrO_2$ | $\gamma$ - $Fe_2O_3$ |
|---|---|---|---|
| $\sigma_s$(A·m$^2$/kg) | | 100 | 74 |
| $H_c$(kA/m) | | 27.9～55.7 | 19.9～35.8 |
| $\theta_f$(℃) | | 116 | 585 |
| $\rho$(Ω·cm) | | $10^{-2}$ | $10^9$ |
| 颗粒形状 | 长($\mu m$) | 0.2～0.1 | 0.3～0.7 |
| | 长/宽比 | 10 | 5 |
| 结晶状况 | | 单　晶　体 | 多　晶　体 |

**（2）$CrO_2$ 的制备**

制备 $CrO_2$ 主要有两种方法。其一为高价铬（如 $Cr^{6+}$）转变为低价铬（$Cr^{4+}$），其二为低价铬(如 $Cr^{3+}$)转变为高价铬($Cr^{4+}$)。

第一种方法是比较传统的做法[52,53]，采用水热反应使 $CrO_3$(铬酐)在高温、高压下分解：

$$(NH_4)_2Cr_2O_7(红色)\xrightarrow{加热分解}2CrO_3(绿色)+2NH_3\uparrow+H_2O$$

$$CrO_3\longrightarrow CrO_2+O_2$$

反应温度为 400℃～505℃，压力为 50～30 MPa，时间为 5～10 min。如时间延长，颗粒可进一步长大。$CrO_2$ 的生成相区见图 3.3.19。

由于 $CrO_3$ 腐蚀性强，因此需要密封于铂的容器内，然后，再外加耐高温高压的容器。所生成的 $CrO_2$ 微晶呈暗灰色，晶粒尺寸与磁性能可通过附加少量催化剂来控制。Swoboda[52]的实验结果见表3.3.5。

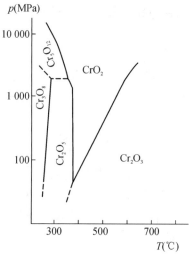

图 3.3.19　水热反应生成 $CrO_2$ 的相图

表 3.3.5　$CrO_2$ 磁粉的磁性能、颗粒尺寸与制备时附加催化剂的关系

| 催 化 剂 | $H_{cj}$(kA/m) | $\sigma$(Am²/kg) | $L(\mu m)$ | $W(\mu m)$ |
|---|---|---|---|---|
| 无 | 4.5 | 90 | 3～10 | 1～3 |
| $Sb_2O_3$, 0.2wt% | 12.4 | 85 | 0.4～2.0 | 0.07～0.3 |
| $Sb_2O_3$, 0.5wt% | 19.3 | 82 | 0.4～2.5 | 0.06～0.2 |
| $Sb_2O_3$, 2.0wt% | 27.8 | 77 | 0.2～1.5 | 0.03～0.1 |
| $RuO_2$, 1.0wt% | 24.8 | 82 | 0.1～2.0 | 0.04～0.08 |

第二种方法，以 $Cr_2O_3$ 为原料，用 $HClO_3$，$H_5IO_6$，$HIO_3$ 等作为氧化剂，在 400℃，200 MPa压力下进行反应而得到 $CrO_2$，其颗粒尺寸与原料尺寸关系密切，所用原料 $Cr_2O_3$ 是采用 $(NH_4)_2Cr_2O_7$ 在 150℃～250℃ 温度范围内分解而得[54]，这样可有效地控制颗粒尺寸。

高温高压的制备条件难以进行 $CrO_2$ 的大量生产，成本甚高(比 $\gamma$-$Fe_2O_3$ 约高 10 倍)，且危险性大，因此通过各种试验以求降低反应压力是 $CrO_2$ 制备的主要研究方向[55]。如在空气中加温 $CrO_3$，其反应式为 $CrO_3\rightarrow Cr_3O_8\rightarrow Cr_2O_5\rightarrow Cr_2O_3$，生成物为 $Cr_2O_3$，不能生成 $CrO_2$。为此，采用 $CrO_3$ 与 $H_2O_2$ 的混合液中加入 LiOH(NaOH，KOH)，空气中以 410℃加热处理，淬冷，可获 90% 纯度的 $CrO_2$，另相为 $Cr_2O_3$。该方法为常压下制备 $CrO_2$ 首开先例。

**(3) 离子代换**

为了在 $CrO_2$ 生成过程中降低温度与压力，曾进行过大量的离子代换工作。通过离子代换可以提高矫顽力，细化晶粒，改变居里温度，降低对磁头的磨损率等。添加 Sn，Te，Fe 有利于降低反应温度与压力，矫顽力 $H_c$ 随代换量的变化如图 3.3.20 所示。例如，添加 $Sb_2O_3$ 后，反应温度可降低到 300℃，压力为 5 MPa。水热反应前，在 $CrO_3$ 中加入 $Ir(OH)_3$，可以提高 $H_c$。

改变矫顽力通常有两种方法，一是改变形状与尺寸，二是改变磁晶各向异性常数。

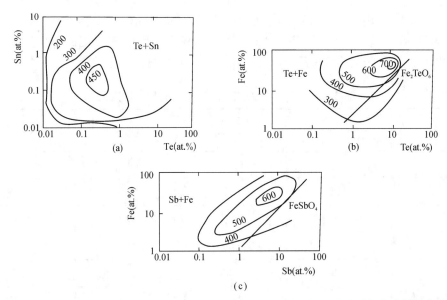

**图 3.3.20　含有(Sn‑Te),(Te‑Fe),(Sb‑Fe)的$CrO_2$磁粉之矫顽力随附加物含量的变化**

Maestro[56]以 $NH_4ClO_4$ 为氧化剂,以$H_3BO_3$ 为晶体生长的阻化剂,经水热反应制得 $Cr_{(1-x)}Rh_xO_2$,$Cr_{(1-x)}Ir_xO_2$ 两种固溶体,$Ir^{4+}$,$Rh^{4+}$ 具有强的自旋‑轨道耦合效应,少量的添加可以明显地增进磁晶各向异性常数,从而增加 $H_c$,而 $H_3BO_3$ 又能阻止晶粒生长,这两方面的组合效应使得少量的 Ir,Rh 离子代换就可以显著地增加 $H_c$。例如对 $Cr_{1-x}Ir_xO_2$ 系列,$H_c$ 随 $x$ 的变化见表 3.3.6。$M_s$,$T_c$ 随 $x$ 的变化见图3.3.21,磁晶各向异性场 $H_k$、剩磁矫顽力 $H_r$ 随 $x$ 的增加而增大。

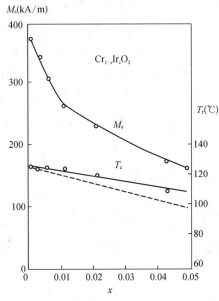

**图 3.3.21　$Cr_{1-x}Ir_xO_2$ 样品之 $M_s$ 与 $T_c$ 随 Ir 含量的变化**[58]

图中虚线取自文献[56]

Shannon[57]给出了多种离子代换，如 $Fe^{3+}$，$Co^{3+}$，$Ge^{4+}$，$Ti^{4+}$，$Ru^{4+}$，$Ir^{4+}$，$Pt^{4+}$，$Mn^{4+}$，$V^{5+}$，$Nb^{5+}$，$Ta^{5+}$，$As^{5+}$，$Sb^{5+}$，$Re^{6+}$，$Mo^{6+}$，$W^{6+}$ 对 $CrO_2$ 磁性能的影响。这些离子代换对居里点的影响见表 3.3.7。

表 3.3.6 $Cr_{(1-x)}Ir_xO_2$ 系列 $H_c$ 随 Ir 含量 $x$ 的变化

| $x$ | $\dfrac{m\,NH_4ClO_4}{m\,Cr_2O_3}$ | $\dfrac{m\,H_3BO_3}{m\,NH_4ClO_3}$ | $t$ (min) | $H_c$ (kA/m) |
|---|---|---|---|---|
| $2.5 \times 10^{-4}$ | 3.28 | 0.15 | 90 | 22.7 |
| $1.2 \times 10^{-3}$ | 3.28 | 0.15 | 120 | 39.8 |
| $5 \times 10^{-3}$ | 2.5 | 0.06 | 120 | 40.6 |
| 0.01 | 2.5 | 0.06 | 120 | 91.5 |
| 0.05 | 2.5 | 0.06 | 120 | 94.7 |
| 0.09 | 2.5 | 0.06 | 120 | 226.8 |

表 3.3.7 离子代换对 $CrO_2$ 居里温度的影响

（代换量为 2 mol%）

| 代 换 离 子 | Fe | Tr | Ru | V | As | Sb | Re | Mo | W |
|---|---|---|---|---|---|---|---|---|---|
| 居里温度变化（℃） | +19 | +4 | +2 | −20 | −21 | −10 | −37 | −38 | −42 |

$CrO_2$ 结晶呈针形，其晶形完美，为单晶体，无孔洞，在磁浆中能够很好地分散，矫顽力较 $\gamma$-$Fe_2O_3$ 高，在高密度磁记录中更显出其优点，记录短波长信号时灵敏度高，调制噪声小。$CrO_2$ 磁粉的电阻率低，用它制成的磁带亦具有较低的表面电阻，有利于降低磁带的静电效应；其缺点是制备较困难，成本高，对磁头磨损大于 $\gamma$-$Fe_2O_3$，化学稳定性、温度稳定性不如 $\gamma$-$Fe_2O_3$。$CrO_2$ 带与包覆 Co-$\gamma$-$Fe_2O_3$ 带（AV—1）以及掺 Co-$\gamma$-$Fe_2O_3$ 带，对磁头的磨损率 $\Delta W$、磁性的温度稳定性 $\left(\dfrac{B_r(T)}{B(20)}, \dfrac{H_c(T)}{H_c(20)}\right)$ 的对比见图 3.3.22[46]。

对于 $Co^{2+}$，$Ti^{4+}$ 择优占位问题，目前尚无统一的观点。文献[59]根据穆斯堡尔谱分析，认为 $Co^{2+}$，$Ti^{4+}$ 择优占位 $12b$，$4f_2$ 以及 $2b$ 晶位。文献[60]同样根据穆斯堡尔谱分析，认为 Co，Ti 离子仅仅处于 $2b$，$4f_2$ 晶位，而 $Co^{2+}$，$Sn^{4+}$ 都强烈地择优占位 $2b$，$4f_2$ 与 $12k$ 晶位。文献[61]却认为 $Ti^{4+}$，$Co^{2+}$ 首先置换 $4f_1$，$4f_2$ 晶位的 $Fe^{3+}$，$2b$ 晶位最难被置换。

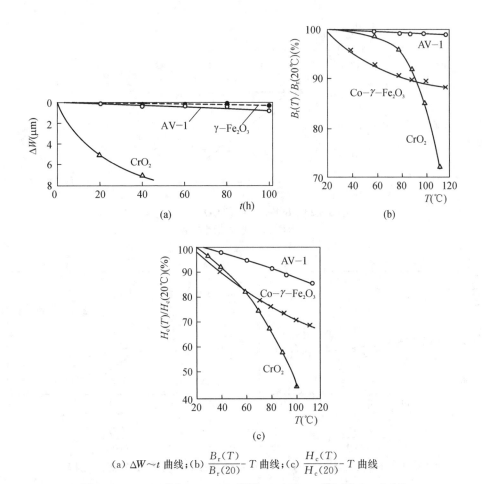

(a) $\Delta W \sim t$ 曲线；(b) $\dfrac{B_r(T)}{B_r(20)}$- $T$ 曲线；(c) $\dfrac{H_c(T)}{H_c(20)}$- $T$ 曲线

**图 3.3.22　CrO$_2$ 带与 $\gamma$ - Fe$_2$O$_3$ 带[包 Co(AV—1)]与掺 Co 对磁头磨损率以及磁性的温度稳定性之影响**[46]

### 3. 六角晶系铁氧体

$\gamma$ - Fe$_2$O$_3$，CrO$_2$ 等磁记录介质主要利用形状各向异性获得高矫顽力。六角晶系铁氧体具有高的磁晶各向异性，通过离子代换可以在很大幅度内改变矫顽力大小，随着高密度磁记录技术的发展，六角晶系铁氧体作为连续与非连续介质越来越受到关注。人们把注意力主要集中于以钡铁氧体为代表的主轴型铁氧体及其离子代换。从原则上讲，其他六角晶系铁氧体，如 W 型铁氧体比 M 型铁氧体具有更多的晶位，更容易改变其磁性能，亦可以作为录磁介质研究对象。

细颗粒的纯钡铁氧体具有甚高的矫顽力（$H_{cB}$ 可达 207 kA/m）可用于磁性信用卡、[62]复录磁带等方面，作为一般录磁介质其矫顽力太高，通常通过离子代换来降低矫顽力。例如(Co,Ti)代换 Fe，BaFe$_{12-2x}$Co$_x$Ti$_x$O$_{19}$，$H_c$ 随代换量增加呈线性下降，但其比磁化强度 $\sigma$ 却基本上保持不变，见图 3.3.23。(Co,Ti)BaM 的 $H_c(T)$，$M_s(T)$ 温度稳定性优于 CrO$_2$ 与 Co - $\gamma$ - Fe$_2$O$_3$，见图 3.3.24。

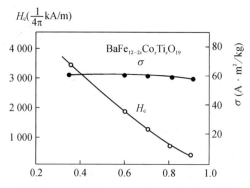

图 3.3.23　$BaFe_{12-2x}Co_xTi_xO_{19}$ 之 $\sigma,H_c$ 随
(Co,Ti)代换量的变化[63]

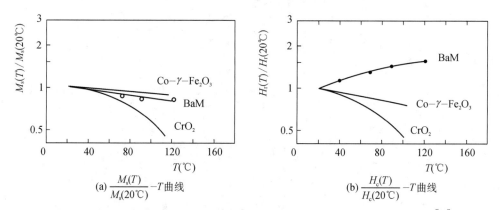

(a) $\dfrac{M_s(T)}{M_s(20℃)}$—$T$曲线　　　　(b) $\dfrac{H_c(T)}{H_c(20℃)}$—$T$曲线

图 3.3.24　BaM(Co,Ti),Co－γ－Fe₂O₃,CrO₂样品的 $M_s$,$H_c$ 随 $T$ 变化之比较[63]

(Co,Ti)代换钡铁氧体微粉特性见表 3.3.8。

磁带特性见文献[64],作为垂直磁记录,其性能相当好。

少量 Sn,Cu 等离子代换可以降低钡铁氧体矫顽力的温度系数[65,66]。

钡铁氧体磁粉的化学稳定性好,具有高密度磁记录特性,工业生产的工艺已成熟,已应用于大容量的软盘、DAT 复印母带以及 8 mm VCR 磁带等[67]。它不仅可用于垂直磁记录,且可应用于纵向磁记录模式,与其他磁记录介质相比,它具有窄的开关场分布(SFD),其对比见图 3.3.25[68]。磁带频率的特性亦优于其他介质,其性能对比见图 3.3.26[69]。钡铁氧体磁粉已进入高密度磁记录介质行列[70]。

表 3.3.8　(Co,Ti)BaM 磁粉的特性(颗粒尺寸为 0.08×0.3 μm)

| $d$ (g/cm³) | $S_V$ (m²/g) | $H_c$ (kA/m) | $\sigma_s$ (A·m²/kg) | $T_c$ (℃) | $M_r/M_s$ |
|---|---|---|---|---|---|
| 5.25 | 22 | 87.8 | 58 | 350 | 0.94 |

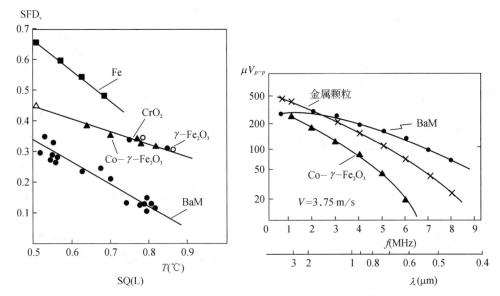

图 3.3.25　钡铁氧体磁带的开关场分布与 Fe,CrO$_2$，　图 3.3.26　钡铁氧体磁带与其他磁带频率
Co - $\gamma$ - Fe$_2$O$_3$,$\gamma$ - Fe$_2$O$_3$ 磁带之对比　　　　　　　　响应的曲线之对比
　　　　　　　　　　　　　　　　　　　　　　　　　　($\mu V_{p-p}$ 为输出电压)[64,69]

钡铁氧体磁粉制备的方法大致上有四类：

① 氧化物陶瓷工艺。由于采用高温烧结球磨的工艺，其颗粒度分布宽，不适宜作为录磁介质。

② 化学共沉淀工艺[71]。将 FeCl$_3$ 与 BaCl$_2$ 的混合溶液用（NaOH＋NaCO$_3$）沉淀，然后清洗、烧结，进行固相反应。

③ 水热反应。将 $\alpha$ - FeOOH＋$\frac{1}{8}$Ba(OH)$_2$ 水溶液置于高压中进行水热反应（$T=$ 150℃～300℃），可获得六角片状结晶的钡铁氧体[72]；亦可将钡盐与铁盐的水溶液按一定比例混合，然后加碱使之沉淀，再进行水热反应，得到晶形良好、一致性较佳的钡铁氧体粉料[73]。

④ 玻璃陶瓷工艺[74,75]。可获得结晶均匀、颗粒尺寸窄的钡铁氧体微晶，目前文献上报道大多采用此工艺制备磁记录介质。以下作一介绍。

玻璃体内结晶法早期是用来制备高矫顽力的永磁铁氧体粉料，研究永磁铁氧体反转磁化的机制，将摩尔比率为 0.625B$_2$O$_3$ - 0.405BaO - 0.33Fe$_2$O$_3$ 的组成高温熔化（1 350℃,45 min），然后在黄铜制成的轧片机中淬冷，轧成玻璃态的薄片（约 100 $\mu$m 厚）。将玻璃体在不同温度下进行退火处理，可以使 BaFe$_{12}$O$_{19}$ 相结晶析出，颗粒尺寸用不同的热处理温度来控制。实验结果 $d\approx$47 Å 时呈超顺磁性。单畴临界尺寸（半径）为 0.5 $\mu$m。

B$_2$O$_3$-Fe$_2$O$_3$-SrO 系中 SrFe$_{12}$O$_{19}$ 相的结晶区见图 3.3.27,热处理温度与矫顽力的关系见图 3.3.28。

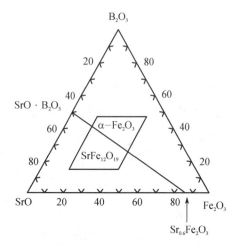

图 3.3.27　SrFe$_{12}$O$_{19}$ 的结晶相区

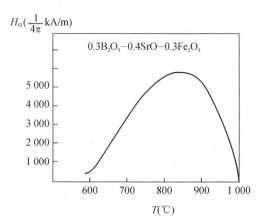

图 3.3.28　0.3B$_2$O$_3$ - 0.4SrO - 0.3Fe$_2$O$_3$ mol% 配方中所生成的 SrM 之 $H_{cj}$ 与热处理温度之关系

## 参考文献

[1] Iwasaki S. I and Nakamura Y., A study of perpendicular magnetic recording., *Ferrites: Proc. ICF3*[M], Center for Acadenic Pulications Japan(CAPJ)1980:561 - 565.

[2] Iwasaki S., Nakamura Y., Muraoka H., Wavelength response of perpendicular magnetic recording, *IEEE Trans. on Magn.*, 1981,Mag - 17:2535 - 2537.

[3] Imaoka Y., Takada K., Hamabata T., et al., Advance in magnetic recording media-from maghemite and chromium dioxide to cobalt adsorbed gamma ferric oxide, *Ferrites: Proc. ICF3*[M], Center for Acadenic Pulications, Japan(CAPJ)1980:516 - 520.

[4] W. Robinson J., Hockings E. F., Simplified method for determination of particle-size distributions of fine magnetic powders, *RCA Review*, 1972,33:399 - 405.

[5] Braun P.B., A superstructure in spinels, *Nature*, 1952,170:1123 - 1123.

[6] Aharoni A., Frei E.H., M.Schieber, Some properties of gamma - Fe$_2$O$_3$ obtained by Hydrogen reduction of alpha - Fe$_2$O$_3$, *J. Phys. and Chem. Solids*, 1962,23,545 - 554.

[7] 都有为,陆怀先,王挺祥,等.γ - Fe$_2$O$_3$ 中的氢含量[J].物理学报,1986,35:989 - 994.

[8] Van Oosterhout G. W. and Rooijmans C. J. M., New superstructure in gamma-ferric oxide, *Nature*, 1958,181:44 - 44.

[9] Schrader R., Buttner G., Untersuchungen uber gamma-eisen(iii)-oxid, *Z. Anorganische und Allgemeine Chemie*, 1963,20:205 - 219.

[10] Ferguson G.A., Hass M., Magnetic structure and vacancy distribution in gamma - Fe$_2$O$_3$ by neutron diffraction, *Phys. Rev.*, 1958,112:1130 - 1131.

[11] Uyeda R., Hasegawa K., Vacancy distribution in gamma - Fe$_2$O$_3$, *J. Phys. Soc. of Japan*, 1962,17,B - 2:391 - 391.

[12] Henry W. E.; Boehm M. J., Intradomain magnetic saturation and magnetic structure of gamma -Fe$_2$O$_3$, *Phys. Rev.*, 1956,101:1253 - 1254.

[13] Takei H., Chiba S., Vacancy ordering in epitaxially-grown single crystals of gamma - Fe$_2$O$_3$, *J. Phys. Soc. of Japan*, 1966,21:1255 - 1262.

［14］Mallinson J.C.，Smit J.，*Magnetic Properties Magnetite Oxide Part 2*［M］，John & Son，Ltd，London.1975:29.

［15］Podolsky G.，Relationship of gamma-Fe$_2$O$_3$ audio tape properties to particle-size，*IEEE Trans. on Magn.*，1981,Mag-17:3032-3034.

［16］罗河烈,文亦汀,孙克,等.表面效应对 $\gamma$-Fe$_2$O$_3$ 微粉饱和磁化强度的影响［J］.物理学报,1983,32:812-818.

［17］Mackay A.L.，*Reactivity of Solids*［M］，Editor：De Boer J.H.，et al.，1961:582.

［18］M.Kiyama，T.Takada，Iron compounds formed by aerial oxidation of ferrous salt solutions，*Bulletin of the Chemical Society of Japan*，1972,45:1923-1943.

［19］Nagai N.，Hosoiyo N.，Kiyama M.，et al.，The thermal decomposition intermediate product of $\beta$-FeO(OH)，*Ferrites：Proc. ICF3*［M］，Center for Acadenic Pulications Japan(CAPJ)，1980:247-249.

［20］都有为,张毓昌,焦洪震,等.$\delta$—FeOOH 的结构与相变过程的研究［J］.物理学报,1979,28:773-782.

［21］Camras M.，Some recent developments in magnetic recording，*Acustica*，1954,4:26-29.

［22］Takada T.，Kiyama M.，Preparation of ferrites by wet method，Ferrites，*Proc. ICF-1*［M］，1971:69-74.

［23］都有为,李正宇,陆怀先,等.FeOOH 生成条件的研究（Ⅰ）［J］.物理学报,1979,28:705-711.

［24］都有为,陆怀先,张毓昌,等.FeOOH 生成条件的研究（Ⅱ）［J］.物理学报,1980,29:889-896.

［25］都有为,陆怀先,杜德安,等.电子显微镜研究 FeOOH 的结晶形态［J］.南京大学学报（自然科学版）,1980,2:20-25.

［26］Corradi A.R.，Wohlfarth E.P.，Influence of densification on remanence, coercivities and interaction field of elongated gamma-Fe$_2$O$_3$ powders，*IEEE Trans. on Magn.*，1978，MAG-14:861-863.

［27］Imaoka Y.，Aging effect of $(\gamma$-Fe$_2$O$_3)_x$(Fe$_3$O$_4)_{1-x}$ pigments in magnetic recording tapes *Ferrites：Proc. ICF1*［M］，University of Tokyo Press，1971:467-470.

［28］都有为,张毓昌,陆怀先.超细 Fe$_3$O$_4$ 的氧化过程［J］.物理学报,1981,30,3:424-427.

［29］Kojima H.，Hanada K.，Origin of coercivity changes during the oxidation of Fe$_3$O$_4$ to gamma-Fe$_2$O$_3$，*IEEE Trans. on Magn.*，1980,Mag-16:11-13.

［30］David I.，Welch A.J.E.，The oxidation of magnetite and related spinels-constitution of gamma ferric oxide，*Trans. of the Faraday Society*，1956,52:1642-1650.

［31］Healey F.H.，Chessick J.J.，Fraioli A.V.，The adsorption and heat of immersion studies of Iron oxide，*J. Phys. Chem.*，1956,60:1001-1004.

［32］Skorski R.，Effect of magnetic-field on reduction of hematite，*Nature-Physical Science*，1972,240:15-15.

［33］Kishimoto M.，Effect of vacancies on the coercivity of gamma-Fe$_2$O$_3$-Fe$_3$O$_4$ solid-solutions，*IEEE Trans. on Magn.*，1982,Mag-18:1822-1824.

［34］Kaganowicz G.，Hockings E.F.，Robinson J.W.，Influence of Zinc on Cobalt substituted magnetic recording media，*IEEE Trans. on Magn.*，1975,Mag-11:1194-1196.

［35］Speliotis D.E.，Proc. Int. Conf. *Magnetism*［M］，Nottingham.1965,623.

［36］Hayama F.，Kitaoka S.，Kishimoto M.，et al.，Formation of cobalt-epitaxaial Iron oxides and their magnetic properties. *Ferrites：Proc. ICF3*［M］，Center for Acadenic Pulications Japan(CAPJ)，1980:521-525.

［37］罗河烈,龚伟,刘丁柱,等.包钴型 $\gamma$-Fe$_2$O$_3$ 磁粉矫顽力增大原因的探讨［J］.物理学报,1979,28:534-543;罗河烈,孙克,冯远冰,等.包钴型 $\gamma$-Fe$_2$O$_3$ 磁粉矫顽力的研究［J］.物理学报,1981,30:

642－648.

［38］李士,邵涵如,罗河烈,等.超细颗粒 $\gamma$－$Fe_2O_3$ 微粉包钴前后的各向异性[J].物理学报,1982, 31:1250－1255.

［39］Lo H.L., Gung W., Increasing of the coercivity of gamma－$Fe_2O_3$ powder by epitaxial Co-doping, *J. Appl. Phys.*, 1979,50:2414－2416.

［40］李士,章佩群,计桂泉,等.包钴铁氧体型 $\gamma$－$Fe_2O_3$ 磁粉穆斯堡尔效应的研究[J].物理学报, 1981,30:120－123.

［41］Kishimoto M., Kitaoka S., Andoh H et al., On the coercivity of cobalt-ferrite epitaxial iron-oxides, *IEEE Trans. on Magn.*, 1981,Mag－17:3029－3031.

［42］Tokuoka Y., Umeki S., Imaoka Y., Anisotropy of Cobalt-adsorbed gamma－$Fe_2O_3$ particles, *Journal de Physique*, 1977,38.S:337－340.

［43］Monteil J.B., Dougien P., A new preparation process of cobalt modified iron oxide. *Ferrites: Proc. ICF3*[M], Center for Acadenic Pulications Japan(CAPJ),1980:532－536.

［44］Umeki S., Saitoh S., Imaoka Y., New high coercive magnetic particle for recording tape, *IEEE Trans*. on Magn., 1974,Mag－10:655－656.

［45］Corradi A.R., Ceresa E.M., Influence of reduction temperature on coercivities. coercivity factors and rheological properties of gamma－$Fe_2O_3$ and silica coated gamma－$Fe_2O_3$, *IEEE Trans. on Magn.*, 1979,Mag－15:1068－1072.

［46］Maeda Y., Manabe T., Nagai K., et al., High coercive $SiO_x$ Adsorbed－$\gamma$－$Fe_2O_3$, *Ferrites: Proc. ICF3*[M], Center for Acadenic Pulications Japan(CAPJ),1980:541－544.

［47］Ceresa E.M., gamma－$Fe_2O_3$ with condensed phosphates as anti-sintering agents, *IEEE Trans. on Magn.*, 1981,Mag－17:3023－3025.

［48］Cloud W.H., Babcock K.R., Schreibe D.S., X-ray and magnetic studies of $CrO_2$ single crystals, *J. Appl. Phys.*, 1962,33:1193－1193.

［49］Siratori K., Iida S., Magnetic property of $Mn_{(x)}Cr_{(1-x)}O_2$, *J. Phys. Soc. of Japan*, 1960,15: 210－211.

［50］Gustard B., Vriend H., A study of orientation of magnetic particles in gamma－$Fe_2O_3$ and $CrO_2$ recording tapes using an X-ray pole figure technigue, *IEEE Trans. on Magn.*, 1969,Mag－5:326－326.

［51］Darnell F.J., Magnetization process in small particles of $CrO_2$, *J. Appl. Phys.*, 1961,32: 1269－1274.

［52］Swoboda T.J., Coxm N.L., Sadler S., et al., Oxides-synthesis and properties of ferromagnetic chromium oxide, *J. Appl. Phys.*, 1961,32. S:374－379.

［53］Kubota B., Decomposition of higher oxides of chromium under various pressures of oxygen, *J. Amer. Ceram. Soc.*, 1961,44:239－248.

［54］Demazeau G. Maestrot P., Plante et al., New magnetic-materials derived from chromium dioxide, *IEEE Trans: on Magn.*, 1980,Mag－16:9－10.

［55］Bate G., Recording Materials., *Ferromagnetic materials*[M], Editoer: Wohlfarth E.P North-Holland Publishing Company 1980,2:381－508.

［56］Maestro P., Andriamandroso D., Demazeau G. et al., New improvements of $CrO_2$－related magnetic recording materials, *IEEE Trans. on Magn.*, 1982,Mag－18:1000－1003.

［57］Shannon R.D., Chamberl B.L., Frederic C.G., Effect of foreign ions on magnetic properties of Chromium dioxide, *J. Phys. Soc. of Japan*, 1971,31:1650－1656.

[58] Kullmann U., Koster E., Meyer B., Magnetic-anisotropy of Ir - doped $CrO_2$, *IEEE Trans. on Magn.*, 1984,Mag - 20:742 - 744.

[59] Pankhurst Q.A., Jones D.H., Morrish A.H. et al., Cation distribution in Co - Ti substiyuted Barium ferrite. *Ferrites: Proc. ICF - 5* [M], Published by Mohan Primlani for Oxford & IBH Publishing Co. Pvt. Ltd., 66 Janpath, New Delhi 119991 and printed at Rekha Printers Pvt. Ltd., New Delhi. 1989:323 - 327.

[60] Zhou X.Z., Morrish A.H., Yang Z., et al., Co - Sn substituted barium ferrite particles, *Ferrites: Proc. ICF - 6* [M], Copyright 1992, by The Japan Society of Powdre and Poeder Metallurgy Printed in Japan. 1992:287 - 287.

[61] Kreber E., Gonser U., Determination of cation distribution in $Ti^{4+}$ and $Co^{2+}$ substituted Barium ferrite by mossbauer-spectroscopy, *Applied Physics*, 1976,10:175 - 180.

[62] Hosaka H., Tochihara S., and Namikawa M., Digital recording properties of high caercivity magnetic credit card, *Ferrites: Proc. ICF3* [M], Center for Acadenic Pulications Japan(CAPJ),1980:575 - 578.

[63] Kubo O., Ido T., Yokoyama H., Properties of ba ferrite particles for perpendicular magnetic recording media, *IEEE Trans. on Magn.*, 1982,Mag - 18.6:1122 - 1124.

[64] Fujiwara T., Magnetic properties and recording characteristics of barium ferrite media, *IEEE Trans. on Magn.*, 1987,Mag - 23:3125 - 3130.

[65] Meisen U., Eiling A., Temperature-dependence of magnetic-properties and site occupation of various bariumferrites, *IEEE Trans. on Magn.*, 1990,Mag - 26:21 - 23.

[66] Kubo O., Ogawa E., Temperature-dependence of magnetocrystalline anisotropy for sn substituted ba ferrite particles, *IEEE Trans. on Magn.*, 1991,Mag - 27:4657 - 4659.

[67] Yokoyama H., Ito T., Isshiki M. et al., Barium ferrite particulate tapes for high band 8mm VCR, *IEEE Trans. on Magn.*, 1992,Mag - 28:2391 - 2393.

[68] Suzuki T., Orientation and angular-dependence of magnetic-properties for Ba-ferrite tapes, *IEEE Trans.* on Magn., 1992,Mag - 28:2388 - 2390.

[69] Shirk B.T., Buessem W.R., Temperature dependence of Ms and $K_1$ of $BaFe_{12}O_9$ and $SrFe_{12}O_{19}$ single crystals, *J.Appl. Phys.*, 1969,40:1294 - 1295.

[70] Luitjens S.B., Magnetic recording trends-media developments and future(video) recording-systems, *IEEE Trans. on Magn.*, 1990,MAG - 26:6 - 11.

[71] Haneda K., Miyakawa C., Kojima H., Preparation of high-coercivity $BaFe_{12}O_{19}$, *J.Amer. Ceram. Soc.*, 1974,57:354 - 357.

[72] Takada T. Kiyama M., Preparation of ferrites by wet method, *Ferrites: Proc. ICF1* [M], University of Tokyo Press, 1971:69 - 74.

[73] 都有为,陆怀先,蒋亚净,等.水热法生成 $BaFe_{12}O_{19}$ 铁氧体的相变过程[J].物理学报,1984,33:579 - 582.

[74] Shirk B.T., Buessem W.R., Magnetic properties of Barium ferrite formed by crystallization of a glass, *J.Amer. Ceram. Soc.*, 1970, 53:192 - 196; Shirk B.T., Buessem W.R., Theoretical and experimental aspects of coercivity versus particle size for Barium ferrite, *IEEE Trans. on Magn.*, 1971, MAG - 7:659 - 662.

[75] Ram S., Bahadur D., Chakravorty D., Magnetic and microstructural studies of Ca-bexaferrite hased glass-ceramics, *J.Non-Crystalline Solids*,1988,101:227 - 242; *Ferrites, Proc. ICF5* [M], 1989:189 - 193.

# §3.4 磁带和磁盘的制备

## 3.4.1 磁带

磁带应用面广,品种甚多。从应用的角度考虑,大致上可分为录音、录像、录码以及精密磁记录四大类。从录磁介质分类,可分为非连续介质与连续介质磁带两类;从记录方式考虑,又有纵向磁记录与垂直磁记录两类。下面简要介绍制备磁带(磁盘)的主要工序。

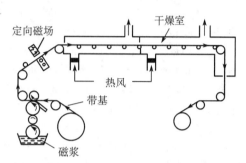

图 3.4.1 磁带生产工艺流程

### 1. 非连续介质磁带

非连续介质磁带生产的主要工序如下。

磁粉($\gamma\text{-}Fe_2O_3$,$CrO_2$等)→磁浆(磁粉分散于粘合剂与助剂中)→涂布→压光→裁切→测试。其工艺流程见图 3.4.1。

**(1) 带基**

磁带由一定强度的带基以及牢固地、均匀地涂布在带基上的录磁介质两部分构成。目前带基主要是由聚对苯二甲酸乙二酯(简称聚酯)聚合物所制成的薄膜,具有良好的抗湿性、热稳定性和较佳的机械强度。通常又分两类:膜厚为23 $\mu m$以上的为平衡膜,膜厚为 20 $\mu m$ 以下的为强力膜。强力膜的强度比平衡膜大,但尺寸稳定性低于平衡膜。薄膜厚度随应用而异,如广播录音带厚33～36 $\mu m$,盒式录音带C-60 厚 11.5 $\mu m$,广播录像带厚19～23 $\mu m$,计算机磁带厚 36 $\mu m$ 等。特殊用途的磁带采用聚酰亚胺薄膜,其工作温度为 —268℃～400℃。

**(2) 磁浆**

磁浆在磁带生产中十分关键。它由磁粉微粒均匀地分散于聚合物粘合剂溶液中所形成。磁浆中磁粉的质量约占 30%。为使磁粉能在粘合剂中均匀分散,必须在颗粒表面包一层表面活性剂,以改变磁粉的亲水特性;为了避免磁带摩擦带电,尚须在磁浆中加入导电剂;为了减小磁带和磁头的摩擦系数,在磁浆中须加入润滑剂,加入润滑剂后不但可以减少磁头的磨损,延长磁带使用寿命,还可以降低噪声。

此外,在粘合剂中尚须加增塑剂、老化稳定剂等。这些附加剂统称为助剂。

粘合剂与助剂的具体配方通常是保密的。几种常用的组成介绍如下:

粘合剂有热塑性和热固性两大类。录音带一般选用热塑性烯烃类树脂;高质量磁带多选用具有良好耐磨性的热固性粘合剂,如聚氨酯和聚酚氧系树脂。通常用氯乙烯-醋酸乙烯酯-乙烯醇共聚物为溶剂,如醋酸乙酯等。

增塑剂:如硬脂酸二甲酯(或二丁酯)、油酸和蓖麻油(用于硝基纤维素)

表面活性剂:如磷酸二羟基醚[RO(CH$_2$CH$_2$O)]POOH。式中 R 系含 8～10 个原子的烷基、脂脉酸及其酯等,如大豆磷脂,亦有的采用硅烷偶联剂。

导电剂(防静电剂):如石墨、炭黑等。

润滑剂:如脂肪酸和一元醇的酯类、油酸等。为了降低噪声,还可以加入丙二胺类(通式为 RNHCH$_2$CH$_2$NH$_2$,R——烷基)。

通常用球磨的方法将上述的磁粉、粘合剂与助剂按一定比例混合均匀,构成磁浆。磁浆中凝集的磁粉、粘合剂的凝胶及杂质是造成磁带表面缺陷的主要因素,因此一般采用多级过滤(粗滤→3～5 $\mu$m 纤维过滤→1～2 $\mu$m 滤布过滤)。多级过滤对计算机磁带尤为重要,因为可以降低信号丢失。

通常磁粉在粘合体系中占 70wt％～80wt％。磁粉多,取向排列好,磁性能就高,其大致的比例举例如下:

$$磁粉：粘合剂：分散剂：溶剂＝1：0.37：0.02：3.2$$

**(3) 涂布**

将磁浆均匀地涂在匀速运动的带基上的过程称为涂布。为了提高磁带的矩形比($M_r/M_s$),磁浆涂布后要通过磁场,以使磁浆中的磁粉沿磁场方向作取向排列,然后再进入干燥区。

涂布过程应在净化室中进行,以防止尘埃颗粒落在磁带上。涂布的方式有反转辊涂法、凹版涂布法、挤压涂布法等。挤压涂布法具有涂布速度快、涂层均匀、表面平滑及不易产生缺陷等优点,其示意如图 3.4.2。其挤压嘴的缝隙为 1～2 mm,并对准磁铁边缘。磁铁磁场强度为 79.6 kA/m。刚离开挤压嘴的湿涂层通过两块互成 45°角的磁铁,使磁性颗粒翻动,从而达到磁层表面匀化与取向的目的。取向磁铁由永磁铁和软铁依次并合而成,其设计对获得良好取向的磁带十分重要。Bate[1]给出一种较为理想的取向磁铁装置,见图 3.4.3。

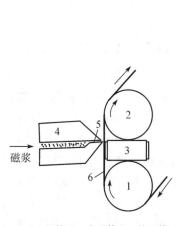

1,2—辊筒;3—永磁体;4—挤压模;
5—挤压嘴;6—带基

**图 3.4.2　挤压涂布法示意**

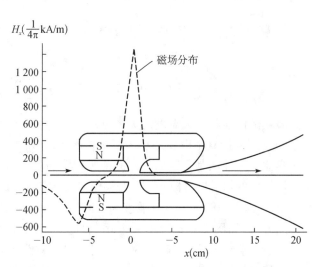

**图 3.4.3　产生磁粉取向的磁铁设计[1]**

**(4) 压光**

磁层中的磁粉体积填充量一般为 $60\%\sim70\%$，具有多孔结构。在压光过程中，磁层被压缩，使磁粉体积浓度增加，改善了磁层表面的均匀性和光洁度，同时，磁性、灵敏度与高频特性均有明显提高。压光机的金属表面光洁度要求达到 13 级以上，压光过程通常需加温（$<100℃$），加压（$\leqslant44$ MPa），一般压光后磁带表面粗糙度小于 $0.2\ \mu m$。假如要进一步提高其表面均匀性，可用密纹螺旋铣刀进行抛光处理。

由于锶铁氧体的各向异性常数比钡铁氧体高，磁单畴尺寸比钡铁氧体小，从而可提高磁记录密度，富士胶片公司除采用锶铁氧体纳米颗粒作为磁记录粉体外，还改良了生产磁带的技术，采用新研发的平滑非磁性层为下层，如图 3.4.4 所示，更进一步提高了磁带表面光滑度，减少了磁头与磁性层的间距，增强了读写能力。

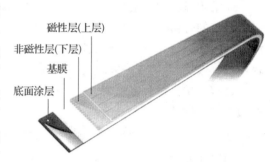

图 3.4.4　富士胶片公司采用的磁带结构示意图

### 2. 连续介质磁带的生产

连续介质分金属与氧化物两类。金属膜的磁化强度高于铁氧体膜，但化学稳定性与耐磨性低于铁氧体膜。首先介绍铁氧体膜。

制备铁氧体膜通常有真空蒸发沉积法与反应溅射法。

**(1) 真空蒸发沉积法**

真空蒸发工艺的原理是将金属（合金）在真空条件下加热蒸发，然后在基片上冷凝；亦可进行不同组成的分层蒸发，例如 Satou[2] 制备 $Co_xFe_{3-x}O_4$ 铁氧体膜的工序如下：

$$Fe\ 靶 \xrightarrow[\text{(蒸发)}]{2.7\times10^{-3}\ Pa} Fe\ 膜（基片温度为 350℃）\xrightarrow[\text{(400℃)}]{\text{空气中氧化}} \alpha\text{-}Fe_2O_3 \xrightarrow[\substack{(2.7\times10^{-3}\ Pa)\\250℃\sim400℃}]{Co\ 蒸发} Co+$$

$$\alpha\text{-}Fe_2O_3 \xrightarrow[\text{(250℃}\sim400℃)]{\substack{\text{在} 1.3\times10^{-3}\ Pa\\ \text{真空中退火}}} Co+Co_xFe_{3-x}O_4 \xrightarrow[\text{移去过量的 Co}]{0.1M\ HNO_3\ 稀酸处理} Co_xFe_{3-x}O_4$$

薄膜磁性能与退火温度的关系见图 3.4.5[2]。

Naoe[3] 采用真空电弧加热法直接将所需组成的铁氧体蒸发到基片上去，而不需铂坩埚等容器。用此法制备镍铁氧体的薄膜，其沉积率可达 $4\times10^3$ Å/min。同样亦可制备非化学计量比的铁-铁氧体（$FeO_x$，$1.33<x<1.5$），有时常称为"Berthollide"型铁氧体。真空度小于 $1.3\times10^{-3}$ Pa，基片温度为 $250℃\sim500℃$。磁带上沉积薄膜需要采用连续蒸气沉积的方法，如图 3.4.6 所示。采用斜向入射沉积的方式有利于产生单轴各向异性。Nakamura 等人[4] 研究了磁带两种不同走向对磁性能的影响，其一为 H(HIN)，沉积从高入射角移向低入射角；其二为 L(LIN)，与上述相反的走向，从低入射角开始成核，然后移向高入射角。实验表明，HIN 走向比 LIN 所生成的薄膜具有更高的 $H_c$ 与 $M_r/M_s$ 值，两者的差异被认为是开始形成晶核的条件不同（不同的入射角），从而影响继后的外延成长。

HIN 能很好地外延成长,而 LIN 则不能,导致在原来结晶层上再生成细小晶粒。因此进行连续蒸气沉积时采用高入射角成核(HIN)方法较好。

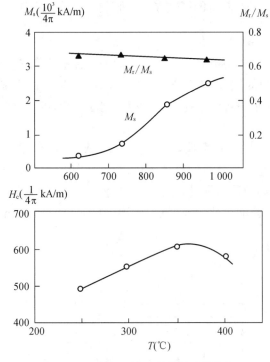

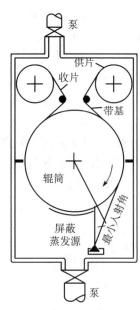

图 3.4.5 $Co_x Fe_{3-x} O_4$ 薄膜的磁性能与
退火温度的关系[2]

图 3.4.6 连续蒸气沉积的示意[4]

### (2) 溅射法

利用溅射法可以制备多种金属(合金)与铁氧体薄膜,是薄膜制备中常用的方法。在制备铁氧体薄膜时常采用反应溅射法,溅射在一定气氛中进行,同时反应成所需的化合物。例如 Fe 靶生成 $\gamma - Fe_2O_3$ 膜的过程如下:

$$\boxed{Fe} \xrightarrow[\text{Ar/O}_2 \text{ 气氛中}]{\text{反应溅射}} \boxed{\alpha - Fe_2O_3 \text{ 膜}} \xrightarrow[300℃\sim330℃]{\text{在湿 H}_2 \text{ 气氛中还原}} \boxed{Fe_3O_4 \text{ 膜}} \xrightarrow[300℃\sim330℃]{\text{空气中氧化}} \boxed{\gamma - Fe_2O_3 \text{ 薄膜}}$$

用此法亦可溅射多元氧化物薄膜。如 $\gamma - (Fe_{0.955} Ti_{0.025} Co_{0.02})_2 O_3$,其 $H_c = 55.7$ kA/m,$B_r = 250$ mT,$B_r/B_s = 0.8$,记录密度 $D_{50}$ 可达 1.1 Kbits/mm 较佳的信噪比[5]。Ishii 等人省略了 $\alpha - Fe_2O_3$ 工序,简化了工艺[6]。Tagami[7] 直接采用 $Fe_3O_4$ 靶制备 $\gamma - Fe_2O_3$,沉积率可达 2 000 Å/min。工艺简便,工序如下:

$$\boxed{Fe_3O_4 \text{ 靶}} \xrightarrow[\text{(空气)}]{\text{溅射}} \boxed{Fe_3O_4 \text{ 薄膜}} \xrightarrow[\text{空气}]{\text{氧化}} \boxed{\gamma - Fe_2O_3}$$

掺 Co 可以增加 $H_c$ 与矩形比,掺 Cu 可以促进 $Fe_3O_4$ 氧化为 $\gamma - Fe_2O_3$(氧化温度为 300℃)。利用此工艺可制成 20 cm(8 in)磁盘。$\gamma - Fe_2O_3$ 中掺 Co 2%、Cu 3% 后的性能如下:

$$M_s=24 \text{ kA/m}, \quad S=0.79, \quad S^*=0.8$$
$$H_c=47.7 \text{ kA/m}, \quad D_{-6dB}=1\ 140 \text{ BPI}$$

采用溅射法亦可制备钡铁氧体薄膜,Naoe[8]制得的钡铁氧体薄膜的磁性能如下:

$$M_s=40 \text{ kA/m}, \quad H_c=54.1 \text{ kA/m}, \quad K_u=1.57\times10^5 \text{ J/m}^3$$

其易磁化方向垂直于膜面,可以作为垂直磁记录介质。由于沉积膜的重溅射效应(Resputtering effect),使膜的组成偏离于靶的成分,正分 $BaFe_{12}O_{19}$ 靶材、溅射膜的组成随基片温度($T_s$)的变化见图 3.4.7。此时在膜中将会存在尖晶石相与刚玉型相,可以改变靶的组成来调节膜的成分。

Mateuoka[9]采用磁场聚集的方法制备钡铁氧体薄膜,其示意如图 3.4.8 所示。磁场强度为 6.4 kA/m,垂直于靶的表面;用陶瓷工艺制成的钡铁氧体做靶,这样所得到的薄膜,其正分性好,表面光洁度较佳。附加磁场的目的是将高能粒子,如 $\gamma$-电子以及等离子体局限于两靶之间的空间内,能促进靶间气体的离化,增加溅射的离子数,从而有利于增加溅射速度,提高沉积速率[9]。

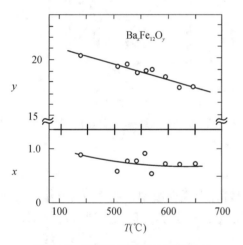

图 3.4.7 溅射法钡铁氧体薄膜组成与基片温度的关系[8]

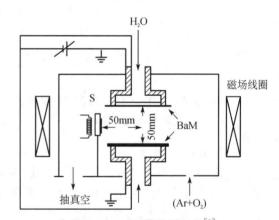

图 3.4.8 磁场聚焦溅射法[9]

### 3.4.2 磁盘

磁盘是在磁鼓和磁带的基础上发展起来的,兼有磁鼓取数时间短和磁带容量大的优点。目前,计算机外存设备中磁盘占有重要地位。磁盘按盘基材料不同可分硬磁盘和软磁盘两类。硬磁盘大多采用厚度为 1.5~3 mm 的铝合金板;软磁盘一般采用厚度为70~80 $\mu$m 的涤纶膜,兼硬磁盘与磁带的特点,价格低,用途广,但由于盘基热膨胀的各向异性,使其记录密度低于硬磁盘。其制备工艺大致上和磁带相同,仅是涂布工序改为甩浆工艺。为了使磁浆在盘面分布均匀,常要求磁浆流平特性好。由于其存储密度不高,目前软磁盘已被淘汰。

1956年,IBM公司发明硬盘储存器以来,不断对其进行改进与提高。1968年,IBM公司提出"温彻斯特/Winchester"技术,将磁盘、磁头及其寻道机构等全部密封在一个无尘的封闭体中,形成组合件,避免了污染,并采用小型化轻浮力的磁头浮动块,采用盘片表面涂润滑剂,使用时磁头悬浮在高速转动的盘片上方,而不与盘片直接接触,使硬盘稳定性显著的提高;1979年,AMR薄膜磁头问世,进一步减轻了磁头质量,具有更快的存取速度、更高的存储密度;2000年,"玻璃硬盘"问世,采用玻璃取代传统的铝作为盘片材料,为硬盘带来更大的平滑性及更高的坚固性;20世纪80年代末期,巨磁电阻磁头取代了AMR磁头,使存储密度提高数十倍;进入21世纪,已普遍采用灵敏度更高的隧道磁电阻效应(TMR)磁头;2005年,采用磁盘垂直写入技术,进一步提高记录密度,面记录密度已超过200 Gb/in$^2$,作为计算机大容量、高速、高性价比的外存,至今尚处于其他储存方式难以撼动的占优地位,硬盘在信息存储的非计算机领域,如:录像、电视、网络等,也得到广泛应用。从发展的观点来看,磁硬盘将被固态存储器所取代,磁随机存储器(STT-MRAM)已进入市场的竞争中。

硬盘的结构如图3.4.9所示。其中包括:基片,如7075铝锌合金片、铝镁合金片、玻璃片等,要求高的机械强度,无孔洞,表面抛光成镜面,不平整度低于0.01微米。在基片上化学镀一层约30微米的Ni-P膜,经研磨抛光后,再化学镀一层Ni-P薄膜,以降低加工过程中产生的应力,有利于提高信噪比,再在其上镀一层作为磁记录用的磁性薄膜,如CoNiP等合金薄膜[10]。

超过1Tb/in$^2$的高密度磁记录,必须采用垂直磁记录模式,其结构剖面示意图为3.4.10,其中SUL(soft magnetic underlayer)为软磁底层,(a)为通常的垂直磁记录结构,(b)为改进后的"U-Mag"结构,可以显著地改善信噪比(SNR)[11]。高密度磁记录介质需采用高磁晶各向异性的材料,例如L1$_0$结构的FePt合金材料,K~7×10$^7$ ergs/cm$^3$。FePt合金有两种晶体结构,如图3.4.11,其中A1结构为面心立方相,另一种为面心四角结构的L1$_0$相[12]。由于采用高磁晶各向异性记录介质,而记录磁头的磁场有限,为了有效地将信息录入,采用激光辅助加热的方法,在记录的同时激光加热,使介质的矫顽力随温度上升而下降,有利于信息录入,其原理示意图可见图3.4.12。

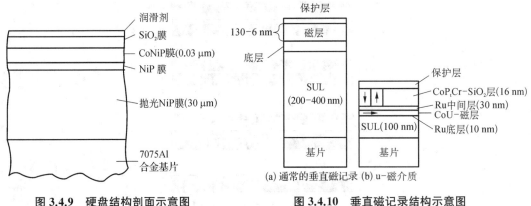

图3.4.9　硬盘结构剖面示意图　　　　图3.4.10　垂直磁记录结构示意图

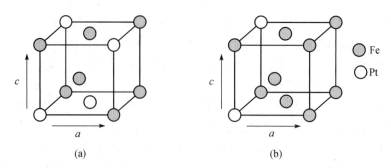

图 3.4.11  FePt 合金的两种结晶结构,(a) A1 相为面心立方相
(FCC)$a＝c$;(b) L1$_0$ 为面心四角相(FCT)$a≠c$[12]

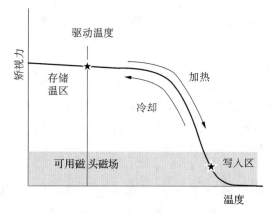

图 3.4.12  激光辅助加热进行信息写入的原理图[13]

A1(FCC)相在高于 1 300℃温度下是稳定相,原子无序排列,呈各向同性,磁晶各向异性低,当温度低于 1 300℃温区,原子有序排列,呈 FCT 结构,从而产生高磁晶各向异性,即使其纳米颗粒尺寸小到3 nm,超顺磁性临界尺寸依然可高于室温,因此是十分理想的高密度磁记录介质,通常可采用 600℃温度下退火处理获得 L1$_0$相。

垂直磁记录磁盘的制备可采用纳米压印技术,示意图如图 3.4.13 所示。

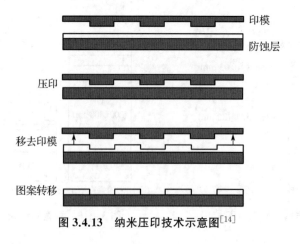

图 3.4.13  纳米压印技术示意图[14]

纳米压印的工艺与光刻相似,首先制备所需纳米图案的压模,然后在涂覆光刻胶(如:PMMA-polymethyl methacrylate)的基片上进行热压印,移去压模后进行离子刻蚀清除在压印部分剩余的胶,在此基础上再进一步电镀或用其他方法生长纳米构型的磁性薄膜,用醋酸清洗 PMMA 模板,最后的构型示意图如图 3.4.14 所示,采用压印法可以进行廉价大量的生产,其储存密度可高于 400 Gb/in$^2$。

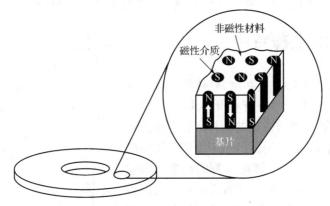

**图 3.4.14  压印法生产的高密度磁盘示意图**

纵向磁记录方式由于信噪比(SNR)与超顺磁性的限制,通常最高磁记录密度低于 200 Gb/in$^2$,原则上垂直磁记录方式的磁记录密度可达 1 Tb/in$^2$,但需要采用高磁晶各向异性 $K$ 的材料,足够小的晶粒尺寸,在实用上需要求 $KV \geqslant 10\,kT$[15],才能保证信息的 10 年存储时间。高磁晶各向异性场的记录介质,意味着将信息写入的磁场就需要足够的高,这给写入磁头带来很大的困难,为了解决此问题,Albrecht 等人提出了倾角磁记录的方式[16],其示意图见图 3.4.15[17]。

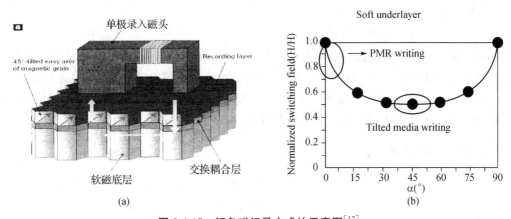

**图 3.4.15  倾角磁记录方式的示意图**[17]

图 3.4.15(a)中,在软磁底层之上为交换耦合层[18],再上为磁化矢量与磁化场成 45° 倾角的高矫顽力磁记录介质层、单极的录入磁头。与垂直磁记录方式不同的是磁记录介质中的小晶粒(磁帽)易磁化方向与垂直方向呈 45°,根据 Stoner-Wohlfarth 均匀磁化反转模型,单个晶粒的归一化开关场 $H_s$ 与磁晶各向异性场 $H_k$ 之比($H_s/H_k$)与外场相对

易轴的夹角 $\alpha$ 之间存在下列关系：

$$H_s/H_k = 1/\{(\cos^{2/3}\alpha + \sin^{2/3}\alpha)^{2/3}\}$$

$(H_s/H_k)\text{-}\alpha$ 的图解曲线为图 3.4.15(b)。$\alpha=0$ 对应于垂直磁化模式，$\alpha=45°$对应于目前的模式，其 $H_s$ 仅为垂直模式的一半，有利于降低录入的磁场，增加录入速度，具有更好的热稳定性与低噪音，如晶粒尺寸取 5 nm，记录密度可达 1 Tb/in$^2$。

### 3.4.3 磁带的磁特性

在磁带中，磁性颗粒约占 75wt%（体积分数约为 40%），因此磁性颗粒间必然存在相互作用，而不能看作孤立颗粒的集合体，即被磁化的颗粒间将存在静磁作用。每个颗粒假定为单畴粒子，由于静磁作用引起矫顽力的变化，根据 Néel[19] 理论计算的结果可表述为 $H_c = H_c(0)(1-P)$，其中 $H_c(0)$ 为体积堆集因数 $P=0$ 时的 $H_c$，即无限稀释以致相互作用可忽略时所测得的 $H_c$。对 $Fe_3O_4$，$\gamma\text{-}Fe_2O_3$ 测定的实验曲线见图 3.4.16，难以用 Néel 公式来描述。

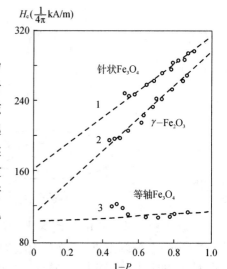

图 3.4.16 $Fe_3O_4$，$\gamma\text{-}Fe_2O_3$ 磁粉之矫顽力与堆积因子 $P$ 之关系[20]

1952 年 Kondorskii[21] 建议采用如下形式公式：

$$H_c(P) = H_c(0)(1-P/P_0)+C \quad 当 P<P_0$$
$$H_c(P) = C \quad\quad\quad\quad\quad\quad 当 P \geqslant P_0$$

其中，$P_0^{-1} = \dfrac{4\pi}{3}\left(\dfrac{2N_a+N_b}{N_aN_b}\right)$，这里 $N_a$，$N_b$ 分别为长短轴退磁因数。

理论与实验结果符合得较好。

粒子间的相互作用不仅对矫顽力 $H_c$ 有很大的影响，同时也影响磁滞回线的矩形性，使磁带开关场分布变宽，从而影响磁带的磁记录性能。矫顽力高一些，开关场分布窄一些，磁带线性记录的区域就会宽些，并且在高记录密度时增加短波长输出[22]。为了描述磁带磁滞回线非矩形性所引起的开关场的分布，通常引入下列参数：

### 1. 矫顽力因数 $C_F$

$$C_F = \frac{H_r - H_c}{H_c}$$

$H_r$ 为剩磁矫顽力。

### 2. 矫顽力矩形比 $S^{*[23,24]}$

$S^*$ 的定义类似于磁滞回线矩形比 $R = \dfrac{M_r}{M_s}$。如图 3.4.17，$S^*$ 定义为：$S^* = \dfrac{H^*}{H_{cj}}$，$H^*$

为 $H_c$ 处切线与过 $M_r$ 平行于 $H$ 轴直线之交点所相应的磁场强度。矩形度高时，$S^* \to 1$。$S^*$ 与 $H_{cj}$ 处切线的斜率 $\left(\dfrac{\mathrm{d}M}{\mathrm{d}H}\right)_{H_c}$ 有如下关系：

$$\left(\frac{\mathrm{d}M}{\mathrm{d}H}\right)_{H_c} = \frac{M_r}{H_{cj} - H^*}$$
$$= \frac{M_r}{H_{cj}(1 - S^*)}$$

## 3. 开关场分布 SFD[23]

开关场分布 SPD 定义见图 3.4.18：

$$\mathrm{SFD} = \frac{\Delta H}{H_{cj}}$$

图中 $a, b$ 两点斜率为 $H_{cj}$ 处切线斜率的一半。通常测量 $\dfrac{\mathrm{d}M}{\mathrm{d}H} - H$ 曲线，以半峰宽度 $\Delta H$ 定义 SFD，因此又称为归一化半峰宽度或不均匀系数 $\beta$。

磁带的输出正比于 $B_r \cdot \exp(-2.46\mathrm{SFD})$。

$C_F, S^*$ 及 SFD 三者间既有联系，又有区别。当 $C_F = 0$ 时，$S^* = 1$，$\mathrm{SFD} = 0$，相应于磁滞回线理想的短形性，但在一般情况下没有简单的对应关系。例如对相同 $S^*$ 值的磁带，其 SFD 值未必相同。

一些录音、录像、录码磁带、软磁盘的特性可参考文献[25]。

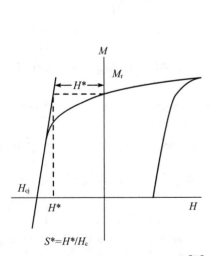

图 3.4.17　矫顽力矩形比 $S^*$ 之定义[23]

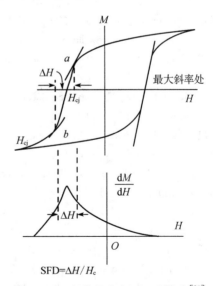

图 3.4.18　开关场分布 SFD 之定义[23]

参考文献

[1] Bate G., Dunn L.P., On the design of magnets for the orientation of particles in tapes, *IEEE*

*Trans. on Magn.*, 1980, Mag-16. 5: 1123 – 1125.

[2] Satou M., Namikawa T "Kaneko T" et al., Formation of ferrite thin-films by vacuum evaporation with annealing process, *IEEE Trans. on Magn.*, 1977, Mag-13: 1400 – 1402.

[3] Naoe M., Yamanaka S., Berthollide ferrite films deposited by vacuum-arc evaporation, *IEEE Trans. on Magn.*, 1980, Mag-16: 1117 – 1119.

[4] Nakamura K., Ohta Y., Itoh A., et al., Magnetic-properties of thin-films prepared by continuous vapor-deposition, *IEEE Trans. on Magn.*, 1982, Mag-18: 1077 – 1079.

[5] Hattori S., Ishii Y., Shinohara M., et al., Magnetic recording characteristics of sputtered gamma-$Fe_2O_3$ thin-film disks, *IEEE Trans. on Magn.*, 1979, Mag-15: 1549 – 1551.

[6] Ishii Y., Terada A., Ishii A.O., et al., New preparation process for sputtered gamma-$Fe_2O_3$ thin-film disks, *IEEE Trans. on Magn.*, 1980, Mag-16: 1114 – 1116.

[7] Tagami K., Nishimoto K., Aoyama M., A new preparation method for gamma-$Fe_2O_3$ thin-film recording media through direct sputtering of $Fe_3O_4$ thin-films, *IEEE Trans. on Magn.*, 1981, Mag-17: 3199 – 3201.

[8] Naoe M., Hasunuma S., Hoshi Y., et al., Preparation of Barium ferrite films with perpendicular magnetic-anisotropy by dc sputtering, *IEEE Trans. on Magn.*, 1981, Mag-17: 3184 –3186.

[9] Matsuoka M., Hoshi Y., Naoe M., et al., Formation of Ba-ferrite films with perpendicular magnetization by targets-facing type of sputtering, *IEEE Trans. on Magn.*, 1982, Mag-18: 1119 – 1121.

[10] Naoe M., Yamanaka S. I., Hoshi Y., Facing targets type of sputtering method for deposition of magnetic metal-films at low-temperature and high-rate, *IEEE Trans. on Magn.*, 1980, Mag-16: 646 – 648.

[11] Matsunuma S, Koda T., et al., A Very high-density and low-cost perpendicular magnetic recording media including new layer-structure "U-Mag", *IEEE Trans. on Magn.*, 2005, 41: 572 – 576.

[12] Wang J.P., FePt Magnetic Nanoparticles and Their Assembly for Future Magnetic Media, *Proceedings of the IEEE*, 2008, 96: 1947 – 1863.

[13] Rottmayer R. E., Batra S. Buechel D., Heat-Assisted Magnetic Recording, *IEEE Trans.on Magn.*, 2006, 42: 2417 – 2421.

[14] Pease R.F., Chou S.Y., Lithography and other patterning techniques for future electronics., *Proceedings of the IEEE*, 2008, 96: 248 – 270.

[15] Weller D., Moser A., Thermal effect limits in ultrahigh-density magnetic recording, *IEEE Trans. on Magn.*, 1999, 35: 4423 – 4439.

[16] Albrecht M., Hu G., Guhr I L., Magnetic multilayers on nanospheres, *Nature Materials* 2005, 4: 203 – 206.

[17] Wang J. P., Magnetic Data Storage: Tilting for the top, *Nature Materials*, 2005, 4: 191 – 192.

[18] Wang J. P., Shen W. K., Bai J. M., Composite media (dynamic tilted media) for 8magnetic recording, *Appl. Phys. Lett.*, 86, 2005: 142504 – 142506.

[19] Néll L., Magnetisme-proprietes dun ferromagnetique cubique en grains fins, *Comptes Rendus Hebdomadaires des Seances de L Academie des Sciences*, 1947, 224: 1488 – 1490.

[20] Morrish A. H., Yu S. P., Dependence of the coercive force on the density of some iron oxide powders, *J. Appl. Phys.*, 1955, 6: 1049 – 1055.

［21］Kondorskii E.，Известия Академия Hayk CCCP Серия，*Физическия*，1952，16：398.

［22］Wilson D. M.，Effect of switching field distributions and coercivity on magnetic properties，*IEEE Trans. on Magn.* 1975，Mag－11：1200－1202.

［23］Brichards D.，Szczech T. J.，Relationship of switching distribution to tape digital output，*J. Appl. Phys.*，1978，49：1819－1820.

［24］Koester E.，Pfefferkorn D.，Effect of remanence and coercivity on short wavelength recording，*IEEE Trans. on Magn.*，1980，Mag-16：56－58.

［25］都有为,罗河烈.磁记录材料[M].电子工业出版社,1992.

# §3.5 磁光存储原理和材料

## 3.5.1 磁光存储原理

磁光记录是将热磁方法存储信号和用磁光效应读出信号相结合的存储技术,因此也称为热-磁-光记录。20 世纪 80 年代,由于固体二极管激光器、集成光学,能检测和稳定地记录介质之间的紧密装配技术获得突破,为磁光记录的实用化创造了条件。与此同时,以亚铁磁性的稀土和过渡族金属组成的合金薄膜的磁性和磁光效应研究也取得了重大进展。1988 年,第一个商用并带有可更换盘的热-磁-光标准驱动器进行了成功的演示。随后,便诞生了技术上成熟的、记录密度接近于每平方厘米 $10^8$ 位、存储容量可达 650 兆字节的 5.25 英寸磁光盘。

磁光效应是基于光与磁性物质磁化相互作用而使物质的光学参数发生变化的物理现象。1845 年,法拉第首次发现一束线偏振光透过磁性体或薄膜时,如果沿着光的传播方向施加磁场,则透射光将变成椭圆偏振光,其长轴相对于原入射光的偏振方向发生旋转,这一现象被称为法拉第磁光效应。1876 年,克尔发现,线偏振光从不透明的磁性体或薄膜表面反射时,在磁场作用下,反射光将变成椭圆偏振光,其长轴相对于原入射光的偏振方向会发生旋转,这一现象被称为克尔磁光效应。在克尔效应中,根据磁场和磁性体(或磁性薄膜)的相对取向不同,有以下三种类型:① 极克尔效应:$M$ 方向与磁性体(或薄膜)表面垂直;② 纵向克尔效应:$M$ 方向平行于磁性体(或薄膜)表面和入射面;③ 横向克尔效应:$M$ 方向平行于磁性体(或薄膜)表面,但垂直于入射面。法拉第效应和克尔效应的强弱用相应偏振面的旋转角来表征,分别称为法拉第旋转角和克尔旋转角。前者记为 $\theta_f$,后者记为 $\theta_k$。

图 3.5.1 示出了热-磁-光记录的原理。图(a)表示信息的写入是依靠激光束在磁性薄膜上局部加热来实现的。例如,现在希望在激光区域中写入磁化强度向下所代表的信号。温度的上升使磁性薄膜上的这一局部区域接近于或高于居里温度,从而使矫顽力大大下降或使其丧失亚铁磁性,然后,减小激光功率,使该区域温度降低,同时通过附加一个与薄膜上其余部分磁化方向相反的偏磁场,从而使得原来与偏磁场方向相反的磁畴按照偏磁场方向磁化,信号的写入就完成了。图(b)表示了信号读出的原理,利用偏振光相对于磁畴中磁化强度相对取向不同造成克尔旋转角出现 $+\theta_k$ 和 $-\theta_k$ 的差别,就能用光电二极管识别信号位向上还是向下。图(c)表示原先磁化强度向下的位被擦除过程,同样用激光束照射该区域,升高温度,随后施加向上偏磁场,减小激光功率,使该位对应区域在磁场作用下磁化强度向上,于是,原来磁化强度向下的畴位被擦除了。

1987 年,第一代磁光盘投入使用,直径 130 mm 盘的容量是 650 MB,直径 90 mm 的容量是 128 MB,平均存取时间为 150 ms,数据传输率为 0.15 MB/s;第二代磁光盘于 1993 年推出,直径分别为 130 mm 和 90 mm 的磁光盘容量分别为 1.3 GB 和 640 MB,平均存取时间为 40 ms,数据传输率为 2 MB/s。1999 年,第三代磁光盘正式问世,直径为 130 mm 和 90 mm 的盘容量又被提高到 2.6 GB 和 640 MB,平均存取时间为 28 ms,数据传输率为 3~4 MB/s。由此看出,磁光存储技术正在迅速发展之中。

磁光记录的特点是记录密度高、可擦除重写、非接触式工作方式、可靠性高以及随机存取等。作为磁光存储介质,目前所用材料主要是呈亚铁磁性的 Tb‑Fe‑Co、Gd‑Fe‑Co一类非晶态稀土‑过渡族合金膜。它们在工作时,记录或写入的方式有两种:居里温度($T_c$)写入和补偿温度($T_{comp}$)写入。居里温度对应于薄膜从亚铁磁性转变为顺磁性的温度。通常亚铁磁性材料内部由两个磁性子晶格组成,在每一个子晶格内,磁性原子(或离子)的磁矩是平行排列的,而两个子晶格之间的磁矩是彼此反平行排列的。因此,在温度变化过程中,相应于两个磁性子晶格的磁化强度大小相等的温度时,薄膜的总磁化强度将变为零,这一温度称为补偿温度 $T_{comp}$。和图 3.5.1 所示居里温度写入、记录相似,也可以采用补偿温度写入和记录信号。

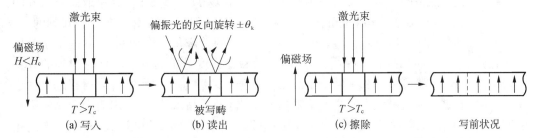

图 3.5.1　热‑磁‑光记录原理。(a) 在激光和偏磁场作用下写入一个位;(b) 写入畴的形成和读出;(c) 在一反向偏磁场作用下,擦除原畴

## 3.5.2　磁光存储介质

### 1. 对磁光存储介质的基本要求

为了能胜任热‑磁‑光记录和写入,薄膜介质在磁性上必须满足以下要求:

① 在整个膜内,磁化强度 $M$ 矢量应垂直于膜面,即薄膜应具有足够大的垂直各向异性能,以克服退磁能,因此有

$$K_u > 0.5\mu_0 M_s^2$$

通常,$K_u$ 必须大于临界值 $3\times10^5$ J/m$^3$。

② 为保证所写入畴的稳定性,在工作温度下,矫顽力 $H_c$ 不小于 100 kA/m。而在写入温度下,薄膜 $H_c$ 的减小幅度要足够大,使其能在 $H_c \leqslant 50$ kA/m 的偏磁场下工作。对于目前所采用的存储介质和激光功率,这一写入温度位于 150℃~250℃ 之间。

③ 具有矩形磁滞回线,$M_r \approx M_s$。

④ 反磁化时,成核场 $H_N$ 应位于第二象限回线上较陡的拐点处,而不是圆滑的拐点处,而且应为较大的单值。

⑤ 理想情况下,介质中的磁畴应为典型的圆柱状畴或"泡"畴。稳定畴的最小尺寸正比于 $\sigma_W/(M_s H_c) \approx (AK_u)^{1/2}/(M_s H_c)$,这表明,低畴壁能 $\sigma_W$ 和高的 $M_s$ 及 $H_c$,可使写入畴的尺寸减小,同时要求薄膜还应有适度大小的交换常数 $A$。

### 2. 稀土-过渡族非晶态合金薄膜的磁性

稀土-过渡族非晶态薄膜由稀土元素和过渡族元素所组成,通常可以由蒸发法和溅射法制备。这类薄膜一般呈亚铁磁性,其磁结构由稀土原子组成的子晶格和由过渡金属原子组成的子晶格所构成。这两个子晶格磁矩之间的取向关系随稀土元素的不同而不同。图 3.5.2 示出了两个特殊例子,表明了两种自旋取向的平面投影关系。稀土钆(Gd)和铁、钴组成非晶态合金时,稀土子晶格和过渡金属子晶格的磁矩大小不等、方向相反,是典型的亚铁磁性结构,如(a)图所示。除钆外的其他稀土元素和过渡族元素组成非晶态合金时,磁结构要复杂一些。如图(b)和(c)所示的 Tb-Fe 或 Tb-Co 合金,可以看出,这时 Tb 原子组成子晶格的磁矩分布在一锥形体内。当磁场 $H$ 不为零时,磁矩取向所张开的立体角将减小,而 Tb 子晶格的合成磁矩是和 Fe 或 Co 子晶格的磁矩成反平行排列的。

图 3.5.3 示出了 $(Gd_{15}Co_{85})_{85.9}Mo_{14.1}$ 非晶态合金的总磁化强度和 Gd、Co 两个子晶格的磁化强度随温度的变化,其中,两个子晶格的磁化强度是根据分子场理论得到的计算值。可以看到,实验测量点和由两个子晶格磁化强度之差描绘的实线符合得很好。由于 Gd 子晶格的磁化强度随温度升高而下降的速度比 Co 子晶格的更快,因而合金总的磁化强度在 230 K 附近降为零,这意味着 Gd 和 Co 两个子晶格的磁化强度大小相等、方向相反,这一特征温度通常称为补偿温度或抵消温度。当温度高于补偿温度后,Co 子晶格的磁化强度将高于 Gd 子晶格的磁化强度,因此总磁化强度先是升高,随后在接近合金居里温度(~410 K)时再次降为零。这里必须指出,很多稀土-过渡族非晶态合金的磁化强度随温度的变化,都具有图 3.5.3 所示曲线形状。但是,由于稀土子晶格和过渡金属子晶格的磁化强度随温度变化的行为各不相同,因而许多稀土-过渡族非晶态合金的总磁化强度随温度的变化曲线,也可以出现其他一些形状。

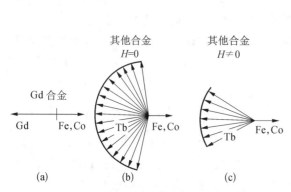

图 3.5.2 稀土-过渡族非晶态合金中可能存在的两种磁矩的平面投影图。(a) Gd-Fe(Co);(b)和(c)为 Tb-Fe(Co)在 $H=0$ 和 $H\neq0$ 时的情况

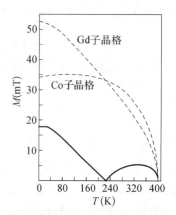

图 3.5.3 $(Gd_{15}Co_{85})_{85.9}Mo_{14.1}$ 非晶态合金总磁化强度的测量值(黑线)和 Gd,Co 子晶格磁化强度(虚线)的温度依赖性[1]

图 3.5.4 示出了某些稀土-过渡族非晶态合金薄膜的饱和磁化强度随成分的变化。对应于每一种合金,在过渡族金属含量为某个特定值时,饱和磁化强度将降为零,这也是由于组成合金的两个子晶格的磁化强度在这一成分处正好大小相等、方向相反所造成的。使非晶态合金的饱和磁化强度等于零的特征成分称为补偿成分,与此类似,在居里温度 $T_c$ 以下,对应于饱和磁化强度为零的温度称为补偿温度,用 $T_{comp}$ 表示。

稀土-铁非晶态合金薄膜的居里温度一般低于相同成分的晶态合金。图 3.5.5 示出了某些稀土-铁合金的居里温度随含铁量的变化。可以看到,在含铁量为 0.6~0.8 的范围内,$R_{1-x}Fe_x$(R 为稀土元素)非晶态合金的居里温度低于同样成分的晶态合金。但是,稀土-钴非晶态合金的居里温度常常高于相同成分的晶态合金,例如晶态 $GdCo_2$、$TbCo_2$ 合金的居里温度分别为 404 K 和 238 K,但同样成分的非晶态合金的居里温度分别为 550 K 和高于 600 K。这一行为正好和稀土-铁合金的行为相反。通常,$GdFe_2$ 和 $TbFe_2$ 晶态合金的居里温度分别高达 796 K 和 704 K,而同样成分的非晶态合金却只有 490 K 和 390 K。

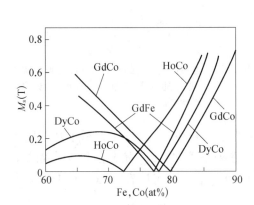

图 3.5.4　稀土-过渡族非晶态合金薄膜的
饱和磁化强度的成分依赖性[2]

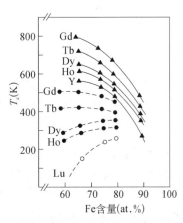

图 3.5.5　晶态(实线)和非晶态(虚线)的 $R_{1-x}Fe_x$
合金的居里温度随含铁量的变化[2]

实验发现,所有的稀土-过渡族非晶态合金都具有宏观的单轴各向异性,易磁化方向可能位于薄膜平面内,也可能垂直于薄膜平面,还可能和膜面成某一角度。一般来说,在这类薄膜中,单轴各向异性常数约为 $10^4$ J/m³ 的数量级。形成这种宏观单轴各向异性的原因很多,例如应力-磁致伸缩耦合效应,过渡金属-过渡金属原子对的方向有序以及合金成分、密度存在涨落导致的各向异性微结构(如柱状结构)的出现等,都可能是产生单轴各向异性的原因。在各种各向异性中,人们对稀土-过渡族非晶态合金中出现的垂直膜面各向异性最感兴趣。因为具有这种各向异性的薄膜可以用于磁泡或磁光存储器,有可能实现高密度磁记录。出现这种垂直膜面各向异性的条件是必须克服薄膜形状各向异性(沿厚度方向的退磁场)的影响,即 $K_u \gg 2\pi M_s^2$。

稀土-过渡族非晶态合金的矫顽力强烈地依赖于薄膜的制备条件和退火条件。在合金的补偿温度附近,由于饱和磁化强度 $M_s$ 趋于零,各向异性常数 $K_u$ 为有限值,因此由关系式

$$H_c \propto \frac{K_u}{\mu_0 M_s}$$

可知,这时矫顽力将出现极大值。图 3.5.6 是 $Gd_{21.9}Co_{78.2}$ 非晶态合金薄膜在补偿温度(=18℃)附近矫顽力的变化曲线。图 3.5.7 是 $Gd_{20-x}Tb_xCo_{80}$($x=0,3.5\%,9.5\%$)合金薄膜的矫顽力随 $T-T_{comp}$ 的变化。两图比较可以看出 Tb 的添加对薄膜矫顽力的影响。

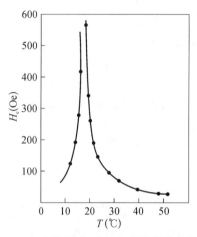

图 3.5.6 含钴量为 78.2 (at)％的溅射非晶态 Gd‐Co 薄膜的矫顽力在补偿温度($T_{comp}=18℃$)附近的变化[3]

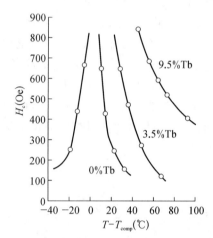

图 3.5.7 含 Tb 量不同的 GdTbCo 合金膜的矫顽力随温度的变化。Co 含量约为 80％[4]

有关稀土-过渡族非晶态合金薄膜的磁致伸缩报道较少。表 3.5.1 列举了某些用溅射法制备的薄膜的饱和磁致伸缩系数 $\lambda_s$ 值,同时还列举了 $R-Fe_2$ 晶态合金溅射膜的 $\lambda_s$ 值。表中非晶态合金中的含铁量略高于晶态的 $R-Fe_2$ 合金。可以看出,R‐Fe 非晶态合金溅射膜的 $\lambda_s$ 和晶态合金溅射膜相比都很小。

表 3.5.1  R‐Fe 非晶态和晶态合金溅射薄膜的饱和磁致伸缩系数 $\lambda_s$ 值

| 合金 | $\lambda_s(\times10^{-6})$ | |
| --- | --- | --- |
| | 非晶态* | 晶态 $RFe_2$ |
| Gd‐Fe | 15.5 | — |
| Tb‐Fe | 2 | 1 753 |
| Dy‐Fe | 10 | 433 |
| Ho‐Fe | 15 | — |
| Y‐Fe | 1.2 | 1.7 |

* 非晶试样中的含铁量略大于晶态试样

在稀土-过渡族非晶态合金薄膜中,克尔旋转角 $\theta_k$ 与合金成分中过渡金属所占比例密切相关。如果过渡金属包含 Fe 和 Co,则克尔旋转角还与 Fe 和 Co 的相对比例有关。稀土含量对于 $\theta_k$ 也有间接影响(通过与过渡金属磁矩的交换作用),例如,对于 Tb‐Fe 合金膜,室温补偿成分是 $Tb_{23}Fe_{77}$,这时的总磁化强度趋于零。如 Tb 含量位于 $20\%\sim35\%$ 的范围内,则 Tb-Fe 合金薄膜的 $\theta_k$ 随着 Tb 含量的增大会连续单调下降,没有发现补偿温度对其影响的痕迹。当薄膜中重稀土原子的原子序数增加时,两个子晶格间的反铁磁耦合变弱,造成居里温度 $T_c$ 和 $\theta_k$ 随之下降[5]。如果在合金中添加 Nd,则 $\theta_k$ 能增大[6]。

### 3.5.3  稀土–过渡族非晶态合金薄膜的应用

稀土–过渡族非晶态合金薄膜在磁光存储器中有较大的应用前途。磁光存储是一种新型存储技术,它是实现高密度、大容量存储的重要途径之一。图 3.5.8 比较了一些记录技术的面记录密度。由图可见,磁光盘的面记录密度可达 $10^8$ 位/$cm^2$,比实际使用的一些硬盘和软盘都要高。

稀土–过渡族非晶态合金薄膜是磁光存储的重要介质材料,它们必须具有垂直膜面的磁单轴各向异性,这时膜内磁矩的取向垂直膜面,要么向上,要么向下,因此只有两个稳定状态。在采用二进位制存储时,磁矩取向的这两个稳定状态正好对应于存储器的逻辑"1"和"0"两种状态,所以利用这一特性就可以实现磁记录。由于非晶态合金薄膜在剩磁状态下的磁畴宽度可以控制在 1 $\mu m$ 左右,加上现代半导体激光器的应用和有关光头技术和伺服系统的改进,可以使激光光斑尺寸也控制在 1 $\mu m$ 左

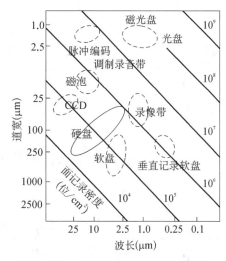

**图 3.5.8  一些记录技术的面记录密度**

右,这样就为高密度信息记录奠定了基础。磁光盘是一种可擦除光盘,通过施加磁场便可改变磁矩取向,即很容易擦去所记录的信息。

另外,磁光盘在使用时,用激光头代替了磁头,磁光盘和激光头不接触(间距约为 2 mm),因此,光盘不易损坏。1988 年,第一台可更换盘的磁光记录标准驱动器进行了演示。在一张 5.25 吋的可更换盘上的存储容量可达 650 兆字节。通常在磁光盘中,信号的写入和擦除是采用热磁记录方式完成的。具体方法有居里温度写入和补偿温度写入两种。这是利用激光照射,使薄膜表面的小区域加热到居里温度或补偿温度以上,随后在冷却过程中加一磁场,因材料的 $H_c$ 在居里温度或补偿温度附近下降很快,因此很容易改变小区域内的磁矩取向。

磁光盘在读出信号时,主要利用稀土–过渡族非晶态合金薄膜的磁光克尔效应。因此,作为磁光存储介质材料除了具有垂直膜面磁各向异性外,还要求有较大的克尔旋转角,以增强克尔效应和改善信噪比;合金的居里温度或补偿温度不能太高,以减小写入功率;磁畴尺寸适当地小,以提高记录密度。表 3.5.2 中列出了一些溅射非晶态薄膜材料的磁光参数。

表 3.5.2　某些溅射非晶态薄膜材料的磁光参数

| 材料 | 记录方式 | 居里温度<br>（℃） | 克尔旋转角<br>$\theta_k$（°） | 测定波长<br>$\lambda$（nm） |
|---|---|---|---|---|
| GdCo | $T_{comp}$ | 400 | 0.33 | 633 |
| GdFe | $T_{comp}$ | 480 | 0.25～0.58 | 633 |
| GdFeSn | $T_{comp}$ | 450 | 0.4 | 633 |
| TbFe | $T_c$ | 135 | 0.25～0.48 | 633 |
| DyFe | $T_c$ | 70 | 0.15 | 633 |
| GdTbFe | $T_c$ | 150～165 | 0.27～0.52 | 633 |
| GdFeBi | $T_c$ | 160 | 0.41 | 633 |
| TbFeCo | $T_c$ | 180～200 | 0.3～0.4 | 820 |
| TbDyFe | $T_c$ | 70 | 0.25 | 633 |
| GdTbFeGe | $T_c$ | 135 | 0.42 | 830 |

## 3.5.4　磁光存储高密度记录介质的研究

表 3.5.3 列举了近年来几种磁光记录介质的重要性能比较。

表 3.5.3　磁光记录介质的种类和特性

| 材料 | 结晶<br>状态 | 记录方式 | | $\theta_k$<br>（°） | $\theta_f$<br>（°/cm） | 制作方法 | 备　注 |
|---|---|---|---|---|---|---|---|
| | | 方式 | 温度（℃） | | | | |
| MnBi 低温相 | 多晶 | $T_c$ | 300 | 1.8 | $7\times10^5$ | 蒸发法 | 1. 制法困难；2. $\theta_k$ 大，有介质噪声；3. 有相变 |
| MnBi 高温相 | 多晶 | $T_c$ | 180 | 0.8 | $3\times10^5$ | 蒸发法 | |
| MnCuBi | 多晶 | $T_c$ | 200 | 0.2 | $2\times10^5$ | 蒸发法 | |
| PtCo | 多晶 | $T_c$ | 390 | ＞0.4 | 4 | 溅射法 | 记录磁场 143 kA/m |
| $Y_3Ca_{1.1}Fe_{3.9}O_{12}$ | 单晶 | $T_c$ | 120 | | 0.03 | 液相外延 | 1. $\theta_k$ 和 $\theta_f$ 小，用透明膜覆盖；2. 大面积制作难；3. 写入功率大 |
| GdIG | 单晶 | $T_{comp}$ | 30 | | $0.02^-$ | 熔盐法 | |
| TbFeO$_3$ | 单晶 | $T_c$ | 400 | 0.01 | 0.05 | 溅射法 | |
| GdCo | 非晶 | $T_{comp}$ | 120 | | 1.8 | 溅射法 | 1. $\theta_k$ 不大，但介质噪声小；2. 制膜容易，适合大面积；3. 晶化温度：350℃～500℃ |
| GdFe | 非晶 | $T_{comp}$ | 100～200 | 0.35 | | 溅射法 | |
| TbFe | 非晶 | $T_c$ | 140 | 0.3 | 1.3 | 溅射，蒸发 | |
| GdTbFe | 非晶 | $T_c$ | 165 | 0.4 | | 溅射法 | |

　　表中 MnBi 合金是具有两相结构的六角金属间化合物。1971 年，Chen 曾在玻璃、云母基片上沉积 Bi/Mn 双层膜并利用立即后退火方法制得 MnBi 膜，退火温度在 225℃～

350℃之间。经检测,薄膜的六角 $c$ 轴垂直于膜面,薄膜的低温相和高温相都具有 NiAs 型结构。在高温相中,一些原子处于间隙位置,当薄膜从高温冷却时,高温相和低温相之间的转变是一级相变,微结构上的复杂和制备上的困难以及来源于光对薄膜多晶结构散射引起的回放噪声造成 MnBi 合金无法用作热-磁-光存储介质。相转变伴随着晶格常数 $c/a$ 比值减小,对应于 $c$ 轴缩小 3%,$a$ 轴增加约 1.5%。在大约 360℃ 形成的高温相通过淬火可以保持到室温,而且,高温相较低的磁化强度和 150℃ 的居里温度对热-磁-光存储应用十分有利。但是实验发现,重复的热循环和老化所引起的逐渐热扩散会促使高温相向低温相转变,重复的激光写入会使写入区的晶体结构发生变化,如将其用作 TMO 介质,则这种薄膜微结构的渐变是不被允许的。

## 3.5.5 Pt/Co 磁性多层膜

Pt/Co 和 Pt/Pd 多层膜几乎都是用物理气相沉积方法制备的,包括超高真空蒸发[6]、溅射法[7,8]和分子束外延法[9]。采用分子束外延法制得的多层膜是有良好特性的外延单晶膜,蒸发和溅射法则能提供一种更接近实用的多晶材料的工艺。这类多层膜具有很强的垂直各向异性和大矫顽力以及低居里温度、适当的克尔旋转角 $\theta_k$。多层膜的强垂直各向异性和 Co 层与 Pt 层的界面有关。Carcia[10]在研究 Pt/Co/Pt 夹层结构的磁性行为时发现,如果 Pt 层厚度固定不变(1.5 nm),而 Co 层厚度分别为 0.4 nm、0.5 nm 和 0.8 nm,则 Co 层厚度 $t_{Co}=0.4$ nm 时,通过测量反常霍尔效应得到的磁滞回线具有易轴回线特征,即接近矩形,而相应于 $t_{Co}$ 为 0.5 nm 和 0.8 nm 的夹层膜,磁滞回线向磁场轴倾斜幅度随 $t_{Co}$ 增大而增大,说明这时的各向异性有所降低。作者指出,这种情况可以用表面感生各向异性来解释,但膜体内所含 Co 原子增多时,薄膜的表面各向异性效应减弱。

多层膜中的有效各向异性可以定义为[11]

$$K_{eff} = K_V + 2K_s/t_{Co},$$

式中,$K_s$ 是来自钴层表面贡献的部分,$K_V$ 是来自体贡献部分,包括磁晶各向异性、磁弹性 $K_C$ 和退磁能的贡献,可以表示成 $K_V = K_C - (1/2)\mu_0(M_s)^2$。实验上,Greaves 等人[124]在玻璃片上制取了 10(yCo/1.1 Pt)溅射膜,其中 Pt 层厚度不变,为 1.1 nm,而 Co 层厚度($y$)可变(0.2~1.5 nm);Zeper 等人则用蒸发法在硅片上制取了 $n$(yCo/1.75 Pt)蒸发膜,保持 Pt 层厚度为 1.75 nm 不变,同时调节双层数 $n$ 使蒸发膜的总厚度保持不变。可以发现 $t_{Co}$ 小于 0.8 nm 的溅射膜(无衬底层)和 $t_{Co}$ 小于 1.2 nm 的蒸发膜具有垂直各向异性。如果以测得的乘积 $K_{eff} \cdot t_{Co}$ 为纵坐标、Co 层厚度为横坐标作图,则从外插直线在纵坐标上的截距可求得 $K_s$,而从较大 Co 层厚度下所对应的直线部分的斜率可求得 $K_V$。结果表明[121],对于无衬底层的溅射膜 $K_s=0.48$ MJ/m², $K_V=-1.2$ MJ/m³;对于蒸发膜,$K_s=0.42$ MJ/m², $K_V=-0.68$ MJ/m³。若考虑磁弹性能,则 $K_V$ 中的 $K_c=0.08$ MJ/m³(溅射膜)或 0.72 MJ/m³(蒸发膜)。对于蒸发膜,$K_c$ 值与六角密堆积结构的大块 Co 的磁晶各向异性相同。

Co/Pt 溅射多层膜的研究表明,当 Pt 层厚度约大于 1 nm 时,Pt 层厚度对磁性能的影响就不再起主要作用。相反,在溅射膜和蒸发膜中 Co 层厚度及其周期数似乎对有效各向异性、饱和磁化场 $H_s$,甚至矫顽力 $H_c$ 都有很强的影响。实验发现,当 Co 层厚度 $t_{Co}$ 约大于 0.4 nm,双层周期数 $n$ 约大于 15 时,回线变得倾斜,剩磁比明显下降。

Co/Pt 多层膜的克尔效应测量表明,在短波长下,克尔旋转角随着波长变短而持续增大,在波长为 290 nm 时,出现一峰值;实验还发现,随着多层膜中 Co 层所占比例增大,克尔旋转角也增大[6,12]。如果固定周期数 $n$ 和 $t_{Co}$ 不变,而增大 Pt 层厚度,则克尔旋转角也会随之减小。另外,令人感兴趣的是如果将 Co/Pt 多层膜和一厚度等于多层膜中各 Co 层厚度之和的单层 Co 膜的克尔效应进行比较,则多层膜的克尔旋转角要大于单层 Co 膜的克尔旋转角,这和多层膜中 Pt 层被感生磁化有关。在短波长段,Co/Pt 多层膜比前面讨论的稀土-过渡族合金膜具有更好的磁光优值。例如,在波长为 633 nm 时,多层膜 5 (0.4Co/1.1 Pt) 的典型克尔旋转角为 $-0.25°$;在波长为 400 nm 时,克尔旋转角增大至 $-0.35°$。GdTbFe 膜在 633 nm 波长下典型克尔旋转角 $-0.30°$,但在 400 nm 时下降至 $-0.15°$。因此,多层膜的磁光优值在 400 nm 时比 GdTbFe 膜要高出 4～5 倍[13]。

Co/Pt 膜的居里温度比大块金属钴要低得多。六角密堆积结构的金属钴的居里温度高达 1 120℃,而 Co/Pt 多层膜的居里温度在 250℃～350℃ 之间,并且当多层膜中的 Co 层越薄、Pt 层越厚时,居里温度就越低[6]。若在多层膜中 Co 层厚度小于 0.4 nm,而 Pt 层厚度加厚,则 Co 层之间的交换相互作用由于较厚 Pt 层的分隔而减弱,可使多层膜的居里温度降低更多。如被用作磁光盘介质,写入温度被控制在 150℃～200℃ 之间是可以实现的。除了增大 $t_{Pt}/t_{Co}$ 厚度比外,还可以将多层膜中的 Co 层用 CoRe 或 CoOs 层替代来降低多层膜的居里温度,例如,多层膜 60(0.35Co85Re15/1.35Pt) 的居里温度就是 150℃,但各向异性和矩形比稍有下降[14]。

有关新型短波长磁光存储介质,王现英等人[15]提出,传统的重稀土-过渡族合金(如 TbFeCo)薄膜在短波长下克尔旋转角 $\theta_k$ 会减小,使其应用受到限制。从长远来看,他们认为以下几种磁光存储材料有一定竞争力,但目前来看,各自尚有不足之处:

① 轻稀土-过渡族合金薄膜:$\theta_k$ 较大,但是难以获得易轴垂直膜面的磁畴结构;

② MnBiAl 合金膜:由于成分中添加了 Al,使得 MnBi 合金的晶粒和晶相有所改善,但薄膜的写入功率太高;

③ 掺 Bi 石榴石氧化物膜:有很好的磁光记录性能,但这类非晶态膜需要经过热处理变成晶态膜才能适用,过高的热处理温度限制了塑料衬底的应用,而适用的玻璃衬底的成本又过高;

④ Pt/Co 多层膜和 Pt-Co 膜:有较高的垂直各向异性,短波长时有较大的 $\theta_k$,晶粒细小,但 $T_c$ 偏高,重复擦除次数尚有不足。

这里所列出的磁光记录介质中,以 Pt/Co 多层膜和 Pt-Co 膜在短波长时的磁光性能最佳,有很大希望成为下一代实用化的磁光存储介质。

**参考文献**

[1] Hasegawa R.,Argyle B. E.,Tao L. J.,*AIP Conf. Proc*,975,24:110.

[2] Heiman N.,Lee R. I.,Potten R. I.,*AIP Conf. Proc*,1976,29:130.

［3］Matsushita S.，Sunago K.，Sakurai Y.，*Japan J. Appl. Phys*，1975，14：1851.

［4］Kryder M. H.，Shieh H. P.，Hairsten D. K.，*IEEE Trans. Magn*，1987，23：165.

［5］Grundy P. J.，第17章 高密度磁光记录材料，《材料科学与技术丛书》R. W. 卡恩，P. 哈森，E.J. 克雷默主编，第3B卷，《金属与陶瓷的电子及磁学性质Ⅱ》，K. H. J. 巴肖主编，科学出版社，(2001)，詹文山，赵见高等译自《Materials Science and Technology：a comprehensive treatment》，Electronic and magnetic properties of metals and ceramics Vol. Ⅱ，(1994) VCH Verlagsgesellschaft mbH，D69451，Weinheim，Germany.

［6］Zeper W.b.，Greidanus F. J. A.，Carcia P. E.，*IEEE Trans. Magn*，1989，25：3764.

［7］Ochiai Y.，Hashimoto S.，Aso K.，*IEEE Trans. Magn*，1989，25：3755.

［8］Greaves S. J.，Petford-Long A. K.，Kim Y. H.，et al.，*J. Magn. Magn. Mater*，1992，113：63.

［9］Lee C. H.，Farrow R. F. C.，Hermsmeier B. D.，et al.，*J. Magn. Magn.Mater*，1991，93：592.

［10］Carcia P.，*J. Appl. Phys*，1988，66：5066.

［11］Draaisma S. J. G.，de. Jonge. W. J. M.，den Broeder F. J. A.，*J. Magn. Magn. Mater*，1987，66：3696.

［12］Sugimoto T.，Katayama T.，Suzuki Y.，Nishihara Y.，*Jpn. J. Appl. Phys*，1989，69：880.

［13］Zeper W. B.，van Kestoren H. W.，Jacobs B. A. J.，et al.，*J. Appl. Phys*，1991，70：2264.

［14］van Kestoren H. W，Zeper W. B.，*J. Magn. Magn. Mater*，1993，120：271.

［15］王现英，张约品，沈德芳，干福熹.超高密度磁光存储及其介质研究进展［J］.物理，2002，31(12).

# 第四章　微波磁性材料

微波波段的频率范围为 $10^2 \sim 10^6$ MHz,波长为 1 m~0.1 mm。常按频率或波长再分为 X(3 cm)、C(5 cm)、S(10 cm)、L(30 cm)以及 P(100 cm)等波段。对微波磁性材料的研究,早期工作大多开始于 X 波段,继后分别向长波段、毫米波段发展。目前微波磁性材料的低频器件已延伸到数十兆赫,而在高频段利用 YIG 等石榴石型铁氧体单晶体的透光性制成红外波段的磁光器件;在功率容量方面,由低功率微波器件向兆瓦级大功率器件发展;在使用的工作温度方面,由室温向宽温方向发展,尤其是卫星地面站等接收微弱信号的需要,为了降低热噪音,就要求能工作于低温下的微波磁性材料;在铁氧体器件使用频宽方面,利用边周膜制成超倍频程的宽带器件可望应用于 5G 手机中。总之,多种多样的微波器件要求使用具有所需性能的各种磁性材料,常用的有尖晶石、石榴石及六角晶系微波磁性材料。早期主要采用高电阻率、低损耗的铁氧体[1],近年来薄膜磁性材料颇受重视[2],纳米结构材料[3]以及超(构)材料(Metamaterial)[4]已成为后起之秀。微波磁性材料不仅利用磁导率张量特性,用于各类微波器件,此外还可利用吸波的损耗特性用于隐身技术与电磁屏蔽。对微波吸收材料的研发目前五花八门,方兴未艾。铁氧体至今在微波磁性材料应用中占主导地位,因而为本章的重点,主要为尖晶石型、石榴石型与六角晶系铁氧体三大类,尖晶石型由于磁晶各向异性场较低,主要用于 1 GHz 以下的频段,YIG 等石榴石铁氧体主要用于 1~2 GHz,而六角晶系铁氧体适宜用于更高的频段。

在尖晶石型铁氧体中有 MnMg,NiZn,MgAl 以及 Li 系铁氧体;在石榴石型铁氧体方面,目前占优势的还是钇铁石榴石(YIG)以及以它为基的各种掺杂铁氧体。在微波长波段,常采用不含稀土元素的铋、钙、钒石榴石;六角晶系主要是以钡铁氧体为基的主轴型、平面型等铁氧体。其他,如在毫米、红外波段,人们亦利用反铁磁性材料。

微波铁氧体在微波技术中有着广泛的应用,占有重要的地位。利用铁氧体的旋磁性、非线性效应等特性,已制成各种铁氧体微波器件,如隔离器、相移器、调制器、环行器等线性器件,以及倍频器、限幅器、振荡器、混频器等非线性器件;利用磁声耦合效应研制成延迟线等磁声器件。在 5G 时代,环行器在共用天线中起着双工器的作用,隔离器在发射、测量系统中起着输入输出、隔离和去耦等作用。发展的趋势是微型化、片式化、集成一体化。

# §4.1 微波铁氧体的物理基础与技术要求

## 4.1.1 物理基础

### 1. 旋磁性

磁矩的宏观经典运动方程最早由 Landau 与 Lifshitz 提出,故称为 L-L 方程:

$$\frac{d\boldsymbol{M}}{dt} = -\gamma(\boldsymbol{M} \times \boldsymbol{H}) - \frac{\alpha\gamma}{M}\boldsymbol{M} \times (\boldsymbol{M} \times \boldsymbol{H}) \tag{4.1.1}$$

或

$$\frac{d\boldsymbol{M}}{dt} = -\gamma(\boldsymbol{M} \times \boldsymbol{H}) - \frac{\eta}{M^2}\boldsymbol{M} \times (\boldsymbol{M} \times \boldsymbol{H})$$

其特征是在运动过程中磁矩的绝对值保持不变。因为 $\boldsymbol{M} \cdot \dfrac{d\boldsymbol{M}}{dt} = 0$,所以 $M^2 = C$。

式中 $\gamma = \dfrac{\mu_0 e}{2m_e}g = 1.105\ 1 \times 10^5 g\,(\text{m/A} \cdot \text{s})$,为旋磁比;$\eta$ 为阻尼系数,$\eta = \alpha\gamma M_s$。

继后,Gilbert 对阻尼项提出修正,表述为

$$\frac{d\boldsymbol{M}}{dt} = -\gamma(\boldsymbol{M} \times \boldsymbol{H}) + \frac{\alpha}{M}\boldsymbol{M} \times \frac{d\boldsymbol{M}}{dt} \tag{4.1.2}$$

Kikuchi 对单畴球体反磁化过程的研究结果表明,在阻尼甚大的情况下,L-L 方程是不适用的。对铁磁共振的描述,大多数实验表明阻尼系数不大,$\alpha < 0.1$,因此 L-L 方程与 Gilbert 方程等价,所引起的误差不超过 1%。

磁矩运动方程式的另一种表述形式是 Bloch 于 1946 年研究核磁共振时提出的,继后 Bloembergen 将它应用到铁磁共振问题中来,故称为 B-B 方程,可表述为

$$\frac{d\boldsymbol{M}}{dt} = -\gamma(\boldsymbol{M} \times \boldsymbol{H}) - \frac{M_x}{\tau_2}\boldsymbol{i} - \frac{M_y}{\tau_2}\boldsymbol{i} - \frac{M_z - M_0}{\tau_1}\boldsymbol{k} \tag{4.1.3}$$

式中,$\tau_1$ 表征自旋系统与晶格系统相互作用的弛豫时间,又称为纵向弛豫时间,$\tau_2$ 表征自旋系统内自旋与自旋相互作用的弛豫时间,又称为横向弛豫时间。

在弱磁场作用下,$\tau_1$、$\tau_2$ 合并为 $\tau$,得到

$$\frac{d\boldsymbol{M}}{dt} = -\gamma(\boldsymbol{M} \times \boldsymbol{H}) - \frac{1}{\tau}(\boldsymbol{M} - \chi_0\boldsymbol{H}) \tag{4.1.4}$$

式中,$\boldsymbol{H}$ 代表有效场,$\tau \approx \chi_0/\lambda$。

设 $\boldsymbol{H}$ 平行于 $z$ 轴,交变磁场垂直于 $z$ 轴,由于磁矩的拉摩进动使 $x$ 轴向的交变磁场不仅引起 $x$ 轴向的磁化强度,同时通过进动的耦合产生 $y$ 轴向的磁化强度,因此磁导率

为一张量。对各向同性无限大的介质,从式(4.1.1)出发,仅作线性近似解,可获得张量磁导率的具体表达式

$$\boldsymbol{\mu} = \begin{vmatrix} \mu & -jk & 0 \\ +jk & \mu & 0 \\ 0 & 0 & \mu_z \end{vmatrix} \tag{4.1.5}$$

$k$ 为耦合系数,表征两种偏振态间的耦合强度。考虑到阻尼因素后,$\mu,k$ 均为复量。当远离共振区,忽略阻尼后,$\mu,k$ 可表述为

$$\mu' = 1 + \omega_m \omega_0 / (\omega_0^2 - \omega^2)$$

$$k' = -\omega_m \omega / (\omega_0^2 - \omega^2) \tag{4.1.6}$$

$$\mu'' = k'' = 0$$

$$\omega_0 = \gamma H_z \tag{4.1.7}$$

为铁磁共振频率。

$$\omega_m = \gamma M_s$$

假如微波场为正、负圆偏振波,则微波场可表述为

$$h_\pm = h_x \pm j h_y \tag{4.1.8}$$

式中,$j$ 代表 $h_x$ 与 $h_y$ 位相差 $\pi/2$。正、负圆偏振态是相对于 $z$ 轴(外磁场方向)作右旋或左旋而言。相应的 $\mu_\pm$ 在无阻尼的情况下表述为:

$$\left. \begin{array}{l} \mu_+ = 1 + \omega_m / (\omega_0 - \omega) \\ \mu_- = 1 + \omega_m / (\omega_0 + \omega) \end{array} \right\} \tag{4.1.9}$$

显然,$\mu_+$ 具有共振的特征,这是因为微波场 $h_+$ 随时间变化呈右旋圆偏振,与磁矩进动方向一致。当微波场的频率与磁矩拉摩进动的频率 $\omega_0 = \gamma H_z$ 相等时,就产生共振吸收现象。考虑到阻尼效应后,共振曲线具有一定的宽度,$\mu_\pm$ 随外场变化的曲线见图 4.1.1。

在共振峰附近 $\mu''_+$ 可表达为

$$\mu''_+ = \frac{\omega_m \alpha \omega}{(\omega_0 - \omega)^2 + \alpha^2 \omega^2} \quad (4.1.10)$$

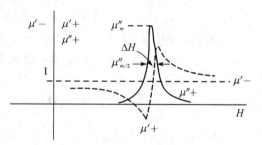

**图 4.1.1 $\mu_\pm$ 与外磁场 $H$ 的关系**

$\mu'' \sim H$ 曲线上 $\dfrac{\mu''_m}{2}$ 处的共振线宽称为铁磁共振线宽 $\Delta H$,而

$$\Delta H = 2\alpha\omega / \tau \tag{4.1.11}$$

所以 $\Delta H$ 与阻尼系数 $\alpha$ 成正比,与弛豫时间 $\tau$ 成反比。当电磁波在磁化介质(旋磁介

质)中传播时,从麦克斯韦方程式出发可解得电磁波在介质中的相速度 $V=c/n$,对于正、负圆偏振波折射率 $n_{\pm}$ 可表述为

$$n_{\pm}^2 = \frac{\varepsilon}{2}(\mu^2 - \mu - k^2)\sin^2\theta$$

$$+ 2\mu \frac{\pm\sqrt{(\mu^2 - \mu - k^2)^2\sin^4\theta + 4k^2\cos^2\theta}}{[(\mu-1)\sin^2\theta + 1]} \tag{4.1.12}$$

式中,$\theta$ 为电磁波传播方向与外磁场方向之间的夹角;$\varepsilon$ 为介质常数。

$\theta=0$、$\dfrac{\pi}{2}$ 是两种重要的特例:

**(1) $\theta=0$(纵场)**

$$n_{\pm}^2(//) = \varepsilon(\mu\pm k)$$

对线偏振波,总可分解为正、负圆偏振波的叠加。由于正、负圆偏振波在介质中传播的相速度不等,经过 $L$ 距离后必然产生偏振面的旋转,称之为法拉第效应,旋转角应为

$$\varphi = \omega \cdot \frac{L}{2}\left(\frac{1}{V_-} - \frac{1}{V_+}\right) = \frac{\omega L\sqrt{\varepsilon}}{2}(\sqrt{\mu_-} - \sqrt{\mu_+}) \tag{4.1.13}$$

如 $\omega\gg\omega_0$,$\omega\gg\omega_m$,上式可简化为

$$\frac{\varphi}{L} = \frac{\sqrt{\varepsilon}}{2}\omega_m \tag{4.1.14}$$

所以,法拉第效应近似与 $M$(磁化强度)成正比,法拉第旋转的方向仅取决于磁化矢量的方向(即外磁场方向),因此沿着外磁场在旋磁介质中传播产生偏振面偏转后,再反向传播,偏振面将沿原旋转方向继续偏转而不复原,这就是法拉第旋转的非互易性。利用法拉第效应,可以制成隔离器、环行器、调制器等。这是最早在微波中应用的不可互易器件。

**(2) $\theta=\dfrac{\pi}{2}$(横场)**

$$n_+^2(\perp) = \varepsilon(\mu^2 - k^2)/\mu, \quad n_-^2(\perp) = \varepsilon \tag{4.1.15}$$

由于相速度不同,电磁波在旋磁介质中传播,将会产生双折射现象,称之为科顿-穆顿效应。

此时 $h_x = j\dfrac{k}{\mu}h_y$,$h_x$ 与 $h_y$ 位相相差 $\pi/2$,振幅比为 $k/\mu$,因此在 $x\sim y$ 面内磁矢量为椭圆偏振。

电磁波在介质中传播时,电磁场的分布将随磁化状态而异,称之为场移效应。相应地可以设计相移器、环行器、隔离器等不可互易微波元件。

## 2. 铁磁共振

对各向同性、无限大介质,其低功率铁磁共振(一致进动)频率 $\omega_0=\gamma H_z$。对各向同

性的有限介质(椭球体),Kittel 曾推得公式

$$\omega_0 = \gamma\{[H_z + (N_x - N_z)M][H_z + (N_y - N_z)M]\}^{1/2} \tag{4.1.16}$$

对各向异性介质,$H$ 应当包括磁晶各向异性场、应力各向异性场以及外磁场。铁磁共振线宽与磁晶各向异性、空隙率以及磁性离子有关。

当微波场功率增大时,由于微波场的作用,以致磁化矢量不能保持一致进动的运动模式,而将激发各种波矢量的自旋波,自旋波频谱为

$$\omega_k = \gamma\{(H_i + H_e a^2 k^2)(H_i + H_e a^2 k^2 + M_s \sin^2\theta)\}^{1/2} \tag{4.1.17}$$

$k = 2\pi/\lambda$ 为自旋波波矢量,$H_i$ 为内磁场,$H_e$ 为交换场,$\theta$ 为 $k$ 与 $z$ 轴夹角。

一致进动相当于 $k = 0(\lambda = \infty)$ 的自旋波。

相应于 $k \gg 0$ 的自旋波,损耗通常用 $\Delta H_k$ 表示,称为自旋波线宽。

随着微波场的增强,达到一定临界值时(阈场)会产生低功率的铁磁共振峰(主共振)下降、变宽,称为主共振的饱和现象。此外,在低于主共振磁场下会呈现较宽的次共振峰,相应的临界场可分别表述为

$$h_c = \frac{1}{2}\Delta H (\Delta H_k / M_s)^{1/2} \text{(主共振的饱和)} \tag{4.1.18}$$

$$h_c = C_1 \frac{\Delta H_k}{M_s} \text{(次共振的产生)} \tag{4.1.19}$$

$$h_c = C_2 \frac{\Delta H \cdot \Delta H_k}{M_s} \text{(主共振与次共振重合)} \tag{4.1.20}$$

自旋波实质上为磁矩非一致进动的自旋系统的一种模式,其自旋间存在强耦合,但彼此之间进动的位相或振幅不同,或两者均不同,而自旋波的激发可以是热激发,亦可以是非均匀磁化所致。广义地说,一致进动是 $k = 0$、自旋波波长为无限大、进动位相与振幅完全一致的特殊情况。当 $k \neq 0$,而波长比物体的线度($L$)相当或更大,即 $|k| < k_1 (\sim 1/L)$ 时,必须考虑交变磁场所引起的面退磁场作用,由此产生的共振模式称之为静磁模,不能

用式(4.1.17)来描述。通常所说的自旋波是指 $|k| > k_1$ 的情况。自旋波频谱可以图 4.1.2 表示。这是在固定外场下所作的曲线,当外场改变时,自旋频谱曲线将随之变化。由图可见,当一致共振的频率处于自旋波频谱之内时,一致共振的能量有可能通过自旋系统间的耦合,以激发自旋波的形式传递给自旋波。如自旋波与晶格间存在强耦合,则会将这部分能量传给晶格,导致损耗增加。

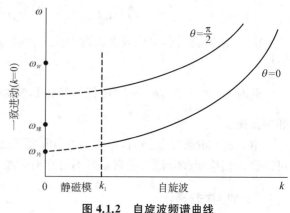

图 4.1.2　自旋波频谱曲线

## 4.1.2　技术要求

微波铁氧体器件至今已逾千种,不同类型的器件对材料的要求不同,因此对材料很难提出一个统一的技术要求,较为普遍的要求大致如下:

### 1. 低损耗

损耗可分磁损耗与电损耗。前者主要来源于自然共振与铁磁共振,因此要求材料具有窄线宽 $\Delta H$,后者为介电损耗,常与电阻率相关联,通常希望直流电阻率为 $10^8\ \Omega \cdot cm$ 数量级,甚至更高一些。

### 2. 高旋磁性

法拉第效应强,单位长度的相移量大。这些量常与材料的 $M_s$ 值相关联。通常 $M_s$ 越大,旋磁性愈高,但 $M_s$ 又受着微波损耗的限制,在一定频段只允许 $M_s$ 在一定范围内。

### 3. 高稳定性

实用上,希望器件具有高的温度、时间、机械等方面的稳定性。为了提高温度稳定性,通常使用高居里点材料如锂铁氧体,以及利用抵消点,如含 Gd(钆)的石榴石型铁氧体。

### 4. 高的功率负荷

对高功率微波铁氧体器件,要求材料能承受高峰值功率与平均功率,这就要求提高材料产生高功率效应的阈值,为此需要增加材料自旋波线宽 $\Delta H_k$,通常附加少量的弛豫离子如 $Co^{2+}$,$Dy^{3+}$ 等,以及工艺上采用细化晶粒的方法。

### 5. 对磁滞回线的要求

对于工作在剩磁状态的器件,如锁式相移器,要求其磁滞回线呈矩形,对多数器件则要求较低的矫顽力 $H_c$。

其他如低的应力敏感性、高的机械强度、一定的介电常数等,亦往往有所要求,结合器件设计常要求有尽可能宽的频带。

以上诸因素有时是互相制约的,须综合考虑求其最佳情况。例如,高旋磁性希望 $M_s$ 尽可能高,但对应用于微波长波段的材料,高 $M_s$ 往往带来较大的低场损耗,为了降低损耗,不得不将 $M_s$ 约束在一定范围之内;又如,对于高功率器件,为了提高其承受功率能力,要求增加 $\Delta H_k$,降低 $M_s$,但通常 $\Delta H_k$ 的增加亦会影响 $\Delta H$ 的值。以下定性地讨论损耗与外场的关系。

在一定的微波频率下,损耗通常是外磁场的函数,典型的曲线如图 4.1.3。在图中将损耗分成三个区域。

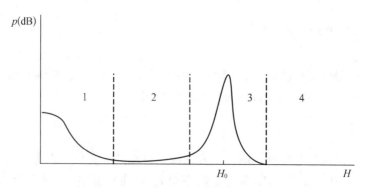

**图 4.1.3 微波铁氧体的损耗随外磁场变化**

区域 1，材料处于未饱和状态，此时尚存在磁畴，由于畴壁的退磁场作用，所引起的自然共振宽度为 $\omega_a < \omega < (\omega_a + \omega_N)$，这里 $\omega_a = \gamma H_{an}$，$\omega_N = \gamma M_s$，分别为磁晶各向异性与退磁场引起的共振。频率上限为 $\omega_{max} = (\omega_a + \omega_N)$。通常 $\omega_a < \omega_N$，故 $\omega_{max} \approx \omega_N$，$\gamma = 2.21 \cdot 10^5$ m/A·s，所以，$f_{max} = \gamma M_s / 2\pi$。例如 $M_s = 79.6$ kA/m，则 $f_{max} = 2\,800$ MHz，所对应的微波波长约为 10 cm。这意味着 $M_s$ 为 79.6 kA/m 的铁氧体材料应用于微波 10 cm 波段时，在未磁化饱和的区域内将会呈现严重的低场损耗。为了避免此损耗，不得不降低 $M_s$ 值，通常方法是用非磁性的离子取代磁性离子。例如 $Al^{3+}$ 取代 $Fe^{3+}$，但伴随而来的是居里点下降导致温度非稳定性增加。因此，既要降低损耗，又要尽可能高的旋磁性，以及高的温度稳定性成为制造微波长波段铁氧体所需解决的问题。

区域 3 为铁磁共振区，通常希望尽量窄的线宽。但对微波吸收材料需利用共振吸收性质。

区域 2 介于区域 1 与区域 3 之间，低场微波铁氧体器件常选择这一区域。为了使得工作磁场较低，区域较宽，常要求区域 1 尽量窄。区域 3 远离区域 1，$\Delta H$ 尽可能窄。

区域 4 为高于铁磁共振磁场区域，在微波长波段高场器件常选择此区域。

除了磁损耗外，在四区域中均存在介电损耗，降低介电损耗也是很重要的，目前 $\tan\delta_e$ 可低于 0.000 2。

**参考文献**

[1] Harris V.G., Geiler A., Chen Y., et al., Recent advances in processing and applications of microwave ferrites，*J.MMM.*，2009，321：2035 - 2047.

[2] R.E. Camley, Z. Celinski, T. Fal, et al., High-frequency signal processing using magnetic layered structures，*J.MMM.*，2009，321：2048 - 2054.

[3] Vukadinovic N., High-frequency response of nanostructured magnetic materials，*J.MMM.*，2009，321：2074 - 2081.

[4] Acher O., Copper vs. iron：Microwave magnetism in the metamaterial age，*J.MMM.*，2009，321：2093 - 2101.

# §4.2 石榴石型铁氧体的晶体结构与基本磁性

## 4.2.1 晶体结构

天然的石榴石分子式为 $Ca_3Al_2(SiO_4)_3$，属体心立方晶系 $O_h^{10}$ Ia3d 空间群。在自然界中存在的石榴石型化合物，其分子式可写为 $Me_3^{2+}Me_2^{3+}Si_3^{4+}O_{12}$，式中 $Me^{2+}$ 为 Fe，Ca，Mg 等二价阳离子，$Me^{3+}$ 为 Al，Cr，Fe，Mn 等三价阳离子，属弱磁性矿物。1956 年，在研究具有钙钛矿结构稀土元素铁氧体($Me_2O_3 \cdot Fe_2O_3$)时，意外地发现其中含有石榴石型结构的铁氧体($3R_2O_3 \cdot 5Fe_2O_3$)，从而开始有意识地进行各种离子替换，以期找到所需要的新型磁性材料。比如用 $R^{3+}Fe^{3+}$ 去取代式中的($Me^{2+}Si^{4+}$)时，可得到我们所希望的磁性石榴石型铁氧体，其分子式为 $R_3^{3+}Fe_5^{3+}O_{12}$，或写为 $3R_2O_3 \cdot 5FeO_3$，其中 $R^{3+}$ 为 Y 以及三价的稀土元素 Sm 到 Lu(见周期表)，其离子半径为 1.00～1.13 Å。在石榴石型结构中，氧离子呈立方结构，其晶体结构颇为复杂，在单位晶胞中含有 8 个 $R_3Fe_5O_{12}$ 分子，由 96 个氧离子组成，16 个八面体座(以 16a 标志)，24 个四面体座(以 24d 标志)及 24 个十二面体座(由八个氧离子组成，以 24c 标志)，这三种类型的空隙均不等边，如图 4.2.1 所示。

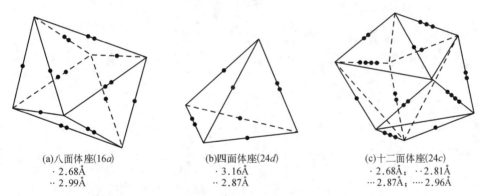

(a)八面体座(16a)　　　　(b)四面体座(24d)　　　　(c)十二面体座(24c)
· 2.68Å　　　　　　　　　· 3.16Å　　　　　　　　· 2.68Å；··2.81Å
·· 2.99Å　　　　　　　　·· 2.87Å　　　　　　　···2.87Å；····2.96Å

**图 4.2.1　钇铁石榴石($Y_3Fe_5O_{12}$)结构中三种阳离子间隙**

通常离子半径较大的稀土元素占据十二面体座(24c)与八面体座(16a)，因此分子式亦可写为下列形式：

$$\{A_3\}\quad [B_2]\quad (C_3)\quad O_{12}$$

式中，{ }，[ ]，( )分别代表(24c)，(16a)，(24d)晶位，例如 $Y_3Fe_5O_{12} \rightarrow \{Y_3\}[Fe_2](Fe_3)O_{12}$。

假如以阳离子为参照系，石榴石的晶体结构可以图 4.2.2 来表达。图中仅绘出一个晶胞的 1/8 部分，其中八面体座(16a)呈体心立方结构。四面体座与十二面体座处于面中心线上，相距 $a/4$，每隔 $a/2$ 周期交替位置，故整个晶胞应是图 4.2.2 中的八个，其点阵常数为 $a \approx 12.5$ Å。石榴石结构中阳离子坐标值列于表 4.2.1 中。

表 4.2.1　石榴石结构中($O_h^{10}$ Ia3d 空间群)各基准晶位所对应的

坐标值$\left(\text{表中数字间有一小间隙,如:}0\ \frac{1}{2}\ \frac{1}{2},\text{等}\right)$

| 16(a) | $000;0\frac{1}{2}\frac{1}{2};\frac{1}{2}0\frac{1}{2};\frac{1}{2}\frac{1}{2}0;\frac{1}{4}\frac{1}{4}\frac{1}{4};\frac{1}{4}\frac{3}{4}\frac{3}{4};\frac{3}{4}\frac{1}{4}\frac{3}{4};\frac{3}{4}\frac{3}{4}\frac{1}{4}$ |
|---|---|
| 24(c) | $\frac{1}{8}0\frac{1}{4};\frac{11}{48}0;0\frac{11}{48};\frac{3}{8}0\frac{3}{4};\frac{33}{48}0;0\frac{33}{48};$ <br> $\frac{5}{8}0\frac{1}{4};\frac{15}{48}0;0\frac{15}{48};\frac{7}{8}0\frac{3}{4};\frac{37}{48}0;0\frac{37}{48};$ |
| 24(d) | $\frac{3}{8}0\frac{1}{4};\frac{13}{48}0;0\frac{13}{48};\frac{1}{8}0\frac{3}{4};\frac{31}{48}0;0\frac{31}{48};$ <br> $\frac{7}{8}0\frac{1}{4};\frac{17}{48}0;0\frac{17}{48};\frac{5}{8}0\frac{3}{4};\frac{35}{48}0;0\frac{35}{48};$ |

96(h)

$xyz;\quad zxy;\quad yzx$

$\frac{1}{2}+x,\quad\frac{1}{2}-y,\bar{z};\frac{1}{2}+z,\frac{1}{2}-x,\bar{y};\quad\frac{1}{2}+y,\frac{1}{2}-z,\bar{x};$

$\bar{x},\frac{1}{2}+y,\frac{1}{2}-z;\quad\bar{z},\frac{1}{2}+x,\frac{1}{2}-y;\bar{y},\frac{1}{2}+z,\frac{1}{2}-x;$

$\frac{1}{2}-x,\bar{y},\frac{1}{2}+z;\quad\frac{1}{2}-z,\bar{x},\frac{1}{2}+y;\frac{1}{2}-y,\bar{z},\frac{1}{2}+x;$

$\bar{x}\quad\bar{y}\quad\bar{z};\quad\bar{z}\quad\bar{x}\quad\bar{y};\quad\bar{y}\quad\bar{z}\quad\bar{x};$

$\frac{1}{2}-x,\frac{1}{2}+y,z;\quad\frac{1}{2}-z,\frac{1}{2}+x,y;\quad\frac{1}{2}-y,\frac{1}{2}+z,x;$

$x,\frac{1}{2}-y,\frac{1}{2}+z;\quad z,\frac{1}{2}-x,\frac{1}{2}+y;\quad y,\frac{1}{2}-z,\frac{1}{2}+x;$

$\frac{1}{2}+x,y,\frac{1}{2}-z;\quad\frac{1}{2}+z,x,\frac{1}{2}-y;\quad\frac{1}{2}+y,z,\frac{1}{2}-x;$

$\frac{1}{4}+y,\frac{1}{4}+x,\frac{1}{4}+z;\quad\frac{1}{4}+z,\frac{1}{4}+y,\frac{1}{4}+x;\quad\frac{1}{4}+x,\frac{1}{4}+z,\frac{1}{4}+y;$

$\frac{3}{4}+y,\frac{1}{4}-x,\frac{3}{4}-z;\quad\frac{3}{4}+z,\frac{1}{4}-y,\frac{3}{4}-x;\quad\frac{3}{4}+x,\frac{1}{4}-z,\frac{3}{4}+y;$

$\frac{3}{4}-y,\frac{3}{4}+x,\frac{1}{4}-z;\quad\frac{3}{4}-z,\frac{3}{4}+y,\frac{1}{4}-x;\quad\frac{3}{4}-x,\frac{3}{4}+z,\frac{1}{4}-y;$

$\frac{1}{4}-y,\frac{3}{4}-x,\frac{3}{4}+z;\quad\frac{1}{4}-z,\frac{3}{4}-y,\frac{3}{4}+x;\quad\frac{1}{4}-x,\frac{3}{4}-z,\frac{3}{4}+y;$

$\frac{1}{4}-y,\frac{1}{4}-x,\frac{1}{4}-z;\quad\frac{1}{4}-z,\frac{1}{4}-y,\frac{1}{4}-x;\quad\frac{1}{4}-x,\frac{1}{4}-z,\frac{1}{4}-y;$

$\frac{3}{4}-y,\frac{1}{4}+x,\frac{3}{4}+z;\quad\frac{3}{4}-z,\frac{1}{4}+y,\frac{3}{4}+x;\quad\frac{3}{4}-x,\frac{1}{4}+z,\frac{3}{4}+y;$

$\frac{3}{4}+y,\frac{3}{4}-x,\frac{1}{4}+z;\quad\frac{3}{4}+z,\frac{3}{4}-y,\frac{1}{4}+x;\quad\frac{3}{4}+x,\frac{3}{4}-z,\frac{1}{4}+y;$

$\frac{1}{4}+y,\frac{3}{4}+x,\frac{3}{4}-z;\quad\frac{1}{4}+z,\frac{3}{4}+y,\frac{3}{4}-x;\quad\frac{1}{4}+x,\frac{3}{4}+z,\frac{3}{4}-y$

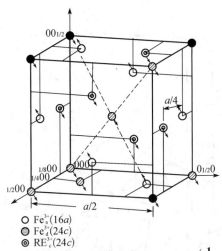

图 4.2.2　石榴石结构中的阳离子空间分布$\left(\dfrac{1}{8}\text{晶胞}\right)$

　　与尖晶石型铁氧体相类似,欲研究石榴石型铁氧体的亚铁磁性,首先需要了解阳离子的相对位置及其夹角,根据 $Y_3Fe_5O_{12}$(YIG)结构分析,将其结果列于表 4.2.2,表 4.2.3 和图 4.2.3 中。

表 4.2.2　钇铁石榴石(YIG)中最近邻离子及其间距[1]

| 离子 | 最近邻离子 | 离子间距(Å) | 离子 | 最近邻离子 | 离子间距(Å) |
|---|---|---|---|---|---|
| $Y^{3+}$ (24c) | $4Fe^{3+}(a)$<br>$6Fe^{3+}(d)$<br>$8O^{2-}$ | 3.46<br>3.09(2);<br>3.79(4)<br>2.37(4);<br>2.43(4) | $Fe^{3+}$ (16a) | $2Y^{3+}$<br>$6Fe^{3+}(d)$<br>$6O^{2-}$ | 3.46<br>3.46<br>2.00 |
| $Fe^{3+}$ (24d) | $6Y^{3+}$<br>$4Fe^{3+}(a)$<br>$4Fe^{3+}(d)$<br>$4O^{2-}$ | 3.09(2);<br>3.79(4)<br>3.46<br>3.79<br>1.88 | $O^{2-}$ | $2Y^{3+}$<br>$1Fe^{3+}(a)$<br>$1Fe^{3+}(d)$<br>$9O^{2-}$ | 2.37;2.43<br>2.00<br>1.88<br>2.68(2)<br>2.81;2.87<br>2.96;2.99(2)<br>3.16(2) |

表 4.2.3　钇铁石榴石中近邻离子间夹角与间距[2]

| 离　子 | 夹角(°) | 离　子 | 夹角(°) |
|---|---|---|---|
| $Fe^{3+}(a)-O^{2-}-Fe^{3+}(d)$ | 126.6 | $Fe^{3+}(a)-O^{2-}-Fe^{3+}(a)(4.41)$③ | 147.2 |
| $Fe^{3+}(a)-O^{2-}-Y^{3+}$① | 102.8 | $Fe^{3+}(d)-O^{2-}-Fe^{3+}(d)(3.41)$ | 86.6 |
| $Fe^{3+}(a)-O^{2-}-Y^{3+}$② | 104.7 | $Fe^{3+}(d)-O^{2-}-Fe^{3+}(d)(3.68)$ | 78.8 |
| $Fe^{3+}(d)-O^{2-}-Y^{3+}$① | 122.2 | $Fe^{3+}(d)-O^{2-}-Fe^{3+}(d)(3.83)$ | 74.7 |
| $Fe^{3+}(d)-O^{2-}-Y^{3+}$② | 92.2 | $Fe^{3+}(d)-O^{2-}-Fe^{3+}(d)(3.83)$ | 74.6 |
| $Y^{3+}-O^{2-}-Y^{3+}$ | 104.7 | | |

注:① $Y^{3+}-O^{2-}$ 间距为 2.43 Å。② $Y^{3+}-O^{2-}$ 间距为 2.37 Å。③ 括弧内的数代表 $Fe^{3+}$(a 或 d)$-O^{2-}$ 最大的间距。

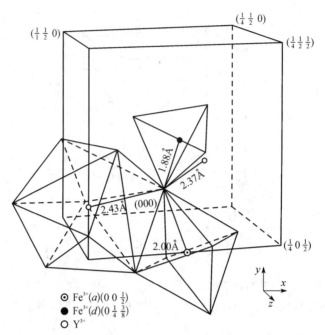

**图 4.2.3　$Y_3Fe_5O_{12}$石榴石 $a,b,c$ 三种次晶格之相对位置**[2]

由此可知,离子间的超交换作用以 $M(a)-O^{2-}-M(d)$ 最强,其次为 $M(c)-O^{2-}-M(d)$,而其他相互作用如$\widehat{aa},\widehat{dd},\widehat{cc},\widehat{ac}$,不是间距过大,就是夹角不合适,而显得很微弱。$ad$ 及 $cd$ 相互作用可以图 4.2.4 表示。

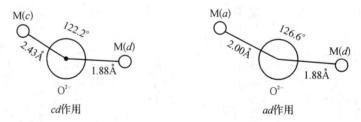

**图 4.2.4　$M-O-M$ 超交换作用示意图**

从晶体结构出发,石榴石型铁氧体与尖晶石型铁氧体有下列几方面显著的不同:

① 在尖晶石结构中,64 个四面体座仅填充了 8 个,32 个八面体座仅填充了 16 个,而在石榴石结构中所有的氧离子间隙均被阳离子所占据,通常仅能存在三价的铁离子,因此电阻率远较一般的尖晶石型铁氧体为高,$\rho(dc)$ 为 $10^{10}\sim10^{11}$ $\Omega\cdot cm$。

② 在石榴石结构中,同一晶格中的离子间无显著的相互作用,而在尖晶石结构中每一个 $B$ 位离子,可以与相邻 12 个 $B$ 位离子有显著的作用。

③ 在石榴石型铁氧体中,阳离子占有三种类型的晶格位置,存在六种相互作用。其中四面体座($24d$)磁性离子与八面体座($16a$)磁性离子之间的超交换作用最强,因此决定石榴石型铁氧体居里温度的主要因素是 $24d$ 与 $16a$ 晶位的磁性离子,而十二面体座($24c$)离子的置换对居里温度影响不大,但却对其他性能如线宽 $\Delta H$、饱和磁化强度 $M_s$ 等

可能会产生显著的改变,因此可以做到在居里温度变化不大的条件下改变 $M_s$,$\Delta H$ 等量。

## 4.2.2 离子分布

石榴石型铁氧体中存在四面体、八面体、十二面体三种晶位,根据实验和理论分析,离子在各晶位分布的大致规律如下:

通常离子半径较大的离子,如 $Ca^{2+}$,$Na^+$,$Y^{3+}$,$Sr^{2+}$ 以及稀土族元素离子,占据十二面体座。稀土族离子由于"镧系收缩",其离子半径随原子序数的增加而减小,见图 4.2.5。对于石榴石晶体结构,通常适宜离子半径接近 $Y^{3+}$ 的离子。对离子半径较大的($La^{3+}$,$Pr^{3+}$,$Nd^{3+}$ 等)离子,目前尚未合成单一的 $R_3Fe_5O_{12}$ 石榴石型铁氧体,这些离子可以取代部分 Y,或与离子半径较小的其他离子如 Ga 等组合生成石榴石型晶体[3],如 $\{(La_xY_{1-x})\}[Fe_2](Fe_3)O_{12}$;$\{Nd_3\}[Ga_2][Ga_3]$ $O_{12}$;$\{Pr_3\}[Ga_2](Ga_3)O_{12}$ 等。含 $Ce^{3+}$ 的石榴石型铁氧体尚未制备成功,因为在晶体中 Ce 可能呈正四价态。$Sr^{2+}$ 亦因离子半径过大仅能部分置换 $Y^{3+}$。此外,离子半径较小的 $Mn^{2+}$,$Mg^{2+}$,$Cd^{2+}$,$Cu^{2+}$ 等离子在某些组成中亦可进入 $24c$ 晶位,如

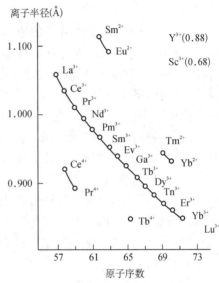

图 4.2.5 镧系元素离子半径

$\{Mg_3\}[Al_2](Si_3)O_{12}$;$\{Mn_3\}[Al_2](Si_3)O_{12}$;$\{CdGd_2\}[Mn_2](Ge_3)O_{12}$;$\{CuGd_2\}[Mn_2]$ $(Ge_3)O_{12}$ 等。

在四面体座,除了 $Fe^{3+}$ 外,一般只能填充体积较小、具有球形对称电子结构的非磁性离子,如 $Al^{3+}$,$Si^{4+}$,$Ga^{3+}$,$Ge^{4+}$,$Sn^{4+}$ 等。对八面体座,除了 $Co^{2+}$ 外,一般容易接受具有球形对称电子结构的半径较大的离子,如 In,Sc,Cr 等离子。$Zn^{2+}$ 在尖晶石结构中择优于四面体座,而在石榴石结构中处于 $16a$ 晶位。从离子半径的条件看来,$Cr^{3+}$ 却是一个例外,$Cr^{3+}$ 比 $Fe^{3+}$ 体积小,但却择优占据八面体座。亦有些离子,如 $Sn^{4+}$,$Fe^{3+}$,$Ga^{3+}$,$Al^{3+}$ 等,对 $16a$,$24d$ 晶位无显著择优性。

有关离子分布的实例可参看文献[4]。

## 4.2.3 饱和磁化强度及居里温度

### 1. 稀土石榴石型铁氧体

稀土石榴石型铁氧体的分子式为 $R_3Fe_5O_{12}$,稀土离子(R)处于($24c$)晶位,仿照尖晶石型铁氧体的情况,可以将石榴石晶格视为三个次晶格所组成,次晶格间磁性离子间的超交换作用为负值。由 4.1 节已知 $\overset{\frown}{ad}$ 交换作用最强,因此两者磁矩反平行而构成一个合成

的磁矩 $R$，然后次晶格 $c$ 上的离子磁矩在负的分子场作用下反平行于 $R$。故

$$M_\Sigma = M_d - M_a - M_c \qquad (4.2.1)$$

分子波尔磁子数为

$$m_s = 6m_c - (6m_d - 4m_a) = 6m_c - 10\mu_B$$

$$(4.2.2)$$

对稀土元素（R），其离子的电子组态为 $4f^{0-14} \cdot 5s^2 \cdot 5p^6$，对磁性有贡献的 $4f$ 壳层被 $5s^2, 5p^6$ 电子壳层所屏蔽，因此受晶体电场影响较小，轨道动量矩只是部分猝灭。如将 $M_c$ 当作自由离子，则其波尔磁子数为 $m_c = g_J J$。

对于各种含稀土族元素的石榴石型铁氧体，其分子波尔磁子数如图 4.2.6 所示。

由此可知，只有当 R＝Y,Gd,Lu 时才可认为 $L=0$，而在其他石榴石中，稀土元素离子有部分轨道磁矩的贡献。实验结果与理论预期能较好地一致。这一假定已被中子衍射实验所证实。

稀土离子的电子组态见表 4.2.4

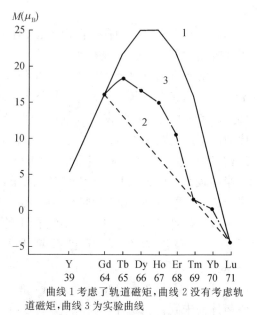

曲线 1 考虑了轨道磁矩，曲线 2 没有考虑轨道磁矩，曲线 3 为实验曲线

**图 4.2.6　稀土族元素石榴石型铁氧体 $R_3Fe_5O_{12}$ 的波尔磁子数**

**表 4.2.4　钇及稀土元素三价离子之电子组态及角动量矩**

| 元素 | Y | Nd | Pm | Sm | Eu | Gd | Tb | Dy | Ho | Er | Tm | Yb | Lu |
|---|---|---|---|---|---|---|---|---|---|---|---|---|---|
| | 钇 | 钕 | 钷 | 钐 | 铕 | 钆 | 铽 | 镝 | 钬 | 铒 | 铥 | 镱 | 镥 |
| 离子的电子组态 | $4p^6$ | $4f^3$ | $4f^4$ | $4f^5$ | $4f^6$ | $4f^7$ | $4f^8$ | $4f^9$ | $4f^{10}$ | $4f^{11}$ | $4f^{12}$ | $4f^{13}$ | $4f^{14}$ |
| $S$ | 0 | $\frac{3}{2}$ | 2 | $\frac{5}{2}$ | 3 | $\frac{7}{2}$ | 3 | $\frac{5}{2}$ | 2 | $\frac{3}{2}$ | 1 | $\frac{1}{2}$ | 0 |
| $L$ | 0 | 6 | 6 | 5 | 3 | 0 | 3 | 5 | 6 | 6 | 5 | 3 | 0 |
| $J$ | 0 | $\frac{9}{2}$ | 4 | $\frac{5}{2}$ | 0 | $\frac{7}{2}$ | 6 | $\frac{15}{2}$ | 8 | $\frac{15}{2}$ | 6 | $\frac{7}{2}$ | 0 |
| $g_J J$ | 0 | $\frac{36}{11}$ | $\frac{12}{5}$ | $\frac{5}{7}$ | 0 | $\frac{7}{2}$ | 9 | 10 | 10 | 9 | 7 | 4 | 0 |
| $2S$ | 0 | 3 | 4 | 5 | 6 | 7 | 6 | 5 | 4 | 3 | 2 | 1 | 0 |

现在考察 $3R_2O_3 \cdot 5Fe_2O_3$ 石榴石型铁氧体的饱和磁矩对温度的依赖性。实验表明，对大多数稀土元素石榴石（除 R＝Y,Lu,Sm,Eu 外），$\sigma_s(T)$ 曲线具有一磁矩抵消点，如图 4.2.7 所示。

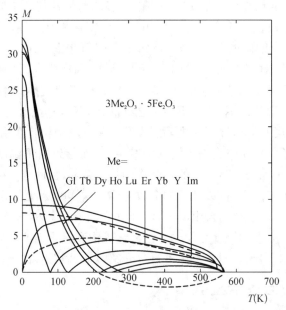

图 4.2.7　$Me_3Fe_5O_{12}$ 稀土石榴石自发饱和磁化强度与温度的关系[6]

显然,这是由于 Gd,Tb,Dy,Ho,Tm 等磁矩非零的稀土离子处于次晶格 $c$ 时,饱和磁化强度对温度的依赖性异于次晶格 $a,d$,由于 $\widehat{cd}$ 较 $\widehat{ad}$ 作用弱,$\widehat{cd}$ 作用所相应的交换场 $H_{ex}\approx 7\,960$ kA/m,而 $\widehat{ad}$ 作用 $H_{ex}\approx 8\times 10^7$ A/m,因此,$M_c$ 随 $T$ 下降将比 $M_a$ 及 $M_d$ 更快些,近似按 $1/T$ 规律,因而有可能存在磁矩抵消点。有人利用同步辐射所产生的软 X 射线磁圆极化二向色性(SXMCD),测量了 $Gd_3Fe_5O_{12}$ 中 Gd,Fe 离子磁矩与取向,表明在室温条件下,Gd 离子是无序取向的,在低温时才磁有序[5],从而证明了 $\widehat{cd}$ 作用是较弱的。

由此可知,当进行离子置换时,由于 $M_c$,$M_a$ 或 $M_d$ 中任意一个或几个发生变化时,均会导致抵消点位移。在抵消点附近人们已发现一系列物理现象的反常,如 $H_c$,$\Delta H$ 反常等,见图 4.2.8。在图 4.2.7 中,还可以看到另一个显著的特点,即各种石榴石型铁氧体的居里温度均在 560 K 附近。为了解释这个实验事实,亦必须承认决定居里温度的主要因素是四面体和八面体位置中 $Fe^{3+}$ 间的超交换作用,而 $c$ 座的贡献是微弱的。这与前面相互作用的估计是相一致的。

由于不同稀土离子的代换,对 $Fe^{3+}(a)-O^{2-}-Fe^{3+}(d)$ 间距与夹角影响不大,因而这种超交换作用强度在各种石榴石型铁氧体中几乎是相同的,只是由于点阵常数有些差异,导致居里温度略有变化。

石榴石型铁氧体的居里温度为 560 K,较 $Fe_3O_4(T_c=848$ K)约低 0.66 倍,这是因为在

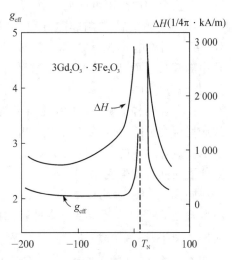

图 4.2.8　GdIG 在抵消温度 $T_N$ 附近 $\Delta H$ 与 $g_{eff}$ 的反常峰[7]

{R₃}[Fe₂](Fe₃)O₁₂分子式中,2个16(*a*)八面体座的离子各与6个24(*d*)四面体的离子作用,反之,3个24(*d*)各与4个16(*a*)作用,共有24种相互作用。而在尖晶石结构中,2个八面体座各与6个四面体座作用,以及每1个四面体座与12个八面体座相互作用,同样地相应于24种。对YIG而言,有5个磁性离子,而在尖晶石中仅有3个,因此每一个磁性离子平均的相互作用数分别为24/5与24/3,相应的交换作用强度比为3/5,因为$J \propto KT_c$,故YIG之$T_c$(545 K)小于$Fe_2O_4$之$T_c$(843 K),其比值约为3/5。由此概念延伸,决定饱和磁化强度及居里温度的主要因素乃是磁性离子相互作用的成对数目,或称为"键"数。非磁性离子的代换将会引起键数的减少,因而导致居里温度的下降。由于在石榴石型结构中,同一次晶格中离子间的相互作用甚为微弱,因此当一磁性离子处于其相邻次晶格的非磁性离子包围中时,成"键"的个数为零。这样的磁性离子,由于不受到周围离子的相互作用力,因此可以视为自由离子,对亚铁磁性贡献甚小,故在计算饱和磁化强度时应予忽略。以这种概念用统计力学的方法来计算饱和磁化强度及居里温度对非磁性离子浓度的依赖性,已对尖晶石型铁氧体进行过介绍,对石榴石型铁氧体亦相似。

### 2. 替换式的石榴石型铁氧体

石榴石型铁氧体可以进行多种离子置换,其分子通式为$3Me_2O_3 \cdot xA_2O_3 \cdot (5-x)Fe_2O_3$,其中Me,A分别代表代换稀土离子与铁离子的相关离子。现将离子代换对磁性的影响分述如下。

#### (1) 置换钇铁石榴石铁氧体中的铁离子

在钇铁石榴石〔Y₃〕[Fe₂](Fe₃)O₁₂中,Y为非磁性离子,故分子磁矩为次晶格*a*与次晶格*d*之差,即

$$\uparrow\uparrow 2Fe^{3+}(a) + \downarrow\downarrow\downarrow 3Fe^{3+}(d)$$

如在次晶格*a*中用非磁性离子取代$Fe^{3+}$,则在一定替换范围内磁矩可增加,例如$In^{3+}$,$Sc^{3+}$。

如在次晶格*d*中用非磁性离子$Al^{3+}$,$Ga^{3+}$取代$Fe^{3+}$,则磁矩减小。Al,Ga离子处于24*d*晶位的几率随其含量而变化,含量低时择优四面体座[12],如图4.2.9所示。

在上述两种情况下,非磁性离子的加入均会导致居里温度下降、磁矩发生变化,如图4.2.10、4.2.11所示。点阵常数的变化见图4.2.12。与此相关联的其他性质亦将发生变化[2,4]。

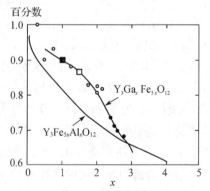

图 4.2.9 $Ga^{3+}$,$Al^{3+}$在YIG四面体座的百分数随其含量的变化[8]

同样,二价阳离子,如$Fe^{2+}$,$Mn^{2+}$,$Ni^{2+}$,$Co^{2+}$亦可置换$Fe^{3+}$。为了保持电中性,此时必须同时加入四价离子,如$Si^{4+}$或$Ge^{4+}$。对于$Y^{3+}Ni_x^{2+}Fe_{(5-2x)}^{3+}Ge_x^{4+}O_{12}^{-2}$,$Mn^{2+}$,$Fe^{2+}$,$Mg^{2+}$,$Ni^{2+}$进入八面体座,$Co^{2+}$进入四面体座,磁矩随替换量的变化见图4.2.13。($Mg^{2+}Si^{4+}$)离子组合代换$Fe^{3+}$离子所产生的磁矩随温度的变化见图4.2.14。

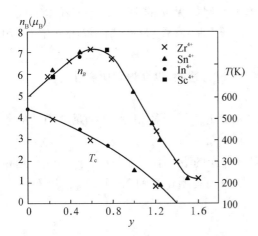

图 4.2.10 $\{Y_{3-y}Ca_y\}\{M_yFe_{2-y}\}(Fe_3)O_{12}$（其中 $M=Sn, Zr$），$\{Y_3\}\{M_yFe_{2-y}\}(Fe_3)O_{12}$（其中 $M=Sc, In$）石榴石型铁氧体 $n_B(0 K)$，$T_c$ 与 $y$ 之关系[4]

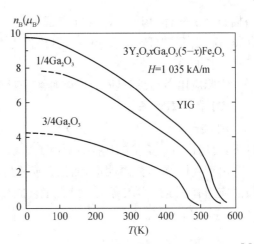

图 4.2.11 Ga 置换 $Fe^{3+}$ 导致 $n_B(T)$ 曲线的变化[2]

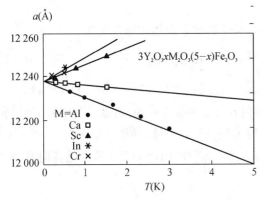

图 4.2.12 置换式石榴石中点阵常数随含量之变化[2]

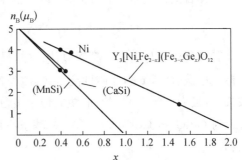

图 4.2.13 二价阳离子代换 $Fe^{3+}$ 所引起的磁矩变化[9]

通过置换，可以人为地控制材料的基本特性，如 $M_s$，$\Delta H$，$\Delta H_k$ 等，这是材料制备走向分子设计重要的一环。

**（2）置换钇铁石榴石型铁氧体中的钇离子**

① 以 Gd（钆）置换 Y（钇），当置换量一定时，可以产生磁矩抵消点，因而在抵消点与居里点之间可以期望具有 $M_s(T)$ 曲线较平坦的区域，从而提高磁性的温度稳定性。

② 以 Ca，Bi 等非稀土元素离子取代稀土元素离子，可以降低成本，改变磁性，以满足各频段器件的需要。目前常用的有 Ca-V 族

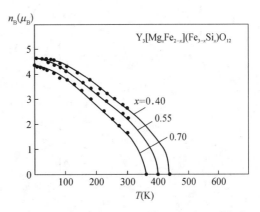

图 4.2.14 $\{Y_3\}\{Mg_xFe_{2-x}\}(Fe_{3-x}Si_x)O_{12}$ 磁矩与温度及 $Mg_x$ 含量的关系[8,10]

石榴石型铁氧体、Bi-Ca-V 族石榴石型铁氧体等。例如无钇的 Bi-Ca-V 铁氧体组成为 $\{Ca_{2.5}Bi_{0.5}\}[Fe_2](Fe_{1.75}V_{1.25})O_{12}$，其磁性为 $M_s = 48.5\ kA/m$，$\Delta H \sim 151 \sim 716\ A/m$，适用于微波长波段。

实际应用中，大都是同时以多种离子对 Y，Fe 进行置换，以期得到所需性能。

**(3) 置换氧离子**

例如 $F^-$ ($r_{F^-} = 1.33\ \text{Å}$) 与 $O^{2-}$ ($r_{O^{2-}} = 1.33\ \text{Å}$) 的离子半径相近，在满足电中性的条件下，可以进行一定量的代换，例如 $\{Y_{3-x}Ca_x\}[Fe_2](Fe_3)O_{12-x}F_x$。

由于 YIG 具有光透明性，而氟置换氧后对红外光的吸收有影响，这对于 YIG 在光频段的应用有一定的实用意义。已人工合成纯氟的石榴石型化合物 $Na_3Li_3M_2F_{12}$（M=Ti，V，Cr，Fe，Co，Sc，In，Sn）[11]。

## 4.2.4　磁晶各向异性与磁致伸缩系数

### 1. 磁晶各向异性

石榴石型铁氧体为立方晶系，其磁晶各向异性的宏观表达式通常仍为

$$E_K = K_1(\alpha_1^2\alpha_2^2 + \alpha_1^2\alpha_3^2 + \alpha_2^2\alpha_3^2) + K_2\alpha_1^2\alpha_2^2\alpha_3^2 + \cdots \tag{4.2.3}$$

其微观机制与尖晶石型铁氧体一样，目前亦采用晶场的单离子模型。对于 $Y_3Fe_5O_{12}$ 石榴石型铁氧体，Y 为非磁性离子，其磁晶各向异性主要是 $Fe^{3+}$ 的贡献，因此各向异性常数甚小，且为负值。$K_1 - T$ 曲线类似于多数的尖晶石型铁氧体，如图 4.2.15。

对 GdIG，因 Gd 为 $4f^7$，$L=0$，基态不存在 $L\text{-}S$ 耦合，因此 GdIG 的磁晶各向异性亦较弱。

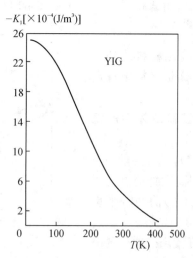

**图 4.2.15　YIG 的 $K_1 - T$ 曲线**[12]

当以 $L \neq 0$ 的稀土离子置换钇离子时,室温 $K_1$ 值均较为接近,约为 $10^2$ J/m³ 量级。多数石榴石型铁氧体易磁化方向为〔111〕晶向、SmIG 与 ErIG 例外,分别为〔110〕,〔100〕晶向。当温度降低时,尤其是当温度低于 20 K 时,这些石榴石型铁氧体的磁晶各向异性显著增大,其绝对值可增至 $10^5$ J/m³ 量级。例如 YbIG 的 $K_1$ – $T$ 曲线,见图 4.2.16。

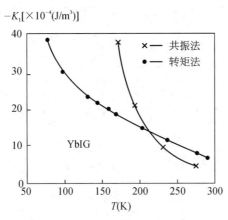

**图 4.2.16　YbIG 的 $K_1$ – $T$ 曲线**

显然,低温 $K$ 值的增加是稀土离子的贡献。稀土族离子与铁族离子的主要区别是 $4f$ 层电子受 $5s,5p$ 电子的静电屏蔽,晶体电场的影响较弱,因此轨道动量矩较少猝灭;此外,自旋轨道作用较晶场作用为强,兹将两者对比列于表 4.2.5。

**表 4.2.5　某些稀土族离子的自旋轨道耦合与晶场分裂之值[12]**

| 离子 | 电子组态 | 自由离子的基态 | 自旋轨道耦合（cm$^{-1}$） | 晶场分裂（cm$^{-1}$） |
|---|---|---|---|---|
| $Sm^{3+}$ | $4f^5$ | $6H_{5/2}$ | 1 200 | 245 |
| $Gd^{3+}$ | $4f^7$ | $8S_{7/2}$ | | 0 |
| $Tb^{3+}$ | $4f^8$ | $7F_6$ | 1 770 | 130 |
| $Dy^{3+}$ | $4f^9$ | $6H_{15/2}$ | 1 860 | 115 |
| $Ho^{3+}$ | $4f^{10}$ | $5I_8$ | 2 000 | 100 |
| $Er^{3+}$ | $4f^{11}$ | $4I_{15/2}$ | 2 350 | 90 |
| $Tm^{3+}$ | $4f^{12}$ | $3H_6$ | 2 660 | 80 |
| $Yb^{3+}$ | $4f^{13}$ | $2F_{7/2}$ | 2 940 | 70 |
| $Co^{2+}$① | $3d^7$ | $4F_{3/2}$ | 540 | 10 000 |

注:① 表中 $3d$ 过渡族的 $Co^{2+}$ 是为了对比而列入。

含有 $L \neq 0$ 稀土离子的石榴石型铁氧体,低温时的磁晶各向异性能已不适宜用式(4.2.3)来表述,通常用球谐函数来表述,即

$$E = \sum_{l=0}^{\infty} \sum_{m=-l}^{l} X_l^m Y_l^m(\theta,\varphi) \qquad (4.2.4)$$

这里,$X_l^m$ 类似于磁晶各向异性常数 $K_i$。

兹将某些石榴石型铁氧体之磁晶各向异性常数值列于表 4.2.6 中。

**表 4.2.6 某些石榴石型铁氧体的磁晶各向异性常数[13]**

| 组 成 | $T(K)$ | $K_1(J/m^3)$ | $K_2(J/m^3)$ |
|---|---|---|---|
| $Y_3Fe_5O_{12}$ | 300<br>80<br>4.2 | $-6.7 \times 10^2$<br>$-22.0 \times 10^2$<br>$-24.8 \times 10^2$ | |
| $Y_3Fe_5O_{12}$ | 300<br>80 | $-7 \times 10^2$<br>$-760 \times 10^2$ | $-7.6 \times 10^5$ |
| $Sm_3Fe_5O_{12}$ | 300<br>80 | $-25 \times 10^2$<br>$-1.2 \times 10^5$ | $+1.0 \times 10^5$ |
| $Ho_3Fe_5O_{12}$ | 300<br>80<br>4.2 | $-5 \times 10^2$<br>$-800 \times 10^2$<br>$-12 \times 10^5$ | $-270 \times 10^2$ |
| $Dy_3Fe_5O_{12}$ | 300<br>80 | $-5 \times 10^2$<br>$-970 \times 10^2$ | $+214 \times 10^2$ |
| $Yb_3Fe_5O_{12}$ | 250<br>4.2 | $-7.5 \times 10^2$<br>$-6.7 \times 10^{5①}$ | |

注:① 从含 10%Yb 的 YIG 值外推得到。

表中除 YIG 的 $K$ 值由铁磁共振获得外,其余均由静态的转矩测量中获得,YIG 与 GdIG 的 $K$ 值用这两种方法所测得的数据有甚大的差别,该差别可能是铁磁共振测量中存在弛豫效应所致。

### 2.磁致伸缩系数

对于尖晶石型铁氧体,磁致伸缩与磁晶各向异性彼此是相关联的。通常磁晶各向异性较弱时,磁致伸缩系数亦较小。YIG 的磁致伸缩系数同样亦取决于 $Fe^{3+}$。YIG 单晶体实验结果见图 4.2.17。

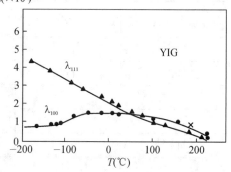

**图 4.2.17 YIG 单晶体 $\lambda_{111}, \lambda_{100}$ 对温度的依赖性[14]**

$Gd^{3+}$ 与 $Eu^{3+}$ 自由离子基态分别为 $8S_{7/2}, 7S_0, L=0$,因此 GdIG 与 EuIG 的磁致伸缩系数亦较小。对其他的稀土离子石榴石型铁氧体,必须考虑 $24c$ 次点阵中稀土离子的贡献。Clark 等人[15]曾对 Gd,Dy,Ho 以及 Er 石榴石型铁氧体进行研究,发现这些 RIG 的磁致伸缩系数在低温区显著增大。例如,TbIG 在 4.2 K 时,$\lambda_{100} = 1\,200 \times 10^{-6}$,$\lambda_{111} = 2\,420 \times 10^{-6}$,在磁矩抵消点趋于零值[16]。对 GdIG,还发现存在磁致伸缩抵消点。这意味着 $Gd^{3+}$ 的磁点阵在低温区具有比 $Fe^{3+}$ 磁点阵更大的磁弹性耦合,且符号相反。

GdIG,DyIG 的 $\lambda-T$ 实验曲线见图 4.2.18。

对 RIG 磁致伸缩系数测量的实验结果,有的还难以用单离子模型进行解释。例如对 $Tb_x Y_{3-x} Fe_5 O_{12}$ 多晶样品测量的结果,见图 4.2.19。按单离子模型,磁致伸缩系数应随 Tb 置换量增加而增加,但每个 Tb 离子对 $\lambda$ 的贡献应当为一常量,而实验结果却是每一个 Tb 离子对 $\lambda$ 的贡献显著地依赖于 Tb 离子的置换量。

Hansen 等人[17]研究了一些 $4d,5d$ 过渡族元素离子,如 $Ru^{3+}$,$Os^{3+}$,$Rh^{3+}$ 以及 Ir 等置换石榴石以及尖晶石中铁离子对磁晶各向异性与磁致伸缩系数的影响。这些离子具有强烈的自旋轨道耦合作用,置换铁离子后会引起 $K$ 与 $\lambda$ 剧烈的变化。

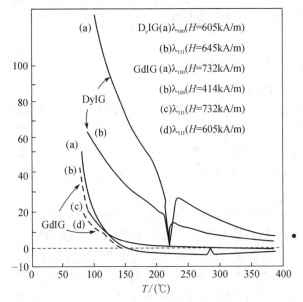

图 4.2.18　DyIG 与 GdIG 的磁致伸缩系数对温度的依赖性[15]

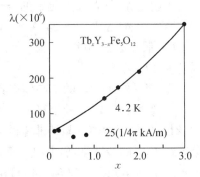

图 4.2.19　$Tb_x Y_{3-x} Fe_5 O_{12}$ 多晶体磁致伸缩系数随 Tb 含量的变化[16]

## 4.2.5　铁磁共振线宽

微波磁性是石榴石型铁氧体应用的主要方面,而铁磁共振线宽是表征材料微波磁性的重要参量。铁磁共振可以作为测量 $g$ 因数、磁晶各向异性等量的手段之一,从铁磁共振线宽人们可以了解材料在微波场中产生内耗的弛豫过程。影响铁磁共振线宽($\Delta H$)的因素甚多,通常多晶体的 $\Delta H$ 远大于单晶体,因为显微结构如晶粒尺寸、晶界、空泡与杂质,甚至表面的光洁度均对线宽有很大的影响。多晶体的线宽简单地可表示为

$$\Delta H_{多} = \Delta H_{单} + \Delta H_k + \Delta H_p \tag{4.2.5}$$

式中 $\Delta H_k$ 为磁晶各向异性所引起的线宽。在多晶体中,由于各晶粒的易磁化轴取向是无规分布的,当各向异性场足够强时,$H_A \gg M_s$,晶粒间的偶极矩耦合相对较弱,每个晶粒近似独立的共振导致共振磁场处于一定的分布之中,由此而引起的线宽

$$\Delta H_k \approx H_A = \frac{2 \mid K_1 \mid}{\mu_0 M_s} \tag{4.2.6}$$

反之,如 $H_A \ll M_s$,上述的独立晶粒模型则不太适宜。此时晶粒间磁偶极矩的相互作用较强,倾向于整个晶体作整体共振,这种磁偶极矩致窄的各向异性线宽的理论计算为

$$\Delta H_k^d = \frac{H_A^2}{\mu_0 M_s} \tag{4.2.7}$$

通常采用减少磁晶各向异性常数来降低 $\Delta H_k$ 值。对于 $H_A \approx M_s$ 情况,独立晶粒近似较能接近实验结果。$\Delta H_p$ 表示由于材料中存在空洞、非磁性夹杂物、磁性的第二相所导致的线宽增加。设材料内空隙率为 $P \doteqdot v/V$,$v$ 为空隙体积(此处空隙是广义的,凡导致材料内部磁化不连续,存在退磁场的磁性或非磁性夹杂物、空气泡等均定义为空隙),$V$ 为样品体积,计算表明

$$\Delta H_p \approx 1.5(4\pi M_s P) \tag{4.2.8}$$

通常采用提高材料密度来降低此部分线宽。

$\Delta H_k$,$\Delta H_p$ 都不完全取决于材料的本征性能。以下我们简单介绍稀土离子对线宽的影响。

用超纯原料(含稀土元素的杂质低于 $10^{-7}$)所制成的钇铁石榴石(YIG)单晶体具有特别窄的线宽($\Delta H \sim 8 \sim 24$ A/m),温度曲线在低于居里温度范围内几乎是平坦的,见图 4.2.20。假如原料不够纯,即使含有微量轨道动量矩非零的稀土元素杂质亦会导致低温区呈现 $\Delta H$ 峰值。

除 YIG 外,GdIG 的单晶体亦具有较窄的线宽,而其他石榴石型铁氧体,如 Sm,Er,Yb,Tb 等均具有较大的 $\Delta H$ 值。一些多晶石榴石型铁氧体的铁磁共振实验曲线见图 4.2.21。假如以轨道动量矩非零的稀土离子置换 YIG 中的 Y 离子,即使置换量甚小,亦会导致 YIG 的线宽剧增,并且在低温区呈现一峰值。例如以 Tb 置换 Y,所得实验结果如图 4.2.22。当 YIG 中仅含 $0.6\%$ Tb 离子就可使室温 $\Delta H$ 值剧增到 $1.6$ kA/m,显然线宽的增加是与所掺入的稀土离子密切相关的。

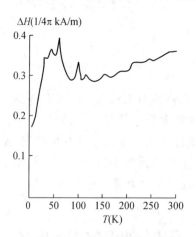

图 4.2.20 超纯原料制备的 YIG
单晶体之 $\Delta H - T$ 曲线[18]

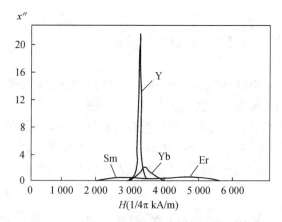

图 4.2.21 几种多晶石榴石型铁氧体
之铁磁共振线宽之比较[19]

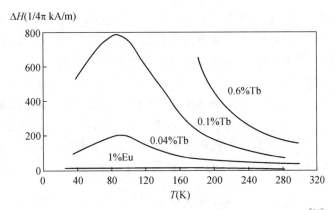

**图 4.2.22　YIG 中掺 Tb 所引起铁磁共振线宽随温度的变化**[20]

HoYIG 单晶的铁磁共振线宽与 Ho 含量的关系见图 4.2.23。

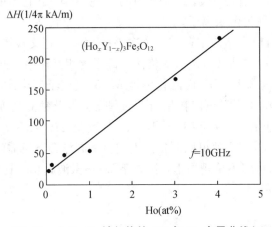

**图 4.2.23　$(Ho_x Y_{1-x})_3 Fe_5 O_{12}$ 铁氧体的 $\Delta H$ 与 Ho 含量曲线($f = 10$ GHz)**

目前,人们对产生线宽的物理图像设想为:微波场的能量首先激发一致进动(波长为无限大,$k = 0$ 的自旋波模式)。一致进动能量中,一部分是通过自旋轨道耦合作用产生自旋晶格弛豫过程,直接传到晶格,激发起声子,转变为点阵振动的热能而耗散;另一部分通过自旋弛豫过程转移到 $k \neq 0$ 的高阶自旋波,这些自旋波再通过自旋晶格弛豫过程将能量转变为点阵振动,这种产生能量耗散的弛豫过程是很复杂的。

Fletcher 等人[21]的计算表明铁磁共振线宽与弛豫时间 $\tau$ 成反比例,即

$$\Delta H \sim \frac{1}{\tau} \tag{4.2.9}$$

对于 YIG,Y 为非磁性离子,弛豫过程主要取决于 $Fe^{3+}$,而 $Fe^{3+}$ 的轨道矩为零,能量损耗的弛豫时间很长,因此 YIG 的 $\Delta H$ 很小。当 $L \neq 0$ 的稀土离子置换 Y 离子后,由于这些离子存在强烈的自旋轨道耦合,弛豫时间很短(称之为快弛豫过程)[22],可以将能量很快地传到晶格,处于 $24c$ 晶位的稀土离子与 $16a$,$24d$ 晶位的铁离子存在交换作用,因此,作一致进动的铁离子磁矩的能量将不断地耦合到 $24c$ 晶位的次晶格,再通过稀土离子

的自旋晶格弛豫过程很快地将能量耗散掉,从而导致线宽剧增。通常低温弛豫时间长,线宽窄。随着温度升高,线宽增大,但温度过高后,$24c$ 次晶格与 $24d$,$16a$ 次点阵的超交换作用减弱,能量又难以转移到 $24c$ 次晶格,共振线宽反而会降低,从而在一定温度下才产生铁磁共振线宽的峰值。

$Eu^{3+}(4f^6)$,$J=0$ 对 $\Delta H$ 的影响亦较小,见图 4.2.22。$Co^{2+}$ 轨道动量矩未被完全猝灭。基于上述机制,含 $Co^{2+}$ 的铁氧体线宽亦将增加。当铁氧体中同时存在 $Fe^{3+}$,$Fe^{2+}$ 时,电导率剧增,电子在不同价态的铁离子间的跃迁,亦构成能量损耗的弛豫过程。设电子跃迁的弛豫时间为 $\tau$,从热力学理论可以证明 $\Delta H$ 与 $\tau$ 的关系为[23]

$$\Delta H = \frac{C}{M} \cdot \frac{\omega\tau}{(1+\omega\tau)^2} \qquad (4.2.10)$$

式中,$C$ 为常数,$M$ 为磁化强度,$\omega$ 为工作频率。当 $\omega\tau=1$ 时呈现峰值。

在能量损耗的弛豫过程中起主要作用的一些离子,如上述的 $L\neq0$ 的稀土离子 $Co^{2+}$,$Fe^{2+}$ 等,人们常称为弛豫离子。

综上所述,由于石榴石结构中存在三个次晶格,而 $ad$ 超交换作用远较 $cd$ 为强,因此居里温度主要取决于 $a$ 次晶格与 $d$ 次晶格磁性离子的相互作用。此外,内禀线宽 $\Delta H$ 主要取决于 $c$ 次晶格中的稀土离子,而磁化强度 $M_s$ 又决定于三个次晶格中磁化强度的矢量和。三个次晶格中的离子又可以在相当大的程度上彼此独立地变更,因而有可能做到改变 $M_s$ 而不改变居里温度;改变 $M_s$ 而不变 $\Delta H$;改变 $\Delta H$ 而不变 $M_s$,或同时改变三个参量中的任两个或三个,这样就可以制备出人们在不同场合下所需的材料。例如,在微波长波段要求低 $M_s$ 材料,但不希望居里点随之下降;在微波高功率材料中要求提高阈值又希望有一定线宽的材料。

**参考文献**

[1] Geller S., Gilleo M. A., Structure and ferrimagnetism of yttrium and rare-earth-iron garnets, *Acta Crystallographica*,1957,10: 239-239.

Gilleo M. A., Ferromagnetic Insulators, *Ferromagnetic materials*, Wohlfarth E.P North-Holland Publishing Company, 1980,2:154.

[2] Gilleo M.A., Geller S., Magnetic and crystallographic properties of substituted yttrium-iron garnet, $3Y_2O_{3-x}M_2O_3-(5-x)Fe_2O_3$, *Phys. Rev.*, 1958,110: 73-78.

[3] Bertaut F., Forrat F., Etude des combinaisons des oxydes des terres rares avec lalumine et la galline, *Comptes rendus hebdomadaires des seances de l academie des sciences*, 1956, 243: 1219-1222.

[4] Geller S., Magnetic interactions and distribution of ions in the garnets, *J. Appl .Phys.*,1960, 31:S30-S37.

[5] Rudolf P., Sette F., Tjeng LH., et al., Magnetic-moments in a gadolinium iron-garnet studied by soft-x-ray magnetic circular-dichroism, *J.MMM*, 1992,109: 109-112.

[6] Bertaut F., Parthenet R., *Proc. IEE*, 1957, B104: 261.

[7] Calhoun B. A., Overmeyer J., Smith W. V., Ferrimagnetic Resonance in Gadolinium Iron Garnet, Phys. Rev., 1957, 107: 993-994.

[8] Geller S., Cape JA., Espinosa GP., et al., Gallium-substituted yttrium iron garnet, *Phys.*

Rev., 1966, 148, 522 - 524.

[9] Geller, S Williams H.J. Sherwood, R.C. et al., Substitutions of divalent manganese, iron and nickel in yttrium iron garnet, *Journal of Physics and Chemistry of Solids*, 1962, 23, 11: 1525 - 1540.

[10] Dionne GF., Molecular field coefficients of substituted yttrium iron garnets, *J. Appl. Phys.* 1970, 41: 4874 - 4882.

[11] Bertaut EF., Development of garnet science in france, *IEEE TRANS. on MAG*, 1981, 17: 2520 - 2524.

[12] Pearson RF, Magnetocrystalline anisotropy of rare-earth iron garnets, *J. Appl. Phys.*, 1962, 33: 1236 - 1239.

[13] Krupicka S., zaveta K., Magnetics Oxide, Part 1, Edited by Craik D.J., John Wiley & Sons, Ltd. 1975: 235 - 287.

[14] Иемракоьский Т.А, *Ф.Т.Т.*, 1967, 9: 23 - 24.

[15] Clark A. E., Rhyne JJ, Callen ER, Magnetostriction of dilute dysprosium iron and of gadolinium iron garnets, *J. Appl. Phys.*, 1968, 39: 573—574; 1966, 37: 1324; 1964, 35: 1028.

[16] Кироцн В.И, *Соколов Э.Т.Ф.*, 1966, 51: 428.

[17] Hansen P., Krishnan R.J., Anisotropy and magnetostriction of 4d and 5d transition-metal ions in garnets and spinel ferrites, *J. de Physique*, 1977, 38: 147 - 155.

[18] Spencer E. G., LeCraw R. C., Clogston A. M., Low-Temperature Line-Width Maximum in Yttrium Iron Garnet, *Phys. Rev. Lett.*, 1959, 3: 32 - 33.

[19] Rodrigue et al., *Trans. I.R.E. MTT*, 1958: 183.

[20] Dillon J. F., Nielsen J. W., Effects of rare earth impurities on ferromagnetic resonance in yttrium iron garnet, *Phys. Rev. Letters*, 1959, 3: 30 - 31.

[21] Fletcher RC., Lecraw RC., Spencer EG., Electron spin relaxation in ferromagnetic insulators, *Phys. Rev.*, 1960, 117: 955 - 963.

[22] Gennes P. G. De, Kittel C., Portis A. M., Theory of Ferromagnetic Resonance in Rare Earth Garnets. II. Line Widths, *Phys. Rev.*, 1959, 116: 323 - 330.

[23] Yager W. A., Galt J. K., Merritt F. R. Ferromagnetic Resonance in Two Nickel-Iron Ferrites, *Phys. Rev.*, 1955, 99: 1203 - 1210.

# §4.3 尖晶石型微波铁氧体

尖晶石型微波铁氧体主要有 Mg 系、Ni 系以及 Li 系三大类。

## 4.3.1 Mg 系铁氧体

MgMn 铁氧体价格低廉,且具有高电阻率、窄 $\Delta H$、合适的 $M_s$ 值以及较高的居里点（300℃～400℃）,常用于 X 波段。

关于 Mg 系铁氧体的磁性能、损耗与组成的关系,较详细的早期工作可参阅文献[1]。

通常选用缺铁多镁的配方,例如 $Mg_{0.9}Mn_{0.1}Fe_{1.6}O_{3.4}$。为了得到高密度,常附加少量的 CuO。制备低损耗的微波铁氧体,除合适的配方外,工艺过程亦颇为重要。例如研磨后的颗粒细度对加速反应得到高密度是必要的;在烧结过程,尤其是冷却过程中,保证充分的氧化也是完全必要的。

对于微波长波段的材料,通常是用 $Al^{3+}$ 取代 $Fe^{3+}$,以降低 $M_s$ 值,避免大的低场损耗。例如配方 $Mg_{0.9}Cu_{0.1}Al_xFe_{1.75-x}Mn_{0.04}O_{4\pm}$,其 $M_s$ 值随 Al 含量之变化见图 4.3.1。可以根据所工作的频段选用合适的 $M_s$ 值,从而来确定 Al 含量。

作为一个例子,考虑一下运用在微波波长为 7.5 cm（$f=4\ 000$ MHz）的铁氧体,其 $M_s$ 值的选择。设样品的形状为细长圆杆,沿杆长方向磁化时,据式（4.3.1）可得铁磁共振磁场

$$H_0=\omega_0/\gamma-N_TM_s \qquad (4.3.1)$$

式中,$N_T=\dfrac{1}{2}$。

要避免铁磁共振损耗,对于低场器件来说,必须使工作磁场远低于共振场,因此 $M_s$ 必须小于 $2\omega_0/\gamma$,即 $M_s<227$ kA/m。实用上,$M_s$ 应取更小值,可取 $M_s<159$ kA/m。此外,从避免低场损耗出发,必须避免自然共振,其共振频率的最大值为

$$\omega_{max}\approx\omega_N=\gamma M_s$$

因此,假如 $M_s$ 选用 143 kA/m,则这两种损耗实际上是叠在一起了,如图 4.3.2(a);

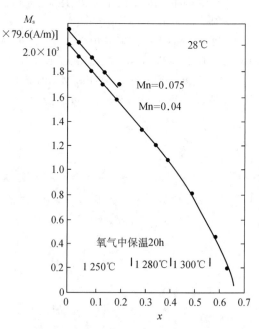

图 4.3.1 $Mg_{0.9}Cu_{0.1}Al_xFe_{1.75-x}O_{4\pm}$ 铁氧体 $M_s$ 值随 Al 含量之变化[2]

假如将 $M_s$ 值降低到 $63.6$ kA/m 时，在 $0\sim63.6$ kA/m 的磁场范围内损耗基本上很小，如图 4.3.2(b)；但其旋磁性亦较低，如选用 $87.5$ kA/m，则结果较为满意，如图 4.3.2(c)。Mg 系铁氧体除常见的 MnMg，MgMnAl 铁氧体外，尚有 Cr 取代 Fe 的 MgCr 铁氧体。例如 $MgCr_{0.64}Fe_{1.36}O_4$ 配方，其 $M_s$ 为 $47.7$ kA/m，$\theta_f\approx160℃$，$\Delta H=20.7\sim22.3$ kA/m。如添加少量的 CuO，可降低烧结温度，提高密度，减小 $\Delta H$ 值。例如 $Mg_{0.8}Cu_{0.2}Fe_{1.36}Cr_{0.64}O_4$ 配方，其 $\Delta H$ 值为 $11.9$ kA/m，可用于波长为 15 cm 的共振式隔离器。此外，还有 MgAl 铁氧体，如配方 $MgAl_{0.30}Fe_{1.70}O_4$，$M_s=70$ kA/m，可用于 7.7 cm 波段。

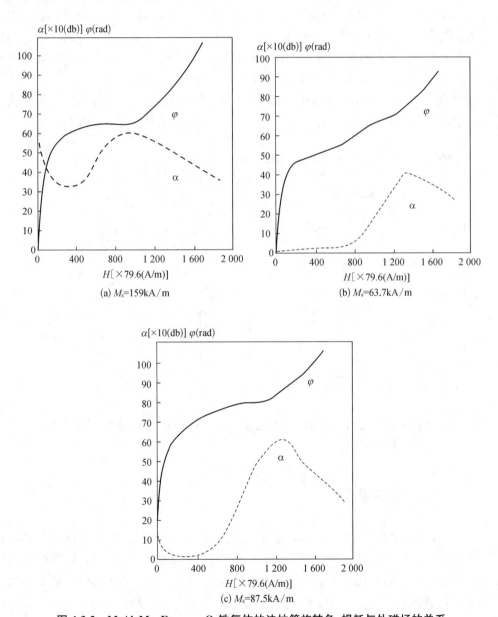

图 4.3.2　$MgAl_x Mn_y Fe_{2-(x+y)} O_4$ 铁氧体的法拉第旋转角、损耗与外磁场的关系

### 4.3.2 Ni 系铁氧体

Ni 系铁氧体以 Ni 铁氧体为基本配方附加少量的 Mn,Co,Cu,Zn,Al 等组元。例如线宽 $\Delta H$ 与 Co 含量的关系,见图 4.3.3。当 $x=0.027$ 时,$\Delta H$ 值最小。添加少量的 Cu,可得到高密度与高电阻率,如配方 $Ni_{0.9}Cu_{0.1}Fe_{1.9}Mn_{0.02}O_{4\pm}$,烧结温度约为 1 100℃,相对密度可达 98%,直流电阻率高达 $10^{10}$ $\Omega \cdot cm$[2],亦可同时含有 Co,Cu。例如配方 $Ni_{0.9}Cu_{0.1}Mn_{0.02}Co_{0.02}Fe_{1.9}O_{4\pm}$,$\Delta H \cong 15.9$ kA/m,适用于 X 波段。此外尚有附加 BeO,以改善高频磁性,例如配方为 $(Ni_{0.3}Zn_{0.7})_{0.75}Be_{0.25}Fe_2O_4$。

应用于微波长波段的铁氧体,则可用 Al 取代,以降低饱和磁化强度,由于 NiAl 铁氧体存在磁矩补偿点,亦有同时以 Al 与 Ga 取代 Fe,其分子式可写为:$NiAl_yGa_xFe_{2-(x+y)}O_4$,Ga 通常处于四面体座,Al 处于八面体座,两者置换的总效应可使 $M_s$ 降低,并可移去抵消点,$M_s$ 随 $(x+y)$ 量的变化如图 4.3.4。该配方系列适用于 C 波段高频材料[4]。

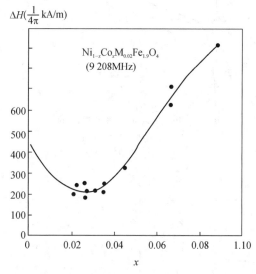

图 4.3.3 $Ni_{1-x}Co_xMn_{0.02}Fe_{1.9}O_{4\pm}$ 铁磁共振线宽与 Co 含量的关系

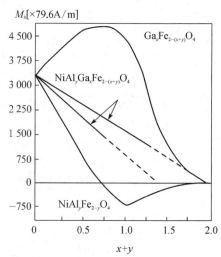

图 4.3.4 镍铁氧体之 $M_s$ 随铝、镓含量之变化[3]

### 4.3.3 Li 系铁氧体

锂铁氧体具有高的居里点、低的磁致伸缩系数、较大的磁晶各向异性,因而具有良好的矩形磁滞回线、窄的本征线宽、低廉的价格比 YIG,所以是制造高功率、低温度系数的锁式器件的优良材料,但由于 $Li_2O$ 在高温时易挥发,不得不降低烧结温度,从而导致反应不够充分、密度低、线宽大、介电损耗较高、$H_c$ 大等缺点。1972 年 Baba 等人[4]对锂铁氧体进行了细致的研究。以多种离子进行置换,尤其是附加微量的 Bi($\leqslant 0.005$ 个离子/分子式单元)可使材料在 1 000℃温度附近烧结时,密度达到 99%,并可防止氧的损失和锂的挥发。由于这一新的突破，使前述的缺点得到很大程度的改善，从而使得锂铁氧体能跨入微波领域，成为有发展前途的一类材料。现将其他离子的替换作用列举于下：

① Ti 可降低 $M_s$，以适应各频段的需要，由于 Ti 为四价，添加时要注意电荷补偿，不使 $Fe^{2+}$ 呈现。

② Zn 可降低各向异性，使 $\Delta H$ 变窄，同时可增大密度，使 $H_c$ 下降。磁性能与 Zn 含量关系见图 4.3.5。

③ Mn 可降低介电损耗，增大矩形比，减少剩磁对应力的敏感性。

④ Co 离子在八面体座为弛豫离子，可增加 $\Delta H_k$[6]，从而提高功率承受力[6]，但过多的 Co 代换量将会恶化回线矩形度[7]。

⑤ Ni 增进矩形度。

虽然 Zn,Ti 等非磁性离子的置换可以使 $M_s$ 值降低到 31.8～63.7 kA/m，但居里温度亦随之下降，从而恶化温度稳定性。由于锂铁氧体居里温

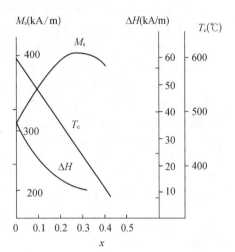

图 4.3.5　$Li_{\left(\frac{1}{2}-\frac{x}{2}\right)} Zn_x Fe_{\left(\frac{5}{2}-\frac{x}{2}\right)} O_4$ 磁性能与 Zn 含量之关系[5]

度高（$\theta_f \approx 635℃$），还是有可能找到 $\Delta H$ 值为 8～16 kA/m 而温度稳定性与钇铝石榴石型铁氧体（YGdAlIG）相近的配方。锂铁氧体多晶线宽已可降低到 3.6 kA/m 左右，亦可应用于低温。据报道锂铁氧体已成功地应用在 $K_a$ 波段，其温度范围为 4.2 K～370 K，温度稳定性甚佳，其磁特性为 $M_s=262$ kA/m，$\Delta H=35.8$ kA/m，$\varepsilon=15$，$T_c=595℃$，$B_r/B_{10}=0.90$[8]。

⑥ 少量 $Al^{3+}$ 的代换可保持 $M_s$ 不变，使 $H_c$ 下降，$\Delta H$，$\Delta H_k$ 有所增加，有利于提高承受功率容量[9]。其他尚有（Mg,Ti）组合离子代换 $Fe^{3+}$[10]。

## 参考文献

［1］Robinson A. E. , The preparation of magnesium-manganese ferrite for microwave applications, *Proceedings of the IEE-Part B: Radio and Electronic Engineering*, 1957,104：159 - 164.

［2］Van Uitert L. G. , Magnesium-Copper-Manganese-Aluminum Ferrites for Microwave Applications, *J. Appl. Phys.*, 1957, 28：320 - 322.

［3］Nielsen J. W. , Zneimer J. E. , Nickel Aluminum Gallium Ferrites for Use at High Signal Levels, *J. Appl. Phys.*, 1962, 33：1370 - 1371.

［4］.Baba P. , Argentina, G. , Courtney, W. et al. , Fabrication and properties of microwave lithium ferrites, *IEEE Transactions on Magnetics*, 1972, MAG-8：83 - 94.

［5］Nicolas J. , Microwave Ferrites, *Handbook of Magnetic Materials*［M］, Volume 2, North-Holland Publishing Company, Edited by: E.P Wohlfarth, 1980；243/296.

［6］Kuanr BK, Singh P.K. , Kishan P. , et al. , Instability threshold in polycrystalline Co doped LiTi ferrites, *Proceedings ICF* - 5［M］, India, Published by Mohan Primlani for Oxford & IBH Publishing Co Pvt. Ltd, 66 Janpath, New Delhi. 1989：1005 - 1009.

［7］Van Hook H.J., Dionne G.F., Hysteresis loop properties of Li-ferrite doped with Mn and Co., *Magnetism and Magnetic Materials*, 1974:487 - 488.

［8］Ogasawara N., Device-oriented review of recent Japanese developments in magnetic materials for gyromagnetic applications, *IEEE Trans*. 1973, MAG-9: 538 - 545.

［9］Kishan P., Kumar N., Matheru B. S., et al., Hysteresis loop studies of substituted lithium ferrite for microwave latching applications, *Proceedings ICF* - 5［M］. India, Published by Mohan Primlani for Oxford&IBH Publishinmg Co Pvt. Ltd, 66 Janpath, New Pechi. 1989: 949 - 953.

［10］Kishan P, Kumar N., Jain K.K., LiMgTi Ferrites for microwave applications, ICF6, *Digests of The Sixth International Confernce on Ferrites*［M］. Published by the Japan Society of Powder and Powder Metallurgy,Tokyo,Japan,1992:1717.

# §4.4 石榴石型微波铁氧体

石榴石型铁氧体具有三种次晶格,因此进行各种离子置换时可以比较独立地改变 $M_s$,$\Delta H$,$\theta_f$。钇铁石榴石(YIG)室温 $M_s=14.1$ kA/m,$\theta_f\approx287℃$,具有甚窄的 $\Delta H$ 值,单晶线宽可降低到 8 A/m,多晶线宽也可降低到 1.4 kA/m,以及甚低的介电损耗,在 X 波段作为低功率器件的磁性材料,性能十分优异,但成本较高。目前发展的趋势是用非稀土族元素离子(如 Ca,Bi 等)取代稀土元素 Y,以降低成本。另外为了适应各频段器件的需要,往往以多种离子置换 Fe,Y,以改变 $M_s$,同时改善磁性能,例如以 In,Sn,Gd,Ge,Zr,Ti,Ca,V 等离子进行置换。为了满足高功率器件的需要,亦常掺杂少量的弛豫离子如 Dy 等,以增进 $\Delta H_k$,提高非线性阈值。目前,石榴石型铁氧体已可满足微波频段大部分器件的需要。我国蕴藏着丰富的稀土元素矿藏,石榴石型铁氧体在铁氧体材料中已占有重要地位。

## 4.4.1 离子置换

以下将对钇铁石榴石为基的各种置换离子的作用作一简要介绍。此类铁氧体的一般分子式可写为 $Y_{3-a}R_aFe_{5-x}M_xO_{12}$,其中 R 为一种或几种稀土元素离子,亦可以是离子半径较大、能取代 Y 的非稀土元素离子,如 Ca,Bi 等。M 为能取代 Fe 的离子,通常为 Al,Zn,Cr,V 等。离子在三种次晶格的分布可参阅 §4.2,在 YIG 中,代换离子的半径与择优晶位如下[1]:

(括号中离子半径以 Å 为单位)

十二面体座{c}位:

$Y^{3+}$(1.015),$Th^{4+}$(1.06),$Ca^{3+}$(1.12),$La^{3+}$(1.18),$Sr^{2+}$(1.25)及其他稀土元素离子。

八面体座[a]位:

$Fe^{3+}$(0.645),$Ti^{4+}$(0.605),$Sn^{4+}$(0.690),$Zr^{4+}$(0.72),$In^{3+}$(0.790),部分高价稀土离子亦有可能占据[a]晶位。

四面体座(d)位:

$$Fe^{3+}(0.49),Si^{4+}(0.26),V^{5+}(0.355),Ge^{4+}(0.40)$$

## 1. Gd

$Gd^{3+}$ 的轨道角动量矩 $L$ 为零,没有自旋轨道的强耦合作用,因此除了抵消点外,$Gd_3Fe_5O_{12}$ 的线宽较窄;另一方面它的自旋磁矩却为所有稀土离子中最大者,而且抵消点在室温附近,通常以 Gd 取代 Y 来改变 $M_s$-$T$ 曲线的形状,使一定温度范围内温度系数甚低。

## 2. Dy

$Dy^{3+}$ 具有甚大的自旋轨道耦合作用,以 Dy 取代 Y,可增进自旋波线宽 $\Delta H_k$,提高非线性阈值,以作为高功率器件之材料。其他具有强自旋轨道相互作用的稀土元素离子,如 Ho,Tb,Sm 等具有类似的作用。但伴随着 $\Delta H_k$ 的增加,$\Delta H$ 值同时亦会增加,其变化量呈正比例关系,即 $\delta\Delta H \approx A\delta\Delta H_k$,比例系数 $A$ 以 Dy 为最小,因此,Dy 优于其他离子。例如对于配方 $Y_{0.30-x}R_xGd_{2.70}Fe_{4.5}In_{0.5}O_{12}$,其中 R=Pr,Nd,Sm,Tb,Dy,Ho。高功率性能的优值为

$$F_{hp}=\frac{M\gamma^2 hc}{\omega^2 \mu''}(球体)$$

$F_{hp}$ 与组成的关系见图 4.4.1。

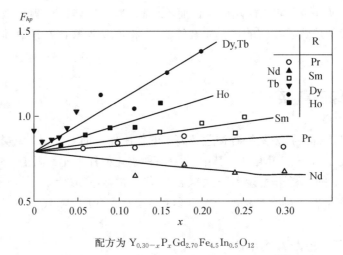

配方为 $Y_{0.30-x}P_xGd_{2.70}Fe_{4.5}In_{0.5}O_{12}$

**图 4.4.1  高功率优值与离子置换量的关系**[2]

## 3. Sm

以 Sm 取代 Y,其 $M_s$ 基本不变,但 $\Delta H$ 却随 Sm 含量增加而增大,见图 4.4.2。

## 4. Ce

以 Ce 取代 Y,可降低磁致伸缩系数 $\lambda_{111}$。

锁式移相器的材料,要求具有较低的 $\lambda$ 值,以使磁滞回线呈矩形。

## 5. Al

$Al^{3+}$ 通常处于四面体座,取代 Fe,可降低 $M_s$ 值,但相应地亦会降低其居里温度,而 $\Delta H$ 变化不大,如图 4.4.3。

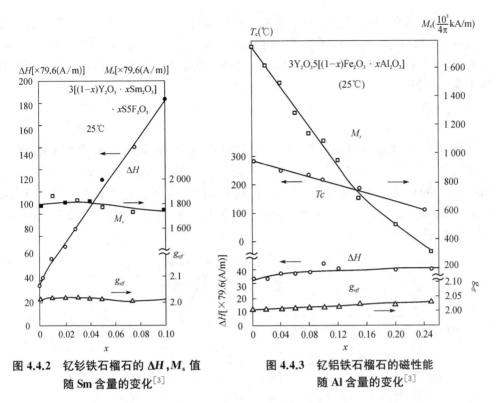

图 4.4.2 钇钐铁石榴石的 $\Delta H, M_s$ 值随 Sm 含量的变化[3]

图 4.4.3 钇铝铁石榴石的磁性能随 Al 含量的变化[3]

$Ga^{3+}$ 与 $Al^{3+}$ 特性类似。由于 $Al^{3+}$ 可以部分占据八面体座 $[a]$ 位,因此离子分布常与热处理条件有关,磁性亦随之而改变。图 4.4.4 反映了 $M_s - T$ 曲线随热处理条件变化的关系,图中 1 000℃慢冷系指 1 275℃快冷到 1 000℃,然后缓冷。钇铝石榴石亦为较常用的微波铁氧体系列。

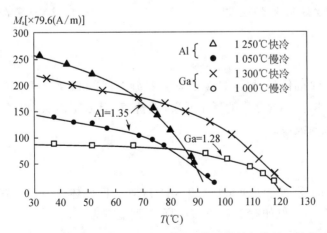

图 4.4.4 $Y_3Fe_{5-x}M_xO_{12}[M_x = Ga, Al]$ 铁氧体磁性能与热处理的关系[4]

## 6. In

$In^{3+}$ 常置换八面体座的 $Fe^{3+}$,可以明显地降低各向异性,见图 4.4.5。以 In 置换 YIG

中的 Fe 难以形成单相的材料。为了形成单相固熔体,常同时附加 Ca,V 等组元,例如 YCaVInFe 石榴石,其中 Ca 离子处于 12 面体座,取代 Y。Zr,Sn,Ti 等离子亦具有相类似的效果,但随着离子半径的减小,其作用亦降低。实验结果表明,对各向异性常数影响的顺序为 In>Zr>Sn。

### 7. V

五价的钒离子常处于四面体位,为了满足电中性要求,需同时添加二价离子,通常为 Ca。钒与钙离子之比应为 1:2,平均价态为正三价,才能取代三价的铁离子与钇离子。YCaVIG 石榴石铁氧体的 $M_s$ 值随 V 含量可在很大的范围内变化,但居里点改变不大,见图 4.4.6。其 $M_s$ 介于 16~80 kA/m 之间,$T_c \gtrsim 200℃$,在相同饱和磁化强度时,$\Delta H$ 值与 YAlIG 相接近。

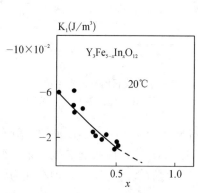

图 4.4.5 $Y_3Fe_{5-x}In_xO_{12}$ 磁晶各向异性
常数随 In 含量的变化[1]

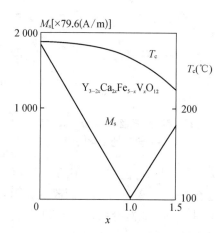

图 4.4.6 Y-Ca-V-Fe 石榴石之 $M_s$(20℃)
与 $T_c$ 随 V 含量的变化[5]

### 8. Bi

铋离子处于 12 面体位,如在 CaV 石榴石基础上再以 Bi 取代剩余的 Y,可制成无 Y 的石榴石型铁氧体,因不含昂贵的稀土元素,故价廉,但 $\Delta H$ 较大,机械强度较差,其 $M_s$ 较低,适用于微波长波段。

### 9. Ti

大约有 70% 的 Ti 处于八面体座,30% 的 Ti 处于四面体座,以 Ti 置换 Fe 可在很大的范围内改变 $M_s$ 值。例如对于 Ca-V 石榴石系列配方为

$$(Y_{3-x-y}Ca_{2x+y})[Fe_{5-y-x}Ti_yV_x]O_{12} \quad y \leqslant 0.6$$

不同的 $x,y$ 值可使磁性能变化范围为:$M_s$ 为 6.6~106 kA/m,$T_c$ 为 400~500 K,$\Delta H$ 为 3.2~4.8 kA/m。如果采用热压处理,当 $x$ 取 0.8,$y$ 取 0.6 时,$\Delta H$ 可低到 1.2 kA/m[6]。

## 10. Ge

$Ge^{4+}$ 处于四面体座,改变 Ge 含量可以控制 $M_s$ 值。例如对配方 $\{Y_y Ca_{3-y}\}[Fe_{2-x}Sn_x]$ $(Fe_{1.5+0.5x+0.5y-0.5z}Ge_z V_{1.5-0.5x-0.5y-0.5z})O_{12}$,当 $0 \leqslant x \leqslant 0.4, 1 \leqslant y \leqslant 1.6, 0 \leqslant z \leqslant 0.8$ 时,具有窄线宽($\Delta H$ 为 796 A/m),并随 Ge 含量的增加,$M_s$ 值下降。$M_s$ 变化范围为 31.8~111 kA/m,居里温度介于100℃~250℃之间[7]。

### 4.4.2　钇钆铁系石榴石

钇钆铁系石榴石是常用的微波铁氧体系列之一。

钇钆铁石榴石($Gd_3 Fe_5 O_{12}$)的 $M_s$ 值与温度的关系见图 4.4.7。从图中可以看到其特点为:

低温下具有甚高的 $M_s$ 值,并在室温附近具有抵消点(290 K)。例如以 Gd 离子置换 YIG 中的 Y 离子,则在一定置换量时可以呈现抵消点,且随着置换量的增加,抵消点将由低温逐渐移向室温。由于是置换 12 面体座的离子,因此其居里点变化不大,但 $M_s$-$T$ 的曲线形状将会发生显著改变,从而可以改善在一定温度范围内 $M_s$-$T$ 曲线的平坦程度,见图 4.4.8。

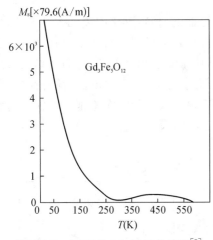

**图 4.4.7　GdIG 的 $M_s$ 与 $T$ 的关系**[8]

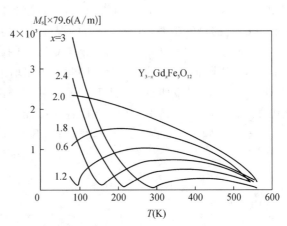

**图 4.4.8　$Gd_x Y_{3-x} Fe_5 O_{12}$ 之 $M_s$-$T$ 曲线**[8]

以钆(Gd)置换钇(Y)所引起的室温下磁性能的变化,可参看图 4.4.9。

为了适应不同频段铁氧体器件的需要,通常以非磁性离子,例如 Al,Cr 等离子取代 Fe 离子来改变 $M_s$ 值。

$Al^{3+}$ 择优占四面体座〔d〕座,但亦有部分进入〔a〕座,而 $Cr^{3+}$ 择优占八面体座〔a〕座,根据总的磁化强度为 $e,d,a$ 三个次晶格磁矩之矢量和的原则,总磁化强度

$$M_\Sigma = (M_d - M_a) - M_c$$

$Al^{3+}$ 与 $Cr^{3+}$ 的置换主要是降低〔d〕座或〔a〕座的磁性离子浓度,从而改变 $M_d, M_a$ 值,

使抵消点位移,降低 ad 相互作用,使居里点下降。其变化规律从 $M_d$,$M_a$ 与 $M_c$ 合成磁矩的观点来看是不难理解的。以 $Al^{3+}$ 置换 $Fe^{3+}$,使 $M_d$ 下降,在 $M_a$ 与 $M_c$ 不变或变化不大的情况下,$\theta_c$ 将移向较高的温度,而 Cr 置换〔a〕座的 Fe,使 $M_a$ 下降,同理,将会使 $\theta_c$ 向较低温方向移动。例如配方 $Y_{1.5}Gd_{1.5}Al_xFe_{5-x}O_{12}$ 之 $M_s$-$T$ 曲线随含 Al 量的变化见图 4.4.10。由图可见抵消点以及居里点的位移,亦可看到在一定温度范围内,Al 的置换可以改善 $M_s$-$T$ 曲线的平坦程度,增进材料的温度稳定性。通常随着 Al,Cr 等非磁性离子浓度的增加,居里点温度呈线性下降,随着 Al 离子代换量的增大,$\Delta H_k$ 有所增大,见图 4.4.11。

对于应用在高功率的材料,为了提高其承受功率的阈值,通常掺杂少量的弛豫离子(Dy 等离子)。亦有人提出以锡($Sn^{4+}$)置换 Fe,其作用与铟(In)类似,将降低磁晶各向异性,从而降低 $\Delta H$,但 $\Delta H_k$ 基本上保持不变,因而可以承受较高功率。

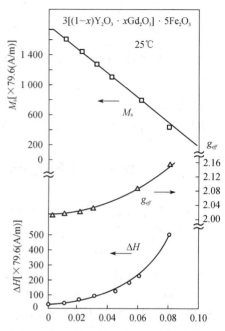

**图 4.4.9　钇钆石榴石型铁氧体多晶体之磁性能与钆含量的关系**[3,8]

例如 $Y_{0.6}Gd_{2.1}Ca_{0.3}Fe_{4.7}Sn_{0.3}O_{12}$ 作为 C 波段微带环行器的材料,其正向损耗为 0.5 db,可承受 500 W 的峰值功率,且具有良好的温度稳定性[9]。其中 $Ca^{2+}$ 系作电荷补偿之用。除此之外,尚有组合掺杂 Co-Si 作为 S 与 C 频段的高功率锁式相移器,二价的钴离子置换 Fe 离子,可以降低 $\Delta H$,增加 $\Delta H_k$,同时又可以增进矩形度,$Si^{4+}$ 在此处起电荷补偿作用。在 YGdIG 中,同时添加 $Al^{3+}$(处于八面体座)与 $Sn^{4+}$,$In^{3+}$(处于四面体座),可获得饱和磁化强度低(15.9~71.6 kA/m)、温度稳定性佳、介电损耗低($\tan\delta_\varepsilon < 10^{-4}$)、窄线宽、大自旋波线宽的材料,适宜在微波长波段高功率下工作[10]。

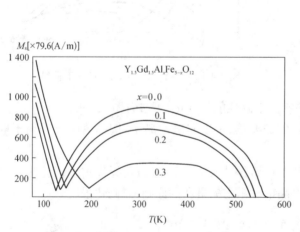

**图 4.4.10　$Y_{1.5}Gd_{1.5}Al_xFe_{5-x}O_{12}$ 之 $M_s$-$T$ 曲线随 Al 含量的变化**

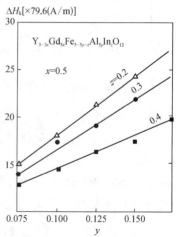

**图 4.4.11　X 波段 $\Delta H_k$ 随 YGdIG 中 Al 含量的变化**

### 4.4.3　钙钒系石榴石型铁氧体

钙钒族石榴石型铁氧体为目前应用甚为广泛的微波磁性材料系列之一。由于以非稀土元素 Ca 取代部分稀土元素 Y，因此成本较低，再附加 In，Gd 等元素，可同时获得良好的温度稳定性或窄线宽、低损耗，其 $M_s$ 可在较宽的范围内变化，以满足不同频段微波器件的需要。

从 1963 年前后起，人们就开始注意以非稀土离子(如 Ca，Bi 等离子)取代稀土元素离子 Y，向无 Y(钇)石榴石铁氧体系列方向发展，取得了显著的进展，下面作一简要介绍。

#### 1. 钙钒石榴石

钙为二价离子，钒为五价离子，要满足电中性其离子比率应为 $Ca^{2+}：V^{5+}=2：1$，即有 $x$ 个 $V^{5+}$ 取代 $Fe^{2+}$，则同时要求有 $2x$ 个 $Ca^{2+}$ 取代 $Y^{3+}$ 才能满足电中性条件，其分子式通常可写为

$$\{Y_{3-2x}Ca_{2x}\}[Fe_2](Fe_{3-x}V_x)O_{12}$$

或缩写为 YCaVIG。

当 $x=1.5$ 时，为 $Ca_3Fe_2(Fe_{1.5}V_{1.5})O_{12}$ 铁氧体，其居里点为 439 K，仅比 YIG 低 60℃，在 $x=0\sim1.5$ 范围内可生成单相铁氧体，在 $x=1$ 时呈现磁矩抵消点，在抵消点则产生磁性的反常，磁性随 $Ca^{2+}$，$V^{5+}$ 离子置换量的关系见图 4.4.12。其 $\Delta H$ 值在 $x<1$ 非抵消点附近接近于 YIG 值，约为 4 kA/m，在抵消点附近 $\Delta H\infty M^{-1}$。

关于 Ca－V 石榴石致密化的机制，Shinohara[11] 认为是存在 CaO－$Fe_2O_3$ 液相烧结的原因。

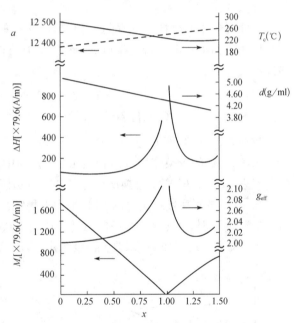

图 4.4.12　$Y_{3-2x}Ca_{2x}Fe_{5-x}V_xO_{12}$ 铁氧体磁性与组成的关系[12]

#### 2. 铟(In)、钆(Gd)、铝(Al)离子在 YCaVIG 石榴石型铁氧体中的置换作用

在§4.3 中介绍过 In，Gd，Al 等离子的置换作用。加 In 可降低磁晶各向异性常数 $K_1$，从而降低磁晶各向异性所确定的线宽；加 Gd 离子可增进材料温度的稳定性；加 Al 离子可改变 $M_s$ 值。通过这些离子的置换，可进一步改善 YCaVIG 石榴石的磁性能，拓宽所应用的频率范围。例如，在 YCaVIG 中以 In 取代 Fe 后，其分子式可写为

$$(Y_{3-2x}Ca_{2x})(Fe_{5-x-z}V_xIn_z)O_{12}$$

在不同的 $x,z$ 值下，其磁性能可列于表 4.4.1 中。

表 4.4.1　YCaVIG 磁性能随 Ca，In 代换量的变化

| $x$ | $z$ | $M_s(kA/m)$ (300 K) | $\theta_f(℃)$ | $\Delta H(\times 79.6\ A/m)$ | 参考文献 |
|---|---|---|---|---|---|
| 0.20 | 0.6 | 114.4 | 117 | 1.5 | [1] |
| 0.40 | 0.45 | 83.4 | 135 | 2.2 | [13] |
| 0.45 | 0.40 | 99.5 | 200 | 7.4 | |

再以 Ga 取代 Y，以 Al 取代 Fe，其分子式的通式可写为

$$\{Y_{3-2x-a}Ca_{2x}Gd_a\}[Fe_{2-z-(1-f_t)y}In_zAl_{(1-f_t)y}]\cdot(Fe_{3-x-f_ty}V_xAl_{f_ty})O_{12}$$

由于 $Al^{3+}$ 既可占四面体座（24d），亦可占八面体座（16a），因此式中假设 $Al^{3+}$ 占〔d〕位的百分数为 $f_ty$。

对实际应用的材料，一般都要求有尽可能高的居里点，而居里温度主要取决于（a-d）相互作用。为了获得高居里温度，非磁性离子的置换量不宜过多，可用下式粗略地作一估计：

$$3-x-f_ty\geqslant 2-z-(1-f_t)y$$

（〔d〕位磁性离子数）　　　（〔a〕位磁性离子数）

故 $x\leqslant 1+y(1-2f_t)y+z$。

In，Gd，Al 的置换作用可参看图 4.4.13。图中 O 点代表 YIG，O→In，O→Gd，O→Al 分别代表 In，Gd，Al 离子置换所引起的 $M_s$ 与 $\theta_f$ 值的变化趋势。

图中，In 的置换导致 $\theta_f$ 急剧下降，对温度稳定性是不利的。但从图 4.4.14 中又可看到，当加少量的 In 时，可使 YGaVIG 的 $\Delta H$ 急剧下降，尤其是对接近抵消点（$x\approx 1$）附近的配方，效果非常显著。通常加 Gd 以改善温度稳定性，加 Al 以进一步降低线宽与 $M_s$ 值。

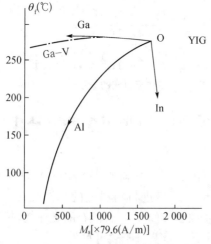

图 4.4.13　In，Al，Gd 离子在 YIG 石榴石中置换所引起的 $M_s$ 与 $\theta_f$ 值变化趋势[5]

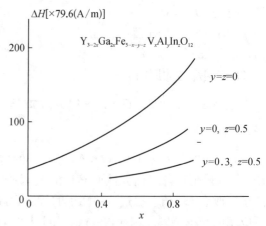

图 4.4.14　In，Al，V 离子置换对线宽的影响[5]

### 3. 锡(Sn)、锗(Ge)、锆(Zr)等离子在 YCaVIG 石榴石型铁氧体中的置换作用

$Sn^{4+}$，$Zr^{4+}$，$Ti^{4+}$ 的半径与 $In^{3+}$ 相近，并易占八面体座，因此这三种离子在 YCaVIG 石榴石中的置换作用与 $In^{3+}$ 相似。Sn 的代换有利于生成均匀的大晶粒，有利于降低 $\Delta H$[14]。

$Ge^{4+}$，$Si^{4+}$ 半径较小，易占四面体座，所起的作用与 $V^{5+}$ 相似。现将某些配方系列与特性表述如下[15]：

① YCaSnVIG

$$Ca_{3-y}Y_yFe_{3.5-0.5x+0.5y}Sn_xV_{1.5-0.5x-0.5y}O_{12}$$
$$\Delta H：127\sim557 \text{ A/m}；M_s：47.7\sim119 \text{ kA/m}$$

② YCaSnGeVIG

$$Ca_{3-y}Y_yFe_{2-x}Sn_{1.5+0.5x+0.5y-0.5z}Ge_zV_{1.5-0.5x-0.5y-0.5z}O_{12}$$
$$\Delta H：151\sim477 \text{ A/m}；M_s：96\sim175 \text{ kA/m}；\theta_f：90℃\sim180℃$$

③ YCaVZrIG

$$Y_{3-2x-y}Ca_{2x+y}Fe_{5-x-y}Zn_yV_xO_{12}$$
$$当 0.3<x<0.7，0.4<y<0.7 时，\Delta H\sim160 \text{ A/m}；M_s：71.6\sim119 \text{ kA/m}$$

④ YGaCaVZrIG[16]

$$Y_{3-2x-y-z}Ga_zCa_{2x+y}Fe_{5-x-y}V_xZr_yO_{12}$$

在 $0.4\leqslant x\leqslant0.6$，$0.3\leqslant y\leqslant0.6$，$0.3\leqslant z\leqslant1.6$ 组成区域，$\Delta H=796$ A/m。当 $x=0.4$，$y=0.6$，$z=1.0$ 时，$\Delta H\approx414$ A/m。

⑤ YCaVTiIG

$$(Y_{3-2x-y}Ca_{2x+y})[Fe_{5-y-x}Ti_yV_x]O_{12}$$

根据磁矩测量的结果，约有 70％ 的 $Ti^{4+}$ 占据 16a 晶座，其余 30％ 的 $Ti^{4+}$ 占据 24d 晶座，因此 $Ti^{4+}$ 进行离子置换要比等量 $In^{3+}$ 进行置换所导致的 $M_s$ 值低。$Ti^{4+}$ 的作用与 $In^{3+}$ 相似，亦可降低 $K_1$ 值，但效果不及 In 离子显著。对于 $x=0.8$，$y=0.6$ 的组成，最窄线宽 $\Delta H$ 为 1.2 kA/m，$M_s$ 为 37.5 kA/m（热压法，N. Ogasawara，1970）。

目前，除了广泛应用的钙钒族石榴石铁氧体外，尚有不含钒的钙族石榴石铁氧体，例如配方为 $Y_{2.6}Ca_{0.4}Fe_{3.9}Ge_{0.4}O_{12}$，其室温磁性能为 $M_s=93.1$ kA/m（300 K），$\Delta H=159$ A/m，$\theta_f=165℃$。

## 4.4.4　铋、钙、钒系石榴石型铁氧体

铋(Bi)离子处于 12 面体座，因此，以 Bi 置换钙钒族石榴石中的钇(Y)，则构成无钇的铋、钙、钒族石榴石。图 4.4.15 所示为其磁性能和组成的关系。实验表明，仅在

$0.96 \leqslant y < 1.5$ 组成范围内,亦即 Bi 含量较少时,才生成单相的石榴石型铁氧体,通常缩写为 BiCaVIG。由于 $Bi_2O_3$ 为低熔点化合物,因此制造 BiCaVIG 时,通常烧结温度较低,约为 $1\,000℃ \sim 1\,100℃$。对不同的配方,其最佳烧结温度不同。根据产品密度与烧结温度的关系,可以确定最佳烧结温度,温度过高或过低均会使密度下降。

通常,BiCaVIG 的线宽大于 8 kA/m。为了降低线宽,亦有主张加 Ge。例如配方系列

$$Ca_{3-y}Bi_yFe_{3.5-0.5x+0.5y}Ge_xV_{1.5-0.5x-0.5y}O_{12}$$

当 $y = 0.2, x = 0.5$ 时,$\Delta H$ 值可降到 3.2 kA/m,假如采用热压技术,则可进一步降低到 1.1 kA/m[8]。合适的 In 代换可以降低 $M_s$ 的温度系数[17]。

对 ZrGe:BiCaVIG 系列,可获得的磁性能为[17] $M_s = 31.8 \sim 64$ kA/m,$\Delta H = 0.64 \sim 1.75$ kA/m,$T_c = 160℃ \sim 205℃$,$\alpha \sim 0.3\%℃^{-1}$,$\tan\delta < 5.10^{-4}$ (9.3 GHz)。

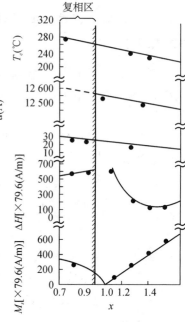

**图 4.4.15** $Bi_{3-2x}Ca_{2y}Fe_{5-y}V_yO_{12}$ 石榴石磁性能与组成的关系[12]

## 参考文献

[1] Winkler G., *Philips. Res. Repts.*, 1972, 27: 151.

[2] Schlomann E., Green J. J., Saunders J. H., Ultimate performance limitations of high-power ferrite circulators and phase shifters, *IEEE Trans.on Magnetics*, 1965, Mag-1: 168 - 171.

[3] Harrison G. R., Hodges L. R., Microwave properties of polycrystalline hybrid garnets, *J. American Ceramic Society*, 1961, 44: 214 - 220.

[4] Leo D.C., Lepore D.A., Nielsen JW., Dependence of magnetic properties of $Y_3Fe_{5-x}Ga_xO_{12}$ and $Y_3Fe_{5-x}Al_xO_{12}$ on thermal history, *J. Appl. Phys.*, 1966, 37: 1083 - 1085.

[5] Hudson A., Substitution of gadolinium, aluminium, and indium in yttrium calcium vanadium garnets Magnetics, *IEEE Trans. on Magn.*, 1969, Mag-6: 610 - 613.

[6] NakayamaY., Yamadaya T., Asanuma M., Magnetic properties of Titanium substituted Calcium-Vanadium garnets, *Ferrites；Proc. ICF1*[M], University of Tokyo Press, Kokyo Japan, 1971: 533 - 535.

[7] Takamiza H., Yotsuyan K., Inui T., Polycrystalline Calcium-Vanadium garnets with narrow ferromagnetic resonsance linewidth., *IEEE Trans. on Magn.*, 1972, Mag-8: 446 - 447.

[8] Von Aulock W. H., *Hand book of microwave ferrite materials*[M], New York, Academic Pr. 1965.

[9] Nicolas J., Lagrance A., Magnetic and microwave properties of polycrystalline Yttrium-Calcium-Gadolinium-Iron-Tin Garnets., *Ferrites；Proc. ICF1*[M], University of Tokyo Press, Kokyo Japan, 1971: 527 - 529.

[10] Sroussi R., Nicolas J., Interesting microwave ferrites of polycrystalline y gd i g s with both octahedral and tetrahedral substitutions, *IEEE Trans. on Magn.*, 1974, Mag-10: 606 - 609.

［11］Shinohara T.，Study on densification mechanism of Ca-V substituted YIG，*Ferrites*；*Proc. ICF*3［M］，Center for academic Publicatian Japan，Tokyo(CAPJ)，1980：812－814.

［12］Hodges L. R.，Rodrigue G. P.，Harrison G. R.，Magnetic and Microwave Properties of Calcium Vanadium-Substituted Garnets，*J. Appl. Phys.*，1966. 37：1085－1086.

［13］Patton C. E.，Effective Linewidth due to Porosity and Anisotropy in Polycrystalline Yittrium Iron Garnet and Ca-V-Substituted Yittrium Iron Garnet at 10 GHz，*Phys. Rev.*，1969，179：352－358.

［14］Tnui I. ，Takamizawa H.，Microwave losses of Sn-substituted polycrystalline Ca-V-Garnets with large grains，*Amierican institute of physics*，New York，USA. 1974：483－484.

［15］Ogasawara N.，Sugie M.，AND Aiba J.，High power latching phase shifters for S-and C-band，*Ferrites*：*Proc. ICF*1［M］，University of Tokyo Press，Kokyo Japan，1971：517－519.

［16］Machida Y.，Saji H.，Yamadaya T.，et al.，Gd-substituted and Zr-substituted Ca-V garnets，*IEEE Trans. on Magn.*，1974，Mag-10：613－615.

［17］Han Z. Q.，ICF6，Digests of The Sixth International Confence on Ferrites，*Japan Society of Powder and Powder Metallurgy*，1992：1616.

# §4.5 六角晶系微波铁氧体

第三章中已对六角晶系铁氧体进行了较为详细的介绍。在微波频段，主要利用其高磁晶各向异性所决定的内场开发了一类自加偏磁场的微波器件，常用于毫米波频段。为了降低介电损耗，提高电阻率，配方常缺铁加锰，目前已应用于微波器件上的有 M 型、W型等。Nicolas 曾将有关配方与基本磁性能进行了综合，列成表 4.5.1。

表 4.5.1　应用于毫米波段的六角晶系铁氧体[1]

1. M 型

| 组　　成 | $M_s$ (kA/m) | $H_A$ (kA/m) | $f$ (GHz) | $\tan\delta_e(\times10^4)$ (9 GHz) |
|---|---|---|---|---|
| $SrAl_x Fe_{11.8-x} O_{19}$ | | | | |
| $x=0$ | 332 | 1 512(19) | 60 | |
| $x=0.4$ | 262 | 1 590(20) | 64 | 10 |
| $x=0.8$ | 193 | 1 870(23.5) | 70 | 10 |
| $x=1$ | 165 | 1 990(25) | 73 | 10 |
| $x=1.6$ | | 2 470(31) | 86 | |
| $x=1.9$ | | 2 700(34) | 93 | |
| $Ba_{1.02} TiNiAl_{1.2} Fe_{8.6} Mn_{0.2} O_{19}$ | | | 36 | |
| $SrTi_{0.5} Ni_{0.5} Al_{0.3} Fe_{10} Mn_{0.2} O_{19}$ | | | 72 | |
| $BaZn_{0.3} Ti_{0.3} Fe_{11.4} O_{19}$ | | 1090(13.7) | 45 | 20 |
| $BaAl_{0.3} Fe_{11.7} O_{19}$ | | 1 390(17.5) | 55 | 20 |
| $SrNi_{0.3} Ge_{0.3} Al_{1.86} Fe_{9.54} O_{19}$ | | 2 170(27.3) | 82 | 60 |
| $SrNi_{0.3} Ge_{0.3} Al_{2.3} Fe_{9.1} O_{19}$ | | 2 590(32.6) | 96 | 80 |

2. W 型

| 组　　成 | $M_s$ (kA/m) | $H_A$ (kA/m) | $f$ (GHz) | $\tan\delta_e(\times10^4)$ (9 GHz) |
|---|---|---|---|---|
| $BaNi_{2-x} Co_x Fe_{15.6} O_{27}$ | | | | |
| $x=0.1$ | | 857(11) | 37 | |
| $x=0.2$ | | | 36 | |
| $x=0.5$ | | 560(7) | 23 | |
| $BaNi_2 Al_x Fe_{15.6-x} O_{27}$ | | | | |

| 组　　成 | $M_s$ (kA/m) | $H_A$ (kA/m) | $f$ (GHz) | $\tan\delta_e$ ($\times 10^4$) (9 GHz) |
|---|---|---|---|---|
| $x=0.8$ | | 1 210(15.2) | 49 | 10 |
| $x=1.46$ | 194 | 1 452(17.9) | 55 | 30 |
| $x=0.2$ | 165 | 1 570(19.7) | 62 | |

此外尚有 $BaFe_{12-x}In_xO_{19}$ 系列,以适量 In 置换 Fe 可降低磁晶各向异性场,提高晶粒取向度,使回线呈矩形。

作为电磁波吸收材料,通常希望具有宽频带、轻质量、低反射率以及高稳定性。理论上电磁材料的带宽 $\Delta\lambda$ 与静态磁导率 $\mu_0$,厚度 $t$,反射率 $\rho_0$ 存在下列关系:

$$\Delta\lambda = \lambda_{max} - \lambda_{min} \leqslant 2\pi^2\mu_0't/\ln\rho_0$$

而厚度 $t$ 与磁导率复数 $\mu'''$ 存在以下关系:

$$t = c/2\pi\mu'''f$$

因此高 $\mu'''$ 有利于降低厚度 $t$。

**表 4.5.2　三种晶型铁氧体的主要性能,$f_R$ 为共振频率**

| | | $\mu_0'$ | $f_R$/MHz | $\rho$/$\Omega$cm |
|---|---|---|---|---|
| 尖晶石铁氧体 | Mn 系 | $10^4$ | $<1$ | $10^2$ |
| | Ni 系 | $10^2$—$10^3$ | $<300$ | $10^6$—$10^8$ |
| 石榴石铁氧体 | YIG | $10^2$ | $1$—$100$ | $10^{10}$ |
| 六角铁氧体 | | $2$—$40$ | $1$—$40$ GHz | $\approx 10^6$ |

对主轴型铁氧体存在下列关系式

$$f_R = \gamma H_a$$
$$\mu_0 = 2M_s/3H_a + 1$$

对平面型铁氧体存在下列关系式

$$f_R = \gamma(H_\theta H_\Phi)^{1/2}$$
$$\mu_0 = M_s/2H_\Phi + 1$$

由表 4.5.2 显见六角铁氧体有利于作为微波宽频带吸波材料。对 M 型钡铁氧体具有高磁晶各向异性,甚至共振频率可高达 100 GHz[1],通过离子置换可调控其磁晶各向异性常数,从而调控自然共振频率。除主轴 M 型六角铁氧体外,其他尚有平面型-W-,Y-,Z-,X-以及 U 型六角铁氧体可供选择。例如 $Me_2W$ 其基本磁性与离子置换的关系见表4.5.3。

图 4.5.1 为主轴型掺 Mn,Ti 离子的钡铁氧体 $BaFe_{12-2x}Mn_xTi_xO_{19}$ 铁氧体,$x=1.4$,1.6,与 1.8,的磁谱与吸收特性。随着 $x$ 值由 1.4 提高至 1.8,相应的共振峰由高频移向低频,14.5—8.5 GHz。RL$\leqslant$—20 dB[3-4]。

表 4.5.3　$Me_2W$ 六角铁氧体，$BaMe_2Fe_{16}O_{27}$，的基本磁性与 Me 的关系[2]

| Me | Fe | Ni | Mn | NiFe | ZnFe | $Ni_{0.5}Zn_{0.5}Fe$ | CoFe |
|---|---|---|---|---|---|---|---|
| $4\pi M_s$/kGs | 5 220 | 4 150 | 3 900 | 3 450 | 4 800 | 4 550 | |
| $T_c$/℃ | 455 | 520 | 415 | 520 | 430 | 450 | 430 |
| $K_1/10^6\,ergcm^{-3}$ | 3.0 | +2.1 | +1.9 | | +2.4 | +1.6 | |
| $K_1+K_2/10^6\,ergcm^{-3}$ | | | | | | | −1.2 |
| $H_a,H_\theta$/kOe | 19.0 | 12.7 | 10.2 | 12.5 | | 12.7 | 21.2 |

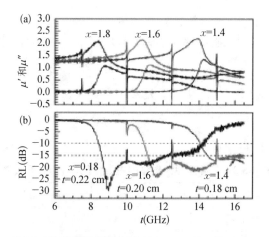

图 4.5.1　掺 Mn、Ti 离子的钡铁氧体 $BaFe_{12-2x}Mn_xTi_xO_{19}$，$x=1.4,1.6$，
与 1.8，的磁谱与吸收特性。a) $\mu'$ 与 $\mu''$ 随频率的变化曲线。
b) 反射损耗的频谱曲线

Li Z..W 等人[4]研究了 BaW 铁氧体；$BaZn'_{2-x}Co_xFe_{16}O_{27}$，$x=0-2.0$，各向异性场 $H_a$ 与 $H_\theta$ 随组成 $x$ 的变化，随着 $x$ 值的增加，将由 $c$ 轴型转变为 $c$ 平面型，如图 4.5.2 所示。相应的磁谱见图 4.5.3。

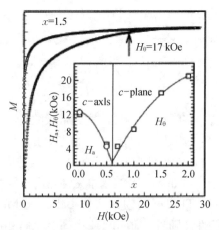

图 4.5.2　$BaZn_{2-x}Co_xFe_{16}O_{27}$，$x=0\sim2.0$，各向
异性场 $H_a$ 与 $H_\theta$ 随组成 $x$ 的变化[3]

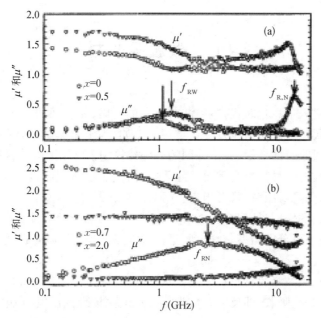

**图 4.5.3　BaW-BaZn$_{2-x}$Co$_x$Fe$_{16}$O$_{27}$, $x=0\sim2.0$ 的磁谱曲线，**
**(a) $c$-主轴型, (b) $c$-平面型[3]**

由图显见，(a) $c$-主轴型，磁谱中存在畴壁共振 $f_{RW}$ 相应于低频 1 GHz 与自然共振 $f_{RN}$ 高频 15 GHz 二类共振模式。而对(b) $c$-平面型则仅存在自然共振 $f_{RN}$，2.5 GHz （相应于 $x=0.7$），以及 12 GHz（相应于 $x=1.5$）一种模式。

有关更多的介绍，建议参考文献[4-5]。

### 参考文献

[1] Nicolas J., Microwave Ferrites, *Handbook of Magnetic Materials*[M]. Volume 2, Wohlfarth E. P., North-Holland Publishing Company, 1980: 243-296.

[2] Smit J., Wijn H.P.J., *Ferrites*[M] Eindhoven, Philips Technical Library, 1959:177-300.

[3] Li Z.W., Chen L.F., Ong C.K., High-frequency magnetic properties of W-type barium-ferrite BaZn$_{2x}$Co$_x$Fe$_{16}$O$_{27}$ composites.J. *Appl. Phys.*,2003,94:5918-5924.

[4] Kong L.B., Li Z.W., Liu L., et al., Recent progress in some composite materials and structures for specific electromagnetic applications, *International Materials Reviews*, 2013, 58(4):203-259.

[5] Li Z.W., Chen L.F., Ong C.K., High-frequency magnetic properties of W-type barium-ferrite BaZn$_{2-x}$Co$_x$Fe$_{16}$O$_{27}$ composites, *J. Appl.Phys*,2003,94.

# §4.6 微波吸收材料

现代社会已进入信息化时代,电磁波对空间的污染、相互间的干扰日趋严重,因此用于电磁波屏蔽的民用吸波材料越发受到重视。例如,为了避免城市高层建筑对电视信号的反射影响电视机收看的效果,日本等国的一些建筑物上已用上吸波材料。从军事上看,微波以至红外吸波材料显得更为重要。除飞机外,美、英、日竞相设计隐身战舰。隐身技术又向陆军延伸,如隐身服装、隐形坦克、导弹、防空武器等。

微波吸收材料的作用是吸收电磁波,并将其转变为热能耗散掉。根据能量转换的方式,吸收材料大致上可分电阻型、介电型、磁耗型等三种。铁氧体属磁耗型吸收材料,下面简要作一介绍。

实用上常要求微波吸收材料在一定频宽范围内(例如$8\sim18$ GHz)对电磁波有强烈的吸收,理想的情况是全吸收,即反射系数为零。从电磁场理论出发,当电磁波在无限大的均匀介质中传播时,其波阻抗$Z=E/H=(\mu/\varepsilon)^{1/2}$;以空气为介质的自由空间的波阻抗$Z_0=(\mu_0/\varepsilon_0)^{1/2}$,其中$\mu_0,\varepsilon_0$分别为真空绝对磁导率与介电常数。对于有限厚度为$d$的单层材料,其输入阻抗

$$Z_{in}(d)=Z_m[Z_d+Z_m\tan h(\gamma d)]/[Z_m+Z_d\tan h(\gamma d)] \qquad (4.6.1)$$

式中,$Z_m,\gamma$分别为材料的特征阻抗和传播常数,$Z_d$为终端阻抗。多数情况下,吸收材料为一薄层,贴附在金属导体上,此时$Z_d=0$,式(4.6.1)可简化为

$$Z_{in}=Z_m\tan h(\gamma d) \qquad (4.6.2)$$

电磁波反射系数$\Gamma$可表述为

$$\Gamma=|(Z_{in}-Z_0)/(Z_{in}+Z_0)|$$

全吸收时,$\Gamma=0$,即

$$Z_{in}=Z_0,即 Z_m\tan h(\gamma d)=Z_0 \qquad (4.6.3)$$

$$\tan h(\gamma d)=(\varepsilon/\mu)^{1/2} \qquad (4.6.4)$$

式中$\varepsilon,\mu$分别为相对介电常数与磁导率,均为复数,即$\varepsilon=\varepsilon'-j\varepsilon'',\mu=\mu'-j\mu''$

$$\gamma=j\frac{2\pi}{\lambda}(\mu\varepsilon)^{1/2}=(j2\pi f/c)(\mu\varepsilon)^{1/2} \qquad (4.6.5)$$

4.6.4 式即为阻抗匹配无反射所需满足的复数超越方程。以下讨论某些近似条件下该方程的结果。

① 当$\gamma d\ll1$时
因$\tan hx=x-x^3/3+2x^5/15-17x^7/315+\cdots\quad(x^2<\pi^2/4)$
当$x\ll1$时,$\tan hx\approx x$,故式(4.6.4)简化为

$$\gamma d = j\frac{2\pi d}{\lambda}(\mu\varepsilon)^{1/2} = (\varepsilon/\mu)^{1/2} \tag{4.6.6}$$

故 
$$j\frac{2\pi}{\lambda}d\mu = 1, \quad j\frac{2\pi}{\lambda}d(\mu' - j\mu'') = 1$$

所以 
$$\frac{2\pi}{\lambda}d\mu' = 0, \quad \frac{2\pi}{\lambda}d\mu'' = 1$$

所以 
$$d \approx \lambda/2\pi\mu'' = c/2\pi f\mu'', \quad \mu' \ll \mu'' \tag{4.6.7}$$

即 $\mu''$ 愈大,吸收体的厚度可愈薄,这对降低吸收体质量,尤其是对隐形飞行器十分必要。此外,当吸收体厚度一定,即 $d$ 为常量时,要满足匹配条件,必需使 $f\mu''$ 为常量,即 $\mu''$ 与 $f$ 成反比关系才能满足宽频带吸收要求。

② 当 $\gamma d \leqslant 1/\sqrt{2}$ 时

当 $x \leqslant (1/2)^{1/2}$ 时,$\tan hx \approx x - \frac{1}{3}x^3$,展开式(4.6.4),取实部与虚部平衡条件可得

$$\mu' = \frac{1}{3}\varepsilon', \quad \mu'' = \lambda/2\pi d \tag{4.6.8}$$

以上定性讨论表明,提高磁性材料损耗对降低吸收体的厚度是必要的,$\mu''$ 的频谱曲线如与频率成反比关系,有利于达到宽频带吸波的目的。文献[1]引用了日本 TDK 公司为 VHF 电视波段(90~222 MHz)所设计制造的 IB001 铁氧体吸收体的频谱曲线,见图 4.6.1,基本上满足上述条件。

③ 当 $\gamma d \gg 1$ 时

这是长波段或吸收体较厚的情况,$x \gg 1$,$\tan hx \rightarrow 1$,式(4.6.4)可简化为

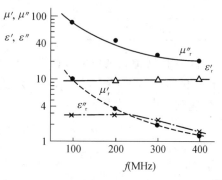

**图 4.6.1 IB001 铁氧体吸收体的频谱曲线[1]**

$$(\varepsilon/\mu)^{1/2} = 1$$

即 
$$\varepsilon = \mu$$

$$\varepsilon' - j\varepsilon'' = \mu' - j\mu''$$

故 
$$\varepsilon' = \mu', \varepsilon'' = \mu'' \text{ 或 } \frac{\varepsilon''}{\varepsilon'} = \frac{\mu''}{\mu'} \tag{4.6.9}$$

这是对足够厚介质的匹配条件。

微波吸收材料涉及军事机密,文献上所提及的未必是实用的配方与工艺,只能提供一些思路。

微波吸收铁氧体材料大致上分尖晶石与六角晶系铁氧体两类。通常是将磁性颗粒弥散于有机介质中,或与橡胶以及其他组分构成复合吸收体,实用上往往用不同介质构成多

组元或多层吸收体,以满足阻抗匹配及拓宽频带。

### 1. 尖晶石型

$Fe_3O_4$ 的介电损耗与磁损耗分别达 1 与 5[2],适宜作吸波材料[3]。$Fe_3O_4$ 的磁谱见图 4.6.2。

Jha 等人[4]报道,用工业污水处理所获得的 $Fe_3O_4$ 型铁氧体吸收材料,在 8～12 GHz 频段吸收可达 12dB/mm。Kang 等人[5]对 NiZnCo 铁氧体的微波吸收进行了研究,给出了不同的 Ni/Zn 比例对匹配频率与厚度的影响,现列于表 4.6.1 中。Co 的添加可以显著地改变微波高频段特性。

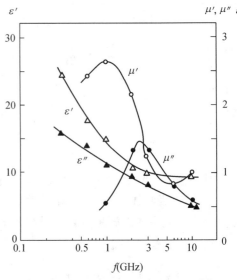

图 4.6.2　$Fe_3O_4$ 在微波频段的磁谱[3]

表 4.6.1　不同 Ni/Zn 比率的 NiZnCo 铁氧体对微波吸收的匹配频率与厚度的影响

| Ni/Zn 摩尔比 | 0.64/0.16 | 0.48/0.32 | 0.4/0.4 | 0.32/0.48 |
|---|---|---|---|---|
| $f_m$(GHz) | 9.9 | 13.6 | 12.0 | 10.8 |
| $d_m$(mm) | 2.5 | 2.5 | 2.8 | 3.1 |

据专利报道,采用 MnZn 铁氧体磁粉,按 1:4.5wt% 与氯丁二烯橡胶混炼,用厚 1 mm 的板测量 2.45～12.45 GHz 频段的吸收特性,最高衰减量可达 36 dB,现将其组成与性能列于表 4.6.2 中。

表 4.6.2　MnZn 铁氧体微波吸收材料的配比与特性

| 样品 | | $Fe_2O_3$ | MnO (mol%) | ZnO | $SiO_2$ (wt%) | 烧结温度(℃) | 平均粒径($\mu m$) | 密度(g/cm³) | $M_s$ (kA/m) | 衰减量(dB) |
|---|---|---|---|---|---|---|---|---|---|---|
| 实例 | 1 | 72.0 | 14.0 | 14.0 | 0.5 | 1 390 | 5.2 | 3.30 | 337 | 36 |
| | 2 | 68.0 | 18.0 | 14.0 | 0.4 | 1 270 | 2.9 | 3.30 | 303 | 29 |
| | 3 | 80.0 | 2.0 | 18.0 | 1.0 | 1 330 | 7.1 | 3.30 | 310 | 30 |
| | 4 | 72.0 | 14.0 | 14.0 | 3.0 | 1 300 | 6.3 | 3.30 | 311 | 30 |
| 比较例 | 1 | 53.0 | 33.0 | 14.0 | 0.5 | 1 300 | 3.3 | 3.30 | 257 | 14 |
| | 2 | 60.0 | 26.0 | 14.0 | 0.5 | 1 300 | 5.2 | 3.30 | 283 | 20 |
| | 3 | 70.0 | 16.0 | 14.0 | 5.0 | 1 270 | 3.0 | 3.30 | 260 | 14 |

### 2. 六角晶系铁氧体

根据 Snoek 公式,即 $f_r(\mu_i'-1)=rM_s/3\pi$,$f_r$ 代表自然共振频率,相应于 $\mu''$ 极大值,为电磁波吸收材料最佳的吸收频率。据式(4.6.7),相应的匹配厚度应为

$$d = c/2\pi f_r \mu''$$

据 Naito[6] 估计，对尖晶石型铁氧体，$f_r\mu''$ 最大值可达 10 GHz，因此其厚度不能小于 4.7 mm。而对平面六角铁氧体，$f_r$ 比尖晶石型高得多，因此吸收体的厚度可小于 4.7 mm。吸收体厚度与 $f_r\mu''=S_0$ 关系的实验曲线见图 4.6.3。因此六角晶系铁氧体作为微波吸收材料优于尖晶石型铁氧体。Aiyar 等人[7] 对 $BaCo_xTi_xFe_{12-2x}O_{19}$ 六角铁氧体的微波吸收作用进行了研究，发现在 X 波段存在吸收峰，对不同的 X 值，其峰值有变化。

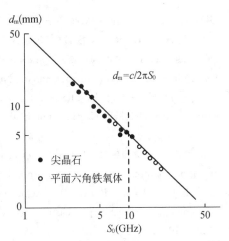

**图 4.6.3　吸收体的最小厚度与 $S_0$ 的关系**[6]

Snoek 公式给出了各向同性介质的自然共振频率与磁化强度之间的关系，利用共振吸收原理的吸波材料，其共振频率受磁化强度的限制很难向高频、宽频方向发展。在 2.3 节软磁铁氧体材料中已经介绍过，对各向异性磁性介质，共振频率显著依赖各向异性，$\omega_\gamma = \gamma(H_\theta^A \cdot H_\varphi^A)$，对平面型六角铁氧体，平面内的磁导率远高于垂直方向，因此可以将共振频率提高到比各向同性的磁性介质更高，同样也可利用形状各向异性改变共振频率。Inui[1] 采用多层 $Mg_2Y$ 平面型六角铁氧体为微波吸收材料，得到 2~12 GHz 宽频带的吸收频谱，并采用 $(1/4)\lambda_g$ 共振腔的模型进行了解释。

除上述铁氧体微波吸收材料外，尚有其他各种复合吸波材料，如姬广斌科研组研究了：$\alpha-Fe_2O_3@CoFe_2O_4$；$MnO_2@Fe$-石墨烯；$C@Fe@Fe_3O_4$；$Co_xFe_y@C$；Co/CoO；$Fe_3N@C$，$MoS_2$ 等微波吸收材料，可参考有关文献[8-11]。汤怒江等研究了纳米碳螺旋管的微波吸收性能，发现在 2~18 GHz 频段具有良好的吸收性能[12-13]。李发伸等研究了 FeSiAl，FeNi 合金等磁性粉体的微波吸收性能[14-15]。文献[16]综述了有关研究，可供参考。

**参考文献**

[1] Inui T., Koniski K., Oda K., Fabrications of broad-band RF-absorber composed of planar hexagonal ferrites, *IEEE Trans on Magn.*, 1999, Mag-35：3148 - 3150.

[2] Birks J. B., Mechanism of ferromagnetic dispersion, *Nature*, 1947, 160：535 - 535.

[3] Ueno R., Ogasawara N., Ferrites-or iron-oxides-impregnated plastics serring as radio-wave scattering suppressors., *Ferrites*：*Proc. ICF*3 [M]，Center for academic Publicatian Japan, Tokyo (CAPJ), 1980：890 - 893.

[4] Jha V., Banthia A. K., Composites based on waste-ferrites as microwave absorber, *Proceedings ICF*-5[M]，Mohan Primlani for Oxford & IBH Publishing Co Pvt. Ltd, 66 Janpath, New Delhi. 1989：961 - 965.

[5] Kang D.H., ICF6，*Digests of The Sixth International Confence on Ferrites*[M]，Japan Society of Powder and Powder Metallurgy, Tokyo, Japan, 1992：2020.

[6] Naito Y., Inverse cole-cole plot as applied to the ferromagnetic spectrum in VHF through the

UHF region., *Ferrites*: *Proc. ICF* 1[M], University of Tokyo Press, Kokyo Japan, 1971:558 - 560.

[7] Aiyar R., Rao N. S. H., Uma S., et al., Ba-Co-Ti Based ferrite impregegnated polyurethane paints as microwave absorbers, *Proceedings ICF*-5[M], Published by Mohan Primlani for Oxford & IBH Publishing Co Pvt. Ltd, 66 Janpath, New Delhi. 1989: 949 - 953.

[8] Lv H., Liang Y., Cheng Y., et al., ACS, Coin-like $\alpha$-Fe$_2$O$_3$@CoFe$_2$O$_4$ core-shell composites with excellent eleecllent electromagnetic absorption performance, *Appl. Mater. & lnterfaces*, 2015, 7: 4746 - 4750.

[9] Lv. H., Ji G. B., Liang Y., et al., A norel rod-like $\alpha$-Fe$_2$O$_3$@CoFe$_2$O$_4$ loading on grapheme giving excellent electromagnetic absorptiom properties, *J. Mater. Chen. C.*, 2015, 3: 5056 - 5064.

[10] Lv H., Ji G. B., Liu W., Achieving hierarchical hollow carbon @Fe@ Fe$_3$O$_4$ nanospheres with supevior microwave absorption perpoperties and light weight features, *J. Mater. Chen. C.*, 2015, 3: 10232 - 10241.

[11] Lv H., Ji G. B., Liang X. H., et al., Porous three-dimensional flower-like Co/CoO and its excellent electromagnetic absorption properties, *Appl. Mater. & lnterfaces*, 2015, 7: 9776 - 9783.

[12] Tang N. J., et al., Synthesis of plait-like carbon nanocoils ultrahigh yield and their microwave absorption properties, *J. Phys. Chem. C*, 2008: 10061 - 10067.

[13] Tang N. J., et al., Synthesis, microwave electromagnetic and microwave absorption properties of twin carbon nanocoils, *J. Phys. Chem. C.*, 2008, 112: 19316 - 19323.

[14] 王国武,张峻铭,李发伸. Effect of surface layer on the microwave absorbing performance of FeSiAl/PU composite absorber[J].磁性材料及器件,2020, 51: 5 - 9,44.

[15] Wei J. Q., Zang Z. Q, et al., Microwave reflection properties of planar anisotropy Fe50Ni50 powder/paraff *Chinese Physics B.*, 21 037601.

[16] Kong L. B., Li Z. W., Liu L., et al., Recent progress in some composite materials and structures for specific electromagnetic applications, *International Materials Reviews*, 2013, 50(4): 203 - 256.

# §4.7 微波铁氧体的制备

微波铁氧体工作于微波频段,因此与低频铁氧体有着不同的工艺特点[1],比较一致的要求是:

① 高电阻率,低介电损耗。除了配方外,工艺上常采用氧气烧结。

② 高密度,低线宽。通常严格选择最佳的烧结温度,亦可采用热压技术。

③ 防止产生第二相。除配方上保证正分外,在工艺上亦要保证符合化学正分的氧平衡,以防止产品在烧结过程中产生分解。

④ 控制一定的晶粒尺寸,通常要求晶粒尺寸均匀,大小适当,对于高功率材料则需要细化晶粒。可以采用连续热压技术。

⑤ 除了人为地加入某些杂质元素外,在工艺中严防稀土族与第一过渡族元素的杂质离子渗入,因为这些离子对线宽和损耗影响颇大。

以下以石榴石型铁氧体为例作一简要说明。石榴石型铁氧体具有三种阴离子间隙(十二面体座、八面体座与四面体座),均为阳离子所占有,因此任何非正分的配方均会导致第二相的出现。例如对钇石榴石型铁氧体,其配方可写为$(Y_2O_3)_{3+x}(Fe_2O_3)_5$,当$x=0$时,即为正分的 YIG;当$x>0$时,$Y_2O_3$的含量大于正分比例,则多余的一部分 $Y_2O_3$ 在氧化气氛中生成 $YFeO_3$,见图 4.7.1。第二相的产生通常会导致线宽的增加,见图 4.7.2。对于还原气氛,磁性变化的趋势与氧气氛一致。对介电损耗角的影响见图 4.7.3。另外,对介电常数、$g$ 因子、$M_s$ 值均有一定的影响。

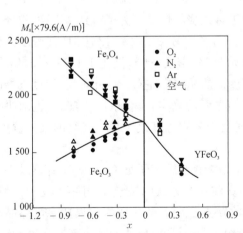

图 4.7.1 $(Y_2O_3)_{3+x}(Fe_2O_3)_5$配方系列在不同气氛下烧结所形成的第二相[2]

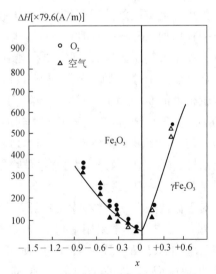

图 4.7.2 $(Y_2O_3)_{3+x}(Fe_2O_3)_{5-x}$配方系列在氧化气氛中烧结时 $\Delta H$ 与 $x$ 的关系曲线[2]

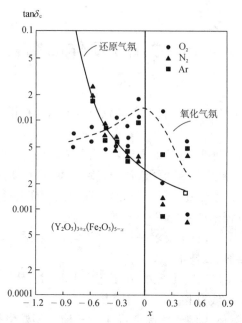

**图 4.7.3** 在不同气氛条件下$(Y_2O_3)_{3+x}(Fe_2O_3)_{5-x}$配方系列的介电损耗角正切与含量的关系[2]

假如配方是正分,而烧结气氛不满足氧平衡条件,又会发生什么变化呢? 在一定的温度下,保持某一相需要一定的氧气压。例如对于 YIG,在高温下可产生下列分解:

$$2Y_3Fe_5O_2 \longrightarrow 2Y_3Fe_5O_{11} + O_2$$

即当 YIG 样品表面氧气压低于正分的平衡氧气压时,YIG 就要产生分解,放出氧气。这时为满足电中性条件就有相应部分的铁离子由三价转变为二价,结果导致电阻率下降,介电损耗增加,$\Delta H$ 变大,但对 $\Delta H_k$ 影响不大[3]。对 YIG,当温度高于 1 100℃时,平衡气压约为一个大气压数量级,即需要在纯氧气中进行预烧与烧结。为了得到高密度,选择正确的烧结温度十分必要。例如配方 $Y_3Fe_{4.5}Al_{0.5}O_{12}$ 在 1 450℃保温 12 小时,其密度尚低于理论密度的 90%,而在1 457℃ 温度下就开始分解,密度下降,仅在 1 450℃~1 457℃间的某一温度烧结时,产品密度才达到理论密度值的 99.4% 左右。由此可见,温度选择的严格性与控制温度的必要性[3]。当然,最佳烧结温度的确定,不仅取决于配方,也取决于原料活性、预烧温度等因素,通常最佳烧结温度处于分解温度之下尽可能高的某一温度,此时结晶均匀,密度最大。

对于微波高功率材料,除了在原配方中加入少量弛豫离子如 Co,Dy 等离子以提高$\Delta H_k$外,在工艺上亦常采用细化晶粒的方法[4]。前一个方法的缺点,在于提高 $\Delta H_k$ 时往往同时增加 $\Delta H$ 值,而后一个方法,则可避免此缺点。承受高功率的临界功率可随晶粒尺寸的减小而显著增进(图 4.7.4),但插入损耗并不因为晶粒尺寸的减小而有所增大(图4.7.5),细晶粒也不恶化材料在低功率下工作的性能,其缺点在于随着晶粒细化,矫顽力$H_c$ 会显著地提高。

为了在保证高密度的情况下得到细晶粒,工艺上常采用热压技术。

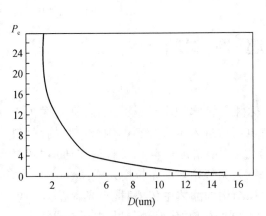

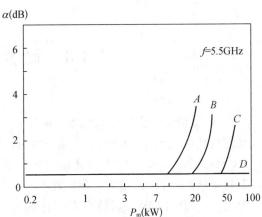

图 4.7.4　多晶铁氧体临界功率 $P_c$
对晶粒平均尺寸的一般依赖性[4]
（相对于晶粒尺寸为 15 μm 的 $P_c$）

图 4.7.5　晶粒尺寸对 YGdIG 铁氧体在
不同峰功率情况下插入损耗的影响[4]

## 参考文献

［1］Aita K，Countermeasures against TV ghost interference using ferrite，*Ferrites*：*Proc.ICF*3［M］，Center for academic Publicatian Japan，Tokyo(CAPJ)，1980：885 - 889.

［2］Seiden P. E.，Kooi C. F.，Katz JM microwave properties of nonstoichiometric polycrystalline yttrium iron garnet，*J. Appl. Phys.*，1960，31：1291 - 1296.

［3］Rao N. S. H.，Rane S. A. ，Aiyar R.，Effect of $Fe^{2+}$ ions on magnetic loss in ferromagnetic garents，*Proceedings ICF* - 5［M］，Mohan Primlani for Oxford & IBH Publishing Co Pvt. Ltd，66 Janpath，New Delhi，1989：1001 - 1009.

［4］Blankenship A.C.，Huntt R.L.，Microwave characteristics of fine-grain high-power garnets and spinels，*J. Appl. Phys.*，1966，37：1066 - 1968.

# §4.8 微波超(构)材料

至今,微波材料仍然以高电阻率的铁氧体材料为主[1],以上已作了介绍。但随着人工微结构材料的兴起,21 世纪以来,超(构)材料也悄然进入微波材料的领域,超(构)材料(Metamaterial)是人工微结构材料中的一类,曾采用"超构材料"名称,现在通用"超材料",拉丁语 Meta 标志超常。我们首先回想一下 X 射线衍射的布拉格公式:$2d\sin\theta = n\lambda$,$d$ 为晶面之间的间距,X 射线在原子排列为周期结构的晶体中传播时,当光程差为 X 射线波长 $\lambda$ 的整数倍时,就会产生相干现象,观察到强的衍射峰。该情况与电子在晶格中传播产生能带结构的物理机理是相通的,同样的可以推广到光的传播,当光在其波长相当的人工周期结构的材料中传播时同样会产生光的带隙,这就是光子晶体。光子晶体超材料的示意图见图 4.8.1,可以想象为人工超原子构成的人工周期结构,换言之,想象将人工超原子取代固体中原子,并改变其周期就变成超材料了。当前 3D 打印也进入到超材料制备之中,有利于制备三维超材料。其能隙图见图4.8.2,光子晶体在光通信等领域已得到广泛的应用,对生物界孔雀、蝴蝶为什么具有绚丽色彩,可从生物体的羽毛、蝶翅鳞片具有天然的光子晶体进行解释。而微波只不过是波长比光波更长的电磁波而已,在合适的人工周期结构中传播时同样会产生类似于光在光子晶体中传播的情况,这种具有人工周期结构的材料称为微波超材料。电磁波在超材料中转播时,与介质的互作用可以产生自然周期结构材料无法呈现的新物理效应,例如,通常介质的电介质常数 $\varepsilon$ 与磁导率 $\mu$ 为正值,遵循右手螺旋法则,而在超材料中,在一定条件下,$\varepsilon$ 与 $\mu$ 值可为负值,为负折射率材料,遵循左手螺旋法则。

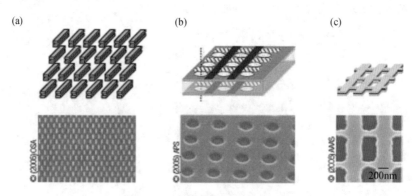

图 4.8.1　光频段超材料各种设计

超材料的设计关键是单元与单元排列的空间构型,超材料中的单元可视为人工超原子,由很多原子构成的一定结构,如球、线、带等各种形状与图形,如单元仅含一个原子有序或无序排列就退回为通常自然的晶态或非晶态材料。因此,设计单元时首先需对单元特性进行了解,根据电磁学通常可采用 Clausius-Mossotti 公式,原子的电极化度 $\alpha$ 与材

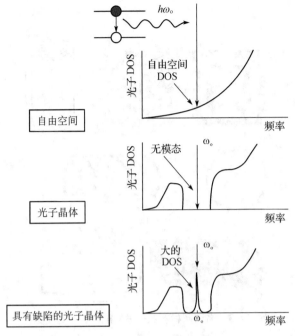

图 4.8.2 光子晶体的能隙图

料介电常数 $\varepsilon$ 之间存在以下关系式：

$$(\varepsilon-1)/(\varepsilon+2)=n\alpha/3$$

其中 $n$ 为单位体积内的原子数。

可推广到球状颗粒处于介电常数为 $\varepsilon_b$ 的媒质材料中时，其有效介电常数 $\varepsilon_{eff}$ 的关系式可用 Maxwell-Garnett 公式表述。

$$(\varepsilon_{eff}-\varepsilon_b)/(\varepsilon_{eff}+2\varepsilon_b)=f(\varepsilon-\varepsilon_0)/(\varepsilon+2\varepsilon_0)$$

其中 $f=nV$，$V$ 为体积，$\varepsilon_0$ 为真空中的介电常数。

更为普适的含多种材料的等效媒质表达式，Polder-van Santen 公式如下：

$$(\varepsilon_{eff}-\varepsilon_b)/[\varepsilon_{eff}+2\varepsilon_b+v(\varepsilon_{eff}-\varepsilon_b)]=f\{(\varepsilon_i-\varepsilon_b)/[(\varepsilon_i+2\varepsilon_b)+v(\varepsilon_{eff}-\varepsilon_b)]\}$$

其中 $\varepsilon_i$ 为第 $i$ 种介质的介电常数，$v$ 为参量，如 $v=0$，即为 Maxwell-Garnett 公式，如 $v=2$，该式为 Bruggeman 公式，如 $v=3$，则为相干势近似 CPA。

鉴于实际超材料的复杂性，完全靠解析的方法求解是十分困难的，目前主要靠经验、丰富的创新思维，甚至艺术的空间设想，进行单元与空间构型的设计，再进行实验测量与仿真计算。

超材料的概念已向红外、太赫兹、微波、超声、机械等领域扩展。《科技导报》(2016.18)对超材料进行了介绍。S.Anantha Ramakrishna 发表在 *Rep.Prog.Phys.*(68(2005)449-521)一文，对负折射率材料物理进行了很好的综述。

微波超材料的"结构单元"，可以有各种形状，图 4.8.3 为其中具有电感特性的一些单元示意图[2]。

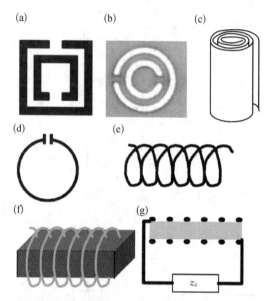

**图 4.8.3　微波超材料的一些"结构单元"示意图**

图 4.8.4 为由"结构单元"组成的超材料示意图[2]，其中（a）为超材料，（b）为介电常数 $\varepsilon$ 与磁导率 $\mu$ 的组合图，$\varepsilon>0, \mu>0$ 的区域是常见的一般材料，而 $\varepsilon<0, \mu<0$ 的区域为负折射率材料，折射率 $n=\pm(\varepsilon\mu)^{1/2}$，或称为左手材料，是目前重点探索的超材料。超材料为电磁波隐身材料、新型的微波器件等开拓了全新的领域。

（a）超（构）材料

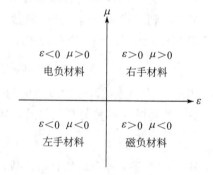

（b）介电常数 $\varepsilon$ 与磁导率 $\mu$ 的组合图

**图 4.8.4　超材料示意图**

超材料的磁导率频散关系可用下式表述[3]：

$$\mu = 1 - [A\omega^2/(\omega^2 - \omega_0^2 - \mathrm{j}\Gamma\omega)]$$

其中，$A, \Gamma, \omega_0$ 为常数，$|A|<1, \mu = \mu' + \mathrm{j}\mu''$

通常典型软磁性薄膜磁性材料与超材料磁谱的对比见图 4.8.5[2]

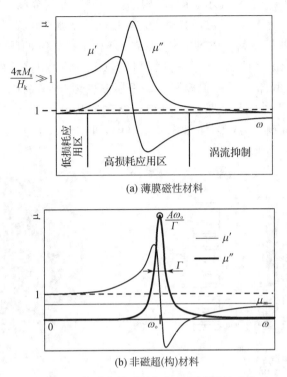

(a) 薄膜磁性材料

(b) 非磁超(构)材料

**图 4.8.5　薄膜磁性材料与超材料磁谱的对比**

从图 4.8.5 显见,非磁超材料的磁导率实部在高于共振频率可为负值,称为负折射率材料 NIM(Negative index of refraction materials)。微波通过长度为 $\Delta L$ 的材料时,产生的相移量为 $\theta$,与折射率 $n$ 成正比,$\theta = n\omega \Delta L/c$,而 NIM 材料在磁共振附近有强的磁导率变化,大的 $\mathrm{d}n/\mathrm{d}\omega$ 频散效应,成为可调负折射率材料 TNIM(Tunable negative index materials),利用该特性可制备出紧凑的轻质量、低损耗的微波可调相移器,图 4.8.6 表明了 NIM 相移器与通常铁氧体相移器适用的频段[1]。相移器是微波系统中十分重要的元器件,在通信、国防领域应用广泛。

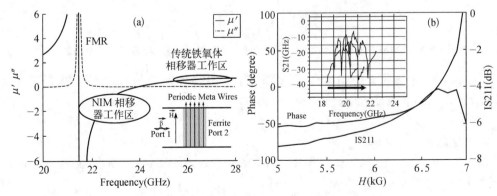

**图 4.8.6　NIM 相移器与通常铁氧体相移器适用的频段**

图 4.8.6(a)为 NIM 相移器示意图,超构结构由周期性的金属线组成,组合铁氧体薄膜,基场 $H$ 的方向平行于金属线方向,可通过调控磁场来调控相移,如图 4.8.6(b)所示。

具有负折射率的超材料与磁性材料相结合有利于在较宽的频带对相移进行调控,图 4.8.7(a)为平面微带型的可调负折射率材料(TNIMs)相移器的示意图[4],厚度为 0.7 mm 的石榴石铁氧体 YIG 多晶厚膜上贴一层厚度为 0.15 的 KAPTON,然后组合厚度为0.025 mm 的周期性铜箔条带,呈双层结构,中间用 0.25 mm 厚度的聚酯膜 Mylar 隔离,最后用 Krazy 胶粘合成整体,如图 4.8.7(b),可用于 X 波段,其磁场可调特性见图 4.8.8,最低的损耗为 5 dB。

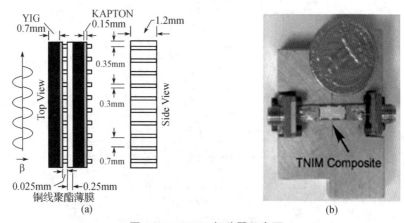

图 4.8.7　TNIM 相移器示意图

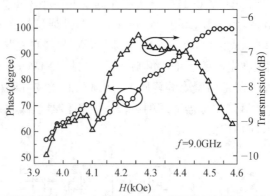

图 4.8.8　TNIM 相移器在 9.0 GHz 频率下的相移及输运特性与磁场的关系曲线[5]

利用 NIM 共振吸收的高磁导率虚部 $\mu''$,可望制备微波的抗电磁干扰器件 EMI (Electromagnetic interference suppressors)。

**参考文献**

[1] Nicolas J., Lagrange A., Sroussi R., et al, some recent problems in field of microwave ferrites, *IEEE Trans. on Magn.*, 1973, Mag-9: 546 - 551.

[2] Harris V. G., Geiler A., Chen Y., et al., Recent advances in processing and applications of microwave ferrites, *J. MMM.*, 2009, 321: 2035 - 2047.

［3］Acher O.，Microwave magnetism in the metamaterial age，*J. MMM.*，2009，321：2093 – 2101.

［4］Pendry，J.B.，Holden，A.J.，Robbins，D.J.，et al.，Magnetism from conductors and enhanced nonlinear phenomena，*IEEE Trans. MTT.*，1999，47：2075 – 2084.

［5］He P.，Gao J.，Marinis C. T.，et al.，A microcrostrip tunable negative refractive index metamaterial and phase shifter，*Appl. Phys. Lett.*，2008，93：19350513.

# §4.9 铁氧体薄膜的制备

铁氧体薄膜具有重要的应用价值。电子元器件正向着小型化、集成化方向发展,部分器件将由三维的体材料向二维的薄膜材料方向发展。微波及毫米波器件,如可调滤波器、限幅器、延迟线等器件亦使用了单晶外延薄膜;磁光效应器件,高密度、大容量的薄膜磁记录介质,磁盘;薄膜型磁头,磁传感器以及薄膜电感器等,都需要膜厚均匀,无缺陷,具有合适电、磁性能的单晶或多晶铁氧体薄膜。薄膜制备方法大致上分物理方法和化学方法两类,现简略地综合如下:

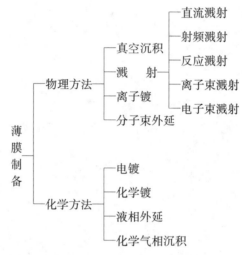

本节将简略地介绍铁氧体单晶、多晶薄膜的制备工艺。

## 4.9.1 铁氧体单晶薄膜的制备

以往的器件所利用的都是体积效应,即能量集中于物体体内,与体积成比例。但人们亦发现在一定的条件下能量可以集中于介质表面,例如磁表面波、声表面波以及两者的耦合磁声表面波以及自旋波器件。利用表面效应,有可能开拓一个表面波器件的新领域。单晶薄膜的实际应用进一步促进薄膜的制备与研究。

薄膜厚度通常为亚微米到数十微米,一般以某一基片材料为衬底。为了使薄膜能牢固地附着于基片上而不破裂,除了工艺过程外,基片材料的选择十分重要。薄膜与基片两者的点阵常数、热膨胀系数应相近,并要求基片在使用温度下是非磁性材料、损耗甚低。例如 YIG 的点阵常数为 12.376,而 $Gd_3Ga_5O_{12}$(GGG)的点阵常数为 12.383,两者热膨胀系数亦相近,因此以 GGG 作 YIG 的基片材料是适宜的。将 YIG 薄膜外延到 GGG 单晶薄片上称之为异外延(即基片与外延膜成分不同的外延)。又如 GdIG($Gd_3Fe_5O_{13}$)与 GGG 点阵失配为 0.93%,热膨胀失配为 10%,导致膜厚超过 5 $\mu m$ 时会破裂。为了解决点阵常数失配问题，可以改变基片的组成。在不恶化磁性的情况下，亦可改变膜的组成。例如以 Nd 取代一部分 Gd，$Gd_{0.75}Nd_{2.25}Fe_5O_{12}$，可使与 GGG 点阵失配下降到 $0.15\%$，使膜厚直到 $10\ \mu m$ 亦不破裂。良好的晶格匹配还有利于平面膜的生长，避免各种生长面在成膜过程中产生。Blank 与 Nielsen[1] 将外延膜对晶格匹配的要求概括为图 4.9.1。

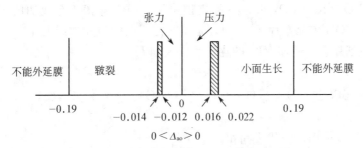

图 4.9.1　点阵失配对外延膜质量的影响[1]

为了改变基片的点阵常数以适应生长不同的稀土石榴石单晶薄膜，可用一系列离子半径不同的稀土元素生成稀土镓石榴石型单晶体 RGaIG(R＝Dy，Gd，Sm，Nd 等)，其点阵常数随稀土离子的变化见图 4.9.2。由于"镧系收缩"，稀土族离子半径随原子序数的增加而减小。RGaIG 单晶体的点阵常数变化亦符合此规律，即按照 Nd—Sm—Gd—Dy 顺序呈近似线性下降。原则上讲，进行合适的组合离子代换，总可获得与磁性石榴石薄膜点阵常数相匹配的基片，图中线上所标明的组成为已外延成功的薄膜成分[2]。除镓石榴石外，钪石榴石型铁氧体单晶体亦是一类重要的基片材料，其点阵常数随 R 离子变化见图 4.9.3。

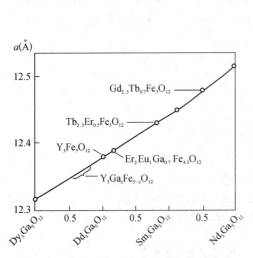

图 4.9.2　RGaIG($R_3G_{0.5}O_{12}$)单晶体的点阵常数随稀土 R 离子的变化[2]

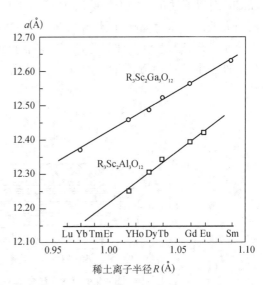

图 4.9.3　钪石榴石型单晶体的点阵常数随稀土离子代换的变化[3]

生长铁氧体单晶薄膜的技术,目前主要有化学气相沉积法、液相外延法和溅射法。以下作一扼要的介绍。

### 1. 化学气相沉积法

化学气相沉积(CVD)法是制备半导体薄膜的常用方法之一。1959 年 CVD 法首先用于外延生长 FeO,NiO,CoO,MgO 等氧化物薄膜。1965 年该工艺成功地应用于 YIG 薄膜外延生长在 GGG 单晶基片上,其原理是将所需组成的氯化物或溴化物加热气化,高温反应并沉积在基片上。例如 YIG 的化学反应式如下:

$$3YCl(G) + 5FeCl_2(G) + \frac{19}{2}H_2O(G) + \frac{5}{4}O_2(G) \longrightarrow Y_3Fe_5O_{12}(S) \downarrow + 12HCl(G)$$

其中(G)代表气相,(S)代表固相。

通常以 HCl 为运载气体,以 Ar 为保护气体。将铁、钇卤化物在坩埚中加热蒸发,以 HCl 运载这些卤化物进行扩散混合,控制各种气体成分的合适比例和温度,可以在基片上沉积外延薄膜[4~5]。为了更好地控制膜的质量,Taylor 等[6]采用镓与铁代替其卤化物,其优点是纯度高、稳定性好以及对 HCl 运载气体的输运率不敏感。因金属钇在 1 000℃时易与坩埚材料起反应,所以还是采用 YCl_3。在 GGG(111)晶面外延生长 Ga:YIG ($Y_3Fe_{5-x}Ga_xO_{12}$)薄膜装置的示意见图 4.9.4。图中反应器为石英管,HCl/Ar 气体经过 Fe,Ga 蒸发源时,生成 FeCl_3 与 GaCl_3,然后与 YCl_3 相混合,在 GGG 基片上与 O_2 反应生成 Ga:YIG 薄膜。将基片垂直于气流方向放置有利于膜厚均匀。制膜过程中控制气流量与温度十分重要。若 HCl 分压力过高,基片将被腐蚀,GGG 基片中的 Ga 将生成 $GaCl_x$ 而留下缺位,该缺位被 Fe 离子占据后可生成 $Gd_3Ga_{3-x}Fe_xO_{12}$ 多晶膜;若 HCl 分压力太低而氧压力偏高,则将在气相中生成氧化物,在基片上将淀积 Ga:YIG 多晶膜;如氧分压不足,则仅 YCl_3 被氧化,$Y_2O_3$ 多晶膜将淀积在基片上。根据实验可知,在 GGG 基片上外延生长 Ga:YIG 薄膜的最佳条件见表 4.9.1。

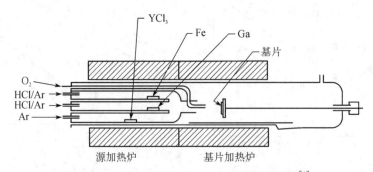

图 4.9.4  CVD 法生长 Ga:YIG 薄膜装置示意[4]

**表 4.9.1 在 GGG 基片上外延生长 Ga：YIG 薄膜的最佳条件[4]**

| 源温度(℃) | $1\,000$(Fe 与 Ga)，$950$($YCl_3$) |
|---|---|
| 基片温度(℃) | $1\,200$ |
| 通过 $YCl_3$ 管的 Ar 气流量($cm^3/min$) | $1\,500$ |
| 通过 Ga 管的 HCl 流量($cm^3/min$) | $5$(Ar 气流量为 $4\,000$) |
| 通过 Fe 管的 HCl 流量($cm^3/min$) | $35$(Ar 气流量为 $1\,500$) |
| 氧气流量($cm^3/min$) | $20$ |

在上述条件下的输运率分别为 $2\times10^{-3}\,mol/h$(Ga)，$7\times10^{-3}\,mol/h$(Fe) 和 $5\times10^{-4}\,mol/h$($YCl_3$)，相应于 Ga：YIG 薄膜的生长率为 $2\sim3\,\mu m/h$，所生成 $Y_3Fe_{3.8}Ga_{1.2}O_{12}$ 薄膜的磁性能见表 4.9.2。

**表 4.9.2 CVD 法外延 GGG(111)晶面的 $Y_3Fe_{3.8}Ga_{1.2}O_{12}$ 单晶薄膜的磁性能[4]**

| $h$(膜厚)($\mu m$) | 4 | 缩灭磁泡直径($\mu m$) | 4 |
|---|---|---|---|
| $H_0$(缩灭场)($kA/m$) | 2.07 | 移动磁泡直径($\mu m$) | 12 |
| $H_2$(移位场)($kA/m$) | 1.43 | $M_s$($kA/m$) | 6 |
| $H_c$(矫顽力)($kA/m$) | 0.18 | 迁移率($m/s\cdot A/m$) | 大于 $6.28\times10^{-2}$ |

外延薄膜的组成与磁性能将受气流量、分压力与温度的影响，故有效地控制这些条件十分重要。采用 CVD 法已在 $Sm_3Ga_5O_{12}$(100)基片上成功地外延生长出 $Tb_{2.5}Er_{0.5}Fe_5O_{12}$ 薄膜[7]；在 GGG 基片上外延 GdIG，DyIG 等薄膜[8]；在 $YAlO_3$ 基片上外延 $YFeO_3$，$GdFeO_3$ 以及 $Y_xGd_{1-x}FeO_3$ 正铁氧体薄膜[9]。

### 2. 液相外延法

液相外延(LPE)法的基本原理是将外延膜的相应组成在助溶剂中高温熔化，然后降温，使溶液呈过饱和状态，此时将衬底基片浸入，再迅速降低温度，促使在衬底上的薄膜外延生长。根据浸入方式的不同，又可分为倾斜法(tipping)与浸渍法(dipping)两类。倾斜法的原理见图 4.9.5，首先将 YIG 熔解于熔剂中，约 $1\,050℃$，然后降低温度到 $925℃\sim950℃$，使熔液呈过饱和状态，将炉子倾斜使熔液覆盖基片，同时降低温度($\sim300℃/h$)，促使 YIG 薄膜在基片上外延生长。当薄膜生长到所需厚度时，再将铂舟在原位倾斜，使熔剂与膜分离。该法首先在砷化镓外延生长中应用，后又用于制备磷化镓二极管。浸渍法制备石榴石单晶外延薄膜装置见图 4.9.6[11]。首先将助熔剂-YIG 混合物加热到 $1\,100℃$ 左右，使石榴石相熔化在助熔剂中，并使熔液均匀化，然后降低熔液温度，使呈过饱和状态，将基片浸渍于熔液中，并以 $100\sim200\,r/min$ 的速度转

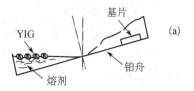

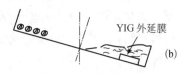

(a) 装置简图　(b) 基片支架示意图

**图 4.9.5 倾斜法制备外延薄膜原理[10]**

动 3～20 min。薄膜的生长速度近似地与转速的平方成正比。待外延膜生成后,从熔液中提出基片,藉助于旋转离心力甩去粘附在基片上的残留助熔剂(或依靠重力排净熔剂)。助熔剂的选择与熔剂法生长单晶体相同。要生长质量优良、无位错密度、膜厚均匀的单晶外延膜,必须有高质量的基片、合适的助熔剂和严格的工艺过程[12]。

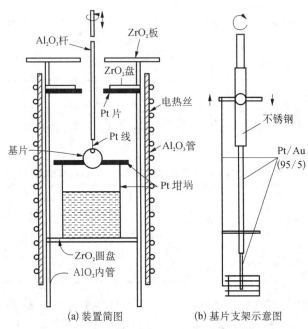

(a) 装置简图　　　　　(b) 基片支架示意图

**图 4.9.6　浸渍法制备外延薄膜装置**[1]

**(1) 基片的制备**

首先选择晶格参数适合于外延膜的非磁性单晶体,按所需晶面进行切割、抛光,在 160℃ 磷酸中腐蚀 30 s 后在去离子水中洗去磷酸,并用洗涤剂和 KOH 溶液进行超声热浴。对洗涤、干燥后的基片进行检验,保证基片无位错、色杂和表面擦伤,并消除应变。在外延膜生长前,将基片装入支架进行超声清洗,再经去离子水洗涤后,最终用过滤氮吹干。

**(2) 基片支架选材**

基片支架应选用不污染熔液、热容量低的物质,可反复使用,通常采用纯铂丝。如果采用 PtRh,PtIr 合金,强度虽可增加,但 Rh 与 Ir 将会污染熔剂。基片在熔液中呈水平放置时,薄膜的厚度、均匀性和膜质量比垂直放置为佳,但清除熔剂较困难。为了克服该缺点,设计了一种可变倾斜角的基片支架,见图 4.9.6(b)。该支架可同时安装数片基片,兼具垂直与水平支架的优点,能及时清除助熔剂,有利于提高膜的质量。因为当从熔液中取出基片时,如在基片上某处仍然保留有少许助熔剂,则该处必然继续结晶生长而生成小丘台面。

**(3) 助熔剂组成的确定**

要生长石榴石型铁氧体外延膜,可选择与单晶体生长相同的助熔剂。例如在 $PbOB_2O_3$ 助熔剂系统中生长石榴石型铁氧体的外延膜,助熔剂成分摩尔比可采用下列关系式来确定[1]：

设 $R_1=Fe_2O_3/\sum R_2O_3$，R 为稀土元素

$R_2=Fe_2O_3/Ga_2O_3$ 或 $Fe_2O_3/Al_2O_3$

$R_3=PbO/B_2O_3$

$R_4=(\sum R_2O_3+Fe_2O_3+Ga_2O_3)/[\sum R_2O_3+Fe_2O_3+Ga_2O_3+B_2O_3+PbO]$

$R_1$的大小应为 12～17。如 $R_1$ 小，易生成正铁氧体，如 $R_1$ 大，将降低石榴石相产率。例如 $Er_2EuFe_{4.3}Ga_{0.7}O_{12}$ 外延生长于 GGG 基片上，合适的参数可选择为：$R_1=14$，$R_2=16$，$R_3=15.6$，$R_5=Er_2O_3/Eu_2O_3=1.78$，而 $R_4$ 比例可变。随着 $R_4$ 的变化，熔液的饱和温度 $T_s$ 亦相应改变。对于一系列石榴石型铁氧体，如选用 $PbOB_2O_3$ 为助熔剂。$T_s$ 与 $R_4$ 的比例关系见图 4.9.7。当 $R_4=4.9$ mol％时，$T_s=780℃$，呈现膺共晶点[1]。

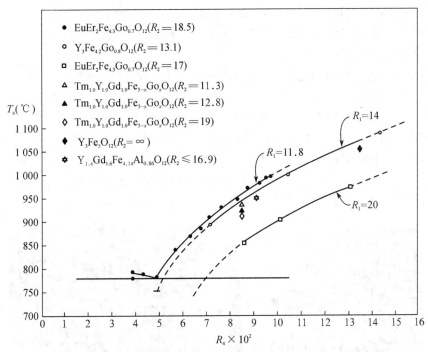

**图 4.9.7 PbO：$B_2O_3$—石榴石氧化物部分膺二元图**[1]

对于 $Sm_{0.4}Y_{2.6}Ga_{1.2}Fe_{3.8}O_{12}$ 外延膜，最佳的熔剂配比为：$R_1=25$，$R_2=6.66$，$R_3=15.6$，$R_4=0.085$，熔体总质量为 500 g。实验时，固定 $R_2$，$R_3$，$R_4$ 的值分别为 6.66，15.6 和 0.085，而改变 $R_1$；当 $R_1$ 处于 14～15 之间时，得到有正铁氧体色杂的石榴石膜，其色杂量和尺寸随 $R_1$ 的下降而增加；当 $R_1$ 大于 35 时，在石榴石膜表面观察到磁铅石的六角小片，因此选择 $R_1=25$ 为避免另相产生的合适比例。若将上述摩尔比折合为质量，则可见表 4.9.3。

表 4.9.3　生长 $Sm_{0.4}Y_{2.6}Ga_{1.2}Fe_{3.8}O_{12}$ 外延膜时熔融体各组成的质量(基片为 GGG)

| 组　成 | $Sm_2O_3$ | $Y_2O_3$ | $Ga_2O_3$ | $Fe_2O_3$ | $B_2O_3$ | PbO |
|---|---|---|---|---|---|---|
| 质量(g) | 0.389 3 | 1.349 1 | 4.993 0 | 28.30 | 9.13 | 456.50 |

表中所列的配比,可以作为研制其他石榴石型铁氧体外延膜时的参考。

**(4) 清洁的工作条件**

为防止污染,除采用高纯原料外,熔融体的制备、膜的生长、基片的清洗和检验都须在 1 000 级净室内的 100 级[①]层流罩中进行。

要获得完美的外延膜,一些工艺细节亦是不容忽略的。例如,在进入熔融体前,需使基片在靠近液面时停留,以使基片在与熔融体的温差不超过 1℃ 的区域内达到热平衡。若基片直接进入熔融体,将会引起不平衡生长或在过冷的基片表面自发结晶,导致形成多晶膜。通常控制过冷度为 5℃～15℃,基片在水平面内以 100～200 r/min 的速率旋转。生长完毕,从熔融体中提出基片,并在接近熔融体表面处停留,以 200～1 000 r/min 的转速旋转,目的是甩去粘在膜上的助熔剂,然后以较慢的提升速度(小于 12 cm/min)从炉子中提出,以防止热冲击引起裂纹。

对基片表面进行机械和化学处理的工序比较烦琐。若基片的清洁度不够,将会在外延膜中产生各种缺陷,如图 4.9.8 所示。目前较简单又有效的方法是"预浸渍"[14]:首先将基片置于比饱和温度高的基片助溶剂溶液中浸渍,以溶去数十微米的基片表面层,接着降低溶液温度,使其有一定的过冷度,因而在被熔去的基片表面上又将外延一层与基片成分相同的薄膜(同外延),这样一来,基片的表面缺陷可以降低很多。它相当于抛光、腐蚀与清洗工艺,不需要进一步加工就可进行所需要的磁性薄膜异外延。此外,预浸渍层还可以减少基片的生长条纹对磁性外延膜的影响,有利于提高膜的质量。

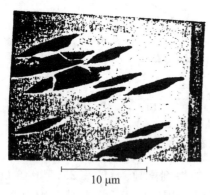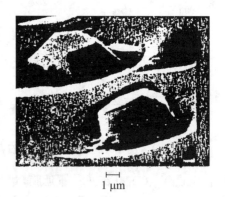

图 4.9.8　基片清洗不足导致的外延膜缺陷[13]

早期采用 LPE 法所获得的外延膜呈小丘状非均匀生长,这是晶体小面生长的结果,在下列条件下可以避免[15]:

① 100 级被定义为每 0.028 3 $m^3$(1 立方英尺)内含有直径大于 0.5 $\mu m$ 的微粒小于 100 个。1 000级等类推。

① 良好的晶格匹配,匹配度为 0.01~0.02 Å。

② 低的生长温度,如 950℃或更低。

由于这方面的工作有所突破,促使 LPE 薄膜的质量显著提高。例如,以 GGG 为衬底,外延 $Eu_1Er_2Fe_{4.3}Ga_{0.7}O_{19}$ 薄膜,在 0.6 $cm^2$ 内可制成膜厚起伏为 ±2.5% 的薄膜,且在 1 $cm^2$ 面积上可做到无缺陷。1974 年,已在 $\phi$36 mm 的 GGG 衬底上成功地外延了位错甚少的均匀薄膜[16]。找到了一种低挥发性、低毒性的 3B 助熔剂,其配比为 35 mol% BaO,35 mol% $BaF_2$,30 mol% $B_2O_3$[16,17]。3B 助熔剂的缺点是粘滞性强及表面张力大。对一些含铋的薄膜,可以采用粘滞性弱的 $Bi_2O_3RO_2$ 溶剂,R 为 Ce,Sn,Ti,Si 等[4]。

液相外延法亦用于外延尖晶石型铁氧体薄膜及六角晶系铁氧体薄膜。例如,以 $Na_2B_4O_7$ 为溶剂,将 MnZn 铁氧体薄膜外延在 $MnGa_2O_4$ 基片上[18];以 $PbOB_2O_3$ 作溶剂,将钴铁氧体薄膜外延到 MgO 基片上[19],将锂铁氧体薄膜外延到 $Mg(In,Ga)_2O_4$ 等尖晶石基片上[20],亦可将六角晶系铁氧体如 $SrFe_8Al_4O_{19}$ 外延到非磁性、绝缘而具有光透明性的 $SrGa_{12}O_{19}$ 单晶基片上[21,22]。这种薄膜预期在微波以及毫米波器件中具有一定的应用前景。

上述的气相法与液相法各有其优点。由于液相法设备简单,改进工艺后已制得高质量的外延膜,所以目前用得较多的是液相法。其他方法,如溅射法所制成的薄膜,其内应力大,矫顽力高,不宜作为高质量单晶薄膜工艺;水热法所制备的薄膜缺陷多,生长速度慢,未得到普遍应用。文献中尚有燃烧 CVD 法[23]、反应离子束溅射法[24]以及分子束外延(MBE)法[25]。

## 4.9.2　铁氧体多晶薄膜的制备

多晶铁氧体薄膜在微型薄膜电感器、微波器件、磁光器件、薄膜型磁盘、磁带、磁头以及敏感元件等方面有着众多的应用,制备工艺很多。例如,真空蒸镀、溅射、喷雾热分解、气相沉积、电弧等离子体喷涂以及化学镀等。下面重点介绍溅射、电弧等离子体喷涂及化学镀工艺。

### 1. 溅射法

真空蒸镀是最早的薄膜工艺。其设备较简单,成膜速度高,但由于热蒸发所生成的原子动能较低(约 0.1 eV),在基片上成膜后的附着力较差。继后发展起来的是溅射成膜工艺,其溅射出来的原子动能可达 5~10 eV,所以溅射成膜的附着力强度通常高于蒸发膜。现将溅射、蒸发成膜的大致过程概括如下:

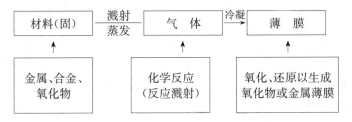

溅射装置多种多样,常用的有直流、射频、离子束(电子束)溅射装置。用溅射或蒸发工艺制备铁氧体薄膜时,可用烧结的多晶铁氧体作为靶材,亦可用相应组成的纯金属,但需进行可控气氛的氧化,或在反应过程中进行氧化。要得到正分的无别相的铁氧体薄膜,氧化气氛的控制十分重要,不同的氧分压与温度使阳离子处于多种价态状态,并生成相应氧化物的相组成。例如,铁存在二价与三价离子态,不同氧化铁的氧平衡压力与温度关系见图 4.9.9。图中氧分压用 $\lg(p_{CO_2}/p_{CO})$ 表示〔因为 $p_{O_2} = K(p_{CO_2}/p_{CO})^2$,所以 $\lg(p_{CO_2}/p_{CO})$ 相当于氧分压〕。对其他铁氧体,同样存在分解与相变的情况,分解温度随氧气氛及组成而变化,在存在尖晶石相的情况下,$Fe_2O_3$ 的分解温度要比纯 $Fe_2O_3$ 低得多。因为 $Fe_2O_3$ 会形成 $Fe^{2+}$ 和阳离子空位而熔解到尖晶石相中。在制造铁氧体薄膜前了解一下铁氧平衡相图(图 4.9.10)十分必要。根据相图可知,$Fe_3O_4$ 相存在于富铁相区,$\alpha$-$Fe_2O_3$ 相存在于富氧相区,因此,$\alpha$-$Fe_2O_3$ 薄膜可以通过在氧气氛中溅射铁靶而制成,$Fe_3O_4$ 膜可在还原气氛中成膜,亦可将 $\alpha$-$Fe_2O_3$ 薄膜进行氢气还原或采用 $Fe/\alpha$-$Fe_2O_3$ 热扩散方法制备。而 $\gamma$-$Fe_2O_3$ 是介于 $Fe_3O_4$ 与 $\alpha$-$Fe_2O_3$ 相之间的亚稳定相,可由 $Fe_3O_4$ 薄膜进行可控氧化而制成。$Fe$,$Fe_3O_4$,$\gamma$-$Fe_2O_3$,$\alpha$-$Fe_2O_3$ 薄膜在一定条件下可以相互转化。而多种铁氧体薄膜的制备均是利用制备过程的控氧相变,或制备后再进行氧气氛处理而生成的。

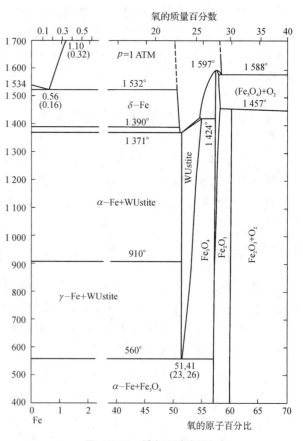

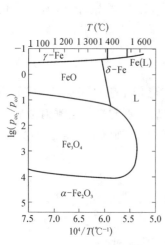

图 4.9.9　不同氧化铁的氧平衡
压力与温度的关系[26]

图 4.9.10　铁氧平衡相图

**（1）直流二极溅射**

在低真空条件下，若在两平板电极间施加一直流高压，电极间将产生辉光放电。放电时，离子在电场中被加速，当动量甚高的正离子猛烈地撞击阴极时，能将阴极的原子及少量离子、电子溅射出来，这便是溅射成膜的基本原理。阴极为被溅射物质所作成的靶，当靶材料为铁氧体等非金属导体时，轰击在靶上的离子电荷不易导走，使靶电位升高，影响溅射继续进行，所以直流溅射（DCDS）通常仅适用于靶材为金属的导体。直流溅射法沉积薄膜的速度较低，且在溅射过程中，基片由于受到直接热辐射以及高能电子的轰击而升温。为提高膜的沉积率及避免基片升温，采用磁聚焦的对靶溅射法（TFTS），沉积率可提高 50 倍。Fe 和 Ni 以及铁氧体薄膜的最大沉积率分别可达 400 nm/min，500 nm/min 以及 1 000 nm/min，在溅射过程中基片温度不超过 200℃，靶的组成与膜的组成也基本保持一致。装置示意见图 4.9.11。磁聚焦可利用磁场线圈[27]、永磁体[28] 或两者的组合[29]。磁感线垂直于靶面与电场线平行，磁场强度为 7.96～11.9 kA/m。带电粒子在磁场中运

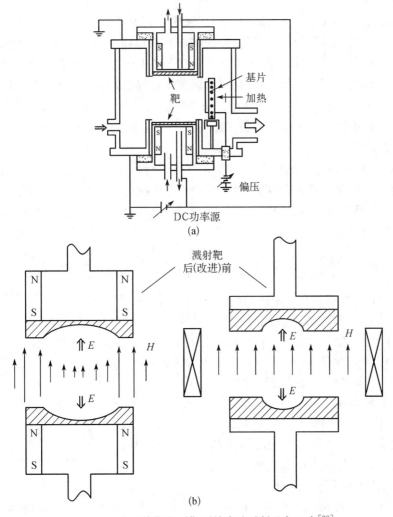

**图 4.9.11　永磁体聚焦对靶型的直流溅射设备示意**[28]

动将受到洛伦兹力的约束,从而有效地提高气体电离度,即提高溅射效率。对于非磁性薄膜的制备,常采用平面磁控管溅射法,此时电场和磁场垂直,其原理和磁控管磁场聚焦相同;但当以磁性材料作靶时,由于存在磁屏蔽效应,空间磁场强度难以提高,为此,曾采用减薄靶厚的方法,其后果是靶的寿命和材料利用率明显地降低。有一种 GT 靶(Gap Type Target),利用间隙的漏磁通产生聚焦磁场,同时不使磁性靶材磁化饱和,被成功地应用于直流磁控溅射中。这是一种将磁性靶材切割成薄片所构成的靶,在永磁体作用下,薄片间隙将产生漏磁通。厚度为 20 mm 的铁靶做成 GT 靶后,其溅射率可达 1.5 $\mu$m/min[30]。

以钡铁氧体(BaFe$_{12}$O$_{19}$)烧结体为靶材的对靶溅射工艺,采用 Ar(0.27 Pa)与 O$_2$(0.04 Pa)混合气体,当基片温度为 400℃～650℃时,在非晶 SiO$_2$/Si 基片上可以获得 $c$ 轴取向、表面光洁的钡铁氧体薄膜,其溅射率可达 0.15 $\mu$m/h[31]。采用磁聚焦对靶,烧结 MnZn 铁氧体与金属小片复合靶,可以在较低的基片温度下获得(111)取向的 MnZn 铁氧体薄膜[32]。

**(2) 射频溅射**

射频溅射的工作原理与直流溅射相同。采用射频电压代替直流电压,可以消除离子在靶上的电荷积累,克服了直流二极溅射的缺点。在射频电场中实际上是电子被加速而使不接地的一极带负电,在该电场作用下使正离子轰击靶而产生溅射,因此射频溅射可以用于制备绝缘体的薄膜。此外,由于采用高频激发,产生放电所需的电压较低,缺点是薄膜生长速度较慢。Tagami 等人[33]采用平面磁控射频溅射工艺,以 Fe$_3$O$_4$ 烧结体为靶材,在 Ar 气氛中直接生成 Fe$_3$O$_4$ 薄膜,将 Fe$_3$O$_4$ 膜在空气中氧化,可得到 $\gamma$-Fe$_2$O$_3$ 薄膜。

**(3) 反应溅射**

反应溅射是指溅射过程中同时通入所需气体进行化学反应而生成相应的氧化物和氮化物等化合物。氧化物通常在氩氧气氛中生成,氮化物通常在含有氨气的氩气氛中生成。例如,$\gamma$-Fe$_2$O$_3$ 薄膜可用金属铁靶在 Ar+O$_2$ 气氛中先生成 $\alpha$-Fe$_2$O$_3$ 薄膜,再经过还原、氧化而生成,其工艺流程如下[34]:

$$\boxed{Fe}\xrightarrow[\text{Ar-O}_2(50\%)]{\text{反应溅射}}\boxed{\alpha\text{-Fe}_2\text{O}_3}\xrightarrow[300℃\sim330℃]{\text{H}_2+\text{H}_2\text{O}}\boxed{\text{Fe}_3\text{O}_4}\xrightarrow[300℃\sim330℃]{\text{空气氧化}}\boxed{\gamma\text{-Fe}_2\text{O}_3}$$

该法亦可用于制备两层铁氧体薄膜[35],亦可在低氧气压[Ar-O$_2$(13%)]条件下,由 Fe 靶反应溅射成 Fe$_3$O$_4$ 膜,再在空气中氧化成 $\gamma$-Fe$_2$O$_3$ 膜。磁控溅射较非磁控射频溅射的溅射率高得多。以 Fe$_3$O$_4$ 为靶材,溅射 $\gamma$-Fe$_2$O$_3$ 薄膜,两者溅射率之对比见图4.9.12。

**(4) 离子束溅射**

其工作原理是利用具有一定能量的正离子或中性粒子轰击靶材料,使材料表面的原子和分子从靶材中溅射出来,沉积在基片上成膜。目前国内外采用考夫曼源作为离子源,可以产生 150～1 500 eV、100 mA 的离子束,亦可经中和电流后成为中性粒子束,在一定范围内具有较均匀的粒子流,用来制备金

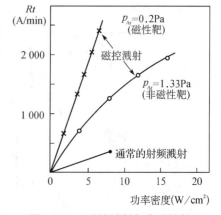

**图 4.9.12 磁控溅射与非磁控射频溅射率之对比**[33]

属与非金属的薄膜。

**（5）离子镀**

离子镀是真空蒸发与离子溅射相结合的一种制膜工艺,其装置见图 4.9.13。当材料蒸发成气相时,通过直流或射频电压产生辉光放电,使蒸发出来的部分原子离子化,然后在负偏压的基片上沉淀成膜。这种方法亦称为离子喷镀。通常先将镀膜室抽真空,然后通入 13.3～0.013 Pa 的惰性气体(如 Ar)。在两电极间施加 1～5 kV 的电压,从阳极蒸出来的金属原子在辉光放电中有 10％～15％被离化,然后在电场中被加速而轰击阴极(基片),并在表面结晶成膜。被电离的 $Ar^+$ 轰击基片表面时,产生清洁效应,由于离子溅射的作用,使得基片与膜在组成上是逐步过渡的,因此离子镀所生成的

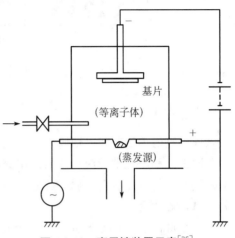

**图 4.9.13　离子镀装置示意**[36]

薄膜与基片有甚佳的粘附力。由于惰性气体对阳离子的散射作用,因此可以制备形状复杂而均匀的薄膜。在热辐射与离子溅射的作用下,通常基片温度高于室温,低于 150℃。如在蒸发时通入反应气体,可以生成相应的氧化物、氮化物等。

## 2. 电弧等离子体喷涂法

电弧等离子体喷涂法是利用电极间的弧光放电产生数百安培的电流(其温度可达2 000℃),将运载气体输送过来的铁氧体粉料(颗粒度小于 40 $\mu m$)熔化,喷射到陶瓷基片上而得到所需的薄膜[37,25]。早期采用氮气作为运载气体,容易使铁氧体还原,因此还需将薄膜重新氧化,继后是在含90％以上氧气的喷焰中喷射铁氧体,可充分被氧化。其装置结构见图4.9.14。

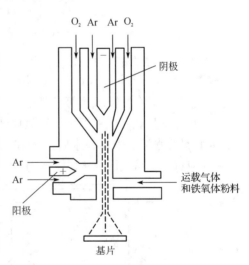

**图 4.9.14　电弧等离子体喷涂示意**

据报道,该法可制得质地均匀、致密的铁氧体厚膜(大于 20 $\mu m$),适宜批量生产。利用该法可以生产微型电感器,其工艺为:先在 $Al_2O_3$ 基片上喷一层作为半个线圈的铜带,再喷上一长条形的多晶铁氧体膜,作为微型电感器的磁芯,然后再喷一层作为线圈另一半的铜带,于是便构成一完整的薄膜电感器,具体结构见图 4.9.15。薄膜表面的光洁度、孔隙率、磁性能等与原料的选择及颗粒尺寸有着密切关系。有人比较了由通过不同方法制得的原料制作的镍铁氧体薄膜,发现其中以固相反应进行完全的铁氧体粉料为最好。颗粒尺寸以 20 $\mu m$ 左右为宜,若过细(如小于1～2 $\mu m$)将会产生颗粒的凝聚,与过粗的粉料一样,使膜面粗糙。此外,喷涂的速度亦对膜质量有较大的影响,随着喷涂速度的增加,可以改善

膜面的光洁度。

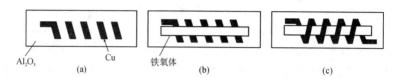

**图 4.9.15　薄膜微型电感器示意**

### 3. 湿化学法

采用溅射等工艺制备薄膜,基片温度较高,所以对基片的耐温性有一定要求;而湿化学法通常是利用化学反应在水溶液中完成制膜工艺,即可在低温下生成铁氧体薄膜,适用于耐热性差的基片材料,例如聚酯膜(PET)等。湿化学工艺有多种,现简述如下:

**(1) 化学镀**

将二价铁盐与其他多价($n$ 价)金属盐类的水溶液按一定比例进行混合。在水溶液中,硝酸盐、硫酸盐等金属离子将被水解成羟基化合物:$Fe(OH)^+$ 和 $MOH^{(n-1)+}$。当表面具有氧化层的基片浸渍在水溶液中时,$Fe(OH)^+$ 和 $MOH^{(n-1)+}$ 就被吸附到基片的氧化物表面层上。此时如在溶液中加入氧化剂:通阳极电流,或通空气,或加入亚硝酸盐离子等,吸附到基片上的低价离子则在氧化过程中提高价态,产生如下的化学反应[38]:

$$x FeOH^{2+} + y FeOH^+ + z MOH^{(n-1)+} OH^-$$
$$\longrightarrow (Fe^{3+}, Fe^{2+}, M^{n+})_3 O_4 + 4H^+$$

式中　$x + y + z = 3$;

$M^{n+} = Fe^{3+}$, $Ni^{2+}$, $Co^{2+,3+}$, $Mn^{3+}$, $Cr^{3+}$, $Al^{3+}$, $Cu^{2+}$, $Zn^{2+}$, $Mg^{2+}$, $Pb^{2+}$, $Cd^{2+}$, $V^{3,4,5+}$, $Ti^{4+}$, $Mo^{4,5+}$, $Sn^{2,4+}$ 等及其组合。

于是在基片表面就镀上一层铁氧体薄膜,该铁氧体薄膜又成为继续上述反应的新表层,因此只要水溶液中存在水解离子和氧化剂,反应就会继续下去,铁氧体膜不断增厚。上述反应过程亦可用图 4.9.16 来表述。

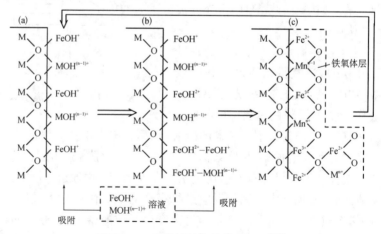

**图 4.9.16　化学镀铁氧体薄膜原理**[38]

为了在反应过程中稳定水溶液的 pH 值，在水溶液中还必须加入 $CH_3COONH_4$ 作为缓冲剂。现以 GaAs 基片上沉积 $Fe_3O_4$ 膜作为实例，说明具体的生成条件，见表 4.9.4 $Fe_3O_4$ 膜经氧化后可得 $\gamma - Fe_2O_3$ 膜[39]。

**表 4.9.4　用湿化学法在 GaAs 基片上沉积 $Fe_3O_4$ 膜的条件[40]**

| 成膜方式 | GaAs 基片 | | 反应液 | | | 缓冲剂 | 氧化液 | | 其他 | |
| --- | --- | --- | --- | --- | --- | --- | --- | --- | --- | --- |
| | 类型 | 温度 (℃) | pH | $FeCl_2$ 浓度 (g/l) | 供量 (ml/min) | $CH_3COONH_4$ 浓度(g/l) | $NaNO_2$ 浓度(g/l) | 供量 (ml/min) | 阳极电流 ($\mu A/cm^2$) | 转速 (r/min) |
| 阳极氧化 | P | 70 | 3.0 | 1.25 | | | | | 10 | |
| 旋转喷镀 | $SI^+$ | 70 | 6.9 | 3.0 | 67 | 8.2* | 0.1 | 67 | | 300 |
| 薄液膜法 | $SI^+$ | 90 | 6.9 | 5.0 | 10 | 2.0** | 1.0 | 1.1 | | |

注：+ 表示半绝缘；* 表示缓冲剂混入氧化液中；** 表示缓冲剂混入反应液中。

表中的三种成膜方式亦可用图 4.9.17 来表述。与上述条件相似，反应液选取 $FeCl_2$（3.0 g/l），$NiCl_2$（1.5 g/l）及 $ZnCl_2$（0.05 g/l）混合液，可制备成 $Fe_{2.47}Ni_{0.08}Zn_{0.25}O_4$ 铁氧体膜。

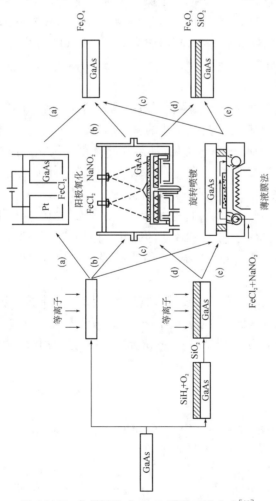

**图 4.9.17　化学镀生成 $Fe_3O_4$ 膜的三种方式[40]**

利用化学镀可得到表面光滑的多晶铁氧体薄膜,预期可应用于 GaAsIC 非互易微波器件、生物传感器或复印机磁粉调色剂等[41]。

**(2) 水热镀膜法**

水热镀膜实际上是化学镀(液膜法)的一种发展,即在水热反应过程中生长铁氧体薄膜。现以钴铁氧体为例,按下列配比制备水溶液:

| | 组　　成 | 浓度(g/300 ml) |
|---|---|---|
| 反应溶液<br>(pH=7.0) | $FeCl_2 \cdot 4H_2O$ | 2 |
| | $CoCl_2$ | 0.4~4 |
| | $CH_3COONH_4$ | 2~10 |
| 氧化溶液 | $NaNO_2$ | 0.5 |
| | $CH_3COONH_4$ | 2 |

用高压泵将上述溶液打入反应室,温度保持在 90℃～180℃,压力保持在 15～40 kg/cm²,反应液连续输入,氧化液输 4 s 停 8 s,薄膜沉积率为 5～15 nm/min,1 小时左右即可获得厚度为 0.3～0.9 $\mu$m 的钴铁氧体膜,其组成为 $Fe_{3-x}Co_xO_4$,其中 $x=0.74$～0.79,$x$ 的大小取决于溶液中 Co 的含量与反应温度,对 $Fe_{1.7}Co_{1.3}O_4$ 薄膜(反应温度为 180℃),测得矫顽力 $H_c \approx 103.5$ kA/m。

多晶铁氧体薄膜对基片的要求虽然不像单晶外延膜对晶格参数要求这么严格,但要使薄膜能坚固地附着于基片上,选择合适的基片材料是必要的。通常要求两者的热膨胀系数相近,如失配容易引起磁性的恶化,甚至膜的剥落。例如镍铁氧体的热膨胀系数为 $11 \times 10^{-6}$/℃,而 $Al_2O_3$ 陶瓷为 $7 \times 10^{-6}$/℃,因此将镍铁氧体喷涂于 $Al_2O_3$ 基片上时会产生应力感生各向异性,使磁导率下降。如配方为 $Ni_{0.6}Zn_{0.4}Fe_2O_4$ 的铁氧体,其磁导率为 120,但在 $Al_2O_3$ 基片上所生成的薄膜磁导率仅为 30[42]。实验表明,基片的热膨胀系数比铁氧体薄膜稍大些,所生成的膜具有较佳的磁性。例如镍铁氧体薄膜喷涂到 fosterite 基片上较为合适[43]。为了防止基片的破裂,并促使膜和基片良好的结合,在喷涂前必须对基片进行预热。

集成电路对超小型电感器的需要越来越迫切,目前大多制成厚膜螺旋结构的电感器,例如美国报道的薄膜电感器,其电感量为 1～1 200 $\mu$H,$Q$ 值为 100,使用频宽为 0.5～1.5 MHz。对片式电感器,膜厚度为 0.6～2 mm,常采用交迭印刷铁氧体浆料与导体浆料,然后烧结而成。

**参考文献**

[1] Blank S.L., Nielsen, J. W., *J. Cryst. Growth*,1972,17:302.

[2] Varnerin L., *IEEE Trans. on Magn.*, 1971,Mag-7:404.

[3] Linares R. C., et al., *J. Appl Phys.*, 1965,36:2884.

[4] Mee J. E., et al., *Appl. Phys. Letters.*, 1967,10:289;*IEEE Trans. Magn.*, 1969, Mag-5:289.

［5］Heinz D. M., et al., *J. Appl. Phys.*, 1972, 42: 1243.

［6］Taylor R. C., Sandagopan V., *Appl. Phys. Lett.*, 1971, 19: 361.

［7］Mc D., Robinson, *IEEE Trans. Magn.*, 1971, Mag-7: 464.

［8］Braginski A.I., *IEEE Trans. Magn.*, 1971, Mag-7: 467;404.

［9］Pulliam G.R., et al., *Feerrites:Proc. ICF* 1［M］, 1970: 314.

［10］Linanes R.C., *J. Cryst. Growth*, 1968, 3, 4: 443.

［11］Bartels G., Passig G., *J. Cryst. Growth*, 1978, 44: 363.

［12］Hewitt B. S., et al., *IEEE Trans. Magn.*, 1973, Mag-9: 366.

［13］Robertson J. M., et al., *J. Cryst. Growth*, 1974, 27: 241.

［14］Robertson J. M., et al., 1973, 18: 294.

［15］Nielsen J.W., et al., *IEEE Trans. Magn.*, 1974, Mag-10: 474.

［16］Suemune Y., Inone N., 1974, Mag-10: 477.

［17］Hiskes R., *J. Cryst. Growth*, 1974, 27: 287.

［18］Plaskett T. S., Herman D. A., *Ferrites: Proc. ICF* 3［M］, 1980:30.

［19］Simsa Z., 1980: 33.

［20］Glass H. L., et al., 1980: 39.

［21］Tagami K., et al., *IEEE Trans. Magn.*, 1981, Mag-17: 3199.

［22］Haberey F., et al., *Ferrites: Proc. ICF* 3［M］, 1980: 43.

［23］Deschanures J. L., et al., *IEEE Trans. Magn.*, 1990, Mag-26: 187.

［24］Okuda T., et al., *Ferrites: Proc. ICF － 6［M］*, 1992: 128(Digests).

［25］Harris D. H., et al., *J. Appl. Phys.*,1970, 41: 1348.

［26］Darken L. S., et al., *J. Am. Ceram. Soc.*, 1946, 68: 798.

［27］Naoe M., et al., *J. Cryst. Growth*, 1978, 45: 361.

［28］Kadokura S., et al., *IEEE Trans. Magn.*, 1981, Mag-17: 3175.

［29］Hirata T., Naoe M., *Ferrites: Proc. ICF*5,1989: 513.

［30］Nakamura K., et al., *IEEE Trans. Magn.*, 1982, Mag-18: 1080.

［31］Matsuoka M., et al., 1982, Mag-18: 1119.

［32］Matsumots K., et al., *Ferrites: Proc. ICF* 5,1989: 545.

［33］Tagami K., et al., 1981, Mag-17: 3199.

［34］Hattori S., et al., 1979, Mag-15: 1549.

［35］Nakagawa T., et al., 1981, Mag-17: 3202.

［36］Takao M., Tasaki A., 1976, Mag-12: 782.

［37］Preece I., Andrews C. W. D., *J. Mater. Sci.*, 1973, 8: 964.

［38］Abe M., Tamaura Y., *J. Appl. Phys.*, 1984, 55: 2614.

［39］Abe M., et al., 1987, Mag-23: 3432.

［40］Abe M., et al., *IEEE Trans. Magn.*, 1987, Mag-23: 3736.

［41］Abe M., et al., *Ferrites: Proc.*, ICF 5［M］,1989: 1131;ICF 6［M］, 1992:9(digests).

［42］Andrews C. W. D., *J. Mater. Sci.*, 1973, 8: 964.

［43］Andrews C. W. D., Fuller B. A., 1975, 10: 1771.

# §4.10 铁氧体单晶的制备

多晶材料的性能是所组成材料晶粒特性的统计平均效应。对单晶体的研究不仅有利于深入了解材料的基本特性,而且目前已利用单晶体的优异特性制成一些微波器件、磁光器件以及磁记录磁头等。单晶体的制备已构成材料研究中的重要内容。

## 4.10.1 单晶的成长

单晶体微观上的特征是其原子、分子或离子按一定的晶格周期排列,在宏观上体现为具有一定的对称性和一定的解理面。一定结构的晶体总有固定的对应晶面夹角。

通常单晶的制备是控制液相到固相的转变过程,使仅有少量的晶粒择优成长,而得到较大尺寸的单晶体。欲获得大晶体必须减少结晶中心数目,理想的情况下仅为一个,故有必要先分析一下,由液态冷凝成固态的过程,以及影响结晶中心数目的一些因素。图4.10.1所示为固、液相自由能与温度的关系,在高于凝固点 $T_0$ 时,液相的自由能较固相低;在凝固点 $T_0$ 时,两者相等;在低于凝固点时,固相的自由能较液相低。结晶只能在结晶温度(凝固点)下发生。物体快速冷却到结晶温度以下,所处的温度与结晶温度之差定义为过冷度 $\Delta T = T_0 - T_1$。根据分子动力学原理,单位时间、单位体积形成结晶中心数目 $n$ 与过冷度 $\Delta T$ 及晶核的表面张力系数 $\alpha$、比边缘能 $\alpha'$ 的关系为

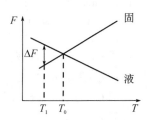

图 4.10.1 固、液相自由能与温度的关系

$$n = k_0 \exp[-k_1 \alpha'^2 / T\Delta T] \cdot \exp[-k_2 \alpha^2 / T(\Delta T)^2]$$

式中 $k_0, k_1, k_2$ 为常数。结晶中心数目将随着过冷度的增加而增加,因此在制备单晶体时,应控制过冷度,减少结晶中心数目。除了控制过冷度外,还可以利用结晶特性淘汰某些晶核。根据固体物理学,密勒指数不同的晶面生长速度不同,因此当晶体生长时,存在一快速生长方向——"生长锥"。由于容器的有限性,快速生长方向与器壁法线夹角小者将首先受到容器阻碍而停止成长,此乃几何淘汰原理。为此,往往将容器做成尖底,以限制结晶中心数目;更理想的是在尖底处放置一块快速生长方向平行于容器器壁的单晶体,以作为结晶中心(这块单晶体通常称为籽晶),继后的结晶将沿籽晶生长。亦有的

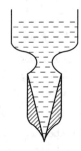

图 4.10.2 限制成核中心的"缩颈形"坩埚

将坩埚做成"缩颈形",如图 4.10.2,以限制晶核数,或进行局部冷却,以便人为地控制结晶中心。为了避免结晶中心增加,要求原料纯、杂质少,且在结晶过程中应避免机械振动。

除了考虑结晶中心外,尚需考虑单晶生长速度。单晶生长时,在固液交界处,液态的物质不断地转化成固态,并放出潜热。如果这些潜热不能及时排出,生长将会停止。简单地考虑晶体生长速度 $f$ 与温度梯度 $\frac{\partial T}{\partial X}$ 之关

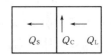

图 4.10.3 结晶过程中固液态及其界面流动示意

系。设沿单位截面积热量流动情况如图 4.10.3,其中 $Q_L$ 为由液态传到结晶界面的热流密度,$Q_S$ 为经固态传出结晶界面的热流密度,$Q_C$ 为单位时间内液态转变为固态所放出的热量,平衡时应有

$$Q_L + Q_C = Q_S$$

设晶体生长速度为 $f$,潜热为 $H$,密度为 $d$,则

$$Q_C = fHd$$

又因 $Q_L = X_L - \frac{\partial T}{\partial X}\Big|_L$,$Q_S = X_S - \frac{\partial T}{\partial X}\Big|_S$,其中 $X_L,X_S$ 分别为液体、固体的导热系数,故

$$f = \frac{X_S - \frac{\partial T}{\partial X}\Big|_S - X_L - \frac{\partial T}{\partial X}\Big|_L}{Hd}$$

由此可见,决定晶体生长速度的主要因素是液体与固体中的温度梯度。假如将固相与液相交界面附近作一温度分布图,大体上可分为下列两种情况:

第一种情况为 $\left(-\frac{\partial T}{\partial X}\right)_L > 0$,即液体内部的温度较固液交界面温度为高,此时随着结晶进行,潜热不断从固相排走,液相就在界面不断地转变为固相,结晶生成速度则随固相及液相内部的温度梯度而异,当固体中温度梯度大,则潜热易排去,液体中温度梯度小,则容易结晶。在这种情况下,晶体生长速度就快。

第二种情况为 $\left(-\frac{\partial T}{\partial X}\right)_L < 0$,亦即物质内部的温度低于界面的凝固温度,即处于过冷状态,此时液体内部亦可到处产生结晶中心,或使结晶成枝蔓状,这对获得良好的单晶体是不利的。

为此,一般都采用图 4.10.4(a) 所示的温度分布。设计单晶炉时,要求炉内有合适的温度梯度,如 $10℃/cm$,或在升降坩埚冷凝单晶时,速度不能过快,因此一般制备单晶耗费时间甚多。

在大自然中,人们已经发现了一些铁氧体单晶。例如天然的磁铁

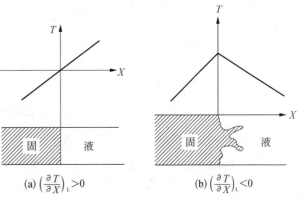

图 4.10.4 结晶情况与温度梯度之关系

矿($Fe_3O_4$)乃是处于地层深处,在高温高压的熔融态中逐渐冷凝、结晶而成,这是熔融法制备单晶体的天然实验。又如在火山喷口找到镁铁氧体,这又启发人们用火焰熔融法制备高熔点的铁氧体单晶。近年来人们又将制备其他单晶的方法,如直拉法、区熔法等移植到铁氧体单晶的制备中[1]。目前应用较多的有:① 熔融的固化,其中包括(a) 布里兹曼法,(b) 拉晶法,(c) 火焰熔融法;② 熔剂法;③ 气相法。

## 4.10.2  布里兹曼(Bridgman)法

布里兹曼法是制备单晶的标准方法之一。其原理是将试料置于尖底容器中,经高温熔融后,以缓慢的冷却速度(如 10℃/h)自底至顶逐段冷凝,以致晶体能从尖底少数晶芽出发逐渐长大。炉子示意如图 4.10.5(a)。

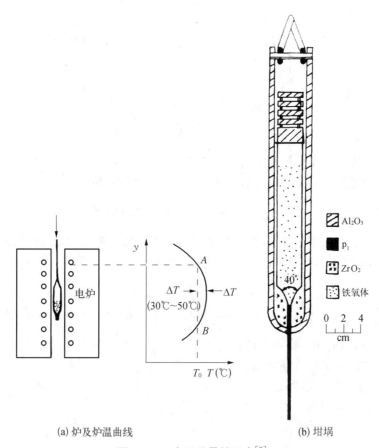

(a) 炉及炉温曲线　　　　　　　　　　　(b) 坩埚

**图 4.10.5　布里兹曼炉示意**[2]

在设计炉子时,应使炉内温度有一纵向的温度梯度(例如 10℃/cm)。炉内温度极为稳定,温度起伏控制在 0.4℃ 范围内。盛样品的坩埚长度为其直径之数倍,底呈圆锥形,见图 4.10.5(b)。样品可取多晶铁氧体,亦可将已配好均匀混合之粉料预先压成柱状,高温煅烧数小时。坩埚的锥尖可放籽晶,亦可将一小部分样品预先熔化,使其充满锥部成为结晶中心。样品不宜过多,以占坩埚的 2/3 为宜,以防止熔化时溢出容器外。坩埚必须加盖密封,防止挥发与表面产生气泡。待样品熔化后,可将坩埚徐徐下降(例如每小时下降 3 毫米),当锥尖通过 $B$ 点时,结晶开始;当坩埚尾部通过 $B$ 点时,结晶结束。

Stockbargen 增加了布里兹曼炉的温度梯度,其示意如图 4.10.6,称之为 Bridgman-Stockbargen 炉。在凝固点附近温度梯度甚大,例如 45℃/cm,坩埚可以 10 mm/h 速度通过凝固点,从而可以较快的速度生长单晶。炉温梯度可用挡板来形成,亦可采用不均匀绕炉丝方法获得。

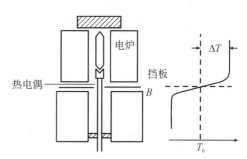

图 4.10.6 **Bridgman-Stockbargen**
单晶炉示意

在上述原理的基础上,具体实践中人们又进行过各种改进,例如感应加热法[3]中保持坩埚不动而移动感应线圈。

Bridgman 法生长晶体较熔剂法周期为短,成本亦较低。利用此法可以生成多种铁氧体单晶[4~10]。目前国内外大多利用此法生产 MnZn,NiZn 铁氧体单晶,以作为磁记录磁头材料[11~13]。下面以 MnZn 铁氧体为例作一介绍。

图 4.10.7 所示为 MnZn 铁氧体的二元相图,是一个典型的匀晶相图。$MnFe_2O_4$ 与 $ZnFe_2O_4$ 均为尖晶石结构,其晶格常数相近,因此可以组成无限溶解度的固溶体。显然,当由液态冷却到液相线与固相线之间时,其相组成将随冷却温度沿液相线与固相线而变化。原始配比为 $Y$ 的组成,从高温冷却到液相线后首先析出 $X$ 组成的固体;当进一步降温时,结晶体的组成将沿固相线变化指向富 Mn 的 $Y$ 组成,因此单晶体的组成不可避免地随着晶体生长而变化。Torii 等[10]采用布里兹曼法与区熔法相结合的工艺,以致密的多晶 MnZn 铁氧体杆为原料,最后制成直径为 90 mm,长为 800 mm,重达 24 kg 的大单晶,除两头外,其组成偏差在 1% 摩尔以内。

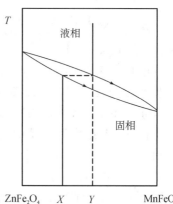

图 4.10.7 ($MnFe_2O_4$-$ZnFe_2O_4$)
二元系相图[10]

用这种方法生产 MnZn 铁氧体单晶碰到的主要困难有三方面:一、由于 $Fe_2O_3$ 的热分解将产生二价铁离子;二、Zn 在高温下极易挥发;三、组成的非均匀。实验结果表明,晶体的质量与气氛的关系十分密切,当氧气分压力大于 0.2 MPa 时,$Fe^{2+}$ 少于 7%,并固溶于尖晶石结构中。而当 $Fe^{2+}$ 大于 7% 时,就会成为维氏相 FeO 脱溶析出。当氧气压达到 10 MPa 时,没有 $Fe^{2+}$ 产生。FeO 含量与氧分压的关系见图 4.10.8 所示。Zn 的挥发亦随氧气分压的增加而减少,如图 4.10.9 所示,大约在 0.5 MPa 氧气压下,就可以生长成较好的晶体。如氧气压过高,会造成铂坩埚的损耗。利用此法已生长直径为 6 cm,长为 15 cm,重达 1 kg 的 MnZn 铁氧体单晶体,其组成为 $(Fe_2O_3)_{50}(MnO)_{30}(ZnO)_{20}$。

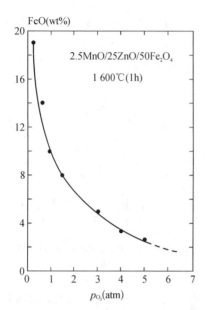

图 4.10.8　MnZn 单晶体中 FeO 含量与
晶体生长过程中氧分压的关系

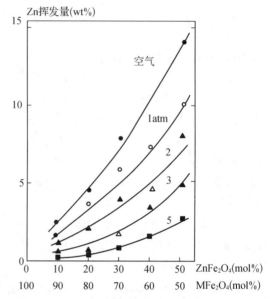

图 4.10.9　MnZn 铁氧体在 1 600℃ 恒温 1.5 h 下
所产生的 Zn 挥发量与组成以及氧分压的关系[1]

在生长过程中采用一边熔融一边加料的方法,使在 0.1 MPa 气压下生产出均匀的 MnZn 单晶亦成为可能。连续加料布里兹曼法装置示意见图 4.10.10,馈料采用组成为 $B(Mn_{0.62}Zn_{0.32}Fe_{2.06}O_4)$ 颗粒状烧结体粉料。首先将籽晶与组成为 $A(Mn_{0.68}Zn_{0.28}Fe_{2.08}O_4)$ 的粉料置于铂坩埚底部,熔化后,以 1～3 mm/h 的生长率生长单晶体,与此同时要连续馈入 $B$ 料。目前已制成组成均匀的重 6 kg 的单晶体[12]。

录像机用视频录像磁头要求高频高磁导率和高饱和磁化强度。Iimura 等[11]研究了单晶体的组成对初始磁导率、饱和磁化强度、磁致伸缩系数、电阻率及居里温度的影响,实验结果表明,略为超正分比例的 $Fe_2O_3$ 配比有利于二价铁离子存在,从而降低各向异性常数与磁致伸缩系数,提高初始磁导率。当 $Fe_2O_3$ 含量约为 54 mol% 时,最高磁通密度可达

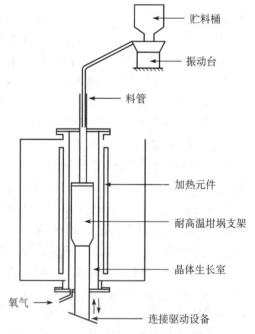

图 4.10.10　连续加料布里兹曼法装置

600 mT。为了提高磁头的信噪比和记录密度、提高图像清晰度,必须降低磁头相对于磁带运动时所产生的摩擦噪声。Torii 等[14]的研究结果表明,噪音与材料的磁致伸缩系数 $\lambda_s$ 关系密切,即 $\lambda_s$ 大,噪音高,反之亦然。作为磁头与磁带的接触面,(100)晶面相对于其他晶面噪音低。Matsuyanma 等[15]研究了 19 种附加物(1.0wt%)对原始配比为52.6 mol

Fe$_2$O$_3$,29.8 mol MnO,17.6 mol ZnO 的 MnZn 单晶体高频磁导率的影响,发现 Ca,Ta/Nb 添加物能在 7～10 MHz 频段提高初始磁导率分别为 1 000 和 1 100,而原始配比的单晶体在7 MHz时的磁导率仅为 800。

### 4.10.3 火焰熔融法

火焰熔融法又称 Verneuil 法。该法原先用来制备红宝石(含 Cr 的 Al$_2$O$_3$单晶体);自 1950 年以来,已用此法制成多种尖晶石型与石榴石型铁氧体单晶体[16～18]。其原理是利用氢氧焰或其他高温火焰将不断轻撒下来的铁氧体粉料熔化,同时缓慢移动承受台,使从底层起逐渐冷凝,一些生长有利的晶核逐渐长大而形成单晶体。亦可预先在承受台上安放一粒籽晶。其工作原理见图 4.10.11。

火焰熔融法的优点是单晶生长周期短,同时还可避免坩埚中杂质进入晶体,属于无坩埚生长单晶体技术;其缺点是生成的晶体存在缺陷,甚至有裂缝、空泡、内应力,同时晶体组成及价态也难以控制。经改进后已制得质量较好的直径为50 mm 的单晶体[19]。

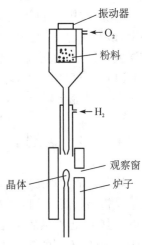

图 4.10.11 火焰熔融法装置

### 4.10.4 拉晶法

拉晶法的原理是将所需组成的粉料在高温下熔化,以一细管与其接触,依靠毛细管现象使一小部分溶液进入细管冷凝而结晶,然后以极缓慢的速度(低于晶体生长速率)稳定地向上提升,晶体连续生长,见图 4.10.12。较好的办法是在细管尖头嵌入一颗籽晶,再与液面接触,使晶体在籽晶上生长。为了使生长过程中单晶的径向温度均匀、晶格完整、杂质分布一致,在籽晶杆上提的过程中,使之绕轴以一定的速度转动,其转动速度为 10～200 r/min,对每种晶体有一最佳值,装置如图 4.10.13 所示。

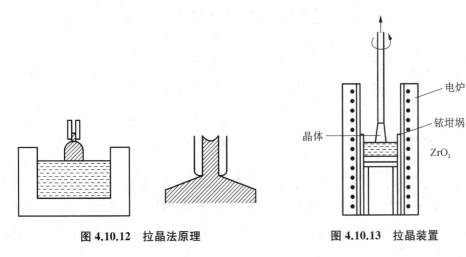

图 4.10.12 拉晶法原理　　　　图 4.10.13 拉晶装置

该方法的优点是生产周期比熔剂法短,晶体位错密度低;缺点是需要高温熔化样品,所以晶体易被坩埚沾污。拉晶法常用于生长熔点较低的 Ge,Si 等半导体单晶体,较适宜生长同成分熔化的材料。所谓同成分熔化,是指固态转变为液态过程中无其他相组成产生,目前多数用于生产作为磁泡薄膜基片用的稀土镓石榴石型单晶体。为了消除位错和包杂,最好在含有一定氧的气氛(如 2%)中烧结,亦可采用高频感应法加热。为了降低烧结温度,可以与熔剂法结合。由于系统呈非封闭形式,熔剂不宜采用高挥发性的、有毒的 $PbOPbF_2$,可采用 $BaOB_2O_3$ 低挥发性熔剂。目前,利用该法已制成直径为 9 mm,长为 45 mm 且结晶良好的 YIG 单晶体以及六角晶系铁氧体。

### 4.10.5 熔剂法

熔剂法的原理是将铁氧体粉料熔解在合适的溶剂中,然后慢慢冷却,造成过饱和溶液而结晶析出。其关键问题在于找到低熔点的熔剂,将配方中几种不同的高熔点氧化物都熔解在其中,但在最后结晶析出时,能够生成所需的单晶,并且熔剂原子并不渗入到晶体中去。显然,不同的铁氧体所用的熔剂未必相同,所选择的熔剂之离子半径,应当使熔剂离子不可能进入最后的铁氧体晶格中去。理想的熔剂应具有低熔点、低挥发性、低粘滞性、低腐蚀性,并且不进入晶体中去,密度最好较晶体为低,以致晶体可以在熔剂内部生长。熔剂对铁氧体的熔解度尽可能高。

在熔剂中,铁氧体的含量占 30%~50%,使呈过饱和溶液,以利于结晶析出,通常升温到比结晶温度约高 50℃,保温数小时,使混合物完全熔融,并均匀混合,然后可以较快地冷到饱和温度,此后就必须非常缓慢地冷却(如 0.3℃/h~3℃/h),并严格地控制温度,使其起伏甚小。为了控制结晶中心,使少数晶体从坩埚底部生长,可以使炉子有一纵向温度梯度,使坩埚顶部温度稍高于底部,或设法局部冷却坩埚底部;亦可在密封的坩埚顶部嵌入一籽晶,当温度将要达到结晶温度时,将坩埚翻转,使结晶从籽晶上逐步成长。

常用的熔剂有 $PbOPbF_2$ 系、$BaOB_2O_3$ 系、$PbOB_2O_3$ 系、$PbOBi_2O_3$ 系、$B_2O_3Bi_2O_3$ 系和 $BaONa_2CO_3$ 系,此外尚有 $Na_2B_4O_7$ 系和 $Bi_2O_3$-$V_2O_5$ 系等,其熔点列于表 4.10.1。

**表 4.10.1 某些化合物的熔点**

| 化合物 | $B_2O_3$ | $Bi_2O_3$ | $BiF_3$ | $BaCl_2$ | $Na_2CO_3$ |
|---|---|---|---|---|---|
| 熔点(℃) | 450 | 825 | 730 | 958 | 860 |
| 化合物 | $Na_2B_4O_7$ | PbO | $PbF_2$ | $V_2O_5$ | LiCl |
| 熔点(℃) | 742 | 886 | 820 | 675 | 605 |

两种化合物的混合物在一定比例时往往具有低共熔点,例如 $PbOPbF_2$ 系,见图 4.10.14。

在这些化合物中,目前最常用的是 $PbOPbF_2$,$B_2O_3BaO$,$Bi_2O_3$ 及其组合。PbO-$PbF_2$ 系的优点是熔解度大,缺点是易挥发、密度大、有腐蚀性,在 1 350℃以上时,PbO 转变为 $Pb+\frac{1}{2}O_2$,Pb 将和坩埚材料 Pt 形成合金,使坩埚受到腐蚀,因此使用温度必须低于铅分解温度。

结晶相图对单晶制备十分重要。图 4.10.15 所示为 $Y_2O_3Fe_2O_3PbO$ 系的结晶相图。从图可见一定的组成比例对 YIG 结晶最有利,图中用划斜线的区域来表明。例如,在 $R_2O_3Fe_2O_3PbO$ 系中,摩尔配比为 PbO(52.5),$Fe_2O_3$(44),$R_2O_3$(3.5)最有利于稀土石榴石 RIG 生长,其中 R＝Y,Ga,Er,Sn 等稀土元素。同样,在 $YIGBaOB_2O_3$ 系中,当 BaO/$B_2O_3$ 为一定比例时才有利于 YIG 单晶体的生长。

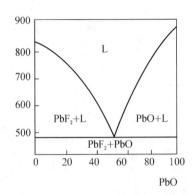

图 4.10.14　$PbOPbF_2$ 系熔点与组成关系

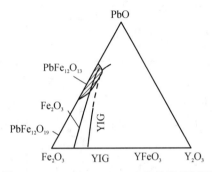

图 4.10.15　$Y_2O_3Fe_2O_3PbO$ 系的结晶相图

现将常用熔剂的蒸气压与温度的关系列于表 4.10.2,密度列入表 4.10.3。

表 4.10.2　某些氧化物的蒸气压与温度之关系

| | $B_2O_3$ | | | | $Bi_2O_3$ | | | |
|---|---|---|---|---|---|---|---|---|
| $T$(℃) | 1 200 | 1 250 | 1 300 | 1 350 | 950 | 1 000 | 1 050 | 1 200 |
| $p$(Pa) | 110 | 266 | 452 | 918 | 1.1 | 4.1 | 10.4 | 130 |

| | $PbF_2$ | | | | | PbO | | | | | |
|---|---|---|---|---|---|---|---|---|---|---|---|
| $T$(℃) | 861 | 904 | 950 | 1 036 | 1 080 | 940 | 1 039 | 1 085 | 1 114 | 1 122 | 1 265 |
| $p$(kPa) | 0.67 | 1.33 | 2.7 | 8 | 13.3 | 0.13 | 0.67 | 1.33 | 2.7 | 8 | 11.3 |

表 4.10.3　某些氧化物的密度

| 氧化物 | $B_2O_3$ | BaO | PbO | $PbF_2$ | $Bi_2O_3$ |
|---|---|---|---|---|---|
| 密度(g/cm³) | 1.85 | 5.72 | 9.53 | | 8.55 |

由于 Pb 蒸气有毒,因此使用时应采用一定的安全措施。

下面将以钇铁石榴石为例较为详细地介绍熔剂法制备单晶体的工艺。

首先选择合适的熔剂。早期以 PbO 为熔剂,由于 PbO 在 1 320℃～1 350℃范围内会与铂起反应,因此限制了最高使用温度,此外又具有高挥发性与高粘滞性等缺点。为了克服这些缺点,在 PbO 熔剂中加入适量的 $B_2O_3$,$PbF_2$[20],其作用是降低熔剂的粘滞性,使离子更易扩散,有利于晶体的生长,同时加速 $Y_2O_3$ 的熔解,使结晶范围变宽。由于 $B_2O_3$ 的密度小,加入 $B_2O_3$ 后可使熔剂的密度降低,此外,少量的 $B_2O_3$ 能抑制自发成核,有利于减少结晶数目,有利于晶体成长,亦能改善晶体质量。由于 $Y_2O_3$ 在 $B_2O_3$ 中的熔解度低于

PbO,因此当 $B_2O_3$ 的浓度大于 25％时,晶体停止生长,最佳含量为 4％～8％,目前比较多的是以 PbO,$PbF_2$,$B_2O_3$ 为熔剂[21]。Nielsen(1967 年)实验证明,YIG 的产量随 $PbF_2$/PbO 比率增加而增加,通常取 $PbF_2$/PbO≈0.83(质量比)。

现将文献上所发表的部分 YIG 配方列于表 4.10.4,表中所有的比率均为摩尔比率。

表 4.10.4 YIG 配方一览表(％)

| $Y_2O_3$ | $Fe_2O_3$ | PbO | $PbF_2$ | $B_2O_3$ | CaO | 备注 |
|---|---|---|---|---|---|---|
| 8 | 23 | 23 | 46 | | | $T_m$＝1 280℃ |
| 9.7 | 20.6 | 29.5 | 40.2 | | | $T_m$＝1 260℃ 4 h,0.5℃/h,1 040℃取出 |
| 9 | 21 | 30 | 35 | 5 | | $T_m$＝1 370℃,0.5℃/h,24 h |
| 11.8 | 25.0 | 31.5 | 25.4 | 6.3 | | $T_m$＝1 280℃,0.5℃/h,1 070℃ 反转籽晶生长,1 045℃再反转 |
| 10.42 | 20.78 | 36.3 | 27.0 | 5.4 | 0.1 | $T_m$＝1 300℃,0.5℃/h 冷至 950℃倒出 |

为了获得高质量的单晶体,通常使用高纯度原料,但原料过纯又会影响结晶成核。在制备钇铁石榴石中,发现晶体的尺寸将随着氧化物纯度的增加而倾向于减小,甚至不能获得 YIG 结晶,因此需要加入一些"可控"的杂质,促进成核,但又不影响晶体质量。实验表明,加入 0.1％～1％的 CaO 是有效的[22]。0.5％的 CaO 中大约有 1/10 的 $Ca^{2+}$ 进入晶体,补偿了 $Si^{4+}$ 和 $F^{1-}$ 的存在,抑制了 $Fe^{2+}$,改善了晶体质量,生长 YIG 单晶体的典型配比为:$Y_2O_3$(1 694 g),$Fe_2O_3$(2 397 g),CaO(4 g),PbO(6 021 g),$PbF_2$(4 926 g),$BaO_2$(279 g)。熔剂法生长单晶的程序为:原料分析→配料→在铂坩埚中预烧到 900℃左右,保温数小时,使 PbO 和 $PbF_2$ 熔融,缩小体积;再加料,再烧,经过一次或数次反复,以至尽可能增加料的含量,使料约占坩埚容积的 2/3 时,密封坩埚,并升温到 1 300℃左右,保温数小时,时间长短视坩埚容量而定,例如 100 毫升为 4 小时,800 毫升为 20 小时等。接着以每小时0.5℃～10℃的冷却速率降温,当温度降到 1 040℃或950℃时,翻转坩埚,使单晶与熔剂分离,随后跟炉冷至室温,打开坩埚,用 1 份醋酸、1 份硝酸、3 份水的溶液,或 20％的稀硝酸煮沸,以清除留在单晶上的残余熔剂/假如坩埚不翻转,亦可用上述溶液清除熔剂,取出单晶。用 PbO,$PbF_2$ 作熔剂时,在 YIG 结晶中往往伴随着 $PbFe_{12}O_{19}$ 的结晶,除了在形态上这两种单晶体可以识别外(前者一般为多面体,后者为平面六角体),尚可利用两者居里点(YIG 为 275℃,$PbFe_{12}O_{19}$ 为 452℃)不同的特点,将样品升温到 300℃,用磁铁进行分离。

至于为什么要在 950℃或高于 950℃将晶体与熔剂分离,这是因为低于 950℃时,钇铁石榴石型晶体在 PbO,$PbF_2$ 熔剂中将会重新熔解,另一方面此时熔剂尚处于熔融态,容易与晶体分离,亦避免了冷凝以后晶体受到固态熔剂的应力,又难以从固态的熔剂中取出。分离后的熔剂,经过化学分析,再附加一部分组成还可以继续使用。

对掺 Na 的钇铝石榴石可采用相同的工艺,以下列配方生长 NaYAG 单晶体:$Y_2O_3$(720 g);$Al_2O_3$(1 220 g),$Na_2CO_3$(253 g),PbO(3 556 g),$PbF_2$(4 346 g),$B_2O_3$(279 g)。$Y_2O_3$ 与 $Fe_2O_3$ 的二元相图如图 4.10.16 所示。由图可见,对于 3:5 的 YIG 配比,从固相到液相过程中将产生 $YFeO_3$ 相,称为非同成分熔化化合物,因此采用助熔剂法在较低温度下生长较为适宜。

熔剂法的优点是设备简单,能在较低温度生长较完善的晶体,尤其是对非同成分熔化的化合物(如YIG)更为有利,其缺点是生长周期太长,另外晶体容易被坩埚及熔剂所沾污。

熔剂法一个重大的突破是采用加速旋转坩埚法(ACRT)[23~25]。所谓加速旋转坩埚法是指坩埚围绕着垂直轴加速和减速旋转,此时除了对熔体产生旋转搅拌效应外,还有由于离心作用产生垂直的和径向的液体流动,从而可以降低晶体四周边界层厚度,使熔液的温度与浓度均匀化,以达到较快的生长速率。仅依靠自然的对流与扩散,晶体的生长速率约

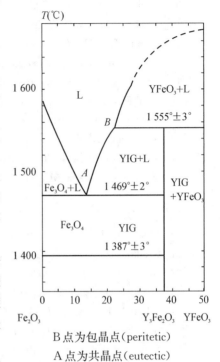

B 点为包晶点(peritetic)
A 点为共晶点(eutectic)

**图 4.10.16　$Y_2O_3 \sim Fe_2O_3$ 相图[26]**

为 50 Å/s,而采用加速旋转坩埚法可以轻易地提高 10 倍以上,亦就是说通过加速坩埚的搅拌效应可以消除边界层对晶体生长速度的限制。目前国内外都趋向于采用加速坩埚旋转法和定域冷却、翻转坩埚法相结合的工艺,使熔剂法所生成的单晶体质量得到显著的提高。例如 Tolkdorf 与 Welz[27]采用 ACRT 技术定域冷却,在 1 100 g 总料中 YIG 产量可达 45%,基本上为 1 个晶核,其摩尔配比为:$Y_2O_3$(10.42%),$Fe_2O_3$(17.38%),PbO(36.3%),$PbF_2$(27%),$B_2O_3$(5.4%),CaO(0.1%)。

目前用熔剂法已生成多种铁氧体单晶体,例如铋钙矾铁氧体、镍铁氧体、六角晶系铁氧体等[28~32]。

除了上述几种常用的单晶制备法外,还有水热法[33,34]、气相法[35]、区熔法[36]等,但这些方法在制备高质量、大尺寸单晶体方面尚未见有明显的优点。

**参考文献**

[1] Landise R. A., *The Growth of Single Crystals*[M], Prentiee-Hall, Inc.,1970.

[2] Bruni E. J., Brundage W. E., *J. Crystal Growth*, 1973, 19: 510.

[3] Sugimoto M., *J. Appl. Phys.*, 1966, 5: 557.

[4] Sakamoto N., *Japan Metal Physics*, 1937, 3: 23.

[5] Lida S., et al., *J.Phys.Soc.*, 1958, 13: 58.

[6] Funatogawa Z., Miyata Z., *J. Phys. Soc.*, 1959, 14: 1583.

[7] Ohta K., *J.Phys.Soc.*, 1963, 18: 683.

[8] Ferretti A., et al., *J. Appl. Phys.*, 1961, 32: 905.

［9］Akashi T., et al., *IEEE Trans. Magn.*, 1969，Mag-5：285.

［10］Torii M., et al., *IEEE Trans. Magn.*, 1979，Mag-15：1873.

［11］Limura T. et al., *Ferrites*,ICF3［M］, 1980：726.

［12］Berben Th. J., et al., *Ferrites*,ICF3［M］, 1980：722.

［13］Harada S., Nojo Y.,*Ferrites*, ICF1［M］, 1970：310.

［14］Torii M., et al., *Ferrites*,ICF3［M］, 1980：717.

［15］Matsuyama K., et al., *Ferrites*, ICF5［M］, 1989：565.

［16］Nakazumi Y., et al., *Ferrites*, ICF1［M］, 1970：306.

［17］Reed I. B., *Ferrites*, ICF1［M］, 1970：289.

［18］Makram H., Vichr M., *Magnetic Oxides*［M］, Part 1. 97 Ed, Craik. John Wiley & Sons, Led，1975.

［19］［日］杉本光男.電子材料［M］.1976,3：84.

［20］Nielsen J. W., *J. Appl. Phys.*,1960, 31：51S.

［21］Grodkiewicz W.H., et al., Crystal Growth［M］, H. S. Peiser, 1967：441.

［22］Grodkiewicz W. H., *J. Crystal Growth*, 1967：441.

［23］Scheel H. J., Schutz-Dubocs E. O., *J. Cryst Growth*, 1971, 8：304.

［24］Schutz-Dubocs E.O., *J. Cryst Growth*, 1971, 12：81.

［25］Scheel H.J., *J. Cryst Growth*, 1972, 13/14：560.

［26］Van Hook H. J., *J. Am, Ceram. Soc.*, 1961, 44：208.

［27］Tolksdorf W., F. Welz, *J.Cryst. Growth*, 1972, 13/14：566.

［28］Espinasa G. P., S. Geller S., *J. Appl. Phys.*, 1964, 35：2551.

［29］Craw R. C., et al., *Appl. Phys.Letters*, 1969, 14：352.

［30］Tauber A., et al., *J. Appl. Phys.*, 1962, Suppl. 33：1381.

［31］Galt J. K., *Phys. Rev.*, 1950, 79：391.

［32］Gimbino R. J., Leonhard F., *J. Amer. Ceram, Soc.*, 1961, 44：221.

［33］都有为,陆怀先,蒋亚诤,王挺祥.物理学报［J］.1984,33：579.

［34］Kold E. D., et al., *J. Appl. Phys.*, 1967, 38：1027.

［35］Ito S., et al.,*Ferrites*：*Proc. ICF3*［M］, 1980：733.

［36］Kobayashi T., Takagi K., *Ferrites*：*Proc. ICF3*［M］, 1980：729.

# 第五章 其他磁功能材料

## §5.1 磁致伸缩材料

### 5.1.1 衡量磁致伸缩材料性能的重要指标[1-4]

#### 1. 饱和磁致伸缩系数

铁磁体在应力作用下,会产生应变,从而导致内部有弹性能存在。磁弹性能也称为应力各向异性能。对于立方结构的单晶铁磁体,在受到应力 $\sigma$ 作用时,则其弹性能可用下式表示:

$$F_\sigma = -\frac{3}{2}\sigma\left[\lambda_{100}(\alpha_1^2\gamma_1^2 + \alpha_2^2\gamma_2^2 + \alpha_3^2\gamma_3^2) + 3\lambda_{111}(\alpha_1\alpha_2\gamma_1\gamma_2 + \alpha_2\alpha_3\gamma_2\gamma_3 + \alpha_3\alpha_1\gamma_3\gamma_1)\right]$$

(5.1.1)

式中,$\alpha_1$、$\alpha_2$、$\alpha_3$ 是磁化强度矢量 $M$ 的方向余弦,$\gamma_1$、$\gamma_2$、$\gamma_3$ 是应力 $\sigma$ 矢量的方向余弦,$\lambda_{100}$ 和 $\lambda_{111}$ 分别是单晶体沿[100]和[111]方向饱和磁化测得的饱和磁致伸缩系数。对于晶粒取向混乱、晶粒彼此间没有相互作用存在的具有立方结构的多晶材料,$\lambda_{100} = \lambda_{111} = \lambda_s$,上式可以简化为

$$F_\sigma = -\frac{3}{2}\lambda_s\sigma\cos^2\theta$$

(5.1.2)

$$\lambda_s = \frac{2\lambda_{100} + 3\lambda_{111}}{5}$$

(5.1.3)

式中,$\theta$ 是 $M$ 和 $\sigma$ 之间的夹角。对于磁致伸缩材料,饱和磁致伸缩系数 $\lambda_{100}$、$\lambda_{111}$ 和 $\lambda_s$ 是表征材料性能的最重要的参数。如果进一步考虑晶粒间的相互作用,则(5.1.3)式可以修正为下式:

$$\lambda_s = \left(\frac{2}{5} - \frac{\ln c}{8}\right)\lambda_{100} + \left(\frac{3}{5} + \frac{\ln c}{8}\right)\lambda_{111}$$

(5.1.4)

式中,$c$ 是常数,和材料的刚性模量 $c_{11}$、$c_{12}$ 有关,$c = (c_{11} + 2c_{12})/3$。

在磁性材料中,还有一大类材料具有六角晶体结构,它们具有很大的饱和磁致伸缩系数,但是与此同时,它们又往往具有很大的磁晶各向异性,造成材料在磁化时需要外加很大的饱和磁化场,因此不适宜用作磁致伸缩材料。

### 2. 机电耦合系数 $k_c$

磁致伸缩材料常被用于超声波换能器,它的功能是将磁能转变成机械能(换能器处于发射状态)或者将机械能转换成磁能(换能器处于接收状态)。为此可定义一个物理量来描述能量转换过程中所转换的能量大小与电磁系统所储存能量的比值大小,从而衡量材料的工作效能如何。机电耦合系数用 $k_c$ 表示,则定义如下:

$$k_c^2 = \frac{E_1}{E_0} \tag{5.1.5}$$

式中,$E_1$ 是互相转换的能量,$E_0$ 是电磁系统所转换的总能量。设外加应力 $\sigma = 0$ 即铁磁体两端呈自由状态时,铁磁体的磁导率为

$$\mu^\sigma = \left( \frac{\partial B}{\partial H} \right)_\sigma$$

而 $\lambda = 0$,即铁磁体两端固定不动时的磁导率为

$$\mu^\lambda = \left( \frac{\partial B}{\partial H} \right)_\lambda$$

这样,当铁磁体两端自由时,系统的最大总磁能为 $\frac{1}{2}\mu^\sigma H^2$;当铁磁体两端固定不动时,最大磁能为 $\frac{1}{2}\mu^\lambda H^2$。因此两者之差就是铁磁体的弹性能:$\frac{1}{2}(\mu^\sigma - \mu^\lambda)H^2$。这时的互换能与电磁总能量之比也可用这一弹性能与总磁能之比来表示,于是

$$k_c^2 = \frac{\frac{1}{2}(\mu^\sigma - \mu^\lambda)H^2}{\frac{1}{2}\mu^\sigma H^2} = \frac{\mu^\sigma - \mu^\lambda}{\mu^\sigma} \tag{5.1.6}$$

该式表明,如果磁性材料的饱和磁致伸缩系数 $\lambda_s$ 越大,$\mu^\lambda$ 就越小,材料的机电耦合系数 $k_c$ 就越大。一般,磁性材料的杨氏模量将随着所加的磁场为常数或磁感应强度为常数而变。如果磁场为常数时的杨氏模量用 $E^H$ 表示,而磁感应强度为常数时的杨氏模量用 $E^B$ 表示,则

$$\left( \frac{\partial \lambda}{\partial \sigma} \right)_H = \frac{1}{E^H}, \quad \left( \frac{\partial \lambda}{\partial \sigma} \right)_B = \frac{1}{E^B}$$

因此,(5.1.6)式也可用杨氏模量的比值表示:

$$k_c^2 = \frac{\dfrac{1}{E^H} - \dfrac{1}{E^B}}{\dfrac{1}{E^H}} = 1 - \left(\frac{E^H}{E^B}\right) \tag{5.1.7}$$

### 3. 机械品质因数 $Q$

磁致伸缩的自由振荡可以借助于阻抗-频率曲线来表示。如图 5.1.1 所示,图(a)是磁致伸缩振子的线路,磁棒 M 置于测量线圈中,两端接上信号源和电源即可测量阻抗-频率曲线。当机械振动的振幅随频率改变时,线圈两端的阻抗 $|Z|$ 也会随之改变。把磁棒线圈看成是由电容 $C_M$、电感 $L_M$ 和电阻 $R_M$

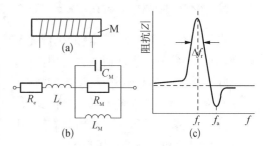

**图 5.1.1　磁致伸缩振子的工作原理**

所组成的并联等效电路,线圈的电感和电阻分别用 $L_e$ 和 $R_e$ 表示。谐振时,阻抗 $|Z|$ 的最大值也能反映出振幅的最大值。测量时可以得出如(c)图所示的共振曲线。该共振峰越尖锐,振幅越大,损耗就越小,机械能和电磁能之间的转换效率就越高,则磁性材料的机械品质因数 $Q$ 越高。

机械品质因数 $Q$ 的定义为

$$Q = \frac{\omega L_M}{R_M} = \frac{k_c \omega L_M}{R_M} = \frac{f_r}{\Delta f_r} \tag{5.1.8}$$

式中,$f_r$ 和 $f_a$ 分别是磁性试样的共振频率和反共振频率,$\Delta f_r$ 是共振曲线上 $\dfrac{1}{\sqrt{2}} |Z|_{max}$ 处的频率宽度。从不同偏置磁场下阻抗-频率曲线测量得出的 $f_r$ 和 $f_a$,可按下式求得磁机械耦合系数 $k_{33}$:

$$k_{33} = \sqrt{\frac{\pi^2}{8}\left(1 - \frac{f_r^2}{f_a^2}\right)} \tag{5.1.9}$$

### 4. 磁致伸缩灵敏度系数 $d$ 或灵敏度 $\alpha$

当磁致伸缩材料处于自由($\sigma = 0$)情况下,而且磁场强度变化很小时,磁致伸缩系数的变化与磁场强度变化的比值称为磁致伸缩的灵敏度系数 $d$:

$$d = \left(\frac{\partial \lambda}{\partial H}\right)_{\sigma=0} \tag{5.1.10}$$

由此可知,灵敏度和外加直流偏磁场的大小有关。为了提高磁致伸缩灵敏度系数 $d$ 和机电耦合系数 $k_c$,可在材料上施加一个直流偏磁场,使材料的工作点落在 $\lambda$-$H$ 曲线上变化最大处。

在某些情况下,例如,当磁致伸缩材料试样两端固定($\lambda = 0$)时,则定义应力对磁感应强度的偏导数为磁致伸缩灵敏度 $\alpha$：

$$\alpha = \left(\frac{\partial \sigma}{\partial B}\right)_{\lambda=0} \qquad (5.1.11)$$

### 5. 磁致伸缩材料的最大安全负载

最大安全负载决定于材料的机械强度。如果振动过于猛烈，甚至超过了材料的弹性限度，就会导致材料损坏而失去应用价值。

除了以上有关参数外，磁致伸缩材料许多情况下可被用作声呐的换能器部件，这是用来探测水下目标(如潜艇等)的装置，其次，可用于制造超声波发生器。在这些应用中，为了有效降低涡流损耗，希望材料具有高电阻率。同时要求材料有较好的抗腐蚀能力，良好的温度稳定性和较高的居里温度。

## 5.1.2  磁致伸缩材料

在磁性金属中，人们最早发现金属 Ni 和 Co 有较大的饱和磁致伸缩系数，后来，又陆续发现 Fe‑Al 合金、Co‑Fe 合金和 $CoFe_2O_4$ 铁氧体有较高的磁致伸缩性能，但是，它们的饱和磁致伸缩系数一般都低于 $10^{-4}$，使其应用受到限制。直至 20 世纪 60 年代，随着对稀土金属物理性质研究的深入，发现金属 Tb 和 Dy 在 0 K 附近有高达 $10^{-3}$ 量级的饱和磁致伸缩系数。1971 年，又发现稀土-铁合金($RFe_2$ 型金属间化合物)有较大的室温磁致伸缩性能，但因这类化合物的磁晶各向异性高达 $10^6\,J/m^3$，为了获得较大磁致伸缩所需要的饱和磁化场很高因而无法使用。1972 年，Clark 等[3] 在系统研究成分为 $Tb_{1-x}Dy_xFe_2$ 化合物的磁致伸缩时，发现化合物 $Tb_{0.27}Dy_{0.73}Fe_2$ 的饱和磁致伸缩系数有一峰值，而且数值很大，同时，它的磁晶各向异性常数 $K_1$ 只有 $-0.06\times10^6\,J/m^3$，因此饱和磁化场也较低，是一种较为理想的磁致伸缩材料。在美国很快被投入生产，商品牌号为 Terfenol‑D，准确成分是 $Tb_{0.27}Dy_{0.73}Fe_{1.9}$，产品以棒材形式提供，棒的轴向主要沿<112>取向。据估计，其年产值在 10 亿美元以上。这类材料因为饱和磁致伸缩系数特别大，也被称为稀土超磁致伸缩材料。

### 1. 传统磁致伸缩材料

表 5.1.1 是第一代实际使用的磁致伸缩材料一览表。这类材料包括主要用作音频或超音频(100～300 Hz)范围的振子(铁芯)，用于水下通信和探测、金属探伤、疾病诊断，以及超声切削、研磨、焊接、钻孔、清洗、处理植物种子、促进化学反应和非破坏性探伤等。为了降低交变磁场作用下所产生的涡流损耗，一般需将金属材料轧成薄片，例如，将金属镍轧制成厚度为 0.1 mm 或更薄的纯 Ni 片材，然后将芯片在空气中加热到 500℃保温 10～15 分钟，以提高其软磁性能，同时又能在其表面形成一层绝缘、抗腐蚀的致密氧化膜，这样他们就可在潮湿、热带的海水中工作，可以用于制造超声波发生器的振子。图5.1.2和图 5.1.3 示出了晶态和非晶态传统材料磁致伸缩系数随磁场强度的变化。它们的磁致伸

缩系数 $\lambda = \Delta L/L$ 大多小于 $50 \times 10^{-6}$。

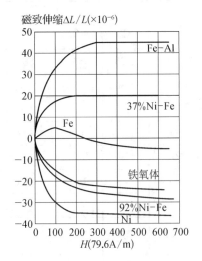

图 5.1.2　几种传统磁性材料的磁致伸缩
系数 $\lambda$ 随磁场 $H$ 的变化[5]

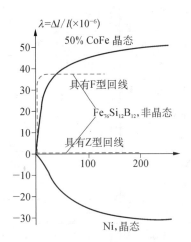

图 5.1.3　晶态和非晶态合金的磁致
伸缩随磁场的变化[6]

图 5.1.3 给出了镍和 $50\%Co$-Fe 合金的磁致伸缩系数 $\lambda$ 随磁场 $H$ 的变化曲线，为对比起见，同时给出了分别具有 F 型和 Z 型磁滞回线的 $Fe_{76}Si_{12}B_{12}$ 非晶态合金的 $\lambda$-$H$ 曲线。含 Al 量为 $13\%$ 的 Fe-Al 合金的 $|\lambda_s|$ 高于纯 Ni，电阻率更是 Ni 的 12 倍，因此允许振子铁芯采用较厚的带材。其缺点是耐腐蚀性差，表面易氧化。为了使其能胜任在有腐蚀性介质的环境中工作，需要在其表面涂一特殊保护膜。Fe-Al 合金冲片需在空气或氢气中于 900℃～950℃ 退火 2～3 小时，然后以每小时 100℃ 的冷却速度冷却至 650℃，再以每小时 60℃ 冷却至 200℃ 以下出炉。成分为 49Co-49Fe-2V 的铁钴钒合金有更大的 $\lambda_s$，但是，因含大量的钴使成本升高，加上耐腐蚀性差和电阻率低，竞争力不强。为使合金兼有一定弹性，需在氢气或真空中于 450℃ 进行低温退火。50Ni-50Fe 合金的磁致伸缩与 Ni 相近，但电阻率稍高于纯镍，有利于降低损耗。但是，总的来看，金属材料由于电阻率较低，当工作频率高于 50 kHz 时，机械品质因素 $Q$ 值下降严重而无法胜任工作。

铁氧体材料因有相当高的电阻率，能胜任在高频下工作。一般用于制作超声波发生器和接收机、机械滤波器、稳频器等。常用的铁氧体磁致伸缩材料有镍铁氧体、镍锌铁氧体、镍钴铁氧体、镍铜铁氧体等。其中，镍锌铁氧体适于制作低功率和中功率高灵敏度超声波换能器，镍铜铁氧体适于制作超声辐射器。添加 $(1～2)\%Co$ 的镍铁氧体可以在一定温度提高机电耦合系数，使机械谐振频率的温度系数变好，对应用于机械滤波器很有利。

总的来看，传统的磁致伸缩材料曾经在早期的超声和水声器件（超声发生器、接收器和探伤器、声呐等）、电讯器件（滤波器、稳频器、谐振发生器振荡器等）以及测量器件方面得到了广泛的应用，但是，因为饱和磁致伸缩系数不大，使它们的应用范围受到了限制。

表 5.1.1　几种传统磁致伸缩材料的电磁性能[7,8]

| 类别 | 成分（质量%） | $\lambda_s$ $(\times 10^{-6})$ | 机电耦合系数 | | $\mu_i$ | $B_m$ (T) | $H_c$ (A/m) | $T_c$ (℃) |
|---|---|---|---|---|---|---|---|---|
| | | | $(k_c)$最佳 | $(k_c)$剩磁 | | | | |
| 金属磁性材料 | 退火纯 Ni | $-(30\sim40)$ | $0.15\sim0.31$ | $0.14\sim0.23$ | $100\sim400$ | 0.63 | 56 | 385 |
| | $Fe_{87}Al_{13}$ | 40 | $0.25\sim0.28$ | $0.19\sim0.26$ | 1000 | 1.30 | 56 | 500 |
| | $Fe_{60}Ni_{40}$ | 25 | — | — | 2700 | 1.60 | — | 440 |
| | $Fe_{55}Ni_{45}$ | 25 | $0.12\sim0.27$ | $0.11\sim0.17$ | 2700 | 1.60 | — | 440 |
| | $Fe_{50}Ni_{50}$ | 25 | — | — | 2500 | 1.60 | — | 440 |
| | $F_{49}Co_{49}V_2$ | 70 | $0.25\sim0.37$ | $0.18\sim0.31$ | 700 | — | 160 | 980 |
| | $Fe_{30}Co_{70}$ | $75\sim130$ | — | — | — | — | — | — |
| | $Ni_{93.5}Co_{4.5}Cr_2$ | — | 0.51 | — | — | — | — | 410 |
| | $Ni_{96}Co_4$ | $-31$ | — | — | — | 0.68 | — | 410 |
| 铁氧体磁性材料 | $NiFe_2O_4$ | $-26$ | 0.21 | $0.14\sim0.20$ | 44 | 0.33 | 224 | 590 |
| | $Ni_{0.5}Zn_{0.5}Fe_2O_4$ | $-9$ | 0.14 | 0.10 | 330 | 0.04 | 28 | $250\sim300$ |
| | $Ni_{0.99}Co_{0.01}Fe_2O_4$ | $-26$ | 0.24 | 0.16 | 51 | — | 184 | $550\sim600$ |
| | $Ni_{0.98}Co_{0.02}Fe_2O_4$ | $-26$ | 0.33 | $0.22\sim0.25$ | 73 | 0.33 | 160 | $550\sim600$ |
| | $Ni_{0.35}Zn_{0.65}Fe_2O_4$ | $-5$ | $0.10\sim0.12$ | $0.08\sim0.10$ | — | 0.04 | 28 | $180\sim200$ |

## 2. 二元 RE-Fe₂ 化合物的磁致伸缩

20 世纪 60 年代中期，低温技术的发展使人们有可能对稀土-过渡族金属间化合物的磁性展开系统的研究。1963—1965 年间，Legvold、Clark 和 Rhyre 等先后发现稀土金属铽（Tb）和镝（Dy）在 0 K 附近磁致伸缩系数可达 $10^{-3}$ 量级[9]。

表 5.1.2 列出了其他一些稀土-铁化合物的磁致伸缩性能和居里温度。

表 5.1.2　稀土-铁化合物的室温磁致伸缩性能和居里温度[9]

| 化合物成分 | 结构 | $\lambda_s(\times 10^{-6})$ | 居里温度（K） |
|---|---|---|---|
| $Tb_{0.27}Dy_{0.73}Fe_2$ | $MgCu_2$ | $\lambda_s:1\,000$ $\lambda_{111}:1\,640$ $\lambda_{100}\leqslant 100$ | 653 |
| $SmFe_2$ | $MgCu_2$ | $-1\,560$ | $676\sim700$ |
| $TbFe_2$ | $MgCu_2$ | $1\,753$ | $696\sim711$ |
| $TbNi_{0.4}Fe_{1.6}$ | $MgCu_2$ | $1\,151$ | — |
| $TbCo_{0.4}Fe_{1.6}$ | $MgCu_2$ | $1\,487$ | — |
| $PrFe_2$ | $MgCu_2$ | $1\,000$ | 500 |
| $DyFe_2$ | $MgCu_2$ | 433 | $633\sim638$ |

| 化合物成分 | 结构 | $\lambda_s(\times 10^{-6})$ | 居里温度(K) |
|---|---|---|---|
| $ErFe_2$ | $MgCu_2$ | 299 | 590～595 |
| $SmFe_3$ | $PuNi_3$ | −211 | 650～651 |
| $TbFe_3$ | $PuNi_3$ | 693 | 645～655 |
| $DyFe_3$ | $PuNi_3$ | 352 | 600～612 |
| $Tb_6Fe_{23}$ | $Tb_6Mn_{23}$ | 840 | — |
| $Dy_6Fe_{23}$ | $Tb_6Mn_{23}$ | 330 | 545 |

现介绍稀土-铁化合物的制备方法。

稀土-铁金属间化合物只有在单晶体或成为取向晶体的状态下才能显示出较高的磁致伸缩性能,如果材料中存在第二相或晶体缺陷时,磁致伸缩性能就明显下降。如果材料是棒材,我们希望其轴向能沿$<111>$取向,同时又无晶界、无孪晶及其他缺陷。这种理想的显微组织很难实现。一般采用熔炼法制备合金,再通过热处理改善性能,如果要将材料用于高频下工作,还得将材料切成薄片,最后组装成棒材以降低涡流损耗。常用方法有定向凝固法、烧结法、黏结法等。

通常,定向凝固法包括布里吉曼法、浮区法和提拉法等。布里吉曼法是将材料母合金置于石英或氧化铝坩埚内,采用感应线圈加热使母合金熔化,并使溶液从坩埚一端逐步向另一端冷却直到感应线圈移出坩埚区。美国学者 Clark 最早研究 Fe‐Ga 合金的试样就是采用布里吉曼法制备的单晶试样。浮区法是将母合金棒材置于浮区装置中,使用一匝扁平感应线圈从棒材一端移向另一端,保证位于感应线圈附近的棒材区经历从熔化到凝固的过程,从而形成层状的定向凝固组织。这种方法因熔化时间短有利于减少稀土金属在熔炼过程中的烧损量,对精确控制成分有好处。用提拉法生长晶体时,常常用一个小籽晶固定在旋转支架上,将其插入熔体中,让籽晶起晶核的作用,通过缓慢提拉籽晶,熔体便能以籽晶为基底,生长出晶体来。

和以上三种方法相比,粉末烧结法使用的生产设备要相对廉价一些,而且材料尺寸和形状原则上不受限制。合金经熔炼后,在氩气保护下破碎成一定粒度的粉末,再经干燥、压型,最后在氩气中烧结。成型时,可根据需要选择磁场成型或无磁场成型。实验表明,采用磁场成型和磁场热处理对提高磁致伸缩性能有利。例如,用烧结法制备的 $Tb_{0.32}Dy_{0.68}Fe_{1.75}$ 合金在 24 MPa 预加压力和磁场强度 560 kA/m 条件下进行磁场取向,并于1 100℃烧结 4 小时,磁致伸缩系数可高达 $1\,400\times 10^{-6}$。

$RFe_2$ 系单晶和多晶化合物的磁致伸缩应变和居里温度如表 5.1.3 所示。在立方结构的 $TbFe_2$ 中观察到由磁性感生的巨大应变($\sim 0.2\%$)。在 $DyFe_2$ 中发现磁致伸缩具有反常的"正的"温度依赖性,在室温以上出现磁致伸缩峰值($> 600\times 10^{-6}$)。磁致伸缩的来源是位于 $RFe_2$ 晶格中立方座的稀土离子具有大的并依赖于应变的各向异性。在这些化合物中,稀土离子的磁弹性能估计比稀土元素本身要大 2～5 倍。

表 5.1.3　RFe₂ 系单晶和多晶化合物的室温磁致伸缩应变和居里温度[3]

| 材料 | SmFe₂ | GdFe₂ | TbFe₂ | DyFe₂ | HoFe₂ | ErFe₂ | TmFe₂ |
|---|---|---|---|---|---|---|---|
| 易轴 | <111> | <100> | <111> | <100> | <100> | <111> | <111> |
| $\lambda_{111}$（×10⁻⁶） | −2 100 | — | 2 430 | 1 260 | 200 | −300 | −210 |
| $\lambda_{多晶}$（×10⁻⁶） | −1 560 | 30 | 1 753 | 433 | 80 | −299 | −123 |
| $T_c$（K） | 676 | 782 | 697 | 653 | 606 | 590 | 560 |

| 材料 | Tb₀.₂₇Dy₀.₇₃Fe₂ | | | Sm₀.₆₅Dy₀.₃₅Fe₂ | | | |
|---|---|---|---|---|---|---|---|
| 易轴 | <111> | | | <111> | | | |
| $\lambda_{111}$（×10⁻⁶） | 1 620 | | | −1 430 | | | |
| $\lambda_{多晶}$（×10⁻⁶） | 1 060 | | | — | | | |
| $T_c$（K） | 651 | | | — | | | |

　　图 5.1.4 和图 5.1.5 分别示出了 RFe₂ 和 RFe₃ 金属间化合物的饱和磁致伸缩系数随磁场强度的变化。图中，$\lambda_{//}-\lambda_{\perp}$ 是当外加磁场从垂直于测量磁致伸缩的方向变成平行于测量方向时试样长度的相对变化。这个量和多晶体的饱和磁致伸缩系数 $\lambda_s$ 的关系为

$$\lambda_{//}-\lambda_{\perp}=\frac{3}{2}\lambda_s。$$

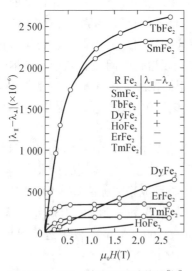

图 5.1.4　RFe₂ 的室温磁致伸缩[10]

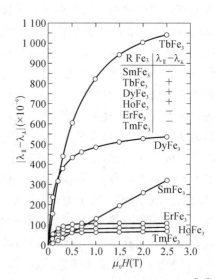

图 5.1.5　多晶 RFe₃ 的室温磁致伸缩[11]

　　从图中可以看到，和传统的磁致伸缩材料相比，稀土-铁化合物的饱和磁致伸缩系数要大得多，特别是 TbFe₂ 和 SmFe₂ 更是具有最大值。实际上，根据测量结果，成分为 R₂Fe₁₇ 和 R₆Fe₂₃ 的金属间化合物也有大的磁致伸缩，而且，具有最大磁致伸缩系数的也都是 R＝Tb 的化合物。这些具有较大磁致伸缩的化合物在晶体结构上都是立方结构。

图 5.1.6 示出了非晶态 $TbFe_2$、$Tb_{0.3}Dy_{0.7}Fe_2$ 和 $DyFe_2$ 室温磁致伸缩随磁场强度 $H$ 的变化。图 5.1.7 则是成分为 $Tb_{0.27}Dy_{0.73}Fe_2$ 单晶沿不同主轴饱和磁化时所需的磁场强度值。

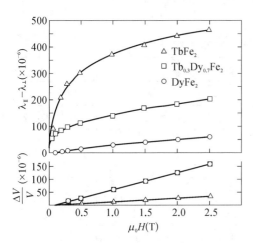

**图 5.1.6　非晶态 $TbFe_2$、$Tb_{0.3}Dy_{0.7}Fe_2$ 和 $DyFe_2$ 的室温磁致伸缩**[3]

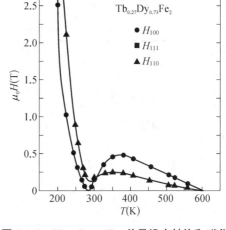

**图 5.1.7　$Tb_{0.27}Dy_{0.73}Fe_2$ 单晶沿主轴饱和磁化所需的磁场强度**[11]

图 5.1.8 示出了 TbDyFe 合金在外加压应力 13.8 MPa 作用下的磁致伸缩随外加磁场的变化。

Terfenol - D 是稀土超磁致伸缩材料的典型代表。PZT 是 $PbZrO_3$ 和 $PbTiO_3$ 的固溶体 $Pb(Zr_{1-x}Ti_x)O_3$ 的总称，具有钙钛矿型结构。通常，PZT 压电陶瓷是将二氧化铅、锆酸铅、钛酸铅在 1 200℃高温下经过烧结而成的多晶体，具有优良的压电效应。表 5.1.4 中比较了 Terfenol - D、PZT 和 Ni 三种材料的物理性能。相比之下，Terfenol - D 具有以下优点：

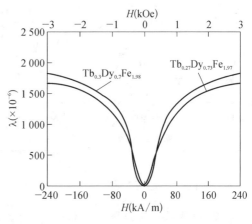

**图 5.1.8　TbDyFe 合金的磁致伸缩随外加磁场的变化(外加压应力 13.8 MPa)**

① Terfenol - D 具有很大的磁致伸缩系数 $\lambda_s$，其静态应变饱和值 $\lambda_s$ 高达$(1\,500\sim2\,000)\times10^{-6}$，该值远高于 Ni 的磁致伸缩系数和 PZT 的压电应变值；如此高的 $\lambda_s$ 值，可以实现很高的输出功率。

② 室温下，Terfenol - D 的能量转换效率高，机电耦合系数高（0.7～0.75），即能量转换效率高于 70%，其值高于 Ni 的 0.3 和 PZT 的 0.45～0.72。

③ Terfenol - D 的能量密度高，是 Ni 的 400～800 倍和 PZT 的 14～30 倍。

④ Terfenol - D 的可控性好，其响应时间小于 1 $\mu s$，性能重复性好；PZT 的响应时间为 10 $\mu s$。所以在用作执行器时，Terfenol - D 更适合用于高速响应和精确定位场合。

⑤ Terfenol - D 的工作可靠性强，用其制作的执行器，一般可以由低压的激励线圈驱

动,因而对驱动电源的要求大为降低,不像压电换能器一般需要高达千伏的电压驱动(易产生电击穿!)。

⑥ Terfenol‐D 的频率特性好,频带宽,尤其适合在低频区工作,在 0～5 kHz 频率范围内,能量转换效率高于 PZT。

表 5.1.4　Terfenol‐D、Ni 和 PZT 的物理性能比较[12]

| 性能 | 参　数 | 单　位 | Terfenol‐D | Ni | PZT |
|---|---|---|---|---|---|
| 磁弹性性能 | 最大应变 | ×10$^{-6}$ | 1 500～2 000 | 40～35 | 100～800 |
| | 机电耦合因数 | — | 0.7～0.75 | 0.3 | 0.45～0.72 |
| | 能量密度 | kJ/m$^3$ | 14～25 | 0.03 | 0.65～1.0 |
| | 能量转换效率 | % | 49～56 | 9 | 23～52 |
| | 响应时间 | 10$^{-6}$ s | <1.0 | — | 10 |
| 声学机械性能 | 弹性模量 | ×10$^{10}$ N/m$^2$ | 2.5～3.5 | 21 | 4.6～6 |
| | 声速 | m/s | 1 640～1 940 | 4 950 | 3 130 |
| | 抗压强度 | MPa | 700 | — | — |
| | 抗拉强度 | MPa | 28 | — | 76 |
| | 承载能力 | MPa | 20 | — | 4 |
| | 密度 | Mg/m$^3$ | 9.25 | 8.9 | 7.5 |
| 磁电热性能 | 相对磁导率 | — | 3～10 | — | — |
| | 居里温度 | ℃ | 380～387 | >500 | 130～400 |
| | 电阻率 | Ω·m | 5.8×10$^{-8}$ | 6.7×10$^{-6}$ | 1×10$^8$ |
| | 热膨胀系数 | 10$^{-6}$/K | 12 | 13.3 | 10 |

### 3. Fe‐Ga 合金

2000 年,Clark 发现 Fe‐Ga 合金有较高的磁致伸缩系数,其单晶体沿<100>方向的饱和磁致伸缩系数 $\lambda_s$ 高达 $400×10^{-6}$。

Fe‐Ga 合金是继 Fe‐Ni 基磁致伸缩合金和 Tb‐Dy‐Fe 超磁致伸缩合金滞后出现的新型磁致伸缩材料,它的优点是成本较低、应变大、驱动磁场低、力学性能好,因此备受瞩目[13]。稀土超磁致伸缩材料虽然具有特大的磁致伸缩系数,但因脆性大,又含有较多的重稀土元素,成本高,再说这些重稀土元素在自然界的储藏量又不高,使其扩大应用时受到了很大限制。为此,人们对不含稀土的 Fe‐Ga 基磁致伸缩合金的探索就具有十分重要的战略意义。蒋成保等人[14]在 FeGa 基上再添加 Tb,获得更大的磁致伸缩效应。

2000 年,Clark 等人[15]发现在纯铁中加入 Ga 后,磁致伸缩性能几乎提高了 10 倍之多。例如,其单晶体沿<100>方向的饱和磁致伸缩系数可达 $300×10^{-6}$。

韩志勇等人[16]热处理对取向多晶 $Fe_{83}Ga_{17}$ 合金的磁致伸缩性能有明显影响。合金样品在 1 100℃保温 1 h 后,炉冷至 730℃保温 3 h,经水中淬火以后,$\lambda_s$ 可达 $318×10^{-6}$。

冷却速度不同,导致合金在冷却过程中,内部会出现不同的相结构。炉冷过程中,在700℃附近出现 $B_2$ 相和 $DO_3$ 相之间的相互转变, $DO_3$ 相不利于样品磁致伸缩的增大。淬火处理后,能够抑制 $DO_3$ 相的形成,使 $Fe_{83}Ga_{17}$ 样品在室温保持为 bcc 结构,从而使 $Fe_{83}Ga_{17}$ 合金的磁致伸缩应变增大。

Clark 等人[17]利用布里吉曼法制备了 Fe-Ga 合金单晶样品。制得单晶样品以后,随后在 1 000℃退火 72~168 h,以大约每分钟 10℃的冷却速度随炉冷却,或者将部分样品在 800℃或者 1 000℃保温 1 h 后,淬入水中,是为“炉冷”和“淬火”样品。图 5.1.9 示出了它们的 $(3/2)\lambda_{100}$ 和 $(3/2)\lambda_{111}$ 随成分的变化。从(a)图可以看到,无论是炉冷样品还是淬火样品,对于含 Ga 量约为 19％和 27％的 Fe-Ga 合金,磁致伸缩 $(3/2)\lambda_{100}$ 有极大值,Clark 等人认为,这两个极大值分别和 Fe-19％Ga 合金中磁弹性能的急剧增大和 Fe-27％Ga 合金中切变弹性常数出现线性软化有关。(b)图显示,在成分接近于 Fe-20％Ga 合金附近,$(3/2)\lambda_{111}$ 随着 Ga 含量的增大从负值转为正值。

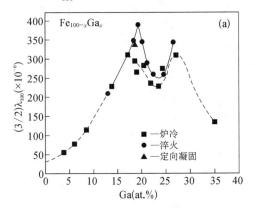
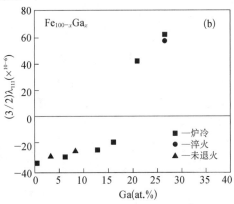

**图 5.1.9　$Fe_{100-x}Ga_x$ 单晶样品的磁致伸缩(a) $(3/2)\lambda_{100}$ 和(b) $(3/2)\lambda_{111}$ 的成分依赖性**

### 参考文献

[1] Callen H. B., Goldberg N. . *J. Appl. Phys.*, 1965, 36: 97.

[2] 周志刚, 等.铁氧体磁性材料[M].科学出版社, 1981.

[3] Clark A. E., Magnetostrictive rare earth-Fe$_2$ compounds, E. P. Wohlfarth, *Ferromagnetic Materials*[M], Vol. I, Amsterdam: North Holland Publishing Company, 1980: 531-567.

[4] 王博文, 曹淑瑛, 黄文美.磁致伸缩材料与器件[M].冶金工业出版社, 2008: 23-86.

[5] 戴礼智.金属磁性材料[M].上海人民出版社(1973?).

[6] Boll R., 第 14 章: 软磁金属与合金.K.H.J.巴肖主编, 赵见高译, 金属与陶瓷的电子及磁学性质 Ⅱ[M].北京科学出版社, 2001: 348-397.

[7] 冯若.超声手册[M].南京大学出版社, 1999: P189.

[8] 黄泽铣.功能材料及其应用手册[M].机械工业出版社, 1991.

[9] Clark A. E., Belson H S. Giant room-temperature magnetostrictions in TbFe$_2$ and DyFe$_2$[J], *Physical Review B*, 1972, 5, 9: 3642-3648.

[10] Clark A. E., et al., 1978.

[11] Clark A. E., Magnetostrictive rare earth-Fe$_2$ compounds, E. P. Wohlfarth, Ferromagnetic

Materials[M],Vol. I,Amsterdam: North Holland Publishing Company,1980:531 - 567.

[12] 李扩社,徐静、杨红川,等.稀土超磁致伸缩材料发展概况[J].稀土,2004,25(4):51 - 56.

[13] 温术来,王栋樑.新型磁致伸缩材料 FeGa 合金研究进展[J].磁性材料及器件,2017,48(4):57 - 62.

[14] 蒋成保,贺杨堃.FeGa 磁致伸缩材料合金研究现状和发展趋势[J].金属功能材料,2016,23(6):1 - 8;Y. He, C. B. Jiang, etal, *Acta. Materialia*, 2016, 109: 177 - 186.

[15] Guruswamy S.,Srisukhumbowornchai N.,Clark A. E.,et al.,Strong,ductile,and low-field-magnetostrictive alloys based on Fe-Ga [J],*Scripta Materialia*,2000,43(3): 239 - 244.

[16] 韩志勇,周寿增,张茂才,等.Fe-Ga 超磁致伸缩材料的性能和中子衍射分析 [J].功能材料,2004,35(增刊):735 - 737.

[17] Clark A. E.,Hathaway K. B.,Wun Fogle M.,et al.,Extraordinary magnetoelasticity and lattice softening in bcc Fe-Ga alloys [J],*J. Appl. Phys.*,2003,93(10): 8621 - 8623.

## §5.2 磁感生应变材料

### 5.2.1 概况

目前,在一些超精密测量、控制、定位、机械加工以及微型机械、大功率水下声呐、机器人等领域实际应用的驱动器和传感器中,迫切需要能够产生大应变、大推力的功能材料。至今已经获得应用的功能材料大致可以分成三类。

第一类是由电场驱动的压电陶瓷材料,如锆钛酸铅陶瓷[统称 PZT,分子式为 $Pb(Zr_x Ti_{1-x})O_3$]、锆钛酸镧铅陶瓷(统称 PLZT,属于透明铁电陶瓷)等,它们具有大压电效应,由其构成的超高精度、低能耗、控制简便的驱动器在精密工程中起着重要的作用。它们的输出应变量为 0.10%～0.13%。

第二类是由磁场驱动的磁致伸缩材料。目前性能最好的磁致伸缩材料是 Terfenol-D,被称为超磁致伸缩合金,成分为 $(Tb_{0.27}Dy_{0.73})Fe_2$,其在易磁化方向[111]上的输出应变为0.17%～0.24%,比压电材料的输出应变略高。第一台超磁致伸缩驱动器诞生于 20世纪 80 年代末,发明人是德国柏林大学的 Kiese Wetter 教授。他利用一根尺寸为 $\phi 10 \times 120\ mm^2$ 的超磁致伸缩棒做成尺蠖式驱动器,定子采用直径相同的管状非磁性材料。在线圈中通以电流后,磁致伸缩效应使得驱动器像虫子一样蠕动前进,最大驱动力达1 000 N,分辨率为 21 $\mu m$,速度为 200 mm/s。这种驱动器的优点是应变较大,机电耦合系数高,响应速度快、输出力大。日本也曾用直径为 6 mm 的超磁致伸缩棒制备了精密机床工具伺服装置。其每平方毫米面积内的驱动力可达 588 N,差不多是压电陶瓷 PZT 的20 倍,加工单晶硅晶面的平均粗糙度为 1.9 nm。

第三类大应变材料是由温度场控制的传统形状记忆合金(如 Ni-Ti 合金),最大输出应变为 6%～8%,在三类材料中是最高的。但是,由于温度场的变化速度缓慢,导致发生相变的响应速度也较慢,因而使用受到限制。在响应频率这个指标上,如果和第一、二类材料的高响应频率(100 kHz 和 10 kHz)相比,则第三类材料要低得多(1～5 Hz)。

因此,从实际应用角度看,人们迫切希望能够寻找到一种新型功能材料兼具以上三类材料的长处以满足在驱动器和传感器方面提出的使用要求。

1984 年,Webster 等人[1]首次报道 Heusler 型 $Ni_2MnGa$ 合金具有热弹性马氏体效应和铁磁性,并对合金的相结构、相变温度、居里温度、磁化强度和磁化率开展了系统的研究。1996 年,Ullakko 等人[2]研究发现,$Ni_2MnGa$ 合金单晶试样在 640 kA/m(8 kOe)磁场和265 K 温度下沿[001]方向可测到高达 0.2%的应变。这一应变量是在磁场作用下感生的,比至今在稀土-铁化合物 $(Tb_{0.27}Dy_{0.73})Fe_2$ 测得的磁致伸缩量要大一个数量级,但是产生这一应变的机理又和磁致伸缩机理完全不同,为了区分起见,通常把这种应变称为磁感生应变,显示这种应变的材料统称为磁感生应变材料或磁驱动相变材料。1999 年,吴光恒等人[3]在成分为 $Ni_{52}Mn_{22.2}Ga_{25.8}$ 的单晶合金中在 23℃～31℃温度范围内把沿[001]

方向的磁感生应变提高到了 $0.31\%$，这是在 $480\ kA/m(6kOe)$ 磁场下测得的饱和值；如果通过磁场转动，可将磁感生应变的净输出提高到 $0.6\%$。2000 年，Murray 等人[4]报道了成分为非化学计量比、具有 5 层调制马氏体结构的 $Ni_{47.4}Mn_{32.1}Ga_{20.5}$ 在应力作用下可以产生 $6\%$ 的磁感生应变。2002 年，Sozinov 等人[5]在同时施加 $5\ kOe$ 磁场和 $1\ MPa$ 应力的条件下，在成分为 $Ni_{48.8}Mn_{29.7}Ga_{21.5}$ 并具有 7 层马氏体结构的合金中获得了 $9.5\%$ 的磁感生应变。在短短几年时间里对 $Ni_2MnGa$ 合金开展的研究中所取得的这些成绩引起了全世界学者的注意，因为相对于稀土-Fe 磁致伸缩合金质脆、难以加工、高频涡流损耗大和价格高昂等不足，新型的磁感生应变材料有可能成为提供输出大应变并具有反应迅速、响应频率高等优点的智能材料，因此很快成为研究热点。

除了 Ni-Mn-Ga 合金外，同时被研究的磁感生应变材料还有其他一些成分的 Heusler 合金（如 Ni-Mn-In、Ni-Fe-Ga、Ni-Mn-Al、Co-Ni-Ga、Co-Ni-Al 等）、Fe 基合金（如 Fe-Pt、Fe-Pd 等）以及 Co 基合金（如 Co-Ni 和 Co-Mn 等）。至今，针对它们的磁感生应变效应的研究也都取得了一定进展。例如，Ni-Co-Mn-In 合金的特点就和 Ni-Mn-Ga 合金不同，它们的高温母相是铁磁相，而经过马氏体相变后的产物马氏体相却是反铁磁（顺磁）相，在磁性上正好和 Ni-Mn-Ga 合金的两相相反。在这类合金中添加 Co 有利于提高其居里温度，它们的磁感生应变效应是在逆马氏体相变过程即从反铁磁（顺磁）性马氏体相向铁磁性母相转变时由磁场诱发产生的，根据 Kainuma 的理论计算[6]，其理论上的最大应力输出值可高达 $100MPa$，而相比之下，Ni-Mn-Ga 合金的应力输出值却只有 $2\sim5MPa$[6,7]。王沿东等人[8,9]曾利用高能 XRD 技术原位研究了多场（温度场、磁场和应力场）耦合作用下这类合金的晶体结构和微结构演变的过程。实验证实，在温度 275 K 和磁场 $\mu_0 H=3$ T 条件下可以在试样中诱发马氏体相向母相的转变，并且撤去磁场后，试样可恢复母相状态。这说明在 275 K 时，施加磁场可在合金中诱发可逆的马氏体相-母相的转变[7]。

至今，人们对铁磁性形状记忆合金的磁感生应变效应研究最多的是 Ni-Fe-Ga 合金，下面我们重点叙述这方面的研究成果。

### 5.2.2 $Ni_2MnGa$ 合金的晶体结构

$Ni_2MnGa$ 是一种形状记忆合金。这种合金试样经过塑性变形后如果再加热到一定温度以上，能够回复到塑性变形前的形状。通常，具有形状记忆效应的材料会随着温度改变而产生相变，使晶格结构发生相应的变化，从而有可能使试样沿某一晶向出现较大的应变量。如果形状记忆合金呈现铁磁性，就可以在合金相变期间通过施加磁场使试样的应变量随着磁场的增大或减小产生可逆变化，即产生磁感生应变。图 5.2.1 示出

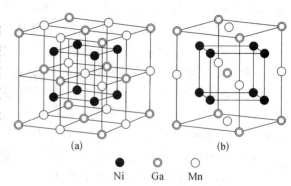

● Ni　◎ Ga　○ Mn

**图 5.2.1　$Ni_2MnGa$ 合金中母相的 fcc 结构 (a) 和马氏体相的 bct 结构 (b)**

了 $Ni_2MnGa$ 合金的晶体结构。它的高温母相呈面心立方（fcc）$L2_1$ 型有序结构，如（a）图所示，295K 时的晶格常数 $a$ 为 0.5825nm。（b）图是高温母相冷却到一定温度经马氏体相变后生成的马氏体相的晶体结构图。马氏体相以体心四方（bct）$L2_1$ 有序结构为主，和母相结构比较，晶轴 $a$ 和 $b$ 略有伸长，$a=b\approx0.590$ nm；$c$ 轴收缩，$c\approx0.544$ nm，由此推算出 $c$ 轴长度变化率最大可达 6.56%。

表 5.2.1 列举了 $Ni_2MnGa$ 合金的相关物理量[10]。这种合金马氏体相的磁晶各向异性常数 $K_1=1.17\times10^5$ J/m$^3$，居里温度 $T_c=376$ K，4.2 K 时的比饱和磁化强度 $\sigma_s=66$ Am$^2$/kg，属铁磁相，$c$ 轴是易磁化轴，$a$ 轴是难磁化轴。合金总磁矩主要来自 Mn 原子磁矩，其次来自 Ni 原子磁矩。根据中子衍射测量，在 4.2 K 时每个分子式的总磁矩 $4.17\mu_B$ 中，Mn 原子的自旋磁矩贡献 $2.74\mu_B$，Ni 原子自旋磁矩贡献 $0.24\mu_B$，Ga 原子的自旋磁矩贡献 $-0.013\mu_B$[1]，Ga 原子磁矩的负号说明其是逆磁性原子。Mn、Ni、Ga 三种原子的磁矩总和并不等于 $4.17\mu_B$，差值可能来自原子轨道磁矩的贡献。高温母相是顺磁相。

表 5.2.1　具有化学计量比的 $Ni_2MnGa$ 单晶合金的基本性能[10]

| 物　理　量 | | 数　值 | 说　明 |
|---|---|---|---|
| 居里温度 | $T_c$(K) | 376±3 | |
| 开始转变为马氏体相温度 | $M_s$(K) | 276 | |
| fcc 母相晶格常数 | $a$(nm) | 0.582 5 | $T=295$ K |
| 马氏体逆相变开始温度 | $A_s$(K) | 281.5 | |
| 马氏体相比饱和磁化强度 | $\sigma_s$(Am$^2$/kg) | 66 | $T<276$ K |
| 马氏体相的晶格常数 | $a$(nm)<br>$c$(nm)<br>$c/a$ | 0.592 0<br>0.556 6<br>0.94 | $T=4.2$ K |
| 马氏体相磁晶各向异性常数 | $K_1$($\times10^5$ J/m$^3$) | 1.17 | $T<276$ K |
| 马氏体相变造成晶格常数 $c$ 的最大变化率（%） | | 6.56 | |

图 5.2.2 是 Ni‑Mn‑Ga 合金的功能相图[7]。图中，位于条纹状阴影区内的合金具有平均电子浓度 $e/a$（总电子数与总原子数之比）为 7.3～7.8；在由粗虚线围成的小区域内，合金具有可逆的马氏体相变功能；灰色区内的合金显示铁磁性；在棒槌形状的深黑色区内，合金具有最高的比饱和磁化强度 $\sigma_s$，其中，对应于 $Ni_2MnGa$（$Ni_{50}Mn_{25}Ga_{25}$）的成分代表点大致位于该棒槌形深黑色区的左下部端点处。

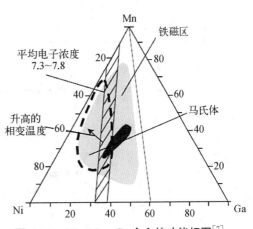

图 5.2.2　Ni‑Mn‑Ga 合金的功能相图[7]

### 5.2.3　非化学计量比 Ni‐Mn‐Ga 合金的磁感生应变

表 5.2.2 给出了三种不同马氏体结构（5 层调制、非调制和 7 层调制周期）的非化学计量比 Ni‐Mn‐Ga 合金单晶的相关参数[7]。它们的磁晶各向异性常数 $K_1$ 均大于表5.2.1 中 $Ni_2MnGa$ 的相应值。表中的"孪晶应力"指的是为使晶体中的孪晶界移动所需的应力阈值，就这三种合金而言，具有 5 层马氏体结构的 $Ni_{49.2}Mn_{29.6}Ga_{21.2}$ 合金使孪晶界移动所需的应力阈值最小，具有 7 层马氏体结构的 $Ni_{48.8}Mn_{29.7}Ga_{21.5}$ 稍大，而非调制结构的 $Ni_{52.1}Mn_{27.3}Ga_{20.6}$ 合金的应力阈值则大得多。$1-c/a$ 是材料经马氏体相变后可能获得的理论最大磁感生应变值。表中的最后一行是实际测得的磁感生应变值，可以看到，对于 5 层和 7 层周期马氏体结构的两种合金，磁感生应变分别是 5.8% 和 9.4%，都已分别接近理论最大值 5.89% 和 10.66%，但是非调制马氏体结构合金的磁感生应变却小于 0.02%，和理论最大值相差很大。蒋成保等人 2002 年在体心四方非调制马氏体单变体中利用超大应力诱发孪晶再取向获得了高达 15% 的应变值，这或许意味着利用超大应力和磁场同时作用下有可能获得更大的磁感生应变。

**表 5.2.2　非化学计量比 Ni‐Mn‐Ga 合金单晶参数[7]**

| 马氏体结构 | 10M（5 层调制） | NM（非调制） | 14M（7 层调制） |
|---|---|---|---|
| 成分（at%） | $Ni_{49.2}Mn_{29.6}Ga_{21.2}$ | $Ni_{52.1}Mn_{27.3}Ga_{20.6}$ | $Ni_{48.8}Mn_{29.7}Ga_{21.5}$ |
| 晶格参数（nm） | $a=0.594$ $b=0.594$ $c=0.559$ | $a=0.546$ $b=0.546$ $c=0.658$ | $a=0.619$ $b=0.580$ $c=0.553\,9$ |
| 单胞体积（nm³） | 0.197 | 0.196 | 0.199 |
| $1-c/a$ （%） | 5.89 | 20.5 | 10.66 |
| 孪晶应力（MPa） | 1 | 12~20 | 1.1 |
| 磁晶各向异性常数 $K_1$（$\times 10^5$ J/m³） | 1.45 | −2.03 | 1.6 |
| 磁感生应变（%） | 5.8 | <0.02 | 9.4 |

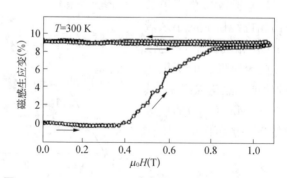

**图 5.2.3　$Ni_{48.8}Mn_{29.7}Ga_{21.5}$ 合金磁感生应变与磁场的关系**

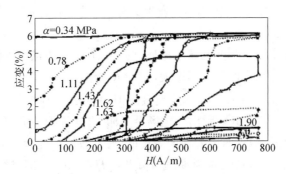

**图 5.2.4　$Ni_{48.8}Mn_{29.7}Ga_{21.5}$ 合金不同预应力下磁感生应变与磁场的关系**

图 5.2.3 和图 5.2.4 分别示出了 $Ni_{48.8}Mn_{29.7}$ $Ga_{21.5}$ 合金磁感生应变与磁场的关系,及在不同预应力下磁感生应变与磁场的关系。

吴光恒等人[3]曾对成分为 $Ni_{52}Mn_{24}Ga_{24}$ 合金单晶的磁感生应变开展了全面的研究。他们采用提拉法制备单晶试样,随后采用两步退火法进行热处理,先在 800℃退火 4 天,急冷至 500℃回火 24 h,目的是使合金具有高度有序的 L21 结构并消除合金内部的杂散内应力,从而有利于马氏体变体的择优取向排列。

图 5.2.5 示出了室温下 $Ni_{52}Mn_{24}Ga_{24}$ 单晶样品磁感生应变随磁场变化的曲线。插图示出了测量磁感生应变时单晶样品、金属应变片和外加磁场的取向关系。应变片测量方向为单晶薄片试样的[001]方向。图 5.2.5 的下半部分(粗黑圆点连接线)表示的是外加磁场 $H$ 平行于[001]方向并在大小上沿 $0 \longrightarrow 1600 \longrightarrow 0 \longrightarrow$

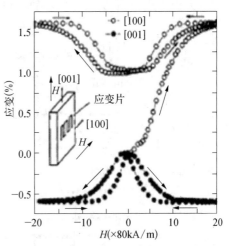

**图 5.2.5　$Ni_{52}Mn_{24}Ga_{24}$ 单晶样品、金属应变片和外加磁场的取向关系及其应变随磁场变化的曲线**

$1600 \longrightarrow 0$ (kA/m)循环一周测得的应变值变化。可以看到,随着外加磁场的周期性变化,应变的变化是可逆的。在最大磁场为 1 600 kA/m 时,相应的最大磁感生应变约为 $-0.6\%$,负号代表单晶试样沿[001]方向是收缩的。这时,磁感生应变的饱和磁化场约为 800 kA/m(10 kOe)。当磁场改变方向,从原来沿[001]方向变到沿 [100]方向施加,但仍然沿[001]方向测量应变,则测得最大的磁感生应变为 0.5%(如图中空心圆圈连接线)。这时的饱和磁化场为 1 200 kA/m(15 kA/m)。因此,单晶中所得的净应变为 0.5%$-$ $(-0.6\%)=1.1\%$。这一应变量远大于传统大磁致伸缩合金 $(Tb_{0.27}Dy_{0.73})Fe_2$ 的饱和磁致伸缩系数 0.16%(无预压应力情况下)和 0.24%(预压应力为 24 MPa 情况下)。

图 5.2.6 进一步给出了这种单晶合金在零磁场和不同恒定磁场下沿[001]方向测量的相变应变随温度的变化,其中(a)图是 $H/\!/$[001]并沿[001]方向测得的应变;(b)图是 $H/\!/$[100]但仍沿[001]方向测得的应变。从 5.2.6(a)可以看出,当外加磁场 $\mu_0 H=0$ T 时,随着温度降低到 $M_s=286$ K 以下时,因马氏体相变导致样品有~1%的收缩;随后从

280 K 左右升温到 292 K,逆马氏体相变发生又有 1% 的伸长,试样恢复原状。收缩-伸长两次动作的温度滞后 $\Delta T \approx 10$ K。

如果在马氏体相变和逆相变的温度循环过程中沿[001]方向施加恒定磁场,则试样的可回复应变将随着磁场强度的增强而增大,图中依次给出了 $\mu_0 H = 0.4$ T、0.8 T 和 1.2 T 的应变变化情况。当 $\mu_0 H = 1.2$ T 时,应变接近饱和,其最大应变是 $\mu_0 H = 0$ T 时应变的三倍多,达到 $-4\%$。图 5.2.6(b)示出了磁场沿[100]方向施加和沿[001]方向测得的应变随温度的变化。可以看到,这时随着横向磁场的增强,收缩应变量逐渐减小。当磁场强度 $\mu_0 H$ 略低于 0.3 T 时,相变应变量为零;随后,当 $\mu_0 H > 0.3$ T 时,试样沿[001]方向由原先的收缩变为伸长。当 $\mu_0 H = 1.2$ T 时,可得最大应变量为 1.5%。降温过程中马氏体相变和升温过程中逆马氏体相变造成的应变量变化也是可回复的。

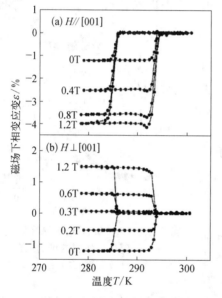

图 5.2.6 单晶 $Ni_{52}Mn_{24}Ga_{24}$ 样品在零场和不同恒定磁场下沿[001]测量的相变应变值随温度的变化(a) $H /\!/ [001]$;(b) $H \perp [001]$

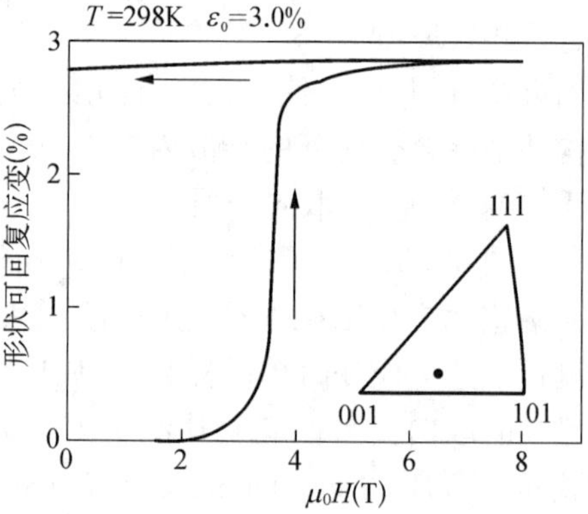

图 5.2.7 $Ni_{45}Co_5Mn_{36.7}In_{13.3}$ 单晶在 298 K 的磁感生应变[6]

表 5.2.3 列举了几种 Ni 基铁磁形状记忆合金的磁感生应变。表中第一行列出的 $Ni_{45}Co_5Mn_{36.7}In_{13.3}$ 单晶在 8 T 磁场下有 2.9% 的磁感生应变,其随磁场变化的关系如图 5.2.7 所示。

表 5.2.3　Ni 基铁磁形状记忆合金的磁感生应变

| 合金成分<br>(at)% | 温度<br>(K) | 磁场 $\mu_0 H$<br>(T) | 磁感生应变<br>(%) | 参考文献 |
|---|---|---|---|---|
| $Ni_{45}Co_5Mn_{36.7}In_{13.3}$ 单晶 | 298 | 8 | 2.9,不可逆 | Chanles S. W., Popplewoll J., 1980 |
| $Ni_{43}Co_7Mn_{39}Sn_{11}$ 多晶 | 310 | 8 | 0.3,可逆 | MoskovoitzR.，1974 |

| 合金成分<br>(at)% | 温度<br>(K) | 磁场 $\mu_0 H$<br>(T) | 磁感生应变<br>(%) | 参考文献 |
| --- | --- | --- | --- | --- |
| $Ni_{50}Mn_{34}In_{16}$ 多晶 | 195 | 5 | 0.14，可逆 | Khalafalla S.，Reimers G.，1980 |
| $Ni_{45.2}Mn_{36.7}In_{13}Co_{5.1}$ 多晶 | 310 | 5 | 0.25，可逆 | 徐教仁，刘思林，2001 |
| $Ni_{48.8}Mn_{29.7}Ga_{21.5}$ 单晶 | 300 | 1 | 9.5，不可逆 | Papell S. S.，1965 |
| 多孔 $Ni_{50.6}Mn_{28}Ga_{21.4}$ 多晶 | 300 | 1 | 0.115，可逆 | 李学慧，齐锐，薛志勇等，2004 |
| 多孔 Ni-Mn-Ga 多晶 | 300 | 1 | 8.7，可逆 | 刘勇健，庄虹，刘蕾等，2004 |

影响 Ni-Mn-Ga 合金磁感生应变的因素很多。这里列举几条。

### 1. 成分对 Ni-Mn-Ga 合金力学性能的影响

在 Ni-Mn-Ga-RE 多晶合金中，随着少量添加的稀土 RE(Tb、Dy、Y、Sm 或 Nd)含量的增加，抗弯强度、抗压强度和延展性均有明显改善。Gao 等人研究了合金 $Ni_{50}Mn_{29}Ga_{21-x}Dy_x(0 \leqslant x \leqslant 5)$ 中 Dy 含量对抗压强度的影响。发现当 Dy 含量从 0 增大到 1(at)%，合金的抗压强度几乎线性地从约 400 MPa 增大到 1 000 MPa；当 Dy 含量继续增大到 2% 和 5% 时，测得抗压强度分别为 1 100 MPa 和 1 050 MPa。此外，他们还发现，压缩应变起先也随着 Dy 含量的增加而增大，在 Dy 含量为 0% 时，压缩应变约为 6%；当 Dy 含量增大到 1(at)% 时，压缩应变达最大值 13%；继续增大 Dy 含量，压缩应变则明显减小，至 Dy 含量为 5(at)% 时仅为 6%。合金力学性能的这种变化，和 Dy 的添加引起的断裂机理变化有关。在 Ni-Mn-Ga 合金中，主要属于晶间断裂，而添加 Dy 后，则为穿晶解理断裂。王海学等人测定了成分为 $Ni_{52}Mn_{24.7}Ga_{23.3-x}Dy_x(x=0，0.1，0.2，0.4)$ 的铸态试样和定向凝固试样的抗弯强度值，发现这两种试样的抗弯强度均随着 Dy 含量的增加而增大。对于 $Ni_{52}Mn_{24.7}Ga_{23.3}$ 合金，铸态试样和定向凝固试样的抗弯强度分别为 30 MPa 和 50 MPa，而对于含 Dy 的 $Ni_{52}Mn_{24.7}Ga_{22.9}Dy_{0.4}$ 的铸态试样和定向凝固试样，相应的抗弯强度的提高幅度更大，分别可达 50 MPa 和 138.71 MPa。

Morito 等人在 Ni-Fe-Ga-Co 铁磁形状记忆合金中，为了获得大的应变，研究了 Mn 对静态应力下磁晶各向异性常数 $K_u$ 和磁感生应变(MFIS)的影响。通过加入 Mn，可提高 $K_u$ 值，室温下合金 $Ni_{49.5}Fe_{14.5}Mn_{4.0}Ga_{26.0}Co_{6.0}$ 有一相对大的 $K_u$ 值($-1.6 \times 10^5$ J/$m^3$)。从该合金的应力-应变曲线看，孪晶应力为 8~10 MPa。因此，该合金在大约 8 MPa 的静态压应力下能产生较大的磁感生应变(MFIS$=-11.3\%$)。

### 2. 脉冲强磁场的影响

除了施加预应力外，施加脉冲强磁场也有利于获得近似单变体，如李灼等人的研究结果证实了这一点。他们采用光子加热悬浮区熔法制备出直径 7 mm、长 60 mm 的 $Ni_{50}Mn_{28.5}Ga_{21.5}$ 单晶，分别切割成 8.1 mm×4.3 mm×4.4 mm 和直径 7mm、长 38.9 mm

的两块单晶体,利用 10 T 强磁场进行变体处理获得近似单变体,并获得了 5.2% 的大磁致应变。磁致应变压力效应的测试表明,随压应力增大,孪晶再取向的临界磁场强度增大,磁致应变降低。

### 3. 马氏体变体对磁感生应变的影响

马氏体相变属于非扩散性型固态转变,属于一级相变。相变发生时,母相的晶粒内部存在一些最容易向马氏体相转变的晶面,它们在相变过程中不会发生畸变,也不会发生转动,通常是新旧两相的交界面,被称为惯习面。在一般情况下,由于惯习面的位向不同,共有 24 种不同的马氏体变体存在。大量实验研究表明,只有在 Ni-Mn-Ga 单变体中才能获得大的磁感生应变。但是,通常所制备的单晶样品是由自协作态的马氏体多变体组成的,导致合金磁感生应变值并不大。为了获得近似单变体以提高磁感生应变,一般可采用施加预应力的方法。沿着 Ni-Mn-Ga 单晶试样的 [100] 方向施加单向压应力就可从原先的多变体得到接近单变体。

在 Ni-Fe-Ga-Co 铁磁形状记忆合金中,为了获得大的应变,研究了 Mn 对静态应力下磁晶各向异性常数 $K_u$ 和磁感生应变(MFIS)的影响。通过加入 Mn,可提高 $K_u$ 值,室温下合金 $Ni_{49.5}Fe_{14.5}Mn_{4.0}Ga_{26.0}Co_{6.0}$ 有一相对大的 $K_u$ 值($-1.6 \times 10^5$ J/m³)。从该合金的应力-应变曲线看,孪晶应力为 8~10 MPa。因此,该合金在大约 8MPa 的静态压应力下能产生较大的磁感生应变(MFIS=$-11.3\%$)。

目前,磁性形状记忆合金可以分成三类:Ni 基、Fe 基和 Co 基。

**(1) Ni 基磁性形状记忆合金**

Ni 基磁性形状记忆合金如 NiMnGa、NiMnAl、NiFeGa、NiMnIn、NiMnSn、NiMnSb 等。用 Fe 和 Co 部分取代 Ni,例如 $Ni_{55}Fe_{20-x}Co_xGa_{25}$ 有利于提高合金的居里温度和饱和磁化强度;同时,能促使马氏体转变温度 $M_s$ 和居里温度 $T_c$ 的升高。

**(2) Fe 基磁性形状记忆合金**

Fe 基磁性形状记忆合金如 Fe-Pd、Fe-Pt、Fe-Mn-Ga 等。其中,Fe-Pd 和 Fe-Pt 不属于 Heusler 合金系列,它们通过磁场诱发孪晶再取向可产生大约 4% 的磁感生应变。它们的热弹性马氏体相变存在的成分范围很窄,而且相变温度远低于室温,限制了实际使用。Fe-Mn-Ga 合金的体心立方相则是属于 Heusler 合金,开发历史不长。

**(3) Co 基磁性形状记忆合金**

Co 基磁性形状记忆合金包括 Co-Ni、Co-Ni-Ga、Co-Ni-Al 等,特点是具有高韧性、宽的马氏体相变和磁性转变温度范围和宽的超弹性温区。一般,这类 Co 基合金都有双相组织:硬而脆的有序基体相和软而韧的无序面心立方相。

总的来说,自 1996 年至今,人们对磁性形状记忆合金大大加深了认识。但是,和传统的形状记忆合金、磁致伸缩材料、压电材料比较,该认识仍然处于基础研究阶段,距离实际应用尚有一段不小的距离。如何克服磁感生应变的不稳定性和降低诱发相变的临界磁场是面临的突出问题。

表 5.2.4 列出了各种铁磁形状记忆合金的磁感生应变。

表 5.2.4  各种铁磁形状记忆合金的磁感生应变一览表

| No. | 合金成分(at%) | $M_s$/K | $T_c$/K | MFIS/温度 $T$ | $\mu_0 H$/T |
|---|---|---|---|---|---|
| 1 | $Ni_2MnGa$ 单晶 | — | — | 0.2%/265 K | 0.8 |
| 2 | $Ni_{52}Mn_{22.2}Ga_{25.8}$ 单晶 | 289 | 349 | −0.31%/300 K | 0.6 |
| 3 | $Ni_{52}Mn_{24}Ga_{24}$ 单晶 | 280 | 350 | 1.2%/300 K | 1.2 |
| 4 | $Ni_{51}Mn_{24}Ga_{25}$ 单晶 | | | 1.1% | 1.202 |
| 5 | $Ni_{51}Mn_{25.5}Ga_{23.5}$ 单晶 | 275 | | 1.5%/268 K | 1.2 |
| 6 | $Ni_{50.6}Mn_{28.1}Ga_{21.3}$ 单晶 | 345 | 370 | 7.0%/295 K<br>6.0%/350 K | 1.8<br>1.8 |
| 7 | $Ni_{50.5}Mn_{26.2}Ga_{23.4}$ 单晶 | — | — | 1.7%/277 K | — |
| 8 | $Ni_{50}Mn_{27.5}Ga_{22.5}$ 单晶 | 297 | 371 | 6.2%/ | 0.24 |
| 9 | $Ni_{50}Mn_{28.5}Ga_{21.5}$ 单晶 | 310 | 375 | 5.2%/300 K | 0.706 |
| 10 | $Ni_{49.8}Mn_{28.5}Ga_{21.7}$ 单晶 | 318 | 368 | 6%/ | 0.5 |
| 11 | $Ni_{49.7}Mn_{29.1}Ga_{21.2}$ 单晶 | 308 | | 5~6%/300 K | 1.15 |
| 12 | $Ni_{49.0}Mn_{29.6}Ga_{21.4}$ 单晶 | 306 | 369 | 4.65%/291 K<br>3.4%/302 K | 0.96<br>0.35 |
| 13 | $Ni_{48.9}Mn_{27.7}Ga_{23.4}$ 单晶 | 307 | 373 | 5.2%/300 K | 1.0 |
| 14 | $Ni_{48.2}Mn_{30.8}Ga_{21}$ 单晶 | 307 | 367 | 7.3% | — |
| 15 | $Ni_{48.4}Mn_{29.4}Ga_{22.2}$ 单晶 | 270 | 333 | 0.3% | — |
| 16 | $Ni_{48.8}Mn_{29.7}Ga_{21.5}$ 单晶 | 337 | 368 | 9.5%/300 K | 1.0 |
| 17 | $Ni_{48}Mn_{30}Ga_{22}$ 单晶 | — | — | 5%/300 K | — |
| 18 | $Ni_{47.4}Mn_{32.1}Ga_{20.5}$ 单晶 | | | 6%/300 K | — |
| | $Ni_{46}Mn_{24}Ga_{22}Co_4Cu_4$ 单晶 | 334 | 477 | 12%/300 K | 1.0 |
| 19 | $Ni_{53.5}Mn_{19.5}Ga_{27}$ 多晶 | — | — | 0.82%/300 K | |
| 20 | $Ni_{49.6}Mn_{28.4}Ga_{22}$ 多晶 | 304 | — | −0.3%/298 K | — |
| 21 | $Ni_{47}Mn_{32}Ga_{21}$ 多晶 | 309 | 365 | 0.07%/298 K | 1.0 |
| 22 | $Ni_{50}Mn_{27}Ga_{23}$ 铸态 | 245 | 372 | — | — |

| No. | 合金成分(at%) | $M_s/K$ | $T_c/K$ | MFIS/温度 $T$ | $\mu_0 H/T$ |
|---|---|---|---|---|---|
| 23 | $Ni_{50}Mn_{27}Ga_{23}$快淬带<br>(淬速 6m/s) | 225 | 369 | >0.6%/ | 1.0 |
| 24 | $Ni_{54.75}Mn_{13.25}Fe_7Ga_{25}$多晶 | 294 | — | 1.8%/296 K | 1.5 |
| 25 | $Ni_{50}Mn_{26}Ga_{19}Fe_5$铸态 | 382 | 384 | 0.1% | — |
| 26 | $Ni_{50}Mn_{26}Ga_{19}Fe_5$快淬带 | 379 | 383 | 0.0095% | — |
|  | $Ni_{50.9}Mn_{27.1}Ga_{22.0}$纤维,<br>$\phi(60\sim100)\mu m\times$长$\sim$3mm | 320 | 371 | 1.0%/300 K | 1.5 |
| 27 | 多孔 $Ni_{50.6}Mn_{28}Ga_{21.4}$<br>含76%空泡率<br>含55%空泡率<br>空泡尺寸小于晶粒尺寸 | 300 | 372 | 0.115%/300 K<br>0.003%/300 K<br>2.0$\sim$8.7%/300 K | 1.0<br>1.0<br>1.0 |
| 28 | $Ni_{50}Mn_{29}Ga_{21}$单晶板和聚氨酯(PU)板复合物\**<br>NiMnGa薄板<br>多层板复合物<br>夹层板复合物 | 308 | — | $H=$820 kA/m<br>dc-MFIS:<br>5.6%/300 K<br>1.5%/300 K<br>0.8%/300 K | $H=$820 kA/m<br>ac-MFIS:<br>0.3%/300 K<br>0.8%/300 K<br>0.5%300 K |
| 29 | $Ni_{45}Co_5Mn_{36.7}In_{13.3}$单晶 | — | — | 2.9%/298 K | 8.0 |
| 30 | $Ni_{45.2}Co_{5.1}Mn_{36.7}In_{13}$多晶 | — | — | 0.25%/310 K | 5.0 |
| 31 | $Ni_{43}Co_7Mn_{39}Sn_{11}$多晶 | — | — | 1.0%/310 K | 8.0 |
| 32 | $Ni_{50}Mn_{34}In_{16}$多晶 | — | — | 0.14%/195 K | 5.0 |
| 33 | $Co_{41}Ni_{32}Al_{27}$单晶 | 302 | 340 | 3.3%/300 K | — |
| 34 | $Co_{37}Ni_{34}Al_{29}$多晶 | — | — | 0.013%/293 K | 0.7 |
| 22 | $Co_{47.5}Ni_{22.5}Ga_{30.0}$ | — | 380 | 7.6%/300 K | — |
| 23 | $Ni_{49}Fe_{18}Ga_{27}Co_6$ | — | 405 | 8.5%/300 K | 0.4($\sigma=$8MPa) |
| 24 | $Ni_{49.5}Fe_{14.5}Mn_{4.0}Ga_{26.0}Co_6$ | 320 | 420 | 11.3%/300 K | 1.0($\sigma=$8MPa) |
| 25 | $Ni_{46}Cu_4Mn_{38}Sn_{12}$多晶 | 278 | 320 | 0.12%/284 K | 5 |
| 26 | Fe-30(at%)Pd 单晶 | 279 | — | 0.49%/253 K | 0.5 |

续表

| No. | 合金成分(at%) | $M_s$/K | $T_c$/K | MFIS/温度 $T$ | $\mu_0 H$/T |
|---|---|---|---|---|---|
| 27 | Fe－31.2(at%)Pd 单晶 | — | — | 3%/77 K | 1.0 |
| 28 | $Fe_{70}Pd_{30}$ 单晶 | — | — | 0.6% | — |
| 29 | $Fe_3Pt$ 单晶 | 85 | | 2.3%/4.2 K | 4 |
| | $S=0.57$(bct 结构)* | 145 | | ～0 /4.2 K | 4 |
| | $S=0.75$(fct 结构)* | 85 | | 1.2%/4.2 K | 4 |
| | $S=0.88$(fct 结构)* | 60 | | 0.3%/4.2 K | 4 |

＊ $S$ 为有序度,由下式求得:$S=[1-(c/a)^2]/(c/a)$,$c$ 和 $a$ 是相应结构的晶格常数。

＊＊Ni－Mn－Ga 板和 PU 板的长度和宽度分别为 19.5 mm 和 5 mm,板的厚度有 1.1 mm、0.73 mm 和 1.65 mm 等,多层板和夹层板复合物的总厚度都是 4.4 mm,但需调整薄板数使其中 Ni－Mn－Ga 板所占的体积分数分别为 0.5 和 0.25。

## 参考文献

[1] Webster, P. J., Ziebeck, K. R. A,. Tows, S. L., Peak, M. S., Magnetic order and Phase transformation in $Ni_2MnGa$, *Philos. Mag. B.*,1984,49:295-310.

[2] Ullakko, K., Huang, J. K., Kantner, C., O'Handley, R. C., Kokorin, V. V., Large magnetic-field-induced strains in $Ni_2MnGa$ single crystals. *Appl. Phys. Lett.* 1990,69(13):1966-1968.

[3] Wu, G. H., Yu, C. H., Meng, L. Q., Chen, J. L., Yang, F. M., et al., Giant magnetic-field-induced strains in Heusler alloy NiMnGa with modified composition, *Appl. Phys. Lett.*, 1999,75:2990-2992.

[4] Murray, S. J., Marinni, M., Allen, S. M., et al., 6% magnetic-field-induced strain by twin-boundary motion in ferromagneicNi-Mn-Ga, *Appl. Phys. Lett.*, 2000,77(6):886-888.

[5] Sozinov A., Likhachev, A. A., Lanka, N., et al., *Appl. Phys. Lett.*, 2002,80(10):1746-1748.

[6] Kainuma R., Imano, Y., Ito, W., et al., Magnetic-Induced, Shape Recovery by Reverse Phase transformation., *Nature* (London),2006,439(7079):957-960.

[7] 聂志华、王沿东、刘冬梅.磁驱动相变材料研究进展[J].中国材料进展,2012,31(3):15-25.

[8] Wang Y. D., Ren Y., Huang E. W., et al., Direct Evidence on Magnetic-Field-Induced Phase Transition in a Ni-Co-Mn-In Ferromagnetic Shape Memory Alloy under a Stress field, *Appl. Phys. Lett.*,2007, 90(10):101917(1-3).

[9] Wang Y. D., Huang E. W., Ren Y., et al., In Situ High-Energy X-Ray Studies of Magnetic-Field-Induced Phase Transition in a Ferromagnetic Shape Memory Ni-Co-Mn-In Alloy, *Acta Mater.*, 2008,56(4):913-923.

[10] 刘岩、江伯鸿、周伟敏、王锦昌,等.无机材料学报,2000,15(6):961-966.

## §5.3 医用磁性纳米颗粒材料

医用磁性颗粒材料除考虑生物相容性、无毒性、无副作用、高稳定性外,尚有尺寸的要求,如采用微米级的颗粒,会存在栓塞血管的危险,因此必须选择纳米级的颗粒,国际上通常将纳米颗粒的尺度大致上定义为 $1\sim100$ nm 范围,大于原子团簇尺度,小于以宏观特性为表征的颗粒尺寸,介于微观与宏观之间。由于一些物质的物理特征常数处于此范畴内,如光波的波长、自由电子的波长、超导相干长度、磁超顺磁性尺寸、磁单畴尺寸等,当颗粒尺寸接近这些物理特征长度时,与其相关联的理化性质就会产生显著的变化,因此颗粒的特性与其尺寸紧密相关。颗粒尺寸减少到一定的尺度时,量变往往会导致质变,如金属颗粒在宏观尺度显示出其特征的色彩,但到一定的纳米尺寸后却对光全吸收,呈现为黑色,颗粒的熔点低于一定尺度后也会显著下降等。简单地可以将颗粒特性分为表面效应与体效应两类,表面效应与比表面积(颗粒面积与体积之比值)相关,与颗粒直径呈反比关系,体效应可分为小尺寸效应、量子尺寸效应与宏观量子隧道效应三类。目前纳米材料已成为 21 世纪科技中的明星,磁性纳米材料应用也很广泛,如自旋电子学器件中的磁性薄膜材料、磁性颗粒膜在高频—微波以及光频段的应用、磁性液体、磁性催化材料等,本节仅仅局域于磁性纳米颗粒的磁特性及其在医学中的应用。

首先简单介绍磁性颗粒的一些基本磁性。

### 5.3.1 单畴与超顺磁性

矫顽力是磁性材料的重要参量,通常用矫顽力表征不同类型的磁性材料。矫顽力是结构灵敏性的物理量,与颗粒的尺寸关系密切,孤立磁性颗粒的矫顽力与颗粒尺寸的关系见图 5.3.1。

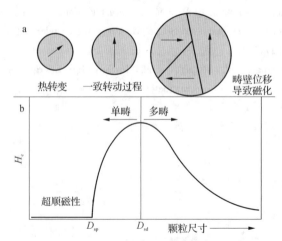

图 5.3.1　磁性颗粒的矫顽力 $H_c$ 与颗粒直径 $D$ 的关系曲线

通常定义对应于矫顽力最大值的直径 $D_{sd}$ 为单畴的临界尺寸,单畴的物理概念可考虑在无外磁场时,磁性颗粒保持磁矩方向一致磁化状态,球状单畴临界尺寸的理论表示式为:

$$R_c = 9\gamma/\mu_0 M_s^2 \propto (AK)^{1/2}/M_s^2$$

其中 $\gamma$ 为畴壁能密度,$\gamma \sim (AK)^{1/2}$,$A$ 为交换积分,$K$ 为各向异性常数,$M_s$ 为饱和磁化强度。兹将典型磁性材料的单畴临界尺寸列表 5.3.1。

表 5.3.1　磁性材料的单畴临界尺寸(半径)

| 材料 | Fe | Ni | Co | $SmCo_5$ | $Sm_2Co_{17}N$ | BaM | NdFeB |
|---|---|---|---|---|---|---|---|
| $R_c$(nm) | 8 | 21.2 | 11.4 | 400 | 180 | 450 | 125 |

上列数据仅供参考,不同的文献所给的数值未必一致。

对颗粒体系,尚需考虑近邻颗粒间的静磁相互作用,导致矫顽力值低于孤立的颗粒,颗粒聚集体的矫顽力 $H_{c,p}$ 与颗粒聚集体的颗粒堆积因子 $p$ 的关系式如下:

$$H_{c,p} = H_{c,p=0}(1-\alpha p)$$

$\alpha$ 是与颗粒形状相关联的因数,$H_{c,p=0}$ 为孤立颗粒的矫顽力。

理论与实验表明,在多畴与单畴间,未必形成磁畴与畴壁,在磁性薄膜中也可形成磁矩连续变化的磁涡旋态。

由图 5.3.1 显见,当颗粒尺寸小于单畴临界尺寸 $D_{sd}$ 时,随着颗粒尺寸的继续减少,矫顽力下降,到一定尺寸时矫顽力为零,该临界尺寸称为超顺磁性临界尺寸 $D_{sp}$。在理解超顺磁性前,先回顾一下顺磁性,对于无相互作用的具有磁矩为 $\mu$ 的原子聚集体,其磁性为顺磁性,无外磁场时,磁矩在空间呈混乱分布,磁化强度为零,在外磁场中,原子磁矩将转向磁场方向,导致沿磁场方向的磁化强度($M$)非零,并随着磁场的增强而趋向饱和($M_s$),磁化强度与磁场的依赖性可用朗之万函数 $L(\alpha)$ 来表述:

$$M/M_s = L(\alpha) = \cot\alpha - 1/\alpha$$

其中 $\alpha = \mu_0\mu H/KT$,$M_s = N\mu$,$N$ 为单位体积内的原子数。

超顺磁性的概念是从顺磁性延伸过来的,对于相互作用可忽略的单畴磁性微颗粒体系,设颗粒体积为 $V$,通常颗粒内含有 $10^5$ 以上的原子,颗粒内原子磁矩之间相互交换耦合在一起,颗粒磁矩为 $VM_s$。假如将颗粒看成具有磁矩 $\mu$ 为 $VM_s$ 的"超原子",并且相互间作用力很弱,那么该体系具有与顺磁性相似的特性即超顺磁性,它将具有顺磁性特性,亦遵从朗之万函数关系,但此时的 $\alpha$ 可表述为:$\alpha = \mu_0\mu(H + \lambda M)/KT$,$\lambda$ 为分子场常数,与交换作用相关。超顺磁性的磁化曲线无磁滞,$H_c = 0$,磁化曲线可逆。典型的 $M/M_s$ 与 $H/T$ 的实验曲线见图 5.3.2[1]。

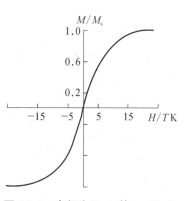

图 5.3.2　半径为 2 nm 的 $\gamma - Fe_2O_3$ 颗粒的超顺磁性的磁化曲线[1]

在什么尺寸下颗粒会呈现超顺磁性呢？如何理解超顺磁性呢？考虑具有单易磁化轴的球状单畴颗粒，其磁各向异性常数为 $K$，随着颗粒尺寸减少，使颗粒磁矩保持在易磁化方向的磁能 $KV$ 亦随体积减少而减少，当磁能 $KV$ 与热能 $kT$ 相当时，在热扰动作用下，不能保持原磁矩方向，磁矩可以克服势垒 $\Delta E = KV$ 而反转，耐尔（Néel）型弛豫磁矩反转的几率 $p \sim \exp(-KV/kT)$，$k$ 为波尔兹曼常数，当我们测量该体系的磁矩时，如在所测量的时间内，颗粒磁矩已反转多次，导致所测量到的磁矩平均值为零，则该颗粒体系的行为就类似于顺磁性原子体系，颗粒磁矩在空间作无规分布[2-3]。

显然，当超顺磁性颗粒体系在磁场中被磁化后，撤除磁场后，磁化强度必然随时间而衰减，$M(t) = M_0 \exp(-t/\tau)$，

根据 Arrhenius 定律[4]，超顺磁性弛豫时间 $\tau = \tau_0 \exp(KV/kT)$，

$\tau_0 = 10^{-9}$ 秒，或 $KV/kT = -\ln \omega\tau_0$，$\omega = 1/\tau$。

在热扰动作用下颗粒体系的磁化强度（单位体积内磁矩的矢量和）亦随时间而变化，设测量时间为 $\tau_E$，存在两种情况：① $\tau_E < \tau$，在测量过程中磁矩还来不及反转，因此可以测量出该时间内颗粒的磁矩。② $\tau_E > \tau$，在测量过程中磁矩可以反转多次，因此在测量过程中颗粒磁矩的统计平均值为零，呈现出超顺磁性，从临界条件，$\tau_E = \tau$，可以确定超顺磁性临界尺寸。对于直流测量，$\tau_E$ 可设定为 100 秒，由 $\tau_E = \tau$ 可获 $KV_S = 25kT_B$，$T_B$ 称为 Blocking 温度（截止温度），$V_S$ 为超顺磁性临界体积。高于 Blocking 温度时呈现超顺磁性。

超顺磁性在穆斯堡尔谱中常呈现双峰，低于 Blocking 温度时呈现铁磁性的六线谱。对于穆斯堡尔谱测量，$\tau_E \sim 10^{-8}$ 秒，相应的超顺磁性尺寸由下式确定：

$$KV_S = 2.3\,kT_B$$

因此，不同的测量方法所确定的超顺磁性尺寸是不同的。

由 $KV_S = 25kT_B$ 所确定的一些磁性颗粒的超顺磁性尺寸列于表 5.3.2。

表 5.3.2　一些磁性颗粒的超顺磁性尺寸

| $M$ | $Fe_3O_4$ | Ni | Fe | Co |
|---|---|---|---|---|
| $d_S$(nm) | 10 | 4.0 | 6.3 | 5 |
| $T_B$(K) | 300 | 25 | 78 | 55 |

超顺磁性强烈地依赖于颗粒尺寸，如将超顺磁性颗粒尺寸增加 20%，将导致弛豫时间由 100 秒剧增至 $10^{10}$ 秒（300 年），脱离了超顺磁性状态。超顺磁性在基础研究中是十分重要的概念，在实际应用中亦是十分重要的参量。例如，超顺磁性尺寸确定了磁记录介质颗粒尺寸的下限，当颗粒尺寸低于或与超顺磁性尺寸相当时，磁记录信息就无法保留；为了降低颗粒间互作用，避免团聚，在制备磁性液体时亦必须要求磁性颗粒处于超顺磁性尺寸。

由于热扰动，热能有助于磁化反转，对接近超顺磁性尺寸的磁性颗粒，影响十分显著，$H_c$ 将随颗粒尺寸（$D$）而变化，可以下式表述[5]：

$$H_c = H_\infty [1 - (d_S/D)^{3/2}]$$

$H_\infty$为不考虑热扰动时的矫顽力,或超顺磁性影响忽略时的矫顽力。Blocking 温度($T_B$)亦可通过测量磁化率随温度变化而确定,首先将样品在无磁场下降温至低温,然后随温度升高测量低场磁化率随温度的变化曲线($ZFC$)直至高温,再在弱磁场中,如 1 mT (10 G)下测量磁化率随温度降低的变化曲线($FC$),($ZFC$)与($FC$)两曲线在高于 $T_B$ 温度两者重合,低于 $T_B$ 温度两者分离,通常以 ZFC 曲线峰值处所对应的温度定义为 $T_B$,典型的实验曲线图见图(5.3.3)[6]。

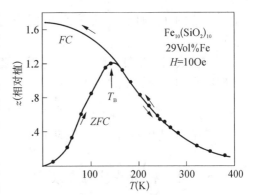

**图 5.3.3　Fe-SiO₂ 颗粒膜的磁化率随温度变化的曲线[6]**
*ZFC -零磁场下冷却*
*FC -磁场下冷却*

$T \geqslant T_B$时,矫顽力为零,$T < T_B$温区,受超顺磁性弛豫的影响,矫顽力与温度的关系通常可用下式表述[5]

$$H_c(T) = H_c(0)\{1 - (T/T_B)^{1/2}\}$$

以上介绍的是经典的超顺磁性理论,不考虑颗粒间的互作用,颗粒内的磁矩在热扰动下作整体转动,$T_B$ 与 $V_S$ 成正比例。考虑到颗粒内的偶极矩互作用,$T_B$ 甚至可与颗粒直径呈反比例关系[7],铁纳米颗粒的实验证实了这点,见图 5.3.4。Chamberlin[8] 对 5.5 nm 与 8.0 nm 的纳米铁颗粒超顺磁性的研究表明,其 $T_B$ 分别为:42.5 K 与 28.6 K,较小的颗粒尺寸反而具有高的 $T_B$ 值,与经典理论是不相符的,表明了颗粒间相互作用的重要性[9-10]。

对于实际的颗粒体系,颗粒的尺寸有较宽的分布因此 Blocking 温度 $T_B$ 也有对应的分布,平均的 Blocking 温度 $\langle T_B \rangle$ 可以定义为颗粒体系中有一半体积的颗粒处于超顺磁状态,以下列公式表述:

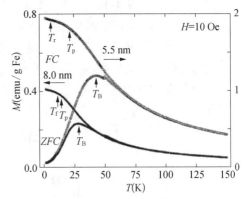

**图 5.3.4　纳米铁颗粒体系的 Blocking 温度($T_B$),逾渗温度($T_p$),自旋冻结温度($T_f$)与颗粒尺寸的关系[8]。**

$$\langle T_B \rangle = K_m V_m / k \ln(\tau_m f_0)$$

其中足码 m 代表对应物理量的平均值。实验上可从剩磁的温度弛豫曲线来确定[11-12]。

Gittleman 等人[13]指出磁化率 $ZFC$ 曲线的峰值所对应的温度为 $T_g$,与平均的 Blocking 温度 $\langle T_B \rangle$ 关系为,$T_g = \beta \langle T_B \rangle$,$\beta$ 是依赖于颗粒分布的常数,对单一尺寸的颗粒,$\beta = 1$。

由于颗粒膜的反常 Hall 效应与磁化强度成正比例关系,反常 Hall 电阻率 $\rho_{xys} \propto M_z \rho_{xx}^n$,而巨磁电阻效应与磁化强度成平方的正比例关系,因此亦可通过这两者与温度、磁场的关系曲线从 ZFC 与 FC 实验中确定 Blocking 温度[14],但这两种方法所确定的 $T_B$ 值并不完全一致,尤其对颗粒尺寸分布宽的颗粒体系,因反常 Hall 效应(EHE)对系统中尺寸较小部分的颗粒更为灵敏,而磁化强度则取决于每一个颗粒磁矩的贡献,因此由反常 Hall 效

应所确定的 $T_B$ 值低于由磁化强度所确定的值,对于颗粒度分布较窄的颗粒体系,两者相近。

实验表明纳米磁性颗粒的居里温度随颗粒尺寸的减少而下降,理论上伊辛模型计算表明存在如下的关系式:[15]

$$[T_c(\infty) - T_c(d)]/T_c(\infty) = [d/d_0]^{1/n}$$

其中,$d$ 为颗粒直径,$d_0$ 相应于 $T_c(\infty)$ 的大颗粒直径。

### 5.3.2 核磁共振成像

首先回顾一下核磁共振基本概念与研究简史,磁性是物质的基本特性,电子、原子核都具有磁矩,当原子核置于静磁场 $B_0$ 中,核自旋如偏离于磁场方向,必将环绕磁场产生拉莫进动。进动的频率为:$\omega_0 = \gamma B_0$,其中 $\omega_0$ 为进动角频率,$B_0$ 为磁场强度,$\gamma$ 为磁旋比,$\gamma = g M_N/h$,$M_N$ 为核磁矩,$M_N = \mu_0 eh/2m_p$,$m_p$ 为质子的质量比电子重 1 836 倍,因此核磁矩比电子磁矩小 1 836 倍。在 1 T 磁场下,进动频率约为兆赫兹的射频段。因此在稳恒磁场 $B_0$ 的垂直方向施加射频磁场 $h(\omega)$,迫使核磁矩环绕磁场进动,当其频率与拉莫频率一致时产生共振,所谓核磁共振,垂直于磁场 $B_0$ 方向的 $xy$ 平面核磁矩的分量显著增加,如在该平面放置一探测线圈,就可测量出 $xy$ 平面内核磁矩分量的变化。如将射频磁场撤去,核磁矩必将继续绕 $B_0$ 进动但磁矩方向将逐步转向 $B_0$ 方向,通过测量线圈的信号变化,就可了解其弛豫过程,通常可用磁矩进动方程来描述。常采用 Bloch-Blomberg 式,引入 $T_1$ 为自旋-晶格弛豫时间,$T_2$ 为自旋-自旋弛豫时间,$z$ 为 $B_0$ 磁化方向,脚码 $\alpha$ 代表垂直 $z$ 轴的 $x$,$y$ 平面内,

$$\left(\frac{\mathrm{d}\boldsymbol{M}}{\mathrm{d}t}\right)_z = -\frac{\boldsymbol{M}_z - \boldsymbol{M}_0}{T_1}$$

$$\left(\frac{\mathrm{d}\boldsymbol{M}}{\mathrm{d}t}\right)_\alpha = -\gamma(\boldsymbol{M} \times \boldsymbol{H})_\alpha - \frac{\boldsymbol{M}_\alpha}{T_2}$$

其中 $T_1$ 是描述纵向磁化向量 $M_z$ 经过射频磁场激励后,由偏离 $z$ 轴到与 $B_0$ 磁化方向相一致的弛豫过程,因此 $T_1$ 也称为纵向弛豫时间。弛豫过程遵守指数规律,90°脉冲之后,复位到它静止值的 63% 的时间定义为 $T_1$,弛豫过程中,横向磁化分量 $M_{XY}$ 也要衰减,如是均匀磁场,即全部核磁矩处于同一磁场中,横向磁化分量以常数 $T_2$ 衰减,又称为横向弛豫时间,与受激励的核子数目成正比,因此在 MRI 图像中可辨别氢原子密度的差异。人体不同组织之间、正常组织与病变组织中氢核密度不同导致弛豫时间 $T_1$、$T_2$ 的差异,这是 MRI 用于临床诊断的物理基础。人体以及多数生物体中,主要含量是水,约占 70 wt%,氢的原子核仅含一个质子,在人体中丰度大,而且它的磁矩便于检测,因此最适合获得核磁共振图像,水在人体软组织中的含量远高于骨骼,因此 MRI 对软组织更合适,此外避免 X 射线 CT 仪的电磁辐射的影响。

核磁共振的研究与应用主要是美国学者的贡献,1946 年,美国哈佛大学的 E. Purcell 和斯坦福大学的 F. Block 科研组发现了物质的核磁共振现象。两位科学家获 1952 年诺

贝尔物理奖。通过核磁共振谱线分析可确定各种分子结构,从而为临床医学提供了新的探测手段。1971 年, R. Damadian 利用核磁共振谱仪对鼠的正常组织与癌变组织样品的核磁共振特性进行对比研究,发现正常组织与癌变组织中水质子的 $T_1$ 值有明显的不同。在 X-CT 发明的同年,1972 年 P. C. Lauterbur 作出以水为样本的核磁共振二维图像,1978 年,核磁共振的图像质量已达到 X 射线 CT 的初期水平,可在医院中进行人体试验,并定名为磁共振成像 MRI(Magnetic Resonance Imaging)。

核磁共振仪的主体是产生均匀强磁场的大磁体,低于 0.5 T 的磁体可采用永磁材料,如稀土钕铁硼永磁体,其优点是运行费低,但无法向高磁场领域发展,高于 0.5 T 的磁体目前均采用超导线圈的磁体,随着磁场提高,核磁共振仪的分辨率提高,从而提高了影像质量,据报道目前最高磁场已达 13 T,通常为 0.5～3 T。

提高磁场强度将显著提高磁体价格、运行费用,另一途径是研发影像增强剂,增强成像对比度,来提高分辨率,首先应考虑造影剂的生物安全性、相容性,目前主要采用超顺磁性的纳米 $Fe_3O_4$ 颗粒(SPIO),为了防止磁性颗粒的团聚,增强其分散性、稳定性,尚需对 $Fe_3O_4$ 颗粒进行表面修饰,通常采用非磁性的无机(金、银硅等)、有机(偶联剂、表面活性剂、羧酸盐、磷酸盐等)、聚合物(聚乙烯醇、壳聚糖等)进行表面改性。这方面国内外研究甚多,部分产品已商品化进入临床医疗应用,也采用含稀土 Gd 的配位化合物,如二乙二胺五醋酸钆(Gd-DIPA)作为血管成像对比剂,但游离的 Gd 离子有潜在的毒副作用。

顾宁科研组研发出国际上磁性最佳的纳米铁氧体颗粒,用于静脉补铁,作为 MRI 对比剂,缩短 T1、T2 弛豫的性能是钆剂的 10～20 倍,可亮血与暗血双模态成像。此外,安全性良好,无肾毒性和颅脑沉积。樊海明科研组研发出超顺磁性纳米锰铁氧体材料用于造影剂,在荷瘤兔中对微小肝癌检出率与钆剂对比,从 48% 提高到 92%。采用涡旋磁方式,纳米铁氧体颗粒作为热疗剂,产热效率提高 20 倍可实现高效肿瘤热疗。侯亚义科研组研究了经超顺磁纳米氧化铁颗粒(SPIO)修饰的间质干细胞(MSCs),不仅可示踪,而且可以增强 MSCs 对巨噬细胞功能的调节作用,从而增强 MSCs 对小鼠脓毒症的治疗作用。

诊疗一体化以实现精确治疗,MRI 介导的热化疗是值得重视的方向[16]。

纳米颗粒的制备通常采用化学共沉淀工艺,溶胶-凝胶法、水热法、微乳液法、胶体化学法等,在制备过程中也可同时进行颗粒表面修饰。磁性颗粒除在造影剂中的应用外,尚有其他方面的应用,简介如下。

### 5.3.3 纳米磁性颗粒在医疗中的应用

#### 1. 靶向药物

服药后,药物通过消化系统进入血液输运到全身,到达病变部分的剂量仅仅是其中很少一部分,不仅如此,还会造成伴生的副作用,如脱发等,如何将药品集中于病变部分,减少用量与副作用就成为很突出的问题。如用药物修饰磁性颗粒而构成(核/壳)复合结构,就可以将磁性药物在外磁场的引导下进入到病变部分,再用局域磁场固定药物于病变部分,就成为靶向药物,其示意图见图 5.3.5。

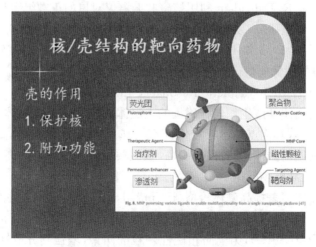

图 5.3.5 核/壳结构的磁性靶向药物示意图

采用磁性靶向药物,有利于药物富集于病变部位,实现高效、低毒的治疗效果,此外可避免被巨噬细胞所吞噬。

也可用单纯的磁性颗粒在外磁场的引导下阻塞供应肿瘤营养的血管,使肿瘤消亡,如同时进行激光照射,可加速其消亡,对难以开刀的部位,采用此法不失为一良策。

### 2. 磁热治疗

研究表明人类等哺乳动物体内的肿瘤细胞高于 41.0℃ 温度下将灭活甚至死亡,如将磁性颗粒聚集在肿瘤等病变部分,外施交变电磁场,在电磁场作用下,由于磁滞效应、耐尔弛豫、布朗弛豫等效应使磁性颗粒温度升高,控制温度在 43℃ 左右,可以使肿瘤细胞死亡但对正常细胞影响较小,效果较佳。考虑生物安全性,交变电磁场通常采用 100 kHz 波段。测量人体内的温度是困难的,也可通过离子代换,调控配方,使磁性颗粒的居里温度处于略高于 43℃,因此可以放心使用,当温度高于居里温度时,颗粒将会自动降温,自动恒温在 43℃ 附近。磁性颗粒除铁氧体外,也可考虑磁性钙钛矿化合物,其居里温度可在较广阔的温区调节。

如将磁性颗粒进行表面修饰,通过偶联抗体自动与肿瘤细胞结合,可以提高热疗效率,如用叶酸修饰 $\gamma$-$Fe_2O_3$ 就有良好的肿瘤靶向性。肿瘤细胞摄取磁性颗粒的能力是正常细胞的 8~400 倍,因此更有利于热疗医治。

### 3. 生物分离中的应用

如在磁性颗粒表面连接抗体,如活性蛋白质,或称磁性颗粒为抗体的载体,抗体将会与对应的特异性抗原相结合,形成抗原-抗体-磁标志复合物,从而通过外磁场可以进行分离特定的肿瘤细胞,采用巨磁电阻效应传感器(GMR)或更高磁灵敏度的隧道磁电阻效应(TMR)进行检测。生物高分子具有—OH,—COOH,—NH₃等官能团,可以有效地连接生物酶、免疫蛋白等生物活性的物质,这些生物活性物可与细胞进行有选择性的结合,从而在外磁场下可进行细胞分离与检测,如在白血病的治疗中,采用此法进行骨髓 T 细胞分离等。

磁性核-贵金属壳纳米材料,如 $Fe_3O_4@Au$; $Ag@Fe_3O_4$; $FePt@Ag$ 等可将贵金属特殊光学性能、催化性能与磁性能集合在一起,可作为生物分离、生物成像、免疫检测、催化反应以及 MRI 造影剂等多功能化应用[17]。

近年,两篇中文的综述文章[16],[17],发表在《生物化学与生物物理进展》刊物上,较详细地介绍了生物医用磁性纳米材料的进展,可供读者参考。

侯仰龙科研组开发了碳化铁纳米颗粒的光热和磁共振性质,并经小鼠模型验证,碳化铁的通式为 $FeC_x$,如:$Fe_5C_2$,其比饱和磁化强度为 125 emu/g(Fe),高于 $Fe_3O_4$,在磁性靶向药物、热疗以及磁共振造影剂等领域具有其特色。[18]文献[19－22]综述了磁性颗粒的制备、基本性能与应用,可供参考。

## 参考文献

[1] Smit J., Magnetic properties of materials[M], McGraw-Hill ,1971;施密特,材料的磁性[M]. 科学出版社,1978: 319.

[2] Neel, L., Theorievdub trainage magnetique des ferromagnetiques en grains fins avec applications aux terres cuitesAnn, *Geophys*, 1949 (5): 99－105.

[3] Bown W. F., Thermal fluctuations of a single-domain particle, *Phys. Rev.*, 1963(130): 1677－1686.

[4] Jacobs, I. S., , Bean, C.P., Magnetism [M]. G. T. Rade , H. Suhl, Academic New York, 1963:275.

[5] Kneller E. F., Luborsky F. E., Particle size dependence of coercivity and remanence of single-domain particles, *J. Appl. Phys.*, 1963,( 34): 656－658.

[6] Liou S. H., Chien C. L., Particle size dependence of the magnetic properties of ultrafine granular films, *J. Appl. Phys.*, 1988(63): 4240－4242.

[7] Casimir, H. B. G., Polder, D., The Influence of Retardation on the London-van der Waals Forces, *Phys. Rev.*, 1948(73): 360－372.

[8] Chamberlin, R. V., Hemberger J., and Loidl A. et al., Percolation, relaxation halt, and retarded vander Waals interaction in dilute systems of iron nanoparticles., *Phys. Rev. B.* 2002(66): 172403－1－4.

[9] Hansen M. F., Morup S., Models for the dynamics of interacting magnetic nanoparticles, *J. MMM.* ,1998(184): 262－274.

[10] Dormann J. L., Fiorani D., Tronc E., On the models for interparticle interactions in nanoparticle assemblies: comparison with experimental results, *J. MMM.*, 1999(202): 251－267.

[11] Tai A., Chantrel R. W., Chatles S. W., et al., The magnetic properties and stability of a ferrofluid containing $Fe_3O_4$ particles, *Physica.*, 1984(97B): 599－605.

[12] Chantrell R. W., El-Hilo M.,O'Grady K., Spin-glass behavior in a fine particle system, *IEEE Tran. on Magn.*, 1991(27): 3570－3578.

[13] Gittleman J.I., Abelas B., Bozowski S., Superparamagnetism and relaxation effects in granular Ni-$SiO_2$ and $Al_2O_3$ films, *Phys. Rev.*, 1974(B9): 3891－3897.

[14] Denardin J. C., Pakhomov A. B., Brandl A. L., et al., Blocking phenomena in granular

magnetic alloys through magnetization，Hall effect，and magnetoresistance experiments，*Appl. Phys. Letter*，2003(82)：763－766.

［15］Binder K.，Statistical mechanics of finite three-dimensional Ising model，*Physica*，1972(62)：508.

［16］唐倩倩，张艺凡，和媛，等.生物化学与生物物理进展［J］.2019,46：353－368.

［17］周旖旎，徐庆，苏拓 等.生物化学与生物物理进展［J］.2020：3－24，网络首发。

［18］Jing Yu. et al.，*ACS Nano.*，2016，10：159－169；*ACS Nano.*，2019，13：10002－10014；*Adv. Mater.*，2014，26：4114－4120.

［19］Wang S. R.，Xu J. J.，et al.，Magnetic Nanostructures：Rational Design and Fabrication Strategies toward Diverse Applications，*Chem. Rev.*，2022，122（6）：5411－5475.

［20］Kefeni Kebede K.，Mamba Bhekie B.，Msagati Titus A.，Ferrite nanoparticles：Synthesis，characterisation and applications in electronic device，*Materials Science and Engineering B*，2017.

［21］Wu L. H.，Mendoza-Garcia A.，Li Q.，Sun S. H.，Organic phyase syntheses of magnetic nanoparticles and their applications，*Chemical Reviews*，2016,116：10473－10512.

［22］Thakur P.，Chahar D.，et al.，A review on MnZn ferrites：Synthesis，characterization and applications. Ceramics International. 2020,46：15740－15763.

# §5.4 矩磁铁氧体

矩磁铁氧体是指具有矩形磁滞回线的铁氧体。它具有 $\pm B_r$ 两个稳定态，因而在计算技术中曾作磁性存储器，在自动控制中作开关元件，在微波相移器中作固定位相移量的锁式相移器。随着磁盘以及半导体存储元件的应用，矩磁铁氧体在计算机领域中已退居出局，但作为一种具有特殊性能与应用的材料，有必要作简要介绍。

## 5.4.1 矩磁技术的要求

矩磁铁氧体典型的静态磁滞回线如图 5.4.1 所示。一般要求回线呈矩形，顶部平坦，反转磁化临界场 $H_c$ 附近曲线陡峭，此时对每一个磁芯而言就存在 $+B_r$ 与 $-B_r$ 这样两个稳定态。为了减小磁化场强，同时又提高矩形比，实用上磁化场强低于 $H_s$ 而取 $H_m$，如图 5.4.1 中的小磁滞回线所示。假如对磁芯施加相应于大小为 $H_m$ 的负电流脉冲，如磁芯原来处于 $+B_r$ 状态，则在 $-H_m$ 的脉冲场作用下将反转磁化而进入 $-B_r$ 状态。由于磁通量的突变而感生出甚大电压 $uV_1$，如磁芯原来处于 $-B_r$ 状态，则在 $-H_m$ 的脉冲作用下并不产生反转磁化，所相应的感生电动势 $uV_0$ 就比 $uV_1$ 小得多，因此两个不同的稳定状态是可区别的，在电子计算机中就可以数字"1"代表 $+B_r$ 状态，以数字"0"代表 $-B_r$ 状态，人们常称之为记忆元件，或存储元件。又因 $uV_1$ 大于 $uV_0$，因此在自动控制技术中又可分别代表"开"与"关"作为开关元件。此外利用此类特性又可作逻辑元件、磁放大器等。

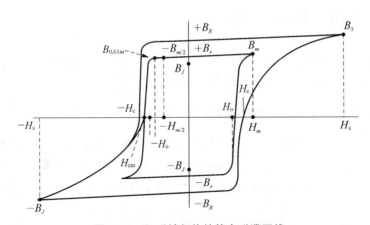

图 5.4.1　矩磁铁氧体的静态磁滞回线

通常,对矩磁铁氧体在技术上的要求大致如下:

### 1. 静态特性

① 回线矩形,用矩形系数 $\dfrac{B_r}{B_m}$ 或方形系数 $R_s=\dfrac{B\left(-\dfrac{1}{2}H_m\right)}{B(H_m)}$ 来标志,以保证存储的可靠性。

② 有合适的、较低的矫顽力 $H_c$。

### 2. 动态特性

① 磁化反转时间 $\tau$ 短,$\tau$ 定义为反转磁化时感应电压幅值的 $10\%$ 处相应的时间间隔,又称为开关时间。实验上发现,开关时间的倒数与磁化驱动磁场在一定的范围内呈线性关系,可以表示为

$$S_W=\tau(H-H_0)$$

$S_W$ 称为开关系数,其大小与材料损耗有关,应尽可能的小;$H_0$ 为临界磁场,近似为 $H_c$。

② 信号干扰比

$$K_k=\frac{uV_1}{uV_0}=\frac{被选磁芯的输出电压(读"1"的电压)}{受干扰后读"0"的电压},尽量大$$

### 3. 其他方面

如足够高的居里温度,以保证低的温度系数、一定的机械强度以及高的时间稳定性等。

## 5.4.2  矩磁的物理特性

反磁化过程有磁畴转动与畴壁位移两种类型。为了弄清磁滞回线矩形性的来源进而对材料制备提出一些原则性意见,必须先讨论反磁化机制。

### 1. 磁畴转动所导致的反磁化过程

对于各向同性的多晶体,其晶粒取向是混乱的,当磁化到饱和后,再将外磁场降到零,此时各磁畴的磁矩将转向到最邻近的易磁化轴向。易磁化方向主要取决于磁晶各向异性能、应力各向异性能与形状各向异性能。假如应力各向异性能为主,且材料内部应力作无规分布,即 $M_r=\dfrac{1}{2}M_s$,则对提高矩形比是不利的。为了避免无规的内应力影响,常要求材料具有低的磁致伸缩系数。通常材料内部的空泡、夹杂物是呈混乱分布的,由这些空泡所引起的退磁场将会使回线倾斜,并促使产生反磁化畴,使 $M_r$ 降低。为了提高矩形度,要求材料内部无气孔、高密度,因此在讨论高矩形度时,假定材料无气孔,且磁致伸缩系数

为零,反磁化过程主要取决于磁晶各向异性。1932 年 Gans[1] 曾对不同类型磁晶各向异性的反磁化过程进行了理论计算。对于立方晶系,存在三种类型:

$$易磁化轴 /\!/[100], M_r/M_s = 0.83$$
$$易磁化轴 /\!/[110], M_r/M_s = 0.91$$
$$易磁化轴 /\!/[111], M_r/M_s = 0.87$$

对尖晶石型铁氧体,当 $K_1 > 0$ 时,易磁化轴为 $[100]$;当 $K_1 < 0$ 时,易磁化轴平行于 $[111]$ 晶向。

对矩磁铁氧体,要求 $K_1 < 0$。此外为了避免混乱分布产生的内应力之影响,使反磁化过程以磁晶各向能为主,又要求 $\lambda_{11} \approx 0$。易磁化方向为 $[111]$ 晶向。

磁畴转动反磁化过程的物理图像可用图 5.4.2 来描述。图中(e)是假定各晶粒具有相同的矫顽力 $H_0$,因此回线矩形度高;图(f)中不同晶粒的矫顽力围绕着 $\bar{H}_0$ 有一分布 $W(H_0)$,因此回线倾斜,矩形度降低。

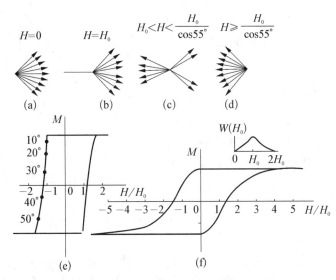

图 5.4.2 磁畴转动反磁化过程的物理图像[2]

所以要提高矩形度,就要求晶粒细小、均匀、无气孔。

假如应力不是混乱分布的,则环状磁芯由于淬冷、收缩而导致沿环向的压应力。因为 $E_\sigma = -\dfrac{3}{2} \lambda_s \sigma \cos^2 \theta$,对磁致伸缩系数 $\lambda_s < 0$ 的材料,磁矩将沿着圆周方向取向,矩形度增强。但通常不采用此法获得矩形磁滞回线。

从形状各向异性考虑,除内部空隙退磁场外,为了避免样品外观退磁场的影响,通常将其制成环状,使磁化沿着圆周方向,磁路闭合,并要求样品没有横向裂缝。

## 2. 畴壁位移所导致的反磁化过程

Goodenough[3,4] 从理论上出色地讨论了晶界、掺杂、脱溶物以及晶体表面反向畴的产生、长大与不可逆反转磁化过程,从而分析了磁滞回线为矩形的必要条件。其中着重指出多晶体内晶界是产生反向畴普遍存在的重要因素,多晶体材料被磁场磁化到饱和后再使外磁场为零,假如在这过程中不产生反向畴,那么磁畴必将转向到最近邻的易磁化方向。根据以上所述,对 $K_1 < 0$ 的材料,对无结晶织构的多晶体,$M_r/M_s = 0.87$。假如在这过程中产生了反向畴,必将降低剩磁 $M_r$,使 $M_r/M_s < 0.87$。定义 $H_{ni}$ 为材料内第 $i$ 个区域产生反向畴的临界场,如 $H_{ni}$ 的方向与反向畴中磁矩方向一致,则定义为正值,反之定义为负值。显然,磁化状态由 $M_s$ 至 $M_r$ 过程中没有反向畴产生的必要条件是所有的 $H_{ni} > 0$,反之 $H_{ni} < 0$,回线非矩形。$H_{ni} > 0$ 是高 $M_r/M_s$ 的必要条件,但不能保证回线一定是矩形的。要使回线矩形还必须同时满足一定的条件。

定义 $H_{wi}$ 为第 $i$ 个反向畴产生不可逆 $180°$ 壁移反转磁化的临界场,只有当 $H_{ni} > H_{wi}$ 时,磁滞回线才是矩形的。因为在这种条件下产生反向畴的同时将进行不可逆壁移反转磁化。反之,如 $H_{wi} \gg H_{ni}$,则先产生反向畴,后逐步长大,再反转磁化,磁滞回线一定是非矩形的。

讨论晶界产生反向畴的条件时,设相邻两晶粒磁化矢量 $M_1$ 和 $M_2$ 不一致,如图5.4.3所示,则在晶界面上必将产生磁荷,磁荷密度应为

$$\omega^* = \mu_0 M_s(\cos\theta_1 - \cos\theta_2) \quad (5.4.1)$$

式中,$\theta_1, \theta_2$ 为 $(M_1, M_2)$ 与晶界面法线之夹角。为了降低静磁能,倾向于产生反向畴。

经过运算,最后可得到 $H_{ni} > 0$ 的具体表达式为

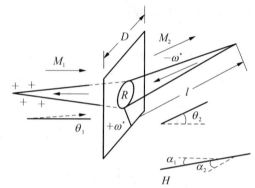

图 5.4.3　晶界产生反磁化畴[5]

$$\frac{\mu_0}{4\pi} l M_s^2(\cos\theta_1 - \cos\theta_2)^2 < 240[A(K + \lambda_j\sigma)]^{\frac{1}{2}} \quad (5.4.2)$$

金属磁性材料的 $M_s$ 高,要满足式(5.4.2),必须减小 $(\cos\theta_1 - \cos\theta_2)$,即应当使晶粒取向排列,使相邻晶粒的易磁化方向相近。常采用应力处理使晶粒取向或磁场退火产生感生各向异性,从而获得高矩形度。

铁氧体的 $M_s^2$ 比金属磁约低 100 倍,$K$ 值较大可满足式(5.4.2),故铁氧体容易产生自发的矩形磁滞回线。例如镁铁氧体 $M_s = 143$ kA/m,即 $M_s$ 较低,加入 Mn 离子后在八面体座形成 $d^2sp^3$ 键,引起晶格畸变而使内应力 $e$ 增加,使有效各向异性常数 $K_{eff} = K_1 + \lambda\sigma = (K_1 + \lambda_j Ee)$ 增加($E$ 为杨氏模量),有利于形成矩形磁滞回线。

对于片状脱溶物,设其厚度为 $d_l$,仿照晶界的情况进行处理,可得到 $H_n > 0$ 的条件为

$$\frac{\mu_0}{4\pi} d_l \omega_l^{*2} < 40[A(K + \lambda\sigma)]^{1/2} \quad (5.4.3)$$

对于金属磁体,满足上式的条件为 $d_l \leqslant 10^{-5}$ cm;对于铁氧体,$d_l \leqslant 10^{-4}$ cm。

换言之,较大尺寸的脱溶物、杂质、空泡是不利于生成矩形磁滞回线的,矩磁铁氧体要

求单相、无气孔。

矫顽力 $H_c$ 可以定义为反向畴产生不可逆畴壁位移最大的临界场，表述为

$$H_c \leqslant K\left[A(K_1 + \lambda_1\sigma)^{1/2}/2\mu_0 M_s D + \frac{1}{24}M_s(\cos\theta_1 - \cos\theta_2)^2\right] \quad (5.4.4)$$

其中 $D$ 为晶粒尺寸。

所以 $$H_c \propto \frac{1}{D} \quad (5.4.5)$$

Schwabe 等人[5]对锂铁氧体磁芯的研究结果，基本上能用式(5.4.5)解释，见图 5.4.4。

综上所述，获得高矩形度磁滞回线的原则为：

① 合适的 $K_1$ 值。如 $K_1$ 过大，则 $H_c$ 高，开关时间长；$K_1$ 过小，则难以获得高矩形性。

② 合适的 $M_s$ 值。如 $M_s$ 值小，有利于获得矩形性，但输入信号弱；$M_s$ 值大，不利于产生矩形性。

③ 良好的显微结构。要求晶粒细小而均匀，无空泡，另相。

④ $\lambda_{111} \approx 0$，以磁晶各向异性能为主。

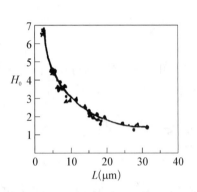

图 5.4.4　Li 铁氧体之临界场强与晶粒尺寸之关系[5]

Goodenough 理论虽然能很好地解释矩形磁滞回线的来源，但与实验事实相对照，还存在一些问题。通常矩磁铁氧体处于低磁场下工作，例如 $H_m \leqslant 240$ A/m。在这样低的磁场下，磁化远未达到饱和，至少有一部分反磁化核是"天然"存在的，并非在临界场 $H_n$ 下才生成。Knowes[6]首先用粉纹磁畴法观察了 MgMn 矩磁多晶样品表面上某一晶粒反转磁化的过程。实验表明，在低磁场下，$H$ 约为 160 A/m，确实存在 180°未消失的磁畴，反转磁化时这些畴壁仅越过位垒作不可逆位移而已。实验观察的主要结论如下[7]：

① 反磁化以 180°畴壁位移为主。

② 1.6～2.4 kA/m 磁场下，180°畴才消失，剩磁状态时，反磁化畴并不在晶界显现。

③ 畴壁呈极大的歪曲。外场大约在 $H_c$ 附近时，才发生畴壁重新组织。

实验与理论之间的矛盾要求对形成矩形磁滞回线的各种因素及反磁化过程进行更为深入的研究。

## 3. 开关系数 $S_W$

实验发现，在不同外磁场作用下开关系数会有不同的数值，如图 5.4.5。这反映了磁化过程存在着不同的机制。目前比较一致的认识是：低磁场下为畴壁位移反转磁化机制[4]，$S_W$ 值较高；继后，在中等磁场的作用下，除畴壁位移外，将出现非一致的磁畴转动过程；最

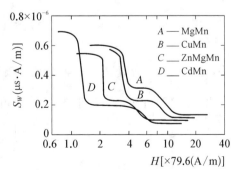

图 5.4.5　开关系数与外磁场的关系[8]

后,在高磁场作用下,产生一致的磁畴转动过程,$S_w$ 最小[9,10]。根据不同的反磁化机制,理论上可以计算出 $S_w$ 值。

**(1) 畴壁位移反磁化过程**

根据经典畴壁运动方程式

$$m_w \frac{\mathrm{d}^2 x}{\mathrm{d} t^2} + \beta \frac{\mathrm{d} x}{\mathrm{d} t} + \alpha x = 2\mu_0 H \cdot M_s \tag{5.4.6}$$

当式中第一项可忽略时,有

$$\beta \frac{\mathrm{d} x}{\mathrm{d} t} + \alpha x = 2\mu_0 H \cdot M_s \tag{5.4.7}$$

在不可逆壁移反磁化过程中,回复力 $\alpha x$ 相当于临界场 $2\mu_0 H_0 \cdot M_s$,故式(5.4.7)变为

$$\beta v = 2\mu_0 H \cdot M_s - 2\mu_0 H_0 \cdot M_s \tag{5.4.8}$$

取平均值后可得

$$\beta \langle v \rangle = 2\mu_0 (H_m - H_0) M_s \langle \cos \rangle^2 \tag{5.4.9}$$

而 $\langle v \rangle = \dfrac{\langle d \rangle}{\tau} \cdot \langle d \rangle$ 表征畴壁不可逆位移的间距,与晶粒尺寸成正比,则得

$$S_w = \frac{\beta \langle d \rangle}{2\mu_0 M_s \langle \cos \theta \rangle^2} \tag{5.4.10}$$

式中,$\beta$ 为粘滞阻尼系数。

因此晶粒细化有利于降低 $S_w$,缩短开关时间。当然过细亦不适宜,因 $H_c$ 会增大。

至于阻尼机制,存在不同的来源。例如不同价态离子间的电子跃迁,$Cu^{2+}$,$Mn^{2+}$ 使晶格产生局域畸变等。

**(2) 磁矩转动的反磁化过程**

从磁矩的运动方程式出发,

$$\frac{\mathrm{d}\boldsymbol{M}}{\mathrm{d}t} = -\gamma [\boldsymbol{M} \times \boldsymbol{H}] + \frac{\alpha}{M_s} \boldsymbol{M} \times \frac{\mathrm{d}\boldsymbol{M}}{\mathrm{d}t} \tag{5.4.11}$$

可以解得

$$S_w \approx \left( \frac{1+\alpha^2}{\alpha} \right) \frac{2}{\gamma} \tag{5.4.12}$$

式中,$\alpha = \dfrac{\lambda}{\gamma M_s}$,为阻尼系数,$\lambda$ 为弛豫频率,$\gamma = \mu_0 ge/2m$,为旋磁比。

由(5.4.12)可知,$\alpha = 1$ 时,$S_w$ 为极小值。$\alpha = 1$ 即 $\lambda = \gamma M_s$,故

$$S_w \approx \frac{4}{\gamma} = 1.6 \ \mu s \cdot A/m$$

基本上能解释快速的反磁化过程。

### 5.4.3 矩磁铁氧体系列

矩磁铁氧体的配方甚多,除尖晶石型外,尚有石榴石型。常用的是尖晶石型,因此本节仅介绍尖晶石型铁氧体中较主要的几种类型。

早期的研究大多集中于 Mn‐Mg 系。它具有高矩形、低驱动力等优点,但由于居里温度较低,温度稳定性差,仅能应用于较窄的温度区域,与其特性相似的有 Cu‐Mn 系。这两种系列的开关时间较短,通常作为高速、窄温磁芯。此外尚有 Ni 系铁氧体,如 Ni‐Zn‐Mn,Ni‐Mn‐Fe$^{2+}$ 等,具有高磁感应强度、低温度系数和高矩形度,可作为宽温磁芯,但其开关系数较 Mn‐Mg,Cu‐Mn 系为高,磁致伸缩系数较大,对应力敏感。近期的工作大多集中于 Li 系铁氧体。锂铁氧体具有很高的居里温度,对温度非常稳定,是较为理想的宽温材料,但其开关时间不及 Mn‐Mg 系短。以下我们将对各种系列的配方作一简单的介绍,文献[11‐13]已有较好的综述。

#### 1. Mn‐Mg 系铁氧体

早期工作的基本配方为 $Mg_{0.3}Mn_{0.7}Fe_2O_4$[14,15],具有高矩形度、低矫顽力及工艺易于稳定的特点。以后的工作大多在此配方的基础上再附加少量的 $CaO,ZnO,Cr_2O_3,La_2O_3$ 等组元,以改善其磁特性。继后的研究工作表明了在 MnO‐MgO‐$Fe_2O_3$ 系中具有较高矩形度的区域,如图 5.4.6 中 ABC 回线所包围的区域为具有较明显矩形的组成。其中 DEF 小区域为具有最大矩形度的区域。该区域的中心线大约为 15 mol% 的 $Mn_3O_4$。因为 $MnFe_2O_4$ 与 $MgFe_2O_4$ 的 $M_s(0\ K)$ 值分别为 557 kA/m、143 kA/m,因此保持 $Mn_3O_4$ 为15 mol%的组成可表为 $xMnFe_2O_4 \cdot (0.85-x)$ $MgFe_2O_4 \cdot 0.15Mn_3O_4$。$x$ 的变化可显著地改变

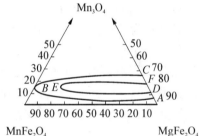

图 5.4.6 $MgFe_2O_4$‐$MnFe_2O_4$‐$Mn_3O_4$ 三元图中具有明显矩形度的大致区域[12]

$M_s$ 值。例如作为开关元件希望有较高的饱和磁化强度,可取 $x$ 较大的组成;而作为记忆元件,为了工艺上的方便,不需气氛烧结,通常取 $MgFe_2O_4$ 较多的配方,$x$ 取 0~10 mol%。为了降低矫顽力与开关系数,常常附加少量的 ZnO,其不利的一面是随 Zn 含量的增加会导致居里点的降低和温度系数增加。典型配方为:

$$0.5MgFe_2O_4 \cdot 0.35ZnFe_2O_4 \cdot 0.15Mn_3O_4$$

Goodenough[4]将 MgO‐MnO‐$Fe_2O_3$ 系矩形比与组成的关系综合在图 5.4.7 中。兹将少量的添加物对磁性的影响作一简述。

**(1) CaO**[16,17]

CaO 的加入可降低烧结温度,有助于晶粒成长,增加密度,降低 $H_c$,而 $B_r/B_m$ 略有增加,回线四角尖锐,但同时亦会使开关时间增加。例如,BT‐2 磁芯之配方为[18]:

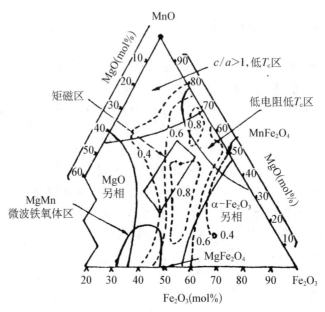

图 5.4.7　MgO‑MnO‑Fe₂O₃ 系矩形比与组成之关系[4]

$Fe_2O_3 : MgO : MnO : CaO = 4.25 : 13.5 : 42.5 : 1.5$

其特性为：$B_m = 273$ mT，$B_r = 264$ mT，$H_c = 62.9$ A/m，$B_r/B_m = 0.965$。

**（2）ZnO[4,19]**

加 Zn 的作用如前所述，磁性与 Zn 含量的关系见图 5.4.8。BT‑1 配方为：

$Fe_2O_3 : MnO : MgO : ZnO = 42.5 : 42.5 : 13.5 : 1.5$

$B_m = 238$ mT，$B_r = 228$ mT，$H_c = 100$ A/m，$B_r/B_m = 0.957$。

**（3）Cr₂O₃[20]**

附加少量的 CaO 及 Cr₂O₃ 于 Mn‑Mg 系中，可降低开关时间，达 $0.4$ $\mu$s。例如 MMF‑20 配方：

$Fe_2O_3 : MnO : MgO : CaO : Cr_2O_3 = 35 : 22.5 : 32.5 : 5 : 5$（摩尔比）

$H_c = 223$ A/m，$\tau = 0.42$ $\mu$s，$S_w = 40$ $\mu$s·A/m。

**（4）La₂O₃[21]**

少量的 La₂O₃ 可使晶粒细化，增进矩形度和提高信号干扰比。

**（5）其他多种附加物**

例如加 Sn，In，降低 $B_s$，用于高速、大容量。加 Cd，降低 $H_c$，用于低驱动高速；加 Pb，

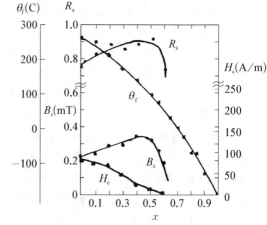

图 5.4.8　$(Mn_3O_4)_{0.15}(MgFe_2O_4)_{0.55-x}(ZnFe_2O_4)_x$ 铁氧体磁性与 Zn 含量的关系[4]

增加 $H_c$ 等。

Mn-Mg 矩磁铁氧体的开关时间约为 1 $\mu$s,$H_c$ 约为 79.6 A/m,居里温度在 150℃附近,当用于高速计算机中时,因为单位时间内反转磁化次数增加而引起损耗与发热,影响磁芯稳定工作。

Cu-Mn 铁氧体[22]的特性与 Mn-Mg 相近,通常含 Cu 量不宜过多,因为开关系数会随 Cu 含量的增加而显著增加。

Cd-Mn 系的开关时间比 Mn-Mg 系约低 5 倍,矫顽力低 2～3 倍,但居里点较低。

### 2. Ni 系铁氧体[23-25]

在 Ni 系铁氧体中,较为常见的组成是 Ni-Mn-$Fe^{2+}$ 铁氧体。例如配方 $Ni_{0.6}Mn_{0.2}Fe^{2+}_{0.2}Fe_2O_4$,据称很适合低驱动、低噪声、温度稳定的存储磁芯[24,25]。在配方中附加少量的矿化剂,如硅,在烧结时控制一定的氧分压,并在 950℃保温 1 小时,然后淬冷,可以显著地提高信号干扰比。

如接近于正分比的 Ni-Zn 系中附加少量的 Co,可以显著地降低温度系数,以及巴克豪生噪音。例如配方为 $Fe_2O_3(49.5)NiO(28.5)ZnO(20.0)CoO(2.0)$摩尔的铁氧体,在 1 330℃烧结、缓冷,其磁特性为:$B_m = 268$ mT,$B_r = 214$ mT,$B_r/B_m = 0.80$,$H_c = 51$ A/m,在 0～75℃温度范围内,$H_c$ 基本上与温度无关,而其噪音却比 Mn-Mg 及 Li 系铁氧体为低[26]。

### 3. Li 系铁氧体[27,28]

Li 系铁氧体主要有 Li-Mn,Li-Ni 以及 Li-Mn-Ni 诸类型。由于锂铁氧体的居里温度是铁氧体中最高的一种($\theta_f = 600$ ℃),因此 Li 系铁氧体的温度稳定性均高于其他系列。其缺点是开关系数尚不及 Mn-Mg 系低,成本高。单纯的锂铁氧体分子式为 $Li_{0.5}Fe_{2.5}O_4$。Li 为 1 价金属离子,处于 B 座,有序温度约为 1 020 K。由于 $Li_2O$ 的挥发温度约为 1 100℃,从而限制了最高焙烧温度。烧结温度降低往往会使反应不够完全,结晶织构差、密度低、矫顽力高,欲使反应完全、密度高,通常可采用以下方法。

① 采用化学共沉淀法制备活性高的粉料,例如 $Li_{0.45}Ni_{0.05}Zn_{0.05}Fe_{2.45}O_4$ 可用草酸盐沉淀法来制备[29]。

② 附加略多的 LiO,在较高温度(如 750℃～1 250℃)下,进行短时间的烧结(如 10～60 min)。

③ 附加少量助溶剂,如 $Bi_2O_3$,$CuO$,$V_2O_5$ 等。

④ 将坯件埋没于经过预烧的 $Li_2O$ 和 $Fe_2O_3$ 混合料中,以增加坯件周围 Li 的蒸气压。

为了满足矩磁的各种特性要求,往往以 La,Ge,Ca,Mo,Al,Se 等阳离子对($Li^+_{0.5}$,$Fe^{3+}_{0.5}$)离子进行替换。

Mn 离子的作用是减少磁致伸缩系数,改善矩形度,减少气孔率与降低 $H_c$,其副作用是使居里点有所下降。

La 离子的作用是细化晶粒,改善矩磁脉冲特性。

Mo，V，Ca 诸离子可以降低 $H_c$。

$SeO_2$ 可使脉冲波形后尾缩短。

$CuO，Bi_2O_3$ 可使焙烧温度下降，防止 $Li_2O$ 的挥发，并获得反应完全、致密的材料[27,28]。

作为离子置换的综合作用，现举两种配方：

① $Li_{0.52}Mn_{0.086}Fe_{2.29}Bi_{0.018}La_{0.10}Cd_{0.016}O_4$ 预烧（700℃×3 h），烧结（1 120℃×20 min），炉冷到 700℃保持 40 min 后淬冷。

② $Li_{0.36}Co_{0.10}Zn_{0.12}Ni_{0.6}Fe_{2.36}O_4$。

由于 $Li_2O$ 易挥发，因此锂铁氧体的预烧与最后烧结温度均较低。一般预烧温度为650℃～880℃，对加有助熔剂的材料烧结温度一般低于 1 000℃。

由于 $Li_2O$ 与 $LiCO_3$ 溶于水，因此球磨时通常采用酒精作为弥散剂。

Hobini M[29] 研究了 V，P，Bi，Nb，Sb 及其组合添加物对 $Li_{0.38}Zn_{0.12}Ni_{0.06}Co_{0.02}Mn_{0.22}Fe_{2.20}O_4$ 显微结构与磁芯特性的影响。

除上述三大系列外，在 MnZn 铁氧体中亦发现高矩形度的组成区，见图 5.4.9，最佳配方为 $Fe_2O_3$：MnO＝49：51[30]，其磁性能随 $Fe_2O_3$ 与 MnO 比例的变化见图 5.4.10。

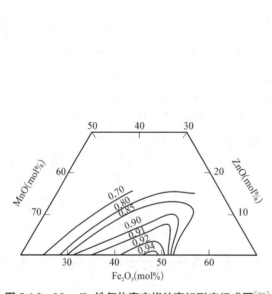

图 5.4.9　Mn‑Zn 铁氧体真空烧结高矩形度组成图[30]

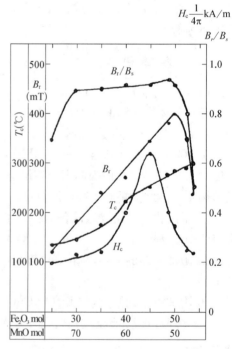

图 5.4.10　锰铁氧体磁性能随组成的变化

## 5.4.4　制备

通常采用常规陶瓷工艺制备磁芯，对微型磁芯，其成型工艺有一定特点，现简述如下。

## 1.成型

成型通常采用氧化物法。由于作为存储元件的磁芯尺寸甚小,例如常用的磁环外径为0.4～0.5 mm(最小已达0.3 mm),内径为0.3 mm,质量仅为70 μg左右,因此混合球磨要求非常均匀。目前大多数附加较多的胶合剂,轧成薄片后冲压成型,胶合剂与预烧后的粉料质量比为20%～40%。可以应用的胶合剂种类甚多,对聚乙烯醇、聚乙烯氯化物等塑料粘合剂,有配方(质量比):62.5%铁氧体,8.9%聚氯乙烯,0.5%聚醋酸乙烯醇,6.2%磷苯二甲酸醇,21.9%丁酮。国内亦有些单位采用单纯的聚乙烯醇溶液作胶合剂。

## 2.烧结

多数矩磁铁氧体均含 Mn。关于 Mn 的氧化变价问题,我们已于 MnZn 铁氧体这一节讨论过,基本原则仍然是适用的。总之,应当避免非磁性相 $Mn_2O_3$ 的脱溶析出,至于烧结气氛,应根据配方而有所不同,例如 Ni-Mn-$Fe^{2+}$ 铁氧体,通常在中性略带还原气氛如 $N_2$、$CO_2$ 气体中烧结。含多 Mn 的铁氧体可以在空气中烧结,但为了防止在冷却过程中 $Mn_2O_3$ 的脱溶析出,应当在保护气体中冷却,或在 1 000℃左右时淬冷,或者淬冷后再在 1 000℃氮气中退火,以除氧化。

Y.S.Kim[13]研究了气氛烧结温度对 Mg-Mn 矩磁性能的影响。

应设法提高密度,降低空泡率,控制一定的晶粒尺寸,并使晶粒大小均匀。根据实验结果,开关时间与晶粒尺寸呈比例关系,而临界驱动场近似与晶粒尺寸呈反比关系,开关系数随晶粒尺寸的减小而降低。欲控制大小均匀,通常希望晶粒较为细小的结晶情况,可以通过适当提高预烧温度,增加球磨时间以及合适的烧结过程来达到。

另外亦可用化学共沉淀法制备材料。

由于作为记忆磁芯的尺寸甚小,尤其在进行穿线时易将磁芯损坏,因此希望磁芯有一定的机械强度。实验表明在高密度情况下,强度主要决定于晶粒大小,而对空泡率较大的材料强度会显著下降。对这些样品,吸潮现象也较严重,并且一旦吸湿后会使强度进一步下降。国内有些单位将磁芯在溶解有机玻璃的丙酮中进行浸渍处理后可有效地防止返潮现象。

### 参考文献

[1] Gans R., *Ann. Physik*, 1932, 15: 28.

[2] Knowles J. E., *Philips Tech. Rev.*, 1962—1963.

[3] Goodenough J. B., *Phys. Rev.*, 1954, 95: 917.

[4] Goodenough J. B., *Proc. IEEE*, 1957, 104B: 400.

[5] Schwabe E. A., Cambell D.A., *J. Appl*, *Phys.*, 1963, 34: 1251.

[6] Knowes J. E., *Proc. Phys. Soc.*, 1960.

[7] Смаричцеьа И.Е., ШУР И.Я.С., *Ф.М.М.*, 1961, 11: 158.

[8] Shevel W. L., *J. Appl. Phys.*, 1959, 30: 475.

[9] Gyorgy E. M., *J. Appl. Phys.*, 1958, 29: 283.

[10] Gyorgy E. M., Hagedorn F.B., *J. Appl*, *Phys.*, 1959, 30: 1368.

［11］戴道生，钟文定，廖绍彬，钱昆明.铁磁学［M］.科学出版社，1992.

［12］Weiss R.S.，*Magnetic properties of Materials*［M］. Ed. J. Smit，McGraw-Hill，1971.

［13］Kim Y.S.，*Ferrites：Proc. ICF-3*［M］. 1971：438.

［14］Albers Schoenberg E.，*J. Appl. Phys.*，1954，25：152.

［15］Hegyi I.J.，*J. Appl. Phys.*，1954，25：176.

［16］Рабкин Л.И.，Иув. А.Н.，*СССР. Физ.*，1958，No. 10：1217.

［17］Albers Schoenberg E.，*J. Amer. Ceram. Soc.*，*Bull*，1956，35：276.

［18］Кобеиоъ В.，Нада МКе И.И.，*Ф.Т.Т.*，1959，1：1141.

［19］Palmer G. G.，et al.，*J. Amer. Ceram. Soc.*，1957，40：256.

［20］Eichbaum B. R.，*J. Appl. Phys.*，1960，Suppl No. 5：1170.

［21］李国栋，王新林，肖筐.物理学报［J］.1960，6，No5：272.

［22］Weisz R. S.，Brown D.I.，*J. Appl. Phys.*，1960，31：269S.

［23］Baltzer P. K.，White J.G.，*J. Appl. Phys.*，1958，29：445.

［24］Takata H.，et al.，*Ferrites：Proc. ICF-1*［M］. 1971：441.

［25］Kuroda G.，Kawashima T.，*IEEE Trans. on Magn.*，1969，MAG-5：192.

［26］Arlett R. H.，et al.，*IEEE Trans.*，1971，MAG 7：606/609.

［27］Kuroda C.，et al.，*IEEE Trans.*，1969，MAG 5，3：192/194.

［28］BabaD.，et al.，*IEEE Trans.*，1972，MAG-8：83.

［29］Hobini M.，*Ferrites：Proc，ICF-3*［M］. 1980：281.

［30］Shichijo Y.，Takama E.，*Ferrites：Proc ICF-1*［M］. 1971：210.

# §5.5 磁制冷材料

## 5.5.1 磁制冷原理

熵 $S$ 与热量 $Q$ 存在热力学关系：$T \Delta S = \Delta Q = C_T \Delta T$，$C_T$ 为恒温比热，因此，熵的变化可导致热量的变化。由于磁熵（自旋熵）的变化导致温度变化的现象称为磁热效应，或磁卡效应，利用磁热效应制冷称为磁制冷。

在磁性材料中熵包含自旋熵 $S_M$，电子熵 $S_E$ 与晶格熵 $S_L$，应为温度 $T$，磁场 $H$ 与压力 $P$ 的函数。

$$S(T, H, P) = S_M + S_E + S_L \tag{5.5.1}$$

在压力不变的条件下进行熵的变化，此时，仅需考虑熵为温度、磁场的函数。

$$dS = (\partial S / \partial T)_H dT + (\partial S / \partial H)_T dH \tag{5.5.2}$$

根据 Maxell 关系：
$$(\partial S / \partial H)_{T,P} = (\partial M / \partial T)_{H,P}$$

所以，在 $T$ 温度下，磁场由 0 增加到 $H$ 时，恒温、恒压磁熵变应为

$$\Delta S = S(T, H) - S(T, 0) = \int_0^H (\partial M / \partial T)_H dH \tag{5.5.3}$$

$S_E$ 与 $S_L$ 不随磁场变化，在恒温、恒压条件下不变，因此 $\Delta S = \Delta S_M$。

上式也可表述为

$$\Delta S = - \sum (1 / (T_{i+1} - T_i)) \cdot (M_i - M_{i+1}) \Delta H$$

通常实验上测量一组恒定磁场下的磁化强度 $M$-$T$ 曲线，利用上式计算出 $\Delta S$-$T$ 曲线。

由公式 5.5.2，在恒磁场条件下：

$$dS = (\partial S / \partial T)_H dT = C_{H,P} / T \cdot dT$$

$$\Delta S = \int_0^T C_{H,P} / T \cdot dT$$

因此也可通过热容的测量确定熵变。

而对绝热、恒压过程（$\Delta Q = \Delta S = 0$）的磁温变，从公式 5.5.2，可获得

$$dT = -T / C_{H,p} \cdot (\partial M / \partial T)_H dH，其中热容 C_{H,p} = T (\partial S / \partial T)_{H,p} \tag{5.5.4}$$

$$\Delta T = - \int_0^H T / C_{H,p} \cdot (\partial M / \partial T)_H dH$$

当然，在普遍的情况下，积分也可从 $H_1$ 到 $H_2$。实验上可直接测量出温差 $\Delta T$。

由于总的磁熵变 $\Delta S=0$,因此,$\Delta S_M=-(\Delta S_E+\Delta S_L)$

这意味磁熵的变化转化为晶格熵与电子熵的变化,从而产生系统温度的变化。

由公式 5.5.3 可推导出顺磁与铁磁材料的磁熵变与材料朗德因子 $g$、总角动量 $J$ 的关系式。

① 对满足居里外斯关系的顺磁材料:

$$\Delta S=-Ng^2J(J+1)\mu_B^2H^2/6k_B(T-T_c)^2$$

② 对满足布里渊关系的铁磁材料:

$$\Delta S\approx-1.07Nk_B(g\mu_BJH/k_BT_c)^{2/3}$$

其中 $\mu_B$ 为波尔磁子数,$k_B$ 为玻耳兹曼常数。

为了获得大的磁熵变,要求材料具有高 $g$、$J$ 值,此外为了降低晶格熵的影响,要求材料尽可能高的德拜温度,为了有利于热交换,要求材料低比热、高导热率,为了降低涡流损耗,要求材料高电阻率。当然,价廉、可加工性对实用化也是十分重要的。

从熵变引起温变的基本原理出发,磁制冷的原理与通常气体压缩制冷的原理是可类比的。对于气体压缩式的制冷,当气体,如氟利昂,被压缩由气态变液态时,意味着气体分子的熵减少,相应的热量将被排出,对应于加磁场磁化,使磁熵减少。反之,当膨胀时,液态气化,熵增大,从而从外界吸收热量,导致制冷,对应于去磁化过程,自旋取向混乱,磁熵增大。两者不同之处在于气体压缩制冷用的是气体制冷材料,体积大,必需使用气体压缩机,而磁制冷采用具有自旋磁性的固体材料,熵密度高,体积小,不需压缩机,但需要强磁场。从原理上进行对比,磁制冷具有低噪声、低功耗、高效率、无污染等优点,其效率高于气体压缩式 10 倍以上。

### 5.5.2　主要磁制冷的热力学循环

主要制冷的热力学循环有以下四种:
① Carnot 循环:由恒温磁化—绝热去磁—恒温去磁—绝热磁化四过程组成。
② Stirling 循环:由恒温磁化—恒磁降温—恒温去磁—恒磁升温四过程组成。
③ Brayton 循环:由恒场降温—绝热去磁—恒场升温—绝热磁化四过程组成。
④ Ericsson 循环:由恒温磁化—恒场降温—恒温去磁—恒场升温四过程组成。
Carnot 循环主要用于 15 K 以下,晶格熵可忽略的低温条件下,主要采用顺磁盐磁致冷工质,如 $Gd_2(SO_4)_3 8H_2O$,温区较窄。20 世纪 30 年代,磁致冷机就成功地获得 $m$ K 量级的低温,而利用核去磁制冷方式已获得 $2\times10^{-9}$ K 的极低温[1]。在 1.5～20 K 温区主要采用钆镓石榴石铁氧体($Gd_3Ga_5O_{12}$,GGG)制冷工质[2],除 Gd 的 $J$ 值较高,为 7/2 外,GGG 具有德拜温度高 $\theta_d=600$ K,晶格熵低,低温热导率高,能制备单晶体等优点,在其基础上采用其中部分 Ga 被 Fe 代换的超顺磁性的 GGG 材料,可降低工作磁场,性能也很优越,GGG 为制冷工质的磁致冷机已成功地用来制备液氦。高于 20 K 的温区,晶格熵不能忽略,显然,晶格熵将成为自旋系统的热负荷,晶格熵小,降温幅度就大。为了克服晶格

热容的影响,增大制冷温度幅度,常采用非 Carnot 循环的其他 3 类磁制冷循环,其中 Ericsson 循环被认为制冷效率较佳,现重点介绍如下。

Ericsson 循环的熵-温度($S$-$T$)图如图 5.5.1 和图 5.5.2 所示。

Ericsson 磁制冷循环含 $ABCDA$ 四个过程,$AB$ 为恒温磁化,自旋系统磁熵减少,排出热量 $Q_1$($Q_1 = \Delta S_J T_1$);$BC$ 为恒场降温,磁熵进一步减少,热量传给蓄冷器;$CD$ 为恒温去磁,磁熵增大,从而从外界吸收热量 $Q_2$($Q_2 = \Delta S_J T_2$),产生磁制冷;$DA$ 为恒场升温,从蓄冷器获得热量,磁熵进一步增大,回到原状态。因此 Ericsson 磁制冷循环不同于 Carnot 循环,它需要蓄冷器,其降温幅度大于 Carnot 循环。此外,它需要在一定温区范围内,如上图的 $T_1$,$T_2$ 磁熵变相同,这样可达到 Carnot 循环的最佳

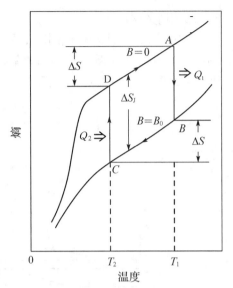

图 5.5.1　Ericsson 循环的 $S$-$T$ 图[3]

效率,这对单一磁致冷工质是很难做到的,通常采用不同居里温度的磁制冷工质进行复合。

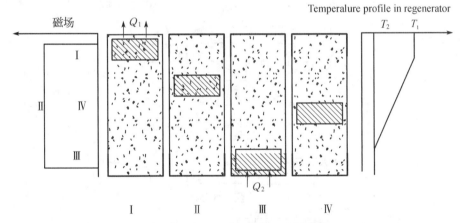

图 5.5.2　Ericsson 循环的示意图及其温度分布曲线,其中 Ⅰ,Ⅱ,Ⅲ,Ⅳ
分别对应于图 5.5.1 中的 $AB$；$BC$；$CD$；$DA$ 四个过程[3]

同理,除 Carnot 循环外其他几类磁制冷循环均需要蓄冷器(含蓄冷流体)。

以下将简单介绍有功磁蓄冷制冷机 AMR(Active Magnetic Regeneration)式室温实验制冷机。

AMR 制冷机循环如图 5.5.3 所示,所采用的为 Brayton 循环,如图 5.5.3(a)所示,由两个绝热过程、两个恒磁场过程所组成。图 5.5.3(b)为 AMR 制冷机示意图,图 5.5.3(c)为 AMR 制冷机循环示意图。颗粒状的磁制冷工质置于多孔的床中,与蓄冷器的流体进行热交换,过程(a)为绝热磁化,自旋系统磁熵减少,放出热量;过程(b)为恒场冷却,蓄冷器流体从冷端向热端流动,将热量输出;过程(c)为绝热去磁,磁熵增大,从蓄冷介质中吸收热量;过程(d)为恒场升温,产生制冷。图 5.5.3(c)中虚线代表初始温度场,实线代表该

过程结束时的温度场。

采用 3 kg Gd 小球作磁制冷工质,运行频率为 1/6 Hz,5 T 超导磁场下,制冷功率为 600 W,达到 Carnot 循环 60% 的效率,蓄冷器两端温差达 38℃,如工作磁场为 1.5 T,制冷功率为 200 W,达到 Carnot 循环 30% 的效率[5]。

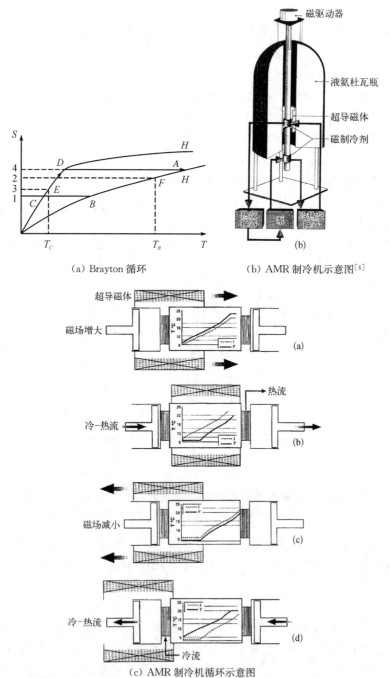

(a) Brayton 循环　　　　(b) AMR 制冷机示意图[4]

(c) AMR 制冷机循环示意图

AMR 循环分 4 步,(a)—磁化,(b)—液流从冷端流向热端,(c)—退磁,(d)—液流从热端流向冷端

**图 5.5.3　AMR 制冷机循环[5]**

### 5.5.3　高温磁制冷工质

通常将 20 K 以下定义为低温区,此时磁制冷采用 Carnot 循环,制冷工质采用顺磁盐、GGG 型的顺磁与超顺磁单晶体等,低温磁制冷机已商业化生产。高于 20 K,尤其室温磁制冷机是 20 世纪末以来国内外十分关注的前沿高技术领域。

对于高温磁制冷,如采用顺磁工质,所需磁场甚高而无法实用化,此外,晶格熵的增大,采用 Carnot 循环温区太窄,因此需采用非 Carnot 循环的其他磁制冷循环,从公式 5.5.3 显见,磁熵变在 $(\partial M/\partial T)_H$ 极大处为最大,而对磁性材料,$(\partial M/\partial T)_H$ 极大点对应于居里温度,因此需要研发居里温度处在所需制冷温区内的磁性材料,在高温区通常又分 20~80 K 与 80 K~室温两温区,20~80 K 是制备液氮、液氢的重要温区,而液氢是十分重要的航天燃料、清净能源。该温区的主要磁制冷工质是具有 MgCu$_2$ 结构的 RAl$_2$,RCo$_2$ 等化合物,或其复合材料,其中 R 为 Gd,Dy,Ho,Er 等重稀土元素,也可为 Dy$_{60}$Al$_{40}$ 等非晶合金。

图 5.5.4 为 10~80 K 温区的部分磁制冷工质在 0~7.5 T 磁场下,绝热温差 $\Delta T_{ad}$ 与组成的关系示意图。

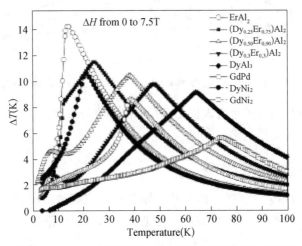

**图 5.5.4　10~80 K 温区的部分磁制冷工质在 0~7.5 T 磁场下,绝热温差 $\Delta T_{ad}$ 与组成的关系**[5]

研发 80 K 室温温区的磁制冷机,也许是制冷学者梦寐以求的目标之一。

1976 年 Brown[6]采用 Ericsson 磁致冷循环,金属钆(Gd)为磁制冷工质,在 7 T 磁场下首先实现了室温磁制冷,制冷温差达 80 K,迈出了十分可喜的一步。由于需超导高磁场,钆价格昂贵,而无法实用化,然而这一发现却像一声春雷,在国内外掀起了一场高温磁制冷研究的热潮,研究者众多,范围甚广。从相变的角度来分类,所研究的磁制冷工质可分为一级相变材料与二级相变材料两大类。

#### 1. 一级相变磁制冷材料

一级相变对应的热力学势的一阶导数在相变点是不连续的,因此熵和体积在相变点是不连续的,会产生相变潜热、热滞,因此会影响磁制冷效率。

1977 年报道了 $Gd_5(Si_2Ge_2)$ 合金具有巨磁热效应[7],同年报道了 $La_{0.8}Ca_{0.2}MnO_4$ 钙钛矿磁性氧化物也具有与 Gd 相当的室温磁熵变[8]从而推动了磁致冷工质朝向室温巨磁熵变材料探索的新阶段。此后,不断有激动人心的新型磁致冷工质的研究成果报道,有关磁致冷工质的论文显著增长,不胜枚举,其中具有代表性的磁制冷工质系统为$La(Fe_{1-x}Si_x)_{13}$[9],$MnAs_{1-x}Sb_{1-x}$[10],$MnFeP_{0.45}As_{0.55}$[11],NiMnGa Heusler alloys(半金属)[12]。图 5.5.5 所示为磁熵变与温度的关系。

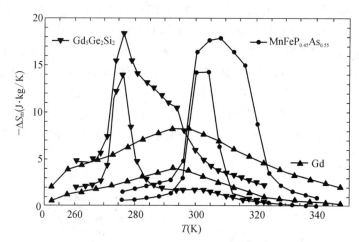

图 5.5.5　Gd,$Gd_5Ge_2Si_2$ 与 $MnFeP_{0.45}As_{0.55}$ 磁熵变温度曲线的对比[11]

磁致冷材料不仅可制冷,也有人提出利用一级相变导致磁化强度的突变,可以在线圈中感应出电动势,构建新型的热发电机。

### 2. 二级相变磁制冷材料

二级相变对应的热力学势的一阶导数在相变点是连续的,因此熵和体积在相变点是连续的,不会产生相变潜热,二阶导数所对应的量,如比热、压缩率、膨胀率在相变点有不连续的跃变。

钆是最典型的二级相变磁制冷材料,实验室中室温磁制冷原型机基本上是采用它作磁制冷工质,钆的 $J=7/2$,$g=2$,$T_c=293$ K,因此是十分合适的室温磁制冷工质。部分磁性钙钛矿化合物也可能为二级相变磁制冷材料。虽然二级相变磁熵变不大,但因无热滞与相变潜热,以钆为磁制冷工质效率还是可以的。

自从 1976 年 Brown 开拓了室温磁制冷机研发的先河以来,2007 年又进入到利用二级相变的巨磁熵变材料的发展阶段,甚至 2002 年 Science 刊物上十分乐观地认为不久磁制冷机将进入千家万户,并附磁制冷原型样机如图 5.5.6[13],但至今尚未进入商品化阶段。目前主要研究方向是研发在永磁材料可能产生的强磁场下(低于 2 T),具有高磁熵变的材料,其热滞、相变潜热尽可能低,此外进一步改进磁制冷机的设计,提高制冷效率。另外,也有文章报道采用附加电场可以调控相变的温度,增宽制冷温区,以及采用应力调控相变产生制冷效应。

有关磁致冷材料的论文甚多,文献[14－18]为综述论文,供读者参考。

**图 5.5.6　室温磁制冷机原型机[13]**

## 参考文献

［1］Hakonen P. J., S. Yin S., Lounasmaa O. V., Nuclear magnetism in silver at positive and negative absolute temperatures in the low nanokelvin range, *Phys. Rev. Lett.*, 1990, 64: 2707－2710.

［2］Shull R. D., McMichael R. D., Ritter J. J., Nanocomposites for magnetic refrigeration., *Nanostruct. Mater.*, 1993, 2: 205－208.

［3］Hashimoto T., Kuzuhara T., Sahashi M., et al., New application of complex magnetic-materials to the magnetic refrigerant in an ericsson magnetic refrigerator, *J. Appl. Phys.*, 1987, 62: 3873－3878.

［4］Zimm C.B., et al., *Adv. Cryog. Eng.*, 1998, 43: 1759.

［5］Pecharsky V.K., Gschneidner Jr K. A., Magnetocaloric effect and magnetic refrigeration, *J. MMM*, 1999, 200:44－56.

［6］Brown G.V., Magnetic heat pumping near room-temperature, *J. Appl. Phys.*, 1976, 47: 3673－3680.

［7］Pecharsky V.K., Gschneidner, Jr K. A., Giant Magnetocaloric Effect in Gd5(Si2Ge2), *Phys. Rev. Lett.*, 1997, 78: 4494－4497.

［8］Guo Z.B., Du Y. W., Zhu J. S., et al., Large Magnetic Entropy Change in Perovskite-Type Manganese Oxides, *Phys. Rev. Lett.*, 1997, 78: 1142－1145.

［9］Hu F.X., Shen B.G., Sun J.R., et al., Influence of negative lattice expansion and metamagnetic transition on magnetic entropy change in the compound LaFe11.4Si1.6, *Appl. Phys. Lett.*, 2001, 78: 3675－3677.

［10］Wada H., Tanabe Y., Giant magnetocaloric effect of $MnAs_{1-x}Sb_x$, *Appl. Phys. Lett.*, 2001, 79: 3302－3304.

［11］Tegus O., Bruck E., Buschow K. H. J., Transition-metal-based magnetic refrigerants for room-temperature applications, *Nature*, 2002, 415: 150－152.

［12］Krenke T., Duman E., Acet M., et al., Inverse magnetocaloric effect in ferromagnetic Ni-Mn-Sn alloys, *Nat.Matr.*, 2005, 4: 450－454.

［13］Weiss P., *Science News*, 2002.

［14］Gong, Y.Y., Wang, D. H., Cao, Q. Q., et al., Electric Field Control of the Magnetocaloric Effect, *Advanced Materials*, 2015, 27: 801－805.

[15] Tishin A. M., *Handbook of Magnetic Materials*[M], vol. 12, ed Buschow K. H. J., 1999: p. 395.

[16] Gschneidner K. A., Pecharsky V. K., Tsokol A. O., Recent developments in magnetocaloric materials, *Rep. Prog. Phys.*, 2005, 68: 1479 - 1539.

[17] Yu B. F., Gao Q., Zhang B., et al., Review on research of room temperature magnetic refrigeration, *International J. of Refrigeration*, 2003, 26: 622 - 636.

[18] Shen B. G., Sun J. R., Hu F. X ., et al., Recent Progress in Exploring Magnetocaloric Materials, *Adv. Mater.*, 2009, 21: 4545 - 4564.

# §5.6 磁性液体

真正的磁性液体,即液态的磁性材料,至今尚未发现。本节的磁性液体是指将纳米尺度的磁性颗粒经表面修饰后,将长链的界面活性剂与颗粒表面进行化学键的结合,然后高度弥散于相应的基液中,磁性颗粒在基液中呈现混乱的布朗运动,即使在重力和电、磁力的作用下均不能使其产生颗粒与基液的分离。磁性颗粒与基液混成一体,在磁场作用下做整体运动,好像液体具有磁性似的,从而使磁性液体既具有磁性也具有流动性,可用磁场调控其流变性,因此,它具有固体磁性材料无法应用的新领域。本节将简单介绍磁性液体构成的原理、基本性质与应用。

1938年,Elmore[1]采用化学共沉淀工艺制成$Fe_3O_4$胶体溶液,实际上是最早的水基磁性液体,成功地用于粉纹磁畴观察。60年代初,Papell[2]发现用油酸作$Fe_3O_4$界面活性剂,在烃类基液中具有良好胶体稳定性,此后Rosensweig等人[3]作了重要的开拓,并命其名为"Ferrofluid",后来有人采用"Magnetic liquids"[4,5]。国内曾译为"磁流体"、"磁液"、"磁性流体"等,因流体应包含液体与气体,显然气体是无法制备成磁性的,此外,"磁流体"的名词早已被应用在等离体发电中,易引起混淆,我们认为译为"磁性液体"较合适。磁性液体开拓了固体磁性材料难以应用的新领域,60年代在美国首先应用于宇航工业,70年代转为民用。磁性液体的发明引起世界各国极其广泛的兴趣[6]。

## 5.6.1 生成磁性液体的条件

铁磁微粒与基液(分散媒剂)混成一体的必要条件是颗粒足够的小,以致在基液中做无规的布朗运动,这种热运动足以破坏重力的沉降作用及削弱粒子间电、磁的相互凝聚作用,因此首先必须分析微粒间的相互作用。

### 1. 静磁作用

磁矩为$\mu$的二磁偶极子,相距为$r$时,其静磁相互作用能[7]

$$E_d = \frac{\mu^2}{r^3}\left[\cos(\theta_i - \theta_j) - 3\cos\theta_i\cos\theta_j\right] \tag{5.6.1}$$

式中$\theta_i, \theta_j$分别为第$i, j$个磁偶极子相对于连线的夹角。最低能量相应于$\theta_i = \theta_j = 0$,所以

$$E_d^m = -\frac{2\mu^2}{r^3} = -2\left(\frac{\pi d^3 M_s^2}{6}\right)/r^3 \tag{5.6.2}$$

式中,$d$为微粒直径,$M_s$为饱和磁化强度。

由$E_d = kT$可以确定微粒临界尺寸[8],当颗粒直径低于此临界值$d_0$时,热运动的能

量足以破坏静磁的凝聚作用。

对 Fe($M_s$＝1 707 kA/m)，临界直径 $d_0$＝3 nm(20℃)。对 Fe$_3$O$_4$($M_s$＝477 kA/m)，$d_0$＝10 nm(20℃)。铁的单畴临界尺寸为 36 nm[7]，超顺磁性的临界直径约为 5 nm[9]，而对于 Fe$_3$O$_4$，超顺磁性的室温临界尺寸约为 16 nm[10]，因此在室温下磁性液体通常呈超顺磁性。

当微粒尺寸处于 1～100 nm 时，具有甚大的比表面积和甚大的界面活性，且具有与粗颗粒不同的物理化学特性，进入胶体粒子的范畴。微粒与基液构成了胶体分散体系。胶体溶液的稳定性是磁性液体制备的关键，一个分散体系的稳定性大致上可分为动力稳定性和聚结稳定性两个方面。一方面，分散体系中的微粒，由于热运动，克服重力而作布朗运动，从而长期保持良好的分散状态而不产生沉淀，称为动力稳定性。显然颗粒越小动力稳定性愈高。但另一方面，颗粒越小，比表面积越大，表面能就越高，而为了降低表面能，微粒具有自动聚集的趋势，从而降低了聚结稳定性。为了提高胶体的聚结稳定性，使其难以集结，除基液外，尚需加入稳定剂(界面活性剂)。因此，磁性液体是由强磁性微粒、基液及界面活性剂三者组成的。

## 2. 范德瓦尔斯力

范德瓦尔斯力就是分子间瞬时电偶极矩的相互作用力，是粒子间普遍存在的相互作用。根据理论计算，两个三维振子的互相作用能可表述为[11]

$$E_v = -\frac{1}{r^6}\frac{3}{4}\chi^2 h\nu_0 \tag{5.6.3}$$

式中，$r$ 为振子平衡点间的距离；$\chi$ 为极化常数；$h\nu_0$ 为振子的零点振动能。

由上式可知，范氏作用能与距离的六次方成反比，当颗粒紧密接触时，对 $r$ 甚小的颗粒，范氏作用能便显得十分重要。这种相互作用是无法用热运动来克服的。在颗粒彼此碰撞的过程中，由于范氏作用力，颗粒可以凝聚成团，使聚结稳定性下降，破坏磁性液体的特性。为了克服范氏作用的凝聚及削弱静磁吸引力，人们设法在铁磁微粒表面包上一层长链分子以作稳定剂，称为界面活性剂(Surfactant)，界面活性剂的排斥能 $E_R$ 可用下式表述[4]：

$$\frac{E_R}{kT} = 2\pi r^2 N\left[2 - \frac{(l+2)}{t}\left(\frac{1+t}{1+l/2}\right) - \frac{l}{t}\right]$$

式中，$N$ 是单位面积上吸附的长链分子数；$t＝\delta/r$，$\delta$ 为界面活性剂链长，$r$ 为磁性颗粒半径；$l$ 为颗粒间的相对表面间距，$l＝(r_c/2r)$，$r_c$ 为两颗粒中心间距。合适的界面活性剂成为制备磁性液体、保证聚结稳定性的关键之一。界面活性剂的稳定作用见图 5.6.1。

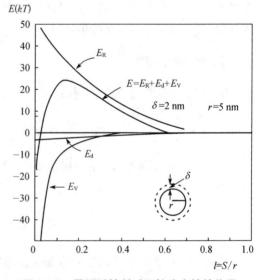

**图 5.6.1 界面活性剂对颗粒稳定性的作用**

图中纵坐标为能量 $E$，$E = E_R + E_v + E_d$，$E_R$ 为排斥能，为正值，$E_v$，$E_d$ 均为负值，三者均随颗粒间的距离而变化。在一定的颗粒尺寸、合适的界面活性剂包覆下，$E$ 呈现正的峰值，从而阻碍磁性颗粒团聚，有利于磁性颗粒高度均匀地弥散于基液中，生成稳定的磁性液体。

### 3. 在重力场以及梯度磁场中的稳定性

静磁与电偶矩相互作用是磁性液体内部微粒间的相互作用。首先研究重力、非均匀磁场对磁性液体稳定性的影响。重力场的作用是使颗粒产生沉淀，使微粒浓度按高度分布，由于浓度差又引起微粒由高浓度向低浓度扩散，因此在重力场中微粒的空间分布处于重力与扩散力动态的平衡中。

设胶粒与基液的密度分别为 $\rho$，$\rho_c$，胶粒的直径为 $d$，处于高度 $z$ 处单位体积中的微粒数为 $\eta$（此处胶粒的概念是指微粒与依附其表面的界面活性剂分子所组成的粒子），则每一颗胶粒的沉降力应为重力与浮力之差，即

$$f = \frac{\pi}{6}d^3(\rho - \rho_c)g \tag{5.6.4}$$

而浓度差所引起的渗透压力

$$\rho = \frac{n}{N_A}RT = nkT$$

式中 $N_A$ 为阿伏伽德罗常数。

高度 $z$ 处与 $z + dz$ 处的浓度差所引起的扩散压力为

$$d\rho = kT dn \tag{5.6.5}$$

在高度 $z$ 处，单位面积的 $dz$ 容积内的分子数

$$\left(\frac{2n - dn}{2}\right) \cdot 1 \cdot dz \approx n dz \tag{5.6.6}$$

因此每一个胶粒的扩散力

$$f' = \frac{kT dn}{n dz} \tag{5.6.7}$$

动态平衡时，式(5.6.4)应等于式(5.6.7)，即

$$\frac{\pi}{6}d^3(\rho - \rho_c)g = \frac{kT dn}{n dz}$$

即

$$\frac{dn}{dz} = \frac{\pi d^3(\rho - \rho_c)ng}{6kT} \tag{5.6.8}$$

由上式可知，微粒直径愈小，浓度梯度亦就愈低。

当磁性液体被置于磁场梯度为 $dH/dz$ 的非均匀磁场中时,仿照上述处理可得

$$\frac{dn}{dz} = \frac{n\pi d^3 M_s dH/dz}{6kT} \qquad (5.6.9)$$

综上所述,对磁性液体最主要的技术要求可概括如下:

① 在所应用的温度范围内具有长期的稳定性;② 高饱和磁化强度与高起始磁导率;③ 低粘滞性与低蒸汽压,无毒性;④ 在重力场、非均匀磁场中的高稳定性;⑤ 良好的热传导性。

## 5.6.2 磁性液体的制备

磁性液体由强磁性微粒、基液及界面活性剂所组成,强磁性微粒可以是金属,亦可以是铁氧体。现以 $Fe_3O_4$ 为例介绍如下。

### 1. $Fe_3O_4$ 微粒的制备

制备颗粒尺寸低于 100 nm 的微粒,目前主要有两种方法:

**(1) 机械研磨法**

将颗粒尺寸为 $1\sim2$ $\mu m$ 的 $Fe_3O_4$ 粉料(表面积约为 12.1 $m^2/g$)与基液、界面活性剂混合,在球磨机中长期($t \geqslant 1\,000$ h)研磨(滚珠的尺寸一般取 0.6 mm、10 mm 两种规格),研磨后在高速离心机中离心 20 min 以除去颗粒直径大于 25 nm 的颗粒[12]。

为了缩短研磨时间,亦可采用非磁性铁的氧化物先研磨成胶粒尺寸,后弥散于基液中,再使其转变为铁磁性微粒[13]。

**(2) 化学共沉淀法**

将二价与三价铁盐的水溶液按 1∶2 比例均匀混合,然后加入碱性溶液而生成,其化学反应式为

$$Fe^{2+} + 2Fe^{3+} + 8OH^- \longrightarrow Fe_3O_4 + 4H_2O$$

实验表明[14],$Fe_3O_4$ 的颗粒尺寸、磁性能与制备条件密切相关。由于化学共沉淀所得的 $Fe_3O_4$ 微粒尺寸甚小,具有高的表面能,在溶液中极易被氧化[15],因此避免氧化就成为制备的关键之一,为了得到在烃基中的胶体,可采用丙酮、甲苯清洗,然后再与油酸(界面活性剂)及基液一起研磨[16,17]。

此外,尚有热分解法、电解法[18]、等离子法、真空蒸发法等。

### 2. 基液

基液的种类很多,常因磁性液体的用途而异,如[19]:

**(1) 二酯类基液(Diester base)**

它的蒸气压低,适宜于真空以及长期使用;低粘滞性,适宜于高速密封,同时又具有很好的润滑作用。当作为阻尼应用时,粘滞性可以在较宽的范围内变化。

**（2）烃类基液（Hydrocarbon base）**

它具低粘滞性，可以与其他烃液混合，电阻率为 $10^8$ Ω·cm，介电常数为 20。

**（3）碳氟类基液（氟代烃）（Fluorocarbon base）**

它具有宽的温度特性，不溶于其他液体，对氟、溴具有高稳定性。

**（4）酯类基液（Ester base）**

它可用于低温，具有高饱和磁感应强度。

**（5）水基液（Water base）**

它具有较高的起始磁导率，pH 值可以在较宽范围内改变，适用于选矿、磁印刷等。

**（6）聚苯醚（Polyphenyl ether base）**

它的蒸气压低，用于高真空，辐射阻抗大于 $10^8$ rad。

### 3. 界面活性剂

$Fe_3O_4$ 的磁性液体，通常采用长链分子作为界面活性剂，例如脂肪酸（饱和一元羧酸）。脂肪酸是含有羧基〔COOH〕的化合物，其分子的键长以羧基中含有的碳原子数而定，一元羧酸的通式为 $C_nH_{2n+1}COOH$，其中 $C_nH_{2n+1}$ 为烃基，—COOH 为羧基，$n$ 越大分子链越长。烃基与羧基具有不同的特点：羧基具有亲水性，烃基具有疏水性。$C_1 \sim C_4$ 的羧酸可与水混溶，$C_5 \sim C_{11}$ 的羧酸在水中的溶解度随分子量的增加而减小，从 $C_{12}$ 起完全不溶于水，因此在水基中通常选用 $C_{12} \sim C_{15}$ 作为界面活性剂。Khalafalla[13] 选用 $C_{12}$ 作为水基的界面活性剂性能较佳。$C_{12}$ 的分子式为 $CH_3(CH_2)_{10}COOH$（十二酸）。十二酸与 $Fe_3O_4$ 表面铁离子可以产生化学吸附，生成十二酸铁，烃基向外。第二层是十二酸与氨水反应生成十二酸铵。羧酸铵是亲水的，这种双层结构的胶粒在水中可以稳定地分散。$Fe_3O_4$ 表面吸附一层 $C_{12}$ 长键分子后在水基溶液中就可避免电、磁互作用力的凝聚，见图 5.6.2。

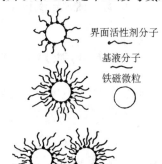

界面活性剂分子
基液分子
铁磁微粒

非水基的基液，如煤油基，可用油酸作为界面活性剂。油酸为不饱和酸，含有 18 个碳原子的碳链，油酸中的双链正好处于碳链的中央，其分子式为

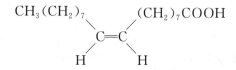

**图 5.6.2　磁性液体中界面活性剂的作用**

对界面活性剂总的要求：分子的一端能吸附于强磁性微粒表面，尽可能化学键结合，另一端能与基液溶剂化，使胶粒在基液中能得到稳定的分散，通常缓冲层厚 30～1 000 Å。

铁氧体磁性液体的饱和磁化强度，通常处于 8～32 kA/m；起始磁化率为 0.2～0.8；密度为 1～1.4 g/cm³；粘度随磁性微粒的体积分数、温度可以在较大范围内改变[17]。

铁氧体磁性液体的商品性能（日本大和株式会社）列于表 5.6.1，供参考。

表 5.6.1　磁性液体及特性(日本大和株式会社)

| 牌号 | W-35 | Hc-50 | DEA-40 | LS-35 | PX-10 | DES-40 |
|---|---|---|---|---|---|---|
| 基液 | 水 | 碳氢化合物 | 合成油 | 合成油 | 合成油 | 合成油 |
| 颜色 | 黑 | 棕黑 | 黑 | 黑 | 棕黑 | 黑 |
| 饱和磁化强度(T) | 0.036 | 0.042 | 0.04 | 0.035 | 0.01 | 0.04 |
| 密度(g/cm³,25℃) | 1.35 | 2.8 | 1.39 | 1.27 | 1.24 | 1.39 |
| 粘度(mPa·s,20℃) | 34 | 42 | 150 | 1 010 | 1 100 | 300 |

铁氧体磁性液体稳定性好,但由于亚铁磁性而导致饱和磁化强度低,为此金属与合金以及磁性氮化物磁性液体成为研发的热点,Fe,Co,Ni 及其合金的磁性液体已研发成功,饱和磁化强度可高于 0.17 T,但由于金属纳米颗粒易氧化,稳定性逊于铁氧体磁性液体,继后铁氮化物磁性液体也已问世,其稳定性高于金属磁性液体,饱和磁化强度高于铁氧体。例如徐教仁等人[19]以 $Fe(CO)_5$、表面活性剂(聚胺或聚丁二烯琥珀酰亚胺等)、载液(煤油、工业汽油等)和 $NH_3$ 为原料,采用辉光放电等离子体化学气相沉积法[20],制备了高饱和磁化强度的氮化铁磁性液体。

硅油具有耐高温、低粘度、低蒸气压、化学稳定性好、粘度随温度变化小、与水及一般机械用油不互溶等特点。刘勇健等人[21]以硅酸钠作为包覆分散剂,六甲基硅氧烷为稳定剂,制备出硅油基磁性液体。

## 5.6.3　磁性液体的特性

### 1. 磁化的弛豫过程

将磁性液体磁化到饱和后,去掉外磁场的瞬间,剩磁 $M_r$ 接近 $M_s$,随着时间的增长,$M_r$ 将按指数规律下降到零,即

$$M_r = M_s \exp(-t/\tau) \tag{5.6.10}$$

式中,$\tau$ 为弛豫时间。

$$\tau^{-1} = f_0 \exp(-KV/kT) \tag{5.6.11}$$

式中,$f_0$ 为频率因数,约为 $10^9\,\mathrm{s}^{-1}$;$V$ 为颗粒体积;$K$ 为磁晶各向异性常数。

因为 $\tau$ 与 $V$ 呈指数关系,$V$ 小的变化可导致 $\tau$ 大的变化。例如:设 $K=10^4\,\mathrm{J/m^3}$,$T=15\,\mathrm{K}$,$\tau$ 与 $V$ 之间的关系如下:

| $D(\text{Å})$ | $V \times 10^{-5}(\text{Å})^3$ | $\tau$ |
|---|---|---|
| 90 | 7.3 | $1 \times 10^{-1}$ |
| 100 | 10 | $1 \times 10^2$ |
| 110 | 13.3 | $6 \times 10^5$ |

因此又可以将对应于 $\tau=10^2$ s 的颗粒体积定义为产生超顺磁性的临界体积 $V_p$, 颗粒尺寸小于 $V_p$ 时为超顺磁性, 颗粒尺寸大于 $V_p$ 时为正常的强磁性。$\tau=10^2$ s, 相当于 $\exp(KV_p/kT)=10^{11}$, 即

$$KV_p \sim 25kT_B \tag{5.6.12}$$

所相应的温度 $T_B=KV_p/25k$, 常称为截止温度。

磁性颗粒在液体中存在两类弛豫过程:

① 颗粒在热运动中作整体转向, 称为布朗旋转弛豫时间。经计算可得布朗旋转弛豫时间

$$\tau_B=3V\eta_0/kT \tag{5.6.13}$$

式中, $\eta_0$ 为液体的粘滞系数。对于煤油基或水基磁性液体, $\tau_B$ 约为 $10^{-7}$ s。

② 颗粒内部磁化矢量旋转。这时主要克服颗粒内的磁晶各向异性能的位垒, 对单易磁化轴的材料, Néel[22] 计算的结果为

$$\tau_N=\tau_0 x^{-1/2}\exp x \tag{5.6.14}$$

其中

$$x=\frac{KV}{kT}=\frac{\pi D^3 K}{6kT} \tag{5.6.15}$$

$$\tau_0=M_s/8\pi\alpha\gamma K$$

式中, $\gamma$ 为旋磁比; $\alpha$ 为阻尼系数, 约为 $10^{-2}$。

在磁性液体中, 大颗粒行为主要取决于布朗弛豫过程, 小颗粒行为主要取决于 Néel 弛豫过程, 当两者相等时, 即

$$\tau_B=\tau_N$$

则

$$x^{-3/2}\exp x=24\alpha\eta_0 rM_s^{-1} \tag{5.6.16}$$

对于铁, 设 $K=5\times10^4$ J/m$^3$, $T=300$ K, 计算得临界直径 $D_s=85$ Å。磁性液体在固化条件下, 仅存在 Néel 型弛豫过程。

### 2. 超顺磁性

当弛豫时间 $\tau_N$ 小于 $10^2$ s 时, 或颗粒尺寸小于超顺磁性临界尺寸时, 粒子内的磁矩在热运动影响下将会任意取向, 从而使得粒子的行为类似于顺磁性分子, 与顺磁分子所不同的, 微粒中含有约 $10^5$ 个彼此强磁性耦合的原子, 其本征矫顽力 $H_{cj}$ 为零, 从而亦无剩磁, 见图 5.6.3。其磁化曲线应当无磁滞, 因此 $M\sim\dfrac{H}{T}$ 曲线在不同温度下应重合, 如图 5.6.4。

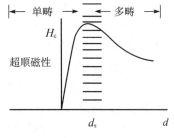

图 5.6.3 铁磁颗粒尺寸与本征矫顽力的关系

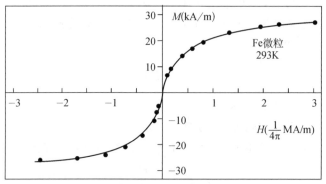

图 5.6.4 超顺磁体的 $M \sim \dfrac{H}{T}$ 曲线(任意单位)

根据朗之万顺磁理论,有

$$M_s = M_o \left( \coth\alpha - \frac{1}{\alpha} \right) \tag{5.6.17}$$

式中,$\alpha = \dfrac{\mu H}{kT}$。

对体积为 $V_i$,磁化强度为 $m_i$ 的强磁性微粒,上式可写为

$$\frac{m_i}{M_o} = \coth \frac{V_i M_o H}{kT} - \frac{kT}{V_i M_o H} \tag{5.6.18}$$

假如具有 $V_i$ 体积的粒子数为 $n_i$,则磁性液体的磁化强度应为 $\sum m_i V_i / V_o$,所以

$$\frac{M}{M_o} = \left[ \sum_{i=1}^{\infty} \left( \coth\left( \frac{V_i M_o H}{kT} \right) - \frac{kT}{V_i M_o H} n_i V_i \right) \right] / V_o \tag{5.6.19}$$

令 $\varepsilon = (\sum n_i V_i)/V_o$ 为强磁性微粒的体积分数,则上式可改写为

$$\frac{M}{\varepsilon M_o} = \sum_{i=1}^{\infty} \left[ \coth\left( \frac{V_i M_o H}{kT} \right) - \frac{kT}{V_i M_o H} \right] n_i V_i \Big/ \sum_{i=1}^{\infty} n_i V_i \tag{5.6.20}$$

胶粒的体积浓度可以从密度关系推出

$$\varepsilon_D = (\rho - \rho_L)/(\rho_c - \rho_L)$$

式中,$\rho_c$ 为固体微粒密度,约为 $5.0~\mathrm{g/cm^3}$;$\rho_L$ 为液体密度(指基液和界面活性剂混合液的密度);$\rho$ 为磁性液体密度。

颗粒直径 $D_i$ 可通过电子显微镜测定,从而可确定体积 $V_i$。由式(5.6.20)所计算得到的理论曲线高于实验曲线,例如饱和值 $M/3\varepsilon M_o$ 小于 1,颗粒越细偏差越大,其值可介于 0.76~0.29 之间。为了解释理论的差异,Kaiser[23] 认为界面活性剂与铁磁微粒表面层通过化学吸附而结合生成非磁性层。例如以油酸作为烃基的界面活性剂时,其羧基(—COOH)可以与氧化铁反应生成弱磁性的铁酸盐,因此在计算微粒体积时就应扣除非

磁性层。存在非磁性层的设想在以后穆斯堡尔谱实验中并未证实[24,25]。对磁化强度降低的现象,Berkowitz[26]认为是由于表面各向异性导致自旋钉扎,从而很难磁化到饱和。根据$Fe_3O_4$微颗粒覆盖界面活性剂前后穆斯堡尔谱线的变化,文献认为表面铁离子由于界面活性剂的作用而钉扎在一定的方向上,而自旋间的交换作用使得钉扎效应影响到一定的表面层内,在磁化过程中导致磁矩不共线的自旋磁构型,颗粒越小此效应越显著,宏观磁矩下降比较明显。

### 3. 磁性液体的伯努利方程

流体力学表明,不可压缩的流体服从伯努利方程

$$p + \frac{\rho V^2}{2} + \rho g h = 常数 \tag{5.6.21}$$

式中 $p,V,\rho,h$ 分别为流体的压力、流速、密度以及深度,$g$ 为重力加速度。

磁性液体在外磁场中将被磁化,因此尚须添加一项磁能,于是,伯努利方程可修正为

$$p + \frac{\rho V^2}{2} + \rho g h - \mu_0 \int_0^H M dH = 常数 \tag{5.6.22}$$

这就使得磁性液体具有其他流体所没有的、与磁性相关联的新性质,从而开拓了新应用。

由式(5.6.22)可知,磁性液体内的静压力 $p$ 将随磁性液体磁化状态而变。当磁场增强时,压力亦增加,如同流体的视在密度变大了。此特性可用于选矿,不同密度的非磁性矿物可以采用不同的磁场强度,使其飘浮,从而进行分离。

当磁性液体用于转轴密封时,单级密封所能承受的压力可近似表述为

$$\Delta p = \mu_0 M_s H \tag{5.6.23}$$

设 $M_s = 39.8 \text{ kA/m}, H = 1\ 200 \text{ kA/m}$,则

$$\Delta p = 48.0 \text{ kPa}$$

即磁性液体具有强磁性,因此具有一般流体所没有的一系列特性。例如,超声波在磁性液体中传播时,其速度及衰减与外磁场有关,并呈各向异性[27,28]。

当光通过稀释的磁性液体或磁性液体薄层时,会产生光的双折射效应与双向色性现象。当磁性液体被磁化时,使相对于磁场方向具有光的各向异性,偏振光的电矢量平行于外磁场方向,比垂直于外磁场方向吸收更多,具有更高的折射率[29]。此外,磁性液体在交变场中还具有磁导率频散、磁粘滞性等现象。

## 5.6.4　磁性液体的应用

磁性液体的特殊性质开拓了应用的新领域,以下仅简单地介绍一下几种应用的原理。

## 1. 磁性液体用于密封[30]

磁性液体用于旋转轴的真空气氛以及液体条件下的密封是较早、较广泛的应用之一，其结构原理见图 5.6.5。

磁性液体在非均匀磁场中将聚集于磁场梯度最大处，因此利用外磁场可以将磁性液体约束在所需部位，在图中，密封部位形成磁性液体的"O"环。由修正的伯努利方程可知，单极密封所承受的压力 $p \approx \mu_0 M_s H$，如欲承受更大的压力，可进行

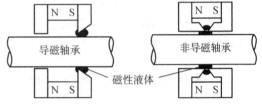

**图 5.6.5　磁性液体密封原理**

多级密封。其优点为在旋转轴承中可以进行无泄漏的密封，且能防震，减摩擦力，且对轴承加工精度要求较低。通常橡胶 O 环密封极限转速约为 300 r/min，而采用磁性液体密封转速可达 $10^4$ r/min，耐压 4.1 MPa，短时间转速可达 $10^6$ r/min。

磁性液体密封在机械工业中应用较广，目前亦用于大功率的激光器件中[31]。

磁性液体密封装置的设计与参量的确定，尤其是极齿的结构，对提高密封性能十分重要。通常极齿的形状采用矩形和梯形，矩形极齿密封部分的结构见图 5.6.6。极头与旋转轴间隙为 $\delta$，齿宽为 $b$，齿间距为 $\Delta$，高度为 $h$。设单级所承受的最大压差为 $\Delta p_0$，则单位长度所承受的密封压力 $\Delta p^* = \Delta p_0 / (b+\Delta)$，当 $\delta \ll R$ 时，得[32]

$$\Delta p^* = (\mu_0 M_s H_s / \delta) F(k)$$

式中，$H_s$ 为使磁性液体磁化到饱和的磁场；$k = H / H_k$，对某一定的外磁场，$F(k)$ 为常数，因此，$\Delta p^* \propto \dfrac{1}{\delta} \cdot \mu_0 M_s H_s$，它与三级密封的实验结果对比见图 5.6.7。由图可见，在 $\delta$ 足够大的情况下，当 $\dfrac{1}{\delta} < 6$ mm$^{-1}$ 时，$\Delta p_{max}$ 与 $\dfrac{1}{\delta}$ 呈线性关系（图中虚线为理论曲线）；当 $\delta < 0.14$ mm 时，$\Delta p_{max}$ 随 $\delta$ 的减小呈缓慢增长趋势，通常取 $\delta = 0.1$ mm 较妥。如取 $\delta = 0.1$ mm，不同 $b$ 值对 $\Delta p_{max}$ 的影响见图 5.6.8。当 $b$ 值小于 $4\delta$ 时，随着 $b$ 值的减小，$\Delta p_{max}$ 线性下降，因此通常设计时应使 $b$ 值处于 $(4 \sim 5)\delta$ 值为妥。而齿间距 $\Delta$ 通常取 $(20 \sim 30)\delta$，齿高 $h$ 可与 $\Delta$ 值相当，即 $h \approx (0.8 \sim 1)\Delta$，对梯形结构也大体相当，$\alpha$ 角通常取 $45° \sim 60°$。

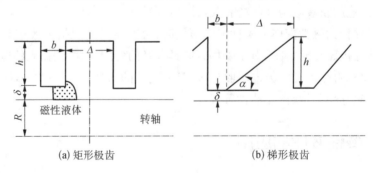

(a) 矩形极齿　　　　　　　　　　(b) 梯形极齿

**图 5.6.6　极齿密封结构**

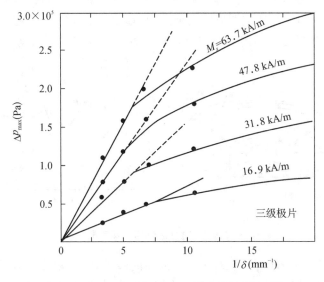

图 5.6.7 $\Delta p_{max}$ 与 $\delta$、$\mu_0 M_s H_s$ 的实验与理论对比

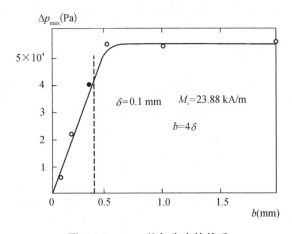

图 5.6.8 $\Delta p_{max}$ 值与齿宽的关系

## 2. 磁性液体用于阻尼[33,34]

磁性液体具有一定的粘滞性,但又是强磁性介质,因此比一般粘滞介质具有某种独特的优点,从结构原理考虑,作为阻尼作用大致上可以分为两大类。

### (1) 将磁性液体作为能量转换器的组成部分

这方面典型的应用如用于扬声器,其示意见图 5.6.9。磁性液体注入音圈气隙对音圈的运动起一定的阻尼作用,并能使音圈自动定位,同时音圈所产生的热量可以通过磁性液体耗散,因此加入磁性液体可以提高扬声器的承受功率,改善频率响应,提高保真度,使音色更为优美。磁性液体用于金属膜扬声器则性能更佳。空气热导率为 0.02 J/(m·s·deg),铁氧体酯类基磁性液体热导率为 0.14 J/(m·s·deg),为空气的 7 倍,从而在同样结构条件下可使扬声器输入功率约提高2倍。如用汞金属基液,磁性液体的热导率可高达1.4 J/(m·s·deg)。当将磁性液体用于大功率扬声器时,为了避免空气受热膨胀以及磁性液体的飞溅,通常在扬声器的结构上亦要作些改进,如添透气孔等。

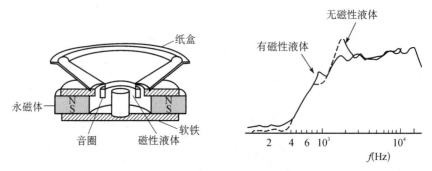

图5.6.9　磁性液体用于扬声器

为了改善扬声器的频响曲线,对于一定的磁间隙和音圈,常要求有一定的粘滞性,图5.6.10表明了不同粘滞性的磁性液体对扬声器频响曲线之影响。目前用于扬声器的磁性液体大多采用二酯类基液,因为它具有低蒸气压(150℃时为133 Pa)和宽的使用温区(-35℃~150℃),化学稳定性好,并可在甚宽的范围内调节粘度(0.1~1 PaS)。

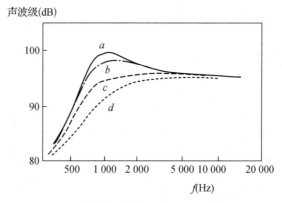

$a$—无磁性液体;$b$—注入粘滞性(0.007 5 PaS);
$c$—注入粘滞性(0.05 PaS);$d$—注入粘滞性(0.1 PaS)

图5.6.10　磁性液体粘滞性对扬声器频响曲线之影响

**(2) 利用磁性液体作阻尼器件**

例如,旋转与线性阻尼器,以阻尼掉不需要的系统振荡模式。磁化液体较一般阻尼介质的优点在于可藉助于外磁场定位。步进电机可作为这一类的实例。步进电机是用来将电脉冲转换为精确的机械运动,其特点是迅速地被加速与减速,因此常导致系统呈振荡状态,可以利用磁性液体阻尼器来消除振荡状态,对于以永磁体作转子的步进电机,只要将磁性液体注入磁极间隙即可,其示意见图5.6.11。图中同时表明由于磁性液体的阻尼而消除了系统的振荡与共振。

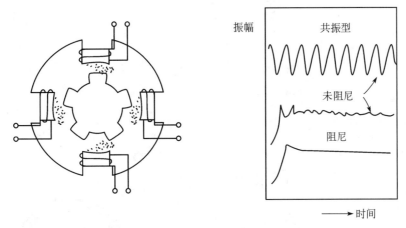

图 5.6.11 磁性液体用于步进电机作阻尼器

## 3. 磁性液体用于印刷[35-36]

1975 年美国 IBM 公司首先设想将磁性液体用于印刷,这对印刷业的革新具有重要意义,其示意见图 5.6.12。用压电晶体或磁学方法产生磁性墨水小液滴,然后通过电子计算机控制磁场,使液体偏转,就可以实现快速、无声的印刷,磁性墨水是用水基磁性液体加上适量的润滑剂等制成的。

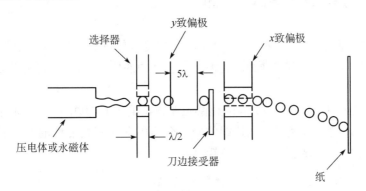

图 5.6.12 磁印刷示意图

磁性液体可能的应用十分广泛。例如磁性液体润滑剂与轴承[37](图 5.6.13),沉浮分离不同密度的非磁性物质,磁性液体医治肿瘤(图 5.6.14),利用永磁体抽运磁性液体使涡轮机发电[38],用作电声转换材料等,都在积极的研制与开发之中。李德才制备出耐核辐射磁性液体所需的全氟聚醚酸表面活性剂;研制出饱和磁化强度达 586 Gs 的耐核辐射全氟聚醚油基磁性液体;发明了耐核辐射磁性液体旋转密封新结构。

人体内存在大量的纳米 $Fe_3O_4$ 微颗粒,因此 $Fe_3O_4$ 纳米颗粒具有良好的生物相容性,对人体无害。目前超顺磁性 $Fe_3O_4$ 纳米微粒已作为十分有效的磁共振仪(MRI)造影剂用于临床影像诊断。

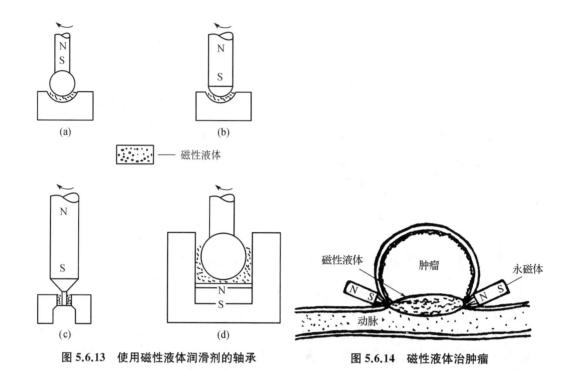

图 5.6.13 使用磁性液体润滑剂的轴承

图 5.6.14 磁性液体治肿瘤

### 5.6.5 复合磁性液体的特性

磁性液体与非磁性小颗粒$(0.1\sim10\ \mu m)$组成复合体（以下简称复合体），这是磁性液体的新发展，尤其研究超声波、微波、光波在复合体中的传播特性，有可能开发出磁性液体新的应用领域。

磁性液体是由大小约为 10 nm 的超微磁性颗粒组成的，其中如含微米量级的非磁性小颗粒，如金属、塑料等，就好像在连续的磁性介质中存在着非磁性的"空洞"。当磁性液体被磁化时，该"空洞"显示出相反的磁矩，即

$$M_r = -\chi_{eff} M V$$

式中$\chi_{eff}$为有效磁化率，$M$为磁性液体的磁化强度，$V$为非磁性颗粒体积。

这是由于磁性液体中的磁化矢量在"空洞"界面不连续，从而产生磁荷与退磁场，"空洞"亦就等效于一相反的负磁矩，相当于在磁性晶体中存在一洛伦兹空腔，假如将这些非磁性颗粒看作带有负磁矩的磁偶极子，则它们之间的相互作用力将随着磁场的大小、方向而变化，磁性液体亦可看作磁偶极子（非磁性颗粒）的载液，从而在显微镜下人们可以观察到这些非磁性颗粒在外磁场与热扰动作用下的运动，改变磁场的大小与方向，可以观察到这些非磁性颗粒的无序与有序现象。人们可以将这些非磁性颗粒想象为微观粒子，则在显微镜下研究这些粒子的相互作用与运动，相当于微观现象的宏观模拟，此外，它在外磁场中将具有各向异性，从而为应用提供了一些新颖的构思。这种复合体的特性既不同于原有磁性液体，亦不同于非磁性颗粒单独存在的情况，是近年来磁性液体中的新分支[39]。

在外磁场中,磁性液体或其复合物的磁性与非磁性颗粒沿磁场方向形成颗粒链的现象,表现了外磁场使各向同性颗粒混乱分布的介质转变为各向异性的介质,各向异性的强弱与颗粒链的长短、排列等有关,因而与颗粒的浓度、磁场的强弱有关。磁性液体中的磁性颗粒尺寸大致在 10 nm 量级,在室温条件下,为了克服热扰动而使其在外磁场下排列整齐需要较高的磁场,如大于 80 kA/m,而对复合体中的非磁性颗粒,其尺寸为微米量级,因此通常仅需 8 kA/m 就足以在平面内将它整齐排列。声波、微波、光波在各向异性介质中传播时,将会产生一系列各向异性效应,例如超声波传播速度与衰减的各向异性[40],光波与微波的法拉第效应,双折射效应与二向色性[41]。为了减弱磁性液体对光波、微波的吸收作用,通常复合体薄膜的厚度介于 10 $\mu$m ～1 mm。当样品被磁化时,静磁场的方向就相当于各向异性晶体的光轴方向。根据光在各向异性晶体,如方解石、石英、冰等中的传播特性,偏振光的电矢量垂直于光轴方向进行传播时,服从光折射定律,称为寻常光,以符号"o"表示;当偏振光的电矢量平行于光轴方向传播时,不服从光的折射定律,称之为非常光,以符号"e"表示,光沿着光轴方向传播时无任何反常现象。Rousan 等人[42]研究光在磁性液体中的传播,当光的传播方向与磁场方向一致时,透射光的强度随磁场增加而增强,并服从朗之万型的磁场关系,这意味着各向异性随着被磁化、颗粒链的建立而产生;当除去磁场后,被磁化的磁性液体将由各向异性的有序态弛豫到无序状态,该弛豫过程可分为两个阶段[43]:第一阶段是快弛豫过程,弛豫时间约为 1 s,此阶段主要消除磁化所产生的张应力;第二阶段是慢弛豫过程,弛豫时间长达 $10^3$ s,取决于布朗运动、粘滞性等。磁性液体的光双折射效应源于磁性颗粒在外磁场作用下形成各向异性的颗粒链。磁性液体薄膜双折射效应比人们所熟知的硝基苯大 $10^7$ 倍,有可能被应用于磁场的测量、磁电转换、光开关、光存储元件以及激光稳定器等[44]。复合膜在微波段的二向色性与非磁性金属(Al,Cu,C,Sn,Ag)及其浓度有关,见图 5.6.15,大约在 4.8 kA/m 磁场下,就可磁化到饱和;在 4.8 kA/m 磁场下,对 1 mm 厚的样品最大吸收可达 60%,如此大的二向色性效应预计可用于起偏器、衰减器及调剂器[45-46]。

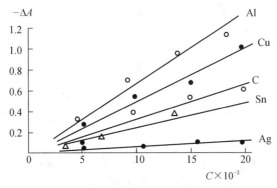

**图 5.6.15　磁性液体复合体在 3 cm 微波波段二向色性与磁性颗粒浓度的关系[43]**

磁性液体开拓了固体磁性材料无法胜任的新应用领域。金属磁性液体的研制成功与应用标志着磁性液体已由铁氧体磁性液体进入到新一代的产品,两者相互补充、竞争与发展。磁性液体及其复合体磁光、磁声效应的研究,为新颖的应用探索新的领域,磁性液体作为新型的功能材料,它的潜力将会进一步得到发挥[47-50]。

磁性液体的参考书籍参阅文献[51-52]。

## 本节附录

### (一)美国商用磁性液体性能

| 基液 | 牌号 | $M_s$ | $d$ | 粘度 | 熔点 | $t$ | $\chi_0$ | $\sigma$ | $\kappa$ | $C_p$ | $\alpha$ |
|---|---|---|---|---|---|---|---|---|---|---|---|
| 二酯 | D01 | 200 | 1.185 | 75 | −35 | 148.9 | 0.5 | / | / | / | $7.6 \cdot 10^4$ |
| 碳氢 | H01 | 200 | 1.05 | 3 | 40 | 76.7 | 0.4 | 28 | 35 | 0.41 | 5.0 |
| | H01 | 400 | 1.25 | 6 | 45 | 76.7 | 0.8 | 28 | 35 | 0.44 | 4.8 |
| 氟碳 | F01 | 100 | 2.05 | 2 500 | −30 | 182.2 (24 mmHg) | 0.2 | 18 | 20 | 0.47 | 5.9 |
| 酯类 | E03 | 200 | 1.05 | 14 | −70 | 148.9 | 0.4 | 26 | 31 | 0.89 | 4.5 |
| | E03 | 400 | 1.30 | 30 | −70 | 148.9 | 0.8 | 26 | 31 | 0.89 | 4.5 |
| | E01 | 600 | 1.40 | 35 | −80 | 40 | 1.0 | 21 | 31 | 0.89 | 4.5 |
| 水基 | A01 | 200 | 1.18 | 7 | 32 | 25.6 | 0.6 | 26 | 140 | 1.0 | 2.9 |
| | A01 | 400 | 1.38 | 100 | 32 | 25.6 | 0.6 | 26 | 140 | 1.0 | 2.8 |
| 聚乙基醚 | V01 | 100 | 2.05 | 7 500 | 50 | 260 (24 mmHg) | 0.2 | / | / | / | / |

注:1. $M_s$ — 饱和磁化强度,(高斯);2. $d$ — 密度,(g/cm³);3. 粘度,(厘泊);4. 熔点,(℉);5. $t$ — 沸点,(℃);6. $\chi_0$ — 初始磁化率;7. $\sigma$ — 表面张力,(dyn/cm³);8. $\kappa$ — 导热率,$10^5/(cm \cdot s)$;9. 比热,[卡/(℃·cm³)];10. $\alpha$ — 热膨胀系数,$(10^{-4}/℉)$.

### (二)日本商用磁性液体性能

| 牌号 | W-35 | HC-50 | DEA-40 | DES-40 | NS-35 | L-25 | PX-10 |
|---|---|---|---|---|---|---|---|
| 颜色 | 黑 | 黑褐 | 黑 | 黑 | 黑 | 黑 | 黑 |
| $M_s$ | 360±20 | 420±20 | 400±20 | 400±20 | 3±2 000 | 180±20 | 100±20 |
| 比重 | 1.35 | 1.30 | 1.40 | 1.40 | 1.27 | 1.10 | 1.24 |
| 粘度 | 30±20 | 30±20 | 200±20 | 300±20 | 1 000±20 | 300±20 | / |
| 沸点(℃) 760 mmHg | 100 | 180~212 | 335 | 377 | / | / | 240~260 2 mmHg |
| 熔点 | 0 | −27.5 | −72.5 | −62 | −35 | −55 | −35 |
| 闪点 | / | 65 | 192 | 215 | 225 | 244 | 233 |
| 蒸汽压 (mmHg) | / | / | 2.5 (200℃) | 0.5 (200℃) | $7×10^{-10}$ (20℃) | / | / |
| 基液 | 水 | 煤油 | 二酯 | 二酯 | 烃基萘 | 合成油 | 磷酸酯 |
| 用途 | 选矿 | 选矿,显影 | 密封,扬声器,润滑 | 密封,扬声器,润滑 | 密封,扬声器,润滑 | 磁盘密封 | 扬声器 |

## 参考文献

[1] Elmore W.C., The magnetization of ferromagnetic, colloids, *Phys. Rev. B.*, 1938, 54: 1092-1095.

[2] Papell S.S., U S Patent, 1965, 3, 215, 572.

［3］Neuringer J.L.，Rosensweig R.E.，Ferrohyrodynamics，*The Physics of Fluids*，1964，7：1927－1937.

［4］Rosensweig R.E.，*Advance in electronics and electron physics*，1979，48.

［5］Charles S.W.，Popplewell J.，Ferromagnetic liquids，*Handbook of Magnetic Materials*［M］. Vol. 2，Edited by E.P. Wohlfarth，North Holland Publishing Company，1980：509－560.

［6］磁性液体国际会议论文集，*IEEE Trans. Magn.*，1980，MAG－16；*J. MMM*，1983，39(12)；1987，65(23)；1990，85 (12)；1993，122.；1995，149；2002，252;1999，201；2005，289.

［7］郭贻诚.铁磁学［M］.人民出版社,1965.

［8］Charles S.W.，Popplewell J.，Progress in the development of ferromagnetic liquids，*IEEE Trans on Magn.*，1980，MAG－16，2：172－177.

［9］Cullity，*Introduction to Magnetic Materials*，1972.

［10］Mcnab T.K.，Fox R. A.，A. Boyle J F.，Some magnetic properties of magnetite（fe₃o₄） microcrystals，*J.Appl. Phys.*，1968，39：5703－5715.

［11］谢希德，方俊鑫.固体物理(上)［M］.上海科技出版社,1961,86.

［12］Berkowitz A.E.，Properties of magnetic fluid particles，*IEEE Trans on Magn.*，1980，MAG－16，2：184－160.

［13］Khlalafalla，U S Patent，1973，3，764，540.

［14］都有为,陆怀先,张毓昌,等.FeOOH 生成条件的研究［J］.物理学报,1980,29:890－896.

［15］都有为,张毓昌,陆怀先.超细 Fe₃O₄ 的氧化过程［J］.物理学报,1981,30:424－427.

［16］Windle P.L.，Popplewell J.，Charles S.W.，*IEEE Trans on Magn.*，1975，MAG－11：1367－1369.

［17］Moskowitz R.，29th ASLE Annual meeting in Clereland,Ohie,April,28－Mag,2,1974.

［18］Khalafalla，S.，Reimers，G.，Preparation of dilution-stable aqueous magnetic fluids，*IEEE Trans on Magn.*,1980，MAG－16，2:178－183.

［19］徐教仁,刘思林.高饱和磁化强度氮化铁磁性液体的研制［J］.金属功能材料,2001,8,2832：1998，5，281－284.

［20］李学慧,齐锐,薛志勇,等.等离子体活化法制备纳米磁性液体［J］.稀有金属材料与工程,2004,33:858－860.

［21］刘勇健,庄虹,刘蕾,等.硅油基磁流体的制备方法研究及性能测试［J］.苏州科技学院学报（自然科学版）,2004,4:1322.

［22］Neel L.，Les proprietes magnetiques du sesquioxyde de fer rhomboedrique，*Compt.Rend. Acad. SCI.*，1949，228：664－666.

［23］Kaiser R.，Miskolcz G.，Magnetic properties of stable dispersions of subdomain magnetite particles，*J.Appl.Phys.*，1970，41：1064－1067.

［24］Du Y.W.，Lu H.X.，Wang Y.Q.,et al.，The effect of surfactant on the magnetic-properties and Mossbauer spectra of magnetite，*J. MMM*，1983，3134：896－898.

［25］Coey J.M.D.，Noncollinear spin arrangement in ultrafine ferrimagnetic crystallites，*Phys. Rev. Lett.*，1971，27：1140－1157.

［26］Berkowitz A.E.，Lahut J.A.，Jacobs，I.S.，Spin pinning at ferrite-organic interfaces，*Phys. Rev. Lett.*，1975，34：594－597.

［27］Chung D.Y.，Isler W.E.，Ultrasonic velocity anisotropy in ferrofluids under influence of a magnetic-field，*J. Appl. Phys.*，1978，49：1809—1811；Magnetic-field dependence of ultrasonic response-times in ferrofluids，*IEEE Trans. on Magn.*，1978，MAG－14：984－986.

［28］Islen W.E.，Chung D.Y.，Anomalous attenuation of ultrasound in ferrofluids under influence of a magnetic-field, *J. Appl. Phys.*, 1978, 49: 1812 - 1814.

[29] Scholten P. C., Origin of magnetic birefringence and dichroism in magnetic fluids, *IEEE Trans. on Magn.*, 1980, MAG - 16, 2: 221 - 225.

[30] Rosensweig R.E., Miskolcz.G., Ezekiel F. D., Magnetic-fluid seals, *Machine design*, 1968, 40: 145 - 153.

[31] Raz K., Relser C., Laser Focus, 1979, 15, 4, 56.

[32] Anton I., Sabata I. De, Vékás L., et al., Magnetic fluid seals: Some design problems and applications, *J. MMM*, 1987, 65: 379 - 381; Application orientated researches on magnetic fluids, *J. MMM*, 1990, 85: 219 - 226.

[33] Kaiser, R., Miskolczy, G., Some applications of ferrofluid magnetic colloids, *IEEE Trans. on Magn.*, 1970, MAG - 6, 3: 694 - 698.

[34] [日] 石井泰弘, 电子材料[M]. 1980, 1, 142.

[35] Charles S.W., Some applications of magnetic fluids—use as an ink and in microwave systems, *J. MMM*, 1987, 65.

[36] Johnson C.E. Jr., US Patent 1968, 3, 510, 878.

[37] Ezekiel F.D., ferrolubricants-new applications, *Mechanical Engineering*, 1975, 97, 3031. Uses of magnetic fluids in bearings, lubrication and damping, Mechanical Engineering, 1975, 97: 94 - 101.

[38] Resler E.L., Rosenswe. R.E., Regenerative thermomagnetic power, *Journal of Engineering for Power*, 1967, 89: 399 - 401.

[39] Skjeltorp A.T., Ordering phenomena of particles dispersed in magnetic fluids, *J. Appl. Phys.*, 1985, 57: 3285 - 3290; One-dimensional and two-dimensional crystallization of magnetic holes, *Phys. Rev. Lett.*, 1983, 51: 2036; Monodisperse particles and ferrofluids-a fruit-fly model system, *J. MMM*, 1987, 65: 195 - 203.

[40] 都有为, 童兴武, 钟伟, 等. 超声波在磁性液体中的转播特性[J]. 物理学报, 1992, 41: 144 - 147.

[41] 黄纪圣, 都有为, 胡济通, 等. 磁性液体复合体在外磁场中的膺双折射效应和二向色性[J]. 光学学报, 1993, 13: 500 - 505.

[42] Rousan A. A., Yusuf N. A., Elghanem HM., On the concentration-dependence of light transmission in magnetic fluids, *IEEE Trans. on Magn.*, 1988, MAG - 24: 1653 - 1655.

[43] Popplewell J., Microwave properties of ferrofluid composites, *J.MMM*, 1986, 54: 761 - 762.

[44] Taketomi S., Magnetic fluids anomalous pseudo-cotton mouton effects about 107 times larger than that of nitrobenzene, *Jpn. J. Appl. Phys.*, 1983, 22: 1137 - 1143.

[45] Popplewell J., Davies P., Llewellyn J. P., Microwave absorption in ferrofluid composites containing metallic particles, *J. MMM*, 1987, 65: 235 - 236.

[46] Davies P., Popplewell J., Llewellyn J.P., A possible application for ferrofluid composites-a modulator for the millimeter wavelength range, *IEEE Trans. on Magn.*, 1988, MAG - 24: 1662 - 1664.

[47] Raj K., Moskowitz R., Commercial applications of ferrofluids, *J. MMM*, 1990, 85: 233 - 245.

[48] Popa N.C., Potencz I., Anton I., et al., Magnetic liquid sensor for very low gas flow rate with magnetic flow adjusting possibility, *Sensors and Actuators A—Physical*, 1997, 59: 307 - 310.

[49] Nakatsuka K., Trends of magnetic fluid applications in Japan, *J. MMM*, 1993, 122: 387 - 394.

[50] Kuzubov A.O., Ivanova O.I., Magnetic liquids for heat-exchange, *Journal de Physique Ⅲ*, 1994, 4: 1 - 6.

[51] 李德才. 磁性液体理论及应用[M]. 科学出版社, 2003.

[52] 李建, 赵保刚. 磁性液体——基础与应用[M]. 西南师范大学出版社, 2002.

# §5.7  多铁性材料

　　1894 年,法国科学家居里从对称性原理出发,首先提出磁场可以导致材料呈现电极化强度,同样,电场可以导致材料产生磁化强度。电、磁可相互耦合,继后在反铁磁 $Cr_2O_3$ 中得到实验证实,虽然磁电耦合较弱,但在研究领域中已播下可燎原的火种。1994 年,居里提出磁电效应 100 周年时,Schmid[1] 概述了磁电耦合材料的进展,以多铁性材料表述单相材料中同时存在铁磁(含反铁磁)、铁电(含反铁电)、铁弹性(应变、应力),其中至少两种共存,铁磁有序与铁电有序共存的材料称为铁电磁体,本节拟重点介绍。

　　铁磁、铁电、铁弹性、应变,与应力、磁场、电场相互间的关系可用图 5.7.1 表述。[2] 图中 $M$—磁化强度;$P$—电极化强度;$\varepsilon$—铁弹应变;$\sigma$—应力;$H$—磁场;$E$—电场,其中 $(M, P, \varepsilon)$ 为材料的本征量,$(\sigma, H, E)$ 为外场。意味着通过外场可调控材料本征性能。磁场可导致电极化,电场可导致磁化强度变化,应力可导致应变,如相互间存在耦合,$(M, P, \varepsilon)$ 三者间可相互调控,如:通过磁场可改变磁化强度从而可调控电极化强度,反之,通过电场改变电极化强度从而可调控磁化强度,当然同时亦会引起应变,应变也可调控材料电磁性能。

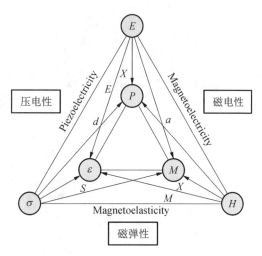

图 5.7.1　多铁体中的 $(M, P, \varepsilon)$ 与 $(\sigma, H, E)$ 相互作用示意图[2]

　　因此电极化强度 $P$ 除本征的电极化强度 $P_0$ 外,还因存在磁场引起的一项新的电极化强度:$\alpha H$,$\alpha$ 为磁电系数,称为正磁电效应,在线性近似条件下,可表述为下式:

$$P = P_0 + \alpha H$$

反之,电场可以诱发磁化强度 $M$,称为逆磁电效应。$M$ 与电场 $E$ 的关系式如下:

$$M = M_0 + \alpha E$$

根据朗道理论,从自由能出发也可推导出上述关系式。

　　由于电场调控比磁场调控更方便,因此有可能在信息存储中实现电写磁读,尤其在 STT-MRAM 中,现在采用自旋流调控自旋进行信息写入,如采用电写入也可利用电场而非电流进行自旋调控,从而显著地降低能耗,甚至有可能实现多态存储。从物理上考虑,多铁性材料中存在电、磁、应变等多类序参量共存,相互耦合,必将呈现丰富多彩的物理效应,如在固体内部实现自旋、电荷、轨道之间的耦合必将有利于器件多功能、低能耗、小型化,从而引起科学界与产业界的关注与投入。

Spaldin 与 Ramesh 在 Nature Materials 刊物上发表了一篇评述性论文[3]，文中生动地将多铁性比拟为一棵根深叶茂的大树，如图 5.7.2，主根由铁电（电偶矩、孤电子对）、铁磁（$d$，$f$ 电子）两大支根组成，两者耦合在一起就构成多铁性树干。树干分成各种类型的多铁性材料分支，如图所示，将会不断延伸、发展，繁荣昌盛。

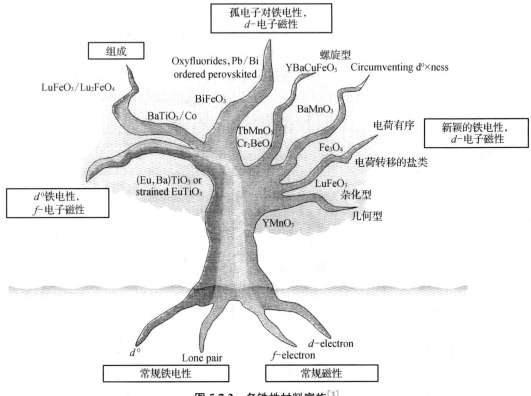

**图 5.7.2　多铁性材料家族[3]**

该文全面地介绍了多铁性材料进展，值得读者参考。

以下拟将多铁性材料分成单相与复相两大类进行介绍。

## 5.7.1　单相多铁性材料

从对称性考虑：电偶矩源于空间反演对称性的破缺，磁矩源于时间反演对称性破缺。

磁有序材料具有空间中心对称性，不满足铁电材料空间对称性破缺的特性，通常铁磁、反铁磁、螺旋磁有序等材料，含有 $3d$ 过渡元素、稀土元素或两者共存的化合物，为了产生电偶矩需要通过离子代换、离子位移、晶格畸变、磁有序等产生空间对称性的破缺，从而呈现多铁性，自旋序与电荷序的耦合显示出磁电耦合作用。

以下将介绍几个研究较多的材料系列。

## 1. RFeO₃ 系列

RFeO$_3$为正交稀土铁氧体,其中 R 为稀土元素,具有钙钛矿的结构,Pbnm 空间群,通常为反铁磁性自旋构型,但实验中发现存在弱磁性,被解释为非共线反铁磁性自旋排列,是由于自旋倾角导致的弱铁磁性。其奈尔温度为 620~760 K,如 R 为磁性离子,存在$R^{3+}$-$R^{3+}$;$R^{3+}$-$Fe^{3+}$;$Fe^{3+}$-$Fe^{3+}$三类超交换作用,其中最强的交换作用是$Fe^{3+}$-$Fe^{3+}$,其次为$R^{3+}$-$Fe^{3+}$,最弱的是$R^{3+}$-$R^{3+}$间的交换作用。

目前实验表明当 R 为 La,Sm,Dy,Lu,Y 等离子时呈现出多铁性,例如$Y_{1-x}Lu_xFeO_3$,由于 Y,Lu 稀土离子的无序分布,导致局域的晶格畸变产生空间中心对称性破缺而生成电偶矩。其室温电滞回线见图 5.7.3。[4]

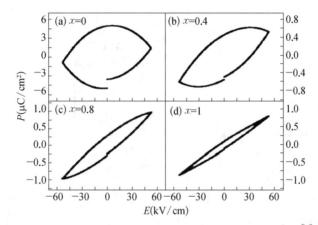

**图 5.7.3　$Y_{1-x}Lu_xFeO_3$的室温电滞回线,$x = 0, 0.4, 0.8, 1.0$**[4]

原则上 Fe 离子也可由其他 3$d$ 过渡族元素所取代,如$YFe_{1-x}Mn_xO_3$,其电极化强度随温度的变化曲线见图 5.7.4。[5]

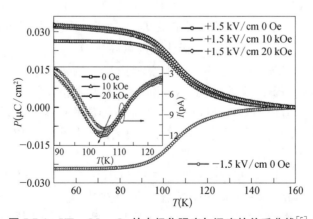

**图 5.7.4　$YFe_{0.6}Mn_{0.4}O_3$的电极化强度与温度的关系曲线**[5]

图中表明在零磁场下,施加正、负 1.5 kV/cm 电场可获得正负极化强度,随着磁场增加到 20 kOe,电极化强度有所增加,意味着磁电之间的耦合。图中插图显示在铁电转变温度附近电极化强度随磁场、温度的变化,随着磁场增加,电极化强度增大,铁电转变温度移向低温。Mn 的代换将会引起自旋重取向的出现。

Fe 也可被其他 3d 离子所取代,如 $RNiO_3$(R=Ho,Lu,Pr,Nd),具有大的电极化强度,为 10 $\mu C/cm^2$。

$LuFe_2O_4$ 铁氧体的铁电自发极化,被认为起源于 $Fe^{2+}/Fe^{3+}$ 比例为 2:1 与 1:2 交替层的电荷有序。

### 2. $BiFeO_3$(BFO)

$Bi^{3+}$ 的离子半径 1.20(Å)与稀土离子 $La^{3+}$ 1.22(Å)相近,与 $RFeO_3$ 晶体结构应当相近,具有菱形相钙钛矿晶体结构,由两个扭曲的钙钛矿膺立方结构沿着体对角线方向连接,示意图见图 5.7.5。

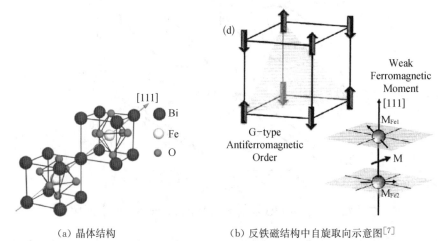

(a) 晶体结构　　　　　　(b) 反铁磁结构中自旋取向示意图[7]

**图 5.7.5　$BiFeO_3$ 晶体结构**[6]

其空间结构为 R3c,$a=5.634\ 3$ Å,$c=13.868\ 8$ Å,$\alpha=59.348$,[8] 铁电极化方向沿着 <111> 方向,呈反铁磁性自旋构型,奈尔温度 $T_N=650$ K,具有高的本征电极化强度。$BiFeO_3$ 单晶体,沿着[111]取向本征电极化强度可高达 100 $\mu C/cm^{2[9]}$,铁电居里温度高达 1 103 K,铁电有序源于 Bi 离子 $6s^2$ 孤对电子与 $O_2p^6$ 的轨道杂化,导致晶格空间反演对称性破缺。$BiFeO_3$(BFO)具有室温电极化强度,大的磁电耦合,引起人们极大的兴趣与广泛的关注。在应力作用下,$BiFeO_3$ 可产生晶格常数的显著变化,如将 $BiFeO_3$ 薄膜生长在不同晶格常数的基片上,可生成不同于体材料的新相,如超四方相、正交相等,从而产生与体材料不同的反铁磁、铁电的特性。

Cazayous 等人[10]用低能非弹性光散射在 BFO 中发现相应于自旋波激发的磁子谱即电磁子(electromagnon),这对自旋电子学是十分有趣的发现。

$Bi_2O_3$-$Fe_2O_3$ 相图见图 5.7.6[11],图中 $Bi_2Fe_4O_9$ 组成附近带阴影的区域是值得进一步开展多铁性研究的相组成区[3]。

BFO 虽然具有大的室温铁电性,但磁性较弱,此外对块体材料由于漏电流密度高,难以饱和电极化回线。Mao 等人[12]通过第一性原理计算,采用 Dy 部分取代 Bi,增强铁电

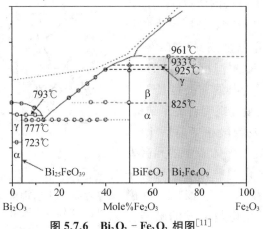

**图 5.7.6　$Bi_2O_3 - Fe_2O_3$ 相图**[11]

性能,同时用 3d 过渡元素 Mn,Cr,Ni,部分取代 Fe,通过 Fe 与 Cr,Ni 离子间的交换作用增强其磁性。其电滞回线见图 5.7.7。

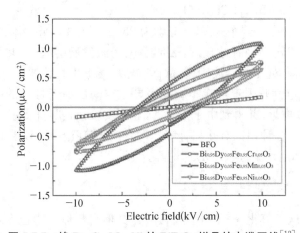

**图 5.7.7　掺 Dy,Cr,Mn,Ni 的 $BiFeO_3$ 样品的电滞回线**[12]

## 3. $RMnO_3$ 系列

$RMnO_3$ 属正交钙钛矿结构,$RMnO_3$ 的反铁磁自旋有序,如图 5.7.8[13]。$RMnO_3$ 的铁电自发极化源于 $MnO_5$ 双锥体沿[001]轴的倾斜和变形[13]。Mn 离子间存在超交换作用,由于自旋排列引起晶格的变化通常称为交换伸缩(exchange striction),由于自旋交换作用导致的电极化可表述为类似海森伯的铁磁交换作用形式:

$$P = \pi_{ij}S_i \cdot S_j$$

$\pi_{ij}$ 为耦合常数,与 Mn-O-Mn 的键角、键长有关。

半径较小的稀土 R 离子,如 Y,Ho,Tm,Lu 等形成的 $RMnO_3$ 易产生晶格畸变,通过交换伸缩导致自发电极化。

目前在 $RMnO_3$ 系列中,R=Gd,Dy,Tb,Ho,Tm,Yb,Lu,(Gd - Tb),(Eu - Y)等稀

土离子化合物都开展了有关的研究工作。其中，$DyMnO_3$ 的磁电耦合作用最强，电极化强度可达 $0.2\ \mu C/cm^2$，介电常数变化 $\Delta\varepsilon/\varepsilon_i \approx 500\%$[14]，$DyMnO_3$ 的耐尔温度较低，$T_N = 39\ K$，低于耐尔温度时为共线非公度反铁磁有序结构，19 K 以下转变为螺旋自旋序结构。因此可以研究在太赫兹频段相变前后 19 K 温区的电磁振子谱。磁有序体系中的元激发是自旋波，自旋波量子化的准粒子称为磁子或磁激子（magnon），在多铁性材料中，铁磁与铁电是相互耦合的，用电场激发的磁子称为电磁振子（electromagnon）。研究多铁性材料在光频段的动态磁电耦合效应，亦是十分令人感兴趣的研究领域。Pimenov 等人[15]在太赫兹频段测量了 $GdMnO_3$，$TbMnO_3$ 的介

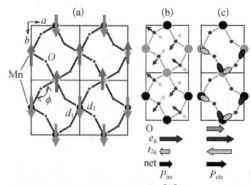

图 5.7.8　$RMnO_3$ 的磁结构。[13] a) Mn,O 原子在 $a$,$b$ 平面内的排列与 E 型自旋有序排列。b) 箭号代表由于 $e_g$（实线），$t_{2g}$（虚线）轨道引起 O 离子的位移。c) 椭圆形代表由于 $e_g$（沿 $d_1$）与 $t_{2g}$（沿 $d_2$）导致 Mn 电荷偏离。底部的箭号表示极化强度 $P_{ion}$ 与 $P_{ele}$ 理论预测

电谱（$\varepsilon$-$\gamma$），发现 $\varepsilon$ 的虚部 $\varepsilon_2$ 在频率 $\gamma$ 分别为 23 $cm^{-1}$ 与 20 $cm^{-1}$ 附近呈现出峰值，该现象仅当光电场平行于 $a$ 晶轴时才显现，表明是电场激发所引起的，并与光学的声子频率（100 $cm^{-1}$）显著不同，处于自旋波频段，从而确定电场激发自旋波。

　　$TbMnO_3$ 的铁电性归因于自旋螺旋有序导致空间反演对称性的破缺从而诱导出铁电性，即所谓磁致铁电性，并得到中子衍射的证实，实验也表明自旋序会导致晶格的畸变，对铁电性有所贡献。各种理论对此都有解释，如自旋流理论（KNB 模型）；Dzyaloshinskii-Moriya(DM)相互作用理论；逆(DM)理论等。

### 4. 六角铁氧体型铁电材料

　　除了上述的钙钛矿氧化物多铁性材料外，在其他材料体系中也发现多铁性，如：早期研究的 $Cr_2O_3$；$M_3B_7O_{13}X$，其中 $M=3d$ 过渡族离子，X 为单价离子，$OH^-$、$F^-$、$Cl^-$、$Br^-$、$I^-$ 外，近期亦发现 $RM_2O_5$，$R=Y$，Tb；$CuFe_{1-x}Ga_xO_2$；$YBaCuFeO_5$；六角铁氧体以及有机铁电材料 TTF-BA 给体-受体有机电荷转移复合物等。以下仅对六角铁氧体多铁性材料进行简单的介绍。

　　主轴型六角铁氧体是永磁铁氧体的主角，应用广泛，也可以作为垂直磁记录材料、微波磁性材料，现在介绍 Al 代换 Fe 的 M 型六角钡铁氧体 $BaFe_{12-x}Al_xO_{19}$（$0.1 \leqslant x \leqslant 1.2$）[16]，作为新型的无铅多铁性材料。其室温电极化强度可达 11.8 $\mu C/cm^2$，其机理被认为源于交换伸缩，$FeO_6$ 八面体座的畸变导致空间反演对称性的破缺，论文报道了对 $x=0.1$ 的 m 样品，其电极化强度 $P_s$，比磁化强度 $\sigma$，与电磁耦合系数 $K_{me}$（即本文中的 $\alpha$）随温度变化曲线见图 5.7.9。

　　由图可知，实际上 $BaFe_{12-x}Al_xO_{19}$ 中存在铁电（SG：#186）与非铁电（SG：#194）两相，在高于铁电临界温度以上的温区仅存在非铁电相。

　　除主轴型外，平面六角铁氧体 $Ba_2Mg_2Fe_{12}O_{22}$ 的铁电性能也被研究[17]，研究表明平

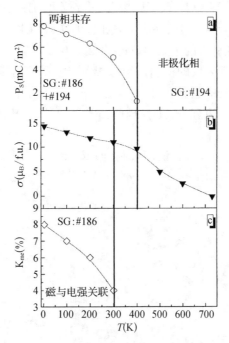

**图 5.7.9　$BaFe_{11.9}Al_{0.1}O_{19}$ 样品的磁、电特性[16]**

图中 SG:♯194 代表具有空间对称性相,($P6_3/mmc$);
SG:♯186 代表非中心对称性相($P6_3mc$)

面六角铁氧体易磁化方向处于垂直于[001]$c$ 轴向的平面内,$Ba_2Mg_2Fe_{12}O_{22}$ 的晶体结构简图见图 5.7.10。

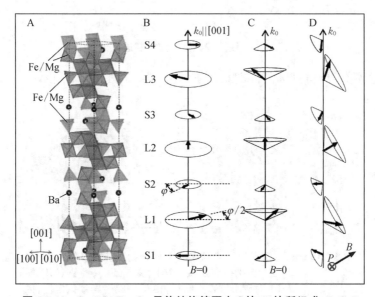

**图 5.7.10　$Ba_2Mg_2Fe_{12}O_{22}$ 晶体结构简图由 S 块,L 块所组成;B,C,D 分别代表不同温区、磁场条件下的螺旋自旋结构**

实验表明在 30 mT 低磁场下,改变磁场 $B$ 的方位可调控电极化强度。对其他平面六角铁氧体,如 $Ba_{0.5}Sr_{1.5}Zn_2Fe_{12}O_{22}$ 同样也具有相似的实验结果。

作为本节单相多铁性材料的结束语,最后介绍 2016 年 Fiebig 等人[18]在多铁性材料综述论文中,将多铁性按其生成的机制进行分类,见图 5.7.11,以作为单相多铁性材料目前研究的概况,或未来发展的起点。

第一类多铁性机制为:a) 孤电子对机制,如 $BiFeO_3$;b) 几何机制,如 $RMnO_3$;c) 电荷有序机制,如 $LuFe_2O_4$。

第二类多铁性机制为 d),自旋诱发机制,如 $RMnO_3$——逆 DM 相互作用交换收缩;$Ca_3CoMnO_6$——交换伸缩;$CuFeO_2$——$p$-$d$ 杂化。

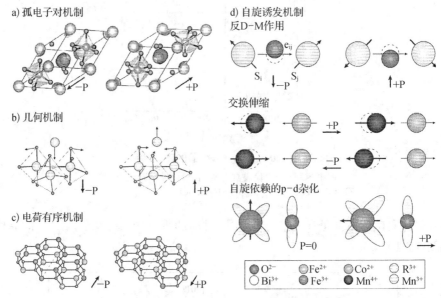

**图 5.7.11　多铁性按其生成的机制进行分类[18]**

相对应这两类磁电材料,它们的畴结构也不一样,如图 5.7.12 所示。

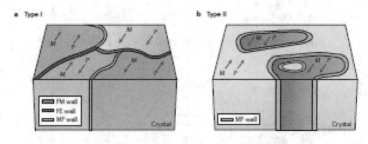

**图 5.7.12　a)** 对应于第一类铁电材料畴结构,电畴与磁畴彼此分离,因此分别存在铁磁(**FM**),铁电(**FE**),多铁(**MF**)畴壁;**b)** 对应于第二类结构,由于自旋序导致铁电序,因此不分电畴与磁畴,两者相结合,仅存多铁畴壁 **MF**

## 5.7.2  复相多铁性材料

由于同时满足这两类对称性的材料很少，因此单相多铁性材料不多，2006 年 Bea 等人[19]用图 5.7.13 标志存在多铁性的可能材料范围。

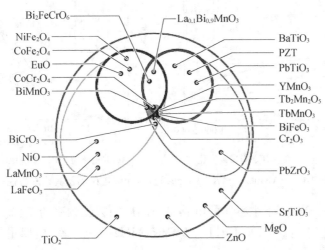

图 5.7.13  氧化物中产生多铁性的材料处于铁磁-铁电二相交叉的小圆圈区间[19]

图中大圆代表氧化物的区域，左边椭圆代表磁极化材料，其内圆代表铁磁、亚铁磁材料区域，同样，右边椭圆代表电极化材料，其内圆代表铁电材料区域，两圆的交集区中最小的圆区代表同时具有铁磁、铁电的多铁性区，由此可见产生多铁性材料多不容易，为数甚少。

关于单相多铁性材料以上已进行了介绍，为了解释多铁性来源，提高其性能，开展了基础性的研究工作，进行单相材料的研究，从而奠定了多铁性材料的新领域，起了功不可没的开创性的奠基作用。但单相多铁性材料多数居里温度较低，电磁耦合效应较弱，难以进入实际应用，因此研究领域扩展到复相多铁性材料。人工复合材料是材料发展的新趋势，应用十分广泛，最简单的是二相复合，必然存在二相间的界面，可以通过界面耦合，进行性能的调控，有利于多功能、低能耗、小型化。对于通常的复相多铁材料如铁电/铁磁；铁电/压电；压电/铁磁等复合材料，不同相材料的复合，最简单的是采用粉末冶金的工艺，或称陶瓷工艺。早期开展过压电/铁磁复合陶瓷的研究，这是两类十分成熟的材料，压电效应是指应力（应变）导致电极化的现象，铁磁材料包含的内容很丰富，如按磁有序来分类，有铁磁、亚铁磁、反铁磁、螺旋磁有序等。

1974 年曾报道压电材料与铁氧体的陶瓷复合材料（$BaTiO_3/CoFeO_4$）的磁电系数比 $Cr_2O_3$ 大两个量级，从而引起关注，$BaTiO_3$（BTO）为压电材料，$CoFeO_4$（CFO）为具有较大磁致伸缩铁氧体材料。继后，引起对其他铁电材料如 PZT（$Pb(Zr,Ti)O_3$ 与 Ni 铁氧体（NFO）、稀土巨磁致伸缩材料（Tb,Dy）Fe 合金材料复合的研究。

图 5.7.14 为（Metglas/PZT/Metglas）复合陶瓷电感器及其频率特性，图中 Metglas 为具有良好软磁特性的非晶薄带，PZT 为锆钛酸铅压电单晶体。图 5.7.14 显示了在不同

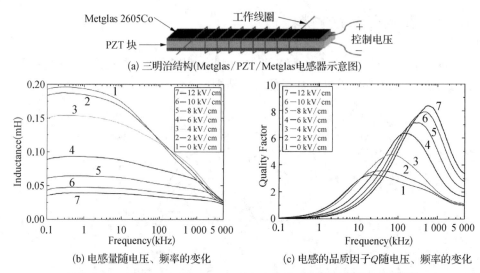

(a) 三明治结构(Metglas/PZT/Metglas电感器示意图)

(b) 电感量随电压、频率的变化

(c) 电感的品质因子Q随电压、频率的变化

图 5.7.14　(Metglas/ PZT/ Metglas)复合陶瓷电感器及其频率特性[19]

电场(0~12 kV/cm)作用下电感器的电感量与品质因数随频率的变化。因此,可以用电场方便地调控电感量,如对 100 Hz, 100 kHz, 5 MHz 三种频率,电感量的相对变化分别为:450%, 250%, 50%。

陶瓷块体材料,制备方便,价格低廉,但由于界面的粗糙度大,界面损耗高,影响性能的提高,产品一致性降低。而复合薄膜是器件化的主流方向,当前薄膜制备与微纳加工工艺十分成熟,有利于产业化。多相薄膜复合材料,内涵很丰富,研究工作日新月异,但原理都差不多,充分发挥各相的功能,通过界面耦合发挥作用,现在举一个电控磁在磁随机存储器中的应用,Bibes 与 Barthlmy 二人[20]提出了可能的 MERAM 的构思,见图5.7.15,实现电写磁读的自旋芯片,以降低功耗。

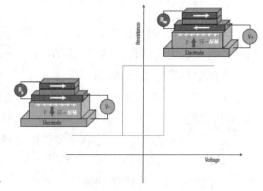

图 5.7.15　磁电随机存储器(MERAM)构思示意图[20]

图中最上层的三明治结构是磁隧道结(MTJ),其下为铁电-反铁磁层,最下的为电极层。其原理是电场调控电极化矢量的取向,影响反铁磁取向,然后通过反铁磁耦合调控磁隧道结的自旋取向,写入信息。信息的读出可采用现存的 TMR 磁头。

南策文科研组也在多铁性材料与器件方面开展了出色的工作[21],对如何利用多铁性进行电控磁,实现高密度、低功耗自旋存储器,提出了利用多铁性材料的应变、界面耦合,可实现电场对磁性材料易磁化轴方位的调控,如图 5.7.16。图中 EA 代表磁化矢量的易磁化轴(magnetic easy axis),电场引起铁电材料的应变,在系统中增添了此部分自由能,从而导致易磁化轴方向的改变。

2011 年他们提出一种多铁性异质结构基的 SME-RAM,可在室温实现低电压、电控磁的模式[22],信息存储密度可达 88Gb/in$^2$,写入时间为 10 ns,每位功耗为 0.16 fJ。其单元结构见图 5.7.17,在铁电材料(011)PMN－PT 层上生长 Ni 铁磁层,其上叠加 TMR 隧道结。PMN－PT 是$[Pb(Mg_{1/3}Nb_{2/3})O_3]_{(1-x)}-[PbTiO_3]_x$的简写。通过电场调控 PMN－PT 的应变,从而将铁磁镍膜的磁化矢量方向旋转 90°,调控磁隧道结自旋,进行信息写入。

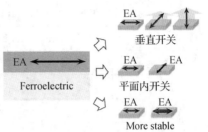

图 5.7.16　在多铁性异质结构中,利用应变存在的三种方式调控磁化矢量易磁化轴的方向[21]

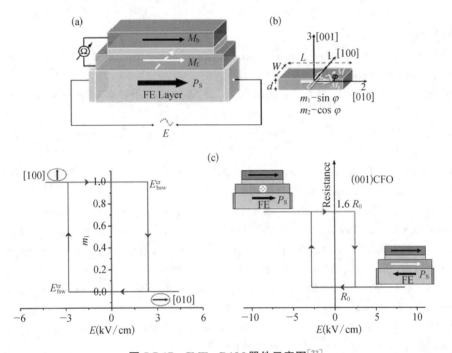

图 5.7.17　SME－RAM 器件示意图[23]

图 5.7.17(a)为 SME－RAM 示意图,最上层的铁磁层 $M_h$ 其自旋被反铁磁层所钉扎,自旋方向在一定的磁场范围内保持不变,而由上往下第三层为铁磁自由层 $M_f$,生长在铁电层(FE)之上。通过电场可调控铁电层,从而可改变 $M_f$ 层磁化矢量的方向;(b)表示磁化矢量 $M_f$ 在不同电场作用下的方位,初始态处于[010]方向,加电场后转到[100]方向;(c)表征在不同电场作用下形成的磁化矢量的回线与器件的电阻回线。实质上是铁电层之上叠加 TMR 磁隧道结,从而构成 SME－RAM 器件。

FE 层:如 PMN－PT,BFO(BiFeO$_3$)等;$M_f$ 层:如 Ni,CFO(CoFe$_2$O$_4$)等。

SME－RAM 性能与其他储存器对比见表 5.7.1[23]

表 5.7.1　SME－RAM 随机储存器与其他存储器性能对比[23]

| | Flash-Nand | FeRAM | MRAM | STT-MRAM | SME-RAM |
|---|---|---|---|---|---|
| 容量 | >1 Gb | >10 Mb | 16 Mb | 1 Gb | ≫1 Gb |
| 写入时间 | 1 ms | 10 ns | 20 ns | 3～10 ns | <10 ns |
| 读出时间 | 50 ns | 45 ns | 10 ns | 10 ns | 10 ns |
| 写入能量(pJ/bit) | >0.01 | 0.03 | 70 | 0.1 | $16 \times 10^{-4}$ |

以上简单地介绍了两类多铁性复合材料与器件,举一反三,多铁性材料的潜在应用十分广泛,不一一列举,介绍几篇综述性文章[24－27]供参考。

## 参考文献

[1] Schmid H., Magnetic ferroelectric materials, *Bull. Mater. Sci.*, 1994, 17: 1411; Multiferroic magnetoelectrics, *Ferroelectrics*, 1994, 162: 317－338.

[2] Spaldin N A., Fiebig M., The Renaissance of Magnetoelectric Multiferroics, *Science*, 2005, 309, 391.

[3] Spaldin N. A., Ramesh R., Advances in magnetoelectric multiferroics, *Nature materials*, 2019, 18: 203－212.

[4] Yuan X. P., Tang Y. K., Sun Y., et al., Structure and magnetic properties of Y1=XLuXFeO3 ($0 \leqslant X \leqslant 1$) ceramics, *J. Appl. Phys.*, 2012, 111: 053911.

[5] Mandal P., Bhadram V. S., Sundarayya Y., et al., Spin-Reorientation, Ferroelectricity, and Magnetodielectriceffectin $YFe_{1-x}Mn_xO_3$ ($0.1 \leqslant x \leqslant 0.4$), *Phys, Rev, Lett.*, 2011, 107: 137202.

[6] Neaton J. B., Ederer C., Waghmare U. V., et al., First-principles study of sp ontaneous polarization in multiferroic BiFeO3, *Phys. Rev.B*, 2005, 71, 014113.

[7] Martin L. W., Crane, Chu Y. H, et al., Multiferroics and magnetoelectrics: thin films and nanostructures, *J. Phys.Condens. Matter.*, 2008, 20: 434220.

[8] Kubel F., Schmid H., Structure of a ferroelectric and ferroelastic monodomain crystal of the perovskite BiFeO3, *Acta. Cryst.*, 1990, B46: 698－702.

[9] Lebeugle D., Colson D., Forget A., et al., Electric-Field-Induced Spin Flop in $BiFeO_3$ Single Crystals at Room Temperature, *Phys. Rev. Lett.*, 2008, 100: 227602.

[10] Cazayous M., Gallais Y., Sacuto A., et al., Possible observation of cycloidal electromagnons in BiFeO3, *Phys, Rev. Lett.*, 2008, 102, 98: 037601.

[11] Palai R., et al., $\beta$-phase and $\gamma-\beta$ metal-insulator transition in multiferroic $BiFeO_3$, *Phys. Rev.B*, 2008, 77: 014110.

[12] Mao W.W., Yao Q.F., Fan Y.F., et al., Combined experimental and theoretical investigation on modulation of multiferroic properties in $BiFeO_3$ ceramics induced by Dy and transition metals co-doing, *J. Alloys and Compounds*, 2019, 784: 117－124.

[13] Chai Y. S., Oh Y. S., Wang L. J., et al., Intrinsic ferroelectric polarization of orthorhombic manganites with E-type spin order, *Phys. Rev. B*, 2012, 85: 184406.

[14] Goto T., Kimura T., Lawes G., et al., Ferroelectricity and glant magnetocapacitance in perovskite rare-earth manganites., *Phys, Rev, Lett.*, 2004, 92: 257201.

［15］Pimenov A.，Mukhin A. A.，Ivanov V. Y.，et al.，Possible evidence for electromagnons in multiferroic manganites，*Nat.Phys.*，2006，2，97.

［16］Trukhanov A. V.，Trukhanv S. V.，Kostishin V. G.，Multiferroic properties and structural features of M-type Al-substiyuted barium hexaferrites，*Physics of the Solid State*，2017，59：737～745.

［17］Ishiwata S.，Taguchi Y.，Murakawa H.，Low-magnetic-field control of electric polarization vector in a helimagnet，*Science*，2008，319：1643.

［18］Fiebig M.，Lottermoser T.，Meier D.，et al.，The evolution of multiferroics，*Nature Reviews Materials*，2016，46，1.

［19］Bea H.，Gajek M.，Blbes M.，et al.，Spintronics with multiferroics，*J. Phys. Condens Matter.*，2008，20：434221.

［20］Bibes M.，Barthlmy A.，Multiferroics：Towards a magn etoelectric memory，*Nat. Mater.*，2008，7：425.

［21］Hu J.M.，Chen L.Q.，Nan C.W.，Multiferroic heterostructures integrating ferroelelectric and magnetic materials，*Adv. Mater.*，2016，28：15～39.

［22］Hu J. M.，Li Z.，Chen L. Q.，Nan C. W.，High-density magnetoresistive random access memory operating at ultralow voltage at room temperature，*Nature commum.*，2011，2，55Hu3.

［23］Ma J.，Hu J.，Zheng L.，Nan C. W.，Recent progress in multiferroic magnetoelectric composites：from bulk to thin films，*Adv. Mater.*，2011，23：1062～1087.

［24］俞斌，胡中强，程宇心，等.多铁性磁电器件研究进展［J］.物理学报，2018，67：157～507.

［25］多铁专辑，物理进展，2013，33卷6期.

［26］Wu J. G.，Fan Z.，Xiao D. Q.，et al.，Multiferroic Bismuth Ferrite-based Materials for Multifunctional Applications：Ceramic Bulks，Thin Films and Nanostructures，*Progress in materials science*，2016，84：335～402.

［27］王辽宇，曹庆琪，王敦辉，等.六角铁氧体的多铁性［J］.中国材料进展，2013，32：74～83.

# §5.8 磁屏蔽

各种电子仪器和设备中,为了谋求小型化或测量仪表的精密化,常常需要对有变压器、磁头、电子显微镜等原件或装置所产生的杂散磁场加以屏蔽。屏蔽的对象有直流磁场、交变磁场、地磁场、高频磁场等。屏蔽的效果依赖于屏蔽罩的形状和尺寸。在直流磁场或低频交变磁场中,屏蔽效应的好坏主要依据软磁材料的高磁导率。这时,软磁材料在需要屏蔽的体积范围内为磁感线提供了一条磁阻较小、容易穿越的路径。以一圆筒形屏蔽罩为例,如图 5.8.1 所示,该屏蔽罩用软磁合金做成,被置于磁场强度为 $H_0$ 的均匀外磁场中,磁场和圆筒的轴向垂直,这时,因为空气的磁导率近似等于1,而圆筒壁的磁导率 $\mu$ 远大于1,因此外磁场的磁感线将主要沿圆筒壁穿过,导致圆筒中央空腔内的磁场将大幅下降。如设屏蔽圆筒中央空腔内的磁场为 $H_i$,则可以定义该圆筒的屏蔽效率(Shielding Efficiency)$S$ 为

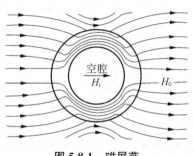

**图 5.8.1　磁屏蔽**

$$S = \frac{H_0}{H_i} \tag{5.8.1}$$

可见,$S$ 值越大,代表屏蔽效果越好。现有许多参考书或文献常常也把 $S$ 叫作屏蔽因子(Shielding Factor)。

有时,作为屏蔽效果的另一个指标是屏蔽衰减因子 $\alpha_S$,其定义为

$$\alpha_S = 20 \cdot \log(S) \tag{5.8.2}$$

单位是分贝(dB)。

在交变磁场频率较高的场合,因为存在趋肤效应,能阻止外部磁场向屏蔽体内部的渗透。

定义交变磁场能够有效地透入导体材料内部的深度为趋肤深度 $\delta$:

$$\delta = \sqrt{\frac{\rho}{\pi\mu_0\mu \cdot f}} = 5\,032\sqrt{\frac{\rho}{\mu \cdot f}} \tag{5.8.3}$$

式中,$\mu$ 是低频时材料的相对磁导率,$\mu_0 = 4\pi \times 10^{-7}$ H/m,是真空磁导率,$\rho$ 是电阻率($\Omega \cdot$ cm),$f$ 是交流电的频率(Hz)。在频率较低时,屏蔽体的厚度 $t < \delta$,其外部的磁感线几乎是垂直于屏蔽体表面被终结的;对于高频情况,$t > \delta$,磁感线基本上是和屏蔽体表面平行的。

### 5.8.1 圆筒的横向静态屏蔽效率[1-5]

圆筒屏蔽体置于直流磁场中,磁场方向相对于屏蔽筒的轴向有两种情况:一种是磁场方向和圆筒轴向垂直,称为横向屏蔽,屏蔽因子用 $S_T$ 表示;另一种情况是磁场方向和圆筒轴向平行,也称为纵向屏蔽,屏蔽因子用 $S_L$ 表示。

#### 1. 单层圆筒

设一圆筒用磁导率 $\mu \gg 1$ 的软磁合金做成,其长度为 $L$,壁厚为 $d$,外半径和内半径分别为 $R$ 和 $r$,如图 5.8.2(a)所示。当圆筒长度 $L \geqslant 8r$ 时,考虑到 $\mu$ 值很大和 $d$ 较小,有

$$S_T = \frac{H_0}{H_i} = \frac{4\mu + (\mu-1)^2\left[1-\left(\frac{r}{R}\right)^2\right]}{4\mu} \approx \frac{\mu \cdot d}{2R} \tag{5.8.4}$$

由上式可知,圆筒内径越小,圆筒壁越厚,合金磁导率越高,屏蔽因子大,即屏蔽效果就越好。

#### 2. 双层圆筒

对大的空间实施屏蔽时,随着表面积增大和为了达到一给定的屏蔽因子需要壁厚增加,使得屏蔽室的代价以三次幂上升。另一方面,只用单层屏蔽是很难达到高屏蔽因子的。在这样的情况下,就得采用多层屏蔽方案。

如图 5.8.2(b)所示,设内圆筒的内半径为 $r_1$,壁厚为 $d_1$;外圆筒的内半径为 $r_2$,壁厚为 $d_2$,这时的屏蔽效率可以表示如下:

$$S_2 = \frac{\mu_1 d_1}{2r_1} \cdot \frac{\mu_2 d_2}{2r_2} \cdot \left[1-\left(\frac{r_1+d_1}{r_2}\right)^2\right] \tag{5.8.5}$$

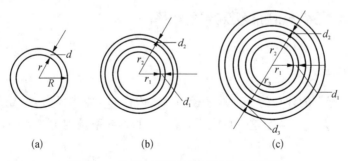

**图 5.8.2 软磁材料圆筒在磁屏蔽中的应用**
**(a) 单层屏蔽圆筒;(b) 双层屏蔽圆筒;(c) 三层屏蔽圆筒**

如果 $S_1$ 和 $S_2$ 是单壁屏蔽筒的屏蔽因子(单一屏蔽因子 $S_1$ 和 $S_2$ 不含附加的常数 1,而且 $\mu \gg 1$),则双壁球壳和双壁圆筒的屏蔽因子分别是

$$S = S_1 S_2 (1 - D_i^2 / D_0^2) + S_1 + S_2 + 1 \quad (球壳)$$

$$S = S_{T1} S_{T2} (1 - D_i^2 / D_0^2) + S_{T1} + S_{T2} + 1 \quad (双壁圆筒屏蔽,横向场)$$
$$= S_{T1} S_{T2} (4\Delta / D_0)(D_m / D_0) + S_{T1} + S_{T2} + 1$$

式中,两壳层之间的距离 $\Delta = (1/2)(D_0 - D_i)$,空间的平均直径 $D_m = (1/2)(D_0 + D_i)$。$D_0$ 和 $D_i$ 分别是两壳层的外径和内径。

### 3. 三层圆筒

如图 5.8.2(c)所示,设内、中、外三个圆筒的磁导率分别为 $\mu_1$、$\mu_2$ 和 $\mu_3$,内半径分别为 $r_1$、$r_2$ 和 $r_3$,三个圆筒的壁厚依次为 $d_1$、$d_2$ 和 $d_3$,则屏蔽因子为

$$S_3 = \frac{\mu_1 d_1}{2r_1} \cdot \frac{\mu_2 d_2}{2r_2} \cdot \frac{\mu_3 d_3}{2r_3} \cdot \left[ 1 - \left( \frac{r_1 + d_1}{r_2} \right)^2 \right] \cdot$$
$$\left[ 1 - \left( \frac{r_2 + d_2}{r_3} \right)^2 \right] \tag{5.8.6}$$

从以上公式比较可以看出,随着屏蔽圆筒层数的增加,屏蔽效率可以相应增大几倍到几十倍。

作为一个实际例子,图 5.8.3 示出了用含 78% Ni-Fe-Mo-Cu 的坡莫合金做的圆筒屏蔽罩结构、尺寸和屏蔽效率的关系,从图中可以看到,如果制造三个圆筒材料的磁导率 $\mu_1 = \mu_2 = \mu_3 = 15\,000$,根据以上公式算出屏蔽效率,发现计算值略高些,但和实测值相当接近。其中使用三层圆筒罩的屏蔽效果最好。

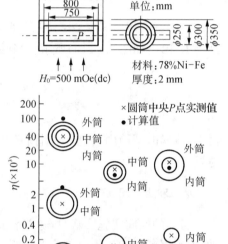

**图 5.8.3 坡莫合金圆筒的静磁屏蔽效率**

## 5.8.2 球壳结构的静态屏蔽效率

### 1. 单层球壳

设一个中空球壳的外径为 $D_0$(外半径为 $R$),内径 $D_i$(内半径为 $r$),壁厚为 $d$,现将这个球壳置于磁场 $H_0$ 中。假定这个球壳中,各点处的磁导率是均匀一致的,这时的屏蔽效率为

$$S_1 = 1 + \frac{2}{9}\mu\left(1 - \frac{r^3}{R^3}\right) = 1 + \frac{2}{9}\mu\left(1 - \frac{D_i^3}{D_0^3}\right) \tag{5.8.7}$$

如果 $d \ll D_0 = D, \mu \gg 1$,则上式可简化为

$$S = \frac{2\mu \cdot d}{3r} + 1 = \frac{4\mu \cdot d}{3D} + 1 \tag{5.8.8}$$

如果设 $S_0 = \mu d / D \gg 1$，则

$$S = (4/3)S_0 \qquad (5.8.9)$$

和单层圆筒的屏蔽因子公式相似。从公式看，增大壁厚 $d$，可以提高屏蔽效率。但是注意壁厚增加太多，必将导致屏蔽体积和质量增加太多，成本加大，然而屏蔽因子的增加却很有限。因此，对于球壳结构和圆筒结构，存在一个最佳壁厚，大致出现在 $R/r = 3$ 处。

## 2. 双层球壳

完全同心的双层球壳的屏蔽因子为

$$S = 1 + \frac{2}{9}(\mu - 2)\left[\left(1 - \frac{r_1^3 r_2^3}{R_1^3 R_2^3}\right) + \frac{2}{9}(\mu + 2)m_1 m_2 m_{12}\right] \qquad (5.8.10)$$

式中 $m_1$、$m_2$、$m_{12}$ 称为几何因子，其表达式是

$$m_1 = 1 - \frac{r_1^3}{R_1^3}, \qquad m_2 = 1 - \frac{r_2^3}{R_2^3}, \qquad m_{12} = 1 - \frac{R_1^3}{r_2^3}$$

按 Mager[2]，如果 $\mu \gg 1$，$S$ 也可表示成以下形式：

$$S = S_1 S_2 (1 - D_i^3 / D_0^3) + S_1 + S_2 + 1 \quad \text{（球壳）}$$

式中，$S_1$ 和 $S_2$ 是不含附加常数 1 的单壁屏蔽球壳的屏蔽因子，即

$$S_j = \frac{4\mu \cdot d_j}{3D_j} \quad (j = 1, 2)$$

## 3. 三层球壳

设三个球壳是完全同心的，其屏蔽因子用下式表示：

$$\begin{aligned}
S_3 = 1 &+ \frac{2}{9}(\mu + 2)\Bigg\{\left(1 - \frac{r_1^3 r_2^3 r_3^3}{R_1^3 R_2^3 R_3^3}\right) + \frac{4}{81}(\mu + 1)(\mu + 2)m_1 m_2 m_3 m_{12} m_{23} \\
&+ \frac{2}{9}(\mu + 2)\big[(m_1 m_2 + m_2 m_3 - m_1 m_2 m_3)m_{12} \\
&+ (m_1 m_3 + m_2 m_3 - m_1 m_2 m_3)m_{23} - m_1 m_3 m_{12} m_{23}\big]\Bigg\}
\end{aligned} \qquad (5.8.11)$$

式中，几何因子 $m$ 分别和各个球壳层的内、外半径有关：

$$m_1 = 1 - \frac{r_1^3}{R_1^3}, \quad m_2 = 1 - \frac{r_2^3}{R_2^3}, \quad m_3 = 1 - \frac{r_3^3}{R_3^3}$$

$$m_{12} = 1 - \frac{R_1^3}{r_2^3}, \quad m_{23} = 1 - \frac{R_2^3}{r_3^3} \qquad (5.8.12)$$

### 5.8.3 其他形状屏蔽体的静态屏蔽效率

#### 1. 正立方壳体

设正立方壳体的边长为 $a$，壳体的壁厚是 $t$，磁导率为 $\mu$，则其静态屏蔽效率为

$$\eta = \frac{0.7\mu \cdot t}{a} \tag{5.8.13}$$

#### 2. 正八面壳体

设正八面壳体内接圆的半径为 $R$，壳体的壁厚是 $t$，磁导率为 $\mu$，则其静态屏蔽效率为

$$\eta = \frac{0.55\mu \cdot t}{R} \tag{5.8.14}$$

图 5.8.4 示出了由薄片厚度相等的两层纯铁片(a)和三层纯铁片(b)组成的球壳和圆筒的屏蔽因子 $S$。纯铁的磁导率都为 202。以球壳屏蔽体为例，对于单层球壳，由(5.8.5)式计算得到的屏蔽效率一般为 40～50，在两层球壳屏蔽的情况下，屏蔽效率可上升到 900 左右，而在三层球壳屏蔽的情况下，更可得到高达 6 400 的屏蔽效率。(a)图是在固定屏蔽空间的内半径 $r_1 = 1$，最外层半径 $R = 5$，而两层铁壳之间的空气隙 $r_{12}$ 从 0 到 4 之间变化时屏蔽效率的依赖性。(b)图是固定 $r_1 = 1$，$R = 5$，两层空气隙厚度不变($r_{12} = r_{34}$)并使它们从 0 变到 2 所算得的三层球壳和三层圆筒的屏蔽因子 $S$。当 $r_{12} = r_{34} = 0.8$ 时，$S$ 有最大值，对应的 $S$ 值分别为 6 400(球壳)和 2 600(圆筒)。

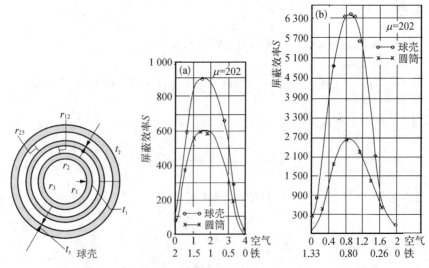

**图 5.8.4** 由厚度相等的两层纯铁片(a)和三层纯铁片(b)组成的
球壳和圆筒的屏蔽因子 $S$，纯铁的磁导率都为 202

### 5.8.4 静态磁屏蔽材料的选择

一般,软磁材料的屏蔽效率和所处环境外磁场强度的大小有关。在弱磁场下,材料的磁导率不大,屏蔽效率 $\eta$ 值不大;随着磁场增大,磁导率逐渐增大,$\eta$ 值随之增大。当屏蔽体位于强磁场时,屏蔽材料趋于饱和磁化,磁导率将大幅下降,因而,$\eta$ 值也将显著减小。图 5.8.5 比较了三种软磁材料做成的屏蔽圆筒中央空腔内的屏蔽效率随磁场强度的变化。这三种材料分别是成分为 $Ni_{78}Mo_4Cu_{0.2}Fe$ 坡莫合金(1J78)、$Ni_{46}Fe_{54}$ 合金(1J46)和纯铁,薄板厚度都是 1 mm,将它们都做成直径为 150 mm、长度为 450 mm 两端都加盖的屏蔽圆筒。然后测试它们的屏蔽效率随磁场强度的变化。可以看到,为了有效屏蔽外部磁场,适当选择

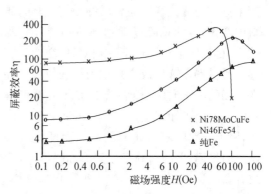

图 5.8.5 不同材料在不同磁场下的屏蔽效率

软磁材料很重要。例如,如果要屏蔽的磁场低于 40 奥斯特,显然采用 1J78 坡莫合金做屏蔽筒是有利的;外磁场强度如位于 40～70 奥斯特之间,则应采用 1J46 合金做屏蔽筒;如果屏蔽磁场大于 70 奥斯特,则最好采用高饱和磁感应强度的纯铁做屏蔽体。

如果要屏蔽的磁场很微弱,例如磁场强度低于 0.5 奥斯特,就应该采用初始磁导率更高的 Fe-Ni 合金(如 1J85 和 1J86)。非晶材料也具有高磁导率,可望作为磁屏蔽材料。

### 5.8.5 交流磁场屏蔽因子

在交变磁场频率较高的场合,趋肤效应能阻止外部磁场向屏蔽体内部渗透。

定义交变磁场能够有效地透入导体材料内部的深度为趋肤深度 $\delta$:

$$\delta = \sqrt{\frac{\rho}{\pi\mu_0\mu \cdot f}} = 5032\sqrt{\frac{\rho}{\mu \cdot f}} \tag{5.8.15}$$

式中,$\mu$ 是低频时材料的相对磁导率,$\mu_0 = 4\pi \times 10^{-7}$ H/m,是真空磁导率,$\rho$ 是电阻率($\Omega \cdot cm$),$f$ 是交流电的频率(Hz)。在频率较低时,屏蔽体的厚度 $t < \delta$,其外部的磁感线几乎是垂直于屏蔽体表面被终结的;对于高频情况,$t > \delta$,磁感线基本上是和屏蔽体表面平行的。

如上所述,在直流磁场或低频下,屏蔽体的屏蔽效率依赖于磁导率 $\mu$。图 5.8.6 示出了两种软磁合金作为电缆屏蔽带卷绕在电缆上 50 Hz 时的屏蔽因子比较。其中,Mumetal 合金的成分是 77%Ni-16%Fe-5%Cu-2%Cr,其磁导率高达 $\mu_i = 10^5$,$H_c$ 约为 2.4 A/m。VITROVAC 6025X 是德国真空公司生产的退火态 Co 基非晶态软磁合金,因为磁致伸缩趋于零,因此卷绕在电缆上后,对机械应力并不敏感,可以胜任小曲率半径

的应用场合。可以看出,将两种软磁合金薄带(宽3 mm,厚0.03 mm)卷绕在直径只有 4 mm 的电缆表面,都可以有高的屏蔽因子。

然而,在频率较高的交变磁场中,由于存在着涡流,根据电磁学的楞次定律,在金属磁性材料内部会产生一个与磁化场方向相反的磁场,因而,越深入材料内部,合成的总磁场就越小,随着频率升高,这一效应更强,以至于到达某一频率时,交变场就不再能够穿透材料。这种效应被称为趋肤效应。在考虑交变磁场的屏蔽时,显然涡流对磁屏蔽而言是十分有利的。由此可知,随着交变磁场的频率升高,不难推测,屏蔽效率将随着频率的升高而增大。为了加强涡流的作用,屏蔽材料不仅要有高磁导率,而且还要求有高电导率。然而,实践中很难找到这样的材料。因此,常常将铜和铝一类高导电率材料和高磁导率合金组合起来使用。

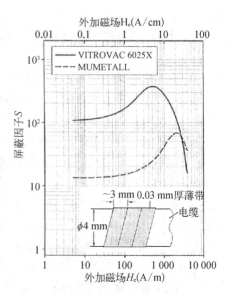

图 5.8.6　由 Mumetall 或 VITROVAC 6025X 合金做成的电缆屏蔽罩在 50 Hz 时的屏蔽因子

图 5.8.7 示出了低频下由两层 Mumetal 软磁合金片材和一层铝片的三种组合的屏蔽效率实测结果[2]。从图中可以看到,在所列的三种组合中,当铝片置于两层 Mumetal 软磁合金薄片之间时,屏蔽因子 $S$ 值有最大值。

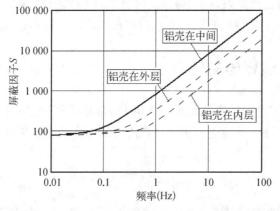

图 5.8.7　两层 Mumetal 片材和一层铝片在不同组合的屏蔽因子随频率的变化

在实践中,也经常会采用不同软磁合金层的组合来增大屏蔽因子。Lee 等人[6]研究了将坡莫合金薄片(PC)、晶粒取向电工钢片(GO)和非取向电工钢片(NGO)三种软磁合金材料做两两适当配置并实际测定了连接在 154 kV 主变压器地线和中线之间的电抗器(用于抑制中线的过压和故障电流流入地线)的屏蔽效率。正常工作条件下,电抗器的电流低于 10 安,然而,出现反常时,会高达 100 安以上,这一电流相当于在离电抗器中心 1 米处选定的参考点测得磁场强度为 $\mu_0 H = 150\ \mu T$。如果参考点的磁场高于 $140\ \mu T$,利用单层屏蔽体,GO 的屏蔽性能最好;如果参考点磁场低于 $140\ \mu T$,则利用 PC 的屏蔽性能最好，NGO 的屏蔽性能低于 GO，但是在很强的磁场下，NGO 的性能要好于 PC。研究发现，如果将材质不同的合金层直接接触放置，GO/PC 组合（GO 邻近磁场源）的屏蔽性能介于 GO/GO 组合和 PC/PC 组合之间，另一方面，如果将原本接触放置两层屏蔽体稍许分开（包含一空气隙），则 GO/PC 组合在一较宽的磁场范围内的屏蔽是最有效的。造成这一结果的原因是高磁导率材料的旁路效应以及不同磁性材料之间磁导率随磁场强度的排序变化。两片接触放置的屏蔽体实际上起着一个屏蔽体的作用，一旦两层屏蔽体稍许分开，GO 层首先能使强磁场有效降低，然后 PC 层接着可以有效地屏蔽已经弱化的磁场。

## 5.8.6　低温应用的屏蔽材料

坡莫合金是最重要的磁屏蔽材料之一。对这类合金来说，$\lambda_S = 0$ 的成分线一般不会随测量温度而改变，而 $K_1$ 对测量温度却很敏感。当合金在低温（77 K）下工作时，相应于图 5.8.8 中的三条 $K_1 = 0$ 的线将向成分图的下方移动，即移向较低的含 Mo 量。这样，尽管合金在室温下具有高的初始磁导率，但在 77 K 时，却因偏离了 $K_1 = 0$ 和 $\lambda_S = 0$ 的高磁导率条件而使初始磁导率下降。图 5.8.8 示出了在不同温度下退火的合金的 $K_1$ 随测量温度的改变。可以看到，为了使合金在低温使用时具有最高的磁导率值，必须调整工艺使它们的 $K_1$ 为零。为此，可以采用降低等温退火温度的方法。例如，成分为 78.3％Ni-17.9％Fe-3.8％Mo 的合金，原来经过 535℃退火时，可以使合金在室温时 $K_1 = 0$。但是，在 77 K 工作时，$K_1$ 不再为零；为了使工作在 77 K 的合金 $K_1 = 0$，获得最高的磁导率，则必须将其在 495℃附近退火才行。

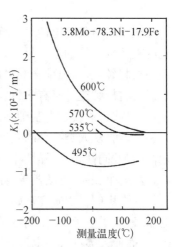

图 5.8.8　在不同温度下退火的 Ni-Fe-Mo 合金 $K_1$ 随测量温度的变化[7]

**参考文献**

[1] 义井胤景.磁工学[M].胡超、郑保山译，国防工业出版社，1977：pp. 370-372.

[2] Mager A., Magnetic Shields, *IEEE Trans. Magn.*, 1970, 6(1)：67-74.

[3] Baum E., Bork J., Systematic design of magnetic shields, *J. Magn. Magn. Mat.*, 1991, 101：pp. 69-74.

[4] 郑大立.磁性屏蔽的设计与材料[J].新金属材料，1975，No.2.

[5] 陕西精密合金厂.金属软磁材料及其应用（下）[M].1980：pp. 88-97.

[6] Lee S., Y., Lim Y. S., Choi I. H., et al. Effective combination of soft magnetic Meterials for magnetic shielding, *IEEE Trans. Magn.*, 2012, 48(11)：4550-4553.

[7] Puzei I. M., *Bull. Acad. Sci. USSR Phys. Ser.*, 1975, 21：1083.

# 第六章　自旋电子学材料与器件

## §6.1　自旋电子学进展简况

　　电子同时具有电荷与自旋两个本征量,电荷为标量,自旋为矢量,电荷与自旋可形象化的表述为电子的孪生兄弟,以往,两者在不同的领域发挥重要的作用,自旋主要局域于磁性材料领域,对强耦合的自旋体系已成为重要的磁有序材料,其中含铁磁、亚铁磁、反铁磁以及自旋螺旋等磁有序材料,在此基础上研发出软磁、永磁、磁记录等用途广泛的磁性材料,已成为现代社会基础性的功能材料,而电荷却活跃在电工、电子以及微电子学等众多领域。纵观人类社会的发展史,溯源上千年,人类已对静磁互作用有所感性认识,精彩地概括为"同性相斥,异性相吸"而形成静磁学,此原理在很多磁性器件中得到应用,例如磁悬浮列车、各类电动机等,在铁磁学中也须要考虑静磁能。19 世纪人类在对电流、磁场及其互作用的科学研究基础上创建了电磁学,成功地制造了电动机、发动机、电灯、电话等电器,建立了电工学、无线电子学等,为美国、欧洲首先产生第二次产业革命奠定了科学基础,从而使人类进入到电气化时代,从物理的观点看来,19 世纪是人类开始按照科学的规律用电场调控电子电荷流的新纪元,20 世纪是人类利用量子力学、能带理论在半导体中调控电荷运动,形成了微电子学的新学科,制造出二极管到超大规模集成电路 IC 芯片,从而开创了第三次产业革命,使人类进入到信息化时代。电工学与电子学主要研究电子电荷的集体运动及其效应,都未涉及电子具有自旋的特性,这二次产业革命都是以调控电荷为主,但在应用中都离不开磁性材料,如在电动机、发电机中离不开硅钢片软磁材料,在计算机中关键部件是芯片与利用磁记录材料进行信息存储的磁盘,从这个角度考虑,自旋以磁性材料的角色在产业革命中也是直接发挥了重要的作用,只是人们不甚了解它的重要性而已,当然,以前自旋确实尚未进入到电子输运过程中。

　　既然电子同时具有电荷与自旋,为什么在电工学、电子学与微电子学中均不考虑自旋呢? 原因是电工学与电子学所研究的对象均为宏观尺度,电子在固体中运动时必然受到晶格的散射,电荷为标量,其特性不变,而自旋是矢量,在散射过程中将会改变其自旋取向,在电子输运过程中,自旋保持其方向不变所经过的平均路程称为自旋扩散长度,超过自旋扩散长度时,自旋将会反向,通常电子在磁性材料中的自旋扩散长度为 10～100 nm,在半导体中为 1～10 微米,传统电工学与电子学所研究对象的长度,通常远超过自旋扩散长度,因此,自旋在输运过程中将翻转很多次,统计平均的结果矢量和为零,将显示不出自旋的存在,此外,电荷流中的电子自旋未被极化取向,因此在微电子学中也可忽略电子具有自旋这一特性。然而,当我们研究的对象其尺寸与自旋扩散长度相当或更小时,如在纳米尺度的体系中,自旋的特性将会在输运过程中显示出来。20 世纪 80 年代,法国 Albert Fert 与德国 Peter Grünberg 两位科学家所做的工作充分证明了这一点,他们研究了(Fe/Cr/Fe)n 纳米多层膜的层间交换耦合作用以及输运性质,发现了巨磁电阻效应,该效应表明:调控自旋可以影响电子输运过程,从而开创了磁电子学(magnetoelectronics)的新学科,鉴于其研究的重要的基础意义与巨大的应用领域,这两位科学家获得 2007 年度的物理学诺贝尔奖,评奖委员会宣称"该效应的发现打开了一扇通向技术新世界的大门,开启了科学研究的新纪元"。自然人们会联想到在半导体器件中除电场调控电荷外,如器件中的电子自旋亦为有序极化状态,也可调控自旋,从而可创造出新颖的半导体自旋器件。21 世纪初,研究的重点已开拓到半导体自旋电子学的新方向,近年来又扩展到有机分子体系,统称为自旋电子学(Spintronics),本节将简略地介绍磁电子学、半导体自旋电子学与有机自旋电子学概况。

## 6.1.1　磁电子学

1988 年报道了在(Fe/Cr)多层膜中发现巨磁电阻效应之后,引起了科学界广泛的兴趣与重视,迅速地发展成为一门新兴的学科——磁电子学,磁电子学与传统的电子学或微电子学的主要区别在于传统的电子学是用电场调控载流子电荷的运动,而磁电子学是利用磁场或极化电流等调控载流子自旋的运动。巨磁电阻效应的发现为人们获得与控制极化自旋流开拓了现实的可能性。多层膜巨磁电阻效应是源于载流子在输运过程中与自旋相关的散射作用。继多层膜磁电阻效应后,颗粒膜、隧道结磁电阻效应以及锰钙钛矿化合物的庞磁电阻效应等相继被发现并取得重大的进展,自旋阀的多层膜结构使产生巨磁电阻效应的饱和磁场大为降低,才促使巨磁电阻效应走向实用,实现自旋器件的产业化。

最早报道的(Fe/Cr)n 纳米多层膜巨磁电阻效应[1]见图 6.1.1。

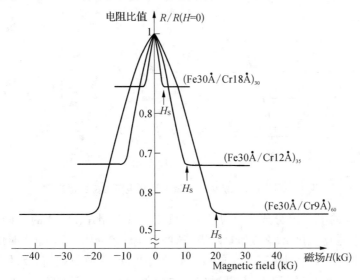

**图 6.1.1　(Fe/Cr)n 纳米多层膜巨磁电阻效应**[1]

由图显见,这是采用分子束外延工艺制备的纳米结构多层膜,磁性的 Fe 层保持 3 纳米,而非磁性 Cr 层的厚度从 1.8 纳米降低到 0.9 纳米,随着 Cr 层的厚度降低,磁电阻效应显著增大。原本研究重点是层间耦合,两 Fe 层间隔一薄层的非磁性 Cr 层后,两者之间是否存在交换耦合作用? 实验结果表明,存在铁磁/反铁磁型的振荡型耦合[2],如图 6.1.2 所示,该耦合作用被认为通过传导电子的 RKKY 型交换耦合所致。

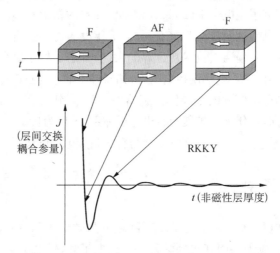

**图 6.1.2　(Fe/Cr)n 纳米多层膜中的交换耦合**[2]

图 6.1.2 纵坐标为交换耦合常数 $J$,从交换能的公式 $E_{ex} = -J(S_i \cdot S_j)$ 可知,当 $J$ 为正值时,相邻自旋间呈平行排列能量最低,反之,$J$ 为负值时,相邻自旋间呈反平行排列,此外,非磁性层厚度小时交换耦合作用强,随着非磁性层厚度增加,交换耦合作用由正到负呈振荡型的衰减而趋于零。将图 6.1.1 与图 6.1.2 结合在一起考虑,呈现磁电阻效应的非磁性 Cr 层,处于反铁磁耦合厚度时,磁电阻效应就大,铁磁平行排列时则反,如何理解实验结果,通常采用 Mott 在 20 世纪 30 年代提出的二流体模型进行定性解释,见图 6.1.3。

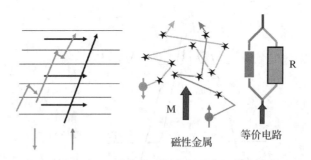

**图 6.1.3　Mott 二流体模型解释巨磁电阻效应的原理图**

进入铁磁层的电子可分成自旋朝上(自旋平行于磁化强度 $M$ 的方向)与自旋朝下(自旋反平行于磁化强度 $M$ 的方向)两类,这两类电子在磁性层中输运时所受到的散射不一样,自旋平行于磁化强度 $M$ 方向的电子散射低,反之散射就高,反映在电阻上这两类电子的电阻不一样,平行时散射低对应于电阻低,反之电阻值高,因此可以将电子通过磁性层的电阻分解为两类电子电阻的并联电路,如多层膜中的磁化方向交替的改变,那么对这两类电子的电阻其值均相同,如将多层膜在膜平面内磁化到饱和,这时自旋朝上的电子受的散射低,电阻小,而两者并联的总电阻将会显著下降,从而可理解巨磁电阻效应的物理机制,设想未加磁场时层间呈反铁磁耦合,电阻高,随着磁场增强,与磁场方向相反的自旋将转向外磁场方向,最终磁化趋于饱和,其中自旋朝上的电子电阻小,自旋朝下的电子电阻高,总电阻下降,显示出巨磁电阻效应。根据并联等效电路的电阻值计算,对 F/M/F 两铁磁层之间为非磁性金属层的情况下,可获得巨磁电阻的计算公式:

$$\mathrm{GMR} = \Delta R / R_{\uparrow\uparrow} = -(R_{\downarrow} - R_{\uparrow})^2 / 4R_{\downarrow}R_{\uparrow}$$

式中 $\Delta R = R_{\uparrow\uparrow} - R_{\downarrow\uparrow}$。

电子在输运过程中散射,大致上分为体内与界面,在多层膜的情况,主要来源于界面。

除上述多层膜外,Berkowitz[3] 首先在 Cu-Co 非均匀(M/F)颗粒系统中发现了类似的巨磁电阻效应,同时肖强等人[4]独立开展了 Co/Cu 等颗粒膜的巨磁电阻效应,提出唯象的磁电阻效应表述式如下。

$$\Delta\rho / \rho \propto (M/M_s)^2$$

颗粒膜磁电阻效应的物理机理与多层膜相同,在物理机理研究方面,不失为一种选择,殊途同归,但在应用方面无法与薄膜结构相比拟,多层膜的结构可控,性能可调,可重复,可产业化生产,因此以下将主要介绍多层膜磁电子学。

根据能带理论,费米面处自旋相关的态密度,对于非磁性金属,自旋朝上与自旋朝下的电子态密度是相同的,即电子的自旋是简并的,不存在自旋极化与净磁矩,但对于铁磁金属,由于交换作用,导致不同自旋取向的两个子带产生相对位移,所谓交换劈裂,从而在费米面两者态密度不等,两者态密度之差决定了磁化强度与自旋极化率。对磁性金属钴与非磁性金属铜的能带结构示意图见图 6.1.4。因此,只有在磁性材料中才可能产生电子自旋极化,其中,多数载流子指载流子自旋方向平行于磁化方向;少数载流子指载流子自旋方向反平行于磁化方向。

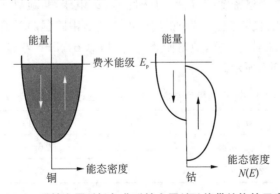

**图 6.1.4　磁性金属(钴)与非磁性金属(铜)能带结构的示意图**

通常定义自旋极化率 $P$ 为在费米面处多数载流子的态密度($N_{\uparrow}$)与少数载流子($N_{\downarrow}$)归一化的态密度之差。

$$P = (N_\uparrow - N_\downarrow)/(N_\uparrow + N_\downarrow)$$

而自旋极化率与磁化强度 $M$ 相关

$$M = \mu_B \int (N_\uparrow - N_\downarrow) dE$$

$$P \propto M(T)$$

从二流体模型出发,可获得唯象的宏观磁电阻效应的表述式。

根据电路并联公式,总电阻率 $\rho$ 与 $\rho_\uparrow$,$\rho_\downarrow$ 的关系式如下:

$$\rho = (\rho_\uparrow^{-1} + \rho_\downarrow^{-1})^{-1} = \rho_\uparrow \cdot \rho_\downarrow / (\rho_\uparrow + \rho_\downarrow)$$

其中 $\rho_\uparrow$ 与 $\rho_\downarrow$ 分别代表自旋朝上与朝下的电子电阻率,应当与铁磁/非铁磁层界面数 $N$ 成正比。

磁电阻效应 MR 通常有两种定义:

① $\text{MR} = [\rho(H) - \rho(0)]/\rho(0)$

② $\text{MR} = [\rho(H) - \rho(0)]/\rho(H)$

如随磁场增大,$\rho(H)$ 减少,对第一种定义,MR 为负值,最大值为 $-100\%$。这对 MR 较小的材料采用此定义较为合适,但对 MR 值接近 $100\%$ 的材料,如具有庞磁电阻效应的钙钛矿化合物就不太合适,而采用第二种定义更为合适。

上述多层膜通常采用定义 1,当多层膜处于磁中性态时,磁化方向相反层交替叠加,总磁矩为零,显然,$\rho_\uparrow = \rho_\downarrow = \rho_0$,此时 $\rho(0) = \rho_0/2$。

磁化饱和时,如 $\rho_\uparrow(H)$ 趋于零,MR 趋于 $-100\%$。

对于非磁性材料,$\rho_\uparrow$ 与 $\rho_\downarrow$ 相等,并且不随磁场而改变,因此不存在此类的磁电阻效应。

巨磁电阻效应的微观理论,可参考文献[5]。

对于磁性材料,电阻率除了与自旋散射无关的晶格散射外,主要存在自旋与磁化强度相对取向有关的散射,取决于费米面的 $s\text{-}d$ 电子的散射。传导电子($s$ 电子)的自旋是简并的,在费米面上的电子态密度相等,而对磁性的 $3d$ 电子,自旋朝上与朝下的态密度在费米面是不等的,因此自旋朝上与朝下的电子的平均自由路程两者不一样,意味着这两者在输运过程中受到的散射不一样,或电阻不一样,Fe,Co,NiFe 与非磁性 Cu 的电子平均自由路程列表如表 6.1.1 所示。

表 6.1.1　电子的平均自由程 $\lambda^+$,$\lambda^-$ 对应于自旋朝上与朝下

|  | Fe | Co | NiFe | Cu |
| --- | --- | --- | --- | --- |
| $\lambda^+$ (nm) | $1.5 \pm 0.2$ | $5.5 \pm 0.4$ | $4.6 \pm 0.3$ | 20.5 |
| $\lambda^-$ (nm) | $2.1 \pm 0.5$ | $\leqslant 1.0$ | $\leqslant 0.6$ | 20.5 |

自旋相关的磁电阻效应,如巨磁电阻效应、隧道磁电阻效应等,均与材料自旋极化率密切相关,高的自旋极化率对应于大的磁电阻效应。现将一些金属与合金的自旋极化率列于表(6.1.2)。

表 6.1.2　**3d** 过渡族金属与合金的自旋极化率

| M | 金属材料 | | | | | |
|---|---|---|---|---|---|---|
| | Ni | Co | Fe | $Ni_{80}Fe_{20}$ | $Co_{50}Fe_{50}$ | $Co_{84}Fe_{16}$ |
| P(%) | 33 | 45 | 44 | 48 | 51 | 49 |
| | J. S. Moodera, G. Mathon, J MMM., 200(1999) 248 – 273 | | | | | |

　　由表 6.1.2 显见,3d 过渡族金属与合金最高自旋极化率为 51%,其合金组成为 $Co_{50}Fe_{50}$ 为具有最高的磁矩的合金。从应用的角度出发,磁电子器件要求材料的磁电阻效应随磁场变化的灵敏度尽可能高,提高材料的自旋极化率是提高灵敏度的基础,尤其对逻辑应用的元器件,要求材料的自旋极化率能达到 100%。自旋极化率取决于材料的能带结构,对 3d 过渡族金属与合金,3d 电子能带因交换劈裂而产生自旋极化,但其 4p,4s 电子能带受交换作用的影响很少,电子自旋基本上是简并的,三者均参与输运过程中,因此从原则上考虑此类材料是不可能获得 100% 的自旋极化率。de Groot 等人[6]表(6.1.1)电子的平均自由程,$\lambda^+$,$\lambda^-$ 分别对应于自旋朝上与朝下,通过能带计算,表明对于 NiMnSb 类的半 Heusler 合金,费米面处的电子完全是多数自旋子带的电子,而少数自旋子带与费米面之间存在一能隙,显然这类材料自旋极化率应为 100%,称为半金属材料(Half metal)。其导带完全由一种取向的自旋电子所构成,原则上输运电子是完全极化的。继后,理论上表明 Heusler 合金 ($Co_2MnSi$, $Co_2MnGe$, $Co_2MnSn$, $Fe_2MnSi$),$Mn_2YGa$(Y=V,Nb,Ta),$CrO_2$,$Fe_3O_4$,以及部分锰钙钛矿化合物等氧化物均为半金属材料,$CrO_2$ 的能带图示意图见图 6.1.5。

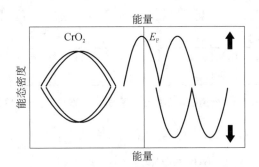

图 6.1.5　半金属 $CrO_2$ 铁磁材料的能带示意图

　　研究半金属材料已成为追求高的自旋极化率热点课题。然而实验表明此类材料的自旋极化率均难以达到理想的结果,兹将实验结果列表 6.1.3 如下:

表 6.1.3　氧化物磁性材料的自旋极化率

| 物质 | 氧化物磁性材料 | | |
|---|---|---|---|
| | $CrO_2$ | $Fe_3O_4$ | $La_{0.61}Sr_{0.23}MnO_3$ |
| P(%) | $90\pm3.6$[a] | 40[b] | 72[c] |

a. R. J. Soulou, Science. 282(1999)85　b. A. Gupta, J. Z. Sun, J. MMM 200(1999)24 – 43　c. D. C. Worledege and T. H. Geballe, Appl. Phys. Lett 76(2000)900

这些半金属氧化物在低温具有较高的隧道磁电阻效应,但在室温其值甚低,探索室温条件下的具有高自旋极化率的材料,依然令人神往。

上述的巨磁电阻效应 GMR(Giant magnetoresistance)的基本构型是(F/M/F),F 指铁磁层,M 代表非磁金属层,电子在其中受到体内与界面的散射,如 M 用非磁性的绝缘体(I)来取代,(F/I/F),此时电子只能隧穿绝缘层才能进行输运,将会产生隧道磁电阻效应。

1972 年 Gittleman[7] 报道了在金属/绝缘体(Ni/SiO)颗粒膜中呈现小而负的隧道型的磁电阻效应,1975 年 Julliere[8] 首先在 Fe/GeO/Co 纳米膜结构中发现隧道磁电阻效应 TMR(Tunneling magnetoresisitance),4.2 K 温度下 MR 可达 14%,这种(F/I/F)型隧道结构示意图见图 6.1.6,相当于自旋极化的滤波器,当夹层膜两边的磁化方向一致时,与磁化方向一致的电子自旋就能隧穿通过,反之,如两边的磁化方向相反,电子就无法通过,从能带结构可以理解隧穿效应,如图 6.1.6。

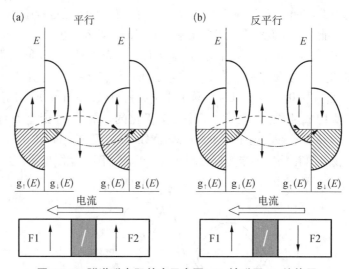

图 6.1.6　隧道磁电阻效应示意图,F-铁磁层,I-绝缘层

按磁电阻效应定义 1,Julliere 获得如下的关系式

$$MR = 2P_1P_2/(1-P_1P_2)$$

$P_1$,$P_2$ 分别代表绝缘层两边铁磁层的自旋极化率。

Julliere 在磁性隧道结所作出的重要成果,由于室温 MR 值不高,因此当时未得到充分重视,直到 1988 年巨磁电阻效应的发现,才促使进一步开展隧道磁电阻效应的研究。1995 年 Miyazaki 等人[9] 在(Fe/Al$_2$O$_3$/Fe)结中发现室温 MR 值可达 18%,同年 Moodera 等人[10] 在(CoFe/Al$_2$O$_3$/Co)隧道结中发现磁电阻效应重新兴起隧道磁电阻效应研究的热潮,2001 年陈鹏等人[11] 在 Zn$_{0.41}$Fe$_{2.59}$O$_4$/$\alpha$-Fe$_2$O$_3$ 多晶材料中发现隧道磁电阻效应,室温为 158%,4.2 K 达 1 280%。理论与实验的研究表明,如绝缘层采用 MgO 单晶层,可获得甚高的 TMR 效应,如图 6.1.7 所示,隧道结的 TMR 室温值可高达 500%,5 K 温度下可达 1 010%[12],目前 TMR 磁传感器已广泛地应用于读出磁头等高灵敏度磁传感器件中。

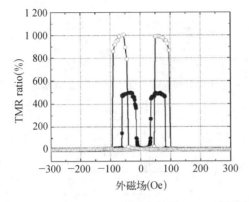
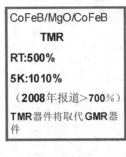

具有 $4 \times 4.3\ nm(Co_{25}Fe_{75})_{80}B_{20}$ 电极及 $2.1\ nm$ 厚度的 MgO 层,经 $475\ ℃$ 的退火处理后,
MTJ 结之 TMR 回线,图中黑点回线为室温测量值,白圈回线为 5 K 测量值

**图 6.1.7 CoFeB/MgO/CoFeB 隧道磁电阻效应[12]**

  获诺贝尔物理学奖的巨磁电阻效应是原创性的成果,开拓了自旋电子学新领域,但事实上是无法直接进入商业化的应用,原因是所需的外磁场太高,需要高于 1 T 的高磁场才能呈现出大的磁电阻效应。因此,其磁场灵敏度低于已实用化的各向异性磁电阻效应(AMR)器件与霍尔效应器件,此外采用分子束外延的工艺生产纳米多层膜也难以投入工业化生产。然而,美国学术界与企业界却十分看好其应用前景,花费了 3 年左右时间的研发,采用磁控溅射可产业化的薄膜制备工艺,研发了反铁磁交换耦合的自旋阀结构[13]将产生巨磁电阻效应所需的外磁场降低到原来的近万分之一,在 0.1 mT 量级磁场下可获得显著的磁电阻效应,终于成为高灵敏度磁传感器产品进入市场,尤其是将 TMR 传感器用于磁盘的读出磁头,显著地提高磁盘的记录密度,从 $400\ M/in^2$ 提高到 $1\ Tb/in^2$,至今磁盘尚是主要的信息存储器,然而诺贝尔奖只奖给原创性的最初成果,在其基础上实用化的进展却无此殊荣。尽管如此,功不可没,成绩卓然,自旋阀器件的研发成功与商业化,极大地推进了自旋电子学的进展与内涵,开拓了自旋电子学应用的新领域,为诺贝尔奖的颁发起了助推的作用。

  在自旋阀的结构中十分巧妙地利用了铁磁/反铁磁界面的交换耦合效应。1949 年中子衍射确证了 MnO 反铁磁自旋有序结构,很长的一段时间内,未发现反铁磁性的实用价值,1956 年首先在表面被氧化的纳米钴颗粒磁性研究中发现反铁磁/铁磁层间的交换耦合效应。巨磁电阻效应发现后,为了降低产生巨磁电阻效应的磁场强度,提高其磁场灵敏度,美国学者首先采用铁磁/反铁磁界面的交换耦合效应,利用反铁磁性耦合固定界面铁磁介质中的自旋取向,反铁磁层产生单轴向的交换各向异性场,起着恒定磁场的钉扎作用,而无反铁磁层钉扎的铁磁层(软磁)中的自旋却可在低磁场下,或低的极化电流驱动下可自由变换方向。当自旋极化取向的电子通过时,可处于非磁性层相隔的两相邻铁磁层自旋平行与反平行两类状态,平行时自旋极化电流可顺利通过,反平行时难以通过,有点类似于水龙头的阀门一样,成为控制极化自旋流阀门故称之为自旋阀,示意图见图 6.1.8。

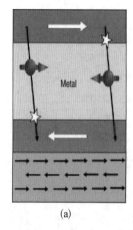 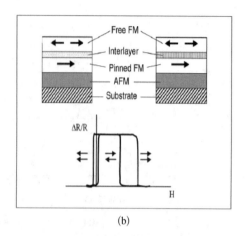

(a)　　　　　　　　　　　(b)

图 6.1.8　自旋阀的示意图(a) 反铁磁层的自旋钉扎作用与界面散射示意图
(b) 自旋阀示意图,如中间层为非磁性金属则为 GMR;如中间层为绝缘层则为 TMR

自旋阀的结构已广泛地应用于自旋电子学各类器件中。其中关键是反铁磁性材料,要求高的耐尔温度 $T_N(K)$,与强的交换各向异性。表 6.1.4 为部分反铁磁材料的耐尔温度。

表 6.1.4　部分反铁磁材料的耐尔温度

|  | CoO | NiO | CuO | Ir - Mn | Pt - Mn | Rh - Mn | Fe - Mn |
|---|---|---|---|---|---|---|---|
| $T_N(K)$ | 293 | 525 | 453 | 600 - 750 | 485 - 975 | 850 | 425 - 525 |

此外尚有 NiMn,CrAl,FeIrRh,MnPtPd 等二元与三元合金材料,NiO/CoO,Co/Cu/Co 等二层、三层组合膜。

反铁磁材料不仅在自旋阀结构器件中大显身手,在微波毫米波器件,在未来高密度磁存储器件中均可能得到应用,因此基础研究往往是超前的,为未知的应用奠定基础。读者如对反铁磁自旋电子学感兴趣,建议可参考综述文章"Antiferromagnetic Spintronics"(Baltz V. et al.,Rev Mod. Phys. 90,015005 (2018))。

在磁电子学发展历程中,最重要的进展是自旋转移力矩效应(Spin-Transfer Torque)的发现与应用。首先理论上预言自旋力矩的存在[14-15],继后又得到实验证实[16-17],自旋转移力矩源于载流子自旋与局域电子自旋之间的力矩转递,其宏观理论处理采用Landau-Lifshits-Gilbert 方程式后再加上一项自旋力矩项($T_S$),称为 Landau-Lifshits-Gilbert-Slonczewski 方程:

$$dM/dt = \gamma[H_{eff} \times M] + T_G + T_S$$

其中 $M$ 为磁化强度矢量,第一项代表当自旋与磁场不平行时,自旋将受到一力矩使其围绕着磁场 $H_{eff}$ 进动,进动频率处于微波频段。在力矩作用下最终自旋将平行于磁场,这意味着存在阻尼,这就是第二项($T_G$)所代表的,$\alpha_G$ 为损耗因子,$\gamma$ 为旋磁比。

$$T_G = -(\alpha_G \gamma / M_0)[M \times [M \times H_{\text{eff}}]]$$

第三项($T_s$)为自旋转移力矩项,其中 $\alpha_S$ 为自旋力矩常数。

$$T_S = +(\alpha_S \gamma / M_0)[M \times [M \times M_p]]$$

以往,自旋的翻转或改变方向总是借助于外磁场,根据自旋力矩理论,自旋极化电流也可以改变或翻转局域自旋的取向,这对利用自旋力矩来调控自旋是十分有利的,可以降低磁矩反转的能耗,减少器件尺寸,利用此原理的磁随机存储器称为:STT-MRAM(spin-transfer-magnetic-random-access-memory)[18],已成为国际信息存储与处理的主要研发方向,目前已进入到产业化阶段。

STT-MRAM 基本单元是自旋阀结构的磁隧道结,以上介绍的磁隧道结中自旋磁化方向处于磁性层的平面内,早期的MRAM 曾采用此模式,显然平面型的模式不利于提高储存密度,继后改用自旋垂直于磁性层的模式,目前产业化采用的STT-MRAM 原理性的结构图如图 6.1.9 所示,隧道结通常采用(CoFeB/MgO/CoFeB) 隧道结,其中非晶 CoFeB 为性能优秀的软磁材料,矫顽力低,在低磁场,或弱自旋极化电流下易调控其自旋方向,反铁磁钉扎层常采用 IrMn 合金反铁磁体或人工组合如[Pt/(Co/Pt)$_5$]等。

图中[CoFeB/MgO/CoFeB]为 TMR 效应的磁隧道结,垂直磁化层通常采用[Co/Pt]多层结构。采用 Si/SiO$_2$ 为衬底,有利于硅基相匹配。

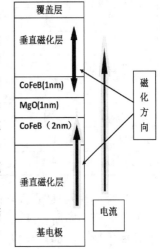

**图 6.1.9　STT-MRAM 结构示意图**

自旋芯片(各种模式的 MRAM 的统称)已经历了三个发展阶段。2006 年前利用隧穿磁电阻效应(TMR),采用电流重合法,用电流产生的磁场调控自旋,制成低密度的第一代自旋芯片——MRAM;2006 年后利用自旋极化电流调控自旋,功耗下降,存储密度提高,成为第二代自旋芯片——STT- MRAM;目前研发电场辅助调控自旋,功耗将进一步下降的第三代自旋芯片——MeRAM,可望在近年取得突破,从而进入到商业化的阶段;此后,自旋芯片将与半导体芯片进行市场化的竞争。

自旋芯片与现有的半导体芯片优缺点对比如下。

自旋芯片优点:非易失性;抗辐射性;高集成度;高运算速度;低功耗;长寿命。与DRAM 相比:非易失性;抗辐射性;高运算速度。与 Flash 相比:低功耗;长寿命;存取速度比 Flash 快千倍,读写循环次数高于 $3 \times 10^{16}$ 次,但闪盘仅 $3 \times 10^5$ 左右,并且工作电压无法降低到 0.5 V。此外,自旋芯片除做内存外,尚可做外存,与硬盘相比,自旋芯片没有机械运动部分,数据处理速度快,能耗低,但目前储存密度比硬盘低,原则上自旋芯片可取代现在微机中的磁盘与半导体芯片,使两者合二为一,存算一体化。各类芯片性能对比如表 6.1.5 所示。

表 6.1.5　MRAM 芯片与各类半导体芯片性能对比表

| | SRAM | DRAM | NOR 闪存 | NAND 闪存 | FRAM | 第一代 MRAM | 第三代 MRAM | 第四代 MRAM |
|---|---|---|---|---|---|---|---|---|
| 容量 | 144 Mb | 8 Gb | 1 Gb | 128 Gb | 4 Mb | 16 Mb | 32 Gb | 32 Gb |
| 读取时间 | 1—100 ns | 30 ns | 20 ns | 40 ns | 20—55 ns | 20 ns | 1—10 ns | 1—10 ns |
| 写入时间/消除时间 | 1—100 ns | 15 ns | 4 $\mu s$/900 $\mu s$ | 0.1 $\mu s$/2 $\mu s$ | 50 ns/50 ns | 10 ns | 1—10 ns | 1—10 ns |
| 写读次数 | 无限 | 无限 | 100 k | 0.5—100 k | >1 B | 无限 | 无限 | 无限 |
| 写入功耗 | 低 | 低 | 超高 | 超高 | 低 | 中等 | 低 | 超低 |
| 其他功耗 | 漏电 | 补充更新 | 无 | 无 | 无 | 无 | 无 | 无 |
| 电压 | <1.5 | 3 | 6 to 8 | 16 to 20 | 2 to 3 | <1.5 | <1.5 | <1.5 |
| 记忆力 | 0 | 0 | >10 年 | >10 年 | >10 年 | >20 年 | >20 年 | >20 年 |
| 抗辐射性 | 无 | 无 | 无 | 无 | 良好 | 良好 | 良好 | 良好 |
| 元件尺寸($F^2$) | 100 | 8 | 6 | 4 | 10 | 50 | 6 | 6 |
| 成本每 Mb(S) | 2 | 0.000 4 | 0.01 | 0.000 2 | 10 | 0.5 | 0.000 5 | 0.000 5 |

　　自旋芯片兼具 SRAM 的高速度、DRAM 的高密度和 Flash 的非易失性等优点,其抗辐射性尤为国防所青睐,原则上可取代各类存储器的应用,成为未来的通用存储器。自旋芯片属于核心高端芯片,是科技关键核心技术,可军民两用,具有高达上千亿美元的巨大市场前景,有可能成为后摩尔时代的主流芯片,这对于提升国家的高科技水平和增强国防安全意义重大,2008 年鉴于 MRAM 抗辐射的能力,日本首先将 MRAM 芯片用于人造卫星,2013 年欧洲空客 350 也采用 STT‐MRAM 芯片用于控制系统。MRAM 不仅可以扩展为单个存储器,还可以扩展为嵌入式存储器(嵌入在与微控制器和 SoC 等逻辑相同的硅芯片中的存储器)。与其他存储器技术(闪存/DRAM/SRAM/PCM/ReRAM)相比,作为嵌入式存储器的特性具有许多优点。

　　此外,利用自旋转移力矩在实验室已研发成功宽频带可调的固体微波振荡器[19-20]。除利用自旋转移力矩(STT)效应、电场辅助调控自旋外,其他物理场,如:激光场、应力场、热场(温度场)或微波场等多种物理场的调控或辅助调控是值得重视的研究内涵。

　　当前高科技产业的模式是生产与研发同时并进,自旋芯片作为前所未有的新产品更是如此,可期望未来的自旋芯片:存储密度越来越高,功耗越来越低,运算速度越来越快,价格越来越低,以下将对可能的进展简要地进行介绍。

　　除了上述的自旋转移力矩 STT(spin transfer torque)外,自旋与轨道的互作用即自旋轨道力矩 SOT(spin‐orbit torque)同样可以调控自旋,其翻转自旋的能耗与时间优于STT。自旋-轨道效应在原子序大的重原子中作用更强,2012 年 Liu 等人[21]报道了在 $\beta$-Ta 非磁性材料中发现巨自旋霍尔效应(SHE),所产生的自旋流在室温下可调控自旋。自旋霍尔效应是指电子在输运过程中受到自旋-轨道耦合的互作用,产生电子自旋朝上与朝下反向而行所生成的自旋流,而原始的霍尔效应,对自旋-轨道作用弱的材料,仅考虑电荷受到洛伦兹力而引起正负电荷的分离而产生电压,不需要考虑自旋。目前已研究了重金属、拓扑绝缘体、外尔半导体等材料,研发了 SOT‒MRAM[22]、自旋振荡器、自旋逻辑等原型器件,可能成为未来自旋芯片与器件的候选模式。韩秀峰等人也做出不错的研究工作[23]。基于两端器件结构的 STT‒MRAM 已经大规模量产,在嵌入式器件中得到了应用,赵巍胜科研组提出三端磁存储器件、面内各向异性磁存储器件(EB‒MRAM),实现了抗外磁场数据存储和 10 纳秒无磁场数据写入,为实现高性能磁存储芯片提供了一条新的技术路径。[24-25]

尽管原则上 SOT 优于 STT,但还需要籍助于电荷的输运,必然无法避免电流的热损耗。能否不通过电荷直接利用自旋的互作用调控自旋呢? 早在 1930 年,为了解释低温磁化强度随温度的变化,Bloch 提出了自旋波理论,在磁有序材料中,自旋间的交换耦合作用驱使自旋有序排列,如局域区在热扰动等外场作用下产生自旋偏离平衡态,甚至反向,必将以波动的模式在自旋有序体系中进行传播,称为自旋波,自旋波量子化的准粒子称为磁子或磁激子(Magnon),类似于声子-声波、光子-光波的情况。自旋波的传播没有电荷的参与因此不存在电流的热损耗,但通过自旋波的模式却可调控自旋的取向,有利于在自旋器件中降低能耗。20 世纪 50 年代,磁性材料进入到雷达中的应用,石榴石铁氧体已成为主角,尤其是钇铁石榴石铁氧体 YIG($Y_3Fe_5O_{12}$)具有高电阻率,低的微波损耗得到广泛的应用。目前多数实验均采用 YIG 作为激发自旋波的材料。2010 年 Kajiwara 等人[26],在 Pt/YIG/Pt 中,通过自旋霍尔效应在第一层 Pt 膜中产生自旋流从而进入到 YIG 绝缘体膜中转换成自旋波,在第二层 Pt 膜中再转变为自旋流,并用自旋霍尔效应检测,充分表明不论在导体或绝缘体中,自旋波可长距离(微米-毫米量级)传递自旋信息,磁子具有振幅、位相两个参量更有利于多种自旋器件的设计与应用。磁子的本征频率处于 GHz‒THz 频段,对应的波长处于纳米尺度,可望快速进行信息传递与运算。一篇"Magnon Spintronics"综述文章可供参考,引用文中一张磁子自旋电子学概念图如图 6.1.10 所示。

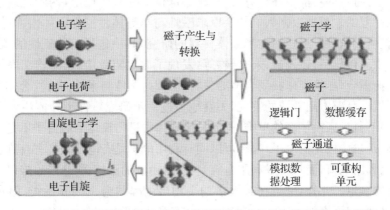

磁子自旋电子学概念图,电荷或自旋所带的信息转换为磁子然后在磁子器件中进行储存、运算

**图 6.1.10 磁子自旋电子学概念图**[27]

  韩秀峰等人采用磁控溅射的工艺在 GGG 基片上外延制备了 YIG/Au/YIG 磁子阀结构磁子阀效应 MVE(magnon valve effect)，可达到 MVE＝19％[28]，同年他们又研究了 YIG/NiO/YIG，纯磁子流的输运性质[29]。观测到具有室温 17％～100％开关比的磁子阀效应，进一步推动了磁子器件的发展。

  自旋波与光波、声波具有同样的波的特性，原则上同样可利用对应于自旋波的超材料进行自旋波的调控，与光子晶体相对应的所谓磁子晶体(magnonic crystal)，通过磁子晶体调控自旋波对磁子基的计算机是十分重要的[30]。

  广义的磁电阻效应指电阻随磁化状态而变化的现象，目前大致上将磁电阻效应分为：正常磁电阻效应(OMR)；各向异性磁电阻效应(AMR)；顺行磁电阻效应(PMR)；巨磁电阻效应(GMR)；隧道磁电阻效应(TMR)；庞磁电阻效应(CMR)；弹道磁电阻效应(BMR)这几类。磁电阻效应奠定了磁电子学的基础，磁电子学所涉及的主要是与自旋相关的输运性质，或磁输运性质(magnetotransport)，自旋极化是磁输运性质的核心。在此基础上如何调控自旋是自旋器件的关键，目前已经历了电流磁场—自旋转移力矩(STT)—自旋轨道力矩(SOT)—自旋波(磁子)几个研究阶段，有关磁电子学的综述文献可参考文献[31]。

  近十年来磁性斯格明子(skyrmion)颇受关注，研究甚多，磁性斯格明子是具有拓扑保护性质的纳米尺度涡旋磁结构，作为基础研究属于自旋电子学的一部分，读者如有兴趣，建议阅读综述文章"Skyrmion electronics"(Zhang X.C. et al., J, Phys：Condens. Matter (2020) 32，143001)。

## 6.1.2 半导体自旋电子学

  20 世纪最伟大的成就是微电子工业的崛起，迄今为止，不论集成电路或超大规模的集成电路中的半导体元器件，仅仅利用了电子具有电荷这一自由度，用电场控制载流子的运动，从而获得特定的功能。在计算机中，核心部件为芯片与硬盘，两者是通过外部的连接而耦合在一起的。长期以来人们梦寐以求磁性与半导体性能在固体内部进行耦合，20世纪 60 年代科学家就开展过磁性半导体材料的研究，其中包括反铁磁性的氧化物材料，亚铁磁性的铁氧体材料，以及硫族化合物等，发现了磁电阻效应，意味着在固体内部可以存在磁与电的耦合，尽管尚未找到合适的材料，但却为磁性与半导体特性合作现象的研究开拓了新领域。巨磁电阻效应的发现，无疑地为进一步研究磁性半导体注入了一剂强心针，在新形势下科学家换了新的思维，假如在半导体中进行输运的载流子不是自旋无规取向的电子，而是自旋极化的电子，那么可以同时利用电子具有电荷又具有自旋这两个自由度，不仅可以利用电荷，而且可以利用自旋，自旋自由度的添加，将会产生难以估量的新型电子学器件的诞生。此外，电子在金属中的平均自由程约为 10 nm 量级，但在半导体中电子的平均自由程可增加到 10 μm 量级，十分有利于构建半导体自旋电子学器件，因此如何将自旋极化的电子注入到常规半导体中，就成为解决问题的焦点。现在，采用多层膜、隧道结的方法可产生自旋极化电子流，当然首选的是将金属中的极化电子注入到半导体中，实验的结果并不理想，由于金属与半导体的电阻率相差近 6 个量级，阻抗不匹配，自旋极化电子难以注入到半导体中,此外,在界面散射将会引起自旋翻转,其效率仅为1%左右。如采用自旋极化率为100%的半金属材料作为自旋注入源,理论上是十分有效的,但目前尚未实现,另一个方法是研制具有自旋极化的磁性半导体,即所谓稀磁半导体DMS(dilute magnetic semiconductors),这样阻抗匹配问题就迎刃而解,当今半导体工艺十分成熟,一旦自旋极化电子能方便地注入到常规半导体中,自旋半导体电子学器件必将迅速发展。

对 p 型的半导体,掺入 5% Mn,考虑通过正穴为中介,RKKY 互作用而产生铁磁性交换作用,理论上估算居里温度如图 6.1.11 所示[32]。

通常稀磁半导体的制备是采用少量(如5%)3d 过渡族元素(Mn, Fe, Ni, Co., V, Cr等)掺入到半导体材料中而产生铁磁性,但不过多地影响其半导体特性,有关研究工作甚多,例如:在 CdTe, ZnTe, HgTe, CdSe, HgSe, CdS等 Ⅱ-Ⅵ族半导体中,$s, p$ 电子参与输运过程,如 3d 过渡族元素掺入其中,由于 $s, p$ 电子与 $d$ 电子的互作用,可望获得铁磁性. 如 $Zn_{1-x}Cr_x$ Te 薄膜,其居里温度可超过室温. Schmidt 和 Molenkamp[33] 通过 $Zn_{0.91}Be_{0.06}Mn_{0.03}Se$ 稀磁半导体将自旋极化电子注入到 GaAs 半导体中,构成发光二极管,通过发射光的偏振性的测量,确定自旋注入的效率可达 90%,从而论证了稀磁半导体是高效率的自旋极化注入体。

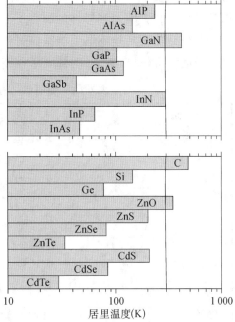

图 6.1.11 p 型半导体,掺入 5%Mn,理论上估算的铁磁居里温度示意图[32]

Ⅲ-Ⅴ族化合物是十分重要的半导体材料,例如:GaAs, InAs, GaN, InN, AlP 等,这些半导体材料在光电子器件中已得到广泛的应用,自然人们十分感兴趣研究其稀磁半导体。已广泛报道的是以 Mn 掺入获得铁磁性,如(GaMn)As,(InMn)As 等,由于 Mn 的离子半径为 1.40 Å 大于 Ga 的离子半径(1.22-1.38 Å),Mn 在 GaAs 中固溶度很低,为了提高固溶度,在制备上常采用低温非平衡生长的分子束工艺。2003 年报道的最高居里温度为 160 K[34]。

Ⅲ族元素的氮化物与磷化物,如 GaN,InN,Gap,AlP 等是属于宽禁带的半导体材料,其三元与四元化合物是十分重要的光电子材料,掺入 Mn 后可生成相应的稀磁半导体,有关掺 Mn Ⅲ-Ⅴ族稀磁半导体的光学性质可参阅文献[35]。

第四族元素,如 Ge, Si 是微电子工业十分重要的基础半导体材料,它的稀磁半导体当然是更为引人瞩目。

Mn 在 Ge,Si 中的固溶度都是十分低的,而居里温度通常是正比例于 Mn 的掺入浓度,为了增加 Mn 在 Ge 中的固溶度,可采用非平衡的生长工艺,为了避免 Mn 的析出,降低基片的温度是十分有效的途径。Park 等人[36] 将 $Mn_x Ge_{1-x}$ (100) 单晶薄膜生长在 Ge 与

GaAs(001)的基片上。其居里温度随 Mn 离子浓度的增加而升高,当 $x=0.006$ 时,$T_c$ 为 116 K。2002 年 Cho 等人[37]成功地提高 Mn 在 Ge 中的浓度,$x=0.06$,居里温度提高到 285 K。

Si 是主流微电子工业的基础半导体材料,它的实用意义是不言而喻的,由于 Mn 在 Si 中的固溶度甚低,很少有 Si 的稀磁半导体研究的,F. M. Zhang 采用非平衡生长的工艺,成功地制备成 SiMn 的稀磁半导体,Mn 在 Si 中的浓度估计为 $x=0.05$,居里温度超过 400 K[38]。由于 Si 基半导体的制备工艺已达到炉火纯青的阶段,Si 基稀磁半导体的研制成功将促进自旋半导体电子学器件向实用化方向发展[39]。

Coey[40]将一些高 $T_c$ 的稀磁半导体列表如下。

表 6.1.6　稀磁氧化物与氮化物的磁性与居里温度[40]

| Material | Eg(eV) | Doping $x$ | Moment ($\mu B$) | $T_c$(K) |
|---|---|---|---|---|
| GaN | 3.5 | Mn‑9% Cr | 0.9 ‑ | 940>400 |
| AlN | 4.3 | Cr‑7% | 1.2 | >600 |
| | | V‑5% | 4.2 | >400 |
| TiO$_2$ | 3.2 | Co‑1‑2%　Co‑7% | 0.3‑1.4 | >300　650‑700 |
| | | Fe‑2% | 2.4 | >300 |
| SnO$_2$ | 3.5 | Fe‑5%　Co‑5% | 1.8　7.5 | 610　650 |
| | | V‑15% | 0.5 | >350 |
| | | Mn‑2.2% | 0.16 | >300 |
| ZnO | 3.3 | Fe‑5%,Cu‑% | 0.75 | 550 |
| | | Co‑10% | 2.0 | 280‑300 |
| | | Ni‑0.9% | 0.06 | >300 |
| Cu$_2$O | 2.0 | Co‑5%,Al‑0.5% | 0.2 | >300 |
| In$_{1.8}$S$_2$ | 3.8 | Mn‑5% | 0.8 | >300 |

以上对稀磁半导体的研究进行了十分简洁的概括,这领域文献相当丰富,但对其表征还存在一些困惑. 对真正的、有意义的稀磁半导体,传统的观点是产生磁性的 $3d$ 过渡族原子(离子),应随机地或有序地分布于基质中,相互间存在耦合而呈现出铁磁性,其自旋应当是极化的,其磁性不应当由基质中可能产生的 $3d$ 族原子(离子)团簇所提供,由于 $3d$ 元素掺入量很少,团簇的尺寸与数量均不会很大,用常规的 X 射线难以判断是否存在团簇,目前认为较为可靠的检验方法是采用磁二向色性的测量 MCD(magnetic circular dichroism),磁二向色性源于左、右旋圆偏振光吸收的差异,其强度线性地依赖于塞曼能级的分裂,正比例于磁化强度。此外,由于居里温度实验的数据突破了现有的理论的预期,理论上如何理解稀磁半导体磁性的来源,如何定量的计算,尚有待于新的理论框架问世。为了更好的理解与解释目前在稀磁半导体中相互不一致,甚至矛盾的实验结果,Xiong 和 Du[41]提出了关于稀磁半导体定义的新观点:如在非磁半导体中,掺入少量磁性原子(离子),从而产生自旋极化的现象,均可认为属稀磁半导体。这意味着即使存在磁性

的团簇,只要团簇间存在相互作用,而导致自旋极化亦应归属于稀磁半导体,可作为自旋注入的自旋源,并在理论上计算了团簇的尺寸、团簇内的交换作用以及载流子浓度对稀磁半导体居里温度的影响。

目前对自旋注入材料的研制,主要开展稀磁半导体与半金属材料的研究这两条主线,均已取得一定的进展,但离实用化尚有相当的距离,影响稀磁半导体的掺杂量,离子的分布与性能的因素较多,很难重复,目前多数采用隧道效应注入极化自旋。此外也在探索产生自旋流的新途径,例如:根据 Rashba 自旋-轨道耦合理论在高迁移率的二维电子系统,存在本征的自旋霍尔效应,可产生垂直于电流方向的自旋流[42]。在实验上,对 GaAs 表面的二维电子系统进行研究,Kerr 效应证实了加电场后,薄膜两面产生不同自旋取向的自旋流[43]。

砷化镓(GaAs)是十分重要的半导体材料,属闪锌矿结构,可作集成电路衬底,红外探测器,应用于光电子等领域。20 世纪 80 年代就制备成功掺 Mn 的(Mn,Ga)As 并在低温具有铁磁性,因此引起学者持续的关注与研究,在低温成功地将自旋注入到非磁性半导体中,以及多种原型自旋器件等,研究的重点是如何提高其铁磁居里温度,研究其物理特性与器件应用,早期综述论文可参考赵建华等“物理学进展”(2007)。理论与实验表明居里温度随 Mn 的掺入量增加而提高,但在热力学平衡态条件下 Mn 在(GaAs)中的溶解度十分有限,因此需采用非平衡态的工艺路线,如低温分子束外延等方法,文献报道居里温度已达 200 K。在物理研究上十分令人感兴趣的是在 Fe/(Mn,Ga)As 异结结构(FM - DMS)中发现铁磁邻近效应,其物理图像如图 6.1.12。

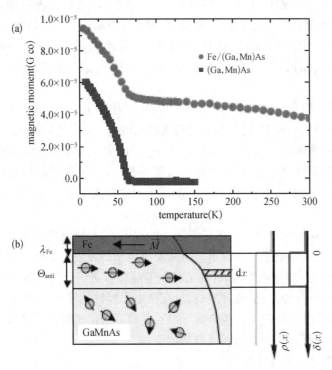

**图 6.1.12　Fe/(Mn,Ga)As 异结结构的铁磁邻近效应**[44]

　　图中表明在 Fe/(Mn,Ga)As 异结结构界面处 2 nm (Mn,Ga)As 层内由于 Fe 层的邻近效应导致铁磁有序,但 Fe 与(Mn,Ga)As 层呈反铁磁性耦合。继后的研究表明界面交换耦合类型随(Mn,Ga)As 厚度而变,耦合的深度可达 40 nm[45],Nie 等人[46]采用 $Co_2FeAl$ Heusler 合金材料研究 $Co_2FeAl$/(Mn,Ga)As 双层膜的邻近效应,发现(Mn,Ga)As 中的 Mn 离子在 400 K 尚可保持自旋极化。

　　Yu 等人[47]研发了(GaMn)As/$AlO_x$/CoFeB 隧道结,其隧道磁电阻效应(TMR)及其磁化强度随温度变化见图 6.1.13,最大 TMR 达 101%(2 K)。

　　$Mn_xGa_{1-x}$ 合金的 LI0 相在 50<$x$<65 组成范围内具有热力学的稳定性,并显示出甚大的垂直磁各向异性,低的饱和磁化强度 $Ms$,与小的阻尼系数,磁共振频率可高达 THz 频段,可能应用于 STT-MRAM,STT-微波振荡器等自旋电子学器件以及高频器件中,Suzuki 等人[48]采用磁控溅射的工艺,在 MgO(001)基片上制备了下列组成的隧道结,Cr(40)Co55Ga45(30)/Mn61Ga39(1)/Mn(t)/Mg(0.4)/MgO(2)/Co40 Fe60B(1)/Ta(3)/Ru(5)。

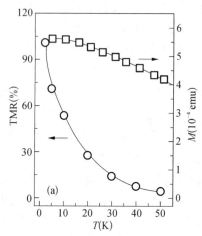

**图 6.1.13 (GaMn)As/$AlO_x$/CoFeB 隧道结的 TMR 效应[47]**

　　括号内为薄膜的厚度,以纳米为单位,当 Mn 层厚度为 0.6~0.8 纳米时具有最高的隧道磁电阻效应,300 K 温度下 TMR=38.4%。随着 5 G 手机的应用,微波毫米波段(30~300 GHz)的材料与器件引起关注,由于 MnGa 材料与 MgO 晶格不适配,导致隧道磁电阻效应低,为此常将高自旋极化率的 FeCo 等薄膜嵌入其中,Tsunegi 等人[49]在 MgO(100)基片上制备了 MnGa/Fe-B/CoFeB 等组成的隧道结二极管可应用在 70 GHz。

　　铁磁邻近效应为半导体自旋器件注入了新的活力,开拓了新的方向。

　　自旋电子学的发展表明,材料与器件两者很难分开,不同纳米薄膜材料,采用不同的堆砌方式,构成不同的纳米结构,就可以产生不同的性能,构成不同的功能,因此在纳米结构器件中,材料与器件是无法分离的,形成有机的整体,与宏观材料与器件可以分离是有所不同的。此外,基础与应用研究以及产业化生产也应当形成一个相互关联、支撑、促进的有机链结构。

　　假如将 1988 年作为孕育自旋电子学诞生的起点,至今她已度过了 34 个春秋,她揭开了辉煌的第一页——磁电子学的篇章。事实上磁电子的发展是在微电子技术的基础上进行的,尤其是自旋芯片,是采用 CMOS 工艺制备晶体管再组合磁隧道结而构成的。半导体工艺十分完善,设备精湛,从物理的观点,在微电子器件的设计中增添自旋这一自由度,器件的性能除调控电荷外尚可调控自旋,今后,必将涌现出难以估量的以自旋为基的新型器件。目前科学家可预见的应用领域罗列如下:

　　① 自旋场效应晶体管(FET)

　　② 自旋发光二极管(LED)

③ 自旋共振隧穿器件(RTD)

④ 运行在千兆赫频段的光开关

⑤ 量子计算机与通信用的量子比特

⑥ 调制器,编码器,解码器等

半导体自旋电子学:基于在半导体器件中引入极化电子自旋流,调控自旋,执行信息的输运、控制,以及存储等功能。其前途方兴未艾,是自旋电子学的重要的核心部分,目前重点在自旋源的产生与自旋注入的关键技术取得突破,发展方向为 磁-光-电一体化的新功能器件以及开展半导体量子自旋电子学研究,发展固体量子信息处理器件。

## 6.1.3 有机自旋电子学

有机材料主要是碳氢化合物,原子序数 $Z$ 低,而自旋-轨道耦合正比例于 $z^4$,因此耦合弱,导致自旋弛豫时间长,可大于 $10\ \mu s$。比无机材料高一个量级,此外有机材料价廉,化学柔软性佳,有利于制备柔性器件,目前已开拓为自旋电子学研究的新领域,有机自旋电子学是自旋电子学与有机电子学的相结合。首先在 $La_{0.67}Sr_{0.33}MnO_3/T_6/La_{0.67}Sr_{0.33}MnO_3$ 纳米构中发现室温 $30\%$ 的磁电阻效应,其中,$T_6$(sexithienyl)为有机半导体($a\pi$-conjugated rigid-rod oligomer),在 $T_6$ 中的自旋扩散长度约为 $200\ nm$[50],但产生磁电阻的机制与自旋输运无关,继后,2004 年施靖科研组的熊祖宏、吴镝采用 $\pi$-共轭有机半导体(OSEs),$Alq_3$(8 - hydroxy-quinoline aluminium),在有机自旋阀中作为磁性层中间的间隔层,构成(LSMO(100 nm)/ $Alq_3$(130 nm)/Co(3.5 nm))夹层膜的有机自旋阀构型中发现巨磁电阻效应(OMAR)[49],其构型见图 6.1.14[51],其中 LSMO 为 $La_{0.67}Sr_{0.33}MnO_3$,同图显示了其磁电阻效应,在 11 K 温度下磁电阻效应约为 $40\%$。有机自旋阀的成功同时表明自旋是可以注入到有机材料中。

有机自旋阀的制备与金属、无机的自旋阀有所不同,因有机物为柔性体,在其薄膜上用磁控溅射等工艺制备 Co 薄膜时,钴原子容易进入到有机层内,影响性能与重复性,如何避免金属原子扩散到有机层中就成为制备有机自旋器件的难点。目前有三种方法解决此问题:其一,生成有机膜后再在低温生长金属膜;其二,在有机膜上先生长一层甚薄的 $Al_2O_3$ 或 LiF 薄膜,然后再生长金属膜;其三,在 Ar 气氛中热蒸发金属,使金属原子在到达有机膜前,由于与 Ar 原子碰撞中损失部分能量,以致沉积在有机膜上时难以进入到有机层内。

$Alq_3$ 在有机光跃迁二极管(OLED)中已广泛应用,在 OLED 中,大量的电子、空穴处于无跃迁发光的自旋三重态,以致发光效率不高。如采用自旋极化电子注射到有机层中,可改变载流子在单重态与三重态中的比例,通过自旋单重态可产生电子跃迁发光,从理论上分析,可提高发光效率 $25\%$。自旋极化效应除在光电子器件中可望得到应用外,各类有机自旋器件(OSPDs),如磁控的有机场效应晶体管(OFETs)[52],薄膜晶体管[53],在有机的双极器件中发现高的磁场诱发的电流[54]等。

此外,拓扑绝缘体,石墨烯、碳纳米管等自旋电子学也是值得关注的研究新领域。

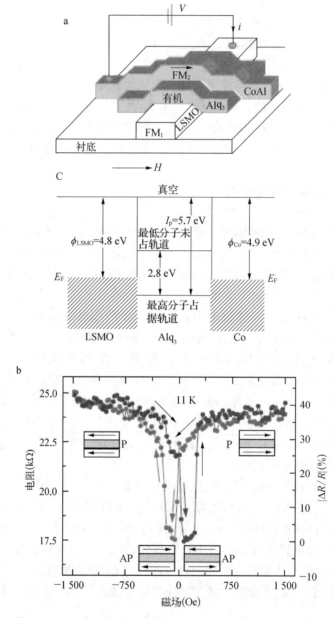

**图 6.1.14  a. 有机自旋阀的构型  b. 有机自旋阀的磁电阻效应**

自旋电子学正处于快速的发展时期，方兴未艾，前程无量。材料是器件的基础，自旋电子学材料源于现有材料，经过纳米组装后，推陈出新，脱胎换骨，一跃而成为功能材料中的新葩。

自旋电子学可定义为：与自旋相关的电子学，以往的电子学仅仅利用了电子具有"电荷"这一自由度，用电场调控电子的运动，从而制备出从二极管到超大规模集成电路，奠定了人类社会信息化的基础。如今，可以用自旋极化电流或磁场等调控固体中的自旋取向，在电子学器件中增添了"自旋"自由度，从物理的观点看来，增加一个新的可调控的自由度,必将呈现许多新的物理效应,从而开拓出难以预计的新器件,自旋不仅在电子学占有一席之地,自旋在凝聚态物理、催化、生物医学等领域中,都已引起了关联与重视,形成了自旋磁学的新领域,因此,假如将 20 世纪比拟为"电荷"的世纪,那么 21 世纪有可能成为"自旋"的世纪,在微电子器件应用中自旋流有可能取代电荷流。电子学自旋的今天与明天,值得关注。自旋电子学已成为 21 世纪最富有活力的研究领域之一。

国内出版的有关主要著作如下,可作深入了解自旋电子学的参考书籍。

1. 焦正宽,曹光旱,《磁电子学》,浙江大学出版社,(2005).

2. 翟宏如等编著,《自旋电子学》,科学出版社,(2013).

3. 韩秀峰等编著,《自旋电子学导论》(上,下),科学出版社,(2014).

4. Dyakonov M.I 等编著,姬扬译,《半导体中的自旋物理系》,科学出版社(2011).

5. Stohr J.,Siegmann H.C 著,姬扬译.《磁学——从基础知识到纳米尺度超快动力学》高等教育出版社(2012).

## 参考文献

[1] Baibich M.N., Broto J. M., Fert A., et al., Giant Magnetoresistance of (001)Fe/(001)Cr Magnetic Superlattices, *Phys.Rev. Lett.*, 1988, 61:2472 – 2476.

[2] Zabel,H., Progress in Spintronies, *Superlattices and Microstructures*, 2009,46:541.

[3] Berkowitz A. E., et al., Giant magnetoresistance in heterogeneous Cu-Co alloys, *Phys. Rev. Lett.*,1992 68:3745.

[4] Xiao J.Q. et al., Giant magneto resistance in nonmultilayer magnetic systems, *Phys Rev. Lett.*, 1992, 68:3749.

[5] Levy P.M., Zhang S., Fert A., Electrical conductivity of magnetic multilayered structures, *Phys.Rev. Lett.*,1990, 65:1643.

[6] de Groot R., et al., New Class of Materials: Half-Metallic Ferromagnets,*Phys. Rev. Lett.*, 1983,50:2024 – 2027.

[7] Gittleman J.I., Goldstein Y., Bozowski S., et al., Magnetic properties of granular nickel films, *Phys. Rev. B.*,1972,197:3609.

[8] Julliere M., Tunneling between ferromagnetic films, *Phys. Lett.*, 1975, 54A: 225 – 226.

[9] Miyazaki T.,Tezuka N., Giant magnetic tunneling effect in Fe/Al$_2$O$_3$/Fe junction, *J.Magn. Magn. Mater.*,1955,L231:139.

[10] Moodera J. S.,Kinder L.R., Terrilyn M., et al., Magnetoresistance at room temperature in ferromagnetic thin film tunnel junctions,*Phys.Rev.Lett.*,1995,74: 3273.

[11] Chen P., Xing D. Y., Du Y. W., et al., Giant room-temperature magnetoresistance in polycrystalline with $\alpha$—Fe$_2$O$_3$ grain baundaies, *Phys. Rev.Lett.*,200187:107202.

[12] Lee Y.M., et al., *Appl.Phys.Lett.*, 2007,90: 212507.

[13] Dieny B., Speriosu V.S., Parkin S.S.P., et al., Giant magnetoresistive in soft ferromagnetic multilayers, *Phys.Rev.B.*, 1991,43:1297.

[14] Slonczewski J. C., Current-driven excitation of magnetic multilayers, *J. Magn. Magn. Mater.*, 1996,159:L1-L7.

[15] Berger L., Emission of spin waves by a magnetic multilayer transverse by a current, *Phys.*

*Rev.B.*,1996,54:9353.

[16] Tsoi M., Jansen A.G.M., Bass J., et al., Excitation of a magnetic multilayer by an electric current, *Phys. Rev. Lett.*, 1998,80:4281－4284;81:493.

[17] Katine J.A., Albert F.J., Buhrman R.A., et al., Current-driven magnetization reversal and spin-wave excitations in Co/Cu/Co pillars, *Phys. Rev. Lett.*, 2000,84(14):3149－3152.

[18] Katine J.A., Fullerton E.E., Device implications of spin-transfer torques, *J MMM.*, 2008, 320:1217－1226.

[19] Houssameddine D., Ebels U., Delaet B., et al., Spin-torque oscillator using a perpendicular polarizer and a planar free layer, *Nature materials*,2007,6:447－452.

[20] Bonetti S., Muduli P., Mancoff1 F. et al.,, Spin torque oscillator frequency versus magnetic field angle: The prospect of operation beyond 65 GHz, *Appl. Phys. Lett.*, 2009, 94: 102507－1－3.

[21] Liu L. Q., Pai C.F., Li Y., Spin-Torque switching with the giant spin Hall effect of tantalum., et al., *Science*, 2012,336:555.

[22] HanJ. H., Richardella, Saima A., et al., Room-temperature spin-orbit torque switching induced by a topological insulator, *Phys. Rev. Lett.*,(2017,119:077702.

[23] Kong W. J., Wan C.H., Wang X., et al., Spin-orbit torque switching in a T-type magnetic configuration with current orthogonal to easy axes, *Nature Commun.*,2019,10:233.

[24] Wang M., et al., Current-induced magnetization switching in atom-thick tungsten engineered perpendicular magnetic tunnel junctions with large tunnel magnetoresistance, *Nat. Commun.*,2018, 9.

[25] Wang M., et al., Field-free switching of a perpendicular magnetic tunnel junction through the interplay of spin-orbit and spin-transfer torques, *Nat. Electron.*, 2018,1: 582－588.

[26] Kajiwara Y., Harii K., Takahashi S., Ohe J., et al., Transmission of electrical signals by spin-wave interconversion in a magnetic insulator, *Nature*,2010, 464:262.

[27] Chumak A. V., Vasyuchka V.I., Serga A. A., Magnon spintronics., et al., *Nature Phys.*, 2015,11: 453.

[28] Wu H., Huang L., Fang C., et al., Magnon valve effect between two magnetic insulaters, *Phys Rev Lett.*,2018,120:097205.

[29] Guo C. Y., Wan C.H., Wang X., et al., Magnon valves based on YIG/NiO/YIG all-insulating magnon junctions, *Phys. Rev.B.*,2018,98: 134426.

[30] Qin H., Both G.J., Hamalainen S.J., et al., Low-loss YIG-based magnonic crystals with large tunable bandgaps, *Nature Commun.*,2018,9:5445.

[31] Bratkovsky A. M., Spintronic effects in metallic, semiconductor, metal-oxide and metal-semiconductor heterostructures, *Rep. Prog. Phys.*, 2008,71:026502 (31pp).

[32] Dietl T., Ohno H., Matsukura F., et al., Zener Model Description of Ferromagnetism in Zinc-Blende Magnetic Semiconductors,*Science*, 2000, 287:1019－1022.

[33] Schmidt G., Molenkamp L. W., Electrical spin injection using dilute magnetic semiconductors,, *Physica E.*, 2001,10:484－488.

[34] Ku K. C. et al., Highly enhanced Curie temperature in low-temperature annealed [Ga,Mn]As epilayers, *Appl. Phys. Lett.*,2003,82:2302－2304.

[35] Burch K.S., Awschalom D.D., Basov D.N., Optical properties of Ⅲ-Mn-Ⅴ ferromagnetic semiconductors, *J. MMM.*, 2008, 320: 3207－3228.

[36] Park Y.D., Hanbicki A.T., Erwin S.C., et al., A Group-IV Ferromagnetic Semiconductor:

MnxGe1-x,*Science*,2002，295：651－654.

［37］Cho S.，et al.，Ferromagnetism in Mn-doped Ge，*Phys. Rev. B.*，2002,66：033303.

［38］Zhang F.M.，Liu X.C.，Gai j.，et al.，Investigation on the magnetic and electrical properties of crystalline Mn00.05SiO0.95 films，*Appl. Phys. Lett.*,2004，85：786－788.

［39］Michael E. Flatté.，Silicon spintronics warms up，*Nature*,2009，462,26：419－420.

［40］Coey* J. M. D.，et al.，Impurity band exchange in dilute ferromagnetic oxides，*Nature Materials*，2005,4：173－179.

［41］Xiong S. J.，Du Y. W.，Effect of impurity clustering on ferromagnetism in dilute magnetic semiconductors，*Physics Letters A*,2008,372(12)：2114－2117.

［42］Sinova J.，Culcer D.，Niu Q.，et al.，Universal Intrinsic Spin Hall Effect，*Phys. Rev. Lett.*，2004,26：126603－1－4.

［43］Kato Y.K.，et al.，Observation of the Spin Hall Effect in Semiconductors，*Science*，2004,306：1910－1913.

［44］Maccherozzi F.，Sperl M.，Panaccione G.,et al.,Evidence for a magnetic proximity effect up to room temperature at Fe/(Ga,Mn)As interfaces，*Phys. Rev. Lett.*,2008,101：267201.

［45］Sperl M.，Torelli P.，Eigenmann F.，et al.，Reorientation transition of the magnetic proximity polarization in Fe/(Ga,Mn)As bilayers，*Phys. Rev.B*，2012,85：184428.

［46］Nie S. H.，Chin YY.，Liu WQ.，et al.，Ferromagnetic interfacial interaction and the proximity effect in a $Co_2$FeAl/(Ga,Mn)As bilayer，*Phys. Rev. Lett.*，2013，111：027203.

［47］Yu G. Q.，Chen L.，Rizwan S.，et al.，Improved tunneling magnetoresistance in (Ga,Mn)As/$AlO_x$/Co FeB magnetic tunnel junctions，*Appl. Phys. Lett.*，2011,98：262501.

［48］Suzuki K. Z.,Miura y.，Ranjbar R.，et al.，Perpendicular magnetic tunnel junctions with Mn-modified ultrathin MnGa layer，*Appl. Phys. Lett.*，2018,112：062402.

［49］Tsunegi S.,Mizunuma K.，Suzuki K.，et al.，Spin torque diode effect of the magnetic tunnel junction with MnGa free layer,*Appl. Phys. Lett.*，2018,112：262408.

［50］Dediu V.，Murgia M.，Matacotta F.C.，et al.，Room temperature spin polarized injection in organic semiconductor，*Solid State Commu.* 2002,122：181－184.

［51］Xiong Z.H.，Wu D.，Z. Valy Vardeny & Jing Shi.，Giant magnetoresistance in organic spin-valves，*Nature*,2004，427：821－824.

［52］Dediu V.A.,Hueso L.E.，Bergenti I.，et al.，Spin routes in organic semiconductors，*Nature materials*，2009,8：707－716.

［53］He Y.，Chen Z.，Zheng Y.A.，A high-mobility electron-transporting polymer for printed transistors,*Nature*,2009,457：679－686.

［54］Yusoff Abd R.B.M.，Silva W.J.，Serbena J.P.M.，et al.，Very high magnetocurrent in tris-(8-hydroxyquinoline) aluminum-based bipolar charge injection devices，*Appl. Phys. Lett.*，2009，94：253305－253308.

# §6.2 磁电阻效应

## 6.2.1 各向异性磁电阻效应(AMR)

### 1. 磁电阻效应

材料的电阻(率)随着外加磁场变化而变化的现象称为磁电阻效应。它属于电流磁效应的一种。材料磁电阻效应的大小用不同磁场下电阻(率)的变化率 MR 来表示。通常,MR 有以下两种定义:

① $MR=[\rho(H)-\rho(0)]/\rho(0)$

② $MR=[\rho(H)-\rho(0)]/\rho(H)$

式中,$\rho(H)$ 和 $\rho(0)$ 分别是材料在磁场强度为 $H$ 和零时的电阻率。根据第一种定义,MR 的最大值为 $100\%$;根据第二种定义,MR 值可以大于 $100\%$。

### 2. 寻常磁电阻效应

通常的非磁性金属在磁场作用下电阻会随磁场而改变。这种磁电阻行为称为寻常磁电阻效应,简称 OMR(ordinary magnetoresistance effect)。对于一根通有电流的非磁性金属直导线而言,如果用 $\rho_{/\!/}$ 和 $\rho_{\perp}$ 分别表示磁场 $H$ 平行于和垂直于导线(或电流)方向的电阻率,则可发现 $\rho_{/\!/} < \rho_{\perp}$,且两者均随磁场强度的增大而增大,它们的改变量 $\Delta\rho_{/\!/}$ 和 $\Delta\rho_{\perp}$ 近似和 $H^2$ 成正比,这种现象称为寻常磁电阻效应。这一效应的产生是由导线中运动电子在洛伦兹力作用下改变了运动轨道所致。

### 3. 各向异性磁电阻效应

一些磁性金属和合金同时在磁场和电流作用下,随着磁场强度的增大,磁场平行于电流方向的电阻率 $\rho_{/\!/}$ 大于磁场垂直于电流方向的电阻率 $\rho_{\perp}$,即 $\rho_{/\!/} > \rho_{\perp}$,同时两者随磁场增大的变化量 $\Delta\rho_{/\!/} < 0, \Delta\rho_{\perp} > 0$,这一磁电阻效应称为各向异性磁电阻效应,用符号 AMR(anistotropic magnetoresistance effect)表示。通常有两种表示方法:

① 定义 $\Delta\rho_{AMR}=\rho_{/\!/}(0)-\rho_{\perp}(0)$ 反映效应的大小,式中的 $\rho_{/\!/}(0)$ 和 $\rho_{\perp}(0)$ 分别是由高磁场下的 $\rho_{/\!/}$ 和 $\rho_{\perp}$ 外插到零磁场时的电阻率值。$\Delta\rho_{AMR}$ 越大,各向异性磁电阻效应就越强。

② 用 $\Delta\rho_{AMR}/\rho_{AV}$ 反映效应的强弱。$\rho_{AV}$ 是电阻率的平均值,其定义如下:

$$\rho_{AV} = (\rho_{/\!/} + 2\rho_{\perp})/3$$

对于常见的铁磁金属铁和钴,$\Delta\rho_{AMR}/\rho_{AV}$ 值很小,例如在 5 K 温度下,约为 $1\%$。对于 $Ni_{81}Fe_{19}$ 合金,低温下该值约为 $15\%$,室温值约为 $2.5\%$,相应的饱和磁场强度是 0.8 kA/m。

### 6.2.2 巨磁电阻效应(GMR)

#### 1. 引言

磁电阻效应指的是在外加磁场作用下材料的电阻或电阻率随磁场强度而变化的现象。一般,该效应的强弱用电阻或电阻率随磁场的相对变化率即磁电阻化来衡量。磁电阻比简称磁电阻用 MR 表示,即

$$MR = \Delta\rho/\rho = (\rho_H - \rho_0)/\rho \tag{6.2.1}$$

式中,$\rho_H$,$\rho_0$ 分别是磁场强度为 $H$ 或零时测得的电阻率。分母 $\rho$ 可以取 $\rho_H$ 或 $\rho_0$。

在非磁性金属导体(如铜或金)中,磁电阻是由于磁场施加在运动电子上的洛伦兹力而引起的;早期发现这些材料的磁电阻都是相当小的。近年来,在金属铋的薄膜中,发现了很大的磁电阻。

在大块铁磁金属或合金中,由于存在自旋-轨道耦合,会感生出较强的磁电阻效应,称为各向异性磁电阻,用 AMR 表示。这些材料的磁电阻明显依赖于磁化强度与电流之间的夹角。在外加磁场作用下,材料内部的磁化矢量将通过畴壁位移或磁畴转动而逐渐趋向与磁场平行排列,使磁化强度与电流之间的夹角发生变化,因而材料的电阻率也将发生改变。在室温时,铁磁体的 AMR 不会超过百分之几,例如,已经得到广泛应用的著名的软磁材料坡莫合金(成分为 $Fe_{20}Ni_{80}$)在很小的磁场作用下可以得到 $2\%\sim3\%$ 的磁电阻。

1988 年,法国巴黎大学的 Fert 小组[1]在 Fe/Cr 磁性多层膜中发现了高达 $50\%$ 的磁电阻。由于数值巨大,因而将这类磁性多层膜中观察到的磁电阻效应统称为巨磁电阻效应,常用 GMR 表示,这是英文 Giant Magnetoresistance 的缩写。这类磁性多层膜中的 GMR 最早是通过控制相邻铁磁层之间的层间反铁磁性耦合,施加磁场使它们的磁化强度之间的夹角发生改变而产生的。而层间耦合现象是由 Grünberg 等人在 1986 年首先发现的[2]。

随着实验和理论研究的深入,人们发现 GMR 不仅可以在有层间交换耦合的磁性多层膜中出现,而且也可以在没有交换耦合的多层膜、自旋阀结构、多层膜纳米线和颗粒膜等系统中出现。

今天,人们正在利用巨磁电阻效应研制和生产各种类型的器件,如传感器、读出磁头和磁性随机存取存储器(MRAM)等。这些器件一般都需要在很小的磁场下工作,而磁性多层膜因为兼有巨磁电阻效应和较小的驱动磁场等特点而在这些应用中占有较大的优势。

除了多层膜的 GMR 和它的应用外,对 GMR 的研究已经证实了一类新的磁输运现象,通过利用载流子的自旋极化就可在磁性纳米结构中发现这类现象,对这类现象的深入研究必将成为一大批建立在电子同时成为自旋和电荷载体新型器件的源泉。一门崭新的学科领域——自旋电子学正在兴起。

关于磁性多层膜的巨磁电阻效应及其应用,已有许多评述论文或专业书籍出版,如 Hartmann 主编的 *Magnetic Multilayers and Giant Magnetoresistance-Fundamentals and Industrial Application*[3],Barthélémy,Fert 和 Petroff 撰写的专文 *Giant*

*Magnetoresistance in Magnetic Multilayers*[4]，Hirota，Sakakima 和 Inomatah 合著的
*Giant Magnetoresistance Devices*[5]以及由翟宏如等编著的《自旋电子学》。读者如需要
详细了解这方面的情况，可以参考这些书籍和专文，及其中所包含的大量参考文献。

### 2. 磁性多层膜的巨磁电阻效应

#### (1) 巨磁电阻效应的简单图像——双电流模型

GMR 效应可以用描述金属导电的 Mott 双电流模型来理解[3,4]。

考虑图 6.2.1 所示的多层膜，(a)和(b)分别表示磁性层中磁化矢量呈平行和反平行
两种状态的示意图。为简单起见，假定只考虑导电
电子在磁性层和非磁性层界面处才受到散射。对于
(a)图所示的情况，$H=0$ 时，由于相邻磁性层的磁
化矢量呈反平行排列，因而不论是自旋向上的多数
电子还是自旋向下的少数电子在穿过多层膜时受到
散射的情况很类似。例如，自旋向上的多数电子在
穿过磁化矢量与自旋平行的磁性层与非磁性间隔层
的界面时有较小的电阻率 $\rho_\uparrow$，而在穿过磁化矢量
与自旋反平行的磁性层与非磁性间隔层的界面时则
有较大的电阻率 $\rho_\downarrow$，$\rho_\uparrow$ 和 $\rho_\downarrow$ 发生在同一通道内，
因此对总电阻率的贡献为 $(\rho_\uparrow + \rho_\downarrow)/2$。同样，对

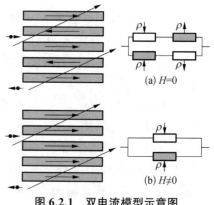

图 6.2.1 双电流模型示意图

于自旋向下的电子在输运过程中对总电阻率的贡献也是 $(\rho_\uparrow + \rho_\downarrow)/2$。将两个通道看成
是并联的，则对于相邻磁性层的磁化矢量呈反平行排列的情况，总电阻率为

$$\rho_{\uparrow\downarrow} = (\rho_\uparrow + \rho_\downarrow)/4 \tag{6.2.2}$$

对于(b)图所示的情况，足够大的磁场使相邻磁性层的磁化强度从原先的反平行状态变
成平行状态，这时，当自旋向上的多数电子穿过多层膜时由于电子自旋与磁性层的磁化矢
量是平行的，电子在磁性层和非磁性间隔层界面处(或磁性层内部)受到的散射很弱，即电
阻率 $\rho_\uparrow$ 较小；而当自旋向下的少数电子穿过多层膜时由于电子自旋与磁性层的磁化矢
量是反平行的，电子在磁性层和非磁性间隔层界面处(或磁性层内部)受到的散射很强，即
电阻率 $\rho_\downarrow$ 较大。多层膜的总电阻率应该等于两种自旋取向不同的电子穿过上面两个并
联通道时对电阻率的贡献之和，即

$$\rho_{\uparrow\uparrow} = (1/\rho_\uparrow + 1/\rho_\downarrow)^{-1} \tag{6.2.3}$$

按(6.2.1)式，磁电阻比为

$$\text{MR} = \frac{\rho_{\uparrow\uparrow} - \rho_{\uparrow\downarrow}}{\rho_{\uparrow\uparrow}} = -\frac{(\rho_\downarrow - \rho_\uparrow)^2}{4\rho_\uparrow \rho_\downarrow} \tag{6.2.4}$$

如果定义散射反对称参数 $\alpha = \rho_\downarrow / \rho_\uparrow$，则上式可写为

$$\text{MR} = -\frac{(1-\alpha)^2}{4\alpha} \tag{6.2.5}$$

某一通道的电阻率 $\rho_\sigma$ 可以写为自旋为 $\sigma$(↑或↓)的电子数 $n_\sigma$，有效质量 $m_\sigma$，弛豫时间 $\tau_\sigma$，和费米面处态密度 $n_\sigma(E_F)$ 的函数：

$$\rho_\sigma = \frac{n_\sigma e^2}{m_\sigma \tau_\sigma} \tag{6.2.6}$$

对于用矩阵元 $V_\sigma$ 表征的给定类型的散射势和在 Born 近似中，

$$\tau_\sigma^{-1} \sim |V_\sigma|^2 n_\sigma(E_F) \tag{6.2.7}$$

$\rho_\sigma$ 的自旋依赖性有其本征起因，即和施主金属中 $n_\sigma, m_\sigma$ 和 $n_\sigma(E_F)$ 的自旋依赖性有关。例如，在 Ni 和 Co 中自旋向上态密度在费米面处只有来自 $s$-$p$ 电子，肯定小于自旋向下态密度($s-p+d$)；因此在 Ni 基和 Co 基系统中倾向于有 $\rho_\uparrow < \rho_\downarrow$。实际上，对于 Ni 基和 Co 基合金，比值 $\alpha$ 可以大于 10。

$\rho_\sigma$ 的自旋依赖性还有其非本征起因，这和杂质或缺陷势 $V_\sigma$ 的自旋依赖性有关。我们举包含杂质 Cr 的 Ni 为例以作说明。Cr 的磁矩是和 Ni 原子的磁矩方向相反的，这表明自旋向上的 $d$ 电子有一强的排斥势。Cr 的 $d_\uparrow$ 态和 Ni 的 $d_\uparrow$ 能带的杂化可以被其和 Ni 的 $s_\uparrow$ 能带的杂化所代替，以形成有效束缚态，而且自旋向上通道中的强烈散射和 $\alpha < 1$ 的实验结果相一致。许多 Ni 基、Co 基和 Fe 基合金的比值 $\alpha$ 已从电阻率测量导出。

偏离低温极限时有必要考虑通过自旋反转的电子-磁振子散射两个导电通道之间动量的转移问题。自旋向上(向下)的电子通过湮灭(产生)一个磁振子而被散射到自旋向下(向上)状态和动量从快通道转移到慢通道(所谓自旋混合效应)倾向于使两个电流相等。这种情况下，电阻率的一般表示式为

$$\rho = \frac{\rho_\uparrow \rho_\downarrow + \rho_{\uparrow\downarrow}(\rho_\uparrow + \rho_\downarrow)}{\rho_\uparrow + \rho_\downarrow + 4\rho_{\uparrow\downarrow}} \tag{6.2.8}$$

式中，$\rho_{\uparrow\downarrow}$ 是自旋混合电阻率项。

在测量磁性多层膜磁电阻时，有两种情况必须加以区分：一种是电流平行于膜面，简称 CIP；另一种是电流垂直于膜面，简称 CPP。两种情况的示意图如图 6.2.2 所示。上面所述的简单图像对 CIP 和 CPP 两种几何学情况都成立。然而，对 CIP 和 CPP 来说，它们在电子波矢量之间的电流分布是不同的；即使在均匀空间平均的极限情况下对这一简单图像我们还得考虑到 k 空间中求平均在两种几何学中也是不同的。一般，进入(6.2.5)式的比值 $\alpha = \rho_\downarrow/\rho_\uparrow$ 在 CIP 和 CPP 中是不同的。

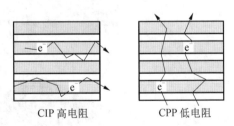

CIP 高电阻　　　　　CPP 低电阻

**图 6.2.2　CIP 和 CPP 几何学示意图**

当膜层厚度大于电子的平均自由程(在非磁性层中典型值为 10 nm，在铁磁层中为几纳米)时，至少在 CIP 中上面的简单图像就不再成立。例如，当非磁性层厚度 $t_N$ 大于这些层中的平均自由程 $\lambda_N$ 时，两个相邻磁性层对电子分布函数相应效应之间就没有重叠，GMR 将随 $\exp(-t_N/\lambda_N)$ 而减小。在 CPP 几何学中，由于自旋累积效应，标量长度变为自旋扩散长度 $l_{sf}$。自旋扩散长度是和自旋反转散射有关的，可以远大于平均自由层。只有当非磁性层厚

度 $t_N$ 超过了非磁性材料的自旋扩散长度 $l_{sf}^N$ 时,CPP – GMR 才随 $\exp(-t_N/l_{sf}^N)$ 而减小。

**(2) 巨磁电阻效应物理学[3,4]**

1) 层间耦合

磁性多层膜中,被非磁性层隔开的铁磁层之间存在着交换耦合。这种层间交换耦合可以用相邻两层磁化强度矢量之间的夹角进行分类。对于由 Fe、Co、Ni 及其合金作成的磁性层,业已发现三种类型的耦合,即铁磁、反铁磁和 90°耦合。为确定这些交换耦合的类型,可以通过观察磁畴来实现[6]。图 6.2.3 是一个很好的例子[7]。两层厚度均匀的 Fe 膜夹着一个尖劈形的非磁性 Cr 层。可以看到,在上表面利用磁光克尔效应观察磁畴结构时不同 Cr 层厚度处的磁畴图形是不同的。不同耦合类型的区域被分别标以 F、AF 和 90°,分别表示铁磁性、反铁磁性和 90°型耦合。图 6.2.3 中是一种典型的铁磁型层间耦合,所有的畴壁都是笔直的,这一点和其他图形是不同的。根据上述GMR 的简单物理图像,如果制备成 Fe/Cr 多层膜,选择适当的 Cr 层厚度,就可以保证在零磁场时相邻铁磁层磁化强度是反平行排列的。如果在足够大的磁场施加到多层膜上后,便可使它们的磁化强度彼此平行排列,于是就能获得较大的磁电阻比。图6.2.4示出了 Baibich 等人[1]得到的关于 Fe/Cr 多层膜的磁电阻的实验结果。显然,多层膜[Fe30Å/Cr9Å]$_{40}$ 显示最大的磁电阻时,MR 接近 50%。Baibich 等人的 Fe/Cr(001)超晶格是采用分子束外延生长的。1994 年,Schad 等人[8]对 Fe/Cr 多层膜得到了创记录的 220% 的磁电阻。

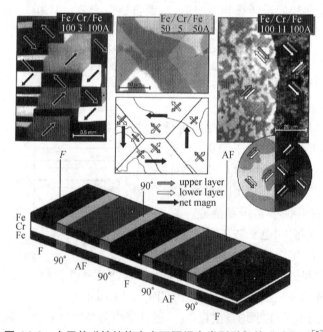

**图 6.2.3　在层状磁性结构中由不同耦合类型引起的磁畴图形[7]**

1990 年,Parkin 等人[9]用溅射法制备了 Fe/Cr、Co – Ru 和 Co/Cr 多晶多层膜,发现有类似的巨磁电阻效应。因为溅射法是一种简单而又快速的多层膜沉积技术,因此从应用的前景看,人们颇感兴趣。此外,Parkin 等人还研究了很宽厚度范围的影响,发现随着间隔层厚度的变化,磁电阻是振荡变化的,这反映了层间交换耦合的振荡变化。GMR 效应发生在出现反铁磁耦合的厚度范围内,当耦合呈铁磁性时,效应消失。Mosca 等人[10]随后在 Co/Cu 多层膜中也发现了这种振荡效应,如图 6.2.5 所示。图中示出了 MR 比随 Cu 层厚度的变化,明显看出有三个和反铁磁耦合范围有关的最大值。厚度大于 45Å 时,振荡行为消失,MR 随着 Cu 层厚度的增加而持续下降。在这个范围内,交换耦合弱于矫顽力,低场下的磁矩排列是近似混乱的,磁电阻是磁结构从混乱转到平行而引起的。

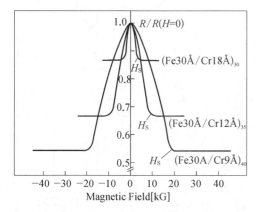

图 6.2.4 Fe/Cr(001)多层膜的电阻率随磁场的变化。$H_S$ 是使 Fe 层磁矩平行排列所需要的磁场[1]

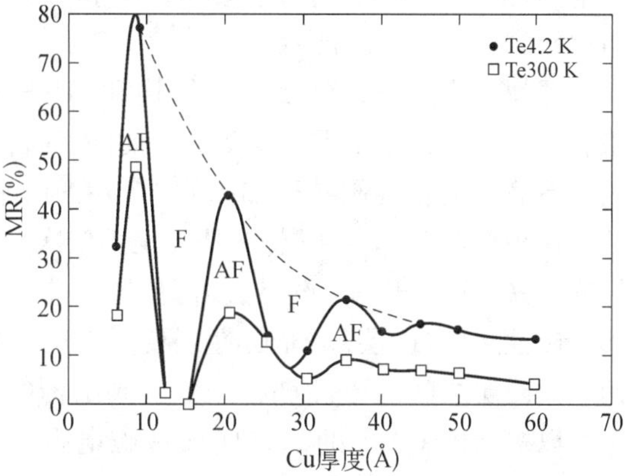

图 6.2.5 $[Co(1.5\ nm)/Cu(t_{Cu})]30$ 多层膜的 MR 随 Cu 层厚度的变化[10]

巨磁电阻振荡已在大量系统中被发现,但 MR 随间隔层厚度的典型变化并不总能观察到。在间隔层厚度小的情况下,经常会出现反铁磁耦合通过针孔或缺陷处的铁磁耦合而减小(或增大)的现象。因此,在某些系统中,第一个 GMR 峰的高度会减小,甚至会消失。例如,在 Co/Ag 系中,在小的 Ag 层厚度时,通过针孔的跨接可以抑制 GMR。然而,将 Co 层断裂为小岛可以减小针孔耦合的有害效应,从而能使 GMR 效应得到恢复。

上面的讨论说明,只要通过施加磁场,使相邻磁性层磁化强度相对取向发生改变,就可以观察到 GMR。当然,最大的磁电阻效应出现在磁场施加前后,可以使磁化强度的反铁磁分布改变成铁磁性分布。上面的例子中,零磁场时的反铁磁状态是依靠反铁磁层间交换来实现的。在这种情况下,层间交换作为非磁性层厚度的函数会产生振荡,从而造成 GMR 效应的振荡。在 Fe/Cr 多层膜中发现了 GMR 效应不久,人们很快发现在 Co/Cu 多层膜中也显示出 GMR 效应。这种交换耦合是经由非磁性间隔层中的导电电子而实现的,并以周期 $1/k^+$ 发生振荡,这里的 $k^+$ 是间隔层 Fermi 面在多层膜堆积方向上的跨距矢量。这种振荡耦合的起因可以追溯到著名的杂质之间 Ruderman-Kittel-Kasuya-Yosida (RKKY)耦合相同的来源,即在 Fermi 面处电子状态占据上的不连续性。耦合的周期和大小依赖于间隔层的生长方向。例如,对于沿[111]方向堆积的 Co-Cu 膜层,当 Cu 的厚度约为 8.5 Å 时,耦合是强烈反铁磁性的。

2) 自旋阀

GMR 要求多层膜中原先反平行的磁化强度的结构通过外加一磁场转换到平行结构,但是为了获得一种反平行结构,反铁磁的层间交换并不是唯一的途径。将硬磁层和软磁层适当组合而得到的多层膜也可以观察到 GMR 效应。因为硬磁层和软磁层的磁化强度是在不同的磁场下开关,因此必定存在一个磁场范围,使两者的磁化强度呈现反平行,而系统的电阻比较高,如图 6.2.6 所示。

层间交换用于得到反平行结构和 GMR 效应的最著名的结构就是由 Dieny 等人[12]引入的自旋阀结构。最简单的自旋阀结构如图 6.2.7 左图所示,除了顶部保护层和底部缓冲层外,从上至下依次为反铁磁层或亚铁磁层、第一软磁层(被钉扎层)、非磁性层和第二磁性层(自由层)。非磁性层要足够的厚以减小两个铁磁层之间的磁性耦合。自旋阀结构的工作原理可以根据图 6.2.8 的磁化曲线和磁电阻曲线来理解。图中的磁性层是坡莫合金($Ni_{80}Fe_{20}$)、非磁性层是 Cu,反铁磁层是 FeMn 合金。坡莫合金层的磁化矢量被 FeMn 层钉扎在负方向上。当磁场从负方向向正方向增大时,自由层的磁化矢量在接近于 $H=0$ 的小磁场范围内反转,而被钉扎层仍被固定在负方向上。因此,在这个小磁场范围内电阻急剧增大。只有施加一个大的正磁场才能克服交换偏置相互作用;于

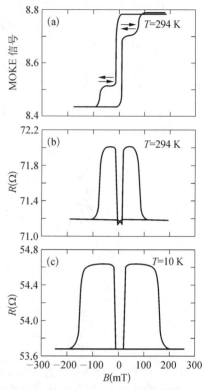

图 6.2.6 **(a) Co/Au/Co 结构磁光克尔效应信号;(b) 294 K 时电阻率;(c) 10 K 时电阻率。$Co_d = 10$ nm, $d_0 = 6$ nm**[11]

是,被钉扎的坡莫合金层的磁化矢量也反向,电阻便回到它的初始值。现在,在小的正磁场下,这种电阻变化的陡峭斜率已被用于许多低场应用中,如传感器、读出磁头、磁性随机存取存储器(MRAM)等。

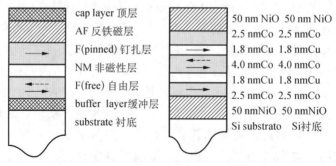

图 6.2.7 **自旋阀结构示意图**[13]

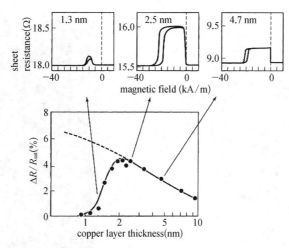

图 6.2.8　$(Ni_{80}Fe_{20}/Cu/Ni_{80}Fe_{20}/Fe_{50}Mn_{50})$ 自旋阀室温时的
MR 曲线和 MR 值对 Cu 层厚度的关系[13]

　　实际上,至今已报道了几种不同的自旋阀结构。如铁磁层除了坡莫合金外,还可以是金属 Co 或 NiFeCo 合金。Parkin 等人发现,如将一薄层 Co 插入坡莫合金层和 Cu 层之间可以增强多层膜的 GMR 效应。被钉扎层除了用反铁磁化合物外,还可使用亚铁磁性 Tb-Co 非晶合金或反铁磁氧化物 NiO。在磁性多层膜中最高的 GMR 是在 Co 层作为磁性层和 NiO 作为钉扎层时得到的。NiO 的优点来自电子在金属-氧化物界面处反射的镜面性增大。图 6.2.7 右图是另一种被称为对称自旋阀的层状结构示意图。这种结构包含了三个磁性层,其中,中间的磁性层是自由层,上部和底部的磁性层受到交换偏置作用的钉扎。底部的 NiO 层是钉扎层,顶部的 NiO 覆盖层是为了改善上表面处的反射镜面性而引入的。最近,Egelhoff 等人利用这种结构通过在一定的氧分压(起表面活化剂作用)下生长,发现这样产生的表面和界面,电子在这里有更好的镜面散射,并可降低 Cu 层两侧的铁磁性搭桥,因此获得了高达 24.8% 的室温 GMR 比。对于低磁场中的应用,带有坡莫合金层的自旋阀给出了最好的结果。例如,由磁场中溅射制备的 $Ni_{80}Fe_{20}/Cu/Ni_{80}Fe_{20}/Fe_{50}Mn_{50}$ 自旋阀可在内部产生一单轴磁各向异性。当两个坡莫合金层的各向异性方向互相平行时,它的磁场灵敏度[定义为 $(1/R)(dR/dH)$]在 GMR 曲线的最陡峭点可达 33%/(A/m);然而,对应用而言,其缺点是有相对大的磁滞 (0.3 kA/m)。如果在溅射第二坡莫合金层之前转动磁场从而得到互相交叉的各向异性,则磁滞可以忽略,而灵敏度仍有 8%/(kA/m)。如经外场退火,磁滞较小,灵敏度为 18%/(kA/m)。

　　最后,图 6.2.9 示出了在聚碳酸酯薄膜的小孔道中利用电解沉积法制备的多层膜纳米线以及在这种结构中所显示的 CPP-GMR 效应。这些小孔有很大的长径比,长度为 20~40 mm,直径为 30~100 nm,这种结构可以保证电流垂直于多层膜的膜面,同时相对大的电阻不会受到附加的接点电阻的影响。另一方面,一般不可能知道并联相接的纳米线的数目。因此测量只能确定磁电阻比而不能确定各条纳米线的电阻绝对值。

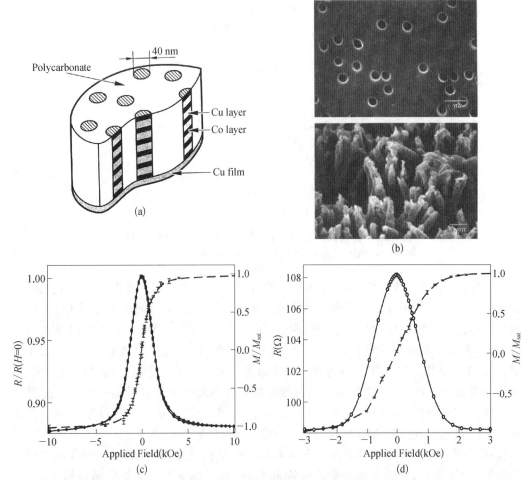

图 6.2.9　绝缘性的聚碳酸酯薄膜生长的纳米线多层膜(a)；带有孔径为 400 nm 的聚碳酸酯薄膜的
　　　　扫描电经俯视像；去除聚碳酸酯薄膜后 400 nm 多层膜纳米线(b)；5 nmCu/5 nmCo 电解生
　　　　长多层膜的室温电阻比随磁场的变化和磁化曲线(c)；5 nmCu/5 nmNi$_{80}$Fe$_{20}$ 电解生长多层
　　　　膜的室温电阻比随磁场的变化和磁化曲线[14]

3）自旋相关输运的模型

① Camley-Barnas 唯象模型[11,15]。

GMR 的第一个模型是由 Camley 和 Barnas 在 1989 年提出的半经典模型。该模型
利用了玻尔兹曼方程。体散射通过在磁性层（非磁性层）中引入自旋相关（自旋无关）弛豫
时间来考虑。界面散射通过引入界面处的边界条件来描述，即假定自旋 σ 电子中的一部
分 $T_σ$ 毫无散射地穿过界面，而另一部分 $(1-T_σ)$ 被扩散散射（镜面散射的几率也可以引
入）。这个模型最成功之处在于它预言了 GMR 的厚度依赖性。它指出，自旋相关散射对
电子分布函数的影响在非磁性层内不会扩展到比平均自由程更远，因此，相继磁性层在相
距大于平均自由程距离时和它们的相对取向无关。

Camley 和 Barnas 的半经典模型已在许多论文中得到进一步拓展，并被用来解释实

验数据。Barthélémy 和 Fert 在只有界面散射是自旋相关的简单情况下导出了 GMR 的解析表达式。他们发现在厚膜层情况下 MR 比按 $\exp(-t_N/\lambda_N)$ 依赖于非磁性层厚度 $t_N$，这里的 $t_N$ 是间隔层的平均自由程，而在大的铁磁层厚度 $t_F$ 时则按 $t_F^{-1}$ 变化，这反映了自旋相关表面散射的逐渐稀释。

② 久保(Kubo)形式。

GMR 的第一个量子力学模型是 Levy 等人[16]提出的。该模型利用了 Kubo 形式来计算受到自旋相关势散射的自由电子的电导率。自旋相关势可写为

$$V(\vec{r},\hat{\sigma}) = (v + j\hat{M}\cdot\hat{\sigma})(\vec{r}-\vec{r}_a) \tag{6.2.9}$$

式中，算符 $\hat{\sigma}$ 代表泡利(Pauli)自旋矩阵，$\vec{M}$ 是磁化方向上的单位矢量。散射中心 $\vec{r}_a$ 在膜层和界面平面中是混乱分布的，在非磁性层中有 $v=v_N,j=0$，在磁性层中，有 $v=v_M,j=j_M$，在界面处，$v=v_s,j=j_s$。Levy 等人的模型利用了动量空间的 Kubo 形式。其他业已提出的模型为了描述受到公式(6.2.9)表示的自旋相关势散射的自由电子的同一问题则是利用了实空间中的 Kubo 形式。

所有上面提到的利用 Kubo 形式的模型都假定自由电子，而且没有引入多层膜的本征势。自 1993 年以来，这一本征势已被逐渐引入大多数模型中。根据 Zhang 和 Levy 的研究，如果参数 $U$（这是在模型的 Kronig-Penney 本征势中引入的多数自旋方向的台阶高度）不是远小于费米能，本征势的引入可以增强或减小 GMR。然而，用一个只是唯象的单能带模型要作出定量描述是困难的。因为对 $s$ 电子和 $d$ 电子可以预期有非常不同的交换劈裂 $U$，同时又没有 $s$ 电子和 $d$ 电子对电流贡献的附加信息，要想把一个实际的 $U$ 值引入到模型中也是困难的。在这种情况下，唯象模型的限制是明显的。除了上面基于 Kubo 形式的方法外，另一种类型的量子力学模型已由 Barnas 和 Bruynseraede 提出。对铁磁/间隔层/铁磁三层膜发展的这个模型利用 Calecki 引入的方法来描述量子阱状态受到杂质和界面粗糙度的散射。该模型提出了另一个由本征势（阱）和缺陷势分别引起的效应之间的关系的例子。它也预言了超薄膜中 GMR 的量子尺寸振荡。

③ 自旋相关散射的计算。

多层膜 GMR 来源于自旋相关散射。在大多数模型中引入的自旋相关散射项可以来自膜层内的各种散射源、结构缺陷或杂质等。为了理解这些不同的散射过程发展了一些计算方法。

在磁性层中由杂质散射的自旋依赖性已从对大块材料以前的实验研究以及为理解实验数据而进行的计算中得到了证明。除了早期的虚束缚态模型外，我们还可提到最近的从头计算法。Zahn 等人[17]计算了位于 Co/Cu 多层膜中不同位置处的杂质引起的散射。计算表明，由一定杂质引起的散射自旋不对称性和它在大块金属或厚膜中的数值比较可以增大或减小，这取决于它在多层膜中的位置。

相干势近似法已被利用来确定来自替代无序的散射强度。这种方法是特别吸引人的，因为我们可以同时处理本征势和由无序引起的散射。一些研究小组已经根据相干势近似法计算了磁性多层膜的电阻率和 GMR。

在 GMR 早期，虚束缚态类型的模型也曾被用来描述界面散射的自旋依赖性。现在，

界面散射的自旋依赖性也已在许多从头计算中得到,例如,Butler 等人[18]和 Nesbet[19]对 Fe/Cr 粗糙界面的散射所做的计算。

比较由一个界面 A/B(铁磁金属 A 中的杂质 B)的粗糙度引起散射的自旋不对称性是有意义的。在许多系统中有某种类似性。例如,在 Cu 注入的 Co 中或在 Co/Cu 界面处自旋向上的电子遇到的散射较小,而在 Cr 注入的 Fe 中或在 Fe/Cr 界面处遇到的散射却较大。

界面散射的大多数计算都是根据第一层 B 中被稀释的 A 原子所形成界面(反之亦然)的简单图像进行的。然而,某些论文试图讨论从不同类型的粗糙度所期待出现的不同效应。例如,几何粗糙度(即非平面型界面)可以具有不同的导致对界面散射有不同影响的长度标度。用量子力学方法解决类似问题的一个例子是由 Zhang[20],Levy 和 Gu 等人提出的。他们指出来自互扩散的杂质对可以产生增强的自旋相关散射。

### 3. 材料和应用

在硬盘记录技术中,信息是存储在磁性薄膜的磁化区域中的,这些区域的过渡区称为"磁位"。当磁盘在磁头下方转动时,通过探测区周围的杂散磁场而检测到这些磁位。磁头实际上就是探测磁场的传感器,由读、写磁头组合而成。随着记录密度的提高,每个信息位在记录媒体上所占面积便随着相应减小,这就要求磁头尺寸也要相应减小。自从将巨磁电阻材料应用到磁记录读出磁头后,单位面积的磁位数(面密度)在最近 10 年来,以年均大于 100%的复式增长率增加。磁电阻磁头在使用中对外磁场的响应必须是高度可重复和无磁滞的。1997 年,美国 IBM 公司推出了基于自旋阀结构的 GMR 读出磁头。其自由层的初始磁化方向是形状各向异性场、被钉扎层的静磁耦合场和读出电流感生的自偏置场的矢量和,而被钉扎层的磁化方向是由反铁磁层决定的。记录位的杂散磁场作用在自旋阀的薄膜上使得两个磁层的磁化方向夹角发生改变从而造成电阻的变化,并通过传感电流转化为电压变化,记录数据便可读出。因为 GMR 效应和两个铁磁层磁化方向之间夹角的余弦有关,而且磁电阻值又大,所以这种磁头可以测量很小的磁场变化,比起各向异性磁电阻磁头,能够测到更小的磁记录位,从而加快了磁记录面密度的迅速增长。

图 6.2.10 比较了 GMR 磁头和 AMR(各向异性磁电阻)磁头的性能,即使是双层 GMR 也已经强于 AMR 磁头,况且,GMR 磁头还具有较高灵敏度和较好的信噪比。

图 6.2.11 示出了应用于各种(a)GMR 读出磁头、(b) 存储器、(c)磁传感器的三明治结构工作原理示意图。(a)图就是前面讨论过的自旋阀,依靠交换偏置层的钉扎作用,底部磁

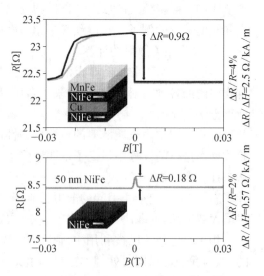

**图 6.2.10** 基于 GMR 和 AMR 效应的磁场传感器的性能比较[7]

性层的磁矩固定取向,然后选择适当外场使两个磁性层的磁化强度保持反平行状态,再改变磁场大小,从磁化强度的反平行状态变成平行状态,以获得较大的磁电阻。在(b)图中用做传感器时,自由层的易磁化轴平行于参考层(或被钉扎曾层)。(c)图是在用作传感器时,自由层的易磁化轴在膜面内垂直于参考层的磁化强度。

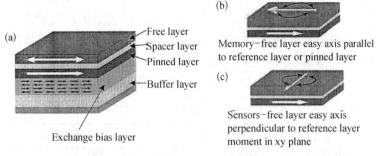

**图 6.2.11　应用于各种(a)GMR 读出磁头、(b) 存储器、(c)磁传感器的三明治结构**

磁性随机存取存储器,简称 MRAM,是利用磁性多层膜进行数据存储,并用 GMR 磁头读出存储信息的非易失性随机存储器。目前,存储单元主要有三种:自旋阀、赝自旋阀和磁性隧道结三种结构。赝自旋阀指的是由铁磁层/非磁性层/铁磁层构成的三明治结构,两个铁磁层的矫顽力不同。磁性隧道结简称 MTJ,磁电阻较大,可达 $20\%\sim40\%$,同时,在设计上有优势,由于电流只流过一个 MTJ 单元,该单元可以做得很小,有利于提高集成密度。目前 GMR 和 MTJ 都在发展中。表 6.2.1 中比较了各种存储器的性能。其中,FRAM 是铁电存储器,DRAM 是动态存储器。可以看到,自旋阀 MRAM 和赝自旋阀MRAM 具有很多优点。

**表 6.2.1　各种存储器性能比较[21]**

| 性　能 | 赝自旋阀 MRAM | 自旋阀 MRAM | EEPROM | Flash EEPROM | FRAM | DRAM |
|---|---|---|---|---|---|---|
| 非易失性 | 是 | 是 | 是 | 是 | 是 | 不 |
| 读出非破坏性 | 是 | 是 | 是 | 是 | 不 | 不 |
| 写/读次数 | $>10^{15}$ | $>10^{15}$ | $10^4\sim10^5$ | $10^5\sim10^6$ | $<10^{13}$ | 无限制 |
| 单元尺寸($\lambda^2$) | $12\sim21$ | $120\sim200$ | $30\sim80$ | $4\sim10$ | — | $8\sim12$ |
| 读取时间(ns) | $75\sim150$ | $15\sim25$ | $60\sim150$ | $20\sim100$ | $50\sim150$ | $30\sim70$ |
| 写存时间(ns) | $25\sim100$ | $15\sim25$ | $10^6\sim10^7$ | $10^4\sim10^5$ | $50\sim100$ | $30\sim70$ |
| 写入电压(V) | $1.8\sim5$ | $1.8\sim5$ | $12\sim18$ | $10\sim12$ | $3.3\sim5$ | $1.8\sim5$ |
| 写入能量(nJ) | $1\sim5$ | $0.5\sim1$ | $10^3\sim10^4$ | $10^2\sim10^3$ | $0.1\sim1$ | DRAM |
| 抗辐射 | 是 | 是 | 不 | 不 | — | 不 |

### 4. 磁性颗粒膜的巨磁电阻效应

颗粒膜是指微细颗粒弥散地镶嵌于与其不可固溶的薄膜基体中所构成的复合材料,属于非均匀颗粒复合系统。对于由两相组成的颗粒膜,在成分上可以有很多的组合。例如,表 6.2.2 举出了一些例子都可基本上满足两相互不可溶的条件,都能用溅射、蒸发等手段制备成颗粒膜。由此看出,颗粒膜是一个大家族,包含着丰富的研究内涵。在这里,我们要深入讨论的是磁性颗粒膜,一般指的是由微细的金属磁性颗粒与其互不固溶的金属或绝缘体基体所组成的系统,如 Co/Ag,Co/Cu,Fe/SiO$_2$,Co/Al$_2$O$_3$ 等,它们和上面讨论的磁性多层膜一样,也可以显示出明显的巨磁电阻效应。

**表 6.2.2  两相颗粒膜举实例**

|  | 金 属 | 半导体 | 绝缘体 | 超导体 |
|---|---|---|---|---|
| 金属 | Fe－Cu,Co－Ag | Ge－Al | Al$_2$O$_3$－Fe,SiO$_2$－Ni | |
| 半导体 | GaMn－GaAs,Pb－Ge | GaAs－AlGaAs | SiO$_2$－Ge | Bi－Ge |
| 绝缘体 | Au－Al$_2$O$_3$ | CdS－SiO$_2$ | MgCr$_2$O$_4$－MgAl$_2$O$_4$ | Bi－Kr |
| 超导体 | Co－Bi<br>YBa$_2$Cu$_3$O$_7$－Ag | — | Al$_2$O$_3$－Bi<br>YBa$_2$Cu$_3$O$_7$－<br>(LaSr)MnO$_3$ | — |

颗粒膜的物理性质除了和成分有关外,还与颗粒膜的微结构,诸如颗粒尺寸、形态,颗粒相所占的体积百分比和界面特性等密切相关。控制组成比例与制备工艺可以获得纳米尺寸的颗粒,从而出现量子限域效应。此外,颗粒膜中丰富的界面对电子输运性质、光学性质、磁学性质等有着明显的影响,因此人们有可能对颗粒膜的物理、化学性质进行人工剪裁,使其成为新型的、有潜在应用背景的人工功能材料。

对于 A,B 二组元的薄膜而言,当 A 组成的体积百分比远比 B 小时,A 将以微细颗粒的形式镶嵌于 B 的基体薄膜中,反之亦然。当 A,B 组元的体积百分比相近时,$p=p_c\sim$ 0.5,两者在结构上可以形成网络状的迷宫图形,通常在该组成区域会产生反常的电性、光性、磁性等现象。$p_c$ 称为逾渗阈值(percolation threshold)。目前人们的研究工作大多集中于纳米微粒($p<p_c$)与 $p\sim p_c$ 的逾渗阈值附近。

自二十世纪九十年代初,由钱嘉陵[22]和 Berkowitz[23]分别领导的科研组发现了 Co/Cu 和 Co/Ag 颗粒膜的巨磁电阻效应以来,颗粒膜输运性质的研究已经引起了人们的广泛关注。

从输运性质上说,磁性颗粒膜与磁性多层膜在原则上是非常相似的。自旋向上和自旋向下的传导电子在输运过程中,遇到磁化矢量取向一定的磁性颗粒时,在颗粒与基体的界面处同样会受到自旋相关散射。从简单的物理图像中很容易理解这一点。一般情况下,不同磁性单畴颗粒的磁化矢量在退磁状态时各自沿着自己的磁晶各向异性决定的易磁化方向上,是混乱分布的,因而自旋向上和自旋向下的传导电子平均来说受到的散射程度是相同的,各自对总电阻的贡献是相同的。将磁场施加到颗粒膜上后,随着磁场的增强,各颗粒的磁化矢量通过转动过程,逐步转向外加磁场方向,最后成平行排列,这时自旋向上的传导电子所受到的散射小,很容易穿过颗粒,而自旋向下的传导电子在界面处散射大,这样,和存在层间耦合的磁性多层膜情况类似,也会显示巨磁电阻效应。不同的是,磁性多层膜零场下的初始状态总是力图使相邻磁性层的磁矩成反平行排列,以得到最大的磁电阻。

桑海等人[24]利用透射电子显微镜原位观察了 $Co_{22}Ag_{78}$ 颗粒膜在不同退火温度下颗粒的生长过程,如图 6.2.12 所示。杜剑华等利用高分辨电镜研究了 $Co_{22}Ag_{78}$ 颗粒膜中的微结构和巨磁电阻效应的关系[25]。系统的实验研究结果表明,磁性 Co 颗粒直径在 $10\sim15$ nm 时有最大的磁电阻,大致对应于 $500$ K×$0.5$ h 退火后薄膜的性能。随着退火温度的提高,颗粒尺寸和形态发生变化。退火温度低于 500 K,颗粒尺寸变化不大,但可通过界面原子的扩散,导致 Co、Ag 原子从原先制备态时的亚稳混合态到两相进一步分离,改善界面粗糙度,提高磁电阻。但退火温度大于 500 K 时,晶粒粗化明显。铁磁共振实验证实,Co 颗粒由球状变成平行膜面的片状,因此,测量时决定巨磁电阻和自旋相关散射将由接近于 CPP(电流垂直于膜面)变成 CIP(电流平行于膜面)机制,从而导致磁电阻的迅速减小。高分辨电镜图像表明,颗粒膜在制备态时实际上已经产生相分离,但两相的分离并不完全,在 Co、Ag 相界处存在着两种原子的混合无序区,界面不清晰,磁电阻小,500 K 退火以后,界面变得清晰了,相界变薄,界面共格性变好,大量晶粒显示[110]择优取向,磁电阻增大(MR~14%)。显然,控制微结构对提高颗粒膜的磁电阻非常重要。

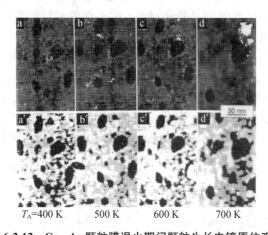

图 6.2.12 Co‑Ag 颗粒膜退火期间颗粒生长电镜原位观察

图 6.2.13 示出了利用离子束溅射法制得的制备态颗粒膜 $Fe_{45.51}(Al_2O_3)_{54.49}$ 的霍尔电阻率 $\rho_{xy}$ 随磁场的变化,插图是该样品的磁滞回线,磁场垂直于膜面施加。样品中 Fe 颗粒直径为 1 nm 左右,它们弥散地分布在 $Al_2O_3$ 基体中。室温时测得的饱和霍尔电阻率 $\rho_{xy}$ 约为 12.5 $\mu\Omega\cdot$cm,饱和磁化场是 1.3 T。电阻率-温度曲线表明,这种巨霍尔效应的产生可能来自渗逾转变。该颗粒膜具有良好的热稳定性,在 300℃以下退火时霍尔电阻率基本不变。

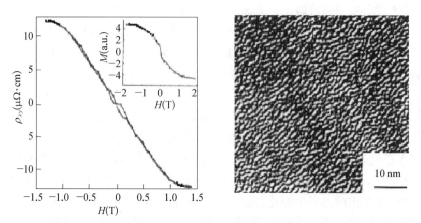

图 6.2.13　制备态纳米颗粒膜 $Fe_{45.51}(Al_2O_3)_{54.49}$ 的霍尔电阻率随磁场的变化及其 TEM 明场像[26]

## 6.2.3　隧道结的巨磁电阻效应（TMR）

在量子力学中，一层绝缘体夹在两个导体之间，绝缘层可以看成是一个方形势垒。即使电子的能量低于势垒高度，只要绝缘层的厚度不是无穷大，也会有概率穿越此势垒产生导电，这种现象称为隧道效应。1975 年，Slonczewski 设想如果制作一个"铁磁性金属/非磁性绝缘体/铁磁性金属"隧道结，则当两个铁磁层磁化方向相互平行时，位于一个铁磁层中的多数或少数自旋子能带的电子能分别进入另一个铁磁层的多数或少数自旋子能带的空带；但是，当两个铁磁层的磁化方向反平行时，情况便会不同，一个铁磁层的多数自旋子能带中的电子自旋将与另一个铁磁层中的少数自旋子能带电子的自旋相平行。于是，在隧道电导过程中，这一铁磁层的多数自旋子能带的电子必须取占据另一个铁磁层少数自旋子能带的空态。结果，就造成隧道结的电导和绝缘层两侧铁磁层的相对磁化方向紧密有关。同年，Julliere 确实在 Fe/Ge/Co 隧道结中发现了这种现象，电导率在 4.2 K 温度下的相对变化率可达 14%。由于电导的相对变化率和电阻的相对变化率是相同的，所以目前定义电阻（率）的相对变化率为隧道结的巨磁电阻值，记为 TMR：

$$TMR = \Delta R/R_{\uparrow\downarrow} = (R_{\uparrow\uparrow} - R_{\uparrow\downarrow})/R_{\uparrow\downarrow}$$

式中，$R_{\uparrow\uparrow}$ 和 $R_{\uparrow\downarrow}$ 分别表示两铁磁层的磁化强度为平行和反平行时的磁电阻值。磁性隧道结最初时，两铁磁层的磁化强度为反平行取向，在足够强的磁场作用下使它们成为平行取向，可以造成较大的电阻率相对变化的现象称为隧道结的巨磁电阻效应。至今，已经在许多隧道结中发现了巨磁电阻效应，例如，对于组成为 $Fe/Al_2O_3/Fe$ 和 $CoFe/Al_2O_3/Co$ 的隧道结，最早报道的已经测得的室温 TMR 值分别为 15.6% 和 18%。

磁性隧道结一般为铁磁层/非磁绝缘层/铁磁层（FM/I/FM）的三明治结构，如图 6.2.14所示。中间绝缘层的作用是提供一个势垒，并将上下铁磁层隔离开。这样，两个铁磁层之间的导电就是一种隧穿效应。隧穿电流由两种自旋电子流组成。对于磁性隧道结中上、下两层的铁磁电极，当它们的矫顽力不同时，或者一种铁磁层被钉扎时，其磁化方向会随着外磁场的变化呈现出平行或反平行两种状态。由于多数自旋子带与少数自旋子带费米面态密度不同,故两种情况下的隧穿几率不同,于是在磁场作用下就会产生结电阻的变化,这就是在磁性隧道结中观察到的隧道磁电阻效应。1975 年,Julliere[27] 在 Co/Ge/Fe 磁性隧道结中于 4.2 K 和高外加磁场下测得 TMR 值为 14％,如图 6.2.15 所示,但是,在室温下测得结果则很不理想,因此也未引起人们的重视。在这之后的十几年内,有关 TMR 效应的研究进展十分缓慢。

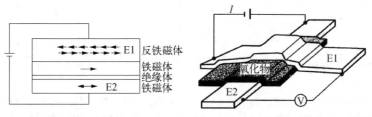

**图 6.2.14　隧道结示意图,在 E1 和 E2 合金薄膜之间夹有薄氧化物层(Al₂O₃ 或 MgO)**

随后,1988 年开始,巨磁电阻效应(GMR)的研究获得突破。随着研究的深入,对于隧道磁电阻效应的研究也同时成为热门研究课题。正是由于 GMR 和 TMR 的深入研究,导致了凝聚态物理中新的学科分支——磁电子学的诞生。

磁性隧道结中,由于两个铁磁层之间基本上不存在层间耦合,只需要施加一个很小的磁场,就可以将其中一个铁磁层的磁化方向反向,从而实现隧穿电阻的较大变化,这就导致利用磁性隧道结比利用金属多层膜可以获得高得多的磁场灵敏度;同时,磁性隧道结本身的电阻率高,能耗较小,性能也稳定。因此,将磁性隧道结用作读出磁头、传感器或磁性随机存储器(MRAM)时,优点突出,从而更加促进了人们对 TMR 效应的深入研究。

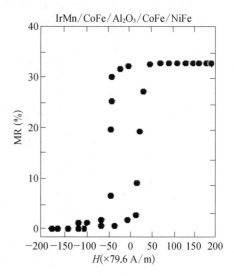

**图 6.2.15　IrMn/CoFe/Al₂O₃/CoFe/NiFe 隧道结在 4.2 K 时的磁电阻**

Parkin 等人[28]在 2004 年利用溅射法制备了具有局域晶化界面、成分为 TaN(10)/IrMn(250)/Co₈₄Fe₁₆(8)/30Co₇₀Fe₃₀(3)/MgO(3.1)/Co₈₄Fe₁₆(15)/TaN(12.5)(括号中的厚度单位为纳米)的隧道结在室温下测得的磁电阻 TMR 高达 220％,图 6.2.16 是他们在 360 ℃ 和 220 ℃ 下测得的 TMR 值。在这里,非磁绝缘层是厚度为 3.1 nm 的 MgO 层。同年,Parkin 等人采用离子束溅射法在非晶 SiO₂ 衬底上制备了磁性薄膜,MgO 势垒层在 Ar-O₂ 中于室温下由反应溅射制得 Co-Fe(100)/MgO(100)外延生长后于 380℃退火 30 分钟,在 290 K 测量,TMR 值又有较大提高,达到～350％;4.2 K 时,高达～575％[29]。

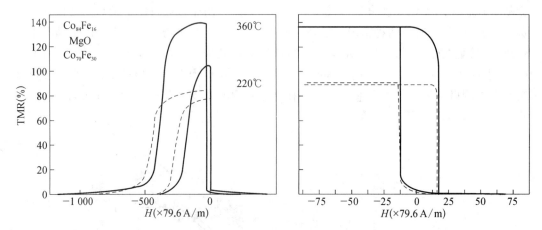

**图 6.2.16  TaN(10)/IrMn(250)/Co$_{84}$Fe$_{30}$(8)/30Co$_{70}$Fe$_{30}$(3)/MgO(3.1)/Co$_{84}$Fe$_{16}$(15)/TaN(12.5)**
**(括号中数字单位:纳米)隧道结分别在 360℃ 和 220℃ 温度下在高磁场区和低磁场区的 TMR 值[28]**

图 6.2.17 示出了 Co 膜和 CoFe 膜的 AMR 与 CoFe/Al$_2$O$_3$/Co 的 TMR 磁电阻效应的比较。可以看到,AMR 的数值相对于 TMR 要小得多。

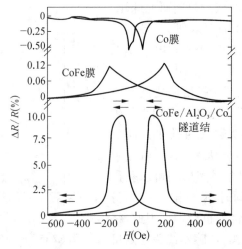

**图 6.2.17  Co 和 CoFe 薄膜的各向异性磁电阻和 CoFe/Al$_2$O$_3$/Co 隧道结磁电阻行为比较**

**参考文献**

[1] Baibich M.N., Broto J.M., Fert A., Nguyen-Van-Dau F., Petroff F., Etienne P., Cteuzet G., Friedrich A., Chazelas J., *Phys. Rev. Lett.*,1998,61.

[2] Grunberg P., Schreiber R., Pang Y., Brodsky M.B., Sowers H., *Phys. Rev. Lett.*,1986,57.

[3] Hartmann U. (Ed.)*Magnetic Multilayers and Giant Magnetoresistance*:*Fundamentals and Industrial Application*[M], Springer, 2000, Berlin.

[4] Barthélémy A., Fert A., Petroff F., Giant Magnetoresistance in Magnetic Multilayers, In: K. H.J. Buschow (Ed.), *Handbook of Magnetic Materials*[M] Vol. 12, Elesvier, 1999, Amsterdam.

[5] Hirota E., Sakakima H., Inomata K., *Giant Magnetoresistance Devices*[M], springer, 2002,

Berlin.

［6］Rührig M.，Schäfer R.，et al.，*Phys. Stat. Sol.* (a)，1991，125.

［7］Grünberg P.，Layered magnetic structures：Interlayer exchange Coupling and giant magnetoresistance，In：U. Hartmann（Ed.）*Magnetic Multilayers and Giant Magnetoresistance：Fundamentals and Industrial Application*［M］，Springer，2000，Berlin，p50.

［8］Schad R.，et al.，*Appl.Phys.Lett*，，1994，64；*J. Appl. Phys.*，1994，76.

［9］Parkin S.S.P.，Phys. Rev. Lett. 64，2304（1990）.

［10］Mosca D.H.，et al.，*J.Magn.Magn. Mater.*，1991，94.

［11］Barnas J.，Fuss A.，Camley R.E.，*Phys. Rev. B.*，1990，42.

［12］Dieny B.，et al.，*Phys. Rev. B.*，1991，43；*J.Appl.Phys.*，1991，69，.

［13］Coehoorn R.，In：Hartmann U.（Ed.）*Magnetic Multilayers and Giant Magnetoresistance：Fundamentals and Industrial Application*-［M］，Springer，2000，Berlin，p65.

［14］Schroeder P.A.，et al.，In：Magnetic Ultrathin Films，Multilayers，and Surfaces. Interfaces and Characterization. Materials Research，*Soc. Symp. Proc.*，Vol 313（MRS，Pittsburg，Pennsylvania），1993.

［15］Camley R.E.，Barna J. S.，*Phys. Rev. Lett.*，1989，63.

［16］Levy P.M.，Zhang S.，Fert A.，*Phys.Rev. Lett.*，65，1643.

［17］Zahn P.I.，et al.，*Phys.Rev. Lett.*，1998，80.

［18］Butler W.H.，et al.，*Mater. Res. Soc. Sump. Proc.*，1993，313；*J. Magn. Magn. Mater.*，1995，151.

［19］Nesbet R.K.，*J. Phys. C.*，1994，6.

［20］Zhang S.，Levy P.M.，*Phys. Rev. Lett.*，1996，77.

［21］Romney R.K.，Zhu T.，*Circuits and Devices*，2001，26.

［22］Xiao J.Q.，Jiang J.S.，Chien C.L.，*Phys.Rev. Lett.*，1992，68.

［23］Berkowitz A.E.，Mitekell J.R.，Corey M.J.，Young A.P.，Zhang S.，Spada F.E.，Parker F.T.，Hutten A.，Thamas G.，*Phys.Rev. Lett.*，1992，68.

［24］Sang H.，Xu N.，Du J.H.，Ni G.，Zhang S.Y.，Du Y.W.，*Phys. Rev. B.*，1996，53.

［25］Du J.H.，Li Q.，Wang L.C.，Sang H.，Zhang S.Y.，Du Y.W.，Feng D.，*J. Phys.：Condens. Matter.*，1995，7.

［26］Xu Q.Y.，Ni G.，Sang H.，Du Y.W.，*Chin. Phys. Lett.*，2000，17.

［27］Julliere M.，Tunneling between ferromagnetic film，*Phys. Lett. A.*，1975.

［28］Parkin S.S.P.，et al.，*Nature Mater.*，2004.

# §6.3　庞磁电阻材料(CMR)

$Fe_3O_4$ 的磁电阻效应,这一数值比之传统上由 Fe－Ni 合金显示的各向异性磁电阻效应要高出一个数量级,但是,当时并未引起人们足够的重视。

## 6.3.1　引言

磁性氧化物作为材料科学领域中的一个庞大家族,由于包含了极其丰富的物理及化学效应而备受科学界的广泛关注。特别是自 1994 年发现了掺杂钙钛矿型锰氧化物 $R_{1-x}A_xBO_3$(式中 R 为三价稀土离子,A 离子一般为二价碱土金属离子,如 $Ca^{2+}$、$Sr^{2+}$、$Ba^{2+}$、$Pb^{2+}$ 等,但也可以是一价的碱金属离子,如,$K^+$、$Na^+$ 等,B 离子为 Mn 离子)的薄膜具有庞磁电阻效应 CMR(colossal magnetoresistance)以来,其所包含的深刻物理内涵(如金属－绝缘体相变所涉及的强关联效应)及其在磁记录、磁传感器方面潜在的应用前景重新燃起了人们对这类在二十世纪五十年代就已经被发现的磁性化合物的强烈兴趣,从而在全世界掀起了对这类化合物的结构、磁性和磁输运性质的研究热潮。

实际上,对于这些钙钛矿锰氧化物的研究要追溯到二十世纪五十年代 Jonker 的开创性工作。他们对掺有二价碱土金属 Ca、Sr、Ba 离子的 $LaMnO_3$ 系列的磁性和电性进行了研究,发现了掺杂导致的低温下反铁磁-铁磁、绝缘体-金属导电性质转变的现象[1]。 Zener[2] 明确指出参与该类化合物导电的载流子为 $Mn^{3+}$ 离子的 $3d$ 壳层中 $e_g$ 电子,并提出用双交换(double exchange)模型来定性解释这种磁性和电性的转变现象,从而开创了一类自旋相关输运机理的研究。其后,在五十年代中期,Anderson[3] 和 de Gennes[4] 等人分别从量子力学观点出发对双交换相互作用进行了详细的计算。与此同时, Goodenough[5] 提出了 Mn 的 $d$ 电子和 O 中的 $p$ 电子杂化的半共价键耦合理论,定性地解释了磁有序、晶体结构与导电性之间的关系。在这一阶段,由于实验条件的限制,当时所有观察到的实验结果都能用以上的理论进行解释,也许正是理论上的成功,使得在随后的年代里对锰氧化物的研究进展变得缓慢起来。1970 年 Searl 和 Wang[6] 报道,在(La, Pb)$MnO_3$ 材料中观测到了高达 20% 的磁电阻效应。二十世纪九十年代重新兴起的对钙钛矿锰氧化物的研究热潮开始于 1989 年,当时,Kusters 等人[7] 在 $Nd_{0.5}Pb_{0.5}MnO_3$ 单晶的居里温度附近观察到高达 50% 的磁电阻效应,这一现象开始引起了物理学界的普遍关注。随后,Helmolt 等人[8] 在 $La_{2/3}Ba_{1/3}MnO_3$ 薄膜中,在 5 T 的磁场下观测到 60% 的室温磁电阻,远远超过了磁性多层膜、颗粒膜等材料的巨磁电阻(GMR),使得人们对这类材料的研究兴趣更为增强。1994 年,Jin 等人[9] 在 $La_{2/3}Ca_{1/3}MnO_3$ 薄膜中在 6T 磁场下观察到 $\Delta R/R_0$ 为 99.9% 的庞磁电阻效应,其 $\Delta R/R_H$ 值可达 127 000%。这一数值如此之大,为了和磁性多层膜、颗粒膜等材料的巨磁电阻进行区分,被命名为庞磁电阻效应(CMR)。随后,人们相继在多晶钙钛矿锰氧化物中也发现了数值很大的庞磁电阻[10-13]。

随着研究工作的进一步深入,该类化合物的物理性质也被一一揭示出来。Asamitsu 等人[14]在 $La_{1-x}Sr_xMnO_3$ 单晶样品中观测到外磁场导致结构相变,即加上外磁场后,样品由正交结构(低温相)转变为菱面体结构(高温相)。Radaelli 等人[15]利用同步辐射的 X 射线衍射发现了 $La_{1-x}Ca_xMnO_3$ 系列在居里温度附近的晶格热膨胀,发现在磁相变点附近,晶格常数有一个小的跳跃性改变。在 $(Nd_{1-y}Sm_y)_{1/2}Sr_{1/2}MnO_3(0.5 \leqslant y \leqslant 0.95)$ 单晶体中 Kuwahara 等人[16]观测到巨磁致伸缩。这些事实都反映了钙钛矿锰氧化物中存在着磁性和晶格的强烈耦合。在晶格效应研究方面,Hwang 等人[10]和 Fontcuberta 等人[11]发现 A 位平均离子半径减少导致居里温度明显下降,而电阻率和最大磁电阻则增大。等静压研究发现,外加压力引起居里温度升高,电阻率下降[17-19]。在反铁磁、自旋玻璃态样品的研究中,发现磁场诱导反铁磁-铁磁[20,21]、自旋玻璃态-铁磁态[22,23]的相变以及电荷有序态崩裂的现象[21,24]。实验中也发现了存在于该类化合物中的姜-泰勒(Jahn-Teller)效应[25,26]。

最初的工作基本上集中于对掺杂量为 $x=0.3$ 材料的研究,因为在这一掺杂浓度下材料的居里温度最高。然而,更近的工作已逐渐转向其他掺杂范围,如 $x<0.2$ 或 $x>0.5$,对位于这些成分范围材料的研究有利于对不同磁性态之间的竞争进行更好的分析。在一些带宽比 LaSrMnO 系窄的锰氧化物中,由于双交换作用和其他的不稳定性,如反铁磁超交换、轨道有序、电荷有序以及 Jahn-Teller 型轨道-晶格相互作用之间的竞争会出现一些既复杂又饶有兴趣的特征。当 $x\sim0.5$ 时,甚至会出现电荷/轨道/自旋有序。外加磁场可以造成材料内部从电荷/轨道有序态到铁磁金属态的相变。而其他一些外界因数,如将 $Cr^{3+}$ 离子注入到 Mn 座上[27]、电流注入[28]、光辐照[29]或 X 射线辐照[30]都可以促使这样的相变发生。这样一些物理现象的发现对于精密控制钙钛矿锰氧化物中的磁性和电子状态以及实现其潜在的应用价值显然具有重要的意义。

一般而言,如果我们将双交换作用(包括考虑电子-声子相互作用)引起的磁电阻效应称为本征磁电阻效应的话,那么在锰氧化物中还存在由材料内部的晶界和相界等非均匀界面造成的磁电阻效应。这些效应统称为非本征磁电阻效应。非本征磁电阻效应的最大特点是在较低的磁场下就可以获得较大的磁电阻阻值。按 Ziese 等人的观点[31],非本征磁电阻效应主要来自自旋相关散射、自旋极化隧穿和自旋畴壁散射。由于非本征磁电阻效应都涉及电子的自旋散射,一般说来自旋极化率越高,由此导致的非本征磁电阻效应就越大。这样,研究非本征磁电阻效应有助于了解电子的自旋极化率和电子在颗粒边界的输运,而且在实际应用上由于只需较低的磁场就可以获得较大的磁电阻效应,从而使得这种非本征磁电阻效应的研究在实验和理论上都成为一个热点。在理论上,Hwang 等人[32]提出了基于电子通过铁磁颗粒绝缘层的自旋极化隧穿模型。邢定钰等人[33]计算了通过晶界层中局域自旋的集体激发导致的晶粒间非弹性隧穿和电子自旋极化的改变对低场下,磁电阻随温度上升而快速下降共同起作用。这样的理论模型很多,这里不再一一列举。

除了上面所说的钙钛矿材料的磁电阻效应外,还有一大类半金属氧化物材料,比如 $CrO_2$、$Fe_3O_4$、$SrRuO_3$、$Sr_2FeMoO_6$、$Ti_2Mn_2O_7$ 等材料的磁电阻效应也引起了人们的注意。其中,$Fe_3O_4$ 在所有半金属材料中具有最高的居里温度(858K),因而引起人们更多的注意。

关于钙钛矿锰氧化物的庞磁电阻效应及其应用,已有许多评述论文发表,如 Coey[34],
Dagotto 等人[35],Nagaev[36],Remirez[37],Fontcuberta[38],Tokura 和 Tomioka [39],M. Ziese [31]
等。读者如需要详细了解这方面的情况,可以参考这些专文,以及其中所包含的大量参考
文献。

## 6.3.2　钙钛矿锰氧化物的庞磁电阻效应

### 1.晶体结构和磁结构

理想的 $ABO_3$ 型(A 为稀土或碱土金属离子,B 为 Mn 离子)钙钛矿具有空间群为
$Pm3m$ 的立方结构,如以稀土离子 A 作为立方晶格的顶点,则 B 离子和 O 离子分别处在
体心和面心的位置,六个 $O^{2-}$ 离子组成八面体,$Mn^{3+}$ 则占据氧八面体的空位,构成 $MnO_6$
八面体,如图 6.3.1 所示。

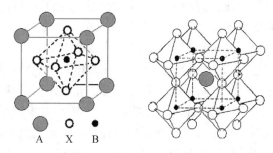

**图 6.3.1　理想的 $ABO_3$ 钙钛矿结构,其中 X 代表 O 离子**

$ABO_3$ 型正交对称性可具有两种类型,一种是 O-orthorhombic($a < c/\sqrt{2}$,$b$);另一种
称为 O′-orthorhombic($c/\sqrt{2} < a$,$b$)。$LaMnO_3$ 属于后一种。

图 6.3.2 示出了 Mn 离子的 $3d$ 能级示意图[39]。在自由离子态,Mn 的 5 个 $3d$ 电子
轨道态具有相同的能量,即它们是五重简并的。如果钙钛矿晶格是理想的立方结构,Mn
离子位于由其周围的六个氧离子构筑的 $MnO_6$ 八面体中心。这六个氧离子会对 Mn 离子
产生具有立方对称的晶体电场。按量子力学,在该晶体电场作用下,描述电子运动状态的
本征波函数将是球谐函数 $Y_l^m$ 的线性组合,共有 5 个新的本征波函数:$\psi_{xy}$,$\psi_{yz}$,$\psi_{zx}$,
$\psi_{x^2-y^2}$,$\psi_{3z^2-r^2}$,而且 Mn 离子原先五重简并的 $3d$ 轨道被劈裂成两组,一组是能量较低的
三重态($\psi_{xy}$,$\psi_{yz}$,$\psi_{zx}$),通常称之为“$t_{2g}$”态,另一组是能量较高的双重态($\psi_{x^2-y^2}$ 和
$\psi_{3z^2-r^2}$),称之为“$e_g$”态。两组之间的 Hund 耦合能 $J_H > 0$,能量差约为 10 Dq。如果钙钛
矿晶格发生畸变(如沿 $z$ 方向伸长),则这两组能级将进一步分裂,这时基态是双重简并
的($\psi_{yz}$,$\psi_{zx}$)。Elemans[35]在对 $LaMnO_3$ 的研究中发现实际掺杂钙钛矿材料的晶体结构属
畸变的正交结构(orthorhombic,空间群为 $pbnm$、$D_{16}^h$),晶格常数 $\sqrt{2}a \approx \sqrt{2}b \approx c$ 或菱面体型
(rhonbohedral,空间群为 $R\overline{3}C$)结构。它们的结构示意图分别如图 6.3.2(a)和(b)所示。

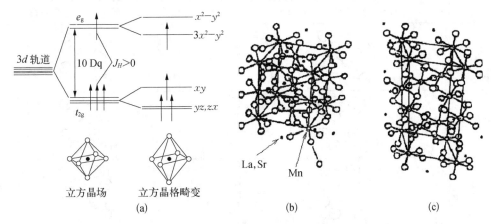

**图 6.3.2　立方晶场和 Jahn-Teller 畸变对 Mn 离子 3$d$ 能级劈裂的影响(a)和钙钛矿锰氧化物中的正交结构(b)和菱面体结构(c)示意图**[39]

钙钛矿晶格发生畸变的主要原因有两种解释[1,40-42]：一种是 Mn 离子中 $e_g$ 电子使氧形成的八面体发生畸变，统称为 Jahn-Teller 畸变。掺杂钙钛矿 $R_{1-x}A_xMnO_3$ 中 Mn 的价态或为四价($Mn^{3+}$)或为三价($Mn^{4+}$)，其相对比例取决于化学掺杂。由于 Hund 法则的存在，使得三个电子占据 $t_{2g}$ 能级形成自旋为 3/2 的状态。$e_g$ 能级则由一个电子占据($Mn^{3+}$)或空的轨道($Mn^{4+}$)。畸变使 $e_g$ 态的简并解除，从而导致不稳定性，这一 Jahn-Teller 不稳定性有助于使 $MnO_6$ 八面体从立方结构畸变为四方结构。另一种是由于 A 离子半径和 B 离子半径不一样大，使 A－O 层与 B－O 层离子直径之和有较大的差别，引起相邻层量上的失配，这种失配导致了立方结构的不稳定性。可用公差因子 $t$ (Goldsmith tolerance factor)来描述上述情形[43]：

$$t=(r_a+r_b)/\sqrt{2}(r_b+r_o)$$

其中，$r_a$、$r_b$ 和 $r_o$ 分别为稀土或碱土金属离子、Mn 离子和 O 离子的平均半径。当 $t$ 在 0.75～1.00 之间时，可以形成稳定的钙钛矿结构。例如：$LaMnO_3$ 0.89；$SmMnO_3$ 0.86；$(Pr,Nd)MnO_3$ 0.86；$GdMnO_3$ 0.85；$YMnO_3$ 0.83；$CaMnO_3$ 0.91；$SrMnO_3$ 0.99；$BaMnO_3$ 1.05；$PbMnO_3$ 1.01[1]。

未掺杂的稀土锰氧化物多具有正交对称性。掺杂的稀土锰氧化物 $R_{1-x}A_xMnO_3$，由于出现 $Mn^{4+}$ 离子，其结构可能随掺杂量 $x$ 的增加而由低对称性向高对称性转变。

在钙钛矿锰氧化物 Mn 元胞中的自旋分布有 7 种类型，即 A、B、C、D、E、F 以及 G 型自旋结构，如图 6.3.3 所示[35]。图中所指的自旋是锰氧化物中锰离子的自旋。在所有这些自旋分布中，只有 B 型结构呈现完全的铁磁性。图 6.3.4 示出了母体锰氧化物 $RMnO_3$ 中最常见的两种反铁磁结构：A 型磁结构和 G 型磁结构。可以看到，在 A 型磁结构中同一 Mn 层中的 Mn 离子磁矩取向相同，而相邻两层之间的 Mn 离子磁矩取向相反；在 G 型磁结构中则是最近邻的 Mn 离子磁矩呈反平行排列。1955 年，Wollen 和 Koehler[44] 利用中子散射技术对 $La_{1-x}Ca_xMnO_3$ 的自旋分布进行了研究，发现 $x=0.5$ 结构中存在 C 型和 E 型磁性元胞的混合物，从而把这一掺杂浓度下的绝缘态命名为"CE"型。

| 类型 | Mn元胞中的自旋分布 | 类型 | Mn元胞中的自旋分布 |
|---|---|---|---|
| A | 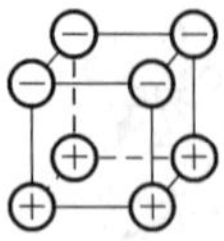 （自旋分布图） | E | 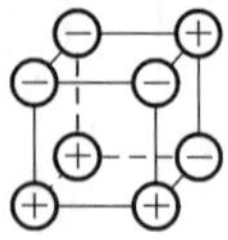 （自旋分布图） |
| B | 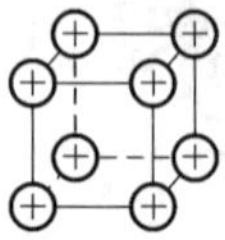 （自旋分布图） | F | 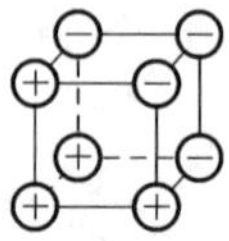 （自旋分布图） |
| C | 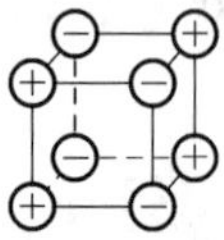 （自旋分布图） | G | 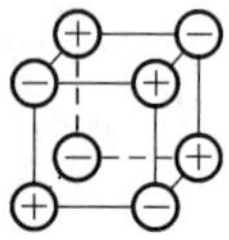 （自旋分布图） |
| D | 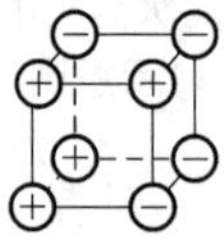 （自旋分布图） | | |

图 6.3.3　钙钛矿元胞中的 7 种磁结构，其中圆圈代表 Mn 离子的
位置，正负符号代表其自旋沿 $Z$ 轴的投影[39]

由于潜在的反铁磁超交换背景和二价离子注入引起的铁磁双交换之间的竞争，实验中已发现钙钛矿锰氧化物中除铁磁态和反铁磁态以外还存在其他一些磁结构，如自旋玻璃态（SG）[45-47]。例如，De Teresa 等人[45,46]曾利用中子衍射、$\mu$ 介子自旋弛豫和磁测量技术研究了 $(La_{1-x}Tb_x)_{2/3}Ca_{1/3}MnO_3$ 的电子和磁性相图，发现在低温时，$x<0.33$ 时出现铁磁金属态，$x>0.75$ 时是反铁磁绝缘体状态，而 $0.33<x<0.75$ 时则是典型的自旋玻璃绝缘体，不显示任何长程铁磁性。

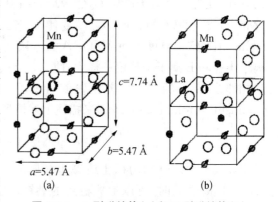

图 6.3.4　A 型磁结构(a)和 G 型磁结构(b)

对铁磁性基态，外加磁场引起居里温度升高[48-50]，其特征表现为外加磁场引起电阻率的下降，同时，金属-绝缘体转变温度向高温移动。在对反铁磁基态的掺杂钙钛矿化合物的研究中发现了磁场诱导的反铁磁-铁磁性转变，伴随着导电性的绝缘体-金属转变，观测到相当大的磁电阻[51-52]。这种同时出现磁性和导电性的转变说明了钙钛矿锰氧化物中潜在的磁性与电性质的关联。

## 2. 磁性相图

根据 Mn 离子中 $e_g$ 电子的带宽与相应出现的电磁性质的差别，Dagotto 等人[35]将现有的 $R_{1-x}A_xMnO_3$ 化合物划分为以下三种类型：

**(1) 大带宽锰氧化物,如 $La_{1-x}Sr_xMnO_3$**

以 $La_{1-x}Sr_xMnO_3$ 为典型代表。在这种化合物中,$e_g$ 电子的跳跃振幅(hopping amplitude)大于其他锰氧化物,同时居里温度相当高。图 6.3.5 给出了 $La_{1-x}Sr_xMnO_3$ 的相图[35]。$x=0.5$ 时出现稳定的 A 型反铁磁金属态(A-type antiferromagnetic),这时,在同一 Mn 层内离子自旋平行排列,呈铁磁性,但不同 Mn 层之间离子自旋反平行取向,呈反铁磁性。在 $x$ 略低于 0.30 时,$T_c$ 以上出现顺磁绝缘态,随着温度下降,转变为金属态。当 $x<0.17$ 时,即使在低温下也是绝缘态。目前大量的研究工作关注 $x=0.12$ 区域,在此区域材料处于铁磁绝缘态,而且已发现电荷有序的迹象。具有大带宽材料的磁输运行为更符合通常的双交换模型。

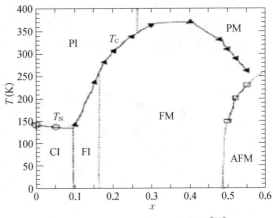

图 6.3.5 $La_{1-x}Sr_xMnO_3$ 的相图[35]

**(2) 中等带宽锰氧化物,如 $La_{1-x}Ca_xMnO_3$**

中等带宽和小带宽材料是人们研究的最多的锰氧化物材料,因为它们显示最大的 CMR 效应,这和材料中存在电荷有序趋势有关。遗憾的是,随着 MR 的增大,居里温度是下降的,因而出现最大 CMR 的温度也相应下降。

图 6.3.6 是 $La_{1-x}Ca_xMnO_3$ 的相图[53]。这一相图的特点是在公度载流子浓度 $x=N/8$ 处存在一些典型的特征。在早期研究中,普遍认为 $x=0.30$ 是出现铁磁性的最佳浓度,有最高的居里温度。但是,图 6.3.6 表明,$x=3/8$ 的样品有最高的居里温度。Cheong 和 Hwang[53] 认为,这种现象是普遍存在的,因为他们对 LaSrMnO 系统的研究也证实了这一点。另外,$x=5/8$ 处有最高的电荷有序化温度;$x=4/8$ 时可以发

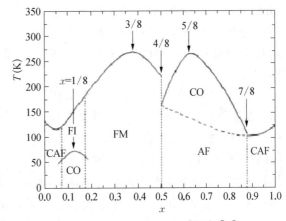

图 6.3.6 $La_{1-x}Ca_xMnO_3$ 的相图[53]

生从铁磁基态到反铁磁基态的急剧转变;$x=1/8$ 的样品有可能出现从电荷有序态到铁磁绝缘体的转变;$x=7/8$ 附近电荷有序态消失,转变成角的反铁磁态。$x=0$ 时,基态为 A 型反铁磁态,而当 $x=1$ 时,为 G 型反铁磁体,这两者均为绝缘体相。

图 6.3.7 示出了不同成分的 $La_{1-x}Ca_xMnO_3$ 中电荷/轨道排列模型。(a)图展示了 $x=0$ 时轨道有序的 A 型自旋状态;在 $x=0.5$ 时,早期发现的著名 CE 型结构是稳定的,这一结构最近在实验上利用 X 射线共振散射实验已经观察到[54];在 $x=2/3$ 以及 $x=3/4$

时,发现了一种新颖的"双条纹"排列结构[55]。当 $x=0.65$ 时,材料的结构在施加一个很高的磁场作用下仍非常稳定[56]。(c)图显示的双条纹相是很明显的,但是 Hotta 等人[57]的理论工作认为从垂直于该图的条纹平面看进去,把电荷排列想象成一种 FM 耦合的 zigzag 链状结构是更合适的。基于电镜观察结果,Choeng 与 Hwang[53]认为,例如在 $x=5/8$ 处,应该是 $x=1/2$ 和 $x=2/3$ 的混合相构成基态,共存团簇的尺寸约为 10 nm,这再一次展示了相分离趋势在锰氧化物中所起的作用。

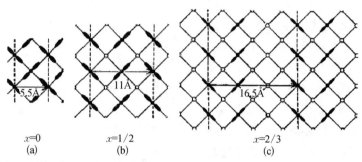

图 6.3.7　$La_{1-x}Ca_xMnO_3$ 中电荷/轨道排列模型($x=0,1/2$ 以及 $2/3$)[53]

**(3) 小带宽锰氧化物,$Pr_{1-x}Ca_xMnO_3$**

在小带宽材料中,$x=0.5$ 时出现稳定的电荷有序相,而大带宽材料在这一掺杂浓度却是金属相。对 $Pr_{1-x}Ca_x MnO_3$ 而言,Jirak 等人[58]的工作显示在较宽范围($0.3<x<0.75$)内材料都有电荷有序态存在。材料的部分相图如图 6.3.8 所示[35]。

图中可以看到在零场下和无外界压力情况下铁磁金属态在这一小带宽材料中是不存在的,代之以在 $x=0.15$ 到 $0.3$ 区间出现一种铁磁绝缘相。这种铁磁绝

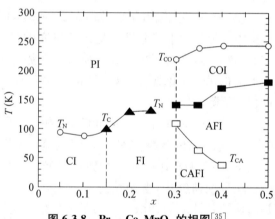

图 6.3.8　$Pr_{1-x}Ca_xMnO_3$ 的相图[35]

缘相到现在为止仍然没有被很好的认识,最近的理论工作[59]认为它本身具有一种电荷有序行为。对于 $x>0.3$,反铁磁电荷有序态是稳定的。中子衍射实验[60]显示材料在整个 $0.3$ 到 $0.75$ 的区间,电荷/自旋/轨道的排列方式都与 La-Ca 系列 $0.5$ 时的 CE 型结构类似。

## 3. 理论概述

如上所述,未掺杂的母体钙钛矿锰氧化物 $RMnO_3$ 中 Mn 离子只是以 $Mn^{3+}$ 的形式出现。位于六个氧离子组成的八面体中心的 $Mn^{3+}$ 离子,如图 6.3.2 所示,它的未被填满的 $3d$ 壳层有 4 个电子,3 个处于 $t_{2g}$ 态,1 个处于 $e_g$ 态,按 Hund 法则,这四个电子的自旋是平行取向的。由于 $t_{2g}$ 电子是局域的,可以认为是具有自旋量子数 $S=3/2$ 的局域电子,

而 $Mn^{3+}$ 的 $e_g$ 电子因为和氧的 $2p$ 电子杂化较强,而且 $d-d$ 电子之间的库仑作用能 $U$ 也较大,因此 $e_g$ 电子不容易在 $Mn^{3+}$ 之间跳跃。所以未掺杂的钙钛矿锰氧化物呈现半导体或绝缘体导电性,磁性则显示反铁磁性。掺入二价碱土金属离子后,为了保持电中性,一部分 $Mn^{3+}$ 开始变为 $Mn^{4+}$,于是就出现了 Mn 离子的混合价态。在 $MnO_6$ 晶格中,$e_g$ 电子退局域,由局域电子变成巡游电子。由于 $Mn^{4+}$ 的 $e_g$ 态是空态,容易出现 $e_g$ 电子由 $Mn^{3+}$ 跃迁到 $Mn^{4+}$,导电性增强,从而在电阻率随之下降的同时,绝缘体导电性转变成金属导电性。在 $t_{2g}$ 和 $e_g$ 电子之间,强烈的耦合行为(Hund 耦合)使得它们的自旋相互平行排列,说明了局域 $t_{2g}$ 电子自旋之间的铁磁相互作用是以退局域的 $e_g$ 电子作为媒介。因此,用二价碱土金属离子 $A^{2+}$ 替代 $R^{3+}$ 将导致空穴进入 $e_g$ 轨道,从而可以调节 Mn 离子的铁磁相互作用。

1951 年,Zener[2] 提出了双交换作用模型。它可定性解释钙钛矿锰氧化物中磁与电的强关联。在此模型中,钙钛矿材料的微观状态被简化为均匀分布,电荷在材料里的移动伴随着自旋极化状态的产生。在历史上,双交换作用的过程有两种不同的描述方法。第一种描述方法是 Zener 提出的,把这种作用过程写成电子通过如下路径进行:

$$Mn^{3+}_{1\uparrow} O_{2\uparrow,\ 3\downarrow} Mn^{4+} \longrightarrow Mn^{4+} O_{1\uparrow,\ 3\downarrow} Mn^{3+}_{2\downarrow}$$

式中标以 $1,2,3$ 的电子是属于 Mn 之间氧的 $2p$ 轨道,或属于 Mn 离子的 $e_g$ 能级。在这个过程中,有两个同时发生的跳跃动作(所以叫作双交换),一是氧的 $2p$ 电子 2 从氧离子跳到右边的锰离子,二是左边 Mn 离子的 $e_g$ 电子 1 跳到氧离子的 $2p$ 轨道,如图 6.3.9 所示。这要求两个同时发生转移的电子自旋相同,同时电子的自旋排列遵循 Hund 法则。这样,在氧左边的 Mn 离子有五个电子,而右边的 Mn 离子只有三个

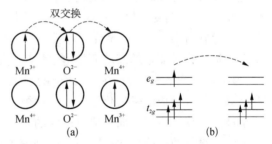

图 6.3.9 (a) 包含两个 Mn 离子和一个 O 离子的双交换机理示意图;(b) 如果局域化自旋被极化,$e_g$ 电子的迁移率增大[35]

电子,由于左右可以交换,几率相同,因而在同一锰氧层上的锰离子平行排列,呈铁磁结构。但由于在锰氧层之间,锰离子和氧离子的直接交换作用 $J<0$,导致不同锰氧层之间锰离子磁矩反平行排列,所以表现为 A 型反铁磁结构。

第二种描述方法是由 Anderson 和 Hasegawa[3] 提出的,上述电子的转移过程是通过另外一个中间状态的二级转移过程实现的。这个中间状态就是

$$Mn^{3+}_{1\uparrow} O_{3\downarrow} Mn^{3+}_{2\uparrow}$$

在这个过程中,从一个 Mn 位跃迁到下一个邻近 Mn 位的有效电子跃迁正比于电子从 O 的 $p$ 轨道到 Mn 的 $d$ 轨道跃迁的平方($t^2_{pd}$)。而且,如果采用经典的电子自旋图像,相邻自旋夹角为 $\theta$ 时,Mn 离子之间的有效电子(空穴)跃迁几率和 $\cos\theta$ 成正比。具体关系式可表示为如下形式:

$$\tilde{t}_{ij} = t_{ij}\cos(\theta_{ij}/2)$$

上式中，$t_{ij}$ 与 Mn 的 $d$ 轨道电子跃迁到 O 的 $p$ 轨道的跃迁几率 $t_{pd}$ 有关，如果 $\theta_{ij}=0$，跃迁具有最大几率，而如果 $\theta_{ij}=\pi$，对应于反铁磁情况，则跃迁几率为零。这就对钙钛矿材料中最突出的特征"电与磁的关联性"作了很好的解释。有关双交换过程的量子力学描述可参看 Kubo 和 Ohata[61] 的工作。

在靠近铁磁序温度（$T_c$）时，外场能或多或少地有利于局域电子向铁磁序排列转变。这样，可以使得已经自旋极化的电子（空穴）受到的散射减少，巡游性增强，导电性增强，这就是磁电阻产生的模型。从而在一般情况下铁磁序（$\theta_{ij}=0$）趋于增大导电性，造成金属导电行为。反之，反铁磁序（$\theta_{ij}=180°$）导致绝缘体行为。

理论研究表明，双交换模型并不能使人清楚地理解锰氧化物中的物理性质。例如，Millis 等人[62] 曾采用双交换模型估算材料的居里温度和电阻率，结果发现居里温度 $T_c$ 的计算值比实验结果约大一个数量级而电阻率却小一两个数量级。他们发现即使在居里温度以下，随着温度降低，电阻率也是上升的（绝缘体行为）。据此他们认为，对锰化合物而言仅仅考虑一个大的 Hund 耦合 $J_H$ 是不够的，而应该考虑电子-声子相互作用引起的 Jahn-Teller 效应的影响，即锰氧化物材料的性质应该由强烈的电子-声子耦合及强的 Hund 效应之间的相互作用所决定。实际上，即使在无掺杂 $x=0$ 或在比较小的掺杂时，锰化合物中也存在着强的结构畸变。在 $x=0.2$ 以下范围，电子-声子耦合比较明显，静态的 Jahn-Teller 畸变对材料物性起关键作用，而在较高的掺杂范围，动态 Jahn-Teller 畸变仍可能存在，但这时不会导致一种长程序，只是使给定的 $MnO_6$ 八面体中退局域的 $e_g$ 能级劈裂造成一种能量的涨落而使电子局域化。

Kusters 等人[7] 认为，在 $T_c$ 以上的顺磁态存在类似于磁性半导体材料的，由磁性和晶格畸变耦合而成的磁极化子。这些磁极化子是由电子或电子波包在局域化以后对它邻近的离子自旋产生极化而形成有磁性的团簇所造成的。这个假设可由居里温度以上电阻率曲线遵循指数规律变化，从而，导电是由热激活过程决定而得到证明，这个图像已被广泛采纳，但其不能直接观测到磁极化子。De Teresa 等人[63] 用小角度中子散射在 $La_{2/3}Ca_{1/3}MnO_3$ 观测到居里温度以上顺磁态中较宽的温度范围内存在磁极化子。Coey 等人[64] 曾经指出，磁极化子不像其他粒子那样可以作为一个整体粒子发生散射，而是电子在不同相邻的磁极化子之间发生跳跃。用磁极化子理论可以方便地解释温度由高到低变化时，电阻率靠近居里温度附近急剧增加和居里温度以上的顺磁绝缘态[63]。

最近的实验及理论结果都显示，与人们以往认识的钙钛矿材料的金属-绝缘体转变等性质相比，钙钛矿材料中应该存在一种内禀的不均匀性质，即材料的金属性或绝缘性等都不是纯粹的单相性质，主张相分离的观点在锰化合物的研究中占据了重要的位置[35]。人们在不同材料中观察到不同的相分离及相共存的现象[65-68]，特别是 Kapusta 等人[68] 在用 NMR 研究 $La_{1-x}Ca_xMnO_3$ 材料（$x=0.65$）的低温行为时，在电荷有序/反铁磁性（CO/AF）的基体上发现了铁磁金属（FM）相，这一有趣的现象使人们相信很久以前已经被公认的 $La_{1-x}Ca_xMnO_3$ 材料相图可能也需要进一步修正。在人们最感兴趣的 CMR 效应出现的范围，传统均匀性质的描述已经被证明是不正确的。不均匀性甚至在 $T_c$ 以上仍然存在。因此，Dagotto 等人[35] 认为应该引入一个新的温度标度 $T^*$，分离的共存团簇存在于 $T^*$ 以下到低温时真正的长程序出现温度之间的一个温度范围，其中部分团簇是金属性质的。

最近，Dagotto 等人[35]在全面评述了相分离在 CMR 材料中所起的作用后总结说到，总而言之，对锰氧化物早期研究中所提出的一些理论可能早已表明是不正确的，其中包括简单的双交换思想、Anderson 局域化和极化子思想等。尽管近年来无论在理论研究方面还是在实验研究方面对锰氧化物的分析都已经取得了相当大的进展，仍然有大量的问题需要去解决。

### 4. 输运性质和磁电阻效应

对于掺碱土金属的稀土锰氧化物，如 LaSrMnO 系列或 LaCaMnO 系列，其磁电阻特征表现为外加磁场引起的电阻率下降，同时金属-绝缘体转变温度及居里温度向高温方向移动，巨磁电阻效应在居里温度附近达到极大值。但对于小带宽材料，零场下不存在金属-绝缘体转变，因此在磁场诱导下产生金属-绝缘体转变同时导致大的 CMR 效应时，更低温度下再次出现的电荷有序（绝缘态）转变对应的温度才是磁电阻峰值所在。

Urushibara[69]等人比较详细地研究了 $La_{1-x}Sr_xMnO_3$ 单晶体在不同 Sr 注入量时，电阻率随温度的变化，图 6.3.10 示出了他们得到的单晶体电阻率 $\rho$ 随温度的变化。箭头符号表示居里温度，倒三角符号表示菱面体到正交结构转变的反常温度。从图中可以看到，随着 Sr 掺杂量 $x$ 的增大，样品的电阻率下降，同时出现从半导体导电行为到金属导电行

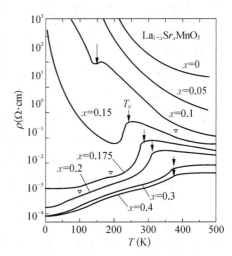

为和从反铁磁性到铁磁性的转变。当 Sr 的掺杂量 $x$ 在 $0.175\sim0.4$ 之间时，$La_{1-x}Sr_xMnO_3$ 的电阻率很低，在 $\rho\text{-}T$ 曲线上，随着温度的下降，明显出现从半导体到金属导电行为的转变。但是，当 $x=0.1$ 和 0.15 时，在居里温度 $T_c$ 下降的同时，在 $T_c$ 附近一个较小的温度范围内，有半导体-金属转变产生，随着温度的进一步下降，显示出半导体导电行为，电阻率急剧增大。对于 $x\leqslant0.05$ 的样品，不再出现半导体-金属转变，这时的导电行为可用公式 $\rho\propto\exp(E/kT)$ 来描述，表明此时样品为载流子热激活的导电过程。实验表明，当 $0.2\leqslant x\leqslant0.4$ 时，低温下的电阻率随温度上升的变化服从关系式 $\rho=\rho_0+aT^2$，此时样品显示金属导电特性。在其他的钙钛矿材料中这种现象也极为普遍。总的来说，对 LaSrMnO 二价碱土金属的注入杂量在 0.2~0.5 范围时，氧化物在较低温度下具有金属导电性质，在高温时具有半导体导电特

图 6.3.10　$La_{1-x}Sr_xMnO_3$ 单晶体的电阻率-温度曲线[69]

性。在某一温度（相应为电阻率的峰值 $T_p$）附近将发生金属-半导体转变。

图 6.3.11 是由 Schiffer 等人给出的 $La_{0.75}Ca_{0.25}MnO_3$ 在不同磁场作用下磁化强度 $M$、电阻率 $\rho$ 和磁电阻 MR 随温度的变化[70]。这些曲线在众多的 LaSrMnO 系和 LaCaMnO 系材料中是非常典型的。上方的 $M\text{-}T$ 曲线表明，随着磁场的增大，铁磁转变温度 $T_c$ 上升。一般来说，实验上精确测定钙钛矿锰氧化物的 $T_c$ 时，要求在较低的磁场强度下进行。从中间的 $\rho\text{-}T$ 曲线可以看到，电阻率在 $T_c$ 附近变化最大。在磁场作用下，电阻率

峰值随磁场强度的增大向高温方向移动,同时,电阻率值减小,从而导致大的磁电阻效应。在 250 K 和 4 T 磁场下 MR 值大于 80%。中图的插图绘出了零磁场和 4 T 磁场下低温电阻率随 $T^{2.5}$ 的变化关系,它们的直线性反映了金属导电行为。在居里温度以上的高温区,不同磁场下的 $\rho$-$T$ 曲线几乎是重合在一起的,呈绝缘体行为。如果将位于磁性相图 6.3.5 和 6.3.6 所示的铁磁金属相区中样品的磁电阻效应作一比较,则可以看到,LaSrMnO 系样品的磁电阻在 $T_c$ 以下很快趋近于零,而正如图 6.5.11 所示,LaCaMnO 系样品即使在接近于 0 K 时,仍有较大的磁电阻。对于大带宽的 LaSrMnO 系材料而言,$T_c$ 以下的铁磁性可以较好地用双交换作用模型进行解释。对于 LaCaMnO 系材料的铁磁性,尽管也可用双交换作用模型进行解释,然而,实验表明,由双交换作用决定的铁磁金属态处于和其他状态(如反铁磁态)的竞争中,从而产生混合相趋势,造成物理特性上的特殊性。至今,人们已采用各种手段对 $x=0.33$ 的 LaCaMnO 系材料进行了广泛的研究。有兴趣的读者可参阅文献[35]。

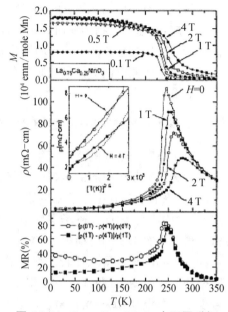

**图 6.3.11** $La_{0.75}Ca_{0.25}MnO_3$ 在不同磁场作用下磁化强度 $M$、电阻率 $\rho$ 和磁电阻 MR 随温度的变化[70]

对于 $ABO_3$ 型钙钛矿,由于 A 位离子位于 $MnO_6$ 八面体形成的网络中(图 6.5.1),因离子半径不同产生的内应力会造成 $MnO_6$ 八面体扭曲的程度不同。Torrance 等人[71]较早研究了 A 位平均离子半径 $\langle r_A \rangle$ 对钙钛矿结构的影响,发现 $RNiO_3$(R=Pr,Nd,Sm,Eu 等)的绝缘体-金属转变的温度与 A 位平均离子半径 $\langle r_A \rangle$ 密切相关,较小的 $\langle r_A \rangle$ 会导致 Ni—O—Ni 键的扭曲(相对 180°),导致导带带宽变窄。而对于钙钛矿型锰氧化物 $R_{1-x}A_xMnO_3$,A 位平均离子半径 $\langle r_A \rangle$ 对于改变磁性和输运性质、调节能带宽度同样起着很重要的作用。Hwang 等人[10]和 Fontcuberta 等人[11]分别以 LaCaMnO 系统作为研究对象,通过改变掺杂量系统地研究了 $\langle r_A \rangle$ 对磁电阻、电阻率、居里温度的影响,表明随着 $\langle r_A \rangle$ 减小,锰氧化物的电阻、磁电阻急剧增大,但是居里温度会减小。

图 6.3.12 是 $Pr_{1-x}Ca_xMnO_3$($x=0.3$、0.35、0.4、0.5)在不同磁场中的电阻率-温度曲线[72]。如本节所述,$Pr_{1-x}Ca_xMnO_3$ 属于小带宽材料。从图 6.3.12 可以看到,这些材料在零场下呈现绝缘态。在外加磁场作用下,可以出现陡峭的金属-绝缘体转变。对照图 6.3.8 所示的磁性相图,这一成分范围内的材料有反铁磁的电荷有序态存在。随着 Ca 含量 $x$ 的增大,为了使这种电荷有序态去稳定化以产生绝缘体-金属的转变,需要施加更强的磁场。另外,施加磁场前后,电阻率有几个数量级的变化,特别是在低温区。如果用 Sr 取代 Ca,同样也可观察到类似的金属-绝缘体转变[73]。

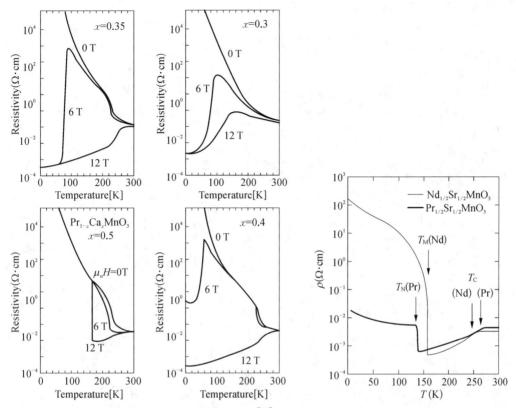

图 6.3.12 $Pr_{1-x}Ca_xMnO_3$ 的电阻率-温度曲线[72]

图 6.3.13 $Nd_{1/2}Sr_{1/2}MnO_3$ 和 $Pr_{1/2}Sr_{1/2}MnO_3$ 的零场电阻率-温度曲线[74]

NdSrMnO 系统也是一种中等带宽的钙钛矿材料,低温下在 Sr 含量 $x=0.5$ 附近一个很小的成分范围内存在一稳定的电荷有序相,但在一级相变时很容易被磁场所破坏。在 NdSrMnO 系统的磁性相图的其他部分,和图 6.3.5 所示的 LaSrMnO 系统相图十分相似,在该电荷有序区的左侧是铁磁金属相区,右侧则是反铁磁金属区[73]。图 6.3.13 是 $Nd_{1/2}Sr_{1/2}MnO_3$ 和 $Pr_{1/2}Sr_{1/2}MnO_3$ 的电阻率-温度曲线图[74]。它们在输运行为上非常相似,随着温度的下降,在 $T_c$ 以下出现半导体-金属转变,电阻率也跟着减小,到奈尔温度 $T_N$ 时,发生铁磁金属态到电荷有序态的转变,因而电阻率出现台阶跳跃式的急剧增大。有趣的是 Tokura 等人[75]通过研究无序钙钛矿 $(Nd_{1-y}Sm_y)_{1/2}Sr_{1/2}MnO_3$ 相互竞争的不稳定性和亚稳态,发现铁磁性的双交换作用和反铁磁电荷有序不稳定性之间的竞争会引起热感生和磁场感生的绝缘体-金属转变。对于 $x\leqslant0.75$ 样品,在高温区和低温区均有磁电阻效应出现,特别是在低温范围内,磁电阻值更大(图 6.3.14)。

近年来,由于基础研究的需要和潜在应用的驱使,大量的庞磁电阻效应的研究对象都集中在薄膜样品上,磁电阻值很大。图6.3.15是当年报道具有最大 MR 值的 $Nd_{0.7}Sr_{0.3}MnO_3$ 薄膜的 $\rho$-$T$ 曲线和 MR-$T$ 曲线[76]。膜厚为 200 nm 的薄膜是在(100)$LaAlO_3$ 衬底上利用脉冲激光沉积法在 300 mTorr $N_2O$ 气氛中制备的,衬底温度保持在 600℃~800℃,随后在 400 Torr $O_2$ 中冷却到室温。最后经 1 大气压 $O_2$ 中退火 0.5 小时。这样制得的薄

膜在 $60\ \text{K}$ 和 $8\ \text{T}$ 时的 MR 值大于 $-10^6\%$。

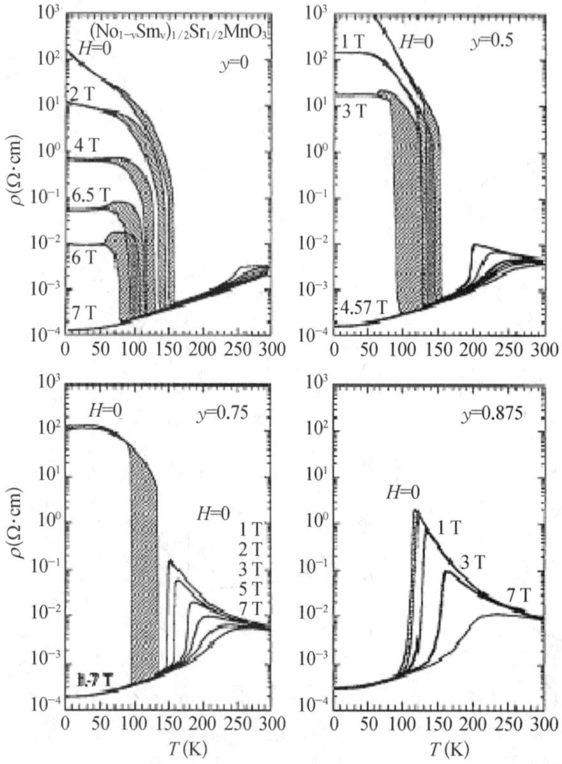

**图 6.3.14** 不同磁场下 $(\text{Nd}_{1-y}\text{Sm}_y)_{1/2}\text{Sr}_{1/2}\text{MnO}_3$
单晶的电阻率的温度依赖性[75]

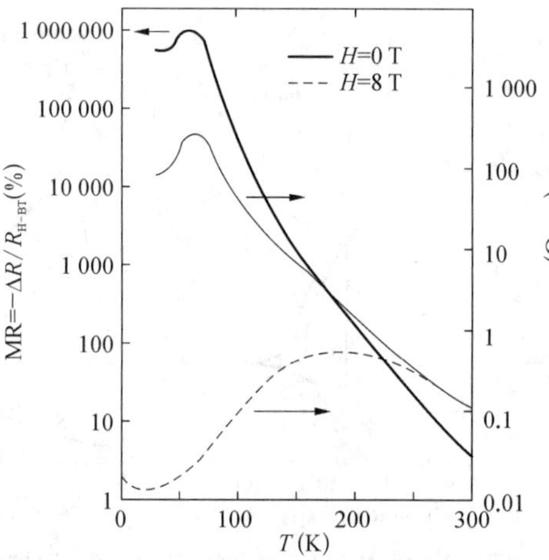

**图 6.3.15** $\text{Nd}_{0.7}\text{Sr}_{0.3}\text{MnO}_3$ 薄膜经氧气热处
理以后在零场和 $8\ \text{T}$ 磁场时的
$\rho$-$T$ 曲线和 MR-$T$ 曲线[76]

  在钙钛矿锰氧化物中磁性与晶格之间往往有着强烈的耦合。例如，Moritomo 等人[18]用施加等静压方法发现 $\text{La}_{0.825}\text{Sr}_{0.175}\text{MnO}_3$ 样品在压力和磁场作用下的输运行为是等效的，它们有相似的 $\rho$-$T$ 曲线。这种相似性可能和 $T_c$ 附近具有较大磁致伸缩或与晶格结构畸变有关联。Asamitsu 等人[14]在 $\text{La}_{0.83}\text{Sr}_{0.17}\text{MnO}_3$ 单晶中发现外磁场可以诱导结构相变。在磁场作用下，菱面体-正交结构的转变温度可以下降 $50\ \text{K} \sim 60\ \text{K}$，例如零场时结构转变温度为 $280\ \text{K}$，在 $4\ \text{T}$ 磁场中，只有 $230\ \text{K}$。伴随这种结构相变，同时产生大的磁电阻效应和磁滞伸缩效应。Kuwahara 等人[16]在 $(\text{Nd}_{0.062}\text{Sm}_{0.938})_{1/2}\text{Sr}_{1/2}\text{MnO}_3$ 中观测到电荷有序转变温度 $(T_{C0})$ 附近有大的磁致伸缩。此外，Ibarra 等人[77]发现 $\text{La}_{0.6}\text{Y}_{0.07}\text{Ca}_{0.3}\text{MnO}_3$ 样品在居里温度附近有体积异常热膨胀。所有这些实验都表明磁电阻和晶格或磁致伸缩有着异常紧密的联系。

## 5. 非本征磁输运现象

  在文献中，锰氧化物的磁电阻效应有本征和非本征之分。本征磁电阻效应指的是在大块铁磁材料中发现的并由材料本身物理参数所决定的电阻随磁场而改变的现象，而非本征效应仅是指在某些人工异质结构和器件中由缺陷结构所造成的效应。这种区分并不十分严格，例如杂质散射可能起着很大的作用，而它本身就是一种非本征效应。

按照 Ziese 的评述[31]，铁磁氧化物的非本征磁电阻效应分为三大类，即晶界磁电阻、铁磁隧道结中的自旋极化磁电阻和畴壁磁电阻。Hwang 等人[78]和 Gupta 等人[79]最早报道在钙钛矿材料中，在较低的外加磁场下，界面的非本征磁电阻效应一般要大于本征磁电阻效应。至今，人们对不同种类样品的非本征磁电阻效应均已进行过研究，如多晶陶瓷和薄膜、压结粉末、双晶衬底上的单一晶界、划痕衬底、台阶和激光图形化结等。由此在文献中出现了名称不同的非本征效应，如晶界磁电阻、结磁电阻（JMR）、粉末磁电阻（PMR）等。然而，这些现象背后的物理机理似乎是相同的。这一机理很可能就是自旋极化隧穿。

因此，近年来，人们对由一绝缘层隔开的两个铁磁层所组成的异质结构中的自旋极化隧穿也开展了深入的研究。据发现，隧穿电流灵敏地依赖于铁磁电极中的相对磁化方向。这和Fermi 能级处自旋相关的状态密度有关。通常定义一 Fermi 能级处的自旋极化率，使巡游铁磁体中的自旋不平衡得到量化；元素铁磁体Fe、Co 和 Ni 的自旋极化率分别为 45％、42％和 31％。图 6.3.16 比较了 LaSrMnO 和 Ni 的能带结构图[79]。能带结构的计算结果表明铁

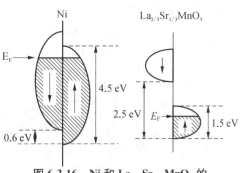

**图 6.3.16　Ni 和 La$_{2/3}$Sr$_{1/3}$MnO$_3$ 的能带结构示意图[78]**

磁锰氧化物具有半金属本质。所谓半金属，被定义为在一个自旋通道中具有金属的能态密度，而在另一个自旋通道中能态密度上有一能隙；这样的能带结构对应于 100％的自旋极化率。LaSrMnO 的能带结构图显然符合半金属的这个定义，因为它的 Fermi 能级只位于一个多数子能带中。

图 6.3.17 示出了 Hwang 等人[78]对 La$_{2/3}$Sr$_{1/3}$MnO$_3$ 的一个单晶样品和两个多晶样品测得的磁化强度和相对电阻率随磁场的变化。两个多晶样品是利用固态反应法分别在1 300℃ 和 1 700℃烧结得到的，由于烧结温度相差很大，1 700℃烧结样品内部晶粒直径大于 1 300℃烧结样品。他们测得的 $\rho$-$T$ 曲线表明，随着温度的下降，在 $T_c$ = 365 K 处，三个样品的电阻率都有较陡峭的下降。在 5 K 时，单晶样品的电阻率最低（35 $\mu\Omega \cdot$ cm），1 700℃ 烧结样品的电阻率比单晶大一个数量级，1 300℃烧结样品的电阻率又比 1700℃烧结样品差不多大一个数量级。三个样品在 0.5 T 磁场下测得的 $M$-$T$ 曲线差别很小。但是，图 6.3.17 显示的磁电阻效应却有着很大的差别。比较（a）、（c）、（e）图可知，单晶的磁电阻在低温时最小，如 5 K 时几乎为零，在 280 K 和 5 T 时，磁电阻为 4％左右。两个多晶样品的行为正好相反，低温的磁电阻最大，280 K 时则最小，而且它们都显示出同样的特点，$\rho/\rho_0$值随着磁场的增大，在低场下有一较陡峭的下降，随后再有比较平缓的增大，整个曲线明显可以分为两个阶段。他们认为，单晶样品所显示的负 MR 是由本征磁电阻效应决定的，可以应用双交换模型加以解释，而两个多晶样品的输运特性和较大的低场磁电阻则是由晶粒间效应即自旋极化电子在晶粒之间的隧穿所决定的。这一研究阐明了体特性和界面特性的相对效应。随后大量开展的对锰氧化物磁电阻效应的研究，证实了自

旋极化隧穿机理对于获得较大低场磁电阻的重要性。Gupta 等人[79]研究了外延膜和多晶膜中的磁电阻效应,结果和大块多晶样品是一致的。

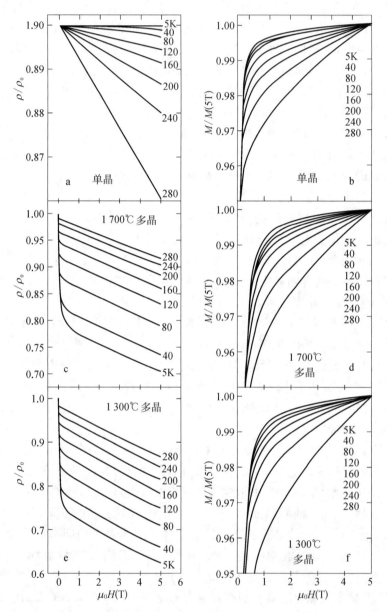

**图 6.3.17 La$_{2/3}$Sr$_{1/3}$MnO$_3$ 单晶和多晶样品的磁化强度 $M$ 和相对电阻率 $\rho/\rho_0$ 随磁场的变化**[78]

Balcells 等人[80]和 Hueso 等人[81]分别研究了 LaSrMnO 和 LaCaMnO 大块多晶样品晶粒间磁电阻对晶粒尺寸的依赖性。发现晶粒间磁电阻随着晶粒尺寸的减小而增大。Balcells 等人报道晶粒间磁电阻在大约 30% 时达到饱和。在恒定温度下,电阻率的对数和晶粒尺寸成反比变化,表明隧穿势垒厚度随晶粒尺寸减小而增大以及饱和磁化强度减小。这表明晶粒的表面层是处于磁无序态。

为了探索晶界对磁电阻效应的影响,许多研究小组制备了双晶结[82-85]。将锰氧化物薄膜沉积在双晶衬底上,双晶衬底结晶学方向之间的位向偏离角为 24°、36.8°或 45°。沉积后,薄膜进行图形化加工,使曲曲折折的通道和晶界交叉几次。因此,研究单一晶界的影响是可以实现的。在双晶结中看到的电阻率和磁电阻随磁场的变化类似于大块多晶样品的行为,明显可以分为两个阶段。电阻率在远低于居里温度时显示一最大值,并且在小的外加磁场作用下急剧下降。这一低场磁电阻随着温度的上升而增大,在低温下几乎高达 100%。

关于晶界对磁电阻效应影响的机理,Zieze[31] 已经进行了系统的评述。他指出,有关多晶磁性氧化物的自旋极化输运的本质似乎已经得到一致的结论。人们已认识到电荷载流子输运是经由非弹性隧穿过程出现的。这就意味着磁输运强烈地依赖于势垒特征。晶界区显示磁有序,据推测是一种被破坏了的磁状态或者是带有某种破坏的主要反铁磁态,造成一种线性的高场磁电阻延伸到很高的磁场。非弹性隧穿过程对低场磁电阻是不利的,因为自旋极化在穿过磁性无序势垒的输运期间会减小。详细的情况读者可参阅文献[31]。

在锰氧化物大块多晶样品或薄膜中引入第二相 Ag,可以明显增大低场磁电阻,这一点已为许多实验所证实[86-88]。这种磁电阻增强效应和传导电子在 Ag 颗粒相与钙钛矿相之间界面处的自旋相关散射有关。

### 6. 相分离

Dagotto 等人[35]最近系统评述了相分离在 CMR 材料中所起的关键作用,并指出了相分离的趋势是一种普遍存在的内禀特征,甚至在单晶中都可能存在。他们指出,相分离有两类:一类是由于电子浓度的不均匀性导致在纳米尺度的分离相之间形成共存团簇,称之为电子相分离;另一类是指化合物中由于掺杂引起的 A 位离子随机(无序)分布所导致的相分离,各相之间表现有渗逾(percolative)结构特点并且这种混合相之间的转变是一级相变,在具有渗逾掺杂值时,对于外加磁场特别敏感,从而可以出现巨磁电阻效应。

如前所述,根据 Mn 离子中 $e_g$ 电子的带宽与相应出现的电磁性质的差别,现有的 $R_{1-x}A_xMnO_3$ 化合物可划分为以下三种类型:以 $La_{1-x}Sr_xMnO_3$ 为代表的大带宽锰氧化物,以 $La_{1-x}Ca_xMnO_3$ 为代表的中等带宽锰氧化物和以 $Pr_{1-x}Ca_xMnO_3$ 为代表的小带宽锰氧化物。对于 $La_{1-x}Sr_xMnO_3$,当其成分位于 $0.12 < x < 0.5$ 范围时,会出现铁磁金属相,这时用双交换模型来描述可以充分解释电阻率和磁化强度之间存在简单相关性的各种现象。一方面,对于中等和小带宽锰氧化物,具有明显的相分离倾向。图 6.3.5、图 6.3.6、图 6.3.8 所示的相图中表明了锰氧化物中存在的相关相结构,具有不同浓度相之间的电子相分离能够产生纳米范围的共存团簇。另一方面,不同类的 A 位离子的取代将导致锰氧化物的带宽发生变化,这种带宽的变化表面看来是由于 A 位平均离子半径的变化引起的,实际上,由于 A 位离子取代会导致不同的 A 位离子分布的无序在决定锰氧化物的性质方面同样非常重要。图 6.3.18(a)示出了无序对金属-绝缘体相变的影响最终形成两相大团簇的示意图。如果在金属-绝缘体一级相变时,没有无序存在,系统处于“混乱”状态(confused),因而无法分辨是金属态还是绝缘态;如果无序强烈到占优势的程度,则

两个竞争相的细小团簇就会形成,这时晶格常数为典型的长度标度。如果无序不为零但适当弱,由于空间无序的涨落就可在大范围内钉扎住一个相或另一个相,导致它们成为尺寸长到微米级的大团簇。由此,根据渗逾特征算出的电阻率-温度曲线与实验十分相符,如图 6.3.18(b)。

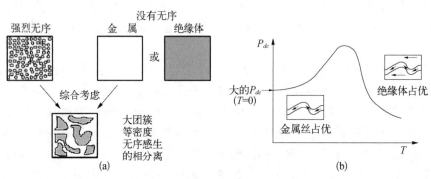

**图 6.3.18　无序导致相分离示意图**

### 6.3.3　Fe₃O₄ 的庞磁电阻效应

我们在前面主要讨论了 $ABO_3$ 型的钙钛矿锰氧化物的庞磁电阻效应及其相关的物理问题。实际上,钙钛矿锰氧化物是一个材料家族的总称。例如,所谓的 Ruddelsden-Popper 系列层状结构化合物,其分子式可以写成 $(La, Sr)_{n+1}Mn_nO_{3n+1}$,其中,$n$ 是角顶共用的 $MnO_6$ 八面体(图 6.3.1)相连层的数目。如 $n=1$,结构是 $K_2NiF_4$ 型的;$n=2$ 为双层结构;$n=\infty$ 就是畸变的钙钛矿结构。其中 $n=2$ 的双层结构,如 $Sr_2FeMoO_6$ 的磁电阻效应在文献中不时也有报道。此外,包括 $ABO_3$ 型钙钛矿锰氧化物在内的所谓半金属材料的磁电阻效应的报道也日见增多,其中有 $Fe_3O_4$、$CrO_2$、$SrRuO_3$、$Tl_2Mn_2O_7$(焦绿石)等。在这里,因篇幅有限,我们无法一一介绍,只能重点选择 $Fe_3O_4$ 作为例子进行讨论。关于其他一些材料的磁电阻效应,有兴趣的读者可以参阅 Ziese 的述评[31]。

众所周知,磁铁矿 $Fe_3O_4$ 是一种具有反型尖晶石结构的亚铁磁体,居里温度高达858 K。随着温度的下降,在 Verwey 温度 $T_v=120$ K[1]左右会发生无序-有序转变,体现在电阻率增大两个数量级和磁场中磁化强度出现突然下降的现象。典型的磁铁矿单晶和薄膜的 Verwey 相变特征如图 6.3.19 所示[89]。

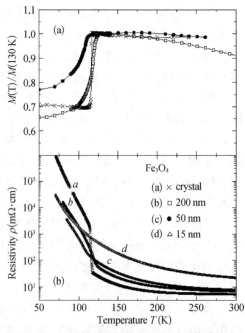

**图 6.3.19　磁铁矿单晶和各不同厚度薄膜的电阻和磁化强度随温度变化关系[89]**

    $Fe_3O_4$ 尖晶石结构 A 位和 B 位磁矩的反平行排列,使得磁铁矿具有与 $Fe^{2+}$($3d^6$)离子相等的净磁矩($\mu = 4\mu_B$)。它的导电机理在于占据 B 位的 $Fe^{3+}$ 和 $Fe^{2+}$ 离子间电子的跳跃。能带结构计算表明,磁铁矿是费米能级附近电荷载流子 100% 极化的半金属材料[90]。

    高居里温度使得磁铁矿成为最有希望实际应用于自旋电子学和隧道磁电阻器件的材料。因此,长时间以来磁铁矿的磁电阻效应备受关注。早在 1975 年,就已发现,多晶 $Fe_3O_4$ 薄膜在 Verwey 温度(130 K)附近具有最大的负的磁电阻,在 2.3 T 磁场下大约为 $-7.4\%$[91]。$Fe_3O_4$ 单晶的磁电阻效应一般也是在 Verwey 点附近有极大值,7.7 T 时 MR$\sim 16\%$[92],在 Verwey 温度以上和以下都渐渐变为零。

    在过去十年中,人们对磁铁矿单晶、外延薄膜、多晶薄膜和粉末压结体中的磁电阻效应都曾进行了研究。但是,实验结果显示,它们的室温磁电阻都较小[93,94]。因此,如何提高磁铁矿的磁电阻效应就成了实际应用急需解决的问题,其中方法之一就是降低 $Fe_3O_4$ 薄膜的厚度。透射电子显微镜观察显示,在 $Fe_3O_4$ 薄膜中,当薄膜的厚度降低时,会出现反相畴界[95,96]。一方面,在外磁场的作用下,反铁磁自旋在一定程度上转向外磁场方向排列,从而增强电子穿越相界的输运能力并提高磁电阻效应。然而,反相畴界另一个方面也会导致磁铁矿薄膜的电阻率升高,并且随着薄膜样品的厚度变小,薄膜的磁畴尺寸变小,破坏样品的长程有序,导致饱和磁矩减小。由于磁畴的变小和反相畴界的出现,Verwey 相变会在薄膜样品中消失。Eerenstein 等人[97]给出了多晶 $Fe_3O_4$ 薄膜的电阻率随温度变化的关系。

    提高磁电阻效应的另一方法是控制和调节样品中的晶界。Liu 等人[98]报道了 $Fe_3O_4$ 多晶薄膜中在 5 T 磁场和室温下有 $-7.4\%$ 的磁电阻,然而在 1 T 的低场下磁电阻仅为 $-3\%$ 左右。作者认为这种薄膜的磁电阻是由晶粒间自旋相关隧穿引起的。Hsu 等人[99]研究了成分为 $Ag_x(Fe_3O_4)_{1-x}$($x$ 是体积分数)的具有 $Fe_3O_4$ 相和金属 Ag 相薄膜的磁电阻效应,发现了异常的磁电阻行为即 0.8 T 磁场下室温磁电阻由纯 $Fe_3O_4$ 薄膜的 $-1.25\%$ 跳跃到 $x = 0.005$ 时的正值($\sim +0.4\%$),然后再跳回到 $x = 0.02$ 时的负值 $-0.4\%$,最后随着 $x$ 的增加逐渐趋近于 0。

    Coey 等人[100]系统研究了 $Fe_3O_4$ 的粉末压结体、多晶薄膜和单晶的巨磁电阻效应。图 6.3.20 为 $Fe_3O_4$ 三种形态的室温电阻和磁电阻随磁场的变化关系。从图中我们可以看出,室温磁电阻效应都很小。但是,有意思的是,他们通过将 $Fe_3O_4$ 粉末在较高压力下直接成型得到的样品(粉末压结体)却有 1.2% 的磁电阻。多晶薄膜的磁电阻为 1.6%,而单晶却是接近于零。注意图中三种样品的电阻是差别很大的。

    Ziese 等人[101]报道了 $Fe_3O_4$ 单晶在沿[110]方向通以电流进行磁电阻测量时可得 1 T 磁场下高达 70% 的磁电阻,然而其温度范围很窄,而且是在低温 Verwey 相变点附近才能得到。

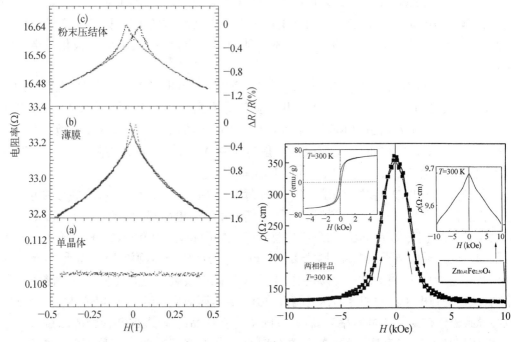

图 6.3.20　不同形式的 $Fe_3O_4$ 的室温磁电阻效应
(a) 单晶,(b) 薄膜,(c) 粉末压结体[100]

图 6.3.21　$(ZnFe)_3O_4/\alpha\text{-}Fe_2O_3$ 两相复合物室温下的电阻率随磁场的变化。左插图是磁滞回线,右插图是单相 $(ZnFe)_3O_4$ 的电阻率随磁场的变化[102]

　　我们发现了用传统固相反应法制备的大块多晶 $(Fe_3O_4)_{1-x}Ag_x$($x$ 是摩尔分数)存在显著增强的室温磁电阻效应。该系列样品的空泡率约为 22%。在 300 K 时,$x=0.3$ 样品的最大磁电阻在 1 T 磁场下可达到 $-5.1\%$,在 5 T 磁场下达到 $-6.8\%$,而未掺 Ag 的大块多晶样品($x=0$)相应的磁电阻却只有 $-1.8\%$ 和 $-2.4\%$。现在看来,$Fe_3O_4$ 的本征磁电阻效应确实很小,而对于非本征磁电阻效应,不同作者报道的数值差别又很大,究其原因,微结构的差别可能是引起磁电阻效应差别的重要因素。今后,如果要想利用高居里温度的 $Fe_3O_4$ 作为磁性传感器的材料,必须改善微结构,以获得最大的非本征磁电阻。在这方面,陈鹏等人[102]就是一个最好的证明。他们报道了用 $Zn^{2+}$ 离子部分取代 Fe 离子,用溶胶-凝胶法制备了 $Zn_xFe_{3-x}O_4$,高温烧结后,由于 Zn 的挥发,导致部分 $\alpha\text{-}Fe_2O_3$ 处于晶界的位置起了绝缘层作用。结果在 1 T 磁场下,室温和 4.2 K 时的磁电阻高达 158% 和 1 280%。图6.3.21 示出了两相复合物的室温电阻率随磁场的变化,明显和右插图的单相 $Zn_{0.41}Fe_{2.59}O_4$ 化合物的曲线不同。$I-V$ 曲线的非线性证实这样大的磁电阻并非来自 $Zn_{0.41}Fe_{2.59}O_4$ 的体特性,而是来自晶界处的隧穿型磁电阻。

## 参考文献

[1] Jonker G. H.,Van Stanten J. H.,*Physica.*,1950,16,.

[2] Zenner C.,*Phys. Rev.*,1951,82.

［3］Anderson P. W., Hasegawa H., Phys. Rev.,1955, 100.

［4］De Gennes P. G.,*Phys. Rev.*,1960, 118.

［5］Goodenough J. B., *Phys. Rev.*,1955,100.

［6］Searle C. W., Wang S. T., *Can. J. Phys.*,1970,48.

［7］Kusters R. M., Singleton J., Keen D.A., Mc Greenvy R., Hayes W., Physica.,1989, 155B.

［8］Von Helmolt R., Wocker J., Hozapfel B., Schultz M., Samwer K., *Phys.Rev.Lett.*,1993, 71.

［9］Jin S., Tiefel T. H., McCormack M., Fastnacht R. A., Ramesh R., Chen L. H., *Science*, 1994, 264.

［10］Hwang H. Y., Cheong S. W., Radaeni P. G., Marezio M., Batlogg B., Phys. Rev. Lett., 1995,75.

［11］Fontcuberta J., Martlnez B., Seffar A., Pinol S., Garcia-Munoz J.L., Obradors X., *Phys. Rev. Lett.*,1996,76.

［12］Gong G. Q., Canedy C., Xiao G., Sun J.Z., Gupta A., Gallagher W.J., *Appl.Phys.Lett.*, 1995,67.

［13］Lees M.R., Barratt J., Balarkrishnan G., Paul D.M., Yethiraj M., *Phys.Rev.B.*,1995,52.

［14］Asamitsu A., Moritomo Y., Tomloka Y., Arima T., Tokura Y., *Nature*,1995, 373.

［15］Radaelli P.G., Cox D.E., Marezio Y., Cheong S.W., Schiffer P.E., Ramirez A.P., *Phys.Rev. Lett.*,1995,75.

［16］Kuwahara H., Tomioka Y., Moritomo Y., Asamitsu A., Kasai M., Kumai R., Tokura Y., *Science*,1996, 272.

［17］Neumeier J.J., Hundley M.F., Thomoson H.D., Heffner R.H., *Phys.Rev.B.*,1995,52.

［18］Marimoto Y., Asamitsu A., Tokura Y., *Phys.Rev.B.*,1995,51.

［19］Hwang H.Y., Palstra T.T.M., Cheong S.W., Batogg B., *Phys.Rev.B.*,1995,52.

［20］Marimoto Y., Kuwahara H., Tomioka Y., Tokura Y., *Phys.Rev.B.*,1997,55.

［21］Liu K., Wu X.W., Ahn K.H., Sulchek T., Chien C.L., Xiao J.Q., *Phys.Rev.B.*,1996,54.

［22］De Teresa J.M., Ibarra M.R., Garcia J., Blasco J., Ritter C., Algarabel P.A., Marquina C., Del.Moral A., *Phys.Rev.Lett.*,1996,76.

［23］Sundaresan A., Maignan A., Raveau B., *Phys.Rev.B.*,1997,55.

［24］Tomioka Y., Asamitsu A., Moritomo Y., Kuwahara H., Tokura Y., *Phys. Rev. Lett.*, 1995, 74.

［25］Dai P., Zhang J. D., Mook H. A., Liu S.H., Dowben P. A., Plummer E. W., *Phys. Rev. B.*,1996, 54.

［26］Sharma R. P., Xiong G. C., Kown C., Greene R. L., Venkatesan T., *Phys. Rev. B.*, 1996, 54.

［27］Raveau B., Maignan A., Martin C., J. *Solid State Chem.*,1997, 130.

［28］Asamitsu A., Tomioka Y., Kuwahara H., Tokura Y., *Nature*,1997, 388.

［29］Miyano K., Tanaka T., Tomioka Y., Tokura Y., *Phys. Rev. Lett.*,1997, 78.

［30］Kiryukhin V., Casa D., Hill J.P., Keimer B., Vigliante A., Tomioka Y., Tokura Y., *Nature*,1997, 386.

［31］Ziese M., *Rep. Prog. Phys.*,2002, 65.

［32］Hwang H. Y., Cheong S.W., Ong N. P., Batlogg B., *Phys. Rev. Lett.*,1996, 77.

［33］Pin L., Xing D. Y., Dong J.M., J. *Magn. Magn. Mater.*,1999.

［34］Coey J.M.D., Viret M., Mornár S., *Adv. Phys.*,1999.

［35］Daggoto E., Hotta T., Moreo A., *Phys. Rep.*,2001, 344.

［36］Nagaev E.L., *Phys. Rep.*,2001, 346.

［37］Ramirez A.P., *J. Phys.; Condens. Matter.*,1997, 9.

［38］Fontcuberta J., *Phys. Word*,1999, 12.

［39］Tokura Y., Tomioka Y., *J. Magn. Magn. Mater.*,1999.

［40］Elemans J. B., van Laar B., Van Der Keen K.R., Loopstra B., *J. Solid State Chem.*,1971, 3.

［41］Van Santen J.H., Jonker G. H.,*Physica*,1950,16.

［42］Geller S.,*J. Chem. Phys.*,1956, 24.

［43］Goodenough J. B., Lango J. M., Landolt Boornstein Tabellen, *New Series. Vol. III/4a Springer, Berlin*, 1970.

［44］Wollan E. O., Koehler W. C., *Phys. Rev.*,1955, 100.

［45］De Teresa J. M., Ibarra M. R., Garcia J., Blasco J., Ritter C., Algarabel P. A., Marquina C., Del. Moral A., *Phys. Rev. Lett.*,1996,76.

［46］De Teresa J. M., Ritter C., Ibarra M. R., Algarabel P. A., Garcia-Muñoz J., Blasco J., Garcia J., Marquina C., *Phys. Rev. B.*,1997,56.

［47］Sundaresan A., Maignan A., Raveau B.,*Phys. Rev. B.*,1997,55.

［48］Schiffer P., Ramirez A. P., Bao W., Cheong S.W., *Phys. Rev. Lett.*,1995, 75.

［49］Sun J. Z., et. al., *Appl. Phys. Lett.*,1996, 69.

［50］Rao G. H., et. al., *Appl. Phys. Lett.*,1996, 69.

［51］Moritomo Y., Kuwakara H., Tomioka Y., Tokura Y., *Phys. Rev. B.*,1997,55.

［52］Liu K., Wu X. W., et al., *Phys. Rev. B.*,1996, 54.

［53］Cheong S.W., Hwang H.Y., In: Tokura Y.(Ed.), *Colossal magnetiresistance Oxides*［M］. Monographs in Condenced Matter Science, Gorden & Breach, 1999 (London).

［54］Zimmermann M. V., Hill J. P., Gibbs D., Blume M., Casa D., Keimer B., Muakami Y., Tomioka Y., Tokura Y., Phys. Rev. Lett.,1999, 83.

［55］Mori S., Chen C. H., Cheong S.W., *Nature*,1998, 392.

［56］Ibarra M. R., De Teresa J. M., 1998, In: Rao C. N. R., Raveau B., (Eds.)*Contribution to Colossal Magnetoresistance, charge ordering and Related Properties of Manganese Oxides*［M］. World Scientific, Singapore.

［57］Hotta T., Takada Y., Koizumi H., Dagotto E., *Phys. Rev. Lett.*,2000, 84.

［58］Jirak Z., Krupicka S., Simsa Z., Dlouha Z., Vratislav Z., *J. Magn. Magn. Mater.*,1985, 53.

［59］Hotta T., Dagotto E., Phys. Rev. B.,2000.

［60］Tomioka Y., Asamitsu A., Kuwahara H., Moritomo Y., Tokura Y., Phys. Rev. B., 1996, 53.

［61］Kubo K., Ohata N.,J. Phys. Soc. Japan.,1972, 33.

［62］Millis A. J., Shraiman B. I., Littelwood P. B., Phys. Rev. Lett., 1995, 74; Millis A. J., Shraiman B.I., Mueller R., *Phys. Rev. Lett.*,1996, 77.

［63］De Teresa J. M., Ibarra M. R., Blasco J., Garcia J., et al.,*Phys. Rev. B.*,1996, 54.

［64］Coey J. M. D., Viret M., Ranno L., Ounadjela K., *Phys. Rev. Lett.*,1995, 75.

［65］Mayr M., Moreo A., Verges J., Arispe J., Feiguin A., Dagotto E., *Phys. Rev. Lett.*, 2000, 85.

［66］Levy P., Parisi F., Polla G., Vega D., Leyva G., Lanza H., Freitas R. S., Ghivelder L., *Phys. Rev. B.*,2000a, 62.

［67］Lopez J., Lisboa Filho P. N., Passos W. A. C., Ortiz W. A., Araujo-Moreira F. M., Preprint, *Cond.Mat.*, 2000.

［68］Kapusta Z., Riedi P. C., Sikora M., Ibarra M. R., *Phys. Rev. Lett.*,2000, 84.

［69］Urushibara A., Moritomo Y., Aima T., Asamitsu A., Kdo G., Tokura Y., *Phys. Rev. B.*, 1995,51.

［70］Schiffer P., Ramirez A. P., Bao W., Cheong S.W., *Phys. Rev. Lett.*,1995, 75.

［71］Torrance J. B., Lacorre P.,et. al., *Phys. Rev. B.*,1992, 45.

［72］Tomioka Y., Asamitsu A., Kuwahara H., Moritomo Y., Tokura Y., Phys. Rev. B., 1996, 53.

［73］Kajimoto R., Yoshizawa H., Kawano H., Kuwahara H., Tokura Y., Ohoyama K., Ohashi M., Phys. Rev. B.,1999, 60.

［74］Kawano H., Kajimoto R., Yoshizawa H., Tomioka Y., Kuwahara H., Tokura Y., *Phys. Rev. Lett.*,1997, 78.

［75］Tokura Y., Kuwahara H., Moritomo Y., Tomioka Y., Asamitsu A., *Phys. Rev. Lett.*, 1996, 76.

［76］Xiong G.C., Li Q., Ju H.L., Mao S.N., Senapati L., Xi X.X., Greene R.L., *Appl. Phys. Lett.*,1995, 66.

［77］M. R. Ibara, P. A. Algarabel, C. Marquina, et al., *Phys. Rev. Lett.*,1995, 75.

［78］Hwang H. Y., Cheong S.W., Ong N.P., Batlogg B., *Phys. Rev. Lett.*,1996, 77.

［79］Gupta A., Gong G. Q., Xiao G., et al., *Phys. Rev. B.*,1996, 54.

［80］Balcells L., Fontcuberta J., Matinez B., Obradors X., *Phys. Rev. B.*,1998b, 58.

［81］Hueso L.E., Rivas J., Rivadulla F., Lopez Quintela M.A., *J. Appl. Phys.*,1999, 86.

［82］Mathur N.D., Burnell G., Issac S.P., et al., *Nature*,1997, 387.

［83］Steenbeck K., Eick T., Kirsch K., Schmidt H.G., Steinbei E., *Appl. Phys. Lett.*,1998, 73.

［84］Westerburg W., Martin F., Friedrich S., Meier M., Jakob J., *J. Appl. Phys.*,1999, 86.

［85］Philipp J.B., Hfener C., Thienhaus S., et al., *Phys. Rev. B.*,2000, 62.

［86］Tao T., Cao Q. Q., Gu K. M., et al., *Appl. Phys. Lett.*,2000, 77.

［87］Shreekala R., Rajeswari M., Pai S. P., et al., *Appl. Phys. Lett.*,1999, 74.

［88］Bathe R., Adhi K. P., Patil S. I., et al., *Appl. Phys. Lett.*,2000, 76.

［89］Ziese M., Blythe H. J., *J. Phys: Condens. Matter.*,2000, 12.

［90］De Groot R. A., Mueller F. M., Van Engen P. G., et al., *Phys. Rev. Lett.*,1983, 50.

［91］Feng J. S., Pashley R. D., Nicolet M. A., *J. Phys. C.*,1975, 8.

［92］Gridin V. V., Hearne G. R., Honig J. M., *Phys. Rev. B.*,1996, 53.

［93］Gong G. Q., Gupta A., Xiao G., Qian W., et al., *Phys. Rev. B.*,1997, 56.

［94］Ziese M., Srinitiwarawong C., Shearwood C., *J. Phys.: Condens. Matter.*,1998, 10.

［95］Margulies D. T., Parker F. T., Rudee M. L., et al., *Phys. Rev. Lett.*,1997, 79.

［96］Hibma T., Voogt F. C., Niesen L., Van Der Heijden P. A. A., De Jonge W. J. M., et al., *J. Appl. Phys.*,1999, 85.

［97］Eerenstein W., Palstra T. T. M., Hibma T., Celotto S., *Phys. Rev. B.*,2002, 66.

［98］Liu H., Jiang E. Y., Bai H. L., Zheng R. K., et al., *Appl. Phys. Lett.*,2003, 83.

［99］Hsu J.H., Chen S.Y., Chang W.M., et al., *J. Appl. Phys.*,2003，93；Hsu J.H., Chen S.Y., Chang W.M., et al., *J. Magn. Magn. Mater.*,2004.

［100］Coey J. M. D., Berkowitz A. E., Balcells L., et al., *Appl. Phys. Lett.*,1998，72.

［101］Ziese M., Srinitiwarawong C., Shearwood C., *J. Phys.: Condens. Matter.*,1998，10.

［102］Chen P., Xing D.Y., Du Y.W., Zhu J.M., Feng D., *Phys. Rev. Lett.*,2001，87.

# 后　记

## 对磁学与磁性材料未来的一点思考

磁学是古老而永葆青春的科学领域,磁性材料是现代社会不可或缺的基础性功能材料。为了探索磁学与磁性材料未来发展的方向,首先需了解磁学的过去与现在,才能确定可能的未来。

### 一、磁学与磁性材料发展简史

公元前六百年以来,东方与西方均发现磁铁矿($Fe_3O_4$)的静磁性。"慈石吸铁,母子相恋";"同性相斥,异性相吸"是中国古代对静磁互作用现象的精彩描述。英国 W.Gilbert(1540—1603)对静磁学系统地进行了研究,其论著《磁学》为静磁学画上句号。

19 世纪,法拉第、奥斯特、高斯、毕奥、安培、萨伐尔以及洛伦兹等学者完成了电流与磁场的关系及其互作用的基础研究,促使了以电动机和发电机为代表的众多技术发明,从而导致第二次产业革命,在欧洲与美国首先实现了电气化社会。1831 年法拉第发现电磁感应现象,1845 年发现磁光法拉第效应;1876 年克尔发现磁光克尔效应;麦克斯韦电磁场理论统一了光-电-磁的电磁学图像,光也是一种电磁波,从而奠定了现代通讯的基础,为电磁学进行了完美的收官;1888 年赫兹发现了射频电磁波;1896 年塞曼发现了塞曼效应,19 世纪建立了电磁学的辉煌时代。

20 世纪进入到原子、电子、基本粒子磁性基础研究的阶段:外斯(1907)提出铁磁性的分子场理论;居里提出居里顺磁性定律 $\chi = C/T$;朗之万从分子场理论出发解释了磁性随温度的变化;玻尔(1913)提出电子角动量与轨道磁矩;盖拉赫(1921)发现银原子束在非均匀磁场中分裂为 2 根线,实验上确定了电子自旋磁矩;泡利(1925)提出泡利不相容原理;海森伯(1928)在量子力学的基础上建立了自旋交换作用理论,合理地解释了分子场的本质,为铁磁学奠定基础;狄拉克量子电动力学理论(1928),自然地引入电子自旋,但理论预言的磁单极子尚待证实;奈尔(1932)建立了反铁磁性、亚铁磁性理论,得到中子衍射的证实;莫特、斯莱特、斯托纳等人,将能带理论应用于金属、合金磁性,合理地解释了磁矩非整数的问题。

上述基础磁学研究奠定了铁磁学的基础,铁磁学主要研究磁畴、磁性材料的磁化曲线与磁滞回线等宏观磁性,研究对象主要为强耦合的自旋系统,为各类磁性材料的发展奠定了基础。其中软磁材料、永磁材料以及磁记录材料等为具有广阔应用领域的磁性功能材料,磁与电共生,为人类文明的发展奠定了基础。著名的磁学家 Coey 认为[1]:每年世界各国磁性材料的消费量,可作为各国现代化程度的指标之一。目前磁性材料的发展处于精益求精,不断改善性能,扩大应用领域,呈现产量日增的局面。然而,现有磁性材料似乎已进入到难以取得重要革命性突破的停滞阶段,除非发现更高饱和磁化强度的新材料,或具有新特性的磁性材料。据 2020 年 Science 报道[2]，通过对 Cr -吡嗪金属-有机材料还原,合成了居里温度为 242℃的分子磁性材料,其室温矫顽力达 600 kA/m (7 500 Oe),这是分子磁性新突破,值得重视。此外,磁性超材料除在微波段外,在红外、太赫兹、光频段可能的应用值得关注。磁性材料在各领域的应用,如磁传感器在人工智能化中的应用等,新颖磁性器件的研发尚需加强创新力度。

磁学(Magnetism)发展的简史表明,自古至今,磁学经历过静磁学(Static magnetism)—电磁学(Electromagnetism)—基础磁学(Basic magnetism)以及铁磁学(Ferromagnetism)四个发展阶段。磁学未来的研究领域是什么?

曾有专著中将奠基在量子力学的磁学称为现代磁学,将各类交叉耦合效应称为边缘磁学[3],显然采用与时间有关的名词"现代"描述随时代变化的学科是不合适的,过去一段时间冠以"现代"也许合适,但随着时代的变迁不能永远称之为"现代",可考虑用"量子磁学",或"自旋磁学"名称。

## 二、自旋磁学的兴起

1944 年发现电子顺磁共振的现象,继后发现了核磁与铁磁共振,尤其核磁共振在医疗领域得到广泛的应用。与上述的磁性材料不一样,顺磁与核磁共振属于弱耦合自旋系统,它的机理主要是磁场与单个或少数自旋的互作用,牵涉到自旋的动力过程,

20 世纪 50 年代的微波铁氧体旋磁特性,也是利用自旋动力学,在静磁场与微波场共同作用下产生张量磁导率,与通常磁性材料利用磁滞回线的特性有所不同,主要利用自旋的动力学过程。

磁共振宏观的唯象描述通常采用具有阻尼项的 Landau - Lifshitz 方程式,对电子磁矩系统采用 Gilbert 阻尼项。

对核磁矩系统常采用 Bloch - Blomberg 公式,引入自旋与晶格的弛豫时间 $T_1$ 和自旋与自旋的弛豫时间 $T_2$。

光子的自旋-轨道耦合导致光自旋霍尔效应引发自旋光子学的诞生;高温超导材料的超导性可能与自旋反铁磁耦合有关;材料热电性能与自旋熵有关;外尔半金属具有自旋特性;还有磁性拓扑绝缘体、量子自旋液体等。因此,凝聚态物理的研究中很多效应与自旋相关,这些新效应与铁磁学关联不大,而与自旋相关的新效应,将为未来的电子器件开拓新应用领域。

化学家发现,催化性能好的材料往往具有磁性,这表明自旋与催化存在一定的关联。磁场的作用可调控催化性能的实验更引起广泛的的兴趣。如 2018 年,王敦辉等人发表在 ACS Nano 的文章[4]已被引用 99 次,2022 年,闫世成等人研究了自旋有序变化会影响氧化还原反应[5],Cabeer 综述了尖晶石铁氧体在光催化中的应用[6],这方面研究尚有待于进一步深入开展。

核磁共振已成为重要的疾病诊断设备,为了提高其分辨力,除提高磁场强度外,影像增强造影剂的研发也十分重要,此外研发高灵敏度的磁图技术为有效磁诊断创造条件。磁疗,作为磁场与生命体的互作用,长期来引起医学界、磁学界以及众多亚健康病者的关注,其机理尚

有待于持续研究,需要从机理研究与临床医疗相结合,使磁疗成为廉价、有效的理疗手段之一。

侯亚义科研组系统地开展了旋转磁疗对小白鼠肿瘤的治疗作用,确证了磁疗对提升生物体免疫力的作用,从而对肿瘤具有治疗的作用,经磁疗后,小鼠可荷瘤生存,提高生存质量。山东淄博超瑞施医疗科技有限公司对肿瘤病人进行临床治疗表明:磁疗不仅对肿瘤有治疗作用,而且对亚健康的恢复也十分有效,磁疗是十分有意义的科学问题,值得深入研究。

一般生物体都具有弱磁性,如人体:心磁场~$10^{-10}$ T,脑磁场~$5\times10^{-13}$ T,而通常地磁场场强为~$5\times10^{-5}$ T。例外,如卫星发现在百慕大区域磁场反常,强度高,方向混乱。人体磁图技术和人体电图技术相比,具有不需要与人体接触,测量信息量大,分辨率高等优点,有可能进展为判断人体健康的医疗设备。以前,曾用量子相干磁强计测量人体磁场,由于需昂贵的外磁场屏蔽室,而无法进入医院,成为医疗仪器。近年来,研究 NV 色心-金刚石中氮空位缺陷导致未配对的电子自旋产生,从而可以产生电子自旋共振,用激光照射 NV 色心时,吸收光子发出荧光,其颜色依赖于周围环境。因此,NV 色心有可能成为灵敏的探针,用于测量纳米尺度的电场、磁场和温度等物理量,并具有极高的精度和准确的空间定位,可望用于检测微弱磁场、生物磁场,虽尚未进入到医疗的实用化阶段,但目前已有量子钻石原子力显微镜与单自旋谱仪产品问世。据报道,2021 年,中国科技大学彭新华研究组与德国科学家合作,利用气态氙和铷原子混合蒸气室,发明了具有超高灵敏度的新型核自旋量子测量技术,实现了新型核自旋磁传感器。该技术利用激光先极化铷原子蒸气,再利用铷与气态氙原子的自旋交换碰撞,从而将氙原子的核自旋极化,采用自旋量子放大器,将原子磁力计的磁探测灵敏度提高了 100 倍,用于探索暗物质,其灵敏度达 fT 级,又为微弱磁场探测开拓了新思路。利用自旋特性的新方法研发出测量微弱生物磁场新设备将成为可能,从而可能实现非接触、高灵敏度生物磁场的测量,也许可以十分简便地对人体健康作科学的判断,宛如利用 TMR 判断集成电路何处短路一样。

在生物界芸芸众生中,大多数生物体都具有依靠地磁场识别方向的生物磁罗盘,小到趋磁细菌,大到鳄鱼,从信鸽、候鸟,到蜜蜂、蝴蝶、海龟等,可以根据所在地的地球磁场确定所处的位置与方向,以地磁场作为导航系统路标。

生物磁罗盘的机制并不清楚,其中,有学者提出假说如下:隐花色素(cryptochrome)是一种在鸟类视网膜中发现的蛋白质,在光、热、磁等外界条件下,隐花色素共价键发生分裂,形成的具有不成对电子的原子或基团,这就是自由基,自由基成对产生时,它们的自旋状态被认为保持纠缠状态,互相关联。而磁场的出现会让原本处于简并的能级分裂,产生三重态(triplet),改变能级,地磁场对自由基的影响,导致磁场对生物体的导向作用,开创了量子生物学。生物的磁感受能力被称作生物“第六感”,“第六感”磁感在人脑中已被证实。

人体可能具有量子纠缠是新近热门的研究领域,波斯纳集群被认为存在大脑中,它包含 6 个磷原子,每个磷原子核的自旋状态都可能处于量子纠缠态,量子纠缠实质是磁的量子效应。意识可能源于大脑内原子核自旋纠缠。

1988 年的巨磁电阻效应的发现,开拓了自旋电子学(Spintronics)的新学科,Peter Grünberg(德国)和 Albert Fert (法国)获 2007 年度诺贝尔物理学奖。其后,美国学者巧妙地采用反铁磁层制成自旋阀结构的高灵敏度的 GMR、TMR 磁传感器,显著地提高了磁盘的容量,为计算机性能提高,价格下降作出了贡献。进而,利用电子自旋为矢量的特性,研发成磁随机存储器(MRAM),采用自旋极化电流调控自旋方向,研发成的 STT - MRAM 自旋芯片也已进入产业化阶段,利用自旋-轨道互作用可以进一步降低能耗,所研发成的 SOT - MRAM 也走向实用化,MRAM 不仅可以扩展为单个存储器,还可以扩展为嵌入式存储器,适用于微控制(MCU)、物联网(IoT)、人工智能(AI),功耗低。此外,它还具有非易失性、抗辐射性等优点,其技术尚在不断完善中,可望成为后摩尔时代与半导体芯片的竞争者,为了与半导体芯片名称相对应,同时反映芯片的本质,建议采用"自旋芯片"代表各种类型的 MRAM(商品名称)。采用自旋电子学技术创造出类似于人工神经元和突触,为人工智能脑科学和类脑计算机研发开辟了新途径。人脑是高效、低能耗、存算一体化的计算机,芯片发展的方向是研发存算一体化的类脑芯片,目前重点研究 MRAM 与 RRAM 二类非易失性的人工类脑芯片。

量子计算机是当前具有颠覆性战略意义的热点。量子计算机利用量子特有的"叠加状态",采取并行计算的方式,可使运行速度以指数的量级提升,通常表述为 $2^n$,$n$ 为量子比特数,目前量子计算机的功能已显著超越经典超级计算机。量子计算机与人工智能化、基因工程等相结合将成为未来社会发展的驱动力。自旋间互作用的量子纠缠在量子计算中起重要作用。2022 年 Nature 的一期上同时刊登了 3 篇有关量子计算机的文章[7]。为了保证量子比特的退纠缠时间足够长(长于量子计算时间),需要让量子比特尽可能"与世隔绝",以增强量子系统的鲁棒性。同时又要使量子比特与外界相互作用,来执行对量子计算的操控。原子核自旋能够相当好地与外界环境隔离,但如何让核自旋与外界相互作用呢?该刊报道,在两个磷原子核之间引入了一个电子,当两个核自旋关联到同一个电子自旋时,就可以通过共有的电子进行纠缠。

磁是物质基本属性之一,原子、电子、基本粒子等均具有磁矩,为磁性的载体。上述的磁共振、霍尔效应、量子纠缠、自旋电子学等均与自旋相关,但似乎与铁磁学关联度不太,甚至属弱耦合自旋系统。以自旋为主体,重点是磁与其他学科的交叉,是磁学发展的新领域。为了更好地开展此领域的基础与应用研究,建议命名为自旋磁学(Spin Magnetism),其相关的研究内涵可以考虑如下:1. 自旋电子学;2. 自旋物理学;3. 自旋化学;4. 自旋生物学与医疗应用;5. 自旋光子学等。自旋磁学可涵盖与磁相关的交叉学科,与铁磁学相交错,又可延伸到量子磁学的领域。

物质是由原子组成的,原子是由电子-原子核组成,电荷与自旋是电子的基本属性,19 世纪以来,人类主要利用电子具有电荷的特性进行了第二次产业革命——电气化,20 世纪进行了第三次产业革命——信息化,利用半导体特性,采用电场调控电荷做出了晶体管,产生集成电路与计算机,至今,人类对电荷的调控、利用已十分娴熟,但对其自旋特性却缺乏充分的认识与应用。20 世纪 80 年代自旋电子学的诞生,为自旋在信息领域的应用敞开了大门,自旋为矢量,电荷为标量,从物理的角度考虑,矢量比标量更复杂,内涵更丰富,自旋是十分重要的量子态,广义的自旋包含核自旋等。假如说 19 世纪至今为电荷的世纪,也许未来属于自旋的世纪。

一孔之见,抛砖引玉,希望有更多的学者能对磁学、磁性材料的未来的发展提出不同的观点,以促进不同学科间的交融与发展。

本文主要内容已发表在《物理》刊物[8]，经修改后作为本书的"后记"。承蒙邢定钰院士的审阅与修改，深表感谢。

## 参考文献

[1] Coey M.D. J., *Alloys and Compounds*，2001，326.

[2] Perlepe P.，et al.，*Science*，2020，370：587－592.

[3] 宋德生，李国栋.电磁学发展史[M]，广西人民出版社，1987.

[4] Li J.，Pei Q.，Wang R.Y.，et al.，*ACS Nano.*，2018，12：3351-3359.

[5] Liu D.D.，Lu M.F.，Liu D.P.，Yan S.C.，et al.，*Adv.Fun. Mater.*，2022.

[6] Casbeer E.，Sharma V.K.，Li X.Z.，*Separation and Purification Technology*，2012，87：1－14.

[7] *Nature*，2022，20，Qbit AL.

[8] 都有为."自旋磁学"的思考[J]，物理，2019.

# 附录一　磁学量和单位

| 磁学量 | 符号 | 国际单位制(SI) | 高斯单位制(CGS) | 换算关系 |
|---|---|---|---|---|
| 磁场强度 | $H$ | A/m, kA/m | Oe(奥斯特) | $1A/m=4\pi \cdot 10^{-3}$ Oe<br>$1Oe=79.58A/m$ |
| 矫顽力 | $H_C$<br>$H_{CB}$<br>$H_{CJ}$ | A/m, kA/m | Oe(奥斯特) | $1\,A/m=4\pi \cdot 10^{-3}$ Oe<br>$1\,Oe=79.58\,A/m$ |
| 磁矩 | $m$ | Am$^2$ | emu | $1\,Am^2=10^3$ emu<br>$1\,emu=1\,erg/Oe=10^{-3}\,Am^2$ |
| 轨道磁矩 | $m_1$ | Am$^2$ | emu | $1\,Am^2=10^3$ emu<br>$1\,emu=1\,erg/Oe=10^{-3}\,Am^2$ |
| 自旋磁矩 | $m_S$ | Am$^2$ | emu | $1\,Am^2=10^3$ emu<br>$1\,emu=1\,erg/Oe=10^{-3}\,Am^2$ |
| 玻尔磁子 | $\mu_B$ | $\mu_B=1.16 \cdot 10^{-29}$ Wb $\cdot$ m | $\mu_B=9.27 \cdot 10^{-21}$ erg/Oe<br>$=9.27 \cdot 10^{-21}$ emu | |
| 磁化强度 | $M$ | A/m | emu/cm$^3$ | $1\,A/m=10^{-3}$ emu/cm$^3$ |
| 比饱和磁化强度 | $\sigma_S$ | Am$^2$/kg | emu/g | $1\,Am^2/kg=1$ emu/g |
| 磁极化强度 | $J$ | T(特斯拉) | G(高斯) | $1\,T=10^4\,G=10$ kG |
| 饱和磁极化强度 | $J_S$ | T(特斯拉) | G(高斯) | $1\,T=10^4\,G=10$ kG |
| 磁通密度<br>磁感应强度, | $B$ | T(特斯拉) | G(高斯) | $1\,T=10^4G=10$ kG |
| 饱和磁感应强度 | $B_S$ | T(特斯拉) | G(高斯) | $1\,T=10^4\,G=10$ kG |
| 磁通量 | $\phi$ | Wb(韦伯) | Mx(麦克斯韦) | $1\,Wb=10^8$ Mx |
| 最大磁能积 | $(BH)_{max}$ | J/m$^3$(焦耳/米$^3$)<br>kJ/m$^3$(千焦耳/米$^3$) | erg/cm$^3$(尔格/厘米$^3$),<br>G $\cdot$ Oe(高 $\cdot$ 奥),<br>MG $\cdot$ Oe(兆高奥) | $1\,J/m^3=10$ erg/cm$^3$<br>$1\,J/m^3=125.7\,G \cdot$ Oe<br>$1\,MG \cdot Oe=7.96$ kJ/m$^3$ |
| 磁动势 | $F_m$ | A(安匝) | Gb(吉伯) | $1\,A=4\pi/10$ Gb |
| 磁性常数(真空磁导率) | $\mu_0$ | $\mu_0=4\pi \cdot 10^{-7}$ H/m | $\mu_0=1$ G/Oe | |

| 磁学量 | 符号 | 国际单位制(SI) | 高斯单位制(CGS) | 换算关系 |
|---|---|---|---|---|
| 相对磁导率 | $\mu_r, \mu$ | 1 | — | |
| 磁化率 | $\chi$ | 1 | — | $\chi = M/H$ |
| 损耗角 | $\delta$ | 1 | — | $\tan\delta = \mu''/\mu' = 1/Q$ |
| 质量因子 | $Q$ | 1 | — | $Q = 1/\tan\delta$ |
| 铁损或功率损耗 | $P_{Fe}$ | W, 1 W=1 VA=1 J/s<br>瓦,1 瓦=1 伏安=1 焦/秒 | | |
| 单位重量的功率损耗率 | $P_{Fe}$ | W/kg(瓦/千克) | | |
| 线磁致伸缩 | $\lambda$ | $10^{-6}$或 ppm | | |
| 趋肤深度 | $\delta$ | mm, $\mu$m | | |
| 居里温度 | $T_C$ | K, ℃ | | 273.15 K=0℃ |
| 磁性吸力或斥力 | $F$ | N(牛顿) | Dyne(达因) | 1 N=$10^5$ dyne; |
| 静磁能密度 | $E_s$ | J/m³(焦耳/米³) | erg/cm³(尔格/厘米³) | 1 J/m³=10 erg/cm³ |
| 铁磁交换常数 | $A, J_{ex}$ | J/m(焦耳/米) | erg/cm(尔格/厘米) | 1 J/m=$10^5$ erg/cm |
| 磁晶各向异性常数 | $K_1$ | J/m³(焦耳/米³) | erg/cm³(尔格/厘米³) | 1 J/m³=10 erg/cm³ |
| 布洛赫畴壁参数 | $\delta_0$ | m, $\mu$m, nm<br>(米,微米,纳米) | m, $\mu$m, nm<br>(米,微米,纳米) | 1 m=$10^9$ nm |
| 畴壁能密度 | $\gamma_B$ | J/m² | erg/cm²(尔格/厘米²) | 1 J=$10^7$ erg |
| 退磁因子 | $N$ | 1($\sum N_i=1$) | 1/4$\pi$($\sum N_i=4\pi$) | |

# 附录二 元素周期表

注：相对原子质量录自2001年国际原子质量表，并全部取4位有效数字。

图例说明：
- 原子序数 → 92 **U**
- 元素符号，红色指放射性元素
- 元素名称（注*的是人造元素）
- 外围电子层排布（括号指可能的电子层排布）
- 铀 $5f^36d^17s^2$
- 238.0 相对原子质量（加括号的是半衰期最长同位素的质量数）

| 周期 | IA 1 | IIA 2 | IIIB 3 | IVB 4 | VB 5 | VIB 6 | VIIB 7 | VIII 8 | VIII 9 | VIII 10 | IB 11 | IIB 12 | IIIA 13 | IVA 14 | VA 15 | VIA 16 | VIIA 17 | 0 18 |
|---|---|---|---|---|---|---|---|---|---|---|---|---|---|---|---|---|---|---|
| 1 | 1 H 氢 $1s^1$ 1.008 | | | | | | | | | | | | | | | | | 2 He 氦 $1s^2$ 4.003 |
| 2 | 3 Li 锂 $2s^1$ 6.941 | 4 Be 铍 $2s^2$ 9.012 | | | | | | | | | | | 5 B 硼 $2s^22p^1$ 10.81 | 6 C 碳 $2s^22p^2$ 12.01 | 7 N 氮 $2s^22p^3$ 14.01 | 8 O 氧 $2s^22p^4$ 16.00 | 9 F 氟 $2s^22p^5$ 19.00 | 10 Ne 氖 $2s^22p^6$ 20.18 |
| 3 | 11 Na 钠 $3s^1$ 22.99 | 12 Mg 镁 $3s^2$ 24.31 | | | | | | | | | | | 13 Al 铝 $3s^23p^1$ 26.98 | 14 Si 硅 $3s^23p^2$ 28.09 | 15 P 磷 $3s^23p^3$ 30.97 | 16 S 硫 $3s^23p^4$ 32.06 | 17 Cl 氯 $3s^23p^5$ 35.45 | 18 Ar 氩 $3s^23p^6$ 39.95 |
| 4 | 19 K 钾 $4s^1$ 39.10 | 20 Ca 钙 $4s^2$ 40.08 | 21 Sc 钪 $3d^14s^2$ 44.96 | 22 Ti 钛 $3d^24s^2$ 47.87 | 23 V 钒 $3d^34s^2$ 50.94 | 24 Cr 铬 $3d^54s^1$ 52.00 | 25 Mn 锰 $3d^54s^2$ 54.94 | 26 Fe 铁 $3d^64s^2$ 55.85 | 27 Co 钴 $3d^74s^2$ 58.93 | 28 Ni 镍 $3d^84s^2$ 58.69 | 29 Cu 铜 $3d^{10}4s^1$ 63.55 | 30 Zn 锌 $3d^{10}4s^2$ 65.41 | 31 Ga 镓 $4s^24p^1$ 69.72 | 32 Ge 锗 $4s^24p^2$ 72.64 | 33 As 砷 $4s^24p^3$ 74.92 | 34 Se 硒 $4s^24p^4$ 78.96 | 35 Br 溴 $4s^24p^5$ 79.90 | 36 Kr 氪 $4s^24p^6$ 83.80 |
| 5 | 37 Rb 铷 $5s^1$ 85.47 | 38 Sr 锶 $5s^2$ 87.62 | 39 Y 钇 $4d^15s^2$ 88.91 | 40 Zr 锆 $4d^25s^2$ 91.22 | 41 Nb 铌 $4d^45s^1$ 92.91 | 42 Mo 钼 $4d^55s^1$ 95.94 | 43 Tc 锝 $4d^55s^2$ (98) | 44 Ru 钌 $4d^75s^1$ 101.1 | 45 Rh 铑 $4d^85s^1$ 102.9 | 46 Pd 钯 $4d^{10}$ 106.4 | 47 Ag 银 $4d^{10}5s^1$ 107.9 | 48 Cd 镉 $4d^{10}5s^2$ 112.4 | 49 In 铟 $5s^25p^1$ 114.8 | 50 Sn 锡 $5s^25p^2$ 118.7 | 51 Sb 锑 $5s^25p^3$ 121.8 | 52 Te 碲 $5s^25p^4$ 127.6 | 53 I 碘 $5s^25p^5$ 126.9 | 54 Xe 氙 $5s^25p^6$ 131.3 |
| 6 | 55 Cs 铯 $6s^1$ 132.9 | 56 Ba 钡 $6s^2$ 137.3 | 57~71 La~Lu 镧系 | 72 Hf 铪 $5d^26s^2$ 178.5 | 73 Ta 钽 $5d^36s^2$ 180.9 | 74 W 钨 $5d^46s^2$ 183.8 | 75 Re 铼 $5d^56s^2$ 186.2 | 76 Os 锇 $5d^66s^2$ 190.2 | 77 Ir 铱 $5d^76s^2$ 192.2 | 78 Pt 铂 $5d^96s^1$ 195.1 | 79 Au 金 $5d^{10}6s^1$ 197.0 | 80 Hg 汞 $5d^{10}6s^2$ 200.6 | 81 Tl 铊 $6s^26p^1$ 204.4 | 82 Pb 铅 $6s^26p^2$ 207.2 | 83 Bi 铋 $6s^26p^3$ 209.0 | 84 Po 钋 $6s^26p^4$ (209) | 85 At 砹 $6s^26p^5$ (210) | 86 Rn 氡 $6s^26p^6$ (222) |
| 7 | 87 Fr 钫 $7s^1$ (223) | 88 Ra 镭 $7s^2$ (226) | 89~103 Ac~Lr 锕系 | 104 Rf 𬬻* $(6d^27s^2)$ (261) | 105 Db 𬭊* $(6d^37s^2)$ (262) | 106 Sg 𬭳* (266) | 107 Bh 𬭛* (264) | 108 Hs 𬭶* (277) | 109 Mt 鿏* (268) | 110 Ds 𫟼* (281) | 111 Rg 𬬭* (272) | 112 Uub * (285) | | | | | | |

电子层数 / 族：
- K: 2
- L, K: 8, 2
- M, L, K: 8, 18, 8, 2
- N, M, L, K: 8, 18, 18, 8, 2
- O, N, M, L, K: 8, 18, 18, 18, 8, 2
- P, O, N, M, L, K: 8, 18, 32, 18, 18, 8, 2

**镧系**

| 57 La 镧 $5d^16s^2$ 138.9 | 58 Ce 铈 $4f^15d^16s^2$ 140.1 | 59 Pr 镨 $4f^36s^2$ 140.9 | 60 Nd 钕 $4f^46s^2$ 144.2 | 61 Pm 钷 $4f^56s^2$ (145) | 62 Sm 钐 $4f^66s^2$ 150.4 | 63 Eu 铕 $4f^76s^2$ 152.0 | 64 Gd 钆 $4f^75d^16s^2$ 157.3 | 65 Tb 铽 $4f^96s^2$ 158.9 | 66 Dy 镝 $4f^{10}6s^2$ 162.5 | 67 Ho 钬 $4f^{11}6s^2$ 164.9 | 68 Er 铒 $4f^{12}6s^2$ 167.3 | 69 Tm 铥 $4f^{13}6s^2$ 168.9 | 70 Yb 镱 $4f^{14}6s^2$ 173.0 | 71 Lu 镥 $4f^{14}5d^16s^2$ 175.0 |
|---|---|---|---|---|---|---|---|---|---|---|---|---|---|---|

**锕系**

| 89 Ac 锕 $6d^17s^2$ (227) | 90 Th 钍 $6d^27s^2$ 232.0 | 91 Pa 镤 $5f^26d^17s^2$ 231.0 | 92 U 铀 $5f^36d^17s^2$ 238.0 | 93 Np 镎 $5f^46d^17s^2$ (237) | 94 Pu 钚 $5f^67s^2$ (244) | 95 Am 镅 $5f^77s^2$ (243) | 96 Cm 锔 $5f^76d^17s^2$ (247) | 97 Bk 锫 $5f^97s^2$ (247) | 98 Cf 锎* $5f^{10}7s^2$ (251) | 99 Es 锿* $5f^{11}7s^2$ (252) | 100 Fm 镄* $5f^{12}7s^2$ (257) | 101 Md 钔* $(5f^{13}7s^2)$ (258) | 102 No 锘* $(5f^{14}7s^2)$ (259) | 103 Lr 铹* $(5f^{14}6d^17s^2)$ (262) |
|---|---|---|---|---|---|---|---|---|---|---|---|---|---|---|